水泥混凝土外加剂 550 问

马清浩　杭美艳　主编

中国建材工业出版社

图书在版编目（CIP）数据

水泥混凝土外加剂 550 问/马清浩，杭美艳主编．—北京：中国建材工业出版社，2008.11（2013.4 重印）

ISBN 978-7-80227-297-2

Ⅰ．水… Ⅱ．①马…②杭… Ⅲ．水泥外加剂—问答

Ⅳ．TQ172.4-44

中国版本图书馆 CIP 数据核字（2008）第 023460 号

内　容　简　介

　　本书以一问一答的形式向读者介绍了水泥混凝土外加剂（包括减水剂、缓凝剂、引气剂、速凝剂、早强剂、泵送剂等）的基本概念、作用机理、性能参数、应用、配方设计、包装运输等，部分内容是中英对照，以方便读者使用，还附有思考题，可以供读者复习参考。

　　本书实用性、理论性、指导性强，是一本普及型的参考书，适合混凝土外加剂生产、施工相关技术人员参考应用。

水泥混凝土外加剂 550 问

马清浩　　杭美艳　　主编

出版发行：中国建材工业出版社

地　　址：北京市西城区车公庄大街 6 号

邮　　编：100044

经　　销：全国各地新华书店

印　　刷：北京鑫正大印刷有限公司

开　　本：850mm×1168mm　1/16

印　　张：44.75

字　　数：1291 千字

版　　次：2008 年 11 月第 1 版

印　　次：2013 年 4 月第 3 次

书　　号：ISBN 978-7-80227-297-2

定　　价：156.00 元

本社网址：www.jccbs.com.cn

本书如出现印装质量问题，由我社发行部负责调换。联系电话：（010）88386906

前　言

　　最初，人们只是从提高早期强度和满足冬期施工的要求出发，发展了以氯盐为原料的早强抗冻剂。到了 20 世纪 30—40 年代，开始出现为改善混凝土工作性而以木质素磺酸盐为主要成分的塑化剂，为提高耐久性而以松香树脂为原料的引气剂等。但 20 世纪 60 年代以后，随着混凝土结构的日趋复杂，混凝土构件品种的日益增多，以及构筑物向大型化发展，为了满足许多特殊工程的需要，迅速出现了以萘磺酸盐甲醛缩合物和磺化三聚氰胺甲醛树脂为原料的高效减水剂。由于高效减水剂对混凝土改性方面的重要贡献，外加剂成为继钢筋混凝土和预应力混凝土后的混凝土发展史中又一次重大技术突破。目前，工业发达国家几乎没有不掺外加剂的混凝土，而外加剂确已成为混凝土的第五组分了。

　　混凝土是最大宗的建筑材料。现代混凝土的生产、应用离不开混凝土外加剂。少量的化学外加剂对混凝土性能的改善作用已为工程实践所证明。例如，引气剂的用量仅为胶凝材料总量的万分之几，但掺用引气剂后，混凝土的工作性能明显改善，塑性收缩减小，耐久性提高，甚至能够抑制碱-集料的反应膨胀。正是由于在混凝土中掺用了混凝土外加剂，单方混凝土中水泥用量明显减少，并由此发展了高性能混凝土。

　　本书以一问一答的形式，对混凝土外加剂的性能、特点等问题进行了简约、清晰的回答。本书非常适合从事混凝土外加剂生产和施工等工作的中、初级技术人员使用，具有很好的实用性和指导性，是普及型参考书。

　　由于时间仓促和编者水平等原因，书中难免有错误和不当之处，敬请广大读者批评指正。

编者

2008.9

编　委　会
（排名不分先后）

目　录

外　加　剂

减 水 剂

缓 凝 剂

膨 胀 剂

防水剂、阻锈剂及其他

水泥及其他

外 加 剂

1 常用外加剂有哪些？

外加剂是一类化学品，当它们在混凝土临拌前或搅拌时加入，能显著改变其硬化前后的性能。外加剂掺量不大，通常为水泥用量的5%以内。近些年来，外加剂的用量显著增大，如我国目前大约有30%的混凝土掺用外加剂，在北美、欧洲、日本和澳大利亚等工业国家里，这个比例还要高得多。因此，外加剂已成为混凝土中的一个必要组分。

一、减水剂

减水剂也称塑化剂，它可以增大新拌水泥浆或混凝土拌合物的流动性，或者配制出用水量减小（水灰比降低）而流动性不变的混凝土，因此获得提高强度或节约水泥的效果。

当水泥与水拌合后，水泥颗粒并没有均匀地悬浮在水中，而是聚集成一个个胶束沉积下来，称为絮凝。胶束内包裹着不少的水分，影响了浆体的流动性。为了使混凝土拌合物能够正常地浇筑和成型密实，在搅拌时不得不多增加用水量，而这并非为水泥水化所必需，多余的水分显然给硬化后的混凝土带来各种不利的影响。当减水剂加入时，由于它的分子能够吸附在水泥颗粒或早期水化产物的表面，使它们带上了相同的电荷，产生一均匀的负电位（大小为几毫伏），水泥颗粒因此彼此相互排斥离开，絮凝的胶束被打散，释放出原来包裹的水分，如图1所示。游离的水分润滑作用良好，使水泥浆或混凝土拌合物的流动性增大。

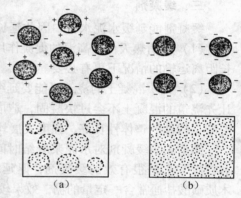

图 1 减水剂的分散作用图解
(a) 没有加减水剂时，水泥聚集成胶束；
(b) 加减水剂后水泥分散开来

另一个重要影响是被吸附的减水剂分子层对水泥和水之间所起的屏蔽作用，延长了它水化过程的潜伏期，从而延缓了 C_3S 初期的水化速率。因此，减水剂也可以作为一种延缓凝结与初期强度发展的外加剂，这种作用带来的好处下面还要讨论。减水剂分为两类：

（一）普通减水剂

减水率小于10%，主要成分为木质磺酸盐及其衍生物、羟基羧酸及其衍生物或多元醇等。

（二）高效减水剂

也称超塑化剂，减水率大于12%，有的高达30%以上，主要品种为 β - 萘磺酸甲醛高缩合物、磺化三聚氰胺甲醛缩合物和聚羧酸盐等。

高效减水剂与普通减水剂的作用机理近似，但减水作用要显著得多，这是由于其长链大分子对水泥的分散作用更为强烈。高效减水剂的应用，成为混凝土技术发展过程一个重要的里程碑，应用它可以配制出流动性满足施工需要、强度很高的高强混凝土，可以自行流动成型密实的自密实混凝土，以及配制充分满足不同工程特定性能需要和匀质性良好的高性能混凝土等。

二、早强剂

早强剂可以促进水泥的水化与硬化、加速混凝土早期的强度发展，因而适用于低气温条件下混凝土浇筑后及早拆模和缩短养护期的需要。

常用的早强剂有氯化钙或氯化钠、硫酸钠、三乙醇胺等。由于氯盐来源广泛且非常有效，一直很流行。它加速初凝，也加速终凝。试验表明：掺有水泥用量2%氯化钙，早期强度可以大幅度地提高，但提高的程度随时间减小，其长期强度与不掺者接近。氯化钙早强作用的机理还不十分清楚，似乎氯化钙也参与 C_3A 和石膏的水化反应，并作为 C_3S 和 C_2S 水化的催化剂。已经证实：C—S—H 产物由于氯化钙的存在形成的凝胶比表面积进一步加大，这会增大收缩与徐变。由于氯离子的存在，一个重要问题是它使混凝土中的钢材易于锈蚀，因此已限制用于钢筋混凝土和预应力混凝土，以后开发的一系列无氯早强剂，例如甲酸钙、亚硝酸钙等，其作用与氯化钙相近。

硫酸钠也是国内常用早强剂品种之一，实践证明：它对于改善掺有矿物掺合料的混凝土早期强度发展有明显效果，但是对纯硅酸盐水泥混凝土几乎没有早强作用，而对其后期强度则有副作用。它的另一个缺点是溶解度在低温时迅速下降，且易于结晶而影响使用。三乙醇胺是一种有机早强剂，添加少量的三乙醇胺可以有效地促进 C_3A 的水化和钙矾石生成。不过，它同时会延缓 C_3S 的水化，所以通常与其他早强剂复合使用。

早强剂和减水剂复合使用的效果，要明显优于其单一使用的效果，这是现在市场上常见有早强减水剂的原因。

三、缓凝剂

缓凝剂能延缓水泥水化，因此延长了拌合物的凝结时间和早期强度发展，其作用在于：

（1）抵消热天由于高温的促凝作用，以便混凝土拌合物保持较长的可浇筑时间，尤其是需要长距离运输的情况下更有必要。

（2）大块混凝土的浇筑可能要延续若干小时，需要让先浇筑的混凝土不会过快凝固，造成冷缝与断层，使混凝土构件的整体性良好、强度发展均匀。

图2表明缓凝剂对水泥浆凝结时间的影响。葡萄糖和柠檬酸都是很有效的缓凝剂，但延缓程度不好控制；木质磺酸盐通常含一定量的糖，效果较好。普通塑化剂，例如木质磺酸盐与羟基羧酸的缓凝作用，大多数商品缓凝剂都以这些化合物为基本组分，因此也都有一定的塑化效果，因此也称为缓凝减水剂。温度、配合比、水泥细度与组成，以及外加剂的添加时间，对缓凝结效果都有一定影响，因此很难得出一些有规律性的结论。

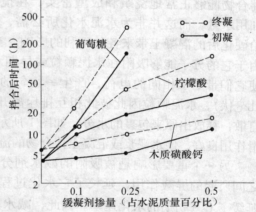

图2　缓凝剂对水泥浆凝结时间的影响

四、引气剂

引气剂是一些有机的表面活性剂，例如松香皂化物等，能减小拌合水的表面张力。因为其长链分子的一端是亲水性基团，另一端则是憎水性基团。这些分子径向排列在气泡表面，其亲水基团朝向水，而憎水基团朝向空气，从而使气泡得到稳定。将引气剂加在拌合用水里，能使混凝土搅拌时引进一定量空气（通常控制在占混凝土体积的 4% ~ 8%），形成大量微小的球形气泡，泡径一般小于 0.1mm，在混凝土浇筑、捣实、凝结与硬化过程能保持稳定。人为的引气作用与混凝土搅拌时夹带进的空气，因捣实时没有排出，硬化后形成一些无规则形状大小气孔（通常占混凝土体积的 0.5% ~ 2.0%）的现象是大不相同的。

引气作用，能够改善混凝土抵抗冻融循环作用的能力。除含气量外，另一重要参数是间距系数。该系数为从浆体内任一点到气孔边缘的平均最大距离，应不超过 0.2mm。引气还会产生以下两方面重要影响：

（1）由于气泡类似滚珠的润滑作用，有利于拌合物的流动性和粘聚性。因此在混凝土泵送时，常采用引气剂与其他外加剂复合以改善泵送性能，减小泵的工作压力。

（2）孔隙率增大会引起混凝土抗压强度下降，大约含气量每增加 1% 孔隙率要损失 3% ~ 5%，但是由于工作度得到改善，可以通过降低水灰比并维持原工作度，使强度不降低或部分补偿。

引气剂对水泥水化没有什么影响，所以除了物理上引进气泡的作用外，混凝土其他性能没有变化。许多减水剂，包括高效减水剂，都不同程度地引气，因此也称为引气减水剂或引气型高效减水剂。但是其提高混凝土抗冻融循环能力的效果，需要通过试验确定。

2 外加剂分为哪几种类型？

根据《混凝土外加剂的分类、命名与定义》（GB 8075—2005）的规定，混凝土外加剂按其主要功能分为四类。

（1）改善混凝土拌合物流变性能的外加剂。包括各种减水剂、引气剂和泵送剂等。
（2）调节混凝土凝结时间、硬化性能的外加剂。包括缓凝剂、早强剂和速凝剂。
（3）改变混凝土耐久性的外加剂。包括引气剂、防水剂和阻锈剂等。
（4）改善混凝土其他性能的外加剂。包括加气剂、膨胀剂、防冻剂、着色剂、防水剂和泵送剂等。

目前在工程中常用的外加剂主要有减水剂、引气剂、早强剂、缓凝剂、防冻剂等。

3 外加剂的一般掺量是什么？

外加剂掺量应以胶凝材料总量的百分比表示，或以 mL/kg 胶凝材料表示。混凝土外加剂掺量应适当，若掺量过小，使用效果就不显著；若掺量过大，不但使造价提高，而且还可能造成混凝土质量事故，尤其在使用具有引气、缓凝作用的外加剂时，应切忌超量。外加剂掺量参考表见表1。

表1 外加剂掺量参考表

外加剂类型	主要成分	一般掺量（$C \times \%$）
普通减水剂	木质素磺酸盐	0.2～0.3
高效减水剂	萘磺酸盐甲醛缩合物	0.5～1.0
	三聚氰胺甲醛缩合物	0.5～1.0
引气剂及引气减水剂	松香树脂及其衍生物	0.005～0.015
	烷基磺酸钠	0.005～0.01
缓凝剂及缓凝减水剂	羟基羧酸及其盐类（柠檬酸、酒石酸、葡萄糖酸）	0.03～0.10
	无机盐（锌盐、硼酸盐、磷酸盐）	0.10～0.25
	高掺量木质素磺酸盐	0.3～0.5
	糖类及碳水化合物（糖蜜、淀粉）	0.10～0.30
早强剂及早强减水剂	氯盐（氯化钙、氯化钠）	0.5～1.0
	硫酸盐（硫酸钠、硫酸钾）	0.5～1.5
	木质素磺酸盐（或糖钙）＋硫酸盐	（0.05～0.25）＋（1～2）
	萘磺酸盐甲醛缩合物＋硫酸盐	（0.3～0.75）＋（1～2）

4 外加剂企业管理的原则是什么？

一、以顾客为关注焦点

组织依存于顾客。因此，组织应当理解顾客当前的和未来的需求，满足顾客需求并争取超越顾客期望。以"顾客为关注焦点"，揭示了组织与顾客的鱼水依存关系，强调了满足顾客需求和超越顾客期望的重要性。

顾客满意是组织一切工作的着眼点、出发点，是组织的最终目标和永恒的追求。

二、领导作用

领导者确定组织统一的宗旨和方向。他们应当创造并保持使员工能充分参与实现组织目标的内部环境。"领导作用"揭示了组织的领导者的两大职能：一是确立宗旨方向，就是管大政方针，正确决策；二是关爱员工，为员工创造一个能充分参与、充分发挥聪明才智、充分做出贡献的平台和环境。领导者，特别是最高管理者的决策能力、组织能力、水平、素质和意识决定着一个群体的兴亡，大到国家，小到企业，无一例外。

三、全员参与

各级人员都是组织之本，只有他们的充分参与，才能使他们的才干为组织带来收益。"全员参与"揭示了员工与组织收益的关系，强调了员工参与质量管理的重要性，体现了以人为本的思想。"全员参与"与"领导作用"是相辅相成的关系，是争论了多年的"领袖"与"群众"的关系，是辩证唯物主义历史观的体现。

员工能否积极参与，不仅取决于领导作用，还要取决于员工的质量意识、职业道德、敬业精神等综合素质，但员工素质高低最终还要取决于领导者的培养和组织的培养机制，使员工具备足够的知识、技能和经验，还要激发他们的积极性、创造性和责任感，才能实现充分参与。

没有员工的积极参与，组织将一事无成。组织的产量、质量、成本和效益就掌握在员工手中。员工的作用是巨大的、无限的，就看领导者如何去挖掘、如何去激发。

四、过程方法

将活动和相关的资源作为过程进行管理，可以更高效地得到期望的结果。"过程方法"揭示了过程管理与期望结果的关系，强调了加强过程管理与达到期望结果的重要性。

任何利用资源并通过管理，将输入转化为输出的活动，均可视为过程。系统地识别和管理组织所应用的过程，特别是这些过程之间的相互作用，就是过程方法。过程方法的目的，是获得持续改进的动态循环，采用 PDCA 循环的过程动态管理控制方法，是持续改进组织业绩的最有效的管理方法。

P——计划（plan）；D——实施（do）；C——检查（check）；A——改进（act）

五、管理的系统方法

将相互关联的过程作为系统加以识别、理解和管理，有助于组织提高实现目标的有效性和效率。"管理的系统方法"揭示了过程方法和系统方法的相互关系，它们都以过程为基础，都要求对各个过程之间的相互作用进行识别和管理。过程方法着眼于具体过程，对其输入、输出和相互关联、相互作用的活动进行动态的和连续的控制，以实现每个过程的预期结果。系统方法则强调着眼于整个系统和总目标，提倡"一盘棋"的全局观念，通过各分系统（过程）协同作用，互相促进，使总系统的作用大于各分系统之和，提高了管理的有效性和效率。

六、持续改进

持续改进整体业绩应当是组织的一个永恒目标。持续改进是 2000 版 ISO9000 系列标准的灵魂，是组织永恒的追求、目标、活动，是组织不断创新发展的永恒的动力。

七、基于事实的决策方法

有效决策是建立在数据和信息分析的基础上。决策是组织中各级领导者最主要的职责之一。"基于事实的决策方法"体现了以事实为依据，用事实说话的原则，揭示了数据和信息与决策之间的关系，强调了正确的决策需要领导者有科学的态度，以事实和正确的信息为基础，通过合乎逻辑的分析，做出正确的决断；否则，决策将会失误。

八、与供方互利的关系

组织与供方是相互依存的，互利的关系可增强双方创造价值的能力。"与供方互利的关系"

揭示了组织与供方相互依存的利益关系，强调了建立和保持互利的供方关系，对于双方创造价值，实现双赢共荣的重要性。

总之，八项质量管理原则的核心是以人为本，灵魂是持续改进，出发点和归宿点是顾客满意，着重点和切入点是过程，管理的大局是系统，决策的基础是事实，互利的关系是供方，实施的载体是质量管理体系，关键是最高管理者。

5　外加剂应用中有哪些注意事项？

（1）抗冻融性要求高的混凝土，必须掺用引气剂或引气减水剂，其掺量应根据混凝土的含气量要求，通过试验确定。

（2）含有六价铬盐、亚硝酸盐等有毒防冻剂，严禁用于饮水工程及与食品接触的部位。

（3）外加剂的品种及掺量必须根据对混凝土性能的要求、施工及气候条件，混凝土所采用的原材料、配合比以及对水泥的适应性等因素经试验确定。

（4）在蒸汽养护的混凝土和预应力混凝土中，不宜掺用引气剂或引气减水剂。

（5）不同品种外加剂复合使用时，应注意其相容性及对混凝土性能的影响，使用前应进行试验，满足要求方可使用。

（6）处于与水相接触或潮湿环境中的混凝土，当使用碱活性集料时，由外加剂带入的碱含量（以当量氧化钠计）不宜超过 $1kg/m^3$ 混凝土，混凝土总碱含量尚应符合有关标准的规定。

（7）选用的外加剂应有供货单位提供的下列技术文件：

①产品说明书，并应标明产品主要成分。

②出厂检验报告及合格证。

③掺外加剂混凝土性能检验报告。

（8）严禁使用对人体产生危害、对环境产生污染的外加剂。

（9）下列结构中严禁采用含有氯盐配制的早强剂及早强减水剂：

①预应力混凝土结构。

②相对湿度大于80%环境中使用的结构，处于水位变化部位的结构，露天结构及经常受水淋、受水流冲刷的结构。

③大体积混凝土结构。

④直接接触酸、碱或其他侵蚀性介质的结构。

⑤经常处于温度为60℃以上的结构，经需蒸养的钢筋混凝土预制构件。

⑥有装饰要求的混凝土，特别是要求色彩一致的或是表面有金属装饰的混凝土。

⑦薄壁混凝土结构，中级和重级工作制吊车的梁、屋架等结构。

⑧使用冷拉钢筋或冷拔低碳钢丝的结构。

⑨集料具有碱活性的混凝土结构。

（10）在下列混凝土结构中，严禁采用含有强电解质无机盐类的早强剂及早强减水剂：

①与镀锌钢材或铝铁相接触部位的结构，有外露钢筋预埋铁件而无防护措施的结构。

②使用直流电源的结构以及距高压直流电源100m以内的结构。

（11）含亚硝酸盐、碳酸盐的防冻剂严禁用于预应力混凝土结构。

（12）不同品种外加剂应分别存储，做好标记，在运输与存储时不得混入杂物或遭受污染。

6　外加剂的主要原料是什么？

合成外加剂的品种较多，下面列出生产高效减水剂所用的一些常用主要原料。

（1）硫酸（浓硫酸）：分子式 H_2SO_4，浓度98%，无色或淡黄色黏稠液体，相对密度1.84，常用作磺化剂。

（2）烧碱（氢氧化钠）：分子式 NaOH，浓度 30% ~ 40%，无色液体，相对密度 1.33 ~ 1.43。

（3）甲醛（甲醛水溶液）：分子式 HCHO，浓度 35% ~ 37%，无色液体，有刺激气味，相对密度 1.10。

（4）工业萘：分子式 $C_{10}H_8$，煤焦油中 210 ~ 230℃ 的馏分，片状结晶，80℃ 熔融，218℃ 沸腾，不溶于水，易于升华，有特殊气味。

（5）甲基萘：煤焦油中 242 ~ 246℃ 的馏分。

（6）蒽油：用煤焦油中 300 ~ 360℃ 的馏分。

（7）硫酸钠：又名元明粉、无水芒硝，其天然矿物（$Na_2SO_4 \cdot 10H_2O$）称为芒硝，白色晶体，很容易风化失水变成白色粉末（Na_2SO_4），即元明粉。硫酸钠资源丰富，价格亦较低廉。

（8）硫酸钙：硫酸钙又称石膏，在水泥生产中作为调凝剂使用，在混凝土中作早强外加剂。作膨胀剂的成分时常用无水石膏（硬石膏）。

（9）三乙醇胺：分子式为 $N(C_2H_4OH)_3$，常用的混凝土有机早强剂。

（10）柠檬酸（$C_6H_8O_7 \cdot H_2O$）：又名枸橼酸。天然产物存在果汁中，现多人工合成。它是可溶于水的白色粉末或半透明结晶，水溶液呈弱酸性，但水溶液易变质发霉，用于混凝土有明显缓凝作用（表1）。

表1　柠檬酸的技术要求

项目	指标	项目	指标
柠檬酸含量（%）≥	99.00	灼烧残渣含量（%）≤	0.1
硫酸盐含量（%）≤	0.05	砷含量（%）≤	0.0001
重金属（以 Pb 计）（%）≤	0.001	铁含量（%）≤	0.001

注：引自《食品添加剂》（GB 1897—80）。

（11）磷酸钠（$Na_3PO_4 \cdot H_2O$）：无色透明或白色结晶、水溶液呈碱性，对水泥及混凝土有明显缓凝作用（表2）。

表2　磷酸三钠的技术要求

项目	指标		
	一级	二级	三级
磷酸三钠（%）≥	98	95	92
硫酸盐（%）≤	0.5	0.8	1.2
氯化物（%）≤	0.3	0.5	0.6
水不溶物	0.1	0.1	0.3

（12）聚磷酸钠：其主要成分为三聚磷酸钠，但往往含少量聚偏磷酸钠，白色粉末或粒状固体，可溶于水（表3）。

表3　聚磷酸钠的技术要求

项目	指标		
	一级	二级	三级
外观	洁白	白	次白
三聚磷酸钠含量（%）≥	90	85	80
总磷酸含量（%）≥	56.5	55	53
钙值	10	9	8
水不溶物（%）≤	0.1	0.15	0.2

7 外加剂市场 2006 年和 2007 年的行业状况如何？

混凝土外加剂是一种除水泥、砂、石和水之外，在混凝土拌制之前或拌制过程中以控制量加入的、用于使混凝土能产生所希望的变化的物质。混凝土外加剂的使用对混凝上可持续发展起到了不可替代的作用。国际上，自 20 世纪 30 年代开始使用混凝土外加剂。我国自 20 世纪 50 年代开始研制和少量使用混凝土外加剂。到了 70 年代末期，混凝土外加剂行业开始兴起，科研队伍不断发展壮大，生产企业不断增加，新产品不断研制开发，应用领域不断拓展扩大。经过近 30 年的努力，我国的混凝土外加剂行业得到了长足的发展。目前，已有 14 种化学外加剂制定了国家标准或行业标准。

一、2006 年行业经济运行情况分析

（一）2006 年各种外加剂产量

截至 2006 年年底，全国共有合成高效减水剂企业 200 家，其中上规模企业近 80 家。年产高效减水剂 200 万 t，年销售收入约 120 亿元，位居世界第一。其中，萘系高效减水剂占到全部合成高效减水剂产量的 80% 左右。2006 年，高性能聚羧酸盐高效减水剂是一个发展的亮点，在铁路客运专线和西南水利工程的拉动下，产量有了大幅度提高，达到 15 万 t。2006 年各种主要外加剂的产量为合成高效减水剂 200 万 t，膨胀剂 100 万 t，速凝剂 10 万 t，引气剂 8000t。

（二）外加剂行业生产和市场形势

2006 年，外加剂企业纷纷利用自动化控制技术，开始对生产设备和生产工艺进行更新改造，一些企业对合成外加剂关键工艺进行了自动化监控，还有一些企业建设了全自动化控制生产线，这些对于提高外加剂产品质量起到了重要作用。

经过近 5 年来激烈的市场竞争，一批具有较高技术水平和一定生产规模以及良好售后服务的外加剂企业，在市场经济的大潮中凸显，他们的市场占有率较大。特别是合成外加剂市场，市场集中度较高，前 10 家大型品牌企业的产量已占到全国产量的 50%。由于市场竞争加剧，原材料和燃料费用提高，外加剂生产企业的利润率大大下降。我国混凝土外加剂市场巨大，也吸引了国际上知名的外加剂企业，纷纷在中国抢滩登陆。这些公司的企业规模、生产技术、经营管理水平和研发能力都有很大的优势，进入中国市场后，较迅速地在我国建立了比较完善的市场销售体系，目前外国企业与民族品牌企业在重点工程中的竞争异常激烈。

我国外加剂市场存在的突出问题是，生产和使用在各地区发展很不平衡。

（1）在东部沿海省市和大城市外加剂应用较为普遍，而中西部地区偏少。

（2）企业数量多、规模小。全国 1500 多家外加剂厂中上规模企业只有约 100 家。企业数量多，规模普遍较小。例如，在北京备案的外加剂企业达到了 230 家，其中北京本地企业 98 家，从业人数超过 100 人的企业仅有 7 家，占 7.14%；从业人数 50～100 人的企业有 36 家，占 36.73%；从业人数 50 人以下的企业有 55 家，占 56.12%。

（3）新型高效减水剂的使用比例低。高效减水剂中的 80% 是传统的萘系高效减水剂，近年来受工业萘价格波动的影响，氨基磺酸盐系、三聚氰胺系等新型高效减水剂的应用得到较快发展；脂肪族磺酸盐系减水剂因会造成混凝土颜色偏差，接受程度受到影响；国际上新一代的聚羧酸盐系减水剂对各种水泥有良好的适应性，2006 年得到快速发展，但相对比例还比较低。

混凝土外加剂行业欠款问题依然严重。在一些地区，外加剂市场竞争十分激烈，外加剂企业的经营状况不是很好。混凝土搅拌站是外加剂的最大用户，使用量几乎占到外加剂总用量的 80%，但在全国建筑行业内欠款是一个很普遍的问题，商品混凝土企业拖欠外加剂企业在一些地

方"顺理成章"。如上海市 2005 年全市外加剂企业垫资和欠款总额超过 3.8 亿元。以亿元计数的欠款，使大部分外加剂企业步履艰难。同行之间恶性压价，导致行业利润微薄，难以扩大规模和增加技术投入。少数企业为降低成本，在产品质量上做手脚，使伪劣产品低价进入市场，造成恶性竞争，对规模企业造成冲击，对行业的发展极为不利。

二、2007 年行业发展

今后 5 ~ 10 年，我国固定资产投资将继续保持较高的增幅。随着住宅产业、新农村建设、西南水电站建设、公路网、客运专线建设的全面展开，全国每年约有 20 亿 m^3 混凝土的建设量，对混凝土外加剂的需求很旺盛，混凝土外加剂企业面临着极好的发展机遇。同时，重点工程混凝土需要提高工程的耐久性和使用寿命，对外加剂产品提出了更新、更高的要求，新一代的高性能减水剂有着良好的发展空间。仅京沪高速铁路全线 1318km，混凝土方量 8000 万 m^3，需外加剂约 24 万 t，在今后一段时间内，铁路客运专线和高速铁路建设工程将带动合成高效减水剂的升级换代。另外，为了保护城市环境，提高混凝土质量，我国将在 124 个城市的城区禁止现场搅拌混凝土，给外加剂企业带来商机。

我国高效减水剂生产企业的实物质量已达到国际同类产品水平，价格又相对便宜，具有较强的国际竞争力。2006 年，全国外加剂产品的出口额达到 1800 万美元以上，并向东南亚、日本、韩国等地区辐射，通过出口创汇，取得了较好的经济效益。

从以上分析可以分析，2007 年，混凝土外加剂仍保持持续增长以满足各类混凝土工程的需求，同时高性能的聚羧酸盐减水剂的产量也快速增长。

三、有待加强的问题

（一）加强对混凝土外加剂的绿色化生产技术引导

在外加剂绿色化生产技术方面，应鼓励和强制生产企业减少生产过程中废气排放，提高循环水的利用效率等，加强对外加剂各种原料、成品环保性能的评价，强制复合外加剂厂加装除尘设备，改善生产条件，保障生产工人的健康和安全。

（二）加强人才培养

目前，混凝土外加剂在大专院校里没有相对应的专业，我国多数外加剂企业技术力量的培养是靠传、帮、带，很不规范和完善，因此对生产工人和技术人员的培养尤为重要。希望国家劳动部门在职业技能培训方面给予大力支持，把"混凝土外加剂工艺控制工"和"混凝土外加剂质检员"列入国家职业大典，协会将积极配合，帮助企业进行人才的培养。

（三）注重行业品牌建设

在品牌经济时代已经到来的今天，我国混凝土外加剂行业也在呼唤强势品牌。协会鼓励外加剂行业在企业成长过程中重视对品牌的培养，把品牌的创建和培养融入日常的生产和销售工作之中。希望在培育外加剂行业的中国名牌过程中，能够得到中国名牌战略推进委员会的大力支持，促进民族品牌的发展，积极参与国际竞争。

（四）倡导诚信规范经营

国内外加剂企业面临着诸多方面的困难，特别是在欠款的巨大压力下，外加剂行业出现了互相压价、无序竞争的严重问题，其结果是对整个行业的冲击和重创。部分企业为了商业利益，擅自夸大产品的使用功能，将多种功能集于一身，如：抗裂防冻型防水剂、早强泵送型防冻剂等。更为严重的是，北京市禁止使用复合型膨胀剂后，一些复合型膨胀剂生产厂家将产品改名为多功能型防水剂，掺量甚至高于膨胀剂 8% ~ 12%，误导用户并严重扰乱了市场。

8 外加剂防水混凝土的定义与特点是什么?

一、减水剂防水混凝土

（一）定义

在混凝土拌合物中掺入适量的不同类型减水剂，以提高其抗渗能力为目的防水混凝土称为减水剂防水混凝土。

（二）特点

减水剂对水泥具有强烈的分散作用，可大大降低水泥颗粒之间的吸引力，防止水泥颗粒间出现凝絮作用，并释放出凝絮体中的水，相当于减少混凝土拌合用水量，提高混凝土的和易性、坍落度，满足特殊施工的要求。减水剂防水混凝土硬化后的孔径和总孔隙率会显著减小，混凝土的密实性、抗渗性得到提高。

（三）适用范围

适用于钢筋密集或捣固困难的薄壁型防水构筑物，也适用于对混凝土凝结时间（促凝或缓凝）和流动性有特殊要求的防水混凝土工程（如泵送混凝土工程）。

二、引气剂防水混凝土

（一）定义

引气剂防水混凝土是在混凝土拌合物中掺入微量引气剂配制而成，具有一定防水功能的混凝土。

（二）特点

通过加入有憎水作用的引气剂，大大降低混凝土拌合水的表面张力，在混凝土搅拌时产生大量微小、均匀的气泡，改善拌合物和易性，减少沉降泌水及分层离析。由于微小气泡的阻隔作用，减少了渗水通道，从而提高混凝土的密实性和抗渗性，提高防水混凝土的抗冻性。

（三）适用范围

适用于北方高寒地区，抗冻性要求较高的防水工程及一般防水工程，不适用于抗压强度大于20MPa或耐磨性较高的防水工程。

三、三乙醇胺防水混凝土

（一）定义

三乙醇胺（可作为一种早强剂）是一种加速混凝土早期强度的外加剂。在混凝土拌合物中掺入适量的三乙醇胺，以提高其抗渗性能为目的而配制的防水混凝土。

（二）特点

三乙醇胺的催化作用加速了水泥水化，相应减少了游离水分蒸发遗留的毛细孔，使三乙醇胺混凝土结构密实，抗渗性好。

（三）适用范围

适用于工期紧迫，要求早强及抗渗性较高的防水工程及一般的地下防水工程，如地下室、泵房、电缆沟、设备基础和蓄水池等。

四、氯化铁防水混凝土

（一）定义

氯化铁防水剂是以氯化铁和氯化亚铁及硫酸铝为主要成分的深棕色溶液。

氯化铁防水混凝土是在混凝土拌合物中加入少量氯化铁防水剂拌制而成的一种具有高抗水性

和密实度的混凝土。

（二）特点

混凝土中掺入适量的氯化铁防水剂，密实性好，可配制高抗渗等级的防水混凝土和抗油混凝土。氯化铁防水剂有增强及早强作用，并能持续地提高混凝土的抗压强度。

（三）适用范围

适用于水中结构的无筋及少筋厚大防水混凝土工程、一般地下防水工程及砂浆补修和抹面工程。在接触直流电源或预应力混凝土及重要的薄壁结构不宜使用。

五、膨胀剂防水混凝土

（一）定义

在混凝土拌合物中掺入一定量的膨胀剂，使混凝土在水化过程中产生一定的体积膨胀，产生适量的膨胀以弥补混凝土的收缩，使混凝土具有抗裂、抗渗的性能。

（二）特点

膨胀剂防水混凝土以水泥为基材，通过不同膨胀剂掺量，可配制成不同膨胀剂等级的膨胀混凝土，如补偿收缩混凝土、填充性膨胀混凝土及自应力混凝土。混凝土中掺入膨胀剂可以补偿水泥固化时的收缩，减少混凝土的开裂和渗漏。

（三）适用范围

膨胀剂防水混凝土适用屋面及地下防水、堵漏、基础后浇带、混凝土构件补强、钢筋混凝土及预应力钢筋混凝土。

填充用膨胀混凝土适用于设备底座一次灌浆、地脚螺栓固定、梁柱接头及防水堵漏等。

六、密实剂防水混凝土

密实剂防水混凝土包括氯化铁防水混凝土、硅质密实剂等防水混凝土。

在混凝土拌合物中加入适量氯化铁防水剂或硅质密实剂，通过搅拌后，使其硬化时成为一种具有高抗水性和密实度的混凝土。

氯化铁防水混凝土适用于水中结构、无筋及少筋厚大防水混凝土工程及一般地下防水工程、砂浆修补抹面工程；硅质密实剂防水混凝土广泛适用于各类建筑防水工程，如水池、水塔、储仓、人防、地铁、地下室、隧道等。

9　外加剂防水砂浆包括哪些？

一、无机铝盐防水砂浆

（一）定义

无机铝盐防水剂（水泥防水剂）系以无机铝为主体，掺入多种无机金属盐类，混合组成黄色液体。将其加入砂浆中配制成具有防渗、防潮功能的防水砂浆。

（二）特点

产品为淡黄色或褐色的油状液体，无毒、无味、无污染、不燃烧，具有抗漏、抗渗、早强、速凝、耐压、抗冻、抗热、抗老化等优良性能。

无机铝盐掺入水泥砂浆中，可与水泥水化过程中生成的钙类物质发生化学反应，生成难溶于水的微小胶体粒和具有一定膨胀性能的复盐晶体物质，这些晶体物质和胶体物质填充水泥砂浆内部孔隙，堵塞毛细孔道，提高水泥砂浆的密实性和防水能力。

（三）适用范围

适用于混凝土及砖石结构防水工程，如：地下室、人防工程、厕浴间、蓄水池、涵洞、隧道、水塔、井下设施等。

（四）性能指标

水泥防水剂性能指标见表1。

表1 水泥防水剂性能指标

项　目			指　标
外　观			黄色或褐色液体
含固量（%）			≥40
相对密度			≥1.3
净浆安定性			合格
凝结时间	初凝（min）		≥45
	终凝（h）		≤10
抗压强度比（%）	砂浆	7d	≥95
		28d	≥85
	混凝土	7d	≥100
		28d	≥90
透水压力比（砂浆,%）			≥200
48h吸水量比（%）			≤75
28d收缩率比（%）			≤135

二、氯化铁防水砂浆

（一）定义

氯化铁防水剂是由氧化铁皮、铁粉和工业盐酸按适当比例在常温下进行化学反应后，生成的一种强酸性、深棕色液体防水剂。

（二）特点

氯化铁防水剂有增强和早强作用，氯化铁防水剂与水泥水化时析出的氢氧化钙作用生成氯化钙，对砂浆起密实作用，而且能持续地提高砂浆的抗压强度。

（三）适用范围

用于修补大面积渗漏的地下室、水池等工程。

三、有机硅防水砂浆

（一）定义

有机硅类防水剂是以甲基硅醇钠或高沸硅醇钠为基材，在水和二氧化碳作用下，生成甲基硅氧烷，并进一步缩聚成网状甲基硅树脂防水膜，是一种憎水性的防水剂。

（二）特点

防水膜可包围和渗入基层内，堵塞水泥砂浆内的毛细孔，透气并有强力排水作用，增强密实性，提高抗渗性。

无毒、无味、不挥发、不易燃，有良好的耐腐蚀性和耐候性。

（三）适用范围

用于屋面、墙体、地下室抗渗防水。

（四）性能指标

有机硅防水剂性能指标参见表2。

表2　有机硅防水剂性能指标

项　目		指　标	
		甲基硅醇钠	高沸硅醇钠
外　观		淡黄色至无色透明	
固体含量（%）	≥	30	31
pH值		14	14
相对密度	≥	1.23	1.25
氯化钠含量（%）	≤	2	2
硅含量（%）		1～3	
总碱量（%）	≤	18	20
氧含量（%）		18～20	
抗渗性能（MPa）	≥	1.4	

10　外加剂试验区及常用的检测设备有哪些？

外加剂试验区及常用的检测设备如图1所示。

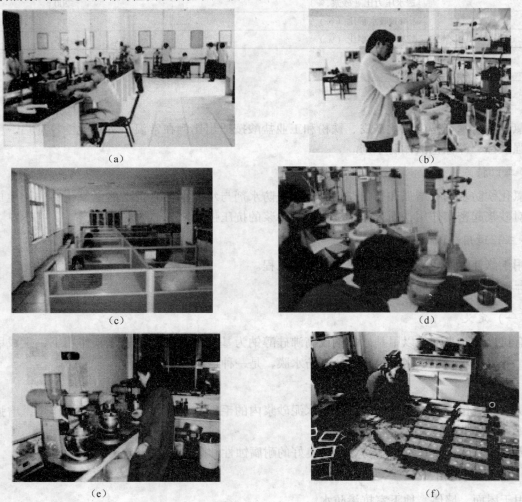

（a）

（b）

（c）

（d）

（e）

（f）

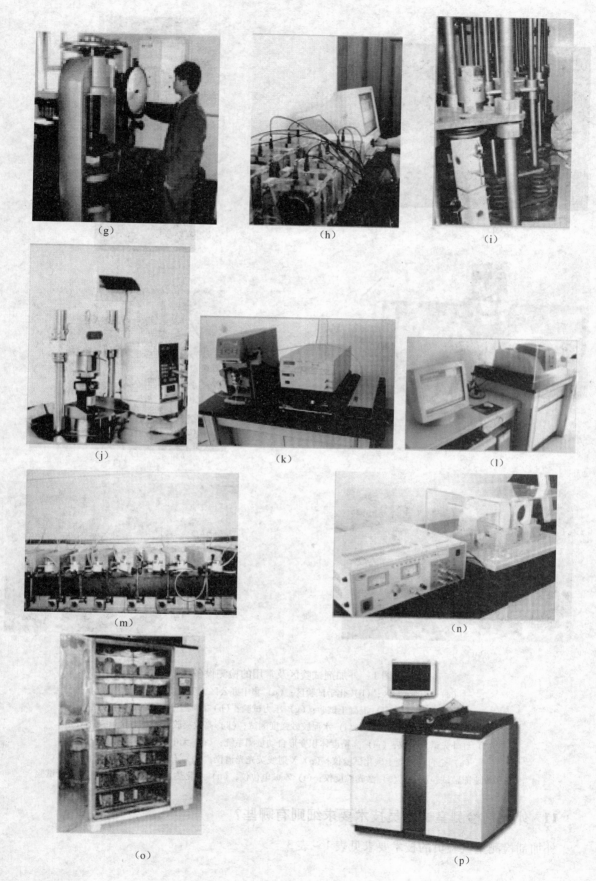

(g)

(h)

(i)

(j)

(k)

(l)

(m)

(n)

(o)

(p)

（q）

（r）

（s）

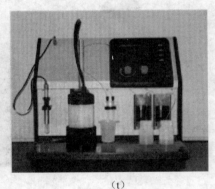

（t）

（u）

（v）

图 1　外加剂试验区及常用的检测设备

（a）物理试验区；（b）化学试验区；（c）集中办公区；（d）化学试验；

（e）胶砂试验；（f）混凝土试验；（g）压力试验；（h）混凝土渗透性试验；

（i）变形性能测试系统；（j）水泥胶砂强度测试；（k）高效凝胶液相色谱仪；

（l）红外光谱分析仪；（m）高精度体积变形自动量测系统；（n）无电极电阻率测定仪；

（o）全自动混凝土碳化试验仪；（p）X 射线荧光光谱仪；（q）有机碳分析仪；

（r）混凝土快速冻融试验设备；（s）激光粒度仪；（t）Zeta 电位仪；（u）水化热自动测试设备；（v）分析试验

11　外加剂检测室试验员技术要求细则有哪些?

外加剂检测室试验员的技术要求见表 1 ~ 表 3。

表 1　水泥混凝土试验工

级别	知识	技能	备注
混凝土试验工 4 级	1. 建材基础知识（高校教材相应章节） 2. 外加剂取样方法（相应标准） 3. 外加剂基础知识（相应标准） GB/T 8075 混凝土外加剂定义、分类、命名与术语；GB/T 8076 混凝土外加剂；GB/T 8077 混凝土外加剂匀质性试验方法；GB 12573 水泥取样方法；GB 3069.2 压榨萘结晶点的测定方法	1. 混凝土减水率（称料、搅拌、做坍落度）；2. 混凝土抗压强度比（装模、脱模、标养、试压、记录、计算）；3. 水泥净浆流动度；4. 固体含量，5. 密度；6. 细度；7. pH 值；8. 砂浆减水率；9. 取样；10. 萘结晶点测定；11. 硫酸含量滴定；12. 液碱氢氧化钠含量滴定；13. 甲醛含量滴定	常规一级
混凝土试验工 3 级	1. 水泥基础知识 2. 混凝土基础知识 3. 数字修约规则 GB/T 50080 普通混凝土拌合物性能试验方法标准；GB/T 50081 普通混凝土力学性能试验方法标准；GBJ 82－85 普通混凝土长期性能和耐久性试验方法；GB 8170 数值修约规则	1. 混凝土泌水率比；2. 混凝土含气量；3. 混凝土凝结时间差；4. 混凝土收缩率比；5. 混凝土相对耐久性；6. 钢筋锈蚀；7. 数据计算	常规二级
混凝土试验工 2 级	GB/T 14684 建筑用砂；GB/T 14685 建筑用卵石、碎石；GB 1346 水泥标准稠度用水量、凝结时间、安定性检验方法；GB 2419 水泥砂浆流动度测定方法；GB/T 17671 水泥胶砂强度检验方法（ISO 法）；GBJ 70 建筑砂浆性能试验方法；JC 473 泵送剂；JC 474 防水剂；JC 475 防冻剂；JC 476 膨胀剂；JC 477 速凝剂	1. 压力泌水率比；2. 砂子细度模数；3. 水泥净浆凝结时间，4. 水泥净浆安定性；5. 砂浆透水压力比；6. 48h 砂浆吸水量比；7. 砂浆抗压强度比；8. 混凝土渗透高度比；9. 48h 砂浆吸水量比；10. 砂浆收缩率比；11. 外加剂氨释放量的测定；12. 限制膨胀率；13. 速凝剂凝结时间测定；14. 速凝剂抗压强度	常规三级
混凝土试验工 1 级	GB/T 8074 水泥比表面积测定方法；JGJ 55 普通混凝土配合比设计技术规定；GBJ 119 混凝土外加剂应用技术规范；GB/T 15481 检测和校准实验室能力的通用要求	1. 混凝土配合比设计；2. 正交法试验设计；3. 编制试验规程；4. 编制试验设备使用和养护规程；5. 各种试验仪器标定	常规四级

表 2　外加剂检测实验工（化验员）技术标准

级别	知识	技能	备注
化验员 4 级	1. 建材基础知识（高校教材相应章节） 2. 外加剂取样方法（相应标准） 3. 外加剂基础知识（相应标准） 4. 化验常识（《化验员读本上》前三章） GB/T 8075 混凝土外加剂定义、分类、命名与术语；GB/T 8076 混凝土外加剂；GB 12573 水泥取样方法；GB 3069.2 压榨萘结晶点的测定方法	1. 混凝土减水率（称料、搅拌、做坍落度）；2. 混凝土抗压强度比（装模、脱模、标养、试压、记录、计算）；3. 水泥净浆流动度；4. 固体含量；5. 密度；6. 细度；7. pH 值；8. 砂浆减水率；9. 取样；10. 萘结晶点测定；11. 硫酸含量滴定；12. 液碱氢氧化钠含量滴定；13. 甲醛含量滴定	常规一级
化验员 3 级	1. 数字修约规则 2. 化验常识（《化验员读本上》第四、五、六章） GB/T 8077《混凝土外加剂匀质性试验方法》化学部分 GB 8170 数值修约规则	1. 氯离子含量；2. 外加剂总碱量；3. 硫酸钠含量；4. 还原糖含量；5. 数据计算	常规二级

级 别	知 识	技 能	备 注
化验员2级	1. 化验常识（《化验员读本上》第七、八、九章） 2. GB 601 化学试剂标准滴定溶液的制备；GB 602 化学试剂杂质测定用标准溶液的制备；GB 603 化学试剂试验方法中所用制剂及制品的制备（相关内容）	滴定标准溶液的制备，各种指示剂的制备 按规定方法可以做试验	常规三级
化验员1级	1. 电机与仪器分析（《化验员读本下》）第一章及其他本公司现有仪器设备的相关内容 2. （《化验员读本上》第十章） 3. GB/T 15481 检测和校准实验室能力的通用要求	1. 编制试验规程；2. 编制试验设备使用和养护规程；3. 维护保养各种电子试验仪器；4. 试验室管理	常规四级

表3 外加剂检测实验工（计量员）技术标准

级 别	知 识	技 能	备 注
计量员4级	1. 建材基础知识（高校教材相应章节） 2. 外加剂取样方法（相应标准） 3. 外加剂基础知识（相应标准） GB/T 8075 混凝土外加剂定义、分类、命名与术语； GB/T 8076 混凝土外加剂； GB/T 8077 混凝土外加剂匀质性试验方法；GB 12573 水泥取样方法；GB 3069.2 压榨萘结晶点的测定方法	1. 混凝土减水率（称料、搅拌、做坍落度）；2. 混凝土抗压强度比（装模、脱模、标养、试压、记录、计算）；3. 水泥净浆流动度；4. 固体含量；5. 密度；6. 细度；7. pH值；8. 砂浆减水率；9. 取样；10. 萘结晶点测定；11. 硫酸含量滴定；12. 液碱氢氧化钠含量滴定；13. 甲醛含量滴定	常规一级
计量员3级	1. 水泥基础知识 2. 混凝土基础知识 3. 数字修约规则 GB/T 50080 普通混凝土拌合物性能试验方法标准；GB/T 50081 普通混凝土力学性能试验方法标准；GBJ 82—85 普通混凝土长期性能和耐久性试验方法；GB 8170 数值修约规则	1. 混凝土泌水率比；2. 混凝土含气量；3. 混凝土凝结时间差；4. 混凝土收缩率比；5. 混凝土相对耐久性；6. 钢筋锈蚀；7. 数据计算	常规二级
计量员2级	1. 计量法； 2. 定量包装商品计量规定等计量法规	1. 计量设备管理和维护； 2. 自检仪器检定	常规三级
计量员1级	1. GB/T 15481 检测和校准实验室能力的通用要求	1. 编制企业计量管理文件； 2. 编制自检仪器检定规程	常规四级

12 外加剂如何选择使用？

在混凝土中掺入外加剂，可明显改善混凝土的技术性能，取得显著的技术经济效果。若选择和使用不当，会造成事故。因此，在选择和使用外加剂时，应注意以下几点：

（1）外加剂品种的选择。外加剂品种、品牌很多，效果各异，特别是对于不同品种的水泥效果不同。在选择外加剂时，应根据工程需要、现场的材料条件，并参考有关资料，通过试验确定。

（2）外加剂掺量的确定。混凝土外加剂均有适宜掺量，掺量过少，往往达不到预期效果；掺量过多，会影响混凝土质量，甚至造成质量事故。因此，应通过试验确定最佳掺量。

（3）外加剂掺入方法确定。外加剂的掺量很小，必须保证其均匀分散，一般不能直接加入混凝土搅拌机内。对于可溶于水的外加剂，宜先配成一定浓度的溶液，随水加入搅拌机。对不溶于水的外加剂，宜与水泥和砂混合均匀后再加入搅拌机内。此外，外加剂的掺入时间对其效果的发挥也有很大影响，如为保证减水剂的减水效果，减水剂有同掺法、后掺法、分次掺入等，应根据生产工艺和技术要求采取适当的掺加方式。

（4）使用外加剂应注意以下事项：

①当外加剂为胶状、液态或块状固体时，必须先制成一定浓度的溶液，每次用前摇匀或拌匀，并从混凝土拌合水中扣除外加剂溶液的用水量；当外加剂为粉末时，也可以与水泥和集料同时搅拌，但不得有凝结块混入。

②要根据混凝土的要求、施工条件、施工工艺选择适当的外加剂。

③应对外加剂和水泥的适应性进行试验，同时使用两种或以上的外加剂时，还应该检验外加剂之间的相容性以及对混凝土性能的影响。

④应对外加剂进行试验，并确定最佳掺量。

⑤外加剂的掺量必须准确，计量误差为 1%；否则会影响工程质量，延误工期，甚至造成事故。

使用外加剂的混凝土，要注意搅拌、运输、振捣器频率的选用和振捣等各个环节的操作；对后掺的或干掺的要延长搅拌时间。在运输过程中，要注意保持混凝土的匀质性，避免离析。掺入引气减水剂时，要采用高频振捣器振动排泡。

13 外加剂中的固体含量如何测定？

一、目的

熟练掌握不同外加剂中（液体、固体）固体含量的测定方法。

二、原理

将已恒量的称量瓶内放入被测试样于一定的温度下烘至恒量。

三、仪器

（1）天平：不应低于四级，精确至 0.0001g；

（2）鼓风电热恒温干燥箱：温度范围 0～200℃；

（3）带盖称量瓶：25mm×65mm；

（4）干燥器：内盛变色硅胶。

四、试验步骤

（1）将洁净带盖称量瓶放入烘箱内，于 100～105℃ 烘 30min，取出置于干燥器内，冷却 30min 后称量，重复上述步骤直至恒量，其质量为 m_0。

（2）将被测试样装入已经恒量的称量瓶内，盖上盖，称出试样及称量瓶的总质量为 m_1。试样称量：固体产品 1.0000～2.0000g；液体产品：3.0000～5.0000g。

（3）将盛有试样的称量瓶放入烘箱内，开启瓶盖，升温至 100～105℃（特殊品种除外）烘干，盖上盖，置于干燥器内冷却 30min 后称量，重复上述步骤直至恒量，其质量为 m_2。

五、结果表示

固体含量 $X_固$ 按式（1）计算：

$$X_固 = \frac{m_2 - m_0}{m_1 - m_0} \times 100\% \tag{1}$$

式中　$X_固$——固体含量，%；

m_0——称量瓶的质量，g；

m_1——称量瓶加试样的质量，g；

m_2——称量瓶加烘干后试样的质量，g。

六、注意事项

（1）一般地，固体含量指液体产品，但固体产品，也可以作其固体含量。

（2）在测定的过程中，注意称量的准确性。

（3）室内允许差为0.30%，室间允许差为0.50%。

（4）对于沸点较高（大于105℃）的溶液，应特殊处理。

14 外加剂密度如何测定？

一、目的

（1）掌握比重瓶法测定密度的基本原理。

（2）掌握测定混凝土外加剂密度的试验过程。

二、原理（比重瓶法）

将已校正容积（V值）的比重瓶，灌满被测溶液，在（20±1）℃下恒温，在天平上称出其质量。

三、仪器

（1）比重瓶：25mL或50mL；

（2）天平：不应低于四级，精确至0.0001g；

（3）干燥器：内盛变色硅胶；

（4）超级恒温器或同等条件的恒温设备。

四、试验步骤

（一）比重瓶容积的校正

比重瓶依次用水、乙醇、丙酮和乙醚洗涤并吹干，塞子连瓶一起放入干燥器内，取出，称量比重瓶的质量为m_0，直至恒量。然后将预先煮沸并经冷却的水装入瓶内，塞上塞子，使多余的水分从塞子毛细管流出，用吸水纸吸干瓶外的水。注意不能让吸水纸吸出塞子毛细管里的水，水要保持与毛细管上口相平，立即在天平称出比重瓶装满水后的质量m_1。

容积V按下式计算：

$$V = \frac{m_1 - m_0}{0.9982} \tag{1}$$

式中　V——比重瓶在20℃时的容积，mL；

　　　m_0——干燥的比重瓶质量，g；

　　　m_1——比重瓶盛满20℃水的质量，g；

0.9982——20℃时纯水的密度，g/mL。

（二）外加剂溶液密度的测定

将已校正V值的比重瓶洗净、干燥、灌满被测溶液，塞上塞子后浸入（20±1）℃超级恒温器内，恒温20min后取出，用吸水纸吸干瓶外的水及由毛细管溢出的溶液后，在天平上称出比重瓶装满外加剂溶液后的质量为m_2。

五、结果表示

外加剂溶液的密度ρ按下式计算：

18

$$\rho = \frac{m_2 - m_0}{V} = \frac{m_2 - m_0}{m_1 - m_0} \times 0.9982 \qquad (2)$$

式中 ρ——20℃时外加剂溶液密度，g/mL；

m_2——比重瓶装满 20℃外加剂溶液后的质量，g；

室内允许差为 0.001g/mL；室间允许差为 0.002g/mL。

六、注意事项

（1）液体样品直接测试；

（2）固体样品溶液的浓度为 10g/L；

（3）被测溶液的温度为（20±1）℃；

（4）被测溶液必须清澈，如有沉淀应滤去。

15 外加剂减水率如何测定？

一、目的

（1）熟悉混凝土外加剂减水率的测定方法。

（2）掌握混凝土外加剂减水率的测定原理和结果处理。

二、原理

减水率为坍落度基本相同时，基准混凝土和掺外加剂混凝土单位用水量之差与基准混凝土单位用水量之比。

减水率按下式计算：

$$W_R = \frac{W_0 - W_1}{W_0} \times 100\% \qquad (1)$$

式中 W_R——减水率，%；

W_0——基准混凝土单位用水量，kg/m³；

W_1——掺外加剂混凝土单位用水量，kg/m³。

三、结果表示

W_R 以三批试验的算术平均值计，精确到小数点后一位。若三批试验的最大值或最小值中有一个与中间值之差超过中间值的 15% 时，则把最大值与最小值一并舍去，取中间值作为该组试验的减水率。若两个测值与中间值之差均超过 15% 时，则该批试验结果无效，应该重做。

四、注意事项

（1）可以用满足要求的 P·O 42.5 的水泥代替基准水泥，但在有争议时必须用基准水泥。

（2）砂石采用符合 GB 8076 的标准要求。

16 外加剂中氯离子含量如何测定？

一、目的

（1）熟悉二次微商法计算滴定终点的方法。

（2）掌握混凝土外加剂氯离子的测定原理及测定过程。

（3）学会标准溶液的配制和标定。

二、原理

用电位滴定法，以银电极或氯电极为指示电极，其电势随 Ag^+ 浓度而变化。以甘汞电极为参比电极，用电位计或酸度计测定两电极在溶液中组成原电池的电势，银离子与氯离子反应生成溶解度很小的氯化银白色沉淀。在等当点前滴入硝酸银生成氯化银沉淀，两电极间电势变化缓慢，等当点时氯离子全部生成氯化银沉淀，这时滴入少量硝酸银即引起电势急剧变化，指示出滴定终点。

三、试剂及仪器

(1) 硝酸（1+1）；

(2) 硝酸银溶液（17g/L）：准确称取约17g硝酸银（$AgNO_3$），用水溶解，放入1L棕色容量瓶中稀释至刻度，摇匀，用0.1000mol/L氯化钠标准溶液对硝酸银溶液进行标定。

(3) 氯化钠标准溶液 [$c(NaCl) = 0.1000mol/L$]：称取约10g氯化钠（基准试剂），盛在称量瓶中，于130~150℃烘干2h，在干燥器内冷却后精确称取5.8443g，用水溶解并稀释至1L，摇匀。

标定硝酸银溶液（17g/L）：用移液管吸取10mL 0.1000mol/L的氯化钠标准溶液于烧杯中，加水稀释至200mL，加4mL硝酸（1+1）在电磁搅拌下，用硝酸银溶液以电位滴定法测定终点，过等当点后，在同一溶液中再加入0.1000mol/L氯化钠标准溶液10mL，继续用硝酸银溶液滴定至第二个终点，用二次微商法计算出硝酸银溶液消耗的体积 V_{01}、V_{02}。

体积 V_0 按下式计算：

$$V_0 = V_{02} - V_{01} \qquad (1)$$

式中　　V_0——10mL 0.1000mol/L氯化钠消耗硝酸银溶液的体积，mL；

　　　　V_{01}——空白试验中200mL水，加4mL硝酸（1+1）加10mL 0.1000mol/L氯化钠标准溶液所消耗的硝酸银溶液的体积，mL；

　　　　V_{02}——空白试验中200mL水，加4mL硝酸（1+1）加20mL 0.1000mol/L氯化钠标准溶液所消耗的硝酸银溶液的体积，mL；

浓度 c 按下式计算：

$$c = \frac{c'V'}{V_0} \qquad (2)$$

式中　　c——硝酸银溶液的浓度，mol/L；

　　　　c'——氯化钠标准溶液的浓度，mol/L；

　　　　V'——氯化钠标准溶液的体积，mL。

(4) 仪器

①电位测定仪或酸度仪；

②银电极或氯电极；

③甘汞电极；

④电磁搅拌器；

⑤滴定管（25mL）；

⑥移液管（10mL）。

四、试验步骤

(1) 准确称取外加剂试样0.5000~5.0000g，放入烧杯中，加200mL水和4mL硝酸（1+1），使溶液呈现酸性，搅拌至完全溶解。如试样不能完全溶解，可用快速定性滤纸过滤，并用蒸馏水洗涤残渣至无氯离子为止。

(2) 用移液管加入10mL 0.1000mol/L的氯化钠标准溶液，烧杯内加入电磁搅拌子，将烧杯放在电磁搅拌器上，开动搅拌器并插入银电极（或氯电极）及甘汞电极，两电极与电位计或酸度计相连接，用硝酸银溶液缓慢滴定，记录电势和对应的滴定管读数。

由于接近等当点时，电势增加很快，此时要缓慢滴加硝酸银溶液，每次定量加入0.1mL，当电势发生突变时，表示等当点已过，此时继续滴入硝酸银溶液，直至电势趋向变化平缓。得到第一个终点时硝酸银溶液消耗的体积 V_1。

（3）在同一溶液中，用移液管再加 10mL 0.1000mol/L 氯化钠标准溶液（此时溶液电势降低），继续用硝酸银溶液滴定，直至第二个等当点出现，记录电势和对应的 0.1mol/L 硝酸银溶液消耗的体积 V_2。

（4）空白试验　在干净的烧杯中加入 200mL 水和 4mL 硝酸（1+1）。用移液管加入 10mL 0.1000mol/L 氯化钠标准溶液，在不加入试样的情况下，在电磁搅拌下，缓慢滴加硝酸银溶液，记录电势和对应的滴定管读数，直至第一个终点出现。过等当点后，在同一溶液中，再用移液管加入 0.1000mol/L 氯化钠标准溶液 10mL，继续用硝酸银溶液滴定至第二个终点，用二次微商法计算出硝酸银溶液消耗的体积 V_{01} 及 V_{02}。

五、结果表示

用二次微商法计算结果。通过电压对体积二次导数（即 $\Delta^2 E / \Delta V^2$）变成零的办法来求出滴定终点。假如在邻近等当点时，每次加入的硝酸银溶液是相等的，此函数（$\Delta^2 E / \Delta V^2$）必定会在正负两个符号发生变化的体积之间的某一点变成零，对应这一点的体积即为终点体积，可用内插法求得。外加剂中氯离子所消耗的硝酸银体积 V 按下式计算：

$$V = \frac{(V_1 - V_{01}) + (V_2 - V_{02})}{2} \tag{3}$$

式中　V_1——试样溶液加 10mL 0.1000mol/L 氯化钠标准溶液所消耗的硝酸银溶液体积，mL；

V_2——试样溶液加 20mL 0.1000mol/L 氯化钠标准溶液所消耗的硝酸银溶液体积，mL。

外加剂中氯离子含量 X_{Cl^-} 按下式计算：

$$X_{Cl^-} = \frac{cV \times 35.45}{m \times 1000} \times 100\% \tag{4}$$

式中　X_{Cl^-}——外加剂氯离子含量，%；

m——外加剂样品质量，g。

用 1.565 乘以氯离子的含量，即获得无水氯化钙 X_{CaCl_2} 的含量，按下式计算：

$$X_{CaCl_2} = 1.565 \times X_{Cl^-} \tag{5}$$

式中　X_{CaCl_2}——外加剂中无水氯化钙的含量，%。

室内允许差为 0.05%；室间允许差为 0.08%。

17　外加剂中硫酸钠含量如何测定？

一、目的

熟悉硫酸钠含量的测定原理和方法。

二、原理（重量法）

氯化钡溶液与外加剂试样中的硫酸盐生成溶解度极小的硫酸钡沉淀，称量经高温灼烧后的沉淀来计算硫酸钠的含量。

三、试剂及仪器

（1）盐酸（1+1）；

（2）氯化铵溶液（50g/L）；

（3）氯化钡溶液（100g/L）；

（4）硝酸银溶液（1g/L）。

（5）电阻高温炉：最高使用温度不低于 900℃；

（6）天平：不应低于四级，精确至 0.0001g；

（7）电磁电热式搅拌器；

（8）瓷坩埚：18～30mL；

（9）烧杯：400mL；

（10）长颈漏斗；

（11）慢速定量滤纸，快速定性滤纸。

四、试验步骤

（1）准确称取试样约 0.5g，于 400mL 烧杯中，加入 200mL 水搅拌溶解，再加入氯化铵溶液 50mL，加热煮沸后，用快速定性滤纸过滤，用水洗涤数次后，将滤液浓缩至 200mL 左右，滴加盐酸（1＋1）至浓缩滤液显示酸性，再多加 5～10 滴盐酸，煮沸后在不断搅拌下趁热滴加氯化钡溶液 10mL，继续煮沸 15min，取下烧杯，置于加热板上保持 50～60℃静置 2～4h 或常温静置 8h。

（2）用两张慢速定量滤纸过滤，烧杯中的沉淀用 70℃水洗净，使沉淀全部转移到滤纸上，用温热水洗涤沉淀至无氯根为止（用硝酸银溶液检验）。

（3）将沉淀与滤纸移入预先灼烧恒重的坩埚中，小火烘干，灰化。

（4）在 800℃电阻高温炉中灼烧 30min，然后在干燥器里冷却至室温（约 30min），取出称量，再将坩埚放回高温炉中，灼烧 20min，取出冷却至室温称量，如此反复直至恒量（连续两次称量之差小于 0.0005g）。

五、结果表示

硫酸钠含量 $X_{Na_2SO_4}$ 按下式计算：

$$X_{Na_2SO_4} = \frac{(m_2 - m_1) \times 0.6086}{m} \times 100\% \tag{1}$$

式中　$X_{Na_2SO_4}$——外加剂中的硫酸钠含量，%；

　　　　m——试样质量，g；

　　　　m_1——空坩埚质量，g；

　　　　m_2——灼烧后滤渣加坩埚质量，g；

　　　0.6086——硫酸钡换算成硫酸钠的系数。

室内允许差为 0.50%；室间允许差为 0.80%。

六、注意事项

（1）第一次过滤用快速定性滤纸，用常温水进行洗涤。

（2）第二次过滤用慢速定性滤纸过滤，用 70℃的水进行洗涤。

18　外加剂 pH 值如何测定？

一、目的

（1）熟悉酸度计测定 pH 值的原理。

（2）掌握 pH 值的测定过程。

二、原理

根据能斯特（Nernst）方程 $E = E_0 + 0.05915 \lg [H^+]$，$E = E_0 - 0.05915 pH$，利用一对电极在不同 pH 值溶液中能产生不同电位差，这一对电极由测试电极（玻璃电极）和参比电极（饱和甘汞电极）组成，在 25℃时每相差一个单位 pH 值时产生 59.15mV 的电位差，pH 值可在仪器的刻度表上直接读出。

三、仪器和测试条件

（一）仪器

（1）酸度计；

（2）甘汞电极；

（3）玻璃电极；

（4）复合电极。

（二）测试条件

（1）液体样品直接测试；

（2）固体样品溶液的浓度为10g/L；

（3）被测溶液的温度为（20±3）℃。

四、试验步骤

校正：按仪器的出厂说明书校正仪器。

测量：当仪器校正好后，先用水，再用测试溶液冲洗电极，然后再将电极浸入被测溶液中轻轻摇动试杯，使溶液均匀。待到酸度计的读数稳定1min，记录读数。测量结束后，用水冲洗电极，以待下次测量。

五、结果表示

酸度计测出的结果即为溶液的pH值。

室内允许差为0.2，室间允许差为0.5。

19 外加剂中碱含量如何测定？

一、目的

（1）掌握碱含量的测定原理。

（2）学习掌握火焰光度计的使用方法。

二、原理

试样用约80℃的热水溶解，以氨水分离铁和铝，以碳酸钙分离钙和镁。滤液中的碱（钾和钠）采用相应的滤光片，用火焰光度计进行测定。

三、试剂与仪器

（1）盐酸（1+1）。

（2）氨水（1+1）。

（3）碳酸铵溶液（100g/L）。

（4）氧化钾、氧化钠标准溶液：精确称取已在130～150℃烘过2h的氯化钾（KCl光谱纯）0.7920g及氯化钠（NaCl光谱纯）0.9430g，置于烧杯中，加水溶解后，移入1000mL容量瓶中，用水稀释至标线，摇匀，转移至干燥的带盖的塑料瓶中。此标准溶液每毫升相当于氧化钾及氧化钠0.5mg。

（5）甲基红指示剂（2g/L乙醇溶液）。

（6）火焰光度计。

四、试验步骤

分别向100mL容量瓶中注入0.00mL、1.00mL、2.00mL、4.00mL、8.00mL、12.00mL的氧化钾、氧化钠标准溶液（分别相当于氧化钾、氧化钠各0.00mg、0.50mg、1.00mg、2.00mg、4.00mg、6.00mg），用水稀释至标线，摇匀，然后分别于火焰光度计上按仪器使用规程进行测定，根据测得的检流计读数与溶液的浓度关系，分别绘制氧化钾及氧化钠的工作曲线。

分析步聚：准确称取一定量的试样置于150mL的瓷蒸发皿中，用80℃左右的热水润湿并稀释至30mL，置于电热板上加热蒸发，保持微沸5min后取下，冷却，加1滴甲基红指示剂，滴加氨水（1+1），使溶液呈黄色；加入10mL碳酸铵溶液，搅拌，置于电热板上加热并保持微沸10min，用中速滤纸过滤，以热水洗涤，滤液及洗液盛于容量瓶中，冷却至室温，以盐酸（1+1）中和至溶液呈红后，然后用水稀释至标线，摇匀，以火焰光度计按仪器使用规程进行测定。称样量及稀释倍数见表1。

表1 称样量及稀释倍数

总碱量（%）	称样量（g）	稀释体积（mL）	稀释倍数
100	0.2	100	1
1.00 ~ 5.00	0.1	250	2.5
5.00 ~ 10.00	0.05	250 或 500	2.5 或 5.0
大于 10.00	0.05	500 或 1000	5.0 或 10.0

五、结果表示

（一）氧化钾与氧化钠含量计算

氧化钾含量 X_{K_2O} 按下式计算：

$$X_{K_2O} = \frac{C_1 \cdot n}{m \times 1000} \times 100\% \tag{1}$$

式中　X_{K_2O}——外加剂中氧化钾含量，%；

　　　C_1——在工作曲线上查得每100mL被测定溶液中氧化钾的含量，mg；

　　　n——被测溶液的稀释倍数；

　　　m——试样质量，g。

氧化钠含量 X_{Na_2O} 按下式计算：

$$X_{Na_2O} = \frac{C_2 \cdot n}{m \times 1000} \times 100\% \tag{2}$$

式中　X_{Na_2O}——外加剂中氧化钠含量，%；

　　　C_2——在工作曲线上查得每100mL被测定溶液中氧化钠的含量，mg。

（二）总碱量按下式计算

$$X_{总碱量} = 0.658X_{K_2O} + X_{Na_2O} \tag{3}$$

式中　$X_{总碱量}$——外加剂中的总碱量，%。

允许误差见表2。

表2 允许误差

总碱量（%）	室内允许误差（%）	室间允许误差（%）
1.00	0.10	0.15
1.00 ~ 5.00	0.20	0.30
5.00 ~ 10.00	0.30	0.50
大于 10.00	0.50	0.80

注：总碱量的测定亦可采用原子吸收光谱法，参见 GB/T 176。

六、注意事项

注意称样量稀释倍数的选择和检测允许误差的范围。

20 外加剂对水泥的适应性如何检验？

一、适用范围

本方法依据 GB 50119—2003《混凝土外加剂应用技术规范》，适用于各类混凝土减水剂及减水剂复合的各种外加剂对水泥的适应性，也可用于检测其对矿物掺合料的适应性。

二、仪器设备

（1）水泥净浆搅拌机；

（2）截锥形圆模：上口内径 36mm，下口内径 60mm，高度 60mm，内壁光滑无接缝的金属制品；

（3）玻璃板：400mm×400mm×5mm；

（4）钢直尺：300mm；

（5）刮刀；

（6）秒表、时钟；

（7）药物天平：称量 100g、感量 1g；

（8）电子天平：称量 50g、感量 0.05g。

三、试验步骤

（1）将玻璃板放置在水平位置，用湿布将玻璃板、截锥圆模、搅拌器及搅拌锅均匀擦过，使其表面湿而不带水滴；

（2）将截锥圆模放在玻璃板中央，并用湿布覆盖待用；

（3）称取水泥 600g，倒入搅拌锅内；

（4）对某种水泥需选择外加剂时，每种外加剂应分别加入不同掺量；对某种外加剂选择水泥时，每种水泥应分别进行试验；

（5）加入 174g 或 210g 水（外加剂为水剂时，应扣除其含水量），搅拌 4min；

（6）将拌好的净浆迅速注入截锥圆模内，用刮刀刮平，将截锥圆模按垂直方向提起，同时开启秒表计，至 30s 用直尺量取流淌水泥净浆互相垂直的两个方向的最大直径，取平均值作为水泥净浆初始流动度；

（7）已测定过流动度的水泥浆应弃去，不再装入搅拌锅中。水泥净浆停放时，应用湿布覆盖搅拌锅；

（8）剩余在搅拌锅内的水泥净浆，至加水后 30min（60min），开启搅拌机，搅拌 4min，按本方法分别测定相应时间的水泥净浆流动度。

四、测试结果分析

绘制以掺量为横坐标，流动度为纵坐标的曲线。其中饱和点（外加剂掺量与水泥净浆流动度化曲线的拐点）外加剂掺量低、流动度大，流动度损失小的外加剂对水泥的适应性好。

21 外加剂对砂浆收缩性能的影响是什么？

对于自收缩，掺加木钙对砂浆自收缩影响不显著，掺加 FDN 明显地增大了砂浆的收缩率，而元明粉的加入降低了收缩率。掺加矿粉、粉煤灰以及两者的复合物都能使砂浆的收缩率下降，但矿渣和粉煤灰单掺时对收缩率影响较小，复掺时能明显地降低砂浆的收缩率。

对于干缩，掺加木钙对砂浆干缩率影响不大，掺 FDN 显著增大砂浆的干缩率，而掺入元明粉很大程度上降低了砂浆的干缩率。用矿渣、粉煤灰以及两者的复合物取代水泥使砂浆干缩率明显降低，用矿渣取代水泥使砂浆后期干缩率有所增大，复掺效果要优于单掺。

掺减水剂使砂浆收缩率（包括干缩和早期收缩）发生变化的主要原因是：减水剂的颗粒分散效应和对砂浆水化的影响。掺矿粉使砂浆收缩率发生变化的主要原因是：矿粉的水化活性以及需水量。

22 如何选择外加剂及怎样使用外加剂？

一、选择

外加剂品种的选择，应根据使用外加剂的主要目的，通过技术经济比较确定。外加剂的掺量，应按品种并根据使用要求、施工条件、混凝土原材料等因素通过试验确定。各种混凝土对外加剂的选用见表1。

表1　各种混凝土对外加剂的选用

序号	混凝土种类		外加剂类型	外加剂名称
1	高强混凝土（C60～C100）		非引气剂高效减水剂	UNF、FDN、CRS、SM 等
2	防水混凝土	引气剂防水混凝土	引气剂	松香热聚物、松香酸钠等
		减水剂防水混凝土	减水剂	NF、MF、NNO、木钙、糖蜜等
			引气减水剂	—
	三乙醇胺防水混凝土		早强剂（起密实作用）	三乙醇胺
	氧化铁防水混凝土		防水剂	氧化铁、氧化亚铁、硫酸铝等
3	喷射混凝土		速凝剂	782 型、711 型、红星一型等
4	大体积混凝土		缓凝剂	木钙、糖蜜、柠檬酸等
			缓凝减水剂	—
5	泵送混凝土		高效减水剂	NF、AF、MF、FDN、UNF 等
6	预拌混凝土		缓凝减水剂	NF、UNF、FDN、木钙等
			普通减水剂	—
7	一般混凝土		普通减水剂	木钙、糖蜜、腐殖酸等
8	流动混凝土（自密实混凝土）		非引气型	NF、UNF、FDN 等
			高效减水剂	—
9	冬季施工混凝土		复合早强剂	氯化钠-亚硝酸钠-三乙醇胺
			早强减水剂	NF、UNF、FDN、NC 等
10	预制混凝土构件		早强剂、减水剂	硫酸钠复合剂、NC、木钙等
11	夏季施工混凝土		缓凝减水剂	木钙、糖蜜、腐殖酸等
			缓凝剂	—
12	负温施工混凝土		复合早强剂	①NF 0.25% + 三乙醇胺 0.03%
			复合防冻剂	②三乙醇胺 0.05% + 氧化钠 1% + 亚硝酸钠 1%
				③MF 0.5%（或 NNO 0.75%）+ 三乙醇胺 0.05%
				④硫酸钠 2% ～3% + 三乙醇胺 0.03%
				⑤NC⑥NON－F、NC－3、FW2、FW3、AN-4 等
13	砌筑砂浆		砂浆塑化剂	微沫剂、GS、B－SS 等

二、使用

外加剂品种确定后，要认真确定外加剂的掺量。掺量过小，往往达不到预期效果。掺量过大，可能会影响混凝土的质量，甚至造成严重事故，因此使用时应严格控制外加剂掺量。对掺量

26

极小的外加剂，不能直接投入混凝土搅拌机，应配制成合适浓度的溶液，按使用量连同拌合水一起加入搅拌机进行搅拌。

23 掺外加剂混凝土的施工要点是什么？

掺外加剂的混凝土工程施工要点如下：

（1）外加剂

外加剂掺量少（为水泥质量的 0.005% ~ 5%）、效果好，必须精确计量，称量误差不应超过 2%。外加剂的品种和掺量必须根据对混凝土性能的要求、施工及气候条件、混凝土原材料及配合比等因素通过试验确定。当以溶液形式使用时，溶液中的水量应计入拌合水的总水量中。当两种以上外加剂复合使用导致溶液絮凝或沉淀时，应分别配制溶液并分别加入搅拌机内。

（2）减水剂

为保证混合均匀，减水剂宜以溶液形式掺入，掺量随气温升高可适当增加。减水剂宜与拌合水同时加入搅拌机内，用搅拌车运输混凝土时，可在卸料前加入减水剂，经 60 ~ 120s 搅拌后卸料。普通减水剂适用于日最低气温 5℃ 以上的混凝土施工，低于 5℃ 时要与早强剂复合使用，使用时要注意振捣除气。掺减水剂的混凝土应加强初期养护，蒸汽养护时须达到一定强度后方可升温。许多高效减水剂用于混凝土中时坍落度损失较大，30min 可损失 30% ~ 50%，使用中应加注意。

（3）引气剂及引气减水剂

抗冻融要求高的混凝土必须掺加引气剂或引气减水剂，预应力混凝土及蒸汽养护混凝土不宜使用引气剂。引气剂应以溶液形式掺入，先加入到拌合水中。引气剂可与减水剂、早强剂、缓凝剂、防冻剂一起复合使用，配制的溶液必须充分溶解。若有絮凝或沉淀，应加热使之溶化。加引气剂的混凝土必须采用机械搅拌，搅拌时间应大于 3min、小于 5min。从出料到浇筑的时间应尽量缩短，振捣时间不宜超过 20s，以避免含气量损失。

（4）缓凝剂和缓凝减水剂

应以溶液形式掺加，当难溶或不溶物较多时要充分搅拌均匀再使用，搅拌时间可延长 1 ~ 2min，可以与其他外加剂复合使用，须待混凝土终凝后方可浇水养护。缓凝剂不宜用于日最低气温低于 5℃ 的混凝土施工，也不宜单独用于有早强要求的混凝土及蒸养混凝土。

（5）早强剂及早强减水剂

有的以干粉形式直接掺入，有的应配成溶液使用，要根据使用说明进行操作。以干粉形式掺入的，应先与水泥、集料干拌，然后加水，搅拌时间不得少于 3min。配成溶液使用的，可用 40 ~ 70℃ 的热水加速溶化。浇筑后要用塑料薄膜覆盖养护，低温环境下要覆盖保温材料，终凝后应立即浇水保湿养护。掺早强剂的混凝土采用蒸汽养护时，必须通过试验确定蒸养制度。

（6）防冻剂

防冻剂有规定温度为 -5℃，-10℃，-15℃ 等种类，使用时要根据日最低温度选用。掺防冻剂的混凝土宜选用强度等级不低于 42.5MPa 的硅酸盐水泥或普通硅酸盐水泥，严禁使用高铝水泥。氯盐、亚硝酸盐及硝酸盐类防冻剂严禁用于预应力混凝土工程。混凝土原材料要加热使用（使用热水或蒸汽），搅拌机出机温度不得低于 10℃；要严格控制防冻剂用量与水灰比；搅拌时间要比常温搅拌延长 50%。浇筑完毕后应覆盖塑料薄膜与保温材料，负温度下养护不得浇水。

（7）膨胀剂

施工前应先试配，以确定掺量，保证准确的膨胀率。应采用机械搅拌，搅拌时间不应少于 3min，并应比不掺外加剂的混凝土延长搅拌 30s。补偿收缩混凝土宜用机械振捣，保证密实；坍落度在 150mm 以上的填充用膨胀混凝土，不得使用机械振捣。膨胀混凝土必须在潮湿状态下养护 14d 以上，或者喷涂养护剂养护。

（8）速凝剂

使用速凝剂应充分注意对水泥的适应性，正确掌握掺量和使用条件。水泥中 C_3A 和 C_3S 的含量高，则速凝效果好。掺速凝剂的混凝土拌合物必须在 20min 内浇筑或喷射。混凝土成型后要保湿养护，防止干裂。

24　中国混凝土外加剂是如何发展的？

最早出现的混凝土外加剂是疏水剂和塑化剂，并于 1910 年成为工业产品。20 世纪 30 年代，混凝土外加剂开始有了较大规模的发展，代表产品是美国以松香树脂（vinsol resin）为原料生产的一种引气剂。50 年代，国外又以亚硫酸纸浆废液经发酵脱糖工艺等途径生产阴离子表面活性剂，用于提高混凝土塑性，从而开辟了现代混凝土减水剂的历史纪元。60 年代，日本研制成功萘磺酸甲醛缩合物高效减水剂，德国研制成功密胺磺酸甲醛缩合物高效减水剂，使混凝土技术得到了划时代的发展。到了 80 年代末 90 年代初，由于商品混凝土的普及应用，日本又率先研制成功了反应性高分子化合物，较好地解决了大流动性混凝土坍落度经时损失大的问题。国际上代表性的高性能外加剂主要有氨基磺酸盐高效减水剂、聚羧酸系高效减水剂（包括烯烃-马来酸盐共聚物和聚丙烯酸多元聚合物）。

自 20 世纪 30 年代开始使用木质素减水剂，60 年代日本和原联邦德国研制成功高效减水剂以来，混凝土外加剂已有 70 多年的历史。从 60 年代以后，外加剂进入了迅速发展的时代。我国自 20 世纪 70 年代以来，外加剂的科研、生产和应用也取得重大的进展。

混凝土外加剂开始是作为对混凝土有益的补充组分加入的，在实际使用中，很快成为所有优质混凝土的必需组成，在现代混凝土材料和技术中起着重要作用。

20 世纪 90 年代初出现的高性能混凝土是混凝土高技术的产物，被人们称为 21 世纪的混凝土，它的出现是离不开混凝土外加剂的。高性能混凝土是当前国内外混凝土领域中研究的热点，高性能混凝土是一种具有良好施工性能、体积稳定性好和高耐久性的混凝土。混凝土达到高性能的最重要的技术途径是使用优质的高效减水剂和矿物外加剂（亦称矿物外掺料）。高效减水剂能降低混凝土的水灰比，增大坍落度和控制坍落度损失，赋予混凝土高密实度和优异施工性能；矿物外加剂能填充胶凝材料的孔隙，参与胶凝材料的水化，改变混凝土的界面结构，提高混凝土的致密性、强度和耐久性。也可以说 90 年代的矿物外加剂的开发应用，使混凝土进入了高性能时代。

20 世纪 50 年代应用松香树脂类引气剂、木质素磺酸盐塑化剂，并且推广应用于官厅水库、佛子岭水库和武汉长江大桥等工程；70 年代，合成萘系减水剂；1990 年以后又开展了氨基磺酸盐和聚羧酸盐系高效减水剂的研究。

混凝土外加剂促进了混凝土新技术的发展，如自流平混凝土、水下混凝土、喷射混凝土、商品混凝土和泵送混凝土。就商品混凝土而言，混凝土外加剂的应用解决了商品混凝土生产中的诸多技术难题，促进了商品混凝土的发展。商品混凝土的应用是建筑工程生产方式的重大变革，商品混凝土的应用数量和比例标志着一个国家的混凝土工业生产水平。

25　外加剂在哪些方面起作用？

外加剂的作用综合起来，有以下几方面：

（1）能改善施工条件、减轻体力劳动强度、有利于机械化作业，这对保证并提高混凝土的工程质量很有好处。掺用外加剂后，能使以前难以完成的、要求有较高质量的混凝土工程可以在现场条件下完成。例如，可掺加高效减水剂，在土地现场条件下配制 C80～C100 超高强混凝土；掺加合适的减水剂，可配制泵送流态混凝土等。

（2）能减少养护时间或缩短预制构件厂的蒸养时间；也可以使工地提早拆除模板、加速模板周转；还可以提早对预应力钢筋混凝土的钢筋放张、剪筋。总之，掺用外加剂可以加快施工进度，提高建设速度。

（3）能提高或改善混凝土质量，有些外加剂掺入到混凝土中后，可以提高混凝土的强度，增加混凝土的耐久性、密实性、抗冻性及抗渗性，并可改善混凝土的干燥收缩及徐变性能。一些外加剂掺入到混凝土中以后，能提高混凝土中钢筋的耐腐蚀性能。

（4）在采取一定的工艺措施以后，掺加外加剂能适当地节约水泥而不致对混凝土质量有不利的影响。

（5）掺用外加剂在一定程度上可以节省能源，节约了水泥本身就是节省了能源，增加了混凝土拌合物的和易性，使捣固、抹平等工序易于进行，也必会使能耗减少，减少了养护尤其是蒸汽养护的时间，直接节省了能源，而制造外加剂所消费掉的能源，比起所能节约的能源来说是微不足道的，因此，掺用外加剂后，对能源的节约将能起到相当大的作用。

26　常用的 14 种外加剂涉及的 9 个标准规范有哪些？

（1）GB/T 8075—2005 混凝土外加剂的分类、命名与定义；（2）GB 8076—1997 混凝土外加剂（正在修订）；（3）GB 8077—2000 混凝土外加剂匀质性试验方法；（4）JC 473—2001 混凝土泵送剂；（5）JC 475—2004混凝土防冻剂；（6）JC 476—2001 混凝土膨胀剂；（7）JC 474—1999 砂浆、混凝土防水剂；（8）GB 18588—2001 混凝土外加剂中释放氨的限量；（9）GB 50119—2003 混凝土外加剂应用技术规范。

27　如何提高复配外加剂的产量和质量？

一、复配外加剂沉淀物产生的原因

任何一种复配的外加剂，均有不溶的沉淀物，区别只是数量的多少和是否多到有害的程度而已。

（1）絮状物

主要来自复配原料的包装物。在向搅拌缸内倾倒加料时，附着的扎袋绳、编织袋袋口松散的织丝、缝包机线以及撕裂的内膜小片等，都会因为不注意被一起投入搅拌缸，而进入水剂复配产品中。此类屑絮，主要危害的是复配厂内的设备，如：搅拌浆轴、自吸泵轴和堵塞管道阀门，一般危害延伸不出厂区。

（2）原料的原生不溶物沉淀

原则上复配配方中的所有组分均含有不溶物，但数量以萘系母料最多（因其所占份额比例最大）。特别是位于北方产煤区，并以煤为燃料，采用热烟气（一次性热介质）烘干工艺的萘系合成厂最多。这种烘干制粉工艺热风炉出来的热烟气在进塔前一般由旋风式收尘（一级）、多管式或脉冲袋式收尘（二级）所组合的二级系统予以除尘净化。但若疏于管理，除尘器即成摆设，根本不除尘。此时大量细粉粒状物料悬浮在热烟气中，与热烟气一并进入烘干塔，最终落入产品中。例某小型复配厂采用某厂生产的低浓度萘系作母料，月均消耗 85t 粉剂，一个直径 4.6m 的储罐，短短两个月就淤积 1.1m 厚。这类不溶物多为细粉，呈黑灰色，主要由煤灰、未燃尽的半焦及未燃的煤末组成。其中，多孔的半焦危害较大，因其性能类似活性碳，多贯通微孔，吸附能力强，会降低外加剂的减水性能。而采用二次热介质的烘干工艺，如用导热油套管加热洁净空气再入塔的，不溶物沉淀就基本没有。

在极个别的情况下，原料原生不溶物中还可能会有小的螺丝、螺帽、扫帚棒、树枝、小石子、沙子等杂物，甚至还会有烟蒂，当然这些是特例。

水剂配方中原生不溶物沉淀较多的组分还有糖钙（约2%～4%）、木钙（约1%～2.5%）、木镁（约0.8%～1.6%）等。

（3）复配后产生的二次沉淀

如果在复配配方中所选用原料（盐类）的阳离子均为碱金属，原则上无二次沉淀产生。但如有钙盐、镁盐（即碱土金属盐）存在，同时又引入了有机的羟基羧酸盐，如柠檬酸、酒石酸、苹果酸、水杨酸、乳酸、葡萄糖酸的盐，或无机的磷酸盐、多聚磷酸盐、焦磷酸盐的话，由于这些盐类在水溶液中电离，两种原料的阴阳离子互相交叉置换，就会生成新的、溶度积更小的盐类而产生二次沉淀，沉淀物的总量会一下子增加很多。所以复配厂在设计配方选料搭配时，应首先考虑到二次沉淀的有害影响。

（4）低温季节硫酸钠的饱和析晶沉淀

不同温度下的硫酸钠（在水溶液中的存在形式为）在水中的饱和溶解度有所差别：30℃为40.8%；20℃为19.4%；10℃为9.0%；0℃为5.0%，其特征是在20℃以下有一个陡降。十水硫酸钠在降温速率缓慢的低温气候条件下，结晶会发育得很好，呈有连体底座的晶簇，这种连体底座的晶簇会将管道完全堵死，因此危害极大。

二、减轻、消除沉淀物的措施

（1）设一前一后两道过滤网。分别在搅拌缸的投料孔处设一个筛网，在搅拌缸出口处安装一个带有活盖的滤清桶。一前一后配置两道滤网，再加上定时开盖清掏，即可克服絮状物的危害。

（2）在选择低浓度萘系原料时，除了考虑性价比等因素外，还要考察其烘干工艺和该企业的设备管理水平（尤其要注意收尘设备的完好），同等条件下优先使用二次热介质烘干工艺，以降低原生煤灰质沉淀物。

（3）设容量在15t、高径比（$H:\phi$）为4:1左右的预沉淀罐，将出料管位置设在水平1m以上，并在生产及发货间留有充裕的沉淀澄清时间，使产品能在此罐内停留24h后再泵入大贮罐或出厂，可在一定程度上减少最终客户所用的产品中的不溶物数量。

（4）大贮罐及预沉淀罐设清淤入孔，定期清淤。

（5）定期（3~4个月）清洗搅拌楼的加剂储罐、泵和管阀系统，尤其是要彻底清洗阀门，以免阀体部位因失速降沉、不溶物日久积淤，致使阀体关闭不严，发生余沥性渗漏，以致外加剂超剂量加入引发混凝土质量事故（特别多发于低气温季节）。

（6）在每年气温开始降至15℃以下时，就要考虑掺用一定比例的高浓度萘系原料来勾兑、调整降低水剂产品中的 $Na_2SO_4 \cdot 10H_2O$ 的浓度，使其务必要低于该时间段有可能出现的最低气温下的饱和溶解度，以避免析晶堵管。这里需要提醒的是，$Na_2SO_4 \cdot 10H_2O$ 的分子量为322，而 Na_2SO_4 的分子量为142，两者相差2.27倍，在勾兑、调整计算时勿出错。

（7）尽量选用不致产生二次沉淀的原料组合，如木钙与磷酸盐的搭配，以期从源头上堵住二次沉淀的生成。

三、提高复配厂搅拌缸产量的两个措施

在复配厂的生产配方中，除了蔗糖、羟基羧酸盐类（系结晶体）为重质体以外，萘系母料、木质素（钠盐、钙盐、镁盐）、糖钙等占绝大部分的投料均为轻质体，且入水极易结团（类似冲泡奶粉），大量料团漂浮在搅拌缸的液面之上；随着搅拌桨轴形成的涡流做无效的同步空转（结团物料与溶液之间无相对冲刷运动），溶解速率很慢，影响了搅拌缸的产量。针对这个矛盾，加工两个可以上下活动、调整的套节，分别设置在搅拌轴和缸壁的管杆上，用以固定10~15cm左右宽的一张筛网框（网孔1cm左右），其高度以筛网框的中心线与缸内浅锥形液面同高为宜。由于筛网框拦阻了结团的漂浮物料，使得搅拌桨轴形成的旋涡水流得以冲刷、剥蚀料团，这样可提高溶解、生产的效率。

如果再配以一台小型管道泵和一个长条管形花洒，用压力喷出一条条形射流，并对准筛网框所拦阻的料团喷射，由于旋涡水流和条形射流两种作用所形成的冲刷、剥蚀效能的双重叠加，溶解速率将再次得以提高。

某小型复配厂采用以上筛网框措施，原溶解 9.5t 产品需耗时 6h，现缩短为 4.5h；再采用管道泵、长条管形花洒措施，则进一步缩短为 3.9h，大大提高了搅拌缸的产量。

28 世界混凝土外加剂市场的发展趋势是什么？

混凝土外加剂市场快速增长，Freedonia 咨询公司最新报告称，未来几年世界水泥和混凝土外加剂市场将快速增长，预计 2010 年市场值将达到 112 亿美元，年平均值涨幅为 5.1%，此前 5 年年平均值增长 3.7%。

2005 年世界水泥混凝土外加剂市场值为 87 亿美元，其中中国、东欧、印度和中东等地区需求增长最为快速，而工业化国家由于对高性能混凝土需求增长较快，预计对高附加值的混凝土强塑剂需求较强劲。

北美地区水泥和混凝土外加剂预计以 6%/a 的速度继续快速增长，2010 年市场值将达到 27 亿美元。西欧未来几年平均增速可达到 3.1%/a，2010 年总需求将达到 33 亿美元。亚太地区增速预计为 5.8%/a，2010 年市场值达到 33 亿美元。世界其他地区平均增速预计为 6.3%/a，市场总值为 19 亿美元。

29 建筑砂浆外加剂如何进行配方设计？

长期以来，在建筑工程上应用于墙体建筑、内外墙粉刷、抹灰的砂浆基本上都是采用混合砂浆（即在水泥砂浆中掺加石灰膏或石灰粉）。这种传统的建筑石灰砂浆由于使用原材料的固有缺陷和计量控制不准确等一系列因素造成建筑砂浆的质量低下，往往导致住宅建筑墙体的渗漏、屋面漏水，墙体粉刷起砂、开裂、空鼓等现象。另外，建筑石灰膏混合砂浆应用在建筑施工中，不但占用场地、污染环境，还严重影响文明施工，应当发展适用于建筑工程施工和装饰工程中的砌筑砂浆、抹灰砂浆的建筑砂浆外加剂。

建筑砂浆外加剂应有的效果：一是对改善砂浆的和易性、可操作性有明显效果，强度性能好；二是提高粘结强度，减少泌水，稠度好，易操作；三是砂浆适用于结构墙体砌筑和基础墙等潮湿部位。

（一）组成

单一成分和功能的砂浆外加剂基本已淘汰，商品砂浆外加剂都是复合型砂浆外加剂。新型外加剂可以是有机材料和无机材料复合产品，也可以是有机或高分子聚合材料，是能够全部替代石灰膏并改善砂浆和易性的外加剂。一般建筑砂浆外加剂，由保水增黏组分、引气组分和减水组分组成，引气组分使浆体体积增加，替代了石灰膏的体积，减水组分提高了砂浆强度，保水增黏组分提高了砂浆保水性，砂浆的综合性能大幅度提高。砂浆外加剂也由单一的松香皂类发展为各种成分的有机、无机复合外加剂；由主要是以引气成分为主的单一成分发展为引气、减水、保水等复合型。目前常用的砂浆塑化剂主要是引气剂类：木钙、松香树脂类和合成表面活性剂（如烷基苯磺酸盐类、十二烷基磺酸盐）。聚合物在混凝土中的主要作用是作为增黏剂、增塑剂和保水剂，组成为：

（1）聚合物水分散体

①橡胶胶乳：有天然橡胶胶乳（NR）及合成橡胶胶乳-氯丁胶乳（CR）、丁苯胶乳（SBR）、丁腈胶乳（NBR）、甲基丙烯酸甲酯-丁二烯胶乳（MBR）及聚丁二烯胶乳（BR）。

②树脂胶乳：有热塑性树脂胶、乳聚丙烯酸酯乳液（PAE）、聚醋酸乙烯酯乳液（PVAC）、聚氯乙烯-偏氯乙烯乳液（PVDC）、乙烯-醋酸乙烯共聚乳液（EVA）、聚丙酸乙烯酯乳液（PVP）及聚丙烯（PP）、热固性树脂胶乳（有环氧树脂乳液及不饱和树脂乳液）。

③沥青乳液：有沥青乳液、煤焦油、沥青橡胶乳液及石蜡乳液。

（2）水溶性聚合物或单体

此类聚合物有纤维素衍生物-甲基纤维素（MC）、聚乙烯醇（PVA）、聚丙烯酸盐、聚丙烯酸钙、糠醇、尿醛、有机硅、聚丙烯酰胺及三聚氰胺-甲醛等。

（3）粉末状聚合物

此类聚合物有聚乙烯、脂肪醇、可再分散聚合物乳胶粉等。

（二）基本配方实例

（1）一种石灰膏替代型砂浆外加剂其百分含量如下：

木钙	30%～50%；
三萜皂甙引气剂	10%～20%；
羧甲基纤维素钠	2%～6%；
聚乙二醇	5%～10%；
十二烷基磺酸钠	2%～6%；
磺酸钠	0%～5%；
矿粉	20%～40%。

（2）另一种建筑砂浆外加剂配方为：

甲基纤维素	2%～6%；
12烷基硫酸钠	1%～5%；
木钙	0%～45%；
双飞粉（碳酸钙）填充量	44%～97%。

双飞粉可用矿渣粉、粉煤灰、水泥等矿物掺合料替代，其最佳组成及含量为：

甲基纤维素	3%；
12烷基硫酸钠	4%；
木钙	30%；
双飞粉（碳酸钙）	63%。

该外加剂使建筑砂浆具有良好的工作性能，而且具有较好的强度、粘结度、抗收缩性能。

30 大体积混凝土应用什么外加剂？

凡结构物断面最小尺寸大于1m的混凝土块体，一般被称为大体积混凝土，如混凝土坝、大型设备基础、高层建筑基础等。实际上，结构物断面最小尺寸大于0.8m的混凝土就会有明显的温升，应按大体积混凝土看待。大体积混凝土有如下特点：（1）由于混凝土体积大，每个块体需用大量水泥，水化时放出大量水化热。如硅酸盐水泥的水化热3d约为251J/g，7d约为335J/g，28d约为418J/g，完全水化时约为502J/g；（2）大体积混凝土散热面小，混凝土导热系数较低，水泥水化热积蓄在内部，致使温度升高，混凝土的温升可达50℃以上，从而容易产生由温度引起的裂缝；（3）大体积混凝土常处于潮湿或与水接触的环境，除强度要求外还必须具有良好的耐久性和抗渗性，有的要求具有抗冲击或抗振动作用、耐侵蚀等；（4）大体积混凝土在升温和后来的降温过程中，因内外温差和收缩作用产生裂缝。

大体积混凝土中应用外加剂的目的在于：（1）延缓混凝土的凝结时间，防止产生"冷缝"。大体积混凝土的结构厚大，一般要分层浇筑和捣实，保证分层浇筑的混凝土之间在初凝前的良好结合，故要求混凝土缓凝，在高温季节更需要缓凝，延长凝结时间，防止产生"冷缝"。（2）减少水化热，降低温升。用外加剂抑制水泥初期水化热，最大限度地降低温升，推迟热峰出现的时间，防止产生过大的温度应力。控制温差不超过 25℃，降低水泥用量能有效减少水化热；（3）降低水灰比及提高混凝土的早期强度，即提高混凝土的抗裂能力；（4）改善和易性。大体积混凝土基本上都采用泵送浇筑，故要求混凝土有良好的流动性、保水性和粘聚性；（5）提高硬化混凝土的物理力学性能，如强度、抗渗性、耐久性等，其中以抗渗性的要求更为突出。

一、外加剂选择

在大体积混凝土中，采用各种外加剂可以减少水泥用量，降低混凝土温升，防止混凝土开裂。大体积混凝土中常用的外加剂品种有：普通减水剂、高效减水剂、缓凝剂、缓凝减水剂以及具有多种功能的如减水、缓凝、引气等的复合外加剂。

在大体积混凝土中采用缓凝型减水剂，主要目的在于延缓水泥水化放热速度，推迟热峰出现时间，降低最高温峰值并减少总的发热量，减少混凝土因温度升降而引起的裂缝。同时由于延缓了混凝土的凝结时间，有利于在浇筑和捣实大体积混凝土时不致形成施工冷接缝，有利于延长振动时间或扩大振动范围。

在大体积混凝土中掺用膨胀剂配制补偿收缩混凝土，可降低温控指标，从而降低混凝土的综合温差，防止开裂。使用硫铝酸钙类膨胀剂，应控制大体积混凝土内部最高温度不高于 80℃，以防止钙矾石变性造成补偿收缩作用失效。

在大体积混凝土中还可掺入适量的粉煤灰、矿渣、钢渣等矿物掺合料，在保证强度的前提下，代替一部分水泥，减少了总的发热量。引气剂在混凝土内部引入了大量微细气泡，从而增大了变形能力，降低了弹性模量。所以掺引气剂混凝土的极限拉伸应变值比普通混凝土有所增大，可提高抗裂能力。控制大体积混凝土的温升还可以使用水化热抑制剂。

为避免大体积混凝土开裂，常采取多种措施降低水泥用量和水化热：一类是将粉煤灰或矿粉等矿物外加剂与缓凝减水剂（或泵送剂）复合使用；另一类是将膨胀剂与缓凝减水剂（或泵送剂）复合使用。

二、施工技术

除应注意按照材料和配合比要求以外，掺加外加剂的大体积混凝土施工工艺主要围绕有效地控制裂缝的出现和发展来组织。

（一）降低水泥水化热

选用低水化热的水泥品种配制混凝土；添加粉煤灰等掺合料以减少水泥用量，充分发挥混凝土后期强度；掺用缓凝剂和缓凝减水剂；使用粒径大、级配好的粗集料；在无筋或少筋混凝土中可掺入总量不超过 20% 的大石块。但石块应尽量选无裂、不燃烧、粒径在 15～30cm 之间，填入时大面向下，间距 10cm 以上，整块混凝土四面均应有 10～15cm 厚的混凝土覆盖层。

（二）降低混凝土入模温度

避开最炎热的气候浇筑混凝土，或用冰水搅拌混凝土，也可采取对集料和运输工具搭篷，避免阳光直晒。

（三）加强施工中的温度控制

浇筑后做好混凝土保温保湿养护，夏季保湿，冬期保温；不要急于拆模，充分发挥"应力松弛"效应；加强测温，及时采取多层保温等措施调节表面温度，将混凝土内部与表面温差控制不超过 25℃（不是混凝土内温度与气温之差）；浇筑时合理分层，既有利于散热，又保证两层混凝土之间的结合，不使拌合物局部堆积过高形成温升中心。

（四）削减温度应力

分层、分块浇筑，或设置后浇带，采用平面浇沥青胶铺砂或刷沥青、铺卷材，在混凝土与地基之间设置滑动层。垂直面可铺沥青木丝板或泡沫塑料。

（五）提高混凝土极限拉伸强度

提高混凝土密实程度，减小收缩变形；掺加引气剂，加强早期养护；内部设置必要的温度配筋，在截面突变等部位设置斜向构造配筋。

（六）大体积混凝土施工需注意的几点

施工工艺直接影响施工质量的好坏，人们遇到问题常向外加剂找答案，其实很多问题是由施工引起的。施工工艺应与外加剂和当时的施工条件相适应，可注意以下几点：（1）保持整体性，既要分层浇筑、捣实，又要保证上下层在初凝前结合好；不形成缝隙，必要时可预留后浇带浇筑补偿收缩混凝土；（2）浇筑方式有三种：全面分层、分段分层和斜面分层，每层厚度约为 20 ~ 30cm；（3）将泌水集中并抽掉混凝土表面无泌水后及时收光，防止早期裂缝的出现；（4）进行混凝土内部测温，适当布置测温点，加强对混凝土各部位温度的监测，及时保湿、保温，养护过程中必须注意温差不要过大，温升不要过快；（5）基础中地脚螺栓、预留孔及预埋管道部分要采取特殊措施使浇捣密实；（6）承受设备动力作用的基础上表面是二次浇筑成的，浇筑前将基础层上表面洗净，设备底面应清淤、清油泥浮锈；二次浇筑层应较基础层强度提高一级，此层厚度小于 4cm 时宜改用砂浆掺用灌浆料进行操作。

三、质量控制

原材料及质量控制要求如下：

（1）水泥。一般使用水化热较低的矿渣水泥作高强度等级的混凝土，必须采用硅酸盐水泥或普通硅酸盐水泥时，应采取相应措施延缓水化热的释放。

（2）集料。一般应选用结构致密，并且有足够强度的优良集料（特别是粗集料），具体应符合相关的标准规定。除此之外，结合大体积混凝土的特点，尚应注意以下几个问题：

①有害杂质：应限制有机杂质、硫化物及硫酸盐等有害物质。

②集料品种和粒径要求：在大体积混凝土中宜使用粗砂或中砂。石子的最大粒径不得超过结构截面最小尺寸的 1/4，也不得大于钢筋最小净距的 3/4。

③含泥量要求：含泥量高，不仅增加混凝土的收缩，又降低强度，而且对抗裂性特别有害。含泥量要求：砂小于 3%；石子小于 1%。

④石子级配：宜采用连续级配，如果单一材料满足不了级配要求时，可以采用不同粒级进行掺配试验。

⑤水：拌制混凝土宜用饮用水，为降低混凝土的初始温度也可用冰水。

四、配合比要求

设计混凝土配合比的任务，是要根据原材料的技术性能及施工条件，确定出能满足工程所要求的混凝土配合比。大体积混凝土配合比设计任务与考虑原则如下：

（1）大体积混凝土在保证混凝土强度及坍落度要求的前提下，应提高掺合料及集料的含量，以降低每立方米混凝土的水泥用量。试验证明，每立方米混凝土的水泥用量每增减 10kg，由水化热引起的混凝土温度增减 1℃，在施工条件许可的范围内，应尽可能降低用水量，从而少用水泥，就能减少水泥总的发热量，以降低混凝土内部的最高温度，这是设计大体积混凝土配合比中应考虑的首要问题。在减少水泥用量的同时，要注意到有些取代水泥的掺合料（矿渣、膨胀剂等）也参与水化，有相应的水化放热。

（2）大体积混凝土应掺用缓凝剂、减水剂和减少水泥水化热的掺合料。掺量是影响效果的重要因素。

（3）必须注意大体积混凝土内部温度对混凝土组成材料在硬化过程中性质的影响。因为我们进行配合比设计时都是根据材料的一般性能考虑的，各种参数的选取也都按标准状态或一般状态进行。受大体积混凝土内部温度的影响，水化过程会加速，强度发展增速，温度继续上升，一些外加剂的性质会发生变化。比如，粉煤灰有潜在的活性，在标养条件下，粉煤灰掺量达到20%以上时28d强度降低较多，但60d以后的强度一般能达到设计强度。温度升高会使粉煤灰的活性提高，加快与水泥的反应。大体积混凝土的内部温度一般都在50℃以上，在此温度下，硬化的粉煤灰混凝土28d强度可以达到或超过标养条件的普通混凝土强度，这说明大体积混凝土的水化硬化条件与标准条件下的混凝土是有差别的；再如，矿渣微粉一般能取代等量水泥而不降低强度，减少了早期水化热，但在一定温度条件下，矿渣微粉会加速水化，随水化加速拌合物温度进一步提高，即使没有外加热量，水化还会进一步加速，导致拌合物温度持续升高，称为自催化效应。例某高炉基础的大体积混凝土的长宽高分别为33.5m，31.1m，5.82m，水泥用量300kg/m³，矿渣粉200kg/m³，9d时内部温度达93.9℃，远超出计算的温度，对比实验发现，按现行标准测得的水化热与在具体条件下测得的水化热有一定差异。大体积混凝土与标准养护的混凝土性能不同，应以动态的眼光看待大体积混凝土的硬化过程。

31 水下混凝土应用什么外加剂？

水下混凝土因使用目的和施工方法不同，其配合比及选用的外加剂也不应该一样。对比较难以按导管法施工，或以浇筑仓号比较大的建筑物修补部位施工的水下混凝土，应以掺水下不分散剂，配制水下不分散混凝土为宜。对灌注桩、地下连续墙，可以按导管法等一般水下混凝土施工法进行。

一、外加剂选择

（一）水下混凝土应用外加剂的目的

（1）提高混凝土拌合物的流动性、粘聚性和保水性。施工坍落度宜为16～22cm；坍落度损失小，降至15cm的时间不宜小于1h。这样，混凝土均匀扩散，充填密实，不堵管，不顶管。

（2）缓凝。有利于浇筑进行，整修灌筑要求在初凝前完成。遇到温泉等泥浆水温度较高时，缓凝要求更为突出。

（3）满足混凝土的设计强度。

（4）配制水下不分散混凝土。

（二）外加剂的选择

在地下连续、深孔灌注桩等混凝土中，一般应用木质素磺酸钙减水剂。该产品具有缓凝、改善和易性及价廉的特点；其不足是对水泥的适应性差；在以硬石膏为调凝剂的水泥中会出现速凝事故；混凝土拌合物的水灰比较大。

为了提高深孔灌注桩的施工质量，可以应用AT缓凝高效减水剂或萘系缓凝高效减水剂。

由于普通的水下混凝土施工多用导管法施工，施工要求难度大，如果浇筑速度与升管速度配合不当，或混凝土流动性不佳，都易产生水泥浆被冲散，桩截面变小，甚至断桩的事故，为了使混凝土在水下浇筑能保持整体而不分散，絮凝剂（水溶性纤维素醚或水溶性丙烯酸类的聚合物）等是不可少的。商品水下不分散混凝土外加剂一般都是絮凝剂与高效减水剂的复合物，应注意根据水深情况及施工机具（导管或非导管）情况，调整水下不分散外加剂的掺量，必要时可复合高效减水剂，以提高流动性，减少水下不分散外加剂的用量。有抗冻要求的水下不分散混凝土还可掺用引气剂或引气减水剂。

二、施工技术

（一）浇筑

在浇灌混凝土之前，应根据施工现场的条件制订合理的运输计划，选择合适的运输工具，保证混凝土在运输过程中不离析，和易性变化小，并在混凝土搅拌后快运、快浇，运输工具可用混凝土搅拌车、吊罐、输送机、混凝土泵、溜槽、手推车等。浇灌前要做好准备工作，保证按计划连续浇筑，钢筋骨架定位准确，模板尺寸接缝精确，固定牢固。浇灌时可用混凝土导管、混凝土泵等机具，在水深较浅时，也可用吊罐溜槽等直接浇灌。浇筑点应适当布置，防止仓面漏浇或浇筑过量。浇筑过程可用水下摄像机拍摄，水上监控人员通过传送上来的图像检查平仓情况。

使用导管法时，应根据混凝土的用量及混凝土流向的状态确定导管内径，导管内径一般为150～300mm，要超过粗集料最大粒径的8倍，导管应不透水，并排除导管内的水，整个浇灌过程中导管底端埋入混凝土面以下2～3m，最小埋深不小于1m，也不宜大于6m。导管随浇筑随提升，利用导管内混凝土柱与导管出口混凝土的压力差，使混凝土不断从导管内挤出，使混凝土面均匀上升，槽内或孔内的泥浆逐渐被混凝土置换而排出槽外。混凝土应连续不断防止逆流水。

在浇灌到规定尺寸，待混凝土表面沉实，停止自流平后，可进行混凝土表面抹平，抹平一般在浇灌后0.5～1h后用木抹子进行。

（二）养护

水下不分散混凝土在硬化过程中，常受动水、波浪等冲刷而造成水泥流失或混凝土被淘空。因此，对预计到的波浪要设置模板或用苫布保护混凝土表面。当施工部位由水下变到水上时，对暴露在空气中的混凝土，必须进行与普通混凝土相同的养护，防止干缩和温度急剧变化产生裂缝。

三、质量控制

（一）混凝土强度

混凝土的配制强度是根据水下混凝土结构的设计强度而定，对未掺水下不分散混凝土外加剂的配制强度，我国《港口工程技术规范》（JTJ 221—82）规定，采用导管法施工，所浇灌的水下混凝土设计强度应比普通混凝土提高30%～40%。水中的试块强度应超过设计强度，由于一般水下混凝土的水陆强度比可达80%以上，陆上制作的试块强度应按超过设计强度的1.2倍考虑。确定水灰比时，必须考虑混凝土的配制强度、耐久性和抗渗性，一般水灰比不超过0.6，水下不分散混凝土的强度一般在 C15～C40。除外加剂外，混凝土配合比与施工方法也有关。

（二）配合比设计

对以导管法浇筑的普通水下混凝土，配合比应满足以下要求：

（1）水下混凝土靠自流平、自密实，因此其流动性要大，粘聚性要好。流动性的指标用坍落度和坍扩度表示。坍落度和坍扩度愈大，混凝土的流动性愈好，但若太大，混凝土容易出现混浊及粗料下沉的现象；若太小，则混凝土填充又不密实。一般水下混凝土的坍落度取（230±20）mm；坍扩度取 350～450mm。粗集料的最大粒径为 20～40mm，中砂为宜。水泥用量一般在 380～450kg/m³，砂率大于40%，水灰比小于0.59。

（2）水下不分散混凝土的配合比设计，除须满足设计所提出的强度外，更为重要的是必须满足水下抗分散性、填充性及和易性要求。水下不分散混凝土的和易性包括黏稠性与流动性。由于水下混凝土施工时一般不振捣，因此，和易性是影响水下不分散混凝土施工质量的关键。水下不分散混凝土的配合比设计需考虑以下几方面：

①流动性。水下不分散混凝土的流动性指标是坍扩度或扩展度。坍扩度的测定是将混凝土拌合物按坍落度试验方法的规定装入坍落度筒内，并抹平表面，立即将坍落度筒提起、静置，直到混凝土停止流动，测其坍扩最大值直径及其垂直方向位置，取其平均值作为坍扩度。

扩展度的测定是按规定方法将拌制好的混凝土拌合物装入标准圆锥筒内，抹平表面，然后将圆锥筒轻轻提起，静置2min，然后在15s内15次提起试验台一端4cm高度，使其自由落下。15次后测定试验台两个互相垂直方向混凝土的扩展直径，取两者的平均值作为扩展度。

水下混凝土不易振捣，流动性要大，粘聚性要好。坍扩度或扩展度愈大，混凝土的流动性愈好，愈有利于施工。但若太大，混凝土施工中容易出现混浊及粗集料下沉现象。若坍扩度或扩展度太小，则混凝土又将出现不密实。一般水下混凝土的坍落度取（230±20）mm；坍扩度取350~450mm。选择坍扩度或扩展度应根据施工条件及要求，参考有关资料选择，并须经过试验来确定。

应根据现场施工条件和浇灌方法、混凝土的坍落度和坍扩度，可根据表1选取。

表1 施工条件与坍扩度

施工条件	水下滑道施工	导管法施工	泵送法施工	需较好流动性时
坍扩度（mm）	300~400	360~450	450~550	550以上

若高温或远距离运输情况下进行施工，应考虑坍扩度损失，一般在夏季施工及混凝土搅拌出机后1~2h，坍扩度下降约30~50mm。

②水灰比。水灰比是影响水下不分散混凝土强度、耐久性、抗渗性等的主要因素。首先应根据掺絮凝剂的混凝土水下试块强度与水灰比的关系曲线来确定混凝土强度所要求的水灰比。而混凝土耐久性及抗渗性所要求的水灰比，往往与现场气温情况、环境条件与建筑物结构有关。日本的《水下不分散混凝土设计与施工指南》列出了有关混凝土耐久性的水灰比最大值，一般不大于0.55~0.65。表2是在某些条件下的水灰比限值。

表2 水灰比限值

条件	一般现浇施工	预制或保证选材及施工均不低于预制质量的其他施工方法
海水中	0.50	0.50
海上大气中	0.45	0.45
浪溅带	0.45	0.45

根据强度要求的水灰比与耐久性和抗渗性所要求的水灰比应统一综合考虑，采用其较小者作为所选用的设计水灰比。

③单位用水量及水泥用量。水下不分散混凝土中由于絮凝剂的掺入，水的黏性提高，因此，其单位用水量比普通混凝土大。当坍扩度为45cm左右、粗集料最大粒径为20mm时，单位用水量约为220~230kg/m³；而粗集料最大粒径为40mm时，单位用水量约为215~225kg/m³。试配时，需通过试验调整砂率及絮凝剂掺量，取得最低用水量，以减少水泥用量。

因水下不分散混凝土的单位用水量比普通混凝土大，因此，水泥用量也比普通混凝土大。根据实践经验，如果水泥用量少于350kg/m³，水下不分散混凝土的耐久性可能降低。因此，水泥用量应在350kg/m³以上。

配制水下不分散混凝土宜用42.5等级的硅酸盐或普通硅酸盐水泥。适当掺加优质粉煤灰等掺合料替代水泥，可以起到节约水泥，降低成本的作用。其胶凝材料用量宜不低于400kg/m³。

④粗集料粒径。水下不分散混凝土的粗集料粒径若太大，则易产生沉淀，流动性变差，影响混凝土的整体性和均匀性。因此，水下不分散混凝土的粗集料最大粒径不宜超过40mm，同时也不得超过构件最小尺寸的1/5和钢筋间距的3/4，一般为20~40mm。

⑤砂率。砂率对混凝土和易性有密切的关系。由于水下不分散混凝土中絮凝剂具有黏稠效

果，即使砂率较低，混凝土仍具有不分散的特征。所以其砂率可比一般混凝土略低，可在35%～40%的范围内。砂以中砂为宜。

⑥外加剂掺量。水下不分散混凝土的主要外加剂是絮凝剂，其作用是增加混凝土的保水性、粘聚性，使混凝土在水下浇筑能保持整体而不分散。絮凝剂的掺量是根据絮凝剂的种类、水下不分散混凝土的施工方法及要求、混凝土的水中自由落差、浇筑现场的水流情况等通过试验来确定。施工方法可以用吊罐法、导管法、泵送法等。

高效减水剂和引气剂等其他外加剂，需通过试验来确定品种及掺量。复合型的水下不分散混凝土外加剂的掺量一般为1%～3%。

⑦确定含气量。水下不分散混凝土如普通混凝土，其强度随着含气量的增加而降低。为此，水下不分散混凝土的含气量，一般控制在6%以下。

（三）水下混凝土的质量控制

除严格按水下混凝土的要求选择原材料、坍落度、坍扩度、水灰比、混凝土配比应严格控制外，水下不分散混凝土施工质量控制以下几方面：

（1）在材料贮存及计量方面，絮凝剂需置于室内干燥处，以防受潮变质。对于计量允许误差，水下不分散剂的粉剂为3%，水剂为1%。

（2）搅拌要求用强制式搅拌机，不可使用自落式搅拌机。投料量一般为搅拌机额定容量的80%。搅拌时投料顺序宜采用先将粗集料、水泥、絮凝剂、细集料干拌后再加水搅拌。用强制式搅拌机，干拌约30s，加水搅拌时间须2～3min，不宜太短。每次投料前应将搅拌机内的料清除干净。水下不分散混凝土外加剂可用干粉同掺法或浸液同掺法。水下不分散混凝土自流平的终止时间，一般在浇灌后30～60min。混凝土应控制坍落度或扩展度在合适范围内。

（3）抗分散性试验是评定水下不分散混凝土抗水流冲刷能力的一种检验方法。它是把取自混凝土拌合物的100g砂浆投入一个装满水的1000mL量筒中，观察砂浆在量筒中自由落下时的离散程度，以砂浆落到量筒中1/2处不分散和水不浑浊为合格。

（4）水中自由落差就是混凝土从料罐底口排出后到达浇灌处的水中落下距离。在确保混凝土能顺畅流出的情况下，水中自由落差越小越好，宜控制在50cm左右，以尽量减少水流对混凝土的水洗作用，从而减少水泥的流失量和混凝土拌合物的离散。

（5）水下不分散混凝土强度一般采用水中成型的试块强度来评定。水中成型是指水下不分散混凝土在40cm静水深条件下自由落入试模成型，这种方法较接近于工程施工实际情况。水下不分散混凝土试块抽样频率一般按每工作班或每浇筑100m³混凝土抽样一组。

32 耐冻融混凝土如何应用外加剂?

我国北方地区冬期气候寒冷，港口、桥梁隧道、冷却塔等一些处于水位交变处或经常受水浸润的混凝土及钢筋混凝土构筑物，频繁地经受冰冻和融化作用，若抗冻融能力不够，多则一二十年，少则数年就出现不同程度的冻融破坏。近十几年来，许多桥梁和（高速）公路经常使用化雪剂融化积雪，也使混凝土受到损害。

一、外加剂选择

混凝土遭受冻融作用破坏的原因是：①水结冰时体积膨胀达9%，混凝土毛细孔中的含水率超过某一临界值（91.7%），结冻时将产生很大的压力，致使混凝土发生破坏；②过冷水迁移渗透压。当毛细孔水结冰时，凝胶孔水处于过冷的状态，蒸汽压比同温度下冰的蒸汽压高，从而发生凝胶水向毛细孔冰的界面渗透，由于渗透达到平衡需要一定的时间，致使一定冻结温度时的膨胀作用将持续一定的时间；③混凝土受盐冻时，NaCl在相对量的水溶液中不能完全溶解或形成过饱和溶液，使混凝土内的渗透压增大，饱水度大大增加，因而结冰的静水压明显增大，盐和冰共同作用下的破坏力加大。

混凝土遭受反复冻融，混凝土内的微细裂缝逐渐增长、扩大，破坏使用不断积累，强度和质量不断损失。影响混凝土抗冻性的主要因素有：水灰比、水泥用量、含气量、孔结构、水泥品种及集料的质量。水灰比小、水泥用量高、含气量大、孔结构好的混凝土抗冻性能好，研究表明高强混凝土不加引气剂也有非常的抗冻融性、C60 混凝土可经受 500 次冻融循环，最易受到冻融循环损害的是 C30 以下、水灰比大于 0.5 的混凝土。

（一）应用外加剂的目的

（1）引入适量的微气泡，缓解膨胀应力。一般认为，混凝土含气量在 5% 左右，气泡间隔系数为 0.1 ~ 0.2mm，气泡直径小于 0.2mm 时抗冻性能较好。

（2）减小水灰比。水灰比对混凝土的抗冻性能有较大影响。有关试验表明，在含气量均为 6% 的情况下，水灰比为 0.45 的混凝土经受 300 次冻融循环仍未破坏，水灰比 0.55 的混凝土经受 100 次冻融即破坏。混凝土的含气量和水灰比是影响混凝土抗冻性的决定性因素。满足抗冻性要求的引气量取决于相应的水灰比（混凝土强度等级）。水灰比越小，满足抗冻性所必需的含气量越低。对于含气量小于 3.5% 的普通混凝土，其水灰比对于抗冻性有着显著的影响，水灰比越小，抗冻性越好。

（二）外加剂的选择

（1）引气减水剂、引气高效减水剂：原苏联以超塑化剂 C-3 与松脂皂等复合，其流态混凝土的抗冻指标高达 500 ~ 600。我国以萘系减水剂、木钙、引气剂等复合也取得较好效果。

（2）引气剂：如 SJ-2 型、PC-2 型引气剂可大幅度提高混凝土的抗冻性，图 1 是混凝土的抗冻性对比，优质引气剂气泡间隔为 0.18mm 以内，直径小于 0.2mm 的气泡占 70% 以上。应选择气泡平均孔径和气泡间距小、气泡稳定性好的高质量引气剂。上述引气剂还可与高效减水剂、三乙醇胺早强剂等复合使用，复合使用时注意相容性。

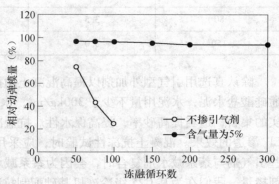

图 1　SJ-2 引气剂对混凝土的抗冻性的影响

二、施工技术

引气剂确定后，混凝土的抗冻性主要由混凝土的含气量来决定，混凝土施工技术是控制含气量，必须把握好以下几点：

（1）混凝土的拌合条件对含气量会有影响，搅拌机种类、搅拌混凝土的量以及搅拌速度均不同程度影响混凝土含气量。机械搅拌比人工搅拌含气量要大，自落式搅拌比强制式搅拌含气量要大，搅拌总量增加 1 倍时含气量也成倍增加。混凝土含气量随时间延长而增加，搅拌时间在 5min 以内，对含气量影响比较显著，超过 5min，影响不大，搅拌时间过长（20min 以上）含气量随时间延长而有所下降。

（2）温度对含气量也有明显的影响，搅拌温度每升高 10℃，则混凝土含气量要下降 20% 左右。同时，混凝土从搅拌到浇筑之间的停放时间对含气量也有影响。混凝土运输和停放时间越长，含气量损失就越大。

（3）混凝土施工时的振捣方式对混凝土含气量影响也很大。振捣时间越长，含气量损失越大，振捣 50s 以内含气量变化大，长时间振捣（2min 以上）使含气量降低 50% 以上，施工时要注意。振捣方式不同也不一样，振动台振捣与高频振捣棒插捣比较起来，高频振捣对含气量的损失要大得多。

（4）采用泵送施工时，泵压的作用也会引起混凝土含气量的损失。混凝土经运输、浇筑、振捣后含气量减少30%左右，因为混凝土入模后的含气量难以测定，只能在搅拌机或运输车卸料口取样检测，测得的含气量应大于实际需要的含气量。

以上这些影响又因集料的种类、级配及引气剂的品种不同而不同，因此当施工方法和材料确定以后，在选择引气剂时一定要通过模拟现场施工条件的试验，以保证使用效果。

应从引气剂掺量、混凝土的运输、振捣等各环节着手，使成型后的混凝土含气量达到设计要求。美国推荐的混凝土含气量见表1。

表1　美国推荐的混凝土含气量参考表

集料最大粒径（mm）	拌合后的含气量（%）	振捣后的含气量（%）	不掺引气剂的含气量（%）
10	8.0	7.0	3.0
15	7.0	6.0	2.5
20	6.0	5.0	2.0
25	5.0	4.5	1.5
40	4.5	4.0	1.0
50	4.0	3.5	0.5
80	3.5	3.0	0.3
150	3.0	2.5	0.2

除认真选用引气型外加剂以提高混凝土的抗冻性外，在配制过程中还应采用硅酸盐水泥或普通硅酸盐水泥，水泥用量不少于 $300kg/m^3$，水泥中不得含有石灰石的混合材组分。采用坚固、密实的集料，适当提高砂率，提高保水性。抗盐冻的混凝土还应掺入优质矿物外加剂，以提高降低 Cl^- 渗透的效果。混凝土抗冻性试验时，应采用快冻法，因为快冻法比慢冻法的结果更可靠。某些引气剂与萘系减水剂复合时，会因为萘系减水剂的抑制作用使混凝土含气量偏低，需提高引气剂掺量。我们在为某 C25 级冷冻机基础配制抗冻融混凝土时，用 SJ-2 引气剂＋萘系减水剂 0.6% 试拌混凝土，含气量仅2%（单加 SJ-2 引气剂时含气量为 3.8%），后又加入 0.1% 的木钙减水剂，含气量升至 5%。此外，除考虑引气剂的品种、掺量和复合使用外加剂外，还要从以下几个方面入手控制掺外加剂的耐冻融混凝土质量：

①水泥的品种和用量

在同样品种及掺量下，普通硅酸盐水泥含气量高于矿渣水泥和火山灰水泥，表2表明普通硅酸盐水泥混凝土的含气量高于火山灰水泥。在达到同样含气量时，普通水泥的引气剂掺量比矿渣水泥要低30%~40%。水泥细度大，含气量就小，含有粉煤灰的水泥含气量比不含粉煤灰的要小。水泥用量的增加使含气量减小，一般水泥用量每增加 $90kg/m^3$，含气量约减少1%。粉煤灰能强烈吸附引气剂，使含气量减少，混凝土中掺有粉煤灰时引气剂掺量明显增加。保持含气量不变，粉煤灰每增加10%，SJ 引气剂约需增加 0.01%。碱含量高则含气量小，因为碱会减小水泥浆体液相中钙离子的溶解度，使气泡周围的水膜变薄，气泡稳定性较差。

表2　水泥品种对掺松香热聚物混凝土含气量的影响

水泥品种	空气含量（%）	
	掺量 0.01%	掺量 0.04%
普通硅酸盐水泥	4.6	7.4
火山灰质硅酸盐水泥	3.9	6.7

②集料的影响

卵石混凝土含气量大于碎石混凝土，石子最大粒径越大，相同掺量时混凝土含气量越小（图2）。砂子粒径和级配对混凝土含气量影响较大，相同的引气剂掺量下，砂子粒径范围在0.3～0.6mm时，混凝土含气量最大，而小于0.3mm或大于0.6mm砂子的混凝土含气量都显著下降。砂率对混凝土含气量影响也较明显，含气量随着砂率的提高而增大（图3）。采用人工砂时，引气剂掺量要比采用天然砂多一倍用量。

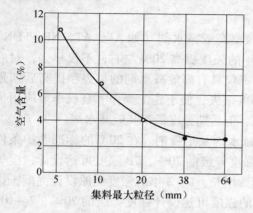

图2　集料最大粒径对混凝土含气量的影响

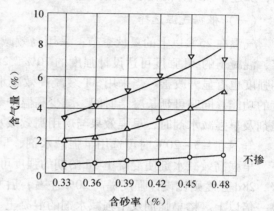

图3　混凝土含砂率对含气量的影响

③用水量和坍落度的影响

引气剂掺量一定时，由于混凝土用水量的不同，将引起混凝土拌合物坍落度的变化，从而影响气泡的形成与稳定，导致混凝土含气量明显的改变。混凝土用水量过低时，由于干硬性或低塑性混凝土拌合物黏度大，使得气泡的形成较困难，混凝土含气量较低；混凝土用水量过大，大坍落度或流态混凝土拌合物中气泡聚合逸出的可能性增大，混凝土振动过程中容易引起大量气泡逸出，又使得含气量急剧下降。研究显示，坍落度在4～12cm范围内，气泡的生成和稳定比较有利。从图4可见，流态混凝土（坍落度在20cm左右）如果通过捣棒捣实时，其含气量的损失比机械振动相对减小。事实上，在实际工程中，大坍落度混凝土振动时间很短就可达到良好的密实性和均匀性，因此混凝土含气量的损失会小些。

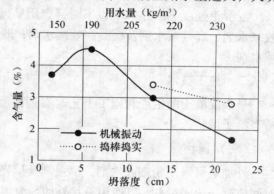

图4　混凝土用水量或坍落度对含气量的影响

33　早强混凝土如何应用外加剂？

提高混凝土的早期强度可加快施工速度，加速模板及台座的周转，提高混凝土构件的产量，防止混凝土早期冻害及满足特殊的工程要求。从经济效益上讲，早强的意义往往胜于高强。尽管提高混凝土早期强度的途径有很多，但化学外加剂法比工艺法（如蒸汽养护、蒸压处理、振动真空作业、振动压轧成型等）更为简便，成本也较低。采用合适的外加剂，龄期3d左右的混凝土强度就可达到设计强度的70%，用超早强外加剂使混凝土1d强度就可达到设计强度的50%，并可改善施工工艺，提高工程质量，如满足施工要求的和易性、可泵性、缓凝或促凝；提高混凝土的后期强度、抗渗性、抗冻性及抗碳化等。

一、外加剂选择

在20℃的标准养护条件下，普通混凝土龄期3d强度一般为28d强度的20%～30%，7d为50%左右，10～15d达设计强度的70%。当气温较低及使用矿渣水泥或粉煤灰水泥时，混凝土的早期强度发展更慢，在5℃左右时，20~30d强度才达到设计强度的70%。一些外加剂具有早强作用，如早强剂、高效减水剂、早强减水剂等。早强剂（如硫酸钠、硫酸钙、氯化钙、氯化钠、三乙醇胺等）能加速水泥的水化和硬化速度，提高混凝土的早期强度。高效减水剂、缓凝高效减水剂等能大幅度减小水灰比，提高混凝土的密实性，从而提高混凝土强度（即物理途径）。早强减水剂、早强高效减水剂类产品，既有早强组分加速水泥的水化和硬化，又有减水组分的分散作用，加速早强组分的化学反应，同时降低水灰比，提高混凝土的密实性。

（一）根据气温选择

气温在25℃以上的夏秋季节，采用高效减水剂或缓凝高效减水剂（如AF，AT，NF，FDN）等，混凝土的3d强度可达设计强度的70%，28d及半年的强度提高20%左右，不仅早强，对后期强度也有显著改善。当采用AT缓凝高效减水剂时，不仅具有高效减水剂的早强和提高后期强度的功能，同时可延长凝结时间，减少高温季节的坍落度损失，便于施工操作。夏秋季节应用早强剂及早强减水剂时，早强效果与应用高效减水剂相似，但后期强度低于高效减水剂。

气温在-5~20℃时可选用早强减水剂、早强高效减水剂及早强剂。在20℃的标准养护条件下，早强高效减水剂使混凝土3d龄期的强度可达设计强度等级的70%，7d强度可达设计强度等级，28d强度则比设计强度提高20%左右，后期强度继续增长，1~2年的强度比原设计混凝土提高一倍以上。掺早强剂及早强减水剂的混凝土，3~5d的强度可达设计强度等级的70%，7~10d强度达设计强度等级，28d强度则比设计强度等级提高10%以上，后期强度也继续提高。在0℃左右的气温下，早强高效减水剂使混凝土5~7d强度可达设计强度等级的70%，早强剂及早强减水剂需7~10d。正负温度交变的季节，采用抗冻害能力强的外加剂，如减水率大、早强效果显著的早强高效减水剂。

（二）根据混凝土的要求选择

混凝土强度等级在C30以下时，宜用早强减水剂和早强剂；C30以上的混凝土，宜用早强高效减水剂、高效减水剂及缓凝高效减水剂；既早强又要求高抗渗、抗冻融的宜选高效及早强高效减水剂。

二、施工技术

早强混凝土的生产和施工工艺与普通混凝土无太大差别，可以参考普通混凝土的施工方法，适当给予调整。

（一）搅拌

外加剂可采用粉剂或水剂，早强剂及早强减水剂以粉剂居多，一般不能配成溶液使用，搅拌时间应延长30s左右，以使用粉状外加剂为主的现场搅拌或混凝土制品生产可用粉状的早强高效减水剂、早强减水剂，预拌混凝土搅拌站基本上都用液体泵送剂或减水剂，当减水剂不能满足早强要求时，应复合使用早强剂，使用前应先进行试验来确定掺加量。

（二）混凝土运输与浇筑

预拌混凝土、泵送混凝土要控制坍落度损失，以防出料或泵送困难。在冬期使用混凝土时，应制定相应的施工措施，尽量提高混凝土拌合物入模温度。

（三）养护

混凝土浇筑完毕后，必须立即覆盖养护，以保持混凝土温度和湿度。

三、质量控制

（1）为防止对钢筋的锈蚀，钢筋混凝土不采用氯盐类早强剂，素混凝土则不受此限。

（2）硫酸钠系早强剂对P·Ⅰ、P·Ⅱ硅酸盐水泥的效果比较差，使用前必须先做试验。

（3）使用早强剂、早强减水剂、早强高效减水剂时，不可为追求早强效果而采用过高的掺量，掺量过高常常带来很多副作用。

34 补偿收缩混凝土及膨胀砂浆如何应用外加剂？

混凝土硬化过程中的收缩，主要是干缩、冷缩、塑性收缩、自收缩和碳化收缩。不同条件、部位、环境中，这五种收缩先后主次不同。干缩主要发生在混凝土环境湿度较小的场合，冷缩是因为混凝土硬化过程中内部温度高于最终使用温度而产生，塑性收缩多由混凝土硬化前体积变化引起，普通混凝土自收缩和碳化收缩发生的情况少，影响程度轻。一般砂浆的收缩率为 0.1% ~ 0.2%，混凝土的收缩率为 0.04% ~ 0.06%。收缩的结果是使砂浆和混凝土产生开裂，破坏结构的整体性，降低抗渗性。能补偿混凝土收缩产生拉应力的混凝土称为补偿收缩混凝土。

一、外加剂选择

补偿收缩混凝土主要补偿干缩和冷缩。应用外加剂的目的是：在混凝土内产生 0.2 ~ 0.7MPa 的膨胀应力，抵消由于干缩而产生的拉应力，提高混凝土的抗裂性和抗渗性。

减缩剂可以减小干缩50%以上，纤维材料也有减小收缩开裂的效果，但它们都不符合补偿收缩混凝土的定义，减缩剂适合在无约束、少配筋、不易保持潮湿养护的场合。补偿收缩混凝土可用普通水泥掺加膨胀剂配制，用于有一定约束条件、易保持潮湿养护的场合，多在屋面、贮罐、水池、地下防水、压力灌浆、钢筋混凝土及预应力钢筋混凝土构件中应用。应用的膨胀剂有：①硫铝酸钙类膨胀剂，如 UEA，ZF-Ⅲ膨胀剂。硫铝酸钙膨胀剂不得用于长期处于80℃以上的工程中；②氧化钙类膨胀剂，如脂膜石灰膨胀剂，含有该类物质的膨胀剂不得用于海水或有侵蚀性水的工程。

二、施工技术

（一）膨胀混凝土

（1）搅拌、运输和模板工程：粉状膨胀剂应与混凝土其他原材料一起投入搅拌机，拌合时间应延长30s。补偿收缩混凝土需水量较大，拌合物黏稠，没有石子分离和泌水现象，因此适于泵送。拌合以后，如运输或停放时间稍长，坍落度损失将引起施工困难。此时不许第二次添加拌合水，以免大大降低强度和膨胀率。补偿收缩混凝土的浇筑温度不宜超过35℃，应设法避免因机器故障或人力不足引起的停工间歇，对间歇时间长的应留置施工缝。浇筑补偿收缩混凝土之前，所有与混凝土接触的物件应充分润湿，稍作喷洒是不够的。建议在浇筑前一天晚上把基础浸湿，并根据需要在浇筑前喷洒，把结构混凝土的模板和钢筋润湿也是一种好办法。遇到干热气候和有大风的情况下，更应注意充分润湿与混凝土接触的物件、基层或地基。与老混凝土的接触面，最好先行保潮12~24h。浇筑和固结时，应注意把钢筋保持在正确位置，以确保其约束作用。同时，混凝土应与钢筋很好地粘结。补偿收缩混凝土在施工过程中的少量膨胀，对模板稳定性并无危害，故模板设计可按普通混凝土办理，但应注意避免漏浆漏水。

（2）混凝土浇筑：在计划浇筑区段内连续浇筑混凝土，不得中断；混凝土浇筑以阶梯式推进，浇筑间隔时间不得超过混凝土的初凝时间（最好不超过初凝时间的2/3）；混凝土不得漏振、欠振和过振；由于不泌水及早期生成钙矾石需要水，补偿收缩混凝土比普通混凝土更容易产生早期塑性收缩裂缝，必须注意早期养护，在干热多风的环境中应采取挡风、遮阳、喷水等措施。混凝土终凝前，应采用抹面机械或人工多次抹压。抹面与修整工作因凝结时间较短和不泌水而提早。尽管砂浆丰富，抹面工作也较易做好，但要注意掌握时间，不宜过晚。适时和充分地保潮养护最为重要。最好的养护方法是蓄水或不断洒水，也可采用连续喷水或塑料薄膜覆盖，时间不少于7d。而且应在抹面修整完毕后立即开始覆盖，尽早喷水或洒水，也可带模淋水，以充分供应膨胀过程中需要的水分。

（3）养护：补偿收缩混凝土不论是在早期还是在硬化后均比普通水泥需要更多的水分，因此补偿收缩混凝土除应遵照普通混凝土的施工规程以外，还必须十分注意水的问题，要保证足够的供水和严防过早失水。

对于大体积混凝土和大面积板面混凝土，表面抹压后用塑料薄膜覆盖，混凝土硬化后，宜采用蓄水养护或用湿麻袋覆盖，保持混凝土表面潮湿，养护时间不应少于14d；可以在终凝后用潮湿麻袋覆盖养护1～2d以后用蓄水养护。

对于墙体等不易保水的结构，宜从顶部设水管喷淋，拆模时间不宜少于3d，拆模后宜用湿麻袋紧贴墙体覆盖，并浇水养护，保持混凝土表面潮湿，养护时间不宜少于14d；池壁的表面积大，用外挂湿麻袋，人工浇水湿麻袋干燥快，质量难以保证，用PVC管上钻孔，将管固定在池壁顶部，通水喷洒，养护质量好。

冬期施工时，混凝土浇筑后，应立即用塑料薄膜和保温材料覆盖，养护期不应少于14d。对于墙体，带模板养护不应少于7d。

（二）膨胀砂浆

使用无收缩高强灌浆料时，流动度不小于270mm；初凝不小于2h，终凝不大于10h；3d竖向限制膨胀率大于0.0010%，7d竖向限制膨胀率大于0.0020%，28d抗压强度大于60MPa。

灌浆用膨胀砂浆施工应符合下列要求：（1）灌浆用膨胀砂浆的水料（胶凝材料＋砂）比应为0.14～0.16，搅拌时间不宜少于3min；（2）膨胀砂浆不得使用机械振捣，宜用人工插捣排除气泡，每个部位应从一个方向浇筑；（3）浇筑完成后，应立即用湿麻袋等覆盖暴露部分，砂浆硬化后应立即浇水养护，养护期不宜少于7d；（4）灌浆用膨胀砂浆浇筑和养护期间，最低气温低于5℃时，应采取保温保湿养护措施。

三、质量控制

工程应用中，确定膨胀剂品种和掺量固然重要，但合理地使用外加剂更重要。补偿收缩混凝土最终通过钢筋和邻位约束建立预压应力，使混凝土的微膨胀弥补混凝土的收缩，因此混凝土水中14d的限制膨胀率是十分重要的指标。

从各种膨胀剂的抗裂原理分析，膨胀剂与水泥的水化、硬化过程中产生大量的钙矾石晶体，这些晶体吸水膨胀，从而使混凝土产生微膨胀。当掺量不足或养护不够，而膨胀率偏低时，产生的少量钙矾石晶体仅仅起填充混凝土毛细孔的作用，即提高了混凝土的抗渗性，补偿混凝土收缩的能力远远不够，混凝土剩余的收缩变形远大于混凝土的极限延伸率。只有生成较多的钙矾石晶体时，混凝土才会产生良好的微膨胀性。在GB 50119—2003中，对补偿收缩混凝土应达到的限制膨胀率作了规定，即水中14d的限制膨胀率应大于0.015%，再经28d空气中养护的限制干缩率应小于0.03%。在膨胀剂的实际应用中，应注意不要将膨胀剂性能检测时的砂浆试件膨胀率（大于0.025%）与施工用混凝土试件的膨胀率（大于0.015%）混为一谈。两者在所用材料、配比、配筋、试验方法等方面都不一样。补偿收缩混凝土的限制膨胀率这一特性指标是膨胀混凝土抗裂效能的保证。要达到补偿收缩混凝土的预期效果，需要从设计、材料、配比、养护等主要环节抓起。补偿混凝土中使用膨胀剂时的质量控制有以下几个方面：

（一）设计

掺膨胀剂的补偿收缩混凝土大多应用于控制有害裂缝的钢筋混凝土结构工程。混凝土的膨胀只有在限制条件下才能产生预压应力。所以，构造（温度）钢筋的设计对该混凝土有效膨胀能的利用和分散收缩应力集中起重要作用，设计时必须根据不同的结构部位，采取相应的合理配筋和分缝。以往绝大多数设计者在设计图上只写混凝土掺入膨胀剂、强度等级、抗渗等级，有些结构大于70m不设缝，对混凝土的限制膨胀率没有提出具体要求，造成膨胀剂少掺或误掺，达不到补偿收缩效果而出现有害裂缝。按《混凝土外加剂应用技术规范》要求，掺膨胀剂的补偿收缩混凝土水中养护 14d 的限制膨胀率大于或等于 0.015%，相当于在结构中建立的预压应力大于 0.2MPa。施工单位或混凝土搅拌站应根据设计的要求，通过试配确定膨胀剂的最佳掺量，在满足强度和抗渗要求下，同时要达到补偿收缩混凝土的限制膨胀率。只有这样，才能达到控制结构有害裂缝的效果。所以，当采用膨胀剂时，结构设计者在设计图上不仅应写上强度等级、抗渗等级，还要注明"采用掺膨胀剂的补偿收缩混凝土，水中养护 14d 的混凝土限制膨胀率大于或等于 0.015%（或更高些），限制收缩小于或等于 0.030%"。

构造（温度）钢筋的设计和特殊部位的附加筋配置，应符合《混凝土结构设计规范》（GB 50010）规定。墙体受施工和环境温湿度等因素影响较大，容易出现纵向收缩裂缝，混凝土强度等级越高，开裂几率越大。工程实践表明，墙体的水平构造（温度）钢筋的配筋率宜在 0.4% ～ 0.6%，水平筋的间距应小于 150mm，采取细而密的配筋的原则。由于墙体受底板或楼板的约束较大，混凝土胀缩不一致，宜在墙体中部或端部设一道水平暗梁，配筋间距宜为 50 ～ 100mm，以控制墙体有害裂缝的出现。

对于墙体与柱子相连的结构，由于墙与柱的配筋率相差较大，混凝土胀缩变形与限制条件有关，由于应力集中原因，在离柱子 1 ～ 2m 的墙体上易出现纵向收缩裂缝。工程实践表明，应在墙体连接处设 8 ～ 10mm 水平附加筋，附加筋的长度为 1500 ～ 2000mm，插入柱子中 200 ～ 300mm，插入墙体中 1200 ～ 1600mm，该处配筋率提高 10% ～ 15%。这样，有利于分散墙柱间的应力集中，避免纵向裂缝的出现。结构开口部和突出部位因收缩应力集中易于开裂，与室外相连的出入口受温差影响大也易开裂，这些部位应适当增加附加筋，以增强其抗裂能力。

对于超长结构楼板，为减少有害裂缝（宽度小于 0.3mm），可采用补偿收缩混凝土浇筑，但设计上要求采用细而密的双向配筋，构造筋间距小于 150mm，配筋率在 0.6% 左右；对于现浇混凝土防水屋面，应配置双层钢筋网，钢筋间距小于 150mm，配筋率在 0.5% 左右。楼板和屋面受大气温差影响较大，其后浇缝最大间距不宜超过 50m。

由于地下室和水工构筑物长期处于潮湿状态，温差变化不大，最适合用补偿收缩混凝土作结构自防水。大量工程实践表明，与桩基结合的底板和大体积混凝土底板，用补偿收缩混凝土可不作外防水，但边墙宜作附加防水层。底板和边墙后浇缝最大间距可延长至 60m，后浇缝回填时间可缩短至 28d。

（二）材料及配比

目前膨胀剂的牌号和厂家很多，质量差别很大，用户必须选用达到《混凝土膨胀剂》（JC 476—2001）标准的产品。

（1）膨胀剂的掺量：膨胀剂本身具有活性，视为水泥的一部分，故《混凝土外加剂应用技术规范》（GB 50119）规定为等量取代胶凝材料的内掺法。由于我国水泥大多掺入混合材，其活性有所不同，所以膨胀剂替代水泥率有所差异，原则上可以 100% 替代水泥，如水泥富余系数低，只能替代 50% ～ 80%。目前，我国大多数膨胀剂推荐掺量为 10% ～ 12%，少数为 6% ～ 8%。《混凝土外加剂应用技术规范》（GB 50119）规定，补偿收缩混凝土的膨胀剂掺量不宜大于 12%，不宜小于 6%；填充用膨胀剂混凝土的膨胀剂掺量不宜大于 15%，不宜小于 10%。不管产品说明书怎样宣传，应以混凝土限制膨胀率大小为准，同时要考虑水泥品种、水泥用量、水灰比和外加剂等影响，通过试验，确定膨胀剂的科学掺量。有些膨胀剂中有 CaO 等成分，易吸收空气中水分和 CO_2，失去部分活性，使用时要注意产品的存放有效期。膨胀剂的掺量必须使混凝土达到补偿收缩混凝土性能的技术指标：14d 水中养护的限制膨胀率不小于 0.015%，28d 干空收缩率不大于 0.03%，28d 抗压强度大于 25MPa。填充用膨胀剂混凝土性能应达到：14d 水中养护的限制膨胀率不小于 0.025%，28d 干空收缩率不大于 0.03%，28d 抗压强度大于 30.0MPa。不同的结构部位的抗裂要求不同，因此，膨胀剂掺量是不同的。根据大量工程实践表明，底板混凝土的厚度在 1m

以下的，配制的混凝土的限制膨胀率应达到0.015%以上，厚度超过1m的大体积混凝土，限制膨胀率应在0.020%左右，这一限制膨胀率不可能完全抵消混凝土的干缩和温差收缩，但由于底板混凝土受到的外约束较小，收缩应力能得到部分释放，在徐变等因素的作用下，混凝土的收缩值不会超过混凝土的极限延伸率，混凝土不易开裂。

墙体、楼板等混凝土构件受到的外约束较大，整体的收缩性受到邻位的限制，其收缩应力无法自由释放，因此，墙体易产生竖向裂缝，宜采用限制膨胀率在0.02%以上的补偿收缩混凝土。混凝土的膨胀率最好控制在0.025%～0.035%，填充用膨胀混凝土的膨胀率应控制在0.035%～0.045%。防水工程的底板混凝土的限制膨胀率$\varepsilon_2 = 0.02\%$～0.025%，侧墙$\varepsilon_2 = 0.03\%$～0.035%，后浇带或膨胀加强带$\varepsilon_2 = 0.035\%$～0.045%为宜。

（2）最低水泥用量：膨胀混凝土的胶凝材料用量是硅酸盐水泥、膨胀剂和掺合料的总和。考虑补偿收缩效应，其胶凝材料用量应大于300kg/m³，如膨胀剂掺量为10%，水泥为270kg/m³，膨胀剂为30kg/m³。如水泥用量小于300kg/m³，膨胀剂宜用外掺法计算。有抗渗要求的补偿收缩混凝土水泥用量不应小于320kg/m³，但如掺入掺合料，水泥用量不得小于280kg/m³。由于各厂的水泥和粉煤灰活性不同，各地砂石质量差异较大，施工选用混凝土的坍落度也不同，因此，试验室应根据以往的经验确定基准混凝土的水泥和粉煤灰单方用量，计算膨胀剂的掺量。

（3）掺合料用量：一般预拌混凝土都掺入粉煤灰、矿渣粉、沸石粉等掺合料，在有减水剂的情况下，它们都可等量或部分替代水泥。由于膨胀剂是按内掺法等量取代胶凝材料的，掺加膨胀剂后，掺合料和水泥应按其在胶凝材料中所占比例相应减少。例如：基准混凝土为水泥用量300kg，粉煤灰掺量20%，即60kg，膨胀混凝土中，膨胀剂掺量为10%，应掺36kg，则粉煤灰掺量调整为60 − 60 × 10% = 54kg，水泥用量调整为270kg，这样才能保证补偿收缩混凝土达到期望的物理力学性能。

（4）外加剂选择与掺量：膨胀剂不宜与氯盐类外加剂复合，与防冻剂复合应慎重，膨胀剂常与减水剂、缓凝剂等复合应用，其关键是两者的相容性问题，有些减水剂、缓凝剂等外加剂会出现减小膨胀率的问题。减水剂（泵送剂）的掺量大，则流动性好，水灰比小，但可能使水中限制膨胀率增高、强度增加，空气中收缩增大，在一定程度上会削弱补偿收缩的效果。有的膨胀剂和水泥对混凝土坍落度损失影响较大，因此要通过试验选择用何种外加剂和适宜的掺量，其掺量以胶凝材料的总量来计算。此时混凝土必须满足《混凝土外加剂应用技术规范》（GB 50119）规定的限制膨胀率指标。《混凝土外加剂应用技术规范》（GB 50119—2003）中的试验方法，测试混凝土限制膨胀率用的混凝土试件尺寸为100mm×100mm×300mm，试件中间埋入ϕ10mm钢筋作限制器，其两头焊厚度为12mm的钢板，配筋率为0.79%，测量仪器精度为0.001mm的专用测长仪器，示意图如图1所示。

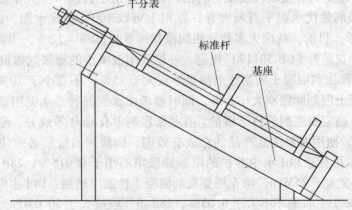

图1 混凝土限制膨胀率测量仪示意图

补偿收缩混凝土纵向限制膨胀率和纵向限制收缩率的试验，可按下列步骤进行：①先把纵向限制器具放入 100mm×100mm×400mm 的试模中，然后将混凝土一次装入试模，把试模放在振动台上振动至表面呈现水泥浆、不泛气泡为止，刮去多余的混凝土并抹平，然后把试件置于温度为（20±2）℃的标准养护室内养护，试件表面用塑料布或湿布覆盖，防止水分蒸发；②当补偿收缩混凝土抗压强度达到 3~5MPa 时拆模（一般为成型后 12~16h），测量试件初始长度；③测量前 3h 将测长仪、标准杆放在测量室内，用标准杆校正测长仪。测量前，将试体测头及测量仪测头擦净。测量时，将记有编号的一面朝上，面向测量者，其方向和位置要固定一致，不得随意变动，使纵向限制器测头与测量仪测头正确接触，读数应精确至 0.001mm。试件测定时间应为规定龄期±1h。每个试件长度，应重复测量三次，取其稳定值；④将测定初始长度后的试件浸入（20±2）℃的水中养护，分别测定 3d，7d，14d 的长度，然后移入室温为（20±2）℃、相对湿度为（60±5）% 的恒温恒湿箱或恒温恒湿室内养护，分别测定 28d，42d 的长度。上述测长龄期，一律从成型日算起；⑤每组成型的三个试件，取其算术平均值作为长度变化，计算应精确至小数点后第三位。

（5）水胶比与砂率：掺膨胀剂混凝土一般用于抗裂防渗工程，故水胶比不宜大于 0.50，砂率以 35%~42% 为宜。

上述参数确定后，可按普通混凝土配合比进行设计膨胀混凝土配合比，通过试拌调整后就可确定施工配合比。掺膨胀剂混凝土质量应控制抗压强度、限制膨胀率和限制干缩率等指标，有抗渗要求时应做抗渗试验。

35 防水混凝土如何应用外加剂？

防水混凝土是防渗性能较高的混凝土，其抗渗压力不小于 0.6MPa（即抗渗等级不低于 P6）。防水混凝土适用于有防渗、防漏的混凝土工程，如地下室、水池、水塔、刚性屋面等。

一、外加剂选择

（一）防水混凝土中应用外加剂的目的

（1）提高抗渗性：主要途径有减少用水量，消除沉降缝隙，减小毛细孔径；提高混凝土的和易性，消除施工孔隙；引入适量气相，切断毛细通道；改变毛细管表面性能，使其成为憎水性表面；补偿混凝土收缩等。

（2）满足施工及其他物理力学性能的要求：如泵送防水混凝土有改善可泵性的要求；大体积防水混凝土有降低水泥初期水化热及提高混凝土抗裂性的要求；冬期施工有早强及防冻的要求等。

（二）外加剂的比较

能够提高混凝土防水能力的外加剂很多，这给恰当地选择带来了难度。选择适宜的外加剂，应从实际效果及经济性等方面做试验和比较分析，不能只看厂家的介绍。

外加剂的检验都是按照标准的规定进行的，多数标准规定的温度条件为 20℃ 混凝土配比也有严格的规定。外加剂按照标准检验时其性能可能为优良，能达到一等品的指标。若将该外加剂在实际中应用，效果有时会大打折扣，因为实际使用的条件与标准条件并不一致，两者的差别表现在水泥等原材料、配合比、搅拌、浇筑、振捣、养护等方面。单一外加剂产品性能很好，但若将几种外加剂一起使用，可能存在相容性问题，影响使用效果。

矿渣水泥的泌水性比普通水泥差，对提高抗渗性不利，若使用含羟基羧酸或低聚糖成分的外加剂将加重泌水，降低抗渗性。三乙醇胺防水剂对不同品种水泥的适应性较强，特别是能改善矿渣水泥的泌水性和黏滞性，明显地提高其抗渗性。对要求低水化热的防水工程，以使用矿渣水泥为好，使用时注意三乙醇胺防水剂用量不宜过高。

对强度等级小于 C30 的低强度混凝土，水灰比较大，毛细孔大而多，用引气剂或憎水性防水剂能减少泌水，切断毛细孔通道，大幅度提高抗渗性，效果优于减水剂、膨胀剂。低强度混凝土和有较高抗渗要求的 P6 以上的防水混凝土，需采用作用原理不同的几种防水剂复合使用。对强度等级大于 C30 的中等以上强度的混凝土，其水灰比较小（0.6 以下），减水剂能够充分发挥减水作用，混凝土的大孔和毛细孔都显著地减少。各种防水剂配制的混凝土抗渗能力都较强，普通强度的 P6，P8 防水混凝土，若没有其他特殊的要求，可以简单地只用减水剂；当混凝土强度等级提高时，混凝土的水泥用量提高了，混凝土本身的化学收缩和水化热造成的收缩渐渐变得显著，这时可能会引起开裂，混凝土体积或面积越大，开裂的机会越大，一旦混凝土开裂了，抗渗等级再高也一样会渗漏。大体积或大面积防水混凝土主要应解决防裂问题，尺寸较小的防水混凝土对抗裂的要求相应低一些。

氯化铁类防水剂明显地提高抗渗性，但需加强养护，温度过高或过低均使抗渗性下降，养护温度一般在 10～40℃ 之间，保持一定湿度，不可用蒸汽养护大体积混凝土。氯化铁类防水剂含有较高的氯离子，为防止对钢筋的锈蚀，该防水剂用于钢筋混凝土时应控制掺量。

三、施工技术

防水混凝土有很多种，其施工技术的要求各不相同。

（一）外加剂防水混凝土的种类

（1）减水剂防水混凝土：在普通混凝土中掺入减水剂制成的防水混凝土称为减水剂防水混凝土。减水剂防水混凝土配制简单，同时可改善混凝土的和易性及可泵性，节省水泥，降低水泥初期水化热，提高混凝土的早期强度、后期强度及耐久性，应用普遍。

减水剂防水混凝土用的外加剂，应结合施工要求及混凝土的性能要求，慎重选择。主要产品有：

①木质素磺酸盐类减水剂。如木质素磺酸钙、木质素磺酸钠等产品具有减水、引气、缓凝、价廉等特点，适用于大体积防水混凝土、泵送防水混凝土等。存在的问题是减水率较小、混凝土早期强度较低及对水泥的适应性较差。

②高效减水剂及缓凝高效减水剂。高效减水剂中以引气型及低引气型高效减水剂配制防水混凝土较为有利。其产品如建 1 型、AF 及萘系减水剂，具有减水率大、早强、高强、引气等特点，适用于强度较高的防水混凝土、早强型防水混凝土、泵送防水混凝土。

缓凝高效减水剂，如 AT 等，除具有高效减水剂的减水率大、早强、高强及引气功能外，还具有缓凝、坍落度损失小等特点，适宜配制高强防水混凝土、早强型防水混凝土、泵送防水混凝土和大体积防水混凝土。与粉煤灰双掺使用时，经济效益更为显著。

早强减水剂及早强高效减水剂，除了因减水、引气等因素提高混凝土的抗渗性外，还因生成硫铝酸钙，而使较多的液相水成为固相水，提高混凝土的密实性。早强减水剂及早强高效减水剂适用于气温较低或正负温交替，且有早强及抗冻害要求的防渗混凝土。

（2）引气剂防水混凝土：在普通混凝土中掺入引气剂制成的防水混凝土称为引气剂防水混凝土。引气剂防水混凝土的耐冻融性能良好，适用于有耐冻融要求的防水混凝土。

我国在 20 世纪 50 年代就已推广应用引气剂防水混凝土。目前往往将引气剂与减水剂复合使用，进一步提高防水混凝土的施工和易性、强度及防水效果。

（3）膨胀剂防水混凝土：在普通混凝土中掺入膨胀剂配制的防水混凝土称为膨胀剂防水混凝土。

（4）防水剂防水混凝土：如 YE 防水剂、有机硅防水剂、铝盐防水剂等新型防水剂，具有良好的防水性能，在防水砂浆和防水混凝土中已得到大量应用。

（5）其他防水剂混凝土：三乙醇胺防水混凝土是在混凝土搅拌过程中加入水泥质量 0.05% 的

三乙醇胺配制而成。目前，三乙醇胺常与减水剂复合使用，以进一步提高减水剂防水混凝土的早期强度及抗渗性能。

（二）外加剂防水混凝土的施工

外加剂防水混凝土必须采用机械搅拌，搅拌时间不少于 2min。外加剂防水混凝土必须采用机械振捣密实，振捣时间宜为 10～30s，以混凝土开始泛浆和不冒气泡为准，并应避免漏振、欠振和超振。对有些能产生大气泡的外加剂，应用高频振动器加以振捣，以消除一部分大气泡。

混凝土浇筑尽可能一次完成，大体积混凝土应适当分块，同时控制有足够凝结时间，尽量不留或少留施工缝，并注意接搓方式。掺引气剂、膨胀剂、氯化铁防水混凝土对养护的要求非常高，受养护温度影响大，必须注意允许的最低和最高养护温度。混凝土终凝后立即进行养护，养护时间不得少于 7d（最好 14d 以上），在养护期间应使混凝土保持湿润。

冬期施工时，集料的温度不超过 40℃，水温不超过 60℃，混凝土出机温度不超过 35℃；不能采用电热法及蒸汽加热法。保证混凝土的养护湿度，特别是大体积混凝土要防止由于水化热高产生的水分蒸发快。防水混凝土表面应用湿草袋或塑料薄膜覆盖，再加保温层。

四、质量控制

（一）原材料

（1）水泥：不受侵蚀性介质和冻融作用时，宜采用硅酸盐水泥、普通硅酸盐水泥、火山灰质硅酸盐水泥、粉煤灰硅酸盐水泥。当采用矿渣水泥时，必须掺加减水剂或引气剂以降低泌水率。受冻融作用时应优先采用普通硅酸盐水泥，不宜采用火山灰质硅酸盐水泥和粉煤灰硅酸盐水泥。不得使用过期或受潮结块的水泥，不得将不同品种或强度等级的水泥混合使用。

（2）砂、石：砂宜用中砂；石子最大粒径不宜大于 40mm，所含泥土不得呈块状或包裹石子表面，吸水率不应大于 1.5%。

（3）粉煤灰或磨细砂、石粉：细粉材料不足时，可掺入一定数量的磨细粉煤灰或磨细砂、石粉等。粉煤灰掺量不应大于 20%，磨细砂、石粉掺量不宜大于 5%。粉细料应全部通过 0.15mm 筛孔。

（二）配合比

防水混凝土配合比应通过试验确定，其抗渗等级应比设计要求提高 0.2MPa。外加剂防水混凝土配合比应符合下列规定：

（1）水泥用量不宜少于 300kg/m³；掺有活性掺合料时，水泥用量不得少于 280kg/m³。

（2）砂率宜为 35%～40%。

（3）灰砂比宜为 1:2～1:2.5。

（4）水灰比宜在 0.55 以下，最大不得超过 0.6。

（5）坍落度不宜大于 50mm，泵送混凝土可不受此限。

（6）掺引气剂或引气减水剂时，混凝土含气量应控制在 3%～6%。

36 耐碱混凝土如何应用外加剂？

耐碱混凝土是由硅酸盐水泥或普通硅酸盐水泥、耐碱粗细集料及粉料配制而成的既密实、又坚固的混凝土。其主要用于耐碱工程，如地坪、池槽等，可耐 50℃ 以下、浓度 25% 的氢氧化钠，50～100℃、浓度 12% 的氢氧化钠、铝酸钠、碱性气体和粉尘等的腐蚀。

一、外加剂选择

碱性介质对混凝土的腐蚀以物理腐蚀为主。故耐腐蚀混凝土应用外加剂的主要目的是提高混凝土的密实性，防止碱液渗透，避免物理腐蚀发生。耐碱混凝土对密实性的要求是：抗渗等级不小于 P12；抗压强度不小于 25MPa。

（一）高效减水剂、引气高效减水剂

为了提高混凝土的密实性，宜用萘系高效减水剂（如 FDN 等）、甲基萘系高效减水剂（如建1型）、蒽系高效减水剂（如 AF）等，也可使用普通减水剂木质磺酸钙。

试验表明：掺 FDN 和木质素磺酸钙减水剂能提高混凝土的耐碱性能，其中 FDN 更为显著（表1）。对浸泡 11 个月的试件观察，不掺减水剂时碱液渗入混凝土试件内 15～18mm，掺 FDN 减水剂渗入 8mm。

表1　混凝土耐腐蚀系数

编号	减水剂		20% NaOH（全浸一年）		30% NaOH（全浸一年）	
	名称	掺量（%）	耐蚀系数 K_1	耐蚀系数 K_2	耐蚀系数 K_1	耐蚀系数 K_2
1	—	—	0.89	0.81	0.56	0.57
2	—	—	0.80	0.80	0.43	0.62
3	木钙	0.25	0.80	0.85	0.75	0.71
4	FDN	0.50	1.13	1.01	0.93	0.94

（二）聚合物乳液

如丙苯 3L 液、丙烯酸酯乳液配制的聚合物砂浆或聚合物混凝土具有良好的耐碱性能。典型的产品有苏州混凝土水泥制品研究院研制的 MA 水泥改性剂等。

二、施工技术

耐碱混凝土的施工应严格要求，以生产出高密实性的混凝土，混凝土的抗渗等级宜达到 P12以上。耐碱混凝土的施工技术与防水混凝土有很多相似之处。

（一）搅拌

为保证混凝土各组成材料的均匀性，应使用强制式搅拌机，搅拌时间多于 2min。

（二）浇筑

耐碱混凝土应一次浇完，不留施工缝，浇筑时用振捣器进行振捣，提高混凝土的密实度，及时进行抹平、压实、压光，压光工作应在终凝前完成，禁止铺设干水泥，尽量减少出现微裂缝的机会，保证混凝土的防渗抗裂性。

（三）养护

混凝土的湿养护时间应不少于 14d，混凝土表面防止暴晒，冬期施工要加强保温。

三、质量控制

耐碱混凝土宜用 32.5 级以上的硅酸盐水泥或普通硅酸盐水泥，用量不少于 300kg/m³，其水泥熟料中铝酸三钙的含量不宜大于 9%（矾土水泥和火山灰质水泥中含有大量的氧化铝和氧化硅，极不耐碱），可以掺入矿渣粉，不宜掺入粉煤灰等掺合料，采用石灰石、白云石、大理石、辉绿石、花岗石及石英石质粗细集料及粉料；混凝土水灰比不大于 0.55。耐碱砂浆建议的配合比是水泥（砂加石灰石粉料）=1:2，粉料占集料总量的 15%，水灰比小于 0.5。

37　泵送混凝土如何应用外加剂？

泵送混凝土是通过专用的混凝土泵和管道，靠泵压力将混凝土直接输送到灌筑地点，一次完成水平和垂直运输。目前，我国泵送混凝土的输送能力，水平距离可达 1000m，垂直高度可达

385m，单台最大输送量可达 90m³/h，一昼夜可浇筑几千立方米混凝土。泵送混凝土具有无噪声、无粉尘、速度快、劳力省、工效高、占地少、费用低等优点。它一不用手推车和翻斗车，二不用满堂脚手架和栈桥，彻底改变过去浇灌大面积大体积混凝土时的人海战术、日夜加班的传统作业方式，适用于大体积混凝土、高层建筑、作业面小、现场地形复杂的隧洞、地下工程及市区建设。

一、外加剂选择

应用外加剂的目的在于：

（1）提高可泵性：混凝土的坍落度在 5 ~ 23cm 都属可泵送范围，其中以 8 ~ 18cm 为宜。坍落度过小时，吸入混凝土较困难，充盈系数小，泵送效率低，无润滑层，摩擦阻力大，容易堵管。坍落度过大时，在高压力下弯头和闸阀处容易产生离析而堵管。泵送混凝土的坍落度根据建筑物高度、泵的性能、振捣方式、运输时间及气候条件而定。可以选用减水剂、泵送剂等外加剂，使混凝土在不大的水灰比下达到较高的坍落度。

（2）改善硬化混凝土的性能：泵送防水混凝土中应用外加剂的另一目的是提高抗渗性；泵送高强混凝土中应用外加剂的目的是在经济的水泥用量下达到设计强度；不少工程还希望用泵送剂提高早期强度，冬期施工时还希望防止冻害。

随着预拌混凝土在国际、国内的迅速发展，泵送混凝土的种类也不断增加。目前常用的泵送一般强度混凝土、泵送高强混凝土、泵送防冻混凝土、泵送大体积混凝土、泵送膨胀混凝土、泵送防水混凝土和泵送水下混凝土等，此时，外加剂的选择就应根据该泵送混凝土的特性选择相应的外加剂。如普通泵送混凝土可以选用普通减水剂（木钙等）、高效减水剂（萘系、三聚氰胺等）、泵送剂，泵送防冻混凝土就应选择泵送剂再加防冻剂或含有泵送剂组分的多功能防冻剂，泵送膨胀混凝土应选择泵送剂加膨胀剂等外加剂。

（一）木质素磺酸钙

该产品具有塑化、缓凝、引气等功能，混凝土的坍落度可提高 8 ~ 10cm，坍落度损失小，保水性改善，能降低水泥初期水化热，提高混凝土抗渗性。由于木质素磺酸钙价廉、多功能，因此是目前中低强度泵送混凝土中应用较多的产品。

木质素磺酸钙减水剂的缺点是：减水率小，早期强度增长慢，对水泥适用性差，所以不宜在要求早强、强度等级大于 C30、气温低于 5℃、高层建筑及以硬石膏为调凝剂的水泥中应用。

（二）缓凝高效减水剂

缓凝高效减水剂具有超塑化、大减水率、早强、高强、缓凝、坍落度损失小、保水性显著改善的特点，适用于高层建筑、泵送早强混凝土（龄期 3d 强度可达设计强度的 70%，7d 强度可达设计强度等级）、泵送高强混凝土（C50 ~ 60）和泵送防水混凝土（P6 ~ P15）。

（三）高效减水剂

这类产品具有超塑化、大减水率、早强、高强、保水性和抗渗改善的特点，适用现场拌制的泵送混凝土、气温较低时的高层建筑、泵送早强混凝土和泵送高强混凝土。

（四）泵送剂

这一类产品由高效减水剂、木质素磺酸钙或引气剂等多种组分复合而成，具有塑化、缓凝、引气、早强、增强、抗渗等多种功能。

（五）防冻剂

高效防冻剂、复合早强防冻剂等，由高效减水剂、防冻剂、早强剂等成分组成，既可提高混凝土的可泵性，又能使混凝土在负温下水化硬化，达到预期的强度。

（六）膨胀剂

泵送混凝土由于坍落度大，粗集料粒径小，在大体积混凝土中容易产生裂缝，故可复合使用膨胀剂。

二、施工技术

坍落度是衡量和易性好坏的常用指标，关系到混凝土的可泵性。按国家现行标准《混凝土结构工程质量验收规范》的规定，对不同泵送高度，入泵时混凝土的坍落度，可按表1选用。基础、地下工程及标高较低的建筑，坍落度一般10~16cm为宜；超高层建筑18~22cm；泵送防水混凝土的坍落度宜小于13cm。混凝土经时坍落度损失值见表2。坍落度经时损失与水泥、外加剂、气候条件、外加剂的掺法等多种因素有关，可根据施工经验并验证确定，无施工经验时，应通过试验确定。混凝土的可泵性还可用混凝土的压力泌水试验来检验。

表1 不同泵送高度入泵时混凝土坍落度选用值

泵送高度（m）	30以下	30~60	60~100	100以上
坍落度（mm）	100~140	140~160	160~180	180~200

表2 混凝土经时坍落度损失值

大气温度（℃）	10~20	20~30	30~35
混凝土经时坍落度损失值（掺粉煤灰和木钙，经时1h）	5~25	25~35	35~50

（一）混凝土泵送设备的选择与布置

混凝土泵的选型应根据混凝土工程特点、要求的最大输送距离、最大输出量及混凝土浇筑计划确定。

混凝土输送管应根据工程和施工场地特点、混凝土浇筑方案进行配管，宜缩短管线长度，少用弯管和软管。在同一条管线中，应采用相同管径的混凝土输送管；同时采用新、旧管段时，应将新管布置在泵送压力较大处。混凝土输送管应根据粗集料最大粒径、混凝土泵型号、混凝土输出量和输送距离，以及输送难易程度等进行选择。

炎热季节施工，宜用湿罩布、湿罩袋等遮盖混凝土输送管，避免阳光照射。严寒季节施工，宜用保温材料包裹混凝土输送管，防止管内混凝土受冻，并保证混凝土的入模温度。

当水平输送距离超过200m或垂直输送距离超过40m，输送管垂直向下或斜管前面布置水平管，或混凝土拌合物单位水泥用量低于300kg/m³时，必须合理选择配管方法和泵送工艺，宜用直径大的混凝土输送管和长的锥形管，少用弯管和软管。

（二）混凝土的泵送

混凝土泵与输送管连通后，应按所用混凝土泵使用说明书的规定进行全面检查，符合要求后方能开机进行空运转。混凝土泵启动后，应先泵送适量水以湿润混凝土泵的料斗、活塞及输送管的内壁等直接与混凝土接触部位。经泵送水检查，确认混凝土泵和输送管中无异物后，应采用水泥浆或1:2水泥砂浆润滑混凝土泵和输送管内壁。润滑用的水泥浆或水泥砂浆应分散布料，不得集中浇筑在同一处。开始泵送时，混凝土泵应处于慢速、匀速并可反泵的状态。泵送混凝土时，如输送管内吸入了空气，应立即反泵，吸出混凝土至料斗中重新搅拌，排出空气后再泵送。

当输送管被堵塞时，应采取下列方法排除：（1）重复进行反泵和正泵，逐步吸出混凝土至料斗中，重新搅拌后泵送；（2）用木槌敲击等方法，查明堵塞部位，将混凝土击松后，重复进行反泵和正泵，排除堵塞；（3）当上述两种方法无效时，应在混凝土卸压后，拆除堵塞部位的输送管，排出混凝土堵塞物后，方可接管。重新泵送前，应先排除管内空气后，方可拧紧接头。

向下泵送混凝土时，应先把输送管上气阀打开，待输送管下段混凝土有了一定压力时方可关闭气阀。

（三）混凝土的浇筑顺序

当有采用输送管输送混凝土时，应由远而近浇筑；同一区域的混凝土，应按先竖向结构后水平结构的顺序，分层连续浇筑；当不允许留施工缝时，区域之间、上下层之间的混凝土浇筑间歇时间不得超过混凝土初凝时间；当下层混凝土初凝后，浇筑上层混凝土时，应选按留施工缝的规定处理。

振捣泵送混凝土时，振动棒移动间距宜为400mm左右，振捣时间宜为15～30s，间隔20～30min后，进行第二次复振。

三、质量控制

泵送混凝土的施工几乎已不能缺少外加剂，应用外加剂生产泵送混凝土的质量控制应从以下几点着手：

（一）原材料

（1）水泥：可以使用除火山灰质水泥以外的各大品种水泥，即硅酸盐水泥、普通硅酸盐水泥、矿渣硅酸盐水泥、粉煤灰硅酸盐水泥、铁铝酸盐水泥。一般以普通水泥为宜，如果用于大体积混凝土可掺矿粉或粉煤灰，水泥用量大于或等于 $300g/m^3$。

（2）粗集料最大粒径与输送管径之比：泵送高度在50m以下时，对碎石不宜大于1:3，对卵石不宜大于1:2.5；泵送高度在50～100m时，宜在1:3～1:4；泵送高度在100m以上时，宜在1:4～1:5。粗集料应采用连续级配，针片状颗粒含量不宜大于10%。

（3）细集料：宜采用中砂，通过0.315mm筛孔的砂含量不应少于15%，通过0.160mm筛孔的砂含量不应小于5%。

（4）水：拌制泵送混凝土所用的水应符合国家现行标准《混凝土拌合用水标准》的规定。

（5）外加剂：泵送混凝土应掺用泵送剂或减水剂，泵送混凝土宜掺适量粉煤灰，并应符合国家现行标准《用于水泥和混凝土中的粉煤灰》、《粉煤灰在混凝土和砂浆中应用技术规程》和《预拌混凝土》的有关规定。

（二）配合比

泵送混凝土配合比除必须满足混凝土设计强度和耐久性的要求外，尚应使混凝土满足可泵性要求。泵送混凝土配合比设计应符合国家现行标准《普通混凝土配合比设计规程》、《混凝土结构工程施工及验收规范》、《混凝土强度检验评定标准》和《预拌混凝土》的有关规定，并应根据混凝土原材料、混凝土运输距离、混凝土泵与混凝土输送管径、泵送距离、气温等具体施工条件试配。必要时，应通过试泵送确定泵送混凝土配合比。混凝土的可泵性可用压力泌水试验结合施工经验进行控制。一般10s时的相对压力泌水率 S_{10}，不宜超过40%。泵送混凝土应有较好的和易性、泌水小、粘聚性好、常压泌水率应符合泵送剂标准的规定。泵送混凝土配合比设计的重点有以下几点：

（1）水泥品种、用量及水灰比：泵送混凝土中，水泥以用普通硅酸盐水泥为宜（矿渣硅酸盐水泥的保水性差、泌水率大，会使混凝土的可泵性下降）。大体积泵送混凝土中宜用普通硅酸盐水泥掺矿物外加剂，有利于降低水化热。泵送混凝土最小胶凝材料用量宜为300kg/m³，泵送轻集料混凝土最小胶凝材料为 310~360kg/m³。日本泵送混凝土施工规程规定的最小胶凝材料用量见表3。

表3　普通泵送混凝土最小水泥用量　　　　　　　　　　　　　　　　kg/m³

输送管尺寸（mm）			水平换算距离（mm）		
$\phi 100$	$\phi 125$	$\phi 150$	<60	60~125	>150
300	290	280	280	290	300

在满足最小胶凝材料用量的同时应控制水泥用量不可过多，水灰（胶）比不宜小于0.6；否则，保水性和粘聚性较差，容易因离析而引起堵泵。

（2）砂率：泵送混凝土的砂率比非泵送混凝土高 4%~6%，一般为 40%~50%；泵送高强混凝土中因水泥用量多，砂率可降至 32%~36%。宝钢工程的砂率推荐值见表4。

表4　砂率推荐值　　　　　　　　　　　　　　　　　　　　　　　　%

集料最大尺寸（mm）	有外加剂的混凝土		无外加剂的混凝土	
	卵石	碎石	卵石	碎石
15	48	53	52	54
20	45	50	49	54
25	42	44	44	49
40	38	42	40	45

（3）含气量：适当的引气对泵送有利，但也不能太高，含气量不宜超过 5%。上海的一些超高泵送工程实践（南浦大桥、东方明珠、金茂大厦）证明，泵送剂中加入优质引气剂，保持一定含气量是增强可泵性的有效手段。

（4）外加剂：泵送混凝土应掺加适量外加剂，并应符合国家现行标准《混凝土泵送剂》的规定和具体品种的使用说明书的要求，并经试验确定。过量掺加泵送剂或任意复合使用往往产生不良后果。

（三）外加剂的检验

泵送剂的混凝土性能试验与其他外加剂有所不同，以下几点应在检验泵送剂性能时引起注意：（1）试验混凝土用干砂，稍细，为中砂；（2）水泥用量分别为卵石（380±5）kg/m³，碎石（390±5）kg/m³；（3）砂率为 42%；（4）用水量分别以达到空白混凝土坍落度（10±1）cm，被检混凝土（21±1）cm 为准，因此水灰比不一定是一致的。被检混凝土水灰比有可能小于或大于基准混凝土。只有一项试验例外，即检测坍落度增加值时，水灰比是相同的；（5）常压泌水率、压力（3.0MPa）泌水率和坍落度保留值均为泵送剂的特征试验，是必测项目；（6）标准中未规定凝结时间差，除特殊要求外，一般工程不希望凝结时间超过 24h。

掺泵送剂的混凝土粘聚性、流动性要好，泌水率要低。简单的现场观察方法是：（1）坍落度试验时，坍落度扩展后的混凝土样中心部分不能有集料堆积，边缘部分不能有明显的浆体和游离水分离出来；（2）将坍落度筒倒置并装满混凝土样，提起 30cm 后计算样品从筒中流空时间，短者为流动性好，有条件可做扩展度试验。

（四）泵送剂的使用

掺有泵送剂的混凝土温度不宜高于 30℃。混凝土温度越高，运输或泵管输送距离越长，对泵送剂品质的要求就越高。泵送剂与水泥之间存在适应性，应选择与水泥适应性好的泵送剂，当泵送剂不易更改时，应选择适应性好的水泥，或改变掺加方法。

对泵送高度较高、泵送距离较远的泵送施工，应通过对泵送剂的选型或复合多种外加剂试验，结合混凝土配合比的调整，使混凝土的可泵性最佳，泵送阻力最小，必要时先用一部分混凝土进行试泵，力争使泵压在泵的正常工作范围。

38 预拌混凝土如何应用外加剂?

预拌混凝土的特点是集中搅拌合以商品形式供应。预拌混凝土有利于采用先进的设备、技术和管理方法，节省水泥，节省砂石，保证质量，降低成本，改善环境。目前，经济发达国家的预拌混凝土量占混凝土总量的60%以上，近十年来，我国预拌混凝土也得到了很大的发展。

一、外加剂选择

应用外加剂的目的在于：①改善和易性：预拌混凝土因运输时间长，又往往泵送浇筑，故要求运输过程中不离析，混凝土的坍落度损失小，可泵性好；②满足特种要求：预拌混凝土的服务对象多种多样，故应用外加剂的主要目的也不相同。如大体积混凝土要求降低水泥初期水化热，提高抗裂性；冬期施工要求早强和防冻害；防水混凝土要求提高抗渗性；泵送高强混凝土既要求提高可泵性又要求高强等。

外加剂应作为预拌混凝土中必不可少的组分，根据其应用的主要目的选用。

（1）改善和易性及节省水泥时，夏季宜用木质素磺酸钙、糖蜜减水剂、缓凝减水剂；强度等级较高的混凝土中应用缓凝高效减水剂等；低温季节宜用早强高效减水剂、高效减水剂及缓凝高效减水剂；负温施工时宜用高效防冻剂。

（2）利用较低强度等级水泥配制较高强度的混凝土时，采用 AP，AT，萘系高效减水剂等。

（3）满足各种特殊要求，如泵送早强混凝土、泵送高强混凝土、泵送大体积混凝土、泵送防水混凝土夏季、冬期施工时，选用的外加剂必须既满足泵送的要求，又要满足早强混凝土、高强混凝土、防水混凝土夏季、冬期施工的要求，外加剂的性能更要优良，且多功能。多种外加剂的复合使用也成为预拌混凝土掺用外加剂的常用方式。

二、施工技术

预拌混凝土现在大多数采用电脑自动化计量、配料，强制式搅拌，生产效率高。

砂石材料能够清洗和分级，能较大程度地满足生产需要，但夏季砂石的防晒降温有些困难。预拌混凝土产量高，材料用量大，有时会使用刚出厂的散装水泥，这样的水泥提高了混凝土的出机温度，坍落度损失更快，给生产造成不便。

预拌混凝土大多为生产泵送混凝土，非泵送的混凝土越来越少。预拌混凝土施工技术与泵送混凝土有许多相似之处，预拌混凝土施工除应满足泵送混凝土的一般要求之外，还需解决混凝土流动性的控制问题。日本等国家的预拌混凝土起步比我国早，也积累了很多经验，预拌混凝土几乎都使用 AE 引气减水剂，外加剂多采用后掺法或多次添加法，这是一种较好的控制泵送混凝土流动性的方法，我国大多数预拌混凝土公司怕后掺法麻烦或不好掌握而没有使用后掺法，还有一个原因是一般的混凝土搅拌运输车上没有定量掺外加剂的装置。近来生产的一些混凝土搅拌运输车已有该装置，预拌混凝土公司可选用此类混凝土搅拌运输车，即使平时不用后掺外加剂，若碰到因其他原因造成可泵性差时，也可以作为补救的手段，这比随意加水的混凝土质量要好得多。

预拌混凝土用水量高，运送时间长，使混凝土出现裂缝的可能性更大，需要使用控制裂缝出现的综合措施。

三、质量控制

（一）满足可泵性和控制坍落度损失

预拌混凝土使用外加剂常遇到的问题是坍落度损失过快，泵送时堵管等问题。为了满足泵送，配制的混凝土应具有良好的可泵性，混凝土坍落要都在8cm以上。很多预拌混凝土公司怕泵送不顺利或堵管，要求入泵时的坍落度都在14cm以上。由于城市交通问题，混凝土从搅拌经运输，等待入泵到泵出整个过程一般都在1h左右或更长。从减水剂和高效减水剂的性能特点上看，加入减水剂或高效减水剂后混凝土的坍落度损失会变大，普通减水剂1h坍落度可损失30% ~ 40%，高效减水剂坍落度可损失50% ~60%，气温升高使坍落度损失更加严重。一些混凝土公司为达到用户要求的坍落度，在出料前向混凝土拌合物里加水，加大了水灰比，使混凝土的许多性能下降。

《混凝土泵送剂》（JC 473—2001）规定了加泵送剂后混凝土30min和1h后的坍落度最低值，合格品：30min不得低于12cm，1h不得低于10cm；一等品：30min不得低于15cm，1h不得低于12cm。这些指标对泵送剂提出了基本要求，实际使用中会由于气温变化、水泥太新鲜、水泥相容性（适应性）等原因，预拌混凝土的生产对泵送剂提出的要求更高，为达到这种要求，外加剂厂也着手开发坍落度保持能力更好的泵送剂。新型泵送剂一般都会有一定的保塑组分，但至今还没有一种泵送剂能在任何条件下保持坍落度损失小于2cm。聚羧酸盐类减水剂比萘系减水剂的坍落度保持能力好得多，但在使用中也应注意掺量、掺加方法、与其他外加剂的适应性等问题，有些聚羧酸盐减水剂不能与萘系减水剂等外加剂一起使用，使用时应注意。

外加剂与水泥之间的相容性问题也是预拌混凝土常遇到的问题，在外加剂或水泥变化时，出现混凝土坍落度变化、坍落度损失加大、凝结时间长短不一等问题，有时还出现泌水等现象。此时要通过试验查明是水泥还是外加剂的原因，即用同一批外加剂与新进的水泥和原用的水泥进行比较试验，以判别是否因为水泥原因出现的问题；或者用同一批号水泥来检验前后两批外加剂，以判别是否外加剂原因而出现的问题。在判明情况的前提下，一般采取调整外加剂掺量（在原掺量的基础上增加10% ~30%），或适当调整混凝土配合比的办法，同时与外加剂厂家或水泥厂家联系、协调。工程上发生过因水泥变化使正常掺加缓凝减水剂的混凝土一天未凝的现象。

施工中出现泌水（结底）及堵泵现象，原因是外加剂掺量（减水率）偏高、混凝土用水量（坍落度）偏大、水泥存放时间过长或受潮等因素。可适当调整混凝土用水量或外加剂掺量，必要时改变所用外加剂品种，也可通过适当提高砂率，以此改善混凝土的和易性，避免因泌水而造成混凝土结底、堵泵等现象发生。如减少混凝土的用水量，减少幅度通常为原用水量的5% ~ 10%；如调整外加剂掺量，调整幅度可在原掺量的基础上减少10% ~20%，先试验后使用。与此同时，用户单位应及时联系外加剂厂家对续供产品作适当调整。

（二）防止裂缝产生

混凝土裂缝也是近几年预拌混凝土出现较多的问题，产生裂缝的情况多种多样，其原因十分复杂，多出现在：

（1）存在加速干燥的条件，如环境温度高、相对湿度低、空气流动快，都会加速裂缝的产生和扩大；

（2）导致表层混凝土的粘聚性降低的部位，如结构变截面处、振捣抹压不密实不均匀沉陷处，容易产生裂缝；

（3）长期保持塑性状态的条件，如缓凝组分过多、气温低，都会导致裂缝的产生和扩大；

（4）混凝土中保塑组分多或保水性强时容易产生裂缝；

（5）混凝土产生泌水和离析破坏拌合物的均匀性和稳定性，容易导致裂缝产生和扩大。

（三）防止裂缝的综合预防措施

由于混凝土裂缝产生的原因十分复杂，为了防止裂缝的产生，必须在材料、结构、施工几方面相结合，采取综合预防措施。

（1）选用合格的原材料和正确的配合比。原材料中砂石的含泥量要少，在保证混凝土强度的情况下水泥用量要最少，多掺细掺料。减水剂和泵送剂应选择收缩小的产品，混凝土配合比不能仅以强度为考察指标，还应考虑降低收缩。

（2）正确选择和控制初始坍落度、入泵坍落度和初凝时间，并且通过调整外加剂组成和掺量满足施工抗离析性、粘聚性、稳定性、抗裂性的要求。

（3）降低水化放热和控制混凝土的内外温差。防止温度应力裂缝的产生，冬期施工时要保温，降低内外温差；夏季施工时更注重降低混凝土的内部温度，使内外温差小于25℃。

（4）适当振捣，既不漏振也不过振，在梁柱、墙板等变截面处应分层浇筑和振捣，必要时在凝结前进行二次振捣。

（5）加强养护，防止干缩裂缝的产生。在初凝之后，进行二次抹压，消除表面裂缝，此后应即时养护。养护不当容易产生干缩裂缝，掺膨胀剂时更应加强养护。

（6）在容易开裂的部位可加钢丝网配筋，这样可分散应力，防止裂缝的产生。

39 喷射混凝土如何应用外加剂？

喷射混凝土不要或只要半模板，可通过软管在高空狭小工作区间向任意方向施工薄壁结构，工序简单，机动灵活，施工进度快，适用于矿山和地下工程支护，边坡加固，也可用于建筑薄壳屋顶、水池、预应力油罐，加固或修复砖石和混凝土结构。

一、外加剂选择

喷射混凝土应用外加剂的目的在于：

（1）促使混凝土迅速凝结、硬化，有效地抵抗因重力所引起混凝土脱落或空鼓。

（2）提高混凝土的粘结力，减少回弹量，降低工作面粉尘量，增大一次喷射厚度。

（3）提高喷射混凝土的强度和耐久性。

（4）对人体健康无损害。

铝酸盐或硫铝酸盐型速凝剂可用于薄壁结构、建筑结构加固和修复、边坡加固或基坑护壁等。硅酸钠型速凝剂可用于地下工程、堵漏工程、建筑结构修复等。常用的外加剂有：

（一）速凝剂

喷射混凝土应选择与水泥适应性好、凝结硬化快、回弹小、28d 强度损失小、低掺量的速凝剂。最早使用的速凝剂有红星一型、711 型、阳泉一型等，而这些速凝剂普遍存在碱性大、腐蚀性强、粉尘多、回弹率高、后期强度损失大等缺点。近年来倾向于推广使用碱性较小、回弹率较低、混凝土强度损失少的速凝剂。液体速凝剂粉尘少、回弹率低，应用量逐步增大。

（二）高效减水剂＋速凝剂

减水剂与速凝剂复合使用，具有较好的和易性、可输送性和粘聚性，回弹率和粉尘浓度降低，节省水泥用量，减少强度损失，提高混凝土的物理力学性能及耐久性（表1、表2）。减水剂可用非缓凝的 NF，FDN 等高效减水剂。国外有用聚羧酸高效减水剂、硅灰、无碱速凝剂生产出了低水灰比、高坍落度、高强度、耐久性好的高性能喷射混凝土 L12。该混凝土强度达到 60MPa，强度损失仅 10%，回弹率仅 2.3%，与之相对比的硅酸钠速凝剂强度损失为 55%。

表 1　掺减水剂混凝土与速凝剂混凝土强度比较

水泥	NF 减水剂掺量（%）	速凝剂掺量（%）	混凝土抗压强度（MPa）		
			3d	7d	28d
火山灰水泥	0	4	14.0	15.5	21.9
	0.7	4	20.0	21.6	29.3
矿渣水泥	0	4			25.9
	0.7	4			37.9

注：不掺减水剂的混凝土配合比为 1∶2∶2，掺减水剂的配合比为 1∶2∶3.1。

表2　回弹率及粉尘浓度对比

喷射混凝土外加剂	回弹率（%）	粉尘浓度（mg/m³）	备 注
速凝剂	18～20.2	86.2	回弹率最小值为3.5%
速凝剂＋NF	5～7.1	41.5	

（三）早强剂＋速凝剂

对既要求速凝，又要求早强的工程，应采取这种外加剂。

（四）增黏剂＋速凝剂

增黏剂可用有机增黏剂或硅灰，该复合外加剂能够减少回弹和施工粉尘，提高喷射混凝土质量。

（五）防水剂＋速凝剂

在有抗渗要求的场合，用防水剂复合速凝剂不但满足了喷射施工的要求，而且提高了防水能力。

（六）减水剂

对于平缓的岩坡、坝肩等部位，可单掺减水剂，如萘系高效减水剂及木质素磺酸钙。

二、施工技术

喷射混凝土的施工方法是利用喷射机将混凝土在一定的压力下喷射到施工部位，在很短的时间内即能凝结硬化，使被喷射的岩石或结构物得到加强和保护。喷射施工方法又可分为干式和湿式喷射混凝土，通常多使用干法施工。干式是用喷射机压送干拌合料，在喷嘴处加水加压喷出。干式喷射施工时粉尘较大，施工条件较差，喷射到工作面后回弹较大，多时可达到30%左右。湿式是将水灰比为0.45～0.5的混凝土拌合物，输送至喷嘴处加入速凝剂喷出。湿式喷射混凝土施工，可以使工作面附近空气中的粉尘含量降低到2mg/m³以下，合乎国家规定的卫生标准，混凝土的回弹可减少到5%～10%，既可改善工作条件，又可降低原材料消耗。它的主要缺点是：混凝土拌合物容易在输送管中凝固和堵塞，造成清洗麻烦。

为改善干喷的缺点，现在将干法的集料在"微潮"状态下（水灰比0.1～0.2）输送到喷嘴处，再加水加速凝剂加压喷出，这也可称为半干法。此法粉尘要小些，回弹率也可降至10%～20%。

三、质量控制

首先，需注意速凝剂等外加剂与水泥的相容性，优先使用硅酸盐和普通硅酸盐水泥，强硫酸盐环境可选用抗硫酸盐水泥，速凝剂在铝含量高的水泥中速凝效果好，矿渣水泥中速凝效果差些。所使用的水泥应新鲜，不得使用过期或受潮结块的水泥。

水泥强度等级应大于32.5，水泥用量以370～420kg为宜，砂率一般为45%～60%，水灰比以0.4～0.6为宜，不可过大，喷出物不流淌，无干斑，回弹少，色泽均匀即可。为减少回弹并防止物料在管路中的堵塞，石子的最大粒径应小于混凝土输送管道最小直径的1/3，且不大于20mm，一般宜用15mm的石子。砂应为细度模数2.6～3.5的中砂或粗砂，粒径小于0.75mm的砂粒含量应在20%以下。

根据要求的凝结硬化速度决定速凝剂的掺量，常用掺量为2.5%～4%，掺量太小时，促凝效果不显著，太多时后期强度降低，在满足施工要求时，掺量宜取低限，一般不宜超过8%（视速凝剂品种、施工温度、工程要求而定）。

根据不同部位选择外加剂。如喷射顶拱时，复合使用减水剂和速凝剂；喷射边墙、坝肩陡坡等部位时，可减少速凝剂的掺量；坝肩缓坡、平台等部位的可仅掺减水剂。干喷法的干混合料停放时间应尽量短，控制其不超过20min。采用湿法或水泥裹砂喷射法减少粉尘和回弹，提高施工质量，成型后注意湿养护，防止出现裂缝。

40 夏季施工用混凝土如何应用外加剂？

一般认为连续五天日平均气温在28℃以上或最高气温在30℃以上时的混凝土施工应作为夏季（炎热气候）条件下施工，其中将日平均35℃以上时的施工称为超高温期施工。

一、外加剂选择

夏季施工中应用外加剂的目的在于消除由于气温高而带来如下不利影响：（1）和易性变差，单位用水量增加，混凝土坍落度损失快，造成泵送及浇筑困难，容易出现蜂窝、麻面等质量事故；（2）初凝及终凝时间缩短，混凝土施工中容易出现接茬不良的冷缝，甚至因暴晒，砂、石温度过高而引起水泥假凝；（3）由于强烈的日照，使材料与混凝土温度上升，水分蒸发快，初期容易产生干缩裂缝，同时使强度、抗渗性和耐久性降低；（4）泌水量减少，表面容易干燥，造成抹平及整修工序困难。而失水大，还会造成初期塑性裂缝严重、早期龟裂、长期强度降低等缺陷；（5）有引气量要求的混凝土，炎热条件下拌合物的含气量损失较多；（6）大体积混凝土浇筑温升快，最高温度高或来不及振捣，表面抹面困难等现象。

一般混凝土温度每升高10℃，混凝土用水量增加3%～5%，含气量减少20%～30%，凝结时间缩短1～3h，强度下降2MPa。

混凝土夏季施工适用的外加剂如下：

（一）缓凝剂

如柠檬酸钠、酒石酸、酒石酸钾钠、锌盐、硼酸盐、磷酸盐、糖类、糖钙等。

（二）缓凝减水剂

如木质素磺酸钙、木质素磺酸钠、普蜀里等。

（三）缓凝高效减水剂

如AT、FDN 440等缓凝高效减水剂。此外，为了克服混凝土坍落度损失，可加入保塑剂。缓凝要求高时，选用超缓凝剂或高温缓凝剂。

二、施工技术

（一）搅拌

夏季高温施工的混凝土应控制拌合物温度不超过30℃，以减少给施工带来困难。应采取各种降温措施，加强对原材料温度的控制，掺加适量的粉煤灰延缓早期水化，降低混凝土的初期温度。

（二）运输

在夏季炎热条件下用工具运输混凝土时，坍落度将下降。因此，要合理规划混凝土的运输方案；采取能防止运输时降低坍落度的措施，充分考虑气温和施工条件，希望搅拌好的混凝土在受热或干燥时，降低坍落度损失，运输后不影响施工。应注意如下几点：

（1）选择好运输设备，运输距离和时间尽可能缩短，控制在1h以内。

（2）使用敞开式运输设备运输时，要给予覆盖，防止暴晒。

（3）应用混凝土泵送时，输送管要覆盖湿布。

（4）在浇筑地点不宜重新加水搅拌来恢复坍落度。

（5）为防止运输引起坍落度降低，可采用后掺法掺加外加剂或使用缓凝减水剂、保塑剂。

（三）混凝土浇筑

夏季炎热条件下浇筑混凝土时，如与混凝土接触部分高温而干燥，则浇筑在该处混凝土中的水泥水化特别快,混凝土中的水分被吸收而混凝土不易彻底硬化。因此,模板、钢筋以及即将浇筑地点的基岩和旧混凝土等,在浇筑前可洒水冷却并使之吸足水分,在浇筑地点采取遮挡阳光和防止通风的设备,可避免温度升高和干燥。在浇筑过程中,新旧混凝土浇捣时间间隔要短,因此浇筑和捣实混凝土要迅速,施工操作认真。浇筑时的混凝土温度应低于35℃,浇筑可在夜间温度低时施工。

(四) 养护

浇筑后的混凝土,应立即在其表面覆盖薄膜等,在不能覆盖的情况下,可在表面喷水防止干燥。对于表面平整、有抹面加工的混凝土表面,可采用喷刷养护剂进行养护。

三、质量控制

(一) 温度控制

(1) 优先选用水化热低的矿渣水泥、火山灰质水泥及粉煤灰水泥。掺加粉煤灰、磨细矿渣粉等掺合料,减缓水化速度,不得使用刚出厂的热水泥。水泥温度升高8℃,可使混凝土温度约升高1℃。

(2) 避免应用阳光直射的表层砂石,尽可能在料堆内部取样或洒水降温,集料温度降低2℃,混凝土温度约降低1℃。拌合水温度降低4℃,混凝土温度约降低1℃,可使用井水搅拌混凝土,贮水罐、输水管要避免阳光照射,必要时拌合水要用冰块冷却。适当提高混凝上的坍落度,补偿运输停放过程中的坍落度损失。

(3) 控制混凝土的入模温度,不超过35℃,对大体积混凝土、高耐久性混凝土要求混凝土的入模温度低于28~30℃。避开高温时间施工,选择阴凉天或夜间施工。

(4) 运输中采取遮阳及防止蒸发的措施,尽可能缩短运输及停放时间。

(二) 配合比设计

(1) 应控制砂石含泥量,改善砂石级配,还应考虑高温带来的用水量多、后期强度降低、坍落度损失增加等不利影响。

(2) 掺加高温下缓凝效果好的缓凝剂、超缓凝剂,掺量一般高于常用量。当选用膨胀剂时,需考虑在高气温下与水泥的相容性应好,坍落度损失小。

(三) 施工

(1) 妥善组织施工,防止浇筑层之间因间隔时间过长而形成冷缝。

(2) 浇筑的混凝土应立即抹平,并在表面覆盖草袋等材料,及时洒水养护,或喷洒养护剂。

41 冬季施工用混凝土如何应用外加剂?

按《建筑工程冬期施工规程》(JGJ 104—97)的规定,根据当地多年气象资料,统计室外日平均气温连续五天低于5℃时,混凝土结构工程应进入冬期施工。我国在混凝土冬期施工技术方面进行了大量的试验研究和工程应用,尤其在采用外加剂方面取得了显著成效。

一、外加剂选择

混凝土冬期施工中应用外加剂的目的在于:①提高混凝土的早期强度,加快工程进度。混凝土的强度发展与温度很敏感,20℃时混凝土7d左右强度才达到设计强度的70%,而1~5℃时30d左右强度才达到设计强度的70%,凝结时间延长约3倍。所以,低温环境下应用外加剂的主要目的是提高混凝土的早期强度,加快工程进度,节省钢模的租用费及提高预制场产量;②防止冻害,加速负温下混凝土强度增长。新浇筑的混凝土受冻后,因水结冰后体积膨胀8%~9%,致使水泥石结构损坏,水泥石与集料的粘结力减弱,强度损失30%~40%,抗冻性和抗渗性显著下降。所以,负温环境下混凝土施工时应用外加剂的主要目的是防止冻害。其措施有降低水的冰点，降低冰胀应力，减少拌合用水量及提高混凝土的早期强度。根据 JGJ 104—97 规定，浇筑的混凝土受冻前抗压强度不低于下列值：硅酸盐水泥或普通硅酸盐水泥配制的混凝土，为设计的混凝土标准值的 30%；矿渣硅酸盐水泥配制的混凝土，为设计的混凝土强度标准值的 40%，但不大于 C10 的混凝土不得低于 $5N/mm^2$；③适应泵送混凝土的可泵性、防水混凝土的抗渗性、受冻融的混凝土的耐久性。

我国地域辽阔，各地区的气候相差很大，混凝土冬期施工时应用外加剂的主要目的有所不同。根据气候特点，我国冬期施工可分为以下三类：

（1）低温类：如长江中下游地区的冬期，华北、东北及西北的春末冬初，气候特点是昼夜温差较大，白天为正温，夜间冰冻，冻融频繁。日最低气温一般在 -5℃ 以上；寒流袭击时可降至 -8~10℃，但持续时间较短。这类地区应用外加剂的主要目的是提高混凝土的早期强度，加快冬期施工进度。早期强度的提高，也起到防止冻害的作用。

（2）寒冷类：如华北地区，气候特点是最冷月份平均气温在 -5~15℃ 之间，寒流袭击时可能降到 -20~-15℃。应用外加剂的主要目的是防止冻害，其次是加速混凝土强度增长，提高施工速度。

（3）严寒类：如黑龙江、吉林、内蒙古、青海、新疆等地。气候特点是最冷月份平均气温低于 -15℃，寒流袭击时，日最低气温度 -20℃ 以下。这类地区混凝土冬期施工中遇到的主要问题是冻害，防止冻害，提高冬施混凝土工程质量，是严寒类地区应用外加剂的主要目的。

混凝土冬期施工用外加剂可按以下施工方法选用：

（一）早强外加剂法

所用的外加剂应根据气温、对新拌混凝土及硬化混凝土的性能要求选择。主要产品如下：

（1）高效减水剂、低引气型高效减水剂及缓凝高效减水剂。如 AF、建 1 型、AT 及萘系高效减水剂等，适用于养护温度 0℃ 以上的混凝土施工。它可显著地改善混凝土的可泵性，减少用水量，提高混凝土的早期强度和后期强度，以较低标准与水泥配制较高强度混凝土，提高抗渗性、抗冻性等。

（2）早强剂、早强减水剂。如金星 3 型、早强减水剂（主要成分是木钙及硫酸钠），NC、金星 2 型等早强剂（主要成分是糖钙及硫酸钠），适用于日最低气温 -5℃ 以上施工的混凝土。在 0℃ 左右的环境下，龄期 7~10d 的强度达设计强度的 70%，后期强度、抗渗性等有所提高。

（3）早强高效减水剂。如 S 型、金星 4 型，主要成分是高效减水剂及硫酸钠，适用于日最低气温 -5℃，在长江中下游等地区适用于日最低气温 -10℃ 的混凝土冬期施工。在 0℃ 左右的环境下，龄期 5~7d 的混凝土强度达设计强度的 70%，后期强度、抗渗性、耐久性等显著提高，并可提高混凝土的和易性。

（二）综合蓄热法

适用的外加剂可用早强外加剂或防冻剂，早强外加剂有高效减水剂、早强剂、早强减水剂及早强高效减水剂。防冻剂多是无氯盐类复合防冻剂。

（三）热养护早强外加剂法

混凝土早期在正温下水化硬化，故适用的外加剂同早强外加剂法，即高效减水剂、早强剂及早强减水剂、早强高效减水剂。热养护早强外加剂法经常误用防冻剂。防冻剂的功能是降低水的冰点，使水泥负温下水化硬化。在正温下应用防冻剂就没有意义，有时还会使后期强度和耐久性下降。

（四）防冻剂法

应优先选用无氯盐类复合防冻剂，由高效减水剂组分、防冻组分、早期组分、引气组分等组成，具有掺量少、抗冻害功效高，混凝土后期性能稍有改善的特点。这种多功能的高效防冻剂克服了普通防冻剂掺量高、混凝土后期强度和耐久性下降的弊端。

二、施工技术

冬期施工所用外加剂与使用的施工方法有直接关系。

（一）早强外加剂法

早强外加剂法，即在拌制过程中加入适宜的早强型外加剂，提高混凝土早期强度及避免混凝土冻害的冬期施工方法。该方法对混凝土原材料不作任何预热处理，并按常规方法养护，即不作任何加热及专门的保温措施。

早强外加剂法具有施工简便、节能、掺量少、经济效益显著的特点，混凝土的早期强度显著提高，后期性能改善，对钢筋无锈蚀危害，同时可改善和易性及节省水泥等。该方法适于低温类地区，已在长江中下游地区得到普遍推广应用。

（二）蓄热外加剂法（综合蓄热法）

蓄热外加剂法是蓄热法和外加剂法相结合的冬期施工方法。即在混凝土搅拌过程中加入适宜的外加剂（早强外加剂或防冻剂），对拌合水预先加热（必要时对砂子也加热），混凝土入模温度高于 +10℃，浇筑的混凝土用保温材料覆盖。

使用早强外加剂的综合蓄热法保持了早强外加剂法简便、节能、经济效益显著的特点，而且可延伸到寒冷类地区应用。它可进一步加速混凝土早期强度增长，加速模板周围及缩短生产周期。使用防冻剂的综合蓄热法可使寒冷类地区的混凝土在正温下获得较高的初期强度，有较多的自由水变为结合水，迅速达到抗冻临界强度，确保在负温下免受冻害。该方法保持了防冻剂法的优点，并使防冻剂法更趋安全、稳妥、可靠，而且可进一步减少防冻剂掺量。缺点是对原料（一般是对拌合水）要进行预热处理。

（三）热养护早强外加剂法

热养护早强外加剂法是在混凝土搅拌过程中加入适宜的早强型外加剂，养护期间利用暖棚法、蒸汽加热法、电加热法等措施，使混凝土在正温条件下达到预期强度。该方法不仅适用于低温类地区，也适用于寒冷类及严寒类地区。它保持了早强外加剂法掺量少、混凝土早期强度发展快、后期性能提高及改善施工和易性的优点。缺点是养护期间需热处理，能耗较高。

（四）防冻剂法（冷混凝土法）

防冻剂法是在混凝土搅拌过程中加入适宜的防冻剂，在负温条件下能使水泥水化，在一定的负温养护时间内达到预期强度的冬期施工方法。该方法又名负温混凝土法，即只要保证混凝土入模温度不低于 +5℃，可不对原材料作预热处理，养护时只作常规的覆盖（如盖 1～2 层草袋），不作专门的保温及加热处理。

该方法具有简便、节能、经济的特点，适用于寒冷类及严寒类地区的冬期施工。

三、质量控制

（一）原材料

（1）水泥：冬期施工混凝土应尽量选用硅酸盐水泥和普通硅酸盐水泥，强度等级不低于 32.5，用量不少于 300kg/m³。避免用矿渣硅酸盐水泥或粉煤灰硅酸盐水泥，在不得不选用后者时，应当注意同时使用优质早强型防冻剂。冬期施工可选用早强硫铝酸盐水泥，冬期大体积混凝土也可以采用普通硅酸盐水泥，但应避免使用 R 型早强水泥，严禁使用高铝水泥。

（2）集料：集料是混凝土的基本材料，其用量大、产地广。采用优质的集料是配制优良混凝土的重要条件，因此应严格控制集料的质量。冬期施工中，对集料除要求没有冰块、雪团外，还要求清洁、级配良好、质地坚硬，不应含有易被冻坏的矿物。掺外加剂混凝土含钾钠离子多时，集料中不应含有活性氧化硅（蛋白石、玉髓等），以避免产生碱-集料反应。防冻剂含碱量参见表1。当混凝土中含碱量超过允许值，同时混凝土用于受潮湿的部位时，对集料实际含碱量最好进行碱活性检验，不使用有碱活性集料。在混凝土中掺入活性混合材，如粉煤灰、超细沸石粉、硅灰等。

表1　防冻剂的含碱量

序号	名称	化学式	每1kg 物质含碱量（kg）	注
1	硫酸钠	Na_2SO_4	0.463	
2	亚硝酸钠	$NaNO_2$	0.449	
3	碳酸钾	K_2CO_3	0.448	
4	硝酸钠	$NaNO_3$	0.365	
5	氯化钠＋硫酸钠	$NaCl + Na_2SO_4$	0.464	1:1
6	氯化钠＋亚硝酸钠	$NaCl + NaNO_2$	0.486	1:1

注：含碱量按 Na_2O 当量含量计算，K_2O 折算为 Na_2O 时乘以 0.658。

（3）拌合水：拌合水中不得含有导致延缓水泥正常凝结硬化及引起钢筋和混凝土腐蚀的离子。凡是一般饮用的自来水及洁净的天然水，都可以作为拌制混凝土用水。但污水、工业废水及pH 值小的酸性水和硫酸盐含量（按 SO_3 计）超过1% 的水，不得用于混凝土中；海水不得用于钢筋混凝土和预应力混凝土结构中。

（4）保温材料：冬期施工所用保温材料，应根据工程类型、结构特点、施工条件和当地气温情况选用。一般应就地取材，综合利用。选择的保温材料，导热系数要小，密封性好，坚固耐用，防风防潮，价格低廉，重量轻，便于搬运和支设，能够多次重复使用。保温材料必须保持干燥，含水量对导热系数影响很大，因此保温材料特别要加强堆放管理，注意不与冰雪混杂在一起堆放。

（5）外加剂：①冬期施工首先选用与浇筑时预计环境温度及施工方法相适应的早强外加剂或防冻剂。在日最低气温为 −5℃，混凝土采用一层塑料薄膜和两层草袋或其他代用晶覆盖养护时，可采用早强剂减水剂代替防冻剂；在日最低气温为 −10℃、−15℃、−20℃，采用上述保温措施时，可分别采用规定温度为 −5℃、−10℃和 −15℃的防冻剂。尽量选用复合减水、引气成分的防冻剂，但含气量不宜超过4%，按《混凝土防冻剂》（JC 475—2004）的要求，查验说明书、质保书等文件，查明其主要成分、碱含量、适用规定温度及适宜掺量。硝酸盐、亚硝酸盐及碳酸盐作防冻组分的防冻剂均不宜用于有镀锌钢埋件、铝埋件的钢筋混凝土。饮水工程及食品工程用的混凝土不得选用铬盐早强剂、亚硝酸盐和硝酸盐防冻组分的防冻剂。居住及商用建筑宜选用不含尿素防冻组分的外加剂，若选用了含氨类物质的防冻剂应根据《混凝土外加剂释放氨的限量》（GB 18588—2001）进行测定和判断，释放氨量必须小于或等于 0.10%；②配制复合防冻剂前，应测定防冻剂各组分的有效成分、水分及不溶物的含量，配制时应按有效固体含量计算。防冻剂与其他外加剂一起使用时要进行相容性检验，与减水剂或泵送剂一起使用要先模拟实际条件试验，合格后才能用于生产。配制复合防冻剂溶液时，应搅拌均匀；如有结晶或沉淀等现象，应分别配制溶液，并分别加入搅拌机，例如：氯化钙、硝酸钙、亚硝酸钙溶液不可与硫酸钠共混。复合剂以溶液形式供应时，不能有沉淀存在，不能有悬浮物、絮凝物存在。贮存液体防冻剂的设备应有保温措施。氯化钙与引气剂或引气减水剂复合使用时，应先加入引气剂或引气减水剂，经搅拌后，再加入氯化钙溶液；钙盐与硫酸盐复合使用时，先加入钙盐溶液，经搅拌后再加入硫酸盐溶液。以粉剂直接加入的防冻剂，如有受潮结块，应磨碎通过 0.63mm 的筛后方可使用。

（二）混凝土配合比

掺引气组分防冻剂混凝土的砂率，比不掺外加剂混凝土的砂率可降低2%～3%；C20 混凝土的水灰比宜采用 0.50～0.60，C40 混凝土的水灰比宜采用 0.35～0.45；C20 混凝土的水泥用量不宜低于 300kg/m³，C40 混凝土不宜低于 450kg/m³。重要承重结构、薄壁结构的混凝土可增加 10% 的水泥。大体积混凝土的最少水泥用量应根据实际情况而定。长期处于潮湿和严寒环境中混凝土的最小含气量应符合表 2 要求。有抗冻性要求的混凝土最大水灰比应符合表 3 的要求。

表 2　含气量要求

粗集料最大粒径（mm）	最小含气量（%）
≥31.5	4
16	5
10	6

表 3　抗冻混凝土的最大水灰比

抗冻等级	无引气剂时	掺引气剂时
F50	0.55	0.60
F100	—	0.55
≥F150	—	0.52

（三）施工

（1）掺防冻剂混凝土用的原材料，应根据不的气温按下列方法进行加热：

①水泥不得直接加热，也不得与 80℃ 以上的水直接接触，使用前宜运入暖棚内存放。

②气温低于 -5℃ 时，可用热水拌合混凝土；水温高于 65℃ 时，热水应先与集料拌合，再加入水泥。

③气温低于 -10℃ 时，集料可移入暖棚或采取加热措施。集料冻结成块时须加热，加热温度不得高于 60℃，并应避免灼烧。用蒸汽直接加热集料时，带入的水分应从拌合水中扣除。

④在自然气温不低于 -8℃ 时，为减少加热工作量，只加热拌合水，就能满足拌合物的温度要求。

（2）掺防冻剂混凝土搅拌时，应按下列要求进行：

防冻剂为粉剂时，可按要求掺量直接加入水泥中；防冻剂为液体防冻时，应配成施工所用浓度的溶液，每班使用的外加剂溶液应一次配成。防冻剂溶液应有专人配制，严格掌握防冻剂的掺量并做好记录，随时测定溶液温度和密度以确定溶液的浓度。严格控制水灰比，由集料带入的水及防冻剂溶液中的水，应从拌合水中扣除。搅拌前，用热水或蒸汽冲洗搅拌机，搅拌时间比常温延长 50%。掺防冻剂混凝土拌合物的出机温度，严寒地区不得低于 15℃；寒冷地区不得低于 10℃。入模温度，严寒地区不得低于 10℃，寒冷地区不得低于 5℃。

（3）掺防冻剂混凝土的运输及浇筑要求，应与不掺外加剂的混凝土相同，并应符合下列规定：混凝土在浇筑前，应清除模板和钢筋上的冰雪和污垢，但不得用蒸汽直接融化冰雪，以免再度结冰；混凝土运至浇筑处，应在 15min 内浇筑完毕，浇筑完毕后在混凝土的外露表面，应用塑料薄膜及保温材料覆盖。

（4）掺防冻剂混凝土的养护：

在负温条件下养护，不得浇水，外露表面必须覆盖；初期养护在达到临界强度之前，温度不得低于防冻剂的规定温度，否则应加强保温措施；气温不低于 -15℃ 时，混凝土受冻临界强度不得小于 0.4MPa，气温不低于 -30℃ 时，不得小于 0.5MPa。

拆模后混凝土的表面温度与环境温度之差大于 15℃ 时，应采用保温材料覆盖养护。负温混凝土的最短养护时间见表 4。

64

表4 负温混凝土最短养护时间

混凝土设计温度（℃）	−5	−10	−15	−20
最短养护时间（d）	5	9	14	25

混凝土需达到一定强度后才允许拆模，对不同部位混凝土结构的拆模强度限制可见表5。

表5 拆模所需混凝土强度达设计强度的百分数 %

构件类别	实际荷载与设计荷载之比		
	50	75	100
预应力构件	80	80	80
梁、接点、跨度大于4.5m的楼板	60	70	100
	50	60	90
柱、跨度小于4.5m的楼板墙	40	50	80

（5）混凝土的温度测量：混凝土浇筑后，在结构最薄弱和易受冻的部位，应加强保温防冻措施，并应布置测温点测定混凝土的温度。测温点的埋入深度应为20～30mm，在达到抗冻临界强度前应每隔2h测定一次，以后每隔6h测定一次，并应同时测定环境温度。

（6）掺防冻剂混凝土的质量，应满足设计要求，并应按下面的方法进行检验：应在浇筑地点制作一定数量的混凝土试件进行强度试验。其中一组试件应在标准养护条件下养护，其余放置在与工程相同条件下养护（最好放在易于受冻的部位）。除按规定龄期试压外，在达到抗冻临界强度时，拆模前及拆除支撑前应进行试压。

试件不得在冻结状态下试压，100mm立方体试件，应在15～200℃室内解冻3～4h或浸入100℃的水中解冻3h；150mm立方体试件，应在15～20℃室内解冻5～6h或浸入10℃的水中解冻6h，试件擦干后试压。

检验抗冻、抗渗所用试件，应与工程同条件养护28d后，再按标准养护28d后进行抗冻或抗渗试验。含气量、减水率、凝结时间试验，可按常规方法进行。

42 自然养护的预制混凝土如何应用外加剂？

预制混凝土构件采用露天台座自然养护法生产具有上马快、投资少、成本低、节省能耗等优点，因而在南方的一些中小型预制厂及施工单位的现场预制混凝土中得到普遍应用。但是，该生产方式存在生产周期长、产量低、占地面积大、受季节影响等缺点。

一、外加剂选择

应用外加剂的目的在于：（1）提高混凝土的早期强度，缩短工期，加速模板及场地周转，提高产量及防止冻害。预制场地较小、气温较低时应用外加剂的主要目的是提高构件产量。一般地，夏秋季节的生产周期可由原来的6～8d缩短到3d左右，产量、产值和利润成倍提高；（2）节省水泥。当预制场地较大，模板有富裕，受人力和设备等限制增加产量有困难时，应用外加剂的主要目的是节省水泥（可节省5%～15%）；（3）其他调节混凝土的凝结硬化速度，提高混凝土的强度等级及其他物理力学性能如改善工作性能，提高构件质量等。

外加剂品种应根据使用外加剂的主要目的（如加速模板及场地周转、节省水泥、节约能源、提高强度、改善施工和易性等），通过技术经济比较而确定。未经鉴定或试验的外加剂不得使用；应考虑外加剂对水泥的适应性，失效及不合格的产品禁止使用；长期存放时对其质量未检验明确之前禁止使用，使用前必须进行试验。

（1）为了提高构件产量时，气温25℃以上的季节采用高效减水剂；气温0～20℃的季节采用早强减水剂及早强剂；正负温度交替及－5℃左右的寒冷季节采用早强高效减水剂；－10℃左右的严寒季节采用早强防冻剂。

（2）为节省水泥时，应优先选用价廉、掺量又少的普通减水剂。如1t木质素磺酸钙减水剂可节省水泥30t左右。当水泥强度等级偏低，既要节省水泥又要提高产量时，夏秋季节宜用AF等高效减水剂，春冬季节应用S型、金星系列早强外加剂等。用减水剂节省水泥后的混凝土性能与不掺外加剂的基本一致。

（3）其他

①改善混凝土拌合物的施工和易性，提高施工速度和施工质量，减少噪声及劳动强度时可选用木质素磺酸钙减水剂或高效减水剂。

②高强混凝土、高强大流动性混凝土中采用缓凝高效减水剂或高效减水剂。

③预制混凝土构件多为预应力混凝土，不使用氯盐和含氯盐的早强外加剂，以及亚硝酸盐、碳酸盐类防冻剂，也不宜使用引气剂。

二、施工技术

自然养护的预制混凝土大多采用台座法生产，混凝土以低塑性混凝土居多，常使用振动法成型，养护方式为自然养护，加强保温和保湿是保证质量的关键，不但使混凝土有较高的早期强度，还有良好的后期强度。

三、质量控制

注意掺量与掺加方法，外加剂的掺量应根据具体使用要求，通过试验确定，称量误差不得大于规定计量的±2%。硫酸钠系列早强外加剂用得较多，预应力混凝土中 Na_2SO_4 的掺量不应超过1%，像 S2 型、S 型、金星系列外加剂推荐掺量为 1.5%～2.5%（这些外加剂的硫酸钠含量一般都在40%左右），都在允许范围内，而市场上有些外加剂掺量为3%～5%，硫酸盐含量又不标明，很有可能超标，建议国家标准上做出对早强剂产品说明主要成分和含量的要求。

很多早强外加剂是粉剂，应先加在水泥中并与集料一起干拌，不要加在潮湿的集料上。对受潮结块的粉状早强外加剂，应用 0.6mm 筛选后使用，或送回外加剂厂重新烘干磨细。

构件成型后要及时覆盖塑料薄膜，以减少水分散失，低温时要用保温材料覆盖，争取构件内用较高的温度，加快强度的增长。

43 蒸养混凝土如何应用外加剂？

蒸汽养护混凝土是加速混凝土预制构件硬化的常用措施，也是预制混凝土构件生产过程中能耗最多、历时最长的工序。

一、外加剂选择

应用外加剂的目的是：（1）以自然养护代替蒸汽养护，节省能源；（2）缩短蒸养时间或降低蒸养温度，提高产量，节省能源；（3）提高蒸养制品的质量；（4）节省水泥及利用强度等级较低的水泥；（5）改善混凝土的施工条件，提高施工质量。

在气温低或静停时间短时，选用早强效果好、不引气的早强高效减水剂；在气温高、静停时间长时，可选用高效减水剂或早强减水剂；高强混凝土制品应选择减水率大、增强效果好的非引气高效减水剂。蒸养混凝土中不宜使用引气剂和引气减水剂，也不宜单独使用缓凝剂及缓凝减水剂。含有六价铬盐、亚硝酸盐等有毒物质的外加剂严禁用于饮水工程及与食品接触的部位。

二、施工技术

蒸养混凝土施工技术与普通混凝土施工技术的区别在于养护工艺不同，蒸汽养护的过程可分为预养期、升温期、恒温期和降温期。

66

（1）预养期、升温期掺外加剂混凝土的预养期和升温期长短取决于混凝土初始强度的增长快慢，它与外加剂品种、水泥品种、混凝土拌合物的和易性及环境温度等因素有关。如掺早强高效减水剂的混凝土塑性强度增长快，预养时间可以压缩到最短。对混凝土的凝结时间影响不大的外加剂，预养及升温时间与空白混凝土基本相同（表1）。当应用引气型的外加剂时，必须减缓升温速度及降低恒温温度。

表1　预养时间对混凝土强度的影响

外加剂名称	外加剂掺量	预养时间（h）						
		0	1	2	3	4	5	6
UNP – Ⅱ	0.7	32.4	34.4	34.7	35.8	37.7	40.7	41.6
SN – Ⅱ	0.75	32.3	34.9	35.3	37.2	37.8	38.5	40.9

注：32.5级普通硅酸盐水泥，混凝土配合比为水泥∶砂∶石∶水＝1∶1.18∶2.53∶0.36，坍落度7～10cm。

（2）恒温温度和时间

在相同的恒温时间下，随着恒温的温度的升高，蒸养脱模强度提高，但当温度超过70～75℃后增长较少；在相同的恒温温度下，随着恒温时间的延长，蒸养脱模强度也提高，恒温温度较低时更明显。利用前者可缩短生产周期，提高产量及节省能源；利用后者节能效益更明显，在养护设施许可的情况下甚至可取消蒸汽养护。蒸养混凝土后期强度的增长随着恒温温度提高而降低。有关试验表明，龄期42d时，60℃恒温的混凝土抗压强度为61.4MPa，80℃恒温时为58.5MPa。

三、质量控制

在蒸养制品使用时，早强减水剂、早强高效减水剂的掺量比在自然养护中要低，一般取推荐掺量的下限，不宜过高。比如S型早强减水剂在标准养护或自然养护时适宜掺量为2%～2.5%，而在蒸养混凝土中适宜掺量为1%～1.5%，掺量再提高对提高强度无明显作用。

一些有引气作用的早强减水剂会因掺量过高使混凝土含气量增加，蒸养后表面发胀，强度降低。养护制度要与外加剂配合，一般应延长预养时间，降低恒温温度。蒸汽养护结束后应再保持一定时间的浇水养护，以保证强度发展。

44　抗氯盐腐蚀钢筋混凝土如何应用外加剂？

混凝土中钢筋腐蚀破坏，大大缩短了结构物的使用寿命。加入钢筋阻锈剂一方面推迟了钢筋开始生锈的时间，另一方面，减缓了钢筋腐蚀发展的速度。在严酷的腐蚀环境中（海洋或撒盐等）一般5～15年内可出现钢筋腐蚀造成的顺钢筋裂缝，若不及时修复，将很快达到破坏极限；而掺用钢筋阻锈剂后，将能期望达到设计年限的要求（美国以75年为钢筋阻锈剂可以达到的目标年限）。我国三山岛金矿工程，建筑中大量使用了海砂，通过使用了RI阻锈剂解决了使用海砂、施工用水含盐超标等问题；天津、青岛、上海、宁波、厦门、深圳、湛江等沿海城市和地区的海工、水工及使用海砂（如宁波）的民用建筑，都已经或正在使用钢筋阻锈剂。北京地区的桥梁建设（三环部分桥、四环众多桥）已经按设计要求，使用了RI钢筋阻锈剂，以阻止或减缓化冰盐的腐蚀危害。

一、外加剂选择

阻锈剂的适用范围如下：

（1）以氯离子为主的腐蚀性中，如海洋及沿海、盐碱地、盐湖地区及受防冰盐或其他盐侵害的钢筋混凝土建筑物或构筑物。

（2）工业和民用建筑使用中遭受腐蚀性气体或盐类作用的新老钢筋混凝土建筑物或构筑物。

（3）施工过程中，腐蚀有害成分可能混入混凝土内部，如使用海砂且含盐量（以NaCl计）

在 0.04%～0.3%范围内时,或施工用水 Cl⁻量在 200～3000mg/L,或掺氯盐作为早强、防冻剂,以及用工业废料制作水泥、掺合料而其中含有害成分或明显降低混凝土的碱度等。

(4)国外最近在修补钢筋混凝土结构用的聚合物改性水泥砂浆中,掺加钢筋阻锈剂。

(5)采用化冰(雪)盐的钢筋混凝土桥梁等。

(6)用低碱度水泥。

(7)预埋件或钢制品在混凝土中需要加强防护的场合。

应注意,一些阻锈剂含有亚硝酸盐,有毒性,不可用于饮水及与食品接触的混凝土工程。

二、施工技术

阻锈剂的作用是使已进入混凝土的有害离子失去或降低腐蚀能力,延缓钢筋的腐蚀过程。同时,如用高质量(高密实度高抗渗)混凝土能更好地发挥阻锈能力。

掺加钢筋阻锈剂的方法与通常的外加剂类似,可以干掺,也可以预先溶于拌合水中。多数商品钢筋阻锈剂有减水组分,掺钢筋阻锈剂时,应适量减水,并按照混凝土制作过程的要求严格施工,充分振捣,确保混凝土质量及密实性。减水率不足可另加减水剂,也可与其他外加剂复合使用,但应做适应性试验后才可使用。与其他外加剂共用时,应先行掺加阻锈剂,待与水泥(混凝土)均匀混合后再加入其他外加剂。

三、质量控制

(1)当阻锈剂有结块时,应配成溶液使用。不论采用哪种方法,均应适当延长拌合时间,一般延长 1min。

(2)按照厂家的推荐掺量使用,不宜过低。

(3)阻锈剂对引气剂有一定选择性,有的可能稍微降低含气量,可选择引气剂品种或适当调整掺量解决。某些阻锈剂有早强、促凝作用,并有坍落度损失方面的影响,必要时需采取缓凝措施。

(4)对一些重要的工程或需做重点防护的结构,可用 5%～10%的钢筋阻锈剂溶液涂在钢筋表面,然后再用含钢筋阻锈剂的混凝土进行施工。当钢筋阻锈剂用于已有建筑物的修复时,首先要彻底清除酥松、损坏的混凝土,露出新鲜基面,在除锈或重新焊接的钢筋表面喷涂 10%～20%的高浓度阻锈剂溶液,再用掺阻锈剂的密实混凝土进行修复。其他施工过程,如养护及质量控制等,均应按不低于普通混凝土制作过程进行,并严格遵守有关标准的规定。

(5)一些阻锈剂有毒性,使用时要注意对人体的防护,使用过程中不得用手触摸粉剂或溶液,也不得用该溶液洗刷衣物、器具,工作人员饭前应洗手。有些阻锈剂(阳极型)多为氧化剂,贮存运输过程中应避免混杂码放,严禁明火,远离易燃易爆物品,防止烈日直晒,保持干燥,避免受潮吸潮,产品在贮存期内若有轻微吸潮结块现象不影响使用性能,使用前必须粉碎或溶于水中使用。严禁雨淋和浸水。

45 超缓凝混凝土如何应用外加剂?

一、外加剂选择

(一)适用场合

(1)大体积混凝土:对大体积混凝土由于搅拌设备的生产能力或浇筑条件的限制,混凝土浇筑过程较长,但为了不产生冷缝,要求更长地延缓混凝土的凝结时间,延缓几个小时、几十个小时甚至几天,这就需要掺超缓凝剂。例如,长江某公路大桥主桥塔架的上、中、下横梁,高为 11m,长 33.5m,宽 4m,气温在 25℃以下要求混凝土初凝时间为 25h 以上,气温在 30℃以下要求混凝土初凝时间为 15h 以上,采用超缓凝剂后,混凝土凝结时间分别达到 28h 和 18h,满足了施工的需要。

（2）减少整体浇筑的裂缝：一些高层建筑，往往在基础底板浇完后即在四周浇筑整体式墙，这种结构工程施工后，常常发现在墙上出现自下而上（也有自上而下）的垂直裂缝。究其原因多数是由于底板对四周墙壁混凝土的约束而产生的温度应力所致。如在四周混凝土浇筑前，先在底板浇一层掺超缓凝剂的混凝土，就可以减少或防止上述裂缝的产生。

（3）减少坍落度损失：为了改善夏季混凝土坍落度损失过大的现象，靠增大普通缓凝剂掺量的办法，可能带来强度等性能的下降，而此时用超缓凝剂就可获得解决。

（4）其他工程应用：超缓凝剂还可以用于其他多种情况下的施工。

①滑升模板工程施工。在用一般的普通型缓凝剂尚不能满足滑升要求时，可以考虑选用超缓凝剂，根据浇筑时的各种条件调节混凝土的初凝时间。

②避免出现冷缝的施工。为连续浇筑整体式构筑物而避免出现冷缝，可使用超缓凝剂以延长混凝土的凝结时间，使后浇的混凝土能赶在已浇混凝土初凝以前，避免冷缝的出现。

③就地灌筑桩桩头的处理。在处理就地灌筑桩桩头多余混凝土时，用人工或机械凿除，既费工又费时，对环境带来影响，这时若采用超缓凝剂，可以使混凝土在较长时间内不硬化（或强度很低），表面加工就比较容易进行。

④结构中心柱的插入施工。所谓结构中心柱是与基础桩施工的同时插入柱头部的钢骨柱，其地下段是钢骨钢筋混凝土（SRC）结构主柱的钢骨。这种施工方法，要求在基础桩上部混凝土中掺加超缓凝剂，缓凝约数小时而保持混凝土的流动性，以使结构中心柱可以自由插入，同时又可使结构中心柱插入后能够自立，要求混凝土在 15～20h 后达到 1MPa 以上的抗压强度，因此，必须使用超缓凝剂。

二、施工技术

超缓凝混凝土的施工要满足混凝土的凝结时间，必须掺加超缓凝剂，混凝土的凝结时间大幅度延长，泌水时间延长，泌水量增加，施工时应及时分散和排除泌水，为使混凝土沉降稳定，减少裂缝，应在适当时间二次振捣。

三、质量控制

超缓凝混凝土的凝结时间很长，受多种因素影响，凝结时间的波动也较大，宜优先选择掺量与凝结时间成近乎线形关系的超缓凝剂，严格控制超缓凝剂的用量，使混凝土凝结时间在可控制的范围内。

46 建筑砂浆如何应用外加剂？

一、外加剂选择

砂浆品种很多，应用较多的是砌筑、粉刷砂浆。《砌体工程施工及验收规范》（GB 50203—98）中规定"水泥混合砂浆中掺入有机塑化剂时，无机掺合料的用量最多可减少一半"。石灰膏全部替代后，砌筑砂浆将成为掺有机塑化剂的水泥砂浆，仅使用微沫剂，一般会影响砂浆与砌块之间的粘结，同时也影响砂浆强度增长，砌体抗压强度有所降低。

在《砌体工程施工及验收规范》（GB 50203—98）中规定"当砌筑砌体时，在水泥砂浆中掺用有机塑化剂时，应考虑降低砌体强度 10% 的不利影响"。上海等地明确规定不许用微沫剂全部取代石灰膏。应选择有减水、引气、保水等多功能的砂浆外加剂，生产厂家需提供砌体结构试验报告。新型砂浆外加剂有减水、引气、保水等功能，能满足需要。因为各生产厂的配方及用量不尽相同，使用前先根据使用说明进行试验，特别是保水性、强度等指标，达到要求后才能大量使用。

二、施工技术

砂浆组成材料有水泥、砂、掺合料、外加剂、水等。外加剂的种类比较多，使用方法应根据情况调整。

（一）塑化剂

塑化剂的掺加量比较小，干粉宜直接和其他砂浆材料干法混合。液体或膏状塑化剂需先配成5%~10%浓度的溶液再加入。

（二）聚合物

聚合物有聚合物干粉和聚合物乳液两种，干粉宜直接和其他砂浆材料干法混合，乳液可以与水一起加入。

（三）保水剂

很多保水剂是纤维素醚，在溶解时要注意纤维素醚（CE）具有独特的溶解特性，当升温到某一特定温度后就不能溶于水，而低于这一温度其溶解性会随温度降低而增长。纤维素醚可溶于冷水（某些情况下是特定的有机溶剂），其溶解过程是溶胀和水化。其浓度一般受限于生产设备所能控制的黏度，也根据使用者要求的黏度和化学品种而异。低黏度纤维素醚的溶液浓度一般为10%~15%，高黏度纤维素醚一般限制为2%~3%。不同类型的CE（如粉状或表面处理的粉状或颗粒状）会影响到配制溶液的方法。对未经表面处理的纤维素醚，可在冷水中使用高速搅拌机来分散。然而，如果未经处理的粉末直接加入冷水而又不充分搅拌，会形成大量的结块。为使纤维素醚颗粒在溶解前分散充分，通常使用以下两种分散方法：

（1）干混分散法：在加水前，将其他粉料与纤维素醚粉混合均匀，使纤维素醚颗粒被分散开。最小混合比例为：其他粉料∶纤维素醚粉＝（3~7）∶1。

（2）热水分散法：①先将1/5~1/3的所需水量加热到90℃以上，加入CE，然后搅拌至所有颗粒全部分散润湿，再把剩余的水量以冷水的方式加入，降低溶液的温度，一旦达到纤维素醚的溶解温度，则粉末开始水化，黏度增加；②也可将全部水量加热，再加入纤维素醚边搅拌边冷却至水化完全。为获得理想的黏度，MC溶液应冷却至0~5℃，而HPMC仅需要冷却到20~25℃或以下。由于完全水化需要充分的冷却，HPMC溶液通常用于不能使用冷水的地方。据资料介绍，在较低温度下达到同样的黏度，HPMC比MC的温度降低要少。值得注意的是，热水分散法只是使纤维素醚颗粒在较高温度下分散均匀，但此时并未形成溶液，要得到一定黏度的溶液，必须再冷却。

为获得最佳效果和使水化完全，对表面处理的纤维素醚应先在中性条件下充分搅拌几分钟后，边搅拌边调节pH值至8.5~9.0，直至达到最大黏度（通常需10~30min）。一旦pH值转变为碱性（pH值8.5~9.0），表面处理的纤维素醚即可完全而迅速地溶解，且溶液可在pH值3~11下稳定存在。但值得注意的是调节高浓度浆料的pH值会导致黏度过高，pH值的调节应在浆料稀释到所需浓度后进行。

纤维素种类多，分子量范围大，黏度各异，寻求合适的纤维素品种和选择最佳的黏度指标十分重要。应选择冷水溶解性好、溶解速度较快的纤维素。

三、质量控制

根据不同砂浆种类和要求选择水泥、砂、粉煤灰等材料，调整配合比使建筑砂浆的质量满足流动性、分层度、保水率、强度、收缩等指标要求，砌筑及抹灰砂浆砂浆的稠度一般为80~110mm，分层度小于20mm，凝结时间不超过8h 砂浆外加剂掺量小，常需多种组分一起使用，宜复合使用砂浆外加剂，以减少计量误差和误掺。

47 日本化学外加剂是如何发展的？

日本化学外加剂的历史如图 1 所示，化学外加剂的主要组分见表 1。

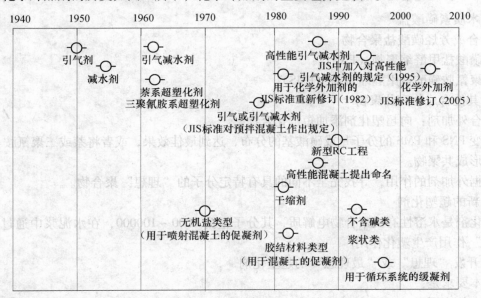

图 1　日本化学外加剂的历史

表 1　化学外加剂的主要组分

化学外加剂	主要组分
减水剂、引气减水剂	木质素磺酸盐、葡萄糖酸盐
高性能减水剂	萘系或三聚氰胺系超塑化剂、聚羧酸系超塑化剂（侧链接枝有聚乙醇的梳型聚合物）
高性能引气减水剂	聚羧酸系超塑化剂（侧链接枝有聚乙二醇的梳型聚合物）
减缩剂	烯化氧、脂肪醇乙氧基化合物、环氧乙烷
缓凝剂	葡萄糖酸盐
用于喷射混凝土的速凝剂	无机盐、铝酸钙、硫铝酸钙
增稠剂	水解纤维素聚合物、聚丙烯酰胺、葡聚糖、树胶、聚乙二醇、阴离子和阳离子表面活性剂的混合物

注：HRWRA：高性能减水剂；WRA：减水剂；AEWRA：高性能引气减水剂。

48 21 世纪混凝土化学外加剂的发展趋势是什么？

根据第六届混凝土超塑化剂与其他化学外加剂国际会议发表的论文可以看出：

（一）混凝土化学外加剂 21 世纪发展方向

（1）调凝剂：缓凝剂和促凝剂（促进剂）

（2）减水剂

（3）超塑化剂（高效减水剂）

（4）引气剂

（5）防蚀剂

（6）碱-集料反应抑制剂

（7）减缩剂或收缩补偿外加剂

（8）抗泌水、抗离析或抗水冲的外加剂

（9）防冻剂

（10）消泡剂

（二）21世纪超塑化剂发展方向

（1）木质素磺酸盐

（2）合成芳烃磺酸盐聚合物

①萘磺酸盐甲醛缩聚物（PNS）。

②三聚氰胺磺酸盐甲醛缩聚物（PMS）。

（3）其他合成物和共聚物

①复合外加剂：向超塑化剂添加短链化合物。

②改变PNS和PMS的分子量或磺酸基的分布，达到最佳效果，或者将萘或三聚氰胺与其他配伍的单体形成共聚物。

③根据外加剂的作用，寻找完全不同的具有特定分子的"理想"聚合物。

（4）新的超塑化剂

超塑化剂是水溶性有机聚合物电解质，其分子量为1000～100000，在水泥浆中通过"物理"和"化学"作用产生塑化作用。

（5）开发"理想"或"最理想"的超塑化剂

其基本要求是：

①潜在的应用。

②生产和存放安全。

③适合各种类型的混凝土。

④合适的剂量和应用。

⑤完全知道错误应用时可能发生的问题。

⑥在实验参数不可避免发生变化的情况下，行为（剂量、温度、搅拌次数等）的可预测性。

⑦构筑和工艺过程中的环境影响。

⑧特殊应用的要求：

a. PNS、PMS、PAS（聚丙烯酸盐）。

b. "最理想"共聚物（最近出现的）。

c. PNS和PMS部分被化学替代物取代。

（三）21世纪其他外加剂总的发展方向

（1）化学外加剂逐渐用于各种不同的用途，包括各种不同的工艺，即：从预制到现场制造，从"普通"强度的混凝土到100MPa的活性微集料混凝土（Reactive powder Concrete），从干硬性混凝土到流态混凝土。

（2）针对施工工艺总的要求，化学外加剂应适合使用要求。

总而言之，急需要具有各种功能的新外加剂系列。特定的拌合物需要同时使用各种外加剂，确定需要综合研究寻找新的化学外加剂，不惜损失其他性能，开发满足特殊要求的外加剂。

新的工艺因素包括：

①新的水泥化学体系和在此体系中外加剂的作用。

②特殊性能。

③"广泛"可靠性的要求和降低劳动力，工艺效率的成本。

49　干拌粘结砂浆所用外加剂有哪些?

（1）砂浆中可再分散乳胶粉的加入可以提高砂浆的折压比和粘结强度，降低吸水率提高砂浆的施工和易性。

（2）砂浆中纤维素醚的加入可以使砂浆的保水性能得到很大程度的提高，从而保证水泥水化的进行。尽管纤维素醚的加入降低了砂浆的抗折强度及抗压强度，但它还是在一定程度上提高了砂浆的折压比及粘结强度。

（3）综合可再分散乳胶粉和纤维素醚在砂浆中不同和相同的作用效果，我们采用正交试验的方法将三种物料进行复掺，以提高它的综合性能，并通过直观分析和方差分析的方法得出其最优配比为 $A_1B_2C_3$，即 RE5010 添加量为 1.2%，RE5044 的添加量为 1.5%，纤维素醚的添加量为 0.15%。

50 搅拌站对泵送型外加剂的进场检验方法有哪些？

近年来，随着国内建筑市场的迅速发展，混凝土及混凝土外加剂的生产与应用技术也得到了快速提高，使得泵送混凝土已经成为用量最大的混凝土品种之一。商品混凝土搅拌站已经遍布全国各地，各种大型的铁路、公路和水电工程等也都开始采用搅拌站集中搅拌的方式生产混凝土。

众所周知，泵送混凝土的生产离不开泵送型外加剂（包括泵送剂和泵送防冻剂），而外加剂与水泥、粉煤灰和矿渣粉等胶凝材料之间存在适应性问题。最常见的不适应表现在对混凝土工作性的影响上，如达不到应有的减水率，使混凝土的坍落度不够；超过应有的减水率或保水性不佳，使混凝土离析泌水、混凝土坍落度保留性能达不到要求等。影响外加剂与胶凝材料之间适应性的因素很多，仅就水泥而言，就有新鲜程度、矿物组成、碱含量、石膏、掺合料、生产工艺、外加剂的品种及掺量等。因此，搅拌站需要经常检测泵送型外加剂与胶凝材料之间的适应性，对这类外加剂的进场检验也主要是适应性检验。

一、搅拌站对泵送型外加剂的进场检验方法

（一）液体外加剂的比重检测

大多数的搅拌站都将液体外加剂的比重检测作为进场检验项目之一，它可以大致反映外加剂的固体含量的变化。由于比重计（波美度仪）质量变化较大，每次测量时应使用同一支比重计。此方法需要与其他方法结合使用。

（二）液体外加剂的含固量检测

有条件的搅拌站有时会检测液体外加剂的含固量。此方法需要与其他方法配合使用，因为这种方法测定的是固体含量，并不能测出固体的成分。另外，要精确测定含固量约需要 8h 左右的时间，这对于进场检验来讲是难以接受的。

（三）水泥净浆流动度检测

水泥净浆流动度试验由于具有省时、省料和简捷的特点而被大多数的搅拌站用于外加剂的进场检验。但是，由于新拌水泥浆与新拌混凝土的明显差异（如水胶比、固相颗粒组成及其分布、流动变形时的内磨擦机制及流变性能等）以及试验方法对这两种材料的一些影响因素的敏感性差异，致使两者的试验规律经常不一致。例如，搅拌站经常被迫使用热的水泥（温度有时可达 70℃甚至更高），用水泥净浆试验时，达到正常的流动性要求的减水类外加剂的掺量，可高达混凝土试验时的 2 倍左右。水泥净浆试验结果有时难以指导混凝土的试配和生产，甚至造成误导。因此，采用水泥净浆扩展度试验作为进场检验方法时，必须确保水泥性能稳定。

（四）混凝土坍落度检测

传统的混凝土坍落度试验方法因具有简单易行等优点而被广泛采用，但其缺点也很明显，如试验受人为因素的影响较大等。这些缺点对于采用混凝土坍落度试验检测外加剂与水泥的相容性的混凝土外加剂生产厂家和搅拌站来讲，其影响有时会相当严重。例如，搅拌站需要经常选择水泥和外加剂，尤其是在冬季施工前后；而外加剂生产厂家必须根据搅拌站的水泥和混合材品种的变化随时调整外加剂的组成，以获得良好的适应性。此外，搅拌站在更换水泥时，从水泥供应商处得到的水泥样品往往数量有限，而外加剂厂家又是从搅拌站获得样品，其数量更少。更为困难的是，有时搅拌站要求外加剂厂家在一天甚至半天的时间内提供与新换的水泥相容性良好的外加剂样品。因此，在施工过程中，如果外加剂厂家不能及时地提供相容性良好的产品，或搅拌站不能用有限的水泥样品及时完成试配试验，都可能导致严重的后果。

以上分析表明，混凝土搅拌站需要一种更为省时、省料、快速有效的试验方法用于外加剂的进场检验。以下介绍的砂浆坍落扩展度试验方法应该是合适的外加剂进场检验方法之一。

二、砂浆坍落扩展度试验方法

砂浆坍落扩展度试验以砂浆为研究对象。砂浆配合比是对应的混凝土配合比中减去粗集料后的配合比。例如，某混凝土的配合比为：水：水泥：细集料：粗集料：粉煤灰 $= A:B:C:D:E$，则对应的砂浆的配合比为：水：水泥：细集料：粉煤灰 $= A:B:C:E$。

（一）砂浆坍落扩展度试验方法的依据

水泥浆体是影响新拌混凝土性能的主要因素，但由于混凝土中的粗细集料的参与，新拌水泥浆的流变性能并不能等同于新拌混凝土的流变性能。这主要是因为水-水泥悬浮体系与水-水泥-集料悬浮体系中的颗粒粒径差别过大。前者属于微米级，后者属于毫米级和厘米级，这种尺度差别使得不同体系在黏性流动中，颗粒之间的磨擦机制及其相对大小存在着显著不同。因此，作为粗悬浮体系的新拌混凝土，常常被研究者分为 3 个层次来研究，分别是以水为分散相的水泥浆体系，以水泥浆为分散相的砂浆体系和以砂浆为分散相的混凝土。

水泥粉体与水拌合后，由于浆体中水泥颗粒的高比表面能和水化活性而形成颗粒凝聚结构，凝聚结构中颗粒之间的结合强度取决于颗粒的大小、表面反应活性的高低、颗粒间的间距等因素，存在着从较弱的物理吸附到较强的化学键合的不同状态，结合强度存在着一个分布，水泥浆体的这种结构特性已被许多流变学试验研究证实。减水剂对新拌水泥浆体中颗粒的分散效应（即对颗粒的分散程度）取决于减水剂的性能和掺量。对于不同性能的减水剂来讲，由于使浆体中颗粒达到全分散状态所需的量不同，因而在相同掺量下的浆体结构的分散状态也就不同。此外，如果减水剂分子结构性能不同，即使在相同的颗粒分散状态下，新拌水泥浆的流变性能也不一定相同，因而在集料组成相同的情况下，新拌混凝土的工作性也不一定相同。在一些评价不同减水剂的减水率大小的标准试验中，砂浆试验以达到基准流动度（扩展度）140mm 为准，混凝土试验以达到基准坍落度 8cm 为准。这种人为的评价基准并不科学，因为新拌水泥浆体与混凝土是在不同的、不清楚的分散状态下进行的性能比较。评价混凝土减水剂的减水率或对水泥的适应性，应该在相同的浆体分散状态下进行，而这个可以实现并能有效控制的分散状态应该是浆体中颗粒的全分散状态。

（二）砂浆坍落扩展度试验的仪器与试验方法

（1）试验仪器

①胶砂搅拌机 1 台；

②跳桌试验用截锥圆模 1 个，其上口 ϕ60mm，下口 ϕ100mm，高 70mm；

③规格为 400mm×400mm、厚 5mm 的平板玻璃 1 块；

④坍落度试验仪器 1 套。

（2）试验方法

每盘砂浆用胶凝材料为 500g。按设计配合比配料，将胶凝材料和砂子装入胶砂搅拌机的搅拌锅（若是粉体外加剂此时加入）。采用自动控制搅拌程序，开机干拌 30s 后，以同掺法加入泵送剂水溶液。将玻璃板和试验圆模用湿毛巾润湿，把试模置于放置水平的玻璃板中央。搅拌完毕，快速用砂浆盛满试模，慢慢地垂直提起试模，待砂浆流动停止后测量其两个垂直方向上的直径，取其平均值为砂浆坍落扩展度（精确至 5mm）。同时，观察砂浆的离析泌水状态（也可观察到表面气泡状态），然后将砂浆全部收回，盛入适当容器（如小塑料桶），并盖上盖，以防止水分蒸发。静置1h观察泌水情况，然后人工搅拌均匀，测其1h时的坍落扩展度。再次将砂浆全部收入容器静置0.5h后观察1.5h时的泌水情况，并测量其坍落扩展度。

（三）砂浆与混凝土工作性的相关性

①砂浆与混凝土稳定性的相关性

砂浆与混凝土的稳定性对比见表1。表1中的观察结果对比清楚地显示，若砂浆出现严重的离析泌水时，则混凝土也出现严重的离析泌水；若砂浆只有很轻微的离析泌水或无离析泌水，则混凝土基本上没有离析泌水。可见，砂浆的稳定性能够反映混凝土的稳定性。

表1　砂浆与混凝土的稳定性对比

配合比	泵送剂	砂浆			混凝土		
		初始离析状态	泌水量		初始离析状态	泌水量	
			1h	1.5h		1h	1.5h
A	a	无	无	微量	无	无	无
	b	无	无	无	无	无	无
	c	无	无	无	无	无	无
B	a	无	无	少量	无	无	微量
	b	轻微	微量	微量	轻微	微量	无
	c	严重	无	无	严重	无	无
C	a	无	无	大量	无	无	大量
	b	无	无	少量	无	无	微量
	c	无	无	无	无	无	无
D	a	无	微量	无	无	无	无
	b	无	大量	大量	无	大量	少量
	c	严重	无	无	严重	无	无
E	a	无	无	无	无	无	无
	b	无	无	无	无	无	无
	c	无	无	无	无	无	无
F	a	无	微量	无	无	无	无
	b	无	大量	大量	无	大量	少量
	c	严重	无	无	严重	无	无

②砂浆与混凝土流动性的相关性

搅拌之后1.5h时的混凝土与砂浆坍落扩展度的相关性如图1所示。图1的试验结果表明，在正常的泵送混凝土工作性范围内，混凝土与砂浆坍落扩展度的线性相关性良好，相关系数为0.8176。可见，砂浆的流动性可以很好地反映混凝土的流动性。

（四）砂浆与混凝土流动性保持能力的相关性

考虑到各个等级混凝土初始工作性的不同，从工作性随时间变化的角度，对砂浆与混凝土坍落扩展度损失的相关性进行了考察，图2反映了它们之间的相关关系。从回归方程可清楚地看到，混凝土坍落扩展度经时损失率与砂浆坍落扩展度经时损失率之间具有很显著的线性关系，相关系数为0.97。可见，砂浆坍落扩展度经时损失率可以很好地反映混凝土的坍落扩展度和经时损失率。

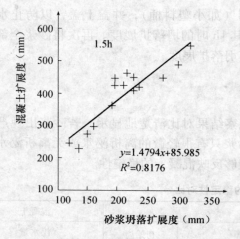
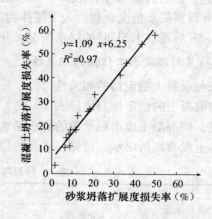

图1 砂浆与混凝土扩展度的关系（1.5h）　图2 砂浆与混凝土扩展度损失率的关系（1.5h）

（五）砂浆坍落扩展度试验的主要特点

①能明确区分减水剂作用下砂浆悬浮体系中颗粒的极限分散物理状态，即全分散状态。

②可以评价减水剂对混凝土稳定性的影响。

③能获得与混凝土相近的减水剂饱和掺量。

④对相同砂浆组成的泵送混凝土，砂浆工作性参数（坍落扩展度及其经时损失率、泌水性）能够很好地反映相应的混凝土工作性参数。

51 外加剂常用原材料有哪些及其作用是什么？

混凝土外加剂常用原材料见表1。

表1 混凝土外加剂常用原材料表

序号	名称	执行标准	化学结构式2
1	乙二醇 Ethylene glycol specification	GB 4649—1993 $C_2H_6O_2$ 分子量：62.069	$\begin{array}{ccc} H & H \\ \| & \| \\ H-C-C-H \\ \| & \| \\ OH & OH \end{array}$
2	柠檬酸 Citric acid	GB 1987—1986 $C_6H_8O_7 \cdot H_2O$ 分子量：210.14	$\begin{array}{c} CH_2-COOH \\ \| \\ HO-C-COOH \cdot H_2O \\ \| \\ CH_2-COOH \end{array}$
3	柠檬酸钠 Sodium citrate trisodium citrate	GB 6782—1986 $C_6H_5O_7Na_3 \cdot 2H_2O$ 分子量：294.1	$\begin{array}{c} CH_2-COONa \\ \| \\ HO-C-COONa \\ \| \\ CH_2-COONa \end{array}$
4	丙酮 Acetone	GB/T 6026—1998　　CH_3COCH_3	分子量：50.08
5	无水亚硫酸钠 Soldium sulfite	GB 9005—1988　　Na_2SO_3	分子量：126.04
6	焦亚硫酸钠 Sodium pyrosulfite	GB 6010—1985　　$Na_2S_2O_5$	分子量：190.11
7	硝酸钠 Sodium nitrate	GB 4553—2002　　$NaNO_3$	分子量：84.99
8	硫代硫酸钠	HG/T 2328—1992　　$Na_2SO_3 \cdot 5H_2O$	分子量：248.19
9	磷酸三钠 Sodium phosphate tribasic	GB 1607—1979　　$Na_3PO_4 \cdot 12H_2O$	分子量：380.12
10	六偏磷酸钠 Sodium hexametaphosphate	GB/T 1624—1979　　$(NaPO_3)_6$	分子量：611.77
11	亚硝酸钠 Sodium nitrite	GB/T 2367—1990　　$NaNO_2$	分子量：69.00

序号	名称	执行标准	化学结构式 2
12	亚硝酸钙	Ca（NO₂）₂	分子量：132.00
13	无水硫酸钠 Anhydrous sodium sulphate	GB 6009—1992 Na₂SO₄	分子量：142.04
14	三聚氰胺 Melamine	GB/T 9567—1997 C₃H₆N₆ 分子量：126.12	(化学结构式)
15	碳酸钠 Sodium carbonate	Na₂CO₃	分子量：105.99
16	碳酸氢钠 Sodium hydrogen carbonate	GB/T 1606—1998 NaHCO₃	分子量：84.01
17	磷酸	GB/T 2091—2003 H₃PO₄	分子量：97.99
18	萘 Naphthalene	GB/T 6699—1998 GB 6700—1986	分子量：128.7
19	苯酚 Phenol	C₆H₅OH	分子量：94.12
20	水杨酸 Salicylic acid	HOC₆H₄COOH	分子量：138.12
21	丙烯酸 Acrylic acid	CH₂＝CHCOOH	分子量：72.06
22	环己酮 Cyclohexanone		分子量：98.14
23	氨基磺酸 Sulfamic acid	H₂NSO₃H	分子量：97.09
24	松香 Resin	C₁₉H₂₉COOH	
25	甲醛 Formalin	GB/T 9009—1998 HCHO	分子量：30.03
26	硫酸 Sulfuric acid	GB/T 534—2002 H₂SO₄	分子量：98.07
27	烧碱 Hydroxide causticsoda	GB 209—1993 NaOH	分子量：40
28	三乙醇胺 Ethanolamine		
29	氧化锌 Zincoxide	ZnO	分子量：81.37
30	三聚磷酸钠 Sodium tripolyphosphate	Na₅P₃O₁₀	分子量：367.86
31	酒石酸钾钠 Potassium sodium tartrate	KNaC₄H₄O₆·4H₂O	分子量：282.23
32	硼酸钠 Tetraborate borate	Na₂B₄O₇·10H₂O	分子量：381.36
33	硅酸钠 Sodium silicate	Na₂O·nSiO₂·xH₂O	
34	磷酸三丁酯 Tributyl phoshate		分子量：266.31
35	蒽 Anthracene	C₁₄H₆	分子量：178.09
36	过氧化氢 Hydrogen peroxide	H₂O₂	分子量：34.01
37	过硫酸铵 Ammonium persulfate	（NH₄）₂S₂O₈	分子量：228.18
38	冰醋酸 Aceticacid	CH₃COOH	分子量：60.05

原材料的作用见表 2。

表 2　原材料的作用

原材料 ＼ 作用	早强	减水	引气	降低冰点	缓凝	冰晶干扰	阻锈
元明粉	＋	－	－	＋	－	－	－
硫酸钙	＋	－	－	－	＋	－	－
硝酸钠	＋	－	－	＋	－	－	＋
硝酸钙	＋	－	－	＋	－	－	＋
亚硝酸钠	－	－	－	＋	－	－	＋

原材料 \ 作用	早强	减水	引气	降低冰点	缓凝	冰晶干扰	阻锈
亚硝酸钙	-	-	-	+	-	-	+
碳酸钾	+	-	-	+	-	-	-
尿素	-	-	-	+	+	-	+
氨水	-	-	-	+	+	-	-
三乙醇胺	+	-	-	-	-	-	+
乙二醇	+	-	-	+	-	+	-
甲醇	+	-	-	+	-	-	-
木钙	-	+	+	-	+	-	-
木钠	-	+	+	-	+	-	-
萘系减水剂	+	+	-	-	-	-	-
蒽系减水剂	+	+	-	-	-	-	-
三聚氰胺减水剂	+	+	-	-	-	-	-
氨基磺酸减水剂	+	+	-	-	+	-	-
引气剂	-	+	+	-	-	-	-

注："+"号表示具有此作用；"-"号表示无此作用。

52 外加剂在建筑业中的地位是什么？

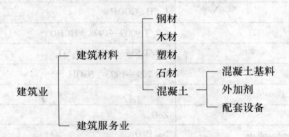

53 外加剂对混凝土材料的可持续发展有哪些推动作用？

（1）混凝土外加剂的生产本身利用了大量的工业液、固体废弃物。木质素磺酸盐减水剂原材料采用纸浆废液，生产工艺简单，是帮助纸浆企业消化处理纸浆废液、降低河道污染、保护环境的一种重要的环保产品。生产 1t 木质素磺酸盐减水剂，能帮助企业处理 2.5t 浓度为 40% 左右的纸浆废液，相应地降低了纸浆企业废液排放对江河的化学污染。

（2）混凝土外加剂的应用改善了混凝土的流动性，降低了施工能耗。混凝土减水剂的成功应用，使大流动性混凝土的配制成为可能，大大降低了振实能耗。近年发展起来的自流平、自密实混凝土不需振动或稍加振动就可以密实。

（3）使混凝土高强化，减小了结构尺寸。目前，由于高效减水剂、高性能减水剂的应用，C60～C80 混凝土，甚至 C100 混凝土也在实际工程中应用。相对于减水剂出现前的 C20～C30 混凝土，结构尺寸大大降低，相当于减少了水泥混凝土的原材料消耗。

（4）减少了水泥用量，并消耗大量粉煤灰、矿渣粉等工业固体废渣。正是减水剂和各种其他外加剂的成功应用，使混凝土中的水泥用量从过去普遍的 300～600kg/m³，降低到目前的 130～350kg/m³，而粉煤灰、矿渣粉的掺量可高达 30%～50%，甚至 60%～70%。

我国目前每年减水剂的生产量为 110 万 t 左右。单从掺减水剂降低混凝土单位水泥用量的效益，就可见一斑。按照减水剂掺量为水泥用量的 0.6%，水泥用量减少 15% 计算，我国每年仅减水剂的使用就减少了 2750 万 t 水泥用量。

（5）大大改善了混凝土的耐久性。东海大桥、杭州湾大桥结构混凝土设计基准寿命为100年，其配合比中最关键的组分之一就是聚羧酸系高性能减水剂。

（6）利用超早强作用节约了预制混凝土的养护能耗。预制混凝土耗能最大的环节就是蒸养和蒸压养护。采用具有高减水效果的早强减水剂，可以大幅度提高预制混凝土的早期强度发展速率，从而免去了蒸养甚至蒸压养护环节，节能效果十分明显。

（7）合理改善混凝土性能，实现混凝土拌合物的全商品化供应。混凝土能实现商品化，减水剂和泵送剂产品功不可没。为满足各种具体的工程，人们相继开发研制了缓凝型、早强型、防水型、膨胀型、防冻型的泵送剂，为具有不同性能和功能的商品泵送混凝土的生产提供了重要的外加剂品种的保证。

54 外加剂企业的产品质量管理的重点是什么？

（1）原材料的质量及标识；（2）配合比的设计和优化；（3）生产控制；（4）产成品的标识。

55 外加剂应用时应注意的几个问题？

在混凝土、砂浆或净浆的制备过程中，掺入不超过水泥用量5%（特殊情况除外），能对混凝土、砂浆或净浆的正常性能要求而改性的一种产品，称为混凝土外加剂。外加剂按其所对于应的功能不同分为减水剂、引气剂、憎水剂、促凝剂、早强剂、缓凝剂、发气剂、气泡剂、灌浆剂、着色剂、超塑化剂、保水剂、粘结剂、阻锈剂、喷射混凝土外加剂等。

下面谈谈混凝土外加剂应用中应注意的几个问题。

一、外加剂的掺量

在确定外加剂掺量时，应根据施工设计的要求，所用原材料及施工工艺具体条件，通过试验来确定。

（1）各种外加剂都有推荐的剂量范围。例如：引气剂0.6%～1.2%，木质素磺酸钙减水剂0.1%～0.3%，高效能减水剂0.3%～1.0%。现有的试验资料表明，其合理掺量并不是定值，而随水泥品种（矿物成分、含碱量）和细度、混合材料品种及掺量、硬化温度等因素的不同而变化。例如，萘磺酸盐系减水剂适用于硅酸盐水泥，而密胺树脂系减水剂更适合于铝酸盐和硫铝酸盐水泥。C_2A含量低和细度小的硅酸盐水泥，其合理掺量较小。

（2）掺入混合材料（尤其是粉煤灰）的水泥，在外加剂加入时，其引气量及减水率低于不掺混合材料的硅酸盐水泥。低温硬化或蒸汽养护时，其合理掺量要低于常温硬化时的掺量，它不能适用于实际施工的一切条件。

二、水泥的适应性

试验结果表明，水泥品种（矿物组成、含碱量、细度）对外加剂的效能有一定的影响。

（1）对于硅酸盐水泥，FDN和SM两种减水剂的减水和增强效果基本相同；对于铝酸盐水泥，SM减水剂的效果明显优于FDN。同属硅酸盐水泥，当矿物组成、混合材料、含碱量及细度等不同时，掺用同一外加剂（品种、剂量均相同），其效果亦会不同。

（2）对于JN、FDN、NF、HF、建1、GRS等几种减水剂来说，当水泥C_3A含量低，C_3S含量高，含碱量低和细度大时，掺入合理掺量，可获得高减水率、高增强效果的混凝土。糖类减水缓凝剂对C_3A含量低、C_3S含量高的水泥减水、缓凝效果较为明显。

三、强度和变形

试验结果表明，掺入引气剂及普通减水剂后混凝土的强度及变形特征主要表现为以下几个方面。

（1）掺入与不掺入外加剂的混凝土强度关系基本相同；随着抗压强度相应提高，抗拉、劈裂抗拉、抗弯、轴心抗压强度也相应提高；但其抗拉与抗压强度之比及抗弯与抗压强度之比降低，轴心抗压与抗压强度之比提高。

（2）混凝土弹性模量与集料品质、灰骨比、混凝土强度及含气量的关系较大。在坍落度和水泥用量均相同的条件下，掺用高效减水剂可以提高混凝土强度及弹性模量；在水灰比和坍落度不变时，掺用高效减水剂，可降低水泥用量，弹性模量也相应提高；在混凝土水泥用量及用水量不变时，掺用高效减水剂，可增大混凝土流动性，其弹性模量的变化较小。

（3）掺入高效减水剂的高强混凝土的泊桑比与空白混凝土基本相近，约为 0.20~0.25。

四、混凝土坍落度损失及减小损失措施

掺入与不掺入外加剂的混凝土都存在坍落度损失的问题，但当掺高效减水剂时，由于混凝土用水量较小，其坍落度损失值大于不掺或掺引气剂及普通减水剂的混凝土。掺入高效减水剂的混凝土，坍落度损失较大的原因是：

（1）由于水泥中 C_3A 及 C_4AF 矿物的吸附性，在混凝土搅拌后即有较多的外加剂涌聚到该矿物的水化物表面被吸附，造成整个溶液中的外加剂浓度明显下降（在 10min 内，有 80%~90% 的外加剂被吸附），使水泥颗粒表面电动电位降低，流动性减小。

（2）由于气泡的外溢，使含气量减小，混凝土流动性下降。混凝土中掺入减水剂，一般总有一定数量的引气量（在搅拌初期），由于减水剂的亲水性较大，气泡与矿物颗粒间的粘附力较小，致使这些气泡在混凝土拌合物中不够稳定，在静置、运输过程中，将不断地外溢和破灭。

（3）由于混凝土中水分的蒸发是混凝土坍落度损失的重要原因之一，而掺入高效减水剂的混凝土原始用水量减小，所以蒸发水所占比例相对增大。

（4）减小损失的措施

①为解决混凝土坍落度损失的问题，近年来研究采用与搅拌运输车相配合的"后掺法"，即在混凝土被运送到浇筑地点之前，再补加部分减水剂并继续搅拌，以弥补混凝土坍落度的损失，并可大大节约减水剂的用量。改变减水剂掺加顺序的所谓"滞水法"（混凝土拌合物先加水拌合 1~2min 后再加入减水剂），也可取得改善混凝土和易性、增大减水效果、减少坍落度损失的效果。

②采用后掺技术的原理尚在研究之中，一般认为，当减水剂采用"同掺法"时，水泥矿物组成中的 C_3A，C_3AF 吸附性强，早期减水剂被其吸附；而硅酸盐水化物出现稍迟，此时溶液中减水剂浓度已降低；并且水化硅酸钙可将部分被 C_3A，C_3AF 吸附的减水剂包裹在水化物内部；此外，水泥和集料的表面及其裂隙也要吸附部分减水剂。如果采用"后掺法"，一则早期被 C_3A，C_3AF 吸附的减水剂可减少，同时集料表面及裂隙也可先由水及水泥水化物填充包围，既节约了减水剂，也充分发挥了减水剂的扩散作用。

"后掺法"应用于引气剂或缓凝型外加剂时应慎重，它可能造成引气过量或过度缓凝而影响质量。

五、硫酸盐、氯盐的限值

（1）硫酸盐的限值

水泥中掺入过量的硫酸盐会引起水泥石的体积膨胀，以至体积不安定，因此水泥技术标准中对 SO_3 的含量作了限制。此外，施工规范中对集料、拌合水等也作了关于硫酸盐含量的限制。而外加剂也含有一定的硫酸盐，如 NF，硫酸钠小于 30%；建 1 型（低、浓），硫酸钠 <30%；硫酸钠小于 40% 是否可能危害混凝土体积变化的稳定性，作为混凝土外加剂对其硫酸盐含量也应规定限量。

（2）氯盐的限制

许多外加剂中都含有氯盐，有时还把氯盐作为外加剂的组成成分掺入混凝土中。掺入大量氯盐促进钢筋锈蚀已被工程界所公认，但对少量残微量氯盐的影响还有争议。归纳起来有三种不同的意见：一是认为，既然氯盐促进钢筋锈蚀，那么从安全出发，对钢筋混凝土和预应力混凝土结构不应掺氯盐；二是认为，氯盐与水泥中的水化铝酸钙化合，生成水化氯铝酸钙化合物，故只要氯盐掺量不是过大，则不会引起钢筋锈蚀；三是认为，钢筋的锈蚀，在很大程度取决于混凝土的密实性、水灰比、水泥用量、养护条件结构工作环境等多种因素，故不能确定一个统一的氯盐掺量限值。

混凝土中氯盐可以由多种途径被带入，如外加剂、集料、拌合水等，故除了限制掺入的氯盐（作为外加剂）量之外，还应限制混凝土中氯盐总含量。显然应对氯盐的允许值，每种混凝土外加剂应制定出合理的控制指标，并在国家标准规范允许范围之内。

混凝土外加剂作用混凝土材料中第五组分，在应用时不仅要考虑技术效果和经济效果，还应考虑到应用可能产生什么危害，这样才能使外加剂的效果充分发挥出来，从而把由于混凝土外加剂产生的质量问题消灭在萌芽状态。

56 外加剂主要生产设备有哪些？

外加剂主要生产设备如图 1 ~ 图 4 所示。

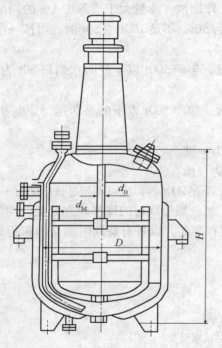

图 1　罐式立式反应釜例图

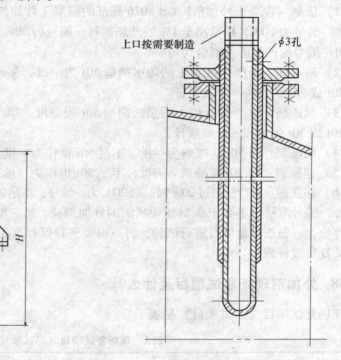

图 2　温度计套管

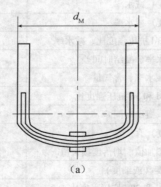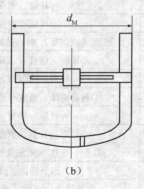

图 3　锚式、框式搅拌浆示意图
（a）锚式；（b）框式

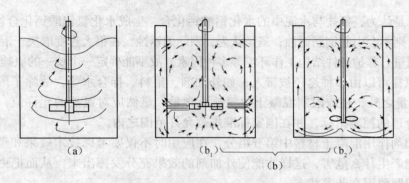

图4　挡板设置以及釜内流体流动类型

57　外加剂的代表批量有何规定?

（1）依据《混凝土外加剂》GB 8076 标准的混凝土外加剂：掺量大于或等于 1% 的同品种外加剂每一编号为 100t，掺量小于 1% 的外加剂每一编号为 50t。不足 100t 或 50t 的，可按一个批量计，同一编号的产品必须混合均匀。

（2）防水剂：年产 500t 以上的防水剂每 50t 为一批，年产 500t 以下的防水剂每 30t 为一批，不足 50t 或 30t 的也按一个批量计。

（3）泵送剂：年产 500t 以上的泵送剂每 50t 为一批，年产 500t 以下的泵送剂每 30t 为一批，不足 50t 或 30t 的也按一个批量计。

（4）防冻剂：每 50t 防冻剂为一批，不足 50t 也作为一批。

（5）速凝剂：每 20t 速凝剂为一批，不足 50t 也作为一批。

（6）膨胀剂：日产量超过 200t 时，以 200t 为一编号，不足 200t 时，应以不超过日产量为一编号。

每一编号取样量不少于 0.2t 水泥所需的外加剂量。每一编号取得的试样应充分混合均匀，分为两等份，一份按规定项目进行试验，另一份要密封保存半年，以备有疑问时提交国家指定的检验机关复验或仲裁。

58　外加剂现场复试项目是什么?

现场复试项目（必试项目）见表1。

表1　现场复试项目（必试项目）

品　种	检验项目	检验标准
普通减水剂	pH 值、密度（或细度）减水率	GB 8076/8077
高效减水剂	pH 值、密度（或细度）减水率	GB 8076/8077
早强减水剂	密度（或细度）钢筋锈蚀、1d 和 3d 抗压强度比、减水率	GB 8076/8077
缓凝减水剂	pH 值、密度（或细度）减水率、凝结时间差	GB 8076/8077
引气减水剂	pH 值、密度（或细度）减水率、含气量	GB 8076/8077
早强剂	钢筋锈蚀、密度（或细度）1d 和 3d 抗压强度比	GB 8076/8077
缓凝剂	pH 值、密度（或细度）凝结时间差	GB 8076/8077
引气剂	pH 值、密度（或细度）含气量	GB 8076/8077
泵送剂	pH 值、密度（或细度）坍落度增加值、坍落度损失值	JC 473/GB 8077
防水剂	钢筋锈蚀、pH 值、密度（或细度）	GB 8076/8077
防冻剂	钢筋锈蚀、密度（或细度）、7d 和 28d 抗压强度比	JC 475/GB 8077
膨胀剂	限制膨胀率	JC 476
速凝剂	密度（或细度）1d 抗压强度、凝结时间	JC 477/GB 8077

减 水 剂

59 什么是减水剂？

减水剂是指在保持砂浆稠度基本相同的条件下，能减少拌合用水量的添加剂。

60 减水剂分为哪些类型？

减水剂一般为表面活性剂，按其功能分为：普通减水剂、高效减水剂、早强减水剂、缓凝减水剂、缓凝高效减水剂和引气减水剂等品种。参照国家标准《混凝土外加剂的分类、命名与定义》（GB 8075—2005）和《混凝土外加剂》（GB 8076—1997）中的规定，用于砂浆中的各种减水剂的分类如下：

普通减水剂：在砂浆稠度基本相同的条件下，能减少拌合用水量的添加剂。

高效减水剂：在砂浆稠度基本相同的条件下，能大幅度减少拌合用水量的添加剂。

早强减水剂：兼有早强和减水功能的添加剂，通常由早强剂和减水剂复合而成。

缓凝减水剂：兼有缓凝和减水功能的添加剂，部分缓凝减水剂由缓凝剂和高效减水剂复合而成。

缓凝高效减水剂：兼有缓凝和大幅度减水功能的添加剂，通常由缓凝剂和高效减水剂复合而成。

引气减水剂：兼有缓凝和减水功能的添加剂，部分引气减水剂由引气剂和减水剂或高效减水剂复合而成。

61 减水剂是如何发展的？

减水剂的发展起源于 20 世纪 30 年代，最初的减水剂均用于混凝土中，干粉砂浆中采用的减水剂均为混凝土减水剂。

从 20 世纪 30 年代开始，美国、英国、日本等国家已经相继在公路、隧道、地下工程中开始使用减水剂。这个阶段使用的减水剂主要包括松香酸钠、木质素磺酸钠及硬脂酸皂等有机物。这个时期随着建筑业的快速发展，普通减水剂得到了广泛应用和较快的发展。

从 20 世纪 60 年代到 80 年代，是高效减水剂的合成与应用阶段，即萘系、三聚氰胺系高效减水剂得到了较大的发展。1962 年以 β-萘磺酸甲醛缩合物钠盐为主要成分的高效减水剂由日本花王石碱公司的服部健一博士研制成功，1964 年以三聚氰胺磺酸盐甲醛缩合物为主要成分的高效减水剂在原联邦德国研制成功。这个时期产品的主要特点是：通过磺化得来，减水率较高，但是保持混凝土流动性的效果较差，一些技术的不稳定性与生产技术上的不成熟性，使混凝土高效减水剂的性能和质量不稳定。

20 世纪 90 年代初，伴随着美国在 1990 年对高性能混凝土（HPC）概念的正式提出，改性木质素磺酸系、萘系复合、氨基磺酸系以及聚羧酸系高效减水剂得到了迅速的开发与应用。

随着制备萘系高效减水剂的原材料日益缺乏与价格上涨，急需开发出非萘系高效减水剂。而随着高性能混凝土对高效减水剂的减水性能、分散性能以及坍落度保持性能要求的进一步提高，人们对氨基磺酸系、聚羧酸系高效减水剂的研究制备更加重视。

日本是研制与应用高效减水剂最成功的国家之一。目前，日本高效减水剂的应用变化情况是氨基磺酸系、聚羧酸系减水剂的数量在增加，萘系、三聚氰胺系的数量在减少，而且聚羧酸系的应用最大。

62 常用减水剂分别有哪些特点？

目前，使用较为广泛的减水剂有：木质素系减水剂、萘系和三聚氰胺高效减水剂以及聚羧酸盐系高效减水剂，各自的特点如下：

（1）木质素系减水剂

木质素系减水剂包括木质素磺酸钙（木钙）、木质素磺酸钠（木钠）和木质素磺酸镁（木镁）三类。其适宜掺量为水泥质量的 0.2%～0.3%。

将碱法制浆得到的造纸黑液（主要成分为木质素），通过浓缩至固含量 25%，置于反应釜中，加入磺酸基、胺基、羧基等阴离子表面活性基团，在高温下经 3h 反应生成木质素磺酸钠。

20 世纪 40 年代初，木质素衍生物已用作混凝土减水剂，早期利用造纸黑液中的木质素直接生产减水剂。60 年代开始，使用经脱糖后的造纸黑液制取减水剂，这种方法生产的减水剂质量不稳定，性能较差，一般减水率仅为 7%～9%，混凝土的抗压强度提高少，近期主要通过化学改性、复配或两种方法联合的方式提高减水剂性能。

化学改性法：从造纸黑液中回收的木质素，通过引入或改变其活性基团，使其与单体接枝共聚等方法制成性能较好的减水剂。

复配法：通过机械混合方法，将不同的物质或外加剂均匀地混合为一整体，一般不经过化学反应或加热处理，为充分利用减水剂自身突出的某一性能和克服单一应用时存在的某些性能的不足，将两种或两种以上的减水剂按一定比例复配在一起，达到弥补自身某些性能不足的缺陷，同时又使某一性能的协同作用得到加强。通过这种复配方法，可获得高性能的减水剂，如聚羧酸盐与改性木质素的复合物、萘磺酸甲醛缩合物与木质素磺酸钙、三聚氰胺甲醛缩合物与木质素磺酸钙。

联合法：采用化学改性和复配相结合的方法，制取高性能减水剂。

目前，我国每年生产木质素磺酸钠（钙）约 10 万 t 的生产厂家有广州造纸厂、山屯和石岘等纸浆厂。

（2）萘系高效减水剂

萘系减水剂（β-萘磺酸甲醛缩合物）、蒽系减水剂、甲基萘系减水剂、古马隆系减水剂、煤焦油混合物系减水剂，因其生产原料均来自煤焦油中的不同成分，统称为煤焦油系减水剂。此类高效减水剂皆为含单环、多环或杂环芳烃，并带有极性磺酸基团的聚合物电解质，相对分子质量在 1500～10000 的范围内，减水性能从萘系、古马隆系、甲基萘系到煤焦油混合物系依次降低。由于萘系减水剂生产工艺成熟，原料供应稳定，且产量大、应用广，因而通常煤焦油系减水剂主要是指萘系减水剂。其适宜掺量为水泥质量的 0.2%～1.0%。

萘系减水剂的合成是以萘为主要原料，加入带有搅拌、油夹套加热的不锈钢反应釜中，加水，开动搅拌，当内温大于 100℃时加硫酸，于 162℃磺化 3h 生成 β-萘磺酸，然后在 120℃水解副产物 α-萘磺酸。还原为萘和硫酸重复使用。温度在 90℃时加甲醛，继续保持此温度缩合反应 50min，加入氢氧化钠、碳酸钠溶液，进行中和，使物料的 pH 值为 7.5，经过滤，将滤渣弃去，母液进行喷雾干燥，得到萘磺酸甲醛缩合物产品。

萘系减水剂根据其中的硫酸钠含量又可分为高浓型（硫酸钠含量低于 5%）和普通型（硫酸钠含量为 15%～25%）两类，对于含碱量相对较高的水泥，普通型萘系高效减水剂的使用效果优于高浓型萘系高效减水剂。

萘系减水剂的聚合度通常为 10～12，而聚合度在 15 以上的萘磺酸甲醛缩合物则具有更为优良的分散、悬浮特性。

（3）三聚氰胺系高效减水剂

三聚氰胺系高效减水剂（俗称密胺减水剂），化学名称为磺化三聚氰胺甲醛树脂。该类减水剂实际上是一种阴离子型高分子表面活性剂，具有无毒、高效的特点。其通常掺量为水泥质量的 0.5%～2.0%。

三聚氰胺磺酸盐甲醛树脂的合成是在带有搅拌、蒸汽夹套的不锈钢反应釜中，加入 100kg 水、40kg 尿素，搅拌，加热使温度升到 90℃时，加 30kg 甲醛和适量的三聚氰胺、亚硫酸氢钠，用氢氧化钠调至 pH 值为 9，经反应 50min，观察反应液变混浊再转为丝状时用氯化铵溶液调节 pH 值至 7.5，温度降至 40℃ 时出料，得到三聚氰胺磺酸钠甲醛树脂。

磺化三聚氰胺甲醛树脂减水剂对砂浆性能的影响与其相对分子质量及磺化程度有密切关系，而分子中的—SO_3Me 基团是其具有表面活性及许多其他重要性能的最主要原因，因此提高树脂磺化度可显著增强其表面活性。以三聚氰胺系高效减水剂的传统合成工艺为基础，提高甲醛、磺化剂与三聚氰胺的比例（即提高单体的羟甲基化和磺化程度），进而克服磺化基团的空间位阻，使单体缩聚，可制备高磺化度三聚氰胺甲醛树脂高效减水剂。与普通三聚氰胺系减水剂相比较，该减水剂具有更为优越的减水性能和早期增强效果。

由于三聚氰胺单体价格较高，目前主要有两种途径降低成本。一种是以廉价活性单体代替部分或大部分昂贵的三聚氰胺单体；另一种是将三聚氰胺系高效减水剂与适量廉价的外加剂，如糖蜜、糖钙、葡萄糖酸钠等复合使用。

（4）聚羧酸盐系高效减水剂

自 20 世纪 90 年代以来，聚羧酸已发展成为一种高效减水剂的新品种。它具有强度高和耐热性、耐久性、耐候性好等优异性能。其特点是在高温下坍落度损失小，具有良好的流动性，在较低的温度下不需大幅度增加减水剂的加入量。其通常掺量为水泥质量的 0.5% ~ 1.0%。

63 减水剂的作用原理是什么？

减水剂的功能是在不减少水泥用量的情况下，改善新拌砂浆的工作性能，提高砂浆的流动性；在保持一定工作性能下，减少水泥用水量，节约水泥；改善砂浆拌合物的可泵性以及砂浆的其他物理力学性能。当砂浆中掺入高效减水剂后，可以显著降低水灰比，并且保持砂浆较好的流动性。通常而言，高效减水剂的减水率可达 20%（质量百分数，下同）左右，而普通减水剂的减水率为 10% 左右。目前，一般认为减水剂能够产生减水作用主要是由减水剂的吸附和分散作用所致。

研究砂浆中水泥硬化过程可以发现，水泥在加水搅拌的过程中，由于水泥矿物中含有带不同电荷的组分，而正负电荷的相互吸引将导致混凝土产生絮凝结构（图 1）。絮凝结构也可能是由于水泥颗粒在溶液中的热运动致使其在某些边棱角处互相碰撞、相互吸引而形成。

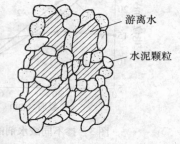

游离水

水泥颗粒

由于在絮凝结构中包裹着很多拌合水，因而无法提供较多的水用于水泥水化，所以降低了新拌混凝土的和易性。因此，在施工中为了使水泥能够较好地水化，就必须在拌合时相应地增加用

图 1　混凝土絮凝结构示意图

水量，但用水量的增加将导致水泥石结构中形成过多的孔隙，致使其物理力学性能下降。

加入减水剂就是将这些多余的水分释放出来，使之用于水泥水化，因而可在不降低砂浆物理力学性能的条件下，减少拌合水用量。砂浆中掺入减水剂后，可在保持水灰比不变的情况下增加流动性。减水剂除了有吸附分散作用外，还有湿润和润滑作用。水泥加水拌合后，水泥颗粒表面被水所湿润，而这种湿润状况对新拌混凝土的性能影响很大。湿润作用不但能使水泥颗粒有效地分散，亦会增加水泥颗粒的水化面积，影响水泥的水化速率。

减水剂中的极性亲水基团定向吸附于水泥颗粒表面上，它们很容易和水分子以氢键形式缔合。这种氢键缔合作用的作用力远远大于水分子与水泥颗粒间的分子引力。当水泥颗粒吸附足够的减水剂分子后，借助于磺酸基团负离子与水分子中氢键的缔合，再加成缔合氢键，水泥颗粒表面便形成一层稳定的溶剂化水膜，这层膜起到了立体保护作用，阻止了水泥颗粒间的直接接触，并在颗粒间起润滑作用。

减水剂的加入，伴随着引入一定量的微气泡（即使是非引气型的减水剂，也会引入少量气泡），这些微细气泡被因减水剂定向吸附而形成的分子膜所包围，并带有与水泥质点吸附膜相同符号的电

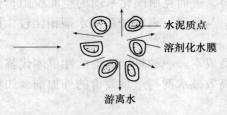

图2 减水剂的减水作用示意图

荷，因而气泡与水泥颗粒间产生电性斥力，从而增加了水泥颗粒间的滑动能力。由于减水剂的吸附分散作用、湿润作用和润滑作用，因而只要使用少量的水就能容易地将混凝土拌合均匀，从而改善了新拌混凝土的和易性。图2为减水剂的减水作用示意图。

影响减水剂减水作用的因素比较复杂，其中水泥组分中的铝化物的含量对减水剂的影响最为显著。铝化物的水化产物一般为多孔晶体，其吸附能力强，而水化产物的吸附量越快越大，则减水剂的失效越快。就水泥熟料单矿物而言，其水化产物对普通减水剂的吸附量的大小顺序如下：

$$C_3A > C_4AF > C_3S > C_2S$$

这也说明，铝酸盐含量高的水泥，砂浆的工作性能会损失得较快。

不同类型的减水剂对水泥的适应性也不一样。一般而言，木质磺酸盐类的减水剂对水泥的适应性较差，减水效果也不是很好，而且对水泥的缓凝效果明显，这可能与木质磺酸盐中所含的多糖有关；国内现在较好的减水剂多为三聚氰胺酯类、萘系、羧酸盐类的减水剂。羧酸盐类的减水剂对水泥的适应性最好，其坍落度的保持时间也较长，也是目前比较新型的减水剂，但国内没有规模化生产的厂家。羧酸盐类的减水剂与其他类型的减水剂相比较，其ξ电位下降得慢，砂浆的坍落度经时损失就小，如图3和图4所示。

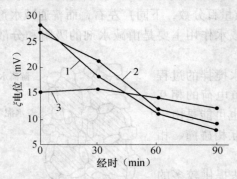

图3 掺不同减水剂的水泥浆
ξ电位的经时变化
1—萘系；2—三聚氰胺系；3—羧酸盐系

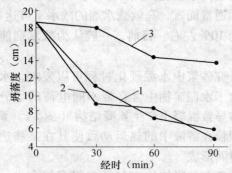

图4 不同类型减水剂的砂浆
坍落度的经时变化
1—萘系；2—三聚氰胺系；3—羧酸盐系

在混凝土中加入高效减水剂会使混凝土的强度显著提高。其机理主要有两种：第一种机理通常认为是因为高效减水剂的减水率大，可以明显降低混凝土的水灰比，所以能大幅度提高混凝土强度；第二种机理则认为加入高效减水剂能改善水泥颗粒的分散程度，从而可以提高其水化程度，增进其微结构的密实性，改善混凝土的力学性能。

现在为大家普遍接受的减水剂作用机理理论有三种，即静电斥力理论、空间位阻效应理论和反应性高分子缓慢释放理论。这里仅介绍前两种常用的机理理论。

（1）静电斥力理论

高效减水剂大多属于阴离子型表面活性剂。由于水泥粒子在水化初期时其表面带有正电荷（Ca^{2+}）减水剂分子中的负离子—SO_3^{2-}和—COO^-就会吸附于水泥粒子上，形成吸附双电层（ξ电位），使水泥粒子相互排斥，防止了凝聚的产生。电位绝对值越大，减水效果越好，这就是静电斥力理论。该理论主要适用于萘系、三聚氰胺系及改性木钙系等目前常用的高效减水剂系统。

根据DLVO理论，当水泥粒子因吸附减水剂而在其表面形成双电层后，相互接近的水泥颗粒会同时受到粒子间的静电斥力和范德华引力的作用。随着 ξ 电位绝对值的增大，粒子间逐渐以斥力为主，从而防止了粒子间的凝聚。与此同时，静电斥力还可以把水泥颗粒内部包裹的水释放出来，使体系处于良好而稳定的分散状态。随着水化的进行，吸附在水泥颗粒表画的高效减水剂的量减少，ξ 电位绝对值随之降低，体系不稳定，从而发生了凝聚。

（2）空间位阻效应理论

这一理论主要适用于正处于开发阶段的新型高效减水剂——聚羧酸盐系减水剂。该类减水剂结构呈梳形，主链上带有多个活性基团，并且极性较强，侧链也带有亲水性的活性基团。

对氨基磺酸盐系和聚羧酸盐系高效减水剂的对比研究发现：在水泥品种和水灰比均相同的条件下，当氨基磺酸盐系和聚羧酸盐系高效减水剂掺量相同时，水泥粒子对聚羧酸盐系高效减水剂的吸附量以及掺聚羧酸盐系高效减水剂水泥浆的流动性都大大高于掺氨基磺酸盐系统的对应值，但掺聚羧酸盐系统的 ξ 电位绝对值却比掺氨基磺酸盐系统的低得多，这与静电斥力理论是矛盾的。这也证明聚羧酸盐系发挥分散作用的主导因素并不是静电斥力，而是由减水剂本身大分子链及其支链所引起的空间位阻效应。

研究表明，当具有大分子吸附层的球形粒子在相互靠近时，颗粒之间的范德华力是决定体系位能的主要因素。当水泥颗粒表面吸附层的厚度增加时，有利于水泥颗粒的分散。

聚羧酸盐系减水剂分子中含有较多较长的支链，当它们吸附在水泥颗粒表层后，可以在水泥表面上形成较厚的立体包层，从而使水泥达到较好的分散效果。

64 减水剂的性能指标应符合什么要求？

目前没有专门的砂浆减水剂的规范，减水剂的产品质量按照混凝土减水剂的规范《混凝土外加剂》（GB 8076—1997）的规定。

掺减水剂混凝土的性能指标见表1。

表1 掺减水剂混凝土的性能指标

试验项目		普通减水剂 一等品	合格品	高效减水剂 一等品	合格品	早强减水剂 一等品	合格品	缓凝高效减水剂 一等品	合格品	缓凝减水剂 一等品	合格品	引气减水剂 一等品	合格品
减水率（%）≮		8	5	12	10	8	5	12	10	8	5	10	10
泌水率比（%）≯		95	100	90	95	95	100	100		100		70	80
含气量（%）		≤3.0	≤4.0	≤3.0	≤4.0	≤3.0	≤3.0	<4.5		<5.5		>3.0	
凝结时间之差（min）	初凝	−90～+120				−90～+90		>+90		>+90		−90～+120	
	终凝												
抗压强度比（%）≮	1d	—	—	140	130	140	130	—	—	—		—	
	3d	115	110	130	120	130	120	125	120	100		115	110
	7d	115	110	125	115	115	110	125	115	110		110	
	28d	110	105	120	110	105	100	120	110	110	105	100	
28d收缩率比（%）≯		135		135		135		135		135		135	
相对耐久性指标(%)(200次)≮		—		—		—		—		—		80	60
对钢筋锈蚀作用		应说明对钢筋无锈蚀危害											

注：1. 除含气量外，表中所列数据为掺外加剂混凝土与基准混凝土的差值或比值。

2. 凝结时间指标，"−"号表示提前，"＋"号表示延缓。

3. 相对耐久性指标一栏中，200 次≥80 和 60 表示将 28d 龄期的掺外加剂混凝土试件冻融循环 200 次后，动弹性模量保留值≥80% 或≥60%。

4. 对于可以用高频振捣排除的、由外加剂所引入的气泡的产品，允许用高频振捣，达到某类型性能指标要求的外加剂，可按本表进行命名和分类，但须在产品说明书和包装上注明用于高频振捣的××剂。

减水剂的匀质性指标见表2。

表 2　减水剂的匀质性指标

试验项目	指　标	试验项目	指　标
含水量	在生产厂控制值的相对量的5%以内	还原糖	在生产厂控制值±3%以内
氯离子含量	在生产厂控制值相对量的5%以内	总碱量 (Na$_2$O + 0.658K$_2$O)	在生产厂控制值±5%以内
水泥净浆流动度	应不小于生产控制值的95%		
细度	0.315mm 筛的筛余应小于15%	硫酸钠	在生产厂控制值±5%以内
pH值	在生产厂控制值的±1以内	泡沫性能	在生产厂控制值±5%以内
表面张力	在生产厂控制值的±1.5以内	砂浆减水率	在生产厂控制值±1.5以内

65　减水剂在干粉砂浆中有哪些主要的应用？

用于干粉砂浆的减水剂要求为粉末状、干燥，这样的减水剂可以均匀地分散在干粉砂浆中，又不会减少干粉砂浆的保质期。

目前，国内的减水剂一般都是为混凝土搅拌站的施工制造的，多为液体，粉状的不多，而且含水量较高，不适应商品化的干粉砂浆的要求。在干粉砂浆中采用的减水剂通常都是液体。

目前，减水剂在干粉砂浆中的应用有水泥自流平砂浆、耐磨砂浆、防水砂浆等方面。

对减水剂的选择要根据不同的原材料、不同的砂浆性能来选用。

66　减水剂进厂如何检验？

在确定了采用的减水剂种类后，进行干粉砂浆批量生产时，必须对减水剂进行进厂检验。减水剂进厂时应检查其品种、级别、包装、出厂日期等，并至少应对其细度、游离水含量、砂浆减水率性能指标进行复验，根据干粉砂浆的性能要求和减水剂的种类，可适当增加检验项目。其质量必须符合相应减水剂品种和性能的要求。

当在使用中对减水剂质量有怀疑应进行复验，并按复验结果使用。

检查数量：按同生产厂家、同一等级、同一品种、同一批号且连续进厂的减水剂，不超过1t为一批，每批抽样不少于一次。

检验方法：检查产品合格证、出厂检验报告和进厂复验报告。

67　减水剂的技术经济效果有哪些？

根据使用减水剂的目的不同，在混凝土中掺入减水剂后，可得到如下效果。

（1）提高流动性

在不改变原配合比的情况下，加入减水剂后可以明显地提高拌合物的流动性，而且不影响混凝土的强度。

（2）提高强度

在保持流动性不变的情况下，掺入减水剂可以减少拌合用水量，若不改变水泥用量，可以降低水灰比，使混凝土的强度提高。

（3）节省水泥

在保持混凝土的流动性和强度都不变的情况下，可以减少拌合水量，同时减少水泥用量。

（4）改变混凝土性能

在拌合物加入减水剂后，可以减少拌合物的泌水和离析现象；延缓拌合物的凝结时间；降低水泥水化放热速度；显著地提高混凝土的抗渗性及抗冻性，使耐久性能得到提高。

68 减水剂中应用的羟基羧酸结构是什么？

减水剂中应用的羟基羧酸结构如图1所示。

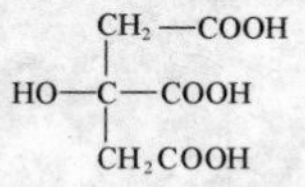
柠檬酸

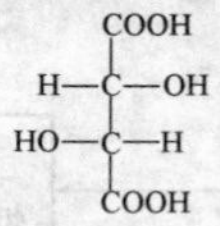
酒石酸

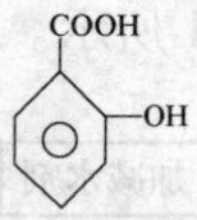
水杨酸

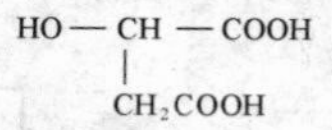
马来酸

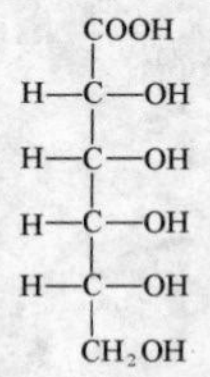
葡萄糖酸

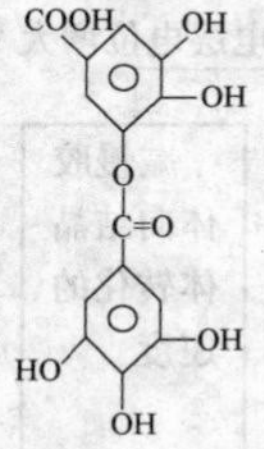
单宁酸（鞣酸）

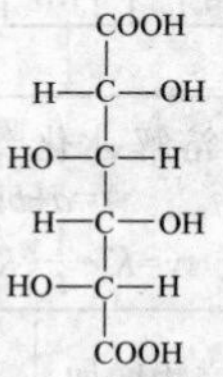
己糖酸

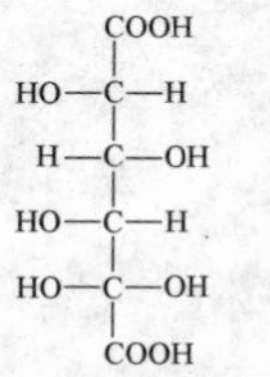
半乳糖二酸

图1 减水剂中应用的羟基羧酸结构

69 减水剂的效应有哪些？

减水剂的效应有如下几方面：

（1）静电斥力效应

高效减水剂从化学结构上分析，它们是一种聚合物电解质，可以用通式 R—SO_3Na 和 R—COONa 表示。加入水泥浆体后，离解出带阴离子基团 R—SO^- 和 R—COO^-，R 为憎水基团，因而 R—SO^- 和 R—COO^- 被吸附到水泥粒子表面，在水泥粒子表面产生表面电位，而被水泥粒子吸附了的阴离子又强烈吸附阳离子，形成电位层，因此水泥粒子间相互排斥，阻碍了水泥粒子的凝聚和絮凝状结构的形成。从而使混凝土拌合物中的水分充分发挥作用，因而达到了增加水泥浆体流动性的目的。此外，在电性斥力的作用下，减水剂还能使絮凝状结构分散解体，使包裹在絮凝状凝聚体内部的游离水释放出来，达到减水的目的。在相同的和易条件下，减水剂可以使混凝土内部更加致密，混凝土的强度得到提高，有效地提高了混凝土中水泥的利用率，从而达到节约水泥用量的目的。

（2）溶剂化水膜的润滑效应

高效减水剂的极性亲水基团定向吸附于水泥颗粒表面，很容易与水分子以H键的形式缔合起来，在水泥颗粒表面形成一层稳定的溶剂化水膜，起润滑作用，增加了水泥颗粒间的滑动能力。该保护膜既有分散性，又提供了水泥粒子的分散稳定性，从而进一步提高了浆体的流动性。

（3）立体位阻效应

对于有侧链的聚羧酸减水剂和氨基磺酸盐系高效减水剂，减水剂吸附在水泥颗粒上，其侧链的立体斥力也可使水泥颗粒分散，一定时间后，随着水泥颗粒的水化，析出水化物，吸附在水泥颗粒表面的减水成分的一部分被水化物覆盖，但由于减水成分有立体侧链，其侧链的大部分未被水化物覆盖住，因而维持了分散效果。此外，从这时起，交联聚合物的交联部分在水泥中碱的作用下慢慢开裂，变为有分散能力的聚羧酸，继续分散水泥颗粒。因此，混凝土坍落度可长时间保持。

由于分子结构中具有负离子的静电斥力和主链或侧链的立体效果（立体斥力或立体位阻），聚羧酸、氨基磺酸盐系高效减水剂具有高减水作用及坍落度损失小的特性。调整好聚合物主链上各官能团的相对比例、聚合物主链和接枝侧链长度以及接枝数量的多少，使其达到结构平衡，就可显著提高减水率，并具有较好的坍落度保持性。

70 减水剂作用机理模型是什么？

减水剂作用机理模型如图 1 所示。

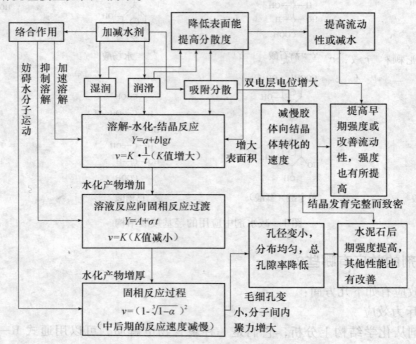

图 1　减水剂作用机理模型

71 减水剂与水泥相溶性的检验方法是什么？

当工程选定水泥和减水剂品种后，首先应按下列检测方法，检验两者的相溶性，以防止大量工程应用时出现相溶性问题而措手不及。

检验方法按照《混凝土外加剂匀质性试验方法》（GB 8077—2000）规定的净浆流动度试验方法，适用于在试验室内比较高效减水剂与不同水泥的相溶性。当使用矿物掺合料时，这种方法也可用于比较高效减水剂与不同混合胶凝材料的相溶性。检测方法如下：

（1）称取水泥 1000g，倒入搅拌锅内。

（2）对某水泥需选择外加剂时，几种外加剂应分别加入不同掺量；对某种外加剂选择水泥时，几种水泥应分别加入不同掺量的外加剂。

（3）将粉状减水剂溶入 290mL 或 350mL 水中（减水剂为液体，应扣除其含水量），加入搅拌锅内，搅拌 3min。

（4）将拌好的净浆迅速注入截锥形圆模，并用刮刀刮平，然后垂直提取圆模使其在玻璃板上流动，待停止后量取两个相互垂直方向的最大直径，取平均值作为其流动度。

（5）继续保留余下的水泥浆，至加水后 3min，30min，60min，分别测定相应时间的流动度。

结果分析绘制以掺量为横坐标，流动度为纵坐标的曲线。其中饱和点（外加剂掺量与水泥净浆流动度变化的曲线拐点）外加剂掺量低，流动度大、流动度损失小的外加剂与水泥的适应性好。

72 减水剂与水泥的适应性是什么?

减水剂是能使混凝土在保持原有坍落度不变的情况下,显著地减少混凝土拌合用水量的外加剂。在目前的混凝土施工中,无论冬季还是夏季,广泛采用减水剂改善混凝土的性能,拌制各种性能的混凝土,以满足设计施工要求。

(一)掺减水剂在水泥浆中的作用

由于水泥浆中加入减水剂,水泥颗粒表面形成吸附膜,影响水泥水化速度,使水泥晶体生长更完善,网络结构更密实,从而提高水泥石强度及密实性,无论是普通减水剂还是高效减水剂在混凝土中有如下作用:

(1)使水泥颗粒分散,改善混凝土的和易性。

(2)在保持坍落度不变的情况下,可使混凝土单位用水量减少8%~25%。

(3)由于单位用水量的减少,使水灰比减少,可大幅度提高混凝土早期或后期强度,混凝土的密实性得到提高。

(4)若保持水灰比不变的情况下,可增大坍落度100~200mm,从而满足泵送混凝土与自密实混凝土和水下不离析混凝土的施工要求。

(5)由于用水量的减少,泌水、离析现象减少,可提高混凝土的抗压性能,使混凝土的耐久性增强。

(二)减水剂对水泥早期水化影响

水泥加水拌合后,颗粒表面的矿物成分很快与水发生水化和水解作用,产生新的水化物,并放出一定的热量,其水化产物有氢氧化钙、水化硅酸钙、水化铝酸钙、水化铁铝酸钙及水化硫铝酸钙等。从运输到浇筑完毕称为水泥的早期水化,这个时期水化的化学物理过程,将影响混凝土的施工性能。

减水剂多数为表面活性剂,吸附于水泥颗粒表面使颗粒带电。颗粒间由于带相同电荷而相互排斥,使水泥颗粒被分散,从而释放颗粒间多余的游离水,达到减水目的,满足设计与施工要求。

在早期,由于 C_3S 和 C_3A 的主导作用,对水泥浆的流变性能和凝结性能至关重要,外加剂和水泥反应物的相互作用或外加剂对水泥水化的扩散过程、成核过程和生长过程的干扰将影响混凝土的性能。

(三)减水剂和水泥浆的流动性

在混凝土中,水泥加水后和水泥颗粒表面的化学作用,导致粒子形成聚集结构,束缚一部分水,不能用于润滑水泥粒子,也不能溶于水化。加入减水剂后,由于吸附作用和电荷斥力,使水泥粒子分散,释放束缚水并阻止粒子的表面相互作用,使水泥浆体的流动性增大,减水剂与水和水泥体系接触后即平顺地吸附于水泥粒子表面或者处于游离状态,C_3S、C_3A 和外加剂在 5min 即达到最大吸附量,随着吸附量增加、流动度增大,C_3A 在拌合后几秒钟吸附了相当多的外加剂,C_3S 在 6~7min 才开始吸附外加剂,减水剂的吸附量与吸附速度受到水泥中硅酸盐相比例(C_3S/C_2S)和铝酸盐相比例(C_3A/C_4AF)的影响很大。对不同 C_3S/C_2S 比例和不同 C_3A/C_4AF 比例的水泥进行试验,结果表明:水泥中 C_3S/C_2S 和 C_3A/C_4AF 比值较高时,水泥吸附较多的减水剂;在 C_3S 和 C_2S 的数量保持不变,C_3A 比 C_4AF 吸附了更多的减水剂,C_3S 比 C_2S 吸附更多的减水剂。没有掺加外加剂的水泥,同时随着 C_3S 和 C_2S 所占比例增加,黏度增加,混凝土流动性较小。减水剂中萘磺酸高缩合物吸附于水泥粒子表面,铝酸盐呈正电荷,易吸附带负电荷的减水剂,硅酸钙带负电荷,稍后与铝酸盐吸附减水剂,水泥中四种矿物成分吸附减水剂均带负电荷,因同电荷相斥水泥粒子分散,随着减水剂的掺量增加,吸附量增加,混凝土的流动性增大,减水率增加到一定数量,到达最大减水率,此后再加减水剂掺量,减水作用不再增加。

水泥成分中主要四种矿物成分含量不同时，对减水剂的吸附量是不同的，得到的分散效果不同；同理可得，相同的和易性，就需要用不同的减水剂的掺量来达到，若水泥中 C_3A 或 C_3S 含量大时要用较多减水剂。

（四）掺减水剂对水泥凝结和混凝土坍落度损失的影响

水泥各成分和水反应的活性依次为：$C_3A > C_3S > C_2S > C_4AF$，掺外加剂对硫酸盐控制水化速度的影响必然会影响水泥的水化过程，部分水泥厂采用硬石膏做调凝剂，虽然在普通混凝土工程中应用这种水泥性能正常。但现在外加剂广泛应用，这种水泥会产生与外加剂不适应的问题，这在混凝土施工中产生混凝土假凝、闪凝等一系列的物理化学反应。水泥粒子同外加剂的分散作用，粒子间接触更为紧密，如粒子间斥力降低，将会使粒子间移动变得较为困难，静电斥力降低，粒子间的摩擦阻力增加，导致流动性降低，这就是坍落度损失。

高性能混凝土由于水胶比小，高效减水剂掺量多，掺加大量的混合材料使水泥与减水剂的不适应性问题更为突出，主要表现在减水率低，坍落度损失快的问题较多，影响混凝土与减水剂相容性的因素很多，如水泥的成分、细度、C_3A 的含量、石膏的种类等。

（五）其他因素影响

在混凝土中应用的其他问题是：若应用不当或拌合方式不同也会引起混凝土流变性的变化。

（1）减水剂掺量较多时，水泥浆的流动度大，浆体稀薄，不足以与集料粘聚，往往会引起混凝土离析，可以适量增加用砂量，增加胶凝材料或适量减少减水剂掺量。

（2）试验数据小，往往不能反映试样的真实情况。对于同样的混凝土配合比，试验室内拌合的比拌合楼搅拌机少用 0.1% ~0.2% 普通减水剂，若是高效减水剂还要在此基础上增加 1.0% 左右。

（3）温度、集料贮存的场地及混凝土运距对减水剂效应也产生不利的影响。

混凝土温度高时，坍落度损失较快。集料贮存有凉棚遮阳挡雨，集料对混凝土坍落度变化小；反之，则混凝土的坍落度变化异常。运距超过 40km 以上，坍落度损失较多，在出机混凝土坍落度必须注意这一点，在外加剂的掺量上来调节这样的损失。

总而言之，无论是哪种减水剂都有一个最佳掺量问题，因为各种减水剂有其主要功能，也有一定的适用范围，使用时应发挥其特点，才能充分显示它的作用。

①使用水剂要根据具体条件要求选用。如一般混凝土主要采用普通减水剂；气温高时，掺用引气型减水剂或缓凝型减水剂；气温低时，多用复合早强减水剂。

②使用外加剂之前要进行试验，目前虽然已有外加剂国家标准和外加剂应用规范，但由于生产管理及其他一些原因，可能使某些产品质量不稳定，加上外加剂对水泥有一个适应性问题，为确保工程质量，除按现有规定对要用的外加剂性能进行检测外，还要进行混凝土试配。检测掺外加剂混凝土的实际性能。

③使用减水剂要优化混凝土的配合比设计，为确保工程质量，应对配合比做适当调整，由于掺入减水剂后，混凝土拌合物的和易性能获得较大改善，因此砂率可适当降低。

④使用减水剂要严格控制掺量，各减水剂都有各自的适宜掺量范围，即使同一种外加剂，不同的用途也有不同的适宜掺量，而且掺量与变动范围都很小，因此必须严格控制，掺少了达不到应有效果，超过掺量则可能产生不良后果，严重时，甚至可能造成质量事故。

⑤使用掺减水剂的混凝土要注意搅拌，运输和成型等操作的全过程，掺减水剂的混凝土，为了搅拌均匀，应适当延长搅拌时间，运输过程应注意保持混凝土拌合物的均匀性，避免离析分层；有缓凝型外加剂的混凝土拌合物，要注意拆模时间应适当延长；掺高减水剂的水泥混凝土要注意坍落度损失快的特性。

73 减水剂对水泥浆体水化性能和孔结构的影响是什么？

木质素磺酸盐（LS）、萘系（FDN）和聚羧酸系（PC）三类混凝土减水剂，不同程度地延缓水泥早期水化，而对后期水化放热速率及产物均无影响。测试养护28d、90d的硬化水泥浆体中的孔隙率，不同减水剂对浆体孔径分布和孔隙率影响也不同，孔径小于0.1μm的孔隙率：PC大于FDN和LS；孔径大于或等于0.1μm的孔隙率：LS大于FDN大于PC。减水剂对水泥浆体孔结构影响与掺减水剂的水泥浆体的絮凝结构有关，正是由于聚羧酸系减水剂对水泥的强分散能力，使得水泥遇水后形成大量体积较小的絮凝结构。

74 减水剂的吸附—分散、润滑—湿润作用是什么？

减水剂是本身不与水泥发生化学反应，而是通过表面活性剂的吸附—分散作用和润滑—湿润作用，改善新拌混凝土的和易性、水泥石的内部结构及混凝土的性能。

（1）吸附—分散作用

水泥加水拌合后，由于水泥颗粒间分子引力的作用而形成絮凝状结构，使不少拌合水被包裹在其中，从而降低了混凝土的和易性。掺减水剂的水泥浆体呈均匀分散结构，这是因为减水剂分子定向吸附于水泥颗粒表面，亲水基团指向水溶液，由于亲水基团的电离作用，使水泥颗粒表面带上电性相同的电荷，产生静电排斥力，使水泥颗粒相互分散，导致絮凝结构解体，释放出游离水，从而有效地提高了混凝土拌合物的流动性。

（2）润滑—湿润作用

阴离子表面活性剂类减水剂，其亲水基团极性很强，带负电荷，很容易与水分子以氢键形式缔合，在水泥颗粒表面形成一层稳定的溶剂化水膜，阻止了水泥颗粒间的直接接触，从而起润滑作用，使混凝土流动性进一步提高。同时，掺加减水剂后，由于体系界面张力降低使水泥颗粒更容易被水湿润，这一作用也有利于和易性的改善。

75 减水剂有哪些主要用途？

减水剂的用途随不同种类减水剂的功能不同而有所区别，主要用途如图1所示。

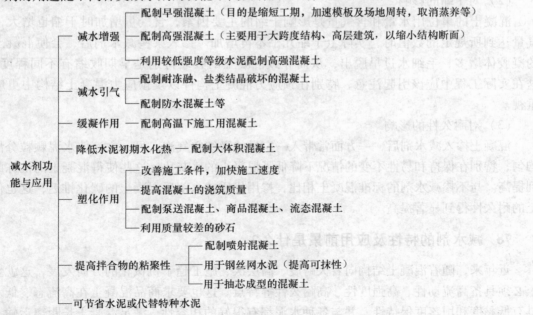

图1　减水剂的用途

76 减水剂对新拌混凝土的性能有什么影响？

（1）改善混凝土拌合物的和易性

减水剂属于表面活性物质，在水泥混凝土中具有吸附—分散和湿润—润滑作用，因此掺用减水剂后可显著地改善混凝土拌合物的和易性，使新拌混凝土易于拌合、运输、浇筑和成型。

（2）减少单位用水量

硅酸盐水泥水化在理论上只需 20% ~25% 的水，但实际制备混凝土时加水量往往超过这个数量，一般为 40% ~55%，多余的水是为了便于施工获得一定的坍落度而加入的。在混凝土中加入减水剂后，能使水泥颗粒分散，多余水被释放出来，流动度增大。因此，在保持一定坍落度的情况下，掺用减水剂可使混凝土拌合物的单位用水量减少。

（3）改变混凝土的凝结时间

混凝土中掺用缓凝型减水剂后，凝结时间将得到延缓。例如，掺入 0.25% 缓凝型木钙减水剂后，在保持坍落度基本一致时，凝结时间均比基准混凝土凝结时间推迟，普通硅酸盐水泥混凝土的初凝时间延缓 1~2h，矿渣硅酸盐水泥混凝土初凝时间延缓 2~4h；普通硅酸盐水泥混凝土的终凝时间延缓约 2h，矿渣硅酸盐水泥混凝土的终凝时间则延长 2~3h。而有些萘系、三聚氰胺系高效减水剂对凝结时间稍有延缓作用，蒽系高效减水剂对凝结时间影响则很小。

77 减水剂对硬化混凝土的性能有什么影响？

掺入减水剂后会对混凝土硬化后的强度、干缩和耐久性产生影响，具体情况如下：

（1）对强度的影响

混凝土掺用减水剂后，其达到规定和易性所需的单位用水量可以减少，这样通过降低水灰比和减水剂对水泥的分散作用，使混凝土的强度得到显著提高，强度提高值与所掺用减水剂的减水率大小有密切关系，一般是减水率越大，混凝土的抗压强度增加越多。例如掺减水率为 10% ~12% 的木钙，混凝土 28d 压缩强度可提高 15% ~20%，而掺减水率为 15% ~20% 的萘系高效减水剂，则可使混凝土 28d 压缩强度提高 30% ~40%。

（2）对干缩的影响

混凝土的单位用水量和含气量是影响干缩的主要因素，含气量增加时干缩也增大，但当含气量达到所规定的数值时，实际上干缩几乎不再增加。掺入某些减水剂后，会使混凝土中早期的凝胶体增多、毛细水过早脱出，从而导致混凝土的收缩特别是早期收缩有不同程度的增加，这在实际工程中应该引起注意，特别在预应力混凝土构件以及预应力混凝土结构中更应该加以重视。

（3）对耐久性的影响

混凝土掺入减水剂后，一方面常带入一定量的微细空气泡，另一方面使水泥颗粒分散得更加均匀，特别在保持和易性不变的情况下降低了混凝土的水灰比，这些使得混凝土的抗冻耐久性得到提高。与不掺减水剂的标准混凝土相比，掺用优质减水剂后混凝土的碳化推迟，这也使得混凝土的耐久性得到显著提高。

78 减水剂的特性及应用前景是什么？

近年来，随着混凝土结构向着大跨度、高层次、施工趋于机械化的方向发展，这就要求混凝土必须具备高流动性、高强度性、高耐久性等特点。这也要求商品混凝土在高流态、低水灰比时具有低黏度和坍落度保持性，并与各种水泥都有很好的相容性，满足混凝土长距离运输、泵送施工要求。

一、减水剂的特性及应用前景

（一）高效减水剂的功能

高效减水剂又称为塑化剂，是混凝土拌制过程中主要外加剂之一，其掺入量不大于水泥质量的5%，主要有以下四个方面作用：（1）提高混凝土的浇筑性，改善混凝土的工作性能；（2）在给定工作条件下，减少水灰比，提高混凝土的强度性和耐久性；（3）在保持混凝土浇筑性能和强度不变的情况下，减少水和水泥的用量，减少干缩，水泥水化热等引起混凝土初始缺陷的因素；高效减水剂对水泥有强烈的分散作用，能大大提高水泥拌合物的流动性和混凝土坍落度，同时大幅度减少用水量，显著改善新拌混凝土的工作性能和混凝土各龄期的强度；（4）促进了混凝土的高强、超高强，改善了混凝土的施工，实现了大体积的现代化高速文明施工。

（二）减水剂的分类

高效减水剂一般分为合成型单一组分和复合型组分两大类，主要控制技术指标有：减水率、含气量、凝结时间、保坍性能、泌水率比、抗压强度比和相对耐久性指数等。其中，减水率为坍落度相同时，基准混凝土和掺外加剂混凝土单位用水量之差与基准混凝土单位用水量之比，是减水剂最重要的品质指标之一。

（三）使用高效减水剂的经济性

在混凝土中掺入适量的减水剂，可在保持新拌混凝土和易性相同的情况下，显著地降低水灰比；若基准混凝土的水灰比为0.5，混凝土中的水泥用量为360kg/m³，掺入高效减水剂后，在相同坍落度的条件下，掺入减水率为20%，则水灰比可降至40%（混凝土中的用水量可减少36kg/m³以上）。由于掺入适量的减水剂，将对混凝土的强度、抗冻、抗渗等一系列物理力学性能产生良好的影响。掺减水剂后，新拌混凝土的减水率一般为6%～10%；若掺入具有较强分散能力的减水剂时，其减水率可达12%～25%。

（四）粉煤灰混凝土和减水剂

粉煤灰混凝土水化热低、和易性好、致密性高，并能抵抗一定程度的化学侵蚀，已逐渐成为建筑工程中一种经常使用的混凝土，如与各类外加剂配合使用，更能提高其性能，并取得良好的技术性能和较高的经济效益。

（五）减水剂的发展前景

有关专家预言：高性能混凝土对未来建筑业的影响是不可估量的，21世纪这种混凝土将在更多领域得到更大的发展。高性能混凝土的研究与应用在世界范围才刚起步，当前我国也很重视其开发应用研究，但大部分都处于试验室研究阶段。

今后高效减水剂有利于磺酸基高效减水剂的发展，但未必是它们现在的形式。为了促进其更广泛的应用，用共聚的方法使其继续优化，在研究和开发方面已显示出有希望的产品。预计今后一段时间内可能只有少部分的萘系产品被其他产品所替代。

随着世界能源和资源保护要求的日益增长，大量高炉矿渣、粉煤灰等作为水泥复合材料，高效减水剂使超细矿物掺合料应用于配制高性能混凝土成为了可能，使资源得以综合利用并极大地改善了混凝土性能，随之产生了较高的经济效益和社会效益。

二、实验举例

（一）高效减水剂对混凝土坍落度的实验分析

在称取各用料后，按先掺入法加入减水剂，拌合均匀，测定混凝土的坍落度。测定坍落度每隔30min一次，测3次。葛洲坝水泥与华新水泥的实验记录，A型减水剂1%～2%掺量混凝土坍落度见表1。

表1　A型减水剂1%～2%掺量混凝土坍落度

水　泥	初始（cm）		30min（cm）	60min（cm）	实际用水量（kg/m³）	备　注
葛洲坝	A5	19.5	16	14.5	134.66	粘聚性好、和易性好
	A4	19.5	16.5	15	134.06	粘聚性好、和易性好
	A3	18.5	15	11.5	139.41	轻微泌水、离析
华新	A5	16	12	10	132.29	无泌水、无板结
	A4	15	11	9	139.41	轻微离析、泌水
	A3	16	14	8.5	140.0	轻微离析、板结

　　从表1中可以看出，同类型号的减水剂在同种掺量之下，葛洲坝水泥在双掺时的坍落度比华新水泥的大，由于设计坍落度为16～18cm，两种普通硅酸盐水泥在掺入高效减水剂后，坍落度都达到泵送要求。

　　混凝土坍损率的测定：对于减水剂与水泥之间的影响，还要考虑到环境温度、湿度因素。混凝土温度低时，萘系减水剂的减水率较小；混凝土温度高时，其坍落度损失较快。由表1中各时段的坍落度，可计算出30min和60min的混凝土坍落度损失率，即坍损率：$\eta = (T_0 - T')/T_0$，其中，T'为30min和60min时测定的坍落度。因为是各时段的坍落度损失，所以才能反映减水剂的作用功效。新拌混凝土随着时间的延长，坍落度越来越小。因为高效减水剂是按先掺法加入的，故初始的坍落度均可满足泵送50～100m高度的要求。但在30min之后，坍落度损失3～3.5cm；在60min之后，坍落度损失4.5～7.5cm，其1h后的坍落度损失大约40%以上，这不利于泵送和运输。对长途运输的商品混凝土而言，先掺法是不利的，由于坍落度随时间下降，为了保持施工操作所需的和易性，采用混凝土减水剂的后掺工艺、分批添加减水剂（补偿混凝土坍落度损失）或减水剂与缓凝剂复合使用都可以有效地控制混凝土的坍落度损失。

　　在保持流动性及水灰比不变的条件下，减少用水量的同时，相应减少了水泥用量，即节省了水泥。此外，减水剂的加入还可以减少混凝土拌合物泌水、离析等现象，延缓拌合物的凝结时间和降低水化放热速度等效果。

　　在高掺量的情况下，也要控制设计坍落度在合理的范围之内，A型减水剂1.6%掺量混凝土坍落度见表2。

表2　A型减水剂1.6%掺量混凝土坍落度

水　泥	初始（cm）	30min（cm）	60min（cm）	实际用水量（kg/m³）	备　注
葛洲坝	20.5	19	15.5	125.76	粘聚性好、和易性好
	20	19	17.5	120.42	有板结、离析
	22	19	17.5	123.98	有泌水、板结
华新	19	18	10	122.80	粘聚性好、轻微离析
	18	16	9	125.17	无泌水、无板结
	18	15	9	119.24	无泌水、无板结

　　从控制坍落度来看，两种混凝土在不同的掺量之下，初始坍落度有稍微的提高，华新水泥表现得比较明显。30min时，其坍落度损失在1～3cm之间；60min时，其损失在3～9cm之间。

　　这是1h内的坍落度损失，1h后的坍落度则会更小，坍落度损失则会更大。而在掺入高效减水剂后，混凝土的泌水性、和易性、粘聚性及板结性能的变化，也是考虑影响商品混凝土的重要方面。由此可知，高效减水剂掺量过高，虽然能改善泵送混凝土的坍落度，但是会产生泌水、板结、离析、和易性差等方面的现象，这些方面的变化，都不利于商品混凝土的运输、泵送和浇筑。在高层混凝土泵送浇筑中，会产生分层离析、裂缝等现象，严重影响混凝土的强度性和耐久性等物理力学性能。

（二）混凝土力学性能的分析

抗压强度的测定分析，依照 GB/T 50081—2002《普通混凝土力学性能实验方法》。测定掺入高效减水剂普通硅酸盐混凝土的强度，减水剂的型号为 A 型，掺入量分别为 1.2% 和 1.6%。各时段测得的强度见表 3。

表 3　各时段测得的强度

时间（d）	3	7	28
强度（MPa）	16～19	26～28.5	40～45

与无外加剂掺入下的普通硅酸盐混凝土比较，可以知道，掺入了高效减水剂后，混凝土的强度在 3d 时提高 10%～15%，在 7d 时可提高 15%～25%，到 28d 时，强度值可以比未加减水剂时提高 30%～40%。这种强度的提高，可以显著提高高性能混凝土的要求，但在 28d 之后，更长时间内的强度变化，还需进一步的研究。

79　聚羧酸系减水剂有哪些优点？

综合比较，聚羧酸系减水剂具有其他几种减水剂所无法比拟的优点，具体表现为：
（1）低掺量，分散性能好；
（2）保坍性好，90min 内坍落度基本无损失；
（3）在相同流动度下比较时，可以延缓水泥的凝结；
（4）分子结构上自由度大，制造技术上可控制的参数多，高性能化的潜力大；
（5）合成中不使用甲醛，因而对环境不造成污染；
（6）与水泥和其他种类的外加剂相容性好；
（7）使用聚羧酸盐类减水剂，可用更多的矿渣或粉煤灰取代水泥，从而降低成本。

80　聚羧酸系减水剂可分为哪些类型？

总体上可将聚羧酸系减水剂分为两大类：一类是以马来酸配位主链接枝不同的聚氧乙烯基（EO）或聚氧丙烯基（PO）支链；另一类以甲基丙烯酸为主链接枝 EO 或 PO 支链。此外，也有烯丙醇类为主链接枝 EO 或 PO 支链。

聚羧酸系减水剂的分子结构设计趋向是在分子主链或侧链上引入强极性基团羧基、磺酸基、聚氧化乙烯基等，使分子具有梳形结构。聚羧酸系减水剂的特点是在主链上带多个活性基团，并且极性很强，侧链带有亲水性的聚醚链段，而且链较长、数量多，疏水基的分子链段较短、数量也少。通过极性基与非极性基比例调节引气性，一般非极性基比例不超过 30%；通过调节聚合物分子量增大减水性，提高质量稳定性；调节侧链分子量，增加立体位阻作用而提高分散性保持性能。从文献看，目前合成聚羧酸系减水剂所选的单体主要有以下四种：
（1）不饱和酸：马来酸酐、马来酸和丙烯酸、甲基丙烯酸；
（2）聚链烯基物质：聚链烯基烃及其含不同官能团的衍生物；

（3）聚苯乙烯磺酸盐或酯；

（4）（甲基）丙烯酸盐、酯或酰胺等。

聚羧酸系减水剂的合成过程如下：

第一步，合成所需结构的单体的物质——反应性活性聚合物单体，如用壬基酚或月桂醇和烯丙醇缩水甘油醚反应制备烯丙基芒基酚或聚氧乙烯醚羧酸盐，或用环氧乙烷、聚乙二醇等合成聚链烯基物质——聚链烯基烃、醚、醇、磺酸，或合成聚苯乙烯磺酸盐、酯类物质。

第二步，在油溶剂或水溶液体系中引入具有负电荷的羧基、磺酸基和对水有良好亲和作用的聚合物侧链，反应最终获得所需性能的产品。实际的聚羧酸系减水剂可以是二元、三元或四元共聚物。

81 聚羧酸系减水剂的制备方法有哪些？

可分为五种制备方法，分别如下：

一、制备方法一

（一）合成用主要原材料

丙烯酸、甲基丙烯酸、马来酸酐、不同分子量大小的聚醚、改性剂（自制）、（甲基）丙烯酸羟基酯、烯丙基磺酸盐类单体、2-丙烯酰胺-2-甲基烯丙基磺酸钠（AMPS）。

（二）新型羧酸类梳型接枝共聚物超塑化剂的合成

合成工艺采用高效、经济的水相自由基聚合法。整个过程分两步：第一步，采用自制改性剂对工业用聚乙二醇进行封端，然后加入丙烯酸类单体和阻聚剂合成出具有聚合活性的大单体；第二步：向反应瓶中加入一定量的蒸馏水和催化剂，升高到一定温度，然后同时分开滴定单体混合溶液［包括甲基丙烯酸烷氧基聚乙二醇单酯（自制）、丙烯酸类单体、磺酸盐类单体、丙烯酸酯类单体］和复合引发剂溶液，控制滴加时间在 2h 左右，保温 3h，后加碱中和 pH 值为 7.0～8.5 的棕色透明液体。

二、制备方法二

（一）原材料

苯乙烯（St）：工业级，金陵石油化学工业公司；丙烯酸（AA）：工业级，上海高桥石油化工公司丙烯酸厂；丙烯酸丁酯（BA）：工业级，上海高桥石油化工公司丙烯酸厂；醋酸乙酯（EA）：分析纯，上海芦定化工厂；偶氮二异丁腈（AIBN）：分析纯，中国医药集团上海化学试剂公司，用乙醇加热溶解后重结晶；甲苯-4-磺酸：分析纯，中国医药集团上海化学试剂公司；NaOH：分析纯，中国医药集团上海化学试剂公司产品；硫酸：分析纯，上海振兴化工厂；端羟基聚氧乙烯基醚：工业级，上海助剂厂。

（二）高效减水剂的合成

在带有搅拌器和冷凝管的三颈瓶中，加入配方量的丙烯酸、苯乙烯和丙烯酸丁酯，以醋酸乙酯为溶剂，偶氮二异丁腈为引发剂，加热回流反应 6h，得到黄色共聚产物。在共聚产物中加入一定量的端羟基聚氧乙烯基醚及适量催化剂进行酯化反应，反应过程中常压蒸馏出醋酸乙酯和水的共沸物（70.4℃），反应 4～6h，得到棕黄色接枝产物。在接枝产物中加入适量的醋酸乙酯，常温下滴加浓硫酸进行磺化反应，滴加结束后反应 2h，得到深棕色磺化产物。加入一定量的 NaOH 溶液（浓度 3%～5%），快速搅拌直至磺化产物完全溶解，得到最终产品。

三、制备方法三

（一）主要原料

丙烯酸（AA）、聚乙二醇-1000（PEG1000）、对甲苯磺酸（TPSA）、对苯二酚、甲基丙烯磺酸钠（MAS）、聚氧乙烯基烯丙酯（PA）、过硫酸铵（APS或PSAM）。

（二）试验方法

（1）不饱和大单体的制备方法

采用直接酯化法合成出合成减水剂所用的聚氧乙烯基烯丙酯大单体。丙烯酸和反应产物聚氧乙烯基烯丙酯大单体在较高温度下都容易进行自由基聚合，所以采用对苯二酚及空气协同阻聚的方法进行反应。

（2）聚羧酸系减水剂的制备方法

将各反应物质配制成浓度为20%的水溶液，然后在三颈瓶中装入甲基丙烯磺酸钠，加水溶解，装好温度计、搅拌器及滴加装置，不断搅拌并升温至70℃，在70～50℃分数次缓慢滴加丙烯酸及聚氧乙烯基烯丙酯大单体的混合溶液及过硫酸铵溶液进行反应。反应结束后用浓度为40%的NaOH溶液将pH值调节至7～8，得到棕红色水溶液产物。

四、制备方法四

（一）原料

聚乙二醇（PEG）（工业）、丙烯酸（AA）（化学纯）、甲基丙烯磺酸钠（MAS）（工业）、甲基丙烯酸甲酯（MMA）（化学纯）、过硫酸铵（NH$_4$)$_2$S$_2$O$_8$（分析纯）。

（二）合成路线

（1）先将一定量的丙烯酸（AA）和聚乙二醇（PEG）加入装有温度计、冷凝管、搅拌器的四颈瓶中，加入催化剂，在80～90℃进行酯化反应，得到聚氧乙烯基烯丙酯（PA）备用。

（2）将甲基丙烯磺酸钠（MAS）溶于一定量的水中，然后分批按一定的比例加入聚氧乙烯基烯丙酯（PA）、甲基丙烯酸甲酯（MMA）和丙烯酸（AA），在60℃左右滴加一定浓度的引发剂。

（3）引发剂滴加完毕后（滴加时间为1～2h），在70～90℃继续反应4～6h，得高效减水剂（PCA）溶液。

（4）反应结束后，用40%的NaOH溶液将pH值调节至7左右，所得产品可直接用于性能测试。

五、制备方法五

根据聚羧酸系减水剂的合成规律，PCA高性能减水剂合成的主要特点是：采用侧链聚合度$n=23$的大分子单体。在加料顺序、反应温度、反应时间、物料总质量浓度等一定的反应条件下，保持反应物总质量浓度为20%，在水溶液体系中由过硫酸胺（PSAM）引发共聚而成，最佳物质的量比为甲基丙烯磺酸钠（MAS）：甲基丙烯酸甲酯（MMA）：聚氧乙稀基稀丙酯（PA）=1∶4.5∶1.25。试验合成操作由使用空气浴加热，先在三颈瓶中加入一定量的水，将甲基丙烯磺酸钠（MAS）溶解，再加入聚氧乙烯基烯丙酯（PA），不断搅拌并升温到60℃，分批分次加入引发剂过硫酸胺溶液和甲基丙烯酸甲酯（MMA），在80～85℃下继续反应4～5h。反应结束后，以氢氧化钠溶液调整产品的酸碱度，使溶液的pH值为7，所得样品为淡红色液体，测出其固含量为18.3%。

一釜多步串联合成工艺简图如图1所示，聚羧酸系减水剂的掺量对减水率的影响如图2所示，聚羧酸系减水剂的匀质性指标见表1。

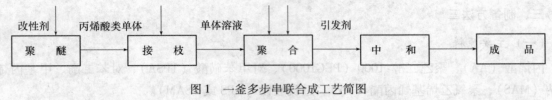

图1 一釜多步串联合成工艺简图

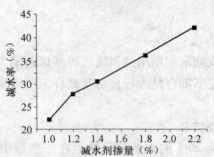

图2 聚羧酸系减水剂的掺量对减水率的影响

表1 聚羧酸系减水剂的匀质性指标

项　目	测试结果	项　目	测试结果
含固量（％）	19.2	总碱量（％）	1.16
密　度（g/mL）	1.06	氯离子含量（％）	0.08
pH 值	7.5	氨含量（％）	0.017
表面张力（mN/m）	45.5	净浆流动度（mm）	260

注：净浆流动度试验中减水剂的掺量为1.2%。

82 聚羧酸系减水剂的机理性能与用途是什么?

聚羧酸系减水剂是直接用有机化工原料通过接枝共聚反应合成的高分子表面活性剂。酸酐为主链，末端带磺酸基，丙烯酸接枝聚醚 EO，接枝密度为30%时，产品保坍能力相对较好。它不仅具有磺化萘等传统减水剂吸附在水泥颗粒表面使其表面带电而互斥的作用，更具备支链的位阻作用，从而对水泥分散的作用更强，作用时间更持久，故减水率高、保坍性强、孔隙率低、混凝土耐久性好。

传统减水剂（木质素磺酸盐、萘磺酸缩合物、磺化三聚氰胺等）的分子均为线状结构，一旦分子吸附在水泥颗粒表面，分子磺酸盐基团使水泥颗粒表面带电，形成电场，由于带电颗粒互斥，使颗粒在介质（水）中分散，从而达到减水作用。由于水泥遇水后，水中的 Ca^{2+} 和 OH^- 浓度迅速增加，表面为流动性减弱和损失。

聚羧酸（盐）减水剂的分子是通过"分子设计"人为形成的"梳状"或"树枝状"结构，在分子主链上接有许多个有一定长度和刚度的支链（侧链）。在主链上也有能使水泥颗粒带电的磺酸盐或其他基团，可以起到传统减水剂的作用，更重要的是一旦主链吸附在水泥颗粒表面后，支链与其他颗粒表面的支链形成立体交叉网，阻碍了颗粒相互接近，从而达到分散（即减水）作用。这种空间位阻作用不因时间延长而弱化，因此，聚羧酸减水剂的分散作用更为持久。

PCA 剂广泛应用于公路、铁路、水工、海工的高性能混凝土。PCA 剂掺量 $C \times （0.2\% \sim 0.3\%）$，饱和掺量低，即使增大掺量减水性能也很难进一步提高。

聚羧酸分散剂优异的保坍减水性能是建立在空间位阻理论和 DLVO 电荷排斥原理上的。聚羧酸系类共聚物的主要成分是丙烯酸和丙烯酯的共聚物，丙烯酸酯处于支链上，存在大量的醚键，醚键的氧由水分子和氢键连接，在水泥颗粒表面产生亲水性立体吸附保护膜，起分散作用，即所谓的空间位阻作用；在梳形聚合物的主链上引入一定量的官能团，如羧基等，来提供电荷斥力。这种梳形聚合物在水泥颗粒表面呈锯齿形吸附状态，其主链上的电荷的静电斥力和侧链上的立体效应决定了其优异的综合性能。通过调整聚合物主链上各官能团的相对比例、聚合物主链和接枝侧链长度以及接枝数量的多少，达到结构平衡的目的。

基团有磺酸基团（—SO$_3$H）、羧酸基团（—COOH）、羟基基团（—OH）和聚氧烷基烯基团 [—（CH$_2$CH$_2$O）$_n$—R] 等。

83 聚羧酸系减水剂的研究现状是什么？

减水剂是指能增加水泥浆流动性而不显著影响含气量的材料。它是在水灰比保持不变的情况下，能提高和易性；或是同样的和易性，可使混凝土用量降低，提高混凝土强度的外加剂。20 世纪 30 年代到 60 年代，普通减水剂的应用和发展速度较快，主要为松香酸钠、木质素磺酸钠、硬脂酸盐等有机物；从 60 年代到 80 年代初发展为高剂减水剂，代表产品萘磺酸甲醛缩合物（NSF）和三聚氰胺磺酸缩合物（MSF）；从 90 年代起，聚羧酸系减水剂中具有单环芳烃型结构特征的称为氨基磺酸系的高性能减水剂，得到迅速的发展。高性能减水剂与高效减水剂概念的区别主要在于，高性能减水剂具有更高的减水率，更好地控制混凝土的引气、缓凝、泌水等问题。

聚羧酸系减水剂除具有高性能减水（最高减水率可达 35%）、改善混凝土孔结构和密实程度等作用外，还能控制混凝土的坍落度损失，更好地控制混凝土的引气、缓凝、泌水等问题。它与不同种类的水泥都有相对较好的相容性，即使在低掺量时，也能使混凝土具有高流动性，并且在低水灰比时具有低黏度及坍落度经时变化小的性能。在众多系列的减水剂中，因聚羧酸系减水剂具有很多独特的优点，所以它的应用推广很快。可以预见，21 世纪使用混凝土外加剂将主要是聚羧酸系减水剂。

一、国外聚羧酸系减水剂的研究现状

近年来，在发达国家一些研究者的论文中，有许多关于研究开发具有优越性能的聚羧酸系减水剂的报道，研究内容已从磺酸系超塑化剂改性逐渐移向对聚羧酸系的研究。日本是研究和应用聚羧酸系减水剂最多也是最成功的国家，减水剂的研究已从萘系基本上转向了聚羧酸系减水剂，有关日本在聚羧酸盐系列减水剂方面的专利报道有十余篇，基本以丙烯酸及马来酸酐为主，且大多数是在溶剂体系中合成。在应用方面，据报道，1995 年以后聚羧系减水剂在日本的使用量已经超过了萘系减水剂，1998 年日本聚羧酸产品已占所有高性能 AE 减水剂产品总数的 60% 以上，到2001 年为止，聚羧酸减水剂用量在 AE 减水剂中已超过了 80%。在欧美关于聚羧酸减水剂的专利报道也达十余篇，同样也是在溶剂型体系中完成的。还有研究者对共聚物的改性进行了研究，如在溶剂体系中马来酸酐和苯乙烯共聚物、马来酸酐和石脑油的共聚物进行改性。目前，国外有许多研究者还将重点放在苯乙烯、聚氧乙烯与马来酸酐（马来酸酐单酯）的研究。在应用方面，目前美国正从萘系、密胺系减水剂向聚羧酸系减水剂方向发展。

二、国内聚羧酸系减水剂的研究现状

在我国，聚羧酸减水剂的用量只占减水剂的总用量的 2%，聚羧酸系减水剂产品市场前景广阔，但由于技术性能及成本费用的问题，国内研制的聚羧酸系减水剂几乎都未达到实用化阶段；由于混凝土技术在国内发展不平衡，性能和成本问题也影响了聚羧酸系减水剂的发展。研究开发聚羧酸系减水剂是高性能混凝土技术发展的必然趋势。聚羧酸减水剂是高强高流动性混凝土、大掺量粉煤灰混凝土最重要的组成料，所以其前景将会愈来愈广阔。

目前，研究聚羧酸系减水剂的程度尚处于起步阶段。我国混凝土技术的发展和外加剂合成与应用技术进步及政策性扶持，为制备高性能减水剂提供了条件，许多单位取得了一些较好的科研成果。但聚羧酸系减水剂并未得到广泛应用，只有少量用作坍落度损失控制剂与萘系减水剂复

合。近年来，研究者能通过分子设计途径不断探索聚羧酸系减水剂合成方法。从国内期刊及学报的相关论文看，国内对聚羧酸系减水剂产品的研究仅处于试验室研制阶段，可供合成聚羧酸系减水剂选择的原材料比较有限；从减水剂原材料选择到生产工艺、降低成本、提高性能等许多方面，还有待进一步完善。

84 聚羧酸系减水剂的合成方法有哪些？

聚羧酸系减水剂总体上可分为两大类：一类是以马来酸酐为主链接枝不同的聚氧乙烯基（EO）或聚氧丙烯基（PO）支链；另一类以甲基丙烯酸为主链接枝 EO 或 PO 支链。此外，也有烯丙醇类为主链接枝 EO 或 PO 支链。由于技术保密的原因，这种具有聚合活性的大单体的合成很少有文献报道过。从目前所收集的资料来看，聚羧酸系减水剂合成方法大体上可分为可聚合单体直接共聚、聚合后功能化法、原位聚合与接枝等几种。

一、可聚合单体直接共聚

这种方法一般是先制备具有活性的大单体（通常为甲氧基聚乙二醇甲基丙烯酸酯），然后将一定配比的单体混合在一起直接采用溶液聚合而得成品。株式会社日本触媒公司在装有温度计、搅拌器、滴液漏斗、N_2 导入管和回流冷凝管的玻璃反应容器中，装入 500 份水，搅拌下通 N_2 除 O_2，在 N_2 保护下加热到 80℃，接着在 4h 内滴加混合了 250 份短链甲氧基聚乙二醇甲基丙烯酸酯、50 份长链甲氧基聚乙二醇甲基丙烯酸酯、200 份甲基丙烯酸酯、150 份水和 13.5 份链转移剂 3-硫代乳酸的单体水溶液以及 40 份 10% 过硫酸铵水溶液。滴加完毕后，在 1h 内滴加 10 份过硫酸铵水溶液并保温 1h，得到重均分子量为 15000 的聚合物水溶液。

我国的清华大学李崇智等人以聚乙二醇（聚合度为 23）和丙烯酸在 85℃的条件下酯化 2～5h，得到的聚氧化乙烯基单丙烯酸酯（PA23），1.25mol 的 PA23 缓慢加入到 1.5mol 甲基丙烯磺酸钠（MAS），5.0mol 的丙烯酸（AA）以及适量的引发剂混合水溶液中，在 70℃温度下共聚 1～2h 后，再加入引发剂，在 70～80℃温度下继续反应 3～5h，中和得到 15%～30% 的聚合物溶液，在水灰比为 0.29 时，相应丙烯酸系减水剂固体含量为 0.5% 时测得的水泥净浆流动度达 320mm。

武汉理工大学马保国等人用丙烯酸（AA）与聚乙二醇（PEG）在一定条件下可以酯化生成聚乙二醇单丙烯酸酯（PEA）。该酯与 2-丙烯酰胺-2 甲基丙基磺酸钠（AMPS）、丙烯酸（AA）在一定条件下可以共聚生成含有羧基（—COOM）、磺酸基（—SO_3M）、聚氧乙烯链（—OC_2H_4—）等侧链的高分子共聚物，并通过调节极性基与非极性基比例可以增大减水性和分散性保持性能，羧基（—COOM）与聚氧乙烯链（—OC_2H_4—）的摩尔比为 3:1，磺酸基（—SO_3M）摩尔分数为 10% 时，该共聚物分散性和分散性保持性最好；当引发剂用量为反应物质量的 10% 时，共聚物分散性和分散保持性最好。

这种合成工艺看起来很简单，但前提是要合成大单体，中间分离纯化过程比较繁琐，成本较高。而大单体酯化率的波动直接影响到最终减水剂产品的质量的稳定；同时聚合物的分子量不易控制。但由于其产物分子结构的可设计性好，其主链和侧链的长度可通过活性大单体的制备和共聚反应的单体的比例及反应条件控制，很多聚羧酸系减水剂特别是丙烯酸系减水剂采用此方法。

二、聚合后功能化法

该方法主要是利用现有的聚合物进行改性，一般是采用已知分子量的聚羧酸，在催化剂的作用下与聚醚在较高温度下通过酯化反应进行接枝。据报道，用烷氧基胺 H_2N—（BO）$_n$—R 反应物与聚羧酸接枝（BO—代表氧化乙烯基团，n 为整数，R 为 C_1—C_4 烷基）。由于聚羧酸在烷氧基胺中是可溶的，酰亚胺化比较彻底，反应时，胺反应物加量一般为—COON 摩尔数的 10%～20%，反应分两步进行，先将反应混合物加热到高于 150℃，反应 1.5～3h，然后降温到 100～130℃加催化剂反应 1.5～3h，即可得所需产品。

这种方法也存在很大问题：现成的聚羧酸产品种类和规格有限，调整其组成和分子量比较困难，聚羧酸和聚醚的相溶性不好，酯化实际操作困难。另外，随着酯化的不断进行，水分不断逸出，会出现相分离。当然，如果能选择一种与聚酸相溶性好的聚酸醚，则相分离的问题就可以解决。

三、原位聚合与接枝

该方法主要以羧酸类不饱和单体为反应介质，集聚合和酯化于一体，工艺简单，生产成本低。有人把丙烯酸单体、链转移剂、引发剂的混合液逐步滴加到装有分子量为 2000 的甲氧基聚乙二醇的水溶液，在 60℃ 反应 45min 后，升温到 120℃，在 N_2 保护下不断除去水分（约 50min），加入催化剂升温到 165℃，反应 1h 进一步接枝得到成品。这种减水剂得到的混凝土具有良好的流动性、低坍落度、低引气，硬化混凝土高强度，同时添加量少（0.25%）等特点。

王立宁等人用甲基丙烯酸和聚乙二醇单甲醚通过酯化反应制备了大单体 MPEOMA，酯化率达 96.8%；MPEOMA 和 MMA，AA，SAS 等通过溶液共聚合，制备了聚酸系减水剂；当为掺水泥质量的 0.3% 时，保塑性好，90min 流动度还能保持在 230mm 以上；水灰比较低时仍具有良好的分散性，并与不同强度等级水泥有着良好适应性。

何靖等人通过苯乙烯和马来酸酐单体共聚可以得到 SMA，SMA 含有苯环和酸酐基团。第二步在主链上引入特定功能基团，采用 SO_3 对 SMA 进行磺化引入磺酸基团，保留了酸酐基团，得到磺化聚苯乙烯马来酸酐（SSMA）。接着在酸酐键上酯化接枝聚醚侧链，由于主链上含有强酸性的磺酸基团，可自催化酯化接枝反应，不需外加催化剂，最终得到目标产物 SSMA-(M)PEG。

该方法主要是为了克服聚合后功能化法的缺点而开发的，集聚合与酯化于一体，当然避免了聚羧酸与聚醚相溶性不好的问题，工艺简单，生产成本低，但分子设计比较困难，主链一般也只能选择含羧基基团的单体，否则很难接枝，且这种接枝反应是个可逆平衡反应，反应前体系中已有大量的水存在，其接枝度不会很高且很难控制。

85 聚羧酸系减水剂的作用机理是什么？

一、空间位阻作用

聚羧酸减水剂吸附在水泥颗粒表面，在水泥颗粒表面形成一层具有一定厚度的聚合物加强水化膜。水化膜层的强度取决于聚合物的亲水能力和亲水侧链的长度、亲水基团的浓度。当水泥颗粒靠近，吸附层开始重叠，即在颗粒之间产生斥力作用，重叠越多，斥力越大。这种由于聚合物吸附层靠近重叠而产生的阻止水泥颗粒接近的机械分离作用力，称为空间位阻斥力。具有枝链的共聚物高性能减水剂（如交叉链聚丙烯酸、羧基丙烯酸与丙烯酸酯共聚物、含接枝聚环氧乙烷的聚丙烯酸共聚物等）吸附在水泥颗粒表面，其主链与水泥颗粒表面相连，枝链则延伸进入液相形成较厚的聚合物分子吸附层，从而具有较大的空间使阻斥力作用减弱。所以，在掺量较小的情况下，便对水泥颗粒具有显著的分散作用。同时，聚合物亲水性长侧链在水泥矿物水化产物中仍然可以伸展开，这样聚羧酸减水剂受到水泥的水化反应影响就小，可以长时间地保持其分散效果，使坍落度损失减小。因此聚羧酸减水剂能保持水泥浆流动度不损失的原因主要与水泥粒子表面减水剂高分子吸附层的立体排斥力有关，是立体排斥力保持了其分散系统的稳定性。

二、静电斥力作用

减水剂掺入新拌混凝土中后，减水剂分子定向吸附在水泥颗粒表面，部分极性基团指向液相，由于亲水极性其团的电离作用，使得水泥颗粒表面带上电性相同的电荷，并且电荷量随减水剂浓度增大而增大直至饱和，从而使水泥颗粒之间产生静电斥力，使水泥颗粒絮凝结构解体，颗粒相互分散，释放出包裹于絮团中的自由水，从而有效地增大拌合物的流动性。磺酸根（—SO_3）静电斥力作用较强；羧酸根离子（—COO）静电斥力作用次之；羟基（—OH）和醚基（—O—）静电斥力作用最小。

三、吸附层作用

水泥颗粒表面吸附聚羧酸减水剂分子后，由于其分支构象不同于萘系高效减水剂，在颗粒表面形成一层较厚的外加剂吸附层。吸附高性能减水剂分子后水泥颗粒表面电位绝对值增大，增加静电排斥力，同时高分子吸附层本身也增加了水泥颗粒的静电分散能力，高分子聚合物的吸附层实际上将扩散层的滑移面向外推移，使反号离子与颗粒表面距离增大，因此颗粒相互靠近使双电层的交叠范围增大，颗粒的静电排斥力增强。

另外 R—COO—与 Ca^{2+} 作用形成络合物，降低溶液中的 Ca^{2+} 浓度，延缓 $Ca(OH)_2$ 形成结晶，减少 C—S—H 凝胶的形成，延缓了水泥水化；减水剂对水泥粒子产生齿形吸附，以及分子中的醚键，能形成较厚的亲水性立体保护膜，提供了水泥粒子的分散稳定性，但这些机理还有待于进一步研究和验证。

86 聚羧酸系减水剂的发展方向是什么？

聚羧酸减水剂的优点是掺量低，保持坍落度性能好，在高强和低水灰比的高流动性混凝土中使用越来越多。从我国聚羧酸系减水剂的生产与应用现状来看，未来几年内，聚羧酸系减水剂应向下面几个方面发展。

一、聚羧酸系减水剂合成方面

由于聚羧酸系减水剂在合成的方法、合成原料的选择、合成过程的控制等方面还存在一定的问题，分析聚羧酸减水剂的分子结构和性能的关系，研究合成步骤和控制结构的方法，对于推动我国研究混凝土外加剂的合成和生产意义重大。作者认为应重点进行以下几个方面的研究：（1）对高减水率、高保坍、低缓凝、低引气的聚合物进行分子设计；（2）具有聚合活性的聚氧乙烯（或丙烯）类大单体的合成研究；（3）优化单体的配比，降低原料成本及简化生产工艺；（4）梳形聚合物的主链和支链的结构对减水、引气、缓凝的影响；（5）减水增强作用机理及应用技术的研究。

二、聚羧酸系减水剂应用方面

由于聚羧酸系减水剂性能稳定，品种性能单一，与水泥的适应性以及与其他减水剂的相容性还存在一定的问题，严重影响了聚羧酸系减水剂的推广应用。要解决这些问题，作者认为应重点进行以下几个方面的研究：（1）聚羧酸系减水剂工业化复配技术；（2）配套改性组分的开发与生产；（3）多元母体的开发与生产；（4）衍生产品的研发。

随着我国经济与城市建设的快速发展，聚羧酸系减水剂工业将会得到快速发展。未来聚羧酸系减水剂将进一步朝高性能、多功能化、生态化方向发展，不断向着开发多系列聚羧酸系减水剂母体、多功能的聚羧酸系减水剂衍生产品等方向发展。随着我国聚羧酸系减水剂的国家标准的制定，将更加有利于聚羧酸系减水剂工业的健康、快速、持续发展。

87 聚羧酸系减水剂与萘系减水剂是如何影响水泥石孔结构的？

水泥石的孔结构决定着水泥石的密实度、孔隙率、渗透性和力学性能，对混凝土的抗冻性、抗渗性、气密性、抗腐蚀性以及强度、刚度和韧性有着重要的影响。吴中伟教授在其所著《高性能混凝土》一书中指出，孔径小于 20nm 的孔为无害孔，孔径 20～50nm 的为少害孔，孔径 50～200nm 的为有害孔，孔径大于 200nm 的为多害孔。孔形也对混凝土性能有影响。例如，球形孔隙可以吸收毛细孔中水结冰的释放的能量，缓解冰冻的破坏作用，对材料的抗冻性及抗渗性等十分有利。另外，孔隙的连通程度也决定着混凝土的抗冻性能。

高效减水剂广泛用于混凝土工程中。国内外对聚羧酸系减水剂与萘系减水剂使用有较多研究，但多数研究只是针对混凝土的宏观性能，而对微观结构方面的研究比较少。对掺入聚羧酸系减水剂与萘系减水剂的水泥净浆进行了试验，用氮吸附法测定了28d龄期水泥石中孔的比表面积和孔径分布，分析了减水剂对水泥石孔结构的影响，并利用扫描电镜分析了减水剂对硬化3d及28d水泥石微观形貌的影响。

利用氮吸附法测定了掺聚羧酸系减水剂与萘系减水剂的水泥石的孔结构，分析了减水剂对水泥石孔结构的影响；利用扫描电镜分析了聚羧酸系减水剂与萘系减水剂对硬化3d及28d水泥石微观形貌的影响。试验结果表明：聚羧酸减水剂大幅度减小水泥石大孔的孔径，使孔更加细化和均匀化，从而增加了水泥石的致密性。

88 聚羧酸系减水剂如何在混凝土中应用的？

一、试验用的主要原材料和仪器测试方法

（一）实验用的主要原材料

（1）减水剂：FDN萘系减水剂；PC聚羧酸系减水剂。

（2）水泥：华新P·S 32.5，P·O 42.5；洋房P·O 42.5。

（二）水泥及混凝土试验

按照GB/T 8077—2000《混凝土外加剂匀质性试验方法》进行水泥净浆和混凝土试验。

（1）ξ-电位的测定

采用DBL-B型表面电位仪，根据界面迁移法测定水泥颗粒表面的ξ-电位。

E：两极间的电位，V。

（2）X-射线衍射分析（XRD）

采用日本产D/MAX-Ⅲ型X-射线仪进行测试。

（3）DSC-TG

采用德国NETZSCH STA 449C综合热分析仪进行测试。

二、结果与讨论

（一）水泥及混凝土性能试验

（1）水泥净浆流动度试验（表1）

表1　FDN、PC减水剂对不同水泥的净浆流动度试验

水　泥	减水剂	掺量（固含量）	净浆流动度（mm）	1h净浆流动度（mm）
华新P·O 52.5	FDN-Ⅱ	0.70%	230	180
	HY-PC	0.25%	270	240
华新P·O 42.5	FDN-Ⅱ	0.55%	240	140
	HY-PC	0.15%	240	210
洋房P·O 42.5	FDN-Ⅱ	0.60%	230	180
	HY-PC	0.20%	250	230
华新P·S 32.5	FDN-Ⅱ	0.50%	245	200
	HY-PC	0.12%	240	240

从表1中可以看出，聚羧酸系减水剂对不同品种、不同强度等级的水泥有良好的适应性，且较低的掺量下表现出较好的分散性和分散保持性；而萘系减水剂掺量较高，同时流动度经时损失较大。从现有减水剂理论分析，萘系减水剂吸附在水泥颗粒表面，依靠阴离子的静电斥力将水泥颗粒分开；而聚羧酸系减水剂吸附在水泥颗粒表面，一方面是静电斥力的作用，另一方面由于长侧链的存在起到空间位阻作用，增强分散能力和分散保持能力。因此，聚羧酸系减水剂表现出更

好的分散性和分散保持性。

（2）混凝土性能试验

在水泥净浆试验的基础上，进一步进行了掺粉煤灰和不掺粉煤灰的混凝土物理性能和强度试验，试验结果见表2、表3。

表2　不掺粉煤灰的混凝土性能试验

减水剂	掺量（%）	坍落度（mm）			抗压强度（MPa）	
		0	1h	3d	7d	28d
FDN-Ⅱ	0.75	140	43	26.1	35.1	43.1
HY-PC	0.70	180	150	23.3	34.1	47.0

注：混凝土配合比（kg/m³）$C:S:G:W=400:734:1106:160$。

表3　掺粉煤灰的混凝土性能试验

减水剂	掺量（%）	坍落度（mm）			抗压强度（MPa）	
		0	1h	3d	7d	28d
FDN-Ⅱ	1.0	160	100	30.1	44.5	58.3
HY-PC	1.0	230	205	28.2	48.3	60.5

注：混凝土配合比（kg/m³）$C:F:S:G:W=400:100:607:1128:165$。

从表2、表3可以看出，聚羧酸系减水剂在混凝土中表现出更好的分散性，与萘系减水剂相比有较好的保坍性，1h坍落度基本不损失。但由于聚羧酸系减水剂分子中的缓凝官能团的作用，使得配制的混凝土早期强度较低。与萘系减水剂相比，不掺粉煤灰的混凝土7d抗压的强度低于萘系减水剂配制的混凝土，特别是掺粉煤灰的混凝土，28d的抗压强度超过了萘系减水剂配制的混凝土。因此，对于有早强要求的混凝土，建议聚羧酸系减水剂与某些早强剂配合使用，以提高混凝土早期强度。

（二）减水剂的作用效果分析

从水泥净浆流动度和混凝土的试验结果来看，两种减水剂在分散性和强度发展上呈现出较大的差异，为此我们进行了进一步的研究。

（1）减水剂作用机理分析

图1为四种聚羧酸系减水剂与萘系减水剂的 ξ-电位值关系。掺减水剂以后，在水泥水化的诱导前期，C_3A，C_4AF 快速水化使水泥颗粒表面带正电，水泥空白样的 ξ-电位值为 +10mV 左右。而添加减水剂后，由于负电基团强吸附力，减水剂分子吸附于水泥颗粒表面，导致胶粒表面 ξ-电位由正变负。从图1中可以看出，掺入几种聚羧酸系减水剂的 ξ-电位值分别为 $-10 \sim -15$mV，而萘系减水剂为 -27mV，可见聚羧酸系减水剂的 ξ-电位值明显小于萘系减水剂。

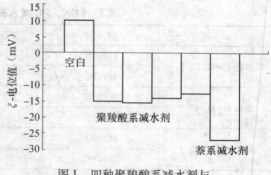

图1　四种聚羧酸系减水剂与萘系减水剂的 ξ-电位值关系

对于萘系减水剂，一方面憎水主链吸附在水泥颗粒表面，阻止水与颗粒接触，抑制水泥水化进行；另一方面高接枝密度的磺酸基（$-SO_3^-$）在水泥颗粒表面的吸附能力较强，提供静电斥力，使颗粒趋于分散。而对于聚羧酸系减水剂，其分子结构中含有羟基（$-OH$）、羧基（$-COO^-$）、磺酸基（$-SO_3^-$）、聚氧乙烯基（$-OCH_2CH_2-$）等功能性官能团，一方面主链吸附在水泥颗粒表面阻止颗粒与水接触，同时羧基（$-COO^-$）提供静电斥力；另一方面聚氧乙烯基（—OCH₂CH₂—）长侧链产生空间位阻效应，分散水泥颗粒，同时大大增加了水化层的厚度，延缓水泥水化。因此，聚羧酸系减水剂对水泥的分散能力和对水化的抑制能力明显强于萘系减水剂。

（2）减水剂作用下水泥水化历程分析

图 2 为相同掺量的 FDN 和 PC 减水剂水泥水化 1d XRD、7d XRD、28d XRD，从图 2 中可以看出，掺聚羧酸系减水剂的水泥水化 1d、7d 时，CH、AFt 衍射峰不明显，而掺萘系减水剂的 CH、AFt 衍射峰非常明显，说明聚羧酸系减水剂在水化初期抑制了 C₃A、C₃S 的水化，延缓了 CH、AFt 的生长，且对初期水泥水化的抑制能力强于萘系减水剂。而对 28d CH 衍射峰，掺聚羧酸系减水剂的水泥样稍微低于萘系减水剂的水泥样。虽然聚羧酸系减水剂对初期水化有很强的抑制作用，但基本不影响其后期结构的发展，这是因为在水泥水化的碱性介质中，减水剂分子链中的活性基团（如—COO⁻）与水泥水化生成不稳定络合物，阻碍了矿物最初相的析出，减少了水化产物 CH 晶体的生成，抑制初期水化；而随着水化的缓慢进行、CH 的增加、不稳定络合物的分解，水泥水化继续进行，减水剂分子对水泥水化的抑制作用逐渐消失。因此，掺两种不同减水剂，FDN-Ⅱ减水剂的早期水泥水化速度快，相应表现出初始流动度较小且流动度损失较大，早期强度发展较好；对后期水泥水化程度影响较小，由于聚羧酸系减水剂优良的分散性，使得水泥水化更为充分，更有利于后期强度的发展。这与前述试验结果基本一致。

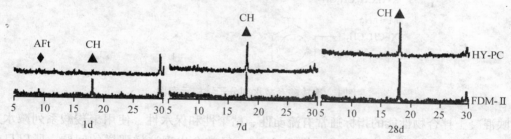

图 2　掺 FDN、PC 减水剂水泥水化的 XRD

图 3 为掺 FDN 减水剂和 PC 减水剂 1d 水泥水化样的 DSC-TG 分析（0.2%）曲线。采用 TG-DTG 测试水泥浆体水化产物时，水化产物在 50～1000℃温度范围有三个主要吸热峰：50～140℃之间的是 C—S—H 凝胶、AFt 脱水对应的大吸热峰；400～550℃之间的是 CH 分解对应的吸热峰；550～800℃之间的是 CaCO₃ 分解、C—S—H 凝胶及 AFt 可能碳化的产物分解、C—S—H 凝胶及 AFt 后期脱水对应的吸热峰，与吸热峰相对应有三

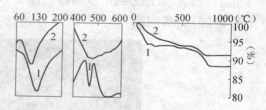

图 3　掺 FDN 和 PC 减水剂 1d 水泥
水化样 DSC-TC 分析（0.2%）曲线
1—掺 FDN；2—掺 PC

个明显的热失重。与萘系减水剂相比，对于掺聚羧酸系减水剂 1d 水化样 60～210℃的 C—S—H 凝胶、AFt 吸热谷要浅，峰宽减小，说明水泥水化产物中 AFt 晶体及 C—S—H 凝胶的生成量较少；400～500℃的氢氧化钙分解吸热谷也变得窄浅，水化 1d 时几乎没有吸热效应，表明 CH 含量极少，聚羧酸系减水剂严重地抑制了 C₃S 水化。相对应的 TG 曲线上也显示了相同的规律。这与 XRD 的分析是一致的：早期聚羧酸系减水剂对水泥水化的抑制能力明显强于萘系减水剂。同样也证实了前面研究成果的一致性，掺两种不同减水剂，HY-PC 减水剂的早期水泥水化速度较慢，相应表现出水泥净浆流动度损失小，早期强度发展较差。

三、结论

（1）与萘系减水剂相比，聚羧酸系减水剂能有效抑制早期水泥 C₃A、C₃S 的水化，但能充分发挥水泥的后期水化，有利于混凝土后期强度的发展。

（2）与萘系减水剂相比，聚羧酸系减水剂依靠静电斥力和空间位阻作用，对水泥颗粒有更好的分散性能和分散保持性。

（3）聚羧酸系减水剂能抑制矿物最初相的析出，减少 1d 水化产物 CH 等晶体生成量，而不影响后期结构的发展。

89 聚羧酸系减水剂的相关分子结构和试验效果是什么？

聚羧酸系减水剂分子结构示意图如图 1 所示。

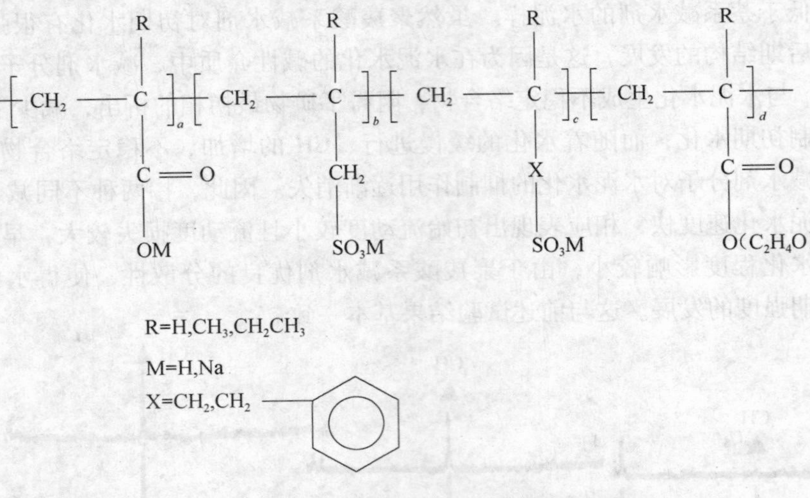

$$\left[CH_2 - \underset{\underset{OM}{\overset{R}{\underset{|}{\overset{|}{C}}}}{\overset{|}{\underset{|}{C}}} \right]_a \left[CH_2 - \underset{\underset{SO_3M}{\overset{R}{\underset{|}{\overset{|}{C}}}}{\overset{|}{\underset{|}{C}}} \right]_b \left[CH_2 - \underset{\underset{SO_3M}{\overset{R}{\underset{|}{\overset{|}{C}}}}{\overset{|}{\underset{|}{C}}} \right]_c \left[CH_2 - \underset{\underset{O(C_2H_4O)_nM}{\overset{R}{\underset{|}{\overset{|}{C}}}}{\overset{|}{\underset{|}{C}}} \right]_d$$

R=H,CH₃,CH₂CH₃

M=H,Na

X=CH₂,CH₂ ⌬

图 1　聚羧酸系减水剂分子结构示意图

反映混凝土拌合物性能的指标通常有流动性、粘聚性和保水性。使用聚羧酸系列减水剂配制的混凝土并不总能完全满足使用要求［图 2（a）］，经常会出现这样那样的问题。所以目前在试验时，我们经常还遇到严重露石［图 2（b）］、严重发散和泌水［图 2（c）］和严重离析和泌水［图 2（d）］等问题。

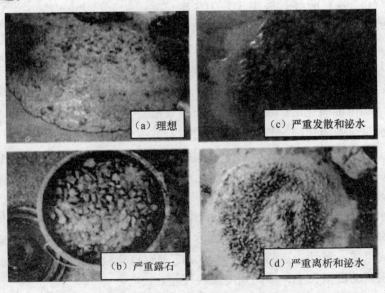

图 2　使用聚羧酸系减水剂拌制的混凝土拌合物的各种性状

聚羧酸梳形共聚物的分子结构示意图如图 3 所示。

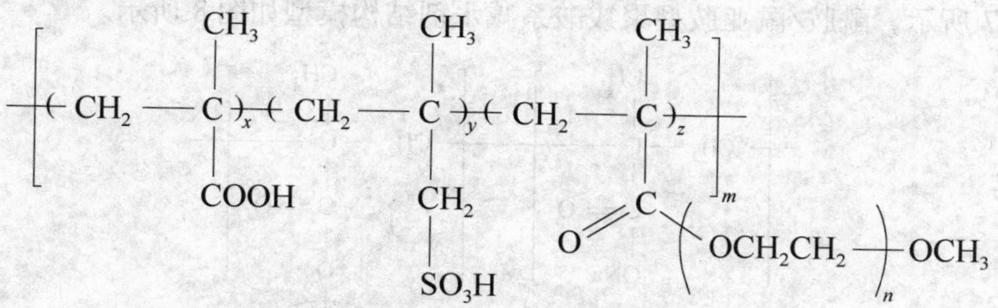

$$\left[\left(CH_2 - \underset{\underset{COOH}{|}}{\overset{\overset{CH_3}{|}}{C}} \right)_x \left(CH_2 - \underset{\underset{\underset{SO_3H}{|}}{CH_2}}{\overset{\overset{CH_3}{|}}{C}} \right)_y \left(CH_2 - \underset{\underset{\underset{O}{\parallel}}{C} - (OCH_2CH_2)_n OCH_3}{\overset{\overset{CH_3}{|}}{C}} \right)_z \right]_m$$

图 3 聚羧酸梳形共聚物的分子结构示意图

聚羧酸系减水剂的制备仪器如图 4 所示。

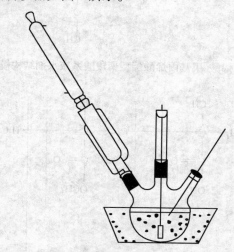

图 4 聚羧酸系减水剂的制备仪器

聚羧酸盐类减水剂结构模型如图 5 所示。

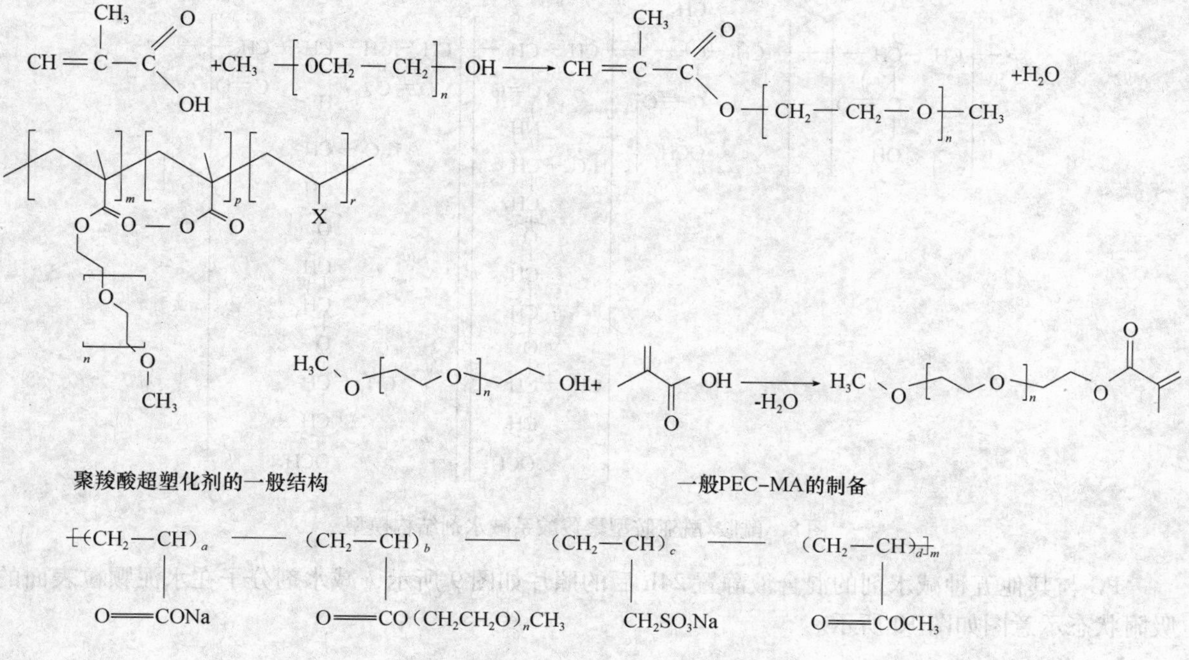

聚羧酸超塑化剂的一般结构

一般PEC-MA的制备

图 5 聚羧酸盐类减水剂结构模型

甲基丙烯酸-甲基丙烯酸酯型聚羧酸系减水剂结构模型如图 6 所示，烯丙醚型聚羧酸系减水剂结构模型如图 7 所示，酰胺/酰亚胺型聚羧酸系减水剂结构模型如图 8 所示。

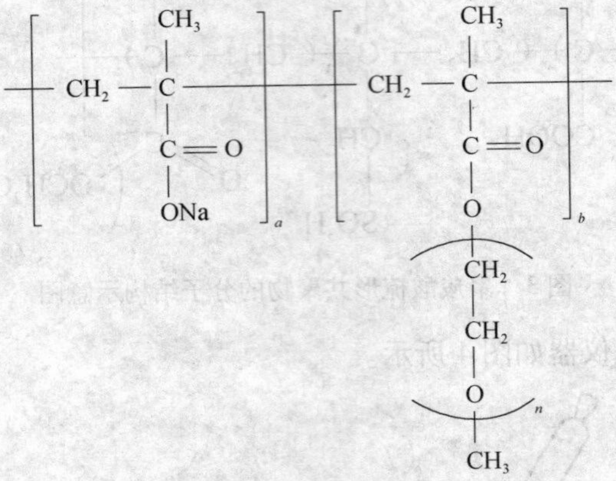

图 6　甲基丙烯酸-甲基丙烯酸酯型聚羧酸系减水剂结构模型

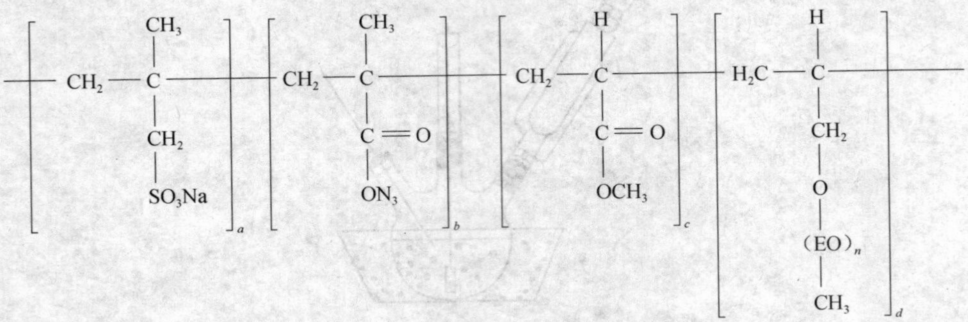

图 7　烯丙醚型聚羧酸系减水剂结构模型

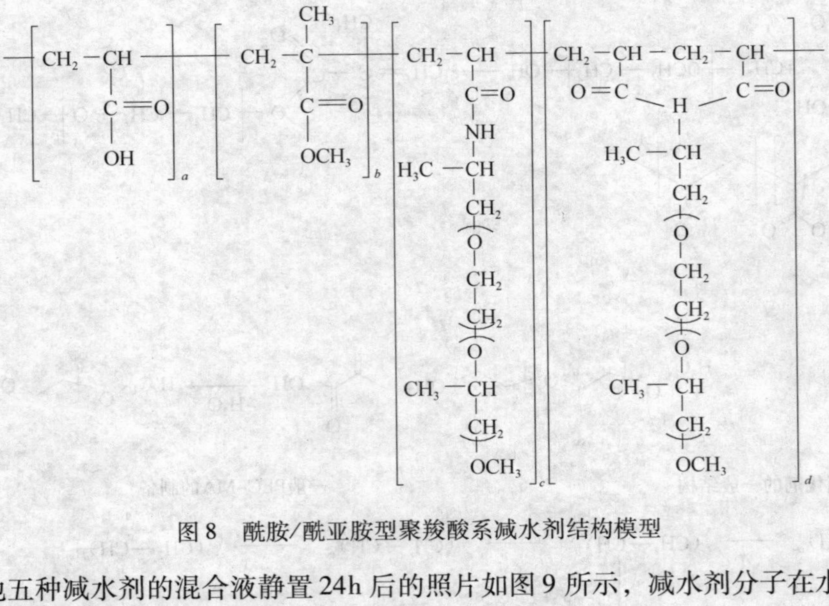

图 8　酰胺/酰亚胺型聚羧酸系减水剂结构模型

PC 与其他五种减水剂的混合液静置 24h 后的照片如图 9 所示，减水剂分子在水泥颗粒表面的吸附状态示意图如图 10 所示。

110

图 9　PC 与其他五种减水剂的混合液静置 24h 后的照片

（a）PC 与 LS；（b）PC 与 MSF；（c）PC 与 NSF；（d）PC 与 ASF；（e）PC 与 SAF

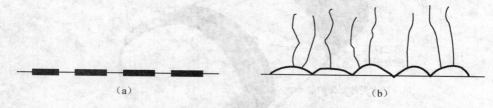

图 10　减水剂分子在水泥颗粒表面的吸附状态示意图

（a）刚性链横卧吸附状态；（b）接枝共聚物的齿形吸附状态

C45 墩柱浇筑效果如图 11 所示，C60 框架柱浇筑效果如图 12 所示。

图 11　C45 墩柱浇筑效果

111

图 12   C60 框架柱浇筑效果

PCCP 结构示意图如图 13 所示，混凝土测试试验示意图如图 14 所示，聚羧酸盐类超塑化剂分子结构如图 15 所示，电荷排斥及空间阻隔的机理如图 16 所示。

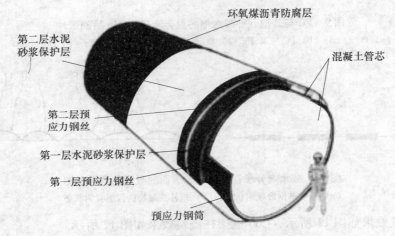

图 13   PCCP 结构示意图

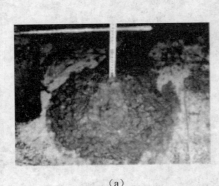

（a）

（b）

图14　混凝土测试试验示意图

（a）坍落度试验；（b）扩展度试验；（c）坍落度倒置流空试验；
（d）流空后扩展度试验；（e）自卸汽车卸料；（f）自密实道面混凝土施工

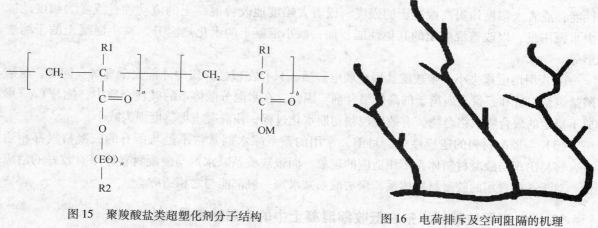

图15　聚羧酸盐类超塑化剂分子结构　　　　图16　电荷排斥及空间阻隔的机理

90　聚羧酸系减水剂在制预制构件混凝土中的应用如何？

聚羧酸外加剂是制备高性能混凝土的关键，但不同聚羧酸外加剂有不同的特点，有的侧重减水，有的侧重保塑，有的侧重减少混凝土的黏滞性，应根据不同工程的具体要求和试验结果，选择适合的聚羧酸系外加剂。不同活性的矿物掺合料复合不仅仅是将材料简单叠加，而是在混凝土中充分发挥了各自的火山灰效应、增强效应和微集料填充效应，形成了性能优于单掺时的超叠加效应。根据聚羧酸系外加剂早期强度高的特点，可以通过对水泥、活性矿物掺合料的设计，建立良好的高性能混凝土的胶凝材料体系。

用不同品种高效减水剂配制的预制构件混凝土工作性能、混凝土早期强度发展规律、混凝土早龄期收缩性能以及构件外观质量有较大差别。

（1）混凝土工作性能：以聚羧酸系减水剂配制的混凝土流动性最好，坍落度损失小，混凝土不泌水，但两种类型聚羧酸系减水剂产品有较大区别，主要差别是通用型产品混凝土有轻微抓底现象，振动时气泡也不易溢出；三聚氰胺高效减水剂混凝土出机流动性也较好，但坍落度损失略快，混凝土不抓底也不泌水，振动时气泡少且较容易溢出；萘系减水剂混凝土流动性较差，坍落度损失较快，混凝土抓底明显，容易泌水，振动时大气泡多。

（2）三种减水剂5d前强度发展规律有较大差别。总体规律是：聚羧酸系减水剂大于三聚氰胺系减水剂大于萘系减水剂。其中，预制构件专用聚羧酸高效减水剂早期强度发展最快，28d强度也最高，尤其适合冬季低温条件下预制构件施工。聚羧酸系减水剂养护温度越低越有利于28d强度发展。

（3）构件外观：以三聚氰胺高效减水剂生产的混凝土构件外观最佳，构件整体色泽均匀一致，外观有光亮感，表面除个别体积稍大气泡外，气泡数量很少。聚羧酸系减水剂混凝土构件外观也较好，色泽均匀一致，表面气泡小。萘系减水剂混凝土外观色泽发暗，缺乏光亮感。

（4）对于设计强度较高的早强预制构件混凝土，外加剂品种对早期收缩变形的影响规律和预拌混凝土基本相同。在控制混凝土早龄期收缩方面，聚羧酸系减水剂要优于三聚氰胺系和萘系减水剂，对于提高构件体积稳定性非常有利。

91　聚羧酸系减水剂有什么特点？

聚羧酸系减水剂是近年来研究较多的一类减水剂，并且得到一定程度的推广应用。与其他类型减水剂相比，聚羧酸系减水剂有以下一些特点：

（1）减水率大。因为聚羧酸系减水剂的减水率较大，所以，它能更大幅度地改善混凝土的性能；或者大幅度地提高混凝土的强度；或者大幅度地改善混凝土的流动性；或者大幅度地减少水泥用量，以改善混凝土的其他性能，如：减小混凝土的水化热温升、减小混凝土的干缩变形等。

（2）坍落度损失小。聚羧酸盐属于弱电解质，只有在碱性介质中才能完全理解。同时，聚羧酸盐也是二价和三价金属离子的高效络合剂。因此，在水泥分散体系的碱性介质中，能与Ca^{2+}形成不稳定的聚合物或络合物，有效地控制初期水化过程，使混凝土坍落度损失减小。

（3）与胶凝材料的适应性好。目前，常用的萘系减水剂常常不是与所有的胶凝材料都相适应，容易出现与胶凝材料体系不相适应的现象。而聚羧酸系减水剂与胶凝材料体系有较好的适应性。对于一些常用的胶凝材料体系，聚羧酸系减水剂一般都能与之相适应。

92　PC型聚羧酸减水剂在低收缩混凝土中的应用机理是什么？

PC型聚羧酸减水剂的匀质性指标见表1。

表1　PC型聚羧酸减水剂的匀质性指标

项　目	密度（20℃）	含固量（%）	氯离子含量（%）	pH值	砂浆减水率（%）
技术要求	1.05±0.02	22.03±1.32	0.20	7.0±1.0	20

PC的分子（PCE）结构为主链上带有多个活性基团，极性较强；侧链带有吸水性的聚醚链段，并且链段较长、数量多，疏水基的分子链段较短、数量较少。聚羧酸系减水剂的分子结构模型如图1所示。

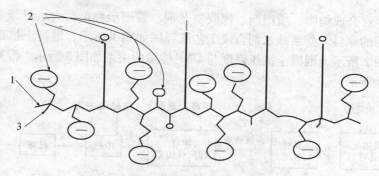

图 1　PC 聚羧酸高效减水剂的分子结构模型
1—分子主链；2—长侧链；3—短侧链

　　PC 型聚羧酸减水剂的作用机理是以静电斥力作用和空间位阻作用为主。

　　静电斥力作用是聚羧酸系减水剂在水泥颗粒界面的吸附并形成的双电层，使水泥颗粒间产生静电斥应力，混凝土开始流动的屈服剪切应力降低，从而使团聚的水泥颗粒得以分散，水泥颗粒间相互滑动能力增大，改善了和易性；同时能有效控制混凝土的用水量，保证力学性能与耐久性的要求。

　　空间位阻作用是聚羧酸系减水剂吸附在水泥颗粒表面，形成一层较厚的聚合物分子吸附层。当水泥颗粒相互靠近时，吸附层相互重叠，在水泥颗粒间会产生斥力作用，重叠越多，斥力越大，称之为空间位阻斥力（图 2）。PC 型聚羧酸减水剂由其主链较短、侧链较长，主链吸附在水泥表面，长侧链和短侧链随机组合接枝在主链上，在溶液中充分伸展，形成厚的溶剂化外层，由于空间位阻斥力作用，使水泥颗粒之间相互排斥而分散，有效地阻止水泥粒子间的凝聚，有利于游离水的释放，改善和易性，减少混凝土的拌水量；同时形成的较厚的聚合物分子吸附层，使得初始的水泥水化产物较难将减水剂分子吸附层覆盖，仍能保持较高的空间位阻，使该减水剂在水泥颗粒表面有效作用的时间较长，可增强坍落度保持性能。

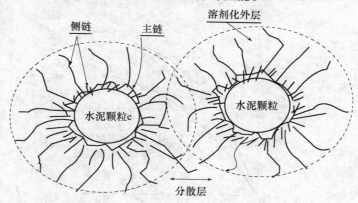

图 2　空间位阻作用示意图

　　研究主要是以降低混凝土收缩，减少混凝土裂缝为目的。PC 型聚羧酸减水剂通过静电斥力、空间位阻斥力相结合能更有效地提高水泥粒子分散性，释放游离水，减少用水量和水泥用量，降低水灰比，从而不仅得到和易性和坍落度保持性能优秀的混凝土拌合物，而且能更有效地降低混凝土的收缩，减少混凝土的裂缝。

93　萘系减水剂的反应原理是什么？

　　工业萘是一种基础的化工原料，外观呈白色片状结晶体，有时带微红或微黄色，有强烈的焦油气味，溶于醚、甲醇、无水乙醇、氯仿等溶剂，主要用于生产减水剂、分散剂、苯酐、各种萘酚、萘胺等，是生产合成树脂、增塑剂、橡胶防老剂、表面活性剂、合成纤维、染料、涂料、农药、医药和香料等的原料。萘系减水剂合成工艺流程图如图 1 所示，混凝土抗压强度与萘系减水剂掺量的关系如图 2 所示，混凝土抗压强度与 UNF 掺量的关系如图 3 所示，混凝土减水率与 UNF 掺量的关系如图 4 所示。

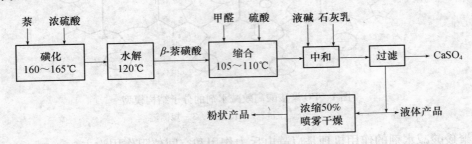

图 1　萘系减水剂合成工艺流程图

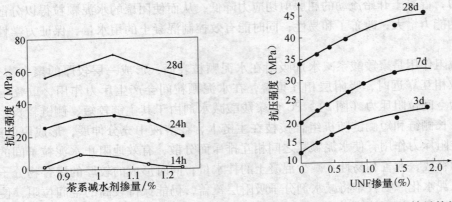

图 2　混凝土抗压强度与萘系减水剂掺量的关系　　图 3　混凝土抗压强度与 UNF 掺量的关系

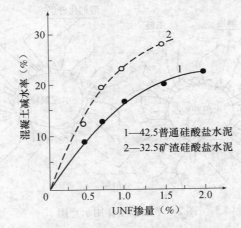

图 4　混凝土减水率与 UNF 掺量的关系（坍落度 5～7cm）

反应原理如下：

（1）萘的磺化：

$$\text{萘} + H_2SO_4 \xrightarrow{160～165℃} \text{β-萘磺酸}(SO_3H) + H_2O$$

（β-萘磺酸）

116

副反应：（萘）$+ H_2SO_4 \longrightarrow$（萘-$SO_3H$）$+ H_2O$

（α-萘磺酸）

（2）β-萘磺酸水解：

（萘-SO_3H）$+ H_2O \xrightarrow{120℃}$（萘）$+ H_2SO_4$

（3）β-萘磺酸的缩聚：

n（萘-SO_3H）$+ (n-1)CH_2O \xrightarrow{105\sim110℃} H[\ \cdots CH_2\ ]_{n-1}\ \cdots + (n-1)H_2O$

（4）中和：

$H[\ \cdots CH_2\ ]_{n-1}\ \cdots\ (SO_3H) + nNaOH \longrightarrow H[\ \cdots CH_2\ ]_{n-1}\ \cdots\ (SO_3Na) + nH_2O$

$n = 5\sim13$

（5）石灰中和剩下的硫酸：

$$H_2SO_4 + Ca(OH)_2 \longrightarrow CaSO_4 + 2H_2O$$

94 木质素系减水剂的制备工艺流程是什么？

木质素系减水剂的制备工艺流程图如图 1 所示。

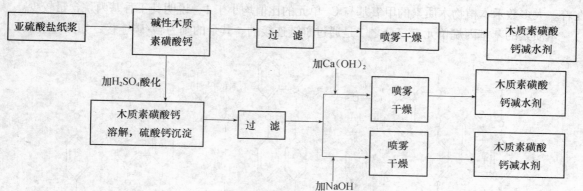

图 1　木质素系减水剂的制备工艺流程图

95 木质磺酸盐减水剂的合成工艺是什么？

木质磺酸盐简称木钙、木钠，是研究成功最早、产量最大、应用最广泛的一类减水剂。它主要来自木材生产纤维浆或纸浆后的副产品。制浆是与自然界生化聚合生长过程相反的过程，是一种把木质素部分降解，把木质素变成可溶性的木质素磺酸盐而与木材中的纤维（纸浆）分离开，纤维浆可用来生产化纤织物或造纸,副产品即为木钙或木钠。

这类减水剂因其价格低而长期在国内减水剂市场中占有重要地位,又由于木材是一种可再生的资源,而且木质磺酸盐是制浆工业的副产品,它的开发利用是符合当前的环境保护大方向的,因此它的产量和用途都在不断地扩展。

下面将详细介绍这种研究成功最早、产量最大、应用最广泛的减水剂的性能特点和木质素磺酸盐的主要合成方法。

一、木质素的来源和特点

木质素可看作植物新陈代谢的产物,广泛存在于各种植物中。它是由苯基丙烷单体脱氢聚合而成的一类无定形天然高聚物。各种植物中的木质素不是完全相同的物质,木质素这一名词不是单一的物质,而是代表了植物中某些有共同性的一群物质。

木质化植物所含木质素,是由三种不同类型的苯基丙烷单体通过脱氢聚合而成的。这三类单体分别为:苯基丙烷(C—C—C—⬡—OH,OCH₃)、丁香基丙烷(C—C—C—⬡—OH,COH₃,COH₃)和对

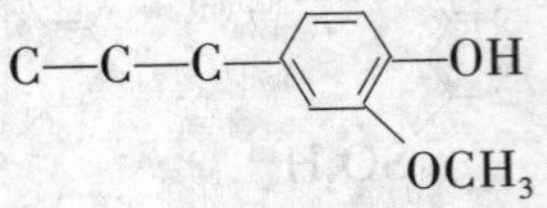

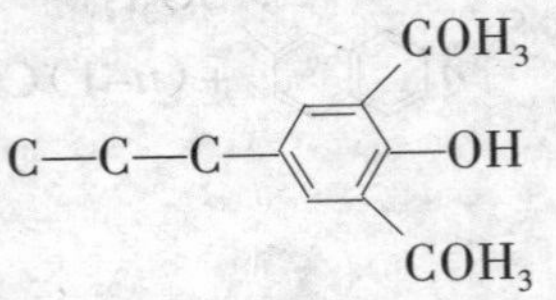

位羟苯基丙烷(C—C—C—⬡—OH)。这三种类型的单体经酶解脱氢生成的苯氧基团又会发生随机偶联反应,从而生成无定形的三维高分子聚合物。

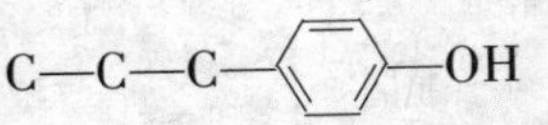

某一植物纤维的木质素含量基本上是一定的,但是木质素植物又与植物的生长年限有关,而且各类不同品种的植物纤维所含木质素总量,则有较大差别。例如,针叶木的木质素含量约为20%~37%,阔叶木的木质素含量则为16%~29%,而禾本科植物的木质素含量多为16%~25%。在同一材种中,不同的木材组织、细胞、细胞壁等的木质素含量也不尽相同。针叶木、阔叶木和禾本植物的木质素,它们所具有的某些单元组分含量也是各不相同的;这些单元组分包括苯基(3-甲氧基-4-羟基苯基)、丁香基(3,5-2甲氧基-4-羟基苯基)以及对位羟苯基丙烷。取自针叶木(裸子植物)的苯基木质素主要是松柏醇的聚合产物,而来自阔叶木(被子植物)的苯基丁香基木质素则由不同数量的苯基和丁香基所构成。禾本科植物则既兼有苯基木质素和苯基丁香基木质素,又含有羟苯基。典型阔叶木木质素每出现一个苯基丙烷单元,即有1.20~1.52个甲氧基存在着。大多数禾本植物木质素的甲氧基与 C_9 单元的比值均小于1,说明其丁香基丙烷含量较少。

木质素的苯基丙烷单元有三分之二是通过醚链连接的。其余的则为碳/碳连接,如图1所示。

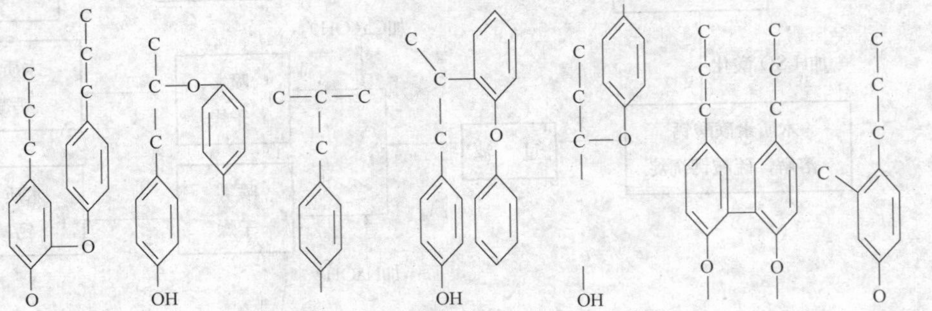

图1 木质素结构的连接形式

对木质素的反应性能起着重要作用的官能团主要有:酚式羟基、苄式羟基以及羰基,这些官能团的数量不仅取决于木质素所在的形态部位和材种,还取决于分离方法。

二、木质素减水剂的制取原理和流程

目前,国内所使用的木质素减水剂都是从纸浆废液中提取的,由于造纸浆工艺不同,使用的

原材料不同，纸浆废液中木质素及其衍生物的类型也不同，因而脱取木质素制造成减水剂的方法也各不相同，有以下两种基本的脱取木质素制造减水剂的方法：

（1）将亚硫酸盐废液用石灰乳中和，生物发酵除去糖类物质（糖类含量多则为缓凝型减水剂），蒸发烘干成粉状，M型木质素磺酸钙减水剂即属此类。M型减水剂是采用亚硫酸盐蒸煮木材（75%以上是白松）制得化纤浆粕生产过程中的废液为原料，先经生物发酵处理脱糖提取酒精，把存下10%左右浓度的酒精废液，经蒸发器浓缩到50%左右，然后输送到喷雾干燥塔，再经200℃以下热风喷雾干燥而成的一种棕色粉状物。pH值4.5~5.5，无毒，不燃，易溶于水。

（2）将碱木质素或硫酸盐木质素用酸化沉淀使木质素分离，再进行磺化处理，在碱介质中生成木质素磺酸盐。MZ型减水剂就是用此类方法制取的。

大型造纸厂一般都采用碱回收系统来制取木质素减水剂，但中、小型造纸厂对黑液综合利用的设备投资受到一定程度的局限。

三、木钙的合成工艺

木钙的质量以亚硫酸盐制浆法得到的产品为最好。在亚硫酸盐制浆的情况下，把木屑与亚硫酸盐蒸煮，木质素发生磺化反应，转化为水溶性。根据亚硫酸制浆蒸煮液的酸碱度（即pH值），亚硫酸盐法又可分为碱法、中性法、酸性法，酸碱度对木质素磺酸盐分子量的影响较大。酸性亚硫酸盐制浆法所生产的木质素碳酸盐比中性法的分子量更高，木钙质量最好，而碱性法生产的木质素磺酸盐分子量最小。一般亚硫酸盐制浆法均采用酸性亚硫酸制浆法，如挪威的宝力格公司。我国主要的亚硫酸盐制浆均采用酸性亚硫酸制浆法。

木钙的制备工艺流程如下：

废液中含有木质素40%~55%，还原糖（己糖＋戊糖）14%~20%。如果不经发酵或脱糖直接浓缩，得到木钙为高糖木钙，其主要成分见表1。

表1 亚硫酸盐纸浆废液的组成

成 分	总固含量	
	针叶木	阔叶木
己糖	14	5
戊糖	6	20
木质素磺酸盐	55	42
乙酸和甲酸	4	9
非纤维素碳水化合物	8	11

如果经过生物发酵处理脱糖提取酒精。经提取酒精后的废液，其中固含量10%左右，经浓缩至浓度为50%，再经喷雾干燥而得到粉状普通木质磺酸盐减水剂。

近年来由于对原始森林的过度采伐，针叶材数量不断减少，代之以阔叶材，而且原木也被一些枝杈来取代。不同材质的木质素成分相差可达到 10%。为了提高木钙的质量，从 20 世纪 80 年代末到 90 年代初开始，从国外引进一些先进技术——膜分离技术，如从丹麦引进了超滤（UF）和精滤（RO）设备及相关的技术。经超滤、精滤可以把木钙中的大分子和小分子分开，分别加以利用，生产出了性能更好及品种更多的产品。

（一）普通分子木钙生产工艺

（二）大分子木钙生产工艺

（三）高糖木钙生产工艺

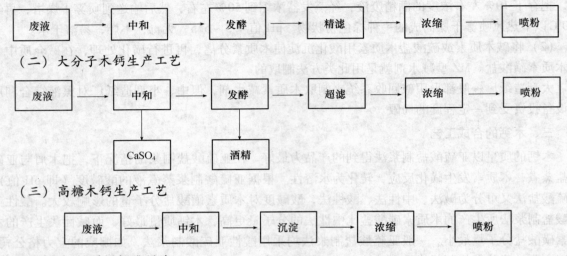

不同木钙的质量标准见表 2。

表 2　不同木钙的质量标准

项目　品种	水分（%）	pH 值	还原糖（%）	水不溶物（%）
普通木钙	<7	4.5~5.5	<8	<2
大分子木钙	<7	4.5~5.5	<8	<2
高糖木钙	<7	4.5~5.5	8~12	<2

（四）木钠的合成工艺

木钠即木质素磺酸钠盐。其分子结构与木钙相同，只是在木钙大分子中的磺酸基团形成的不是钙盐而是钠盐，因此在生产过程中只需用 NaOH 代替 $Ca(OH)_2$ 来中和废液。

木钠也和木钙一样，因分子量不同而分成几类，但木钠生产成本较木钙高，因此用于混凝土中多是普通木钠。价格较高的木钠主要作为分散剂用于染料工业。

（五）木质磺酸盐生产的质量控制

水分：控制值 <7%。水分太高影响有效成分含量，同时木钙易吸潮，故必须控制水分。

水不溶物：控制值 <2%。水不溶物是杂质或非有效成分，应控制小于一定范围。

pH 值：控制在 4.5~5.5 之间。

还原糖：控制值 <8%。糖分高对混凝土缓凝作用影响大，且糖分太高势必降低有效成分，因此要控制在较低值。

以上控制指标为工厂控制产品均质性指标。对混凝土外加剂产品而言，其性能指标应由混凝土性能来决定。

96　木质素磺酸钙如何应用？

英文名：sodium lignoslfonate

别　名：木质素磺酸钙；木钙；亚硫酸盐木质素；MG 型减水剂；lignin sulfonate

分子式：$C_9H_{8.5}O_{2.5}(OCH_3)_{0.85}(SO_3H)_{0.4}$

分子量：5000 ~ 100000

一、物化性质

按生产原料不同，木质素磺酸钙分为软浆和硬浆，目前应用较广的是软木木质素。木质素磺酸盐又称为亚硫酸盐木质素，分子量不同，结构也不尽相同，是具有多分散性的不均匀阴离子聚电解质。固体产品为棕色自由流动的粉状物，易溶于水，易吸潮，可溶于任何硬度的水中，并不受 pH 值变化的影响，但不溶于乙醇、丙酮及其他普通的有机溶剂。水溶液中化学稳定性好，具有良好的扩散性能和耐热稳定性。水溶液为棕色至黑色，有胶体特性，溶液的黏度随浓度的增加而升高。木质素磺酸盐对降低液体间界面表面张力的作用很小，而且不能减小水的表面张力或形成胶束，其分散作用主要依靠基质的吸附-脱吸和电荷的生成。

二、质量标准（表1）

表1　质量标准

外　观	黄褐色或棕色固体
水分（%）	7
钙镁总量（%）	≤0.6
硫酸钠（%）	≤3
水不溶物（%）	≤0.4
总还原物（%）	≤3
pH 值	9.0 ~ 9.5

三、用途

木质素磺酸钠结构单元上含有酚羟基和羧基，能生成不溶性的蛋白质络合物，用来控制悬浮物和铁垢，具有分散能力，是一种分散剂和整合剂，也是一种缓蚀剂。在循环水处理剂中，利用本产品与锌的络合作用，使水中的锌得以储备，以不断地提供一定量的锌离子，抑制水系统的腐蚀，用它与多元醇磷酸酯和锌复配成复合剂。在锅炉水中作分散阻垢剂，其热稳定性好，甚至在 250℃ 下仍然保持良好的分散性能。它在水中分散含水氧化物和有机污垢方面也很有效。但是，它的最大缺点是组成不稳定，性能常常会有波动，高温、高压下易分解，对现代化的水处理很不利。但由于它来源方便、价格低廉、无污染等优点，仍少量用于循环冷却水处理剂复合配方中。一般由水处理厂家根据配方需要直接复合在水处理剂商品中。

四、毒性与防护

木质素磺酸盐无毒、$LD_{50} > 5g/kg$。美国食品及药物管理局业已批准允许在各种食品和食品包装的制造和加工过程中使用此产品。

五、包装及贮运

粉状产品以编织袋内衬一层塑料袋包装，每袋净重 25kg。固体产品应存放在干燥处，并保持密封，以防止吸潮结块。本产品能燃烧，应避免粉尘聚集。

97　木质素磺酸盐减水剂用于预拌混凝土中的经济性怎么样？

木质素磺酸盐减水剂从 20 世纪 30 年代就开始在美国研究和生产，应用历史很长，但它在我国的发展并未十分成熟（20 世纪 50 年代才开始生产应用）的情况下，就受到萘系减水剂的冲击。

以至于用传统方法生产的木质素磺酸减水剂由于在磺化、脱糖等工艺方面的不完善和不稳定性，近年来一直影响着其工程应用效果，尤其是减水率更高、增强效果更明显的萘系、密胺系、脂肪族系、氨基磺酸盐系，甚至聚羧酸系减水剂推广应用后，木质素磺酸盐减水剂的应用地位一度严重下降。但另一方面，木质素磺酸盐减水剂作为一种利用纸浆生产过程的废液中提取木质素后经磺化、缩合而成的工业产品，本身就是完全再回收、利废减少水质污染和节能降耗的绿色生态产品。

我国从 1979 年建立起第一家预拌混凝土搅拌站以来，目前预拌混凝土已约占混凝土总产量 25%。2005 年 12 月 31 日起，我国禁止在所有城区现场搅拌混凝土，这表明预拌混凝土的发展潜力将越来越大，并直接带动混凝土材料对减水型外加剂的需求。

然而，由于市场竞争日益激烈，预拌混凝土售价普遍较低，加之我国萘系减水剂日益紧张，预拌混凝土利润率十分有限，一定程度上制约着我国预拌混凝土发展的进程。从外加剂选择和优化的角度，对混凝土配合比进行适时调整，不失为降低混凝土生产成本，提高生产利润率，规避风险的有力措施。

至于木质素磺酸盐减水剂，由于人们普遍将它看作是"低效的"的减水剂产品，有的又容易与水泥产生不适应性，所以其应用地位较低。但实际上萘系减水剂同样存在与水泥的适应性问题，且对于某种强度等级的混凝土，究竟采用何种减水剂/泵送剂，开展的对比性研究工作并不多。

本文拟采用搅拌站常用的混凝土配合比（表1），就以萘系减水剂为主复配而成的泵送剂和以木质素磺酸盐减水剂为主复配而成的泵送剂的技术、经济性进行全面对比。

表 1　搅拌站常用的配合比

强度等级	胶凝材料用量（kg/m³）	原材料（kg/m³）							S_p（%）	W/C	坍落度（mm）
		C	K*	F	W	S	G	NB			
C15	273	191	55	27	179.4	835	1062	1.638	44	0.660	
C20	307	215	61	31	186.4	798	1058	1.842	43	0.610	
C25	337	236	67	34	194.5	781	1036	2.022	43	0.580	180 ± 20
C30	375	262	75	38	186.4	751	1036	2.250	42	0.500	
C35	436	305	87	44	190.5	706	1016	2.616	41	0.440	

* K 用 S95。

因此，综合考虑混凝土拌合物性能、原材料成本以及混凝土外加剂的环保特性，在 C15～C30 预拌混凝土中采用以木质素磺酸盐减水剂为主复配而成的泵送剂具有一定优势，而对于 C35 及 C35 以上强度等级的混凝土，则建议采用以萘系减水剂或其他高效减水剂复配而成的泵送剂。

木质素磺酸盐减水剂和以木质素磺酸盐减水剂复配而成的泵送剂，因其具有利废、环保和节能等方面的特点，只要准确定位，同样可在混凝土工程中发挥其重大作用。结合混凝土搅拌站的实际，通过试验对掺加三种不同外加剂所配制混凝土的技术和经济性进行对比，认为在当前原材料价格形势情况下，采用以木质素磺酸盐减水剂复配而成的泵送剂配制生产强度等级为 C15～C30 的商品泵送混凝土具有一定优势。随着我国混凝土商品化程度的不断提高，混凝土外加剂应用范围将逐渐增大，合理有效地利用木质素磺酸减水剂无疑是缓解市场上高效减水剂供求矛盾的一项有利措施。

98　木质素磺酸盐类减水剂有哪些主要性能？使用中应注意些什么？

木质素磺酸盐类减水剂是最早研究成功的减水剂，其相对分子质量为 1000～3000，属天然高分子化合物，主要性能如下：

（1）节省水泥：保持混凝土强度及坍落度与基准混凝土相近时，可节省水泥10%左右。

（2）改善混凝土的性能：当水泥用量及坍落度与基准混凝土相近时，减水10%左右，混凝土3～28d强度提高15%左右，后期强度也有所增加。

（3）改善混凝土的和易性：掺用木钙后混凝土的保水性、粘聚性和可泵性显著改善。

（4）具有一定的引气性：当木钙掺量为0.25%时，混凝土含气量增加了2%～3%，从而提高混凝土的抗渗、抗冻融等性能。

（5）具有缓凝及降低水泥初期水化热的作用。

由于木钙具有缓凝和引气的功能，故在使用中应注意以下事项：

（1）严格控制掺量，切忌过量。因过量后使新拌混凝土凝结时间显著延长。甚至几天也不硬化，且混凝土含气量增加会导致强度下降。

（2）注意施工温度。木钙有缓凝作用，气温较低时更明显。因此，对一般工业与民用建筑，规定日最低气温5℃以上时可单掺木钙；低于5℃时，应与早强剂复合使用；负温下，除要复合早强剂外，还要同时掺用抗冻剂。

（3）蒸养性能差，如使用应延长制品静停时间，或复合早强剂及减少木钙掺量；否则会出现强度降低、结构疏松等现象。

（4）木钙宜配成溶液使用，配制好的溶液应在10d内用完，对其不溶物质要定期排放。

（5）木钙对以硬石膏为调凝剂的水泥有时会出现不适应现象，应通过试验后使用。

（6）对有引气量要求的混凝土，应选择合适的振捣设备和振捣时间。

99 木质素磺酸钙对水泥净浆凝结时间的影响是什么？

（1）木钙的掺加使水泥净浆凝结时间延长，且对终凝的延缓作用比初凝大。掺量超过0.3%后，随掺量增加，凝结时间大幅度延长。

（2）掺加分子量小于1万木钙级分的水泥净浆终凝时间长而初凝时间短；分子量大于1万时则相反。

（3）经对木钙的研究表明，木钙中的糖分使水泥净浆的凝结时间有所延缓，但不是引起缓凝的主要原因。

（4）与木钙比较，掺加木钠、木铬使水泥净浆的终凝提前出现，木铜、木铁、木锌则延缓了水泥净浆的终凝。

（5）木钙中的亲水基种类及含量对水泥净浆的凝结性能有较大影响。羟基含量增加增强木钙的缓凝作用，将羟基转化为羧基可显著削弱其缓凝作用。木钙磺化度的提高可大幅度缩短水泥净浆的终凝时间。

100 高效减水剂如何改性？

由于人们对高性能混凝土综合要求的提高，单独一种高效减水剂都难以实现，各种高效减水剂都有其不可避免的缺点。萘系减水剂在使用时，坍落度损失大，混凝土容易发黏；氨基磺酸系高效减水剂使用时，泌水率大的问题以及合成聚羧酸减水剂的高成本问题，使得人们从另外一个角度出发来研究高效减水剂，例如，人们采用化学改性和物理复配的方法来解决。

其中一种方法就是采用化学改性，通过表面活性剂活性基团的接枝合成和结构设计使外加剂改性。一般它的结构是在一个较长的高分子主链上，接上各种活性基团，如磺酸基团（—SO_3R）、羧酸基团（—$COOH$）、羟基基团（—OH）、氨基基团（—NH_2）以及聚氧烷基烯类基团 [（CH_2CH_2O）$_m$—R] 等。根据混凝土的性能进行减水剂分子结构设计时，这些基团必须以合适的比例出现在高分子主链上，而且减水剂的平均分子量，分子量分布也必须有适当的构成，这样就从根本上解决了现在单独一种高效减水剂存在的问题。例如，萘系坍落度损失快，氨基磺酸盐类易泌水等。

另外就是通过物理复配达到改性。在高效减水剂中添加辅助外加剂（复配），以弥补高效减水剂性能上的缺点。由于物理复配操作简单、效果明显、容易实现，在实际中用得较多。到目前为止，复合型外加剂已得到广泛的应用。复配原则为要复配的高效减水剂之间有较好的相容性，复配后必须具备"1+1＞2"的效果，即复配后所得产品的性能有所改善和提高；同时使用辅助材料的品种尽量少。复配的关键是主导官能团的组合。—SO_3H 的主导作用是高效分散产生高减水率，—COOH 的主导作用是缓凝、保坍。—COOH 和—SO_3H 可以分别与一种或多种多个极性基团，原子团中的极性原子组合在一起，从而赋予复配出来的高效减水剂新的主导作用以及一些其他功能。

一、萘系减水剂

自 1962 年日本花王公司首先成功研制以 β-萘磺酸盐甲醛缩合物为主要成分的萘系减水剂以来，在世界各地得到广泛应用。近几年，虽然相继研制了一系列的高效减水剂，但到目前为止，萘系减水剂仍占主导地位。经调查，我国应用于现代混凝土中的高效减水剂萘系占 80%，其他各种高效减水剂仅占 20%。萘系减水剂作为应用量最大的、最广泛的一种外加剂，仍存在离析、泌水、坍落度损失大，对部分水泥适应性不好等缺点，因此对其性能进行综合研究至关重要。国内外对改进其缺点做了大量的研究工作。

（一）物理复配

萘系减水剂突出的缺点是保坍性能差，可以采用与柠檬酸、葡萄糖酸、磷酸等缓凝剂混合使用来减小坍落度损失。日本的萘系减水剂还与木质素磺酸盐复配来保持一定的引气性和降低混凝土坍落度损失。还可以与新型反应型高分子或水溶性聚合物复配来提高性能，改善保坍性能，拓宽其应用范围。用萘磺酸盐系减水剂与马来酸和马来酸酐的共聚物混合，提高流动性而不缓凝，早期强度高，还可以配制自密实混凝土。茚-马来酸酐共聚物与萘系复配可以降低混凝土和砂浆坍落度损失。F. Yamato 用萘系减水剂与一种水溶性聚合物复配，聚合物是环氧化合物和环氧烷烃与 $C_{\geqslant 12}$ 单醇、硫醇、或烷基酚加成物的共聚物，初始坍落度大于或等于 50cm，用于自密实混凝土。

在我国多用木钙与萘系减水剂复配，目前已有用多羧酸系反应性高分子减水剂对萘系减水剂进行改性研究的报道。刘彤等由马来酸酐、苯乙烯、丙烯酸羟基酯等单体多元共聚合成得水溶性聚合物（SMAH），以 SMAH 作为与水泥具有反应活性的组分，对市售萘系减水剂进行改性，成功研制了 PSL 低坍落度损失缓凝高效减水剂，还可以用作优质泵送剂，受外界环境影响小。王正祥等用炼油厂的废料 C9 油与马来酸酐共聚，再磺化得到一种价格便宜的，与萘系复配能有效控制坍落度损失的高效减水剂。

（二）化学反应改性

谢亦富等用离子交换法制得季铵盐型萘系减水剂，具有明显的减水增强和早强功能。在与甲基纤维素复配时生成的钙盐比钠盐更大程度地提高流动性和密实性。也可与反应性高分子缩合，让高分子中的羧基经过化学修饰处理，以憎水的酯基、酰胺基的形式存在或以成盐、络合、聚合等修饰手段，加入到水泥这种碱性介质中逐渐水解释放出羧基而分散水泥粒子，从而极大改善萘系的保坍性能。罗永会等在萘系减水剂合成的中和工序时加以改进，引入一种有机碱，利用胺基上氮原子的孤对电子的特性，通过共价键与磺酸基结合起来，再在水泥这种强碱介质中分解出磺酸和胺，这种高效减水剂具有良好的保持流动性能。F. Yamato 还用分子量在 300～13000 的萘磺酸甲醛缩合物与苯酚类化合物（可同时含烷基，磺酸基）和甲醛再缩聚，可以有很好的流动性和减水效果。由于石油的日益短缺，萘系减水剂的价格逐步攀升，它的应用正受到限制。

二、密胺系高效减水剂

与一般混凝土减水剂相比较，密胺树脂系高效减水剂具有显著的减水效果（减水率大于

25%，略小于萘系减水剂），对水泥分散性能好，早强效果显著，蒸养适应好，基本不影响混凝土凝结时间和含气量的特点；对纯铝酸盐水泥有很好的适应性，和其他品种外加剂相容性好，可一起使用或复配成多功能复合外加剂；也可用于石膏制品，改善石膏制品的塑性黏度；在彩色装饰混凝土、耐热防火混凝土、油井固井混凝土及一些特殊工程中有很好的应用前景。

但是该类减水剂在混凝土中坍落度损失较快，对水泥品种适应性不是太好。另外也存在生产成本高，难以制成粉剂，库存与运输费用高，以及反应条件要求严格、质量难以控制等缺点。这些大大影响了它的大批量生产及推广应用。人们对它的研究主要在如何提高稳定性、耐久性，降低成本和减小坍落度损失等方面。

（一）化学改性

利用部分尿素代替三聚氰胺制备出高减水率的高效减水剂，从而降低成本。陈应钦以价格低廉的两种活性单体代替部分三聚氰胺，成功合成出新型密胺系高效减水剂，成本低，但减水率及增强都超过萘系减水剂。来关根等以醛、脲、密胺、焦亚等为主要原料，经羟甲基化、磺化、催化缩合，离子改性等反应合成出新型密胺树脂混凝土减水剂，其性能超过日本的 NP-20 减水剂。J. Uchida 介绍以对氨基苯磺酸代替传统的亚硫酸盐等磺化剂来改性密胺系高效减水剂，同时与缓凝剂，如葡萄糖酸钠、木质素磺酸钠或六氟硅酸镁复配可以获得良好的流动性能和保持流动性能，既可用在使用密胺系高效减水剂较多的混凝土制品厂，也可用来制备预拌混凝土，而且在坍落度损失较快的夏季里使用，或用在搅拌温度较高的环境里可防止坍落度损失过快。S. Pieh 还介绍了除对氨基苯磺酸外还可以用 1-氨基，6-萘磺酸来改性密胺系高效减水剂来提高流动性能和养护性能；用对氨基苯磺酸改性脲醛树脂，可以做到 U/M（U 为尿素，M 为三聚氰胺）≥1，同时尿素是不可缺少的成分，合成的高效减水剂有良好的早期强度和流动性能，同时适合于泵送混凝土和高强混凝土。F. Yamato 还将萘、三聚氰胺、苯酚和苯胺的羟甲基和磺酸基衍生物与甲醛的缩合物用作高性能减水剂来配制自密实混凝土，无离析。G. Albrecht 还使用三聚氰胺和水合乙醛酸缩合物来提高流动性，控制坍落度损失，增加抗压强度。徐长征、何廷树使用廉价的活性单体尿素取代三聚氰胺单体（取代量为 17%）制成了改性密胺树脂高效减水剂 JD；并复配氨基磺酸盐高效减水剂 HPP，可进一步改善改性密胺树脂高效减水剂的综合性能。

（二）物理复配

密胺系高效减水剂与苯酚磺酸盐和甲醛的缩合物复配，具有良好的泡沫稳定性和抗冻融性。磺酸改性的密胺系高效减水剂与水溶性纤维素或酯、聚丙烯酰胺、淀粉接枝的聚丙烯酸盐一起混合可用在水下工程，具有良好的工作性，可防止垂直墙面膜料松散。密胺系或改性密胺系高效减水剂也可以与氨基磺酸系和聚羧酸系减水剂复配，从而保持两者的优点，即有优异的流动性能和保持流动性能，同时不缓凝，早强，含气量适中，更可以用在自密实混凝土。

三、改性木质素磺酸盐系高效减水剂

木质素磺酸盐是使用最早的减水剂，早在 20 世纪 30 年代初，国外就已注意到亚硫酸纸浆及各种浓缩液能改善混凝土的流动性。由于超剂量使用木质素磺酸盐将会导致混凝土强度降低，甚至发生混凝土在相当长时间不硬化的现象。且其对本身剂量和环境气候均比较敏感，减水率仅在 8%～10% 之间，所以其用途受到一定限制。但由于价格低廉，因此木质素磺酸盐还是使用较普遍的减水剂。

（一）化学改性

从 20 世纪 70 年代末以来，许多发达国家都开始研究木质素磺酸盐制备高效减水剂的技术途径，并且已经取得了显著的成果。M. Nishida 则用木质素磺酸盐 50～95 份，对氨基苯磺酸 2～40 份，甲醛 1～15 份（质量比）缩合制得一种具有良好的流动性能和减少坍落度损失的高效减水剂。张致发等人尝试将木质素磺酸盐与丙烯酸单体进行电化学接枝共聚，以实现木质素磺酸盐向高效减水剂转化，产品的表面活性有明显改善。吕永松等人通过化学改性方法，在木质素磺酸镁分子中引入羟甲基（羟基）和磺酸基等不同活性基团，以提高其对混凝土的减水效果，将木质素磺酸镁转化为高效减水剂。H. Ishitoku 将水溶性铁化合物和铝化合物与木质素磺酸盐反应，产品具有高表面张力和低引气性，混凝土早期强度发展快。杨益琴等人则认为磺酸基含量过高的木质素磺酸盐用作混凝土减水剂时，存在引气量偏大、缓凝等问题，可通过在碱性高温下进行部分脱磺来改善。武汉工业大学北京研究生部采用"泡沫-吸附"分离法对木质素磺酸盐进行改性，除去分子量较小和较大的木质素磺酸盐，剩余分散作用较强的中分子量木质素磺酸盐，可减少引气和缓凝作用，其掺量可提高到 0.5% ~ 0.6%，减水率达到 18%。华南理工大学利用基团设计方法，通过对木质素磺酸盐进行化学物理改性，制备出 GCL1-3A 高效减水剂。该减水剂可使水泥净浆减水率达到 20%，使 3 ~ 28d 硬化混凝土的抗压强度提高 28% ~ 60%。混凝土掺加 GCL1-3A 高效减水剂后能满足工程要求，尤其是混凝土的和易性、坍落度等工作性能好，获得了国家授权的发明专利，其技术成果处于国内领先地位，达到国际先进水平，目前已在不少工程得到推广应用。由于其优良的性能价格比，GCL1 系列减水剂已成为目前国内广泛使用的萘系减水剂的替代品。万朝均研究了几种超塑化剂（高效减水剂，其中木质素磺酸钙有较好的作用）对水泥沉降的影响，并指出：超塑化剂具有强烈的分散作用，能使水泥浆中产生凝聚的水泥颗粒高度分散，相当于颗粒粒径减少，沉降速度降低。李建峰等研究了木质素磺酸盐对水泥生料浆减水剂的分散作用，水泥生料分散体系是极不稳定的体系，极易形成聚集状态，木质素磺酸盐能提高粒子的分散度，改善粒子的表面能，在粒子表面形成一个强电场，增加粒子间的静电斥力，在粒子表面形成溶剂化膜，从而提高浆料的流动性和稳定性。Mollah 等用 Fourier 变换红外分光技术研究了木质素磺酸钠对水泥浆体早期水化的影响。Khalil、Monosi、Col-loPardi 等研究了木质素磺酸盐对水泥水化产物组成及结构的影响。李庆春等人采用化学、复合改性方法，在木质素磺酸盐中加入一定量改性剂后，在碱性介质及加热条件下进行剧烈搅拌。在这种碱性热降解过程中，甲氧基分解，醚键、碳-碳键断裂，羧基含量增大，随后再加入一定量的助剂进行复合改性。改性后木质素磺酸盐减水剂的掺量可提高到 0.55%，减水率提高 5%，混凝土的 3d、7d 和 28d 抗压强度分别提高 21.3%、16.7% 和 6.7%。

化学改性概括起来包括了三个方面，即：①强氧化改性木质素磺酸盐，使木质素磺酸盐中缓凝基团（—OH）、醚键（—O—）氧化成不大缓凝的羧基（—COOH），从而减小木质素磺酸盐中缓凝作用，提高其分散作用及掺量范围。②利用木质素磺酸盐分子中的化学基团与甲醛、萘磺酸盐或三聚氰胺磺酸盐等共缩聚制备超塑化剂。③木质素磺酸盐与其他化学物质接枝共聚以改善木质素磺酸盐的应用性能。周建成等将木质素磺酸盐丙/乙氧基化后制成木质素磺酸盐衍生物，该改性物在混凝土减水剂体系中与普通木质素磺酸盐相比，其分散性能增强，吸附力降低，净浆流动度有了较大改善，气泡性能也得到一定的抑制，能有效地抑制缓凝及降低引气效果，提高其减水率。

（二）复配改性

原苏联在木质素磺酸盐中加入少量改性剂（调节引气性的试剂，如多羟基丙二醇醚、正丁醇、硅氧烷），降低了木质素磺酸盐的引气量，产品性能接近高效减水剂。硫酸钠、三乙醇胺与木质素磺酸盐复合使用，可以减少木质素磺酸盐的缓凝作用；木质素磺酸盐与脂肪酸聚氧乙烯酯、萘系等减水剂复配，可以提高减水效果、降低成本；Tsuji A 等人将木质素磺酸盐与甲基萘磺酸盐复配，并加入少量异丁烯-马来酸酐共聚物锌盐，可提高减水性能；Sugiura H 等人将含茚轻油馏分与不饱和二元羧酸的共聚物添加到木质素磺酸盐中，以提高减水效能和改善坍落度；周晓群等人将亚硫酸盐废液与脂肪酸聚氧乙烯酯、山梨醇聚氧乙烯脂肪酸酯等一种或多种搅拌混合，制成减水率为 8% ~ 15% 的减水剂。A. Baskoca 等人则认为木质素磺酸盐的减水性能差及强烈缓凝与其化学结构和胶体性质有关，加入铵盐可以消除上述不良效果，从而提高其性能。

将木质素磺酸盐用作牺牲剂。即高效减水剂掺量是胶凝材用量的最佳掺量底限，再加一定量的木质素磺酸盐以扩大对水泥的分散性，或者供水泥吸附，以使掺入的高效减水剂尽可能全部发挥作用。这样对高效减水剂有时要掺到 0.8% ~ 1.0% 才显作用的水泥来说，"牺牲"了木质素，保全了高效。

改性木质素磺酸盐难以得到推广应用的原因主要有以下三个方面：一是研究与应用脱节，改性工艺复杂，所用药剂价格较贵，导致改性成本高，难以得到实际应用。而且改性方法往往带有较大的盲目性，研究周期长。二是改性后木质素磺酸盐产品的性能未能满足工业应用的要求。三是国外对木质素磺酸盐的改性工艺高度保密，经常以专利形式出现，带有市场垄断性。目前在实际应用中大多将木质素磺酸盐与其他高效减水剂进行复配，而且高效减水剂所占比例高达 60% ~ 90%，木质素磺酸盐的利用率极低，难以真正将木质素磺酸盐作为一种资源加以开发利用。

四、聚羧酸系减水剂

聚羧酸系减水剂最先在日本研制成功，采用不同不饱和单体接枝共聚而成，当时称为反应性高分子，用来控制坍落度损失，后来真正做到依据分散水泥作用机理设计了各种有效的分子结构，聚羧酸系减水剂的减水分散效果、流动性保持效果都大大提高。由于聚羧酸系减水剂具有超分散性、能防止混凝土坍落度损失而不引起明显缓凝，低掺量下发挥高的塑化效果，流动性保持性好、水泥适应广、分子构造上自由度大、合成技术多、高性能化的余地很大，越来越受到国内外化学外加剂工作者的重视。1995 年以后聚羧酸系减水剂在日本的使用量已超过萘系减水剂。现在国外则偏重研究聚羧酸系减水剂的新拌混凝土有关性能、硬化混凝土的力学性能及工程使用技术，而我国对聚羧酸系减水剂的研究才处于起步阶段，着重探索聚羧酸系减水剂的合成途径，从材料选择，降低成本、提高性能等方面优化工艺参数。

（一）化学改性

美国专利报道了在溶剂体系中对马来酸酐和苯乙烯共聚物进行改性，得到性能良好的聚羧酸系超塑化剂。日本专利也报道了在溶剂体系中对马来酸酐和石脑油的共聚物进行改性，制得高性能的聚羧酸系超塑化剂。G. Ferrari 等通过改变聚羧酸与羧酸酯的比率制得一系列聚羧酸系超塑化剂，并根据产品对水泥性能的影响指出两者合适的比率可提高聚羧酸系超塑化剂的分散效果。Shawl 等将丙烯酸单体、链转移剂、引发剂的混合液逐步滴加到分子量为 2000 的甲氧基聚乙二醇的水溶液中，60℃反应 45min，在 N_2 保护下不断移出反应过程中的水，再加入催化剂升温到 165℃，反应 1h，接枝合成了聚羧酸系超塑化剂。Takahashi 等采用聚氧烷基衍生物、不饱和羧酸单体、烯基磺酸钠单体共聚合成聚羧酸系超塑化剂，并引入硅氧基单体，具有良好的分散性能。美国的 W. R. Grace 通过在丙烯酸/甲基丙烯酸/含甲氧基的酯的共聚物上嫁接 EO/PO 卤氮化合物合成超塑化剂，对水泥具有良好的分散性能。瑞士的 Sika 发明了聚酰胺-丙烯酸-聚乙烯乙二醇支链的新型聚羧酸系超塑化剂，在混凝土 W/C 低于 0.15 时，仍具有分散性能，在当前超塑化剂中是属于超前的。

近年来，国内也开展了大量高性能聚羧酸系超塑化剂方面的合成研究。何靖等通过高分子反应法的新型合成路线，用 SO_3 磺化的方法，对苯乙烯-马来酸酐共聚物进行磺化，引入磺酸基团，在马来酸酐基团上进行酯化接枝，合成出带有聚氧乙烯醚侧链的聚羧酸型减水剂。王友奎应用高分子设计原理，使合成的聚羧酸系超塑化剂可使新拌混凝土的坍落度 1h 内几乎无损失。李崇智等以甲基丙烯磺酸钠、2-丙烯酰胺-2-甲基丙磺酸、丙烯酸、不同聚氧化乙烯基（PEO）链长的聚乙二醇丙烯酸酯等单体制备了改进聚羧酸系超塑化剂（MPC）。朱木玮等将丙烯酸、甲基丙烯磺酸钠和马来酸酐聚乙二醇单甲醚单酯通过自由基聚合，合成了聚羧酸系超塑化剂。刘巍青在水溶液体系中以过硫酸盐为引发剂，用马来酸（MA），苯乙烯磺酸钠（SSS）和聚乙二醇（PEG）为单体接枝共聚合成聚羧酸系超塑化剂。张忠厚等以丙烯酸（AA）、甲基丙烯酸甲酯（MMA）、对乙烯基苯磺酸钠（P-VBS）为主要原料，以过硫酸铵为引发剂，采用水溶液聚合的方法合成了一种聚羧酸系减水剂。同济大学王国建采用后酯化法制备聚羧酸盐高效减水剂。陕西科技大学杨秀芳通过自制单体丙烯酸聚乙二醇单酯（PA）、丙烯基磺酸钠（SAS）与马来酸酐（MA），在过硫酸盐的引发下共聚，合成了梳型聚羧酸盐高效减水剂。

（二）物理复配

通过与其他水溶性聚合物复配可提高其综合性能。Y. Tanaka 发现用聚羧酸系减水剂复配单体衍生物聚氧乙烯系消泡剂可以克服聚羧酸系减水剂引入的过量空气，效果很好。改性纤维素类化合物这些增稠剂也可以起到上述作用。对于防止集料离析和缓凝，聚丙烯酸类化合物和纤维酯类化合物是两种有效的增稠剂，前者在黏度稳定性方面逊于后者，但增稠效果好于后者，而且后者作为增稠剂时其黏度随温度变化大。引入长链的烷基化纤维酯水溶性不好，需要长时间来溶解，黏度还随时间而变化，同溶液中金属离子的共存性也不好。H. Yamamuro 对传统的水溶性纤维类化合物进行改性，先用 C8-43 烷基和羧基、磺酸基、磷酸基等部分或全部取代羟基，0.0001 ≤ 前者取代度 ≤0.001，（Zeisel's method），后者取代度为 0.01 ~ 2（colloidaltitration）。当与聚羧酸系减水剂混用时，可以在高离子强度下稳定存在，缓凝作用小，早期强度发展快，抗离析作用强，流动性提高大。K. Wuta 介绍一种由聚乙环氧烯烃与不饱和羧酸接枝共聚后，再与胺或醇对其中的酸衍生化生成的聚羧酸系减水剂与酪蛋白复配，可以使流动性大大提高，并能保持在相当长的一段时间里。为了使聚羧酸系减水剂可以用在泵送混凝土上，传统解决的方法有增加水泥或细集料掺量，降低拌合水，加入增稠剂。但这些方法会增加混凝土的黏度，提高泵送压力，降低混凝土的耐久性。如果用聚乙二醇、二甘醇单丁酯、聚多糖和增稠剂与聚羧酸系减水剂复配，可以在不增加混凝土黏度的条件下，轻松泵送，保持良好的流动性和可泵性。

五、氨基磺酸系高效减水剂

氨基磺酸系高效减水剂最早是 20 世纪 80 年代末在日本得到开发和应用。国外在氨基磺酸系高效减水剂的原料选择、合成工艺、物理复配及在混凝土中的应用方面进行了大量的研究工作。我国在 20 世纪 90 年代末才开始对氨基磺酸系高效减水剂进行研究，目前正处于起步阶段。氨基磺酸系高效减水剂是以氨基芳基磺酸盐、苯酚类和甲醛进行缩合的产物，其中苯酚类化合物，包括一元酚（如苯酚）、多元酚（如间苯二酚，对苯二酚）或烷基酚（甲酚、乙酚）、双酚（双酚A、双酚S）或以上化合物的亲核取代衍生物。甲醛也可以用其他醛类化合物或能产生醛类的化合物代替，如乙醛、糠醛、三聚甲醛等。

（一）化学改性

何廷树等通过在合成过程中加入高聚物改性剂，优化其比例和浓度，合成一种新型改性氨基磺酸系高效减水剂 ASL。性能测试结果表明：ASL 减水剂综合性能比传统氨基磺酸系高效减水剂高，且成本大幅度降低。陈国新等使用不同的碱性调节剂，制备不含碱的新型氨基磺酸系高效减水剂，试验证明，该新型减水剂与传统氨基磺酸系减水剂相比性能接近，但能更有效地抑制碱-集料反应造成的混凝土膨胀，降低碱-集料反应的潜在危害。蒋新元等利用橡胶部分取代苯酚制备了改性氨基磺酸系减水剂，改性产物的分散性能较未改性产物略有下降，但2h流动度损失增大。当掺入量为 0.5%、水灰比为 0.28、1h 时，掺改性产物和掺未改性产物的净浆流动度分别为 240mm和 252mm。杨东杰等将氨基磺酸的聚合物与木质素磺酸盐进行接枝共聚，研制出改性氨基磺酸系高效减水剂 ASM，可使生产成本降低 20%，ASM 的减水率达到 21.9% ~ 26.3%，高于同掺量下ASP 的减水率。掺 ASM 的混凝土 2h 后坍落度损失仅为 13.4% ~ 15.9%，28d 混凝土的抗压强度均大于 70MPa。华南理工大学化学工程研究所也进行了相关研究，通过试验优化工艺参数，由对氨基苯磺酸、苯酚在水溶液中与甲醛加热缩聚合成氨基磺酸系高效减水剂 ASP，其减水率高达

25.3%，2h 相对流动度损失小，混凝土抗压强度有较大的提高，同时进行了作用机理方面的探讨。延边大学史昆波等也进行了类似的工艺研究。

（二）物理复配

为了改善其性能，在氨基磺酸系高效减水剂与其他混凝土外加剂在物理复配方面也做了许多工作。Yamato 用氨基苯磺酸、苯酚与甲醛的缩合物，复配 0.05% 甲基纤维素，使新拌混凝土具有良好的流动性和能较好地防止泌水。Kawamura 用萘系减水剂和双酚 A、对氨基苯磺酸、甲醛的缩合物复配，该复配剂在混凝土中掺量为 1.1%，1h 基本无坍落度损失，初凝和终凝时间分别为 6.5h 和 8.5h。Kawamura 用双酚 A、对氨基苯磺酸、甲醛的缩聚物同木质素磺酸复配，在低水灰比下，可以获得良好的流动性和增加混凝土的抗压强度。Ishitoku 用双酚 A（或双酚 S）、对氨基苯磺酸、甲醛的共聚物与双酚 A（或双酚 S）、谷氨酸、甲醛的共聚物复配，制得一种高效减水剂。因幡芳树等用双酚 A、对氨基苯磺酸与甲醛的缩合物与硝酸盐或亚硝酸盐复配，掺加的混凝土具有良好的抗冻融性及早期强度。清华大学冯乃谦用对氨基苯磺酸、苯酚与甲醛反应制得氨基磺酸盐高效减水剂 AS，并与萘系减水剂进行复配，进行了水泥净浆和混凝土试验，结果表明氨基磺酸系高效减水剂对不同的水泥均有很好的适应性，流动度和坍落度大，且经时损失很小。某些特定情况下，掺氨基磺酸系高效减水剂的混凝土坍落度在 90min 内基本保持不变，而萘系及三聚氰胺系高效减水剂的坍落度损失很快，60min 后已基本上不能流动。李强等通过与萘磺酸盐甲醛缩合物及其他增强组分、抗分离组分等复配成的高性能复配高效减水剂，减水率较高，能够满足混凝土的工作性，对不同水泥的适应较好，适用于配制高性能混凝土及自密实混凝土。胡晓波等将 PAS 及增稠保水剂复配，结果表明聚醚多糖与 PAS 复掺后能明显降低水泥浆的泌水率，提高其早期强度，浆体流动性较好，且流动度经时损失较小。

由于氨基磺酸系高效减水剂具有高减水率、大坍落度，能控制混凝土坍落度损失，使混凝土具有良好的工作性及耐久性，是当今最有发展前途的新型高效减水剂之一，目前国内对此类减水剂的研究日渐增多。氨基磺酸系高效减水剂目前在国内有少数厂家生产，它的生产条件容易控制，无"三废"，属于化工环保型产品，但生产的氨基磺酸高效减水剂尚存在不少需要解决的问题，如成本较高、易泌水等，因而使用量不多。

101 高效减水剂对水泥水化性能的作用是什么？

随着高效减水剂在混凝土工程中的广泛应用，经常发生水泥与高效减水剂不适应情况。主要表现在减水效果低下、凝结速度过快、坍落度损失快、甚至降低混凝土强度。这种不适应情况不仅与水泥的成分、矿物组成、磨制过程中工艺差异有关，也与高效减水剂的品种、原材料选用、制造工艺、外加剂掺量直接相关。

一、水泥的早期水化

当水与高吸湿性水泥粒子接触时，由于水泥中各相完全或部分溶解，表面水解很快形成一层薄薄的无定形或胶体产物。在最初溶解之后，液相中的均匀成核过程或固液界面的非均匀成核过程生成水化物。随着成核过程，水化产物的生长受到溶液浓度、反应用水、离子的可得量、反应过程的活化能以及晶体生长的定向要求的控制。在第一阶段后期，水泥粒子完全被一层水化产物所覆盖，这一保护层阻碍反应物在反应界面的内外扩散，极大降低了反应速度。这一阶段从与水接触开始持续约 15min。

水泥发生水化反应的第二阶段是诱导期，持续时间约为 15min ~ 4h。早期主要是铝酸盐的反应，这时期的 SO_4^{2-} 浓度起主导作用。如果浓度太低，过度的成核作用使 C—S—H 的生长产生间凝；如果浓度太高，大量的成核作用和石膏晶体的生长使水泥产生假凝。只有 SO_4^{2-} 浓度合适时，才能使钙矾石晶体继续形成，C—S—H 胶体增加，水化前沿向水泥粒子内部扩展，产生渗透力和机械力。

上述水化过程确定水泥浆的流变性能和凝结性能。掺入减水剂后，减水剂与水泥反应物将相互作用，对水泥水化的扩散过程、成核过程和生长过程产生干扰，改变混凝土的初期流动性能，并影响混凝土的其他性能。

二、高效减水剂与水泥浆的流动性

由于范德华力、不同静电的互相作用，水化颗粒表面化学作用，导致粒子形成聚集结构，束缚一部分水使其不能用于湿润水泥粒子，也不能立即用于水化。加入高效减水剂后，由于吸附作用和同电荷斥力，使水泥粒子分散，絮状结构解体，释放束缚水并阻止粒子的相互作用，使水泥浆的流动性增大。

高效减水剂与水和水泥体系接触后，即均匀地吸附于水泥粒子表面或者处于游离状态，测定水泥浆中未被吸附的高效减水剂数量，即可得到吸附百分数。铝酸三钙（C_3A）在拌合几秒钟后，即吸附了相当多的外加剂，硅酸三钙（C_3S）在 $6 \sim 7min$ 后才开始吸附外加剂，而水泥在拌合后 $5min$ 即达到最大吸附量。随着萘磺酸盐高效减水剂的吸附量增加，水泥浆的流动度也成比例增大。

萘系减水剂的吸附量和吸附速度受水泥中硅酸盐相的比例（C_3S/C_2S）和铝酸盐相的比例（C_3A/C_4AF）的影响很大。在其他条件保持相同情况下，水泥中 C_3S/C_2S 和 C_3A/C_4AF 比值较高时，吸附较多的萘系减水剂。许多试验结果表明，萘磺酸高缩合物均匀地吸附于水泥粒子表面，铝酸盐带正电荷，易吸附带负电荷的减水剂；硅酸盐带负电荷，稍后于铝酸盐吸附减水剂。水泥四种矿物成分吸附减水剂均带负电荷，因同电荷相斥使水泥粒子分散，从而提高水泥浆的流动度。

随着减水剂掺量增加，吸附量增加，ξ-电位增加，混凝土的流动性增大。减水率增大到一定数量，达到最大减水率。此后再增加减水剂的掺量，减水率不再变化。当水泥四种矿物含量不同时，对减水剂的吸附量不同，产生的 ξ-电位不同，得到的分散效果不同。要得到同样的和易性，需要用不同的减水剂掺量，C_3A 或 C_3S 含量大时要用较多的减水剂。

生产萘系减水剂的外加剂厂家原料和工艺的差别，使减水剂的分散性能或减水效果也发生差别。如主链的长度和磺酸基团的位置、单体或轻分子量的数量等因素都会影响高效减水剂性能的发挥。在进行混凝土配合比设计时，要通过充分的试配过程来选择最适合水泥性能的高效减水剂，以达到混凝土拌合物的最佳性能。

三、石膏形态、水泥凝结和混凝土坍落度损失

在水泥四种矿物成分中，活性反应程度依次是 $C_3A > C_3S > C_2S > C_4AF$。铝酸盐相在水泥早期水化过程中起着重要作用，由于铝酸三钙的高反应活性，掺加外加剂对硫酸盐控制水化速度的影响必然会影响到水泥的水化过程。在此过程中，水泥浆溶液中的硫酸钙必须充分溶解，并有足够的硫酸根离子和钙离子供给才能生成硫铝酸钙。当铝酸盐和水直接反应时，水泥水化过程会发生假凝。假凝时，可以通过进一步拌合，破坏生成物结构，使其恢复流动性。

水泥厂有时会采用硬石膏作调凝剂。虽然在普通混凝土工程中水泥性能表现正常，但当与外加剂共同使用时，这种水泥会表现出与外加剂明显不适应的特性。南京水利科学院试验结果表明，木钙对某些使用硬石膏的水泥有速凝作用。不掺木钙时，用石膏和用硬石膏生产的水泥凝结时间完全相同；但掺加 0.2% 的木钙后，用石膏的水泥初凝时间推迟 4h 左右，但使用硬石膏生产的水泥则快速凝结，初凝时间减少到 40min 左右。

四、坍落度损失与外加剂的关系

混凝土坍落度损失是一系列物理化学作用的结果。坍落度损失发生在水泥中 C_3A 与石膏反应期间，可能与 C_3A 和石膏反应以及晶体生成的程度有关。C_3A、石膏形态、碱含量都会影响混凝土坍落度损失速度。

130

萘系减水剂主要通过静电斥力增加减水剂吸附量、增加水泥分散性，以达到增加混凝土流动度的目的。随着时间推移，水泥粒子表面析出溶解离子和生成水化物，水泥粒子表面吸附的分散剂也会受到化学的、物理的变化影响，降低静电斥力，使混凝土坍落度损失。水泥粒子因外加剂的分散作用，粒子间接触更为紧密。如果粒子间斥力降低，将会使粒子间移动变得较困难，粒子间摩擦阻力增加，导致流动性降低，这就是坍落度损失。

　　测定水泥各成分对萘磺酸盐高缩合物的吸附量，发现 C_3A 与 C_4AF 的吸附量比 C_3S 多。吸附速度随水泥成分不同而变化。在水泥粒子最初接触水与减水剂时，C_3A 与 C_4AF 优先吸附。接触水 6min 左右，C_3S 开始吸附。静电斥力基本上与减水剂的吸附量成正比例。虽然 C_3S 占水泥组分中的大部分，但依赖于 C_3A 与 C_4AF 的吸附量。故 C_3A 与 C_4AF 少的水泥将均匀地吸附大部分减水剂，获得更好的流动性。

102　高效减水剂在水泥表面的吸附状态有哪些？

高效减水剂在水泥表面的吸附状态如图 1 所示。

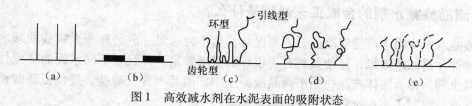

环型　引线型

（a）　　　　（b）　　齿轮型（c）　　　　（d）　　　　（e）

图 1　高效减水剂在水泥表面的吸附状态

103　高性能复合高效减水剂是如何分类的及理论复合式是什么？

高性能复合高效减水剂与理论复合式见表 1。

表 1　高性能复合高效减水剂与理论复合式

序号	项目名称	复合物组成	按主导官能团理论分类及复合式			
			复合组分主导官能团	复合组分非主导官能团	复合组分所属系列	理论复合式
1	聚羧酸盐与改性木质素的复合物	聚羧酸盐，木质素	COOH/SO₃H	O/OH	羧酸/磺酸	Σ(COOH + OH—SO₃H)
2	萘磺酸甲醛缩合物与木钙等	萘磺酸甲醛缩合物，木钙	SO₃H/SO₃H	O/OH	磺酸/磺酸	Σ(SO₃H + OH—SO₃H)
3	三聚氰胺甲醛缩合物与木钙等	三聚氰胺甲醛缩合物，木钙	SO₃H/SO₃H	NH, OH, N/OH	磺酸/磺酸	Σ(NH, OH, N—SO₃H + OH—SO₃H)
4	氨基磺酸系高效减水剂	芳香族氨基磺酸盐，萘系	SO₃H/SO₃H	NH₂, OH/O	磺酸/磺酸	Σ(NH₂, OH—SO₃H + SO₃H)
5	新型高效保坍剂	含羧酸、羟基、磺酸基的接枝共聚物，FDN	"SO₃H—COOH"/SO₃H	OH/O	"磺酸-羧酸"/磺酸	Σ(0.2% OH—"SO₃H—COOH" + 0.6% SO₃H)
6	聚羧酸高效减水保坍剂	羟酸基烯烃、磺酸基烯烃共聚物，FDN，MS	"SO₃H—COOH"/SO₃H "SO₃H—COOH"/SO₃H	O/O O/NH, OH, N	"磺酸-羧酸"/磺酸 "磺酸-羧酸"/磺酸	Σ(0.25% "SO₃H—COOH" + 0.75% SO₃H) Σ(0.25% "SO₃H—COOH" + 0.6% NH, OH, N—SO₃H)

序号	项目名称	复合物组成	按主导官能团理论分类及复合式			
			复合组分主导官能团	复合组分非主导官能团	复合组分所属系列	理论复合式
7	高性能 AS 减水剂	萘磺酸甲醛缩合物，氨基磺酸系	SO_3H/SO_3H	O/NH_2，OH	磺酸/磺酸	Σ（$SO_3H + NH_2$，$OH—SO_3H$）
8	PSL 低坍落度损失缓凝剂	酸酐-苯乙烯-羟基酯-丙烯酸共聚物，萘系	$COOH/SO_3H$	OH/O	羧酸/磺酸	Σ（$14 \sim 16OH—COOH + 82 \sim 84SO_3H$）
9	聚羧酸盐多元共聚物高效减水剂	酸酐-丙烯酸-烯基磺酸盐共聚物，萘磺酸甲醛缩合物	"$SO_3H—COOH$"/SO_3H	O/O	"磺酸-羧酸"/磺酸	Σ（"$SO_3H—COOH$" $+ SO_3H$）

104 脂肪族减水剂的合成工艺过程是什么？

脂肪族减水剂应用于商品混凝土，不但保持了其作为水泥分散剂和萘系磺酸盐减水剂所具有的耐高温特性和高减水效果，还使其具有了很好的保坍效果，并且对不同水泥的适应性均好于萘系磺酸盐减水剂。作为液体产品应用于商品混凝土中，因其不含硫酸盐，避免了硫酸钠因低温结晶沉淀而在商品混凝土泵送过程中引起的堵管现象。

脂肪族磺酸盐减水剂的合成，主要是利用醛酮在碱催化下的缩合反应及对其羰基的 α 位进行磺甲基化反应引入磺酸基，来控制其分子量和水溶性；通过调整醛酮和磺化剂的比例来控制其缩合度和磺化度，从而得到同时具有高减水效果良好的保坍性能的分子结构。

$$\begin{array}{c}R\\ \backslash \\ C=O \\ / \\ R\end{array} + \begin{array}{c}O\\ \| \\ :S—OH \\ \| \\ ONa\end{array} \Longleftrightarrow \begin{array}{c}ONa\\ \| \\ R—C—SO_3H \\ \| \\ H\end{array} \Longleftrightarrow \begin{array}{c}OH\\ \| \\ R—C—SO_3Na \\ \| \\ H\end{array}$$

对羰基进行磺化以提高其活性：

$$CH_2O + 磺化剂 \Longrightarrow HOCH_2SO_3Na$$

在催化剂存在下进行磺甲基化：

$$CH_3COCH_3 + HOCH_2SO_3Na \Longrightarrow CH_3COCH_2CH_2SO_3Na$$

在催化剂存在下的缩合反应：

$$CH_3COCH_3 + CH_2O \Longrightarrow CH_3(CH_2COCH_2CH_2)_nCH_3 + H_2O$$

一、脂肪族磺酸盐减水剂的合成一

把 25kg NaOH 溶于一定量的水中，然后加入到带有回流冷凝气的反应器中，加入 145 ~ 175kg 丙酮，控制反应温度在 52℃以下，滴加 380kg（37%）甲醛和 155kg 焦亚硫酸钠及 50kg 水组成的混合物。加完后，将反应温度升至 80℃反应 2h，再加入 250kg 水冷却到 50℃以下即得成品。

该工艺因其在反应过程中反应温度低、放热量大，而且反应物的浓度变化也很大，所以不但造成其反应周期大约 22h 左右，而且反应产物的分子量分布也不均匀，产品色泽深，使得混凝土带色严重，产品减水率和保坍性均差。在应用过程中，需使用缓凝剂或通过复配以改善其保坍性和色泽，该产品在使用过程中具有引气特性。此工艺基本淘汰。

二、脂肪族磺酸盐减水剂的合成二

在带有回流冷凝器的反应器中，搅拌后将磺化剂和催化剂 160kg 溶于 300kg 水中，加入 130kg（37%）的甲醛，在 60 ~ 65℃下滴加由 110kg 丙酮和 110kg（37%）甲醛组成的混合液，再迅速滴加150kg（37%）的甲醛，在95℃下反应2h，然后降温到50℃以下即得成品。

该工艺对反应温度的控制要求不高，反应周期约为7h。所得产品颜色浅，属非引气性减水剂。产品本身不但减水率高（25%以上），而且其高温保坍效果相当好，所配制的混凝土1h后基本无坍落度损失。对不同水泥具有很好的适应性，目前已在工程中得到广泛应用。

三、脂肪族磺酸盐减水剂的合成三

将磺化剂11kg加入到100kg（37%）甲醛中，搅拌后冷却到30℃以下，然后将30kg丙酮慢慢加入此溶液中，此过程温度控制在35℃以下，加完后继续搅拌1h。将催化剂溶于一定量的水中，升温到60℃左右，然后温度控制在60~65℃的范围内，滴加上述由37%甲醛和丙酮及磺化剂组成的混合溶液。加完后在95℃下反应4h，再冷却到50℃以下即得成品。

该工艺操作简单，温度控制是关键，生产过程中易胶化，所得产品色泽浅，水溶性好，减水率和保坍效果都比较好。

四、脂肪族磺酸盐减水剂的合成四

在带有回流冷凝器的反应器中，搅拌后将磺化剂104kg溶于水中，加入适量的氢氧化钠，反应温度控制在50℃以下，加入33kg丙酮，然后在60℃下分批加入85kg（37%）的甲醛，加完后升温到90℃，继续反应3h，再冷却到50℃以下即得成品。

该工艺操作简单，设备投入少，生产过程中碱量和温度控制是关键，所得产品色泽较深，减水率适中。

五、脂肪族磺酸盐减水剂的合成五

首先利用含有羧基、磺酸基、羟基的物质合成具有一定侧链长度的聚合物单体，然后利用这些单体与含碳酸类单体再次发生共聚反应，在引发剂作用下将这两种共聚物再次聚合成一个大分子两元共聚物。

将水、氢氧化钠、引发剂、磺化剂、丙酮依次加入反应容器中，升温至60~70℃，然后逐渐加入甲醛溶液，将反应温度控制在75~85℃，再滴加丙烯酸与苯乙烯的混合溶液，滴加时间为20~30min，滴加完毕后将温度升至90~95℃，反应2~4h结束。

磺化丙酮甲醛缩合物溶液黏度及浊点盐度与引发剂/磺化剂比的关系如图1所示，掺磺化丙酮甲醛缩合物的水泥浆流动度与引发剂/磺化剂比的关系如图2所示，减水剂性能与酮醛摩尔比的关系如图3所示。

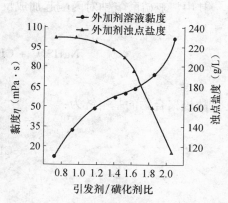

图1　磺化丙酮甲醛缩合物溶液黏度及浊点盐度与引发剂/磺化剂比的关系

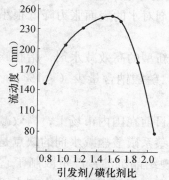

图2　掺磺化丙酮甲醛缩合物的水泥浆流动度与引发剂/磺化剂比的关系

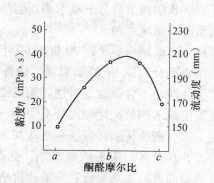

图3　减水剂性能与酮醛摩尔比的关系

合成原理：脂肪族羟基磺酸盐缩合物高效减水剂，它是以羟基化合物为主要原料，在适当的条件下，通过碳负离子的反应历程，产生逐步缩合反应-醛酮缩合反应形成脂肪族高分子链，并通过磺化剂对羰基的加成在分子引入亲水的磺酸基团，形成一端亲水一端憎水的具有表面活性剂分子特性的高分子减水剂，它属于水溶性阴离子表面活性剂。其结构特点是憎水性的主链为脂肪族的羟类，而亲水性的官能团是侧链上所连接的—SO_3Na，—OH。

主要的化学反应历程如下：

$$CH_3—C{=}O + OH^- \underset{慢}{\rightleftharpoons} \left(CH_2^-—\overset{\overset{O}{\|}}{\underset{\underset{CH_3}{|}}{C}} \rightleftharpoons CH_2{=}\overset{\overset{O^-}{|}}{\underset{\underset{CH_3}{|}}{C}} \right) + H_2O$$

含有 α-氢的酮在碱催化下生成碳负离子。

碳负离子很快与不含 α-氢的醛中的羰基发生亲核加成反应而得产物：

$$CH_2^-—\overset{\overset{O}{\|}}{\underset{\underset{CH_3}{|}}{C}} + H—C \underset{快}{\rightleftharpoons} H—\overset{\overset{O^-}{|}}{\underset{\underset{H}{|}}{C}}—CH_2—\overset{\overset{O}{\|}}{\underset{\underset{CH_3}{|}}{C}} \overset{H_2O}{\longrightarrow} H—\overset{\overset{OH}{|}}{\underset{\underset{H}{|}}{C}}—CH_2—\overset{\overset{O}{\|}}{C}$$

在有磺化剂存在时：$NaSO_3 + H_2O \rightleftharpoons NaOH + NaHSO_3$

其中，亚硫酸氢钠对丙酮起加成反应：

$$NaHSO_3 + CH_3—\overset{\overset{O}{\|}}{C}—CH_3 \rightleftharpoons CH_3—\overset{\overset{O}{\|}}{\underset{\underset{NaSO_3}{|}}{C}}—CH_3$$

故该聚合物的基本链为：

$$+CH_2—\overset{\overset{OH}{|}}{C}—CH_2—\overset{\overset{OH}{|}}{\underset{\underset{NaSO_3}{|}}{C}}—CH_2)_n$$

105 脂肪族磺酸盐减水剂工艺参数对产成品性能的影响是什么？

一、产品特性

脂肪族磺酸盐高效减水剂是一种含有磺酸基、羟基、羧基等亲水基团的高分子表面活性剂，是一种直链状阴离子高分子减水剂；脂肪族磺酸盐高效减水剂对水的表面张力降低很小，是一种非引气型的高效减水剂。

脂肪族高效减水剂是在 20 世纪 80 年代发展起来的一种新型的高效减水剂，脂肪族高效减水剂（水溶性磺化丙酮-甲醛缩聚物，简称 AK）具有掺量小，硫酸钠含量少（<1%）。冬天无结晶、非引气性、不含氯盐、对钢筋无锈蚀。

混凝土减水剂是高性能混凝土中的一个重要组成成分。目前在国内市场上，高效减水剂以萘系为主，还有密胺树脂和氨基磺酸盐剂和聚羧酸类减水剂。萘系磺酸盐减水剂的缺点是坍落度损失较大，并且含有一定量的硫酸钠，低温环境下很容易出现结晶沉淀，严重限制了它在冬季使用；而新型高效减水剂聚合物羧酸盐价格高，影响其广泛应用，氨基磺酸盐减水剂由于掺量临界点难以控制，容易造成混凝土的泌水，使用的范围也非常有限。因此合成和采用低成本的新型高性能减水剂，一直是业界非常重视的问题。

脂肪族减水剂对水泥的适应性良好，分散能力强，能有效地降低水泥水化热，保水性好，能显著地改善和提高混凝土性能；碱含量低，可以有效地抑制混凝土的碱-集料反应；不含氯盐，对钢筋无锈蚀作用。

脂肪族磺酸盐高效减水剂是一种主链为脂肪族高分子，分子结构中含有羟基、磺酸基、羧基、羰基等亲水基团的新型减水剂，其数均分子量在 4000～8000 之间。脂肪族磺酸盐高效减水剂具有很好的塑化分散能力，减水率相当于萘系减水剂，对不同水泥的适应性较好，抗冻能力强，低温下强度发展快，安全使用范围大，可广泛用于商品混凝土。用脂肪族磺酸盐高效减水剂配制的混凝土具有良好的耐久性，对钢筋无锈蚀作用。

将脂肪族高效减水剂与其他的萘系、氨基磺酸盐、三聚氰胺、蒽系高效减水剂以及适量的缓凝剂、引气剂等进行复配收到了满意的效果，可以满足不同等级的泵送混凝土的工作性能要求，应用前景广阔。

其产物结构如下：

$$\left[CH_2-CH\right]_m \left[CH_2-CH\right]_n \left[CH_2-CH\right]_l \left[CH_2-CH\right]_k$$
$$\begin{array}{cccc} C=O & HO-C-CH=O & C=C=O & C=O \\ CH_2CH_2SO_3Na & CH_2CH_2SO_3Na & CH_2CH_2SO_3Na & CH_3 \end{array}$$

二、作用机理

脂肪族羟基磺酸盐缩合物是以羰基化合物为主要原料，在碱性条件下通过碳负离子的产生而缩合得到的一种脂肪族高分子链，并且通过硫酸盐对羰基的加成，从而在分子链上引进亲水的磺酸基。这种缩合物的分子链上具有亲水基团和亲油基团，因而在性能上就具有了表面活性的特征。

醛和酮都属于羰基化合物，其中最具代表性的当属丙酮和甲醛。在生产时首先将亚硫酸盐与水配置成一定浓度的溶液，加入一定量的丙酮，在密封条件下缓慢加热，谨慎控制滴加一定量的浓度 37% 的甲醛溶液，当温度达到要求的范围后，维持该温度至反应终点。由于本反应为放热反应，因此必须控制好温度与反应速度。

三、工艺参数（图 1～图 6）

在装有搅拌器、温度计、滴液漏斗和回流冷凝管的反应瓶中加入一定量的磺化剂与水和催化剂混合；开动搅拌器，直到磺化剂完全溶解为止；缓慢滴入丙酮溶液。保持温度在 50～60℃，反应 1h；再缓慢滴入经计量的甲醛，滴完甲醛以后升温至 70～80℃，反应 1h；再升温到 90～95℃，反应 4h；然后降温至室温，得一定固含量的深红色 AK 溶液。

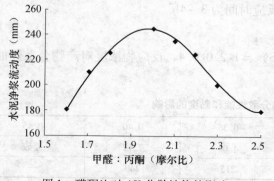

图 1　醛酮比对 AK 分散性能的影响

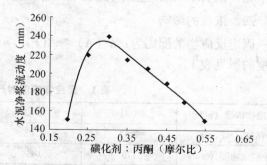

图 2　磺化剂用量对 AK 分散性能的影响

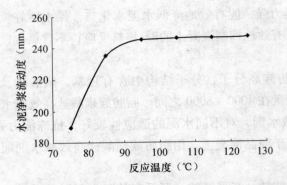

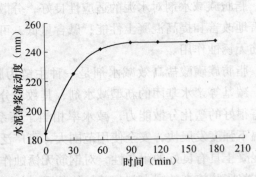

图3 缩合后期反应温度对 AK 分散性能的影响　　　　图4 缩合反应时间对 AK 分散性能的影响

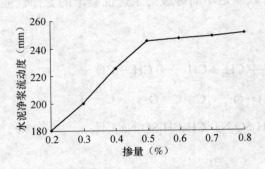

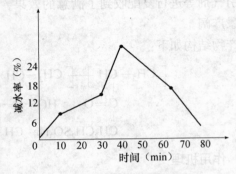

图5 AK 掺量对水泥净浆流动度的影响　　　　图6 磺化时间的影响

整个反应分两步进行，首先是甲醛、丙酮与引发剂发生磺化反应，生成羰丙基磺酸钠，这是一个放热反应，可在较低温度进行，然后羰丙基磺酸钠与甲醛进行缩聚反应。

$$
\underset{\underset{SO_3Na}{|}}{\overset{\overset{OH}{|}}{CH_3-C-CH_3}} + CH_2O \longrightarrow \underset{\underset{SO_3Na}{|}}{\overset{\overset{OH}{|}}{CH_3-C-CH_2}}\left[\underset{\underset{SO_3Na}{|}}{CH_2CH_2-\overset{\overset{OH}{|}}{C}-CH_2CH_2OCH_2CH_2}-\underset{\underset{SO_3Na}{|}}{\overset{\overset{OH}{|}}{C}-CH_2CH_2}\right]_{n-1}OH
$$

反应温度是控制反应进程的关键因素之一，提高反应温度可以缩短反应时间。但是，如果反应初期温度过高，缩聚反应速度过快，反应热难以及时排除，容易造成冲釜现象；另一方面原料沸点低，易挥发，温度过高造成原料浪费且污染环境；此外，高温下的快速反应难以控制缩聚物分子量，使得产物水溶性降低或生成凝胶沉淀，完全失去水溶性。因此，适宜的反应温度为：初期为 $60\sim80℃$，末期为 $85\sim100℃$。

反应时间：固定原料配比和其他工艺条件不变，测定不同反应时间所得产物的黏度和分散性能，随着反应时间的延长，所得产物的黏度和净浆流动度逐渐增大；反应时间超过 3h 后，变化趋于平稳，说明缩聚反应基本完成。所以，适宜的反应时间为 $3\sim4h$。

四、浓度的影响

固定反应物的配比为：$n(A):n(F):n(S)=1:2.0:0.4$，反应物浓度对产物分散性能和黏度的影见表1。

表1　反应物浓度对产物分散性能和黏度的影响

反应物浓度（g/mL）	0.31	0.32	0.36	0.40	0.45
黏度（mPa·s）	2.82	2.88	4.06	7.17	凝胶
净浆流动度（mm）	170	145	215	240	—

136

从表1中可看出，随反应物浓度增大，产物黏度增大，分散性能变好，反应物浓度为 0.40g/mL 时，净浆流动度可达 240mm。但是反应物浓度过高时，产物变成凝胶，不具分散性能。这可能是因为浓度较低时，反应物分子发生碰撞的机会较小，导致的产物分子链较短，分散性能差。反应物的浓度增大后，反应速率加快，形成具有更长分子链的产物，分散性能提高。反应物浓度过高时，产物的聚合度太大，水溶性变差，从而影响分散性能。

对碳基进行磺化以提高其活性：

$$CH_2O + 磺化剂 \longrightarrow HOCH_2SO_3Na$$

在催化剂存在下进行磺甲基化：

$$CH_3COCH_3 + HOCH_2SO_3Na \longrightarrow CH_3COCH_2CH_2SO_3Na$$

在催化剂存在下的缩合反应：

$$CH_3COCH_3 + CH_2O \longrightarrow CH_3(CH_2COCH_2CH_2)_nCH_3 + H_2O$$

106 早强减水剂如何进行配方设计？

一、组成

早强减水剂由普通减水剂或缓凝减水剂、早强剂组成。普通减水剂或缓凝减水剂的减水率一般为 5%～10%，掺普通减水剂混凝土 1d 强度小于不掺外加剂的空白混凝土，3d 强度与空白混凝土相近，28d 强度提高 10%～15%。早强剂中最常用的是硫酸钠，掺量 1%～2% 能大幅度提高早期强度，但 28d 强度降低 5%～10%。如果将硫酸钠与普通减水剂木钙组成复合早强剂，可发挥各自的优点，早强剂消除了普通减水剂延缓早期强度增长的作用，减水剂则使水化产物分布更均匀，孔结构得到改善周期强度和后期强度都大幅度提高，两者的复合是一加一大于二。除上述两组分复合外，三组分以上复合也逐渐增多，例如在早强减水剂中再加入有机早强剂，因为硫酸钠对矿渣水泥早强效果好，在普通水泥中效果差很多，有机早强剂三乙醇胺在普通水泥中效果好。复合早强剂往往比单组分早强剂具有更优良的早强效果。掺量也可以比单组分早强剂有所降低。复合早强剂可以是无机材料与无机材料的复合，也可以是有机材料与无机材料的复合或有机材料与有机材料的复合。众多复合型早强剂中，以三乙醇胺与无机盐型复合早强剂效果较好，应用面最广。除三乙醇胺外，二乙醇胺、三异丙醇胺亦有类似的作用。所以在使用中，往往选择价格较便宜的三乙醇胺残渣，它实际上是三乙醇胺、三异丙醇胺、二乙醇胺等混合物，由于超叠加效应，其效果有时优于纯三乙醇胺。

早强外加剂多为固体，为防止受潮结块，要加粉煤灰等作载体。载体提高了各组分的分散性，使早强外加剂更均匀，在存储运输时不易受潮和结块。

二、基本配方实例

木钙等普通减水剂常用掺量为水泥质量的 0.1%～0.25%；硫酸钠，常用掺量为水泥质量的 0.5%～2.0%，不宜超过 3.0%；三乙醇胺常用掺量为水泥质量的 0.02%～0.05%，三乙醇胺不可超过 0.1%，否则，强度下降较多。

配方Ⅰ：木钙 8% + 硫酸钠 50% + 载体 42%；

配方Ⅱ：木钙 8% + 硫酸钠 50% + 三乙醇胺 2% + 载体 40%。

107 早强高效减水剂如何进行配方设计？

一、组成

早强高效减水剂的配方原理与早强减水剂相似，减水剂组分是高效减水剂，使用聚烷基芳基磺盐类高效减水剂的居多，高效减水率可达 15% 以上。早强组分常采用硫酸钠，因为硫酸钠是无机电解质，在水泥-水体系中会影响双电层分布，进而影响流动性或减水率。试验表明，硫酸钠在某些水泥中低掺量下有提高流动性的作用，多数水泥中随掺量增加流动性下降。硫酸钠与高效减水剂复合时，应注意各组分比例对混凝土流动性的影响。

二、基本配方实例

高效减水剂常用掺量为水泥质量的 0.5%～0.8%，硫酸钠常用掺量为水泥质量的 0.5%～2.0%，硫酸钠与高效减水剂的比例为 1:3～3:1，使早强高效减水剂早强效果好且流动性不过分降低。

配方：高效减水剂 25% + 硫酸钠 45% + 载体 30%。

108 早强减水剂的性能、用途和主要品种是什么？

一、性能

早强减水剂的减水率、含气量等指标和普通减水剂相同，凝结时间差的延缓凝结指标只有90min，不同于普通减水剂有 120min。此外，1d 相对抗压强度达到基准混凝土的 130%～140%，3d 强度达到 120%～130%，均较普通减水剂指标高。早强减水剂特点是后期强度增长较小，只有105%～100%。

二、用途

可适用于蒸养混凝土及常温、低温和负温（最低气温不低于 -5℃）条件下施工的有早强或防冻要求的混凝土工程。

三、主要品种

单一组分型的早强减水剂就是各种高效减水剂（氨基磺酸基减水剂除外）。绝大多数早强减水剂是复配型的，用早强剂加普通或者高效减水剂构成，成分不固定，品种多样。

109 缓凝减水剂如何进行配方设计？

一、组成

普通减水剂一般都有缓凝性，在普通减水剂不能满足缓凝要求时，要选择加入化学缓凝剂，如羟基羧酸盐、糖类、多元醇等。对大体积混凝土，必须选用效果好的缓凝组分，不仅使坍落度损失减小，也可以控制混凝土的水化放热，避免温度裂缝。

二、基本配方实例

配方：木钙 60% + 糖钙 40%。

110 缓凝高效减水剂如何进行配方设计？

一、组成

高效减水剂在常用掺量下基本无缓凝作用，高效减水剂与缓凝剂能够组成缓凝高效减水剂，但不是随便拿来都行的。高效减水剂可用聚烷基芳基磺酸盐、三聚氰胺减水剂、脂肪族系、氨基磺酸盐减水剂。其中，三聚氰胺减水剂、氨基磺酸盐减水剂和聚羧酸盐减水剂的价格偏高，实际使用的少；缓凝剂用木钙、羟基酸盐、糖类、多元醇等，聚羧酸盐减水剂的品种多，有些聚羧酸盐减水剂能作为保塑组分，配制低坍落度损失的缓凝高效减水剂。

二、基本配方实例

合理的配方应满足掺量小、减水率高、缓凝时间适中、强度高、坍落度损失小等要求。单一缓凝剂很难满足上述要求，可用多种缓凝剂组分与高效减水剂复合。

配方 I：萘系减水剂 68% + 木钙 25% + 柠檬酸 7%。

低坍落度损失的缓凝高效减水剂配方：

配方Ⅱ：萘系减水剂83% + 聚羧酸盐减水剂15% + 其他助剂2%。

111 缓凝减水剂的性能和用途是什么？

一、性能

缓凝减水剂的减水率指标与普通减水剂相同，混凝土含气量则可小于5.5%，比其他减水剂范围宽。凝结时间要求最少应延迟1.5h，最多则不做要求，可由生产合同规定。3d抗压强度达到与基准混凝土即可。28d验收强度要求高于基准混凝土10%左右。

二、用途

主要用于热天成型的混凝土、预拌混凝土、大体积混凝土，也可以用于其他要求缓凝的混凝土工程中。

三、主要品种

缓凝减水剂中属于天然产物加工成的有木质素磺酸盐系和多元醇系。前者已在普通减水剂章节中评述。本节主要叙述以缓凝作用为主的兼有减水增强作用（一般不引气）的多元醇系外加剂——缓凝减水剂。

（一）糖蜜减水剂

糖蜜是甘蔗或甜菜提取糖分的副产品，为防止糖蜜发酵、酶解，多将其与石灰乳作用转化成己糖化二钙溶液，然后喷雾干燥而得到棕红色糖钙粉末，故又称糖钙减水剂。其中还含有30%以下的还原糖，10%~15%的胶体物质，1%~2%的钙盐、镁盐。

糖蜜的引气作用很小，属非引气型减水剂。即对混凝土有较大缓凝性，常温环境延迟初、终凝时间约2~4h。糖蜜减水剂在正常掺量为0.2%左右时，减水可达8%。

这种减水剂使混凝土强度在7d后超过不掺的基准混凝土，28d强度超过5%，而且长龄期强度还有少量增长。它也使混凝土抗渗性提高1倍以上，但是干缩则会比基准混凝土大。

（二）低聚糖缓凝减水剂

这种减水剂仍属于多元醇系，是多糖类的淀粉经淀粉酶或酸的作用而水解得到麦芽糊精，麦芽糊精氧化成低聚糖酸。水解的中间产物可作为缓凝减水剂使用，是一种黑褐色黏稠液，也可以用氢氧化钠中和后喷粉干燥成棕色粉末。在掺量为0.25%时，综合性能优于木质素磺酸盐。

它是非引气减水剂，掺量为0.2%~0.3%时，能使混凝土缓凝2h左右。低聚糖减水剂可使混凝土3d强度就高于不掺的10%左右，28d强度也高于10%。对混凝土抗渗等级提高也大。

（三）缓凝高效减水剂

（1）氨基磺酸基高效减水剂

这种高性能减水剂是缓凝型的，当对氨基苯磺酸或其盐纯度低时缓凝则更严重。但不像普通缓凝减水剂那样若超掺则过度缓凝，也就是说副作用不明显，曾有学者以2和3倍量进行试验，发现缓凝增加150%左右，对混凝土强度无损害。

（2）聚羧酸高性能减水剂

此类减水剂是有缓凝作用的，掺量从0增加到0.4%，混凝土凝结时间增加了1倍。但由于超掺引发含气量过高，因而会导致最终强度的降低，因此聚羧酸减水剂不宜超掺，需要重度缓凝或超缓凝时应当与其他缓凝剂共同使用。

（3）复合缓凝高效减水剂

将萘基减水剂与缓凝剂或缓凝普通减水剂复合可以得到缓凝高效减水剂。当糖和羟基羧酸加入量超过某一值以后，水泥流动度不再增大或减小，但缓凝时间则成倍增加，且最终强度偏低。

萘基减水剂和有机酸复配时有一定的缓凝作用（不如糖效果好），但是早期强度较好；萘基减水剂和木钙复配时有一定的缓凝作用，但是强度发展较慢。

112 MNC-A5 型普通早强减水剂如何应用？

一、用途及特点

本剂有一定的早强、减水、增强作用，属自然养护型外加剂。本剂一般用于砖混结构建筑物所用的混凝土。掺本剂的混凝土在常温下成型 5d 后可以达到设计强度等级的 75%。使用掺加本剂的混凝土浇筑圈梁、构造柱、阳台、雨篷等构件强度增长较快，后期强度比不掺本剂的混凝土高。使用本剂既能缩短工期，又能保证工程质量。本剂适用于常温、低温和正负温度交替（日最低温度不低于 $-5\,^{\circ}\mathrm{C}$）环境中施工的有早强要求的普通混凝土、钢筋混凝土和预应力混凝土工程。

二、执行标准

GB 8076—1997。

三、用量与用法

（1）掺量：水泥质量的 1.5%。每 100kg 水泥加本剂 1 小包（1.5kg）。

（2）早强减水剂混凝土的搅拌和振捣方法，可与不掺外加剂的混凝土相同，粉剂加入搅拌机时，应先与水泥、集料干拌后再加水，搅拌时间不得少于 3min。

（3）采用自然养护时，应用塑料薄膜覆盖；低温时，应用保温材料覆盖，不能用于蒸养混凝土。

四、贮运及包装

（1）塑料袋小包装每包 1.5kg，编织袋集装大包装。

（2）本剂为粉状。搬运时严防破损。贮存时应防潮。如有受潮结块，应粉碎并通过 0.63mm 的筛后方可使用。

（3）贮存期：3 年。

五、参考数据（表1）

表1　参考数据

编号	掺量（%）	用水量（g）	坍落度（mm）	减水率（%）	抗压强度（MPa）/抗压强度比（%）			
					1d	3d	7d	28d
0708 基准	—	2730	81	—	7.6	13.46	18.53	24.7
MNC-A$_1$	2.5	2100	79	23.1	26.29/345.9	35.07/260.5	39.74/214.5	45.92/185.9
MNC-A$_3$	2.0	2150	86	21.2	23.44/308.4	33.41/248.2	37.84/204.2	39.98/161.9
MNC-A$_5$	1.5	2270	76	16.8	16.3/214.6	25.89/192.3	29.69/160.2	35.23/142.6

113 MNC-A3 型高效早强减水剂如何应用？

本剂的早强、减水、增强作用显著，属自然养护型产品。掺本剂的混凝土适用于框架结构及抢修抢建工程。长度为 7.2m 的掺本剂的混凝土大梁在常温下 ［(20±3)℃］ 成型后 3d 即可拆除底模加放楼板。本剂适用于常温、低温和负温（最低气温不低于 $-6\,^{\circ}\mathrm{C}$）环境中施工的有早强或防冻要求的普通混凝土、钢筋混凝土和预应力混凝土工程。常温下施工，掺本剂的混凝土 3d 可以达到不掺外加剂的混凝土 7d 的强度，7d 可以达到设计强度等级，28d 可提高混凝土设计强度的

10%～15%；50℃养护（5～7月份用黑塑料布覆盖）2d可以达到设计强度等级的75%。本剂以掺量小、早强效果好、后期增强幅度大而闻名全国。执行标准：GB 8076—1997。

一、适用范围

（1）适用于现浇和预制的混凝土、预应力钢筋混凝土及外掺粉煤灰混凝土，对普通硅酸盐水泥、矿渣硅酸盐水泥和火山灰硅酸盐水泥等均有较好的适应性。本产品对混凝土冬季施工效果更为显著。

（2）适用于自然养护的混凝土工程及制品。本品减水增强作用显著，早期效果尤佳，可大大加快模板和场地周转，缩短工期。

二、主要性能

（1）本产品为灰色粉剂，无毒、无臭、不燃，对钢筋无锈蚀作用。

（2）该产品是一种复合早强减水剂，既可提高混凝土工程和制品的早期强度，又可节约水泥。

（3）在0～20℃平均气温下，掺加2%的该产品，可使混凝土1d抗压强度提高80%以上，3d抗压强度提高60%以上，7d抗压强度提高30%以上，28d抗压强度提高15%以上。

（4）对于一般塑性混凝土掺加2%的该早强减水剂，可减少拌合用水20%以上。

（5）掺入本产品以后，混凝土各种物理性能均有良好的改善。

（6）在坍落度和强度基本相同的情况下，可节约水泥10%以上。

三、掺 MNC-A3 型早强减水剂混凝土性能指标（表1）

表1　性能指标

检验项目		企标	检验结果	检验项目		企标	检验结果
减水率（%）		≥12	13.2	抗压强度比（%）	1d	≥180	195
泌水率比（%）		≤90	78		3d	≥160	164
含气量（%）		≤3.0	2.7		7d	≥130	135
凝结时间之差（min）	初凝	−90～+120	+28		28d	≥115	118
	终凝		+37	收缩率比（%）	28d	≤135	128
对钢筋锈蚀作用		无	无				

注：检测掺量2%（以水泥用量计）。

四、推荐掺量

本产品的掺量范围为2%，推荐掺量为2%（以水泥用量计）。

五、使用方法

（1）本产品可与水泥一起加入搅拌机，计量必须准确。

（2）为搅拌均匀，应延长搅拌时间30s。

六、包装、运输、贮存

（1）本品采用内衬塑料袋，外编织袋包装。每袋净重（25±0.13）kg或（50±0.25）kg。

（2）运输时谨防受潮和遇锋利物，以防止破包。

（3）应贮存在通风、干燥的专用仓库内，有效期为两年，超过有效期经检测合格后仍可使用。若受潮结块需烘干粉碎后使用。

114 MNC-A1 型超早强减水剂如何应用？

本剂超早强、高强，用于抢修抢建混凝土工程。使用本剂的混凝土工程在常温［（20±3）℃］下1d可以达到设计强度的50%，3d的强度达到不掺外加剂混凝土28d的强度。掺加本剂的混凝土在用滑升模板施工时，10h 可以达到拆模强度；在用大模板施工时，1d 可以达到拆模强度；50℃养护 12h 可以达到设计强度的 75%。本剂适用于常温、低温和负温（最低气温不低于 -8℃）环境中施工的有早强要求的普通混凝土、钢筋混凝土和预应力混凝土工程。执行标准：GB 8076—1997。

一、适用范围

（1）适用于现浇和预制混凝土、预应力钢筋混凝土及外掺粉煤灰混凝土，对普通硅酸盐水泥、矿渣硅酸盐水泥和火山灰硅酸盐水泥等均有较好的适应性。本产品对混凝土冬季施工效果更为显著。

（2）适用于自然养护的混凝土工程及制品，道路抢修工程。本产品减水增效显著，早期增强尤佳，可大大加快模板和场地周转，缩短工期。

二、主要性能

（1）本产品为棕褐色粉剂，无毒、无臭、不燃，对钢筋无锈蚀作用。

（2）该产品是一种复合的具有较大减水效果且增强作用显著的超早强高效减水剂。

（3）在混凝土中掺入该产品，在水泥用量和坍落度相同情况下，可减水 18% 以上。混凝土强度增长率高。其 1d 抗压强度可提高 120% 以上，3d 抗压强度提高 80% 以上，28d 抗压强度提高 30% 以上。早期强度大大提高，在标准养护条件下，3d 可达设计强度。

（4）在坍落度与强度基本相同的情况下，可节约水泥 15% 以上。

三、掺 MNC-A1 型超早强高效减水剂混凝土（表1）

表1

检测项目		企标	检测结果	检测项目		企标	检测结果
减水率（%）		≥18	20.4	抗压强度比（%）	1d	120	225
泌水率比（%）		≤90	90		3d	180	186
含气量（%）		≤3.0	2.5		7d	160	167
凝结时间差（min）	初凝	-90 ~ +90	+57		28d	130	134
	终凝		+55	收缩率比（%）	28d	≤135	120
对钢筋无锈蚀作用		无	无				

注：检测掺量 2.5%（以水泥用量计）。

四、推荐掺量

本产品的掺量范围为 2.5%，检测掺量为 2.5%（以水泥用量计）。

五、使用方法

（1）本产品可与水泥一起加入搅拌机，计量必须准确。

（2）为搅拌均匀，应延长破包受潮。

六、包装、运输、贮存

（1）本品采用内衬塑料袋，外编织袋包装。每袋净重（25±0.13）kg 或（50±0.25）kg。

（2）运输时谨防遇锋利物，以防止破包受潮。

（3）应贮存在通风、干燥的专用仓库内，有效期两年。超过有效期经检测合格后仍可使用。若受潮结块需烘干粉碎后使用。

115 MNC-HJ 型缓凝减水剂如何应用？

MNC-HJ 缓凝减水剂是由合理的缓凝、减水组分复合而制成：在夏季高温条件下能延缓混凝土的凝结时间，使混凝土在较长时间内保持其可塑性，在大体积混凝土的连续浇筑中，以利于浇筑成型，同时降低水化热，延缓水化放热高峰，减少温度裂缝的产生，是夏季施工必不可缺的外加剂品种。

一、匀质性指标

（1）外观：粉剂灰黄色粉末，液体棕色液体。

（2）净浆流动度≥160mm。

（3）细度：0.315mm 筛余≤12%。

（4）液体密度（g/mL）：1.18±0.02。

（5）消泡时间：≤30s。

（6）pH 值：7~9。

二、混凝土物理学性能（表1）

表1　混凝土物理学性能

试验项目		出厂技术指标	国家标准（一等品）
减水率（%）		≥10	≥8
泌水率（%）		≤90	≤100
试验项目		出厂技术指标	国家标准（一等品）
含气量（%）		≤4.5	<5.5
凝结时间之差（min）	初凝	+90~+120	>+90
	终凝	—	—
抗压强度比（%） 不小于	1d	—	—
	3d	115	100
	7d	120	110
	28d	120	110
收缩率比（%）	28d	≤120	≤135
对钢筋锈蚀作用		无锈蚀	应说明对钢筋有无锈蚀作用

三、主要技术性能

（1）掺量为总胶量的 0.75%~1.5%，减水率为 10%~18%。

（2）该产品具有一定的引气性能，具有较好的缓凝性能，在掺入 1.5% 的情况下，缓凝 1~3h，也可根据用户的要求随时调整凝结时间。

（3）含气量略有增加，有利于提高抗渗、抗冻性能。

（4）可根据对掺量的调整来满足缓凝时间要求，极限掺量不超过 2.0%。超掺将影响到混凝土早期强度的增长，甚至会出现长时期不凝固的现象。

（5）适用于各种硅酸盐水泥配制的各种建筑混凝土、大体积混凝土、公路混凝土、海港混凝土及水利、电力等混凝土工程。

四、应用技术要点

（1）直接与水泥同时掺入搅拌机并适当延长时间。

（2）液体可折算成固体掺加，可明显改善混凝土的和易性、泌水性，提高混凝土强度，改善

143

混凝土抗折、抗渗、抗冻等多项物理力学性能。

（3）本品对水泥的适应性较广，但对硬石膏或工业废料作调凝剂的水泥应做适应性试验，合格后方可使用。

（4）本品应严格按要求掺加，防止漏掺或重复掺加。

（5）适用于 5～40℃温度条件下的混凝土施工。

五、包装与贮存

（1）本品为内塑料外编织袋双层包装，每袋25kg，液体用250kg铁桶包装或协议包装。

（2）应贮存于阴凉、干燥的库房内。

（3）本品保质期为两年，超期经混凝土试验合格后仍可使用。

116 MNC-HHJ 型缓凝高效减水剂如何应用？

MNC-HHJ 型缓凝高效减水剂是以萘系减水剂，及适量缓凝成分，兼有合理引气成分组成。本产品减水率高，增强效果显著，可明显改善混凝土流动性和工作度，初凝前缓凝效果明显，终凝后早强效果显著，能大幅度提高混凝土各龄期的强度，对水泥品种适应较广泛。对钢筋无锈蚀，与硅粉或矿物超细掺合料复合掺用，可配制 C80 以下高强混凝土。执行标准：GB 8076—1997。

一、主要技术指标

（1）外观：粉剂为灰褐色粉末，液体为棕褐色。

（2）固体含量：粉剂≥92%，液体≥40%。

（3）pH 值：7～9。

（4）细度：0.315mm，筛余物＜15%。

二、产品技术性能

（1）在相同水灰比的情况下，可使混凝土初始坍落度提高 15cm 以上，减水率可达15%～25%。

（2）在适宜掺量时，可使砂浆及混凝土 3d、7d 强度提高 50%～70%，28d 提高 30%以上，随着龄期增长，混凝土强度也相应提高。

（3）当混凝土强度和坍落度与基准混凝土基本相同时，可减少水泥用量 15%～20%。

（4）掺加本剂，可大大改善混凝土的和易性，提高混凝土的各项技术性能。

（5）掺入本剂的混凝土，抗渗性、抗冻融性，均有明显的提高。

（6）本产品对绝大部分水泥适应性好，但水泥中调凝剂采用硬石膏或氟石膏，则不适用；部分用硬石膏或氟石膏的则要影响使用效果。所以当用户调换水泥品种时，必须了解水泥中硬石膏和氟石膏的掺配情况，并做试配试验，达到用户要求，方可使用。

（7）特别适用于要大幅度降低水泥用量的有特殊要求性能的泵送混凝土、商品混凝土、大流态混凝土、大体积基础混凝土及碾压混凝土。

三、掺量范围

粉剂掺量为水泥用量的 0.7%～1.5%，常用掺量为 1.0%。液体掺量为 1.5%～3.0%。

四、包装

内塑袋、外编织袋，每袋装 40kg。液体：铁桶包装，每桶250kg。

117 MNC-AJ 型引气减水剂如何应用？

MNC-AJ 引气减水剂是参照国内外先进工艺配方，采用多种表面活性剂配制而成的缓凝引气高效减水剂。本品具有无氯、低碱、缓凝、坍落度损失小，适量掺入本产品可明显地降低混凝土表面张力，改善混凝土的和易性，减少泌水和离析，提高混凝土抗渗性、抗冻融和耐久性等；本品加入混凝土中可产生均匀稳定并且不易破坏的小气泡，适宜用于港口、码头，水利工程、公路路面、抗冻融、防腐、防渗工程等要求有一定含气量的混凝土。

一、匀质性指标

（1）外观：粉剂黄褐色粉末；液体褐色液体。

（2）净浆流动度≥200mm。

（3）固体含水率≤8%。

（4）液体密度（g/mL）：1.20±0.02。

（5）pH值：7~9。

二、主要性能指标

（1）本品需根据含气量要求（3%~5%），经调配后确定最佳掺量，其范围在粉剂为0.3%~0.7%，液体为1.0%~1.5%。减水率可达13%~20%。

（2）掺入本品混凝土热扩散、热传导系数降低，混凝土的体积稳定性和各种户外结构的耐久性能得以提高。

（3）也可用于配制有抗冻融要求的商品混凝土，使用前先经试验确定坍落度损失或要求生产厂家调整。

（4）适用于配制C30~C50的普通混凝土、贫混凝土、水工混凝土、流态混凝土、商品混凝土，特别对抗冻融和耐久性要求的混凝土工程。

三、应用技术要求

（1）请遵照《混凝土外加剂应用技术规范》中的规定。

（2）按规定掺量加入水泥或混合料中加水搅拌，宜采用机械搅拌。

（3）施工中要注意做好养护工作。

四、混凝土物理力学性能（表1）

表1　混凝土物理力学性能

试验项目		出厂技术指标	国家标准（一等品）
减水率（%）		≥15	≥12
泌水率（%）		≤40	≤100
含气量（%）		3.0~5.0	≥3.0
凝结时间之差（min）	初凝	-60~+120	-90~+120
	终凝	-60~+120	-90~+120
抗压强度比（%）不小于	1d	—	—
	3d	125	115
	7d	120	110
	28d	110	100
收缩率比（%）	28d	≤120	≤135
相对耐久性指标，200次，不小于，（%）		90	80
对钢筋锈蚀作用		无锈蚀	应说明对钢筋有无锈蚀作用

五、包装与贮存

（1）本品粉剂用内塑料膜外编织袋包装，25kg/袋，液体用250kg铁桶包装或协议散装。

（2）本品应置放于阴凉干燥处，避免暴晒，密封包装。

（3）本品有效期为两年，超期经混凝土试验合格后仍可继续使用。

118 MNC-HAJ 型引气高效减水剂如何应用？

一、用途及特点

掺加本剂可以提高混凝土的流动性和可塑性，减少泌水和离析，提高抗折强度10%～20%。掺加本剂的混凝土热扩散、热传导系数降低，混凝土的体积稳定性和各种户外结构的耐候性得以提高。道路混凝土广泛使用引气剂，有利延长道路的使用寿命。泵送混凝土掺用引气剂可提高流动性和泵送压力。引气混凝土最显著的优势是大大提高抗冻性和抗盐冻性，对有抗冻性要求的混凝土适宜的含气量为3%～6%。

（1）可用于对抗冻融性能要求高的混凝土、防渗混凝土、抗硫酸盐混凝土、泌水严重的混凝土、贫混凝土、轻集料混凝土、人工集料配制的混凝土、普通混凝土以及对饰面有要求的混凝土。

（2）耐久性（特别是抗冻性）要求高的混凝土结构，如大坝、机场跑道、高等级混凝土公路路面、冷却塔、水池、港工和海工结构等。

（3）北方地区撒除冰盐的混凝土公路与桥梁。

（4）对施工和工作性要求高的混凝土工程。

（5）与其他外加剂复配生产复合外加剂。

（6）不宜用于蒸养混凝土及预应力混凝土。

二、执行标准

GB 8076—1997。

三、掺量与用法

（1）掺量（表1）

表1 掺量

代号	品名	型号	状态	掺量（C×%）	减水率（%）
1037	引气减水剂	MNC-AJ	固体	0.3	≥10
1038	高效引气减水剂	MNC-HAJ	固体	1	≥18

（2）掺本剂的混凝土必须采用机械搅拌，搅拌时间大于或等于3min。掺本剂混凝土拌合物出料至浇筑的停放时间不宜过长，采用插入式振捣器振捣时，振捣时间小于或等于20s。

（3）MNC-AJ引气减水剂：可显著提高混凝土的耐久性，特别适用于对抗冻、抗渗、防水和耐久性要求高的混凝土。

主要技术指标见表2。

表2 主要技术指标

减水率		≥10%		3d	≥115%
含气量		3.5%～5.5%	抗压强度比	7d	≥110%
泌水率比		≤80%		28d	≥110%
混凝土凝结时间差	初凝	−60～+120		90d	≥100%
	终凝	−60～+120	相对耐久性		冻融200次，动弹模保留率≥80%
收缩率比		≤120%	钢筋锈蚀		对钢筋无锈蚀

使用说明：与集料同时加入，但要适当延长搅拌时间。与其他外加剂复合时，必须根据试验确定其掺量及适应性。配制混凝土所用原材料应符合 JGJ 52—92 和 JGJ 53—92 的标准。

（4）掺引气剂及引气减水剂混凝土的含气量，不宜超过见表3。

表3 含气量

粗集料最大粒径（mm）	20（19）	25（22.4）	40（37.5）	50（45）	80（75）
混凝土含气量（%）	5.5	5.0	4.5	4.0	3.5

注：括号内数值为《建筑用卵石、碎石》GB/T 14685 中标准筛的尺寸。

（5）检验掺引气剂及引气减水剂混凝土的含气量，应在搅拌机出料口进行取样，并应考虑混凝土在运输和振捣过程中含气量的损失。对含气量有设计要求的混凝土，施工中应每间隔一定时间进行现场检验。

四、包装、运输、贮存及注意事项

用有塑料衬里的编织袋包装，每袋净含量 25～40kg。搬运严禁用钩，防止破袋发生。贮存注意防潮。贮存期为 3 年。严禁多掺或少掺。

五、重点工程应用实例

MNC-HAJ 引气高效减水剂在新疆库尔勒农一师胜利水库使用 120t。
MNC-AJ 普通引气减水剂在北京顺义牛栏山奥运项目使用 40t。

119 MNC-PJ 膨胀减水剂如何应用？

一、产品特点

掺入混凝土或砂浆中，可在限制的条件下产生膨胀应力，从而起到补偿收缩，防止混凝土产生裂缝，提高混凝土抗渗能力的作用，并可等量替代水泥，且对钢筋粘结力无任何不良影响，对钢筋无锈蚀作用。

二、主要技术指标（表1）

表1 主要技术指标

1	细度 1.25mm（%）	≤0.52
2	含水率（%）	≤0.53
3	限制膨胀率（%）	≥-0.024
4	抗压强度（MPa）	≥475
5	抗折强度（MPa）	≥6.86
6	减水率（%）	≥20
7	抗渗等级	≥S128
8	钢筋锈蚀	对钢筋无锈蚀
9	最低使用温度（℃）	≤-5

三、适用范围

该产品适用于普通水泥、矿渣水泥、火山灰水泥及粉煤灰水泥，主要应用于防裂，抗渗、补偿收缩的混凝土工程。

四、使用说明

（1）在混凝土中掺量为水泥用量的 6%～8%。在砂浆中掺量为水泥用量的 5%～7%。

（2）不能单独使用，必须掺入混凝土或砂浆中，并延长搅拌时间30s，掺量要准确，其余配料不变。

（3）混凝土施工完毕后要加强养护，保持充分潮湿不得小于7d。

（4）不得用于工作环境在80℃以上的建筑工程中，施工温度低于5℃时要采取保温措施。

（5）该产品应贮存于通风干燥处，不得受潮，有效期半年。

120 丙烯酸聚合物的反应历程是什么？

丙烯酸聚合物的反应历程如图1所示。

①引发

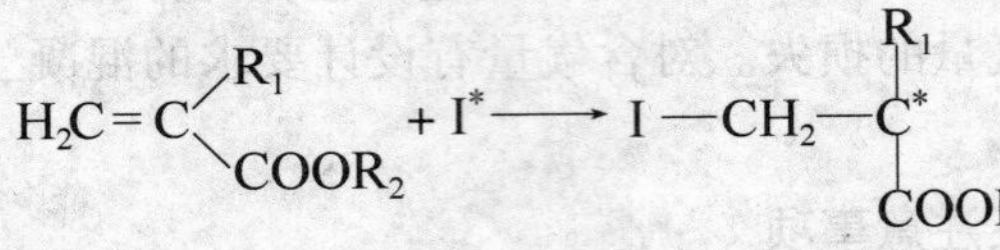

$$H_2C=C\overset{R_1}{\underset{COOR_2}{}} + I^* \longrightarrow I-CH_2-C^*\overset{R_1}{\underset{COOR_2}{}}$$

②聚合

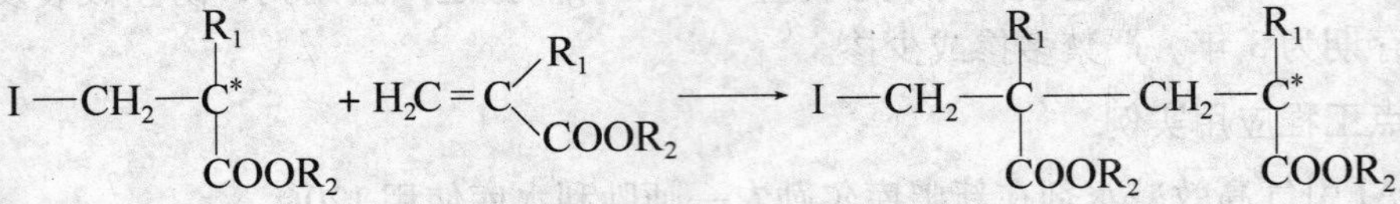

$$I-CH_2-C^*\overset{R_1}{\underset{COOR_2}{}} + H_2C=C\overset{R_1}{\underset{COOR_2}{}} \longrightarrow I-CH_2-C\overset{R_1}{\underset{COOR_2}{}}-CH_2-C^*\overset{R_1}{\underset{COOR_2}{}}$$

③

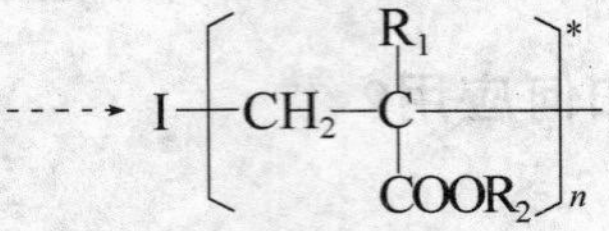

$$\cdots\cdots I-\left[CH_2-C\overset{R_1}{\underset{COOR_2}{}}\right]^*_n$$

④终止

$$I-\left[CH_2-C\overset{R_1}{\underset{COOR_2}{}}\right]^*_n + I-\left[CH_2-C\overset{R_1}{\underset{COOR_2}{}}\right]^*_m \longrightarrow I-\left[CH_2-C\overset{R_1}{\underset{COOR_2}{}}\right]_{m+n}-I$$

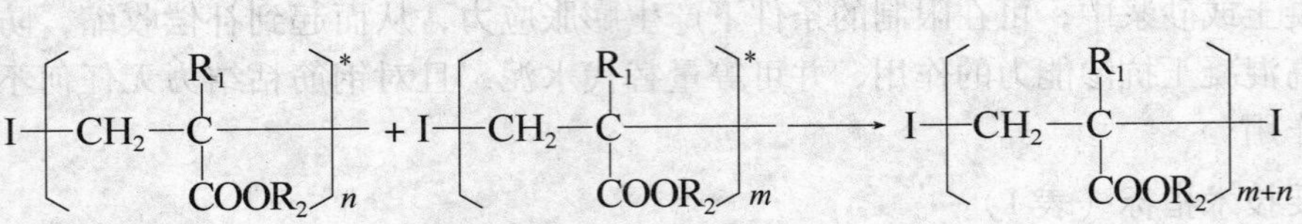

图1　丙烯酸聚合物的反应历程

121 密胺树脂类减水剂的生产工艺是什么？

密胺树脂类减水剂生产工艺图、基本工艺过程及其主要参数如图1和图2所示。

（1）

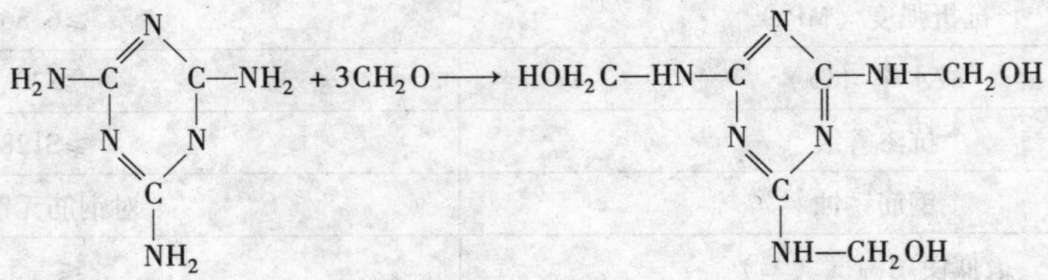

$$H_2N-C\cdots C-NH_2 + 3CH_2O \longrightarrow HOH_2C-HN-C\cdots C-NH-CH_2OH$$

三聚氰胺　　　　　　　　　　　三甲基三聚氰酰胺

（2）

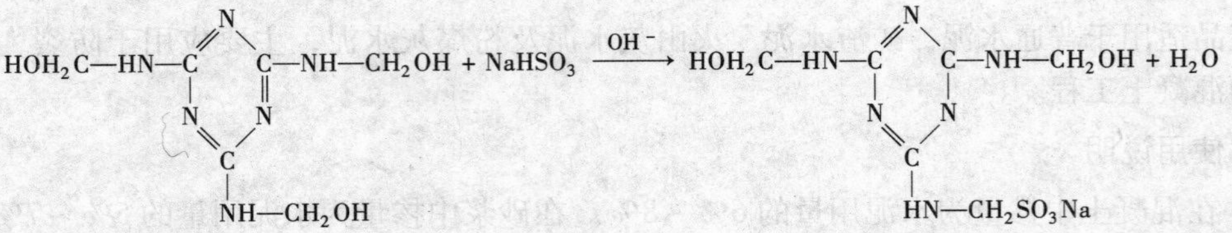

$$HOH_2C-HN-C\cdots C-NH-CH_2OH + NaHSO_3 \xrightarrow{OH^-} HOH_2C-HN-C\cdots C-NH-CH_2OH + H_2O$$

148

（3）

$(n+2)\text{HOH}_2\text{C}-\text{HN}-\text{C}\quad\text{C}-\text{NH}-\text{CH}_2\text{OH}$

$\downarrow$

$\text{HOH}_2\text{C}-\text{HN}-\text{C}\quad\text{C}-\text{NH}-\text{CH}_2-[\text{O}-\text{CH}_2-\text{NH}-\text{C}\quad\text{C}-\text{NH}-\text{CH}_2]_n-\text{O}-\text{CH}_2-\text{NH}-\text{C}\quad\text{C}-\text{NH}_2-\text{CH}_2\text{OH}+(n+1)\text{H}_2\text{O}$

图1 密胺树脂类减水剂生产工艺图

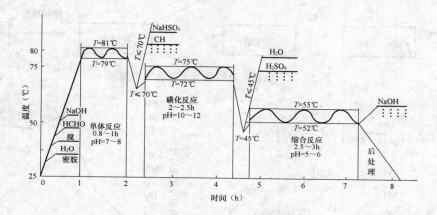

图2 基本工艺过程及其主要参数

122 对氨基苯磺酸盐合成工艺及各分子式之间的影响是什么？

氨基磺酸盐减水剂是以对氨基苯磺酸及苯酚为聚合单体，在水介质中与甲醛加热缩合而成的，其主要反应如下：

其分子结构中分支较多，憎水基团分子链较短，分子极性较强。对氨基苯磺酸盐生产工艺如图1所示。

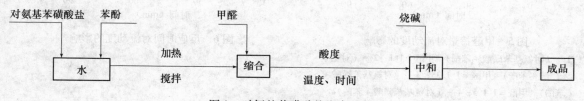

图1 对氨基苯磺酸盐生产工艺

149

对氨基苯磺酸钠，呈淡红色晶体，分子量为195.2；苯酚，熔点为40.9℃，分子量为84.3；甲醛溶液，浓度为35%~37%；脲、水杨酸、三乙醇胺、苯甲酸等第四单体。氨基磺酸系高性能减水剂合成示意图如图2所示，对氨基苯磺酸钠如图3所示，对氨基苯磺酸与苯酚的配比对流动度的影响如图4所示，甲醛掺量对流动度的影响如图5所示，反应时间对流动度的影响如图6所示，空间位阻与粒子间的静电排斥图示如图7所示，固-液或气-液界面膜的形成如图8所示，活性表面区域的选择性吸附如图9所示。

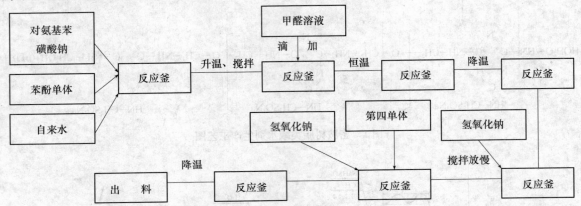

图2 氨基磺酸系高性能减水剂合成示意图

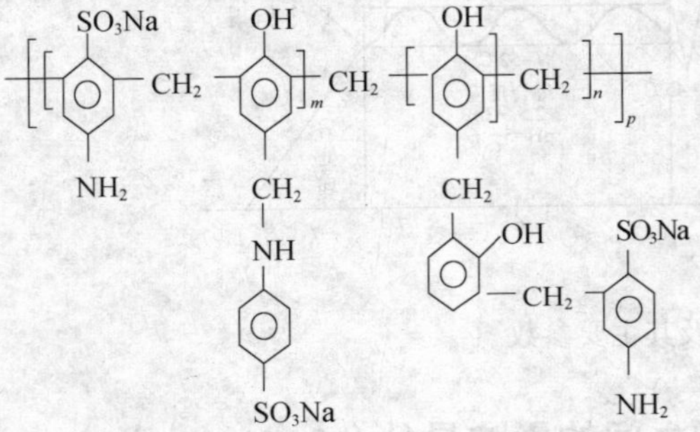

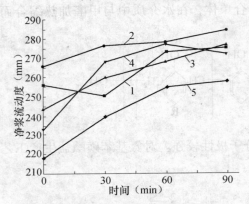

图3 对氨基苯磺酸钠

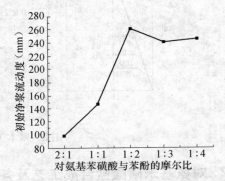

图4 对氨基苯磺酸与苯酚的配比对流动度的影响

图5 甲醛掺量对流动度的影响

1—（对氨基苯磺酸＋苯酚）：甲醛＝1:1；2—（对氨基苯磺酸＋苯酚）：甲醛＝1:1.25；3—（对氨基苯磺酸＋苯酚）：甲醛＝1:1.5；4—（对氨基苯磺酸＋苯酚）：甲醛＝1:2；5—（对氨基苯磺酸＋苯酚）：甲醛＝1:2.5

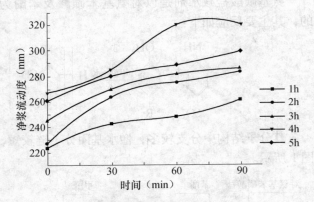

图6 反应时间对流动度的影响

150

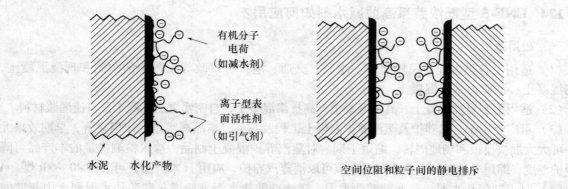

图7　空间位阻与粒子间的静电排斥图

有机分子
电荷
（如减水剂）

离子型表
面活性剂
（如引气剂）

水泥　水化产物

空间位阻和粒子间的静电排斥

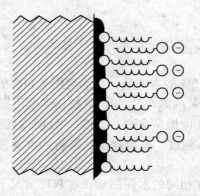

图8　固-液或气-液界面膜的形成

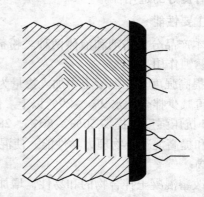

图9　活性表面区域的选择性吸附

123　腐殖酸盐减水剂的制备工艺是什么？

腐殖酸俗名胡敏酸，是一种高分子羟基羧酸盐，属阴离子表面活性物质，草炭（泥灰）中溶于碱的那部分即为腐殖酸，其结构示意如下：

$$\left[\begin{array}{c} \text{COOH} \\ \text{—O} \quad \text{CH}_2\text{—} \\ \text{N} \quad \text{OH} \\ \text{H} \end{array} \right]_n$$

腐殖酸盐减水剂的制备工艺流程图如图1所示。

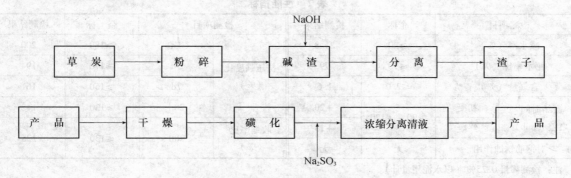

图1　腐殖酸盐减水剂的制备工艺

151

124 UNF-5型低浓萘系高效减水剂如何应用？

一、适用范围

（1）适用于各类工业与民用建筑、水利、交通、港口、市政等工程中的预制和现浇混凝土、钢筋混凝土、预应力钢筋混凝土。

（2）适用配制早强混凝土、高强混凝土、高抗渗混凝土、自密实泵送混凝土及自流灌浆材料。

（3）可广泛用于自然养护及蒸汽养护混凝土工程及制品。本品减水增强作用显著，早期效果尤佳，可大大加快模板和场地周转，缩短工期。对蒸汽养护混凝土制品，掺入检测掺量的本产品可降低养护温度，缩短养护时间。夏季高温季节可取消蒸汽养护，应用1t本产品，可节约40~60t煤。

（4）对于硅酸盐水泥、普通硅酸盐水泥、矿渣硅酸盐水泥、粉煤灰硅酸盐水泥和火山灰硅酸盐水泥均有良好的适用性。

二、主要性能

（1）本产品分为粉剂和液体两种。粉剂呈棕褐色，液体呈棕黑色。产品无毒、无臭、不燃，对钢筋无锈蚀作用。

（2）提高强度。在混凝土中加入掺量为0.3%~1.5%的本产品，在水泥用量和坍落度相同的情况下，可减少拌合用水9%~29%以上。掺入检测掺量的本产品，其1d抗压强度可提高70%~100%，3d抗压强度可提高50%~80%，28d抗压强度可提高25%~50%。后期强度明显提高，大大改善和提高混凝土物理力学性能，使混凝土的抗压强度、抗拉强度、抗折强度及弹性模量都有相应提高。

（3）改善混凝土拌合物的和易性，增加坍落度。在相同的水泥用量及水灰比情况下，加入检测掺量的本产品，可明显增大混凝土的坍落度，改善混凝土的和易性，坍落度可增加12cm以上。

（4）节约水泥，在坍落度和强度相同的情况下，加入检测掺量的本产品，可节约水泥12%以上。

三、匀质性指标（表1）

表1　匀质性指标

测试项目	企标	测试结果
硫酸钠含量（%）	≤20	19.1
含水率（%）	≤8.0	7.1
pH值	7~9	7.8

四、掺UNF-5型低氯低碱超高浓高效减水剂混凝土性能指标（表2）

表2　性能指标

检测项目		企标	检测结果	检测项目		企标	检测结果
减水率（%）		≥20	21.8		1d	≥180	200
泌水率比（%）		≤90	79	抗压强度比	3d	≥170	194
含气量（%）		≤2.0	1.6	（%）	7d	≥150	161
凝结时间之差（min）	初凝	−90~+120	+20		28d	≥130	142
	终凝		+13	收缩率比（%）	28d	≤130	125
对钢筋锈蚀作用		无	无				

注：检测掺量0.75%（以水泥用量计）。

五、推荐掺量

掺量与减水率曲线图如图1所示。

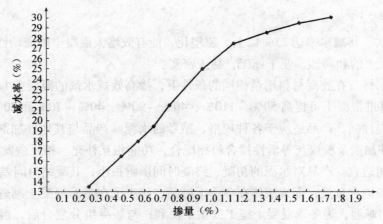

图 1　掺量与减水率曲线图

根据使用时，混凝土不同强度等级及不同应用范围，常规掺量范围为 0.3% ~ 0.8%。如配制高强、超高强混凝土时，可在掺量范围为 0.8% ~ 1.8%。最佳掺量为 0.75%。液体按含固量折算。

六、使用方法

（1）配制成所需浓度的溶液后使用。

（2）粉剂可直接使用，也可待水泥集料加入 60% 拌合水充分润湿后再加入粉剂。

（3）本产品可与其他功能外加剂复配成特殊功能的外加剂，但需经试验后方可使用。

七、包装、运输、贮存

（1）粉剂采用内衬塑料袋、外编织袋包装。每袋净重（25 ± 0.13）kg 或（50 ± 0.25）kg；液体采用塑料桶包装，塑料桶要求密封，防止外溢或者蒸发干涸。也可采用槽车运输。

（2）运输时粉剂谨防遇锋利物，以防破包受潮。若受潮经检验合格仍可使用，不影响使用效果。

（3）本产品应贮存在通风、干燥的专用仓库内，有效期一年。超过有效期经检测合格后仍可使用。

125　FDN 型萘系高浓减水剂如何应用？

一、产品概述

UNF-5 的提纯产品，具有非引气、超塑化、高效减水和增强等功能。其特点是低碱、低硫酸钠、高纯度。产品对水泥适应性强，掺量少，使用方便，特别适合于有高效减水和增强要求的流态混凝土、蒸养混凝土，也可用作复合混凝土外加剂的母体材料。

二、执行标准

GB 8076—1997。

三、产品指标（表1）

表 1　匀质性指标

试 验 项 目	性 能 指 标
外观	棕黄或褐色粉体
含水量/含固量（%）	≤8
细度（0.315mm 筛余）（%）	<15
pH 值（10g/L 水溶液）	8 ± 1
氯离子含量（%）	<0.4
硫酸钠含量（%）	≤2.0
总碱量（$Na_2O + 0.658K_2O$）（%）	≤4
密度（20 ± 1）℃（g/mL）	—
水泥净浆流动度（mm）	>210

四、主要性能

（1）高效减水。其减水率达25%以上。超塑化，能有效增大混凝土的流动性，减少泌水和离析，从而改善混凝土的和易性，便于施工，易于密实。

（2）增强效果好。在胶凝材料用量相同的条件下，掺高效减水剂的混凝土1d，3d，7d和28d抗压强度较同期基准混凝土可提高50%～110%，40%～90%，40%～70%和20%～40%。

（3）产品适应性强，产品适应于各种规格、型号的水泥。产品与其他外加剂相容性好，与膨胀剂、引气剂等外加剂及粉煤灰等活性掺合料相配合，功能相互补充、相互激发。

（4）凝结时间适宜。产品对水泥的初凝、终凝时间影响很小，其凝结时间差一般在1h之内。

（5）产品硫酸钠含量低，配成液体在冬季无结晶，解决了在冬季混凝土制造中因硫酸钠结晶而造成管道堵塞的难题，为冬季混凝土施工提供了便利；与缓凝组分复合后，混凝土坍落度经时损失小。

（6）产品安全性能好。无毒、无刺激性和放射性，不含对钢筋有锈蚀危害的物质；不易燃易爆，属非危险品。

（7）耐久性好。产品能有效改善混凝土的孔结构，从而大幅度提高混凝土的抗渗、抗碳化和抗冻融等耐久性能指标。

（8）使用方便。产品既可以直接使用，亦可以先溶解于水，配成溶液型外加剂使用，适用各种施工环境或搅拌机型的要求。

五、适用范围

可用于日最低气温0℃以上施工的混凝土，并适用于制备大流动性混凝土，高强混凝土以及蒸养混凝土。掺高效减水剂的混凝土采用蒸汽养护时，混凝土应具有必要的结构强度才能升温，蒸养制度应通过试验确定。产品广泛应用于各种现浇混凝土工程及预制混凝土制品。特别适合于作为母体用以复合各种类型的混凝土外加剂。

六、使用方法及掺量

（1）常用掺量为水泥质量的0.4%～1.0%。

（2）若直接使用粉体，则应与水泥一同投入，切勿直接加在湿的砂、石表面；若配成溶液，则应溶解充分，搅拌均匀。

七、包装、贮存和运输

（1）粉剂采用有塑料袋衬里的编织袋包装，每袋净含量25～30kg。

（2）本剂易溶于水，所以在运输和贮存时切勿破袋，并严格防潮。如有受潮结块，应粉碎并通过0.63mm的筛后方可使用。

（3）本剂长期保存不会变质。

八、部分试样参考数据（表2）

表2 部分试样参考数据

编 号	水泥（g）	硅灰（g）	FDN（g）	用水量/水胶比	坍落度（mm）	抗压强度（MPa）/抗压强度比（%）			
						3d	7d	14d	28d
0214 基准	4300	—	—	2555/0.59	82	10.70/100	21.94/100	25.46/100	28.88/100
GH-A$_6$	4042	258	—	2900/0.67	87	11.65/108.9	19.76/90.1	25.59/100.5	29.16/101.0
GH-B$_6$	4042	258	—	2850/0.66	89	10.86/101.5	19.28/87.9	25.06/98.4	30.52/105.7
GH-A$_8$	3956	344	—	2950/0.69	87	10.96/102.4	19.79/90.2	25.97/102.0	30.78/106.6

编 号	水泥 (g)	硅灰 (g)	FDN (g)	用水量/水胶比	坍落度 (mm)	抗压强度（MPa）/抗压强度比（%）			
						3d	7d	14d	28d
GH-B$_8$	3956	344	—	2900/0.67	91	10.96/102.4	19.30/88.0	26.52/104.2	28.40/98.3
GH-A$_{10}$	3870	430	—	3010/0.70	89	10.64/99.4	19.76/90.1	25.33/99.5	30.97/107.2
GH-B$_{10}$	3870	430	—	2960/0.69	88	10.20/95.3	18.78/85.6	25.97/102.0	27.71/95.9
UNF+GH-A$_6$	4042	258	32.2	2245/0.52	89	21.28/198.9	33.44/152.4	39.14/153.7	43.20/149.6
UNF+GH-B$_6$	4042	258	32.2	2180/0.51	85	24.2/226.2	38.11/173.7	44.43/174.5	49.50/171.4
UNF+GH-A$_8$	3956	344	32.2	2300/0.53	88	22.70/212.1	36.02/164.2	45.50/178.7	48.64/168.4
UNF+GH-B$_8$	3956	344	32.2	2240/0.52	91	22.85/213.6	36.79/167.7	42.76/167.9	50.64/175.3
UNF+GH-A$_{10}$	3870	430	32.2	2350/0.55	84	20.30/189.7	35.65/162.5	44.46/174.6	45.95/159.1
UNF+GH-B$_{10}$	3870	430	32.2	2290/0.53	83	21.36/199.6	36.32/165.5	44.85/176.1	48.00/166.2

注：参见《高强混凝土结构技术规程》CECS104：99，Technical Specification for High-Strength Concrete Structures.

126 AS 型氨基系减水剂如何应用？

一、产品概述

该剂的主要成分为芳香族氨基磺酸盐缩合物，是一种非引气高增强、低掺量、坍落度经时损失小，大大降低混凝土塑性黏度等优点的产品。常规材料和常规生产工艺，无须掺增强剂等活性掺合料即可制备 C60～C80 大流动性商品混凝土。

芳香族基磺酸盐缩合物

二、执行标准

GB 8076—1997。

三、特点（低碱、低掺量、低坍落度损失、高减水率，简称三低一高）

（1）低掺量，AS 剂在水泥表面产生静电力和高分子吸附层的立体侧力，具有较强较持久的分散力。固体掺量 $C \times (0.30\% \sim 1.20\%)$，防止减水剂掺量过大，使水泥粒子过于分散，混凝土保水性不好，离析泌水现象严重，甚至浆体糊状板结分离。

（2）高减水率，减水率达 30% 以上，可配制 C60～C100 高强及超高强混凝土。掺用 AS 剂的混凝土填充性良好，适用于配制大流动性的免振捣自密实混凝土。

（3）低坍落度损失，混凝土坍落度经时损失小，可满足长时间、长距离运输的要求，特别适合商品混凝土及泵送混凝土。

（4）混凝土早期强度增长快，f_3 可达到设计强度等级的 70% 以上。

（5）具有良好的体积稳定性、抗掺性和抗冻性能，能使混凝土具有高耐久性。

（6）优良的适应性：与各种硅酸盐水泥的相容性好。

（7）碱含量低，防止混凝土碱-集料反应，冬季使用无沉淀无结晶。

四、性能指标（表1）

表1　性能指标

试验项目	性能指标
外　观	棕红色粉体
固含量（%）	51±1.5
细度（0.315mm 筛筛余）	—
密度（g/cm³）	1.17±0.02
水泥净浆流动度（mm）	230
总碱量（$Na_2O + 0.658K_2O$）（%）	≤0.5
氯离子含量（%）	无
pH 值	7~9

从高效减水剂的分子对水泥颗粒的吸附作用来看，萘系减水剂的吸附是平直吸附，分子呈棒状键，静电排斥作用较弱，因而对水泥颗粒分散作用较低，减水效果有一定限制，依据 GB 8076—1997 所拌制的混凝土，有良好的和易性，能够准确测得其减水率；而氨基系减水剂的吸附为齿形吸附，使水泥颗粒之间静电斥力呈立体、交错纵横式，对水泥颗粒有极好的分散作用，有着更高的减水率。如使用不当，表现出严重离析及水泥浆流逸，对集料无法产生包裹润滑作用。坍落度测定时，集料堆积，浆体同集料明显分离。当水泥用量 340kg/m³，粉煤灰等量替代 20%，砂率为 42%，坍落度控制在 7~9cm，含气量控制在 4.0%~5.0%，集料粒径 5~20mm 时，受检混凝土能够较准确地反映出氨基系高效减水剂的减水率。

五、适用范围

（1）适用于硅酸盐系列各种水泥。AS 剂对不同水泥的凝结时间影响程度基本相同，不会产异常凝结，因此 AS 剂对不同水泥适应性较好。

（2）适用于工业与民用建筑和市政工程的混凝土预制构件生产，蒸养适应性好。

（3）适用于商品混凝土，掺本产品商品混凝土坍落度经时损失小。

（4）可用于配制大流动性高强混凝土、免振捣自密实混凝土。

（5）可复合缓凝剂、早强剂、膨胀剂、防冻剂等外加剂一同使用，满足不同工程对混凝土性能及施工条件的需要。

六、使用方法

本剂与拌合水一起加入搅拌机中拌合，搅拌时间适当延长以充分发挥本剂的分散作用。生产高强混凝土宜使用强制式搅拌机。

七、部分试样参考数据（表2）

表2　参考数据

编　号	掺比（C×%）	用水量（g）	坍落度（mm）		抗压强度（MPa）		
			初　始	30min	3d	7d	28d
河 AS	0.865	2300	231	162	25.29	31.99	33.80
迪 AS	0.865	2350	245	154	23.87	31.90	36.81
慕湖 AS	0.865	2300	238	178	26.33	35.62	35.70
洋 AS	0.865	2300	235	171	27.25	36.62	39.50
美 AS	0.865	2300	238	74	24.15	33.87	36.73
升 AS	0.865	2300	210	77	26.87	36.81	41.96

编 号	掺比 （$C \times \%$）	用水量 （g）	坍落度 （mm）	减水率 （%）	抗压强度（MPa）/抗压强度比（%）			
					1d	3d	7d	28d
0502 基准	0.45	2650	76	—	6.65/100	15.28/100	19.00/100	26.13/100
河 AS	0.45	2300	89	13.2	10.14/152.5	22.56/147.6	30.09/158.4	32.14/123.0
迪 AS	0.45	2400	78	9.4	9.19/138.2	19.87/130.0	28.02/147.5	33.73/129.1
慕湖 AS	0.45	2300	73	13.2	10.76/161.8	21.69/142.0	30.95/162.9	37.53/143.6
洋 AS	0.45	2300	80	13.2	10.29/154.7	22.91/149.9	31.59/166.2	35.86/137.2
美 AS	0.45	2400	85	9.4	7.60/114.3	19.50/127.6	26.20/137.9	33.17/126.9
升 AS	0.45	2380	81	10.2	8.79/132.2	19.93/130.4	28.10/147.9	30.64/117.3

127　AK 型脂肪族系减水剂如何应用?

一、产品概述

（1）碱含量低、减水率高等特点，与各类水泥的相容性较好。可单独作为泵送剂使用，也可与其他品种复合使用，效果良好。

（2）早强、高强、水泥适应性好，非引气型产品。

二、执行标准

GB 8076—1997。

三、适用范围及用途

（1）用于超高层建筑，大跨度桥梁、海上石油平台等要求高强、高弹性模量、高流动性、高抗渗的高性能混凝土。

（2）配制 C80 预应力高强混凝土（PHC）管桩、C20～C70 预拌混凝土、泵送混凝土、高性能混凝土、自密实混凝土、防水混凝土与大体积混凝土等。浓度≥30%。

（3）各种硅酸盐系列水泥，工业与民用建筑、市政工程、水利电力、交通等各类混凝土工程，适用蒸养混凝土。

四、特点

（1）混合料粘聚性好，泌水少，坍落度损失小，和易性好，AK 混凝土抗折强度高，离心混凝土浮浆较少等特点，更有利于在离心混凝土制品混凝土与其他混凝土工程中应用。易于浇灌。布料成型，离心效果好，不易坍料，混凝土强度高等特点。

（2）优良的减水分散效果，改善混凝土孔结构，增加混凝土的密实度，改善混凝土的和易性，提高混凝土的流动性，对钢筋无锈蚀作用。该产品不引气、不缓凝、硫酸钠含量低。

五、掺量及使用方法

（1）掺量应根据不同工程使用要求，通过试拌确定合理掺量，一般情况下，掺量为 0.4%～1.2%（折固计算），推荐掺量为 $C \times 0.6\%$。

（2）本剂与水一起加入搅拌机中拌合，搅拌时间参照国家标准。生产高强混凝土宜使用强制式搅拌机。根据需要也可采用二次掺加法。

六、技术指标

（1）类型：合成聚合物。

（2）外观：血红色液体。

（3）pH 值：9±2。

（4）碱含量：碱含量低，小于5%，有效降低碱-集料反应。

（5）含固量：32%±1%。

（6）与水泥相容性良好，混凝土坍落度2h内基本不损失。

七、注意事项

（1）本品超掺后，凝结时间会延长，但含气量不会增加，如果养护条件好，后期强度不受影响。

（2）本品掺量不足时工作性能会降低，凝结时间会缩短，坍落度损失加快。

八、包装、贮运

50kg/桶，贮运应注意防漏，并远离热源。用量较大时，也可用罐车运输。

九、有效期

原装密封0～20℃条件下，可存放18个月。

十、安全指南

本品为无毒、非易燃品。在使用本品的过程中如不慎溅入眼中，应立即用大量水冲洗，有不适反应，请立即就医。

十一、部分试样试验参考数据（表1）

表1　参考数据

编　号	掺比 （C×%）	用水量 （g）	坍落度 （mm）	减水率 （%）	抗压强度（MPa）/抗压强度比（%）			
					1d	3d	7d	28d
0401 基准	—	2680	80	—	5.22/100.0	14.55/100.0	19.95/100.0	26.13/100
0317UNF-AK	0.75	2210	73	17.7	9.65/184.8	23.80/163.6	31.13/156.0	36.34/139.1
0318UNF-5	0.75	2180	75	18.7	9.73/186.4	24.54/168.7	32.24/161.6	36.58/140.0
0319UNF-AK	0.75	2235	72	16.6	9.81/187.9	24.92/171.3	32.14/161.1	38.44/147.1
0320UNF-AK	0.75	2230	71	16.8	9.34/178.9	23.80/163.6	32.59/163.4	35.86/137.2
0321UNF-AK	0.75	2240	77	16.4	9.42/180.5	24.92/171.3	32.93/165.1	34.68/132.7
0322UNF-AK	0.75	2220	84	17.2	9.34/178.9	25.18/173.1	31.70/158.9	35.86/137.2

十二、应用实例

脂肪族高效减水剂在自密实混凝土中的应用

脂肪族磺酸盐（简称脂肪族）高效减水剂最早用作油田水泥的分散剂，由于具有优良的耐高温特性和减水效果，明显改善并保持水泥浆的流变性，提高混凝土后期强度，它占油田水泥分散剂市场总量的90%以上。通过大量的研究试验，根据脂肪族高效减水剂的特性，将其作为水泥分散剂，运用于自密实商品混凝土，保持其耐高温特性和高减水效果；采用该减水剂复合早强防冻组分配制防冻剂，避免了低温季节使用时硫酸盐结晶问题，防冻效果较好。

（一）试验原材料

（1）水泥：表2为试验用的水泥性能。

表2　水泥性能指标

水泥厂别、品种、 强度等级	标准稠度需水量 （%）	安定性	凝结时间（h：min）		抗折强度（MPa）		抗压强度（MPa）	
			初　凝	终　凝	3d	28d	3d	28d
太行 P·O 42.5R	27.5	合　格	2：35	3：45	7.2	8.9	32.4	58.4
启新 P·O 42.5R	26.3	合　格	1：55	3：35	7.6	9.2	32.9	59.5
冀东 P·O 42.5R	25.7	合　格	2：25	3：45	5.8	9.5	31.7	58.2

（2）集料：砂子为河北涞水产的中粗砂；石子为碎卵石，见表3。

表3 砂石技术指标

集料品种产地	最大粒径（mm）	细度模数	含泥量（%）	泥块含量（%）	压碎指标（%）	石子针片状含量（%）
涞水中砂	—	2.7	1.8	0.4	—	—
涿州卵碎石	20.0	—	0.5	0.1	9.2	3.0

（3）掺合料：粉煤灰为内蒙古自治区元宝山Ⅰ级粉煤灰和天津大港Ⅱ级粉煤灰，磨细矿渣为首钢矿渣，硅灰为遵义硅灰，其化学成分和物理性能见表4。

表4 掺合料化学成分及物理性能

材料	化学成分（%）								比表面（cm²/g）	细度（0.045mm 筛余）	需水量比（%）
	CaO	SiO_2	Al_2O_3	Fe_2O_3	TiO_2	MgO	SO_3	烧失量			
Ⅰ级粉煤灰	3.43	58.06	20.73	8.86	—	1.52	—	1.82	—	9.8	92
Ⅱ级粉煤灰	3.92	49.41	28.68	5.20	—	1.69	2.70	5.30	—	18.7	98
矿渣	38.97	34.45	11.58	1.43	0.69	10.88	—	—	8400	—	—
硅灰	0.56	94.90	0.49	1.07	—	0.70	—	1.90	约20万	—	—

（4）高效减水剂：4种不同系列高效减水剂，有关性能见表5。

表5 高效减水剂性能指标

名 称	类 型	固含量（%）	有效成分掺量（%）	净浆流动度（mm）	减水率（%）
A	萘系	35±2	0.75	225	19.3
B	氨基磺酸系	30±2	0.75	250	21.4
C	脂肪族	37±2	0.75	265	21.9
D	聚羧酸系	30±1.5	0.8	255	21.4

（二）试验结果与讨论

（1）不同减水剂配制自密实混凝土的对比试验

不同强度等级的自密实混凝土，分别采用萘系、氨基磺酸系、脂肪族以及聚羧酸系高效减水剂进行配制，测定混凝土的工作性能和抗压强度。从试验结果可得出，脂肪族高效减水剂的减水分散效果优于萘系减水剂，与氨基磺酸系减水剂比较接近。在保塑性方面，脂肪族高效减水剂同样要明显优于萘系减水剂，与氨基磺酸系和聚羧酸系减水剂比较接近。从试验结果可得出，掺脂肪族高效减水剂配制的自密实混凝土工作性能优于萘系和氨基磺酸系减水剂的混凝土，并与聚羧酸系减水剂配制的自密实混凝土工作性能比较接近。

掺萘系减水剂配制的自密实混凝土的工作性能基本不符合自密实混凝土的工作性标准要求；掺氨基磺酸系减水剂配制的自密实混凝土工作性能在 C30 级时，也基本不符合自密实混凝土工作性标准，但在 C50 级时，混凝土的工作性能基本满足自密实混凝土的工作性标准要求；掺脂肪族高效减水剂配制的自密实混凝土工作性能满足自密实混凝土的工作性标准要求。强度试验结果与工作性情况比较一致，凡是不满足自密实混凝土工作性标准要求的混凝土，由于免振成型后内部结构不密实，造成混凝土抗压强度偏低（掺萘系和氨基磺酸系减水剂配制的自密实混凝土免振成型的试件密实度不如脂肪族和聚羧酸系减水剂配制的自密实混凝土）。从不同强度等级比较，脂肪族高效减水剂在配制 C30 和 C50 级混凝土时工作性能均比较好；而萘系减水剂在配制 C30 级混凝土时工作性能优于 C50 级；氨基磺酸系减水剂则在配制 C50 级混凝土时工作性能优于 C30 级；

159

聚羧酸系减水剂同样也是在配制 C50 级混凝土时工作性能略优于 C30 级，抗压强度结果也显示出同样的规律。

（2）脂肪族高效减水剂与掺合料的适应性试验研究：试验结果可知，脂肪族高效减水剂对粉煤灰、矿渣粉及硅灰以及掺合料复掺有良好的适应性，说明该种减水剂比较适合于配制掺合料用量大的高性能混凝土，也说明脂肪族高效减水剂与水泥有较好的适应性。

（3）脂肪族高效减水剂与防冻早强成分复合的试验研究：试验外加剂分别采用萘系、脂肪族、氨基磺酸系减水剂加入相同的防冻早强组分，配制自密实混凝土（即固定混凝土中防冻早强成分比例，调整减水剂的掺量）。从结果看出，萘系、脂肪族、氨基磺酸系减水剂与防冻早强组分复配后，分散效果均有所降低（需提高掺量），相比对萘系的影响强于脂肪族、氨基磺酸系，并且萘系已不能制备自密实混凝土。从凝结时间、早期强度和防冻性能试验来看，与氨基磺酸系减水剂相比，脂肪族高效减水剂与防冻早强组分复合配制的自密实混凝土凝结时间短、早期强度高、f_{7d} 和 $f_{-7d+28d}$ 强度比高，说明脂肪族高效减水剂适合在冬施中与防冻早强组分复合使用配制自密实混凝土。

（4）掺脂肪族高效减水剂的硬化混凝土的性能研究

从试验结果可看出，脂肪族高效减水剂配制的自密实混凝土的拉压比均在 0.06 以上，满足规范要求；抗折强度为立方体抗压强度的 10%~20%，符合混凝土通常规律；与普通混凝土相比，该混凝土的弹性模量值略显偏低，这可能是混凝土胶凝材料用量多于普通混凝土，导致弹性模量值偏低。

从试验结果可以看出，抗压强度接近的混凝土，同龄期的收缩值也比较接近；相同龄期的混凝土收缩随着强度的提高（水胶比降低）而降低；混凝土随龄期的增长收缩逐步趋于稳定，从 90d 收缩值结果来看，混凝土收缩较小，四种试验配合比混凝土 90d 收缩值分别为 0.536mm/m，0.540mm/m，0.485mm/m 和 0.465mm/m。

从抗渗试验结果可看出，脂肪族高效减水剂配制的自密实混凝土具有良好的抗渗透性能，尤其编号 A7（C50 级）混凝土的抗渗能力达到 P32 级。

抗冻融试验结果说明脂肪族高效减水剂配制的自密实混凝土抗冻融性能良好。

（三）工程应用

（1）转换梁混凝土施工：某工程转换梁部位，混凝土设计强度等级为 C50，梁截面尺寸：1.60m×0.7m，配筋密集：主筋Φ32 分 4 层布置，最小主筋间距为 50mm，箍筋为Φ12@150mm。由于配筋密集，尤其是梁的节点处，振捣棒根本无法插入。经过研究，决定采用自密实混凝土，免除振捣工序，整个梁体一次浇筑成型。该工程自密实混凝土原材料情况：琉璃河 P·O 42.5 水泥，河北涞水产中粗砂，河北涿州产 5~20mm 卵碎石，天津大港电厂Ⅱ级粉煤灰，北京首钢 S95 级磨细矿渣粉，北京建工研究院产脂肪族高效减水剂 AK。经过试配，最后确定的配合比见表 6。该工程共浇筑自密实混凝土 1400m³，所施工的梁体拆模后表面致密，经超声检测内部结构均匀、致密、无有害孔洞，28d 抗压强度统计评定结果见表 7。

表 6　转换梁自密实混凝土配合比

强度等级	水胶比	浆体体积（L/m³）	砂率（%）	每方用量（kg/m³）							扩展度（mm）
				水泥	水	砂	石	AK 2.8%	粉煤灰 15%	矿渣粉 25%	
C50	0.33	390	48	343	189	801	868	16.02	86	143	≥650

表 7　转换梁自密实混凝土抗压强度统计评定结果

试件组数	平均值	最小值	标准差	评定结论
14	63.8	56.4	4.3	合格

（2）加固工程混凝土施工：某过街地道加固工程，要在原地道内壁增加一层 300mm 厚加固钢筋混凝土层（图 1），由于没有操作和振捣空间，经过研究后采用自密实混凝土。具体施工方法是：将混凝土从封闭的模板一端用泵打入，混凝土充满整个模板后，赌塞模板另一端的排气孔。该工程自密实混凝土原材料情况：京都 P·O 42.5 水泥，河北涞水产中粗砂，河北涿州产 5～20mm 卵碎石，石景山电厂Ⅱ级粉煤灰，脂肪族高效减水剂复配防冻剂，聚丙烯纤维。经过试配，最后确定的配合比见表 8。该工程共浇筑混凝土 800 余 m³，所施工的加固混凝土拆模后表面致密，经超声检测内部结构均匀、致密、无有害孔洞。混凝土 28d 标养抗压强度统计评定结果见表 9。

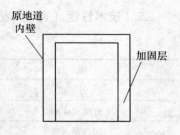

图 1　过街地道加固截面示意

表 8　过街地道加固工程自密实混凝土配合比

强度等级	水胶比	浆体体积 （L/m³）	砂率 （%）	每方用量（kg/m³）							扩展度 （mm）
				水泥	水	砂	石	防冻剂 2.8%	粉煤灰 35%	纤维	
C30	0.40	370	48	310	191	836	906	13.4	167	0.9	≥630

表 9　过街地道加固工程自密实混凝土抗压强度统计评定结果

试件组数	平均值	最小值	标准差	评定结论
16	45.3	36.4	4.1	合　格

128　PC 型聚羧酸系减水剂如何应用？

聚羧酸系减水剂是继木钙为代表的普通减水剂和以萘系为代表的高效减水剂之后发展起来的第三代高性能减水剂，是目前世界上最前沿、科技含量最高、应用前景最好、综合性能最优的一种高效减水剂。PC 型聚羧酸系减水剂是代表当今世界技术含量最领先的减水剂产品。经与国内外同类产品性能比较表明，PC 型聚羧酸系减水剂在技术性能指标、价格比方面都达到了当今国际先进水平。

一、性能特点

（1）掺量低、减水率高：减水率可高达 45%，可用于配制高强以及高性能混凝土。

（2）坍落度轻时损失小：预拌混凝土 2h 坍落度损失小于 15%，对于商品混凝土的长距离运输及泵送施工极为有利。

（3）混凝土工作性好：用 PC 型聚羧酸系减水剂配制的混凝土即使在高坍落度情况下，也不会有明显的离析、泌水现象，混凝土外观颜色均一。对于配制高流动性混凝土、自流平混凝土、自密实混凝土、清水饰面混凝土极为有利。用于配制高强度等级混凝土时，混凝土工作性好、粘聚性好，混凝土易于搅拌。

（4）与不同品种水泥和掺合料相容性好：与不同品种水泥和掺合料具有很好的相容性，解决了采用其他类减水剂与胶凝材料相容性问题。

（5）混凝土收缩小：可明显降低混凝土收缩，显著提高混凝土体积稳定性及耐久性。

（6）碱含量极低：碱含量≤0.2%。

（7）产品稳定性好：低温时无沉淀析出。

（8）产品绿色环保：产品无毒无害，是绿色环保产品，有利于可持续发展。

（9）经济效益好：工程综合造价低于使用其他类型产品。

二、技术性能（表1、表2）

表1　PC型聚羧酸系减水剂匀质性指标

项　目	PC（标准型）	PC（缓凝型）
外　观	浅棕色液体	浅棕色液体
密度（g/mL）	1.07±0.02	1.07±0.02
固含量（%）	20±2	20±2
水泥净浆流动度（基准水泥）（mm）	≥250（$W/C=0.29$）	≥250（$W/C=0.29$）
pH	6~8	6~8
氯离子含量（%）	≤0.02	≤0.02
碱含量（$Na_2O+0.658K_2O$）（%）	≤0.2	≤0.2

表2　PC型聚羧酸系减水剂混凝土性能指标

项　目		PC（标准型）	PC（缓凝型）
减水率（%）		25~45	25~45
泌水率比（%）		≤20	≤20
坍落度增加值（mm）		>100	>100
坍落度保留值（1h）（mm）		≥160	≥160
含气量（%）		2.0~5.0	2.0~5.0
凝结时间差（min）	初　凝	-90~+90	+150
	终　凝	-90~+90	+150
抗压强度比（%）	1d	≥180	无要求
	3d	≥165	≥155
	7d	≥155	≥145
	28d	≥135	≥130
耐久性	28d收缩率比（%）	≤100	≤100
	200次快冻相对动弹模量（%）	≥60	≥60
	抗氯离子渗透性（C）	≤1000	≤1000
	碳化深度比（%）	≤100	≤100
	钢筋锈蚀	无	无
常用掺量（%）		占胶凝材料总量的0.8%~1.5%	

三、使用说明

（1）PC型聚羧酸系减水剂的掺量为胶凝材料总质量的0.4%~2.5%，常用掺量为0.8%~1.5%。使用前应进行混凝土试配试验，以求最佳掺量。

（2）PC型聚羧酸系减水剂不可与萘系减水剂混合使用，使用PC型聚羧酸系减水剂时必须将使用过萘系减水剂的搅拌机和搅拌车冲洗干净，否则可能会失去减水效果。

（3）使用PC型聚羧酸系减水剂时，可以直接以原液形式掺加，也可以配制成一定浓度的溶液使用，并扣除PC型聚羧酸系减水剂自身所带入的水量。

（4）由于掺用PC型聚羧酸系减水剂混凝土的减水率较大，因此坍落度对用水量的敏感性较高，使用时必须严格控制用水量。

（5）PC型聚羧酸系减水剂与绝大多数水泥有良好的适应性，但对个别水泥有可能出现减水率偏低，坍落度损失偏大的现象。另外，水泥的细度和贮存时间也可能会影响 PC 型聚羧酸系减水剂的使用效果。此时，建议通过适当增大掺量或复配其他缓凝组分等方法予以解决。

（6）掺用 PC 型聚羧酸系减水剂后，混凝土含气量有所增加（一般为 2% ~5%），有利于改善混凝土的和易性和耐久性。

（7）由于 PC 型聚羧酸系减水剂掺量小、减水率高，使用 PC 型聚羧酸系减水剂配制 C45 以上的各类高性能混凝土，可以大幅度降低工程成本，具有显著的技术经济效益；用于配制 C45 以下等级混凝土，虽然 PC 型聚羧酸系减水剂的成本偏高，但可以通过增加矿物掺合料用量，降低混凝土的综合成本，同样具有一定的技术经济效益。

四、作用机理

减水作用是表面活性剂对水泥水化过程所起的一种重要作用。减水剂是在不影响混凝土工作性的条件下，能使单位用水量减少；或在不改变单位用水量的条件下，可改善混凝土的工作性；或同时具有以上两种效果，又不显著改变含气量的外加剂。目前，所使用的混凝土减水剂都是表面活性剂，属于阴离子表面活性剂。

水泥与水搅拌后，产生水化反应，出现一些絮凝状结构，它包裹着很多拌合水，从而降低了新拌混凝土的和易性（又称为工作性，主要是指新鲜混凝土在施工中，即在搅拌、运输、浇灌等过程中能保持均匀、密实而不发生分层离析现象的性能）。施工中为了保持所需的和易性，就必须相应增加拌合水量，由于水量的增加会使水泥石结构中形成过多的孔隙，从而严重影响硬化混凝土的物理力学性能，若能将这些包裹的水分释放出来，混凝土的用水量就可大大减少。在制备混凝土的过程中，掺入适量减水剂，就能很好地起到这样的作用。

混凝土中掺入减水剂后，减水剂的憎水基团定向吸附于水泥颗粒表面，而亲水基团指向水溶液，构成单分子或多分子层吸附膜。由于表面活性剂的定向吸附，使水泥胶粒表面带有相同符号的电荷，于是在同性相斥的作用下，不但能使水泥-水体系处于相对稳定的悬浮状态，而且能使水泥在加水初期所形成的絮凝状结构分散解体，从而将絮凝结构内的水释放出来，达到减水的目的。减水剂加入后，不仅可以使新拌混凝土的和易性得到改善，而且由于混凝土中水灰比有较大幅度的下降，使水泥石内部孔隙体积明显减少，水泥石更加致密，混凝土的抗压强度显著提高。减水剂的加入，还对水泥的水化速度、凝结时间都有影响。这些性质在实用中都是很重要的。

五、包装

（1）PC 聚羧酸系高性能减水剂为水剂，采用桶装。

（2）应置于阴凉干燥处贮存，避免阳光直射。

（3）有效保存期为 12 个月，超期经试验验证合格后仍可继续使用。

129 SM 型三聚氰胺系减水剂如何应用？

本品为水溶性改性三聚氰胺甲醛树脂系高效减水剂，具有非引气、低碱、高减水、有效控制混凝土泌水及增强性能，特别是具有减少混凝土收缩等特点。与萘系减水剂相比，三聚氰胺高效减水剂的优点是：减水率高、无缓凝、增强作用显著、硫酸钠含量低、不含氯离子，对胶凝材料品种适应性强，和其他外加剂的相容性好，可以完全取代萘系减水剂或与其他外加剂复合使用。

一、适用范围

（1）用于铝酸盐水泥制作耐火混凝土，110℃烘干及高温（1000~2000℃）下的抗压强度提高 60% ~170%。对纯铝酸钙水泥有极佳的适应性。常用掺量为胶结材的 0.5% ~1.5%，可以应用于制作定形、不定形耐火砖及耐火浇筑料等。尤其适宜配制低水泥量耐火浇筑料。掺加 SM 后，可以明显提高耐火材料的抗压、抗折强度，降低耐火材料的显气孔率，提高密度，延长使用寿命。

（2）制备浇筑设备基础的灌浆料，制备自流平地坪材料。在非金属耐磨地坪材料（干粉砂浆）、自流平砂浆及自流平彩色砂浆等中得到广泛应用。它可以提高地坪表面的硬度及光洁度，不产生龟裂，色泽和顺鲜艳。

（3）可以应用于 α，β 半水石膏及硬石膏粉中，减水率大，增强效果非常明显。掺量为石膏粉质量的 0.5%～1.2%。改善石膏浆体的塑性黏度，同时可提高石膏制品的表观光洁度、耐久性、抗磨性等。配制高强石膏、石膏制品的流动性、抗压强度、抗折强度、抗渗性、表面光洁度和弹性均有改善，使石膏模具周转率增加 4～5 倍。

（4）适于配制商品混凝土、泵送混凝土、流态混凝土、高强高性能混凝土、免振捣自密实混凝土、蒸养混凝土，高强砂浆。

（5）适于配制耐火混凝土、蒸养混凝土、清水混凝土、装饰混凝土、彩色混凝土。

（6）可以作为防水材料的主要组分，提高混凝土或砂浆的抗渗能力。也可以与 UEA 等材料作为混凝土的组分配制结构自防水混凝土。

（7）作为油井水泥的高效分散剂应用于油井固井工程中。本产品已在大庆油田得到广泛应用。

（8）制品塑面光亮、光滑、坚硬耐磨、花纹清晰，红、黄、绿等各种色彩都鲜亮、持久如新。

（9）三聚氰胺高效减水剂的颜色为白色，不引气，因此适合于清水混凝土。

（10）三聚氰胺在低温下也无沉淀产生，有利于冬季施工。

（11）三聚氰胺在提高早期强度以及无加气性使其在预制混凝土方面应用比较理想，适用于蒸养制品。

（12）三聚氰胺高效减水剂收缩较小，控制泌水较好，大量用于地砖制造的光亮剂。

二、主要性能

（1）本品为无色或淡黄色透明液体，无毒、无腐蚀、不燃。

（2）减水率 15%～30%。混凝土 1d 强度提高 40%～100%，7d 强度提高 30%～70%，28d 强度提高 30%～60%。

（3）本品纯度高，故冬季使用无结晶现象。

三、匀质性指标

（1）外观：白色粉末（粉剂）；透明液体（液剂），有相当黏性（用手触摸可辨认）。

（2）Na_2SO_4 含量：3.0%～4.0%。

（3）表面张力（1%浓度液体）：$(71 \pm 1) \times 10^{-5} N/cm$。

（4）氯离子含量：0.3%～0.4%。

（5）pH 值：7～9。

（6）安全性：无毒、无污染。

（7）有效含固量约为 40%，比重约 1.2（用比重计可检测）。

（8）关键性能：分散能力，是对光亮塑面、增强、耐磨，特别对色彩持久性起关键作用的性能。简单检测方法：将少量水泥面料与水拌成团状（水灰比为 0.3，或更低），然后加入面料量 2% 的光亮剂，充分搅拌均匀，这时团状物应变成稀浆，放在玻璃板或塑料膜上，能完全流平，多次堆起，能再流平，关键是要能持续相当的时间，如 30min 以上。

（9）产品稳定性可达八年：即使反复经历冷冻、结冰、溶解，也不影响产品稳定性及使用性能。

四、推荐掺量

液体掺量为胶凝总量的 1.5%～4.0%。

五、使用方法

（1）直接掺入混凝土中。

（2）可使用本品配制其他混凝土外加剂，须经试验确定。

六、注意事项

贮存本品的容器应洁净、密封，使用时须搅拌均匀。

【应用实例】

SM 减水剂在预制管片混凝土中的应用

南水北调中线穿黄工程Ⅱ-A标，中隧葛洲坝集团联合体项目部使用慕湖牌外加剂预制盾构管片混凝土。目前地铁施工中大量采用预制盾构管片作为衬砌，管片混凝土必须使用高性能混凝土才能满足各种设计和施工要求。这些基本要求是：①抗压强度设计等级为C50，要求早强，即在蒸汽养护条件下满足12h一次模具周转。②水胶比不大于0.35，混凝土坍落度小于70mm，易于浇筑和振捣。③构件几何尺寸偏差要求高，几何尺寸偏差要求小于1mm。④构件外观质量要求高，基本上要求达到清水混凝土的标准，即要求棱角完整无磕碰、外观光亮、颜色均匀一致、表面致密气泡少。⑤由于采用振捣工艺，混凝土必须有良好的触变性，分层、离析和泌水小。⑥体积稳定性好，裂缝少。⑦耐久性要求高，在耐久性指标上明确提出了100年耐久性的设计要求。对混凝土抗渗性要求也很高，有的还有耐腐蚀要求。⑧低碱-集料反应性等。

一、原材料优选

（一）水泥

混凝土裂缝是影响结构耐久性的重要因素。当混凝土发生破坏时，常常归因于养护、集料、掺合料或者质量控制，却很少考虑水泥的影响。这可能是因为同一类型的水泥一旦通过了标准试验就认为它们是一样的。然而事实上，不同厂家生产的同一类型的水泥，在抵抗混凝土开裂的能力方面有很大的差异。因此，高性能混凝土必须重视对水泥的选择。配制不易开裂的管片混凝土应重点考察以下几个方面：

（1）水泥早期强度好，并适合蒸汽养护，要求在低温蒸养条件下（60℃以下）盾构管片10h脱模强度大于或等于20MPa。根据经验，应选择强度等级不低于42.5MPa的硅酸盐水泥或普通硅酸盐水泥。

（2）为避免发生碱-集料反应，水泥的碱含量应严格控制在0.6%以下。

（3）从经济性和耐久性两方面考虑，应选择与高效减水剂适应性好的水泥。

选择常用的三种普通硅酸盐水泥，强度等级为42.5（甲、乙、丙）进行对比试验。其中混凝土脱模强度采用和实际生产一致的混凝土配合比（相同胶凝材料、相同水胶比、相同砂率）进行，混凝土脱模强度试验结果见表1。与外加剂的适应性试验采用聚羧酸系减水剂，试验结果见表1。

表1　混凝土脱模强度试验结果

项　目	标准要求	甲	乙	丙
碱含量（%）	<0.6	0.56	0.55	0.49
混凝土脱模强度（MPa）	≥20	21.0	23.0	26.0

表2　水泥与外加剂适应性试验结果

项　目	甲	乙	丙
外加剂掺量（%）	0.65	0.60	0.55
净浆流动度（mm）	210，220	215，215	220，220
混凝土工作性评定	良	优	优

通过表 1 和表 2 试验结果可以看出：

（1）三种水泥均属低碱含量水泥，以丙的碱含量最低。

（2）混凝土脱模强度：丙最高，乙中等，甲最低。

（3）与外加剂适应性：在水泥净浆流动度基本相同的情况下考察外加剂掺量：甲 > 乙 > 丙，说明丙与高效减水剂的适应性最好。

综合以上试验结果，丙最适合配制管片高性能混凝土。

（二）掺合料

掺合料是高性能混凝土不可缺少的组分之一，常用的掺合料有磨细矿渣、粉煤灰、硅灰等。众多试验研究结果表明，磨细矿渣可以改善混凝土的和易性、提高混凝土的耐久性，尤其是耐腐蚀性可得到较大幅度的提高。但是，近年来的研究结果也显示，掺加磨细矿渣配制混凝土的体积稳定性越来越引起工程界的重视，磨细矿渣细度越大，混凝土工程早期开裂得越多。如某管片厂采用大掺量磨细矿渣掺合料生产管片，在存放 6 个月以后，和不掺加磨细矿渣掺合料的管片相比，外弧面裂缝更宽和更深。大量研究高性能混凝土文献资料表明，单独使用优质粉煤灰或者把磨细矿渣和粉煤灰复合使用可减少混凝土收缩，提高体积稳定性。本文根据经验使用 I 级粉煤灰作掺合料取得较好效果。

（三）集料

针对北京及周边地区砂子细度模数普遍在 2.5 以下的特点，本文将改善混凝土集料级配的重点放在粗集料上。目前北京市出售石子存在的最大问题是级配不合格，其中有生产不稳定的因素，也有生产和存储过程中大小石子分离的问题。本文提出了"组合级配"方法，适当提高粗集料中细料含量，较好解决了细集料细度模数较低和粗集料级配较差的问题。表 3 为从某山碎石厂购买的 5~20mm 石子的实际筛分结果。

表 3　5~20mm 碎石筛分结果

筛孔尺寸（mm）	0.16	0.315	0.63	1.25	2.5	5	10	16	20
规范要求筛孔通过率（%）	—	—	—	—	0~5	1~10	30~60	—	90~100
实际筛孔通过率（%）	1	1	1	1	1	2	20	88	100

从表 3 可以看出，该 5~20mm 石子中 10mm 以下粒径偏少，已经明显低于规范的范围。本文采用"组合级配"方法，既简单易行，又不提高成本，取得了较好效果。所谓"组合级配"就是碎石厂根据混凝土企业提供的集料粒径生产两种以上间断级配的石子，由混凝土企业自己混合成满足级配要求的连续级配石子。如盾构管片需要最大集料粒径为 20mm 石灰岩碎石，我们通过和碎石厂协商，由其提供 5~10mm，10~20mm 两种级配的石子，在搅拌配料时按照 25% 的 5~10mm 碎石和 75% 的 10~20mm 碎石的比例混合，满足生产要求，检测结果见表 4。

表 4　碎石组合级配

筛孔尺寸（mm）	0.16	0.315	0.63	1.25	2.5	5	10	16	20
规范要求筛孔通过率（%）	—	—	—	—	0~5	1~10	30~60	—	90~100
组合级配筛孔通过率（%）	1	1	1	1	3	9	35	91	100

通过应用，结果表明，采用组合级配方法有如下优点：

（1）克服了北京市场 5~20mm 石子级配差的缺点，保证了级配稳定。

（2）大大减少了针片状含量，提高了石子质量。

（3）可以根据砂子级配及时调整两种石子的比率，解决了盾构管片浇筑后浮浆过厚的难题。

（四）外加剂的优选

混凝土减水剂要满足低水胶比下流动性及其保持能力，减水率一定要大（一般在20%以上），且坍落度的经时损失要较小，这就要选用高性能高效减水剂。目前北京常用的高效减水剂有三类：第一类是萘系减水剂，第二类是新型改性三聚氰胺系高效减水剂，第三类是聚羧酸系减水剂。使用这三类高效减水剂配制的管片混凝土，在新拌混凝土工作性、强度稳定性、管片外观质量以及耐久性方面有较大区别。典型外加剂产品性能见表5。

表5　高效减水剂性能　　　　　　　　　　　　　　　　　　　　　　　　　%

检验项目	折固掺量	减水率	碱含量	含气量	氯离子
萘系减水剂	1.0	21	6.35	2.8	0.02
三聚氰胺系减水剂	0.48	25	2.50	1.3	0.001
聚羧酸系减水剂	0.12	29	0.30	2.5	0

与水泥适应性好坏是选择外加剂的一个重要标准。本文采用水泥净浆流动度的方法检测外加剂与水泥的适应性。水泥采用与外加剂适应性较好的丙种水泥。水泥用量300g，固定用水量87g。试验结果见表6。

表6　水泥净浆流动度试验结果

外加剂掺量（%）	流动度（mm）		
	萘系减水剂	三聚氰胺系减水剂	聚羧酸系减水剂
0.50	—	—	195
0.60	—	—	215
0.70	—	—	230
1.80	120	185	—
2.00	160	210	—
2.20	190	235	—

根据以上水泥净浆试验结果，比较三种减水剂减水率：聚羧酸盐系＞三聚氰胺系＞萘系。一般地，萘系减水剂用量为0.7%～1.0%（折固），三聚氰胺系减水剂掺量为0.45%～0.55%（折固），聚羧酸系减水剂掺量为0.10%～0.15%（折固）。

聚羧酸系减水剂的减水性能明显好于其他两种类型产品，但价格也明显高于其他两类产品。综合考虑减水剂品质、与水泥适应性试验结果以及单方外加剂价格，初步确定使用三聚氰胺高效减水剂和聚羧酸系减水剂进行混凝土试配和管片制作，通过混凝土工作性、强度、管片外观等效果进行进一步优选。

二、配合比试验和管片性能

（一）配合比设计基本要求

盾构管片高性能混凝土配合比设计的难点在于：较小坍落度的混凝土在浇筑时有良好的触变性；振动成型过程中石子基本不下沉，分层离析小；混凝土浇筑后能够尽快失去流动度形成初始结构，易于抹面；早期强度高，满足24h周转两次的要求等。根据经验，配合比主要设计参数应满足如下几条：

（1）水胶比控制在0.31～0.33之间。

（2）胶凝材料总量不少于400kg/m³。

（3）磨细矿渣和粉煤灰总掺量不超过胶凝材料总量的50%，其中磨细矿渣不超过30%。

（4）砂率一般控制在 36% ~ 40%。

（二）试验室混凝土性能

根据混凝土配合比设计原则，经试验最终确定的混凝土配合比及性能试验结果见表 7 和表 8。

表 7　预制盾构管片 C50 混凝土配合比

序号	水胶比	砂率（%）	水（kg/m³）	水泥（kg/m³）	砂（kg/m³）	10 ~ 20mm 碎石（kg/m³）	10 ~ 20mm 碎石（kg/m³）	粉煤灰（kg/m³）	减水剂（%）三聚氰胺	聚羧酸
1	0.32	36	145	360	668	887	300	90	—	2.70
2	0.32	36	145	360	668	887	300	90	9.00	—

表 8　预制盾构管片 C50 混凝土性能

序号	坍落度（mm）	初凝时间（h）	脱模强度（MPa）	28d 强度（MPa）	新拌混凝土性能
1	50	1.3	25.6	69.2	粘聚性、保水性、工作性良好，不粘底
2	45	1.5	24.5	65.7	粘聚性、保水性、工作性良好，不粘底

（三）管片性能试验

在室内试验的基础上，用两种外加剂配合比进行了盾构管片生产试验，重点考察生产工艺上的区别和管片成品外观效果，结果如下：

（1）用三聚氰胺高效减水剂，混凝土粘聚性和保水性好，没有混凝土离析和泌水现象，尤其是构件外观色泽均匀一致，有光亮感，气泡小且少，满足清水混凝土标准要求。

（2）用聚羧酸盐系减水剂，混凝土粘聚性和保水性也很好，没有离析和泌水现象，构件外观也能做到色泽均匀一致，但是光亮感稍差，气泡较多。

（四）单方混凝土经济分析

由于两个配比中除减水剂外其他组分用量相同，因此经济分析只考虑单方外加剂成本。使用聚羧酸系减水剂的 1 号配比，单方外加剂费用为 32.4 元。使用三聚氰胺高效减水剂的 2 号配比，单方外加剂费用为 27 元。

综合考虑新拌混凝土和硬化混凝土性能以及成本等因素，使用改性三聚氰胺高效减水剂的 2 号配合比进行生产可以取得较好的技术经济效果。

三、工程应用

目前北京地铁隧道施工大量采用了盾构法施工技术，仅地铁 4 号线、5 号线和 10 号线就需要直径 6m 的钢筋混凝土盾构管片总计约 50km。管片混凝土设计强度等级为 C50，抗渗设计等级为 P10。北京某公司为北京地铁加工盾构管片，到目前为止，使用改性三聚氰胺高效减水剂生产管片约 3000 环，共计混凝土 2 万 m³，强度均达设计强度的 115% 以上，混凝土抗渗及管片成品检漏试验完全满足规范要求，管片尺寸完全满足设计要求，外观光亮、颜色均匀一致、表面致密气泡少、外观质量好，受到业主、施工单位、监理单位的一致好评。

四、结论

（1）配制管片高性能混凝土必须重视对水泥的选择。应重点考察：①早期强度和低温蒸养条件下（60℃以下）10h 脱模强度。②水泥碱含量。③与外加剂的适应性。选择和高效减水剂适应性好的水泥可以取得良好的经济性和耐久性。

（2）通过对萘系、三聚氰胺系和聚羧酸系减水剂进行大量对比试验，证明使用三聚氰胺高效减水剂配制的混凝土粘聚性和保水性更好，离析和泌水现象少，早期强度增长快，脱模强度高，构件外观色泽均匀一致，有光亮感，气泡少，完全满足高性能混凝土要求。

（3）使用聚羧酸系减水剂，除表面气泡较多外，其他性能和使用三聚氰胺高效减水剂基本相同，但生产成本较高。

（4）萘系减水剂可以配制出力学性能满足要求的混凝土，但混凝土匀质性差，离析泌水，很难达到高性能混凝土的要求。

（5）为了减少混凝土收缩开裂，提高体积稳定性，掺和料宜采用Ⅰ级粉煤灰，掺量不宜超过胶凝材料总量的20%。

（6）针对市场石子级配较差的状况，采用"组合级配"方法可以有效改善混凝土集料级配，提高新拌混凝土工作性，提高管片混凝土匀质性和耐久性。

五、管片生产存在的问题和对策

（一）外观质量

（1）侧面、端面气孔：混凝土中或多或少会存在空气，结构中必然存在一定量的气泡，自然构件表面不可避免会出现气孔。对管片来说多大气孔能否影响其使用功能有待商榷，据了解各地均有自己的要求。广州地铁一号线施工时，日本青木公司和法国索菲图监理公司对此要求均比现在要求低，他们更注重管片的内在质量，注重过程控制，对外观要求不太苛刻。

据了解，用来放置中、低放射性核废料的混凝土桶国标要求为混凝土内部不得有直径大于1cm的气泡，外表面不允许出现深度直径大于1cm的气孔、空洞，孔孔不得相连。核废料桶使用要求远高于管片，国标尚且如此规定，管片标准应该借鉴一下，应避免陷入单纯追求外观的形式，避免对混凝土结构本身可能造成的损害。

另外，据了解，国外特别是在欧洲国家钢筋混凝土管片制作大多采用整体气振成型，全自动化操作，振动时间自动控制，强调混凝土均匀、密实，不片面追求外观气孔大小和多少。目前国内过于要求外观质量，为了减少气孔不得不增加振动时间，结果很容易导致混凝土内部集料分层，使得混凝土结构更加不均匀，形成浮浆层，增加表面裂缝出现的几率，反而影响管片的性能。

（2）表面裂纹：混凝土本身是不均匀体，由于本身化学反应和各组分间性能差异，必然会产生裂纹，完全消除是不可能的。表面细小的干缩裂纹和龟裂纹属无害裂纹，对管片整体性能影响很小，不妨碍管片正常使用。管片设计中对裂纹的要求为其宽度不得大于0.2mm，应该理解为影响混凝土结构性的裂纹，而非表面较浅的无害干缩裂纹。无害裂纹产生不可避免，可通过技术措施尽量减少其产生。对影响结构性的温差裂纹和局部应力裂纹应坚决避免。

具体措施有：①适宜的混凝土施工配合比及良好的搅拌质量；②选择适合的成型工艺和振动时间，确保成型质量；③管片成型后合理的光面措施；④脱模前合理的养护，特别须注意蒸养温度控制，避免温差裂纹产生；⑤脱模后及时进行水养护，保证至少14d的润湿养护，避免表面失水干缩；⑥吊运过程注意成品保护，避免碰撞造成局部应力集中产生结构性裂纹。

（3）混凝土表面失水、泌水，露砂出现水痕：混凝土表面泌水主要是振动不当引起的，需从混凝土配合比设计和相应的成型振动时间上采取措施去避免。管片生产中必须注重施工配合比的调整，依据不同的原材料和现场条件合理调整施工配比，保证混凝土的坍落度、粘聚性、保水性等工作特性。

同时在掺用高效减水剂时必须考虑其引气性和对混凝土工作性的影响。成型施工时一定要根据具体的混凝土性能适当调整振动时间，不可采取完全相同的振动时间，避免振动不当泌水。

（二）成品试验检验

（1）三环水平拼装试验：目前我国的国标《地下铁道工程施工及验收规范》（GB 50299—1999）要求的试验频率为每套模具每生产200环进行1次三环水平拼装试验。广州建设地铁1号线时，日本青木公司当时三环水平拼装频率为1000环进行一次。据了解德国和法国的管片水平拼装只拼一环。目前管片规格很多，水平拼装可根据成环直径、宽度、大小分类进行。

在正常生产中加强成品管片的外观尺寸检查，严格控制影响拼装精度的管片宽度、弧长及扭曲度指标，定期对管模精度进行检查调整，即可满足管片拼装要求。拼装频率可依工程量大小在300～600环之间选择，确保水平拼装检验有效安全进行。

（2）单块管片整体抗渗试验：单体管片抗渗试验是模拟盾构隧道中成环管片所受外界地层水压渗透状态进行的。检验初衷和思路不错，但是试验方法和试验的必要性有待商榷。国标中对混凝土的抗渗性能以抗渗试件的检验为准，是否进行实体检验应以构件形态来定，不能一概而论。据了解在日本、欧美国家就没有类似的管片检验，建地铁3号线时，到广州的德国专家就不知道此检验。

另外，就广州地铁隧道的现状来看，隧道防水的薄弱环节不是管片本身，而是管片成环时片与片、环与环之间的缝隙。此外管片设计时也没考虑单体管片抗渗试验时的受力状态，在以往的试验中我们就曾经试过把管片从环向中间掰裂，产生环向裂纹。试验本身是否必要、应该怎样试验、达到什么标准要求、试验频次如何定等，都是目前需要慎重考虑的。

伴随着盾构技术的日渐成熟，目前钢筋混凝土管片是盾构使用的主力军。盾构应用的普及必将导致钢筋混凝土管片向标准化、规模化的方向发展。对我国的现状来说，管片生产制作仍处于不断摸索、不断完善的阶段。我们认为，当前迫切需要加快管片标准的资料收集与制定工作，尽快制定出符合盾构现状的规范标准，指导管片生产。要加强区域联合与沟通，实现技术共享，共同探讨管片的规模化发展。另外，在条件允许的情况下，可以探索新的管片形式，例如钢纤维混凝土管片等。

130 SMN 型减水剂如何应用？

木质素磺酸盐是一种由苯丙烷为骨架的疏水基团和磺酸基、羧基等较强亲水基团组成的天然高分子阴离子表面活性剂。由于分子结构的亲水基团较多，又无线性的烷链，故其油溶性较弱，亲水性较强。

一、用途
本剂适用于现浇混凝土、预制混凝土、素混凝土、钢筋混凝土及预应力混凝土。

二、执行标准
GB 8076—1997。

三、掺量与用法
（1）掺量：粉剂占水泥质量的 0.2%～0.3%。
（2）本剂宜与拌合水同时加入搅拌机内，搅拌时间大于或等于 3min。掺加外加剂的混凝土浇筑、振捣等与不掺外加剂的混凝土相同。

四、性能及特点
（1）掺本剂的混凝土减水率为 8%～14%，28d 的抗压强度比不掺本剂的混凝土提高 10% 左右。提高混凝土密实性、抗渗性、抗冻性和耐久性。
（2）本剂适用于日最低气温 5℃以上施工的混凝土。不宜单独用于蒸养混凝土。
（3）在用硬石膏或工业废料石膏做调凝剂的水泥中，掺用该剂时应先做水泥适应性试验，合格后方可使用。

五、包装、运输、贮存
（1）用有塑料袋衬里的编织袋包装，每袋净质量 25kg。
（2）搬运时应注意防止包装袋破损，若受潮结块，经试验合格后使用。
（3）应存放在专用仓库或固定场所妥善保管，以易于识别，便于检查和提货。贮存期为 3

年。水泥的售价相对较低，由单位立方米混凝土的原材料成本比较结果来看，在 C30 以下（含 C30）混凝土配制中使用木质素系减水剂，可较大幅度地降低生产成本，参考配方 M 0.25% + BS 0.035%。使用 M 剂的性能比较为突出。

六、部分试样参考数据（表1）

表1　参考数据

编　号	掺比（C×%）	用水量（g）	坍落度（mm）	减水率（%）	抗压强度（MPa）/抗压强度比（%）		
					3d	7d	28d
0511 基准	0.2	2740	85	—	17.55/100	25.18/100	29.40/100
MG 型木钙	0.2	2400	76	12.4	20.14/114.8	27.79/110.4	33.96/115.5
MN 型木钠	0.2	2375	75	13.3	18.34/104.5	25.89/102.8	30.24/102.9
MM 型木镁	0.2	2540	77	7.3	17.67/100.7	24.62/97.8	30.30/103.1

七、木质素磺酸钙

（1）产品说明：一种低糖的木质磺酸钙；一种棕色水溶性的粉末。常规用途：混凝土减水剂和石膏板减水剂。

（2）产品规格

固形物　　　　　　　　　　　　　　　　　　93% min.

酸碱度（10% 的溶液）　　　　　　　　　　　7.5 ± 1.0

水不溶物（V/V）　　　　　　　　　　　　　1.0% max

（3）环保信息：本品无毒害

（4）补充信息

钙　　　　　　　　　　　　　　　　　　　　5%

堆积密度　　　　　　　　　　　　　　　　　500kg/m³

还原糖　　　　　　　　　　　　　　　　　　5%（五碳糖）

以上数据以折干计算。

（5）包装形式：25kg，600kg，1200kg 袋装。

（6）存储与稳定性：在贮存条件合适的条件下，可以被稳定地保存数年之久。

八、木质素磺酸钠

（1）产品说明

利用经发酵后的亚硫酸盐废液加工精制而成的木质素磺酸钠。

主要用途：混凝土增塑剂、水处理剂、工业清洁剂、农药和染料分散剂。

（2）指标

固形物：　　　　　　　　　　　　　　　　　93.0% min.

钙　　　　　　　　　　　　　　　　　　　　0.6% max.

pH（10% 溶液）酸碱度：　　　　　　　　　　8.3 ± 0.8

水不溶物：　　　　　　　　　　　　　　　　0.3% max.

（3）环境信息

本产品能进行生物降解并且是无害的。

如果需要，可提供安全指标材料。

（4）附加信息

Na（钠）：　　　　　　　　　　　　　　　　9%

硫:	7%
Na_2SO_4:	3%
还原糖:	3%
堆积密度:	$650kg/m^3$

（代表值）

（5）发货包装：25kg 袋装。

（6）贮存稳定性：在干燥的贮存条件下能稳定贮存好几年。

131 CMN 型木钠减水剂如何应用？

本产品符合混凝土外加剂国家标准。

本产品系改性木质素磺酸钠，系粉状低引气性缓凝减水剂，属于阴离子表面活性物质，对水泥有吸附及分散作用，能改善混凝土各种物理性能。可复配成早强剂、缓凝剂、防冻剂、泵送剂等，与萘系减水剂复配后制成的液体外加剂基本没有沉淀产生。

一、主要性能

（1）木质素磺酸钠减水剂用量为水泥用量的 0.20% ~ 0.30%，常用掺量为 0.25%，减水率可达 9% ~ 11%。在适宜掺量时，与基准混凝土相比 3d 强度提高 15% ~ 20%，7d 强度提高 20% ~ 30%，28d 提高 15% ~ 20%，长期强度也有所增长。

（2）在不改变混凝土用水量的情况下，能增加混凝土的流动性，改善和易性。

（3）在保持混凝土塌落度，强度与基准混凝土相同时，可节约水泥 8% ~ 10%，使用 1t 木质素磺酸钠减水剂粉剂，可节约水泥 30 ~ 40t。

（4）在标准状态下，掺本剂的混凝土与基准混凝土相比可延缓混凝土初凝时间 3h 以上，终凝时间 3h，水化热峰推迟 5h 以上，有利于夏季施工和商品混凝土的运输及大体积混凝土工程。

（5）木质素磺酸钠减水剂具有微引气性，可提高混凝土的抗渗冻融性能。

（6）本剂掺入混凝土后对钢筋和集料无腐蚀性。

二、适用范围

本产品适用于大体积混凝土、大流动性混凝土、泵送混凝土、商品混凝土和夏季混凝土施工以及对缓凝有特殊要求的混凝土、灌注桩混凝土、沉管桩混凝土、人工挖孔桩混凝土和地下大体积混凝土施工，具有良好的经济效益。

三、使用方法

（1）掺量为水泥质量的 0.20% ~ 0.30%，推荐掺量 0.25%。

（2）粉剂可以直接加入水泥、砂、石子中进行干拌，均匀后再加水进行搅拌，应适当延长搅拌时间，避免搅拌不均匀。粉剂可预先配制一定浓度的溶液，以水剂形式加入，但注意应从混凝土的总用水量中扣除。

（3）用户使用本产品时请根据具体施工条件（施工季节、工程材料等）参照本说明做必要的混凝土配合比试验，以获得最佳使用效果。

四、包装、贮存及运输

（1）本产品系粉剂，外用辅膜编织袋，内用塑料袋包装，每袋重 25kg。

（2）本产品有效期一年，超期经混凝土试验合格后仍可继续使用。

（3）本产品应贮存于阴凉干燥处，应注意防潮防湿，防内外袋子破损。如有结块粉碎或配成溶液使用，不影响使用效果。

（4）本产品无毒无害，系非易燃易爆危险品。采用汽车、火车运输均可。

132 TG 型糖钙缓凝减水剂主要有什么特点？

一、掺量

0.1% ~0.15% 。

二、主要用途

（1）作缓凝剂或减水剂。

（2）作缓凝型复合外加剂的缓凝减水组分原料，如：缓凝型引气减水剂、缓凝高效减水剂、缓凝型早强减水剂、缓凝型泵送剂。

（3）节约水泥，降低成本。

三、特点

这种减水剂是优质的原材料和科学的制造工艺、减水、保塑、保水、增稠组分的有机结合，是一种经济型泵送剂。掺 0.3%，坍落度增加值大于 100mm，坍落度保留值 30min 大于 160mm，60min 大于 150mm，90min 仍在 140mm 左右，其他性能指标均满足 JC 473—2001 混凝土泵送剂一级品要求。因为与目前常用泵送剂不同，是一种低掺量泵送剂，有以下特点：

（1）水泥净浆流不开。用水泥净浆流动度检测时，本品比目前常用泵送剂展开直径小 30 ~60mm。

（2）静置不动聚一块。按照 JC 473—2001 的要求，掺本品 0.3% 检测坍落度保留值时，样品在装桶静放 30min 后再住外倒时会有点难（锥形筒好些），倒出来是一个和桶的内腔形状类似的团聚体，似乎已失去流动度。其实按操作规程用铁锹将其铲开，并翻转拌合几遍再装入坍落度筒检测，其保留值应大于 150mm，60min 甚至 90min 仍然接近这个数值，可见本品的保塑保水性能好。

（3）增大掺量试着来。本品的常用掺量 0.25% ~0.35%，无毒、无味、水溶性好，在此掺量范围完全能够满足混凝土泵送要求，继续增大掺量减水率提高不明显。如果您需要性能更高的泵送剂，可用本品 0.3% 再配 0.3% 左右的萘系减水剂，不需要再加其他成分。

此外，本品是一种性能很好的水泥助磨剂和水泥缓凝调凝剂，几年来已在内蒙古两大水泥厂应用生产公路缓凝水泥多达 60 万 t，获得很好的经济效益与社会效益。

工程采用滑模工艺，混凝土每层浇筑 300mm，循环 4 次浇筑至 1.2m 高度时即要求第一次滑模，每个层面浇筑时间约为 2h，每层混凝土从浇筑至滑模时间约控制在（9±1）h，滑模工艺的要求滑模时混凝土强度应控制在 0.2 ~0.4MPa，此时正好约为混凝土的初凝时间。首先确定各种原材料为同一厂家、品种、规格、色差基本保持一致，再根据所用材料的特性经试验确立标准环境下的基准配合比，总体施工从 2 ~6 月，各阶段温度差异较大，工艺要求滑模时间的确定，依靠 TG 外加剂来调整混凝土的凝结和增强。

133 陶瓷减水剂是如何分类和发展的？

陶瓷减水剂，亦称解凝剂、分散剂、稀释剂或解胶剂，是目前应用非常广泛的一种陶瓷添加剂。陶瓷减水剂的作用是通过系统的电动电位，改善釉料的流动性，使其在水分含量减少的情况下，黏度适当，流动性好，避免出现缩釉等现象，提高产品的质量；同时，还能减少油层的干燥时间，降低干燥能耗，降低生产成本。因此，使用优良的减水剂，能促进陶瓷生产向高效益、高质量、低能耗的方向发展。

一、陶瓷减水剂的分类

根据组成不同，可将陶瓷减水剂分为无机减水剂、有机减水剂和高分子减水剂。

（一）无机减水剂

主要是无机电解质，一般为含有钠离子的无机盐，如氯化钠、硅酸钠、偏硅酸钠、六偏磷酸钠、碳酸钠、三聚磷酸钠等，适用于氧化铝和氧化锆等浆料。其中应用最多的是三聚磷酸钠，其价格低，综合性能相对较好。无机减水剂在水中可电离起调节电荷作用，如与表面活性剂复配，可帮助降低表面活性剂的临界胶束浓度，改善分散效果。但是无机减水剂由于受分子结构、相对分子质量等因素的影响，其分散作用十分有限，而且用量较大。

（二）有机减水剂

主要是低分子有机电解质类分散剂和表面活性剂分散剂，前者主要有柠檬酸钠、腐殖酸钠、乙二胺四乙酸钠、亚氨基三乙酸钠、羟乙基乙二胺三乙酸钠等。后者作为分散剂的多为阴离子表面活性剂和非离子表面活性剂，阳离子表面活性剂和两性表面活性剂使用较少。阴离子表面活性剂较多使用的有主要羧酸盐、磺酸盐、硫酸盐等。非离子表面活性剂可分为聚氧乙烯型、多元醇型和聚醚型三类。

（三）高分子减水剂

主要是水溶性高分子，如聚丙烯酰胺、聚丙烯酸及其钠盐、羟甲基纤维素等。在陶瓷浆料中添加的高分子分散剂一般分为两类：一类是聚电解质，在水中可电离，呈现不同的离子状态，如聚丙烯酸钠；另一类是非离子型高分子表面活性剂，如聚乙烯醇。高分子陶瓷减水剂由于疏水基、亲水基的位置和大小可调，分子结构可呈梳状，又可呈现多支链化，因而对分散微粒表面覆盖及包封效果要比前者强得多，加之其分散体系更易趋于稳定、流动，高分子陶瓷减水剂已经成为很有前途的一类高效减水剂。

二、国内外陶瓷减水剂的发展状况

国外对新型陶瓷添加剂的研究起步较早，一些大型新型陶瓷添加剂公司如德国 Zschimmer & Schwarz 公司、Bad 公司、意大利 Lamberti 公司等，对陶瓷添加剂的研究处于世界领先地位。德国 Zschimmer & Schwarz 公司的 PC-67 减水剂在佛陶公司不少厂家实验表明，加入 0.1% ~0.2%，釉浆流动性有明显的改善，但因价格高且供应不便，因而在我国推广使用受到限制。

与发达国家相比，我国陶瓷减水剂的总体研究水平不高。1993 年以前，我国常用的减水剂有水玻璃、碳酸钠、三聚磷酸钠、腐殖酸钠、焦磷酸钠液等，以单一或复合形式加入。1993 年以后，取而代之的新型减水剂包括腐殖酸盐-硅酸盐合成物、腐殖酸盐-磷酸盐合成物，磷酸盐-硅酸盐合成物、合成聚合电解质等。新型解凝剂一般以单一形式加入，效果良好。随着对陶瓷减水剂重要作用的进一步认识，国内科研工作者已经开始了对新型高效陶瓷减水剂，尤其是聚羧酸系减水剂的初步研究。

孙晓然、樊丽华等采用溶液聚合法合成了聚丙烯酸钠陶瓷减水剂，加入量在 0.05% ~0.5% 较宽范围内均可获得良好的减水效果；胡建华、汪长春等在氧化还原的引发体系中，合成出了直链含羧基、羟基、磺酸基等官能团，支链含醚基的多官能团共聚物，取得了良好的分散效果；赵石林、岳阳、黄小彬等在水溶液体系合成低坍落度损失的聚羧酸盐高效减水剂，研究了影响分子量、聚合率的因素，研究了羧酸盐共聚物单体组成变化对分散性能的影响，以及复配对高效减水剂性能的影响；公瑞煜、李建蓉、肖传健等以聚氧乙烯甲基烯丙基二醚（APEO-n）、顺丁烯二酸酐（Man）、苯乙烯（St）等为共聚单体合成了一系列聚羧酸型梳状共聚物，其结果表明，接枝链的长度和密度影响分散剂的性能，当接枝链长度为 20~60、苯乙烯摩尔分数为 5% ~20% 时分散性能良好。

三、高效减水剂研究的发展趋势

随着陶瓷工业的迅速发展，传统的陶瓷添加剂已不能适应需求。世界各国都在积极研究和应用新型高效陶瓷减水剂。作为代表的聚羧酸系减水剂的研究发展很快，目前对聚羧酸系减水剂的合成、作用机理探讨等方面只是建立在合理推测阶段，存在很多无法预测的因素，不少理论尚待深入研究论证，深入研究新型高性能减水剂仍具有重要的理论意义和实用价值。尽管系统研究新型高性能减水剂仍存在很多困难，但其发展前景是相当广阔的。

134 引气减水剂如何进行配方设计？

一、组成

木质素磺酸盐类减水剂本身就具有减水、引气及缓凝的特点，属引气减水剂的范畴。如果引气量不够还可以与引气剂再复合。糖钙减水剂本身只缓凝，很少引气。因此可与引气剂或木质素磺酸盐类减水剂复合成引气减水剂。

复合引气减水剂应先研究其气泡直径和气泡间距的大小，再通过混凝土的性能试验来决定是否可用，有些引气型的高效减水剂引入气泡过大就不适合作引气高效减水剂。一些减水剂的气泡结构不好，复合了引气剂后含气量上去了，但气泡结构仍不理想，这种减水剂就不能做引气减水剂。

我国的建筑工程用引气减水剂偏少，水工、海工、道路工程有些应用，一些是将引气剂、减水剂现场复合使用。泵送剂中复合引气剂的做法逐步增多，可以看作是缓凝引气减水剂。

二、基本配方实例

配方 I：木钙 90% + SJ（皂甙类引气剂）10%。

配方 II：糖钙 88% + 松香引气剂 12%。

135 掺合料对减水剂塑化效果的影响是什么？

（1）减水剂品种和掺量相同，水胶比也完全相同的情况下，因硅酸盐水泥的矿物组成、石膏形态和掺量、碱含量和细度等方面存在差异，浆体的流动度差别很大。

（2）不同掺合料由于形成过程不同，其颗粒形状、比表面积和表面形貌等方面存在较大差异，在等量替代的情况下，对水泥浆体流动度的影响差别很大。

（3）用不同种类的矿物掺合料等量替代部分水泥，会对减水剂的塑化效果产生较大影响。在减水剂掺量相同的情况下，随粉煤灰、高钙粉煤灰和矿渣粉掺量的增加，浆体流动度逐渐增大；相反，掺煤矸石总体上会使减水剂塑化效果降低。

（4）经高温煅烧和化学处理并磨细的煤矸石，棱角多，含有大量开口微孔，是导致其对减水剂塑化效果负面影响较大的主要原因。

（5）为满足混凝土流动性和强度、耐久性等方面的要求，当在混凝土中掺加煤矸石时，建议优先选用 FDN 高效减水剂，且应适当提高其掺量。

136 矿渣微粉对减水剂效果影响及其作用机理是什么？

研究和开发高性能混凝土是当今国际范围的热点，目前国际上配制高性能混凝土多采用硅灰、超细磨矿渣微粉，由于我国硅灰资源有限，目前国内多采用矿渣微粉作为高性能混凝土的掺合料与减水剂匹配使用。

一、试验

矿渣微粉选用鞍山钢铁集团公司生产的 875 级矿渣微粉，水泥选用抚顺水泥股份有限公司生产的 42.5 级普通硅酸盐水泥，石子选用抚顺哈达采石厂生产的 5~20mm 碎石，砂子选用抚顺浑河砂厂生产的中砂，细度模数 2.7，减水剂选用品种及推荐掺量见表 1。

表1　减水剂选用品种及推荐掺量

试样编号	1	2	3	4
品　种	非引气型高效减水剂	引气型高效减水剂	普通减水剂	普通减水剂
推荐掺量（%）	0.75	1.5	0.80	0.25
主要组分	β-萘磺酸盐缩聚物	β-萘磺酸盐缩聚物引气剂复合	β-萘磺酸盐缩聚物与木钙复合	木质素磺酸钙

二、试验内容

通过减水率、坍落度、坍落度损失和凝结时间等试验，分析了矿渣微粉分别对表1中四种减水剂作用效果的影响。

试验参照 GB/T 50080《普通混凝土拌合物性能试验方法》和 GB 8076—1997《混凝土外加剂》进行。试验混凝土配合比列于表2。检验减水率和坍落度损失时，则通过调整用水量使新拌混凝土达到试验所要求的坍落度。

表2　试验用混凝土配合比　　　　　　　　　　　　　　　　kg/m³

试　样	水　泥	矿渣微粉	黄　砂	碎　石	水	减水剂
基准混凝土	500	0	732	1098	170	推荐掺量
受检混凝土	250	250	732	1098	170	推荐掺量

三、结果分析与讨论

（一）矿渣微粉对减水剂减水效果的影响

表3列出了矿渣微粉对各类减水剂减水效果影响的实验数据，据此可知，矿渣微粉可以不同程度地改善各类外加剂的减水效果，此现象为辅助减水效果，并按下式计算矿渣微粉的辅助减水率。

表3　矿渣微粉与减水剂复合作用效果　　　　　　　　　　　　%

胶凝材料体系	1#		2#		3#		4#	
	减水率	辅助减水率	减水率	辅助减水率	减水率	辅助减水率	减水率	辅助减水率
矿渣微粉＋水泥	20.0	11.0	22.4	12.0	10.2	2.0	7.1	2.0
纯水泥	18.0	—	20.0	—	10.0	—	7.0	—

辅助减水率：

$$P(\%) = (W_0 - W_1)/W_0 \times 100\%　　　　　　（1）$$

式中　　W_0——单掺减水剂到无矿渣微粉的基准混凝土拌合物用水量；

　　　　W_1——同时掺矿渣微粉和减水剂的受检混凝土拌合物与基准混凝土相同坍落度时的用水量；

　　　　P——矿渣微粉辅助减水率，%。

矿渣微粉辅助减水作用试验结果归纳于表3，分析表3结果可知，矿渣微粉对不同品种的减水剂辅助减水效果有所不同，矿渣微粉对于减水率大于或等于18%的高效减水剂，无论是引气型还是非引气型，均有显著的辅助减水效果，辅助减水率10%左右；对于减水率小于15%的减水剂，无论是萘系、木质素系，还是萘系与木质素系的复合，虽然有辅助减水效果，但辅助减水率只有2%。

通过净浆标准稠度实验分析了矿渣微粉自身对水泥流变性的影响，其结果列于表4。从表4可知，掺矿渣微粉的净浆标准稠度均与纯水泥浆体系相近，表明矿渣微粉无单独的减水效果。由此可证明，矿渣微粉的辅助减水效果是与减水剂复合作用的效应一致。

表 4　净浆标准稠度试验结果

试　样	组　成	标准稠度（mm）	凝结时间（h：min）	
			初　凝	终　凝
1#	100% OPC	26.0	2：28	3：19
2#	50% 矿渣微粉 + 50% OPC	26.0	3：13	4：14

　　矿渣微粉辅助减水作用是以下方面综合作用效果：其一，流变学实验研究表明：水泥浆的流动性与其屈服应力 τ_0 密切相关，屈服应力 τ_0 愈小，流动性愈好，表现为新拌混凝土坍落度大。矿渣微粉可显著降低水泥浆屈服应力，因此可改善混凝土的和易性。其二，矿渣微粉是经超细粉磨工艺制成的，粉磨过程主要以介质研磨为主，颗粒的棱角大都磨圆，颗粒形貌比较接近鹅卵石。矿渣微粉颗粒群的定量体视学分析结果表明：矿渣微粉颗粒最可几直径在 $6 \sim 8 \mu m$，圆度在 $0.2 \sim 0.7$ 范围，颗粒直径愈小，圆度愈大，即颗粒形状愈接近球体。矿渣微粉颗粒直径显著小于水泥且圆度较大，它在新拌水泥浆中具有轴承效果，可增大水泥浆的流动性。其三，由于矿渣微粉具有较高的比表面积，会使水泥浆的需水量增大，因此矿渣微粉本身并没有减水作用。它只有与减水剂复合作用时，前面两方面优势才得到发挥，使水泥浆和易性获得进一步改善，表现出辅助减水效果。

（二）矿渣微粉对混凝土坍落度损失的影响

　　矿渣微粉对混凝土坍落度损失的影响，试验结果归纳于表 5。

表 5　坍落度损失试验结果　　　　　　　　　　　　　　MPa

外加剂	矿渣微粉				纯水泥			
	初　始	30min	60min	90min	初　始	30min	60min	90min
1	205	200	190	180	210	200	160	145
2	220	205	190	170	220	205	140	110
3	200	195	190	185	210	190	185	180
4	200	200	200	180	210	195	195	180

　　由表 5 可知矿渣微粉对掺各类外加剂的混凝土坍落度损失均有改善效果，尤其是对减水率大于或等于 18% 的高效减水剂的坍落度损失改善效果最佳。

　　矿渣微粉对坍落度损失改善机理可归结为以下三方面作用：

　　其一，从流变学角度分析，掺高效减水剂混凝土坍落度损失较快的原因，是由于其中水泥浆的屈服应力 τ_0 随时间推移迅速增大之故，τ_0 值与坍落度损失之间具有很好的相关性。

　　本项目的前期研究结果表明：矿渣掺合料可显著降低水泥浆的屈服应力 τ_0，由于初始 τ_0 相对较小，使 τ_0 值在较长时间内维持在较低的水平上，使水泥浆处于良好的流动状态，从而有效地控制了混凝土的坍落度损失。

　　其二，混凝土坍落度损失原因之一是水分蒸发。混凝土在运输和施工过程中气泡不断外溢，伴随着水分蒸发，混凝土坍落度值经时损失下降。掺高效减水剂的混凝土由于用水量大幅度减少，而水分蒸发量与不掺减水剂的混凝土基本相近，因此掺高效减水剂混凝土中单位体积的水分蒸发率相对较大，使其坍落度损失加快。掺矿渣微粉的新拌混凝土具有良好的粘聚性，且泌水性很小，其原因是矿渣微粉的比表面积较大，对水分的吸附起到了保水作用，延缓了水分的蒸发速率，因此有效地抑制了混凝土坍落度损失。

　　其三，混凝土坍落度损失与水泥水化动力学有关。随着水化时间的推移，水泥水化产物的增长，使混凝土体系的固液比例增大，自由水量相对减少，凝聚趋势加快，致使混凝土坍落度值下降较快，在高温及干燥条件下这种现象更甚。矿渣微粉在改善混凝土性能的前提下，可等量替代水泥 30% ~ 50% 配制混凝土，大幅度地降低了混凝土单位体积水泥用量。矿渣微粉属于活性掺合料，但与水泥熟料相比则为低水化活性胶凝材料。大掺量的矿渣微粉存在于新拌混凝土中，有稀释整个体系中水化产物的体积比例的效果，减缓了胶凝体系的凝聚速率，从而可使新拌混凝土的坍落度损失得到抑制。由凝结时间试验结果可知：掺矿渣微粉胶凝体系的凝结时间比纯水泥体系延长，该现象是一个有力的证明。

矿渣微粉对各类外加剂有良好的适应性，而且具有辅助减水效果，可不同程度地提高外加剂的减水效果；矿渣微粉对掺各类外加剂混凝土的坍落度损失具有改善效果，对于高效减水剂的改善效果尤佳。矿渣微粒对混凝土坍落度损失改善机理归结为三方面作用：一是降低了新拌混凝土的屈服应力，使屈服应力在较长的时间内维持在较低的水平上；二是高比表面积的保水效果，延缓了水分的蒸发速率；三是大掺量的矿渣微粉稀释了胶凝体系中水化产物比例，延缓了体系凝聚速率。矿渣微粉与减水剂匹配使用是目前配制高性能混凝土的理想材料。

137 预拌混凝土应用聚羧酸系减水剂的技术经济性如何？

聚羧酸系减水剂（PC）能否成功应用于预拌混凝土，关键问题在于解决其技术和经济性。采用 4 种不同胶凝材料体系，7 种不同胶凝材料用量，分别掺加 PC、木质素磺酸盐系减水剂（LS）和萘系减水剂（NSF）配制了强度等级 C10～C60 的混凝土，并针对相同的胶凝材料体系，对比了掺加这三种减水剂所配制的同强度等级混凝土的技术性和原材料成本。结果表明，掺加 PC 的混凝土具有较好的技术性能，且对于高强度等级混凝土，掺加 PC 是比较经济的。

（1）在同强度等级要求下，掺加 PC 的混凝土水胶比要比掺加 LS、NSF 的混凝土水胶比低。

（2）掺加 PC 的混凝土其坍落度在 2h 内损失最小。

（3）在同强度等级要求、粉煤灰掺量较低的情况下，配制 C20～C35 混凝土时，掺加 NSF 的混凝土原材料成本比掺加 PC、LS 混凝土原材料成本低，而配制 C35～C50 混凝土时，掺加 PC 的混凝土原材料成本比掺加 LS、NSF 混凝土原材料成本低。

（4）在同强度等级要求，粉煤灰掺量较高的情况下，配制 C10～C25 混凝土时，掺加 LS 的混凝土原材料成本比掺加 PC、NSF 混凝土原材料成本低；而配制 C30 混凝土时，掺加 PC 的混凝土原材料成本比掺加 LS、NSF 的混凝土原材料成本低。水泥价高时，即使配制 C25 混凝土，采用 PC 也是比较经济的。

138 什么是聚烷基芳基磺酸盐类减水剂？它可分为哪几类？有哪些主要性能？使用中应注意些什么？

聚烷基芳基磺酸盐类减水剂又称煤焦油系减水剂。它是以煤焦油中某种馏分或某一些馏分为原料，经过磺化反应生成磺酸衍生物，再用甲醛与其缩合，然后将此缩合物以碱类或碱性物质中和，除去或不除去多余的硫酸盐而制得的产品。

根据生产中所使用的馏分不同，煤焦油系减水剂可分为以下两类：

①萘系减水剂：它以工业萘、甲基萘为原料，主要成分是聚次甲基萘磺酸钠。典型产品有日本的迈蒂高效减水剂，国产的如 MF，FDN 等。这是目前应用最多的一类减水剂。

②蒽系减水剂：它以蒽油为原料，主要成分是聚次甲基蒽磺酸钠。典型产品有日本的 NL—1400，国产的 AF 等。

该类减水剂具有早强、增强效果显著；能大幅度提高混凝土的流动性；节省水泥；在适宜掺量下，对混凝土的凝结时间影响较小；不会引起钢筋锈蚀。

对这类减水剂，使用中应注意以下事项：

①这类减水剂的适宜掺量一般为水泥质量的 0.5%～1.0%。

②掺加方法对这类减水剂的塑化效果影响较大，一般在搅拌中先加水搅拌 2～3min，然后加入减水剂的作用效果好。

③当混凝土采用多孔集料时，必须先加水，最后掺加减水剂。

④大坍落度混凝土不宜用翻斗车长距离运输，减水剂应采用后掺法。

⑤这类减水剂的含气量相差很大，应根据不同的使用目的慎重选用。

139 什么是磺化三聚氰胺甲醛树脂类减水剂？有哪些主要性能和用途？

磺化三聚氰胺甲醛树脂减水剂，简称密胺树脂减水剂。它是由三聚氰胺、甲醛、亚硫酸钠按适当比例、在一定条件下经磺化、缩聚而成的阴离子表面活性剂。典型产品有德国的"美尔门脱"、日本的 NL-4000 及我国的 SM 高效减水剂。

SM 为非引气型早强高效减水剂，各项性能与效果均比萘系减水剂好，其主要性能如下：

①SM 适宜掺量为 0.5%～2.0%，减水率可达 20%～27%，长期强度也有明显提高。

②SM 蒸养适应性较好，蒸养出池强度可提高 20%～30%，达到同样出池强度可缩短蒸养时间 1～2h。

③适用于铝酸盐水泥所配制的耐火混凝土，110℃烘干及高温下的压缩强度可提高 60%～170%。

SM 高效减水剂适用于配制高强混凝土、早强混凝土、流态混凝土、蒸养混凝土及耐火混凝土等。它在市场上常以一定浓度的水溶液供应，使用时应注意其有效成分的含量。

140 什么是糖蜜减水剂？它有哪些主要性能和用途？使用中应注意些什么？

糖蜜减水剂是以制糖工业制糖生产过程中提炼食糖后剩下的残液（称为糖蜜）为原料，采用石灰中和处理调制成的一种粉状或液体状产品，属非离子表面活性剂。国内产品有 3FG，TF，ST 等。

1. 糖蜜减水剂具有以下主要性能：

①具有缓凝作用，能降低水泥初期水化热，气温低于 10℃后缓凝作用加剧；

②改善混凝土的性能，当保持水泥用量相同，坍落度与空白混凝土相近时，可减少 5%～10%的用水量，早期强度发展较慢，28d 龄期时混凝土抗压强度提高 15%左右；

③保持混凝土强度相等的条件下可节省 5%～10%的水泥；

④提高混凝土的流动性。掺用糖蜜减水剂的混凝土，其坍落度比不掺的增大 5cm 左右；

⑤对钢筋无锈蚀危害。

2. 糖蜜减水剂的主要用途如下：

①用于要求缓凝的混凝土，如大体积混凝土、夏季施工用混凝土等；

②用于要求延缓水泥初期水化热的混凝土，如大体积混凝土；

③可节省水泥，改善混凝土的和易性。

3. 糖蜜减水剂在使用中应注意以下事项：

①严格控制掺量，一般掺量为水泥质量的 0.1%～0.3%（粉剂）。掺量超过 1%时混凝土长时间酥松不硬，掺量为 4%时 28d 强度仅为不掺的 1/100；

②糖蜜减水剂本身有不均匀沉淀现象，使用前必须搅拌均匀；

③粉状糖蜜减水剂在保存期间应避免浸水受潮，受潮后并不影响质量，但必须配成溶液使用；

④蒸养混凝土中不宜使用。

141 玉米芯减水剂生产工艺是什么？

玉米芯或其他木质化组分，其中纤维素含量为 15%～40%，它们是一种高分子化合物，是介于淀粉和纤维之间的多糖，可溶性比纤维高，易被水解成单糖。

$$(C_6H_{10}O_5)_n \xrightarrow{H_2O} (C_6H_{10}O_5)_x \xrightarrow{H_2O} C_{12}H_{22}O_{11} \xrightarrow{H_2O} C_6H_{12}O_6$$

多糖（淀粉）　　　　糊精　　　　麦芽糖　　　　葡萄糖

这类多糖水解的单糖一般水溶性差,虽有减水作用,但因分子中含有醛基(还原基),不利于水泥水化,因此,需在酸性介质中将其氧化生成—COO⁻后,方可生产稳定的多糖类减水剂。玉米芯减水剂生产工艺如图1所示。

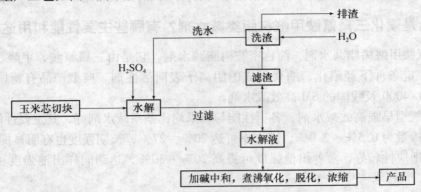

图1 玉米芯减水剂生产工艺

玉米芯减水剂掺量为0.2%~0.6%,减水率可达5%~15%。

此外,采用落叶松树皮渣、杨梅树皮渣,在碱与亚硫酸盐作用下,可在木质素、半纤维素或纤维素的分子上,引入一定量的—SO₃H,成为含有多—OH、多—COOH及多—SO₃H的高分子化合物,因而具有良好的减水作用。其他种类减水剂生产工艺如图2所示。

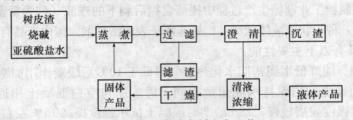

图2 其他种类减水剂生产工艺

142 糖蜜减水剂的生产工艺是什么?

利用榨糖厂生产过程中残留的废液糖渣、废蜜,经过一定数量的生石灰处理后而制得糖蜜减水剂。实际生产时先将废蜜的相对密度调到1.2左右,其加水量W可按下式计算:

$$W = \frac{\gamma_0 - \gamma}{\gamma_0(\gamma - 1)} \times G \tag{1}$$

式中 G——废蜜质量;

γ_0——废蜜相对密度;

γ——稀释后的废蜜相对密度。

先将石灰粉末加入15℃左右的水中,边加边搅拌,此时石灰乳温度可升至70~80℃,待降至40℃时,将石灰乳倒入已称好的废蜜中,连续搅拌15min,放15d以上即可。

143 腐殖酸盐减水剂的生产工艺是什么?

腐殖酸俗名胡敏酸,是一种高分子羟基羧酸盐,属阴离子表面活性物质,草炭(泥灰)中溶于碱的那部分即为腐殖酸,其结构示意图如下:

180

腐殖酸盐减水剂制备工艺如图1所示。

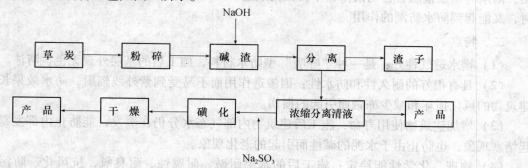

图1　腐殖酸盐减水剂制备工艺

144　减缩剂有哪些？

混凝土减缩剂的主要功能是使混凝土早期干缩减小，从而减少甚至消除裂缝产生。减缩剂是我国混凝土外加剂领域的新品种，尚处于研发阶段。

减缩剂的主要成分是聚醚或聚醇及其衍生物。已被国内外研究和开发的用于减缩剂组分的化合物有：丙三醇、聚丙烯醇、新戊二醇、二丙基乙二醇等。

减缩剂的化学组成为聚醚或聚醇类有机物，富田六郎将减缩剂的主要成分归纳为通式 $R_1O(AO)_nR_2$ 表示，其中骨架 A 为碳原子数 2～4 的环氧基，或两种不同的环氧基以随机顺序重合；n 为重复度，以整数表示，一般为 2～5，10 以上的大分子结构也具有减缩机能；R 为 H 基、烷基、环烷基或苯基。一般而言，在合成精制过程中会形成重合度不同的物质，因此实际成分为不同重复度的混合物。从美国专利文献资料看，常用的单组分型减缩剂有一元或二元醇类减缩剂、氨基醇类减缩剂、聚氧乙烯类减缩剂、烷基氨类减缩剂等；复合型减缩剂主要有低分子量的氧化烯烃和高分子量的含聚氧化烯链的梳型聚合物、含仲羟基或叔羟基的亚烷基二醇和烯基醚/马来酸酐共聚物、烷基烯加成物和亚烷基二醇、亚烷基二醇或聚氧化烯二醇与硅灰、烷基醚氧化烯加成物和磺化有机环状物以及烷基醚氧化烯加成物和氧化烯二醇等复合减缩剂。日本研究开发的混凝土减缩剂则主要有聚丙二醇、环氧乙烷甲基、苯基、环烷基和氨基衍生物。所选用的作为减缩剂的表面活性剂具有下列特征：

（1）在强碱性的环境中能大幅度降低水的表面张力，一般应能从 $70×10^{-3}N/m$ 左右降至 $35×10^{-3}N/m$ 左右；

（2）对水泥颗粒不能有强烈的吸附；

（3）挥发性要低；

（4）不会对水泥的水化凝结造成异常的影响；

（5）没有异常的引气性。

由于非离子表面活性剂在水溶液中不是以离子状态存在，故其稳定性高，不易受强电解质存在的影响，也不易受酸碱的影响，与其他表面活性剂相容性好，在固体表面上不发生强烈吸附，所以现在用作减缩剂的产品通常是非离子表面活性剂。

145　表面憎水剂的定义、特点、适用范围和性能指标是什么？

目前使用最普遍的憎水剂是有机硅类憎水剂，如美国道康宁（DOW CORNING）在中国市场广泛销售的是一种渗透性硅基类防水剂，有用于多种基层材质的溶剂型和水溶型两大类的系列产品。

一、定义

通过对基层表面喷、刷憎水剂后，在基层产生渗透作用的同时，并在基层表面形成憎水作用，雨水与基层接触会自动滚落，不留任何痕迹，从而既能保持基层（如墙体）原有透气性的同时，又能起到防水防潮的作用。

二、特点

（1）憎水透气性好：是一种"呼吸"型防水材料，施工后的基层外观无色、清洁。

（2）具有很好的耐久性和防水性：因渗透作用而不易受到紫外线辐射，防水效果长久，减少建筑物的风化损坏和减少冻融而引起的损伤。

（3）增加建筑物使用寿命：施工后建筑物内部气态水分仍在蒸发，能防止内部发霉、腐烂引起堵塞现象，也防止由于水泥的碱性而引起的老化现象。

（4）物理、化学性能稳定：施工后的基层耐碱、耐腐蚀、耐臭氧，抗风化、防污染、不泛白、不变色、不长青苔。

（5）施工极其简便、快速，适用范围广。

（6）憎水涂层不耐压。

三、适用范围

（1）各种建筑物的外墙，如住宅楼、精密仪器（计算机）房、图书馆、档案室、博物馆、仓库等建筑物的防潮、防霉。

（2）古建筑的青砖、瓦，瓷砖、石碑、花岗岩、大理石等天然石材面的防盐析泛碱、防污、防风化、保色等。

（3）现浇或预制混凝土、水泥砂浆建筑结构，如外墙壁、桥梁、隧道、涵洞等。

四、性能指标

憎水剂的主要技术性能指标见表1。

表1　性能指标

项目	指标
pH 值	6 ~ 7
防水性（5 滴水珠在试块上 2h）	水珠不下渗
耐温性 [（100 ± 2）℃，5h]	防水性无变化
耐低温 [（-30 ± 2）℃，2h]	试块无开裂，防水性无变化

146　SR 型减缩剂如何应用？

近年来，因为干燥收缩等所造成的混凝土构筑物裂缝等质量问题，严重地困扰着业界。针对这些问题，具有良好性能的高流动性的混凝土被广泛地使用。但业界更希望得到具有防干燥收缩效果的高流动性混凝土。

在混凝土和砂浆中，添加减缩剂可大幅度降低因砂浆、混凝土的干燥收缩所造成的裂缝，可大幅度提高混凝土构筑物的耐久性和安全性。

一、减缩剂的特征

（1）因其优异的表面活性作用，可大幅度减少砂浆、混凝土的干燥收缩；

（2）使用量增加，其收缩效果随之增加。通常为水泥质量的 2% ~ 6%，龄期 26 周可降收缩 30% ~ 50%；

（3）即使是用于预拌混凝土的外加剂不同，其防收缩效果是一样的，可放心使用；

（4）即使混凝土的配合比不同，其防收缩效果不变，可用于所有混凝土构筑物；

（5）在增加使用量时，混凝土的凝结时间会有所延迟，但对抗压强度等并没有不良影响；

（6）本产品为液体，可作为部分砂浆或混凝土的单位用水量加入，易溶于水；

（7）主要性能指标及特点如下：

①混凝土收缩变形小，掺减缩剂的混凝土与基准混凝土相比能显著减少混凝土收缩，一般 28d 混凝土干缩减少 40%～60%，60d 干缩减少 30%～50%，自收缩 60d 可减少 30% 左右。

②混凝土强度，减缩剂没有减水作用，掺减缩剂的混凝土硬化后，几乎不影响强度指标。

③产品适应性好：产品适用于各品种的水泥，与各类引气剂、减水剂、泵送剂等外加剂均有很好的相容性。

④对钢筋无锈蚀危害。

二、减缩剂的物性

减缩剂是以石油制品为原料的聚醚系列外加剂，不含对混凝土以及环境有害的氯离子等有害物质。

三、减缩剂的产品性状（表1）

表1　产品性状

外　观	pH	密度（g/cm³）	黏度（20℃）	溶解性
无色～淡黄色液体	7±1	1.02±0.02	100±20cps	易溶于水

四、减缩剂的使用量与干燥收缩量

随着减缩剂使用量的增加，其干燥收缩变小。材龄 26 周，$C \times 2\%$ 的约为 70%、$C \times 4\%$ 的约为 60%、$C \times 6\%$ 的约为 50%，分别可以减少如上的收缩量。

五、使用方法及注意事项

混凝土减缩剂是一种新型的减少混凝土收缩的外加剂，其作用机理是通过降低混凝土在水化干燥时水的表面张力来减少混凝土内部的毛细孔张力，从而大幅减少混凝土收缩，提高混凝土的抗变形性能。

（1）掺量：常用掺量为 1%～2%（按胶凝材料质量计），使用时应根据工程材料，通过实验优选最佳掺量。

（2）搅拌：准确计量后，随拌合水一起加入混凝土搅拌机，搅拌均匀即可。

（3）养护：混凝土浇筑后，正常养护即可。冬季混凝土施工，气温在负温条件下，应加强混凝土表面保温措施。

缓 凝 剂

147 什么是缓凝剂?

缓凝剂是一种降低水泥或石膏水化速度和水化热、延长凝结时间的添加剂。参照国家标准《混凝土外加剂的分类、命名与定义》（GB 8075—2005）中的规定，用于砂浆中缓凝剂的定义如下：

缓凝剂：延长砂浆凝结时间的添加剂。

148 缓凝剂有哪些种类?

按结构可将缓凝剂分为下列几类：

（1）糖类：糖钙、葡萄糖酸盐等。糖钙是由制糖下脚料经石灰处理而成。

（2）羟基羧酸及其盐类：柠檬酸、酒石酸及其盐，其中以天然的酒石酸缓凝效果最好。

（3）无机盐类：锌盐、磷酸盐等。

（4）木质磺酸盐等：在所有的缓凝剂中，木质磺酸盐的添加量最大，且有较好的减水效果。

149 缓凝剂的作用机理是什么?

各种缓凝剂的作用机理各不相同。一般来说，有机类缓凝剂大多对水泥颗粒以及水化产物新相表面具有较强的活性作用，吸附于固体颗粒表面，延缓了水泥的水化和浆体结构的形成。

无机类缓凝剂，往往是在水泥颗粒表面形成一层难溶的薄膜，对水泥颗粒的水化起屏障作用，阻碍了水泥的正常水化。这些作用都会导致水泥的水化速度减慢，延长水泥的凝结时间。缓凝剂对水泥缓凝的理论主要包括吸附理论、生成络盐理论、沉淀理论和控制氢氧化钙结晶产生理论。

多数有机缓凝剂有表面活性，它们在固-液界面产生吸附，改变固体粒子表面性质，即亲水性。由于吸附作用，它们分子中的羟基在水泥粒子表面阻碍水泥水化过程，使晶体相互接触受到屏蔽，改变了结构形成过程。如葡萄糖吸附在 C_3S 表面生成吸附膜，因此掺 0.1% 葡萄糖使水泥凝结时间延长 70%。

对羟基羧酸及其盐的缓凝作用，用络合物理论解释更为合适。因为羟基羧酸盐是络合物形成剂，能与过渡金属离子形成稳定的络合物，而与碱土金属离子只能在碱性介质中形成不稳定的络合物。正因为如此，羟基羧酸及其盐类能与水泥中的钙离子形成不稳定络合物，在水化初期控制了液相中的钙离子的浓度，产生缓凝作用，随水化过程的进行，这种不稳定的络合将会破坏，这样水化将继续正常进行。

缓凝剂分子在水泥粒子上的吸附层的存在，使分子间的作用力保持在厚的水化层表面上，使水泥悬浮体也有分散作用。它们不但在原胶凝物质的粒子表面吸附，而且在水化和硬化过程中吸附在新相的晶胚上，并使其稳定。这种稳定作用阻止结构形成过程，并降低早期强度。缓凝剂不仅由于在原化合物和最终化合物上的吸附作用，而且由于改变了饱和溶液中晶胚生成的速度，因此控制了胶凝物的水化和硬化过程。无论使用何种缓凝剂，在水泥水化继续进行过程中，由于水泥粒子的膨胀引起吸附层分子之间的空隙扩大或膜层破裂，因此水化作用可照常进行。这样对后期强度的发展几乎没有坏的影响，在合理掺量范围（0.01% ~ 0.20%）内甚至可以增加后期强度。

缓凝作用的机理另一观点认为，缓凝剂吸附在氢氧化钙核上，抑制了其继续生长，在达到一定过饱和度之前，氢氧化钙的生长将停止。这个理论重点放在缓凝剂在氢氧化钙上的吸附，而不是在水化产物上吸附。但是，研究表明仅仅抑制或改变氢氧化钙生长状态不足以引起缓凝，而更重要的是缓凝剂在水化的 C_3S 上的吸附。

150 缓凝剂的性能指标有哪些？

目前还没有专门的砂浆缓凝剂的规范，缓凝剂的产品质量按照混凝土缓凝剂的规范《混凝土外加剂》（GB 8076—1997）的规定。

掺缓凝剂混凝土的性能指标见表1。

表1 掺缓凝剂混凝土的性能指标表

试验项目		一等品	合格品	试验项目		一等品	合格品
泌水率（%）≯		100	110	抗压强度（%）≮	7d	100	90
凝结时间之差（min）	初 凝	> +90			28d	100	90
	终 凝	—		28d 收缩度比（%）≯		135	
抗压强度（%）≮	1d	—		对钢筋锈蚀作用		应说明对钢筋有无锈蚀危害	
	2d	100	90				

注：1. 表中所列数据为掺外加剂混凝土与基准混凝土的差值或比值。

2. 凝结时间指标，"－"号表示提前；"＋"号表示延缓。

3. 对于可以用高频振捣排除的，由外加剂所引入的气泡的产品，允许用高频振捣，达到某类型性能指标要求的外加剂，可按本表进行命名和分类，但须在产品说明书和包装上注明用于高频振捣的××剂。

缓凝剂的匀质性指标见表2。

表2 缓凝剂的匀质性指标

试验项目	指标	试验项目	指标
含水量	在生产厂控制值的相对量的5%以内	还原糖	在生产厂控制值±3%以内
氯离子含量	在生产厂控制值相对量的5%以内	总碱量（$Na_2O + 0.658K_2O$）	在生产厂控制值±5%以内
水泥净浆流动度	应不小于生产控制值的95%		
细度	0.315mm 筛的筛余应小于15%	硫酸钠	在生产厂控制值±5%以内
pH 值	在生产厂控制值的±1 以内	泡沫性能	在生产厂控制值±5%以内
表面张力	在生产厂控制值的±1.5 以内	砂浆减水率	在生产厂控制值±1.5 以内

151 缓凝剂在干粉砂浆中有哪些主要应用？

用于干粉砂浆的缓凝剂要求为粉末状、干燥。缓凝剂在干粉砂浆应用中主要用于自流平地坪材料、内外墙腻子等。

在自流平中，需要选用合适的缓凝剂来保持自流平一定的可施工时间，当需要采用压光时，需要缓凝剂来保持较长的施工时间。在内墙腻子中，当需要采用压光时，需要缓凝剂来保持较长的施工时间。

在使用缓凝剂时，应根据不同的施工温度，通过试验找出缓凝剂的最佳掺量，再根据施工要求的初凝时间，在最佳掺量的范围内采用与之对应的合理掺量，以求达到既经济又能满足工程施工要求的目的。

过量缓凝剂与水泥发生作用时发生的超时缓凝，在作用机理方面与一般缓凝剂的缓凝机理无本质的区别，只是由于缓凝剂的掺量很高，新拌混凝土液相中的缓凝剂的剩余含量很高，这时水泥水化需克服更大的能垒，所以往往需要一个较长的时间，甚至水泥水化完全停止，凝结最终无法完成，从而产生不凝结现象，这是必须避免的。

152 缓凝剂的进厂检验如何进行？

在确定了采用的缓凝剂种类后，进行干粉砂浆批量生产时，必须对缓凝剂进行进厂检验。缓凝剂进厂时应检查其品种、级别、包装、出厂日期等，并至少应对其细度、游离水含量、凝结时间等指标进行复验，根据干粉砂浆的性能要求和缓凝剂的种类，可适当增加检验项目，其质量必须符合相应缓凝剂品种性能的要求。当在使用中对缓凝剂质量有怀疑应进行复验，并按复验结果使用。

检查数量：按同一生产厂家、同一等级、同一品种、同一批号且连续进厂的缓凝剂，不超过1t 为一批，每批抽样不少于一次。

检验方法：检查产品合格证、出厂检验报告和进厂复验报告。

153 缓凝剂的性能和用途是什么？

（一）性能

缓凝剂与缓凝减水剂在净浆及混凝土中均有不同的缓凝效果。缓凝效果随掺量增加而增加，超掺会引起水泥水化完全停止。随着气温升高，羟基羧酸及其盐类的缓凝效果明显降低，而在气温降低时，缓凝时间会延长，早期强度降低也更加明显。羟基羧酸盐缓凝剂会增大混凝土的泌水，尤其会使大水灰比低水泥用量的贫混凝土产生离析。

各种缓凝剂和缓凝减水剂主要是延缓、抑制 C_3A 矿物和 C_3S 矿物组分的水化，对 C_2S 影响相对小得多，因此不影响对水泥浆的后期水化和长龄期强度增长。

缓凝剂的凝结时间是主要指标，初凝要求较基准混凝土延迟 90min 以上，即凝结时间差大于 $+90min$，但是终凝时间差不作统一规定，因为超缓凝剂和普通缓凝剂的指标是差别很大的。好的缓凝剂在正常掺量内不应降低混凝土强度，因此抗压强度比在各龄期都应当不低于 90% ~ 100%。含气量要求不大于 5.5%，因为普通减水剂带有缓凝性又有一定引气性，因而不宜超掺。

（二）用途及使用限制

缓凝剂、缓凝减水剂及缓凝高效减水剂可用于大体积混凝土、碾压混凝土、炎热气候条件下施工的混凝土、大面积浇筑的混凝土、避免冷缝产生的混凝土、需较长时间停放或长距离运输的混凝土、自流平免振混凝土、滑模施工或拉模施工的混凝土及其他需要延缓凝结时间的混凝土。缓凝高效减水剂可制备高强高性能混凝土。

缓凝剂、缓凝减水剂及缓凝高效减水剂宜用于日最低气温 5℃ 以上施工的混凝土，不宜单独用于有早强要求的混凝土及蒸养混凝土。柠檬酸及酒石酸钾钠等缓凝剂不宜单独用于水泥用量较低、水灰比较大的贫混凝土。

（三）主要品种

混凝土工程中可采用下列缓凝剂：

（1）多元醇和它的衍生物：乙二醇、丙二醇、丙三醇、1，2，6-己三醇等；糖（包括蔗糖、甜菜糖、阿拉伯糖、山梨糖、木糖等）。

（2）羟基羧酸及其盐类：柠檬酸、酒石酸钾钠、葡萄糖酸钠等。

（3）无机盐类：锌盐、磷酸盐等。

（4）其他：胺盐及其衍生物、纤维素醚、聚乙烯醇等。

缓凝剂品种很多，可分为有机物质和无机物两大类。有机物缓凝剂的主要特点是使用量很微小，一般为水泥胶凝材料的万分之几到十万分之几；另一特点是使用不当会引起混凝土或水泥砂浆的最终强度降低。而无机盐缓凝剂特点是相比之下掺量大，一般水泥胶凝材料的千分之几，有的传统品种效果不很稳定，尤其对掺合料多品种的效果不一。按照常用的缓凝剂品种可归为以下8类。

（1）含有羟基（—OH）的有机物

①一元醇中最简单的是甲醇（CH_3OH），其次是乙醇，甲醇与乙醇对延缓混凝土凝结作用很小。

随着羟基数目增加、醇的缓凝作用明显增大，二元醇的作用就明显大，如乙二醇、丙二醇、戊二醇、己二醇等。三元醇的缓凝作用就更强，如甘油（即丙三醇）。1，2，6-己三醇含有四个羟基，缓凝作用更强。大剂量的甘油会使水化过程中止。多元醇中的木糖醇、山梨醇、阿糖醇、甘露醇等都曾适用来作为水泥混凝土的缓凝调凝剂。

②聚乙烯醇

水溶性的聚乙烯醇，不仅用作混凝土增稠剂，同时也是缓凝剂，但掺量以不大于0.3%为宜。

③多元醇衍生物——糖类

多元醇衍生物用作混凝土缓凝剂的是各种糖——单糖和多糖，能与水泥中氢氧化钙生成不稳络合物抑制硅酸三钙水化而暂时地延缓了水泥水化进程。研究开发和应用比较多的是含5～8个碳原子的单糖，包括麦芽糖、蔗糖、葡萄糖、阿拉伯糖、木糖、山梨糖、庚糖（七碳糖）等。它们对抑制混凝土坍落度损失都有较明显效果。多糖属于长链表面活性剂中的天然产物。多糖类中用于混凝土和水泥缓凝剂的是淀粉类的糊精，以及改性淀粉（淀粉醚）。

（2）含羧酸基（—COOH）的有机物

①柠檬酸

天然产物存在于果汁中，也可以人工合成。用于混凝土有明显缓凝作用，掺量一般是胶凝材料的0.01%～0.1%，掺量0.05%时28d强度仍有提高，继续增大掺量要影响混凝土强度，此外，它能改善混凝土抗冻性。

②乳酸

乳酸对硅酸盐类水泥有缓凝作用。

③酒石酸

其天然产物来自浆果汁，溶于水和乙醇，对水泥有强烈缓凝作用，用量一般不会超过胶凝材料总量的0.01%～0.06%。加入它会延缓混凝土7d以内强度，但能促进后期强度提高。

④水杨酸

又称邻羟基苯甲酸，白色针状或毛状结晶形粉末，主要延缓初凝时间，对终凝时间延缓不显著。

（3）羟基羧酸盐和胺基羧酸盐

羟基羧酸盐是迄今最常用的缓凝调凝剂，与微量促凝剂和缓凝剂复合以起到调凝和控制坍落度损失作用。通常认为葡萄糖酸钠效果最好。但是羟基羧酸盐在高温环境中效果降低、减弱了对水泥中 C_3S 的水化抑制是主要原因。

①葡萄糖酸钠 $[H(CHOH)_5COONa]$

葡萄糖酸钠又称五羟基乙酸钠、白色或淡黄色结晶形粉末，pH值为8～9，易溶于水、微溶于醇。葡萄糖酸钠和它的脱水物 β-葡萄糖七氧化物是有效的成本适中的混凝土缓凝减水剂。它的缓凝性很强、源于能抑制硅酸三钙（C_3S）的水化，抑制强度大于焦磷酸钠。通常条件下能使混凝土在拌合后保持坍落度1～2h，且耐温效应比较显著，优于其他羟基羧酸盐。

葡萄糖酸钠能显著增大混凝土坍落度，即所谓的二次塑化效应，可因此减少减水剂的使用量。其另一特点是对木钙的适应性。它还有与磷酸盐系、硼酸盐、某些羟基羧酸盐缓凝剂良好的协同作用，从而进一步提高调凝效果。

葡萄糖酸钠通常掺量在 0.05% ~0.2% 胶凝材料总量范围内变动。但由于它对 3d 龄期以内的水泥水化有强烈抑制作用，故用量一般不超过 0.1%，特殊情况例外。

②柠檬酸钠 [HC(COONa)CH₂(OONa)₂·2H₂O]

也称作柠檬酸三钠和枸橼酸钠。由柠檬酸用氢氧化钠或碳酸钠中和而得。为白色细小结晶体，在 150℃时失去结晶水开始分解，易溶于水。对水泥初期水化有抑制作用，但不影响硬化混凝土的早期强度提高。大剂量使用时能促进水泥水化，消除缓凝的作用。作为调凝剂使用，添加量常常低于 0.05%。

经常采用的羟基羧酸盐还有酒石酸钾钠。以上这些都是脂肪族羟基羧酸盐。迄今开发应用相当少的是芳香族羟基羧酸盐，已经使用的有水杨酸钠，但保持坍落度在短时内不损失的效果不如人意。此外有羟基苯甲酸钠。上述两类羟基羧酸盐复配使用已见报道。氨基羧酸盐作为水泥缓凝剂使用的，较知名的是对氨基苯磺酸钠。

（4）有机胺及衍生物

有机胺用作缓凝剂的主要是链状脂肪族胺，有机胺中的憎水基团是烷基，亲水基团则为胺基 $[NH_2]^-$，$[NH]^{2-}$，在水泥颗粒表面成膜而阻止其水化。有机胺某些衍生物会形成多层吸附或表面螯合而产生缓凝作用。羟胺中的三乙醇胺以及二乙醇胺等都是较好的缓凝剂。其中三乙醇胺与水泥接触后的 24h 内有明显缓凝作用，尤其和木钙复合使用后能显著延长水泥凝结时间。但三乙醇胺与氯盐或硫酸钠复合则早强效果明显。

酰胺类化合物多作为增稠剂和絮凝剂，但实际上也有调凝作用，数量的酰胺衍生物和聚合物都有延缓混凝土坍落度损失、保持流动性和防离析、泌水的功效。

几种缓凝剂的水泥浆缓凝效果列于表 1。

表 1　几种缓凝剂的水泥浆缓凝效果

类　型	缓凝剂名称	掺量（%）	W/C =0.29（min）			W/C =0.245，掺 UNF-5 剂 1%（min）		
			初　凝	终　凝	初、终凝间隔	初　凝	终　凝	初、终凝间隔
	空　白	0	125	190	65	160	210	50
糖	蔗糖	0.05	255	288	33	357	395	38
		0.10	465	520	55	—	—	—
羟基羧酸	水杨酸	0.05	170	218	48	—	—	—
	柠檬酸	0.05	170	265	95	240	397	157
	柠檬酸	0.10	295	475	180	415	590	175
多元醇衍生物	三乙醇胺	0.05	205	260	55	340	375	35
	聚乙烯醇	0.10	225	356	131	240	475	235
	甲基纤维素	0.05	145	240	95	200	355	155
	甲基纤维素	0.10	170	350	180	—	—	—
	羧甲基纤维素钠	0.05	125	240	115	188	345	157
		0.10	175	265	90	282	405	123
无机物	磷酸	0.05	262	298	36	340	410	70
		0.10	350	430	80	410	470	60

（5）磷酸盐及膦酸盐缓凝剂

研究水泥浆掺与不掺各种磷酸盐时水化放热情况，得到的结论是焦磷酸钠、六偏磷酸钠缓凝作用最强，对水泥水化的延缓作用最强。其顺序是：焦磷酸钠（$Na_4P_2O_7$）＞三聚磷酸钠（$Na_5P_3O_{10}$）＞四聚磷酸钠（$Na_6P_4O_{13}$）＞十水磷酸钠（$Na_3PO_4·10H_2O$）＞磷酸氢二钠（$Na_2HPO_4·12H_2O$）＞磷酸二氢钠（$NaH_2PO_4·2H_2O$）＞磷酸（H_3PO_4）＞空白。

188

聚磷酸盐较焦磷酸盐、磷酸盐和酸式磷酸盐的缓凝作用、也可说是抑制混凝土坍落度损失的作用要强得多。聚磷酸盐的缺点是易水解。水解后生成正磷酸根离子和与钙离子结合生成溶解度很小的磷酸钙。

聚磷酸盐或称缩合磷酸盐时是透明玻璃片状粉或白色粒状晶体。吸湿性强，易潮解变黏，溶于水但速度慢，水溶液显弱酸性。在酸、碱介质中或温水中容易水解为正磷酸盐、反应是不可逆的。三聚磷酸钠在水中溶解度最初较大可达35%，称为瞬时溶解度；数日后溶解度反而降至$\frac{1}{3}$ ~ $\frac{1}{2}$，因此有白色沉淀产生，是为最后的溶解度。

表2列出若干常用磷酸盐（聚磷酸盐）参数。

表2　常用磷酸盐（聚磷酸盐）参数

序　号	名　　称	分子式	分子量	形　态	总 P_2O_5（%）	pH（1%液）
1	磷酸氢二钠	$Na_2HPO_4 \cdot 12H_2O$	358.14	无色晶体	—	9.0
2	磷酸钠	$Na_3PO_4 \cdot 12H_2O$	380.12	无色针状	—	11.5
3	三聚磷酸钠	$Na_5P_3O_{10}$	367.86	白色粉末	57.9	9.7
4	四聚磷酸钠	$Na_6P_4O_{13}$	470	—	60.5	8.2
5	焦磷酸钠	$Na_4P_2O_7$	265.90	白色粉末	53.4	10.2
6	六偏磷酸钠	$(NaPO_3)_6$	611.77	白色晶体	69.6	5.8 ~ 7.3
7	磷酸二氢钠	$NaH_2PO_4 \cdot 2H_2O$	156.01	无色晶体	—	4.5

膦（读 lin）酸盐即"有机"磷酸，是磷原子直接与碳原子相连，而氢原子被羟基所置换而构成的磷酸盐。它们中的一些品种对水泥同样具有良好缓凝作用，而且不受影响，不易水解成正磷酸盐和产生磷酸钙等沉淀。与其他缓凝剂的相容性能也和磷酸盐接近。

传统的无机盐缓凝剂在施工中仍有广泛应用。磷酸盐是无机物系列中最有效的缓凝剂和调凝功能最强的。除此之外，硼酸盐、锌盐、一些重金属如铁、铜、镉的硫酸盐也都是有效的缓凝剂。

（6）硼酸和硼酸盐

硼酸（H_3BO_3）是白色细粉状或鳞片状晶体，加热到70～100℃会脱水生成偏硼酸，溶于水和醇，是一种弱酸，pH为3.6～5.3。在缓凝剂开发研究初期常常应用，但由于效果不稳定，现在已较少单独使用。

焦硼酸钠也称硼砂，学名十水四硼酸钠，是无色半透明结晶体或粉末，有咸味，易溶于水和甘油，呈弱碱性。加热至60℃失去8个分子水，加热到878℃熔融成玻璃状物，能溶解许多金属氧化物。硼砂是一种强缓凝剂，不仅用于硅酸盐水泥，也用于硫铝酸盐水泥中。水中溶解度0℃为1.3%，20℃为2.7%，30℃为3.9%。在乙二醇中溶解度大，25℃时为41.6%。

（7）锌盐

在无机缓凝剂中，各种锌盐也是缓凝剂，如：

①氯化锌（$ZnCl_2$，分子量136.30）。

②碳酸锌（$ZnCO_3$ 分子量125.39）。

③硫酸锌（$ZnSO_4 \cdot 7H_2O$，分子量287.54）。

④硝酸锌［$Zn(NO_3)_2 \cdot 6H_2O$，分子量297.47］。

在大多数情形下，锌盐呈弱酸性。锌盐作为缓凝剂时作用不够持久，因而很少单独使用，而是与有机质缓凝剂复合后用于调节混凝土的坍落度保持率和凝结时间。当某个锌盐不适合这种减水剂时，可以调换为另一种锌盐。锌盐有降低贫混凝土泌水的作用，而且不影响早期强度的增长。

（8）其他

①氟硅酸钠（Na_2SiF_6）

是一种有腐蚀性的无味白色粉末，微溶于水，水解后呈酸性反应。氟硅酸钠是耐酸混凝土的主要组分之一，但也是普通混凝土的缓凝剂。

②硫酸亚铁（$FeSO_4 \cdot 7H_2O$）

又称绿矾，是天蓝色或绿色结晶小粒或粉。分子量278.05。在干燥空气中风化表面泛白，在湿空气中氧化成棕黄色。溶于水和甘油。溶解度随温度升高而增加。0℃时溶解度为13.5%，到20℃则增加到21%，50℃时增加到32.7%。对水泥和混凝土有缓凝作用，较少单独发挥作用，而多数与其他缓凝剂复配作助剂或增效剂用。

154 缓凝剂对硬化混凝土的性能有什么影响？

混凝土掺入缓凝剂后，会对硬化后的如下性能产生影响：

（1）对强度的影响

混凝土掺入缓凝剂后，由于缓凝剂对水泥颗粒的水化反应起了推迟作用，使早期水化程度降低，从而使混凝土的早期强度比未掺的要低。在1~2d内，一般均使抗压强度降低，7d开始上升，到28d时水化程度普遍有所提高，90d仍保留提高趋势。抗折强度的发展与抗压强度有相似的趋势。此外，随掺加量的增大，早期强度降低得更多，强度提高所需的时间更长。

在水泥水化期间，由于缓凝剂的存在，使扩散及沉降速度降低，这使得水化物生成得更慢，其结果使得在水泥颗粒的空隙间生成的水化物分布更为均匀，从而使结合的面积加大，改善了硬化体的强度。总之，掺入缓凝剂后早期强度有所降低，但对后期强度，只要不是用量过分就没有不利影响，一般反而有提高的趋势。

（2）对收缩的影响

对硬化水泥浆，一般来说掺与不掺缓凝剂的干缩基本相同。但在混凝土中，掺入缓凝剂后一般会使收缩略大些，且随掺量的增加收缩增大。因此质量标准中也允许收缩略有增加。

（3）对抗冻耐久性的影响

混凝土掺入缓凝剂后其抗冻耐久性与不掺的相似。

155 超缓凝剂如何进行配方设计？

一、组成

人们对单组分缓凝剂性能和寻求新品种缓凝剂方面作了许多有成效的工作，但是单组分缓凝剂很难满足混凝土各种性能的需要。通过增加掺量的办法能够延长缓凝时间，但有时又导致混凝土终凝时间过长，甚至造成混凝土后期强度下降，影响施工进度和混凝土的各龄期强度。

通过对单组分的有机和无机缓凝剂试验的基础上，进行双组分复合缓凝剂的试验，可以找到并优选出掺量低、超缓凝时间长，同时不影响混凝土强度的超缓凝剂。可供选择的原料种类繁多，有无机盐类（如焦磷酸钠、磷酸钠、硼酸钠及氟硅酸钠等）、有机羧酸类（如酒石酸、酒石酸钾钠、柠檬酸）及多羟基化合物（如糖蜜、多元醇、木质素磺酸盐、CM-F纤维素）等。其中，在我国最常用的混凝土缓凝剂是木钙和糖蜜废液。糖蜜废液作为混凝土缓凝剂的特点是低温下缓凝效果较好，但减水率不高，仅8%左右，且高温阳光照射下缓凝效果较差；木钙作为缓凝剂的特点是减水率比糖蜜废液略高，可达12%左右，但也存在着高温阳光照射下缓凝效果差的缺陷。为提高缓凝效果，减少不利影响，超缓凝剂都由几种缓凝组分组成。木钙、糖钙存在掺量过多会引起混凝土强度的降低和硬化不良，且缓凝时间较短（最多为几小时），一般不能用于需长时间延缓混凝土凝结的场合。如果掺用部分木钙或糖钙，应注意用量不能多。

试验表明，单组分缓凝剂达到同样缓凝效果有机缓凝剂掺量低于无机缓凝剂。相同掺量时，糖的缓凝时间比柠檬酸长。双组分复合缓凝剂的试验结果见表1。

表1 复合缓凝剂对凝结时间的影响

组分1	组分2	初凝（h：min）	初凝差（h：min）	终凝（h：min）	终凝差（h：min）
空白		3：58	—	5：35	—
糖0.03%	柠檬酸0.05%	18：0.5	14：07	28：07	22：32
糖0.03%	多聚磷酸钠0.05%	15：42	11：44	28：02	22：27
多聚磷酸钠0.05%	柠檬酸0.03%	12：13	8：15	15：07	9：32
多聚磷酸钠0.1%	糖0.03%	19：52	15：54	33：42	28：07

两组分复合缓凝剂比单组分缓凝剂缓凝时间发生了显著的变化，缓凝时间大大超过了单组分缓凝剂的叠加。双组分复合缓凝剂比相同掺量的单组分缓凝剂，缓凝时间延长近16~20h。掺量为0.03%的糖和掺量为0.05%柠檬酸复合，缓凝时间达到22.5h，而单掺量0.075%的糖或柠檬酸，缓凝时间分别为6h 20min和2h 20min，两组分复合的缓凝时间延长至少16~20h。由此看出，复合双组分缓凝剂与单组分缓凝剂相比，显著延长缓凝时间，从制造成本和施工需要角度而言，可以同时满足低掺量、低成本、超缓凝的性能要求。

二、基本配方实例

由于掺量小，尽管双组分复合缓凝剂时间长，但对混凝土各龄期强度均无不利影响。掺双组分复合缓凝剂和单组分缓凝剂的混凝土，其3d，7d，28d抗压强度均比基准混凝土高或持平。由此可选超缓凝剂配方为：糖35% + 柠檬酸65%。

多组分复合缓凝剂也常用于配制超缓凝剂，广西建筑科学研究院用柠檬酸、氟硅酸钠、糖蜜废液及其他助剂复合，用正交实验确定了配比，制备了SR超缓凝剂。

156 MNC-H型缓凝剂如何应用？

一、用途

用于大体积混凝土、碾压混凝土、炎热气候条件下施工的混凝土、大面积浇筑的混凝土、避免冷缝产生的混凝土、需较长时间停放或长距离运输的混凝土、自流平免振混凝土、滑模施工或拉模施工的混凝土及其他需要延缓凝结时间的混凝土。可制备高强高性能混凝土。

二、执行标准

GB 8076—1997。

三、用量与用法（表1）

表1 用量与用法

代号	品名	型号	状态	掺量（C×%）	减水率≥（%）
1034	缓凝剂	MNC-H	粉体	0.3	6
1035	缓凝减水剂	MNC-HJ	粉体	0.4	8
1036	缓凝高效减水剂	MNC-HHJ	粉体	1.0	18

与水泥、水、集料同时加入搅拌机内，搅拌时间大于或等于3min。浇筑与振捣等与未掺外加剂混凝土相同，但应在终凝后才能浇水养护。当气候炎热风力较大时，应在初凝后立即保持潮湿养护；当气温较低时，应加强保温保湿养护，可覆盖塑料薄膜和保温材料。

四、适用及禁用范围

（1）不宜用于日最低气温5℃以下施工的混凝土，不宜单独用于有早强要求的混凝土及蒸养混凝土。

（2）不宜单独使用于水泥用量较低，水灰比较大的贫混凝土；

（3）在用硬石膏或工业废料石膏作调凝剂的水泥中掺用本品时，应先作水泥适应性试验，合格后方可使用。

五、包装、运输、贮存

（1）用有塑料袋衬里的编织袋包装，每袋净质量：25～40kg。

（2）搬运严禁用钩，防止发生破袋现象。

（3）贮存注意防潮。贮存期为 3 年。

六、工程应用实例

金川水泥厂使用缓凝剂 270t 用于生产道路水泥。

混凝土配合比申请单

工程名称及部位（构件名称及生产线）＿＿＿＿＿＿＿混凝土构件边梁＿＿＿＿＿＿＿

设计强度等级＿＿＿＿C60＿＿＿＿ 要求坍落度或工作度＿＿＿＿140～160mm＿＿＿＿

搅拌方法＿＿＿机械＿＿＿ 浇捣方法＿＿＿机械＿＿＿ 养护方法＿＿＿标养＿＿＿

水泥品种及标号 P·O 42.5 厂别牌号 兴发水泥厂 进场日期 2005.5.10 试验编号 2005-S28

砂产地及种类＿＿＿＿＿潮联·中砂＿＿＿＿＿ 试验编号＿＿＿＿＿2005-A42＿＿＿＿＿

石产地及种类＿＿＿三河·碎石＿＿＿ 最大粒径＿＿20＿＿（mm） 试验编号＿＿2005-162＿＿

外加剂名称＿＿＿＿＿＿MNC-HHJ 缓凝高效减水剂 $C \times 1.3\%$＿＿＿＿＿＿

混凝土配合比通知单

混凝土强度等级＿＿＿C60＿＿＿ 水灰比＿＿＿0.32＿＿＿ 砂率＿＿＿36%＿＿＿

配合比见表 2。

表 2　配合比

项　　目 \ 材料名称	水　泥	水	砂	石	外加剂	配合比
每立方米用量（kg/m³）	500	160	644	1146	6.50	1:0.32:1.29:2.29

注：1. 本配合比所使用材料均为干材料，使用单位应根据材料含水情况随时调整。

2. 本配合比采用水泥品种及所加入外加剂或掺合料发生变化时本配合比无效。

157 多元复合缓凝剂在抑制混凝土坍落度损失方面的应用有哪些？

一、缓凝剂种类

按照化学成分，缓凝剂分为有机缓凝剂和无机缓凝剂两种。常用的有机缓凝剂包括：木质素磺酸盐及其衍生物、羟基羧酸及其盐（如酒石酸、酒石酸钠钾、柠檬酸等）、多元醇及其衍生物和糖类等碳水化合物。其中，多数有机缓凝剂通常具有亲水性活性基团，因此兼具减水作用，又称为缓凝减水剂。无机缓凝剂包括：硼砂，氯化锌，铁、铜、锌的硫酸盐、磷酸盐和偏磷酸盐等。

二、缓凝机理

目前，对缓凝剂作用机理的认识主要存在四种理论：吸附理论、络合物生成理论、沉淀理论和 $Ca(OH)_2$ 结晶理论。

（一）吸附理论

由于大多数有机缓凝剂具有表同活性，能在水泥颗粒的固液界面吸附，改变了水泥颗粒表面的亲水性，形成一层可抑制水泥水化的缓凝剂膜层，从而导致混凝土凝结时间的延长。

（二）缓凝剂分子可以与水泥水化生成的 Ca^{2+} 形络盐

在水泥水化初期控制了液相中 Ca^{2+} 离子浓度，阻止水泥水化相的形成，产生缓凝作用。三聚磷酸钠能与 Ca^{2+} 生成稳定的络合水化产物结晶成长，延缓了 C_3S 和 C_3A 的水化。

（三）沉淀理论

有机或无机缓凝剂通过在水泥颗粒表面形成一层不溶性的薄层，阻止水泥颗粒与水的接触，因而延缓了水泥的水化，起到缓凝作用。

（四）$Ca(OH)_2$ 结晶成核抑制理论

缓凝剂通过吸附在 $Ca(OH)_2$ 晶核上，抑制 $Ca(OH)_2$ 结晶继续生长而产生缓凝作用。

不同类型和种类缓凝剂的作用并不能用同一理论进行解释。通常，多数有机缓凝剂（含有羟基、羧酸基、羰基等活性官能团）的缓凝作用归结为吸附理论；也有的观点认为，羟基羧酸盐及其盐类是典型的络合物生成剂，采用络合物生成理论解释更为合理；多数无机缓凝剂的作用则主要归结为水泥颗粒表面不溶物的生成，宜用沉淀理论解释。

下面解释了不同的活性官能团对水泥水化性能的影响。

（1）羟基（—OH）

醇类是典型的羟基化合物。常见的醇类，如甲醇、乙醇、丙醇、丙二醇、丙三醇等都是对硅酸盐水泥起到缓凝作用。缓凝的原因主要是由于羟基吸附于水泥或水化产物表面形成氢键，阻止了水泥的进一步水化。在醇的同系物中，随着羟基数目的增加缓凝作用增强，例如缓凝作用强弱排序有：丙醇＜丙二醇＜丙三醇，实际上，丙三醇将完全终止水泥的水化。

不同的水泥熟料矿物对羟基化合物的吸附作用不同，C_3A 吸附作用最强，其次依次为 C_4AF，C_3A，C_2A。

（2）羧酸（盐）基（—COOM）

低级的羧酸或羧酸盐，如甲酸钙、乙酸、草酸、丙酸、苯甲酸及其盐等都对水泥水化具有早强作用，而随着有机酸或盐分子量的增大，则逐步表现出缓凝作用。有机酸类化合物随着生成不溶性金属盐（Ca 盐），使水泥的水化速度减慢，因此，高级羧酸或盐类如葡萄糖酸钠、酒石酸的缓凝作用被认为与生成溶解度低的钙盐有关。

有机酸的离解常数 pK 值对水泥水化影响的研究证明，pK 值小于 5 的有机酸及其盐对水泥有促进水化的早强作用，而 pK 值小于 5 的有机酸或盐类则随着烷基的增加而缓凝作用逐步增强。

（3）羟基羧酸盐或氨基羧酸盐

如上所述，低级的羧酸及盐类缓凝作用小，并具有早强作用。但当羧基的 α 位或 β 位的氢被羟基或氨基取代就产生明显的缓凝作用，如乳酸、酒石酸、柠檬酸、苹果酸、葡萄糖酸钠以及它们的钙盐等。

缓凝剂的作用程度还与水泥熟料矿物组成有关。水泥矿物组成对凝结时间和水化的影响顺序为 $C_3A > C_4AF > C_2S$。因此，同等掺量下，缓凝剂对 C_3A 含量高的水泥缓凝效果较差。

速 凝 剂

158 什么是速凝剂?

速凝剂是能使水泥迅速凝结硬化的外加剂。速凝剂以前主要应用于喷射混凝土和喷射砂浆工程,随着经济发展和技术进步,速凝剂的使用范围越来越广。

159 速凝剂是如何分类的?

速凝剂大致可分为两类:一类是由铝酸盐和碳酸盐为主,再复合其他无机盐类组成;另一类则是以硅酸钠为主要成分,再与其他无机盐类复合而成。

160 速凝剂的发展历史经历了哪些过程?

最早的一种速凝剂西卡(Sika)是由瑞士和奥地利制造商研制生产的,至今已有七八十年的历史。奥地利、日本生产的速凝剂西古尼特(Signite)和伊卓克莱特(Isocret)在国际上负有盛名。

原苏联从 20 世纪 50 年代开始研究了许多速凝剂,大多数是以铝氧熟料(主要成分为铝酸钠)复合其他无机盐,如氟化钾、氟化钠制成;保加利亚使用过碳酸钠、氟化钠为主要成分的速凝剂;原联邦德国有一种混凝土抗腐蚀速凝剂,采用可溶性树脂如聚丙烯酸、聚甲基丙烯酸等;美国有以丙烯酸钙为主要成分的速凝剂;在日本速凝剂品种繁多,其市售速凝剂主要成分大多为铝酸盐、碳酸盐、铝化合物等。

我国常用的速凝剂有红星Ⅰ型、711 型、阳泉Ⅰ型、尧山型、73 型、782 型等。

传统速凝剂存在着各种缺陷:如掺有氟化钠的速凝剂,具有较大的毒性;掺有氯盐的速凝剂,对混凝土中钢筋有锈蚀作用;高碱性速凝剂,提高了混凝土中的碱含量,很有可能引起混凝土产生碱-集料反应等。因此,各国科学工作者均致力于开发新型低碱度速凝剂。据报道,美国研制了 HPS 型速凝剂;瑞士 Aliva 公司生产了非碱性速凝剂;德国研究开发了中性盐类和有机类速凝剂;日本有关新型速凝剂的专利层出不穷。

这些新型速凝剂具有含碱量小或无碱,后期强度损失小,对人体无腐蚀或伤害甚微等优点。我国的科研单位如武汉工业大学、长沙矿山研究院、中国建材研究总院、西安矿冶学院等也研制开发了新型速凝剂。武汉工业大学丁庆军等人研制的新型低碱度早强速凝剂,以含钡硫铝酸钙和氟铝酸钙为主要矿物的水泥熟料为基料,再复合不含碱的无机物和有机物制成。

161 速凝剂的作用机理是什么?

各种不同的速凝剂可以使水泥很快凝结,但其作用机理至今尚未定论,目前主要有以下几种观点:

一、生成水化铝酸钙而速凝

红星Ⅰ型的研究者认为,该类速凝剂消除了水泥中石膏的缓凝作用。速凝剂的各组分之间以及这些组分与水泥中的石膏之间将发生如下化学反应,生成溶解度更低的盐类:

$$Na_2CO_3 + CaO + H_2O \longrightarrow CaCO_3 + 2NaOH$$
$$Na_2CO_3 + CaSO_4 \longrightarrow CaCO_3 + Na_2SO_4$$

铝酸盐水解,并进行中和反应:

$$NaAlO_2 + 2H_2O \longrightarrow Al(OH)_3 + NaOH$$

$$2NaAlO_2 + 3CaO + 7H_2O \longrightarrow 3CaO \cdot Al_2O_3 \cdot 6H_2O + 2NaOH$$

在反应过程中，产生的 NaOH 与水泥中的石膏之间建立了以下平衡关系：

$$2NaOH + CaSO_4 \longrightarrow Na_2SO_4 + Ca(OH)_2$$

速凝剂产生的 NaOH 与石膏作用生成 Na_2SO_4，使浆体中 $CaSO_4$ 浓度明显降低。在这种条件下，水泥中的 C_3A 可以迅速地进入溶液，析出六角板状的水化产物 C_3AH_6（进而生成 C_4AH_{13}），$CaSO_4$ 所起的缓凝作用消失，水化热大量释放，从而导致水泥浆的迅速凝结。

二、加快水泥水化速率而速凝

长沙矿山研究院根据岩相鉴定、化学分析、差热分析和 X 射线衍射分析的结果，综合探讨掺有速凝剂水泥的水化产物和反应历程。试验表明，掺有速凝剂水泥中发生了如下化学反应：

$$Al_2(SO_4)_3 + 3CaO + 5H_2O \longrightarrow 3CaSO_4 \cdot 2H_2O + 2Al(OH)_3$$

$$2NaAlO_2 + 3CaO + 7H_2O \longrightarrow 3CaO \cdot Al_2O_3 \cdot 6H_2O + 2NaOH$$

$$3CaO \cdot Al_2O_3 \cdot 6H_2O + 3CaSO_4 \cdot 2H_2O + 25H_2O \longrightarrow 3CaO \cdot Al_2O_3 \cdot 3CaSO_4 \cdot 31H_2O$$

因此，在水泥-速凝剂-水的体系中，由于 $Al_2(SO_4)_3$ 等电解质的解离，以及水泥粉磨过程中所加石膏的溶解，使水化初期溶液中的硫酸根离子浓度骤增，并与溶液中的 Al_2O_3，$Ca(OH)_2$ 等组分急速反应。迅速生成微细针柱状的钙矾石及中间次生成物石膏，这些新生晶体生长、发展，在水泥颗粒间交叉连生成网络状结构而速凝。同时，速凝剂中的铝氧熟料及石灰，不但提供了有利的放热反应，为整个水化体系提供 40℃ 左右的反应温度，促进了水化产物的形成和发展。

三、形成水化铝酸钙骨架并促进 C_3S 水化而速凝

中国建材研究总院通过 XRD、测定结合水量、水化液相测试、DTA 等手段研究了速凝剂对水泥水化的影响，认为铝氧熟料促进水泥凝结的主要原因是：

（1）铝氧熟料反应后得到 NaOH 促进 C_3S 水化，硅离子溶出加快；

（2）速凝剂的加入减弱并消除了 C_3S 初始生成的水化膜和双电层的阻碍作用，导致了诱导期的缩短或消失；

（3）熟料矿物初期水化得到的 Ca^{2+} 与速凝剂中的 AlO_2^- 反应迅速生成水化铝酸钙晶体，搭接成网络；

（4）铝氧熟料溶于水时，放出大量热量，促进了水化铝酸钙的析晶放热和 C_3S 的水化反应放热，这些放热反应的共同作用造成水泥浆体温度骤然升高，甚至可达 40℃，进一步促进了水泥水化反应的进行；

（5）水化产物的形成，尤其是水化铝酸钙的形成结合了大量的游离水，浆体迅速失去流动性；

（6）水化产物的结晶和生长交叉形成网络结构，水化硅酸钙填充其间，促使水泥迅速凝结硬化。

四、新型低碱度早强速凝剂速凝和抗分散机理

（一）新型低碱度早强速凝剂速凝机理

武汉工业大学的研究者认为新型早强速凝剂的速凝机理是：速凝剂中的铝酸盐或钡硫铝酸盐和外加的水溶性硫酸盐、铝盐等化合物与 CS 水化溶出的 Ca^{2+} 迅速化合形成大量钙矾石，为水泥浆体提供凝聚结构的骨架，由于液相中 Ca^{2+} 被迅速化合，促使 C_3S 水化形成的 C—S—H 处于低 C/S 比的水平，渗透性较好，水得以不断透过 C—S—H 向 C_3S 内部扩散，C_3S 内部的 Ca^{2+} 可以向外扩散进入溶液中而不出现诱导期（或诱导期延长至凝结之后才出现）。C—S—H 连续大量迅速形成，与钙矾石骨架胶结而使水泥浆迅速凝结。

（二）新型低碱度早强速凝剂抗分散机理

（1）电性中和作用

在悬浮液中加入该种速凝剂时，由于悬浮液中的固体粒子表面与溶液之间带的电荷不同，产

生电性中和作用，引起电位降低，产生静电吸引，粒子会聚集絮凝而沉降。

（2）吸附架桥的作用

该种速凝剂中复合了有机高分子物质，当其加入悬浮液后，悬浮液中水泥颗粒和纤维的硅氧键中的氧原子会同高分子中的氢原子形成氢氧键，与之结合后产生架桥吸附作用。大量分散的微细粒子被吸附于速凝剂长链的周围，聚集成大的集合体而加速粒子在悬浮液中的沉降速度。

同时，速凝剂能改善并提高水泥颗粒的表面性能，使水泥颗粒间的凝聚性增大，进一步提高砂浆拌合物的黏稠性。上述作用的结果，使砂浆形成一种纵横交错的稳定的网状结构，这种结构使得砂浆拌合物在水中下落时的性质发生了根本的变化，具有抗水洗和抗分散的能力。

速凝剂的加入使得水泥水化产物的结晶形态、强度都会发生变化，如添加 Na_2CO_3 作为硅酸盐水泥的速凝剂，其水化产物的结晶比不加的小而密，早期强度提高而后期强度则有所降低。因此，在选用速凝剂时，需要先进行试验检测。

162　速凝剂在干粉砂浆中有哪些应用？

用于干粉砂浆的速凝剂要求为粉末状、干燥。

速凝剂在干粉砂浆中的应用范围越来越广，如防水堵漏砂浆、自流平砂浆以及快干型的瓷砖胶粘剂、找平砂浆等。

163　速凝剂的工艺流程是什么？

速凝剂工艺流程如图 1 所示。

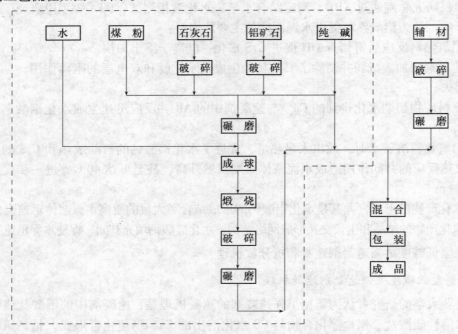

图 1　速凝剂工艺流程图（虚线部分为铝氧熟料的工艺流程）

164　速凝剂如何进行配方设计？

一、组成

以铝氧熟料为主要成分的速凝剂占多数，铝氧熟料是将矾土矿、纯碱、石灰石按一定的比例配成生料。将生料在 1300℃ 左右的高温下煅烧。煅烧成熟料后其有效成分主要是铝酸钠、硅酸二钙及铁酸钠。熟料再加一定量的石膏、石灰等辅料经球磨机研磨后制成。为保证足够快的速凝时间，一般要求磨到一定的细度。

也有液体速凝剂，一种液体低碱速凝剂由水溶性较好的氟化物（A）、醇胺类物质（B）和硫酸盐（C）按一定比例混合组成，溶于水后，经化学反应制成。

二、基本配方实例

配方 I：A 11.87%，B 1.83%，C 38.3%，水 48.0%。

（固含量 33.7%，碱含量 11.5%）。

配方 II：A 12.30%，B 0%，C 39.7%，水 48.0%。

（固含量 33.0%，碱含量 11.9%）。

165 速凝剂的性能及用途是什么？

一、性能

速凝剂有粉状和液体的两种。粉状速凝剂的含水率不能大于 2%，细度应当比水泥细，即 0.08mm 筛余应当小于 15%。

掺速凝剂的水泥砂浆应在 3～5min 内初凝，8～12min 内终凝。砂浆的抗压强度与基准砂浆相比虽有倒缩，但是不能低于 70%～75%，见表1。

表1 掺速凝剂拌合物及硬化砂浆性能要求

产品等级	试验项目			
	净 浆	砂 浆		
	初凝时间（min）≤	初凝时间（min）≤	1d 抗压强度（MPa）≥	28d 抗压强度比（%）≥
一等品	3	8	7	75
合格品	5	12	6	70

二、用途

主要用于喷射混凝土，是喷射混凝土所必须的外加剂，其作用是：使喷至岩石上的混凝土在 2～5min 内初凝，10min 内终凝，并产生较高的早期强度；在低温下使用不失效；混凝土收缩小；不锈蚀钢筋。小量速凝剂常用作调凝剂。速凝剂也适用于堵漏抢险工作。

三、主要品种

粉状速凝剂有铝酸钠加碳酸钠速凝剂、硫铝酸盐加矾泥等速凝剂。

液体速凝剂：硅酸钠速凝早强剂，其中有少量无机盐以降低黏度、冰点等；铝酸钠液体速凝剂。

166 硫铝酸盐水泥用速凝剂如何应用？

速凝剂的掺量与水泥初凝时间见表1。

表1 速凝剂的掺量与水泥初凝时间

速凝剂（%）	0	0.03	0.08	0.1	0.3
硫铝酸盐水泥初凝（min）	30	18	11	8	3

从表1中可以看出，速凝剂对硫铝酸盐水泥的促凝效果是十分明显的，凝结时间从 30min 缩

短到 3min。除了速凝作用外，速凝剂对硫铝酸盐水泥还有以下作用：

（1）缩短初、终凝时间差的作用。正常的硫铝酸盐水泥初、终凝时间的间隔一般为 20 ~ 30min。在加入速凝剂后，不仅初凝时间缩短，而且初、终凝时间间隔缩短到 10min 之内。

（2）增加早期强度的作用。在加入速凝剂后，早期强度大大提高，特别是 6h 强度可以提高 2 ~ 4 倍。在加入一定量后，2h 强度也大大提高。

（3）加入量小。在加入量达到 0.3% 之后，再增加速凝剂的加入量不但不会起促凝作用，反而对硫铝酸盐水泥的后期强度不利，造成后期强度大幅度倒缩。因此对硫铝酸盐水泥来说，基础速凝剂的最大掺量为 0.3%。

167 硫铝酸盐水泥用缓凝剂如何应用？

缓凝剂的掺量与水泥初凝时间见表 1。

表 1　缓凝剂的掺量与水泥初凝时间

缓凝剂（%）	0	0.1	0.3	0.5	1.0	3.0
硫铝酸盐水泥初凝（min）	30	48	70	110	240（4h）	1320（22h）

从表 1 中可以看出，对硫铝酸盐水泥的缓凝效果比较明显，一般的应用范围为 0.1% ~ 0.5%，如果加入量到达 3% 时，水泥将长达 22h 不凝结，这是一种极限应用的情况。

168 如何进行速凝剂的进厂检验？

在确定厂采用的速凝剂种类后，进行干粉砂浆批量生产时，必须对速凝剂进行进厂检验。速凝剂进厂时应检查其品种、级别、包装、出厂日期等，并应至少对其细度、游离水含量、1d 强度性能指标进行复验，根据干粉砂浆的性能要求和速凝剂的种类，可适当增加检验项目。其质量必须符合相应速凝剂品种性能的要求。

当在使用中对速凝剂质量有怀疑或速凝剂贮存超过 5 个月时，应进行复验，并按复验结果使用。

检查数量：按同一生产厂家、同一等级、同一品种、同一批号且连续进厂的速凝剂，不超过 20t 为一批，每批抽样不少于一次。

检验方法：检查产品合格证、出厂检验报告和进厂复验报告。

169 MNC-Q1 型喷射混凝土用速凝剂如何应用？

MNC-Q1 型速凝剂（粉状）是针对目前国内外常用的速凝剂普遍存在喷射料浆黏性不好、粉尘大、回弹多，28d 强度低，腐蚀性强，刺激和严重影响从事施工人员身体健康等缺点而精心研制的一种新型外加剂。本产品主要由铝氧熟料及多种无机盐综合复配细磨而成，是当前理想的新一代产品，符合 JC 477—2005《喷射混凝土用速凝剂》。

一、匀质性指标（表 1）

表 1　匀质性指标

项　目	指　标
外　观	灰色粉状物
含水率（%）	≤2.0
细　度	80μm 筛余应小于 15

二、主要技术性能

（1）使用 MNC-Q1 型速凝剂，凝结快、黏度大、回弹量小、调整范围广、对水泥适应性强。

（2）初凝时间 2～4min，终凝 4～8min。

（3）掺量为水泥用量的 3%～5%，一般为 4%，水灰比为 0.4。

（4）掺入本剂 1d 抗压强度为 8.8MPa，28d 强度可保持不掺者 80% 以上。

（5）水泥凝结时间受气温影响较大，低于 20℃（一般温度为 20℃），可适当增加掺量。

三、混凝土物理力学性能（表2）

表2　混凝土物理力学性能

试验项目		出厂指标	行业指标（一等品）
外　观	初凝时间（min：s）	≤3	≤3：00
	终凝时间（min：s）	≤8	≤8：00
1d 抗压强度（MPa）		≥8.5	≥8
28d 抗压强度比（%）		≥80	≥75

四、应用技术要点

（1）各种速凝剂对水泥都存在适应性的问题，使用前，必须对施工用的水泥进行适应性试验，确保最佳掺量。

（2）施工中，应严格将水灰比控制在 0.3～0.5 之间，水灰比过大，影响使用效果。

（3）掺有本速凝剂的混凝土拌料随拌随用，其堆放时间不超过 2h；否则，不仅影响速凝效果，而且会降低喷射混凝土强度。

（4）掺有速凝剂的混凝土工程应加强早期养护，确保水化反应顺利进行，以减少对混凝土后期强度的降低。

（5）水泥存放过久或施工条件差，须适当增加掺量。

五、包装、运输及贮存

（1）本产品装于内衬塑料薄膜编织袋中，质量为（25±0.25）kg/袋或（50±0.5）kg/袋。

（2）搬运过程中，要轻拿轻放，不得雨淋，要防止包装破损受潮影响质量。

（3）本产品应堆放在通风、干燥的仓库中，有效期 180d。

170　MNC-Q2 型喷射混凝土用速凝剂如何应用？

MNC-Q2 型速凝剂（液体）主要成分为铝酸钠，是混凝土、砂浆湿法喷射工艺的配套产品，具有粉尘小、回弹率低、和易性好等优点。

一、匀质性指标（表1）

表1　匀质性指标

项　目	指　标
外　观	无色或略带黄色液体
密度（g/mL）	1.40～1.50
固体含量（%）	35～45

二、混凝土物理力学性能（表2）

表2 混凝土物理力学性能

试验项目		出厂指标	行业指标（一等品）
凝结时间之差（min）	初 凝	≤5	≤5
	终 凝	≤10	≤10
1d 抗压强度（MPa）		≥7.5	≥7
28d 抗压强度比（%）		≥75	≥70

三、主要技术指标

（1）本产品为无色液体，推荐掺量3%~6%（以水泥质量计），可根据水泥成分差异进行调整。

（2）本品喷射效果好，回弹率低于15%，有利于节约原材料。

（3）在标准环境测试，初凝4min，终凝10min。

四、应用技术要点

（1）各种速凝剂对水泥都存在适应性问题，使用前，必须对施工用的水泥进行适应性试验，确定最佳掺量。

（2）本产品在拌混凝土时，推荐减少10%用水量，将减下水用于速凝剂稀释，有利于改进喷射混凝土的和易性，提高工作面流动度，使混凝土表面光洁美观。

（3）将拌合混凝土送入喷射机，在喷嘴外加入速凝剂。

（4）本产品对普通硅酸盐水泥效果最佳，如用其他水泥应做好试配试验。

（5）水泥存放过久或施工条件差，须适当增加掺量。

（6）操作人员应做好防腐措施。

凝结时间测试如下：

（1）水灰比0.34~0.36，根据试验水泥标准需水量和水泥相融性调试，找出最佳水灰比。

（2）在室温和材料温度（20±3）℃的条件下，先将水泥和水拌合均匀成净浆，然后加入速凝剂快速搅拌（拌合时间25~30s）迅速装模，人工振动数次，模面修平，每隔10s测试一次，直至终凝。

（3）由加入速凝剂开时计时，至试针沉入净浆中距底板0.5~1.0mm所需是时间为初凝时间，至沉入净浆中距底板不超过1.0mm时所需时间为终凝时间。

五、包装及贮存

（1）本品呈碱性，应避免和酸性材料混合存放、使用。

（2）应存放于干燥通风处，有效期为90d。

（3）本产品采用大铁桶（塑料桶）包装，每桶250kg。

早 强 剂

171 什么是早强剂?

早强剂是一种加速水泥水化、提高砂浆早期强度的添加剂。

参照国家标准《混凝土外加剂的分类、命名与定义》(GB 8075—2005) 中的规定,用于砂浆中的早强剂的定义如下:

早强剂:能加速砂浆早期强度发展的添加剂。

172 混凝土早强剂有哪些?

混凝土早强剂是指能提高混凝土早期强度,并且对后期强度无显著影响的外加剂。早强剂的主要作用是加速水泥水化速度,促进混凝土早期强度的发展。既具有早强功能,又具有一定减水增强功能的外加剂称为早强减水剂。

国外常将早强剂称作促凝剂,字面意思是指能够缩短水泥混凝土凝结时间的外加剂,实际上也是早强剂,不过按照 GB 8076—1997《混凝土外加剂》,要求早强剂和早强减水剂的凝结时间之差均为 ±90min,即要求早强剂或早强减水剂对混凝土凝结时间不能有太大影响。

混凝土早强剂是外加剂发展历史中最早使用的外加剂品种之一。到目前为止,人们已先后开发除氯盐和硫酸盐以外的多种早强型外加剂,如亚硝酸盐、铬酸盐等,以及有机物早强剂,如三乙醇胺、甲酸钙、尿素等,并且在早强剂的基础上,生产应用多种复合型外加剂,如早强减水剂、早强防冻剂和早强型泵送剂等。这些种类的早强型外加剂都已经在实际工程中使用,在改善混凝土性能、提高施工效率和节约投资成本方面发挥了重要作用。

由于中国国土面积大,东北、华北、西北地区常年冬期较长,需要掺加早强剂和早强减水剂来提高混凝土早期强度发展。华东、华南地区冬季气温降至 10℃ 以下的施工中也常掺用早强剂和早强减水剂。混凝土构件生产中为尽早张拉钢筋、加快模板周转和台座利用率,早强型的外加剂更是普遍应用。据统计,目前我国每年使用的早强剂和早强减水剂总量达 20 万 t。

一、早强剂品种、性能及应用注意事项

早强剂按照化学成分可分为无机盐类、有机物类、有机类和无机物复合的复合早强剂三类。

(一)氯盐早强剂

氯盐早强剂的组成主要包括氯化钙、氯化钠、氯化铝等。合理掺加氯盐类早强剂,会对混凝土的早期强度发展有利。

氯盐类早强剂是应用历史最长、应用效果最显著的早强剂品种。不过氯盐类的早强剂只准在不配筋的素混凝土中掺加,对于钢筋混凝土,特别是预应力钢筋混凝土,以及有金属预埋件的混凝土中,要慎重使用这类外加剂,限制 Cl^- 含量的引入量,甚至要禁止使用。

(二)硫酸盐早强剂

常用的硫酸盐早强剂为硫酸钠、硫酸钾和硫酸钙。掺硫酸盐早强剂的混凝土要注意预防泛碱和白化现象。硫酸盐的掺量应通过实验确定,以免引起碱-集料反应破坏或硫酸盐过量产生的侵蚀破坏。

(三)硝酸盐和亚硝酸盐早强剂

硝酸盐和亚硝酸盐均对水泥水化过程起促进作用。这些盐类不仅能作为混凝土的早强剂组分,而且可以作为混凝土防冻剂组分使用。我国曾生产应用过以硝酸盐和亚硝酸盐为主的许多品种的早强剂或防冻剂，如亚硝酸钙-硝酸钙、硝酸钙-尿素、亚硝酸钙-硝酸钙-尿素、亚硝酸钙-硝酸钙-氯化钙，以及亚硝酸钙-硝酸钙-氯化钙-尿酸等。

亚硝酸钠的掺入还可以防止混凝土内部钢筋的锈蚀，其原因可以促使钢筋表面形成致密的保护膜。所以氯盐早强剂或氯盐防冻剂中常复合有亚硝酸钠组分。

（四）有机化合物早强剂

最常用的有机化合物早强剂为三乙醇胺。三乙醇胺是一种表面活性剂，掺入水泥混凝土中，在水泥水化过程中起催化剂的作用，它能够加速 C_3A 的水化和钙矾石的形成。三乙醇胺常与氯盐早强剂复合使用，早强效果更佳。常用的有机化合物早强剂还有甲酸钙、乙酸和乙酸盐等。

（五）复合型早强剂和早强减水剂

通过对各种早强剂组分之间的复合，以及早强剂组分与减水剂组分之间的复合，可以收到比单一早强剂更好的改性效果，如：大幅度提高混凝土的早期强度发展速率，既能较好地提高混凝土的早期强度，又对混凝土后期强度发展带来好处；既具有一定减水作用，又能大幅度加速混凝土早期强度发展；既能起到良好的早强效果，又能避免有些早强组分引起混凝土内部钢筋锈蚀等。

二、早强剂的发展方向

尽管早强剂生产和应用历史较长，但随着人们对氯离子、硫酸根离子、硝酸根离子和碱金属离子等对混凝土性能和长期稳定性潜在危害的认识程度的加深，以及大掺量矿渣粉或粉煤灰混凝土的开发，在早强剂方面还需做大量的工作。

（1）非氯盐、非硫酸盐类早强剂及复配外加剂的生产和应用。

（2）低氯离子、低硫酸根离子、低碱金属离子含量的早强剂及复配外加剂的生产和应用。

（3）大掺量矿渣粉或粉煤灰混凝土早强型外加剂的研制。

（4）开展早强剂与水泥/掺合料适应性的研究，以更科学地选择早强剂，收到最佳和最经济的应用效果。

173 早强剂的作用机理是什么？

不同种类早强剂的作用机理不同，几种典型类型早强剂的作用机理分述如下：

一、钠（钾）的氯化物系列早强剂

目前较为公认的氯化物系早强剂作用机理是：第一，氯化物与水泥中的 C_3A 形成更难溶于水的水化氯铝酸盐，加速了水泥中的 C_3A 水化，从而使水泥水化加速；第二，氯化物与水泥水化所得的氢氧化钙生成难溶于水的氧氯化钙，降低液相中氢氧化钙的浓度，加速 C_3S 的水化。另外。由于氯化物多为易溶盐类，具有盐效应，可加大硅酸盐水泥熟料矿物的溶解度，加快水化反应进程，从而加速水泥及混凝土的硬化。

仅以早强作用而论，氯化物系是效果最好的早强剂，也是人类应用最早的混凝土早强剂。但是由于氯离子有加剧钢筋锈蚀作用，因而氯化物系早强剂的应用有很大的局限性。

二、钠（钾）的硫酸盐系列早强剂

硫酸钠作为早强剂最早出现于原苏联。20 世纪 70 年代初，我国山东省建筑科学研究所进行了研究和开发，之后在国内普遍推广使用。硫酸钠对我国生产的大多数水泥有较好的早强作用。在较低的养护温度条件下及早期强度较低的水泥作用更为明显。在提高早期强度的同时，水泥及混凝土的后期强度也有一定提高。硫酸钠的早强机理较为公认的是：第一，硫酸钠能与水泥水化析出的氢氧化钙起反应，加速硅酸三钙的水化；第二，硫酸钠的加入，使水泥中的 C_3A 与 SO_4^{2-} 及氢氧化钙生成钙矾石的水化反应加速，消耗 C_3S 水化释放的氢氧化钙，使 C_3S 的水化加快。

相对于国内对硫酸钠的广泛应用，除原苏联以外的欧美国家却很少将硫酸钠作为早强剂使用。这一情况早在 20 世纪 80 年代初立即引起我国著名材料专家黄士元教授的注意，对此问题进行广泛、深入研究之后，黄士元教授对硫酸钠的早强作用作了更为深入的分析。他认为：硫酸钠的早强作用只体现于掺加活性混合材料的硅酸盐水泥，对纯熟料硅酸盐水泥是无效的，硫酸钠的早强作用体现于激发活性混合材料的活性，加速水化反应。由于国外更多地应用纯熟料硅酸盐水泥，所以硫酸钠并未作为早强剂应用。

随着我国新水泥标准的实施，我国的水泥生产也逐渐与国外接轨。一些大型水泥厂采用窑外分解新法烧成技术，生产的水泥熟料强度等级高，水泥中混合材料掺加量少，因而硫酸钠对此类水泥不起早强作用，其应用范围也越来越小，水泥适应性将越来越差。

由于 K^+，Na^+ 不与水泥水化产物化合，且其盐类均易溶，因而残留于混凝土的液相中。随混凝土失水干燥，钠盐在表面析出，即盐析。盐析使表面形成白色污染。更有甚者，钠盐在砂浆表层结晶发生膨胀，极有可能造成砂浆的表层开裂甚至脱落，因而在干粉砂浆中限制钠（钾）系早强剂的应用。

三、钙盐系列早强剂

试验表明，许多钙盐能降低 C_3S-H_2O 系统的 pH 值，从而加速 C_3S 的水化，进而加速水泥的水化及硬化。具有这一作用的钙盐有硝酸钙、甲酸钙、溴化钙、氯化钙等。其中甲酸钙是替代氯化钙（对钢筋有锈蚀作用）的最佳物质，目前国外早强剂中即含有该成分。

硝酸钙对硅酸盐水泥也有较好的早强作用，但对掺加混合材料的硅酸盐水泥作用较弱。

四、三乙醇胺早强剂

有机物三乙醇胺（TEA）目前较多地应用于复合早强剂中。有学者认为其早强机理主要是对水泥水化有催化作用。但这一机理还有待公认，因此对其早强效果还存在较大争议。

早强剂与速凝剂是有区别的，速凝剂主要作用于水泥矿物组分中的 C_3A、石膏，加速水泥的凝结；而早强剂则侧重于加速 C_3A 的溶解和水化产物的晶体析出，提高早期强度，与水泥的凝结时间关系不大。有些早强剂甚至延长水泥的凝结时间，如三乙醇胺。

174 早强剂的性能指标有哪些？

目前没有专门的砂浆早强剂的规范，早强剂的产品质量按照混凝土早强剂的规范《混凝土外加剂》（GB 8076—1997）的规定。

掺早强剂混凝土的性能指标见表 1。

表 1 掺早强剂混凝土性能指标

试验项目		早强剂		试验项目		早强剂	
		一等品	合格品			一等品	合格品
泌水率（%）≯		100		抗压强度（%）≮	7d	110	105
凝结时间之差（min）		-90 ~ +90			28d	100	95
抗压强度比（%）≮	1d	135	125	28d 收缩度比（%）≯		135	
	2d	130	120	对钢筋锈蚀作用		应说明对钢筋有无锈蚀危害	

注：1. 表中所列数据为掺外加剂混凝土与基准混凝土的差值或比值。

2. 凝结时间指标，"－"号表示提前，"＋"号表示延缓。

3. 对于可以用高频振捣排除的，由外加剂所引入的气泡的产品，允许用高频振捣。达到某类型性能指标要求的外加剂，可按本表进行命名和分类，但须在产品说明书和包装上注明用于高频振捣的××剂。

早强剂的匀质性指标见表2。

表2 早强剂的匀质性指标

试验项目	指 标	试验项目	指 标
含水量	在生产厂控制值的相对量的5%以内	还原糖	在生产厂控制值±3%以内
氯离子含量	在生产厂控制值相对量的5%以内	总碱量	在生产厂控制值±5%以内
细 度	0.315mm筛的筛余应小于15%	$(Na_2O + 0.658K_2O)$	
pH值	在生产厂控制值的±1以内	硫酸钠	在生产厂控制值±5%以内
表面张力	在生产厂控制值的±1.5以内	泡沫性能	在生产厂控制值±5%以内

175 早强剂在干粉砂浆中作用是什么？

用于干粉砂浆的早强剂要求为粉末状、干燥。

干粉砂浆中应用最广的是甲酸钙。甲酸钙可以显著提高水泥水化早期钙矾石的增长，并且加速 C_3S 的水化，提高水泥制品的早期强度，但对水泥的凝结时间影响不大；而且甲酸钙的物理性质在常温下稳定，不易结团，比较适合在干粉砂浆中应用。

另外，最近开发的固体醇胺早强剂是一种不易潮解的固体粉末，也可考虑采用。

176 如何进行早强剂的进厂检验？

在确定了采用的早强剂种类后，进行干粉砂浆批量生产时，必须对早强剂进行进厂检验。早强剂进厂应检查其品种、级别、包装、出厂日期等，并应至少对其细度、游离水含量、强度性能指标进行复检，根据干粉砂浆的性能要求和早强剂的种类，可适当增加检验项目。其质量必须符合相应早强剂品种性能的要求。当在使用中对早强剂质量有怀疑时应进行复验，并按复验结果使用。

检查数量：按同一生产厂家、同一等级、同一品种、同一批号且连续进厂的早强剂，不超过1t为一批，每批抽样不少于一次。

检验方法：检查产品合格证、出厂检验报告和进厂复检报告。

177 无机盐类的早强组分有哪些？

无机盐类的早强性能见表1。

表1 无机盐类的早强性能

名 称	化学式	掺量（%）$(C \times \%)$	抗压强度（MPa）			
			1d	3d	7d	28d
空 白	—		3.4	9.2	14.6	23.6
三乙醇胺	$N(C_2H_4OH)_3$	0.04	5.0	12.6	18.2	27.1
元明粉	Na_2SO_4	2	4.7	13.2	17.8	21.7
氯化钙	$CaCl_2$	2	5.1	12.1	17.2	23.2
硫代硫酸钠	$Na_2S_2O_3$	2	5.0	11.8	14.4	22.6
乙酸钠	CH_3COONa	2	3.6	10.8	17.5	28.0
硝酸钠	$NaNO_3$	2	3.7	11.7	14.9	22.8
硝酸钙	$Ca(NO_3)_2$	2	3.1	9.8	14.8	23.3
亚硝酸钠	$NaNO_2$	2	4.8	11.2	16.7	23.3
碳酸钾	K_2CO_3	2	4.6	10.0	14.7	20.5
碳酸钠	Na_2CO_3	2	5.0	10.7	13.8	17.3
二水石膏	$CaSO_4 \cdot 2H_2O$	2	3.6	10.2	14.7	23.2
氢氧化钠	$NaOH$	2	5.1	9.9	11.9	15.6

178 MNC-N 型混凝土早强剂如何应用？

一、适用范围

适用于冬季施工的建筑工程及常温和低温条件下施工有早强要求的混凝土工程。使用本产品可缩短工期，提高产量，提高模板和场地周转率，尤其适用于冬季预制场和农村建房。

二、主要性能

（1）本产品的特点是早强和增强效果显著，价格便宜，使用方便。

（2）产品为灰色粉剂，无毒、无臭、不燃，对钢筋无锈蚀作用，可提高混凝土后期强度。

（3）冬季施工时掺入 2.5% 的该产品，可使混凝土早期强度明显提高，其 1d 抗压强度可提高 60% 以上，3d 抗压强度提高 45% 以上，7d 抗压强度提高 25% 以上，28d 抗压强度提高 10% 以上。

三、掺 MNC-N 型早强剂混凝土性能指标（表1）

表1　性能指标

检验项目		企　标	检验结果
泌水率（%）		≤100	90
凝结时间之差（min）	初　凝	−90 ～ +90	−30
	终　凝		−35
抗压强度比（%）	1d	≥160	168
	3d	≥145	150
	7d	≥125	130
	28d	≥110	115
收缩率比（%）	28d	≤135	130

注：检测掺量 2.1%。

四、推荐掺量

本产品掺量范围为 2.1%，推荐掺量为 2.1%（以水泥用量计）。

五、使用方法

（1）本产品为粉剂产品，可与水泥一起加入搅拌机，但计量要准确。

（2）为了搅拌均匀，应延长搅拌时间 30s。

六、包装、运输、贮存

（1）粉剂采用内衬塑料袋，外编织袋包装。每袋净重（25±0.13）kg 或（50±0.25）kg。

（2）运输时防止遇锋利物，以免破包受潮，若受潮结块，重新烘干粉碎后使用。

（3）粉剂应贮存在通风、干燥的专用仓库内，有效期为两年，超过有效期经检测合格后仍可使用。

179 MNC-AM 型锚杆早强剂如何应用？

早强、减水、膨胀，使锚杆及早投入使用，提高锚杆承载力。

掺量：$C \times 10\%$。

孔型锚杆抗拔试验平面布置图如图 1 所示，垂直锚杆剖面示意图如图 2 所示，土钉墙计算模型如图 3 所示，垂直锚杆布置示意图如图 4 所示。

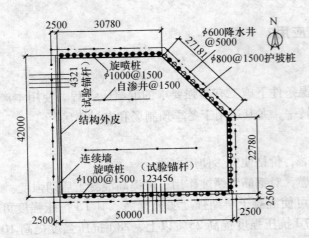

图1 孔型锚杆抗拔试验平面布置图

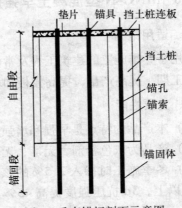

图2 垂直锚杆剖面示意图

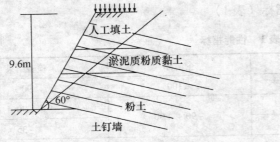

图3 土钉墙计算模型

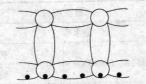

图4 垂直锚杆布置示意图

防 冻 剂

180 什么是防冻剂，常用成分的作用及混凝土冬季施工的主要措施是什么，防冻剂的盐类有哪些？

防冻剂是指能使混凝土在负温下硬化，并在规定时间内达到足够防冻、强度的外加剂。

防冻剂能显著地降低冰点，使混凝土在一定负温条件下仍有液态水存在，并能与水泥进行水化反应，使混凝土在规定的时间内获得预期强度，保证混凝土不遭受冻害。目前使用的防冻剂均为由防冻组分、早强组分、减水组分和引气组分组成的复合防冻剂。它们能使混凝土中水的冰点降至 -10℃ 以下，使水泥在负温下仍能较快的水化增长强度。防冻剂可用于各种混凝土工程，在寒冷季节时施工中使用。

防冻剂常用成分作用、常用于防冻剂的盐类、混凝土冬季施工的主要措施见表 1 ~ 表 3。

表 1 防冻剂常用成分作用表

名称 \ 作用	早 强	减 水	引 气	降低冰点	缓 凝	冰晶干扰	阻 锈
氯化钠	+	-	-	+	-	-	-
氯化钙	+	-	-	+	-	-	-
硫酸钠	+	-	-	+	-	-	-
硫酸钙	+	-	-	-	+	-	-
硝酸钠	+	-	-	+	-	-	+
硝酸钙	+	-	-	+	-	-	-
亚硝酸钠	-	-	-	+	-	-	+
亚硝酸钙	-	-	-	+	-	-	+
碳酸盐	+	-	-	+	-	-	-
尿素	-	-	-	+	+	-	+
氨水	-	-	-	+	+	-	-
三乙醇胺	+	-	-	-	-	-	+
乙二醇	+	-	-	-	-	+	+
木钙	-	+	+	-	+	-	-
木钠	+	+	+	-	-	-	-
萘系减水剂	+	+	-	-	-	-	-
蒽系减水剂	+	+	-	-	-	-	-
氨基磺酸盐	+	+	-	-	+	-	-
三聚氰胺	+	+	-	-	-	-	-
引气剂	-	+	+	-	-	-	-
有机硫化物	-	-	-	+	-	+	-

表2 常用于防冻剂的盐类

名 称	最低共熔点（℃）	浓度（g/100g 水）
氯化钠	−21.2	30.1
氯化钙	−28	78.6
亚硝酸钠	−19.6	61.3
硝酸钙	−28	78.6
碳酸钾	−36.5	56.5
尿 素	−17.6	78
醋酸钠	−17.5	161
氨 水	−84	161

表3 混凝土冬季施工的主要措施

水 泥	选用水化热大的水泥，原则上用硅酸盐水泥；用早强、快硬水泥更有利		
集 料	保温、加盖以防冰雪混入集料；受冻的集料需加热		
水	热水（温度在60℃以下）；用井水有利		
外加剂	防冻剂、早强剂、引气剂；氯化钙按规定使用		
配 比	减小单位用水量，用早强减水剂；增加水泥用量，利用水化热防冻		
搅拌温度	［土建］10～20℃，［大坝］5℃以上		
运 输	用提高拌合温度的方法防止运输过程中混合物冷却		
浇 筑	注意保温、防止风吹		
养 护	选择适当的保温养护方法		
	加热方法	空间加热：效率低	
		表面加热：效率：50%～90%	
		内部加热：效率：100%	
气候条件	参考气象预报选尽可能暖和的日子施工		

181 防冻剂认识的误区是什么？

为了确保结构工程的施工质量，欧、美、日等许多发达国家，冬期较少进行结构混凝土施工，对于必须进行冬季持续施工的建筑工程，也多采取暖棚法。如每层工期为7d，则搭建4层暖棚，保证暖棚内常温施工。混凝土龄期28d时，将暖棚上升一层。用这种方法，保证钢筋混凝土结构工程冬期施工质量。

我国由于建设规模大，每年都有大量的钢筋混凝土结构工程进行冬期施工。为了保证钢筋混凝土结构工程冬期施工质量，尽可能节约建设成本；经多年大量试验研究，除暖棚法、蓄热法、蒸汽养护法、电加热养护法之外，较广泛地推广应用了一种名为综合蓄热法的钢筋混凝土结构工程冬期施工方法，即在新拌混凝土中掺用防冻剂，同时经过热工计算，选用一定保温性能的覆盖物，进行蓄热养护，待混凝土达到抗冻临界强度后，即可拆除蓄热覆盖物，这是一种简易、经济的钢筋混凝土结构工程冬期施工方法。这种方法，在《建筑工程冬期施工规程》（JCJ 104—97）中已做了明确的规定。

鉴于目前施工队伍的素质不齐，有部分施工技术人员认为，既然《混凝土防冻剂》（JC 475—2004）规定了"规定温度"为 −5℃、−10℃、−15℃的防冻剂，则只要在该负温条件下在新拌混凝土中掺用了该规定温度的防冻剂，施工混凝土就可以不进行蓄热养护了。

显然，这是对于钢筋混凝土结构工程冬期施工认识的一个误区。大量试验研究表明，新拌混凝土在未达到抗冻临界强度之前受冻，由于冰晶破坏了水泥石开始形成的结构，混凝土强度就会受到无法恢复的损害。为此，《建筑工程冬期施工规程》中规定："蓄热法或综合蓄热养护从混凝土入模开始至混凝土达到抗冻临界强度，或混凝土温度降到设计温度以前，应至少每隔6h测温一次。"还规定："掺防冻剂混凝土在强度未达到抗冻临界强度之前应每隔2h测温一次"，通过测温计算混凝土成熟度，然后根据成熟度值推定混凝土强度达到$4N/mm^2$时，再撤除蓄热养护覆盖物。

$4N/mm^2$是《建筑工程冬期施工规程》中规定的室外气温不低于$-15℃$地区（北京地区）的掺防冻剂混凝土的抗冻临界强度。

用成熟度推定混凝土早期强度，是国内外经大量试验研究证明的一种有效的推定混凝土早期强度的方法，原北京市地方标准《冬期混凝土综合蓄热法施工成熟度控制养护规程》（DBJ/T 01—36—91）中的方法是一种简单、易行可以准确推定混凝土早期强度的方法，至今仍可参照使用。

对于《混凝土防冻剂》标准中关于掺防冻剂混凝土仅经过150℃时积养护后即可直接将试块放入"规定温度"冷冻7d，再取出标养28d，要求达到设计强度85%，90%，95%的规定，也应有正确的认识。

一方面，《混凝土防冻剂》（JC 475—2004）是防冻剂产品标准，对产品质量应有较严格的要求；因而试验规定用完全没有混合材的基准水泥（即纯熟料水泥），这种水泥早期强度发展较快；加上防冻剂中均含有相当数量的高效减水剂与早强组分，约可减水20%；又规定试验混凝土的坍落度为8cm，显然比一般商品混凝土的单方用水量少，在低水灰比的条件下进行测试。综合这些条件，20℃养护5h，混凝土可以达到或接近初凝，水泥石结构已初步形成，而基准水泥在放入规定温度冰箱中的降温过程，水化又有一定的进展。通过大量试验证明，可以用这样苛刻的条件检测防冻剂产品。但对防冻剂产品检测方法及防冻性指标的这些规定，并未表明掺防冻剂的混凝土在钢筋混凝土结构工程冬期施工时，可以不蓄热养护到抗冻临界强度；也并没有表明掺防冻剂的新拌混凝土具有立即受冻而不会发生冻害的特殊性能。如果不明确这一点，显然是一个认识上的误区。

还有一个应予以正视的问题，即所有冬期施工混凝土，在混凝土虽已达到抗冻临界强度，但还未达到设计强度前必然要遭受冻融损害。为降低其损害程度，《混凝土防冻剂》标准中规定了掺防冻剂混凝土的含气量不得少于2%，《建筑工程冬期施工规程》中也规定"采用非加热养护法施工所选用的外加剂，宜优先选用含引气成分的外加剂，含气量宜控制在2%~4%。"有些施工技术人员在选用防冻剂时，往往只选用其"规定温度"是-10℃或-15℃，却忽视了掺防冻剂的新拌混凝土的含气量问题，这就必将导致未达到设计强度时期的混凝土遭受冻害，损害了工程结构的强度和耐久性。

像北京这样冬季不太严寒的地方采用综合蓄热法进行混凝土结构工程冬期施工是一种最经济有效的方法。中央提倡科学发展观，以人为本，建设节约型社会。在北京地区采用综合蓄热法进行混凝土工程冬期施工，完全符合中央的政策精神。但对于部分综合蓄热法认识不足的工程技术人员，则必须尽快走出认识上的误区，认真执行《建筑工程冬期施工规程》有关条文和规定。以确保钢筋混凝土结构工程冬期施工的质量。

182 防冻剂如何进行配方设计？

一、组成

防冻剂绝大多数是复合外加剂，由防冻组分、早强组分、减水组分、引气组分、载体等材料组成。

（一）防冻组分

防冻组分如氯化钙、氯化钠、亚硝酸钠、硝酸钠、硝酸钙、硝酸钾、硫代硫酸钠、尿素、醇类等，其作用是降低水的冰点，使水泥在负温下仍能有一定游离水存在，继续水化。

（二）早强组分

早强组分如氯化钙、氯化钠、硫代硫酸钠、梳酸钠、三乙醇胺等，其作用是提高混凝土的早期强度，减少可冻水数量，使混凝土在较短时间内达到抗冻临界强度。抵抗水结冰点的作用。另外，早强组分可以将混凝土内的一部分游离水变为结合水。

（三）减水组分

减水组分如木质素磺酸钙、煤焦油系减水剂。其作用是：①减少拌合用水量，细化毛细管（管径越小，冰点越低），提高毛细管中防冻剂浓度，降低冰点；②减少混凝土中冰的含量，并使冰晶粒度细小且均匀分散，减轻对混凝土的破坏应力；③改善新拌混凝土的和易性，提高硬化混凝土的强度及耐久性。

（四）引气组分

引气组分如皂甙引气剂、松香热聚物、木质素磺酸钙等，其作用是在混凝土中引入适量封闭的微气泡以减轻冰胀应力。试验表明，应用引气减水剂的冰胀应力仅为单掺无机盐防冻剂的十分之一。引气组分的抗冻融性和抗盐冻能力非常强。国外的很多冬期施工外加剂都有引气组分，含气量以 3% ~5% 为宜。

（五）载体

载体如粉煤灰、磨细矿渣、砖粉等，其作用一是使一些液状或微量的组分掺入，并使各组分均匀分散；二是避免受潮结块；三是便于干粉掺加使用。

这些组分的合理匹配，互相促进，进一步提高了防冻能力。两种以上的防冻组分组成的防冻剂能降低防冻剂的总掺量。

二、基本配方实例

防冻剂应考虑下列几点：（1）有降低冰点效果；（2）混凝土在负温下强度增长要快一些；（3）对混凝土的长期性能、耐久性无负面效应；（4）对人体及环境无害；（5）价格较便宜。

（一）氯盐类防冻剂

用氯盐（氯化钙、氯化钠）或以氯盐为主与其他早强剂、引气剂、减水剂复合的外加剂，只可用于素混凝土。

配方 I：47% NaCl + 47% Na_2SO_4 + 6% 木钙。

（二）氯盐阻锈类防冻剂

由氯盐与阻锈剂（亚硝酸钠）为主复合的外加剂，或氯盐、阻锈剂、早强剂、引气剂、减水剂复合的外加剂，在钢筋混凝土中限制使用。

配方 I：40% NaCl + $NaNO_2$ + 5% 木钙。

（三）无氯盐类防冻剂

以亚硝酸盐、硝酸盐、碳酸盐、乙酸钠或尿素为主，与无氯早强剂、引气剂、减水剂等复合的外加剂。

配方 I：30% Na_2SO_4 + 50% $NaNO_2$ + 19.4% 萘系减水剂 + 0.6% SJ 引气剂。

配方 II：81% $Ca(NO_2)_2$ + 18% 萘系减水剂 + 1% SJ 引气剂。

（四）有机类防冻剂

由钠盐早强剂、有机高分子材料及引气减水剂组成，各组分的含量范围（质量百分比）分别为：

配方 I：30% ~68%，28% ~69%，0.5% ~2.0%。与现有防冻剂相比，它在混凝土中的掺量小，水溶性好，盐含量低，混凝土早期强度高；不仅适用于混凝土冬期施工，而且适用于泵送混凝土和预拌混凝土施工，适用范围广，使用效率高。

183 防冻剂的性能及用途是什么？

一、防冻剂的性能

液体防冻剂和粉状防冻剂的质量应当符合表 1 的要求，在检查防冻剂质量时，必须首先考核其匀质性是否合乎要求。

表 1 防冻剂匀质性指标

序号	试验项目	指标
1	固体含量（%）	液体防冻剂： $S \geq 20\%$ 时，$0.95S \leq X < 1.05S$ $S < 20\%$ 时，$0.90S \leq X < 1.10S$ S 是生产厂提供的固体含量（质量%）；X 是测试的固体含量（质量%）
2	含水率（%）	粉状防冻剂： $W \geq 5$ 时，$0.90W \leq X < 1.10W$ $W < 5$ 时，$0.80W \leq X < 1.20W$ W 是生产厂提供的含水率（质量%）；X 是测试的含水率（质量%）
3	密度	液体防冻剂： $D > 1.1$ 时，要求为 $D \pm 0.03$ $D \leq 1.1$ 时，要求为 $D \pm 0.02$ D 是生产厂提供的密度值
4	氯离子含量（%）	无氯盐防冻剂：≤0.1%（质量百分比） 其他防冻剂：不超过生产厂控制值
5	碱含量（%）	不超过生产厂提供的最大值
6	水泥净浆流动度	应不小于生产厂控制值的95%
7	细度（%）	粉状防冻剂细度应不超过生产厂提供的最大值

防冻剂功能是否合格，则要按照表 2 的掺防冻剂混凝土性能指标来检验。

表 2 掺防冻剂混凝土性能指标

序号	试验项目		性能指标					
			一等品			合格品		
1	减水率（%）≥		10			—		
2	泌水率比（%）≤		80			100		
3	含气量（%）≥		2.5			2.0		
4	凝结时间差（min）	初凝	−150 ~ +150			−210 ~ +210		
		终凝						
5	抗压强度比（%）≥	规定温度（℃）	−5	−10	−15	−5	−10	−15
		R_{-T}	20	12	10	20	10	8
		R_{28}	100		95	95		90
		R_{-T+28}	95	90	85	90	85	80
		R_{-T+56}	100			100		
6	28d 收缩率比（%）≤		135					
7	渗透高度比（%）≤		100					
8	50 次冻融强度损失率比（%）≤		100					
9	对钢筋锈蚀作用		应说明对钢筋有无锈蚀作用					

防冻剂可以是促凝的，也可能是缓凝的，但应当都是早强的，所以在冰箱内冻结70d后的化冻强度有一定要求。例如，-5℃冰冻7d后化冻强度应当不小于20%，-5℃冰冻7d后强度不小于10%等。

此外，在冰箱中按照规定温度冻7d再转标准养护28d后强度应当不小于90%，或85%，或80%，但是标准养护到56d则强度必须达100%，否则该防冻剂就是不合格的了。当然，冻养7d后转标养28d，相对强度能达到100%就更好。

掺与不掺防冻剂混凝土坍落度为（80±10）mm，试件制作采用振动台振实，振动时间为10~15s。但是这种坍落度在试验泵送型防冻剂时，显然是不适合用于预拌混凝土的。对此，北京市的地方标准DBJ 01—61—2002混凝土外加剂应用技术规程中做了补充规定，即初始坍落度控制在（210±10）mm。

二、用途

含氯盐的防冻剂只适用于不含钢筋的素混凝土、砌筑砂浆，含足够量阻锈剂可用于一般钢筋混凝土，但不适用预应力钢筋混凝土。不含氯盐的防冻剂适用于各种冬期施工的混凝土，不论是普通钢筋混凝土还是预应力混凝土。详细的用途限制，可查阅GB 50119《混凝土外加剂应用技术规范》。

三、主要品种

防冻剂和防冻组分不是同一概念。防冻剂是外加剂的一种，由减水组分、防冻组分、引气组分所组成，有时还掺有早强组分。其作用是使混凝土不仅在负温下硬化，且使其最终能达到常温养护的混凝土质量水平。而防冻组分是指一种使混凝土拌合物在负温环境下免受冻害的化学物质。

本节所谈的，是以如下不同防冻组分区分的防冻剂类别。

（1）氯盐类：以氯盐为防冻组分的外加剂。

（2）氯盐阻锈类：以氯盐与阻锈组分为防冻组分的外加剂。

（3）无氯盐类：以亚硝酸盐、硝酸盐等无机盐为防冻组分的外加剂。

（4）水溶性有机化合物类：以某些醇类等有机化合物为防冻组分的外加剂。

（5）有机化合物与无机盐复合类。

（6）复合防冻剂：以防冻组分复合早强、引气、减水等组分的外加剂。

184 如何确定防冻剂的掺量？

在电解质水溶液中，由于离子的存在，使水的冰点降低。根据拉乌尔定律，在稀溶液时，水的冰点降低与电解质浓度成正比。对于浓溶液，尽管这种正比关系不存在，但趋势是不变的，即溶液的冰点随浓度的增加而降低。表1~表6给出几种常用防冻剂水溶液的冰点与浓度的关系。

表1 $Ca(NO_3)_2$ 水溶液的特性

溶液密度 (20℃)（g/cm³）	无水 $Ca(NO_3)_2$ 的含量（kg）		密度的温度系数	冰点（℃）
	1L 溶液中	1kg 溶液中		
1.077	0.103	0.10	0.00030	-3.1
1.094	0.131	0.12	0.00032	-3.8
1.117	0.173	0.15	0.00035	-5.0
1.146	0.206	0.18	0.00039	-6.6
1.154	0.233	0.20	0.00040	-7.6
1.183	0.260	0.22	0.00043	-9.0

溶液密度 (20℃)（g/cm³）	无水 Ca(NO₃)₂ 的含量（kg）		密度的温度系数	冰点（℃）
	1L 溶液中	1kg 溶液中		
1.211	0.303	0.25	0.00045	−11.0
1.240	0.347	0.28	0.00048	−13.0
1.259	0.378	0.30	0.00051	−14.5
1.311	0.459	0.35	0.00055	−18.0
1.360	0.536	0.46	0.00060	−21.6

表2 $NaNO_2$ 水溶液的特性

溶液密度 (20℃)（g/cm³）	无水 $NaNO_3$ 的含量（kg）		密度的温度系数	冰点（℃）
	1L 溶液中	1kg 溶液中		
1.031	0.051	0.05	0.00028	−2.3
1.052	0.084	0.08	0.00033	−3.9
1.065	0.106	0.10	0.00036	−4.7
1.099	0.164	0.15	0.00043	−7.5
1.137	0.227	0.20	0.00051	−10.8
1.176	0.293	0.25	0.00060	−15.7
1.198	0.336	0.28	0.00065	−19.6

表3 硝酸钙-尿素（HKM）水溶液的特性

溶液密度 (20℃)（g/cm³）	无水 HKM 的含量（kg）		冰点（℃）
	1L 溶液中	1kg 溶液中	
1.065	**0.137**	**0.125**	**−4.0**
1.090	**0.194**	**0.175**	**−5.5**
1.120	**0.254**	**0.225**	**−7.0**
1.160	**0.344**	**0.306**	**−9.6**
1.230	**0.465**	**0.378**	**−14.6**
1.260	**0.525**	**0.416**	**−16.6**
1.290	**0.857**	**0.455**	**−22.2**

表4 $Ca(NO_2)_2$-$Ca(NO_3)_2$-$CaCl_2$ 水溶液的特性

溶液密度 (20℃)（g/cm³）	无水 HHXK 的含量（kg）		密度的温度系数	冰点（℃）
	1L 溶液中	1kg 溶液中		
1.043	0.054	0.05	0.00026	−2.8
1.070	0.087	0.08	0.00029	−4.9
1.087	0.108	0.10	0.00031	−6.5
1.105	0.133	0.12	0.00033	−8.6
1.131	0.170	0.15	0.00036	−12.5
1.157	0.208	0.18	0.00039	−16.6
1.175	0.235	0.20	0.00041	−20.1
1.192	0.262	0.22	0.00043	−24.5
1.218	0.305	0.25	0.00046	−32.0
1.245	0.349	0.28	0.00049	−40.6
1.263	0.379	0.30	0.00052	−48.0

表5 K₂CO₃ 水溶液的特性

表5 K₂CO₃ 水溶液的特性

溶液密度 (20℃)(g/cm³)	无水 K₂CO₃ 的含量（kg）		密度的温度系数	冰点（℃）
	1L 溶液中	1kg 溶液中		
1.035	0.041	0.04	0.00027	−1.3
1.072	0.085	0.08	0.00033	−2.8
1.099	0.109	0.10	0.00035	−3.7
1.129	0.158	0.14	0.00039	−5.7
1.149	0.184	0.16	0.00041	−6.4
1.179	0.224	0.19	0.00043	−8.2
1.200	0.252	0.21	0.00045	−9.6
1.243	0.310	0.25	0.00048	−13.0
1.265	0.341	0.27	0.00049	−15.1
1.271	0.373	0.29	0.00050	−17.4
1.321	0.423	0.32	0.00052	−21.5
1.367	0.492	0.36	0.00053	−28.5
1.414	0.566	0.40	0.00055	−36.5

表6 NaCl 水溶液的特性

溶液密度 (20℃)(g/cm³)	无水 NaCl 的含量（kg）		密度的温度系数	冰点（℃）
	1L 溶液中	1kg 溶液中		
1.034	0.052	0.05	0.00030	−3.1
1.044	0.073	0.07	0.00033	−4.4
1.071	0.107	0.10	0.00037	−6.7
1.109	0.165	0.15	0.00043	−11.0
1.148	0.230	0.20	0.00049	−16.5
1.172	0.270	0.23	0.00052	−21.1
1.189	0.297	0.25	0.00054	—
1.228	0.359	0.30	0.00060	—
1.268	0.423	0.35	0.00066	—

对于防冻剂的水溶液，在冰点，冰与其平衡的液相共存，冰点时生成的冰量与防冻剂原始溶液浓度有如下关系：

$$I = \frac{C_k - C_0}{C_k} \times 100\% \qquad (1)$$

式中 I——生成的冰量（质量百分数），%；

C_k——防冻剂水溶液与冰平衡的最终浓度（质量百分数），%；

C_0——防冻剂水溶液的原始浓度（质量百分数），%。

可由下式计算防冻剂的掺量：

$$\alpha = C_k(1 - I)\frac{W}{C}d_t \qquad (2)$$

式中 α——防冻剂掺量（质量百分数），%；

d_t——原始水溶液的密度，g/cm³。

为了方便起见，可用防冻剂的溶液浓度 C_t 代替防冻剂水溶液与冰平衡的最终浓度 C_k，可得：

$$\alpha = C_\mathrm{t}(1 - I)\frac{W}{C}d_\mathrm{t} \tag{3}$$

计算防冻剂掺量，关键在于冰量 I 的确定。有研究表明，对于混凝土的长期强度，液相中冰的含量在40%以下时表现出好的影响，冰的含量增加到60%时产生不好的影响。因此，一些研究者建议 I 取50%，则混凝土中在指定负温下防冻剂的掺量为：

$$\alpha = 0.50C_\mathrm{t}\frac{W}{C}d_\mathrm{t} \tag{4}$$

表7给出防冻剂亚硝酸钠和钾碱掺量与混凝土硬化温度的关系。根据表1～表6中的数据和水灰比，用式（4）也可以计算出其他防冻剂的掺量。

表7　防冻剂掺量与混凝土硬化温度

水灰比	防冻剂品种	防冻剂掺量（质量百分数）（%）							
		混凝土硬化温度（℃）							
		−5	−10	−15	−18	−20	−25	−30	−35
0.40	$NaNO_2$	2.25	4.35	5.57	6.56	—	—	—	—
	K_2CO_3	3.0	5.35	6.9	—	8.3	9.3	10.3	11.2
0.45	$NaNO_2$	2.55	4.9	7.46	7.4	—	—	—	—
	K_2CO_3	3.3	6.05	7.8	—	9.3	10.5	11.6	12.6
0.50	$NaNO_2$	2.83	5.43	7.19	8.2	—	—	—	—
	K_2CO_3	3.65	6.7	8.65	—	10.3	11.6	12.9	14.0
0.55	$NaNO_2$	3.1	5.95	7.9	9.03	—	—	—	—
	K_2CO_3	4.05	7.4	9.52	—	11.4	12.6	14.2	—
0.60	$NaNO_2$	3.4	6.5	8.6	9.85	—	—	—	—
	K_2CO_3	4.4	8.06	10.04	—	12.4	14.0	—	—
0.65	$NaNO_2$	3.67	7.03	9.35	—	—	—	—	—
	K_2CO_3	4.8	8.74	11.25	—	13.4	15.1	—	—

为了避免硬化混凝土液相的冰量超过50%，混凝土浇筑时，拌合物的温度应高于混凝土硬化的计算温度。表8给出掺防冻剂亚硝酸钠和钾碱的混凝土硬化温度和浇筑温度。

表8　掺防冻剂混凝土硬化温度与浇筑温度

防冻剂品种	混凝土硬化的半算温度（℃）							
	−5	−10	−15	−19	−20	−25	−30	−35
$NaNO_2$	−2	−4.5	−6	−7.5	—	—	—	—
K_2CO_3	−2	−4	−5	—	−6	−7	−7.5	−8.5

185　混凝土抗冻防冻的原理及防治措施是什么？

一、混凝土冻害原因分析

（1）新拌混凝土受冻害损伤的原因

新拌混凝土的强度低，空隙率高、含水多，极易发生冻胀破坏。冻胀破坏的外观特征是材料体内出现若干的冰夹层，彼此平行而垂直于热流方向。其过程为：结构物表面降温冷却时，冷流向材料体内延伸，在深处某水平位置开始冻结，一般从较粗大孔穴中水分开始，冰晶形成后从间隙吸水，发育增长，且是不可逆转的过程，水分从材料未冻水或从外部水源补给，并进行宏观规模的移动。第一层孔穴中冰冻后，在冰晶生长的过程中，材料质体受到拉应力，如果超过抗拉强度即被破坏。

（2）成熟混凝土受冻害损伤有关原因

混凝土构件中的孔径分为三个范畴，即凝胶孔、毛细孔及气泡，在负温下混凝土构件中水分只有一部分是可冻水，可冻水产生多余体积直接衡量冰冻破坏威力。

可冻水（即冰）主要集中在水泥石及集料颗粒的毛细孔中，凝胶水由于表面的强大作用不大可能就地冻结，气泡水易冻结。混凝土构件中各种孔径的空隙可认为连续分布，分布在这些空隙中的水在降温过程中将按顺序逐步冻结，不可能同时冻结。冻水一般是温度的逆函数，温度愈低，可冻水增加。

连续的毛细管网络体系破坏过程，随着水化进展凝胶体生成，网络的联系被破坏、分成个别孤立的毛细孔（水在其中冻结的容器），而凝胶连同其特征性凝胶孔和少数细小毛孔就构成透水器壁。随着水化深入，材料质地致密及温度的下降，将有更多细小空间的水参与冰冻，作为器壁的凝胶的渗水性也不断减小。

当冰冻多余水受水压力推动向附近气泡（逃逸边界）排除时，材料本身将受到推移水分前进的反作用力导致受拉破坏。材料组织愈致密水流宣泄不及，疏导不畅引起的动水压力增大。

水泥浆中一般包含的是盐类稀溶液，一旦冰冻后会变为纯冰和浓度更高的溶液；随着温度下降，浓度不断地提高。一方面邻近凝胶中水分始终保持不冻，其溶液浓度保持原有的水平，于是在毛细孔溶液和凝胶水之间出现浓度差。浓度差使得溶剂向溶液中自发扩散渗透，即溶质向凝胶水中扩散，而凝胶水向毛细孔中浓溶液转移。其结果是毛细孔中水分增加，和冰接触的溶液稀释，冰晶逐渐生长、长大。当毛细孔穴充满冰和溶液时，冰晶进一步生长必将产生膨胀压，导致破坏。另一方面在水压的情况下，水分冻结膨胀，多余水在压力推动下外流，流向可能消纳水分的未冻地点；作为水流的结果压力消失，析冰情况正好相反：水分不是从冰冻地点外流，而是从未冻地点（凝胶）流向已冻冰地点（毛细孔），方向恰好相反。未冻地点的水移动一定距离后，最后以冰冻结束，作为水流运动的结果产生压力。

以上两点可以综合为：第一阶段毛细孔中始发的冰冻，向所有方向产生水压力，引起内应力；第二阶段较大毛细孔中水分首先生成冰晶，可从小孔中吸引未冻结水使自身增长，产生静应力。

集料作为一个组分，如果冰冻膨胀同样会成为导致混凝土破裂的应力来源；为了保证混凝土完好，必须要求集料和水泥净浆两者都不破坏。由于引气混凝土的广泛使用，水泥净浆的抗冻性较易保证；从这个意义上来说，集料抗冻性更具有突出意义。如颗粒大到一定限度以上，核心存在的距离任何逃逸边界均在临界尺寸以上的保水区域，此时将因超过集料破裂强度的内部水压力而破裂，这就是临界贮存效应。凡属中等吸水、细孔结构、渗透较低的岩石，这种危险较突出；空隙多、渗透性强的集料临界尺寸也很大。在特殊情况下岩石吸水率极低（如质量吸水在 0.5%以下的岩石），可冻水极少，冰水是无渗应力出现；根据施工经验应避免使用高度吸水集料，小颗粒石粒可以得到较大抗冻性保证。

综上所述，混凝土材料的抗冻性是以下三方面的变函数：

①材料的性质（强度、变形、空隙情况）。

②气候条件（冻融循环次数、最低温度、降温速度、降水量，空气相对湿度等）。

③材料使用方式（降水量、自由水及跨越材料的蒸气压梯度与温度梯度）。区分这几方面变数将构成研究这一复杂问题的一个根本方式的转变，这样就有可能正确预言材料在指定环境中的抗冻能力。

二、防治措施在工程中的应用

根据材料的抗冻性上述的函数，在施工实践中采取的抗冻措施如下：

采取掺用防冻剂以降低新拌水泥混凝土的内部水溶液冰点以及干扰冰晶生长，有效保护未成熟混凝土不受冻胀破坏，在负温条件下能够继续水化。

采取掺用引气剂，引气不仅在表面无冰时减轻大体积冰诱导冰冻的出现，并且在过程中也减轻了冰挤出的损害，消纳更多的毛细孔中冰冻所产生的多余体积，有助于保护成熟混凝土免于伤害。

配合比设计采取高效减水剂尽量降低水灰比并经过充分水化，就有可能做出实际上不包含可冻水的饱和混凝土构件。不包含毛细水（或数量很少）的混凝土构件，由于凝胶中空间极微细，结晶的始发十分困难，并不发生冻结，故施工中尽量不使用粉煤灰作为外掺料加入混凝土。

改善混凝土的气候条件以及使用方式，在地面以上的混凝土结构的冬季施工中，采取棉毡包裹等有效的蓄热保温措施，使新拌混凝土在正温条件下水化，强度达到设计强度后采取棉毡包裹继续保温，以此延长混凝土养护周期，保证成熟混凝土充分水化，尽量降低构件毛细水含量，防止成熟混凝土的受冻。

混凝土冬季施工要求如下：

（1）混凝土冬季施工的材料储备保温。为避免入冬以后进料困难、砂石料在料场或运输过程中受冻，砂石料应在入冬前组织进场；砂石料应在入冬前进行盖上 10cm 以上的草袋以及棉毡或采取其他措施，必须保证砂石料不受冻、温度在 0℃ 以上，同时防止出现冰雪、冻块进入搅拌机内，给混凝土温度带来损失；防止过大的冻块堵塞砂石料输送带；防止部分冰块进入搅拌机内会很难被粉碎、熔化，严重影响混凝土质量；水泥、外加剂应在库房或暖棚内进行保温，禁止对其进行直接加温；冬季温度过低，应提前做好水源储备并防止污染。

（2）混凝土拌合料的加温。在对搅拌站进行搭设温棚保温、砂石料保持正温的情况下，混凝土拌合料要加温，拌合水加热温度根据混凝土拌合物混合温度和计算控制。

（3）混凝土的拌合。混凝土拌合料的投料顺序：砂石料进拌合机加 90% 的水进行搅拌 1min；水泥、外加剂进拌合机进行搅拌 1.5min 以上并补充剩余 10% 的水分；砂石料与水泥、外加剂分开进料斗，必须以此防止水泥、外加剂接触热水发生水泥"假凝"现象；拌合时间适当延长，以防止出现混凝土颜色不均匀、外观质量出问题；防止材料间热交换时间过短，混凝土和易性和施工性能差。

（4）混凝土的运输。各种混凝土运输车、混凝土输送泵以及管道在使用前必须用热水清洗加温；保证运输过程顺畅、运输速度快速；混凝土泵安装后要加保温采暖棚，管道用棉毡包裹保温；管道在使用前后用热水冲洗干净，防止混凝土残料在管道内冻结、影响流通。

（5）混凝土的浇筑。旧混凝土要冲洗干净，并进行加温，包括模板、钢筋均必须采取有效措施，如暖棚进行加温至 10℃ 以上方可进行混凝土浇筑；尽量减少因施工操作引起的混凝土拌合物温度损失，如减少混凝土暴露时间、及时对混凝土予以保温。

（6）混凝土的温度监控。建立温度检测制度、指定专人负责，建立完整的检测记录。如在老庄冬季施工中外加剂的选用具有防冻、引气、减水等功能的复合性外加剂，采用 5~25 连续级配碎石粗集料与水泥配合，施工中防冻效果良好，能够满足现场冬季施工的要求。

186 MNC-C10 型混凝土防冻剂如何应用？

一、特点

早强、防冻、泵送、低碱、无氯。被中国建筑业协会评为用户信得过产品，荣获中国名优产品，荣获北京市科技进步奖，附检验报告。主要成分：防冻、早强、引气、减水等组分。

二、用途

用于负温水泥混凝土。

三、执行标准

《混凝土防冻剂》（JC 475—2004）。

四、用量与用法

（1）MNC-C 型混凝土防冻剂在混凝土中的掺量（表1）

表1　MNC-C 型混凝土防冻剂在混凝土中的掺量

产品型号	MNC-C10	MNC-C15	MNC-C20	MNC-C25
代　号	1010	1011	1012	1013
日最低气温	−10℃	−15℃	−20℃	−25℃
规定温度	−5℃	−10℃	−15℃	−20℃
掺量 $C \times \%$	2	3	4	5

（2）搅拌前，用热水或蒸汽冲洗搅拌机。先加入砂子、石子和热水搅拌 1min，再加入水泥和防冻剂搅拌 3min。搅拌用水的温度根据确保混凝土入模温度大于或等于 10℃来决定搅拌用水的温度。

（3）在满足正常施工和易性的情况下，尽量减少用水量。因为混凝土中游离水量增加，抗冻性能明显下降。掺防冻剂的混凝土拌合物具有干而不硬的特点，注意控制新浇混凝土的坍落度不要过大。

（4）砂、石要用帆布或塑料布覆盖，防止砂石冻结。水泥不得直接加热，在使用前 1d 运入暖棚内存放，使它保持正温。

（5）混凝土在浇筑前，应清除模板和钢筋上的冰雪和污垢，但不得用蒸汽直接融化冰雪，以免再度结冰。及时清除容器中粘附的混凝土残渣，并及时清除冰雪冻块，容器用后要盖严保温。新浇混凝土的外露表面，及时用塑料膜及保温材料覆盖，在负温条件下养护，混凝土不得浇水。按随浇筑、随振捣、随覆盖的原则连续作业。

（6）水泥应选用强度等级 32.5 以上的硅酸盐水泥或普通硅酸盐水泥。砂、石要清洁过筛，不得含有冰、雪等冻结物及易冻裂的物质。

（7）本剂如有受潮结块的现象，处理方法有两种：粉碎通过 0.315mm 方孔筛后使用；溶化成液体使用。

五、防冻剂的选用应符合下列规定

（1）在日最低气温为 0～−5℃，混凝土采用塑料薄膜和保温材料覆盖养护时，可采用早强剂或早强减水剂；

（2）在日最低气温为 −5～−10℃，−10～−15℃，−15～−20℃，采用上款保温措施时，宜分别采用规定温度为 −5℃，−10℃，−15℃的防冻剂；

（3）防冻剂的规定温度为按《混凝土防冻剂》（JC 475—2004）规定的试验条件成型的试件，在恒负温条件下养护的温度。施工使用的最低气温可比规定温度低 5℃。

六、掺防冻剂混凝土采用的原材料，应根据不同的气温，按下列方法进行加热

（1）气温低于 −5℃时，可用热水拌合混凝土：水温高于 65℃时，热水应先与集料拌合，再加入水泥。

（2）气温低于 −10℃，集料可移入暖棚或采取加热措施。集料冻结成块时须加热，加热温度不得高于 65℃，并应避免灼烧，用蒸汽直接加热集料带入的水分，应从拌合水中扣除。

（3）混凝土原材料加热应优先采用加热水的方法，当加热水仍不能满足要求时，再对集料进行加热。水、集料加热的最高温度应符合下表的规定。当水、集料达到规定温度仍不能满足热工计算要求时，可提高水温到 100℃，但水泥不得与 80℃以上的水直接接触。拌合水及集料加热最高温度见表2。

表 2 拌合水及集料加热最高温度 ℃

水泥品种及强度等级	拌 合 水	集 料
强度等级低于 42.5MPa 的普通硅酸盐水泥、矿渣硅酸盐水泥	80	60
强度等级高于及等于 42.5MPa 的硅酸盐水泥、普通硅酸盐水泥	60	40

七、掺防冻剂混凝土搅拌时，应符合下列规定

（1）严格控制防冻剂的掺量；

（2）严格控制水灰比，由集料带入的水分及防冻剂溶液中的水，应从拌合水中扣除；

（3）搅拌前，应用热水或蒸汽冲洗搅拌机，搅拌时间应比常温延长 50%；

（4）掺防冻剂混凝土拌合物的出机温度，严寒地区不得低于 15℃；寒冷地区不得低于 10℃。入模温度，严寒地区不得低于 10℃，寒冷地区不得低于 5℃。

八、掺防冻剂混凝土的运输及浇筑除应满足不掺外加剂混凝土的要求外，还应符合下列规定

混凝土浇筑完毕应及时对其表面用塑料薄膜及保温材料覆盖。掺防冻剂的商品混凝土，应对混凝土运拌车罐体包裹保温外套。

九、掺防冻剂混凝土的养护，应符合下列规定

（1）在负温条件下养护时，不得浇水，混凝土浇筑后，应立即用塑料薄膜及保温材料覆盖，严寒地区应加强保温措施；

（2）初期养护温度不得低于规定温度；

（3）当混凝土温度降到规定温度时，混凝土强度必须达到受冻临界强度；当最低气温不低于 −10℃时，混凝土抗压强度不得小于 3.5MPa；当最低温度不低于 −15℃时，混凝土抗压强度不得小于 4.0MPa；当最低温度不低于 −20℃时，混凝土抗压强度不得小于 5.0MPa；

（4）拆模后混凝土的表面温度与环境温度之差大于 20℃时，应采用保温材料覆盖养护。

十、掺防冻剂混凝土的质量控制

（1）混凝土浇筑后，在结构最薄弱和易冻的部位，应加强保温防冻措施，并应在有代表性的部位或易冷却的部位布置测温点。测温的测头，埋入深度应为 100～150mm，也可为板厚的 1/2 或墙厚的 1/2。在达到抗冻临界强度前应每隔 2h 测一次，以后应每隔 6h 测一次，并应同时测定环境温度。

（2）掺防冻剂混凝土的质量，应满足设计要求，并应符合下列规定：

试件制作：基准混凝土试件和受检混凝土试件应同时制作。混凝土试件制作及养护参照 GB/T 50080 进行，但掺与不掺防冻剂混凝土坍落度为（80±10）mm，试件制作采用振动台振实，振动时间为 10～15s。掺防冻剂的受检混凝土试件在（20±3）℃环境温度下按照表 3 规定的时间预养后移入冰箱内（或冰室）并用塑料布覆盖试件，其环境温度应于 3～4h 内均匀地降至规定温度，养护 7d 后（从成型加水时间算起）脱模，放置在（20±3）℃环境温度下解冻，解冻时间按表 3 的规定。解冻后进行抗压强度试验或转标准养护。

表 3 不同规定温度下混凝土试件的预养和解冻时间

防冻剂的规定温度（℃）	预养时间（h）	度时积 M（℃·h）	解冻时间（h）
−5	6	180	6
−10	5	150	5
−15	4	120	4

注：试件预养时间也可按 $M = \sum (T + 10) \Delta t$ 来控制。

式中 M——度时积；T——温度；Δt——温度 T 的持续时间。

187 MNC-C 型混凝土防冻剂如何应用?

MNC-C 型混凝土防冻剂在混凝土中的掺量见表1。

表1　MNC-C 型混凝土防冻剂在混凝土中的掺量

日最低气温	−10℃	−15℃	−20℃
规定温度	−5℃	−10℃	−15℃
掺量 $C \times \%$	4	6	8

188 硫铝酸盐水泥专用防冻剂如何应用?

(1) 可在 −25～0℃ 的环境下进行施工,适用于工业与民用建筑工程的钢筋混凝土梁、柱、板、墙的现浇结构;多层装配式结构的接头以及小截面和薄壁结构混凝土工程。

(2) 不宜采用硫铝酸盐水泥专用防冻剂的几种情况:

① 结构表面系数小于 $6m^{-1}$ 的大体积混凝土结构工程;

② 使用条件经常处于温度高于 100℃ 的部位或有较高耐火要求的结构工程。

(3) 符合国家现行标准《快硬硫铝酸盐水泥》的要求,水泥强度等级不宜低于 32.5MPa。

(4) 冬期施工应选用专用防冻剂,其掺量宜按表1选用,掺量按水泥质量计。

表1　掺量

预计当天最低气温(℃)	≥ −5	−5～−15	−15～−25
掺量(%)	0.5～1.0	1～3	3～4

(5) 用于拼装接头或小截面构件、薄壁结构的硫铝酸盐水泥混凝土施工时,要适当提高拌合物温度,并应保温。

(6) 不得与硅酸盐类水泥或石灰等碱性材料混合使用。

(7) 拌合物可采用热水拌合,水的温度不宜超过 50℃,混凝土拌合物温度宜为 5～15℃。水泥不得直接加热或直接与 30℃ 以上的热水接触。拌合物坍落度应比普通混凝土坍落度增加 1～2cm。

(8) 采用机械搅拌时,混凝土出罐应注意将搅拌筒内混凝土排空,并根据气温与混凝土温度情况,每隔 0.5～1h 应刷罐一次。

(9) 拌制好的混凝土,应在 30min 内浇筑完毕。混凝土入模温度不得低于 2℃。当混凝土因凝结或冻结而降低流动性后,不得二次加水拌合使用。

(10) 浇筑后,应随即在混凝土表面覆盖一层塑料薄膜防止失水,并根据气温情况随时覆盖保温材料。

(11) 施工时,不得采用电热法或蒸汽法养护,可采用暖棚法养护,但养护温度不得高于 30℃。

(12) 在养护期间,混凝土升温较高时,应撤去保温层并确定拆模时间。

泵 送 剂

189 泵送剂生产工艺流程是什么？

泵送剂生产工艺流程如图 1 所示。

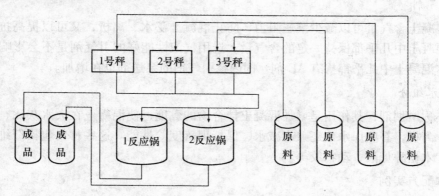

图 1　泵送剂生产工艺流程

190 泵送剂如何进行配方设计？

泵送剂是为了提高混凝土的可泵性而加入的，以往多用普通减水剂或高效减水剂当作泵送剂，普通减水剂减水率小，高效减水剂的混凝土坍落度损失大，给使用带来不便。人们对泵送剂的要求是：

（1）减水率要高。因为泵送混凝土流动性好，坍落度大，必须采用减水率高的减水剂或复合减水剂；

（2）坍落度损失小。坍落度的经时损失必须满足预拌混凝土与泵送混凝土的要求。为了尽可能减小水灰比，最好坍落度损失控制在 1～2h 之内损失不超过 20%；

（3）不泌水、不离析、保水性好。尤其是压力泌水率要尽可能低，以保证泵送的顺利进行，不堵泵；

（4）有一定的缓凝作用。一方面可保持坍落度损失小，同时可降低水化热，推迟热峰出现，以免产生温度裂缝；

（5）混凝土内摩擦小，既不能泌水又要易于流动，因此泵送剂必须有一定的引气性，以减小阻力，防止堵泵。

一、组成

泵送剂常常不是一种外加剂就能满足性能要求，而是根据泵送剂的特点由不同作用的外加剂复合而成。其具体的复配比例应根据不同的使用目的、不同的使用温度、不同的混凝土强度等级、不同的泵送工艺等使用条件来确定。其主要由以下几种组分组成：

（一）减水剂

（1）普通减水剂。有减水作用，可在保持泵送混凝土所需要的流动度条件下降低水灰比，以提高后期强度。木质磺酸钙与木质磺酸钠是最常用的减水剂。除了减水作用外，还有些缓凝和引气性。

（2）高效减水剂。如萘系减水剂、三聚氰胺减水剂、脂肪酸系减水剂。这些减水剂减水率高，适于配制高强度等级、大坍落度、自流平泵送混凝土，但这些减水剂坍落度损失较大，需要复合缓凝剂。氨基磺酸盐减水剂、聚羧酸盐减水剂属低坍落度损失减水剂，而且更适用于配制低水灰比（水胶比）的高性能混凝土。在水灰比 0.3 时，氨基磺酸盐的减水率可达 30%。而在水灰比较大时使用，它们就很容易产生泌水。

（二）缓凝剂

主要目的是减小混凝土的坍落度损失，多采用羟基羧酸盐、糖类、多元醇、磷酸盐等。

（三）引气剂

适当的混凝土含气量可以减少泵送阻力，防止混凝土泌水、离析，又可以提高抗渗、抗冻融性能。国外混凝土中几乎都保持一定的含气量。选用气泡性能好的引气剂是不会影响混凝土的强度的，如日本混凝土中几乎都掺有 AE 剂。国内掺引气剂的泵送剂也在增加。

（四）保水组分

保水剂亦称增稠剂，其作用是增加混凝土拌合物的黏度，使混凝土在大水灰比、大坍落度情况下不泌水、离析，有些保水剂还兼有减水、保持坍落度等性能。这些材料包括纤维素醚、聚乙烯醇、胡精、木糖醇母液、动物胶等。

二、基本配方实例

不同品种的减水剂复合能收到取长补短的效果，有些强度等级较低、坍落度要求又不太高的泵送混凝土甚至只加木质素磺酸盐类减水剂就能满足要求。普通减水剂中的糖钙类减水剂，则常常作为缓凝组分引入泵送剂中。例如，木质素磺酸钠与木质素磺酸钙复合，能使掺量降低 25%，强度提高 19%。

在强度较高、坍落度值要求高的泵送混凝土中，泵送剂往往使用两种以上的减水剂来复合，常见的复合方式有：萘系 + 木质素磺酸盐系；三聚氰胺 + 木质素磺酸盐系；萘系 + 氨基磺酸盐系等。复合使用往往比单独使用掺量低，效果好。如配方 I：萘系高效减水剂 80% + 木钙 20%。

近几年销售的泵送剂产品由高效减水剂、木质素磺酸盐、或引气剂等多种组分复合而成，具有塑化、缓凝、引气、早强、增强、抗渗等多种功能，进一步提高泵送剂的性能。如配方 II：萘系高效减水剂 48% + 木钠 40% + 引气剂 2% + 三聚磷酸钠 10%。

为满足远距离运输的泵送商品混凝土保持流动性的需要，不少泵送剂中加入了保塑剂（组分），减少了 1~2h 的坍落度损失。新型高效减水剂对水泥的适应性优于传统高效减水剂，已开始用于工程中，因新型高效减水剂价格较高，可与传统高效减水剂复合使用。如配方 III：氨基磺酸盐 30% + 萘系高效减水剂 70%。配方 IV：聚羧酸盐 25% + 萘系高效减水剂 75%。

泵送剂也有用不同的高效减水剂为主复合制成，萘系高效减水剂 FDN、磺化三聚氰胺甲醛缩合物 SM 都是常见的高效减水剂，单独使用都存在坍落度损失大的问题。西安建筑科技大学将 FDN 和 SM 复合在"赛马"水泥中使水泥净浆流动度保持 2h，保水性提高，混凝土 2h 的坍落度损失由 FDN 的 91.7%、SM 的 43.5% 减小到 12.8%，凝结时间没有变化。如配方 V：FDN + SM 的比例为 2:1~1:2。

191 泵送剂的性能及用途是什么？

一、性能

泵送剂的特性是要能改善混凝土的可泵送性，也就是混凝土拌合物要能顺利地通过输送管道，不阻塞、不离析、粘聚性良好。因此泵送剂性能要求有 4 个特点：一是掺泵送剂后坍落度要比不掺的基准混凝土增加 100mm 以上；二是压力泌水率比不大于 90%；三是坍落度保留值 30min 后仍要大于 150mm，60min 后仍保持 120mm 以上；四是 28d 龄期的抗压强度不低于 90%。受检混凝土的性能指标参见表 1。

表 1　受检混凝土的性能指标

试验项目		性能指标	
		一等品	合格品
坍落度增加值（mm）　≥		100	80
常压泌水率比（%）　≤		90	100
压力泌水率比（%）　≤		90	95
含气量（%）　≤		4.5	5.5
坍落度保留值（mm）　≥	30min	150	120
	60min	120	100
抗压强度比（%）　≥	3d	90	85
	7d	90	85
	28d	90	85
收缩率比（%）　≤	28d	135	135
对钢筋的锈蚀作用		应说明对钢筋有无锈蚀作用	

　　此外，泵送施工工艺也用于冬期施工，防水混凝土施工等。因此，在尚无国家有关标准的情况下，北京市出台了地方标准，可供参考。

　　该标准规定泵送防冻剂的基准混凝土初始坍落度也应在（210±10）mm，还规定了泵送防水剂的基准混凝土初始坍落度应是（210±10）mm 以上，压力泌水率应小于 95%（DBJ 01—61—2002《混凝土外加剂应用技术规程》）。

　　二、用途

　　（1）以高效减水剂、缓凝高效减水剂为主要组分的泵送剂适用于富混凝土。

　　（2）以引气减水剂为主要组分的泵送剂适用于中混凝土。

　　（3）添加增稠剂、保水剂和引气剂的泵送剂适用于贫混凝土。

　　（4）添加特定专用组分的泵送剂适用于特定场合的泵送混凝土，如含防冻组分的泵送剂适用于冬期泵送混凝土施工。

　　三、主要品种

　　泵送剂多数由减水剂、缓凝剂、引气剂、增稠剂、保水剂，以及特定组分如防水组分、防冻组分、膨胀组分，调整水泥相容性的组分等复配而成，因此品种繁多。

192　什么是混凝土泵送剂？它由哪些主要成分组成？

　　能改善混凝土拌合物泵送性能的外加剂称为混凝土泵送剂。

　　泵送混凝土要求有良好的流动性和在压力条件下具有较好的稳定性，即混凝土具有坍落度大、泌水率小、粘聚性好的特点。能改善混凝土泵送性能的外加剂有减水剂、缓凝减水剂、高效减水剂、缓凝高效减水剂、引气减水剂等。随着混凝土泵送工艺的发展，专用于泵送混凝土的外加剂-泵送剂得到了发展。

　　混凝土泵送剂大多是复合产品，主要由以下组分组成：

　　（1）流化组分

　　如减水剂或高效减水剂，其作用是在不增大或略降低水灰比的条件下，增大混凝土的流动性，即基准混凝土的坍落度为 6~8cm，而加泵送剂后增大到 12~22cm，并且在不增加水泥用量的情况下，28d 抗压强度不低于基准混凝土。

（2）引气组分

其作用是在混凝土中引入大量的微小气泡，提高混凝土的流动性和保水性，减小坍落度损失，提高混凝土的抗渗性及抗冻耐久性。

（3）缓凝组分

其作用是减小运输及停泵过程中的坍落度损失，降低大体积混凝土的初期水化热。

（4）其他组分

如早强组分、防冻组分等，其作用是加速模板周转，防止混凝土受冻害等。

193 商品混凝土厂如何自制泵送剂?

现代混凝土由六组分构成，混凝土 = 水泥 + 掺合料 + 砂子 + 石子 + 化学外加剂 + 水，混凝土制造商要想搞懂混凝土产品的配制机理及产品性能，仅靠外买泵送剂还是不够的。只有自制泵送剂，不仅读懂了泵送剂的内涵，明白混凝土性能不良时的原因，而且节约了 10%~30% 的泵送剂成本，提高了企业竞争力，促进了企业的可持续发展。外加剂的作用是掺量小而明显改善混凝土性能的物质。改善混凝土的性能见表1。普通混凝土结构示意图如图1所示，混凝土组成的体积比如图2所示，混凝土拌制工艺流程如图3所示。

表1　改善混凝土的性能

新拌混凝土的性能改善	（1）降低单位水量；（2）降低单位水泥量；（3）提高塑性；（4）提高黏性；（5）引气；（6）降低坍落度损失；（7）降低材料分离；（8）改善泵送性；（9）改善加工性
凝结硬化中的混凝土性能改善	（1）延缓凝结时间；（2）促进凝结时间；（3）降低泌水性；（4）防冻；（5）降低早期水化热；（6）降低早期龟裂；（7）改善加工性；（8）提高早期强度
硬化混凝土的性能改善	（1）提高长期强度；（2）降低水化热；（3）提高抗冲击性或抗磨损性；（4）降低长度变化
提高耐久性	（1）提高抗冻融性；（2）降低吸水性；（3）降低透水性或水密性；（4）降低碳化速度 S；（5）降低 AAR；（6）提高耐药品性或抗化学腐蚀性；（7）防止钢筋锈蚀；（8）提高抗碳化性

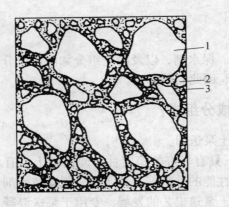

图1　普通混凝土结构示意图

1—粗集料；2—细集料；3—水泥浆

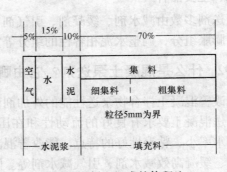

图2　混凝土组成的体积比

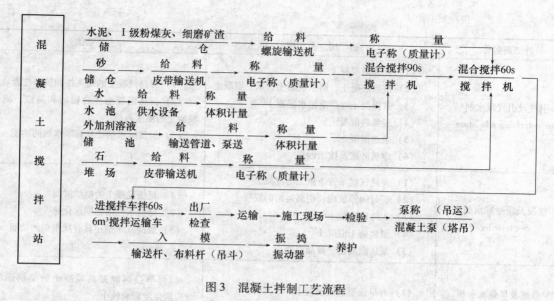

图 3 混凝土拌制工艺流程

一、正确选择外加剂品种（表 2、表 3）

表 2　用于一般强度混凝土的外加剂

类　别		使　用　效　果
减水剂	普通减水剂	减水，提高强度，改善和易性
	高效减水剂	增大流动度，提高强度，早期强度
引气剂		增加含气量，改善和易性，提高抗冻性
调凝剂	缓凝剂	调整坍落度保持率，延迟凝结，降低水化热
	早强剂	提高早期强度，轻度防冻
	速凝剂	使混凝土速凝，提高早期强度
防冻剂		在一定低负温内防冻，达预期强度
防水剂		提高抗渗性、防潮、提高密实性
膨胀剂		减少干缩裂纹，增大密实性

表 3　各种外加剂的适用范围

外加剂名称	适　用　范　围	主要功能
普通减水剂 Water reducing admixture	（1）日最低气温 5℃以上施工的各种现浇、预制混凝土、钢筋混凝土及预应力钢筋混凝土 （2）大体积混凝土，大坝混凝土，水工混凝土 （3）泵送混凝土，流态混凝土 （4）滑模施工混凝土	（1）减少混凝土拌合物的用水量，提高混凝土的强度、耐久性、抗渗性 （2）改善混凝土的工作性，提高施工速度和施工质量，满足机械化施工要求，减少噪声及劳动强度 （3）节省水泥等
高效减水剂 Superplasticizer	（1）日最低气温 5℃以上施工的各种现浇、预制混凝土，钢筋混凝土及预应力钢筋混凝土 （2）高强、早强混凝土，大流动度混凝土 （3）泵送混凝土，自密实、自流平混凝土 （4）蒸汽养护混凝土 （5）高性能混凝土	（1）大幅度减少混凝土拌合物的用水量，显著地提高混凝土的强度及其他物理力学性能 （2）大幅度地提高混凝土拌合物的流动性 （3）节省水泥及代替特种水泥

外加剂名称	适 用 范 围	主 要 功 能
引气及引气减水剂 Air entraining admixture	(1) 抗冻融混凝土 (2) 抗渗混凝土、防水混凝土、水工混凝土 (3) 贫混凝土、严重泌水混凝土 (4) 轻集料混凝土 (5) 泵送混凝土 (6) 砌筑砂浆及抹面砂浆	(1) 提高混凝土的耐久性和抗渗性能 (2) 提高混凝土拌合物的和易性，减少混凝土的泌水离析 (3) 引气减水剂还具有减水剂的功能
缓凝及缓凝减水剂 Set retarder	(1) 炎热气候条件下施工的混凝土 (2) 长时间停放或长距离运输的混凝土 (3) 大体积混凝土 (4) 滑模施工混凝土 (5) 泵送混凝土、商品混凝土	(1) 延缓混凝土的凝结时间 (2) 降低水泥的初期水化热 (3) 缓凝减水剂还具有减水剂的功能
早强剂及早强减水剂 Hardening accelerating admixture	(1) 有早强要求的混凝土 (2) 低温及负温下施工的混凝土 (3) 用于蒸养混凝土替代或部分替代蒸养	(1) 早强剂能提高混凝土的早期强度，对后期强度影响较小 (2) 早强减水剂除能提高混凝土早期强度外，还具有减水剂的功能
防冻剂 Anti-freezing admixture	用于负温下施工的混凝土	在一定的负温条件下能使水泥水化并达到预期强度，而混凝土不遭受冻害
膨胀剂 Expanding admixture	(1) 补偿收缩混凝土。包括刚性自防水混凝土，基础后浇带、防水堵漏、混凝土构件补强、各种钢筋、预应力钢筋混凝土 (2) 填充膨胀混凝土：机械设备底座灌浆、地脚螺栓固定，梁柱、管道接头浇筑、防水、堵漏 (3) 自应力混凝土：自应力钢筋混凝土压力管、自应力混凝土	使混凝土在水化和硬化过程中产生一定的体积膨胀，以减少混凝土干缩裂缝，提高抗裂性和抗渗性，或产生适量的自应力
速凝剂 Flash setting admixture	(1) 喷射混凝土 (2) 堵漏、抢修工程	
泵送剂 Pumping aid	(1) 泵送混凝土 (2) 流态化商品混凝土	
防水剂 Water-repellent admixture	(1) 防水混凝土 (2) 防油、防气的渗漏混凝土 (3) 有提高耐久性要求的混凝土	
阻锈剂 Anti-corrosion admixture	(1) 钢筋混凝土和预应力钢筋混凝土 (2) 含氯盐外加剂的混凝土 (3) 海水、海砂拌制的混凝土 (4) 其他有害介质引起钢筋锈蚀的混凝土	

各种外加剂的性能和作用各不相同，使用时应当从混凝土性能要求出发选择合适的外加剂。在 HPC 中高效减水剂是最重要的，也是必不可少的外加剂，因此必须慎重选择。引气剂、缓凝剂、早强剂、膨胀剂和防冻剂等其他类型外加剂，也是 HPC 在某些情况下所需要的。

(1) 高效减水剂

吸附高分子链的各种状态如图 4 所示，减水剂在水泥颗粒表面吸附形式示意图如图 5 所示，界面活性剂按离子性质的分类和结构见表 4。

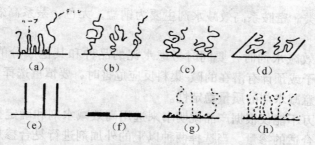

图4 吸附高分子链的各种状态

（a）均聚物（环链、直链、末端模型）；（b）末端吸附；（c）一点吸附；

（d）平面状吸附；（e）刚性直链的垂直吸附；（f）刚性直链的横卧吸附；

（g）左AB型，右ABA型嵌段共聚体的环链、直链、末端的吸附；（h）接枝共聚体的齿形吸附

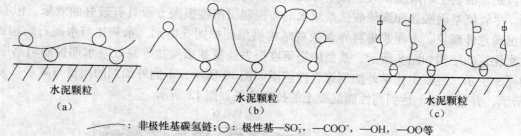

——：非极性基碳氢链；〇：极性基—SO_3^-，—COO^-，—OH，—OO等

图5 减水剂在水泥颗粒表面吸附形式示意图

（a）为小分子量线性分子结构减水剂吸附形式；

（b）为大分子量线性分子结构减小剂吸附形式；

（c）为大分子量线性分子结构减水剂吸附形式

表4 界面活性剂按离子性质的分类和结构（R为疏水性原子团）

羧酸盐	R—COONa	
硫酸酯盐	R—OSO_3Na	
磺酸盐	R—SO_3Na	阴离子型界面活性剂
磷酸酯盐	R—OPO_3Na	
氨基酸盐	R—N^+H·$CH_2CH_2COO^-$	两性型界面活性剂
聚乙二醇型	R—O—$(CH_2CH_2O)_n$H	非离子型界面活性剂
多元醇	R—$COOCH_2C(CH_2OH)_3$	

亲水基团（极性基）
- 羟基　—OH
- 羧酸基　—COOH，—COOM
- 磺酸基　—SO_3H，—SO_3M
- 羟基羧酸基　—CH—COOM｜OH
- 氨基羧酸基　—CH—COOM｜NH_2
- 醚基　—O—
- 氨基　—NH_2

高效减水剂的掺加量、掺加方式与水泥的适应性等问题制约着所配制 HPC 的性能。由于聚羧酸盐系高效减水剂在市场上所占的分额较低（2%以下），目前最常使用的高效减水剂主要有密胺

系和萘系高效减水剂两类。密胺系高效减水剂主要为钠盐，无色；萘系高效减水剂以钠盐和钙盐为主，呈棕色。

在混凝土中选用高效减水剂时，要同时考虑水泥的品种和其他成分的特性，如掺合料的特性。在不允许引入氯离子或预计有潜在的碱-集料反应危害时，要慎重选择钠盐减水剂。选用时既要考虑经济性，又要注意减水剂的质量稳定性。

应该注意的是，千万不能仅根据产品说明书来选用高效减水剂和确定掺量，一定要通过试验选择适当的类型，确定合适的掺量。当选择两种以上的外加剂进行复合掺加时，更要通过试验确定它们的搭配比例，并避免产生沉淀失效。

密胺系高效减水剂本身无色，与白水泥配合时不会带入浅棕色，但其价格较萘系减水剂高，在 HPC 配制时极少采用。为控制混凝土坍落度损失，常常需要将萘系减水剂与缓凝剂等组分复合使用。但是，混凝土坍落度损失原因十分复杂，目前还没有找到一种合适的方法解决坍落度损失的问题。尽管氨基磺酸盐和聚羧酸盐系减水剂在控制坍落度损失方面具有较好的效果，但有时也难免会出现意外现象。水泥浆集料界面微观结构模型图如图 6 所示，水灰比与水泥石结构如图 7 所示，水泥浆的结构如图 8 所示，萘系的坍落度损失及氨基磺酸盐等高效减水剂控制坍落度损失机理如图 9 所示，混凝土化学外加剂综合性能图如图 10 所示，不同外加剂的用量与减水率关系如图 11 所示，普通混凝土达到高性能混凝土的技术途径如图 12 所示。

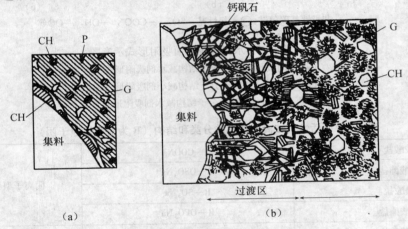

图 6　水泥浆集料界面微观结构模型图

（a）普通混凝土水化后界面状态；（b）界面局部放大

P—毛细孔；G—CSH 凝胶；CH—氢氧化钙

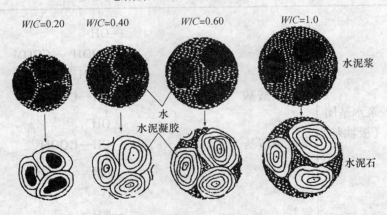

图 7　水灰比与水泥石结构

228

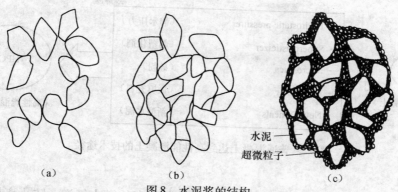

图 8　水泥浆的结构

（a）硅酸盐水泥浆；（b）含高效减水剂水泥浆；（c）添加硅粉的水泥浆

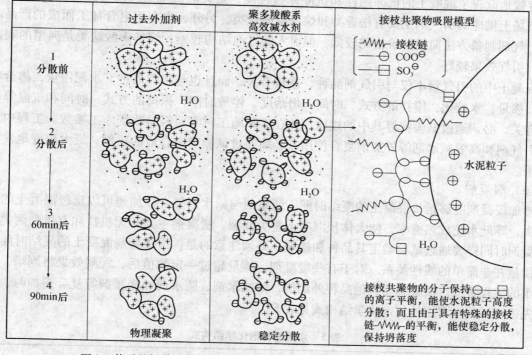

图 9　萘系的坍落度损失及氨基磺酸盐系高效减水控制坍落度损失机理

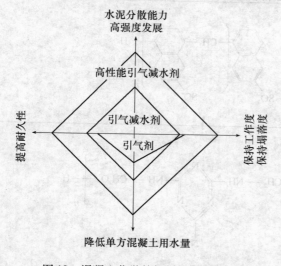

图 10　混凝土化学外加剂综合性能图

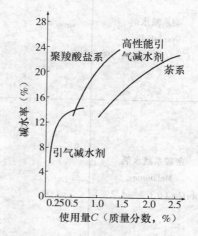

图 11　不同外加剂的用量与减水率关系

229

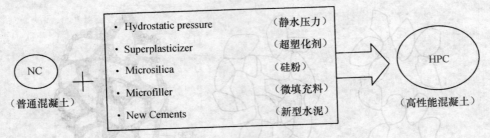

图 12　普通混凝土达到高性能混凝土的技术途径

（2）引气剂

掺入引气剂可使混凝土在搅拌过程中引入大量均匀分布的微小气泡，防止离析泌水，更重要的是有效地改善了混凝土的抗冻融性和抗除冰盐性能，是提高混凝土使用寿命的一项有效措施。目前市场上供应的引气剂主要有松香类和烷基磺酸盐类，另外，也有用皂苷加工而成的产品。松香类引气剂制备方法简便，价格比较低，但引入的气泡结构较差；烷基磺酸盐类是典型的表面活性剂，引气效果较好。

混凝土中的引气量不仅与引气剂品种、掺量有关，而且也与水泥品种，水泥用量，掺合料的品种、掺量，水胶比，搅拌的方式、时间，坍落度，停放时间，振捣的方式、时间和气温等多种因素有关，必须通过试验找寻其中的规律，并在实际施工时不要轻易改变施工参数。工程中还经常将引气剂和高效减水剂等外加剂复合使用，必须通过试验确定合适的比例，最大程度地发挥协同作用。

（3）缓凝剂

掺加缓凝剂能够延长混凝土的凝结时间。缓凝剂与减水剂复合掺加还可以延缓混凝土的坍落度损失，降低水化放热速率，使大体积混凝土避免开裂。缓凝剂主要有无机盐和有机物两类。选择缓凝剂时同样要通过试验确定其品种和掺量。必须注意的是，掺缓凝剂混凝土的凝结时间与缓凝剂掺量并非简单的线性关系。对于有些缓凝剂，掺量超过一定数值后，缓凝效果将剧增，易导致严重的工程事故。缓凝剂与其他品种外加剂，如减水剂、防水剂或膨胀剂等复合掺加时，均必须事先进行试验。常用外加剂化学结构式见表 5。

表 5　常用外加剂化学结构式

序号	名　称	化学结构式
1	萘系减水剂 Naphthalin 掺量：$C \times (0.35\% \sim 1.5\%)$	$\left[\text{CH}_2 \right]_n \text{—H}$，带 SO_3^- 取代基的萘环
2	密胺系减水剂 Melamine 掺量：$C \times (0.6\% \sim 1.2\%)$	$HO \left[CH_2 - NH - \text{(三嗪环)} - NH - CH_2O \right]_n H$，环上取代基 $NHCH_2SO_3M$

序号	名称	化学结构式
3	氨基系减水剂 Aminosulfonic acid 掺量：$C \times (0.15\% \sim 0.35\%)$	（结构式：含 NH_2、OH、SO_3^- 基团的苯环通过 CH_2 桥连的聚合物） $R = -H \quad -CH_2OH \quad -CH_2NHC_6H_4SO_3^- \quad -CH_2O_6H_4OH$
4	脂肪族减水剂 （磺化丙酮甲醛缩聚物） Sulphonated acetone-formaldehyde plymer 掺量：$C \times (0.3\% \sim 0.5\%)$	$CH_3-C-CH_3+CH_2O \rightarrow CH_3-C-CH_2-CH_2CH_2-C-CH_2CH_2OCH_2CH_2-C-CH_2CH_2-OH$ （各碳原子上连接 OH 及 SO_3Na 基团，末端 $[\ ]_{n-1}$）
5	羧酸系减水剂 Polycarboxylic acid 掺量：$C \times (0.2\% \sim 0.3\%)$	$\left(\left(\underset{COOH}{\overset{R_1}{C}}\right)_{n_1}\left(\underset{OH}{\overset{R_2}{C}}\right)_{n_2}\left(\underset{SO_3H}{\overset{R_3}{C}}\right)_{n_3}\left(\underset{(CH_2CH_2O)_m-R_5}{\overset{R_4}{C}}\right)_{n_4}\right)_n$ 其中 R_1,R_2,R_3,R_4,R_5 为形成高分子主链的不同原料的聚合体
6	木质素磺酸盐减水剂 Sugar reduced lignosulphonate 掺量：$C \times (0.1\% \sim 0.35\%)$	（含 CH_3O、OCH_3、OH、SO_3^{2-} 基团的木质素结构单元，$[\ ]_n$） （含 SO_3M 基团的结构 $[\ ]_n$） M——$Na^+,Ca^{2+},Mg^{2+},NH_4^+,K^+$ 等
7	松香皂引气剂 Vinsol resin 掺量：$C \times$ $(0.004\% \sim 0.01\%)$	松香酸遇碱后产生皂化反应生成松香酸脂，又称松香皂 $H_3C\ COOH$（松香酸结构）$+NaOH \xrightarrow{\triangle} H_3C\ COONa$（松香酸钠结构）$+H_2O$
8	缓凝剂 Set retarder 掺量：$C \times (0.02\% \sim 0.1\%)$	羟基丙二酸 $HO_2C-\underset{OH}{CH}-CO_2H$ （$T=278℃$）　　黏液酸 $HO_2C-\underset{OH}{CH}-\underset{OH}{CH}-\underset{OH}{CH}-\underset{OH}{CH}-CO_2H$ （$T=257℃$）　　柠檬酸 $\underset{CH_2COOH}{\overset{CH_2-COOH}{HO-C-COOH}}$

序号	名　称	化学结构式
8	缓凝剂 Set retarder 掺量:$C \times (0.02\% \sim 0.1\%)$	**葡糖酸**　　　　　　　　　**酒石酸**　　　　　　　**水杨酸** 　　　　　　　　　　　　　　COOH　　　　　　　COOH $C_2H-CH-CH-CH-CH-CO_2H$　　H—C—OH　　　　　OH 　|　　|　　|　　|　　|　　　　HO—CH—H 　OH　OH　OH　OH　OH　　　　COOH 　($T > 300℃$) **蔗　糖**　　　　HOCHCOOH　　HO—C—COOH　　HOOCCH_2CH_2COOH 　　　　　　　　　|　　　　　　| 　　　　　　　CH_2COOH　　　CH_2COOH 　($T > 300℃$)　　**苹果酸**　　　　**马来酸**　　　　**琥珀酸** 除羟基(—OH)之外,含羧基(—COOH)及羰基(—C=O)的有机化合物也显示有效的缓凝作用,特别是羧基(—COOH)与羰基(—C=O)联结的基团 O=C-COOH 具有显著的缓凝作用

二、正确确定外加剂的掺量

确定外加剂的合适掺量,应该在保证混凝土技术性能要求的前提下,达到最经济的效果。有些外加剂超量掺加时,不仅达不到预期效果,反而会带来严重的负面作用。常用减水剂掺量范围见表6。

表6　常用减水剂掺量范围

外加剂名称	掺量范围（%）（$C \times 1\%$）	备　注
木质素磺酸盐	0.2 ~ 0.3	超量:严重缓凝、降低强度
糖钙减水剂	0.1 ~ 0.2	超量:严重缓凝
羟基羧酸	0.05 ~ 0.3	超量:严重缓凝
萘系减水剂	0.5 ~ 1.5	
三聚氰胺	0.5 ~ 1.5	
氨基磺酸盐	0.3 ~ 1.0	低水灰比效果更好;超掺量容易泌水
松香皂引气剂	0.008 ~ 0.015	
烷基苯磺酸钠	0.005 ~ 0.01	超掺量降低强度
皂角苷	0.01 ~ 0.02	

以固体掺量表示,以下外加剂的常用掺量为:萘系减水剂 0.5% ~ 1.0% (占水泥质量百分比,以下同);密胺系高效减水剂 0.5% ~ 1.0%;氨基磺酸盐系高效减水剂 0.4% ~ 0.8%;聚羧酸盐系高效减水剂 0.1% ~ 0.4%;木质素磺酸钠 (钙、镁) 0.2% ~ 0.3%;引气剂的掺量一般都很小 (千分之一到十万分之一);缓凝剂较为特殊,它的掺量与其种类有很大关系。

三、正确对待外加剂与水泥/掺合料的适应性问题

回转窑生产硅酸盐水泥流程如图13所示,硅酸盐水泥原料的化学组成见表7,硅酸盐水泥主要矿物组成与特性见表8,用稠度仪测定凝结时间示意图如图14所示,雷氏夹示意图如图15所示,影响外加剂与水泥之间适应性的因素见表9。

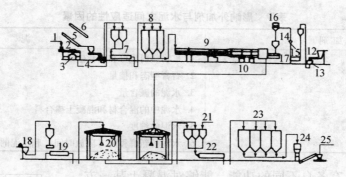

图13 回转窑生产硅酸盐水泥流程

1—黏土；2—水；3—淘泥机；4—破碎机；5—外加剂；6—石灰石；7—生料磨；8—料浆池；9—回转窑；10—熟料；
11—熟料；12—燃烧用煤；13—破碎机；14—粗分离器；15—煤粉磨；16—旋风分离器；17—喷煤用鼓风机；
18—混合材料；19—干燥机；20—混合材料库；21—石膏；22—水泥仓；24—包装机；25—外运水泥

$$
水泥
\begin{cases}
硅酸盐水泥——混合材掺量0\% \sim 5\% \\
普通硅酸盐水泥——混合材掺量6\% \sim 15\% \\
\left.\begin{array}{l}
矿渣硅酸盐水泥 \\
火山灰硅酸盐水泥 \\
粉煤灰硅酸盐水泥 \\
复合硅酸盐水泥
\end{array}\right\} 混合材掺量 > 20\%
\end{cases}
$$

表7 硅酸盐水泥原料的化学组成

氧化物名称	化学成分	常用缩写	大致含量（%）	氧化物名称	化学成分	常用缩写	大致含量（%）
氧化钙	CaO	C	63~67	氧化铝	Al_2O_3	A	4~7
氧化硅	SiO_2	S	21~24	氧化铁	Fe_2O_3	F	2~4

表8 硅酸盐水泥主要矿物组成与特性

矿物组成		硅酸三钙（C_3S）	硅酸二钙（C_2S）	铝酸三钙（C_3A）	铁铝酸四钙（C_4AF）
与水反应速度		中	慢	快	中
水化热		中	低	高	中
对强度的作用	早期	良	差	良	良
	后期	良	优	中	中
耐化学侵蚀		中	良	差	优
干缩性		中	小	大	小

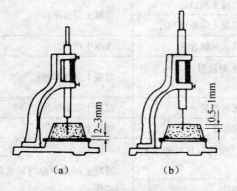

图14 用稠度仪测定凝结时间示意图

（a）初凝；（b）终凝

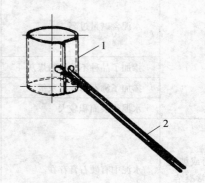

图15 雷氏夹示意图

1—环模；2—指针

表 9　影响外加剂与水泥之间适应性的因素

外　加　剂	水　泥
1. 磺化程度和磺化产物 2. 聚合度，分子量大小 3. 中和离子 4. 纯度 5. 状态	1. 矿物熟料成分和石膏掺量 2. 石膏型态和掺量 3. 水泥的碱含量 4. 水泥中的混合材和混凝土掺合料 5. 水泥的细度 6. 水泥的新鲜程度（陈放时间）和水泥的温度

不同的外加剂具有各自不同的功能，能够对混凝土某一方面或某几方面进行改性。按照混凝土外加剂的应用技术规范，将检验符合有关标准的某种外加剂掺加到用按规定可以使用该品种外加剂的水泥所配制的混凝土中，如能够产生应有的效果，该水泥与这种外加剂就是适应的；相反，如果不能产生应有的效果，则该水泥与这种外加剂之间存在不适应性。纯 C_3S，β-C_2S，C_3A 和 C_4AF 净浆抗压强度的发展如图 16 所示。

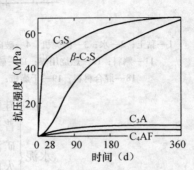

图 16　纯 C_3S，β-C_2S，C_3A 和 C_4AF 净浆抗压强度的发展

易出现与水泥不适应现象的外加剂有：木质素磺酸盐减水剂、萘系高效减水剂、引气剂、缓凝剂和速凝剂等。

影响 HPC 中外加剂与水泥适应性的因素很多，如：水泥品种、水泥矿物组成、水泥中石膏形态和掺量、水泥碱含量、水泥细度、水泥新鲜程度、掺合料种类及掺量、水胶比等。在配制 HPC 之前，必须选择数种水泥和外加剂样品，进行交叉试验，寻求适应性最好的外加剂和水泥品种，这样才能最大程度地提高 HPC 性能，并满足施工要求。外加剂与水泥不相适应的常见现象及采取的措施见表 10。

表 10　外加剂与水泥不相适应的常见现象及采取的措施

不适应现象	可能的原因	相应的解决措施	采取措施的单位
推荐掺量下，萘系减水剂塑化效果不佳	高效减水剂磺化不完全 高效减水剂聚合度不理想	提高磺化度 调整聚合度	减水剂生产厂
	水泥 C_3A 含量较高，或石膏/C_3A 比例太小	适当提高减水剂掺量	混凝土制备单位
		采用减水剂后掺法	
		适当在混凝土中补充 SO_4^{2-}	
		采用新型减水剂，如多羧酸系减水剂	
	水泥含碱量过高	适当提高减水剂掺量	混凝土制备单位
		适当在混凝土中补充 SO_4^{2-}	
		尽量降低水泥碱含量	水泥生产厂
	掺加了品种不佳的粉煤灰	提高减水剂掺量或采用新型减水剂	混凝土制备单位
	掺加了沸石粉、硅灰等		
	水泥比表面积较大	提高减水剂掺量	混凝土制备单位
掺加木钙或糖钙出现了不正常凝结	水泥中有硬石膏存在	适当补充 SO_4^{2-}	混凝土制备单位
		将木钙、糖钙与高效减水剂复合掺加	混凝土制备单位与减水剂厂共同协作
		采用后掺法	
		采用高效减水剂	

234

不适应现象	可能的原因	相应的解决措施	采取措施的单位
掺加某种泵送剂后不能有效控制坍落度损失	水泥调凝剂石膏部分为硬石膏，而泵送剂中含有木钙或糖钙成分	适当补充 SO_4^{2-}	混凝土制备单位
		采用后掺法	
		用其他缓凝组分替代木钙或糖钙组分	外加剂生产厂
		彻底更换泵送剂品种	混凝土制备单位
		避免用硬石膏作调凝剂	水泥生产厂
	水泥碱含量过高	适当补充 SO_4^{2-}	混凝土制备单位
		增加泵送剂掺量	
		泵送剂后掺法	
		掺加如矿渣粉一类的掺合料	
		增加泵送剂中缓凝组分的比例	外加剂生产厂
	水泥中 C_3A 含量过高，或石膏/C_3A 比例不恰当	增加泵送剂掺量	混凝土制备单位
		适当补充 SO_4^{2-}	
		适当增加缓凝组分的比例	外加剂生产厂
		选择合适的缓凝组分	外加剂生产厂
	水泥比较新鲜	增加泵送剂掺量	混凝土制备单位
		用活性掺合料替代部分水泥	
	水泥温度过高	避免使用过高温度水泥	混凝土制备单位
		适当增大泵送剂掺量	
		增加缓凝组分的比例	外加剂生产厂
	使用了低品位的粉煤灰或沸石粉	增加泵送剂的掺量	混凝土制备单位
		减少这些掺合料的掺量	
	使用了高碱性的膨胀剂	适当增加缓凝组分的比例	外加剂生产厂
		增加泵送剂的掺量	混凝土制备单位

四、萘系减水剂的多元复合改性

目前使用的大量萘系减水剂存在着坍落度损失大、与水泥的适应性差、易泌水等缺陷，运用物理多元复合技术对萘系减水剂进行了改性。改性后的萘系减水剂减水率增加，与水泥的相容性好，可有效控制坍落度损失，混凝土的泌水少、干缩小，其抗冻、抗渗等耐久性能提高。

（1）萘系减水剂

由于萘系减水剂是大量应用的一种高效减水剂，选用萘系减水剂，主要成分为 β-萘磺酸盐甲醛缩合物，最佳掺量 $C \times (0.7\% \sim 0.8\%)$，减水率 $15\% \sim 20\%$。

（2）缓凝组分

高效减水剂复合缓凝组分可以有效降低坍落度损失。常用的缓凝剂有木质素磺酸盐、糖蜜、羟基羧酸、多元醇、磷酸盐等。有资料显示，木钙虽有引气、缓凝，但其复合后的流动度经时损失依然较大；糖钙虽使流动度经时损失小，但其缓凝性能强，会影响混凝土的早期强度，且使混凝土收缩大，影响耐久性；柠檬酸虽然也有较小的流动度经时损失，但过掺将使混凝土严重缓凝，且价格较高，易吸潮结块，影响均匀分散。磷酸盐使流动度经时损失小，缓凝时间适中、可调，属无机盐，无毒、不燃、易溶于水。同时在水泥水化过程中可形成钙盐，有利于混凝土强度的提高。故此选择磷酸盐为缓凝组分。

（3）引气组分

萘系减水剂复合引气组分后，可以引入大量封闭的微小气泡，更好地改善混凝土拌合物的和易性，减少泌水和降低黏性，提高硬化混凝土性能。

最常用的引气剂有松香类和合成阴离子表面活性剂。这里选择洗涤行业广泛使用且价格低廉、气泡性能稳定的烷基苯磺酸钠为引气组分，掺量为 0.005% ~ 0.02% 时，引气量 2% ~ 7%。这里不需要大量引气，含气量大时，强度会降低，控制含气量 2% ~ 3% 为宜。

（4）配方

萘系减水剂 $C \times 0.75\%$，磷酸盐 $C \times 0.1\%$，烷基苯磺酸钠 $C \times 0.007\%$。

五、具体试验方案

混凝土分布情况统计表见表 11，C30 混凝土试验配合比见表 12，水泥颗粒的絮凝状结构如图 17 所示，极性气泡所起的润滑作用如图 18 所示，减水剂作用机理如图 19 所示，混凝土减水剂作用机理如图 20 所示，减水剂静电斥力分散机理示意图如图 21 所示，投料顺序如图 22 所示，减水剂空间位阻碍斥力分散机理示意图如图 23 所示，坍落度维持与损失模型如图 24 所示，空白水泥浆和减水剂水泥浆见表 13。

表 11　混凝土分布情况统计表

1	2	3	4	5	6	7	8
C15	C20	C25	C30	C35	C40	C45	C50
5%	8%	8%	65%	5%	4%	3%	2%

阶段：	特点：
塑性混凝土	高 W/C，坍落度中等，无外加剂
↓	
高强混凝土	低 W/C，无坍落度，无外加剂，强制成型
↓	
流态混凝土	W/C 适中，有外加剂，大坍落度
↓	
流态高强混凝土	W/C 较小，高效外加剂，大坍落度
↓	
高性能混凝土	低 W/C，大坍落度，高效减水剂，超细粉

表 12　C30 混凝土试验配合比

	C	FA	S	G	W	sl0min	sl60min	f_1	f_3	f_7	f_{28}	元/m³
1	280	70	860	1010	170							
2	300	75	855	1010	170							
3	320	80	810	1010	175							
4	340	85	805	1010	175							
5	360	90	760	1010	180							

注：先定性后定量；先确定水泥的强度等级及品种，后确定粉煤灰的级别及用量；先确定外加剂的总体配方（三元或四元），后确定外加剂的量。

1. 水泥（1）P·O 32.5，（2）P·O 42.5。

2. 粉煤灰 FA（1）粉煤灰 FA - I，（2）粉煤灰 FA - II

（1）$C \times 20\%$，（2）$C \times 25\%$，（3）$C \times 30\%$。

3. G 小占 30%，G 中占 30%，G 大占 40%。

4. $C \times 2.3\%$。

（1）UNF 萘系减水剂 $C \times 0.75\%$ + AE₂ 引气剂 $C \times 0.015\%$ + BS 保塑剂 $C \times 0.05\%$ + 水载体。

（2）UNF 萘系减水剂 $C \times 0.5\%$ + AS 氨基磺酸减水剂 $C \times 0.25\%$ + AE₂ 引气剂 $C \times 0.015\%$ + BS 保塑剂 $C \times 0.035\%$ + 水载体。

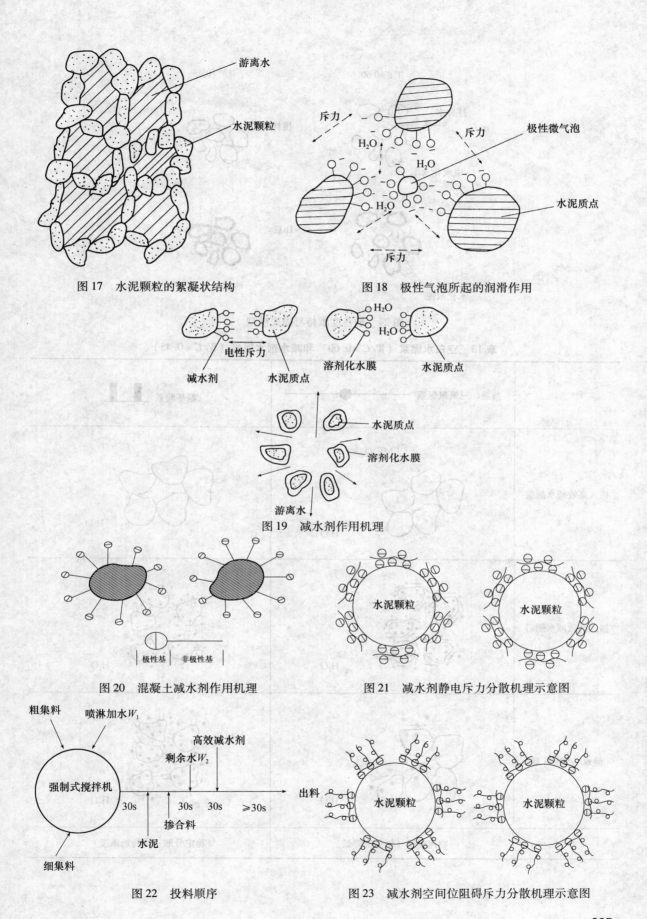

图 17　水泥颗粒的絮凝状结构

图 18　极性气泡所起的润滑作用

图 19　减水剂作用机理

图 20　混凝土减水剂作用机理

图 21　减水剂静电斥力分散机理示意图

图 22　投料顺序

图 23　减水剂空间位阻碍斥力分散机理示意图

237

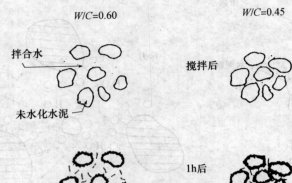

W/C=0.60 W/C=0.45

拌合水

未水化水泥

搅拌后

1h后

水化水泥

图24 坍落度维持与损失模型

表13 空白水泥浆（$W/C=0.60$）和减水剂水泥浆（$W/C=0.45$）

	萘系、三聚氰氨系 	氨基酸系
掺入高效减水剂前	CEMENT / H_2O	H_2O
掺入高效减水剂后	H_2O	H_2O
经 60~90min 后	H_2O	H_2O
	物理凝聚（坍落度降低）	稳定分散（维持坍落度）

238

六、混凝土制造过程中易出现的问题（图25～图29）

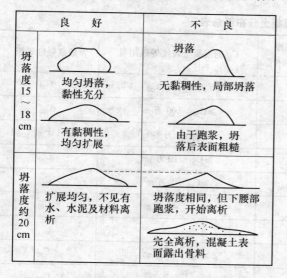

	良　好	不　良
坍落度 15～18 cm	均匀坍落，黏性充分	坍落 无黏稠性，局部坍落
	有黏稠性，均匀扩展	由于跑浆，坍落后表面粗糙
坍落度 约20 cm	扩展均匀，不见有水、水泥及材料离析	坍落度相同，但下腰部跑浆，开始离析
		完全离析，混凝土表面露出骨料

图25　根据坍落度情况判定混凝土的和易性

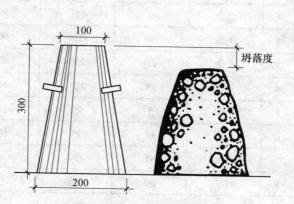

图26　混凝土拌合物坍落度的测定

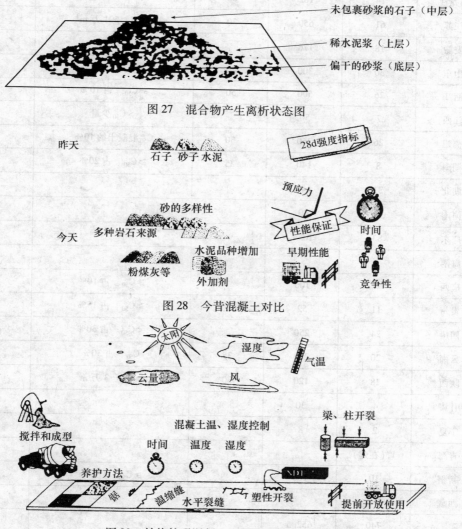

图27　混合物产生离析状态图

图28　今昔混凝土对比

图29　始终妨碍混凝土达到预定性能的因素

七、中国泵送混凝土分布汇总与商品混凝土价格（表14、表15）

表14 中国泵送混凝土分布汇总表

序号	省（自治区）、市	搅拌站数（个）	年产量（万 m³）	最大规模（万 m³/个）	C₅₀的混凝土强度等级用量		最高强度等级
1	北京	67	851	50	C_{50} 97.6 万 m³	> C_{50} 4 万 m³	C_{80}
2	上海	108	1200	60	≥C_{50} 100 万 m³		C_{60}
3	天津	25	250	40	> C_{50} 4 万多 m³		C_{60}（个别 C_{70}）
4	重庆	18	107	60	≥C_{50} 10 万 m³		C_{60}
5	内蒙	5	20		≥C_{50} 1 万 m³		C_{60}
6	山西	12	95	60	≥C_{50} 40 万 m³		C_{80}
7	河北	41	160				
8	辽宁	50	443		> C_{50} 40 万 m³		C_{80}
9	吉林	6	36.5				C_{60}
10	黑龙江	14	182	60	C_{50} 10 万 m³	> C_{50} 8 万 m³	
11	江苏	61	650	30	≥C_{50} 501 万 m³		C_{60}
12	安徽	18	176		≥C_{50} 11 万 m³		C_{60}
13	山东	30	300	40	> C_{50} 占 10%		C_{60}
14	浙江	26	500	50	≥C_{50} 占 10%		C_{60}
15	江西	7	50		> C_{50} 少量		
16	福建	26	360	30	C_{50} 混凝土约 10%		C_{60}
17	湖南	8	140	35	≥C_{50} 占 20%		C_{60}
18	湖北	31	140				C_{70}
19	河南	8	40				C_{55}
20	广东	83	1054				
21	海南						
22	广西	6	100		≥C_{50} 占 10%		C_{70}
23	贵州	11	52		≥C_{50} 占 15%		C_{60}
24	四川	24	250		< C_{50} 占 30%		C_{60}
25	云南	20	240	35	C_{50} 占 30%		C_{60}
26	陕西	18	120	30	≥C_{50} 3 万 m³		C_{60}
27	甘肃	4	30				
28	宁夏	2	8				
29	青海	1（在建）					
30	新疆	10	100		≥C_{50} 4 万 m³		
31	西藏						
合计		740	652.5				最高 C_{80}

240

表 15　商品混凝土价格一览表

混凝土强度等级	水泥强度等级	坍落度（180~220mm）		抗渗剂（kg）	出厂价格（元）
		水泥（kg）	粉煤灰（kg）		
C15	32.5	230	80		310
C20	32.5	260	70		321
C25	32.5	300	70		336
C30	32.5	340	75		353
C35	32.5	380	80		369
C40	42.5	360	75		372
C45	42.5	385	70		397
C50	42.5	420	70		419
C55	42.5	440	70		428
C60	42.5	460	70		455
C25P8	32.5	280	80	25	351
C30P8	32.5	310	80	28	364
C35P8	32.5	360	80	30	383
C40P8	42.5	340	80	28	390
C45P8	42.5	365	80	30	421
C50P8	42.5	390	85	35	436

注：1. C50 使用了 1~2cm 碎石，其余强度等级均使用 1~3cm 砾石、中砂。

　　2. 出厂价中已计入材料实际价格。

194　MNC-P1 型混凝土泵送剂如何应用？

一、用途及特点

泵送剂适用于商品混凝土、泵送混凝土及现场搅拌泵送混凝土；适用于素混凝土钢筋混凝土和预应力混凝土；工业与民用建筑及其他构筑物的泵送施工；特别适用于大体积混凝土、高层建筑和超高层建筑；也适用于滑模施工用混凝土。

（1）可满足 0~40℃气温下的泵送混凝土施工要求，垂直泵送大于或等于 100m，水平泵送大于或等于 500m，减水率达 25%，大流动性坍落度为 250mm，1h 坍落度损失小于或等于 20mm，f_7 达到设计强度，采用 P·O 42.5 水泥等普通材料，可制备高强度 C60~C100 免振自密实高性能混凝土，属无氯低碱型产品。

（2）本产品较目前国内泵送剂大大地降低了钾、钠和氯离子的引入量，可防止混凝土碱-集料反应和钢筋锈蚀等危害，提高混凝土结构的使用寿命。

二、执行标准

JC 473—2001。

三、推荐掺量（表 1）

表 1　推荐掺量

代号	品名	型号	混凝土强度等级	掺量 $C×\%$	
				粉体	液体
1023	普通泵送剂	MNC-P1	C20~C40	0.4~0.8	1.5
1025	早强泵送剂	MNC-P3	C20~C70	1.8~2.2	4.0
1026	高强泵送剂	MNC-P4	C50~C100		1.4

四、用法

（1）同掺法，搅拌时间大于或等于 3min。

（2）泵送混凝土砂率宜为 35%~45%。

（3）泵送混凝土水胶比不宜大于 0.6。

（4）泵送混凝土含气量不宜超过 5%。

（5）泵送混凝土坍落度不宜小于 100mm。

五、部分试样参考数据（表2）

表2 参考数据

混凝土强度等级	混凝土配合比（kg/m³）						抗压强度（MPa）			价格（元/m³）
	水泥	中砂	石子	泵送剂	粉煤灰	水	龄期（d）			
							3	7	28	
C10	150	830	1130	4.0	120	170	9.1	13.1	19.2	240
C15	170	830	1140	5.0	110	170	10.5	15.3	24.8	255
C20	230	790	1100	6.0	100	165	12.2	17.7	29.6	270
C25	250	780	1100	7.0	100	165	16.7	23.8	37.5	285
C30	280	740	1100	10.0	100	165	21.0	21.5	42.0	300
C35	320	720	1100	10.5	100	165	24.0	37.4	52.2	315
C40	350	720	1068	11.0	95	165	27.0	37.1	54.3	330
C45	380	720	1045	12.0	90	165	29.0	38.2	56.8	345
C50	420	700	1040	16.8	120	165	31.0	39.4	61.0	370
C60	480	670	1000	18.0	120	170	33.2	49.8	71.5	400

注：引自《预拌混凝土》（GB/T 14902—2003）。

195 MNC-P2 型高效泵送剂如何应用？

一、适用范围

适用于预拌高强泵送混凝土、商品混凝土、大体积混凝土、钢筋混凝土、大流动度混凝、自密实混凝土。

二、主要性能

（1）本产品分粉剂和液体两种，粉剂呈棕褐色；水剂呈棕黑色。冬天在负温施工时，可采有防冻型。

（2）本产品化学性能稳定，安全性能好，无毒、无臭、不燃，冬天不结晶。

（3）减水增强效果好。减水率在 22% 以上，可配制 C80 以下泵送混凝土。

（4）耐久性好。本产品碱含量低，基本不含 Cl⁻ 盐，混凝土收缩小。

（5）良好的施工性。本产品缓凝效果明显，大大降低了混凝土早期水化热，其初凝时间延缓至 10h 左右，也可根据客户需要进行适当调节，具有不泌水、不离析、保水性能好。2h 损失小并具有一定含气量，提高了混凝土的抗折性能，大大提高了混凝土弹性模量及防水、抗渗功能。

（6）本产品对各类水泥适应性强，与超细矿物掺合料双掺时效果尤佳。

三、掺 MNC-P2 型多功能高强高性能泵送剂性能（表1）

表1 性能

检验项目		企标	检验结果	检测项目		企标	检验结果
坍落度增加值（mm）		≥100	122	泌水率比（%）		≤90	78
坍落度保留值（mm）	30min	≥150	197	钢筋锈蚀		无	无
	60min	≥120	182	抗压强度比（%）	3d	≥90	118.5
凝结时间差（min）	初凝	—	+235		7d	≥90	134.0
	终凝	—	+240		28d	≥90	122.3
含气量（%）		≤4.5	2.1	收缩率比（%）	28d	≤135	105

注：粉剂检测掺量为 0.75%（以水泥用量计）；液体检测掺量为 1.8%（以水泥用量计）。

四、推荐掺量（表2）

表2 推荐掺量

强度等级（泵送）	材料用量（kg/m³）							外加剂（液体）
	C (32.5)	C (42.5)	F	CF	W	S	G	
C20	284	—	70		195	792	1009	0.8 ~ 1.0
C30	338	—	84		190	734	1014	1.1 ~ 1.3
C40	—	336	84		180	712	1068	1.4 ~ 1.6
C50	—	389	97		180	695	1039	1.7 ~ 1.9
C60		424	106		170	710	1000	2.0 ~ 2.2
C70		370	85	114	165	675	1011	2.3 ~ 2.5
C80		416	96	128	160	652	978	2.6 ~ 2.8

以上是推荐配合比，只供参考。C50 以上混凝土配制时，须与厂方联系，相应对外加剂进行调整。

五、使用方法

（1）可以把干粉直接掺入混凝土中使用或配成一定浓度的溶液使用，液体直接加入。

（2）在与膨胀剂搭配使用时，应延长混凝土搅拌时间 30s。

六、包装、运输、贮存

（1）粉剂采用内衬塑料袋，外编织袋包装。每袋净重（25±0.13）kg 或（50±0.25）kg；液体采用塑料桶包装，塑料桶要求密封，防止漏液或水分蒸发干涸。也可采用槽车运输。

（2）运输时粉剂谨防遇锋利物，以防止破包受潮。若受潮可配制成一定浓度的溶液使用，不影响使用效果。

（3）应贮存在通风，干燥的专用仓库内，有效期为一年。超过有效期经检测合格后仍可使用。

196 MNC-P3 型早强泵送剂如何应用？

一、质量规范

（1）外观：淡棕色液体，含固量大于或等于 30%。

（2）比重：1.15。

（3）pH 值：7±1。

（4）毒性：无毒、不燃。系非氯型外加剂，不锈蚀钢筋。

（5）最佳使用温度 0 ~ 15℃。

二、技术性能

（1）完全满足各类泵送混凝土施工技术要求。

（2）在水泥用量和坍落度保持相同的条件下，掺加 MNC-P3 早强泵送剂后，混凝土需水量减少 15% ~ 18%，17h 抗压强度提高一倍以上，3d 抗压强度提高约 50%，混凝土中含气量增加约 1.5%。

（3）在混凝土中配合比保持相同的条件下，掺加 MNC-P3 早强泵送剂后坍落度提高 10cm 以上，此时水泥浆加压失水率和混凝土常压泌水率显著降低。

（4）掺 MNC-P3 早强泵送剂的混凝土在常温不超过 15℃ 时，坍落度损失接近空白混凝土；温度高于 15℃ 时坍落度损失略有增大，但符合 JC 473 标准要求。

（5）MNC-P3 早强泵送剂对低温施工的混凝土有良好的效果。如在 4℃ 时，相同水泥用量和坍落度条件下，掺加 MNC-P3 早强泵送剂后，混凝土 3d 抗压强度提高约 100%，28d 提高约 30%。

（6）掺 MNC-P3 早强泵送剂后，每立方米混凝土（按水泥用量 350kg/m³ 计）可节约水泥 50kg，相当于每 1t 水泥节约 150kg 水泥。此时混凝土强度仍略有提高，抗渗性和抗冻融能力大幅度提高。

（7）MNC-P3 早强泵送剂对水泥有较好的适应性，可用于各种硅酸盐类水泥。

三、适用范围

（1）配置具有早强性能的泵送混凝土或建筑和土木工程所需的流动性混凝土。

（2）配制日气温交变条件下，或低温条件下硬化的泵送混凝土。

（3）早强剂或早强减水剂的适用范围。

四、使用方法及注意事项

（1）MNC-P3 早强泵送剂的适宜掺量为 1.5% ~ 2.5%，根据对混凝土性能的不同要求和施工条件的变化，掺量可适当调整，但最大不得超过 3.5%。

（2）若利用混凝土搅拌车运输中拌合，一般运输时间应大于 15min，到达现场后应加速搅拌 1min。

（3）必要时，MNC-P3 早强泵送剂也可在卸料前加入搅拌车内，并经搅拌均匀后出料。

（4）根据工程需要，MNC-P3 早强泵送剂可与其他外加剂复合使用，其复配效果须通过试验确定。配置溶液时应注意其共溶性，如产生絮凝或沉淀等现象时，应分别加入搅拌机。

（5）MNC-P3 早强泵送剂用于铁路隧道施工，应遵守铁路桥隧工程混凝土及钢筋混凝土施工的各项有关规定。

五、包装与贮存

采用塑料桶包装，每桶净重 1t，可在 -5 ~ 40℃ 的条件下存放。运输和贮存中应防止包装桶破损。按照用户需要还可以采用其他包装规格和标准。

197 MNC-P4 型高强泵送剂如何应用？

MNC-P4 高强泵送剂是我厂综合国内外先进技术，对各种原材料进行反复筛选试验，优化组合，研制成功的新一代高强泵送产品。以其卓越的减水增强效果，缓凝保塑性能，领先于国内同类产品。与优质磨细粉煤灰和硅粉复合掺用，可配制 C50 ~ C80 高强混凝土，本品具有粉剂、水剂两种供选择。

一、产品主要技术性能（表 1）

表 1 技术性能

类 别		行标一等品	粉 剂	水 剂
坍落度增加值（cm）		≥10	>14	>14
常压泌水率比（%）		≤100	<80	<80
压力泌水率比（%）		≤95	<75	<75
含气量（%）		≤4.5	<3.5	<3.5
坍落度增加值（cm）	30min	≥12	>20	>20
	60min	≥10	>18	>18

续表

类 别		行标一等品	粉 剂	水 剂
抗压强度比（%）	3d	≥85	116	120
	7d	≥85	110	115
	28d	≥85	102	110
收缩率比（%）	28d	≤135	113	110
对钢筋锈蚀作用		无	无	无
掺量（%）			0.75~1.5	1.5~4.0

二、使用方法

（1）严格控制掺量，缓凝组分是根据掺量合理搭配，超量掺加会因过度缓解而造成工程质量事故。

（2）适用于 5~40℃ 条件下的混凝土施工。与其他外加剂复合使用时，经试验室试验确定，应延长搅拌时间 1~2min。

三、包装及贮存

（1）本品为 25kg 内塑料袋，外编织袋双层包装；水剂采用大桶包装。

（2）有效期为二年，超过有效期经检测合格后仍可使用。

保 塑 剂

198 保塑剂有哪些?

保塑剂没有单独的性能指标,可以沿用缓凝剂质量标准。这是一类能在一段时间隔内减少混凝土坍落度损失的外加剂,因此,换句话说,它的主要功能是用于调整外加剂与水泥的相容性、适应性。

由于水泥品质各异,外加剂与水泥的相容性就不同,所以用于保塑功能的缓凝剂也是多种多样的。主要品种分为两类:

(1)单一成分缓凝剂:常用的有硼酸盐、磷酸盐、聚磷酸盐、锌盐;羟基羧酸盐中的葡萄糖酸钠、酒石酸钾钠、柠檬酸钠、水杨酸钠等;多元醇及衍生物、改性淀粉。

(2)复合保塑剂:以一种缓凝剂主要成分,复合另外的缓凝剂、引气剂或其他特定组分组成。

199 常用的保塑剂的结构是什么?

用于外加剂的一些分子结构如图1~图3所示,缓凝剂及缓凝减水剂的缓凝效果见表1,常用于减少坍落度损失的保塑剂见表2。

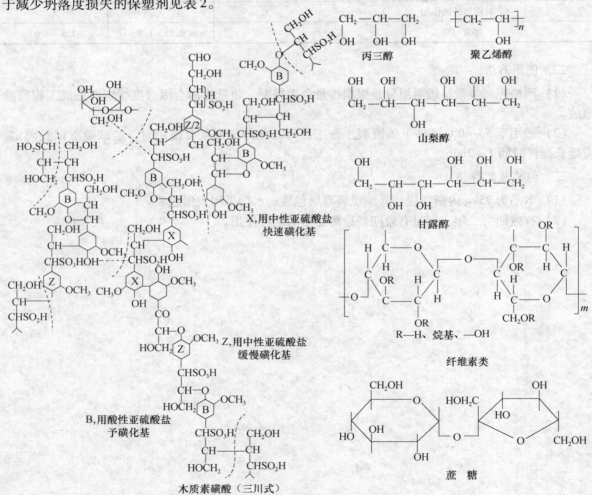

图1 用于外加剂的木质素磺酸、丙三醇、聚乙烯醇、山梨醇、甘露醇、纤维素类、蔗糖分子结构

表1 缓凝剂及缓凝减水剂的缓凝效果

名 称	掺量 $C\times$（%）	凝结时间（h：min）		
		初 凝	终 凝	初终凝间隔
空 白	0	7：20	10：10	2：40
木 钙	0.3	10：30	13：55	3：22
木 钠	0.3	9：30	12：15	2：45
糖 钙	0.3	18：55	23：55	5：00
蔗 糖	0.05	11：25	14：50	3：35
柠檬酸	0.1	20：25	24：40	4：15
葡萄糖	0.1	11：30	18：10	6：40
酒石酸	0.2	14：50	22：20	7：30
三聚磷酸钠	0.1	9：50	16：30	6：40
聚乙烯醇	0.1	8：00	11：10	3：10
羧甲基纤维素	0.05	9：50	14：55	5：05

表2 常用于减少坍落度损失的保塑剂

名 称	掺量 $C\times$（%）	凝结时间（h：min）		
		初 凝	终 凝	初终凝间隔
不 掺	0	2：05	3：30	1：25
糖 钙	0.15	3：38	6：20	2：42
柠檬酸	0.05	3：10	4：25	1：15
三聚磷酸钠	0.05	3：28	7：05	2：37
蔗 糖	0.05	3：55	6：45	2：50
山梨醇	0.03	3：40	5：55	2：15

	柠檬酸	酒石酸	黏 酸	马来酸
OH 官能团	1	2	4	1
COOH 官能团	3	2	2	2
分子量	192	150	210	

分子式

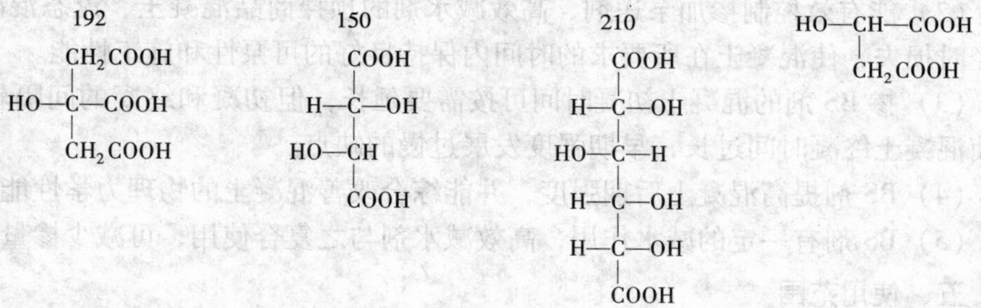

图2 用于外加剂的柠檬酸、酒石酸、黏酸和马来酸的分子结构

	葡萄糖酸	水杨酸	庚 酸	苹果酸	琥珀酸
OH 官能团	5	1	6	1	0
COOH 官能团	1	1	1	2	2
分子量	196	138	230	134	118

分子式

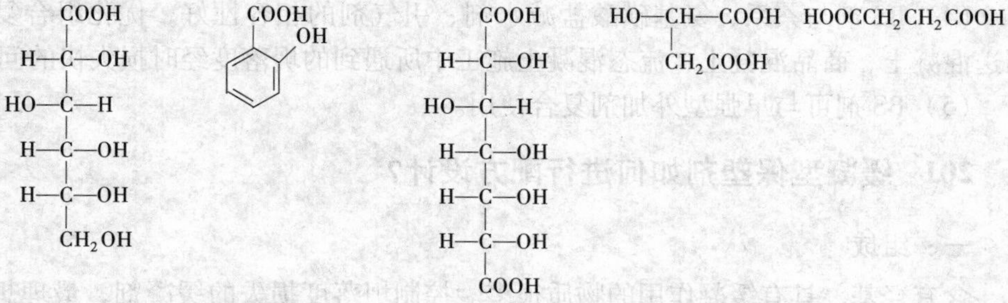

图3 用于外加剂的葡萄糖酸、水杨酸、庚酸、苹果酸和琥珀酸的分子结构

247

200 BS 型保塑剂如何应用?

一、用途

适用于高温季节施工、远距离运输、超高程泵送、现场浇筑混凝土;大体积混凝土、自流平混凝土、高强、高性能混凝土等。

二、执行标准

GB 8076—1997。

三、特点

(1) 减水率:2.5% ~3.5%。

(2) 掺量:$C \times (0.05\% \sim 0.15\%)$。

(3) 使用方法:该产品掺量为 0.05%,与萘系减水剂掺量为 0.75% 复合用时,初始坍落度为 170 ~180mm,坍落度、流动度:2 ~3h 内不损失。

(4) 新拌混凝土和易性好、粘聚性好、不离析、不泌水。

(5) 缓凝性能:延缓初、终凝时间大于7h(随保塑时间而延长)。

(6) 混凝土抗折强度、抗拉强度、弹性模量、与钢筋的粘结力等力学性能均有较大提高。

(7) 混凝土抗渗、抗冻融、抗碳化等耐久性指标大大提高。

(8) 适用于硅酸盐水泥、普通硅酸盐水泥、矿渣硅酸盐水泥、火山灰质硅酸盐水泥、粉煤灰硅酸盐水泥、复合硅酸盐水泥(即六大水泥)。

(9) 本产品无毒、不燃,对钢筋无锈蚀作用。

四、主要技术特性

(1) 能有效抑制水泥水化初期和诱导期的水化反应速度,延长水泥、混凝土的凝结时间和保塑期。

(2) 能有效控制掺加泵送剂、高效减水剂的预拌商品混凝土、流态混凝土的坍落度、流动度的经时损失,使混凝土在所要求的时间内保持良好的可泵性和施工性能。

(3) 掺 BS 剂的混凝土初凝时间可按需要延长,但初凝和终凝的间隔较短,克服了一般缓凝剂使混凝土终凝时间过长,早期强度发展过慢的缺点。

(4) BS 剂提高混凝土后期强度,并能综合改善混凝土的物理力学性能。

(5) BS 剂有一定的减水作用,高效减水剂与之复合使用,可减少掺量、降低成本。

五、使用范围

(1) BS 剂可用作生产缓凝高效减水剂的缓凝组分,改善萘系减水剂与水泥的适应性。

(2) BS 剂可用作泵送剂、流化剂的改性组分,控制泵送混凝土、流态混凝土的坍落度、流动度的经时损失,保持混凝土良好的施工性能。

(3) BS 剂可广泛用于需要延长凝结时间的混凝土、大面积浇筑的混凝土,避免冷缝施工的混凝土、需较长时间停放或长距离运输的混凝土、滑模或拉模施工的混凝土、大体积混凝土等。

(4) BS 剂与萘系、氨基磺酸盐减水剂、引气剂的相容性好,优化组合复配使用可综合解决泵送混凝土、商品混凝土、流态混凝土施工中所遇到的坍落度经时损失快的问题。

(5) BS 剂可与早强型外加剂复合使用。

201 缓凝型保塑剂如何进行配方设计?

一、组成

含有羟基、具有缓凝作用的物质很多。控制坍落度损失的缓凝剂,最理想的是既能够显著延缓初凝,减小终凝的影响,这样才不至于影响混凝土早期强度的发展。也就是说,用于控制坍落度损失的保塑剂的组分必须进行优选。优选的范围不能仅局限于目前经常使用的木质素磺酸盐和某些羟基化合物等，而且还要考虑到工业化生产、使用量大、来源广泛的化合物。按照以上的原则，从缓凝剂的结构理论出发，将有缓凝作用的木质素磺酸盐、羟基羧酸（盐）、纤维素等进行了对比，主要考察坍落度的经时变化及对早期强度的影响。

（一）木质素磺酸盐

木质素磺酸盐是一种缓凝型减水剂，是最早用于控制坍落度损失的外加剂之一。但是，木质素磺酸盐的引气性较强，掺量不宜过大，因而缓凝效果很有限；另外，木质素磺酸盐的水泥适应性较差，有时反而会增大坍落度损失。

（二）羟基羧酸（盐）

用作混凝土缓凝剂的羟基羧酸（盐）主要有柠檬酸、葡萄糖酸钠、酒石酸钾钠等。柠檬酸的掺量在 0.05% ~0.1% 时，对于控制坍落度损失具有较好的效果，且对 3d 强度影响不大，但 1d 强度降低仍较多。

（三）某种纤维素

纤维素也是一种含羟基的化合物，由于其取代基、分子量的不同而有不同的品种，在减水剂中复合合适的纤维素成分，不仅可以延缓混凝土的凝结，而且对改善大流动性混凝土的离析和泌水有一定的效果。经过优选的某种纤维素对控制坍落度损失有较好的效果，且对混凝土早期强度的影响不大（表1）。

表1　某种纤维素对混凝土坍落度损失和早期强度的影响

掺量（%）	坍落度的经时变化（mm）			抗压强度（MPa）	
	0min	30min	60min	1d	3d
0	180	120	80	5.0/100	17.4/100
0.1	160	175	150	4.2/84	16.2/93
0.2	175	175	170	4.6/92	17.2/99
0.3	175	180	160	3.8/76	16.4/94

二、基本配方实例

配方：柠檬酸50% + 木质素磺酸钙50%。

202　低黏度型超塑化剂的化学结构是什么?

低黏度型超塑化剂的化学结构如下：

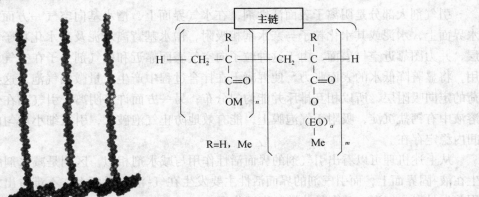

M：金属离子；EO：乙二醇；Me：甲烷基

249

引 气 剂

203 什么是引气剂？

引气剂也称加气剂，是指在砂浆搅拌过程中，能引入大量分布均匀的微小气泡，能降低砂浆中调配水的表面张力，从而导致更好的分散性，减少砂浆混凝土拌合物的泌水、离析的添加剂。另外，细微而稳定的空气泡的引入，也提高了施工性能。导入的空气量取决于砂浆的类型和所用的混合没备。

参照国家标准《混凝土外加剂的分类、命名与定义》（GB 8075—2005）中的规定，用于砂浆中的引气剂的定义如下：

引气剂：在砂浆搅拌过程中能引入大量分布均匀、稳定而封闭的微小气泡的添加剂。

204 引气剂的发展历史是怎样的？

引气剂起源于美国，最初均用于混凝土中，干粉砂浆中采用的引气剂均为混凝土引气剂。

美国从 1937 年开始研究加气混凝土和加气剂（引气剂），首创松香树脂酸类引气剂——文沙（Vinso）树脂，1938 年获得专利。文沙树脂最初被应用于改善预拌混凝土的保水性、地下结构排水工程防渗、装饰砂浆以及提高寒冷地区路面和大坝混凝土的抗冻性等方面。美国材料试验协会首先制定了关于引气剂的标准及试验方法 AST- MC260 及 C233。

20 世纪 40 年代日本从美国引进加气混凝土技术，50 年代初，由山宗化学公司等开发了文沙类引气剂产品。随后，相继发表了有关的研究成果。主要是将引气混凝土用于寒冷地区的道路和大坝混凝土以提高抗冻性。例如，日本著名的奥只见坝、田子仓坝、东京都小河内坝、北海道开发局金山坝等都使用了引气剂。目前日本全国约有 80% 以上的混凝土搅拌站采用引气剂。

此外，日本还研制了木质磺酸盐类引气减水剂、萘磺酸盐类引气减水剂等。1966～1975 年间，日本土木学会、材料学会、住宅公团、建筑学会制定了引气剂的标准规范。1982 年，日本 JISA 6204《混凝土用化学外加剂》中列出了引气剂、减水剂和引气减水剂三种外加剂的质量标准；1995 年又增添了高性能引气减水剂。

205 引气剂的作用机理是什么？

引气剂大部分是阴离子表面活性剂，在水气界面上，憎水基向空气一方面定向吸附，在水泥水界面上，水泥或其水化粒子与亲水基相吸附，憎水基背离水泥及其水化粒子，形成憎水化吸附层，并力图靠近空气表面，由于这种粒子向空气表面靠近和引气剂分子在空气水界面上的吸附作用，将显著降低水的表面张力，使混凝土在拌合过程中产生大量微细气泡，这些气泡有带相同电荷的定向吸附层，所以相互排斥并能均匀分布；另一方面许多阴离子引气剂在含钙量高的水泥水溶液中有钙盐沉淀，吸附于气泡膜上，能有效地防止气泡破灭，引入细小均匀的气泡能在一定时间内稳定存在。

从上述机理可以看出引气剂的界面活性作用与减水剂相似，区别是减水剂的界面活性主要发生在液-固界面上，而引气剂的界面活性主要发生在气-液固界面上。不难看出，引气剂的主要作用首先是引入气泡，其次是分散与润湿作用。

含有引气剂的干粉砂浆加水搅拌时，由于引气剂能显著降低水的表面张力和界面能，使水溶液在搅拌过程中极易产生许多微小的封闭气泡，气泡直径大多在 200μm 以下。

引气剂通过物理作用在砂浆中引入稳定的微气泡，这使湿砂浆的密度降低，施工性更好，并且提高了湿砂浆的产量。存留在砂浆中的空气使混凝土具有更好的保温隔热性能，但同时也降低了强度。引气剂的掺量随干粉砂浆种类和引气剂种类的不同而不同，但引气剂的掺量通常很低，一般只有水泥质量的 0.002% ~ 0.01%，不超过水泥质量的 0.05%。

206 引气剂在干粉砂浆中有什么作用？

引气剂的掺量虽然极微，但引气剂对干粉砂浆的性能影响却很大。其主要作用有：

（1）改善干粉砂浆的和易性

引气剂的掺入使混凝土拌合物内形成大量微小的封闭状气泡，这些微气泡如同滚珠一样，减少集料颗粒间的摩擦阻力，使混凝土拌合物的流动性增加。若保持流动性不变，就可减少用水量。同时由于水分均匀地分布在大量气泡的表面，这就使能自由移动的水量减少，湿砂浆的泌水量因此减少，而保水性、粘聚性相应随之提高。

（2）降低干粉砂浆的强度

由于大量气泡的存在，减少了砂浆的有效受力面积，使混凝土强度有所降低。但引气剂有一定的减水作用（尤其像引气减水剂，减水作用更为显著），水灰比的降低使强度得到一定补偿。但引气剂的加入，还是会使砂浆的强度下降，特别是抗压强度。因此，引气剂的掺量应严格控制，可以通过试验砂浆的含气量、施工性能和相关的强度来确定最佳添加量。此外，由于大量气泡的存在，使砂浆的弹性变形增大，弹性模量有所降低，这对提高砂浆的抗裂性是有利的。

（3）提高砂浆的抗渗性、抗冻性

引气剂使混凝土拌合物泌水性减小（一般泌水量可减少 30% ~ 40%），因此泌水通道的毛细管也相应减少。同时，大量封闭的微气泡的存在，堵塞或隔断了砂浆中毛细管渗水通道，改变了砂浆的孔结构，使砂浆抗渗性得到提高。气泡有较大的弹性变形能力，对由水结冰所产生的膨胀应力有一定的缓冲作用，因而砂浆的抗冻性得到提高，耐久性也随之提高。

（4）另外引气剂的加入会降低砂浆的密度，节省材料，增加施工面积。

207 引气剂的性能指标主要有哪些？

目前没有专门的砂浆引气剂的规范，引气剂的产品质量可按照混凝土引气剂的规范《混凝土外加剂》（GB 8076—1997）的规定。掺引气剂混凝土的性能指标见表1。

表1 掺引气剂混凝土性能指标

试验项目		引气剂		试验项目		引气剂	
		一等品	合格品			一等品	合格品
减水率（%）≮		6	6	抗压强度（%）≮	2d	95	80
泌水率（%）≯		70	80		7d	95	80
含气量（%）		>3.0			28d	95	80
凝结时间之差（min）	初 凝	> −90 ~ +120		28d 收缩度比（%）≯		135	
	终 凝			相对耐久性指标（%）200 次，≮		80	60
抗压强度（%）≮	1d	—		对钢筋锈蚀作用		应说明对钢筋有无锈蚀危害	

注：1. 除含气量外，表中所列数据为掺外加剂混凝土与基准混凝土的差值或比值。

2. 凝结时间指标，"−"号表示提前，"+"号表示延缓。

3. 相对耐久性指标一栏中，200 次≮80 和 60 表示将 28d 龄期的掺外加剂混凝土试件冻融循环 200 次后，动弹性模量保留值≥80% 或 ≥60%。

引气剂的匀质性指标见表2。

表2 引气剂的匀质性指标

试验项目	指 标	试验项目	指 标
含水量	在生产厂控制值的相对量的5%以内	还原糖	在生产厂控制值±3%以内
氯离子含量	在生产厂控制值相对量的5%以内	总碱量 ($Na_2O + 0.658K_2O$)	在生产厂控制值±5%以内
水泥净浆流动度	应不小于生产控制值的95%		
细度	0.315mm 筛的筛余应小于15%	硫酸钠	在生产厂控制值±5%以内
pH 值	在生产厂控制值的 ±1 以内	泡沫性能	在生产厂控制值±5%以内
表面张力	在生产厂控制值的 ±1.5 以内	砂浆减水率	在生产厂控制值±1.5%以内

208 引气剂在干粉砂浆中的主要应用有哪些?

用于干粉砂浆的引气剂要求为粉末状、干燥,这样的引气剂可以均匀地分散于干粉砂浆中,又不会减少干粉砂浆的保质期。

引气剂在干粉砂浆中主要用于所有以石膏、水泥和石灰为基料的配方中。如石膏基手工和机器施工灰泥、水泥基灰泥、砖石砂浆、地板找平层、抹灰砂浆、保温砂浆等。

在抹灰砂浆中的添加量为0.01% ~0.05%,可以明显提高砂浆施工性能,特别适用于机械施工,并能降低砂浆的用量10% ~30%。

表1 以 SILIPON ® RN 系列产品为例,列出技术性能。

表1 SILIPON ® RN 系列产品的技术性能

SILIPON ® RN 系列	堆积密度（g/L）	含水量（%）	活性物质（%）	活性成分
RN6013	100 ~200	—	45 ~49	阴离子表面活性剂混合物
RN6031	200 ~300	≮90.5		十二烷基硫酸钠
RN7001	—	≯3.5	78 ~82	烯烃磺酸钠
RN8018	500 ~600	≥1	—	乙氧化脂肪醇
RN8051	250 ~500	≥8	—	阴离子和非离子型表面活性剂混合物

表2 为 SILIPON ® RN 系列产品在不同干粉砂浆中的推荐用量。

表2 SILIPON ® RN 系列产品在不同干粉砂浆中的推荐用量

石膏基灰泥	0.005% ~0.03%
水泥基灰泥	0.005% ~0.02%
砖石砂浆	0.005% ~0.02%

209 引气剂的作用是什么?

引气剂是指在搅拌混凝土过程中能引入大量均匀分布、稳定而封闭的微小气泡的外加剂。

引气剂也是表面活性物质,其界面活性作用与减水剂基本相同,区别在于减水剂的界面活性作用主要发生在液-固界面上,而引气剂的界面活性作用主要发生在气-液界面上。当搅拌混凝土拌合物时,会混入一些气体,掺入的引气剂溶于水中被吸附于气-液界面上,形成大量微小气泡。由于被吸附的引气剂离子对液膜起保护作用,因而液膜比较牢固,使气泡能稳定存在。这些气泡大小均匀(直径为 20 ~1000μm)在拌合物中均匀分散,互不连通,这样可使混凝土的很多性能改善。

一、改善和易性

在拌合物中，微小独立的气泡可起滚珠轴承作用，减少颗粒间的摩擦阻力，使拌合物的流动性大大提高。若使流动性不变，可减水 10% 左右，由于大量微小气泡的存在，使水分均匀地分布在气泡表面，使拌合物具有较好的保水性和粘聚性。

二、提高耐久性

混凝土硬化后，由于气泡隔断了混凝土中的毛细管渗水通道，改善了混凝土的孔隙特征，从而可显著地提高混凝土的抗渗性和抗冻性，对抗侵蚀性也有所提高。

三、对强度及变形的影响

气泡的存在使混凝土的弹性模量略有下降，这对混凝土的抗裂性有利，但是气泡也减少了混凝土的有效受力面积，从而使混凝土的强度及耐磨性降低。一般来说，含气量每增加 1%，混凝土的强度下降约 3%～5%。

目前使用最多的是松香热聚物及松香皂等，适宜掺量为 0.50‰～1.20‰。引气剂多用于道路、水坝、港口、桥梁等混凝土工程中。

210 引气剂的品种是什么？

引气减水剂可分为普通型和高效型两类。

（一）普通引气减水剂

（1）木质素磺酸钙和木质素磺酸镁

木质素磺酸盐减水剂中，木钠基本不引气，而木钙和木镁均为引气减水剂。它们的主要成分是松柏醇、芥子醇。在适宜掺量范围内即掺量为混凝土中胶凝材料总量的 0.1%～0.4%，引气量为 2%～5%。继续提高掺量，引气性增长较少，且混凝土强度降低。必须指出的是以上指木材木素磺酸盐。若是非木材即草本木质素磺酸盐，即使是木钠，引气性也大于木材木素磺酸盐，混凝土强度降低也较明显。

（2）腐殖酸盐减水剂

腐殖酸钠又称胡敏酸钠，是一种引气性较大的引气减水剂，在适宜掺量为 0.2%～0.35% 的引气量为 3.0%～5.6%，但超过适宜掺量，混凝土强度即明显降低。

（二）高效引气减水剂

（1）甲基萘磺酸盐甲醛缩合物

以甲基萘为反应起始物的聚烷基芳基磺酸盐甲醛缩合物，如 MF 减水剂是引气性高效减水剂。主要成分为 α-甲基萘磺酸钠，掺量为胶凝材料总量的 0.3%～0.75%。此掺量范围内的引气量为 4%～5%。由于有一定引气性，故混凝土增强率不如非引气的萘磺酸钠甲醛缩合物，此外，它的坍落度损失也很快。

（2）蒽磺酸钠甲醛缩合物

以粗蒽或脱晶蒽油为原材料和合成的蒽磺酸钠缩合物是稍后于甲基萘磺酸钠开发的另一种高效引气减水剂。在常用掺量 0.5%～1.05% 范围内，引气量约为 1.5%～3.5%。其不足之处是所引进的气泡较大，且稳定性稍差，宜与消泡剂复配使用，以消除较大气泡和改善混凝土界表面质量。由于蒽磺酸钠缩合物的硫酸钠含量高，因此适宜在硫酸根含量低的水泥中作为引气减水剂使用。

以上两种是国内较成熟的高效引气减水剂，但引发混凝土坍落度损失过快是其共同特点，需要复配缓凝剂或新型高效减水剂。

新型高效引气剂是国内近年来研发较迅速的品种，尤以聚羧酸盐系发展最快，20 世纪末，市场尚未有国产品种大量上市，而 2003 年已有 1.6 万 t 年产量并已在一批重要工程中使用。

（3）改性木质素磺酸盐

木质素的改性至今只在木材木质素原材中进行并有产品上市。改性的途径：一是氧化聚合用化学方法除去低分子量木质素及还原糖；二是采用超滤和精滤的方法，使用膜分离技术。

（4）聚羧酸盐系高效引气减水剂

自从 1986 年在日本市场首先出现了聚羧酸系高效引气减水剂以来，至今已发展到第四代。无论是占主流产品地位的第 1 代甲基丙烯酸-烯酸甲酯，第 2 代的丙烯基醚共聚物，第 3 代的酰胺-酰亚胺共聚物或第 4 代的聚酰胺-聚乙烯乙二醇支链共聚物，均有不同的引气性。日本生产的聚羧酸盐引气性都较大，用添加适量消泡剂的方法控制其相适应于施工需要的含气量。引气量过大必然影响混凝土强度，聚羧酸基高效减水剂也不例外。

211 引气剂的性能及用途是什么？

一、性能

引气剂能显著改善新鲜混凝土拌合物的匀质性和施工性能。引气剂也使混凝土结构的耐久性、尤其是抗冻性（即抗冻融性能）成倍甚至十几倍提高，因而它对混凝土综合耐久性的提高起着不可替代的作用。引气剂是调控混凝土含气量外加剂的主要品种，要使混凝土中含气量适合工程需求，使引气剂完善的发挥作用，还必须在需要时添加辅助引气剂、稳泡剂、消泡剂等其他调控剂。

（一）性能的技术指标

引气剂的混凝土含气量指标不得小于 3%，但是没有上限制。引气剂有一定的减水性能，要求减水率不低于 6%。引气剂掺入混凝土中会引起强度的降低，但是强度仍然应当保持在基准混凝土的 80%~90% 或者更高，这也是为什么更多时候把引气剂和减水剂复配使用的原因。

掺入引气剂会显著改善混凝土的抗冻性，改善耐久性，因此动弹性模量在 28d 龄期的试件做冻融 200 次循环后的保留值应大于或等于 80%。而新拌混凝土的泌水率比要小于 70%~80%，表示其减少泌水的功能。

此外，引气剂有一定的起泡性和泡沫稳定性，但气泡不宜过多过大，故此要求控制在生产厂给定值的误差 5% 以内。

（二）引气剂的特点

（1）适量引气剂可提高混凝土流动性，引气剂不增大混凝土坍落度损失，相反还可以降低新拌合物的坍落度损失。

（2）引气剂的使用大大提高了混凝土抗冻性，能减少混凝土早期受冻产生的冻胀力，使早期受冻混凝土的强度损失明显减少。同时大大提高混凝土受冻融循环、尤其早期冻融循环能力；混凝土受盐冻会使表面产生严重剥蚀、引气剂产生的大量微泡阻止了混凝土向上泌水过程，因而防止盐冻的剥蚀破坏。

（3）引气剂形成的微小气泡既封闭了混凝土结构内许多毛细孔道，又会在水泥水化矿物表面形成憎水膜降低毛细管抽吸效应。混凝土引入 4% 含气量可提高抗渗性 15%。

（4）引气所形成的微气泡能降低混凝土碳化速度，因为引气混凝土密实，孔隙率小。

（5）引气剂减少混凝土表面缺陷，改善界面特性，因而提高混凝土抗折强度和抗压强度。换句话说，引气能提高混凝土的韧性。我们常说每增高含气量 1%，混凝土抗压强度降低 4%，但抗折强度的降低远小于此比率。此外，对于贫混凝土、碾压混凝土和干硬性混凝土，适量引气不会降低反而提高强度。但对于不同类的混凝土，这个"适量"是不同值的。例如碾压混凝土要引入普通混凝土同样数量的气泡，引气剂的量应是普通混凝土的 5~10 倍。

（6）添加引气剂可以有效降低混凝土碱-集料反应的危害。

（7）引气剂掺量是极低的，一般只有胶凝材料总量的十万分之几到万分之一或二。产生的气泡稳定性及大小均不同。气泡越小，泡内外压差就越大。拌合物运输、放置、浇筑过程中气泡受扰动产生运动（迁移），小泡容易并成大泡，多数则逐渐上升到混凝土表面破灭。

二、主要用途

（1）引气剂的主要作用是改善混凝土的和易性，减小拌合物的离析泌水，提高混凝土的耐久性和抗冻性，因此其适用范围十分广泛。

（2）在防水混凝土、冬期施工混凝土、抗冻混凝土、预拌混凝土、滑模施工混凝土、泵送混凝土、碾压混凝土和轻质混凝土中，引气剂都是不可缺少的组分。

（3）在水工、海工、港工、工程混凝土中都必须使用引气剂。

（4）对表面修饰有要求的混凝土。

（5）引气剂可加入水泥中粉磨，制备引气水泥。

三、主要品种

（1）天然植物类：松香热聚物、松香皂、木质素磺酸钙、三萜皂苷、腐殖酸磺酸盐；

（2）烷基和烷基芳烃磺酸盐类：十二烷基磺酸盐、烷基苯磺酸盐、烷基苯酚聚氧乙烯醚等；

（3）脂肪醇磺酸盐类：脂肪醇聚氧乙烯醚、脂肪醇聚氧乙烯磺酸钠、脂肪醇硫酸钠等；

（4）其他：蛋白质盐、石油磺酸盐等。

混凝土中常用的引气剂掺量和对强度的影响可在表1和表2中找到。

表1 混凝土常用引气剂

类　　别	掺量（$C \times \%$）	含气量（%）	抗压强度（%）		
			7d	28d	90d
松香热聚物及松脂皂	0.003 ~ 0.02	3 ~ 7	90	90	90
烷基苯磺酸钠	0.005 ~ 0.02	2 ~ 7	—	87 ~ 92	90 ~ 93
脂肪醇硫酸钠	0.005 ~ 0.02	2 ~ 5	95	94	95
OP 乳化剂	0.012 ~ 0.07	3 ~ 6	—	85	—
皂角粉	0.005 ~ 0.02	1.5 ~ 4	—	90 ~ 100	

表2 水工混凝土常用引气剂

类　　别	掺量（$C \times \%$）	含气量	说　　明
松香热聚物及松脂皂，OP 乳化剂脂肪醇硫酸钠（801）	0.01 ~ 0.04 0.05 0.03	3 ~ 8 4 5	每增1%含气量，强度降5%减水7%，强度降15%减水7%左右

212 引气剂对新拌混凝土的性能有什么影响？

一、引气量与气泡分布

掺入引气剂后，混凝土搅拌时，会引入大量微小气泡。但是引气量的大小对任何一种引气剂来说不是一个固定值，一般多在3% ~ 5%之间。同时，掺引气剂的混凝土每立方米中含有数千亿个气泡，泡径多在 20 ~ 200μm，为了定量表示引气剂所引进的气泡形态，采用泡径大小分布、气泡比表面积及间距系数等参数来描述。一般说明，气泡小，比表面积大，间距系数小。

二、和易性

由于引气剂使混凝土引进大量微小且独立的气泡，这些球状气泡起着润滑和滚珠的作用，使混凝土的和易性得到改善，尤其对集料粒形不好的碎石、特细砂、人工砂混凝土改善程度更为显著。

三、泌水、沉降收缩

混凝土中掺入引气剂后，一方面，由于引入了大量的气泡，整个体系的表面积大大增加，比不掺引气剂时的黏度大得多，泌水与沉降因而减小；另一方面，由于气泡的存在，泌水的毛细管通道被破坏，而且气泡里气体的迁移和气泡再分布，能进一步破坏这种通道。当采用离子型表面活性剂时，水泥浆的黏性进一步增加，这些都使引气后混凝土的泌水和沉降显著减小。

213　引气剂对硬化混凝土的性能有什么影响？

混凝土掺入引气剂后会对抗渗性、强度和耐久性产生如下影响：

（1）对抗渗性的影响

混凝土掺入引气剂后，可使新拌混凝土的需水量减小，同时浇筑后的泌水沉降率也降低，这些都使得混凝土内的大毛细孔（在水泥石与集料的交界面产生，比水泥石内的毛细孔至少大10倍，也是混凝土中水分移动的主要通道），即最薄弱和易受破坏的部位减少。同时，大量微小的气泡占据了混凝土中的自由空间，破坏了毛细管的连续性，这样就使混凝土的抗渗性得到了改善，且与其有关的混凝土抗化学物质侵蚀作用和对碳化的抵抗作用也得到改善。

（2）对强度的影响

一般认为，与基准混凝土相比，掺用引气剂的混凝土，每增加1%含气量，保持水泥用量不变时，28d抗压强度下降2%～3%；保持水灰比不变时，下降4%～6%，即掺引气剂后混凝土的抗压强度会降低。但由于掺引气剂可减小混凝土的泌水沉降，这使得混凝土的拉伸强度比基准混凝土有所提高，尤其在坍落度较大或泌水较多的混凝土中，这种现象较明显。

（3）对耐久性的影响

掺用引气剂后，混凝土的抗冻耐久性得到改善，大大延长了其在受冻融循环反复作用条件下的使用寿命，这种改善不是百分之几十，而是几倍、甚至几十倍地提高。当然，改善的程度随引气剂品种不同，还是有很大差别的。

214　影响砂浆含气量的因素有哪些？

影响砂浆含气量的因素众多，据统计达20多个。主要影响因素包括水泥与掺合料的特性和用量、水灰比（水胶比）、引气剂品种与掺量、集料的品质与颗粒分布、砂浆搅拌机类型及其容量、拌合温度、拌合物稠度、气温等。

215　如何进行引气剂的进厂检验和保存？

在确定了采用的引气剂种类后，进行干粉砂浆批量生产时，必须对引气剂进行进厂检验。引气剂进厂时，应检查其品种、级别、包装、出厂日期等，并至少应对其细度、游离水含量、表面张力性能指标进行复验，根据干粉砂浆的性能要求和引气剂的种类，可适当增加检验项目。其质量必须符合相应引气剂品种性能的要求。

当在使用中对引气剂质量有怀疑应进行复验，并按复验结果使用。

检查数量：按同一生产厂家、同一等级、同一品种、同一批号且连续进厂的引气剂不超过1t为一批，每批抽样不少于一次。

检验方法：检查产品合格证、出厂检验报告和进厂复验报告。

包装和储存：引气剂不是易腐败的产品。因产品易吸湿，产品应保存在原包装袋内并放置在干燥和干净的地方，远离热源。包装应能避免潮气的侵入，如不储存在干燥的地方，包装袋内产品的水分还将可能增加。包装产品上面应避免加高压，以防止结块。部分产品可能属于有毒或刺激性物品，储存时应根据供应厂家的说明在储存点设置适当的警告标志。

216 松香及其热聚物类引气剂的合成工艺是什么？

松香又名无油松脂、脂松香，化学结构很复杂，其中含有松脂酸类、芳香烃类、芳香醇类、芳香醛类及氧化物等，可用这样的化学式来表示：$C_{20}H_{30}O_2$。

松香酸的结构式如下：

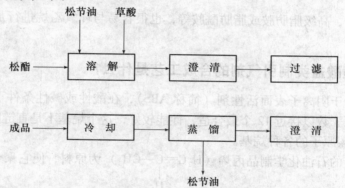

松香的成分因产地和树种而有差别，但主要成分都是松脂酸，可以和醇类起酯化反应生成酯类，也可以和碱类起皂化反应。用各种松柏科植物所分泌的树脂（即松脂），经溶脂、净化、蒸馏等工序馏出松节油后剩余物即松香，或叫树胶松香。也有把松柏类植物的枝干切成小块，用蒸汽蒸馏或浸取，也可得松香，叫木松香。

树胶松香的生产流程如下：

```
      松节油   草酸
        │      │
        ▼      ▼
松脂──▶ 溶 解 ──▶ 澄 清 ──▶ 过 滤

成品 ◀── 冷 却 ◀── 蒸 馏 ──▶ 澄 清
                    │
                    ▼
                  松节油
```

松香中除松香酸外，其余成分如烃类、醇类、醛类及氧化物均不易皂化。除以上成分外，松香中还有许多未定结构的化合物。

将松香与石炭酸（苯酚）、硫酸和氢氧化钠等几种物质做原料，在一定的温度下，以适当的比例配合，在适当的条件下反应。反应过程相当复杂，松香酸中的羧基与酚类的羟基，在有浓硫酸存在下，取适当的温度和反应时间，则发生缩合反应而生成酯类。反应式表示如下：

$$R-\underset{OH}{\overset{O}{C}} \;+\; R'-OH \xrightarrow[\triangle]{H_2SO_4} R-\underset{O-R'}{\overset{O}{C}} \;+\; H_2O$$

除以上反应外，还将发生分子间的缩聚反应：

$$R-\underset{OH}{\overset{O}{C}} \;+\; 2R'-OH \xrightarrow{\triangle} R-\underset{R-OH}{\overset{R'-OH}{CH}} \;+\; H_2O$$

松香与苯酚经过缩合、聚合等作用，变成一种分子比较大的物质，再经过氢氧化钠处理变为钠盐的缩合热聚物。

217 非离子型表面活性剂类引气剂的合成工艺是什么？

在混凝土中作为引气剂的主要有聚乙二醇型非离子表面活性剂。它由含有活泼氢原子的憎水原料同环氧乙烷进行加成反应而制得。

羟基、羧基、氨基和酰胺基等的氢原子，由于它们的化学活性较强，很容易发生反应。凡是含有上述原子团的憎水性原料，都可以与环氧乙烷反应，生成聚乙二醇型非离子表面活性剂。

例如，十二烷基酚和环氧乙烷在无水和碱催化条件下生成十二烷基酚聚氧乙烯醚，反应方程式如下：

$$C_{12}H_{25}\text{—}\bigcirc\text{—}OH + H_2C\text{—}CH_2 \xrightarrow{NaOH} C_{12}H_{15}\text{—}\bigcirc\text{—}O(CH_2CH_2O)_{10}H$$

因环氧乙烷易燃易爆，在将它通入反应器前，务必用惰性气体将反应器中空气置换干净。具体操作步骤如下：

在不锈钢反应釜中，加入十二烷基酚和50%的液碱。搅拌下加热升温，同时抽真空脱除水分及空气。逐渐升温到110~120℃，在反应器的视镜内表面上没有水滴和水雾时，可认为脱水已完成。通入干燥氮气数次，以驱尽釜中空气。再继续升温至140℃，开始通入环氧乙烷，使釜内压力不超过0.2MPa；控制反应温度160~180℃；当环氧乙烷的加入量接近配比时，抽样测定终点，若1%水溶液浊点达75~85℃时，可认为达到了终点。加入冰醋酸，搅匀，使pH值为5~7，冷至50℃以下出料包装，得成品。参加聚合反应的环氧乙烷比例越大，生成的表面活性剂其水溶性就越好。

烷基酚、脂肪酸、高级脂肪胺或脂肪酰胺等，也很容易与环氧乙烷进行加成反应而制成表面活性剂。

218 烷基苯磺酸盐类制引气剂的合成工艺是什么？

烷基苯磺酸钠属于阴离子表面活性剂（简称ABS），在酸性或碱性条件下都很稳定。经过研究，发现烷基的碳原子数以接近12个最合适，性能较好，这个烷基不是直链的正构烷基，而是带有支链的含有12个碳原子的各种烷基。

工业上常用廉价的石油化学制品丙烯（$H_2C\text{=}\overset{\textstyle |}{\underset{\textstyle H}{C}}\text{—}CH_3$）为原料，使它聚合成丙烯四聚体——

十二烯，与苯反应得到十二烷基苯的复杂混合物，再经磺化即成为产品十二烷基苯磺酸钠。反应过程可用下式表示：

$$H_2C\text{=}\overset{\textstyle |}{\underset{\textstyle H}{C}}\text{—}CH_3 \xrightarrow{触媒} C_{12}H_{24} \xrightarrow[触媒]{苯} C_{12}H_{25}\text{—}\bigcirc$$

$$C_{12}H_{25}\text{—}\bigcirc + \left\{ \begin{array}{c} H_2SO_4 + SO_3 \\ \\ 液体三氧化硫 \end{array} \right. \longrightarrow C_{12}H_{25}\text{—}\bigcirc\text{—}SO_3H$$

下面介绍一种适合小型化工厂生产的引气剂十二烷基苯磺酸钠的合成方法。

一、生产原理

氯代烷和苯在无水三氯化铝的催化下，发生烷基化反应，生成烷基苯。因烷基平均碳原子数为12，故又叫十二烷基苯。再用硫酸磺化，碱中和，即生成十二烷基苯磺酸钠，反应方程式为：

$$RCl + \bigcirc \xrightarrow{AlCl_3} R\text{—}\bigcirc + HCl$$

二、生产操作

烷基化反应：将干燥苯，无水AlCl₃，按配比投入搪瓷反应器中，搅拌下，缓慢加入氯代烷，控温 40～50℃之间。加完氯代烷后升温至 70℃，继续搅拌半小时，使其反应完全。反应生成的氯代氢及带出的苯经回流冷凝器，苯冷凝回流至反应釜，HCl 去尾气处理系统，吸收成盐酸。反应后的物料静置沉降，分出下层催化剂，上层物料用总重量50%左右的清水洗涤2次，使 pH 值为 8 左右。洗涤后的物料放入蒸馏塔中进行脱苯蒸馏，塔顶温度在 80～120℃之间，将苯脱尽回收利用。釜液为烷基苯进入下步反应。

磺化反应：反应在带搅拌的耐酸反应釜中进行。将上步的烷基苯投入釜中，冷却至 20～25℃，搅拌下缓慢加入发烟硫酸，并控温在 25℃下。料加完后，继续搅拌，反应 1h，获得烷基苯磺酸。

中和反应：将烷基磺酸投入中和釜中，控温 35℃以下，边搅拌边缓慢加入 20% 的烧碱液，使料液 pH 值达 7～8 之间后，停止加烧碱，继续搅拌半小时，生成烷基苯磺酸钠。

上述中和反应的料液，可作为液体产品，直接包装出厂。若要制成粉状，需经浓缩、喷雾干燥。

注：若能够得烷基苯，可由此经磺化、中和即得成品。烷烃常采用原子数平均为 12 的煤油馏分，馏程为 180～250℃氯化时，氯与烷烃的摩尔比在 1:3～1:10 范围内变动。氯化方法有气相法、液相热氯化法及光氯化法。气相氯化温度240～260℃，氯气线速度大于 27m/s，停留时间 1～4s。光氯化法温度 45～55℃，通入的氯气量应以控制生产 10%～15% 氯化率为宜。

219 MNC-AE₁ 型松香类引气剂如何应用？

混凝土的工作性能、混凝土的耐久性，是当前所需改善和提高的重要课题，受到普遍重视。为此兼有引气功能的外加剂受到日益关注，普及应用率明显提高。

一、MNC-AE₁ 型松香引气剂

该产品是以天然非离子型茶皂素、阴离子表面活性树脂等多种功能性材料经改良而成。它具有降低溶液的表面张力，产生封闭独立的气泡，发泡倍数高，气泡数量多，气泡间距小，稳泡时间长，能明显改善塑性混凝土的工作性能和提高硬化混凝土的耐久性能的特点。执行标准：GB 8076—1997。

二、引气剂的特点

（1）该产品含有激发剂，能充分将混凝土中胶凝材料激活，促进水化反应，提高粘结力，克服了混凝土中引入气泡而导致强度降低的缺陷。

（2）该产品增加了保塑成分，在不降低外加剂性能的情况下，混凝土有良好的内聚保水功能，大幅度地减少泌水值。

（3）该产品有良好的亲水、络合能力，能与软、硬水质相溶，不致出现钙、镁等离子还原的泛白、沉淀现象。

（4）在外加剂复合上，有良好的适应性，能充分体现"协同效应"，复合效果优于单剂，减水、分散、润湿、助溶、降黏等性能均有不同程度的提高。

（5）在水泥砂浆中，该产品同样能起到引入微沫、减水、增强、增塑、降黏、保水、减小沉降、节约水泥、防渗等功能。使用方便，易溶解，无需加热、加碱；对酸、碱、盐等溶液化学适应性强。该产品无毒、无腐蚀、不燃。

（6）掺有引气剂新拌水泥浆、砂浆和混凝土里的气泡膜壁较厚，能保持良好的圆球状，拌合物粘聚性强、易泵送、易振捣密实。

（7）在含气量相等的条件下，掺引气剂的减水率稍高，因此对混凝土抗压强度的不利影响较小；在水泥用量较少的低等级混凝土中作用，不影响其抗压强度。

（8）掺引气剂拌合物的含气量稳定，因此在运输及等待浇筑进程基本上不存在由于含气量减小造成工作损失的现象（拌合物由于水泥——高效减水剂相容性不良、水化及因水分蒸发引起的工作度损失可有所改善，但不可避免）。

（9）当拌合物里掺有粉煤灰时，其含气量及其稳定性受粉煤灰含碳量影响较小，因此剂量无需明显增大，且仍保持良好的使用效果。

（10）掺引气剂混凝土的抗冻融性能与其他引气剂效果近似，但较为稳定。

（11）引气剂建议掺量为 0.01% 左右（由于拌合物含气量影响因素众多，使用要求差异很大，请用户根据具体条件调整用量）。

三、掺量（表1）

表1 掺量

代 号	品 名	型 号	状 态	掺量（$C \times$%）	减水率（%）
1039	松香引气剂	MNC-AE$_1$	膏 状	0.0015	≥6
1040	皂角引气剂	MNC-AE$_2$	固 体	0.015	≥6

四、注意事项

（1）贮存时，应密封、防水、防晒。

（2）由于掺有引气剂的新拌水泥浆、砂浆和混凝土粘聚性较大，但触变性能显著，易于振捣密实，为获得最佳使用效果，宜比普通拌合物或掺其他类型引气剂拌合物的坍落度稍小。

五、部分试样参考数据（表2）

表2 参考数据

编 号	掺比（$C \times$%）	掺量（g）	用水量（g）	坍落度（mm）	含气量（%）	抗压强度（MPa）/抗压强度比（%）			
						5d	7d	14d	28d
0211 基准	—	—	2540	77	1.5	18.46/100	22.6/100	28.26/100	29.92/100
AE$_2$	0.015	0.62	2380	86	5.1	15.80/85.6	17.10/75.6	23.91/84.6	25.97/86.8
AE$_2$	0.02	0.82	2330	71	5.6	17.03/92.3	20.65/91.3	24.86/88.0	27.40/91.5
UNF-5	0.75	30.8	2050	74	2.5	30.68/166	34.71/153.5	38.92/137.7	42.51/142.1
UNF+AE$_2$	0.75+0.015	30.8+0.62	1980	84	4.0	30.40/164.7	34.98/154.7	39.52/139.8	40.31/134.7
UNF+AE$_2$	0.75+0.015	30.8+0.62	1975	93	4.25	31.00/167.9	36.48/161.3	40.82/144.4	41.94/140.2
UNF+AE$_2$	0.75+0.020	30.8+0.82	1950	82	5.0	30.04/162.7	36.83/162.9	40.56/143.5	45.44/151.9
UNF+AE$_2$	0.75+0.020	30.8+0.82	1970	92	3.75	29.74/161.1	35.05/155.0	39.45/139.6	42.43/141.8

220 MNC-AE$_3$ 型粉状混凝土引气剂如何应用？

粉状引气剂是将传统的松香类引气剂经过一系列的干燥和配伍过程而制成。它能使气泡直径在 20～200μm 之间，且十分稳定；能有效改善混凝土的和易性和可泵性，减少泌水率，提高混凝土的抗冻融性、防水抗渗性及耐除冰盐性；可用作复配引气减水剂、泵送剂及其他有引气要求的外加剂。特别适用于东北、西北、西南高寒地区。

引气剂各种指标均达到 GB 8076—1997 标准。

一、匀质性能

（1）外观：黄色粉状体。

（2）水不溶物 1%，水含量 1%。

（3）pH 值 8±0.5。

（4）表面张力 0.029～0.039N/m（1% 水溶液）。

（5）消泡时间：6h，起泡率：>4 倍。

（6）无毒、无腐蚀。

二、技术性能

（1）抗冻融性能：可满足 200 次上快冻要求。

（2）防水抗渗性：可达到 P10 以上要求。

（3）减水率：6%。

（4）可与其他外加剂配合使用。

三、使用方法及掺量

（1）掺量：胶材用量的 0.005% ~0.015%，碾压混凝土可根据设计要求增加掺量。

（2）用于泵送剂中的掺量：水泥用量的 0.003% ~0.006%。

（3）用于粉状泵送剂及引气减水剂：与其他原料混合均匀即可。

四、包装与贮存

（1）包装：15kg 塑料编织袋装。

（2）本品具有吸潮性，避免受潮，避免重压。包装开口后，应及时密封好，以防受潮。

221 什么是混凝土引气剂和引气减水剂？它们分为哪几类？影响引气剂使用效果的因素有哪些？

引气剂是在混凝土搅拌过程中能引入大量的均匀分布、稳定而封闭的微小气泡的外加剂。引气减水剂是同时具有引气剂和减水剂功能的外加剂。

引气剂可分为松香皂及松香热聚物类、烷基苯磺酸盐类、脂肪醇磺酸盐类等。

引气减水剂可分为改性木质素磺酸盐类、聚烷基芳基磺酸盐类和由各类引气剂与减水剂组合的复合剂。

影响引气剂使用效果的因素主要有以下几方面：

（1）引气剂掺量的影响

引气剂和引气减水剂的掺量应满足设计要求的混凝土含气量。掺量较少时，混凝土的含气量太少，抗冻性、抗渗性和耐久性改善不大；掺量过多后，混凝土中含气量太多会引起强度的降低。

（2）引气剂及引气减水剂品种的影响

在相同含气量条件下，气泡的分布影响和易性、强度和耐久性。优质的引气剂及引气减水剂的气泡呈球形，气泡微小，直径多在 0.02 ~0.2mm，气泡间距系数小于 0.2mm。若气泡直径较大，则使用效果就差。

（3）水泥品种的影响

在引气剂掺量相同的条件下，普通硅酸盐水泥混凝土中的含气量比矿渣水泥和火山灰水泥混凝土中的含气量高。

（4）集料粒径和砂率的影响

在引气剂掺量相同的条件下，随着集料粒径增大和砂率的减少，混凝土的含气量减少。

（5）水和水灰比的影响

拌合水的硬度增加，引气剂的引气量会降低；混凝土的含气量随水灰比的减小而降低。

（6）搅拌方式和搅拌时间的影响

在引气剂掺量相同的条件下，人工搅拌比机械搅拌的含气量低。随搅拌时间的延长，混凝土含气量增大，但时间过长反而会引起混凝土含气量减少。故机械搅拌一般为 3 ~5min。

（7）气温的影响

混凝土的含气量，随着气温的升高而减少。当温度从 10℃ 增加到 32℃ 时，含气量将降低一半。

（8）振捣方式和时间的影响

同一种混凝土，随着振捣频率的提高含气量降低；随振捣时间的延长，含气量也减少。

222 为什么引气剂所产生的孔对抗冻性有利，而其他的孔对抗冻性不利？

引气剂所产生的孔与其他的孔本质区别在于引气剂所产生的孔是封闭孔的，孔内不含有水，所以，通常称之为气泡。而其他的孔是连通孔，允许水自由进入，在潮湿的环境下，常常含有较多的水，引气剂所形成的孔不是可冻孔，因而在冻融环境下，不会造成混凝土的破坏。不仅如此，引气剂所产生的孔还可能释放冰冻作用所产生的压力。由于水转变成冰，体积膨胀9%，因而将产生一个内压力。如果在冰冻区周围存在着引气剂所产生孔的话，则可以减小这种内压力，减轻它对混凝土的破坏。由于这两个原因，使得引气剂所产生的孔对混凝土的抗冻性的影响与其他的孔不同，它不仅没有有害的作用，而且还有有利的作用。

助 磨 剂

223 助磨剂的定义与种类是什么?

水泥生产属高能耗工业,仅电能一项占水泥成本的25%,其中生料处理和熟料粉磨占17%左右。我国大部分水泥企业使用的粉磨设备是管磨机,粉磨效率极低,约有97%的能量转化为热耗而白白耗散掉,仅有0.1% ~0.6%的能量用于粉磨——增加物料新表面。为了提高粉磨效率、降低能耗,一般采用两种措施:一是更换磨机衬板,改用高效选粉机或采用近几年新开发的辊压磨等新设备,这些设备投资大,对全国8000多个厂家来讲,全部推广实施可能性很小;另一种措施即采用化学添加剂(助磨剂),即在粉磨的过程中,加入助磨剂可显著提高粉磨效率,可在相同细度的条件下,缩短粉磨时间,降低能耗,增加台时产量或在粉磨时间相同的前提下,提高水泥细度和强度,同时还可以提高粉体的流动性,利于装卸。下面将对助磨剂的基本概况和应用加以阐述。

一、助磨剂的定义

在粉磨过程中,加入少量的外加剂,可消除细粉的粘附和聚集现象,加速物料粉磨过程,提高粉磨效率,降低单位粉磨电耗,提高产量。这类外加剂统称为助磨剂。

二、助磨剂的种类

助磨剂种类繁多,助磨效果差异很大,应用较多的就有百余种。助磨剂的分类方式较多,从成分组成上的差异可分为纯净物和混合物(表1)。

表1 按照成分组成划分的助磨剂

类别	种别	助磨剂的组成和名称
纯净物	极性助磨剂	指离子性的助磨剂,像有机物助磨剂,如:三乙醇胺、醋酸胺、乙二醇、葵酸、环烷酸等
	非极性助磨剂	是指非离子型的助磨剂,像无机助磨剂,如:煤、石墨、焦炭、松脂、石膏等
混合物	复合助磨剂	有机物的混合物,如天津9911、山东AF;有机物与无机物的混合物,如北京NS 无机物的混合物

按照添加时的物理状态,助磨剂可分为固体助磨剂、液体助磨剂和气体助磨剂。固体助磨剂一般制成粒状或粉状,液体助磨剂多是溶液或乳剂。采用液体助磨剂比采用固体助磨剂,在工艺上更容易控制。

根据助磨剂的化学结构可分为以下三类:

①碱性聚合无机盐:除用于硅酸盐粉磨之外,一般多于磷酸盐,优于多聚硅酸盐;

②碱性聚合有机盐:最适宜采用聚炳烯酸酯;

③偶极-偶极有机化合物:如烷烃醇胺等。

三、常用助磨剂

用于助磨的物质大多是醇类、酚类、胺类、皂类、酯类及某些多元酸的盐等。例如,乙二醇、丙三醇、多缩乙二醇、2-甲基-2,4戊二醇。三乙醇胺,二、三乙醇胺混合物,脱糖木质素磺酸钙,文沙树脂NVX(美国南方松木中提取的树脂),亚硫酸造纸废渣,牛油,脂肪酸混合物(红油),松香脂,磷酸三钙,炭黑,滑石粉。它们的掺量一般在0.01% ~0.08%。

四、助磨剂的作用机理

粉碎是分割固体物料的过程,即在物料质量不变的情况下,增加其比表面积。粉碎的颗粒越小其比表面积就越大，比表面积能也就越高。所以细粉碎的时候，就需要更多的能量去克服它的比表面积能。一般的机械方法，将物料粉碎至 $1\mu m$ 以下还有相当难度；另外细磨时，微粒的热运动加快，质点碰撞几率增大，容易产生凝结和团聚现象，给继续粉磨带来了困难。

作为助磨剂的作用机理，目前难以找到定量的确切理论，大体上有两种假说。一是列宾捷尔（Rebinder）假说，这种假说认为脆性材料都含有微裂缝，在强的冲击力下，微裂缝会扩展，直到引起材料破裂。在外力连续作用下，物料既有裂缝的扩展和新裂缝的产生，又有间隙的不饱和价键力的吸引作用而重新弥合，称为"锤焊"现象。助磨剂一般作为极性分子或具有表面活性及结构的分子，通过吸附润湿进入微裂缝中，可以起到劈楔作用，消除了缝隙间局部的价键力，从而防止了微裂缝因不饱和价键力的吸引作用而重新弥合，有效地降低了颗粒被粉碎的阻力，提高了粉磨效率。另一种是基于防止聚结作用的假说，即物料被粉磨到一定细度后，如再延长粉磨时间，粒径不但不变小，反而因聚结而变大。这是微粒间借助于次价力吸附聚结而引起的。而助磨剂易被吸附，可有效地降低微粒间的次价力，降低表面能，减少粒子间的聚结，提高了物料粉磨的流动性和分散性，也可有效地防止结块，利于装卸。

224 助磨剂助磨效果的影响因素是什么？

一、助磨剂本身的性质对助磨效果的影响

助磨剂的助磨效果首先取决于它本身的化学本性。助磨剂一般都是表面活性物质，其组成基团的类型和分子量影响着其吸附、分散效能，从而影响着助磨效果。表面活性剂，特别是阳离子型的伯胺和乙醇胺等表面活性剂效果最好，多元醇和胺显得特别有效。用阳离子型和非离子型的表面活性剂，比表面积可提高 20%。

二、助磨剂用量对助磨效果的影响

按照助磨作用原理，无论是"吸附降低硬度"学说，形成对粉磨物料足够大量颗粒的吸附层所需的助磨剂量，还是"矿浆流变学调节"学说，调节矿浆的流变学性质和矿粒的可流动性，促进颗粒的分散所需的助磨剂量都是很少。

实际表明，助磨剂的适用范围一般为水泥质量的 0.01%~0.1%。任何一种助磨剂都有最佳的掺量范围，这一最佳用量与要求的产品细度、助磨剂的分子大小及其性质等有关。过少，助磨效果未得到充分发挥；过多，不仅会提高水泥成本，还会影响水泥的性能。

三、被粉磨物料性质对助磨效果的影响

被粉磨物料的硬度、粒度、化学成分、形成方式等物理化学性质，导致对助磨剂具有选择性。例如，表面活性剂中，NF6 对方解石的助磨效果最好，磺化脂肪酸和脂肪酰胺对于石英的助磨效果较好，而三乙醇胺对石灰石的助磨效果较好。

研究表明，水泥熟料的化学和矿物组成，熟料的烧成方式等，与助磨剂有不同的适配性，与熟料各个物相的易磨性有关。水泥混合材，如矿渣、石煤渣、粉煤灰等，对助磨剂也有一定的选择性。

四、粉磨设备工艺条件对助磨效果的影响

在采用助磨剂进行粉磨时，必须使设备的工艺条件与之适应。

（1）采用助磨剂后，物料在磨内的停留时间减少，因此必须改变研磨体与物料的比，即料球比和循环负荷等。

（2）助磨效果与研磨体的尺寸和磨机转速有关。有人指出，采用三乙醇胺和平均质量为 1g（相当于 3~4mm）的研磨体进行粉磨时，可以获得高达 $6000cm^2/g$ 的细度。

（3）助磨剂在提高产量的同时，也使粉尘量增加 50%~80%。可是，对电收尘器的运行没有不利的影响，一般电收尘器的含尘浓度仅稍有增高，由 $0.21g/m^3$ 增至 $0.26g/m^3$。

（4）助磨剂能增大粉料的比电阻，一般由 $10^3\Omega\cdot cm$ 增大到 $10^{11}\Omega\cdot cm$。这会增加收尘器中粉尘分离的困难，采用磨内喷水可以解决。

（5）助磨剂会使电收尘器内温度升高，甚至引起频繁放电。可用喷水和降低气体流速来解决。

（6）助磨剂在开流磨中使用，能提高细度。在圈流系统中，保持细度相同，则可提高产量。

（7）使用助磨剂时，因品种和类型的差异，应重视系统的工作温度。

（8）助磨剂能提高选粉机的效率。

五、助磨剂的选用

助磨剂有多种多类，应根据具体情况选用，本着因地制宜、因材施用的原则来确定助磨剂的合理使用。

（一）选用助磨剂的一般原则

（1）对于一定的粉磨条件，应通过工业性试验，确定一种或两种最恰当的助磨剂。试验时，主要包括确定助磨剂的掺加量，系统产量，循环负荷量，检测出磨物料温度，产品比表面积、细度或颗粒级配，产品的综合性能等。

（2）助磨剂对成品应是无害的。在生产水泥时，助磨剂须符合建材行业标准 JC/T 667—1997《水泥粉磨用工艺外加剂》的要求，水泥各龄期强度相对值不低于95%。

（3）应选用价格性能比优良的助磨剂，水泥粉磨用助磨剂的用量不得超过水泥质量的1%。

（4）选用助磨剂时，应要求助磨剂供应单位提供粉磨系统完善优化方案。

（二）不同磨机应选用不同的助磨剂

磨机不同，使用的助磨剂亦应不同。干法生料磨可用煤、石墨、焦炭、胶态炭、松脂、鱼油硬脂酸盐等；湿法生料磨则应使用稀释剂；水泥磨可用醋酸胺、乙二醇、丙二醇、油酸、石油脂、文沙剂、环烷酸皂、亚硫酸盐酒精废液、三乙醇胺、醋酸三乙醇胺、石油酸钠皂、木质纤维等，尤其近期推出的高效系列等复合助磨剂。

（三）助磨剂用量的确定

助磨剂的掺加量是极微小的，具体应根据助磨剂和粉磨条件的不同来确定。根据实践经验和国家标准要求，在粉磨水泥以煤或炭作助磨剂时，其掺加量不得大于 1.0%，才能确保水泥的质量，但在磨制立窑用黑生料时不受此限。使用木质纤维作助磨剂时，其掺加量不宜大于 0.5。使用三乙醇胺下脚料作粉磨水泥的助磨剂时，一般应控制在 0.05% ~ 0.10% 范围内。如果助磨剂掺加过多，则会使水泥质量下降。如果以三乙醇胺作助磨剂，掺加量达到 1% 时，虽然对清洗研磨体十分有效，可以立即消除糊球现象，但是水泥强度却明显下降。国内外经验和我们的实践证明，高效助磨剂的掺加量应为水泥质量的 0.005% ~ 0.1%。

在有些磨机中，助磨剂是必不可少的。如小钢段磨和超细磨，由于比表面积高，必须使用助磨剂，以提高磨机的粉磨效率。否则，磨机内过粉磨现象非常严重，隔仓板和研磨体黏料比较多，无法显示小钢段磨的优势。在小钢段磨上，广泛使用三乙醇胺类助磨剂，掺 0.02% ~ 0.03%。

225 ZM-1 型水泥助磨剂如何应用？

助磨剂对增加水泥强度、提高水泥产量、改善水泥性能、加快水泥安定性周转、降低熟料用量、加大废渣等混合材掺加量、节约资源、降低能耗具有显著效果。使用该产品，可使水泥生产企业在不增加设备投资，不改变生产工艺的情况下，达到提高产量、提高质量、降低成本、增加效益的目的，既符合发展循环经济，实现可持续发展的产业政策，又符合建设节约型社会和构建和谐生态环境的总体要求。

一、作用机理

在水泥粉磨过程中，随着颗粒被不断粉碎和颗粒拉裂面的生成，颗粒表面出现不饱和的价键并带有正或负电荷的结构单元，使颗粒处于亚稳定的高能状态。在条件合适时，断裂面重新粘合或者颗粒与颗粒再聚合起来，结成为大颗粒。因此，粉碎过程是一种可逆反应。掺入适量的助磨剂，则助磨剂吸附在物料颗粒表面上，使断裂面上的键价饱和，颗粒之间的附聚力得到屏蔽，使其荷电性质趋于平衡，从而避免了细颗粒的再聚合和细颗粒的黏球、挂壁现象。另外，在水泥粉碎过程中，助磨剂的分子进入到水泥颗粒的裂缝中，靠其表面活性作用帮助裂缝扩展，并防止裂缝在外力打击下重新愈合，从而提高水泥粉磨效果。

二、使用方法

将助磨剂按水泥质量的 0.8% ~ 1.2% 比例掺入，混合材的掺加量提高 7% ~ 15%，按常规入磨，进行粉磨即可。

三、使用效果对比

（1）提高水泥磨机台时产量 5% ~ 10%。

（2）在同样条件下，未加助磨剂配比为：70%熟料 + 30%混合材；加助磨剂配比为：64%熟料 + 35%混合材 + 1%助磨剂。检测结果见表 1。

表 1　检测结果

项目 编号	比表面积 （m²/kg）	凝结时间（h：min）		3d 强度（MPa）		28d 强度（MPa）	
		初凝	终凝	抗折	抗压	抗折	抗压
未掺加	343.3	3：43	6：30	3.9	17.6	7.0	37.2
ZM I	363.6	3：30	5：45	4.1	21.0	7.4	41.3

四、应用前的准备工作

为了发挥助磨剂的作用和达到使用助磨剂的目的，我们必须确保有效、合理地做到以下几个环节的控制：

（1）首先对试验做好充分的准备工作，各部门既要分工明确、各负其责，又要做到共同协商，积极配合。

（2）选择与确定好水泥助磨剂合理的添加点、添加方式和添加量。要有效地使用水泥助磨剂，应注意以下三个方面。一是对助磨剂添加点的选择。一般水泥助磨剂按要求滴加在接近磨机入料口的熟料皮带机上，与熟料一同入磨。如果熟料温度大于 100℃，亦可滴在混合材上；二是对助磨剂添加量的控制。在水泥粉磨前添加助磨剂，必须配备一定仪器及设备，如：液体计量泵 1 台，量筒 1 支，秒表 1 支。量筒是用来称量助磨剂加入量，秒表是用来衡量一定时间加入到水泥磨机中的助磨剂量，液体计量泵是用来控制与确保水泥助磨剂能够被均匀、准确地添加到磨机中去。通过对三者合理运用，才能控制好在水泥粉磨过程中粉磨吨水泥产品所需要添加的、适当的助磨剂量；三是对助磨剂掺加量的计算。

226　水泥助磨剂由哪些原料复配而成？

一、三乙醇胺、乙二醇类

三乙醇胺及乙二醇属于非离子型表面活性剂。三乙醇胺、乙二醇均含有极性很强的羟基（—OH），从结构可知都是极性很强的表面活性剂。

原四川水泥研究所对水泥助磨剂进行了一系列的研究试验，并经过工厂的试验和使用，得出

266

结论：三乙醇胺、三乙醇胺、乙二醇、多缩乙二醇是较有效的水泥磨助磨剂，可以较大幅度地提高磨机产量。就水泥品种而言，纯熟料水泥增产效果最好，可达 20% ~ 30%，普通水泥能增产 10% ~ 15%。

目前，使用较多的水泥助磨剂是三乙醇胺、多缩乙二醇，但三乙醇胺、多缩乙二醇有价格过高、来源短缺的缺点。

二、木质素磺酸盐

木质素磺酸盐包括钙、镁及胺盐。木质素磺酸盐具有芳基核，由丙烷基连结成非极性的长链，链上含有极性的官能团，如磺酸基、甲氧基、羟基及羰基等。这种结构使得它具有偶极性，呈现出表面活性，是一种强的表面活性剂。

其作用机理是削弱颗粒的强度和阻止颗粒聚结，两者都牵涉到降低颗粒表面的自由能，因此，助磨剂的功效归根结底必然反映在其吸附活性上。

在磨机内的环境中，吸附在水泥熟料颗粒表面上的木质素磺酸盐分子的活性部分（磺酸基等）与颗粒表面接触，憎水基团则伸向大气。由于木质素磺酸盐是分子量高达几百到几百万的物质，在颗粒上的吸附属高分子吸附。由于水泥颗粒表面不可能是光滑表面的，且具有裂纹，因而木质素聚合度较低时，有利于吸附。木质素磺酸盐在水泥颗粒上的吸附量随着阳离子的价数而变化。当阳离子的价数相同时，吸附能力无大差别。作为助磨剂使用的木质素磺酸盐，镁盐和钙盐比铵盐好。

三、三乙醇胺

由山东省济南市建筑材料设计研究院研制的 AF 复合水泥助磨剂，是由三乙醇胺（JA）和氧化剂还原后的无机盐类工业废液（JF）等复合而成的。它的特点在于既是助磨剂又是活性激发剂。助磨效果较好，使水泥磨产量提高 12% 以上，且可以激发矿渣活性，提高矿渣水泥中矿渣的掺量，并能提高水泥的早期强度，使后期强度得到改善。其助磨效果与复合成分的含量有关，在复合成分中 JF 占 50% ~ 60%，JA 占 40% ~ 50% 时效果最好，且影响助磨效果的决定因素是 JA 的添加量，JF 等只是起辅助作用。使用 AF 复合水泥助磨剂能基本保证水泥的质量，还能提高水泥中矿渣的掺量，使水泥中可以掺加 50% 的矿渣，AF 复合水泥助磨剂不仅能对矿渣水泥同样起到助磨效果，而且还改善了水泥的后期强度，避免了单独使用二乙醇胺而导致后期强度的下降，因此说 AF 复合水泥助磨剂更适合于生产矿渣水泥。

四、木质素

华南理工大学芦迪芬、魏诗榴研究了一种木质素型复合水泥助磨剂。该助磨剂由三种工业废料及副产品复合而成，其主要成分是木质素磺酸盐，另配以少量有机化工产品 TW 及 GL。TW 及 GL 都是非离子型表面活性剂。

西南工学院苏光兰、张天石、徐彬等研究应用工业废料开发了复合工业助磨剂新品种，该工业废料基复合助磨剂，其有效助磨成分是木质素磺酸盐。

许日昌等研究了代号为 CMD 的复合助磨剂。该复合助磨剂主要由椰子油系列和木质素磺酸钙及少量的外加剂复合而成，其中，椰子油系列是有机化工产品，是一种强的非离子表面活性剂，在粉磨中其助磨效果较为显著。

此类复合水泥助磨剂均将多种有效助磨成分配合在一起，在粉磨过程中发挥各自的助磨功效，因此，能显著降低筛余细度，增加水泥比表面积；提高了物料的流动性，减少颗粒间粘附力和团聚作用，防止颗粒再度聚结，从而抑制粉磨逆过程的进行；同时能更有效地激发物料各组分中的潜在活性，获得较高的水泥强度。

木质素型复合水泥助磨剂的主要成分木质素磺酸盐来自纸浆废液，价格低廉，是一种具有经济效益和社会效益的助磨剂。

五、滑石或糖蜜类

由中国建筑材料科学研究总院研究了一种用滑石或糖蜜制成的水泥助磨剂，滑石掺量为水泥熟料的 0.1%～1.0%，糖蜜掺量为水泥熟料的 0.01%～0.1%；滑石为天然矿物，糖蜜为制糖废液，以上两种物质价格低廉，货源充足，用其作助磨剂不仅具有节电效果，而且水泥各龄期强度均有提高，糖蜜作矿渣水泥助磨剂，解决了矿渣水泥助磨的问题。

六、膨胀珍珠岩

该水泥助磨剂由膨胀珍珠岩、萘磺酸铜甲醛缩合物、丙三醇、硫酸铝钾经磨细后混合而成。膨胀珍珠岩矿物组成有：石英、新生莫来石、微粒等，膨胀珍珠岩超细微粒作载体均化各有效组分，并与水泥中氢氧化钙发生反应，提高了水泥石的密实度，使早期和后期强度得到增长；萘磺酸铜甲醛缩合物是离子型高分子化合物；丙三醇是非离子型高分子化合物；另外加激发剂（如硫酸铝钾），激发剂能提高水泥的早期和后期强度。

该水泥助磨剂具有三个显著的特点：助磨作用、增强作用和安定剂作用。通过对水泥厂应用该助磨剂前后生产情况及水泥物理性能进行了对比，表明该助磨剂可提高粉磨效率，提高磨机产量13%，同时水泥各项性能指标有较大幅度的增长，可增加混合材掺量，减少熟料用量。

七、多配方、多性能、高效复合水泥助磨剂

近几年，国内有研究单位已将重点放在了多配方、多性能、高效复合助磨剂的研究开发上，从情报资料及水泥厂的生产应用数据来看，取得了较好的研究成果。如中国建筑材料科学研究总院研究的水泥复合助磨剂、林哲山申请的水泥分散剂、合肥水泥研究设计院研究开发的 HH－99 水泥分散剂、洛阳万顺建材有限公司生产的 CD－88 系列水泥助磨剂等。

此类水泥助磨剂的研究不仅将多种有效助磨成分配合在一起，还在充分研究磨机的型号、规格和结构，熟料成分，混合材种类，成品水泥的各种物理及化学性能等的情况下，配入其他有效成分。因此，此类助磨剂不仅能发挥最佳助磨效果，而且能显著改善水泥的物理和化学性能，另外，还具有适应性强的特点。

合肥水泥设计研究院研究开发的 HH－99 系列水泥分散剂是采用新型合成方法制成的界面活性剂，其原料主要为多种有效助磨物质，还包括少量的早强剂、防冻剂、减水剂、起泡剂等，具体配制以提高粉磨效率、改善产品的物理化学性能和用户的特殊要求为指导原则。

该分散剂主要性能特点为：

（1）产品呈棕色，无毒无味；常温下，比重为 1.125～1.130kg/cm³；阻燃防腐，对设备钢筋等无任何腐蚀作用；对环境无污染，对人体无危害。

（2）提高粉磨细度（即降低筛余、提高比表面积），提高水泥早期强度 3～5MPa，后期强度也有不同程度的提高。

（3）提高水泥磨机台时产量15%～25%，节约电耗。

（4）提高水泥的耐冻性 1.5 倍，提高水泥的防水性。

（5）水泥的分散性及流动性好，可延长贮存期，且可以减少装卸时耗。

（6）减少机械设备维修，降低研磨体消耗，降低设备磨损等。

该分散剂还具有适应性强、性能稳定、助磨剂用量少（用量为 100～120g/t 水泥）等显著特点。

膨 胀 剂

227 防水剂与膨胀剂的区别是什么？

一、作用原理

针对混凝土不同阶段的收缩特性和防水需要，采取了以下四个方面的措施：

（1）对混凝土的塑性收缩进行补偿：对于硬化前的混凝土，CSA 抗裂防水剂中含有塑性膨胀组分，可以补偿混凝土的塑性收缩。

（2）与膨胀剂一样，在约束状态下，硬化后的混凝土产生微膨胀，产生 $0.3 \sim 1.0$MPa 的预压应力，补偿混凝土的干缩和冷缩。

（3）由于掺加了减缩组分和防水组分，进一步改善了混凝土的收缩性，可降低混凝土的后期收缩，进一步提高混凝土的密实性和防水性。

（4）防水机理：掺加 CSA 抗裂防水剂的混凝土，除了产生大量的钙矾石填充混凝土的毛细孔外，引入了进口的有机防水组分，通过成膜原理，进一步封闭混凝土的毛细孔隙，使混凝土抗渗性比膨胀剂混凝土的抗渗性得到进一步提高。

二、CSA 抗裂防水剂与膨胀剂的区别

（1）CSA 抗裂防水剂的主要组分之一是唐山北极熊公司自己的专利产品——高效 CSA 膨胀剂，该膨胀剂性能与世界上公认的最好的膨胀剂（日本的 DENKA20#）类似，当然，其性能大大优于目前国内的其他膨胀剂。该膨胀剂已多年出口到英国、韩国、西班牙、阿联酋、印度尼西亚等国家和我国的台湾地区。

（2）CSA 抗裂防水剂含有塑性膨胀组分和减缩组分，能大幅度降低混凝土的硬化前的塑性收缩。混凝土硬化后，与单纯的膨胀剂一样产生微膨胀；而单纯的膨胀剂是不具备塑性膨胀功能，仅仅是产生硬化后的微膨胀作用。即 CSA 抗裂防水剂具有"双膨胀"功能，这与膨胀剂的"双膨胀源"是不同的两个概念。

（3）由于含有有机防水组分，CSA 抗裂防水剂能同时满足防水剂和膨胀剂的"双标准"，而单纯的膨胀剂达不到防水剂的标准要求。

（4）掺加膨胀剂的混凝土，早期产生微膨胀作用，在干燥状态下，也会产生收缩，形成了膨胀与收缩很大的"落差"，当落差过大时，达不到预期的抗裂效果，甚至可能起反作用。而 CSA 抗裂防水剂的膨胀与收缩"落差"大幅度降低，即 CSA 抗裂防水剂的后期收缩小。

（5）目前水泥普遍较细，早期水化较快，CSA 抗裂防水剂的膨胀组分不是吸收水泥水化反应的氢氧化钙，而是直接与水反应产生微膨胀，因此，与水泥水化反应比较匹配，在早期能发挥较好的膨胀作用。

（6）防水机理不同，膨胀剂的防水机理是产生钙矾石填充毛细孔。而 CSA 抗裂防水剂除产生钙矾石填充混凝土毛细孔外，同时掺加的有机防水组分封闭混凝土的毛细孔。

三、抗裂防水剂与其他防水剂区别

防水剂种类很多，有传统的防水剂，也有微膨胀的防水剂，传统的防水剂基本不具备微膨胀性，仅仅提高混凝土的密实性。因此，现在绝大多数的防水剂厂吸收了膨胀剂的微膨胀功能，生产膨胀类防水剂，但是其基本配方很简单，就是膨胀剂 + 高效减水剂，利用减水剂的作用满足防水剂的标准。而 CSA 抗裂防水剂的配方原理与目前市场上的膨胀类防水剂是完全不同的，CSA 抗裂防水剂是不掺加高效减水剂的，其满足防水剂标准依靠的是添加的非减水的防水组分。当然，根据用户的需要，CSA 抗裂防水剂也可以加入减水剂、泵送剂，满足泵送的要求。

228 膨胀剂如何进行配方设计？

膨胀剂组分基本上都是无机材料，不是本书讨论的重点，仅做如下简单介绍。

一、铝酸钙膨胀剂

铝酸钙膨胀剂是由 25%～80% 的矾土水泥熟料、15%～60% 的二水石膏及 5%～40% 的天然明矾石共同粉磨至比表面积为 $(250 \pm 70) \mathrm{m^2/kg}$ 而成。在制备混凝土或砂浆时，掺入 11%～15%，可制成收缩补偿混凝土或砂浆，并可产生 $0.2～0.6\mathrm{N/mm^2}$ 的自应力值，提高抗裂防渗性能。增加掺量，可以制备自应力混凝土或砂浆。

二、高效能膨胀剂

提高混凝土膨胀剂的效能，使之对不同胶凝材料体系均有良好的适应性，已成为对膨胀剂要求，在进行膨胀剂组分设计时，应着重考虑以下因素：

（1）膨胀和强度的协调问题。

（2）在有效膨胀期间内，最大限度提高反应率。提高膨胀性能的关键是在早期混凝土强度较低的时候产生膨胀作用，这样就能以较小的应力获得较大的膨胀性能。所以高效能混凝土膨胀剂的设计重点是如何快速产生有效、安全的膨胀。硫铝酸钙系膨胀剂主要靠硅酸盐水泥水化提供反应生成钙矾石的 $Ca(OH)_2$，在高效能混凝土膨胀剂的设计中，按比例引入水化活性大的游离氧化钙，不仅具有促进无水硫铝酸钙的水化速度，改进膨胀性能的效果，而且能够提供早期膨胀源。采用矾土、石膏和石灰石烧制成的硫铝酸钙膨胀剂矿物组成为：C_4A_3S，$f\text{-}CaSO_4$，$f\text{-}CaO$，C_2S，C_2F，MgO。

以 C_4A_3S，S，$f\text{-}CaSO_4$，$f\text{-}CaO$ 为 100% 计算三相百分比如下：

$C_4A_3S = 30\%$，$f\text{-}CaSO_4 = 53.5\%$，$f\text{-}CaO = 16.5\%$。

试验表明该膨胀剂比市售 UEA 膨胀剂的限制膨胀率高一倍，以 4%～6% 的掺量即可达到膨胀剂标准规定的限制膨胀率指标。

三、UEA 膨胀剂

"UEA" 按其发展分为 UEA-Ⅰ，UEA-Ⅱ，UEA-Ⅲ，UEA-H。UEA-Ⅰ 是由硫铝酸盐熟料加明矾石、石膏共同磨细制成。水化较快的 C_4A_3S 主要补偿混凝土冷缩，而水化较慢的明矾石主要补偿混凝土干缩。UEA-Ⅰ 的化学成分见表 202-1。UEA-Ⅱ 是用硫酸铝盐熟料，明矾石和石膏磨制而成，其中硫酸铝熟料用天然明矾石经 700～800℃ 煅烧而成。第三代 UEA-Ⅲ，又名硅铝酸盐膨胀剂，它是在 800～900℃ 高温下煅烧高岭土、明矾石和石膏或用煅烧高岭土和石膏磨制而成。高岭土经煅烧脱水后，生成偏高岭石（Al_2O_3，$\cdot 2SiO_2$）和 Al_2O_3，在碱和硫酸盐激发下生成钙矾石，UEA-Ⅲ 的碱含量小于 0.75%，是一种低碱膨胀剂。

表 1 UEA-Ⅰ 的化学成分 %

序号	烧失量	SiO_2	Al_2O_3	Fe_2O_3	CaO	MgO	SO_3	R_2O	合计
1	2.12	16.58	15.07	0.98	35.15	3.60	24.33	1.62	99.45
2	2.62	18.87	12.10	0.74	32.13	2.91	28.65	1.82	99.84

UEA-H 为第四代，它是用改性铝酸钙-硫铝酸钙熟料和石膏磨制而成，其中熟料是用矾土、石灰石和石膏配制成生料，在回转窑中经 1340～1380℃ 煅烧成特种膨胀熟料，其主要矿物组成是铝酸钙。

四、铝酸钙膨胀剂（AEA）

AEA 是由一定比例的铝酸钙熟料、天然明矾石、石膏共同粉磨制成的膨胀剂，铝酸钙熟料、石膏和明矾石的比例关系为 CaA：$CaSO_4$：Al_2O_3 = 3.42：3.65：1.0，铝酸钙熟料比例较小，造价较低。铝酸钙膨胀剂（AEA）其主要化学成分见表2。

表2　AEA 的化学成分

烧失量	SiO_2	Al_2O_3	Fe_2O_3	CaO	MgO	SO_3	$Na_2O + 0.658K_2O$	Σ
3.02	19.82	16.62	2.56	28.60	1.58	25.86	0.51	98.57

五、明矾石膨胀剂 EA-L

明矾石膨胀剂是利用天然明矾石为主要膨胀组分，掺入少量石膏，共同粉磨而成。这种膨胀剂不经煅烧，节能，在自然干燥环境可存放2年不变质，使用方便。但是它的含碱量较高。

六、石灰脂膨胀剂

石灰脂膨胀剂（石灰脂膜膨胀剂、氧化钙膨胀剂）是将石灰（氧化钙）在磨细过程中加入硬脂酸，一方面起助磨剂作用，另一方面在球磨机球磨过程中石灰表面粘附了硬脂酸，形成一层硬脂酸膜，起到了憎水隔离作用，使 CaO 不能立即与水作用，而是在水化过程中膜逐渐破裂，延缓了 CaO 的水化速度，从而控制膨胀速率。

硫铝酸盐-氧化钙类复合膨胀剂的配方是：20%～40%的硫铝酸盐水泥熟料或15%～35%的铝酸钙熟料，35%～60%的硬石膏，6%～60%的生石灰，5%～10%的天然明矾石。由以上材料共同粉磨而成。

229　膨胀剂在微膨胀防水混凝土中的应用如何？

在有约束的防水混凝土工程中，采用膨胀混凝土浇筑可减少收缩裂缝的产生，提高混凝土的密实性，在一定程度上实现混凝土的防水功能。微膨胀防水混凝土就是指采用膨胀水泥或掺加膨胀剂配制的，在凝结硬化过程中产生一定的体积膨胀，补偿因干燥失水、温度变化等原因引起的体积收缩，抑制和减少收缩裂缝的产生，增强混凝土的密实性，从而满足防水工程需要的一类混凝土。

目前，国内膨胀混凝土的配制主要采用膨胀剂，在地下工程及超长结构的防水施工中应用比较广泛。我国已研制出多达十几个品种的膨胀剂，制定了相关标准（GB 50119—2003《混凝土外加剂应用技术规范》和 JC 476—2001《混凝土膨胀剂》），并对膨胀剂的生产、应用进行规范。

一、膨胀剂的类别及化学组成

我国现有十几个品种的混凝土膨胀剂，按化学组成划分，主要有以下几类：硫铝酸钙类、氧化钙类、氧化镁类等。

（一）硫铝酸钙类膨胀剂

硫铝酸钙类膨胀剂是以硫铝酸盐熟料、硅铝酸盐熟料或铝土熟料与石膏配制磨细而成。硫铝酸钙类膨胀剂包括 U-1 型膨胀、U-2 型膨胀剂、U 型高效膨胀剂、铝酸钙膨胀剂和明矾石膨胀剂等几个品种，其主要膨胀源为水化硫铝酸钙。它们的基本组成、参考掺量、含碱量见表1。表2为掺有硫铝酸钙类膨胀剂的水泥的物理性能。

表1　各类硫铝酸钙类膨胀剂基本组成、含碱量及参考掺量

膨胀剂品种/代号	基本组成	含碱量（%）	掺量（%）
U-1 型膨胀剂/U-1	硫铝酸钙熟料、明矾石、石膏	1.0～1.5	10～12
U-2 型膨胀剂/U-2	硫铝酸钙熟料、明矾石、石膏	1.7～2.0	8～12
U 型高效膨胀剂/UEA-H	硫铝酸钙熟料、明矾石、石膏	0.5～0.8	8～10
硫铝酸钙膨胀剂/AEA	铝酸钙、明矾石、石膏	0.5～0.7	10～12
明矾石膨胀剂/EA-L	明矾石、石膏	2.5～3.0	15～17

表2 掺硫铝酸钙类膨胀剂水泥的物理性能

品种	掺量（%）	凝结时间		限制膨胀率（%）		抗压强度（MPa）		抗折强度（MPa）	
		初凝（h：min）	终凝（h：min）	水中14d	空气28d	7d	28d	7d	28d
U-1	12	1：27	2：10	0.035	0.009	34.7	52.4	5.4	7.8
UEA-H	12	1：25	2：08	0.045	0.011	41.5	59.7	6.5	8.2
AEA	10	1：35	3：20	0.056	0.003	42.0	51.2	6.6	7.1
EA-L	15	2：30	4：40	0.04	-0.008	40.0	54.2	5.3	7.6

（二）氧化钙类膨胀剂

氧化钙类膨胀剂主要包括石灰脂膜膨胀剂和CEA膨胀剂。石灰脂膜膨胀剂是以氧化钙为膨胀源，由普通石灰和硬脂酸按一定比例混磨而成。硬脂酸一方面在研磨过程中起助磨作用，另一方面又粘附在石灰的表面，对石灰起憎水隔离作用，延缓石灰的水化，以控制其膨胀速率。石灰脂膜膨胀剂保质期短，其膨胀速率受温度、湿度影响较大，难以控制，很难用于混凝土的补偿收缩，主要用于设备基础灌浆以减少混凝土的收缩。

CEA膨胀剂是以石灰石、铝土质材料、铁质原料、明矾石等为原料，经1400~1500℃煅烧、研磨而成，其膨胀源以氧化钙为主、钙矾石为次。CEA膨胀剂化学成分和1：2灰砂比砂浆的限制膨胀率分别见表3、表4。掺10%CEA膨胀剂混凝土试件经水中14d养护后，置于相对湿度50%的25℃空气中养护，1年后仍有0.011%的膨胀率，空气中后期收缩较小。

氧化钙类膨胀剂的后期膨胀可能导致已硬化的混凝土结构开裂、强度降低，工程中已出现此类事例报道。因氧化钙类膨胀剂的残余膨胀问题，日本已禁用该类膨胀剂，北京市建委也曾发文要求该类膨胀剂使用前需按产品掺量测定水泥净浆安定性。GB 50119—2003《混凝土外加剂应用技术规范》中规定：氧化钙类膨胀剂配制的混凝土（砂浆）不得用于海水或有侵蚀性水的工程。

表3 CEA膨胀剂的化学组成 %

烧失量	SiO_2	Al_2O_3	Fe_2O_3	CaO	MgO	SO_3	K_2O	Na_2O
2.02	15.92	4.12	1.67	70.80	0.53	3.47	0.35	0.41

表4 掺10%CEA膨胀剂砂浆的限制膨胀率 %

龄期	3d	7d	28d	3m	6m	1a	3a
限制膨胀率	0.021	0.032	0.043	0.048	0.049	0.047	0.048

（三）氧化镁类膨胀剂

氧化镁类膨胀剂一般是在800~900℃范围内煅烧菱镁矿，经磨细而制得。氧化镁水化生成氢氧化镁结晶（水镁石），摩尔体积增加1倍多，可引起混凝土的膨胀。氧化镁膨胀剂具有延迟膨胀的性能，在常温下膨胀缓慢。在水工大体积混凝土内温度较高，加速了氧化镁的化学反应，其水化3d后就开始膨胀，1年内趋于稳定，而水泥的水化热主要发生在3d内，其膨胀恰好发生在降温收缩阶段，具有较好的补偿收缩作用。在混凝土内掺入水泥质量5%~9%的氧化镁膨胀剂，可得到性能符合要求的膨胀混凝土。掺氧化镁膨胀剂混凝土的膨胀率见表5。

表 5　氧化镁膨胀剂混凝土的自由膨胀率

养护温度（℃）	膨胀剂掺量（%）	各龄期氧化镁膨胀剂混凝土的自由膨胀率（×10⁻⁶）					
		3d	7d	28d	60d	90d	180d
20	4.5	3.2	5.3	15.0	25.7	35.0	60.0
40	4.5	13.5	24.0	59.5	74.0	95.5	121.0

二、微膨胀防水混凝土的防水机理

普通混凝土在水化硬化过程中会产生各种原因引起的收缩，如干燥收缩、温度收缩、化学减缩等。在已凝结的混凝土内，收缩使得混凝土内存在应力，从而引发微裂缝。这不仅使混凝土的整体性遭到破坏，抗渗性、强度等一系列性能下降；而且还会使外界侵蚀介质更容易进入混凝土内部，使得混凝土耐久性不良。微膨胀防水混凝土就是通过混凝土内膨胀源产生的膨胀能，补偿、抵消混凝土的收缩，从而达到混凝土密实抗渗的目的。

在水化过程中，掺有膨胀剂的微膨胀防水混凝土的氧化钙、氧化镁类膨胀剂自身会发生水化反应，生成膨胀性结晶产物——氢氧化钙、氢氧化镁等，而硫铝酸钙类膨胀剂则与水泥水化产生的氢氧化钙发生反应，生成钙矾石等产物。这些结晶产物的体积较水化前增长1倍左右，构成膨胀源，在混凝土内产生一定的膨胀能，使混凝土产生体积膨胀，补偿或抵消混凝土因干燥等原因引起的收缩，减少微裂缝的产生；在约束的条件下，这些膨胀性产物具有填充、堵塞毛细孔的作用，可改善孔结构，使混凝土孔隙率减少，孔隙直径减小，从而提高混凝土的抗渗性。同时，膨胀性产物还可改善混凝土内的应力状态，膨胀能转变为自应力，抵消混凝土因干燥收缩等引起的拉应力，使混凝土处于受压状态，可提高混凝土的抗裂性能，改善其渗透性。

三、微膨胀防水混凝土的物理力学性能及耐久性

膨胀是微膨胀防水混凝土最主要的特性，因其膨胀特性，使得微膨胀防水混凝土的物理力学性能及耐久性与普通混凝土有不同程度的差别。

对于存在约束的微膨胀防水混凝土，混凝土内的膨胀性产物具有填充、密实混凝土微结构的作用，混凝土的抗渗性得到提高，同时膨胀源产生的膨胀能还可改善混凝土内的应力状态，提高混凝土的防裂抗渗能力。适当的限制条件不仅能提高微膨胀防水混凝土的各种程度，而且与强度相关的性能也同样因限制而得到提高。工程实践表明，存在适当限制的微膨胀防水混凝土的强度一般都超过20MPa。实际工程中，混凝土材料均存在一定的约束条件，如配筋、限制部位等，因此微膨胀防水混凝土的物理力学性能及耐久性一般都略优于普通混凝土。但自由膨胀的情况，膨胀对混凝土的物理力学性能及耐久性起着不利的作用。在一定掺量范围内，随膨胀剂掺量的增加，混凝土的自由膨胀率随之增加，混凝土强度和其他一些物理力学性能随之有一定弱化。当自由膨胀率超过一定值（约0.1%）时，混凝土各种力学性能及耐久会明显劣化。

因膨胀剂的需水性一般高于普通水泥，且早期水化反应速度较快，微膨胀防水混凝土拌合物的流动性低于相同用水量的普通混凝土，其坍落度损失也大于普通混凝土，这是施工中应予注意的问题。但微膨胀防水混凝土一般具有较好的粘聚性，泌水率较低。

水化硫铝酸钙在80℃左右会发生脱水分解，产生体积收缩。因而，凡是掺有以钙矾石为膨胀源的膨胀剂的微膨胀防水混凝土，在高温环境中会出现孔隙率增大、强度下降、抗渗性降低的情况。

四、微膨胀防水混凝土的配制技术要点

微膨胀防水混凝土的材料设计和施工应遵循以下技术要点：

（1）配合比设计及原材料选择。进行配合比设计和原材料选择时，要符合普通防水混凝土的技术要求，水泥用量不能太低，严格控制水灰比，适当提高砂率并采用较小粒径的集料。

（2）限制自由膨胀。约束是实现微膨胀防水混凝土防水功能的必要条件。在自由膨胀条件下，膨胀对混凝土的各种性能有劣化作用，只有在限制条件下，膨胀才能产生各种所需的功能，起到有利作用。一般限制措施为配制钢筋、掺加纤维、邻位限制等。

（3）强化搅拌。对微膨胀防水混凝土应采用机械搅拌，通常搅拌时间不得少于 3min，并应比普通混凝土延长 30s 以上。必须搅拌均匀，以免产生局部过度膨胀。

（4）调控凝结时间。微膨胀防水混凝土施工温度高于 30℃ 时，或混凝土运输、停放时间较长，应采取缓凝措施；冬季施工时，最好复合一些早强剂，如三乙醇胺，以避免温度对混凝土性能的影响。

（5）注意施工、应用环境。微膨胀防水混凝土浇筑温度不宜大于 35℃，施工温度不低于 5℃，低于 5℃ 时应采取保温措施。以钙矾石为膨胀源的微膨胀防水混凝土不能用于长期处于 80℃ 以上的工程，否则混凝土会因钙矾石的脱水分解而导致抗渗性、强度降低。

（6）加强养护。对微膨胀防水混凝土工程应加强养护，一般需要 14d 的潮湿养护。

230 掺膨胀剂混凝土的变形性能如何？

建筑结构不断向高层、大跨度方向发展，给主要结构材料——混凝土的使用带来了越来越多的问题，同时也提出了更高的性能要求。现代混凝土不再片面地追求高强度，高性能已经成为混凝土技术发展的主要方向。

水泥混凝土材料的组成决定了其硬化后具有脆性、收缩变形等属性，如处理不当，将导致混凝土开裂，耐久性下降，影响混凝土结构的正常使用。为了克服混凝土的收缩变形，通过在混凝土中掺入膨胀剂，引入膨胀源以补偿混凝土的后期收缩。在我国，膨胀剂被广泛地应用于补偿收缩混凝土，对提高混凝土防渗防裂性能起到了重要作用。但随着膨胀剂的广泛使用，混凝土结构工程发生开裂、渗漏的事例越来越多。主要原因在于，对膨胀剂的正确使用缺乏认识，在使用过程中具有一定的盲目性。

一、实验

（一）原材料

水泥：P·O 52.5R。

粗集料：5～25mm 级配碎石，重庆歌乐山。

细集料：中砂。

膨胀剂：膨胀剂。

矿渣粉：S95 级。

外加剂：缓凝高效减水剂。

（二）试验方法

参照 CBJ 82—85 中混凝土收缩的测试方法，改变养护条件（表1），考察养护条件对掺膨胀剂及未掺膨胀剂混凝土自由收缩率的影响，试验中采用的混凝土配合比见表2。

表1　试验中的养护条件

编号	养护制度	测试制度	说明
1	水中养护	试件在 3d 龄期（从搅拌混凝土加水时算起）从规定养护条件中取出，并立即移入恒温室预置 4h，测其初始长度，然后依次测其 3d、7d、14d、28d、45d、60d、133d 的长度，并计算相应龄期的收缩率	拆模后立即放入水中养护 14d，然后移入恒温恒湿室［温度：(20±2)℃，相对湿度：(60±5)%］中养护
2	标准养护		拆模后立即置于恒温恒湿室［温度：(20±2)℃，相对湿度：(60±5)%］中养护

表 2　试验中采用的混凝土配合比

试验编号	水泥（kg/m³）	粗集料（kg/m³）	细集料（kg/m³）	矿渣粉（kg/m³）	水（kg/m³）	外加剂（kg/m³）	膨胀剂（kg/m³）
A	300	1021	836	108	155	9.482	23
B	323	1021	836	108	155	9.482	—

二、试验结果及分析讨论

（一）试验结果分析

从试验中发现，混凝土中掺入膨胀剂后，养护条件不一样，试验结果截然不同，如图 1 中的曲线 A-1 与曲线 A-2 所示。在混凝土中掺入膨胀剂后，早期如能保证充足的水分供给，膨胀剂效能可以得到发挥，以补偿混凝土的早期收缩，并产生适度膨胀，如曲线 A-1 所示。同样掺加了膨胀剂的曲线 A-2 则由于混凝土无法从外界环境中获取足够水分而始终表现为收缩。混凝土收缩率试验结果见表 3，图 1 是根据表中数据所作曲线。

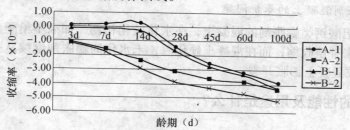

图 1　混凝土收缩率曲线

表 3　混凝土收缩率测试结果

试验编号	3d 收缩率（×10⁻⁴）	7d 收缩率（×10⁻⁴）	14d 收缩率（×10⁻⁴）	28d 收缩率（×10⁻⁴）	45d 收缩率（×10⁻⁴）	60d 收缩率（×10⁻⁴）	100d 收缩率（×10⁻⁴）
A－1	+0.13	+0.02	+0.28	－1.37	－2.51	－3.15	－3.92
A－2	－1.13	－1.57	－2.36	－3.12	－3.63	－3.85	－4.36
B－1	－0.12	－0.14	－0.28	－1.65	－2.75	－3.39	－4.28
B－2	－1.02	－1.79	－2.96	－3.85	－4.27	－4.61	－5.15

注：1. 试验编号 A－1 表示该试验采用 A 所对应的配合比，并采用 1 所对应的养护条件，依此类推。
　　2. "＋"表示膨胀，"－"表示收缩。

从图 1 中可以看出，在标准环境［温度：(20 ± 2)℃，相对湿度：(60 ± 5)％］中养护，掺加膨胀剂混凝土（对应曲线 A－2）与未掺膨胀剂混凝土（对应曲线 B－2）均表现为收缩，在补偿收缩方面，膨胀剂发挥了一定作用，但效果不明显。从试验结果还可以看出，在控制混凝土收缩时，与不正确使用膨胀剂相比，采取其他一些措施（如改善养护条件）却能达到更好的效果。

（二）机理分析

掺入硫铝酸钙类膨胀剂的混凝土混合料加水后，膨胀剂与水泥熟料矿物以及石膏等快速溶解产生 Ca^{2+}，SO_4^{2-}，AlO_2^-，OH^- 等离子，形成钙矾石过饱和溶液，这些离子通过浓差扩散聚集在一起，其形成过程可用下面的方程来表示。

$$3Ca(OH)_2 + 3SO_4^{2-} + 3CaO \cdot Al_2O_3 \cdot 6H_2O + 26H_2O \longrightarrow 3CaO \cdot Al_2O_3 \cdot 3CaSO_4 \cdot 32H_2O + 6OH^-$$

钙矾石（AFt）晶体中含有大量结晶水，固相体积增加约 1.5 倍。合理利用 Aft 的这一特性，可补偿混凝土的早期收缩，这也是补偿收缩混凝土的原理所在。

从上式可以看出，形成一个 AFt 需要结合 31（或 32）个水分子。因此，养护条件的湿度对 AFt 的形成影响很大，当相对湿度小于 80% 时，钙矾石的形成将受到明显抑制。

这解释了试验 A-1 在 14d 中表现为膨胀，而同样掺有膨胀剂的试验 A-2 却表现为收缩的现象。

三、使用膨胀剂时应注意的一些问题

（一）水胶比变化可能带来的问题

高强和高性能混凝土的推广，使得混凝土的水胶比降到 0.4 或 0.3 甚至于更低，而混凝土中的自由水随水胶比的降低而减少，当掺有膨胀剂时，膨胀剂中的 $CaSO_4$ 的溶出量随自由水的减少而减少。因此当水胶比很低时，膨胀剂参与水化而产生膨胀的组分数量会受到影响，那么，早期未参与水化的膨胀剂组分，在混凝土使用期间在合适的条件下，可能生成二次钙矾石（或称延迟生成钙矾石，Delayed Ettringite Formation，简称 DEF）而破坏混凝土结构。这方面的问题目前还缺少试验数据，尚需要进行试验研究。而且由于 DEF 有较长的潜伏期，对结构的破坏作用是逐渐产生的，而大体积混凝土又往往是隐蔽工程，造成的破坏是难以检查和修复的。

同时，水胶比要影响混凝土的强度，过高的强度特别是早期强度会抑制混凝土膨胀的发展，而较低的强度特别是早期强度会导致更多的膨胀变为无效膨胀，消耗在塑性状态的混凝土中，使得有效膨胀率减少。

（二）掺有膨胀剂混凝土的养护问题

工程上使用硫铝酸钙类膨胀剂的混凝土，在水化硬化初期，如果不给予充分的湿养护，将不能形成足够的 AFt 来补偿收缩，而在混凝土硬化后，未水化的膨胀剂继续从空气中吸收水分水化形成 AFt，可能导致混凝土膨胀开裂。

231 膨胀剂的性能及用途是什么？

一、性能

膨胀剂中氧化镁含量不得高于 5%（但目前在试用的含镁膨胀剂除外），镁的后期膨胀会使已硬化的混凝土结构开裂。物理性能中最主要的是 7d 龄期的膨胀应不小于 0.025%，而水中 7d + 空气中 21d 的养护的收缩率（即负膨胀）不能大，才是优质的膨胀剂。其性能指标见表 1。

表 1　混凝土膨胀剂性能指标

项　目				指标值
化学成分	氧化镁（%）	≤		5.0
	含水率（%）	≤		3.0
	总碱量（%）	≤		0.75
	氯离子（%）	≤		0.05
物理性能	细度	比表面积（m^2/kg）	≥	250
		0.08mm 筛筛余（%）	≤	12
		1.25mm 筛筛余（%）	≤	0.5
	凝结时间	初凝（min）	≥	45
		终凝（h）	≤	10
	限制膨胀率（%）	水中	7d　≥	0.025
			28d　≤	0.10
		空气中	21d	−0.020
	抗压强度（MPa）≥	7d		25.0
		28d		45.0
	抗折强度（MPa），≥	7d		4.5
		28d		6.5

注：细度用比表面积和 1.25mm 筛筛余或 0.08mm 筛筛余和 1.25mm 筛筛余表示，仲裁检验用比表面积和 1.25mm 筛筛余。

二、用途

（1）膨胀剂主要用于配制补偿收缩混凝土，填充用膨胀混凝土和灌浆用膨胀砂浆。其适用范围见表2。

表2 膨胀剂的适用范围

用　途	适　用　范　围
补偿收缩混凝土	地下、水中、海水中、隧道等构筑物，大体积混凝土（除大坝外），配筋路面和板、屋面与厕浴间防水、构件补强、渗漏修补、预应力混凝土、回填槽等
填充用膨胀混凝土	结构后浇带、隧洞堵头、钢管与隧道之间的填充等
灌浆用膨胀砂浆	机械设备的底座灌浆、地脚螺栓的固定、梁柱接头、构件补强、加固等
自应力混凝土	仅用于常温下使用的自应力钢筋混凝土压力管

（2）掺膨胀剂的混凝土适用于钢筋混凝土工程和填充性混凝土工程。

（3）掺膨胀剂的补偿收缩混凝土刚性屋面宜用于南方地区。

三、主要品种

混凝土膨胀剂分为三类。

（1）硫铝酸钙类混凝土膨胀剂

以水化硫铝酸钙即钙矾石为主膨胀源的膨胀剂。

（2）硫铝酸钙——氧化钙类混凝土膨胀剂

是指与水泥、水拌后经水化反应生成钙矾石和氢氧化钙的混凝土膨胀剂。

（3）氧化钙类混凝土膨胀剂

是指与水泥、水拌合后经水化反应生成氢氧化钙的混凝土膨胀剂。

232　什么是混凝土膨胀剂？它分为哪几类？有哪些用途？使用中应注意些什么？

能使混凝土产生一定体积膨胀的外加剂称为混凝土膨胀剂。常用的混凝土膨胀剂可分为以下几类：

（1）硫铝酸钙类，如明矾石膨胀剂、CSA膨胀剂等；

（2）氧化钙类，如石灰膨胀剂；

（3）复合膨胀剂，如硫铝酸钙和氧化钙组成的膨胀剂；

（4）氧化镁类，如氧化镁膨胀剂；

（5）金属类，如铁屑膨胀剂、铝粉膨胀剂等。

膨胀剂的主要用途是配制补偿收缩混凝土（砂浆）、填充用膨胀混凝土（砂浆）和自应力混凝土（砂浆），以减少混凝土（砂浆）的干缩裂缝，提高抗裂性和抗渗性。

混凝土膨胀剂在使用中应注意以下事项：

（1）掺硫铝酸钙类膨胀剂配制的膨胀混凝土（砂浆），不得用于长期处于环境温度为80℃以上的工程中；

（2）掺铁屑膨胀剂的填充膨胀混凝土（砂浆），不得用于有杂散电流的工程和与铝镁材料接触的部位；

（3）膨胀混凝土配合比设计与普通混凝土相同，配合比计算时，水泥用量为 $1m^3$ 混凝土中实际水泥用量与膨胀剂用量之和，铁屑膨胀剂的质量不计入水泥用量内；

（4）膨胀混凝土（砂浆）宜采用机械搅拌，必须搅拌均匀，一般比普通混凝土（砂浆）的搅拌时间延长 30s 以上；

（5）膨胀混凝土（砂浆）必须在潮湿状态下养护 14d 以上或采用喷涂养护剂养护；

（6）对掺硫铝酸钙类或氧化钙类膨胀剂的混凝土，不宜同时使用氯盐类外加剂。

233　用高岭土如何制备混凝土膨胀剂？

目前，高岭土在建材领域的应用较少，这是因其活性不高所致。只有在高温煅烧后，并采用碱性激发剂来激发，才能发挥其火山灰活性，形成胶凝材料，而用于制备水泥或者代替部分水泥充当混凝土掺合料等。高岭土化学成分以 Al_2O_3 和 SiO_2 为主，经煅烧后失水而变成较高活性的偏高岭土，在硫酸盐和氢氧化钙的激发下，偏高岭土可生成具有膨胀效应的钙矾石（$3CaO \cdot Al_2O_3 \cdot 3CaSO_4 \cdot 32H_2O$）等水化产物。因此，通过对石膏和氧化钙激发后偏高岭土水化产物的显微结构及其水化机理的研究，进一步探讨用高岭土制备混凝土膨胀剂的可行性。

一、试验材料及方法

（一）试验材料

内蒙古硬质煤系高岭土；河北安国硬石膏，外观淡黄色，主要含二水硫酸钙（$CaSO_4 \cdot 2H_2O$）；氧化钙，分析纯，纯度达 95%。

高岭土的化学组成（%）：Al_2O_3，39.40；SiO_2，45.75；Fe_2O_3，0.20；TiO_2，0.64；烧失量，14.01。

（二）原材料处理

高岭土在 WS-10-13 型箱式电炉中恒温 700℃、煅烧 2h 后，经破碎、粉磨，采用水泥比表面积测定方法（勃氏法），控制其比表面积在 $450m^2/kg$ 左右；硬石膏在 120℃下煅烧 2h，经颚式破碎机破碎、球磨机粉磨后，采用勃氏比表面积测定仪，测定粉磨时间不同的矿粉比表面积，并选取比表面积在 $400m^2/kg$ 左右的矿粉进行试验。

（三）实验方法

将摩尔比为 1∶3∶6 的高岭土、石膏、石灰粉混合后调水（其中加水量为 100g，混合矿粉量为 300g，水灰比为 0.33），一起加入水泥净浆，搅拌机中，拌制成标准稠度的浆体，倒入规格为 31.6mm×31.6mm×50mm 的试验模型中，振动成型，并在 20℃、90% 相对湿度条件下养护 24h 后脱模，再继续养护至 1d，2d，3d 时，分别取其中心部分，通过 Quanta 200 环境扫描电镜对处理后材料的微观形貌进行观察。

二、试验结果

（一）水化 1d 时扫描电镜图片

观察可知：有大量钙矾石和 C—S—H 凝胶生成 [图 1（a）]，其中呈针状的钙矾石含量较多，顶端有分叉向四周伸展的细长条状凝胶含量较少 [图 1（b）]。可看到极少量未反应的正六面体结构的氢氧化钙晶体和较多量的片状、叠片状等高岭石簇矿物 [图 1（c），（d）]。

（二）水化 2d 时扫描电镜图片

观察可知：片状、叠片状等高岭石簇矿物量迅速减少；有条状、棒状 [图 2（d）] 或团簇结构 [图 2（a），（c）] 钙矾石生成，钙矾石体积逐渐增大；条状 C—S—H 凝胶由于叉枝的交结，并在交结点相互生长，从而形成连续的三维空间网，并相互联锁构成网络状结构 [图 2（b）]。

图1　水化1d时的SEM图片

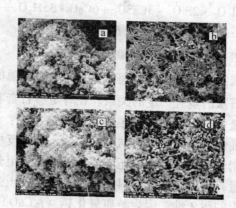

图2　水化2d时的SEM图片

（三）水化3d时扫描电镜图片

观察可知：仅见极少量片状、叠片状等高岭石簇矿物；构成三维空间网络结构的条状C—S—H凝胶数量增多且网络变粗、紧密 [图3 (a)，(e)]；条状、棒状钙矾石数量增多且变长、长粗 [图3 (b)，(c)]，团簇状钙矾石聚集成胶凝状且体积迅速增大 [图3 (d)]。

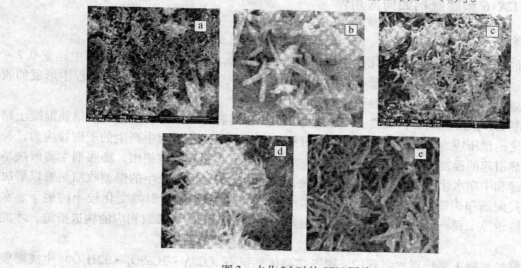

图3　水化3d时的SEM图片

三、水化机理探讨

高岭土（$Al_2O_3 \cdot 2SiO_2 \cdot 2H_2O$）是由一层硅氧四面体层和一层铝氧八面体层构成的1∶1型层状硅酸盐矿物，其中Si，Al的配位数分别是4和6。温度升至400~500℃开始脱水，脱水后虽仍保持原先的层状结构，但原子间已发生较大的错位，形成结晶度很差的偏高岭土（$Al_2O_3 \cdot 2SiO_2$）。偏高岭土中原子排列不规则，呈现热力学介稳状态，是一种具有火山灰活性的矿物。

在石膏、石灰激发下，产生以具有膨胀效应的钙矾石和C—S—H凝胶为主的水化产物；首先由于OH^-离子的作用，组成高岭土网络的硅-氧、铝-氧键断裂使玻璃结构解体，反应迅速进行，偏高岭土中的Al_2O_3、石膏（$CaSO_4$）和石灰遇水生成的$Ca(OH)_2$反应，生成大量的钙矾石，其次是随着网络结构的解体，偏高岭土中的SiO_2继续反应，形成硅酸根与铝酸根阴离子团，并与以钙为代表的阳离子生成水化硅酸钙、水化铝酸钙等具有胶凝性质的水化产物C—S—H凝胶。

主要反应方程式如下：

$Al_2O_3 \cdot 2SiO_2 + 3CaSO_4 + 6CaO + 35H_2O \longrightarrow 3CaO \cdot Al_2O_3 \cdot CaSO_4 \cdot 32H_2O$（钙矾石）$+3CaO \cdot 2SiO_2 \cdot 3H_2O$（C—S—H 凝胶）

四、影响膨胀的因素分析

依据钙矾石形成机理可知，作为膨胀源的钙矾石，系由高岭土成分中的 Al_2O_3 来提供，和石膏、石灰的量有一定的关系。在有足够石膏和氧化钙的条件下，组分中 Al_2O_3 量越多，生成的钙矾石量就越大，产生膨胀的效应也就越强；氧化钙含量的增大，有利于提高浆液中 OH^- 离子浓度，加快偏高岭土网络结构的解体，加剧反应的进行。

用于混凝土中时，还应该考虑这三种组分对混凝土强度、耐久性、安定性等的影响。如高岭土过量，则可起到掺合料的作用，对混凝土强度发展有利；组分中氧化钙含量过多，则严重影响混凝土的耐久性，因为游离氧化钙（f-CaO）在凝结过程中水化很慢，水泥凝结硬化后还在继续起水化作用。当 f-CaO 超过一定限量时，游离的氧化钙变成氢氧化钙，体积变大，在混凝土内部产生一个向外的力，随时间的延长就会破坏已硬化的水泥石或使抗拉强度下降。组分中石膏含量较少，则不能使偏高岭土中的 Al_2O_3 组分完全反应而生成膨胀组分钙矾石，达不到应有的膨胀效果；组分中的石膏含量过大，则不利于水泥的凝结硬化，严重影响混凝土的强度。

234 UEA-6 型膨胀剂如何应用？

一、用途

掺加本剂后，混凝土中形成水化硫铝酸钙产生适度膨胀力（预应力），在结构中建立 0.2～0.7MPa 预压应力，水中 7d 限制膨胀率大于或等于 0.025%，可抵消混凝土硬化过程中形成的收缩力，因而减少干缩裂缝，提高抗裂和抗渗性能。

普通混凝土掺入膨胀剂后，混凝土产生适度膨胀，在钢筋和邻位约束下，可在钢筋混凝土结构中建立一定的预压应力。这一预压应力大致可抵消混凝土在硬化过程中产生的干缩拉应力，补偿部分水化热引起的温差应力，从而防止或减少结构产生有害裂缝。应指出，膨胀剂主要解决早期的干缩裂缝和中期水化热引起的温差收缩裂缝，对于后期天气变化产生的温差收缩是难以解决的，只能通过配筋和构造措施加以控制，因此，膨胀剂最适用于环境温差变化较小的地下、水工、海工、隧道等工程。对于温差较大的结构（屋面、楼板等）必须采取相应的构造措施，才能控制裂缝。

掺膨胀剂的混凝土要特别加强养护，膨胀结晶体钙矾石（$C_3A \cdot 3CaSO_4 \cdot 32H_2O$）生成需要水。补偿收缩混凝土浇筑后 1～7d 湿养护，才能发挥混凝土的膨胀效应。如不养护或养护马虎，就难以发挥膨胀剂的补偿收缩作用。膨胀剂的适用范围见表1。

表1 膨胀剂的适用范围

用 途	适 用 范 围
补偿收缩混凝土	地下、水工、海工、坝工、隧道等构筑物，大体积混凝土，配筋路面和板、屋面与浴厕间防水、构件补强、渗漏修补、预应力钢筋混凝土、回填槽等
填充用膨胀混凝土	结构后浇缝、隧洞堵头、钢管与隧道之间的填充等
填充用膨胀砂浆	机械设备的底座灌浆、地脚螺栓的固定、梁柱接头、构件补强、加固等
自应力混凝土	用于常温下使用的自应力钢筋混凝土压力管

二、执行标准

JC 476—2001《混凝土膨胀剂》。

三、用量与用法

（1）掺量见表2。

表2　掺量

代　号	型　号	掺量（$C \times \%$）
1027	UEA-6	6～8
1028	UEA-8	8～10

（2）采用机械搅拌，搅拌时间大于或等于3min。

（3）在日最低气温低于5℃时，应采取保温措施；膨胀混凝土和膨胀砂浆工程或构件可以采用低于80℃蒸汽养护，养护制度应根据膨胀剂和水泥品种，通过试验确定。

（4）使用水泥强度等级大于或等于32.5。

（5）混凝土浇筑

①在计划浇筑区段内要连续浇筑混凝土，不得中断。②混凝土浇筑宜阶梯式推进，浇筑间隔时间不得超过混凝土的初凝时间，避免出现冷缝。可以延长伸缩缝的长度，可用加强带取代后浇带的施工方法。③混凝土振捣要密实，不得漏振、欠振和过振。④混凝土浇筑后，为防止沉缩裂缝出现，在混凝土终凝前，应采用抹面操作或人工多次抹压。

（6）混凝土养护

①对于大体积混凝土，宜采用蓄水养护或用麻袋片覆盖，定期浇水，养护时间不小于14d。②对于墙体等不易保水结构，拆模板时间应不少于7d。拆模后，用麻袋片紧贴墙，定期浇水，养护时间不少于14d。③冬季施工时，底板混凝土浇筑完后，用塑料薄膜和保温材料覆盖，养护期不少于14d。对于墙体，带模板养护不少于14d。

四、性能及特点

本剂属硫铝酸钙类混凝土膨胀剂，不含钠盐，不会引起混凝土的碱-集料反应。掺本剂的混凝土耐久性能良好，膨胀性能稳定，强度持续上升。

五、使用注意事项

（1）膨胀混凝土要通过其中的钢筋、纤维或周边物体的限制约束作用才能在结构中建立预压应力，补偿混凝土收缩产生的应力。因此膨胀剂必须在有限制的条件下使用。

（2）膨胀混凝土配比设计与普通水泥混凝土相同，但最低水泥用量应大于300kg/m³。

（3）膨胀剂掺量（E）按内掺（胶凝材料的替换率）计算，即：替换率$K = E / (C + E + F)$。C——水泥用量；E——膨胀剂用量；P——混凝土掺合料。

（4）膨胀混凝土不能用于工作环境长期处于80℃以上的工程，施工温度低于5℃时，要采取保温措施。

（5）膨胀剂要存放在干燥场所，切勿受潮。

（6）要达到预期的抗渗防裂的目的，必须做到：①混凝土配合比设计正确，膨胀剂用量保证能产生足够的限制膨胀；②配筋合理，特殊部位应附加钢筋；③严格施工管理，适当增加搅拌时间，振捣务必密实，养护必须供水充足。

六、贮存、包装及注意事项

（1）用防潮的包装袋包装，每袋净重50kg。

（2）产品在运输与保管中不得受潮。产品贮存期为12个月，严禁与水泥混放。

七、UEA-6 产品部分试样参考数据（表 3）

表 3　参考数据

配　　方		基准水泥 （$C \times 6\%$）	基准水泥 （$C \times 8\%$）	基准水泥 （$C \times 10\%$）	基准水泥 （$C \times 12\%$）	拉法基水泥 （$C \times 8\%$）
限制膨胀率 （%）	水中 7d　≥0.025	0.031	0.036	0.042	0.054	0.042
	水中 28d　≤0.10	0.04	0.056	0.081	0.111	0.061
抗压强度 （MPa）	水中 7d　≥25	32.0	29.2	26.1	23.3	37.4
	水中 28d　≥45	57.9	51.8	44.3	32.0	63.3
抗折强度 （MPa）	水中 7d　≥4.5	5.6	4.8	4.4	2.7	6.0
	水中 28d　≥6.5	8.1	7.5	6.1	3.9	9.3

结论：（1）随掺量的加大，其限制膨胀率加大，强度降低。（2）当掺量加大到 $C \times 12\%$ 的时候，其强度和限制膨胀率均已经不合格。（3）拉法基水泥与基准水泥对比，其限制膨胀率和强度相一致。

八、应用实例

砂 浆 配 合 比 通 知 单

委托单位：中国路桥（集团）总公司　　　　　委托人：崔世峰
工程名称及部位：京承高速公路（高丽营～沙峪沟段）
砂浆种类：水 泥 净 浆　　　　　　　　强度等级：45MPa
水泥品种：普 通 硅 酸 盐　　强度等级：P·O 42.5　厂别：兴发拉法基
掺合料种类：慕湖牌 UEA 膨胀剂　　　外加剂种类：慕湖牌 UNF-5 型萘系高效减水剂

（1）通过对掺加膨胀剂和聚丙烯纤维而配制的补偿收缩纤维混凝土性能的工程应用表明，补偿收缩纤维混凝土能有效地控制混凝土结构早期塑性收缩、干缩和温度应力引起的裂缝，从而提高了混凝土建筑工程的抗裂防水能力和结构的耐久性。

（2）采用粉煤灰、UEA 低碱膨胀剂及缓凝高效泵送剂等材料，选择合适的水泥，成功地配制了 C50 钢管拱顶升施工用的高性能混凝土。保证在顶升混凝土过程中务必连续供料，混凝土的坍落度几乎不损失，硬化后，钢管拱中的混凝土强度符合设计要求，且不裂不脱壳，基本不收缩。

（3）通过改性聚丙烯纤维和低碱膨胀剂双掺技术在游泳池和地铁车站混凝土结构自防水中应用证实，采用上述技术可以大大减少混凝土早期收缩所产生的裂缝，使获得的混凝土表面质量光滑平整，从而提高混凝土的耐久性，是一种新型的防裂抗渗新材料。

配合比见表 4，补偿收缩混凝土的限制膨胀率指标见表 5，不同结构部位的最小配筋率见表 6，限制膨胀率的设计取值见表 7，单位膨胀剂最大和最小用量见表 8，补偿收缩混凝土连续浇筑的结构长度见表 9，补偿收缩混凝土无缝设计原理图如图 1 所示。

表 4　配合比

材料名称	配　合　比			
	水泥	水	掺合料	外加剂
每 1m³ 用量	1456	582	87.4	13
比 例	100	40	6	0.9

注：稠度为 14～18s。

表 5 补偿收缩混凝土的限制膨胀率指标

用　途	限制膨胀率（×10⁻⁴）	限制收缩率（×10⁻⁴）
	水中 14d	空气中 28d
用于补偿收缩混凝土	≥1.5	≤3.0
用于后浇带、膨胀加强带和工程接缝填充	≥2.5	≤3.0

表 6 不同结构部位的最小配筋率

结构部位	最小配筋率（%）	布筋方式	钢筋间距（mm）
底板	0.30	双层、双向	150~200
楼板、顶板	0.30	双层、双向	100~200
墙体、水平筋	0.40	双排	100~150

表 7 限制膨胀率的设计取值

适用结构部位	最小限制膨胀率（×10⁻⁴）	最大限制膨胀率（×10⁻⁴）
平板结构	1.5	3.0
梁、墙体结构	2.0	4.0
后浇带、膨胀加强带	2.5	5.0

表 8 单位膨胀剂最大和最小用量

适用混凝土	单位混凝土中膨胀剂含量（kg/m³）	
	最大	最小
补偿收缩混凝土	50	30
填充用膨胀混凝土	60	40

表 9 补偿收缩混凝土连续浇筑的结构长度

结构类型	结构长度 L（m）	结构厚度 H（m）	浇筑方式选择	构造形式
墙体	L≤60	—	连续浇筑	—
	L>60	—	断续浇筑	后浇式膨胀加强带或后浇带
板	L≤60	—	连续浇筑	—
	60<L≤120	H≤1.5	连续浇筑	连续式膨胀加强带
	60<L≤120	H>1.5	断续浇筑	后浇式、间歇式膨胀加强带或后浇带
	L>120	—	断续浇筑	后浇式、间歇式膨胀加强带或后浇带

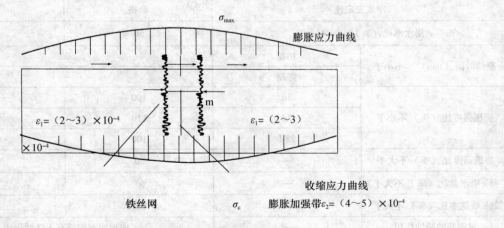

图 1 补偿收缩混凝土无缝设计原理图（立面）

283

防水剂、阻锈剂及其他

235 防水剂的性能及用途是什么？

一、性能

能降低砂浆、混凝土在静水压力下的透水性的外加剂称防水剂。防水剂是在搅拌混凝土过程中添加的粉剂或水剂，在混凝土结构中均匀分布，充填和堵塞混凝土中的裂隙及气孔，使混凝土更加密实而达到阻止水分透过的目的。

通过提高混凝土结构本身的密实性和抗渗性，达到防水目的，称为刚性防水或结构自防水。防水混凝土应能满足抗渗等级高于 P6，即抗渗压力大于 0.6MPa 的防水要求。

防水剂可以用于砂浆，也可以用于混凝土中，因此分别有掺防水剂的受检砂浆指标和混凝土指标两个标准。掺到砂浆中，必须能使砂浆的抗渗能力提高 2～3 倍，见表 1。掺到混凝土中，应使混凝土最终强度不降低，见表 2。防水剂本身的质量指标，即匀质性指标应符合表 3 的要求。

表 1 受检砂浆的性能指标

试验项目		性能指标	
		一等品	合格品
净浆安定性		合格	合格
凝结时间	初凝（min） 不小于	45	45
	终凝（h） 不大于	10	10
抗压强度比（%）不小于	7d	100	85
	28d	90	80
透水压力比（%） 不小于		300	200
48h 吸水量比（%） 不大于		65	75
28d 收缩率比（%） 不大于		125	135
对钢筋的锈蚀作用		应说明对钢筋有无锈蚀作用	

注：除凝结时间，安全性为受检砂浆的试验结果外，表中所列数据均为受检砂浆与基砂浆的比值。

表 2 受检混凝土的性能指标

试验项目		性能指标	
		一等品	合格品
净浆安定性		合格	合格
泌水率比（%） 不大于		50	70
凝结时间（min） 不小于	初凝	90	
	终凝	—	
抗压强度比（%）不小于	3d	100	90
	7d	110	100
	28d	100	90
渗透高度比（%）不大于		30	40
48h 吸水量比（%）不大于		65	75
28h 收缩率比（%）不大于		125	135
对钢筋的锈蚀作用		—	应说明对钢筋有无锈蚀作用

表3　防水剂匀质性指标

试 验 项 目	指　标
含固量	液体防水剂：应在生产厂控制值相对量的3%之内
含水量	粉状防水剂：应在生产厂控制值相对量的5%之内
总碱量（$Na_2O + 0.658K_2O$）	应在生产厂控制值相对量的5%之内
密度	液体防水剂：应在生产厂控制值的 ±0.02g/cm³ 之内
氯离子含量	应在生产厂控制相对量的5%之内
细度（0.315mm 筛）	筛余小于15%

由于防水剂的种类多，不同的材料对性能的标准有不同要求。除上述性能标准外，还有水泥基渗透结晶型防水材料，有机硅防水剂等标准。此外防水涂料有单独的标准。

二、主要用途

掺防水剂的防水砂浆和防水混凝土主要用于工业、民用建筑的地下工程、贮水构筑物和江河中的取水用构筑物，以及处于干湿交替作用或冻融作用的工程，如桥墩、台、海港码头等水工建筑物。含氯盐的防水剂可用于素混凝土、钢筋混凝土工程，严禁用于预应力混凝土工程。

三、主要品种

（一）无机化合物类

三氯化铁、三氯化铝、硅酸钠、硅灰、锆化合物。

（二）有机化合物类

脂肪酸及盐类、有机硅（甲基硅醇钠、乙基硅醇钠、高沸硅醇钠）憎水剂；金属皂类防水剂；环烷酸皂防水剂；主要用于配制防水砂浆的聚合物乳液、橡胶乳液、热固性树脂乳液、乳化石蜡、乳化沥青等。

（三）混合物类

无机类混合物、有机类混合物、无机类与有机类混合物。

（四）复合类

上述各类与引气剂、减水剂、调凝剂等外加剂复合的复合型防水剂。

236　阻锈剂的性能及用途是什么？

比铁元素还原性强的离子化合物即可作为阻锈剂。

一、阻锈剂的性能

阻锈剂尚无本身的匀质性指标和单独掺入混凝土或砂浆中的性能指标，而只有根据它与会锈蚀或可能锈蚀混凝土中埋置钢筋的外加剂共同使用后产生的现象来判断其性能。

GB 8076—1997《混凝土外加剂》标准采用的判别方法是（分别在新拌砂浆和硬化砂浆中）使用微安电流表测定不同通电时间的阳极极化电位值。以毫伏为单位，并绘制电位时间曲线。阳极极化电位值为负值并随时间延续而负值越大，可判断为外加剂会使钢筋产生锈蚀，阻锈剂品质不良或掺量不足。

《钢筋阻锈剂使用技术规程》中采用的判别方法是分别采用干湿冷热循环试验60次后打碎砂浆棒观察，内部埋置的钢筋有无锈蚀发生，以及盐水浸渍试验后的钢筋自然电位在 0 ~ −250mV，且表面无锈蚀发生视为阻锈剂合格。

二、主要用途

钢筋阻锈剂可使用于下列环境和条件下：

（1）以氯离子为主的腐蚀性环境中，如海洋及沿海、盐碱地、盐湖地区及受防冰盐或其他盐侵害的钢筋混凝土建筑物或构筑物；

（2）工业和民用建筑使用环境中遭受腐蚀性气体或盐类作用的新老钢筋混凝土建筑物或构筑物；施工过程中，腐蚀有害成分可能混入混凝土内部的条件下，如使用海砂且含盐量（以 NaCl 计）在 0.04% ~ 0.3% 范围内时，或施工用水含 Cl^- 量在 200 ~ 3000mg/L 时，掺氯盐作为早强、防冻剂时，以及用工业废料制作水泥、掺合料，而其中含有害成分或明显降低混凝土的碱度时。

三、主要品种

（一）无机化合物

无机盐中的亚硝酸钙、亚硝酸钠、氯化亚锡、重铬酸钾、铬酸钾、氟硅酸钠、氟铝酸钠（冰晶石）、氯化亚铁均有良好的阻锈作用，多直接用作阻锈剂。

（二）有机化合物

某些羧酸盐是好的阻锈剂，如草酸钠、苯甲酸钠等。

237 RI 型钢筋阻锈剂如何应用？

一、特点

RI 型钢筋阻锈剂是一种高效钢筋阻锈剂，掺入混凝土中可以阻止或延缓钢筋锈蚀，从而延长结构寿命，在国际分类中，属于"掺入型"（DCI）。该产品适用于普通硅酸盐水泥和矿渣硅酸盐水泥配制的混凝土，对粉煤灰、矿渣粉、硅灰和常用的减水剂有较好的相溶性。本产品对引气剂有选择性；在 25℃ 以上使用时，有明显早强、促凝作用，并有坍落度损失方面的影响，必要时可采取缓凝措施。它在钢筋表面形成致密的保护层，当有害离子（如 Cl^-）侵入混凝土结构中，它能有效地抑制、阻止和延缓钢筋锈蚀的电化学反应过程，从而延长钢筋混凝土结构的使用寿命。

二、主要技术指标（表1）

表1　主要技术指标

性　能	试 验 项 目	标 准 指 标	实 测 值
防锈性	1. 盐水浸蚀试验	无锈电位 0 ~ -250mV	无锈电位 -179mV
	2. 干湿冷热（60 次）	无　锈	无　锈
	3. 电化学位移试验	合　格	合　格
对混凝土性能影响试验	1. 抗压强度	不降低	125%（对比基准组）
	2. 抗渗性	不降低	110%（对比基准组）
	3. 凝结时间（初、终凝）（min）	-60 ~ +120（对比基准组）	-50（对比基准组）

注：检验依据：YB/T 9231—98《钢筋阻锈剂使用技术规程》。

三、使用范围

按《钢筋阻锈剂使用技术规程》（YB/T 9231—98）和其他设计规范要求执行。本品主要用于以氯盐为主的腐蚀环境，如海工与沿海工程、使用海砂以及有氯盐腐蚀的工业建筑等。

四、混凝土性能指标

含气量　　　　　　　　≤4%

泌水率之比　　　　　　≤100%

凝结时间差（初、终凝）　-90 ~ +120min

抗压强度比　　　　　　≥100%

28d 收缩率比　　　　　≤135%

五、钢筋阻锈性能检验符合国家行业标准

（1）《钢筋阻锈剂使用技术规程》（YB/T 9231—98），见表2。

表2

试 验 项 目	规 定 指 标
1. 盐水浸渍项目	无锈蚀
2. 干湿冷热循环试验（60次）	无锈蚀（空白明显锈蚀）
3. 钢筋锈蚀电化学试验	无锈蚀

（2）《海港工程混凝土结构防腐蚀技术规范》（JTJ 275—2000）。

六、使用说明

（1）推荐掺量为：①一般工业与民用建筑、桥梁等轻微腐蚀环境，推荐掺量为 4～8kg/m³。②海港工程、沿海建筑等重度腐蚀环境，推荐掺量为 8～12kg/m³。

（2）将本品与水泥、集料同时加入搅拌机内进行干搅，搅拌均匀后再加水进行搅拌，并适当延长搅拌时间，确保混凝土搅拌均匀。

（3）与其他外加剂复合使用时，应先做混凝土试配，以确定其适应性；不得使用引气型减水剂。配制混凝土所用原料应符合《建筑用卵石、碎石》GB/T 14685—2001 和《建筑用砂》GB/T 14684—2001 要求。

（4）本品为25kg袋装，贮存期一年，如有轻微吸潮结块可溶于水中使用，在运输、贮存过程中应避免雨淋、受潮，阴凉通风保存，远离易燃易爆物，严禁明火；操作人员宜带口罩、橡皮手套。

七、注意事项

（1）一般采用干掺法，也可溶于拌合水中（包括部分不溶物）。一定要搅拌均匀，可适当延长搅拌时间。本品略有减水作用，可在保持原流动度的情况下适当减水。

（2）在与其他外加剂共用时，应先行掺加本品，待与水泥（混凝土）均匀混合后再加入其他外加剂。

（3）本品在高质量混凝土中才能更有效地发挥作用，必须遵守相关规范和设计规定，先做混凝土配合比试验，确保混凝土质量与密实性。

（4）纳入钢筋阻锈剂的相关规程、规范：《工业建筑防腐蚀设计规范》、《海工混凝土结构设计规范》、《盐渍土建筑规程》、《公路工程外加剂规范》等。

238 渗透迁移型钢筋阻锈剂如何应用？

直接涂刷在混凝土表面即可，它将渗进混凝土中，吸附于钢筋表面，形成一层厚达 100～1000Å 的保护膜，对钢筋阴阳两级同时进行保护。对已发生锈蚀或未发生锈蚀的钢筋混凝土结构均可进行保护，阻止因氯离子、碳化或杂散电流等各种原因造成的钢筋锈蚀。

它是一种通过涂抹在混凝土结构表面即可对混凝土内部的钢筋起到阻锈作用的阻锈剂。它能在即使十分致密的混凝土中扩散渗透，达到混凝土内的钢筋表面。还能对其他多种金属，如碳钢、镀钢和铝起到阻锈保护作用。这种独特的特性，表现在即使它不与金属直接接触，也能在混凝土中渗透扩散一定距离而到达金属表面，起到对金属的保护作用，能有效抑制金属的进一步锈蚀，延长结构的使用寿命。

一、应用范围

所有现浇与预制混凝土结构、预应力混凝土结构，海洋中的钢筋混凝土结构；钢筋混凝土桥、公路，以及经常暴露在锈蚀环境中的街道；停车场路面、滑道、车库；混凝土桥墩、大坝、海上平台、钢筋混凝土桩、轨枕、管道和混凝土杆；所有商业和民用钢筋混凝土结构的修复及修补；各种类型的混凝土建筑及其基础；冷却塔及饮用水水箱箱体。

二、优点

为工程师、用户、工程承包商、运输部门及政府机构提供一种得到证实的防锈技术，这种技术可以延长钢筋混凝土结构的使用寿命。通过渗透进入即使是最为密实的混凝土中，保护混凝中的钢筋，防止其进一步锈蚀，抑制已锈蚀的金属的进一步锈蚀。能扩散迁移到邻近区域，并对周围金属起到保护作用。对阳极区及阴极区均有保护作用。不妨碍混凝土的透气性及水分散发，不形成扩散阻力。可以很简便地通过喷涂、压涂或刷涂应用到混凝土表面，降低了人力和设备的费用。水基、不易燃、使用方便。无需养护时间，如有必要几分钟即可恢复交通。低费用高效益。不含亚硝酸钙物质，对环境无危害。

三、主要性能

密　　　度：1.03~1.05；

外观颜色：透明琥珀色；

闪　　　点：无（水基）；

保 存 期：在密封桶中为2年；

pH　　值：9.0~9.5；

存贮方法：避免冰冻；

涂 刷 量：3~5m²/kg。

239　RI-D 型防腐阻锈型防水剂如何应用？

RI-D 型防腐阻锈型防水剂是一种多功能的高效混凝土外加剂，对混凝土结构的自防水和防止锈蚀具有显著功效，并同时兼有减水、引气、保塑功能，该产品可同时作为混凝土泵送剂、防水剂、阻锈剂使用，适用于各种结构工程，尤其适用于海工工程中。

一、氯离子渗透

处于海洋环境及其附近陆地中的钢筋混凝土结构面临的侵蚀，要远比陆地上复杂得多，容易受到包括氯离子、硫酸根离子、镁离子等各种离子的侵蚀，其中由于氯离子侵蚀引起的钢筋锈蚀，继而由于腐蚀混凝土膨胀开裂的现象非常普遍，这是造成混凝土开裂—腐蚀—开裂循环的直接原因。因此，海工混凝土对耐久性的要求更高，具备高抗氯离子渗透性便成为了其主要性能指标。

试验方法按照 ASTM C1202《混凝土氯离子渗透性的电导检验方法》，成型试件为 $\phi 10\text{cm} \times 5\text{cm}$，测定各试件 6h 的总导电量 Q，然后估算氯离子渗透系数 D，根据 D 进行判断混凝土氯离子渗透性的大小，也可以根据 Q 的大小直接来判断混凝土抗氯离子渗透性的好坏。本文中氯离子渗透系数 D 采用经验公式进行计算：$D = 2.57765 + 0.00492Q$（$\times 10^{-9}\text{cm}^2/\text{s}$）。

（一）混凝土配合比设计

水泥：普通硅酸盐水泥 P·O 42.5。各项指标要求均达到国家标准要求。

细集料：采用河砂，细度模数为 2.79，Ⅱ区砂，表观密度为 2650kg/m³，堆积密度为 1490kg/m³。其他指标也均符合相关标准要求。

粗集料：花岗岩碎石，粒径为 5~25mm，表观密度为 2700kg/m³，堆积密度 1450kg/m³，其他指标均符合相关标准要求。

水：自来水，符合混凝土用水的标准要求。

阻锈剂：RI-D。

配合比设计汇总表及实验结果见表1、表2。

表1　混凝土配合比

编号	水灰比	砂率（%）	水泥用量（kg/m³）	用水量（kg/m³）	砂（kg/m³）	石（kg/m³）	RI-D掺量（%）
1	0.43	39	440	190	710	1110	0
2	0.42	39	440	185	710	1110	1
3	0.41	39	440	180	710	1110	2
4	0.40	39	440	175	710	1110	3
5	0.375	39	440	165	710	1110	4
6	0.43	39	440	160	710	1110	5

表2　混凝土氯离子渗透测试结果

编　号	ASTM C1202，通电量（C）	扩散系数（$\times 10^{-9} cm^2/s$）
1	2417	14.469
2	1711	10.996
3	922	7.114
4	601	5.535
5	408	4.585
6	327	4.186

（二）结果分析

根据以上实验结果我们可以看出，随RI-D掺量的增加，ASTM C1202通电量明显减小，当掺量为5.0%时，通电量为327C，相应的扩散系数也显著减小，为4.186。在ASTM C1202标准中，认为当通电量在1000～2000C之间时，氯离子的渗透扩散性是很低的（表3）。从试验结果看，当RI-D掺量为2%时，ASTM C1202通电量已下降到1000以下，达到了良好的效果，扩散系数也只有7.114。因此掺有RI-D的混凝土具有良好的抗氯离子渗透性。主要原因在于RI-D不仅仅是直接具有钢筋阻锈的性能，更重要的是能明显增加混凝土的密实性，提高混凝土的抗渗性能，这一点将在下面的研究中体现。

表3　混凝土氯离子渗透结果分析

氯离子渗透扩散性	ASTM C1202通电量（C）	扩散系数（$\times 10^{-9} cm^2/s$）
高	>4000	>18
中	2000～4000	8～18
低	1000～2000	5～8
很低	100～1000	—
可忽略	<100	<5

二、对混凝土抗冻性能的影响

为了提高混凝土的耐久性，要求我们研究的产品不但要有高的减水率，同时也具有良好的引气效果，对于提高混凝土抗冻融效果要非常明显。参照电力行业标准DL/T 5150—2001《水工混凝土试验规程》设计配合比进行混凝土冻融循环试验，见表 4。

表 4　掺 RI-D 的混凝土抗冻性能试验配比及实验结果　　　　　　　　kg/m³

材料名称	水泥	水	砂	石子	RI-D	FA	坍落度（mm）	含气量（%）
试验 1	300	170	594	1126	22.5	100	210	4.1
空白 1	300	170	594	1126	0	100	130	1.5
空白 2	300	210	594	1126	0	100	205	1.1

试验结果如下：从试验的结果（表 5）来看，无论从混凝土的工作性、力学性能，还是抗冻融性能来看，掺加 RI-D 的混凝土比空白混凝土都有明显改善。同水灰比的条件下，掺 RI-D 的混凝土和易性更好，坍落度达到了 210mm，空白 1 混凝土只有 130mm。从抗冻性能看，空白混凝土冻融循环只到 125 次质量损失和弹性模量损失都达不到标准要求了。而掺 RI-D 混凝土达到了 250 次冻融循环，质量和弹性模量损失都较小。同坍落度的条件下，掺 RI-D 混凝土的抗冻性能要远远比空白混凝土好，空白混凝土的冻融循环次数为 75 次。

表 5　掺 RI-D 的混凝土抗冻性能试验结果

试验序号	75		125		250	
	冻后频率（Hz）	相对动弹模量（%）	冻后频率（Hz）	相对动弹模量（%）	冻后频率（Hz）	相对动弹模量（%）
试验 1	2479	98.8	2463	97.5	2372	90.5
空白 1	2137	84.3	1465	57.8	—	—
空白 2	1268	51.7	—	—	—	—

RI-D 具有良好的引气作用，试验 1 的含气量达到了 4.1%，同时还具有很高的减水作用，其减水率可达 25%，良好的引气作用使得混凝土结构内部布满细小封闭的气泡，从而避免了外部水分向混凝土结构内部渗透，同时也为混凝土内部结构中自由水结构的结冰膨胀提供了足够的空间。高的减水率使得混凝土结构更加密实，混凝土中过渡区变薄，减少了内部裂纹；同时使混凝土抗拉强度增加，减小了由于混凝土结构内部拉应力增加致使混凝土出现裂缝的可能性。

三、对混凝土抗渗性能的影响

试验参照 JC 474—1999《砂浆、混凝土防水剂》标准进行。混凝土配合比及实验结果见表 6、表 7。

试验结果已经达到混凝土防水剂一等品的要求，掺 RI-D 的混凝土具有良好防水性能的原因，是 RI-D 混凝土高效阻锈防水剂是一种有机、无机复合型混凝土添加剂。其中的无机组分能与混凝土中的水分和氢氧化钙发生反应生成稳定的水化产物，并填充到 C—S—H 凝胶形成骨架的空隙中，使混凝土更加密实，促使混凝土的过渡层变薄，减小了由于过渡层结构的薄弱引起裂缝的可能，从而达到很好的防水效果。而其中的有机成分具有一定的引气作用，使得混凝土中布满均匀的细小密闭气泡，切断了混凝土的毛细孔隙，也达到防水的效果。

表 6　掺 RI-D 混凝土抗渗性能试验配比　　　　　　　　kg/m³

编号	水泥用量	用水量	砂率	砂	石子	RI-D（%）
空白	335	218	39	740	1157	0
试验	335	165	39	740	1157	4

表7 掺RI-D混凝土的抗渗性能试验结果

试验项目		试验结果		比值（%）	
		空白	试验	试验	标准
坍落度（mm）		178	181	—	
含气量（%）		1.3	3.1	—	
净浆安定性		合格	合格	—	合格
泌水率（%）		7.1	0	0	≤50
抗压强度（MPa）	3d	16.5	26.4	160	≥100
	7d	24.5	37.1	151	≥110
	28d	34.7	46.3	133	≥100
渗透高度（mm）		150	30	20	≤30
48h吸水量（%）		112	41	37	≤65

四、对砂浆耐腐蚀性能的影响

现在城市的道路、桥梁以及高层建筑混凝土，由于酸雨、除冰盐以及空气中二氧化碳浓度偏高等原因，往往受到硫酸盐、碳酸盐以及氯盐的侵蚀。在沿海地区，这种情况更为严重。为了模拟实际环境对混凝土结构的影响，同时方便试验，我们放大了侵蚀介质浓度，采用砂浆耐腐蚀性能间接反应掺RI-D混凝土的耐腐蚀性能。由于砂浆试体的尺寸小，与侵蚀介质的接触面大，侵蚀介质的浓度较大，通过砂浆耐腐蚀试验能充分反映掺RI-D混凝土的耐腐蚀性能。因此，本实验选用硫酸钠溶液、碳酸钠溶液以及氯化钠溶液作为侵蚀介质，进行砂浆耐腐蚀试验研究。化学腐蚀等级的划分见表8。

表8 化学腐蚀等级的划分

CO_2（mg/L）	SO_4^{2-}（mg/L）	等级代号	腐蚀等级
≥15，≤40	≥2000，≤3000	XA1	轻度化学侵蚀环境
>40，≤100	>3000，≤12000	XA2	中度化学侵蚀环境
>100至饱和	>12000，≤24000	XA3	高度化学侵蚀环境

试验方法：模具采用40mm×40mm×160mm的三联模，水泥（P·O 42.5）∶ISO标准砂=1∶3，加水量为使新拌砂浆的流动度在130~140mm之间，空白样成型12组，掺RI-D的试样成型12组，RI-D掺量为水泥质量的4%。成型24h脱模，脱模后的试块放入50℃水中养护7d，取出3组空白样和3组试验样分别放入（20±1）℃的水中，其余10组空白样和掺RI-D的9组试样分别放入5%硫酸钠溶液、3%碳酸钠溶液、3%氯化钠溶液各3组，放入标准养护室养护至14d，28d，60d。试件在浸泡的过程中，每天用硫酸滴定以中和试件在溶液中放出的氢氧化钙，边滴定边搅拌使溶液的pH值保持7.0左右，用酚酞做指示剂，容器加盖。

挪威标准NS3473《混凝土结构设计与构造规定》中NS-EN206-1《混凝土—第一部分：技术要求、性能、生产与合格性》部分对化学腐蚀的等级有明确说明。参照岩土工程勘查规范（GB 50021—2001）关于环境水对混凝土结构的腐蚀性评价标准，对Ⅱ类环境界定标准见表9。

表9　GB 50021—2001 化学腐蚀等级

腐蚀介质	指　标	腐蚀等级
氢离子浓度（pH 值）	5.0 ~ 6.5	弱
	4.0 ~ 5.0	中
	< 4.0	强
硫酸盐含量 SO_4^{2-}（mg/L）	500 ~ 1500	弱
	1500 ~ 3000	中
	> 3000	强
氯离子含量 Cl^-（mg/L）	100 ~ 500	弱
	500 ~ 5000	中
	> 5000	强

　　试验中引入相对耐腐蚀系数和绝对耐腐蚀系数的概念，相对耐腐蚀系数 μ_1 = 掺 RI-D 胶砂强度/空白胶砂强度（注：同一溶液养护），绝对耐腐蚀系数 μ_1 = 掺 RI-D 胶砂强度/空白胶砂强度（注：空白胶砂试件在水中养护，掺 RI-D 胶砂试件在盐溶液中养护）。参比耐腐蚀系数 μ_3 = 盐溶液中空白胶砂强度/水中空白胶砂强度。耐腐蚀系数越大，说明耐腐蚀性能越好。

表10　掺 RI-D 的砂浆试件在不同溶液中的耐腐蚀性能

养护龄期（d）	不同溶液浸泡的胶砂强度（MPa）							
	20℃水中		5%硫酸钠溶液		3%碳酸钠溶液		3%氯化钠溶液	
	空白	试验	空白	试验	空白	试验	空白	试验
14	32.0	37.6	32.6	39.4	32.1	38.2	29.4	39.0
28	45.3	51.2	43.6	51.7	44.4	50.6	43.9	51.5
60	47.8	54.6	46.1	53.9	46.6	53.4	46.2	53.7

表11　掺 RI-D 的砂浆试件在不同溶液中的耐腐蚀性能

腐蚀系数	龄期（d）	20℃水中	5%硫酸钠溶液	3%碳酸钠溶液	3%氯化钠溶液
相对耐腐蚀系数	14	1.175	1.209	1.190	1.327
	28	1.130	1.186	1.140	1.173
	60	1.142	1.169	1.146	1.161
绝对耐腐蚀系数	14		1.231	1.194	1.219
	28		1.141	1.117	1.137
	60		1.128	1.117	1.123
参比耐腐蚀系数	14		1.019	1.003	0.919
	28		0.962	0.980	0.969
	60		0.964	0.975	0.967

试验结果分析：

　　从表10、表11 可以看出，一般情况下，耐腐蚀系数随龄期的延长有所下降，这与掺 RI-D 的砂浆的早期强度发展较快有关。但不论是相对耐腐蚀系数，还是绝对耐腐蚀系数都超过了1，而参比耐腐蚀系数大部分都小于1，这充分说明掺有 RI-D 的试件具有明显的耐腐蚀性能。耐腐蚀系数超过了1，主要是因为掺有 RI-D 的试件对盐溶液具有很好的耐腐蚀性。掺适量的 RI-D 的砂浆具有抵抗高度化学侵蚀环境的腐蚀的明显效果。

（1）RI-D 能提高混凝土本身的抗有害离子（如 SO_4^{2-}，CO_3^{2-} 等）的腐蚀；

（2）RI-D 能显著提高混凝土的抗氯离子渗透性；

（3）RI-D 能抵抗氯离子等对钢筋的腐蚀作用；

（4）RI-D 能提高砂浆在化学侵蚀环境中的耐腐蚀性；

（5）RI-D 能明显增强混凝土的抗冻性能、抗渗性能。

综上所述，RI-D 是一种多功能的高性能混凝土外加剂，由于其具有的各种性能特点，可以广泛用于海工工程、有害的盐土介质工程以及需要长期安全使用的重点工程，是一种提高混凝土耐久性及钢筋混凝土结构安全使用寿命的非常有效的可靠产品。

240 MNC-B 型蒸养剂如何应用？

一、用途

本剂专门用于混凝土预制构件。用于蒸汽养护的混凝土时，可以取消静停，直接升温，可以大大缩短蒸养时间（约50%）或降低蒸养温度；用于自然养护时，可以提早拆模，缩短养护时间。掺加本剂时还可以降低水泥用量或利用较低强度等级的水泥。因而，使用本剂可以提高产量，节省能源，节约开支。

二、执行标准

GB 8076—1997《混凝土外加剂》。

三、用量与用法

（1）掺量见表1。

表1　掺量

代　号	产品型号	掺量（$C \times \%$）	包装规格（kg/包）
1008	MNC-B 型蒸养剂	1.8	1.8
1009	MNC-CB 型防冻蒸养剂	2.8	2.8

（2）本剂为粉状。用法：干掺，无需配成溶液。把石子、砂子、水泥依次投入料斗后，把本剂撒在料斗里的水泥中。搅拌时间大于或等于3min。浇筑与振捣等项操作与不掺外加剂的混凝土相同。

四、性能及特点

（1）非引气，非缓凝，掺本剂的混凝土减水率高（18%），含气量小（1.9%），早期强度高（$f_1 \geqslant 160\%$，$f_3 \geqslant 150\%$，$f_7 \geqslant 145\%$）。对钢筋无锈蚀作用。蒸养时，混凝土应具有必要的结构强度才能升温，蒸养制度应通过试验确定。

（2）MNC-CB 型混凝土防冻蒸养剂，属非引气、非缓凝型早强高效减水剂类，蒸养适应性好，可缩短50%蒸养时间，注意混凝土升温速度不超过 20～25℃/h。抗 -15℃，既蒸养又防冻。

五、贮运及包装

（1）搬运时注意防潮、防破损。存放在干燥通风处，以防受潮结块。结块后不影响使用效果，但必须粉碎并通过 0.63mm 的筛后方可使用。

（2）贮存期：3 年。

六、部分试样参考数据（表2）

表2 参考数据

编号	掺比（C×%）	用水量（g）	坍落度（mm）	减水率（%）	抗压强度（MPa）/抗压强度比（%）			
					1d	3d	7d	28d
0312 基准	0	2680	78	—	3.78/100	12.95/100	18.50/100	22.33/100.0
0312B	1.8	2145	75	20.0	8.26/218.5	25.59/197.6	30.24/163.5	35.18/157.5
0315UNF	0.75	2180	77	18.7	7.19/190.2	20.95/161.7	27.07/146.3	33.48/149.9
0316UNF	0.75	2130	88	20.5	7.17/189.7	22.04/170.2	26.84/145.1	30.95/138.6
0311UAK	0.75	2225	81	17.0	6.03/159.6	19.95/154.0	25.87/139.8	31.90/142.8

【工程应用】

MNC-B 蒸养剂在大连地区的应用

王今明

（中建一局四公司，大连 116033）

一、蒸养剂在大连森茂大厦及大连香格里拉饭店工程中的应用

（一）工程概况

工程名称：大连森茂大厦（层高为28层，4.5万 m^2，108.8m高），大连香格里拉饭店。

蒸养剂应用混凝土方量分别为 5500m^3，3000m^3；应用部位为楼板和壁板，外加剂使用量分别为 38.7t 和 22t。施工时间：1995年3月~1996年7月。

（二）混凝土原材料及配合比

水泥：华能小野田 525#R 普硅水泥；

砂子：大连华家中砂，含泥 1.2%，m_f = 2.4；

石子：大连盛远，粒径 5~20mm，碎石；

外加剂：北京幕湖外加剂厂出品，幕湖牌 MNC-B，掺量为 1.8%。

混凝土配合比见表3，混凝土强度等级是 C35，坍落度为 50~70mm。混凝土试件组数为858组。

表3 混凝土配合比

材料用量（kg/m^3）				
m_C	m_S	m_G	m_W	MNC-B
391	822	1013	180	7.04

掺入 MNC-B 能够保证混凝土构件 12h 出池，起到了缩短蒸养时间、提高产量、保证质量、节省能耗的作用。有力地保证了大连森茂大厦工程主体结构仅在 10 个月内完成。

二、混凝土中掺 MNC-B 蒸养剂的作用

在现场实际应用中，理想的混凝土内水泥水化所需水量约是水泥重量的四分之一，但混凝土的水灰比主要受施工工作性能的限制，比理想的水灰比要大得多，过剩的水量造成混凝土孔隙以及干缩增大，强度和耐久性降低，使混凝土质量变劣。蒸养剂在混凝土中可起如下作用：（1）在坍落度和水泥用量不变时减少用水量，从而提高混凝土强度；（2）在混凝土坍落度和强度不变时，可以减少混凝土的水泥用量和拌合水；（3）在混凝土拌合水量不变时，可大幅度增加坍落度，和易性好。

掺 MNC-B 蒸养剂是解决生产高强度混凝土构件的重要途径。没掺 MNC-B 时，浇筑混凝土时

振捣感到很困难。一般构件要求混凝土施工坍落度，控制在 30～50mm，致使生产构件时常有漏振现象；掺加 MNC-B 后混凝土坍落度可增大到 60～80mm，工人在振捣过程中易施工，便于操作。我们通过大量试验及实际应用后，证明掺 MNC-B 特别适用生产混凝土强度等级 C50～C60 的构件。MNC-B 属低引气型的减水剂，可使混凝土水灰比降至 0.3 以下，对水泥分散力强，使混凝土结构非常密实，非但不影响构件的抗渗性，且对构件的抗渗性还有提高。8h、85℃ 蒸汽养护较基准未掺外加剂混凝土强度提高 15%～20%，但在自然养护条件下强度较高，7d 自然养护达到设计强度的 90% 以上，28d 混凝土标准养护强度比未掺 MNC-B 强度提高 30%～40%。

MNC-B 蒸养剂用法为后掺法。先将水泥、砂、石子加水搅拌 1～2min，再加外加剂搅拌 0.5min。

三、应用 MNC-B 取得的经济效果

（1）在生产构件时，混凝土中掺入 MNC-B 型蒸养剂，混凝土设计强度等级为 C35，图纸要求在混凝土浇筑后 28d 达到设计强度方可进行施加预应力，按要求正常的工期为 28d，通过掺加 MNC-B 后，在 40～60℃ 蒸汽养护 2～3d 即可达到 28d 的设计强度，大大缩短了施工周期，同时节省了场地，降低了人工费用，节约了能源，提前完成任务。

（2）蒸养制度：静停 2h±30min。升温 3h，恒温 4（恒温温度≤50℃），降温 2～3h。

（3）通过使用 MNC-B，可使混凝土的坍落度大大提高，使施工变得容易，解决了漏振的通病，混凝土强度保证率也有所提高。也可提高混凝土的其他性能，如：抗渗、抗冻等。另外，对提高构件质量，节约水泥都能起到重要作用。

241 MNC-D1 型普通混凝土防水剂如何应用？

一、用途及特点

（1）能降低砂浆、混凝土在静水压力下的透水性的外加剂。用于工业与民用建筑的屋面、地下室、隧道、巷道、给排水池、水泵站等有防水抗渗要求的混凝土工程。

（2）能提高混凝土密实性和抗裂防渗性能，抗渗等级可达 P25，具有补偿混凝土收缩和节约水泥等效果，用于屋面防水、地下防水、厕浴间、混凝土补强、混凝土后浇缝等。作结构自防水，省去外防水作业，延长伸缩间距，连续浇筑 60m 不留伸缩缝，缩短工期，防水造价仅为二毡三油价格的 1/3，掺入该剂对混凝土强度不降低，对水质无污染，对钢筋无锈蚀作用。

（3）防水剂与引气剂组成的复合防水剂中由于引气剂能引入大量的微细气泡，隔断毛细管通道，减少泌水，减少沉降，减少混凝土的渗水通路，从而提高了混凝土的防水性。防水剂与减水剂组成的复合防水剂中由于减水剂的减水作用和和易性的改善使混凝土更致密，从而能达到更好的防水效果。

二、执行标准

JC 474—1999《砂浆、混凝土防水剂》。

三、用量与用法

（1）掺量（表1）

表1　掺量

型　号	MNC－D1 型普通防水剂	MNC－D2 早强型防水剂
代　号	1016	1017
掺量，$C×\%$（内掺）	7	8.5
小包装（kg/小包）	3.5	4.25
适用范围	用于 0℃ 以上环境中施工的防水混凝土或防水砂浆工程，用于泵送混凝土	用于常温、低温、负温（最低气温不低于 -5℃）环境中施工的有早强要求的防水混凝土或防水砂浆工程，用于泵送混凝土

（2）防水剂混凝土宜采用 5～25mm 连续级配石子，搅拌时间应较普通混凝土延长 30s，本剂与水泥、水、集料同时掺入搅拌，搅拌时间大于或等于 3min。防水剂混凝土应加强早期养护，在潮湿状态下养护 7d 以上。在日最低气温小于或等于 5℃时，应采取保温措施。

四、贮运及包装

塑料袋小包装，编织袋集装成大包装，贮存期：2 年。防水混凝土的分类及适用范围见表 2。

表 2　防水混凝土的分类及适用范围

种　类		最高抗渗压力（MPa）	特　点	适　应　范　围
普通防水混凝土		>3.0	施工简便，材料来源广泛	适用于一般工业与民用建筑及公共建筑的地下防水工程
外加剂防水混凝土	引气剂防水混凝土	>2.2	抗冻性好	适用于北方高寒地区抗冻性要求较高的防水工程及一般防水工程，不适用于抗压强度大于 20MPa 或耐磨性要求较高的防水工程
	减水剂防水混凝土	>2.2	新拌混凝土流动性好	适用于钢筋密集或振捣困难的薄壁型防水构筑物，也适于对混凝土凝结时间（缓凝或促凝）和流动性有特殊要求（如泵送混凝土）的防水工程
	密实剂防水混凝土	>3.8	密实性好，抗渗等级高	广泛适用于各类建筑防水工程，如水池、储仓、地铁、隧道等
补偿收缩防水混凝土		>3.6	密实性高，同抗渗、抗裂性好	屋面及地下防水、堵漏、基础后浇带、混凝土构件补强等
聚合物水泥防水混凝土		>3.8	抗裂性好，耐久性好，抗渗等级高，价格较高	可应用于各类耐久性要求较高的防水工程

242　MNC-DC 防冻型混凝土防水剂如何应用？

一、用途

本防水剂有抗冻性能，用于日最低气温 -15℃以上环境中施工的防水混凝土或防水砂浆工程。

二、执行标准

JC 474—1999《砂浆、混凝土防水剂》、JC 475—2004《砂浆、混凝土防水剂》、JG 104—97《砂浆、混凝土防水剂》。

三、用量与用法

（1）掺量：$C×8\%$，搅拌前，用热水或蒸汽冲洗搅拌机。先加入砂子、石子和热水搅拌 1min，再加入水泥和防水剂搅拌 3min。根据确保混凝土入模温度 ≥10℃来决定拌合用水的温度。气温不低于 -5℃时，只用热水就可以了；气温低于 -10℃时，为了满足混凝土入模温度，砂石也需要加热。

（2）在满足正常施工和易性的情况下，尽量减少用水量；因为，混凝土中游离水量增加，抗冻性能明显下降。掺本剂的混凝土拌合物具有干而不硬的特点，注意控制新浇混凝土的坍落度不要过大。

（3）砂、石要用帆布或塑料布覆盖，外加保温材料，防止砂石冻结。水泥不得直接加热，在使用前 1d 运入暖棚内存放，使它保持正温。

（4）混凝土在浇筑前，应清除模板和钢筋上的冰雪和污垢。及时清除容器中粘附的混凝土残渣，并及时清除冰雪冻块，容器用后要盖严保温。新浇混凝土的外露表面，及时用塑料布及保温材料覆盖，在负温条件下养护，混凝土不得浇水。按随浇筑、随振捣、随覆盖保温的原则连续作业。

（5）混凝土的抗冻临界强度为 5MPa。常见的冬施方法有两种：

综合蓄热法$_1$ = 原材料加热 + 防冻剂 + 保温养护

综合蓄热法$_2$ = 原材料加热 + 防冻剂 + 高效保温 + 短时加热

（6）水泥应选用强度等级 32.5 以上的硅酸盐水泥或普通硅酸盐水泥。砂、石要清洁过筛，不得含有冰、雪等冻结物及易冻裂的物质。

四、性能及特点

MNC-DC 防冻型防水剂是由防冻剂和防水剂复合而成，目前国家标准和行业标准中尚无"防冻型防水剂"这一类型。

五、贮存及包装

用有塑料袋衬里的编织袋包装。塑料袋小包装净含量：4kg/包，贮存期为 2 年，在贮存过程应注意防雨防潮，以防变质失效。

243 MNC-DX 型混凝土防裂防水剂如何应用？

纤维经特殊生产工艺和表面处理技术，可有效提高纤维与基料的握裹力，应用于砂浆/混凝土中，可阻止、减少和延缓早期塑性开裂，极大提高砂浆/混凝土的韧性、抗冻性、抗疲劳性、抗冲击性、抗渗防水等综合性能。

一、用途及特点

（1）能降低砂浆、混凝土在静水压力下的透水性的外加剂。用于工业与民用建筑的屋面、地下室、隧道、巷道、给排水池、水泵站等有防水抗渗要求的混凝土工程。

（2）能提高混凝土密实性和抗裂防渗性能，抗渗等级可达 P25，具有补偿混凝土收缩和节约水泥等效果，用于屋面防水、地下防水、厕浴间、混凝土补强、混凝土后浇缝等。作结构自防水，省去外防水作业，延长伸缩间距，连续浇筑 60m 不留伸缩缝，缩短工期，防水造价低，掺入该剂对混凝土强度不降低，对水质无污染，对钢筋无锈蚀作用。

（3）防水剂与引气剂组成的复合防水剂中由于引气剂能引入大量的微细气泡，隔断毛细管通道，减少泌水，减少沉降，减少混凝土的渗水通路，从而提高了混凝土的防水性。防水剂与减水剂组成的复合防水剂中由于减水剂的减水作用和改善和易性使混凝土更致密，从而能达到更好的防水效果。

二、执行标准

JC 474—1999《砂浆、混凝土防水剂》。

三、用量与用法

（1）掺量（表1）

表1　掺量

型　　号	MNC–DX1 型普通防水剂	MNC–DX2 型早强防水剂
代　　号	1019	1020
掺量，$C×\%$（内掺）	6~8	8.5
适用范围	用于 0℃以上环境中施工的防水混凝土或防水砂浆工程，用于泵送混凝土	用于常温、低温、负温（最低气温不低于 −5℃）环境中施工的有早强要求的防水混凝土或防水砂浆工程，用于泵送混凝土

（2）防水剂混凝土宜采用 5~25mm 连续级配石子，搅拌时间应较普通混凝土延长 30s，本剂与水泥、水、集料同时掺入搅拌，搅拌时间大于或等于 3min。防水剂混凝土应加强早期养护，在

潮湿状态下养护7d以上。在日最低气温小于或等于5℃时，应采取保温措施。

四、贮存及包装

编织袋 50kg/袋，贮存期：2 年。

244 絮凝剂有哪些？

掺入新拌混凝土中，使在水下施工时抑制水泥流失和集料离析的外加剂称，为絮凝剂。絮凝剂没有单行质量指标，但以它为主要组分复配的（水下）抗分散剂则有性能指标要求。

絮凝剂的主要品种有水介聚丙烯酰胺、聚丙烯酸钠、聚氧化乙烯、淀粉改性物（苟性淀粉、淀粉胶）、纤维素酯、聚乙烯醇等。

245 絮凝剂如何进行配方设计？

一、组成

可用于配制水下不分散混凝土的絮凝剂材料，大致有以下几种：

（一）合成或天然水溶性有机聚合物

如纤维素酯、淀粉胶、聚氧化乙烯、聚丙烯酰胺、羧乙烯基 聚合物、聚乙烯醇及菜胶等。这些材料可以增加混凝土拌合水的黏度，掺量一般为水泥质量的0.2%～0.5%。

（二）有机水溶性絮凝剂

如带有羟基的苯乙烯共聚物、合成高分子电解质和天然胶等。这些材料能够被吸附在水泥粒子上，并通过加速粒子间的吸引以增加黏度，其掺量一般为水泥质量的0.01%～0.1%。

（三）有机材料的乳液

如石蜡乳液、丙烯酸乳液等。这些材料能增加粒子间的相互吸引并在水泥相中提供超细的粒子。其掺量一般为水泥质量的0.1%～1.5%。

（四）具有大表面积的无机材料

如膨润土、热解硅酸盐、硅灰等。这些材料可以增加新拌混凝土的保水能力，其掺量一般为水泥质量的1%～25%。

（五）能在水泥砂浆相中提供填充细颗粒的无机材料

如粉煤灰、熟石灰、高岭土、硅藻土、原状或煅烧过的胶凝材料。其掺量一般为水泥质量的1%～25%。

目前，市场上供应的絮凝剂，主要是纤维素和聚丙烯酰胺两大类。以醚类聚合物为原料的UWB絮凝剂有5种型号，各有不同的特性与适用对象。UWB-1型为缓凝型，适用于长距离运输、大体积连续浇灌的水下混凝土和非连续浇灌而不允许留施工缝的整体工程；UWB-2型为普通型，适用于一般水下工程；还有早强型、双快型、注浆型等。

水下不分散混凝土外加剂的配方有多种，但其主要成分都是水溶性纤维素醚或水溶性丙烯酸类的聚合物，包括：羟基丙酰甲基纤维素类（MPMC）、羟乙基甲基纤维素类（HEMC）、羟乙基纤维素类（HEC）、聚丙烯酰胺部分水解物、丙烯酰胺和丙烯酸共聚物。

目前，所用的水下不分散混凝土外加剂绝大部分都是复合型的。除增稠的絮凝剂组分主剂外，通常还复合减水剂及其他助剂，以保证混凝土的抗水洗性能及流动性等综合性能。工程中常用的水下抗分散剂主要有聚丙烯系属于阴离子型高分子电解质，在很小的掺量下即具有较好的絮凝作用，但掺量大时，引起混凝土需水量增大，强度明显下降。纤维素因纤维素三元环上羟基的氢被烃基取代（醚化），絮凝作用明显，小掺量时具有减水效果，大掺量时引气量较高且缓凝。

其具体性能与它的分子量、取代基的种类和羟基的置换度有关。高分子聚合物的分子结构、分子量、水解度、溶解速度、单体含量以及分子链的聚合方式都影响水下不分散混凝土外加剂性能。

二、基本配方实例

絮凝剂掺入传统的混凝土中，可提高混凝土的保水性，使新浇灌的混凝土在水下具有优良的抗分散性、塑性，很少产生泌水或浮浆现象，并具有很好的自流平和填充性。如发明专利：水下混凝土抗分散外加剂及其制造方法。该发明含有纤维素醚、硅镁石纤维、丙二醇聚氧丙烯聚氧乙烯醚消泡剂、硫铝酸钙、铝酸钠等。采用锤击式粉碎硅镁石纤维制造方法以及先用消泡剂喷入纤维素醚等处理方法，具有原材料成本低、加工简便、抗分散能力强等优点，用于水下混凝土浇筑施工。

246 UWB 水下不分散混凝土絮凝剂如何应用？

一、基本组成及性能

UWB 水下不分散混凝土絮凝剂是由水溶性高分子聚合物、表面活性物质等复合而成的粉末状混凝土外加剂，具有很强的抗分散性和较好的流动性，实现水下混凝土的自流平、自密实，抑制水下施工时水泥和集料分散，并且不污染施工水域。加入 UWB 的水下混凝土，在水中落差 0.3 ~ 0.5m 时，其抗压强度可达同样配比时陆上混凝土强度的 70% 以上。

采用表 1 配合比时，水下混凝土在水中 0.4m 落差时的性能见表 2、表 3。

表 1 混凝土配合比

粗集料粒径 (mm)	水灰比	砂率 (%)	单位用量（kg/m³）				
			水	水泥	砂	石子	UWB
5 ~ 25	0.45	41	180	400	740	1060	8

表 2 混凝土性能指标

坍落度 (cm)	含气量 (%)	泌水率 (%)	水泥流失率 (%)	凝结时间（h）	
				初凝	终凝
22	4.5	<0.1	<0.1	19	25

表 3 混凝土强度指标

抗压强度 (MPa)	轴心抗压 (MPa)	轴心抗拉 (MPa)	抗折强度 (MPa)	钢筋粘接力 (MPa)	弹性模量 (MPa)	抗渗等级
24	20.8	2.94	4.66	1.93	2.16×10^4	S24

二、技术指标（表 4）

表 4 技术指标

名　称	UWB 普通型	UWB 早强型	UWB 泵送型	UWB 低发热型	UWB 高性能型
掺量（占用水泥用量）(%)	2 ~ 5	2.5	2.5	2 ~ 2.5	2.5 ~ 3
pH 值	<10	<10	<10	<10	<10
悬浮物（mg/L）	<120	<100	<100	<120	<80
含气量（%）	<5.0	<5.0	<5.0	<5.0	<4.0
冻融循环（d）	≥250	≥250	≥300	≥300	≥350
抗渗等级（MPa）	>4.0	>4.0	>4.0	>4.0	>4.0
坍落度（cm）	≥18	≥18	≥23	≥20	≥22

名　称	UWB普通型	UWB早强型	UWB泵送型	UWB低发热型	UWB高性能型
初扩度（mm）	≥380	≥380	≥450	≥400	≥450
初凝时间（h）	>5	>3	>5	>8	>4
终凝时间（h）	<30	<20	<30	<36	<24
7d 抗折强度（MPa）	≥2.5	≥2.5	≥2.5	≥2.5	≥3
28d 抗折强度（MPa）	≥3.5	≥3.5	≥3.5	≥3.5	≥4.5
7d 抗压强度（MPa）	≥14	≥19	≥15	≥15	≥22
28d 抗压强度（MPa）	≥20	≥25	≥25	≥25	≥30
7d 水陆强度比（%）	>72	>80	>75	>75	>82
28d 水陆强度比（%）	>78	>84	>80	>80	>88

三、性能特点

UWB 水下不分散混凝土同常规水下混凝土相比较，大大简化了施工工艺，使混凝土水下施工陆地化，并在很大程度上降低了施工的风险性，降低综合成本 20% 以上，缩短工期约 30% 以上，并且该项技术还可使以往无法施工的水下薄壁、窄小和异型等特殊结构得以实现。

（1）UWB 混凝土具有优良的水中抗分散性，在水中落下时不分散、不离析，水泥很少流失，不污染环境。

（2）UWB 混凝土具有良好的流动性，水中浇筑能自流平、自密实，无需水下震捣，简化了水下施工工艺。

（3）可根据水下工程的需要配制 C15～C40 水下不分散混凝土，以满足不同施工性能的要求。

（4）坍落度可达 18～24cm，不泌水，不离析。

（5）初凝 5～40h，终凝 10～50h，凝结时间可调。

（6）抗渗可达 S20 以上，抗蚀系数不小于 0.85。

（7）同其他外加剂有较好的匹配性，掺加引气剂可配制 D300 抗冻融混凝土。

（8）对钢筋无锈蚀，不污染施工水域，经卫生部门检验，絮凝剂无毒害，可用于饮用水工程。

水下不分散混凝土质量指标见表5。

表5　水下不分散混凝土质量指标

项　目		指　标	
坍落度（mm）		180～240	
凝结时间（h）	初凝	5～40	
	终凝	10～50	
水中落下试验（0.4m）	悬浮物（mg/L）	<150	
	pH 值	<10	
混凝土抗压强度（MPa）	水中成型混凝土试件的抗压强度	R7	16.0
		R28	24.0
	水中和空气中成型混凝土试件的抗压强度之比（%）	R7	>60
		R28	>70
混凝土抗折强度	水中和空气中成型混凝土试件抗折强度之比（%）	R7	>50
		R28	>60

四、施工说明

（一）适用范围

适用于各种水下浇筑的混凝土工程。

UWB 絮凝剂可用于沉井封底、围堰、沉箱、抛石灌浆、水下连续墙浇筑、水下基础的找平、填充，RC 板等水下大面积无施工缝工程，大口径灌注桩、码头、大坝，水库修补，排水口防水冲击补强底板、水下承台、海堤护岸、护坡，封桩堵漏以及普通混凝土较难施工的水下工程。

UWB 水下混凝土不受水深、施工面、混凝土量的限制（已施工过最深 37.8m，混凝土量从几立方米到几千立方米的各种水下工程。潮汐段混凝土施工时，也不受潮水的影响。

（二）应用领域（表6）

表6　应用领域

UWB 普通型	适用于一般无特殊要求的水下工程
UWB 早强型	适用于潮差地段、水流较大以及救灾抢险等需要混凝土快硬早强的水下工程。此种类型的絮凝剂 3d 强度可达 10MPa 以上，并可根据实际情况调整凝结时间，最快可使混凝土在 45min 左右初凝，使混凝土抗冲刷力增强
UWB 泵送型	适用于要求混凝土具有较大流动性，流动性损失较小以及长距离输送的可泵送水下混凝土
UWB 低发热型	适用于大体积水下混凝土浇筑，水下构件的连续浇筑。此种类型的水下混凝土能有效的降低水泥的水化热，提高水下混凝土的耐久性
UWB 高性能型	适用于水下落差大、强度要求高、水流速度快等重要水下工程

（三）使用方法

（1）本品为固体粉剂，掺量 1.0%~3.0%（占水泥干粉质量），宜采用同掺法，与水泥、砂石同时加入强制式搅拌机。

（2）搅拌机应采用强制式搅拌机，搅拌时间一般为 3min。若采用自落式搅拌机，搅拌时间应延长 1 倍。

（3）在采用导管、泵等传统水下施工机具时，UWB 可采用 1.5%~2.0% 的低掺量；在采用吊罐、溜槽等陆地施工设备，即混凝土在水中有落差时，可采用 2.0%~3.0% 的高掺量，其他情况可根据混凝土在水中，落差适量增减，一般推荐为 2.0%~2.5%。

（4）封桩采用 2.0%~3.0% 的高掺量，桩身采用 1.0%~1.5% 的低掺量，可防止断桩。

（5）本产品正常情况下凝结时间随掺量增加而延长，若需要可配合调凝剂使用。

（6）优先采用 42.5 级普硅水泥，无货源时可采用 32.5 级普硅水泥代替，混凝土在水下有落差时，水泥用量一般不应低于 380kg/m³。

（7）水下混凝土掺加掺合料时（矿渣或粉煤灰）泵送性能可得到明显改善。

（8）混凝土配比宜采用中砂，推荐砂率 38%~43%，石子级配一般采用 5~25mm 范围，最大粒径不超过 40mm。

（9）可采用导管、泵等水下施工机具连续施工，也可采用开口吊罐、溜槽、手推车等机具断续供料施工。

（10）施工环境原则上要求静水状态，混凝土落差小于 0.5m。

（四）使用情况

UWB 絮凝剂于 1988 年通过石油部鉴定，结论为"填补国内空白"、"达到同期国际先进水平"。同年获国家发明专利，1991 年国家科技成果，国家级新产品，1992 年建设部科技成果重点推广项目，1994 年另一类型 SCR 絮凝剂又获国家专利；在使用中先后荣获全国施工企业技术进步优秀项目奖，石油总公司科技进步二等奖，天津建筑学会优秀论文等奖项。已在长江、黄河、鸭绿江、松花江、钱塘江、黄海、渤海、南海数百个水下工程中得到应用，混凝土用量近 10 万 m³，施工水深从 0.5m 到 38m，效果良好，水下混凝土工程综合成本降低 20% ~ 30%。水下混凝土浇筑工期缩短 30% 以上，取得了明显的技术经济效益。

（五）部分工程实例

福建蒲田排洪闸护坦修复	丰准线黄河特大桥围堰工程
武汉长江三桥沉井封底	上海 600 吨龙门吊水下承台
中卫黄河大桥低桩承台	大港油田张巨河人工岛
胜利油田大口径灌注桩	南沙某军事人工岛
大连、青岛码头修补	鸭绿江护岸工程
南京长江取水口	钱塘江大堤加固
莲花港大桥桥墩基础	重庆汽车站钻孔桩基础封底
辽宁铁岭电厂特大沉井封底	

五、包装及贮存

（1）包装：本品采用内衬塑料薄膜，外套牛皮纸编织袋，每袋 25kg。

（2）存放：在运输和保存中应注意防潮，贮存期一般为 1 年，不受潮可继续使用。

247 水泥锚杆卷式锚固剂如何应用？

具有技术配方先进、性能稳定、操作简便、锚固力大及后期强度发展稳定等优良特性，其各项性能指标均满足中华人民共和国行业标准 MT 219—90《水泥锚杆卷式锚固剂》要求。

一、主要技术性能

（1）锚固剂类型、规格与特性（表 1）

表 1　锚固剂类型、规格与特性

规　　格				浸水时间（s）	凝结时间（min）		抗压强度（MPa）		
直径（mm）	长度（mm）	钻孔直径（mm）	表观密度（g/cm³）		初凝	终凝	0.5h	1h	28d
$\phi36 \pm 1$	225 ± 5	$\phi42$	1.47 ± 0.02	30 ~ 90	2 ~ 7	6 ~ 11	8 ~ 12	14 ~ 18	≥52.5
$\phi30 \pm 1$		$\phi35$							
$\phi23 \pm 1$		$\phi28$							

（2）具有早期强度高、后期强度发展稳定的特性，安装后半小时锚固力大于 50kN，锚固剂 28d 抗压强度大于 52.5MPa。

（3）本品为浸水型卷式锚固剂，具有操作简便、可靠、凝结时间短等特点，能避免注浆式锚杆的某些缺陷，保证锚杆施工质量。

（4）本产品因性能优良，用户可选用端锚和全锚施工应用。选作端锚使用时，施工单位必须进行工地试验，以验证端锚长度、锚固力及凝结时间等。

（5）本产品可根据用户需要制作不同规格、性能的锚固剂。

二、适用范围

（1）适用于矿山、水工隧道与地下厂房、公路交通等工程的锚杆支护。

（2）可用于紧急情况下的堵漏等特殊施工需要。

三、使用说明及注意事项

（1）按锚喷设计要求，选择卷式锚固剂直径并检查是否受潮变质。

（2）浸泡：使用时要做到单孔设计使用数量一次浸泡，水深大于或等于30cm，一般浸泡时间为30~90s，应通过试验确定。

（3）将浸泡后的锚固剂逐条逐次专用工具装入锚杆孔内并保证填实。

（4）本产品开箱使用后应立即将剩余产品包装内袋扎紧以防受潮。批号产品存放应特别注意防潮，如受潮，锚固剂卷筒会变硬，将影响锚固力甚至失效，因此对已受潮锚固剂应通过试验后使用，否则会影响质量和施工安全。

248 EPS-P型水泥灌浆剂如何应用？

一、用途

由膨胀、减水组分配制而成，适用于 −10~40℃气温下施工。用于后张法预应力管道压力灌注水泥净浆。

二、执行标准

JC 476—2001《混凝土膨胀剂》，GB 8076—1997《混凝土外加剂》。

三、用量与用法（表1）

表1 用量与用法

代号 1045	EPS−P型水泥净浆灌浆剂	用于预应力混凝土、后张法波纹管、压力浇灌水泥净浆。普通型灌浆剂用于15℃以上气温施工	$C×8\%$	粉体	4kg/包	48kg/袋
代号 1046	EPS−C型水泥净浆灌浆剂	用于预应力混凝土、后张法波纹管、压力浇灌水泥净浆。防冻型灌浆剂用于 −15~15℃气温施工。冬季施工，灌浆前不需用水先冲洗孔道	$C×9\%$	粉体	4.5kg/包	45kg/袋

四、贮运及包装

（1）内衬塑料袋外套编织袋。

（2）贮运中注意防潮，防破损。

五、压浆

压浆的目的是使预应力筋与混凝土结成整体。要求在张拉工作完毕后应尽快压浆，以防预应力筋在孔道内因潮湿生锈而降低强度。压浆之前要将夹片、锚环之间的空隙用水泥浆封实，水泥浆达到强度后即可进行封锚。

（1）水灰比的确定：压浆前首要工作是清孔，即用高压水冲洗孔道，使之充分湿润，以利压浆。压浆所用水泥全部采用42.5级普硅水泥（出厂期不宜超过20d）。规范规定水灰比范围为0.36±0.02，而在实际施工中若按此水灰比进行拌制，则灰浆过于稀薄且泌水率也较大，超过规范规定的4%。这样灰浆泌水后收缩产生间隙，孔道不能被填满，使之与混凝土不能有效地连成整体，从而影响共同承载能力。为了保证施工质量，工地经过反复试配得到的灰浆稠度在14~18s，符合规范要求并且得到确认。

（2）灰浆的拌制及压浆顺序：灰浆的拌制量受时间限制，一次拌制量不宜过多，要求随拌随用，一般间隔时间以不超过40min为宜。在压注过程中要不断搅动，防止因其沉淀、结块而堵塞真空泵，影响压浆质量。压浆要缓慢、均匀连续进行，压浆顺序由低至高。25m梁每片梁断面均有4个孔道分上、下2层，孔道成曲线布置，两端高中间低。压浆时为了更有效地排气和泌水，先由下层孔道开始注浆而后再上层孔道。制取边长为70.7mm的立方体试块，28d的抗压强度均超过30MPa，符合设计要求。

（3）提高压浆质量的措施：出浆口有灰浆逸出时，为使孔道内灰浆密实应关闭出浆口，并保持 0.7MPa 的一个稳压期，时间不少于 3min。出浆口的关闭要根据水泥浆的浑浊程度确定，初始出浆口往外逸的是清水，继而是混杂的浆水，最后是灰浆。待出浆口逸出的全部是灰浆时再用木塞将出浆口堵住，加压 3min 直至出现泌水。泌水应在 24h 内被灰浆全部吸收。压浆设备性能的好坏对压浆质量有很大的影响。输浆管长度不宜过长。长度超过 30m 时，压力相应提高，则对设备的性能提出更高要求，加大了投入。灰浆稠度不能过稀也不能过稠，过稀则孔道填不饱满，过稠则真空泵吸管容易被堵塞。灰浆的稠度宜控制在 14～18s。气温对压浆质量影响很大。压浆时气温不宜过高（也不能低于 5℃），当气温高于 35℃ 时，压浆应在夜间进行。张拉、压浆结束后即可进行封锚作业。封锚时，需将锚具及梁体预留钢筋有机地结成整体，确保预应力梁的整体质量，同时加强养护工作。

【应用实例 1】

真空灌浆在后张法预应力混凝土孔道灌浆中的应用

一、工程概况

天汕高速公路第四合同段箱形梁全部采用后张法预制，结构形式为单箱单室，跨度为 30m，梁高 150mm。预应力筋配置 ϕ15.24（7ϕ5）高强低松弛钢绞线，强度为 1860MPa，布置如图 1 所示。

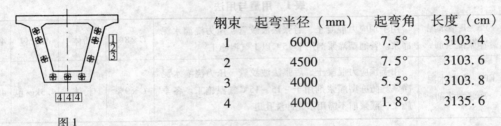

钢束	起弯半径（mm）	起弯角	长度（cm）
1	6000	7.5°	3103.4
2	4500	7.5°	3103.6
3	4000	5.5°	3103.8
4	4000	1.8°	3135.6

图 1

为了防止预应力筋被腐蚀，提高结构的安全度和耐久性，消除传统压力灌浆的质量通病。

二、基本原理

真空灌浆是在孔道的一端采用真空泵抽预应力孔道中的空气，使之产生 -0.1MPa 左右的真空度，然后在孔道另一端用灌浆泵将优化后的水泥浆从孔道的另一端灌入，直至充满整条孔道，并加以大于或等于 0.7MPa 的正压力，以提高预应力孔道灌浆的饱满度和密实度，从而提高后张预应力混凝土结构安全度和耐久性。

三、施工设备

采用由某公司研制生产的专用真空灌浆设备，它主要由空气管道系统、搅拌系统、灌浆系统等组成，主要设备如图 2 所示。

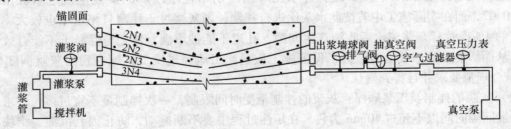

图 2　专用真空灌浆主要设备

（1）输送量为 3m³/h 的 UBL3 螺杆式灌浆泵，配套高压橡胶管 1 根（抗压能力≥2MPa）。

（2）排量为 120m³/h 的 SZ02 型水环式真空泵，真空压力表 1 个，QSL020 型空气过滤器 1 个，15kg 左右秤 1 台。

（3）灰浆搅拌机 1 台。

（4）预应力箱梁中采用了弯曲的布筋方式，原设计的小于$\phi 50$（mm）金属波纹管，虽能满足小半径的布筋要求，但是金属管没有永久的防腐能力，压口接缝不很紧密，不足以抵抗水的渗漏和到达浆体以及预应力筋，故采用更能体现真空灌浆优越性的 HVMSBG050 的塑料波纹管，在强度和耐腐蚀方面，有更好的保护作用。同时塑料波纹管为挤出成型，接头处用内垫密封圈的卡套连接，全管能达到不漏气。

四、水泥浆配合比试验研究

水泥浆的配合比直接影响到灰浆强度和灌注密度，尤其对于真空灌浆来说，是施工工艺的一个关键环节。配合比主要遵循低水灰比和多成分的原则，以达到减少空隙、泌水和水泥浆在凝结硬化过程中的收缩变形的目的。

（一）水泥浆体的性能要求

（1）有较好的流动性能，流动度大于 140mm。初凝时间为 3～4h，在 1.725L 漏斗中，水泥浆的稠度 15～45s，最多不得大于 50s。

（2）灌注后泌水率低，小于水泥浆初始体积的 2%，4 次连续测试的结果平均值小于 1%，拌合后 24h 水泥浆能自吸收。

（3）水泥浆体在凝固前应具备一定膨胀作用，使浆体灌入后胀满整个孔道。以克服预应力纵向、斜向、上弯曲部位压浆不饱满不密实的缺点。浆体应具备硬化中期（14d 左右）微膨胀性，以补偿中后期水泥浆体的自然收缩。

（4）浆体应具有足够的抗压强度和粘结强度，不低于 30MPa，最好和梁混凝土相匹配，满足预应力钢筋和混凝土构件间的有效应力传递。

（二）水泥浆原材料选择

金刚牌 42.5 级普硅水泥，符合技术标准的地下水。考虑到夏季温度高的因素，采用了 EPS-P 剂。

（三）试验方法

灌浆材料泌水率、膨胀率和抗压强度的试验方法分别参照 JTJ 0410—2000《公路桥涵施工技术规范》附录 G010，G011、JG 4760—2001《混凝土膨胀剂》和 GBJ 203—83《砖石工程施工及验收规范》。

（四）试验结果分析

（1）流动度试验

固定水灰比为 0.38 试验测定在不同掺量下对水泥静浆流动度的影响和在 0.4% 掺量下 20℃与 40℃下流动度随时间的变化，结果如图 3、图 4 所示。泥浆的流动度，水灰比愈大，流动度愈大，同时泌水率也愈大，初凝时间越长；减水剂掺量增加，流动度明显地增大，同时泌水率也增大。缓凝高效减水剂掺量大于 0.55% 会引入过量空气而使初凝缓慢，降低混凝土强度。因此本试验采用缓凝高效减水剂掺量为 0.4%。

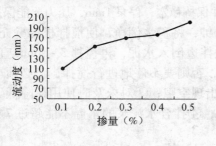

图 3

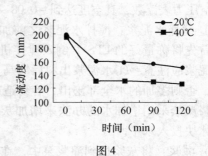

图 4

在相同环境温度下，水泥浆的出机温度不同，对浆体的流动度影响较小，但在贮存一定时间（大约为40min）后，流动度明显减小，同时出机温度越高流动度下降越快，因此，要严格控制出机温度在22℃左右，并在40min内将水泥浆全部用完。缓凝高效减水剂同时具有的缓凝作用，可以使在高温条件下的水泥浆体具有良好的保塑性。

（2）膨胀试验

本试验根据采用了铝粉和UEAOH两种混凝土膨胀剂，分别作用于浆体的凝结前膨胀和中期膨胀，使浆体凝结前的膨胀率和中期膨胀率大有提高。

①凝结前试验：凝结前膨胀是在水泥凝结前加入铝粉，利用水泥水化过程中不断析出氢氧化碳，水泥水化初期浆液中 Ca(OH)₂ 处于饱和状态，亦即处于高碱状态，此时铝粉与碱溶液的 OHO 反应生成氢气，形成许多分散均匀的气泡，使浆体发生膨胀，从而使灌浆孔道的弯处和钢绞线的空隙处胀满。试验采用掺不同量的铝粉，测 3h 体积膨胀率，要求凝结前膨胀率为 1% 左右，因为 1% 的含气量对水泥浆的强度损失不大。试验分析得出铝粉掺量以 0.005% 为宜，铝粉反应在 3h 内基本完成，第 2h、3h 膨胀很小，因此掺铝粉的水泥浆必须在加水拌合后立即灌注，否则对凝结前膨胀率影响较大。

②中期膨胀试验：中期膨胀是利用 UEA 加入水泥浆中生成大量的膨胀性结晶物水化硫铝酸钙（即钙矾石），使浆体产生适当膨胀，在钢筋和混凝土预留孔道的约束下，在浆体结构中建立0.2～0.7MPa 预压应力，这一膨胀应力可大致抵消浆体在硬化过程中产生的收缩应力，从而防止或减少浆体收缩开裂，并使浆体致密，提高结构的强度，并增加浆体与预应力筋的握裹力。但如果膨胀率过高，则有可能使浆体产生较大的膨胀应力，反而不利于整体结构，因此要严格控制自由膨胀率小于10%。试验分析得出 UEA 的掺量为 5% 时，其 28d 限制膨胀率为 0.04%～0.06%，适合水泥浆体补偿收缩功能。UEA 的掺量是按等量取代胶凝材料的内掺法，这一点必须在配合比时引起注意。

（五）浆体配合比的选择

经过室内试验，最后确定的配合比和有关性能见表3。

表3　浆体配合比和有关性能

材料用量（g）		水（mL）	水灰比	性　能					
水泥 42.5 级	EPS-P			稠度（s）	泌水率 3h（%）	凝结前膨胀率 3h（%）	中期膨胀率		抗压强度 28d（MPa）
							1d	28d	
1500	120	600	0.38	16	1.2	1.03	0.047	0.055	53.8

五、施工工艺

（1）灌浆前准备工作：①张拉完成后，切断外露的钢绞线（钢绞线外漏30～50mm），清水冲洗，高压风吹干，然后进行封锚。②清理锚垫板上的灌浆孔，保证灌浆通道通畅。③定出抽吸真空端及灌浆端，抽吸真空端位于高处锚座上的灌浆孔，灌浆端置于低处锚座上的灌浆孔。

（2）按真空灌浆施工设备连接方案连接装好各部件，并检查其功能，进行试抽真空。

（3）试抽真空：将灌浆阀、排气阀都关闭，抽真空阀、出浆端阀门打开，启动真空泵抽真空，观察真空压力表读数，真空度达到 -0.08～-0.1MPa 并保持稳定，停泵 1min，压力要能保持不变。

（4）搅拌水泥浆：搅拌水泥浆之前加水空转数分钟，将积水倒净，使搅拌机内壁充分润湿。装料时首先将称量好的 EPS-P 倒入搅拌机，之后边搅拌边倒入水泥，再搅拌 3～5min 直至均匀。搅拌水泥浆应注意：①水泥浆出料后应马上进行泵送，否则要不停地进行搅拌；②必须严格控制用水量，否则多加的水全部泌出，容易造成管道顶端出现空隙；③对未及时使用而降低了流动性的水泥浆严禁采用增加水的办法来增加灰浆的流动性；④拌合水泥浆的水温不能超过7℃，必要时采用冰块投入水中。

（5）灌浆：将灰浆加到灌浆泵中，在灌浆泵的高压橡胶管出口打出浆体，待这些浆体浓度与

306

灌浆泵中的浓度一样时，关掉灌浆泵，将高压橡胶管接到孔道的灌浆管上，扎牢。关掉灌浆阀，打开真空阀、出浆端阀门，启动真空泵抽真空，使真空度达 −0.08 ～ −0.1MPa 并保持稳定，启动灌浆泵，打开灌浆阀，开始灌浆，当浆体经过空气过滤器时，关掉真空泵及真空阀，打开排气阀。观察排气管的出浆情况，检查所压出水泥浆稠度，直至稠度与灌入的浆体相当时及流动顺畅后，关闭排气阀和出浆端阀门，灌浆泵继续工作，在大于或等于 0.7MPa 下，持压 2～3min。关闭灌浆泵及灌浆端阀门，完成灌浆。拆卸外接管路、附件，清洗空气滤清器及沾有灰浆的设备。按 3N4→2N3→2N2→2N1 的顺序依次灌浆。

（6）注意事项：①严格掌握材料配合比，误差不能超过 1%。②灰浆进入灌浆泵之前应通过 1.2mm 的筛子。③真空泵应低于整条管道，启动时先将连接的真空泵的水阀打开，然后开泵；关泵时先开水阀，后停泵。④灌浆工作宜在灰浆流动性下降前的 30～45min 内进行，孔道一次灌浆要连续。

【应用实例 2】

岭澳核电站预应力灌浆用 EPS-P 型灌浆剂配制水泥浆

一、缓凝水泥浆用原材料

（一）水泥

要求用硅酸盐水泥，氯离子含量小于或等于 0.02%，不含硫化物中的硫离子，并无假凝现象，而且要进行硝酸盐含量的分析。通过试验选用广州水泥厂产 P·Ⅱ 42.5 水泥。

（二）外加剂

外加剂中不得含有氯化物的氯离子和不含有硫化物的硫离子，还要进行硝酸盐含量的分析。

（三）拌合水（包括冰）

拌合水（包括冰）除氯离子的含量小于或等于 250mg/L 和其他有害物质含量应符合混凝土用拌合水的规定外，对硝酸盐的含量也要进行分析。

二、缓凝水泥浆的性能试验及分析

（一）试验方法

本试验的流动度及其随时间的变化、泌水、膨胀率、孔隙率、毛细吸水的测定均按法国试验方法进行；凝结时间和机械强度试验按中国水泥的有关试验方法进行，收缩亦按中国砂浆的收缩试验方法进行。

（二）缓凝水泥浆配合比的初步试验

考虑本工程在环境温度 5～35℃、浆体出机温度 15～35℃下的可施工性，采用将水与外加剂先拌合再加入水泥拌合 5min 的相同工艺，对外加剂的同一个掺量与多个水灰比及一个水灰比与外加剂多个掺量进行了出机温度为 5℃，20℃，35℃，三种浆体分别存放在 5℃，20℃ 和 35℃ 三种环境温度中的流动度随时间的变化和泌水率的交叉对比试验。试验数据见表 4，分析于下。

表 4　缓凝水泥浆配合比试验数据

环境温度（℃）	5			20			35		
浆体出机温度（℃）	15	25	35	15	25	35	15	25	35
初凝（h：min）	—	75：30	83：05	27：05	28：03	41：10	—	—	25：37
终凝（h：min）	—	94：05	94：40	30：48	32：02	48：00	—	24：42	27：32
3h 泌水率（%）	0	0.6	0.8	0	0	0.4	0	0	0.3
浆体出机流动度（s）		10.6	9.7	9.3					
10h 流动度增加数（s）	9.4	10.7	12.2		3.8	4.6	2.9	3.0	4.3

（1）同一配合比浆体存放环境温度相同时，凝结时间随浆体出机温度的提高而延长，浆体出机温度相同时，凝结时间随存放环境温度的提高而缩短。

（2）同一配合比浆体的泌水率也受浆体出机温度和存放环境温度影响。浆体出机温度相同时，3h 的泌水率随存放环境温度的提高而减小；在存放环境温度相同时，3h 的泌水率随出机温度的提高而增大。

（3）同一配合比浆体的出机流动度随出机温度的提高而变小。10h 的流动度与出机流动度差值和存放的环境温度与出机温度相关，其随环境温度的提高而变小，而随出机温度的提高而变大。

（4）在试验室小批量缓凝浆体试验中发现，浆体温度在出机 6h 左右基本与环境温度相近；当环境温度低于 30℃时，浆体 10h 的温度总是高于环境温度 1~3℃。此种外加剂的某掺量和某水灰比的配合比的缓凝浆体，只适合于出机温度和环境温度为某一区间的特定情况下的施工。所以岭澳核电站由试验中筛选出适用于大气温度为 5~35℃、浆体出机温度为小于或等于 15~35℃。其外加剂掺量和水灰比均不相同。出机温度为 20℃存放于 20℃环境（按技术规格书规定）的性能见表5。

表5　浆体的性能

项　目	凝结时间（h：min）		泌水率（%）		28d 强度（MPa）		孔隙率（%）	毛细吸水（g/cm²）	收缩（μm/m）	流动度（s）		
	初凝	终凝	3h	24h	抗折	抗压				出机	6h	10h
技术要求	<50h	+5℃ <80h	≯2	≯2	≥4.0	≥30.0	≤40	≤1.5	≤3500	9~13	≤14	≤25
EPS－P	36：14	39：49	0	0	10.5	90.0	33.9	0.76	2870	9.3	11.1	13.1
可行性试验	35：29	37：22	0.1	0	7.8	88.4	35.9	0.71	1860	9.6	11.8	14.1
全比例试验			0	0	10	96.4				9.5	10.9	12.9
生产中的检验	25：27	27：22	0	0	9.6	91.7				9.3	13.2	15.3

（三）缓凝水泥浆配合比的可行性试验

本试验的目的是在现场检查用初步试验所规定的搅拌程序和确定的配合比按现场生产设施大批量生产的浆体，是否符合初步试验中所得出的合格标准，如有必要，便对配合比进行适当的修正。现场所用搅拌机为螺旋式搅拌机，搅拌功率 7.5kW，叶片转速 1500r/min，容量为 0.36m。按现场当时的环境温度只能对 EPS－P 配合比进行试验，结果令人满意，缓凝水泥浆的性能良好，可行性试验与初步试验结果相吻合，见表5。

三、全比例模拟孔道灌浆试验

为检验已通过可行性试验的缓凝水泥浆是否适合于安全壳预应力水平管、穿顶管和竖向管的填充，各选择灌浆难度最大的管道进行 1∶1 模拟灌浆试验。水平管及穿顶管各两根在专门搭设的平台上进行，均为 φ101.6mm×2mm 钢管内穿 19T16 钢绞线，装有承压板和灌浆帽，但不张拉。水平管长 125.6m，穿顶管长 46m。竖向管为 φ139.7mm×2.9mm，穿入 36T16 钢绞线，装有承压板和灌浆帽，但不张拉。竖向管长为 46.9m 并通过特制的三角架固定在安全壳的扶壁柱一侧。水平管的灌浆方向从最接近拱起端向另一端进行，穿顶管从一端到另一端，竖向管由下往上，灌浆泵采用法国产 PH125 泵，最大压力 11MPa，泵量 143m³/h，浆体流动度要求进浆口和出浆口均为 9~14s。竖向管的上端装有重力罐，进行重力自动补浆。

试验过程中环境温度最低为 22.2℃，最高到 30℃，进浆口的浆体温度最低为 20.7℃，最高达 29.9℃，浆体的流动度为 9.5~12.5s。试验比较顺利，从按规定所锯的截面和所开的窗口观察浆体填充密实，符合技术规格书的要求。

四、预应力灌浆用缓凝浆施工实践

岭澳核电站 1 号反应堆安全壳预应力孔道共 556 根，一次灌浆均用缓凝水泥浆，共用 289.9m³，没有报废过一次，灌浆速度快、顺利。本工程预应力于 1999 年 10 月 26 日开始至 2000

年 4 月 29 日施工完毕，施工期间环境温度最高达 30.5℃，最低 11℃。施工时的浆体温度最低为 9.9℃，最高达 31℃；流动度最小 9.5s，最大 11.7s，均在控制范围内。

249 EPS-C 防冻型水泥灌浆剂如何应用？

（冬季施工后张预应力孔道灌浆专用外加剂）

在预应力混凝土技术中，后张预应力孔道灌浆材料是保护预应力钢筋不锈蚀、使后张预应力钢筋与整体结构连接成一体的关键性材料。当后张预应力钢筋处于非水平的倾斜部位、多跨度弯曲状态和垂直状态时，灌浆材料泌水会使泌水蒸发后的空间失去水泥的钝化保护，钢绞线的异形也会导致某些局部灌浆不饱满而失掉钝化保护。然而钢筋在应力状态下锈蚀极易发展，造成钢筋锈蚀部位断面缺损，使预应力结构的安全寿命和使用可靠性受到威胁。因此，近年来后张预应力灌浆材料的性能保证日益引起了工程技术人员的关注。

后张预应力孔道灌浆材料的主要作用是保护钢筋不外露锈蚀及保证预应力钢筋和混凝土构件之间有效的应力传递，因此需要达到以下要求：水胶比为 0.36 ± 0.02，掺入适量减水剂时，水胶比可减少到 0.35。灌浆材料的最大泌水率不超过 3%，拌合后 3h 泌水率宜控制在 2%，泌水应在 24h 内重新全部被吸回。灌浆材料在凝固前应具备一定的膨胀性能，使浆体灌入后胀满整个孔道，特别是钢绞线的异形部位，孔道拐弯部位及竖向压浆部位，其自由膨胀率应小于 10%。灌浆材料的强度应不低于 30MPa，以满足预应力钢筋和混凝土构件之间的有效应力传递。

目前，国内对于灌浆材料的研究不多，工地大多采用 0.36 ± 0.02 水灰比的水泥净浆灌注，或加入一些减水剂、膨胀剂配制灌注浆体，往往不能避免注浆不饱满、不密实的情况。研制一种性能优良的灌浆用材料来保证灌浆的质量是一项重要的工作，可以更好地保证预应力工程的整体质量。因此，我们研制了后张预应力孔道灌浆专用外加剂 EPS － C，经试验和工程应用证明，这种外加剂能满足预应力灌浆的要求，可有效保证灌浆质量。

一、试验

（一）原材料

试验所用水泥为 P · O 42.5。

EPS － C 外加剂主要成分包括六部分：高效塑化组分、缓凝保塑组分、膨胀组分、水溶性功能高分子材料、有机高分子材料（附加了超塑化功能，基于聚羧酸技术）及无机材料。

（二）水泥浆主要性能的测试方法

（1）水泥浆稠度测试方法：水泥浆稠度采用流锥法来测定，以通过量测一定体积（1725mL）的水泥浆，从一个标准尺寸的流锥中流出的时间来确定，试验方法参照 JTJ 041—2000《公路桥涵施工技术规范》附录，对任何水泥浆至少做两次试验，同时测定 0min 和 30min 的稠度值。

（2）水泥浆泌水率测试方法：将物料按规定的配比用净浆搅拌机搅拌 3min，搅拌均匀，用湿布润湿容积为 2L 的带盖筒内表面，量取 1L 水泥浆体一次灌入，加盖以防止水分蒸发。自灌入后开始计算时间，分别放置 3h 和 24h 后吸水并用量筒测其泌水体积，然后按下列公式计算体积泌水率：体积泌水率 ＝（泌水体积/水泥浆体体积）×100%。

（3）水泥浆膨胀率测试方法：早期膨胀率测定如采用 JTJ 041—2000 中用有机玻璃容器测膨胀面的方法来测定，当膨胀量较小时，不容易读数和测定准确，因此我们采用测定竖向膨胀率的方法来测定其早期膨胀，并测试其中、后期膨胀性能，该方法采用千分表读出数值。

（4）水泥浆强度测试方法：测定水泥硬化体抗压强度，测定试模为 70.7mm × 70.7mm × 70.7mm 的有底砂浆试模，水泥浆搅拌均匀后成型，制作一组（6 块）试件，标准养护 28d，测其抗压强度。

（三）试验过程及结果

在试验室中根据需要选定 6 种组分，进行正交试验。每组试验分别测试流锥时间、体积泌水率、膨胀率及抗压强度，从而优选出各项性能数据优良、符合要求的配比。流锥时间比流动度测试更能直观反映水泥浆体的流动能力。在测试中采用体积泌水率替代常规泌水率测定方法，因为在灌浆管道中水泥泌水的多少和体积关系到灌浆的质量，采用体积泌水可以更贴切反映出水泥浆泌水后空隙大小。

试验结果表明，使用 EPS－C 配制的水泥浆体能很好地满足 GB 50204—2002（混凝土结构工程施工质量验收规范）及 JTJ 041—2000《公路桥涵施工技术规范》，对后张预应力孔道灌浆用水泥浆体性能指标的要求，掺量为 9%，水灰比 0.36±0.02。水泥浆稠度为 16.5s，静置 30min 后稠度基本保持不变，这主要是针对施工中不能及时灌浆的问题。浆体无泌水并且浆体膨胀，可保持孔道饱满，使用 P·O 42.5 拌制的水泥浆 28d 强度 50MPa 左右。

我们采用竖向膨胀率测定方法测定掺 EPS－C 水泥浆体的早期和中后期变形，试验在标准养护室中进行。试验表明，浆体膨胀率在 3d 时达到最大值，达到 1.469%，而后有极小的回缩，28d 仅为 0.004%。在实际应用中，由于早期浆体在孔道密封环境下膨胀，因此在孔道壁产生压应力，中后期小量收缩造成这部分应力损失，由于加入了高分子材料，改善了灌浆料的应变行为，不会使浆体与基体分离，以致影响预应力筋与基体的协同作用。

国家建筑工程质量监督检验中心所做检测数据与规范要求指标相比较，可以看出各项指标均满足规范要求，30min 后流锥时间小于初始流锥时间，再分散作用较好，可满足现场施工情况要求，浆体更加均匀，保水性及粘聚性好，这与水溶性功能高分子材料的加入有关，并体现出聚羧酸超塑化剂的性能优势。

二、应用

道桥箱梁的预应力灌浆中使用了 EPS－C 外加剂，所用水泥浆配合比为：水泥∶水∶GM 外加剂＝1800∶684∶162（kg/m^3），经现场配比试验，水灰比为 0.36±0.02，水泥净浆流动度大于270mm，泌水率为 0，压力灌浆，现场灌浆使用 P·O 52.5 水泥拌制水泥浆，28d 预留试块抗压强度大于 55MPa。灌浆自 2005 年 6 月份开始，至目前观测，灌浆密实，无异常现象。

三、使用效果

（1）检测和应用工程证明，后张预应力孔道灌浆使用 EPS－C 可有效解决浆体泌水及灌浆不密实等对工程质量不利的问题，保证工程质量。

（2）引入早期塑性膨胀，使浆体充满孔道空间，使灌浆密实，不留空隙，有效传递应力和保护钢筋，中后期收缩值小。

（3）EPS－C 掺量 $C×9\%$，使用方便，性价比优于一般的灌浆用外加剂。

四、水泥浆体的性能要求

灌浆浆体可分为普通水泥浆体和特殊浆体，这里只讨论普通水泥浆体。

水泥浆体由普通硅酸盐水泥、水和外加剂组成，还可加入一定数量的矿物掺合料。外加剂分为膨胀剂和非膨胀剂。膨胀剂呈粉状，可以消除水泥浆体硬化以后的收缩；非膨胀剂呈液态，功能是改善水泥浆体的流动性和泌水性。外加剂不应发生对预应力钢丝不利的腐蚀反应。外加剂的总量不应超出水泥质量的 5%。灌浆材料在满足其他限制条件的前提下，应尽量降低水灰比，一般不应大于 0.45。

水泥浆体的技术性能（表1）主要有流动性、泌水性、体积稳定性、强度和沉积度，并应满足下表的要求。

表 1　水泥浆体的性能要求

性能指标	技 术 要 求
流动度	1. 拌合完毕测试，<25s；2. 灌浆完毕或拌合完毕 30min 后测试，<25s； 3. 45min 内流动时间变化，<3s；4. 灌浆出浆口测试，>10s
泌水率	1. 标准泌水试验，24h 以内，<0.3%；2. 二次泌水试验，24h 以内，<0.3%； 3. 二次泌水试验，24h 以内，空气高度比率，<0.3%
体积变化率	24h，−1%~5%
强　度	7d 立方体强度 >30MPa
沉积率	密度变化 <5%

五、灌浆水泥浆体性能的测试方法

对浆体性能的测试试验可以分为适应性试验（Suitability Test）和合格性试验（Acceptance Test）。适应性试验是在初步研究和选择浆体材料时进行的试验，合格性试验是现场测试拌合浆体和灌浆前后对浆体的测试试验。试验的标准温度为（20±2）℃、湿度大于 65%。现场试验条件与标准条件不同时，需要在试验报告中注明。

（一）流动度

浆体的流动性决定了浆体的凝结时间，现场浆体的初凝时间一般应大于 3h。在试验室，浆体流动度通常用圆锥漏斗试验（Cone Test）来测试，流动度的度量单位是时间，以 s 为单位。具体的测试方法为：将孔径为 1.5mm 的筛网覆盖在圆锥漏斗顶端，将浆体通过筛网注入漏斗中，测量从漏斗底端流出 1L 浆体需要的时间（图 1）。原则上需要三次试验来确定浆体的流动度：浆体拌合完毕一次、30min 后两次。

（二）泌水率

浆体的泌水性是由浆体在圆柱筒中静置一段时间以后浆体顶部的泌水高度和浆体总高度的比例来表示的。欧洲标准的试验圆柱筒高度为 1m，内径为 60~80mm，内插一束 7 股钢丝的钢绞线，钢绞线的直径约 16mm，长度需适应 1m 的筒高度（图 2）。试验需要测试浆体 3h 和 24h 的泌水度，用泌水高度占原始浆体高度的百分比表示。

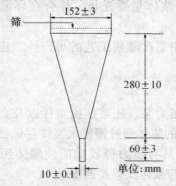 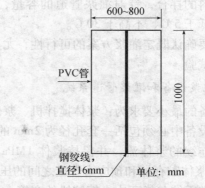

图 1　测量浆体流动度的圆锥漏斗试验装置　　　图 2　浆体泌水试验装置（欧洲标准）

与我国现行的测试方法相比，上述试验方法采用了较大的筒体、且将钢绞线引入浆体中，更加接近浆体实际的泌水行为。

（三）体积变化率

浆体的体积稳定性反映离析、收缩或膨胀引起的体积变化。试验装置与浆体泌水性试验相同。体积变化用 24h 后浆体高度与初始高度的比率来表示。

（四）浆体强度

用硬化水泥浆体的 7d 或 28d 抗压强度表示。我国水泥浆试件为 70mm 立方体试块。

（五）沉积率

浆体沉积率表示由于浆体成分的密度差造成的浆体硬化密度的不均匀性。沉积率试验采用 175mm 高的透明圆柱筒，内径为 50～60mm。浆体注入筒内 24h 以后，将硬化的浆体柱沿高度方向切割为等量的 4 份，顶部浆体与底部浆体的密度比被用作来表示浆体的沉积率。

（六）二次灌浆泌水率

为确定在孔管道中实施二次灌浆（压浆）的可行性，需进行二次灌浆泌水试验。英国标准推荐的试验装置，包括内径 80mm、高度 5m 的两根透明 PVC 管，每根 PVC 管内置有 12 根直径约 16mm 的钢绞线。

两根 PVC 管与地面倾角为 30°±2°。采用既定的灌浆工艺从 1 号 PVC 管底部的进浆口灌浆，直至顶部出浆口流出的浆体稠度与进浆相同。关闭 1 号管顶部出浆口，按既定工艺保持压力维持一段时间并关闭底部进浆口。从灌浆完毕开始，分别在 0、30min、1h、2h 和 24h 记录 PVC 管顶部的空气和泌水的高度。二次灌浆试验装置示意图如图 3 所示。

2 号管的灌浆时间和工艺同 1 号管。2 号管灌浆完毕以后，间隔一段时间（30min～2h）后打开管道底部的进浆口和出浆口再次灌浆，排出顶部可能积存的空气和泌水。浆体流出出浆口以后，将顶部出浆口和底部入浆口封闭，2 号管的二次灌浆完毕。记录 2 号管从第一次灌浆后 24h 的泌水率，并且记录二次灌浆以前、二次灌浆以后 30min、1h 和 2h 的空气和泌水高度。

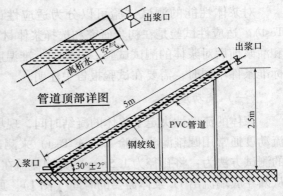

图 3　二次灌浆试验装置示意图

六、灌浆的施工方法与质量控制要求

（一）灌浆和二次灌浆

灌浆材料的拌合，针对灌浆管道的容量，一次拌合的浆体量要充足，拌合在环境温度下进行，并不应低于 5℃、不高于 30℃。

如果需要确认既定灌浆方案的可行性，尤其了解管道中二次灌浆工艺的可行性，建议进行二次灌浆泌水试验。

（二）灌浆设备和灌浆管道系统

灌浆设备的最小要求为：浆体搅拌机、浆体贮存器、压力泵、压浆连接组件以及必要的测量器具。压浆设备中必须包括一套孔径为 2mm 的筛，搅拌成的浆体通过筛进入浆体存储器。压力泵应能够保持连续的浆体流，并保持浆体 1MPa 的压力，并具有压力释放功能使浆体压力不超过 2MPa。连接浆体贮存器和预应力管道之间的压浆管尺寸应与浆体流量相匹配。

灌浆管道系统包括预应力钢绞线的套管、进浆口、出浆口、锚头、锚头封罩和预应力套管之间的连接器。在灌浆以前，要对灌浆管道系统进行气密性试验，具体方法是，在管道内充气加压至 10kPa，5min 内压力减低在 10% 以内。英国标准要求 HDPE 和 PP 套管在体内预应力体系中最小厚度为 2mm，施工磨损以后的厚度不应小于 1.5mm；对于体外预应力，套管的最小厚度应为 4mm，并能抵抗 600kPa 的灌浆压力。进浆口一般设置在预应力的锚头部分和预应力管道的低点。出浆口设置在沿灌浆方向管道的高点之后。进出浆口的内径不应小于 15mm，相互的间隔不宜大于 15m。设在高点的出浆管应延伸到高点的 500mm 以上。管道的内径至少要与出浆口内径相同。

（三）适应性评价与取样方法

浆体的流动性：在适应性试验中，要求进行至少 3 个流动性测试：浆体拌合以后进行 1 次测试、拌合 30min 以后或拌合以后等待一个实际管道灌浆时间进行 2 次测试。在现场测试试验时，需要至少测试：浆体拌合以后 1 次、每个锚头出浆口浆体 1 次和灌浆完毕剩余浆体 1 次。

（1）浆体的泌水性：适应性试验要求在浆体拌合以后立即进行 3 次测试，现场测试试验要求对每 1.5m³ 浆体进行 1 次测试。

（2）浆体的体积稳定性：适应性试验要求在浆体拌合以后立即进行 3 次测试，现场测试试验要求对每 1.5m³ 浆体进行 1 次测试。

（3）浆体的强度：适应性试验要求在浆体拌合以后立即进行 3 次测试，现场测试试验要求对每 1.5m³ 浆体进行 1 次测试。

（4）浆体的沉积率：适应性试验要求在浆体拌合以后立即进行 3 次测试，现场测试试验要求至少每天 1 次或每次连续灌浆过程 1 次。

（四）灌浆方法

管道灌浆原则：管道灌浆需要对浆体进行适应性检测合格以后进行。基本的灌浆设备应包括浆体搅拌机、浆体存储器、压力泵、称量器具和现场试验设备。浆体拌合完毕后建议 30min 以内使用，对于加有膨胀剂的浆体，尤其要注意这个时间限制。

灌浆一般从管道的低点开始，灌浆速度宜控制在 5 ~ 15m/min。灌浆过程应保证工艺的连续性，灌浆应持续到出浆口的浆体与灌入浆体相同。然后，应逐个封闭出浆口。对于处于高点的出浆口，应在封闭以后再次打开出浆口，放出积存的离析水和空气以后予以封闭。建议采用真空灌浆技术，有利于浆体充满管道的内部。

在温度低于 4℃ 的寒冷环境中不宜进行管道灌浆，除非采取措施使构件的温度保持在 5℃ 以上48h，并注意不能用蒸汽对管道进行加热。

根据英国标准，灌浆工艺的要点有：

（1）灌浆应在预应力钢绞线张拉后的 28d 以内尽早进行；

（2）保证管道内部没有积水；

（3）使用鼓入干燥空气的方法，检查每个出浆口的出浆能力；

（4）检验管道的气密性（充气 500kPa，5min 气压降低小于 10%）；

（5）灌浆从管道的底端进浆口开始，灌浆过程必须连续，灌浆速度不宜太快；

（6）在每个出浆口，灌浆应继续到流出的浆体稠度与灌入浆体相同；

（7）流出浆体达到灌入浆体的稠度后，还应放流 5L 浆体；

（8）满足上述条件后，沿灌浆方向逐次关闭出浆口；

（9）灌浆管道全部封闭以后，灌浆压力保持 500kPa 至少 1min；

（10）立即打开管道高点出浆口，检查是否有泌水或空洞；如果有，需要二次灌浆。二次灌浆的操作规程与第一次相同；直到此出浆口排出浆体稠度与灌入浆体相同，并放流 5L 为止。二次灌浆完毕后，需维持灌浆压力 500kPa 1min 以上；

（11）灌浆完毕后 24h 内应避免移动灌浆构件；

（12）管道内浆体凝结以后，打开出浆口检查空洞情况；

（13）永久封闭所有出浆口。

防冻型灌浆剂出厂检验指标见表 2。

表 2　防冻型灌浆剂出厂检验指标

测试项目		依据标准	企业标准
含水率 （%）		GB/T 8077—2000	≤5.0
细度 （%）		GB/T 8077—2000	≤15.0
水泥净浆流动度（mm）		GB/T 8077—2000	≥200
竖向膨胀量（2000L 瓶装法）		JC 476—2001	硬化后无收缩
抗压强度 MPa	f_{-7}（-10℃冰箱）	JC 475—2004	≥4.5
	f_{-7+28}	JC 475—2004	≥30
	f_{28}	JC475—2004	≥40

注：试验所使用水泥为基准水泥，水灰比为 0.38。

250　MNC-E1 型砌筑砂浆增塑剂如何应用？

执行标准：JG/T 164—2004。

砌筑使用说明：把粉剂倒在料斗水泥中，比未掺外加剂砂浆多搅拌半分钟即可。砂浆剂是砌筑砂浆拌制过程中掺入的用以改善砂浆和易性的非石灰类外加剂。由水泥、增塑剂、砂和水拌制而成的砌筑砂浆。其砌体性能类同于水泥石灰混合砂浆。增塑剂的匀质性指标见表 1。

表 1　增塑剂的匀质性指标

试验项目	性能指标
含水量	5%，不应大于生产厂最大控制值
细度	0.315mm 筛的筛余量应不大于10%

一、作用

提高施工质量、改善砂浆和易性、提高砌筑效率、降低工程成本。在混合砂浆中完全替代石灰、节水、增体、绿色环保、提高和易性；在水泥砂浆中完全代替普通防水剂，可节约水泥。砌筑时砂浆膨松、柔软、粘结力强、粘而不粘铲，减少落地灰降低成本，砂浆饱满度高。砂浆存放1h 不沉淀，保水性好，灰槽中砂浆不离析，不必反复搅拌，加快施工速度，提高劳动效率。

二、用量

砂浆配合比（按 0.33m³ 搅拌罐掺量）见表 2。

表 2　砂浆配合比（按 0.33m³ 搅拌罐掺量）　　　　　　　　　g

强度等级	水泥	粗砂	或中砂	或细砂	砌筑砂浆增塑剂
M2.5	100	850	800	750	
M5	100	700	650	600	
M7.5	100	550	520	500	
M10	100	500	450	400	500
M15	100	450	400	350	
M20	100	350	300	250	

251　MNC-E2 型抹灰乐如何应用？

一、抹灰使用说明

把砂浆剂倒在料斗水泥中，比未掺外加剂砂浆多搅拌半分钟即可。

二、用法

抹灰砂浆的每遍涂抹厚度宜为 7~9mm，应待前一遍抹灰层凝结后，方可涂抹后一层。砂浆不应涂在比其强度低的抹灰砂浆层上。

三、用量

砂浆配合比（按 0.33m³ 搅拌罐掺量）见表1。

表1　砂浆配合比（按 0.33m³ 搅拌罐掺量）

g

强度等级	水泥	砂子	抹灰砂浆
M 10	100	350	
M 15	100	300	600
M 20	100	200	

252　CZ 型彩砖光亮剂如何应用?

一、用途及特点

本品在反打振动密实成型混凝土彩色人行道地砖工艺中使用，能明显提高地砖早期强度和后期强度，提高表面光洁度和装饰性，同时还具有抑制制品返霜和延缓制品的褪色功能。该剂具有使彩色面层持久保色、色彩鲜艳、光滑亮泽等特点，并且显著提高耐磨性及抗压强度和抗折强度，显著提高抗渗性，增强抗冻融能力，提高耐久性。

二、执行标准

GB 8076—1997。

三、主要技术指标（表1）

表1　主要技术指标

外　观	无色或淡黄色液体	龄期	抗压强度比
含固量	40%±1%	1d	≥130%
密　度（g/cm³）	1.23~1.27	3d	≥125%
pH 值	7~9	28d	≥115%

四、用法与用量

（一）面层料配方（在面层料中作光亮剂使用，表2）

表2　配方

kg

（1）42.5 等级硅酸盐灰水泥	100
（2）水洗中砂或最好 10~40 目石英砂	160
（3）40℃洁净温水	28±2
（4）着色剂（红，黄，绿）	5, 6, 8
（5）MNC-CZ 型光亮剂	3~5

注：面层料制备：在搅拌机中先后投入配方量细集料和彩色水泥或面料，然后边搅拌边投入配方量拌合水与光亮剂的混合液（必须事先准备好），拌匀后，浇筑入模成型。

（二）底层料配方

水泥:砂子:石子:UNF-5 高效减水剂:水 = 100:167:272:1.25:35

五、养护

阴凉干燥处养护 72h 脱模，在室内避光的条件下养护 7d 移到室外，这期间不可洒水养护。

六、贮存与运输

本品为无毒、无味、不燃、无腐蚀性危害，可按非危险品贮运。

253 SCA 型破碎剂如何应用？

一、用途

（1）破碎剂与水调成浆体灌入岩石或混凝土构筑物的钻孔中，依靠本身水化可产生 30 ~ 80MPa 膨胀压，使破碎物体无震动、无噪声、无飞石和无毒气的情况下安全破碎。不燃、不爆，运输、保管和使用安全方便。

（2）可用作混凝土构筑物、岩石等脆性材料、窑炉衬里、沉井工程等其他特殊工程的安全破碎与拆除，以及花岗石、大理石、玉石等石材的开采、切割和破碎。

二、执行标准

JC 506—1992。

三、用量与用法

（1）选型：用量为 15 ~ 25kg/m³。根据使用温度，分为三个型号（表 1）。

表 1　型号

型　　号	使用温度（℃）
SCA1	25 ~ 40（夏）
SCA2	10 ~ 30（春、秋）
SCA3	−5 ~ 15（冬）

（2）布孔：打孔参数可根据破碎物体的强度大小而定（表 2）。

表 2　布孔

质　体	孔径（mm）	孔距（cm）	孔深	抵抗线（cm）
砖砌体	35 ~ 50	30 ~ 45	H	40 ~ 60
中硬质岩	35 ~ 50	25 ~ 40	1.05H	30 ~ 50
岩石切割	30 ~ 40	20 ~ 40	H	100 ~ 200
无筋混凝土	35 ~ 50	30 ~ 40	0.85H	30 ~ 40
钢筋混凝土	35 ~ 50	15 ~ 30	0.95H	20 ~ 30

注：H——物体破碎高度，排距 =（0.9 ~ 0.95）孔距。孔径、孔距应视构件的强度大小而定，头一排孔距构件边缘不大于 5 ~ 7cm。抵抗线——指排孔到临空面的垂直距离。

（3）破碎剂的使用温度在 10℃ 以上时，施工后一般不需加覆盖物（雨天除外）。若产生裂纹可用水浇缝，以加快其膨胀作用。

（4）无声破碎剂的使用温度在 10℃ 以下时，施工后须用草席覆盖保温，可通入蒸汽进行养护。

（5）当破碎剂在负温条件下使用时，施工用 40 ~ 60℃ 热水进行搅拌，并须采取保温或加温措施，亦可采用一种耗电少、破碎效果显著的电热法加温，即在每个孔中放置一根 0.5mm 电热丝和一根塑料电线，将它们串联或并联后接在 220V 可调变压器上，将电压降至 50 ~ 100V，利用低压大电流不断加热，以保持无声破碎剂浆体在 40 ~ 50℃ 下进行水化。

（6）破碎剂填充后 2 ~ 3h 内，勿靠近孔口直视，以防偶尔发生喷出现象时伤害眼睛。施工时需戴防护眼镜。破碎剂对皮肤有轻度腐蚀性，施工时需戴乳胶防护手套，若溅到皮肤上应立即用水冲洗干净。

（7）搅拌：该剂制浆后使用。与水拌合较稠的状态为宜，搅拌后浆体要在 10min 内全部灌入孔中，并捣实，一般 1500～1750mL 水配制 5kg（1 小包）破碎剂，搅拌成具有流动性的均匀浆体。

（8）充填：灌浆孔应清理干净，不得有水和杂物，孔须密实。垂直孔：直接把浆体灌入，不必堵塞孔口。水平孔：制成干稠胶泥状，将本剂搓成条塞入孔中并捣实。

（9）按"先四周，后中央"的灌注顺序灌浆。灌浆时，必须连续成线，防止形成空气夹层，浆体灌至孔口为止。破碎剂要随用随配，一次不要拌制过多，搅拌好的浆体应尽快装到炮孔内，如流动度丧失，不可继续加水拌合使用。

（10）装填炮孔前应检查炮孔干湿程度，对吸水性强的干燥炮孔，应先以净水湿润孔壁，然后装填。以免大量吸收浆体中水分，影响水化作用和降低破碎效果。灌孔要分期分批从自由面往里灌，相互间隔 4h 左右。

（11）养护：春夏秋季节施工不必养护，一般灌浆后 5～20h 可将被破碎物体破碎，冬季 5℃以下施工时可采用 40℃左右的水拌合，并须采取保温或加温措施，一般灌浆后 20～30h 可将被破碎物体破碎。施工温度越低，物体开裂破碎时间越长。

四、包装、贮存

塑料袋 5kg/袋包装，集装成 50kg/袋编织袋包装；干燥贮存、防水、防湿；贮存期 6 个月。

【应用实例 1】

一、无声破碎剂破碎机理和特点

高效无声破碎剂是一种粉状高效能安全破碎材料，用以安全拆除混凝土建筑和开采切割大理石、花岗岩。用水将 HSCA 调成浆体灌入岩石或混凝土钻孔中，经 8～48h 产生的膨胀压可使被破碎体产生裂纹，随时间增加，裂纹会不断扩大，利于铲除作业。特别适用在不宜采用炸药爆破的场合进行破碎或拆除作业，使用安全，效率高，不中断交通，不停工停产。静态破碎剂在北京北护城河挡墙拆除中的应用高效静态破碎剂的技术参数见表 3。

表 3　静态破碎剂在北京北护城河挡墙拆除中的应用高效静态破碎剂的技术参数

型号	适用温度（℃）	膨胀压（MPa）		
		8h	24h	48h
HSCA－Ⅰ	35±5	≥30	≥55	≥90
HSCA－Ⅱ	25±5	≥20	≥45	≥60
HSCA－Ⅲ	10±5	≥10	≥25	≥35

二、钻孔参数设计

根据已有施工经验的钻孔参数（表 4），设计两个试验段的钻孔参数如图 1 所示，其中 I 试验段钻孔孔口位于拆除高程以上 50mm 处，孔向水平下倾 30°，孔距 300mm，孔径 30mm，孔深 400mm；Ⅱ试验段钻孔孔口拆除高程以上 50mm 处，孔向水平下倾 30°，孔距 500mm，孔径 40mm，孔深 500mm。

表 4　钻孔参数

被破碎物体	孔径（mm）	孔距（mm）	孔深	抵抗线（mm）	用量（kg/m³）
软质岩破碎	35～50	400～600	H	400～600	8～10
中硬质岩破碎	35～65	300～600	1.05H	300～500	10～15
岩石切割	30～40	200～400	H	1000～2000	5～15
素混凝土破碎	35～50	400～600	0.8H	300～400	8～10
钢筋混凝土破碎	35～50	150～300	H	200～300	15～25

三、拆除步骤

（1）布孔：如图1所示布孔。

（2）清孔：钻孔完成后，采用高压风清孔。在充填浆体前清除孔内杂物，防止因水进入孔内稀释浆体，延长破碎时间，影响破碎效果。

（3）填充：将孔内杂物用气泵吹干净后，将经搅拌的 HSCA 浆体在短时间内灌入孔中，经 3～20h 后 HSCA 产生膨胀压，可使岩石产生裂纹，随着时间推移裂纹会不断扩大，然后，用挖掘机挖装铲除作业，在水平的裂缝形成后，使用人工风镐和分裂机将待拆除的混凝土墙破碎后装车外运。

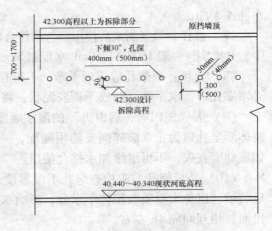

图 1　挡墙静态破碎剂钻孔布置图

（4）注意事项

①无声破碎剂按生产厂家推荐的比例手工混合搅拌，控制破碎剂和水的重量比为 1∶2.85。②浆体要调制均匀，浆体调制后，灌注前先在孔口放一个小型漏斗，通过漏斗将浆体灌入孔中至灌满为止。③灌注过程中用小棒在孔内将浆体捣固密实，待 24h 后凭借无声破碎剂的膨胀压将混凝土墙体胀开。④HSCA 浆体具有腐蚀性，应注意安全，施工时要戴防护眼镜和手套，灌孔后不要在近距离直视孔口，以防万一喷出浆体伤害眼睛，若皮肤粘上 HSCA 浆体，应立即用清水冲洗以防烧伤皮肤。

四、试验结果

Ⅰ试验段钻孔共 34 个，Ⅱ试验段钻孔共 21 个。水和破碎剂均按 1∶2.85 的比例配制，共用 2 箱（40kg）高效无声破碎剂。2005 年 9 月 11 日上午 8 时开始填无声破碎剂，10 时 45 分填完。次日凌晨 3 时开始出现裂缝，上午 8 时检查裂缝。检查结果如下：

Ⅰ试验段的混凝土挡墙全部在设计拆除高程附近裂开，开裂线与设计拆除线偏差 20～30mm，符合设计要求；Ⅱ试验段（2+317.7）～（2+324）范围，已经裂开，开裂线与设计拆除线偏差 30～40mm，比Ⅰ试验段的偏差稍大但仍符合设计要求，而（2+324）～（2+327.7）范围内的混凝土挡墙却没有开裂，未开裂的原因可能与钻孔间距过大、施工过程中水和破碎剂未严格按厂家推荐的比例配制（浆体偏稀）或充填不够密实有关。

根据试验取得成果，在确保钻孔间距既便于拆除施工又不影响剩余部分结构使用功能的前提下，经现场监理确认，项目部确定了按Ⅰ试验段的施工参数进行全施工段内的挡墙拆除的施工方案。

以上试验参数，用静态破碎剂对原挡墙进行破碎，施工中无震动，无冲击波，无飞石，既保证了施工安全和工期，又保证了未拆除结构的完整性和强度，取得了较好的效果。

【应用实例 2】

静态爆破在结构改造工程中的应用

北京洲际大厦位于北二环外中轴路东侧，建筑面积 66000m²，框-剪结构，地下 3 层，地上 15 层。结构施工过程中由于规划要求需对其 5～15 层部分现浇混凝土梁及顶板进行破碎、植筋或拆除。由于混凝土为 C40，楼板钢筋为 Φ12@150 双排双向、梁截面较小、钢筋密集、混凝土强度等级较高，且均为高空作业，故破碎施工危险性大、技术要求高。

一、方案选择

（一）施工要求

（1）拆除破碎时应尽可能保留、保护钢筋，以减少植筋作业量，为此只能采用风钻，不能采用水钻。

（2）要保证不扰动未拆结构，不影响其强度。

（3）尽可能减少现场其他机械设备（如塔吊、室外电梯）配合作业的时间。

（4）施工工序为5～15层自下而上，但其中第10层、11层自上而下施工。

（5）破碎时禁止高空坠物并杜绝大块混凝土坠落，以免扰动下层结构。

（二）方案选择

根据施工要求及现场情况，经比较采用先预裂后静态爆破破碎的方案，即利用预裂爆破原理，在距离需保留结构5cm外，先钻1～2排密集空孔，为静态破碎提供破碎自由面，减少后续作业对保留结构的扰动，然后对需拆除部分钻孔，灌注静态破碎剂。在混凝土开裂后，用风镐集中破碎清运，并保留其中的钢筋。该方案具有工期适宜、造价低、能保留其中的钢筋、占用塔吊时间短及对结构扰动较小的优点，但对施工技术要求较高，施工时需密切注意安全。

二、静态爆破的设计

（一）静态爆破的原理

静态爆破是利用装在炮孔中的静态破碎剂的水化反应，使晶体变形产生体积膨胀，从而缓慢又安静地将膨胀压施加给空孔壁。由于受到空孔壁的约束，这种膨胀压转化为拉伸应力，一般混凝土抗拉强度仅1.5～3MPa，在这种拉伸应力作用下易引起破碎。测试表明，静态破碎剂在炮孔中产生的膨胀压一般可达30～80MPa，能充分保证混凝土在无震动、噪声、飞石及毒气的情况下安全裂缝破碎。

（二）炮孔设计

（1）楼板破碎。楼板厚170mm，内配双排双向$\Phi 12@150$钢筋，密集空孔孔深在15～17cm，间距$A = 10cm$，排距$B = 10cm$，孔径为40mm。可采用斜钻的方法使孔的长度加大，通过开V形槽造成双自由面作业（图2），斜孔深20cm，孔距$A = 20cm$，排距$B = 20cm$。

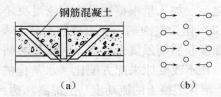

图2　楼板破碎法

（a）断面图；（b）平面图（图中箭头所指为钻孔方向）

（2）梁破碎。梁上、下配筋均为$\Phi 25$，可根据情况局部剥离上下两层钢筋，然后再钻孔破碎；孔深$L = 0.9 \times$梁高，间距$A = B = 15cm$，孔径为40mm。

（3）墙破碎。可采用自上而下钻孔或采用墙面钻斜孔的方法破碎。

（三）破碎剂的配制及充填

根据不同季节选用不同的静态破碎剂，水灰比越大，膨胀压越小，反应膨胀时间越长。考虑到施工时破碎剂的流动性，拌制时水灰比为30%。用人工搅拌浆体，水平孔用较小的水灰比，并在孔口用海绵塞封填，或用干稠的胶泥状的破碎剂搓成条塞入孔中捣实，并从外部堵塞。下斜孔或向下孔可直接灌注。

三、破碎施工

使用9m³电动空压机1台，7655型凿岩机1台，G10型小风镐若干。

（一）施工工序

钻密集预裂炮孔→钻充填破碎剂炮孔→拌制破碎剂→灌注充填破碎剂→小风镐破碎→对保留结构采用人工或小风镐剔凿处理。

（二）施工安全措施

（1）因系高空作业，作业人员需系安全带，戴安全帽。

（2）严格按布孔要求钻孔作业，以保证前期预裂缝的产生及破碎充分完全。

（3）拌制、充填、灌注破碎剂及使用风镐破碎时，需佩戴防护镜，拌制人员需戴橡胶手套作业。

（4）做好破碎楼板梁的下部支撑及护拦围挡工作，以免碎块坠落。

254 MNC-FP 型发泡剂如何应用？

一、用途及特点

该发泡剂为白色粉末，是由有机高分子材料，经科学工艺聚合而成的一种新型多功能发泡剂，该发泡剂主要应用于泡沫混凝土、泡沫混凝土隔墙板、石膏板、泡沫复合硅酸盐保温隔热材料、泡沫粉煤灰陶粒等一切需要减轻表观密度发泡发孔的无机和有机制品中，在泡沫混凝土制品中应用该发泡剂，不用改变原来混凝土的水灰比，就可减少制品密度（质量）。

该发泡剂，起泡快，稳泡时间长，稳定性能好。被发泡混凝土及保温材料制品强度高。发泡剂的溶液密度为 200～1000g/L，泡的大小从几微米到几毫米。

二、性能指标

2% 水溶液，表面张力 0.02N/m，表面黏度 1.55MPa·s，泡沫寿命 15h。

三、掺量及用法

（1）发泡剂掺量为料浆质量的 0.2%～0.4% 或胶结材料的 0.8%～1.0%。50 倍兑水制泡，即称取发泡剂 1kg，加自来水 50kg，用高速打浆机，把加有发泡剂的水溶液，全部打成微细泡沫（看不见水液为止）。把打完的微细泡沫（不要水），加入做制品的料浆中，使制品表观密度减少二分之一。加入量根据制品表观密度决定。

（2）作为发泡剂，要求减轻制品干表观密度，不降低制品的强度，制品硬化后，无收缩，对早期强度和后期强度无影响，对制品的粘合力，剪切强度不降低。实验中，选择了水泥珍珠岩混凝土，在不改变原来配方配比、水灰比的情况下，料浆中加 0.4% 发泡剂，在机械搅拌下，开始发泡，泡沫混凝土的流动度马上提高。达到自流平效果后，浇筑混凝土模具（70.7mm×70.7mm×70.7mm）中，在 21℃ 和相对湿度 85% 的条件下，带模养护 3d，脱模后，自然养护 4 周。结果见表 1。

表 1　水泥珍珠岩混凝土料浆中掺入 0.4% 发泡剂性能

名　称	干表观密度（kg/m³）	抗压破坏强度（MPa）	吸水率（%）	表面抹灰试验
0.4% 憎水发泡剂混凝土	880	2.4	5	直接抹灰
水泥珍珠岩混凝土	1160	2.6	38	拉毛抹灰

注：1. 抗压破坏荷载值为 3 次试验平均值。
　　2. 试样用水淋 4h 后，取出擦干表面，称重计算，得出吸水率。

从表 1 数据看，混凝土的表观密度减轻了，而抗压强度并没有降低，憎水性提高，且可以直接抹灰，简化了施工工艺。

四、贮存与包装

（1）该产品贮存于阴凉干燥处，密封保存，贮存期 2 年。

（2）该产品由 3kg/包小塑料袋包装，集装成 36kg/袋编织袋。

255 MNC-T1 脱模剂如何应用？

混凝土制品用脱模剂见表 1。

表 1　混凝土制品用脱模剂（执行标准：JC/T 949—2005）

代　号	型　号	性　能	用　法
1054	MNC–T1	水质　外观：色泽均匀　稳定液体。pH 值：7 ~ 9 混凝土表面平滑，无黏膜	液体，直接涂刷或喷涂，表干后即可现场浇筑混凝土
1055	MNC–T2	水质脱模剂 混凝土表面平滑，无黏膜	固体，可 40 倍兑水熬制，表干后即可现场浇筑混凝土

该产品采用金属皂、溶剂及助剂配制而成。特点是脱模、耐候、防雨水冲刷、防锈等性能优越。

一、产品质量

油质脱模剂，外观：黑褐色液体（兑水后为乳白色液体）。pH 值：7 ~ 9　混凝土表面平滑，无黏膜。液体，6 倍兑水后直接涂刷或喷涂。蒸汽养护冬季施工 2 ~ 3h 脱模。常用于室内预制混凝土制品。含固量：（20 ± 2）%；密度：0.81 ~ 0.84g/mL；细度：2 ~ 10μm。

二、产品使用性能

（1）脱模顺利，脱模吸附力小于 300Pa，脱粉小于 5g/m^2，保持混凝土外形棱角完整。

（2）涂刷方便，干燥成膜快，一般在 15 ~ 20min。

（3）有较好的耐雨水冲刷能力。

（4）有较好的耐候性，0℃以上不影响脱模效果。

（5）不污染钢筋，不影响混凝土对钢筋的握裹力，对钢模无促锈作用。

三、主要用途

可用于钢模、木模、混凝土胎模、干模或湿模的现浇混凝土施工或蒸养混凝土制品脱模用。尤其适用于大跨度桥梁构件及断面复杂的混凝土构件脱模。

四、使用方法和注意事项

（1）先清基，然后刷涂或擦涂本脱模剂，待干燥成膜后即可浇灌混凝土。

（2）使用时不得加水。本品不溶于水，仅溶于汽油等溶剂。

（3）每公斤脱模剂可涂 6m^2 模板。

五、包装、运输及保管

（1）50kg/桶。

（2）汽车、船舶、火车运输时应注意防火。

（3）本品贮存时，应注意避免接触明火，贮存期一年。

256　MNC-TL 型桥梁专用脱模剂如何应用？

一、特点及用法

（1）外观纯白、气味微香、质地细腻滑嫩。

（2）产品纯度精、油质含量高、耐高温性强、凝点低，有一定的阻燃作用。

（3）产品防腐性好，质量稳定性高，抗氧化性强，对水分子有一定的催化作用。

（4）产品使用方便，不污染环境，对人体无毒害、干净卫生。

（5）经分析测试中心检测：无爆炸、无氧化、无易燃、无腐蚀、无毒害、无放射性等"六无"环保型产品。

（6）使用时用抹布蘸少许薄薄擦一层即可。本产品采用精制油脂溶剂精炼，经过白土接触脱色处理工艺后，加入适量的催化剂、稳定剂、防腐剂及抗氧剂等制成的纯白色脱模剂。本产品广泛使用在大型桥梁及轨枕等水泥制品脱模工艺上。

二、优点

（1）脱模效果好，脱模后能保持混凝土制品的本色，并能够减少气泡，而且对气孔、气泡有掩盖作用，使混凝土受隔离面光洁美观。

（2）对混凝土表面和模具及钢筋无腐蚀、无污染，不影响混凝土与钢筋的握裹力。

（3）脱模后，模板上灰尘少、无积垢，清理模具快捷轻松，模板上不留残迹。对金属模具有防锈功能，并有清洁模具的作用。尤其是对已积垢的轨枕模具等，使用该产品后，能够逐步清除积垢，恢复模具原有的光洁度，减少清模投入，延长模具使用寿命。

（4）产品宜长期室内密封保存，不分层、不变质，保质期5年。用量：20m²/kg。

三、包装及注意事项

（1）13.5kg/桶，铁桶包装。

（2）存放在离火源较远处，并注意防火。

四、施工性能指标（表1）

表1　施工性能指标

检验项目		指　　标
施工性能	干燥成膜时间	10～50min
	脱模性能	能顺利脱模，保持棱角完整无损，表面光滑。混凝土粘附量不大于5g/m²
	耐水性能	按试验规定水中浸泡后不出现溶解、黏手现象
	对钢模具锈蚀作用	对钢模具无锈蚀危害

节段梁产品示意图如图1所示，模板系统示意图如图2所示。

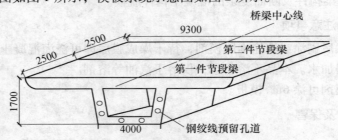

图1　节段梁产品示意图（单位：mm）

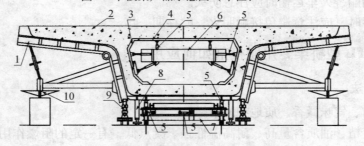

图2　模板系统示意图

1—外侧模板；2—混凝土构件；3—内模侧板；4—内模顶板；5—液压油缸；
6—内模支架；7—运输小车；8—底台；9—外模铰接轴；10—螺旋千斤顶

257 什么是混凝土脱模剂？它分为哪几类？选用脱模剂时应考虑哪些因素？

混凝土脱模剂又称混凝土隔离剂，其作用是将模板与浇筑的混凝土隔离开来，防止混凝土浇筑后粘结模板，使拆模时混凝土与模板顺利脱离，尽可能地保持混凝土形状完整及模板无损的材料。对脱模剂的要求是涂刷方便、材料价格低廉、不污染钢筋或混凝土表面。

脱模剂可分为以下几类：

（1）纯油类脱模剂

如各种植物油、动物油和矿物油，较常用的是用机油和柴油按体积比3:7配制而成的机柴油。妥尔油也是较常用的一类脱模剂。妥尔油又称塔尔油，液体松香，学名为异丙基妥尔油脂肪酰胺，由碱法制木浆时所残余的黑色废液中制得。可将妥尔油、煤油和锭子油按体积比1:7.5:1.5混合，搅拌均匀而制得脱模剂。这类脱模剂对混凝土表面及内在质量有一定的影响。

（2）乳化油类脱模剂

采用润滑油类、乳化剂、稳定剂及助剂配制而成，分水包油（O/W）及油包水（W/O）两大类。例如，乳化机油，先将乳化机油加热至50～60℃，将压碎的磷质酸倒入已加热的乳化机油中，搅拌令其溶解，再倒入60～80℃的水，继续搅拌至均匀呈乳白色，最后加入磷酸和氢氧化钾溶液，搅拌均匀。

（3）皂化油类脱模剂

它是指采用植物油、矿物油及工业废油与碱类作用而成的水溶性皂类脱模剂。例如，机油皂化油是将机油、皂化油和水按体积比1:1:6混合，用蒸汽拌成乳化剂。

（4）石蜡类及金属皂类脱模剂

石蜡:柴油:滑石粉 = 1:3:4。将碎石蜡加热熔化后，加柴油搅拌均匀，冷却后加入滑石粉搅拌，涂刷1～2遍。本配方易脱模，板面光滑，但成本较高，不能用于蒸汽养护，适用于木模、钢模、混凝土台座。

类似于上述配方的还有：石蜡:煤油 = 1:（2～2.5），单独石蜡等。

（5）化学活性脱模剂

（6）油漆类脱模剂

如醇酸清漆、磁漆等。

（7）合成树脂类

如甲基硅树脂、不饱和聚酯树脂、环氧树脂等制成的脱模剂。树脂类脱模剂为长效脱模剂，刷一次可用6～10次，适用于钢模和大模板。

①甲基硅树脂：用乙醇胺作固化剂，两者质量比为1000:（3～5），气温低时多掺乙醇胺，气温高时少掺。

②有机硅共水解物:汽油 = 1:10，将两者混合调匀即可使用。

（8）其他

如纸浆废液、海藻酸钠等配制而成的脱模剂。

按质量比：海藻酸钠:滑石粉:洗衣粉:水 = 1:13.3:1:53.3。将固体海藻酸钠用水浸泡2～3d，化开后加滑石粉、洗衣粉和水搅拌均匀。刷涂、喷涂均可。本品易脱模，但须每次喷涂，适用于钢模，大模板。

选用脱模剂时应考虑如下因素：

①脱模剂对模板的适应性

如金属模需选用防锈、阻锈功能的脱模剂；木模宜用加表面活性剂的纯油类、油包水、油漆类等脱模剂；胶合板模可用油漆类、溶剂型脱模剂等。

②混凝土脱模面装饰要求

如需抹灰或涂料装饰时，慎用油类脱模剂。

③考虑施工环境条件

雨季施工要选用耐雨水冲刷能力强的脱模剂；冬季施工要选用冰点低于气温的脱模剂；湿度大、气温低时宜选用干燥成膜快的脱模剂。

④脱模剂对不同工艺的适应性

如长线台座施工的构件宜选用价兼的皂化油类脱模剂；蒸养混凝土宜选用热稳定性好的脱模剂；滑模施工应选用隔离膜式脱模剂等。

⑤考虑使用脱模剂的综合费用

要考虑单价、清模、修模等综合因素。

258 T6型脱模剂如何应用？

水乳性混凝土表面脱模剂，为清水装饰混凝土专用脱模剂，具有出色的脱模效果，它可减少或消除各类混凝土的表面气孔、麻面现象。使用简单、脱模彻底。

一、应用领域

适用于各类模板，包括木材、金属、聚酯或胶合板。

二、物理性能

组成：乳化机油；状态：透明液体；颜色：亮棕红色；水分散性：良好；掺水后稳定性：好。

三、特点

（1）具有减少表面缺陷，气泡少，脱模容易等特点，可减少清洁模板的时间和劳力，无残留物质，不污染混凝土。

（2）可安全用于白水泥制品。

（3）可生物降解，不污染环境，绿色建材。

混凝土试块底面、侧面气泡百分率对比实验见表1、表2。

表1　混凝土试块底面气泡百分率对比实验

脱模剂种类	>5mm气泡数量（个）	5~2mm气泡数量（个）	2~1mm气泡数量（个）	1~0.5mm气泡数量（个）	<0.5mm气泡数量（个）	气泡面积百分率（%）
空　白	3	21	46	97	347	0.1526
机　油	0	4	18	75	177	0.0380
色拉油	0	5	165	280	270	0.02242
色拉+T6	0	0	2	2	50	0.0045
T6	0	0	0	0	48	0.0020

表 2　混凝土试块侧面气泡百分率对比实验

脱模剂种类	>5mm 气泡数量（个）	5~2mm 气泡数量（个）	2~1mm 气泡数量（个）	1~0.5mm 气泡数量（个）	<0.5mm 气泡数量（个）	气泡面积百分率（%）
空　白	68	106	181	326	2033	1.58
机　油	36	168	399	840	1907	1.42
色拉油	25	49	130	604	1944	0.74
色拉 + T6	12	30	68	115	2967	0.45
T6	1	34	112	332	1903	0.19

四、用量

针对不同模板和吸收状况，本材料的用量不同。用量一般在 150~200m²/kg。

五、施工

（1）模板表面必须清理干净，无松散颗粒、油脂或其他污物。用有效的办法除锈及其他表面污物。

（2）使用 T6 时根据即时用量，采用 1:6 的比例用水稀释，搅拌均匀即可使用。可用滚筒或刷子施工，不要过分涂抹。当用手持喷枪喷涂时，使用带椭圆型孔为 0.5mm 的喷嘴。喷嘴应牢牢安装在喷枪上，防止脱落。喷射时距离模板约 40~50cm，使得涂层厚度均一，避免流淌现象。在施工中，避免过分施涂，涂层应尽量稀薄。

（3）涂刷 T6 稍晾后使用，若涂刷几天后，亦不影响使用效果。

（4）若涂刷后遭遇雨水冲刷，视情况可以补涂。

六、保存期

原包装 T6 贮存在有遮盖的地方，温度保持在 -5~35℃，有效期 2 年。稀释后的脱模剂尽可能在 24h 内用完，避免生物降解影响使用效果。

七、安全性

健康：无毒，无需任何防护措施。

可燃性：不易燃。

259　特级硅灰如何应用？

一、概述

比表面积 4500m²/kg 左右，粒径 0.08μm，堆积密度 200~250kg/m³。它为高活性，无定型 SiO_2 的球形颗粒，粒径是水泥颗粒的 1/100，能够填充在水泥颗粒之间，同时还可与水化产物发生反应，生成凝胶体，也可与具有碱性物质的材料反应，生成凝胶。执行标准 GB/T 18736—2002《高强高性能混凝土矿物外加剂》。

二、化学成分（表 1）

表 1　化学成分

项目	SiO_2	ZrO_2	Fe_2O_3	Al_2O_3	Na_2O	K_2O	TiO_2
含量（%）	75~95	6~10	≤0.4	≤0.5	≤0.05	≤0.02	≤0.05

三、硅灰在混凝土中的应用

（一）硅灰的改性机理及作用

硅灰掺入水泥混凝土后能很好的填充于水泥颗粒空隙之中，使浆体更致密。另外它与游离的 $Ca(OH)_2$ 结合，形成稳定的硅酸钙水化物 $2CaO \cdot SiO_2 \cdot nH_2O$，该水化物凝胶强度高于 $Ca(OH)_2$ 晶体。主要作用表现为：①增加强度：用硅灰代替部分水泥加到混凝土中，增加了混凝土的密实度和凝聚力，使混凝土抗压、抗折强度大大增强，掺入5%~10%的硅灰，抗压强度可提高10%~30%，抗折强度提高10%以上。②增加致密度：硅灰可均匀地充填于水泥颗粒空隙之中，使混凝土更加致密，克服了混凝土常见得空隙弊病，对渗水性、碳化深度进行测试，结果表明，抗渗性可提高5~18倍，抗碳化能力提高4倍以上。③抗冻性：测试表明硅灰混凝土在经过300~500次快速冻融循环，相对动弹性模量降低1%~2%，而普通混凝土仅通过25~50次循环，相对动弹性模量降低36%~73%。④早强性：硅灰加入混凝土后，与游离的 $Ca(OH)_2$ 结合，从而降低 Ca^{2+} 和 OH^- 的浓度，使诱导期缩短，促进 C_2S 水化，表现了硅灰使混凝土早强的特性，经过比测表明，1d后抗压强度可提高30%，3d后抗压强度可提高40%~50%。⑤抗冲磨、抗空蚀性：我国水工建筑物60%以上受不同程度的冲磨、空蚀破坏。经测试表明，硅灰混凝土比普通混凝土抗冲磨能力高0.5~2.5倍。

（二）硅灰在混凝土中的实际应用（表2）

在混凝土中加入硅灰及缓凝减水剂等，其性能得以改善，因此被广泛应用，目前主要应用于：（1）水利工程：修建电站、水坝、河道等，微硅粉在二滩电站工程中大量使用，取得很好效果。（2）泄水工程：电站的引水、泄水，应用于水电工程，电站等作防磨修补和护面材料使用。（3）建筑工程：混凝土加入硅灰具有早强性、高效性，应用于厂房建设、高层建设、桥梁建设等，既增加强度，又缩短工期。（4）公路建设：修建高等公路、机场跑道等，仪征化纤公司用硅灰混凝土修筑公路，24h后抗压即达250kg/cm² 以上，超过设计要求的200#，28d达500kg/cm² 以上，超过要求的400#以上，抗磨能力提高一倍。（5）水泥工业：在水泥中添加硅灰后，性能得到改善，质量、强度等级都大大提高。

表2 硅灰在混凝土中的实际应用

代 号	级 别	用 途
1058	特级硅灰	$SiO_2 \geq 90\%$ 白色粉状，用于装饰性混凝土
1059	Ⅰ级硅灰	$SiO_2 \geq 88\%$ 灰色粉状，用于高强无收缩灌浆料
1060	Ⅱ级硅灰	$SiO_2 \geq 85\%$ 灰黑色粉状，用于高强商品混凝土

四、用量

按水泥质量的 $C \times (6\% \sim 8\%)$ 计算。

五、部分试样参考数据（表3）

表3 参考数据

编号	水泥 (g)	硅灰 (g)	UNF-5 (g)	用水量/水胶比	坍落度 (mm)	抗压强度（MPa）/抗压强度比（%）			
						3d	7d	14d	24d
0515 基准	4100	—	—	2740/0.668	71	15.68/100	23.28/100	25.96/100	32.94/100
UNF 基准样	4100	—	30.8	2210/0.539	70	25.25/161.0	33.16/142.4	36.10/139.1	40.69/123.5
UNF+GH-A₆	4100	246	30.8	2395/0.584	77	24.34/155.2	32.49/139.6	38.24/147.3	44.89/136.3
UNF+GH-A₈	4100	328	30.8	2430/0.593	87	23.20/148.0	33.09/142.1	37.92/146.1	44.01/133.6

编号	水泥 （g）	硅灰 （g）	UNF-5 （g）	用水量/ 水胶比	坍落度 （mm）	抗压强度（MPa）/抗压强度比（%）			
						3d	7d	14d	24d
UNF+GH-B₆	4100	246	30.8	2490/0.607	88	23.67/151.0	29.42/126.4	38.00/146.4	41.68/126.5
UNF+GH-B₈	4100	328	30.8	2540/0.620	75	24.86/158.5	33.75/145.0	40.31/155.3	43.73/132.8
UNF+GH-C₆	4100	246	30.8	2420/0.590	73	25.96/165.6	36.60/157.2	42.11/162.2	44.34/134.6
UNF+GH-C₈	4100	328	30.8	2500/0.610	72	25.01/159.5	35.06/150.6	42.51/163.8	46.71/141.8

结论：A 的外加最佳掺量是 6%，而 B 和 C 的外加最佳掺量是 8%。

260 MNC-Y1 型混凝土养护剂如何应用？

由水性高分子乳液复配而成的液膜型混凝土养护剂，专门设计用于防止混凝土早期水化时的水分损失。该养护剂具有良好的成膜性能和渗透性能，当喷涂在初凝混凝土及水泥浆表面时，可形成连续的无色不透水的高效养护薄膜；同时，它又能渗透至混凝土毛细孔内，密封毛细孔，防止水分蒸发和水泥混凝土表面泌水现象的发生，起到很好的保水、保湿效果，促进水泥彻底水化；提高混凝土的结构强度和耐磨性能；防止"起灰"、"泛碱"现象的发生。本品既可用于室内，也可用于室外。水泥混凝土养护剂性能见表 1。

表 1 水泥混凝土养护剂性能

有效保水率（%）	=		90
抗压强度比（%）	=	7d	95
		28d	95
磨耗量（kg/m²）	=		3.0
固含量（%）	≥		8
干燥时间（h）	=		4
成膜后浸水溶解性			应注明溶或不溶
成膜耐热性			合格

注：1. 水泥混凝土养护剂执行标准：JC 901—2002。

一、推荐用于

（1）新浇筑的大面积外露的混凝土表面的养护，如高速公路、飞机跑道，停机坪，工厂地坪，屋顶，挡土墙，预制梁、墩等；

（2）新施工耐磨集料地坪的表面养护；

（3）可应用于平面、立面。

二、特点

（1）水性-环保产品，低 VOC；

（2）涂层无色透明、不会泛黄；

（3）可减少由于塑性收缩而产生的龟裂；

（4）可应用于平面、立面及复杂结构件的养护；

（5）明显提高早期强度，缩短施工周期；

（6）混凝土的颜色和外观不受影响；

（7）节水、省时、省工。

三、技术数据

颜色：乳白色；比重：1.05；平均粒径：小于 100nm；黏度：小于 5.0；pH 值：8.3±0.3；

干燥时间：20~35℃时约30min；有效保水率：93%。

四、包装和推荐使用量（表2）

表2　包装和推荐使用量

代　号	型　号	性　能
1061	MNC－Y1型混凝土养护剂	1. 高湿度和低温天气会影响成膜。建议施工的环境温度和基材表面的温度在6℃以上。2. 请勿在阴雨天气下施工。3. 产品防止受冻
1062	MNC－YC型防冻混凝土养护剂	最低气温－10℃以上施工

（1）包装：本产品为50kg的塑料桶装。

（2）施工：本产品开桶即可使用，也可以根据施工的需要，兑5%~10%的水稀释使用。当新浇筑的混凝土初凝以后（约4~6h），或混凝土脱膜后，立即用喷洒设备将本产品喷洒成均匀的薄膜，也可用刷子或滚筒涂布。

（3）推荐面积：推荐每公斤喷洒或涂布4~6m^2。具体应用面积根据施工需要和混凝土表面性质而定。建议先进行小范围施工以确定面积。

五、保质期

原装密封时在7~35℃下的保质期为三年。

【应用实例】

养护剂在机场道面中的应用

养护对混凝土道面的强度和耐久性有很大影响。新浇混凝土道面受到外界温度、湿度和风力等作用，在混凝土内部出现湿度梯度，致使水泥水化反应受到影响，产生应力变形和开裂，导致混凝土的强度和耐久性指标下降。

在机场施工中，以水玻璃为基材，添加其他几种副剂配制成的水泥混凝土养护剂，与混凝土的亲和性较好，喷涂在混凝土表面后，能形成胶状硅酸盐，填充混凝土表层的孔隙，使其硬化，防止和减少表面微裂纹的产生和发展，提高混凝土的强度、抗渗性和耐磨性，对保证施工质量和耐久性很有效。

一、配制原则、主要原材料及技术性能

为达到较好的养护效果，在水泥混凝土浇筑后，必须有效地防止其内部水分损失；为此，养护剂必须具有良好的成膜性能，能够在混凝土表面形成不透水的薄膜，防止表面水分蒸发，还必须具有一定的渗透性，能够与表层混凝土发生化学反应，堵塞孔隙使水分子迁移困难。此外还要具有一定的黏度、稳定性才能保证良好的施工性能。根据这些原则，选用水玻璃为主要成膜材料，加入三乙醇胺、尿素、氟硅酸钠等化工原料进行改性，按正交实验确定的配方配制成密度为1.1~1.2g/mL的养护剂。该养护剂的主要技术性能见表3。

表3　养护剂的主要技术性能

外观	稳定性	含固量（%）	成膜时间（min）	保水率（72h）（%）	对混凝土影响
半透明液体	不分层	≥20	15	78	无副作用

二、养护机理

水泥的早期水化，主要是铝酸三钙（3CaO·Al$_2$O$_3$即C$_3$A）水化成水化铝酸钙，硅酸三钙（3CaO·SiO$_2$即C$_3$S）水化成水化硅酸钙及氢氧化钙。

尿素在养护剂中作为分散稳定剂，促进硅酸钠迅速溶于水并起稳定作用，促进水玻璃形成的液膜向混凝土内渗透，硅酸钠能与上述水化产物中的氢氧化钙、水化铝酸钙等发生反应。

三乙醇胺作为有机表面活性剂能激化水泥中的铝酸三钙（C_3A）、铁铝酸四钙（C_4AF）及砂石中的氧化铝与部分钙矾石的微细晶体，填充混凝土中的小空洞，这一过程可以加速水化硅酸钙凝胶物（C—S—H）的产生。

氟硅酸钠加入水玻璃溶液中，起到改性水玻璃的作用，发生化学反应的生成物 $Ca_3Al_2F_{12}$，$CaSiF_6$，$CaSiO_3$ 均为坚硬的化合物，而 $Si(OH)_2$，$Si(OH)_4$ 均为胶体。其中氟铝酸盐、氟硅酸盐等氟化物的作用是把水泥中具有柔性侵蚀能力的石灰组分转化为硬化的、不会被破坏的氟化合物，封闭混凝土表面上水分散失的通道。

当养护剂喷涂在混凝土表面时，一方面在混凝土表面形成不透水的薄膜，防止水分蒸发；另一方面，在表层的一定渗透层范围内发生上述的化学反应，并形成一层坚实的薄膜，堵塞混凝土中的毛细孔，阻止水泥中自由水过早过多地蒸发，使水泥可依靠自身的拌合水充分水化，达到自养的目的。

三、养护剂技术性能实验

（一）养护剂薄膜厚度与密封性观察检验

在玻璃板上喷洒标准剂量 $200g/m^2$ 养护剂，制成风干的薄膜。观察成膜后养护剂的厚度均匀，能够形成封闭的密水薄膜，无漏水汽的孔隙。

（二）检验及工程应用

（1）原材料

采用 P·O 42.5 水泥，碱含量不大于 0.60%。

采用细度模数 3.05、含泥量 1.3%、无潜在碱-硅酸反应危害的辽河砂。

碎石为乐山碎石，粒径为 0 ~ 40mm 连续级配，无潜在碱-硅酸反应危害。

外加剂采用引气抗折增强外加剂。

（2）混凝土配合比

根据混凝土设计强度要求，经过配合比计算和试配调整，最后确定混凝土的配合比为：
水:水泥:砂:碎石:外加剂 = 0.40:1:1.96:4.45:0.02。

（3）保水有效率试验

采用标准振动台，150mm×150mm×150mm 塑料试模，混凝土坍落度为 40mm。成 20 块 5 组试件，一组试件不喷涂养护剂，作为基准试件；其余 4 组分别喷涂养护剂 $200g/m^2$，$250g/m^2$，$300g/m^2$，$350g/m^2$。将 5 组试件放在环境控制箱内 [试验温度（38±2）℃，相对湿度（32±3）%，风速（0.5±0.2）m/s] 72h 后，用电子天平（感量 0.1g）称取水分损失量。保水率试验结果见表 4，喷涂养护剂后，混凝土试件的有效保水率都在 80% 以上。

表 4　保水率试验结果

编　号	养护剂喷涂量（g/m^2）	（72h）有效保水率（%）
H1	200	80
H2	250	83
H3	300	85
H4	350	86

（4）抗压强度比试验

按上述配比拌制混凝土，用 100mm×100mm×100mm 的试模成件，在养护室 [温度为（20±5）℃] 养护 1d 后脱模，放入密封塑料袋中，用密封胶带对齐试件表面沿侧面将塑料袋粘贴密封。在成型面上分别喷涂养护剂 $200g/m^2$，$250g/m^2$，$300g/m^2$，$350g/m^2$，待表面干燥后将试件置于干空室 [温度为（20±3）℃，相对湿度为（60±5）%]。对比试件放置在标准养护室进行养护。

对比试件 7d，28d 抗压强度分别为 46.42MPa，52.11MPa，喷涂养护剂 200g/m²，250g/m²，300g/m²，350g/m² 的试件 7d，28d 抗压强度分别为 42.98MPa，43.91MPa，44.47MPa，44.56MPa 和 48.51MPa，49.77MPa，49.92MPa，50.49MPa；而置于干空室未喷养护剂的试件 7d，28d 抗压强度分别为 39.46MPa，45.54MPa，由此可见，喷涂养护剂后，混凝土试件的 7d，28d 抗压强度都在 90% 以上。

（5）养护剂的固含量试验

养护剂的固含量试验结果表明，固含量达到 23.54%，超过 20% 的规定要求。

（6）耐磨性试验

用 150mm×150mm×150mm 的试块养护至 27d 后，从干空室取出，然后进行耐磨性试验（MS-250 型混凝土磨耗实验机），用 28d 的磨耗量表示其耐磨性能。

喷涂养护剂 200g/m²，250g/m²，300g/m²，350g/m² 的试件磨耗量分别为 1.84kg/m²，1.62kg/m²，1.59kg/m²，1.58kg/m²，而未喷养护剂的试件磨耗量为 2.69kg/m²。由此可见，喷涂养护剂后，混凝土试件的耐磨性能都明显地提高了，但喷涂量大的 300g/m² 和 350g/m² 两组试件提高的耐磨性能没有明显的区别，认为可能是由于喷涂量过大时参与养护剂反应的道面混凝土与渗透深度之间变化不大所致。

（7）养护剂的干燥时间试验

喷涂养护剂 200g/m² 的试件，在气温为 23℃、相对湿度为 45%、空气流速为 3m/s 时，养护剂的干燥时间为 15min。

（8）强度检测

在混凝土表面抹平压光、轻压无指印时，采用喷雾器喷洒配制的养护剂，喷头距混凝土表面 30～50cm 左右，分两遍喷洒，方向互相垂直，喷洒 350g/m² 进行养护。

28d 后在不同的道面板位置钻芯取样（HZ-20A 型自动混凝土钻孔取芯机）进行强度检测，劈裂强度分别为：3.55MPa，3.42MPa，3.35MPa，3.26MPa，3.40MPa，3.32MPa，3.25MPa，3.49MPa，换算为抗折强度为：5.63MPa，5.45MPa，5.36MPa，5.23MPa，5.43MPa，5.31MPa，5.22MPa，5.55MPa；同批浇筑时留取的试件（150mm×150mm×550mm 标准养护室养护）抗折强度分别为：5.85MPa，5.73MPa，5.45MPa，5.26MPa，5.75MPa，5.62MPa，5.45MPa，5.63MPa，喷洒养护剂的混凝土芯样强度都在标准养护室养护试件强度的 94% 以上。

在喷洒使用过该养护剂的某机场道面混凝土板上洒水观察，看不到细微裂纹或发丝裂纹的出现，达到了较好的养护效果。配制该养护剂原料丰富，用量少，价格低廉，配制工艺简单，施工方便，具有很好的成膜性和一定的渗透性，混凝土表面硬化快，耐磨性强，对加快施工进度、提高混凝土的耐久性很有效。

261 降阻剂如何应用？

降阻剂致力于雷电防护的整体方案。尤其对高山、海岛、雷达站、微波站、通信台站的防雷和其复杂地质条件下的接地。

一、产品特点

（一）速效降阻

离子电极埋入地下后，离子释放到土壤中，可以很快发生作用，特别是在多岩石的高土壤电阻率地区，降阻效果尤其明显。凝胶后降阻剂包围在接地周围，可有效增大接地体的散流面积，减少接地极与土壤的接触电阻；在凝胶过程中，液体状降阻剂可在土壤中产生树根效应，降低冲击接地电阻；凝胶体具有极强的保水，吸湿能力，可使降阻剂中的离子导电体充分发挥作用，使用本降阻剂，可使原接地极降阻 60%～90%。

（二）缓释长效

通过不断自动释放出活性导电离子补充外部回填材料的导电离子，确保接地极周围土壤的等离子的数量保持恒定，确保接地极周围土壤导电性能可以保持在较高的水平，从而保证接地极长效降阻的性能。

（三）潜深接地

离子释放到土壤中，可以逐渐深入到土壤的深处，达到电极长度的十到几十倍，达到潜深接地降阻的效果。

（四）导电防腐

电极本身的优良材料以及后续的极管内壁、外壁辅助处理，以及离子发生材料、外部填充材料的选择，均保证了导电性能和防腐性能。本降阻剂的 pH 值为 8，中性略微偏碱，对接地体有钝性保护、缓蚀保护和覆盖层保护作用；其次，本降阻剂含锌及其化合物，对接地钢材还具有阴极保护作用。因而采用本降阻剂包裹接地极，不仅能够降阻，而且还能有效地防止地网腐败。地网使用寿命可达 40 年以上。

（五）接地稳定

离子释放及土壤改良性能，保证了接地电阻无论气候条件、无论季节变化或者降雨变化等，均可保证接地电阻稳定。本降阻剂导电性不受酸、碱、盐及温度、湿度条件影响，不会因地下水位下降或天气干旱而降低导电性；采用本降阻剂包裹的接地极（体、线）制作的地网，受气象、季节、环境、土壤等因数影响较小，$R_{max}/R \leqslant 1.36$，接地阻值稳定。

（六）施工简单

对比传统接地模式或者其他接地模式，材料用量大大减少，施工工程量大大降低，工程费用节约很多。

二、主要技术参数（表 1）

表 1　主要技术参数

序　号	项目名称	基本要求	降阻剂检测结果
1	室温电阻率	$\rho \leqslant 5\Omega \cdot m$	$\rho \leqslant 0.72\Omega \cdot m$
2	理化性能：a. 失水 　　　　　b. 冷热循环 　　　　　c. 水浸泡	$\rho \leqslant 6\Omega \cdot m$	$\rho = 6\Omega \cdot m$ $\rho = 6\Omega \cdot m$ $\rho = 0.81\Omega \cdot m$
3	工频电流耐受	$\Delta R\% \leqslant 20\%$	$\Delta R\% = 11.5\%$
4	pH 值	$pH = 7 \sim 9$	$pH = 8$
5	降阻剂对钢接地体腐蚀	表面平均腐蚀率≤0.03mm/年	镀锌圆钢：0.0022mm/年， 镀锌扁钢：0.0026mm/年
6	降阻效果稳定性	计及气候影响后 $R^*_{max}/R^* \leqslant 1.5$	$R^*_{max}/R^* \leqslant 1.36$

三、适应范围

本产品可用于建筑物地、防雷接地、防静电接地、交流工作地、直流工作地、保护接地、信号接地，以及用于其他目的的接地系统。特别适用于：（1）接地阻值要求低的接地网络；（2）城市狭小地段的接地网络；（3）高山、海岛、鹅卵石、沙漠等高土壤电阻率地区接地网络；（4）海滩、盐碱地等高腐蚀地区接地网络；（5）严寒地区的接地网络。

四、方法与用量

（一）使用方法

使用时，将桶内液体倒入易于搅拌的大口容器内，然后将粉剂按比例（一桶液体一袋粉）倒入，并用木棍迅速搅拌，待溶液开始变稠时（稍白），迅速将其浇灌在接地极（线）周围，待其安全聚合后，即形成具有弹性的凝胶体，选用细土覆盖，然后再添土夯实。

（二）建议用量

$\rho \leqslant 500\Omega \cdot m$ 时，水平接地体 12.5kg/m，垂直接地体 25kg/m，$\rho > 500\Omega \cdot m$ 时，采用强渗透法，溶液即将变稠时（3～5min）将其浇灌在接地极（线）上，使其在渗透过程中完成聚合，形成"树根效应"。用量为：水平接地体 25kg/m，垂直接地体 50kg/m。

五、注意事项

（1）在操作中，如果溶液溅在手、脸或眼睛上，用清水洗净即可。

（2）用前摇匀。溶液向大口容器倒入之前，先翻转猛摇几下，以使物料混匀，倒入大口容器内。

（3）在气温较低的季节施工，搅拌聚合时间变长，对产品性能无影响；必要时可将溶液加温到 10～20℃，再进行搅拌，以缩短聚合时间。

（4）在气温较高的季节施工，搅拌聚合时间稍短，这时应加快施工进度。

262 FFS－1 型混凝土防腐剂如何应用？

混凝土抗硫酸盐类侵蚀防腐剂是在混凝土搅拌时加入的，用于抵抗硫酸盐、盐类侵蚀性物质作用，提高混凝土耐久性的外加剂，称为混凝土抗硫酸盐类侵蚀防腐剂，简称抗硫酸盐类侵蚀防腐剂。执行标准：JC/T 1011—2006。

一、混凝土抗硫酸盐类侵蚀防腐剂适用范围

（1）在硅酸盐类水泥砂浆或混凝土中掺加一定量的抗硫酸盐类侵蚀防腐剂，能抵抗环境中一定浓度的 SO_4^{2-}，Cl^-，HCO_3^-，CO_2，NH_4^+，Mg^{2+} 以及其他盐类、泛酸类的地下水、地表水、海水、污水和含盐土壤、可溶岩盐等侵蚀性物质对砂浆或混凝土的侵蚀。

（2）在硅酸盐类水泥砂浆或混凝土中掺加一定量的抗硫酸盐类侵蚀防腐剂，可用于受环境侵蚀的海港、水利、污水、地下、隧道、引水、道路、桥梁、工业和民用建筑基础等工程。

二、掺量

按水泥质量 6%～12%。

三、抗硫酸盐类侵蚀防腐剂理化性能（表1）

表1　抗硫酸盐类侵蚀防腐剂理化性能要求

项　目			指　标
化学成分	氧化镁（%）		≤5.0
	氯离子（%）		≤0.05
物理性能	比表面积（m²/kg）		≥300
	凝结时间	初凝（min）	≥45
		终凝（h）	≤10
	抗压强度比（%）	7d	≥90
		28d	≥100
	膨胀率（%）	1d	≥0.05
		28d	≤0.60
抗侵蚀性	抗蚀系数 K		≥0.85
	膨胀系数 E		≤1.50

263 FFS-2 型混凝土防腐剂如何应用？

海水或盐碱地区环境水中的硫酸盐和镁盐，对水泥混凝土具有化学腐蚀破坏作用，氯盐和硫酸盐还对混凝土中的钢筋具有锈蚀破坏作用，所以混凝土必须采取防腐措施。

FFS-2 型混凝土防腐蚀剂是由表面活性剂、无机盐、有机助剂和载体配制而成的外加剂。在普通硅酸盐水泥中同时掺加 FFS-2 型防腐蚀剂和 II 级粉煤灰，可使水泥的抗硫酸盐极限浓度（K 值）提高到 10000 ~ 15000mg/L，较普通抗硫酸盐水泥高 4 ~ 6 倍。防腐蚀剂还具有防止钢筋锈蚀，改善抗冻融性能，提高抗渗性和增加强度等作用，适用于沿海铁路、港口及盐碱地区耐中、强硫酸盐侵蚀混凝土的施工。

一、应用范围

FFS-2 型适用于水下或冻线以下基础工程防腐蚀混凝土及有抗冻融要求的防腐蚀混凝土。

二、主要技术指标（表1）

表1　主要技术指标

技术性能	试验方法标准	试验项目	指标
耐腐蚀性	GB 749	抗硫酸盐极限浓度（K 值）	10000 ~ 15000
防锈蚀性	YBJ 231—91	电化学综合评定法	合格
抗冻融性	GBJ 82—85	相对动弹性模量 P	>60%
		重量损失率 ΔW	<5%
减水率	GB 8076—87	混凝土减水率	>10%
		抗压强度比	>100%

三、使用方法

（1）FFS-2 型防腐蚀剂应与粉煤灰同时掺入混凝土中。

（2）防腐蚀剂掺量为水泥与粉煤灰总质量的 2% ~ 2.5%。

（3）FFS-2 型防腐蚀剂不燃、无毒，属非危险品，但不得入口，有效保存期为 3 年。

【应用实例】

抗侵蚀防腐剂在硫酸电解铜工程中的应用

含硫酸蒸气和凝聚物会对电解铜厂的混凝土厂房产生严重腐蚀，使厂房及构件造成腐蚀性脱落、剥皮、强度降低、钢筋锈蚀，严重影响建筑物的使用寿命。为解决这一问题，在某工程设计中采用了 42.5 强度等级的普通水泥和 32.5 强度等级的矿渣水泥掺用 FFS 蚀防腐剂，配制耐腐蚀混凝土。梁、柱、吊车梁、预制顶板用普通水泥掺加 FFS 型抗侵蚀防腐剂，掺量为水泥质量的 6% ~ 8%（替代水泥率），设计为 C30 混凝土。基柱、一层板柱、标高 8.1m 上部、高位池（硫酸液池用树脂作防护层）、地面等用矿渣水泥，FFS 型抗侵蚀防腐剂的掺量为水泥质量的 6% ~ 8%（替代水泥率），设计为 C20 ~ C25 混凝土。电解槽四排总宽 18m，长 90m，整个车间长 100m，高度 15m。该工程建成投产 3 年后，混凝土棱角、表层及平整度都完好如初，未见有受腐蚀的迹象。

一、设计依据

根据侵蚀物质的含量和工程环境，依据国内外有关标准和 ISO 标准规定的侵蚀物质和侵蚀程度依据，受硫酸盐及其他盐类、泛酸类侵蚀程度，确定电解铜厂建筑工程分部位为酸性中等腐蚀和强腐蚀，选用 42.5 强度等级的普通水泥和 32.5 强度等级的矿渣水泥掺用 FFS 型抗侵蚀防腐剂，配制使用耐腐蚀混凝土。

二、工程混凝土

（1）试验设计及结果：采用 42.5 强度等级的普通水泥、32.5 强度等级的矿渣水泥掺 6% ~ 8% FFS 型抗侵蚀防腐剂，中砂，集料粒径 20 ~ 40mm 配制的混凝土，设计强度等级 C20，C25，C30，车间不同部位设计要求和施工混凝土配合比与强度见表 2。配制的普通混凝土，坍落度控制在 40 ~ 60mm，混凝土流动度等工作性能好，强度高，平均强度均超过设计强度等级的 135%。

表 2　不同部位设计要求和混凝土配合比与强度

建筑物的部位	设计强度等级	水泥	FFS 掺量（%）	混凝土配合比 水泥：砂：石：FFS：水	坍落度（mm）	28d 平均抗压/ MPa（%）
基柱	C20	矿 32.5	6.5	1：2.18：4.05：0.065：0.59	46	30.9（155）
标高 8.1m	C20	矿 32.5	6.5			
高位池	C25	矿 32.5	6.4	1：1.86：3.60：0.064：0.52	51	34.0（136）
一层梁板柱	C25	矿 32.5	6.4			
柱①~⑯轴	C30	普 42.5	6.5	1：2.00：3.89：0.065：0.54	51	42.3（141）
柱	C30					
吊车梁	C30					

（2）混凝土力学和抗侵蚀性能：不掺和掺 10% FFS 型抗侵蚀防腐剂的水泥混凝土的各龄期抗压强度和在侵蚀介质中浸泡试体抗压强度与淡水中养护试体同龄期强度之比的抗侵蚀系数见表 3，在 5% Na_2SO_4、硫酸介质（pH 值 4.0 ~ 4.5）中侵蚀 28d 和 180d 的抗侵蚀系数（K），掺 FFS 型抗侵蚀防腐剂的混凝土抗蚀系数均为 1.0 左右，而不掺的混凝土抗侵蚀性能较差。

表 3　掺 FFS 的水泥混凝土强度及抗侵蚀性能

普通水泥（%）	FFS 掺量（%）	混凝土配合比 水泥（+FFS）：砂：石：水	坍落度（cm）	抗压强度（MPa）			K_{28d}		K_{180d}	
				3d	7d	28d	5% Ba_2SO_4	pH 4~4.5	5% Na_2SO_4	pH 4~4.5
100	0	1：1.7：3.2：0.46	5.5	13.2	23.1	33.2	0.88	0.91	0.78	0.77
90	10	1：1.7：3.2：0.44	4.8	15.0	26.5	46.3	1.08	1.03	1.01	1.03

三、结果与分析

掺 FFS 型抗侵蚀防腐剂的混凝土，拌水后能将水泥水化析出大量的氢氧化钙、高碱性铝酸钙等不稳定或亚稳状态物质转变成稳定的，有利于均质、密实、对强度起贡献作用的水泥石结构。这种化学和物理的综合作用，起到了抵抗环境侵蚀性物质对混凝土侵蚀的作用，避免了由硫酸等介质对混凝土的破坏。从试验结果可见，不掺和掺 FFS 型抗侵蚀防腐剂的混凝土强度、抗侵蚀系数以及在工程中的使用结果，也都表明掺用 FFS 型抗侵蚀防腐剂的混凝土具有较好的抗侵蚀和耐久性能。

264　MNC-ZL 型自流平剂如何应用？

自密实混凝土：混凝土拌合物具有良好的工作性，即使在密集配筋条件下仅靠混凝土自重作用而无需振捣便能均匀密实成型的高性能混凝土。

一、性能与掺量

（1）配制高流态免振混凝土，坍落度达300mm，可在不宜振捣施工的工作面上免除振捣。确保了现场拌制混凝土的良好工作性，减少了模板支撑，节约了机械、电费等，经济效益显著。混凝土中大量掺合了粉煤灰，减少了污染，减少施工噪声，改善居民生活环境。

（2）本剂与水拌匀成浆体后，浇筑在地坪基底上，能在自重作用下产生流动，形成水平面。用本剂施工比普通水泥砂浆地坪工效高，施工简单，节约材料和用工量，且质量易于控制。浇筑10mm厚的MNC-ZL水泥砂浆地坪；普通水泥砂浆地面一般先做出标志——灰饼，再根据灰饼做出冲筋，再经刮、抹、压等工艺两遍而成，而用MNC-ZL地坪浇筑时，只需稍加刮平即可获得平整度高、表面光滑的地坪；地坪的单位质量降低 $\frac{1}{3} \sim \frac{1}{2}$，用工量降低80%，且不需夜间施工，所以综合成本可降低 10% ~ 20%。

粉剂掺量：$C \times 1.2\%$。胶凝材料总用量范围宜为 450 ~ 550kg/m³，单位用水量宜小于200kg/m³。

二、自密实混凝土优点及用途（表1）

表1　各因素措施对自密实混凝土拌合物性能的影响

采取措施		影响性能					
		填充性	间隙通过性	抗离析性	强度	收缩	徐变
1	黏性太高						
1.1	增大用水量	+	+	−	−	−	−
1.2	增大浆体体积	+	+	+	+	−	−
1.3	增加外加剂用量	+	+	−	+	0	0
2	黏性太低						
2.1	减少用水量	−	−	+	+	−	−
2.2	减少浆体体积	−	−	−	−	−	−
2.3	减少外加剂用量	−	−	+	−	0	0
2.4	添加增稠剂	−	−	+	0	0	0
2.5	采用细粉	+	+	+	0	−	−
2.6	采用细砂	+	+	+	−	−	−
3	屈服值太高						
3.1	增大外加剂用量	+	+	−	+	0	0
3.2	增大浆体体积	+	+	+	+	−	−
3.3	增大灰体积	+	+	+	+	−	−
4	离析						
4.1	增大浆体体积	+	+	+	+	−	−
4.2	增大灰体积	+	+	+	+	−	−
4.3	减少用水量	−	−	+	+	+	+

采取措施		影响性能					
		填充性	间隙通过性	抗离析性	强度	收缩	徐变
4.4	采用细粉	+	+	+	0	−	−
5	工作性损失过快						
5.1	采用慢反应型水泥	0	0	−	−	0	0
5.2	增大惰性物掺量	0	0	−	−	0	0
5.3	用不同类型外加剂	?	?	?	?	?	?
5.4	采用矿物掺合料	?	?	?	?	?	?
6	堵塞						
6.1	降低最大粒径	+	+	+	−	−	−
6.2	增大浆体体积	+	+	+		−	−
6.3	增大灰体积	+	+	+		−	−

注：+：具有良好的效果；−：具有较差的效果；0：没有显著效果；?：结果不可预测。

（1）可用于难以浇筑甚至无法浇筑的结构，能解决传统混凝土施工中的漏振、过振以及难以振捣等问题，可保证钢筋、预埋件、预应力孔道的位置不因振捣而移位。

（2）增加了结构设计的自由度。不需要振捣，可以浇筑成形状复杂、薄壁和密集配筋的结构。

（3）大幅降低工人劳动强度，节省人工数量。

（4）有效地提高了混凝土的品质，具有良好的密实性、力学性能和耐久性。

（5）降低环境噪声，改善工作环境。

（6）能大量利用工业废料作矿物掺合料，有利于环境保护。

（7）施工自动化程度高，能促进工业化的施工与管理。

（8）节省电力能源。

（9）密集配筋条件下的混凝土施工：在有的工程中构件用钢量大，配筋密集，三向交错，振捣器插入困难，施工质量难以保证。

（10）结构加固与维修工程中的混凝土施工：结构加固与维修工程中新筑的混凝土一般情况下为薄壁复杂异形体，且内配一定的加强筋，混凝土施工时根本无法使用振捣器，容易出现蜂窝麻面现象。

（11）钢管混凝土施工：无论是采用泵送顶升还是浇捣法，混凝土质量往往成为整个安全控制的关键点。

（12）大体积混凝土和水下混凝土施工：大体积混凝土和水下混凝土施工时，混凝土振动的强度大，且有一定的难度，往往出现漏振或过振现象，容易出现混凝土质量事故。

265 三乙醇胺如何应用？

一、用途

混凝土减水剂、早强剂和水泥助磨剂的重要原料。三乙醇胺适用于低负温环境中有早强要求的各种混凝土结构、钢筋和预应力钢筋混凝土；适用于蒸养工艺的预制构件、尤其对矿渣水泥效果更显著。适用于商品混凝土和泵送混凝土；适用于作水泥助溶剂，对缩短粉溶时间更有效。

二、特点

分子式：$C_6H_{15}O_3N$；结构式：$N(CH_2CH_2OH)_3$；相对分子量：149.19；含量：85% ~ 98%；色泽：棕褐色。

（1）用量小：三乙醇胺在混凝土中的常规掺量只有水泥用量的万分之几，即有明显的早强作用。并与某些无机早强剂复合使用能达到事半功倍的效果，因而有早强催化剂的美誉。

（2）适应温度范围宽：三乙醇胺的应用范围宽，从 $-5℃$ 到 $+90℃$ 均有同样早强作用，因而不仅在冬季施工，而且在混凝土蒸养工艺中也广泛采用。

（3）不锈蚀钢筋：三乙醇胺是弱碱性物质，而且不含氯离子，因此对钢筋无不良作用。

（4）不影响后期强度：与绝大多数早强剂不同，三乙醇胺在适合掺量范围内使用不但能大幅度提高混凝土早期强度，而且 28d 强度仍有显著增加。

三、掺量

为无色或淡黄色油状液体，无毒，呈碱性，属非离子型表面活性剂，它不参与水化反应，不改变水泥的水化产物，但能降低水溶液的表面张力，使水泥颗粒更易于润湿，且可增加水泥的分散程度，因而加快了水泥的水化速度，对水泥的水化起到催化作用。水化产物增多，使水泥石的早期强度提高。

三乙醇胺掺量一般为 0.02% ~ 0.05%，可使 3d 强度提高 20% ~ 40%，对后期强度影响较小，抗冻、抗渗等性能有所提高，对钢筋无锈蚀作用，但会增大干缩。

通常将氯化钙（或氯化钠）、硫酸钠、二水石膏、亚硝酸钠、三乙醇胺、重铬酸钠等复合制成二元、三元或四元的复合早强剂，早强效果更佳。

266 混凝土硅质密实剂如何应用？

一、功能

使得混凝土微膨胀、密实，具有防潮、防水、防渗、防裂的作用。掺入本品混凝土抗渗等级可达 P20。掺入本品混凝土抗冻性能可达 300 次。本品适应混凝土等级为 C20 ~ C60，掺量占水泥质量 16%。

本品采用硫铝酸盐矿物作为膨胀密实及无定形 SiO_2 组分，生成的水泥产物以 Afm，Aft 为主，同时辅以减水微引气，均化混凝土内部结构。可以适应于 150m 以上超长结构不留伸缩缝的混凝土防潮、防水、防渗工程的施工。

二、使用范围

一切土木工程（包括建筑、市政、水利、桥梁、电力、道路、机场、海港）等一切要求不收缩、防裂密实的防渗防水混凝土、尤其是对于高层建筑的现浇筏片基础、大型水场工程、引水、给排水、地面工程更为适宜；同时对于寒冷地区有抗冻融循环要求的混凝土工程具有独特的抗冻性能。

三、技术效果

掺入本品混凝土的同时执行《混凝土膨胀剂》的行业标准控制值，其掺量应随抗渗设计等级要求而变化。

四、性能和作用

（1）不透水性：本品用于配置防水抗渗防裂密实混凝土或砂浆时，可提高抗渗等级 3 倍以上。

（2）密实性：掺入本品可降低混凝土内部的孔隙率 50% 以上，可有效的减少毛细孔及大孔的数量，从而达到防水的目的。

（3）减水率：随掺入量而变化，当掺入 16% 时，在砂浆中可减水 18% 左右，在混凝土中减水 20%。

（4）强度：掺入本品可显著提高混凝土强度，3d 可达到 70%，7d 可达 28d 的强度，28d 可提高 20% 左右。

（5）节约水泥：可用本品 16% 代替水泥，而抗压强度及抗渗等级不变。

五、使用方法

在常温不低于 0℃时，可将本品直接掺入混凝土或砂浆中。为达到均匀的目的，搅拌时间需要延长 1min。

六、注意事项

（1）严格按规定剂量使用，严格控制水灰比，不得任意增加或者减少，用于砂浆时，最好先干拌 2min，然后加水搅拌；

（2）使用本品必须加强早期养护以防混凝土或砂浆失水而影响水泥水化和减慢后期强度增长；

（3）本品使用于符合国家标准的硅酸盐水泥、普通硅酸盐水泥、火山灰水泥、粉煤灰水泥拌制混凝土或砂浆，其他品种应通过实验后，方可使用；

（4）本品应在干燥条件下保管，如受潮结块甚至出现潮解现象，但不失效，烘干粉碎后仍可使用。

七、粉体掺量

$C \times 8\%$。

267 RMA 型海水耐蚀剂如何应用？

由多种无机材料复合而成，是一种高比表面积、高活性，专用于抗海水侵蚀、抗盐类（氯盐、镁盐）侵蚀的混凝土外加剂。该耐蚀剂不含有害物质，无污染，具有抗腐蚀性好、低水化热、微膨胀、耐久性好、高抗渗等优点，主要应用于海港工程（如水下区、水位变动区）、跨海大桥、隧道、水利工程等。28d 龄期的混凝土 6h 通过电量仅 490.7C，离子扩散系数为 $0.50 \times 10^{-12} m^2/s$。有了混凝土的防腐，才有钢筋的耐久性，为解决钢筋混凝土防腐蚀难题。

268 融雪剂如何应用？

一、产品用途

道路冻结剂（融雪剂）主要用于冬季（ $-5 \sim 30℃$ ）机场公路、广场、停车场、铁路、港口、城市街道、旅游观光区、公园、球场、运动场等除雪及防冻作用，是目前最理想的融雪化冰产品。

二、使用方法

（1）融雪剂：气温为 $-15 \sim 25℃$ 时，使用量为 $25 \sim 50 g/m^2$， $-15℃$ 以上维持 8d， $-15℃$ 以下维持 4d。

（2）融雪剂：气温为 $-15 \sim 25℃$ 时，使用量为 $20 \sim 40 g/m^2$， $-15℃$ 以上维持 10d， $-15℃$ 以下维持 6d。

（3）融雪剂：气温为 $-15 \sim 25℃$ 时，使用量为 $30 \sim 50 g/m^2$， $-15℃$ 以上维持 6d， $-15℃$ 以下维持 3d。

269 MNC-KY 型混凝土抗油剂如何应用？

抗油混凝土由于其特殊的用途，所以它对混凝土配合比有特殊的要求：

（1）水泥用量应不小于 $380 kg/m^3$。

（2）混凝土砂率应在 30%～33% 之间，最大不能超过 35%。

（3）混凝土用水量应以坍落度控制在（ 140 ± 10 ）mm 范围内的用水量为准。

一、试验原材料及配合比

（1）水　　泥：　　品牌：拉法基型号：P·O 42.5　　批号：031028　　用量：4.9kg；
（2）砂　　子：　　$M_x = 2.9$　　　　$\beta_s = 34.9\%$　　　　批号：040103　　用量：8.4kg；
（3）石　　子：　　批号：031210　　用量：（5～10mm）6.2kg，（10～20mm）9.5kg；
（4）外加剂：　　MNC-KY 型抗油剂，掺量：$C \times 15\%$。

二、试验方法及结果

（一）混凝土试件的成型

由于耐油混凝土现在没有现行的国家和行业标准，所以参考《混凝土防水剂》中抗渗试验方法进行混凝土抗渗等级的判定；参照树脂型混凝土耐酸试验的标准进行混凝土强度增长率和机油渗透率、渗透深度等试验。所以混凝土试件的成型采用抗渗圆模和 $100mm^3$ 的试模成型。

（二）混凝土试件的养护

混凝土试件的养护必须采用标准养护，当没有标准养护条件时，可以采用塑料薄膜进行覆盖，以防止造成塑性裂缝，影响试验的精度。试件至少标准养护 14d，一般试件都应标准养护 28d 后进行其他的试验。

（三）混凝土试件的强度增长率试验

将标养 28d 的试件测定其强度，将同时与它一块成型的混凝土试件再放入机油中（一般选用 30 号机油）试件在放入机油中时，它的底面应和容器有一定的间隔，一般在 20～50mm，且各试件之间也就留有一定的空隙。在机油中浸泡 30d 后，取出试件，擦去表面的机油，在压力试验机下进行混凝土抗压强度试验，其检测值与混凝土标养 28d 的强度值的差值与原 28d 的强度的比值即为混凝土强度增长率。强度损失情况见表 1。

表 1　强度损失情况

编号 \ 龄期	标养 28d	浸油 30d 后	强度增长	强度增长率（%）
基准混凝土强度（MPa）	30.80	35.07	4.27	13.86
抗油混凝土强度（MPa）	38.95	47.66	8.71	22.36

加入混凝土抗油剂后，混凝土在机油中强度增长率明显高于基准混凝土（高出 8.5%）。

（四）混凝土渗透率的试验

将标养 28d 的试件在 105℃ 的温度下烘 48h，放入干燥箱中进行冷却后并称重，记录下初始质量后，将试件浸入机油中浸泡 30d 后拿出，擦去表面的机油后再称重，两次质量的差值与原试件的比值即为混凝土机油渗透率。吸油情况见表 2。

表 2　吸油情况

编号 \ 龄期	初始质量（g）	浸油 30d 后的质量（g）	质量增长量（g）	吸油率（%）
基准混凝土	2205	2300	95	
	2200	2305	105	43.1
	2205	2300	95	
抗油混凝土	2265	2330	65	
	2235	2300	65	29.1
	2215	2280	65	

加入混凝土抗油剂的混凝土的吸油情况好于基准混凝土，其吸油量仅为基准混凝土的约二分之一。

（五）混凝土渗透深度的试验

将标养 28d 的试件浸入机油中浸泡 30d 后拿出，在压力试验机下（或用人工将其劈开）测量试件中机油的渗透深度即可。渗透深度（常压）情况见表 3。

表 3　渗透深度（常压）情况

编　号 ＼ 龄　期	混凝土机油渗透深度（cm）	渗透率（%）
基准混凝土	3	30
抗油混凝土	1.5	15

在常压下检测了机油对混凝土的渗透情况，发现加入抗油剂后混凝土有明显的抗油渗效果，其机油的渗透率为基准混凝土的约二分之一。

（六）混凝土渗透等级的试验

将标养 28d 的试件提前一天取出，用石腊进行密封后装入混凝土抗渗仪中，按防水剂抗渗试验进行即可。渗透（加压）高度比见表 4。

表 4　渗透（加压）高度比

编　号 ＼ 项　目	渗透高度（mm） 工作压力 2.4MPa
基准混凝土	（13d 后）50
抗油混凝土	（4d 后）10

在加压的情况下对混凝土的抗油渗能力进行检测后发现，加有抗油剂的混凝土的抗油渗能力明显提高，其渗透高度比为 20%。

270　ZD 型混凝土增强密实剂如何应用？

ZD 混凝土增强密实（抗裂）剂是为解决"十五"计划国家级一等大型水电工程——清江水布垭枢纽面板混凝土抗裂及耐久性能而研制的一种新型混凝土外加剂。与现有混凝土外加剂的作用机理不同，ZD 通过促进水泥水化程度、优化水化产物和协同激发混凝土中活性混合材料与 Ca(OH)$_2$ 进行二次水化等作用，提高混凝土中凝胶量，降低孔隙率，改善水泥石及其集料界面的结构，增强凝胶的粘合力，使混凝具有良好的抗裂性、耐久性及绝热温升等性能，并可根据工程的具体要求，降低单位体积中的胶材用量。经长江科学院、南京水利科学研究院等多家具有量证资质的研究单位近 30 次混凝性能试验结果统计：单掺 2% ZD 的常态 R90250 的混凝土，与同等条件下掺其他外加剂的混凝土相比，其力学强度和极限拉值均提高 20% 以上；单掺 1%～2%％ZD 的混凝土在保证和易性及性能指标满足设计要求的前提下，可相应节省胶材用量 10～20kg/m^3。

近几年，ZD 已先后应用于新洲阳逻防洪墙、举水橡胶坝、阳逻、大埠、双柳等长江大堤的排洪闸工程、湖北下荆江河控制工程等防洪工程，还应用于恩施小溪口、芭蕉河、重庆鱼跳、清江水布垭等水电工程以及武汉、宜昌和黄石等民建及城市人防地下室工程。用户一致反映，ZD 能改善混凝土的力学强度、抗裂、抗渗及抗冻性能，所用之处的混凝土均无收缩裂缝产生。使用 ZD 后，节约了混凝土的单位体积水泥用量，简化了施工工艺，免去了工程缺陷修复费用，累计为用户节约使用综合成本 940 万元。更为重要的是，使用 ZD 后，提高了工程的质量，延长了工程的使用寿命。ZD 适用范围：（1）水利水电建设中的堤坝以及地下建筑设施等混凝土；（2）交通建设中的公路、铁路、桥梁、港口码头、地铁以及海下隧道等混凝土；（3）民用建设中的地下室、厨房、卫生间以及房屋外墙等防渗防漏混凝土。

271 机场水泥混凝土道面专用外加剂如何应用？

减水率：大于 15%，含气量：3.5%～4%，延缓时间：3h，碱含量：小于 3%，抗冻融：300 次以上，防收缩、防弯拉、耐久性、密实性要求较高，掺量：$C×1.0\%$，此混凝土外加剂是用在飞机跑道上，混凝土层厚 22cm。

机场水泥混凝土道面由于具有强度高、稳定性好、使用寿命长、维护费用少等优点，已成为我国机场道面结构的主要形式。然而，由于水泥混凝土是一种非匀质脆性材料，如在施工中处理不当，经常会导致水泥混凝土道面出现一些早期损坏，譬如边角破损、表面网状、条状或环状裂纹、板体断裂等。这些早期质量问题我们称之为水泥混凝土施工的质量通病。因此，总结、研究和解决这一问题，对保证机场水泥混凝土道面质量，延长道面使用寿命具有重要的意义。

一、水泥混凝土道面施工常见质量通病及原因分析

（一）边角损坏

边角损坏是指道面板的边、角部位混凝土断裂、剥落。边角损坏产生的主要原因为：

（1）水泥混凝土板浇筑振捣时，在模板四周、边角漏振或振捣不实，造成边角强度不足；

（2）混合料振捣密实后纠正胀缝板位置，使板边混凝土受损；

（3）切缝过早，打掉边角混凝土；

（4）假缝切割时不到头，混凝土从切缝处收缩断开时将角部混凝土拉裂；

（5）浇筑"填仓"混凝土过早，先筑混凝土板边被机具破坏；

（6）拆模碰坏混凝土板的边角；

（7）拆模后，边角养护得不到保证。

（二）"龟裂"

"龟裂"主要指混凝土道面表面呈现碎小的六角形裂纹或网状裂纹，深约 0.5～5mm，常在水泥混凝土初凝期间出现。产生"龟裂"的原因主要有：

（1）施工时刮风或气温较高，或覆盖养护不及时，使混凝土表面在浇筑成型或凝固初期失水过快，产生急剧的体积收缩，而此时混凝土强度较低，在收缩应力作用下，导致网状开裂；

（2）混凝土在拌制时水灰比过大，模板垫层过于干燥，吸水大；

（3）混凝土配合比不合理，水泥用量过大或砂率过大；

（4）外加剂使用不当或掺量过大，使混凝土由于重力作用产生离析而出现裂纹；

（5）违反操作规程，另外拌制水泥砂浆罩面。

（三）表面条状或环状裂纹

道面混凝土表面条状或环状裂纹，一般深约 3～5mm，产生在混凝土浇筑成型 1～2d 内。其产生的主要原因为：

（1）表面混合料水灰比不均匀，局部水灰比偏高；

（2）摊铺不均匀，局部粗集料或细集料过于集中；

（3）拉毛结束后，局部混凝土继续泌水，形成水囊；

（4）养护前期局部洒水不到或受到暴晒。这些因素都会导致混凝土表面局部产生不均匀收缩，出现条状或环状裂纹。

（四）板体断裂

道面混凝土板断裂主要出现在纵向连续浇筑的时候，裂缝一般平行于横向缩缝，呈波纹状。产生板体断裂的原因主要为：

（1）连续浇筑时，切缝不及时，混凝土在凝结硬化过程中收缩断裂；

（2）混凝土浇筑时中断施工时间较长，后又接着铺筑，在结合部位出现不均匀收缩断裂；

（3）浇筑时同一断面上由于水灰比差异较大，引起的不均匀收缩断裂；

（4）旧道面"盖被"施工时的反射裂缝；

（5）道面基层为刚性或半刚性，由于地基沉陷或温差影响已裂缝，加之基层施工表面不平整、不光滑，混凝土板自由伸缩受到约束，此基层上铺筑的混凝土易在基层裂缝处断裂；

（6）浇筑"填仓"时，在先筑混凝土板假缝已断通部位，由于温度应力使混凝土产生收缩位移，对刚浇筑成型的混凝土产生拉应力，致使新浇混凝土在此部位断裂。

二、预防措施

（一）混凝土板边角破损的预防措施

根据水泥混凝土道面边角破损的原因分析，为防止边角破损现象的发生，在施工中可采取以下预防措施：

（1）施工时，边角部位一定要振捣密实、均匀，不漏振，以保证边角强度。

（2）连续浇筑中需设胀缝时，胀缝板应采用特制的安设架安放，振捣时，在缝的两侧同时振捣。需纠正胀缝板位置时，应振实已松动的混合料。严禁胀缝部位出现顶板现象。

（3）施工中应掌握好切缝时机。

（4）假缝要切到头，如因模板不能切到位，应在拆模后及时补切。

（5）填仓宜宁晚勿早，施工缝尽可能设置在胀缝部位。

（6）拆模不能过早，不能硬撬、硬砸，按操作规程要求拆模。

（7）拆模后注意边角部位的保湿养护，并注意保护不承重、受压等。

（二）防止"龟裂"的措施

针对施工中可能产生"龟裂"的原因，为防止其出现，在施工可采取以下一些预防措施：

（1）配制混凝土时应严格控制水灰比和水泥用量，选择合适的粗集料和砂率；

（2）拌合混凝土混合料时，加适当的外加剂，以改善混凝土的和易性，降低水分蒸发速度和减少混凝土的收缩值；

（3）浇筑混凝土道面时，将基层和模板浇水湿透，避免吸收混凝土中的水分；

（4）避开刮风和午间高温时浇筑混凝土；

（5）若施工时突遇刮风，来不及做面，应设置防风屏障、并加盖养护棚，尽快处理混凝土表面；

（6）混凝土浇筑成型后，手按没有明显印痕，应及时覆盖养护；

（7）养护期间要始终保持混凝土表面湿润，尤其前三天，混凝土表面不能漏盖养护、干燥发白；

（8）严格施工操作规程，禁止另制砂浆罩面、找平表面局部凹坑处。

（三）预防表面条状、环状裂纹的措施

（1）严格控制水灰比，避免混凝土不均匀泌水及混合料离析，不得用细集料填补表面坑处。

（2）第一遍木抹抹面后，待混凝土充分泌水再进行下道抹面作业，避免拉毛结束时局部仍出现泌水现象。

（3）局部出现泌水现象，可在混凝土初凝后、终凝前，进行二次抹压，以提高混凝土抗拉强度，减少收缩量。

（4）采用真空吸水工艺施工。当采用真空脱水处理，抽水率达到15%时，混凝土的含水量就会明显减少，真空吸水混凝土表层水灰比可从0.59降到0.40。因此，上部面层的抗压强度得到显著提高，同时，收缩减小，避免表层裂纹的出现。

（5）保证前期养护质量。

（四）板体断裂的预防措施

机场水泥混凝土道面板体断裂直接影响着道面的外观、使用性能以及经济性，因此防止混凝土板体断裂就显得尤为重要。在施工中可采取以下预防措施：

（1）及时切缝。上午浇筑的混凝土，当施工气温较高时，应在当天晚上最低气温到来之前，将假缝切完。如果来不及全部切，应每隔10～15m切一条缝，减少混凝土的收缩间距。

（2）炎热季节施工，可用夜间施工措施，尤其是旧道面"盖被"施工，夜间施工措施结合旧道面洒水降温可有效地避免反射裂缝的出现。

（3）旧道面直接"盖被"式施工，新旧道面应按设计要求严格对缝；"盖被"前应用合适的预罩面修补技术修补所有原旧道面中可发现的任何类型的破损，然后再浇混凝土，并做好保温养护。

（4）浇筑填仓时，在先筑混凝土假缝已经断通的部位用两层油毡隔离，或在此部位设施工缝。

（5）混凝土浇筑因意外原因中断时间较长时，应在接缝位置处设置施工缝，不允许在板的其他位置继续往前浇筑。

（6）严格检查基层施工质量，验收不合格者不进行面层施工，严禁在石灰土基层中有过火石灰的存在。

（7）在半刚性基层上铺混凝土前，在基层上先铺找平层，经检验合格后方可铺筑混凝土。

（8）严格控制水灰比，保证混合料拌合均匀。

272 混凝土养护剂在滑模施工中的应用如何？

在高耸构（建）筑物的滑模施工中，如何搞好混凝土的养护是整个施工过程中能否保证混凝土强度质量的一项难度较大的关键性工作。我们在某大直径钢筋混凝土筒仓的整体滑模施工中，根据工程特点及以往施工经验，使用混凝土养护剂进行养护，改变了传统的"定时喷淋养护"的养护方式，较好地解决了筒仓整体滑模施工中混凝土养护的问题，收效颇佳。

一、混凝土养护方案的比较和确定

在高耸构（建）筑物的滑模过程中，对混凝土的养护常采用的成熟作法是在滑升操作平台下沿构（建）筑物的内、外壁悬挂连续的、互相联通的管状喷淋装置，利用高扬程加压水泵加压供水，派专人定时对混凝土进行喷淋养护和散热。该方法在地下基础或建筑物较低的情况下较易布置，施工难度不大，使用较为方便。

利用混凝土养护剂养护混凝土是近年发展起来的一项新技术。该项技术具有施工技术简单，施工操作方便，省工、省时、节水、成本低廉、保水性好等优点，并且使用混凝土养护剂还可有效地减少混凝土表面地龟裂和干缩，故特别适宜对大面积混凝土进行养护和对高空难以覆盖的混凝土进行养护。

根据本贮仓工程的特点和施工现场实际情况，我们对前述的两种混凝土养护方法进行了认真比较：若采用定时喷淋法对混凝土进行养护，则沿筒仓的内、外壁需设置大量的喷淋管线，喷淋管线之间的连接亦需进行难度较大之处理。此外，还需配置两台高扬程加压水泵和设专人对整套设备进行操作和管理。整个工程的一次性成本投入较大；若采用混凝土养护剂对混凝土进行养护，则不需要添置任何设备，亦不需要设置专职操作人员可由滑模施工中对筒壁表面进行随滑随抹的抹灰工代为操作，不存在工序交叉问题，并且我们以往在施工中曾使用过混凝土养护剂对大面积地坪进行养护，积累有一定的经验施工人员不需要进行培训。

根据比较结果，我们确定在本贮仓整体滑升施工中采用混凝土养护剂的方案。

二、混凝土养护剂的选用

养护剂是一种无色、无味、外观与 107 胶相似的液体，手指触摸有滑腻感，该液体具有表面张力小的特点，经喷洒或涂刷后，能很快地在湿混凝土表面干燥并生成一层致密的薄膜，可有效地阻止混凝土中自由水的过度蒸发，起到保水作用，从而促进和加速混凝土的水化反应，以实现混凝土的自养，保证和提高混凝土的强度。

三、施工技术操作及注意事项

混凝土养护剂可视工程具体情况采用喷洒或刷涂两种作业方式，根据本工程采用滑模施工工艺在施工中滑升模板每 2h 左右提升一次，每次提升高度为 250~300mm 的特点，确定本工程采用刷涂方式进行施工。

（一）施工准备

（1）工具：刷涂法施工所用的工具主要为板刷和小桶。配置数量为：每一筒仓或是一个小桶和一把板刷；沿贮仓的外壁均匀配置 3 个小桶和 3 把板刷。

（2）施工人员配置：养护剂由对筒壁作随滑随抹处理的抹灰工代为刷涂不另专人操作。

（二）施工操作方法及程序

（1）在滑升模板第一次提升后，随即对筒壁作随滑随抹处理，然后等待下次提升。

（2）在滑升模板第二次提升后，先对混凝土筒壁进行随滑随抹，然后往前次已随滑随抹过的筒壁上用板刷均匀地刷涂混凝土养护剂，注意涂层不宜太厚。

（3）在滑升模板第三次提升后，仍先对刚出模之混凝土筒壁作随滑随抹处理，之后往第一次提升后出模的筒壁上刷涂第二遍养护剂。涂刷时应注意将第一遍刷涂时产生的气泡或漏涂部位认真补刷好。然后，再往第二次提升后出模的筒壁上刷涂第一遍养护。

（4）当第四次模板提升后，往第二次模板提升后出模的筒壁上刷第二遍养护剂，再往第三次提升后出模的筒壁上刷第一遍养护剂。在此以后，每次模板提升以后的操作均按前述方法循环进行，直至整个滑模工作结束。

（三）施工注意事项

（1）混凝土养护剂的涂刷厚度以每千克液体涂刷 2.5~4m² 为宜。当采用喷涂方式时，每千克液体可喷洒 3.5~4m²；当采用刷涂方式时，每千克液体可涂刷 2.5~3.5m²。刷涂时应避免涂层太厚，施工前应先进行试验，以确定每遍涂层的厚度。

（2）混凝土养护剂出厂时为成品，其稠度一定，使用时严禁随意兑水稀释，以免影响成膜质量进而影响混凝土的养护效果。

（3）为保证工程质量，喷洒或涂刷养护剂时必须均匀，为避免漏喷或漏涂，应分两遍进行施工。涂刷第一遍养护剂的时间，可视工程及气温的具体情况确定，一般以成型后的混凝土表面无浮水或用手指轻压混凝土表面而无指痕时，即可喷涂或刷涂。喷洒或涂刷第二遍养护剂时，应待第一遍喷洒或涂刷的养护剂基本成模后进行。一般夏季的间隔时间为 0.5~1h，春秋季的间隔时间为 3h 左右。涂刷混凝土养护剂后，在其未成模前，应避免遭受水冲或雨淋，若遇水冲或雨淋发生，应及时进行补刷。

四、经济技术效益比较

在钢筋混凝土整体滑模施工中，我们成功地使用了养护剂，收到了预期的效果。同时，也节省了可观的工程费用，取得了较佳的经济效益。经实测在本工程中，涂刷混凝土养护剂的实际平均厚度未每千克溶液涂 $3m^2$。以 1.8 元/kg 的销售价格计算，本工程用于混凝土的养护费用为 0.6 元/mL，而如果采用定时喷淋法养护，据测算需费用约 1.8 元/m^2，约为使用养护剂费用的 3 倍，并且在施工设备使用操作管理、维修及节水节能等方面，使用混凝土养护剂均比定时喷淋法具有不可比拟的优点。

273 激发剂在大掺量掺合料混凝土中的应用如何？

我们现在已处于经济高速发展的 21 世纪，但人口急剧增长、资源匮乏、能源短缺、环境恶化等 20 世纪就已十分突出的问题，更加突出。

绿色高性能混凝土主要是从减少每立方米水泥用量、减少生产水泥对环境的污染和资源过度消耗、降低混凝土制品生产过程中的能耗等几方面，来解决混凝土及制品生产中的高能耗高污染现象。与此同时，通过材料的优化及配合比优化，来改善混凝土的拌合物物理性能和力学性能，使混凝土性能提高，降低能耗并最大程度的减少污染。2005 年，我国水泥产量已达 10.6 亿 t，占世界 47%，混凝土的年产量达到 20 多亿 t，消耗 2 亿 t 多标准煤，产生 8 亿 t CO_2 气体和多达 1000 万 t SO_2 气体，消耗大量的能源并产生了非常严重的污染。由于水泥绝大部分都用来制备各种等级和性能的混凝土，大幅度降低混凝土的单位立方米水泥用量是走绿色工业道路的一个重要途径，其技术措施在目前主要是掺入矿物掺合料和混凝土外加剂，用超细矿渣粉可取代 20% ~25% 的水泥，用优质粉煤灰可取代 20% ~30% 的水泥，用普通 II 级粉煤灰可取代 10% ~20% 的水泥。每立方米混凝土的水泥用量一般在 200 ~380kg（混凝土强度 C30 ~ C60），要达到大幅度降低水泥的用量的目的，必须寻求稳定的方法，我们针对这个问题开展了一些试验进行了比较分析。

国内外研究比较多的混凝土掺合料为矿渣、硅粉、粉煤灰等，硅粉的细度细，掺入占水泥质量的 50% ~10% 的硅粉，可以取代 15% ~25% 的水泥，但硅粉的来源少、价格高，一般的混凝土用不起，也无法大量应用。矿渣的来源较广，全国每年排放大量矿渣，多数用于制造水泥。由于矿渣较硬，和熟料一起粉磨制造水泥时难以磨细，很难发挥矿渣的活性，将矿渣磨细至比表面积大于 $4000cm^2/g$ 后，矿渣的活性大大增强，可以掺入 20% ~50% 的矿渣粉取代相当量的水泥后，混凝土的强度与原来相比没有降低。我们的试验中选用了比表面积 $4000cm^2/g$ 左右的矿渣粉。而粉煤灰的来源广排放量大，全国年排放量约 2 亿 t，但粉煤灰的活性比矿渣要差，早期强度低，粉煤灰的活性一般要在 30d 龄期以后才逐渐显现出来，60d，90d 后才得到充分的体现，一年后仍在继续发挥。人们为提高粉煤灰的活性试验了很多方法，例如：磨细、分选、增钙、预处理、掺加外加剂等均收到一定效果，但总体上来说，其活性都赶不上磨细矿渣粉，我们将矿渣及粉煤灰掺入水泥砂浆中进行了对比试验，可以找到一种最优的配合比。几种激发剂的激发效果见表 1。

表 1 几种激发剂的激发效果

激发剂	水泥（%）	掺合料	抗折强度（MPa）		抗压强度（MPa）	
			3d	28d	3d	28d
0	100	0	4.9	7.5	24.5	38.0
硫酸钠 2%	58	40% F 类 II 级粉煤灰	3.5	7.4	18.2	32.8
石膏 5%	55	40% F 类 II 级粉煤灰	3.0	6.7	15.0	34.8

激发剂	水泥（%）	掺合料	抗折强度（MPa）		抗压强度（MPa）	
			3d	28d	3d	28d
石膏3%	57	40%F类Ⅱ级粉煤灰	3.3	7.1	16.0	34.0
氢氧化钙2%	58	40%F类Ⅱ级粉煤灰	3.6	5.2	17.2	25.3
氢氧化钙5%	55	40%F类Ⅱ级粉煤灰	3.0	5.8	15.4	29.6
硫酸钠2%	53	30%F类Ⅱ级粉煤灰+15%矿渣	4.7	7.9	23.8	40.2
氢氧化钙5%+硫酸钠2%	48	30%F类Ⅱ级粉煤灰+15%矿渣	4.3	7.3	21.6	38.3
三乙醇胺3‰+硫酸钠2%	53	30%F类Ⅱ级粉煤灰+15%矿渣	4.8	7.8	24.3	40.5

（1）利用不同品种掺合料的互补和叠加作用，在适当激发剂作用下，能配制出活性超过单一掺合料的高活性复合掺合料。

（2）混凝土掺合料是混凝土的胶凝材料组分，与水泥一起配制出的胶凝材料具有与水泥相近的力学性能，可参考水泥的强度试验方法和普通混凝土的配合比设计方法进行相应的检验和试配。

（3）FAA激发剂具有很好的激发粉煤灰、矿渣的效果，能配制出水泥用量小于 $150kg/m^3$ 的中等强度等级混凝土。

（4）大掺量复合掺合料混凝土应满足胶凝材料总量小于 $550kg/m^3$，水泥用量不超过胶凝材料的55%，水胶比0.25~0.60的要求。

（5）通过以上试验得出在混凝土中掺加粉煤灰、矿渣粉及相应的激发剂可以达到降低成本、节约能耗的目的。

274 加气剂的性能及用途是什么？

一、性能

加气剂的标准有待制定，目前JC/T 407—2000《加气混凝土用铝粉膏》标准可供参考。

二、用途

加气剂在混凝土中形成无数微小独立的气孔，因而用于生产加气混凝土、密孔轻质混凝土、预填集料混凝土的灌浆料机GRC、膨胀珍珠岩轻质隔墙板。

三、主要品种

常用的加气剂有铝粉膏、双氧水、镁粉、锌粉等。

275 保水剂有哪些？

保水剂用于减少混凝土或砂浆失水、泌水。由于水泥品种及所用的掺合料不同，保水剂的稳定性即保水的持续时间也不一样。

各种增稠剂均有保水功能，常用的保水剂品种：甲基纤维素（MC）、羟乙基纤维素（HEC）、磷酸酯淀粉等。改性膨润土、石棉灰、粉煤灰，沸石粉等细粉料常用作粉剂泵送剂中的保水剂。

276 增稠剂有哪些？

增稠剂的主要功能是使混凝土拌合物变得黏稠，在集料形状差，或者水泥用量小的低强度混凝土中，增稠剂就能明显改善混凝土的和易性。增稠剂没有性能指标要求，其增稠能力通过混凝土坍落度和扩展度的数值可以表示。

增稠剂大都是亲水性高分子聚合物。天然产品有黄原胶、明胶、羟烷基淀粉、磷酸酯淀粉、糊精等。半天然产品有羧甲基纤维素等。

纯合成产品有聚丙烯酸，聚丙烯酰胺、聚乙二醇等。

277 什么是混凝土养护剂？它分为哪几类？使用中应注意些什么？

混凝土养护剂是一种涂膜材料，喷涂于混凝土表面，形成一层致密的薄膜，使混凝土表面与空气隔绝，水分不再蒸发，从而利用混凝土中自身的水分最大限度地完成水化作用，达到养护的目的。

养护剂按主要成膜材料的不同可分为四类：即水玻璃类、乳化石蜡类、氯乙烯-偏氯乙烯共聚乳液类、有机无机复合胶体类。

养护剂在使用中应注意以下事项：

（1）根据施工条件，选用合适的养护剂。如低温下施工，不能用水玻璃类养护剂；沙漠及阳光强烈日照下，不宜选用透明养护剂；垂直面施工应选用附着力强的养护剂等。

（2）应正确掌握喷涂时间。喷涂过早时，因混凝土表面泌水粉化而影响成膜；喷涂过晚时，混凝土易出现裂缝（尤其在干热季节）。一般在混凝土初凝时喷第一层，待养护剂成膜后喷第二层（指触法不黏时，夏季约20min，冬季1h），方向与第一层垂直。

（3）养护剂用量为第一层 $0.10 \sim 0.15 kg/m^2$，第二层 $0.08 \sim 0.12 kg/m^2$。

（4）有些养护剂（如有机无机复合胶类）严禁加水稀释或与其他养护剂混用，影响使用效果。

（5）养护剂喷刷均可，采用喷雾器喷涂时，喷头距混凝土表面30cm为宜。

（6）低温条件下施工，除选用合适养护剂外，应覆盖保温，最好在混凝土中掺早强外加剂。

（7）养护剂喷涂后未成膜前，如遇雨淋应重新喷涂。

（8）贮存期过长已破乳者不得使用，以免影响成膜性能。

（9）注意现场贮存，加盖，现配现用，避光等。

混　凝　土

278　混凝土的定义与组成是什么?

混凝土材料已经成为现代社会文明的物质基础。在日常生活中,几乎随时随地可见混凝土。例如城市住宅、办公楼、道路、铁路轨枕、飞机场跑道、地铁、水库大坝、海港结构物等。目前全世界每年混凝土的生产量已经达到大约90亿t,是当今社会使用量最大的建筑材料。

"混凝土"一词源于拉丁文术语"Concretus",原意是共同生长的意思。从广义上讲,由胶凝材料、集料和水(或不加水)按适当的比例配合,拌合制成混合物,经一定时间后硬化而成的坚硬固体叫作混凝土。最常见的混凝土是以水泥为胶凝材料的普通混凝土,即以水泥、砂、石子和水为基本组成材料,根据需要掺入化学外加剂或矿物外加剂,经拌合制成具有可塑性、流动性的浆体,浇筑到模型中去,经过一定时间硬化后形成的具有固定形状和较高强度的人造石材。混凝土在宏观上是颗粒状的集料均匀地分散在连续的水泥浆体中的分散体系,在细观上是不连续的非均质材料,而在微观上是多孔、多相、高度无序的非均质材料。

普通的水泥混凝土中粗、细集料占容积的70%~80%,集料比较坚硬,体积稳定性好;同时,集料属于地方性材料,成本大大低于水泥,因此集料在混凝土中起骨架作用和填充作用。而水泥和水构成的水泥浆尽管只占容积的20%~30%,但其作用十分重要。新拌状态下的水泥浆,具有流动性和可塑性,赋予混凝土整体流动性和可塑性。硬化后的水泥石本身具有强度,同时具有粘结性,能够把集料颗粒粘结为整体,所以说水泥石是混凝土强度的来源,是维系混凝土材料整体性的关键组分。

279　混凝土的分类有哪些?

混凝土的种类很多,根据不同的角度,通常有以下分类方法:

一、按表观密度分类

按照混凝土的表观密度,将混凝土分为重混凝土、普通混凝土和轻混凝土,其表观密度及主要用途见表1。其中使用量最大的是普通混凝土,一般的土木、建筑工程中的使用的都是普通混凝土。

表1　混凝土按表观密度分类

混凝土种类	表观密度（kg/m³）	主要用途
重混凝土	>2600	防辐射混凝土、核能工程的屏蔽结构材料
普通混凝土	2100~2500	一般建筑物、结构物的承重材料
轻混凝土	<1900	保温、隔断

二、按用途分类

按照混凝土在工程中的用途或所使用的部位,分为结构混凝土、防水混凝土、耐热混凝土、耐酸混凝土、装饰混凝土、大体积混凝土、膨胀混凝土、防辐射混凝土、道路混凝土等。

三、按所用胶凝材料分类

胶凝材料是混凝土中起重要作用的组分,按照所用的胶凝材料种类或品种,分为水泥混凝土、聚合物混凝土、树脂混凝土、石膏混凝土、沥青混凝土、水玻璃混凝土、硅酸盐混凝土等。其中在一般建筑工程中大量使用水泥混凝土,在道路工程中,路面材料比较多的使用沥青混凝土。

四、按生产和施工方法分类

按照混凝土的生产和施工方法,分为现场搅拌混凝土、预拌混凝土(商品混凝土)、泵送混凝土、喷射混凝土、压力灌浆混凝土、挤压混凝土、离心混凝土、真空吸水混凝土、碾压混凝土、热拌混凝土等。

280 混凝土材料的特性是什么?

混凝土材料具有许多其他材料无法比拟的优点,因此在100多年的时间里有关混凝土材料的理论和技术迅速发展,并成为使用量最大的建设材料。

混凝土材料具有以下性能特点:

(1) 原材料来源丰富,造价低廉。砂、石等地方性材料占80%左右,可以就地取材,价格便宜;

(2) 利用模板可浇筑成任意形状、尺寸的构件或整体结构;

(3) 抗压强度较高,并可根据需要配制不同强度的混凝土。传统的混凝土抗压强度为20~40MPa,近20年来,混凝土向高强方向发展,60~80MPa的混凝土已经应用于工程实际,实验室内已经能够配制出100MPa以上的高强混凝土。

(4) 与钢材的粘结能力强,可复合制成钢筋混凝土,利用钢材抗拉强度高的优势弥补混凝土脆性弱点,利用混凝土的碱性保护钢筋不生锈;

(5) 具有良好的耐久性,木材易腐朽,钢材易生锈,而混凝土在自然环境下使用其耐久性比木材和钢材优越得多;

(6) 耐火性能好,混凝土在高温下,仍能几小时保持强度;

(7) 生产能耗低。表1为不同材料的生产能耗。由表1中数据可见,混凝土的生产能耗大约是钢材的1/90,所以人们尽量以混凝土代替钢材,以节省材料的生产能耗。

表1　不同材料的生产能耗

材料	能耗 (GJ/m³)	材料	能耗 (GJ/m³)
纯铝	360	玻璃	50
铝合金	360	水泥	22
低碳钢	300	混凝土	3.4

尽管混凝土材料存在着诸多优点,但是也存在着一些不可克服的缺点。例如,混凝土的自重较大,其强重比只有钢材的二分之一;虽然其抗压强度较高,但抗拉强度低,拉压比只有1/20~1/10,且随着抗压强度的提高,拉压比仍有降低的趋势,受力破坏呈明显的脆性,抗冲击能力差,不适合高层、有抗震性能要求的结构物。混凝土的导热系数大约为1.4W/(m·K),是黏土砖的两倍,保温隔热性能差;视觉和触觉性能均欠佳;此外,混凝土的硬化速度较慢,生产周期长等。这些缺陷使混凝土的应用受到了一些限制。

281 混凝土常用标准有哪些?

一、混凝土原、辅料

(一) 集料与水

GB/T 14684—2001　建筑用砂

GB/T 14685—2001　建筑用卵石、碎石

GB/T 17431.1—1998　轻集料及其试验方法　第1部分:轻集料

GB/T 17431.2—1998　轻集料及其试验方法　第2部分:轻集料试验方法

JGJ 52—1992　普通混凝土用砂质量标准及检验方法

JGJ 53—1992　普通混凝土用碎石或卵石质量标准及检验方法

JGJ 63—1989　混凝土拌合用水标准

（二）外加剂与掺合料

GB 1596—2005　用于水泥和混凝土中的粉煤灰

GB/T 8075—2005　混凝土外加剂定义、分类、命名与术语

GB 8076—1997　混凝土外加剂

GB/T 8077—2000　混凝土外加剂匀质性试验方法

GB/T 18046—2000　用于水泥和混凝土中的粒化高炉矿渣粉

GB 18588—2001　混凝土外加剂中释放氨的限量

GB/T 18736—2002　高强高性能混凝土用矿物外加剂

GB 50119—2003　混凝土外加剂应用技术规范

GBJ 146—1990　粉煤灰混凝土应用技术规范

JC 473—2001　混凝土泵送剂

JC 474—1999　砂浆、混凝土防水剂

JC 475—2004　混凝土防冻剂

JC 476—2001　混凝土膨胀剂

JC 477—2005　喷射混凝土用速凝剂

JC/T 950—2005　预应力高强混凝土管桩用硅砂粉

JGJ 28—1986　粉煤灰在混凝土和砂浆中应用技术规程

JGJ/T 112—1997　天然沸石粉在混凝土与砂浆中应用技术规程

（三）辅助材料

JC 901—2002　水泥混凝土养护剂

JC/T 906—2002　混凝土地面用水泥基耐磨材料

JC/T 907—2002　混凝土界面处理剂

JC/T 949—2005　混凝土制品用脱模剂

二、混凝土产品

GB/T 396—1994*　环形钢筋混凝土电杆

GB 4084—1999*　自应力混凝土输水管

GB/T 4623—1994*　环形预应力混凝土电杆

GB/T 5695—1994　预应力混凝土输水管（震动挤压工艺）

GB/T 5696—1994　预应力混凝土输水管（管芯缠丝工艺）

GB 8239—1997　普通混凝土小型空心砌块

GB/T 11836—1999　混凝土和钢筋混凝土排水管

GB 13476—1999　先张法预应力混凝土管桩

GB 14040—1993　预应力混凝土空心板

GB/T 14902—2003　预拌混凝土

GB/T 14908—1994　住宅混凝土内墙板与隔墙板

GB/T 15229—2002　轻集料混凝土小型空心砌块

GB 16726—1997　钢筋混凝土开间梁、进深梁

GB/T 19685—2005　预应力钢筒混凝土管

JC/T 446—2000　混凝土路面砖

JC/T 640—1996　顶进施工法用钢筋混凝土排水管

JC 746—1999　混凝土瓦

JC 860—2000　混凝土小型空心砌块砌筑砂浆

JC 861—2000　混凝土小型空心砌块灌孔混凝土

JC 888—2001　先张法预应力混凝土薄壁管桩

JC 889—2001　钢纤维混凝土检查井盖

JC 899—2002　混凝土路缘石

JC/T 923—2003　混凝土低压排水管

JC/T 934—2004　预制钢筋混凝土方桩

JC 943—2004　混凝土多孔砖

JC/T 948—2005　钢纤维混凝土水箅盖

JG 3063—1999　工业灰渣混凝土空心隔墙条板

JG/T 3064—1999　钢纤维混凝土

三、混凝土性能试验方法

GB/T 4111—1997　混凝土小型空心砌块试验方法

GB/T 11837—1989　混凝土管用混凝土抗压强度试验方法

GB/T 15345—2003　混凝土输水管试验方法

GB/T 16752—1997　混凝土和钢筋混凝土排水管试验方法

GB/T 16925—1997　混凝土及其制品耐磨性试验方法（滚珠轴承法）

GB/T 19496—2004　钻芯检测离心高强混凝土抗压强度试验方法

GB/T 50080—2002　普通混凝土拌合物性能试验方法标准

GB/T 50081—2002　普通混凝土力学性能试验方法标准

GBJ 82—1985　普通混凝土长期性能和耐久性能试验方法

JGJ 15—1983　早期推定混凝土强度试验方法

四、混凝土结构、施工与质量检测

GB 50010—2002　混凝土结构设计规范

GB 50077—2003　钢筋混凝土筒仓设计规范

GB 50152—1992　混凝土结构试验方法标准

GB 50164—1992　混凝土质量控制标准

GB 50204—2002　混凝土结构工程施工质量验收规范

GBJ 97—1987　水泥混凝土路面施工及验收规范

GBJ 107—1987　混凝土强度检验评定标准

JGJ 3—2002　高层建筑混凝土结构技术规程

JGJ/T 10—1995　混凝土泵送施工技术规程

JGJ 12—1999　轻集料混凝土结构设计规程

JGJ/T 14—2004　混凝土小型空心砌块建筑技术规程

JGJ 19—1992　冷拔钢丝预应力混凝土构件设计与施工规程

JGJ/T 23—2001　回弹法检测混凝土抗压强度技术规程

JGJ 51—2002　轻集料混凝土技术规程

JGJ 55—2000　普通混凝土配合比设计规程

JGJ/T 92—1993　无粘结预应力混凝土结构技术规程

JGJ 95—2003　冷轧带肋钢筋混凝土结构技术规程

JGJ 115—1997　冷轧扭钢筋混凝土构件技术规程

JGJ 138—2001　型钢混凝土组合结构技术规程

JGJ 140—2004　预应力混凝土结构抗震设计规程

282 混凝土建筑物的外观特性有哪些？

一、雄厚、坚实、稳重有力的外观

混凝土通常在结构物中作柱、梁、墙体等承重构件，本身自重大，与钢材相比，构件的截面尺寸较大，因此由混凝土材料构成的建筑物具有厚重、坚实、有力的外观效果，给人以稳重、强壮的感觉。

二、笨重、脆硬、缺乏形体美

由于混凝土材料自重大，抗拉强度低，韧性和塑性较差，所以混凝土构件大多有粗大、笨重的感觉，缺乏形体美，有压迫感。为了提高混凝土的韧性，人们已经研究出与钢筋或纤维材料复合的方法，可提高构件的抗拉性能，相应地减小构件的断面。

三、粗糙、碱性，触觉性能不良

混凝土构件外表粗糙，导热系数大，且呈强碱性，所以触觉效果较差。在实际使用中，混凝土一般不直接暴露于建筑物的表面，通常要进行表面装修。

四、色彩灰暗、视觉性能不良

谈到混凝土，大多数人都没有太好的印象。与木材相比，混凝土给人以冷、硬、色彩灰暗、表情呆滞的印象；与钢材相比，混凝土构件显得笨重、粗糙，缺乏形体美。由于抗拉强度低及收缩作用，混凝土表面容易发生裂纹，易被污染；混凝土建筑物的解体也很困难。

综上所述，混凝土材料大量用作结构材料，但由于本身自重大、触觉和视觉性能均较差等缺陷，一般都要进行内、外装修，以满足人们对于建筑物的美观要求。此外，现代社会建筑施工方式的发展方向是构件预制化、现场装配和材料的循环利用，混凝土在这几方面都不占优势。如何克服混凝土材料的这些缺陷，是本领域研究人员的重要任务。

283 混凝土流动性的发展经历是什么？

混凝土流动性的发展过程如图 1 所示。

图 1　混凝土流动性的发展过程

284 影响混凝土强度的因素有哪些?

影响混凝土强度的因素如图1所示。

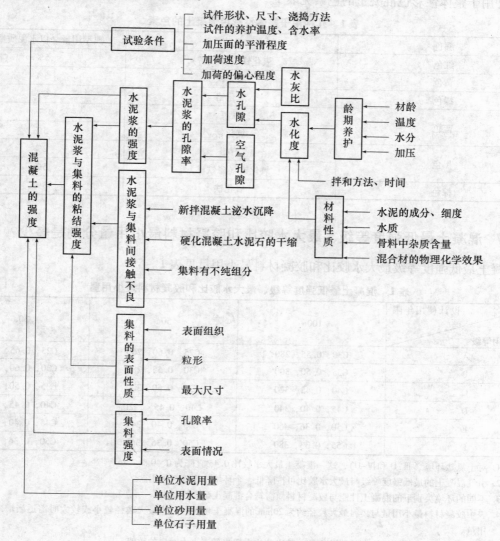

图1 影响混凝土强度的因素

285 混凝土中造成酸腐蚀的酸有哪些?

混凝土中造成酸腐蚀的酸见表1。

表1 混凝土中造成酸腐蚀的酸

酸的名称		表达式	可能发生的所在地
形成可溶性钙盐的侵蚀性酸	盐酸	HCl	化学工业
	硝酸	HNO_3	肥料生产
	醋酸	CH_3CO_2H	发酵过程
	蚁酸	$H \cdot CO_2H$	食品处理和染色
	乳酸	$C_2H_4(OH) \cdot CO_2H$	奶制品工业
	丹宁酸	$C_{76}H_{52}O_{46}$	鞣皮工业
形成不溶性盐的酸	磷酸	H_2PO_4	肥料生产
	酒石酸	$[CH(OH) \cdot CO_2H]_2$	酿酒

286 混凝土着色剂有哪些？

几种用于整体性彩色混凝土的色素见表1。

表1 几种用于整体性彩色混凝土的色素

颜色	色素	典型用量（以水泥质量计）
红色	氧化铁（赤铁矿）	5%
黄色	氧化铁	5%
绿色	氧化铬	6%
蓝色	酞菁	0.7%
	氧化钴	5%
黑色	石墨	2%
	氧化铁（磁铁矿）	5%
棕色	氧化铁	5%

287 混凝土最低强度等级、最大水胶比和胶凝材料最小用量分别是多少？

混凝土最低强度等级最大水胶比和胶凝材料最小用量见表1。

表1 混凝土最低强度等级、最大水胶比和胶凝材料最小用量 kg/m³

环境作用等级 ＼ 设计使用年限	100a	50a	30a
A	C30，0.55，280	C25，0.60，260	C25，0.65，240
B	C35，0.50，300	C30，0.55，280	C30，0.60，260
C	C40，0.45，320	C35，0.50，300	C35，0.50，300
D	C45，0.40，340	C40，0.45[1]，320	C40，0.45，320
E	C50，0.36，360	C45，0.40，340	C45，0.40，340
F	C55，0.33，380	C50，0.36，360	C50，0.36，360

注：1. 对于氯盐环境（Ⅲ-D 和Ⅳ-D），这一混凝土最大水胶比0.45 宜降为0.40。

2. 引气混凝土的最低强度等级与最大水胶比可按降低一个环境作用等级采用。

3. 不同的环境类别下的混凝土性能与胶凝材料尚需符合混凝土耐久性要求。

4. 表中胶凝材料最小用量与集料最大粒径约为 20mm 的混凝土相对应，当最大粒径较小或较大时需适当增减胶凝材料用量。

5. 对于冻融和化学腐蚀环境下的薄壁构件，其水胶比宜适当低于表中对应的数值。

288 混凝土冬季施工注意事项有哪些？

在华北地区，冬季气温都在 −5℃ 以下，虽然商品混凝土公司对冬季生产十分重视，严格按质量体系及相关规范要求组织生产混凝土，但混凝土在交付及使用过程中受各种因素的影响比较多，特别是冬季寒冷多风、温度低、昼夜温差大，若施工、养护过程不采取有效措施，均有可能造成质量问题。我们围绕商品混凝土冬期浇筑施工、养护等过程，在进入冬季施工时作为技术交底与相关方沟通，以便更好的对混凝土施工过程进行质量控制。

一、冬施条件

我国行业标准 JGJ 104—97《建筑工程冬期施工规程》规定，当室外日平均气温连续五天稳定低于5℃，即满足冬季施工条件。

二、施工前的充分准备

（1）提前 1～2d 通知，给混凝土公司预留备料的时间，并详细准确提供施工部位、强度等级、计划用量、混凝土施工方法及有无特殊要求等，以便安排混凝土生产计划。

（2）对有限期拆模要求的，应适当提高混凝土设计等级。

（3）浇筑前清除模板和钢筋上，特别是新老混凝土交接处（如梁柱交接处）的冰雪及垃圾。

（4）浇筑前，须准备好混凝土覆盖用保温材料，如塑料薄膜、彩条布和草帘等，做好相应的防冻保暖措施。搞好挡风外封闭，以提高保温效果。

（5）浇筑前，检查模板及其支架，钢筋及其保护层厚度，预埋件等的位置、尺寸，确认无误。清除冰霜和污垢，但不得用水冲洗。

（6）不得在冻土层上进行混凝土浇筑。浇筑前，必须设法升温使冻土消融。

（7）混凝土接茬时，应预热旧茬，浇筑后加强保温，防止接茬受冻。

（8）特别强调：严禁私自往混凝土内加水！如果送到时混凝土的坍落度过小，可在混凝土公司技术人员的指导下，适量添加随车带的高效减水剂，搅拌均匀后仍可继续使用。如果送到时混凝土的坍落度过大导致不能使用，施工单位可做退货处理。

三、浇筑顺序合理

（1）冬施期泵车润管水不得放入模板内，润管用过的砂浆也不得放入模板内，更不准集中浇筑在构件结构内。

（2）浇筑墙、柱等较高构件时，一次浇筑高度以混凝土不离析为准，一般每层不超过500mm，捣平后再浇筑上层，浇筑时要注意振捣到位，使混凝土充满端头角落。

（3）当楼板、梁、墙、柱一起浇筑时，先浇筑墙、柱，混凝土沉实后，再浇筑梁和楼板。

（4）浇筑时要防止钢筋、模板、定位筋等的移动和变形。

（5）分层浇筑混凝土时，要注意使上下层混凝土一体化。

（6）控制混凝土的浇筑速度，保证混凝土浇筑的连续性。

（7）浇筑后，对混凝土结构易冻部位，必须加强保温以防冻害。

四、试块制作

（1）首先应符合下列规定：

①石子粒径≤25mm，应用尺寸为100mm的立方体试件；

②混凝土坍落度大于70mm的宜用捣棒人工捣实；

③用人工插捣制作试件，应注意混凝土应分两层装入模内，每层的装料厚度大致相等；插捣应按螺旋方向从边缘向中心均匀进行。在插捣底层混凝土时，捣棒应达到试模底部；插捣上层时，捣棒应贯穿上层后插入下层20~30mm；插捣时捣棒应保持垂直，不得倾斜。然后应用抹刀沿试模内壁插拔数次；每层插捣次数在100cm² 截面积内不得少于12次；插捣挤出多余砂浆，最后上层石子要填满到试模上口，然后轻轻敲击试模四周，至表面出浆抹平。

（2）混凝土试样的采用及坍落度试验应在混凝土运到施工地点开始20min内完成。

（3）试块制作时要注意入模插捣方式，并在40min内完成。

（4）留置混凝土检测试样应随机从同一运输车中1/4~3/4之间抽取。取样前应高速搅拌1~2min，让筒内的混凝土搅拌均匀后再开始卸料。

（5）提取的试样应先在稍湿润的平铺钢板上拌均匀后，再进行坍落度试验及试样制作。

（6）浇筑时，工地质检员检测坍落度和制作试块，每个试样量应满足混凝土检验项所需量的1.5倍，且不少于0.02m³。

（7）成型后料要高出试模3~5mm，待2~3h后抹压表面平整，保证试件尺寸。

（8）冬季制作的试块应及时用塑料薄膜和草袋覆盖保湿保温以防试块受冻，避免造成强度误差。标准养护试样应在温度为（20±5）℃的环境中静置一至二昼夜，然后编号拆模。

（9）拆模后应立即放入温度为（20±2）℃，相对湿度为95%的标养室；或在温度为（20±2）℃的不流动的 Ca(OH)₂ 饱和溶液中养护。同条件养护的试样应按《混凝土结构工程施工质量验收规范》（GB 50204）规定的有关要求采取有效的养护措施。

（10）注意养护水的温度，必要时采取加温加热措施以保证足够水温。

五、混凝土的浇筑

（1）为保证混凝土的浇筑质量，防止温度发生变化影响质量，混凝土运至施工单位浇筑地点后应尽快浇筑，宜在 1.5h 内卸料；采用翻斗车运输时，宜在 1h 内卸料；浇筑时，工地质检员应经常测量混凝土入模温度，确保浇筑质量。

（2）在浇筑过程中，施工单位应随时观察混凝土拌合物的均匀性和稠度变化。当浇筑现场发现混凝土坍落度与要求发生变化时，应及时与生产部门联系，以便及时进行调整。

（3）进入浇筑现场的混凝土严禁随意加水，更应杜绝边加水边泵送浇筑的行为发生。

（4）混凝土的入模温度不得低于 5℃。并保证混凝土浇筑、振捣密实。

六、适时合理的抹压

（1）冬期混凝土初凝时间一般为 8～10h，终凝为 12～14h。因此应适当把握好抹面时机，并在初凝前（用手轻按表面可留下指痕）进行二次抹面，可以减少表面裂缝。混凝土墙、柱等边模的拆模时间应适当延长，以避免表面发生脱皮等影响外观质量问题。

（2）混凝土初凝前用刮尺赶平，用木抹子第一次抹面，初凝后到终凝前用铁抹子碾压表面数遍，将表面不均匀、不规则裂缝闭合，最后木抹子第二次抹面，闭合收水裂缝，随后立即在混凝土表面覆盖塑料薄膜，使混凝土内蒸发的游离水积在混凝土表面进行保温养护，在薄膜上再盖草帘子。

七、混凝土的养护

（1）浇筑并进行相关施工工艺处理后，须及时覆盖塑料薄膜并加盖草帘养护，以保证混凝土初凝前不受冻，保温材料不宜直接覆盖在刚浇筑完毕的混凝土层上，可先覆盖塑料薄膜，上部再覆草袋、麻袋等保温材料。大体积混凝土浇筑及二次抹面压实后应立即覆盖保温。根据施工部位及气温情况，一般可参照如下数据覆盖：气温在 0～5℃时盖一层草帘和一层塑料薄膜；气温在 -10～0℃时盖三层草帘和一层塑料薄膜；低于 -10℃时盖四层草帘和一层塑料薄膜；低于 -15℃时应采用加温和其他材料（如岩棉、苯板等）进行保温，其保温层厚度，材质应根据计算确定。

（2）养护初期，派专人负责测温并详细记录整个养护期的温度变化，每昼夜最少四次测量混凝土和环境温度，以便发现问题及时采取措施补救。

（3）采用的保温材料（草袋、麻袋），应保持干燥。

（4）在模板外部保温时，除基础可随浇筑随保温外，其他结构须在设置保温材料后方可浇筑混凝土。钢模表面可先挂草帘、麻袋等保温材料并扎牢，然后再浇筑混凝土。

（5）拆模后的混凝土也应及时覆盖保温材料，以防混凝土表面温度的骤降而产生裂缝。

（6）混凝土终凝后应立即进行覆盖保温养护，按国家标准要求养护时间不得少于 14d，若早期养护不到位，其 28d 强度将受很大影响。

八、模板牢固，适时加荷、拆模

（1）为防止混凝土不均匀沉降或受震动而产生裂缝，模板支撑必须牢固。

（2）未冷却的混凝土有较高的脆性，所以结构在冷却前不得遭受冲击或动力荷载的作用。

（3）在混凝土未达到 1.2MPa 前，不准在幼龄混凝土上面踩踏、支模和加荷。

（4）拆模时混凝土必须达到规定的拆模强度，过早拆模、承重会导致混凝土表面撕裂、产生裂缝等质量问题。

（5）混凝土拆模时要注意拆模时间及顺序，特别对于梁、墙板等结构应适当延长拆模时间，拆模后应继续进行养护。

（6）模板和保温层，应在混凝土冷却到5℃后方可拆除。当混凝土与外界温差大于20℃时，拆模后的混凝土表面，应临时覆盖，使其缓慢冷却。

（7）不要过早在楼板上进行施工作业或堆放重物，以减少或避免结构产生收缩变形裂缝。

（8）根据自然养护的试块强度决定拆模时间。

289　混凝土拌合物的和易性内涵是什么？

经加水拌合、浇筑成型、凝结以前的混凝土称为混凝土拌合物。混凝土拌合物的和易性，是指新拌合的混凝土在保证质地均匀、各组分不离析的条件下，适合于施工操作要求的综合性能。和易性好的混凝土拌合物，应该具有符合施工要求的流动性，良好的粘聚性和保水性。也就是说，和易性包含有流动性、粘聚性和保水性三方面含义。

（1）流动性是指混凝土拌合物在自重或机械振动作用下能产生流动，并均匀密实地充满模板的性能。流动性的大小，反映拌合物的稀稠情况，故亦称稠度。

（2）粘聚性是指混凝土拌合物在施工过程中，各组成材料之间有一定的粘聚力，不致产生分层离析的性能。

（3）保水性是指混凝土拌合物在施工过程中，具有一定的保水能力，不致产生严重的泌水现象。发生泌水的混凝土，由于水分上浮泌出，在混凝土内形成容易渗水的孔隙和通道，在混凝土表面形成疏松的表层；上浮的水分还会聚积在石子或钢筋的下方形成较大孔隙（水囊），削弱了水泥浆与石子、钢筋间的粘结力，影响混凝土的质量。

由些可见，混凝土拌合物的和易性是关系到是否既方便于施工，又能获得均匀密实混凝土的一个重要性质。

290　混凝土凝结过程干燥如何形成的裂缝？

收缩是混凝土在凝结过程中由于其含湿量变化和物理化学变化造成的体积减小。图1和图2分别显示了由于含湿量变化造成的泌水和干燥收缩裂缝。

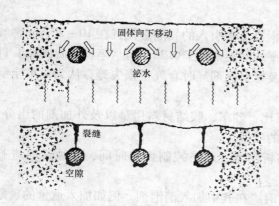

图1　混凝土凝结过程泌水形成的裂缝

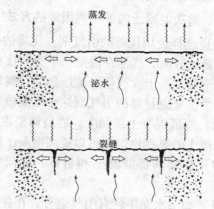

图2　混凝土凝结过程干燥形成的裂缝

291　混凝土表面保护材如何应用？

住宅混凝土表面因受来自外部的水、二氧化碳、氧气等影响，年长日久就会劣化，因钢筋生锈产生破裂；因干燥收缩也会产生裂纹等，所以有必要对混凝土进行保护。表面保护材可在混凝土表面形成双层结构，表层是丙烯酸水性涂料，里层为丙烯酸聚合物乳液中加入水泥砂浆。

表面保护材具有优良的遮蔽性，能防止水、二氧化碳、氧气等劣化因子侵入，保护住宅的混凝土基础、外墙等优良的附着性，由于聚合物乳液的加入，使混凝土的附着性加强，因为聚合物乳液有伸张性，如果住宅混凝土产生裂纹，这种保护材可起到防护作用，这种产品施工方法简单，与一般涂料施工一样，用辊子涂刷，用空气压缩机喷涂都可。

目前，这种材料已在住宅混凝土的基础、外墙、楼梯台阶等建筑领域使用，前景看好。

292 混凝土表面蜂窝麻面抑制方法是什么？

随着建筑业飞速发展，科技水平不断提高，工程对混凝土的各种性能要求越来越高，不仅要求混凝土工作性能好、强度指标高、耐久性好等，而且还要求混凝土结构有光洁如镜的外观，尤其是清水混凝土结构要求更为突出，为此给我们提出一个新的课题，即如何保证混凝土结构表面无蜂窝麻面，光洁如镜。

一、混凝土结构表面蜂窝麻面形成的内部原因

（1）混凝土含气量过大，而且引气剂质量欠佳。目前，泵送混凝上用量较大，为了保证泵送混凝土的可泵性，往往在泵送混凝土中加入适量的引气剂。由于各种引气剂性能有较大的差异，因此在混凝土中呈现的状态也不尽相同，有的引气剂在混凝土中会形成较大的气泡，而且表面能较低，很容易形成联通性大气泡，如果再加上振动不合理，大气泡不能完全排出，肯定会给硬化混凝土结构表面造成蜂窝麻面。

（2）混凝土配合比不当，混凝土过于黏稠，振捣时气泡很难排出。由于混凝土配合比不当，例如胶结料偏多、砂率偏大、用水量太小、外加剂中有不合理的增稠组分等，都会导致新拌混凝土过于黏稠，使混凝土在搅拌时就会裹入大量气泡，即使振捣合理，气泡在黏稠的混凝土中排出也十分困难，因此导致硬化混凝土结构表面出现蜂窝麻面。

（3）由于混凝土和易性较差，产生离析泌水。为了防止混凝土分层，混凝土入模后不敢充分振捣，大量的气泡排不出来，也会导致硬化混凝土结构表面出现蜂窝麻面。有一些水泥厂为了增大水泥细度，提高水泥早期强度，又考虑节约电能，往往在磨粉时加入一些助磨剂，例如木钙、二乙二醇、三乙醇胺、丙二醇等物质。由于其中一些助磨剂有引气性，而且引入的气泡不均匀且偏大，也会给硬化混凝土结构表面造成蜂窝麻面。

二、解决混凝土内部不利因素的方法

（1）选择使用优质的引气剂。优质的引气剂在混凝土中引入的气泡直径宜在 $10 \sim 200 \mu m$，气泡表面能比较高，气泡在混凝土中分布比较均匀（平均间距不大于 $0.25mm$）。笔者先后试验了11种引气剂对混凝土含气量、抗压强度、凝结时间以及掺引气剂经时含气量损失等，认为以单宁酸和蒎烯为主要原材料的引气剂综合性能较好。

（2）降低混凝土黏稠度。适当调整混凝土水灰比、砂率、胶结材料用量以及外加剂的组分，改善混凝土的黏稠性，也可以提高混凝土结构面层的质量。

（3）控制新拌混凝土和易性。如果混凝土离析泌水，严格控制振捣时间，必须适时进行复振。

（4）如果水泥中含有引气组分，在拌制混凝土时应在其中加入消泡剂。例如加入适量的磷酸三丁脂、有机硅消泡剂、聚醚类消泡剂以及表面张力低于 $30dyne/cm$（达因/厘米）的许多助剂，都可以消除其中的气泡。

三、混凝土结构表面蜂窝麻面形成的外部原因

在《混凝土泵送技术规程》中规定"混凝土浇筑分层厚度，宜为 $300 \sim 500mm$"，但是在实际施工时，往往浇筑厚度都偏高，由于气泡行程过长，即使振捣时间达到规程要求，气泡也不能完全排出，这样也会给硬化混凝土结构表面造成蜂窝麻面。

不合理使用脱模剂是造成硬化混凝土结构表面蜂窝麻面的主要原因。目前脱模剂市场比较混乱，良莠不齐，产品大致分以下几大类：矿物油类、乳化油类、水质类、聚合物类和溶剂类等。

就矿物油类脱模剂而言，不同标号的机油黏度也不尽相同，即使是同标号的机油，由于环境温度不同，黏度也不相同，气温高时黏度低，气温低时黏度高。当气温较低时，附着在模板上的机油较黏，新拌混凝土结构面层的气泡一旦接触到黏稠的机油，即使合理振捣气泡也很难沿模板上升排出，直接导致混凝土结构表面出现蜂窝麻面。有一些单位充分注意到这一点，在机油中加入部分柴油，用来降低脱模剂的黏度，这样做能起到一定作用，但是仍不能取得令人满意的效果。

水乳类脱模剂目前在市场上比较多，但是有一些产品选用的乳化剂引气性较大，也会给混凝土结构面层造成蜂窝麻面。

动植物油进行脂化的脱模剂出现的问题较多，其原因是产品中含有引气性比较大的乳化剂及增稠剂，会给混凝土结构面层带来极大的影响。

模板材质不同也会使混凝土结构面层出现不同的状态。溶液和各种固体接触后都会形成不同的接触角，水泥浆体也不例外，接触角越小，液体在固体上附着力越强（用余弦定理可以解释）。在日常生活中常用的"不粘锅"其面层就涂了聚四氟乙烯（商品名称叫特夫隆），在生产实践中大家都知道，在其他条件相同的前题下，使用尿醛树脂压制的竹或木模板成型的混凝土面层质量比用铁模板成型的混凝土面层质量有明显的提高。

环境温度对混凝土结构面层的质量也有影响。由于气泡内部含有气体，因此气泡体积变化对环境温度特别敏感，环境温度高时气泡体积变大，气泡承载力变小，容易破灭。环境温度低时气泡体积变小，承载力较大，不容易形成连通气泡。即使混凝土结构面层有气泡，气泡也很小，对混凝土结构外观影响不大，由此使人们联想到冬、夏季混凝土结构面层好于春、秋季。

春、秋季节昼夜温差较大，因此附着在混凝土结构表面的气泡体积变化也很大，当混凝土面层水泥浆体的强度小于气泡强度时，气泡体积随环境温度变化而变化，气泡周围的水泥浆体也随之变化，随着时间的推移水泥浆体的强度不断增加，当气泡周围水泥浆体达到一定强度时，再不随气泡体积变化而变化，如果此时正赶上气泡直径最大时，势必给混凝土面层留下孔洞。

四、解决混凝土外部不利因素的方法

（1）严格按《混凝土泵送施工技术规程》中的规定执行，每层混凝土浇筑厚度不应大于50cm。

（2）选择使用优质的脱模剂。

（3）在有条件的情况下，应优先选用尿醛树脂压制的竹、木模板进行成型。

（4）复振是消除混凝土结构面层蜂窝麻面最有效的方法之一。笔者曾在北京某工地发现6个混凝土桥礅表面下部平整光洁，越往上气泡越多，最上层气泡最多，一个桥礅用同一批混凝土，甚至用同一车混凝土，而且上下模板相同，结果呈现不同的状态。查其原因主要是振捣第二层混凝土时不自觉地又振捣了第一层，振捣第三层时不自觉地又振捣了第二层和第一层，按此作法桥礅下部的混凝土等于多次受振捣，因此外观平整光洁，越往上相对振捣次数逐渐减少，因此整个桥礅面层由下到上气泡逐渐增多。

尽管在《混凝土泵送技术规程》中明确规定：间隔20～30min再复振一次，春、秋季节进行混凝土施工时尤其重要。据笔者长期在施工现场观察，实际这样操作的单位凤毛麟角，应引起施工管理人员高度重视。

（5）合理使用消泡剂。消泡包括两方面的含义，一是"抑泡"，即防止气泡或泡沫的产生；二是"破泡"，即是将已产生的气泡（或泡沫）消除掉。消泡剂除了发泡体系的特殊要求外，还具备消泡力强，用量少；加到起泡体系中不影响体系的基本性质；化学性稳定，耐氧化性强；在起泡性溶液中的溶解性好；无生理活性，安全性高等特性。另外使用效果与消泡剂的品种、掺量有很大关系，往往选择不当或掺加量不合适都不会达到预期效果。

一般外加剂中都含有减水剂，目前使用的减水剂大多数为阴离子型表面活性剂。当外加剂加入到混凝土中后，使混凝土中拌合用水的表面张力不同程度地下降，埋下了起泡的伏笔，在混凝土搅拌或制作过程中会产生不必要的气泡。国外发达国家很早就发现了这个问题，他们在许多外加剂中都掺入了适量的消泡剂，用来消除有害的大气泡。目前国内在混凝土外加剂中掺加消泡剂的产品比较少，尚未引起外加剂厂家（尤其是复配外加剂厂家）的足够重视。

293 混凝土的质量检查是什么？

一、混凝土施工的质量检查

（一）混凝土在拌制和浇筑过程中的检查

（1）检查拌制混凝土所用原材料的品种、规格和用量，每一工作班至少两次。

（2）检查混凝土在浇筑地点的坍落度，每一工作班至少两次。

（3）在每一工作班内，当混凝土配合比由于外界影响有变动时，应及时检查。

（4）混凝土的搅拌时间应随时检查。

（二）结构混凝土的强度等级必须符合设计要求

用于检查结构构件混凝土强度的试件，应在混凝土的浇筑地点随时抽取。取样与试件留置应符合下列规定：

（1）取样的规定

①每拌制 100 盘且不超过 $100m^3$ 的同配合比的混凝土，取样不得少于一次。

②每工作班拌制的同一配合比的混凝土不足 100 盘时，取样不得少于一次。

③当一次连续浇筑超过 $1000m^3$ 时，同一配合比的混凝土每 $200m^3$ 取样不得少于一次。

④每一楼层、同一配合比的混凝土，取样不得少于一次。

⑤每次取样应至少留置一组标准养护试件，同条件养护试件的留置组数应根据实际需要确定。

（2）检验方法

检查试件抗渗试验报告。

（三）有抗渗要求的混凝土检验

（1）取样规定

对有抗渗要求的混凝土结构，其混凝土试件应在浇筑地点随机取样。同一工程、同一配合比的混凝土，取样不应少于一次，留置组数可根据实际需要确定。

（2）检验方法

检查试件抗渗试验报告。

（四）预拌混凝土的检查

当采用预拌混凝土时，应在商定的交货地点进行坍落度检查，实测的混凝土坍落度与要求坍落度之间的允许偏差应符合表1的要求。

表1 混凝土坍落度与要求坍落度之间的允许偏差

要求坍落度（mm）	允许偏差（mm）
≤40	±10
50~90	±20
≥100	±30

（五）现浇结构的外观检查

（1）现浇结构的外观质量不应有严重缺陷。

（2）对已经出现的严重缺陷，应由施工单位提出技术处理方案，并经监理（建设）单位认可后进行处理。对经处理的部位，应重新检查验收。

（3）检查数量：全数检查。

（4）检查方法：观察，检查技术处理方案。

（六）现浇结构的尺寸偏差

（1）现浇结构不应有影响结构性能和使用功能的尺寸偏差。

（2）混凝土设备基础不应有影响结构性能和设备安装的尺寸偏差。

（3）对超过尺寸允许偏差且影响结构性能和安装、使用功能的部位，应由施工单位提出技术处理方案，并经监理（建设）单位认可后进行处理。对经处理的部位，应重新检查验收。

（4）检验数量：全数检查。

（5）检验方法：量测，检量技术处理方案。

（七）现浇结构外观质量缺陷的确定

现浇结构的外观质量缺陷，应由监理（建设）单位、施工单位等各方根据其对结构性能使用功能影响的严重程度，按表2确定。

表2　现浇结构的外观质量缺陷

名称	现象	严重缺陷	一般缺陷
露筋	构件内钢筋未被混凝土包裹而外露	纵向受力钢筋有露筋	其他钢筋有少量露筋
蜂窝	混凝土表面缺少水泥砂浆而形成石子外露	构件主要受力部位有蜂窝	其他部位有少量蜂窝
孔洞	混凝土中孔穴深度和长度均超过保护层厚度	构件主要受力部位有孔洞	其他部位有少量孔洞
夹渣	混凝土中夹有杂物且深度超过保护层厚度	构件主要受力部位有夹渣	其他部位有少量夹渣
疏松	混凝土中局部不密实	构件主要受力部位有疏松	其他部位有少量疏松
裂缝	缝隙从混凝土表面延伸至混凝土内部	构件主要受力部位有影响结构性能或使用功能的裂缝	其他部位有少量不影响结构性能或使用功能的裂缝
连接部位缺陷	构件连接处混凝土缺陷及连接钢筋、连接件松动	连接部位有影响结构传力性能的缺陷	连接部位有基本不影响结构传力性能的缺陷
外形缺陷	缺棱掉角、棱角不直、翘曲不平、飞边凸肋等	清水混凝土构件有影响使用功能或装饰效果的外形缺陷	其他混凝土构件有不影响使用功能的外形缺陷
外表缺陷	构件表面麻面、掉皮、起砂、沾污等	具有重要装饰效果的清水混凝土构件有外表缺陷	其他混凝土构件有不影响使用功能的外表缺陷

（八）现浇结构尺寸允许偏差和检验方法

现浇结构尺寸允许偏差和检验方法见表3。

表3　现浇结构尺寸允许偏差和检验方法

项目			允许偏差（mm）	检验方法
轴线位置	基础		15	钢尺检查
	独立基础		10	
	墙、柱、梁		8	
	剪力墙		5	
垂直度	层高	≤5	8	经纬仪或吊线、钢尺检查
		>5	10	经纬仪或吊线、钢尺检查
	全高（H）		H/1000，且≤30	经纬仪、钢尺检查
标高	层高		±10	水准仪或拉线、钢尺检查
	全高		±30	
截面尺寸			+8，−5	钢尺检查
电梯井	井筒长、宽对定位中心线		+25，0	钢尺检查
	井筒全高（H）垂直度		H/1000，且≤30	经纬仪、钢尺检查
表面平整度			8	2m靠尺和塞尺检查
预埋设施中心线位置	预埋件		10	钢尺检查
	预埋螺栓		5	
	预埋管		5	
预留洞中心线位置			15	钢尺检查

注：检查轴线、中心线位置时，应沿纵、横两个方向量测，并取其中的较大值。

（九）混凝土设备基础尺寸的允许偏差和检验方法

混凝土设备基础尺寸的允许偏差和检验方法见表4。

表4　混凝土设备基础尺寸的允许偏差和检验方法

项目		允许偏差（mm）	检验方法
坐标位置		20	钢尺检查
不同平面的标高		0，−20	水准仪或拉线，钢尺检查
平面外形尺寸		±20	钢尺检查
凸台上平面外形尺寸		0，−20	钢尺检查
凹穴尺寸		+20，0	钢尺检查
垂直度	每米	5	经纬仪或吊线、钢尺检查
	全高	10	
平面的水平度	每米	5	水平尺、塞尺检查
	全长	10	水准仪或拉线、钢尺检查
预埋地脚螺栓	标高（顶部）	+20，0	水准仪或拉线、钢尺检查
	中心距	±2	钢尺检查
预埋地肢螺栓孔	中心线位置	10	钢尺检查
	深度	+20，0	钢尺检查
	孔垂直度	10	吊线、钢尺检查

项目		允许偏差（mm）	检验方法
预埋活动地肢螺栓锚板	标高	+20，0	水准仪或拉线、钢尺检查
	中心线位置	5	钢尺检查
	带槽　锚板平整度	5	钢尺、塞尺检查
	带螺纹孔锚板平整度	2	钢尺、塞尺检查

注：检查坐标、中心线位置，应沿纵、横两个方向量测，并取其中的较大值。

（十）混凝土抗压强度检测

混凝土的抗压强度，应以边长为150mm立方体试件，在温度为（20±3）℃和相对湿度为90%以上的潮湿环境或水中的标准条件下，经28d养护后试压确定。试件必须在浇筑地点制作。蒸汽养护的混凝土结构和构件，其试件应随同结构和构件养护，再转入标准条件下养护共28d。试验结果作为评定结构或构件是否达到设计混凝土强度等级的依据。

（十一）结构构件混凝土检验取样

用于检验结构构件混凝土质量的试件，应在混凝土的浇筑地点随机取样制作。检验评定混凝土强度所用混凝土试件组数，应按下列规定留置：

（1）每拌制100盘且不超过100m³的同配合比的混凝土，其取样不得少于一次。

（2）每工作班拌制的同配合比的混凝土不足100盘时，其取样不得少于一次。

（3）对现浇混凝土结构，其试件的留置尚应符合以下要求：

①每一现浇楼层同配合比的混凝土，其取样不少于一次。

②同一单位工程每一验收项目中同配合比的混凝土，其取样不得少于一次。每次取样应至少留置一组标准试件，同条件养护试件的留置组数，可根据实际需要确定。

预拌混凝土应在预拌混凝土厂内按规定留置试件外，混凝土运到施工现场后，尚应按上述规定留置试件。

一次连续浇筑的工程量小于100m³时，也应留置一组试件。此时，如配合比有变化，则每种配合比均应留置一组试件。

（十二）结构或构件检测的试件数量

为了检查结构或构件的拆模、出池、出厂、吊装、张拉、放张及施工期间临时负荷的需要，尚应留置与结构或构件同条件养护的试件。试件的组数可按实际需要确定。

（十三）结构强度试验方法

试件强度试验的方法应符合现行国家标准《普通混凝土力学性能试验方法》的规定。

（十四）试件的强度取值

每组三个试件应在同盘混凝土中取样制作，并按下列规定确定该组试件的混凝土强度的代表值：

（1）取三个试件强度平均值；

（2）当三个试件强度中的最大值或最小值之一与中间值之差超过中间值的15%时，取中间值；

（3）当三个试件强度中最大值和最小值与中间值之差均超过15%时，该组试件不应作为强度评定的依据。

（十五）对混凝土试件强度有怀疑时，采取的其他检测方法

当对混凝土试件强度的代表性有怀疑时，可采用非破损检验方法或从结构、构件中钻取芯样的方法，按有关标准的规定，对结构构件的混凝土强度进行推定，作为是否应进行处理的依据。

二、结构实体检验用同条件养护试件强度检验

（一）试件的留置方式和数量

同条件养护试件的留置方式和取样数量，应符合下列要求：

（1）同条件养护试件所对应的结构构件或结构部位，应由监理（建设）、施工等各方共同选定。

（2）对混凝土结构工程中的各混凝土强度等级，均应留置同条件养护试件。

（3）同一强度等级的同条件养护试件，其留置的数量应根据混凝土工程量和重要性确定，不宜多于 10 组，且不应少于 3 组。

（4）同条件养护试件拆模后，应放置在靠近相应结构构件或结构部位的适当位置，并应采取相同的养护方法。

（二）强度试验时的等级养护龄期

同条件养护试件应在达到等效养护龄期时进行强度试验。

等效养护龄期应根据同条件养护试件强度与在标准养护条件下 28d 龄期试件强度相等的原则确定。

（三）等效养护龄期及试件强度代表值

同条件自然养护试件的等效养护龄期及相应的试件强度代表值，宜根据当地的气温和养护条件，按下列规定确定：

（1）等效养护龄期可取按日平均温度逐日累计达 600℃·d 时所对应的龄期，0℃及以下的龄期不计入；等效养护龄期不应小于 14d，也不宜大于 60d；

（2）同条件养护试件的强度代表值应根据强度试验结果按现行国家标准《混凝土强度检验评定标准》的规定确定后，乘折算系数取用；折算系数宜取为 1.10，也可根据当地的试验统计结果作适当调整。

（四）冬期施工、人工加热养护的结构构件，其试件的等效养护龄期

冬期施工、人工加热养护的结构构件，其同条件养护试件的等效养护龄期可按结构构件的实际养护条件，由监理（建设）、施工等各方根据上述规定共同确定。

三、混凝土质量缺陷和防治

（一）缺陷和产生的原因

（1）露筋

露筋是钢筋暴露在混凝土外面。产生原因主要是浇筑时垫块位移，钢筋紧贴模板，以致混凝土保护层厚度不够所造成。有时也因保护层的混凝土振捣不密实或模板湿润不够，吸水过多造成掉角而露筋。

（2）蜂窝

结构构件中形成有蜂窝状的窟窿，集料间有空隙存在。这种现象主要是由于材料配合比不准确（浆少、石多），或搅拌不匀，造成砂浆与石子分离，或浇筑方法不当，或捣固不足以及模板严重漏浆等原因产生。

（3）孔洞

孔洞是指混凝土结构内存在着空隙，局部地或全部地没有混凝土。这种现象主要是由于混凝土捣空，砂浆严重分离，石子成堆，砂子和水泥分离而产生。另外，混凝土受冻、泥块杂物掺入等，都会形成孔洞事故。

（4）夹渣

薄夹层将结构分隔成几个不相连接的部分，混凝土内有外来杂物而造成的夹层。

（5）疏松

混凝土局部不密实。振捣不到位，欠振。

（6）裂缝

混凝土在浇筑后的养护阶段会发生体积收缩现象。混凝土收缩分干收缩和自收缩两种。干缩是混凝土中随着多余水分蒸发，湿度降低而产生体积减小的收缩，其收缩量占整个收缩量的很大部分；自收缩是水泥水化作用引起的体积减小，收缩量只有前者的 1/10 ~ 1/5，一般可包括在干收缩内一起考虑。

①干缩裂缝

干缩裂缝为表面性的，宽度多在 0.05 ~ 0.2mm 之间，其走向没有规律性。这类裂缝一般在混凝土经一段时间的露天养护后，在表面或侧面出现，并随温度和湿度变化而逐渐发展。

干缩裂缝产生的原因主要是混凝土成型后养护不当，表面水分散失过快，造成混凝土内外的不均匀收缩，引起混凝土表面开裂；或由于混凝土体积收缩受到地基或垫层的约束，而出现干缩裂缝。除此之外，构件在露天堆放，混凝土内外材质不均匀和采用含泥量大的粉细砂配制混凝土，都容易出现干缩裂缝。

②温度裂缝

温度裂缝多发生在施工期间。裂缝的宽度受温度影响较大，冬季较宽、夏季较窄。裂缝的走向无规律性，深进和贯穿的温度裂缝对混凝土有很大的破坏，这类裂缝的宽度一般在 0.5mm 以下。

温度裂缝是由于混凝土内部和表面温度相差较大而引起。深进和贯穿的温度裂缝多由于结构降温过快，内外温差过大，受到外界的约束而出现裂缝。另外，采用蒸汽养护的预制构件，混凝土降温控制不严，降温过快，使混凝土表面剧烈降温，受到肋部或胎模的约束，导致构件表面或肋部出现裂缝。

（7）缺棱掉角

缺棱掉角是指梁、柱、墙板和孔洞处直角边上的混凝土局部残损掉落。产生原因主要是：

①混凝土浇筑前模板未充分湿润，造成棱角处混凝土中水分被模板吸去，水化不充分，强度降低，拆模时棱角损坏。

②拆模过早或拆模后保护不好造成棱角损坏。

（8）麻面

结构构件表面上呈现无数的小凹点，而无钢筋暴露现象。这类缺陷一般是由于模板润湿不够，不严密，捣固时发生漏浆或振捣不足，气泡未排出。

（二）缺陷的常规处理方法

（1）表面抹浆修补

对数量不多的小蜂窝、麻面、露筋、露石的混凝土表面，主要是保护钢筋和混凝土不受侵蚀，可用 1:2 ~ 1:2.5 水泥砂浆抹面修整。在抹砂浆前，需用钢丝刷或加压力的水清洗润湿，抹浆初凝后要加强养护工作。

（2）裂缝的修补

对于裂缝，应将裂缝附近的混凝土表面凿毛，或沿裂缝方向凿成深为 15～20mm、宽为 100～200mm 的 V 型凹槽，扫净并洒水湿润，先刷水泥净浆一遍，然后用 1:2～1:2.5 水泥砂浆分 2～3 层涂抹，总厚控制在 10～20mm 左右，并压实抹光。有防水要求时，应用水泥净浆（厚 2mm）和 1:2.5 水泥砂浆（厚 4～5mm）交替抹压 4～5 层刚性防水层，涂抹 3～4h 后，进行覆盖，洒水养护。在水泥砂浆中掺入水泥质量 1%～3% 的氯化铁防水剂，可起到促凝和提高防水性能的效果。为使砂浆与混凝土表面结合良好，抹光后的砂浆面应覆盖塑料薄膜，并用支撑模板顶紧加压。

当表面裂缝较细，数量不多时，可将裂缝处加以冲洗，用水泥浆抹补。

（3）细石混凝土填补

当蜂窝比较严重或露筋较深时，应除掉附近不密实的混凝土和突出的集料颗粒，用清水洗刷干净并充分润湿后，再用比原强度等级高一倍的细石混凝土填补，并仔细捣实。对孔洞事故的补强，可在旧混凝土表面采用处理施工缝的方法处理，保持湿润 72h 后，用比原强度等级高一级的细石混凝土捣实。为了减少新旧混凝土之间孔隙、水灰比可控制在 0.5 以内，并宜掺膨胀剂，分层捣实，以免新旧混凝土接触面上出现裂缝。

（4）环氧树脂修补

①环氧树脂灌浆修补

当裂缝宽度在 0.1mm 以上时，可用环氧树脂灌浆修补。

环氧灌浆材料是以环氧树脂为主要成分，加入增塑剂、稀释剂和固化剂等组成的一种高分子材料。

②环氧树指胶泥修补

在抹环氧胶泥前，先将裂缝附近 80～100mm 宽度范围内的灰尘、浮渣用压缩空气吹净，油污可用二甲苯或丙酮控洗一遍，如表面潮湿，应用喷灯烘烤干燥、预热，以保证环氧胶泥与混凝土粘接良好；如基层难以干燥时，则用环氧煤焦油胶泥（涂料）涂抹。较宽的裂缝应先用刮刀填塞环氧胶泥。涂抹时，用毛刷或刮板均匀蘸取胶泥，并涂刮在裂缝表面。

③环氧树脂玻璃布纤维

采用环氧粘贴玻璃布方法时，玻璃布使用前应在碱水中煮沸 30～60min，再用清水漂净并晾干，以除去油蜡，保证粘结。一般贴 1～2 层玻璃布，第二层的周边应比下面一层宽 10～12mm，以便压边。

（5）压浆法补强

对于不易清理的较深蜂窝、由于清理敲打会加大蜂窝的尺寸，使结构遭到更大的削弱，应采用压浆法补强。

①检查

主要检查出混凝土结构的蜂窝、孔洞及不密实之处。对较薄的构件，用小铁锤仔细敲击，听其声音；对较厚的构件，可做灌水检查，或采用压力水做试验；对大体积的混凝土，可采用钻孔检查方法。

②清理

将易于脱落的混凝土清除，用水或压缩空气冲洗缝隙，或用钢丝刷仔细刷洗，务必把粉屑石渣清理干净，然后保持潮湿。清理基础时，必须使地下水或地表水降低至需灌浆处标高以下，并保持此水位至浇筑后 24h。每个孔洞处要凿成斜形，避免有死角，以使浇筑混凝土。

③埋管

管子用高于原设计强度等级一级的混凝土或用1:2.5水泥砂浆来固定，并养护3d。为了埋管的方便，先在凿好的孔洞之下的一小段，支上预先配好的模板，在浇筑新混凝土的同时埋入管子。管长视孔洞深度而定，一般伸出模板外8~1cm，管子最小埋深及管子四周覆盖的混凝土，皆不应小于5cm，以免松动。每一灌浆处埋管两根，管径为25mm，一根压浆，另一根排气或排除积水。管子外端略高，约向上倾斜10°~12°，以免漏浆。埋管的距离视压力大小、蜂窝性质、裂缝大小及水灰比等而定，一般采用50cm。

④水泥浆制作

制作时先放水后放水泥，在放水泥的同时进行搅拌，搅拌时间为2~3min。如灰浆中掺防水剂时，防水剂应先加入水中，后与水泥拌合，以求混合均匀。

⑤压力灌浆

在补填的混凝土凝结2d后，用砂浆输送泵压浆。压力6~8个大气压，最小为4个。在第一次压浆初凝后，再用原埋入的管子进行第二次压浆，大部分都能压进不少水泥浆，且从排气管挤出清水。压浆完毕2~3d后割除管子，剩下的管子孔隙以砂浆填补。

（6）加设钢筋混凝土围套

在周围空间尺寸允许的情况下，在结构构件外部一侧或多侧外包钢筋混凝土围套，以增加钢筋和截面，提高其承载能力。大型设备基础一般还采取增设钢板箍带以增加环向抗拉强度的方法处理。对于基础上表面的裂缝，一般在设备安装灌浆层内放入钢筋网及套箍进行加固。加固时，原混凝土表面应凿毛洗净，或将主筋凿出，如钢筋锈蚀严重，应打去保护层，清除铁锈。增配的钢筋应根据混凝土缺陷的程度由计算确定。浇筑围套混凝土前，模板与原结构均应充分浇水湿润，然后用细石混凝土振捣密实。浇筑后应加强养护。

（7）加钢套箍

在结构裂缝部位的四周加钢筋或型钢套箍，将构件箍紧，以防止裂缝扩大，并能提高结构的刚度和承载能力。加固时，应使钢套箍与混凝土表面紧密接触，以保护共同工作。有的还在套箍外再包钢线网，然后用水泥砂浆抹面，或用环氧胶泥贴玻璃布封闭。

294 混凝土抗压强度的发展情况如何？

混凝土的大量应用，对推动国民经济起到了巨大作用。

至今，混凝土技术的发展已经历了几个重要阶段：（1）普通混凝土；（2）钢筋混凝土；（3）预应力钢筋混凝土；（4）外加剂混凝土；（5）聚合物水泥混凝土、纤维增强混凝土等。在前三个阶段，混凝土的原材料都基本以水泥、砂、石和水为主。从1935年开始，木质素磺酸盐减水剂的研制成功改变了混凝土的命运，使其从传统的干硬性的浇筑状态转变为流态，方便了施工工艺，并从微观、亚微观尺度上优化了混凝土的结构，改善了混凝土的性能。

混凝土外加剂从木质素磺酸盐减水剂开始，就在改善混凝土流动性，提高混凝土强度、耐久性和节约水泥方面发挥了重要作用。后来相继出现了早强剂、防冻剂、防水剂、缓凝剂、速凝剂等，都从不同方面改善了混凝土的性能，提高了混凝土的环境适应性和耐久性。

图1显示减水剂品种和技术的发展为混凝土强度的保证所作出的重大贡献。

在混凝土发展历程中，很有必要提及预拌混凝土（商品泵送混凝土），其生产的前提是混凝土减水剂（泵送剂）的成功应用。预拌混凝土和混凝土外加剂是相辅相成的，前者的发展离不开外加剂，同时，前者的实施又促进了外加剂技术的发展。

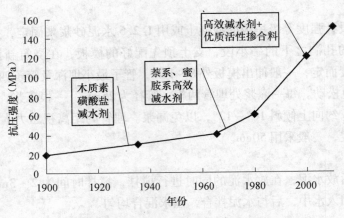

图1　20世纪混凝土抗压强度的发展情况

295　混凝土强度不足的成因是什么？

混凝土施工的强度是当前建筑业界最重视的一个环节，建筑质量的优劣决定了混凝土的强度和操作技术，因此，混凝土强度是工程建设最为重要的关键问题。那么如何评定混凝土强度，采用的是标准试件的混凝土强度，即按照标准方法制作的边长为150mm标准尺寸的立方体试件，在摄氏温度为（20±3）℃，相对湿度为90%以上的环境或水中的标准条件下，养护至28d时按标准试验方法测得的混凝土立方体抗压强度。

混凝土强度不足是指施工阶段中混凝土的强度未达到设计方案中的标准要求数据值。所造成的后果是混凝土抗渗性能降低，耐久性降低，构件出现裂缝和变形，承载能力下降，严重者会影响到建筑物正常使用甚至造成安全事故。鉴于混凝土强度不足造成的危害，弄清混凝土造成混凝土强度不足的原因及其采取何种措施进行控制是非常必要的。造成混凝土强度不足的常见原因有两个方面：一是混凝土原材料的质量差；二是未严格按照配合比施工以及施工工艺不正确。

一、材料质量差

混凝土是由水泥、砂、石、水。外加剂按一定比例拌合而成的，原材料质量的好坏与否直接影响到混凝土的强度。

水泥质量不好是造成混凝土强度不足的关键因素。水泥质量不好主要包括强度低和安定性不合格两个方面。原因有两个：一是水泥出厂质量差，而实际工程应用时水泥的28d强度试验结果还未测出，当28d水泥实测强度低于原估算值时，就会造成混凝土强度不足；二是水泥安全稳定性不合格。水泥安定性不合格的主要原因是水泥熟料中含有过多的游离氧化钙或游离氧化镁，有时由于掺入石膏过多而造成。安定性不合格的水泥所配制的混凝土表面虽然无明显的裂纹，但强度极度低下。

预防措施：水泥进场后，按如下方法取样，从20个以上不同部位或20袋中取出等量样品，总量至少12kg。样品应充分混匀，分成两等份，一份送检，一份密封保存以备校验用。送试验室进行检测，待水泥的强度和安定性结果得出后再决定是否使用。对于强度低于规范要求而安定性合格的可以降低一个强度等级使用，安定性不合格的水泥称为废品水泥，不允许使用于工程项目。只有强度和安定性都合格者，才能正常使用。施工现场要创造一个干燥的保管条件，以免水泥受潮。当水泥贮存期超过3个月时，应重新取样送检测单位进行检测，根据检测结果来确定水泥的使用情况。

石子质量不好包括石子强度低、体积稳定性差、石子形状与表面状态不良。在混凝土试块试压时，有时会发现石子被压碎了，这说明石子强度低于混凝土的强度，导致混凝土实际强度下降。有些由于多孔燧石、页岩、带有膨胀黏土的石灰岩等制成的碎石子，在干湿交替或冻融循环作用下，常表现为体积稳定性差，而导致混凝土强度降低。针片状石子含量高影响混凝土强度，石子表面光滑则与水泥砂浆结合得不好，也会影响混凝土强度。

要降低因石子质量不好对混凝土强度的影响，应在石子进场后按以下方法取样。在料堆上取样，取样部位应均匀分布，取样前先将取样部位表面铲除，然后在各部位抽取大致相等的石子15份，组成一组样品。送检测单位检测后，只有在石子的颗粒级配、实际密度、堆积密度、空隙率、含水率、含泥量满足要求的前提下，方能使用。

配制混凝土用砂子的粗细程度按细度模数分为粗、中、细三个等级，配制混凝土宜优先选用中砂。砂子质量的好坏可用细度模数、含泥量、泥块含量等几项指标来评定。其中含泥量、泥块含量对混凝土强度影响最大。这是因为泥块遇水会呈现浆状，胶结在一颗或数颗砂子表面，在混凝土中与水泥起着隔离作用，从而影响了水泥与石子的粘结力。

砂子进场后在料堆上取样，取样部位应均匀分布，取样前先将取样部位表面铲除，然后在各部位抽取大致相等的砂8份，组成与组样品，总数为30kg。送检测单位检测后，在砂子的细度模数、含泥量、泥块含量等几项指标满足有关要求的前提下使用。

外加剂造成混凝土强度不足的原因有两种：一是外加剂本身质量有问题；二是外加剂组成配比不当。外加剂本身有问题：主要是指混凝土外加剂产品的市场竞争激烈，价格战的后果就是工程上所使用的材料以次充好的现象时有发生，用户过分追求降低价格也是原因之一。外加剂组分配比不当：在防冻剂中，防冻组成数量不足；在缓凝减水剂中，缓凝剂的用量过大；在早强剂中，早强成分剂量过大。

要保证外加剂的质量，首先要对外加剂市场的行情有一个清醒的认识，不能贪图便宜，要选择信誉好的外加剂厂家作为合作伙伴。同时，要抽取选用的样品送检测单位进行检测。外加剂需要检测的项目指标比较多。就混凝土强度而言，除膨胀剂直接检测7d，28d抗折。抗压强度，其余类型外加剂的抗压强度比满足有关规范要求时，方能使用。

二、按照配合比施工工艺不正确

混凝工配合比是决定强度的重要因素之一。其中水灰比的大小直接影响到混凝土强度，其他如用水量、砂率等也影响混凝土的各种性能。常见的造成混凝土强度不足的现象有以下几种：

用水量过大：比较常见的有搅拌机上加水装置不准确，不扣除砂、石子的含水量，甚至为了方便施工在浇筑地点上任意加水。要杜绝这一现象除了对水严格计量外，还应根据现场当时砂、石子的含水率将试验室配合比换算为施工配合比，而按试验室配合比施工是不正确的。

外加剂掺量不准确：普通型减水剂，如木质素磺钙、糖钙等掺量过大是最常发生的掺量不准确现象。超掺严重时，也会造成对混凝土强度的永久性不足。值得注意的是，掺量少也会强度达不到要求，但长龄期强度仍可达到空白混凝土强度。

其他原因：如外加剂使用不当；砂石计量不准确和水泥用量不足；搅拌不佳。时间过短造成搅拌不均匀；因模板问题造成的水泥浆漏失；养护不当，如早期缺水干燥，冬期受冻等原因都会造成混凝土强度不足。

防范措施：应认真按照国家规范和要求去正确做好混凝土配合比试验工作，掌握好配合比值的科学性和准确性。

296 混凝土搅拌站常温施工泵送混凝土配合比有哪些？

泵送混凝土配合比见表1～表13。

表 1　兴发水泥泵送混凝土配合比

编号	强度等级	水灰比	水胶比	砂率(%)	每立方米混凝土材料用量 (kg)							配合比	A掺量(%)	出机坍落度(mm)	备注
					C	W	S	G	FA	A	矿渣粉				
1	C10	1.22	0.60	48	102	180	902	978	173	5.4	25	1:1.76:8.84:9.59	1.8	510/235	P.O42.5, 碎石 (5~25) mm
2	C15	0.95	0.54	47	134	180	879	991	142	5.89	34	1:1.34:6.56:7.40	1.9	560/235	P.O42.5, 碎石 (5~25) mm
3	C20	0.74	0.57	46	173	180	857	1007	100	6.32	43	1:1.04:4.95:5.82	2.0	510/230	P.O42.5, 碎石 (5~25) mm
4	C25	0.64	0.56	45	194	180	836	1022	80	6.76	48	1:0.93:4.31:5.27	2.1	580/240	P.O42.5, 碎石 (5~25) mm
5	C30	0.56	0.48	44	234	180	804	1024	80	8.18	58	1:0.77:3.44:4.38	2.2	550/230	P.O42.5, 碎石 (5~25) mm
6	C35	0.49	0.42	43	266	175	771	1022	80	9.89	66	1:0.66:2.90:3.84	2.4	600/240	P.O42.5, 碎石 (5~25) mm
7	C40	0.43	0.39	42	299	175	744	1027	80	11.8	75	1:0.59:2.49:3.43	2.6	600/245	P.O42.5, 碎石 (5~25) mm
8	C45	0.39	0.35	41	331	175	710	1022	80	13.8	82	1:0.53:2.15:3.09	2.8	550/230	P.O42.5, 碎石 (5~25) mm
9	C50	0.36	0.33	40	362	175	677	1016	80	15.96	90	1:0.48:1.87:2.81	3.0	540/230	P.O42.5, 碎石 (5~25) mm

表 2　兴发水泥罐送配合比

编号	强度等级	水灰比	水胶比	砂率(%)	每立方米混凝土材料用量 (kg)							配合比	A掺量(%)	出机坍落度(mm)	备注
					C	W	S	G	FA	A	矿渣粉				
1	C10	1.22	0.58	48	98	175	905	980	177	5.4	25	1:1.79:9.23:10.00	1.8	520/205	P.O42.5, 碎石 (5~25) mm
2	C15	0.95	0.58	47	130	175	886	999	138	5.7	32	1:1.35:6.82:7.68	1.9	520/215	P.O42.5, 碎石 (5~25) mm
3	C20	0.74	0.57	46	166	175	863	1014	100	6.16	42	1:1.05:5.20:6.11	2.0	530/225	P.O42.5, 碎石 (5~25) mm
4	C25	0.64	0.56	45	186	175	843	1030	80	6.55	46	1:0.94:4.53:5.54	2.1	540/215	P.O42.5, 碎石 (5~25) mm
5	C30	0.56	0.50	44	217	175	816	1038	80	7.72	54	1:0.81:3.76:4.78	2.2	540/225	P.O42.5, 碎石 (5~25) mm
6	C35	0.49	0.45	43	242	170	787	1044	77	9.1	60	1:0.70:3.25:4.31	2.4	540/225	P.O42.5, 碎石 (5~25) mm
7	C40	0.43	0.41	42	271	170	761	1052	78	10.84	68	1:0.63:2.81:3.88	2.6	530/220	P.O42.5, 碎石 (5~25) mm
8	C45	0.39	0.38	41	299	170	729	1048	79	12.23	75	1:0.57:2.44:3.51	2.7	540/225	P.O42.5, 碎石 (5~25) mm
9	C50	0.36	0.35	40	329	170	696	1044	79	13.27	82	1:0.52:2.12:3.17	2.8	530/220	P.O42.5, 碎石 (5~25) mm

表3 兴发水泥抗渗配合比

编号	强度等级	水灰比	水胶比	砂率(%)	C	W	S	G	FA	A	UEA	矿渣粉	配合比	A掺量(%)	出机坍落度(mm)	备注
					每立方米混凝土材料用量 (kg)											
1	C20/P	0.74	0.56	46	156	180	856	1004	106	6.72	19	39	1:1.15:5.49:6.44	2.1	530/220	P.O42.5，碎石（5~25）mm
2	C25/P	0.64	0.56	45	178	180	837	1022	80	7.38	19	44	1:1.01:4.70:5.74	2.3	530/225	P.O42.5，碎石（5~25）mm
3	C30/P	0.56	0.49	44	218	180	806	1025	75	8.86	22	54	1:0.83:3.70:4.70	2.4	560/225	P.O42.5，碎石（5~25）mm
4	C35/P	0.49	0.43	43	245	175	774	1026	75	10.12	24	61	1:0.71:3.16:4.19	2.5	580/230	P.O42.5，碎石（5~25）mm
5	C40/P	0.43	0.38	42	285	175	742	1024	75	12.39	28	71	1:0.61:2.60:3.59	2.7	560/225	P.O42.5，碎石（5~25）mm
6	C45/P	0.39	0.37	41	304	175	716	1030	70	13.89	29	76	1:0.58:2.36:3.39	2.9	560/225	P.O42.5，碎石（5~25）mm
7	C50/P	0.36	0.34	40	336	175	682	1022	70	15.36	31	84	1:0.52:2.03:3.04	3.0	600/240	P.O42.5，碎石（5~25）mm

表4 兴发水泥补偿收缩配合比

编号	强度等级	水灰比	水胶比	砂率(%)	C	W	S	G	FA	A	UEA	矿渣粉	配合比	A掺量(%)	出机坍落度(mm)	备注
					每立方米混凝土材料用量 (kg)											
1	C20	0.74	0.56	46	149	180	856	1004	102	6.72	32	37	1:1.21:5.74:6.74	2.1	520/210	P.O42.5，碎石（5~25）mm
2	C25	0.64	0.56	45	170	180	837	1023	76	7.36	32	42	1:1.06:4.92:6.02	2.3	530/210	P.O42.5，碎石（5~25）mm
3	C30	0.56	0.49	44	208	180	806	1025	72	8.86	37	52	1:0.87:3.88:4.93	2.4	550/225	P.O42.5，碎石（5~25）mm
4	C35	0.49	0.43	43	234	175	774	1026	72	10.12	41	58	1:0.75:3.31:4.38	2.5	530/225	P.O42.5，碎石（5~25）mm
5	C40	0.43	0.38	42	273	175	742	1024	72	12.39	46	68	1:0.64:2.72:3.75	2.7	550/230	P.O42.5，碎石（5~25）mm
6	C45	0.39	0.36	41	291	175	715	1030	68	13.92	48	73	1:0.60:2.46:3.54	2.9	560/225	P.O42.5，碎石（5~25）mm
7	C50	0.36	0.34	40	322	175	681	1022	68	15.66	52	80	1:0.54:2.11:3.17	3.0	570/235	P.O42.5，碎石（5~25）mm

表5 兴发水泥豆石配合比

编号	强度等级	水灰比	水胶比	砂率(%)	C	W	S	G	FA	A	矿渣粉	配合比	A掺量(%)	出机坍落度(mm)	备注
					每立方米混凝土材料用量 (kg)										
1	C20	0.74	0.52	46	179	180	844	990	122	7.61	45	1:1.01:4.72:5.53	2.2	570/235	P.O42.5，碎石（5~25）mm
2	C25	0.64	0.50	45	207	180	820	1003	98	8.21	52	1:0.87:3.96:4.85	2.3	580/235	P.O42.5，碎石（5~25）mm
3	C30	0.56	0.48	44	234	180	804	1024	80	9.30	58	1:0.77:3.44:4.38	2.5	550/230	P.O42.5，碎石（5~25）mm
4	C35	0.49	0.43	43	262	175	773	1024	80	10.61	66	1:0.67:2.95:3.91	2.6	550/225	P.O42.5，碎石（5~25）mm
5	C40	0.43	0.39	42	299	175	744	1027	80	12.71	75	1:0.59:2.49:3.43	2.8	580/240	P.O42.5，碎石（5~25）mm

表6 兴发水泥公路泵送抗渗配合比

编号	强度等级	水灰比	水胶比	砂率 (%)	每立方米混凝土材料用量 (kg)								配合比	A掺量 (%)	出机坍落度 (mm)	备注
					C	W	S	G	FA	UEA	矿渣粉	A				
1	C20	0.74	0.55	46	179	175	858	1008	95		45	6.38	1:0.98:4.79:5.63	2.0	235/550	P.O42.5，碎石 (5~25) mm
2	C25	0.64	0.50	45	207	175	826	1010	90		52	7.33	1:0.85:3.99:4.88	2.1	230/500	P.O42.5，碎石 (5~25) mm
3	C30	0.56	0.46	44	240	175	803	1022	80		60	8.74	1:0.73:3.35:4.26	2.3	235/500	P.O42.5，碎石 (5~25) mm
4	C35	0.49	0.41	43	274	175	766	1016	80		69	10.6	1:0.64:2.80:3.71	2.5	240/550	P.O42.5，碎石 (5~25) mm
5	C40	0.43	0.37	42	316	175	735	1015	80		79	12.4	1:0.55:2.33:3.21	2.6	230/520	P.O42.5，碎石 (5~25) mm
6	C45	0.39	0.36	41	349	175	705	1014	70		87	14.2	1:0.50:2.02:2.91	2.8	235/500	P.O42.5，碎石 (5~25) mm
7	C50	0.36	0.33	40	381	175	676	1013	60		95	16.1	1:0.46:1.77:2.66	3.0	225/500	P.O42.5，碎石 (5~25) mm
8	C25/P	0.64	0.51	45	189	175	830	1014	85	20	47	7.16	1:0.93:4.39:5.37	2.1	230/500	P.O42.5，碎石 (5~25) mm
9	C30/P	0.56	0.46	44	226	175	803	1022	75	23	56	8.74	1:0.77:3.55:4.52	2.3	230/450	P.O42.5，碎石 (5~25) mm
10	C35/P	0.49	0.42	43	255	175	768	1018	75	25	64	10.4	1:0.69:3.01:3.99	2.5	235/550	P.O42.5，碎石 (5~25) mm
11	C40/P	0.43	0.37	42	291	175	738	1020	75	28	73	12.1	1:0.60:2.54:3.51	2.6	230/550	P.O42.5，碎石 (5~25) mm
12	C45/P	0.39	0.36	41	324	175	707	1017	66	30	81	14	1:0.54:2.18:3.14	2.8	235/550	P.O42.5，碎石 (5~25) mm
13	C50/P	0.36	0.32	40	366	175	672	1007	56	33	91	16.4	1:0.48:1.84:2.75	3.0	230/500	P.O42.5，碎石 (5~25) mm

表7 兴发水泥公路抗渗抗冻融配合比

编号	强度等级	水灰比	水胶比	砂率 (%)	每立方米混凝土材料用量 (kg)									配合比	A掺量 (%)	出机坍落度 (mm)	备注
					C	W	S	G	FA	A	UEA	引气剂	矿渣粉				
1	C25/F250	0.56	0.47	45	257	180	810	989	60	8.0		0.051	64	1:0.70:3.15:3.85	2.1	225/450	P.O42.5，碎石 (5~25) mm
2	C30/F250	0.49	0.42	44	298	180	780	993	60	9.82		0.059	69	1:060:2.62:3.33	2.3	220/500	P.O42.5，碎石 (5~25) mm
3	C35/F250	0.43	0.40	43	315	180	759	1007	60	11.35		0.063	79	1:0.57:2.41:3.20	2.5	215/400	P.O42.5，碎石 (5~25) mm
4	C40/F250	0.39	0.36	42	347	180	725	1001	60	12.84		0.069	87	1:0.52:2.09:2.88	2.6	225/500	P.O42.5，碎石 (5~25) mm
5	C45/F250	0.36	0.34	41	376	180	693	997	60	14.84		0.075	94	1:0.48:1.84:2.65	2.8	230/500	P.O42.5，碎石 (5~25) mm
6	C50/F250	0.33	0.32	40	410	180	661	991	56	17.04		0.082	102	1:0.44:1.61:2.42	3.0	235/550	P.O42.5，碎石 (5~25) mm
7	C25/P6F250	0.56	0.47	45	242	180	810	989	56	8.38	23	0.052	60	1:0.74:3.35:4.09	2.2	230/500	P.O42.5，碎石 (5~25) mm
8	C30/P6F250	0.49	0.42	44	280	180	780	993	56	10.25	26	0.059	65	1:0.64:2.79:3.55	2.4	220/450	P.O42.5，碎石 (5~25) mm
9	C35/P6F250	0.43	0.40	43	296	180	760	1007	56	11.78	27	0.064	74	1:0.61:2.57:3.40	2.6	235/550	P.O42.5，碎石 (5~25) mm
10	C40/P6F250	0.39	0.36	42	326	180	725	1001	56	13.34	30	0.07	82	1:0.56:2.22:3.07	2.7	220/500	P.O42.5，碎石 (5~25) mm
11	C45/P6F250	0.36	0.34	41	354	180	693	997	56	15.37	32	0.076	88	1:0.51:1.96:2.82	2.9	235/560	P.O42.5，碎石 (5~25) mm
12	C50/P6F250	0.33	0.32	40	385	180	661	991	53	17.61	34	0.082	96	1:0.47:1.72:3.14	3.1	235/570	P.O42.5，碎石 (5~25) mm

表 8 兴发水泥配合比

编号	强度等级	水灰比	砂率(%)	每立方米混凝土材料用量(kg)						配合比	A掺量(%)	出机坍落度(mm)	备注
				C	W	S	G	FA	A				
1	C25	0.50	45	310	180	806	984	80	10.53	1:0.58:2.60:3.17	2.7	250/600	P.O42.5,机碎石(5~25)mm
2	C30	0.50	44	301	175	803	1023	78	8.72	1:0.58:2.67:3.40	2.3	205/500	P.O42.5,机碎石(5~25)mm
3	C40	0.43	42	395	175	735	1015	80	12.35	1:0.44:1.86:2.57	2.6	210/530	P.O42.5,机碎石(5~25)mm

表 9 北水水泥泵送配合比

编号	强度等级	水胶比	砂率(%)	每立方米混凝土材料用量(kg)							配合比	A掺量(%)	出机坍落度(mm)	备注
				C	W	S	G	FA	A	矿渣粉				
1	C10	0.60	48	102	180	902	978	173	5.1	25	1:1.76:8.84:9.59	1.7	510/235	P.O42.5,碎石(5~25)mm
2	C15	0.54	47	134	180	879	991	142	5.58	34	1:1.34:6.65:7.40	1.8	560/235	P.O42.5,碎石(5~25)mm
3	C20	0.57	46	173	180	857	1007	100	6.0	43	1:1.04:4.95:5.82	1.9	510/8230	P.O42.5,碎石(5~25)mm
4	C25	0.56	45	194	180	836	1022	80	6.44	48	1:0.93:4.31:5.27	2.0	580/240	P.O42.5,碎石(5~25)mm
5	C30	0.48	44	234	180	804	1024	80	7.81	58	1:0.77:3.44:4.38	2.1	550/230	P.O42.5,碎石(5~25)mm
6	C35	0.42	43	266	175	771	1022	80	9.48	66	1:0.66:2.90:3.84	2.3	600/240	P.O42.5,碎石(5~25)mm
7	C40	0.39	42	299	175	744	1027	80	11.35	75	1:0.59:2.49:3.43	2.5	600/245	P.O42.5,碎石(5~25)mm
8	C45	0.35	41	331	175	710	1022	80	13.31	82	1:0.53:2.15:3.09	2.7	550/230	P.O42.5,碎石(5~25)mm
9	C50	0.33	40	362	175	677	1016	80	15.43	90	1:0.48:1.87:2.81	2.9	540/230	P.O42.5,碎石(5~25)mm

表 10 北水水泥罐送配合比

编号	强度等级	水灰比	砂率(%)	每立方米混凝土材料用量(kg)							配合比	A掺量(%)	出机坍落度(mm)	备注
				C	W	S	G	FA	A	矿渣粉				
1	C10	0.58	48	98	175	905	980	177	5.1	25	1:1.79:9.23:10.00	1.7	520/205	P.O42.5,碎石(5~25)mm
2	C15	0.58	47	130	175	886	999	138	5.4	32	1:1.35:6.82:7.68	1.8	520/215	P.O42.5,碎石(5~25)mm
3	C20	0.57	46	166	175	863	1014	100	5.85	42	1:1.05:5.20:6.11	1.9	530/225	P.O42.5,碎石(5~25)mm
4	C25	0.56	45	186	175	843	1030	80	6.24	46	1:0.94:4.53:5.45	2.0	540/215	P.O42.5,碎石(5~25)mm
5	C30	0.50	44	217	175	816	1038	80	7.37	54	1:0.81:3.76:4.78	2.1	540/225	P.O42.5,碎石(5~25)mm
6	C35	0.45	43	242	170	787	1044	77	8.72	60	1:0.70:3.25:4.31	2.3	540/225	P.O42.5,碎石(5~25)mm
7	C40	0.41	42	271	170	761	1052	78	10.42	68	1:0.63:2.81:3.88	2.5	530/220	P.O42.5,碎石(5~25)mm
8	C45	0.38	41	299	170	729	1048	79	11.78	75	1:0.57:2.44:3.51	2.6	540/225	P.O42.5,碎石(5~25)mm
9	C50	0.35	40	329	170	696	1044	79	13.23	82	1:0.52:2.12:3.17	2.7	530/220	P.O42.5,碎石(5~25)mm

表 11　北水水泥抗渗配合比

编号	强度等级	水灰比	水胶比	砂率(%)	每立方米混凝土材料用量(kg)								配合比	A掺量(%)	出机坍落度(mm)	备注
					C	W	S	G	FA	A	UEA	矿渣粉				
1	C20/P	0.74	0.56	46	156	180	856	1004	106	6.4	19	39	1:1.15:5.49:6.43	2.0	530/220	P.O42.5，碎石(5~25)mm
2	C25/P	0.64	0.56	45	178	180	837	1022	80	7.06	19	44	1:1.01:4.70:5.74	2.2	530/225	P.O42.5，碎石(5~25)mm
3	C30/P	0.56	0.49	44	218	180	806	1025	75	8.49	22	54	1:0.83:3.70:4.70	2.3	560/225	P.O42.5，碎石(5~25)mm
4	C35/P	0.49	0.43	43	245	175	774	1026	75	9.72	24	61	1:0.71:3.16:4.19	2.4	580/230	P.O42.5，碎石(5~25)mm
5	C40/P	0.43	0.38	42	285	175	742	1024	75	11.93	28	71	1:0.61:2.60:3.59	2.6	560/225	P.O42.5，碎石(5~25)mm
6	C45/P	0.39	0.37	41	304	175	716	1030	70	13.41	29	76	1:0.58:2.36:3.39	2.8	560/225	P.O42.5，碎石(5~25)mm
7	C50/P	0.36	0.34	40	336	175	682	1022	70	15.11	31	84	1:0.52:2.03:3.04	2.9	600/240	P.O42.5，碎石(5~25)mm

表 12　北水水泥补偿收缩配合比

编号	强度等级	水灰比	水胶比	砂率(%)	每立方米混凝土材料用量(kg)								配合比	A掺量(%)	出机坍落度(mm)	备注
					C	W	S	G	FA	A	UEA	矿渣粉				
1	C20/P	0.74	0.56	46	149	180	856	1004	102	6.4	32	37	1:1.21:5.74:6.74	2.0	52/210	P.O42.5，碎石(5~25)mm
2	C25/P	0.64	0.56	45	170	180	837	1023	76	7.04	32	42	1:1.06:4.92:6.02	2.2	530/210	P.O42.5，碎石(5~25)mm
3	C30/P	0.56	0.49	44	208	180	806	1025	72	8.49	37	52	1:0.87:3.88:4.93	2.3	550/225	P.O42.5，碎石(5~25)mm
4	C35/P	0.49	0.43	43	234	175	774	1026	72	9.72	41	58	1:0.75:3.31:4.38	2.4	530/225	P.O42.5，碎石(5~25)mm
5	C40/P	0.43	0.38	42	273	175	742	1024	72	11.93	46	68	1:0.64:2.72:3.75	2.6	550/230	P.O42.5，碎石(5~25)mm
6	C45/P	0.39	0.37	41	291	175	715	1030	68	13.44	48	73	1:0.60:2.46:3.54	2.8	560/225	P.O42.5，碎石(5~25)mm
7	C50/P	0.36	0.34	40	322	175	681	1022	68	15.14	52	80	1:0.54:2.11:3.17	2.9	570/235	P.O42.5，碎石(5~25)mm

表 13　北水水泥豆石配合比

编号	强度等级	水灰比	水胶比	砂率(%)	每立方米混凝土材料用量(kg)							配合比	A掺量(%)	出机坍落度(mm)	备注
					C	W	S	G	FA	A	矿渣粉				
1	C20	0.74	0.52	46	179	180	844	990	122	7.61	45	1:1.01:4.72:5.53	2.2	570/235	P.O42.5，碎石(5~25)mm
2	C25	0.64	0.50	45	207	180	820	1003	98	8.21	52	1:0.87:3.96:4.85	2.3	580/235	P.O42.5，碎石(5~25)mm
3	C30	0.56	0.48	44	234	180	804	1024	80	9.30	58	1:0.77:3.44:4.38	2.5	550/230	P.O42.5，碎石(5~25)mm
4	C35	0.49	0.43	43	262	175	773	1024	80	10.61	66	1:0.67:2.95:3.91	2.6	550/225	P.O42.5，碎石(5~25)mm
5	C40	0.43	0.39	42	299	175	744	1027	80	12.71	75	1:0.59:2.49:3.43	2.8	580/240	P.O42.5，碎石(5~25)mm

297 混凝土搅拌站冬期施工时，混凝土配合比有哪些？

C30 以下用普通泵送剂；C35 以上用高效泵送剂；C10～C25 密度为 2360kg/m³；C30～C35 密度为 2380kg/m³；C40～C50 密度为 2400kg/m³，配合比见表 1～表 5。

表 1 混凝土泵送配合比

编号	强度等级	水灰比	水胶比	砂率 (%)	每立方米混凝土材料用量 (kg)						配合比	A 掺量 (%)	出机坍落度 (mm)	备注
					C	W	S	G	FA	A				
1	C10	1.03	0.57	48	124	170	907	983	176	9.00	1:1.37:7.31:7.93	3.0	225/570	P.O42.5，碎石 (5～25) mm
2	C15	0.80	0.55	47	167	170	884	996	143	9.30	1:1.02:5.29:5.96	3.0	230/580	P.O42.5，碎石 (5～25) mm
3	C20	0.62	0.55	46	225	170	865	1015	85	9.61	1:0.76:3.84:4.51	3.1	220/570	P.O42.5，碎石 (5～25) mm
4	C25	0.53	0.51	45	254	170	835	1021	80	10.69	1:0.67:3.29:4.02	3.2	225/590	P.O42.5，碎石 (5～25) mm
5	C30	0.47	0.43	44	304	164	808	1029	75	12.51	1:0.54:2.66:3.38	3.3	230/580	P.O42.5，碎石 (5～25) mm
6	C35	0.40	0.38	43	348	164	769	1019	80	14.55	1:0.47:2.21:2.93	3.4	225/580	P.O42.5，碎石 (5～25) mm
7	C40	0.36	0.35	42	383	164	745	1028	80	15.74	1:0.43:1.95:2.68	3.4	230/560	P.O42.5，碎石 (5～25) mm
8	C25	0.64	0.54	45	233	166	848	1036	77	9.92	1:0.71:3.64:4.45	3.2	235/580	P.O42.5，碎石 (5～25) mm
9	C30	0.56	0.47	44	270	164	821	1045	80	11.55	1:0.61:3.04:3.87	3.3	230/570	P.O42.5，碎石 (5～25) mm
10	C35	0.48	0.42	43	325	164	783	1038	70	13.82	1:0.50:2.41:3.19	3.5	235/560	P.O42.5，碎石 (5～25) mm
11	C40	0.43	0.38	42	362	164	758	1046	70	14.69	1:0.45:2.09:2.89	3.4	225/570	P.O42.5，碎石 (5～25) mm
12	C45	0.39	0.34	41	418	163	721	1038	60	16.73	1:0.39:1.72:2.48	3.5	220/580	P.O42.5，碎石 (5～25) mm
13	C50	0.36	0.32	40	453	163	694	1040	50	18.11	1:0.36:1.53:2.30	3.6.	230/560	P.O42.5，碎石 (5～25) mm

表2 混凝土罐送配合比

编号	强度等级	水灰比	水胶比	砂率(%)	每立方米混凝土材料用量(kg)						配合比	A掺量(%)	出机坍落度(mm)	备注
					C	W	S	G	FA	A				
1	C10	1.03	0.52	48	113	156	914	990	187	9.00	1:1.38:8.09:8.76	3.0	200/500	P.O42.5,碎石(5~25)mm
2	C15	0.80	0.50	47	154	156	890	1004	156	9.30	1:1.01:5.78:6.52	3.0	205/490	P.O42.5,碎石(5~25)mm
3	C20	0.62	0.50	46	202	156	871	1023	108	9.30	1:0.77:4.31:5.06	3.0	195/470	P.O42.5,碎石(5~25)mm
4	C25	0.53	0.49	45	231	155	850	1039	85	9.80	1:0.67:3.68:4.50	3.1	190/480	P.O42.5,碎石(5~25)mm
5	C30	0.47	0.42	44	268	150	826	1051	85	11.30	1:0.56:3.08:3.92	3.2	180/490	P.O42.5,碎石(5~25)mm
6	C35	0.40	0.38	43	319	150	787	1044	80	13.17	1:0.47:2.47:3.27	3.3	205/500	P.O42.5,碎石(5~25)mm
7	C40	0.36	0.35	42	350	150	764	1056	80	14.19	1:0.43:2.18:3.02	3.3	200/510	P.O42.5,碎石(5~25)mm
8	C25	0.64	0.48	45	204	150	855	1045	106	9.61	1:0.74:4.19:5.12	3.1	195/500	P.O42.5,碎石(5~25)mm
9	C30	0.56	0.46	44	247	150	837	1066	80	10.14	1:0.61:3.39:4.32	3.1	190/490	P.O42.5,碎石(5~25)mm
10	C35	0.48	0.41	43	287	150	801	1062	80	11.74	1:0.52:2.79:3.70	3.2	200/510	P.O42.5,碎石(5~25)mm
11	C40	0.43	0.37	42	339	150	773	1068	70	13.09	1:0.44:2.28:3.15	3.2	200/490	P.O42.5,碎石(5~25)mm
12	C45	0.39	0.34	41	397	155	733	1055	60	15.45	1:0.39:1.85:2.66	3.4	205/480	P.O42.5,碎石(5~25)mm
13	C50	0.36	0.32	40	431	155	702	1052	60	16.69	1:0.36:1.63:2.44	3.4	215/500	P.O42.5,碎石(5~25)mm

表3 混凝土抗渗配合比

编号	强度等级	水灰比	水胶比	砂率(%)	每立方米混凝土材料用量(kg)							配合比	A掺量(%)	出机坍落度(mm)	备注
					C	W	S	G	FA	HEA	A				
1	C20/P	0.62	0.53	46	227	170	860	1010	74	19	9.92	1:0.75:3.79:4.45	3.1	230/570	P.O42.5,碎石(5~25)mm
2	C25/P	0.53	0.47	45	265	170	823	1005	75	22	11.58	1:0.64:3.11:3.79	3.2	225/580	P.O42.5,碎石(5~25)mm
3	C30/P	0.47	0.41	44	304	165	797	1015	75	24	13.30	1:0.54:2.62:3.34	3.3	235/590	P.O42.5,碎石(5~25)mm
4	C35/P	0.40	0.36	43	349	165	756	1003	80	27	15.05	1:0.47:2.17:2.87	3.3	240/580	P.O42.5,碎石(5~25)mm
5	C40/P	0.36	0.33	42	396	165	728	1006	75	30	17.03	1:0.42:1.84:2.54	3.4	235/580	P.O42.5,碎石(5~25)mm
6	C25/P	0.64	0.51	45	230	165	842	1028	75	20	10.40	1:0.72:3.66:4.47	3.2	225/570	P.O42.5,碎石(5~25)mm
7	C30/P	0.56	0.43	44	277	165	807	1028	80	23	12.54	1:0.60:2.91:3.71	3.3	230/590	P.O42.5,碎石(5~25)mm
8	C35/P	0.48	0.40	43	310	165	776	1029	75	25	13.94	1:0.53:2.50:3.32	3.4	230/580	P.O42.5,碎石(5~25)mm
9	C40/P	0.43	0.36	42	356	163	747	1031	75	28	16.06	1:0.64:2.10:2.90	3.5	225/580	P.O42.5,碎石(5~25)mm
10	C45/P	0.39	0.33	41	393	163	715	1028	71	30	17.29	1:0.41:1.82:2.62	3.5	240/570	P.O42.5,碎石(5~25)mm
11	C50/P	0.36	0.31	40	426	163	684	1025	70	32	19.01	1:0.38:1.61:2.41	3.6	235/590	P.O42.5,碎石(5~25)mm

表 4 混凝土补偿收缩配合比

编号	强度等级	水灰比	水胶比	砂率(%)	每立方米混凝土材料用量(kg)							配合比	A掺量(%)	出机坍落度(mm)	备注
					C	W	S	G	FA	HEA	A				
1	C20	0.62	0.53	46	217	170	860	1010	71	32	9.92	1:0.78:3.96:4.65	3.1	235/590	P.O42.5,碎石(5~25)mm
2	C25	0.53	0.47	45	254	170	823	1005	72	36	11.58	1:0.67:3.24:3.96	3.2	240/580	P.O42.5,碎石(5~25)mm
3	C30	0.47	0.41	44	291	165	797	1015	72	40	13.30	1:0.57:2.74:3.49	3.3	230/580	P.O42.5,碎石(5~25)mm
4	C35	0.40	0.36	43	334	165	757	1003	76	45	15.02	1:0.49:2.27:3.00	3.3	235/570	P.O42.5,碎石(5~25)mm
5	C40	0.36	0.33	42	379	165	728	1006	72	50	17.03	1:0.44:1.92:2.65	3.4	240/590	P.O42.5,碎石(5~25)mm
6	C25	0.64	0.51	45	220	165	844	1031	68	32	10.24	1:0.75:3.84:4.69	3.2	230/580	P.O42.5,碎石(5~25)mm
7	C30	0.56	0.43	44	266	165	807	1028	76	38	12.54	1:0.62:3.03:3.86	3.3	240/590	P.O42.5,碎石(5~25)mm
8	C35	0.48	0.40	43	297	165	776	1029	72	41	13.94	1:0.56:2.61:3.46	3.4	235/580	P.O42.5,碎石(5~25)mm
9	C40	0.43	0.36	42	341	163	747	1031	72	46	16.06	1:0.48:2.19:3.02	3.5	240/590	P.O42.5,碎石(5~25)mm
10	C45	0.39	0.33	41	376	163	715	1029	68	49	17.26	1:0.43:1.90:2.74	3.5	230/570	P.O42.5,碎石(5~25)mm
11	C50	0.36	0.31	40	408	163	683	1025	68	53	19.04	1:0.40:1.67:2.51	3.6	230/560	P.O42.5,碎石(5~25)mm

表 5 混凝土豆石配合比

编号	强度等级	水灰比	水胶比	砂率(%)	每立方米混凝土材料用量(kg)						配合比	A掺量(%)	出机坍落度(mm)	备注
					C	W	S	G	FA	A				
1	C15	0.80	0.57	47	182	170	888	1002	118	9.00	1:0.93:4.88:5.51	3.0	235/580	P.O42.5,碎石(5~25)mm
2	C20	0.62	0.54	46	236	170	862	1012	80	9.80	1:0.72:3.65:4.29	3.1	240/590	P.O42.5,碎石(5~25)mm
3	C25	0.53	0.49	45	270	170	830	1015	75	11.04	1:0.63:3.07:3.76	3.2	230/570	P.O42.5,碎石(5~25)mm
4	C30	0.47	0.43	44	305	165	805	1025	80	12.70	1:0.54:2.64:3.36	3.3	240/580	P.O42.5,碎石(5~25)mm
5	C35	0.40	0.38	43	346	165	767	1017	85	14.65	1:0.48:2.22:2.94	3.4	230/590	P.O42.5,碎石(5~25)mm
6	C40	0.36	0.35	42	389	165	742	1024	80	16.42	1:0.42:1.91:2.63	3.5	235/580	P.O42.5,碎石(5~25)mm
7	C20	0.74	0.57	46	216	170	869	1021	84	9.30	1:0.79:4.02:4.73	3.1	235/580	P.O42.5,碎石(5~25)mm
8	C25	0.64	0.52	45	247	170	838	1025	80	10.46	1:0.69:3.39:4.15	3.2	240/570	P.O42.5,碎石(5~25)mm
9	C30	0.56	0.47	44	274	165	819	1042	80	11.68	1:0.60:2.99:3.80	3.3	235/590	P.O42.5,碎石(5~25)mm
10	C35	0.48	0.42	43	320	165	785	1040	70	13.26	1:0.52:2.45:3.25	3.4	230/580	P.O42.5,碎石(5~25)mm
11	C40	0.43	0.4	42	357	165	764	1054	60	14.60	1:0.46:2.14:2.95	3.5	240/590	P.O42.5,碎石(5~25)mm
12	C45	0.39	0.37	41	393	165	735	1057	50	15.51	1:0.42:1.87:2.69	3.5	235/580	P.O42.5,碎石(5~25)mm

298 混凝土拌合物的和易性及影响因素是什么？

混凝土的和易性是一项综合的技术指标，包括流动性、粘聚性和保水性等三方面的含义。

流动性是指混凝土拌合物在本身自重或施工机械振捣作用下，能产生流动，并均匀密实地填满模板的性能。流动性的大小，反映混凝土拌合物的稀稠程度，直接影响施工的难易和混凝土的质理。

粘聚性是指混凝土各组成材料间具有一定的粘聚力，不致产生分层和离析现象，使混凝土保持整体均匀的性能。

保水性是指混凝土拌合物在施工过程中，具有一定的保水能力，不致产生严重的泌水现象。保水性差的混凝土拌合物，因泌水会形成易透水的孔隙，使混凝土的密实性变差，降低质量。

混凝土拌合物的流动性、粘聚性和保水性有其各自的内容，三者之间既互相联系，又互相矛盾。如粘聚性好则保水性往往也好，但流动性偏大时，粘聚性和保水性则往往变差。因此，混凝土和易性就是这三方面性能在某种具体条件下要求矛盾统一。

一、和易性的评定

根据国标《普通混凝土拌合物性能试验方法》（GB 50080）规定，用坍落度和维勃稠度来测定混凝土拌合物的流动性，并辅以直观经验来评定粘聚性和保水性。

坍落度测定方法是将被测的拌合物按规定方法装入高 30mm 的标准圆锥体筒（称坍落度筒）内，分层插实，装满刮平，垂直向上提起坍落度筒，混合料因自重而下落，量出筒高与坍落后混合料试体最高点间的高差，以 mm 为单位（结果表达精确至5mm），即为该混合料的坍落度。

观察坍落后的混凝土试体的粘聚性及保水性。粘聚性的检查方法是用捣棒在已坍落的混凝土锥体侧面轻轻敲敲打。如果锥体逐渐下沉，则表示粘聚性良好，如果锥体倒塌、部分崩裂或出现离析现象，则表示粘聚性不好。

保水性以混凝土拌合和中稀浆析出的程度来评定，坍落筒提起后如有较多的稀浆从底部析出，锥体部分的混凝土也因失浆而集料外露，则表明此混凝土拌合物的保水性能不好。如坍落筒提起后无稀浆或仅有少量稀浆自底部析出，则表示此混凝土拌合物保水性良好。

对于干硬或较干稠的混凝土混合料，坍落度试验测不出混合料稠度变化情况，即混合料的坍落度小于 10mm 时，说明混合料的稠度过干，宜用维勃稠度测定和易性。

根据坍落度的不同，可将混凝土拌合物分为干硬性混凝土（坍落度为 0~10mm）、塑性混凝土（坍落度值为 10~90mm）、流动性混凝土（坍落度值为 100~150mm）及大流动性混凝土（坍落度值大于 160mm）。

二、影响和易性的主要因素

（一）水泥浆的数量

在水胶比一定的前提下，单位体积拌合物内胶凝材料越多，拌合物流动性越大。但胶凝材料过多，不仅成本加大，强度、收缩与耐久性都会变差；胶凝材料过少，不能完全包裹集料表面，拌合物会产生崩坍，粘聚性变差。因此，混凝土拌合物中的净浆量应以满足流动性和强度要求为度，不宜过量或少量。

（二）水泥浆的稠度

水胶比小，水泥浆就稠，拌合物流动性小。水胶比过小，则拌合物失去流动性，甚至粘聚性很差，影响混凝土密实性和强度。水胶比太大，拌合物粘聚性和保水性变差，产生泌水、离析现象，直接导致硬化混凝土强度降低，耐久性变差。

（三）集料的影响

集料本身的形状如碎石、卵石、粗砂、细料等，对拌合物和易性有明显影响。

改善砂石的级配和砂在所有集料中所占比例即砂率,可以调整拌合物和易性。砂率是指砂的质量占砂石总质量的百分率。砂的作用是填充石子间的空隙,并以水泥浆包裹在石子的外表面,减少石子间的摩擦阻力,赋予混凝土拌合物一定的流动性。砂率的变动会使集料的空隙率和总表面积有显著改变。因而对混凝土拌合物的工作性产生显著影响。砂率过大时,集料的空隙率和总表面积都会增大,在水泥浆量一定的情况下,包裹粗集料表面和填充粗集料空隙所需水泥浆量就会增大,而相对削弱了水泥浆的润滑作用,导致混凝土拌合物的流动性降低。砂率过小,则不能保证粗集料间有足够的水泥砂浆,也会降低拌合物的流动性,并严重影响其粘聚性和保水性而造成离析和流浆等现象。因此,砂率有一个合理值(即最佳砂率)。当采用合理砂率时,在用水量和水泥用量一定的情况下,能使混凝土拌合物获得最大的流动性,且能保持良好的粘聚性和保水性;或采用合理砂率时,能使混凝土拌合物获得所要求的流动性及良好的粘聚性与保水性,而水泥用量最小。

(四)混凝土外加剂

按功能划分的全部4大类混凝土外加剂中,有3类与调整拌合物和易性有关:改善混凝土流变性能的外加剂;改变混凝土凝结时间的外加剂;改变混凝土其他性能的外加剂(其中的一部分品种)。虽然理论上只凭外加剂也可能改善混凝土拌合物和易性,但从经济性、硬化后混凝土耐久性等综合考虑,在主要依靠外加剂调整拌合物和易性的同时,也应当同样考虑配合比的调整和运输、施工工艺的调整。单纯只要求用外加剂来调整、改善拌合物和易性有时并不可取。

(五)时间及温度

拌合后的混凝土,随时间的延长而逐渐变得干稠,流动性减小,拌合物的和易性也受温度的影响,因为环境温度的升高,水分蒸发及水化反应加快,坍落度损失也变快。

(六)组成材料的品种及性质

不同品种的水泥用水量不同,在常用水泥中,以普通硅酸盐水泥所配制的混凝土拌合物的流动性和保水性较好;当使用某些火山灰水泥时,拌合物的流动性比用普通水泥的小,且矿渣水泥将使拌合物的泌水性倾向显著增加。

采用级配良好、较粗大的集料,在相同配合比时拌合物的流动性好些,但砂、石过粗大也会使拌合物的粘聚性和保水性下降。河砂及卵石多呈圆形,表面光滑无棱角,拌制的混凝土拌合物比山砂、碎石拌制的拌合物的流动性好。

299 混凝土强度和影响因素有哪些?

强度是混凝土最主要的技术特性,也是施工过程中必须达到的首要指标。混凝土的强度包括抗压强度、抗拉强度、抗剪强度及与钢筋的粘结强度等。其中混凝土的抗压强度最大、抗拉强度最小。混凝土强度与混凝土的其他性能关系密切,通常混凝土的强度越大,其刚性、不透水性、抗风化及耐蚀性也越高。混凝土的其他性能与抗压强度有一定的关系,可以根据抗压强度的大小来估计其他强度。混凝土的质量检验也就往往以检验它的抗压强度为主,因而就以抗压强度的高低来划分等级。习惯上泛指混凝土的强度,即它的极限抗压强度。

一、混凝土的抗压强度与强度等级

混凝土的强度等级是按立方体标准抗压强度确定的。立方体标准抗压强度系指按照国标《普通混凝土力学性能试验方法》(GB/T 50081),制作150mm×150mm×150mm的立方体试件,在标准养护条件[温度(20±2)℃,相对湿度95%以上]下,养护到28d龄期,所测得的抗压强度值为混凝土立方体抗压强度,以f_{cu}表示。

混凝土立方体标准抗压强度值(MPa即N/mm^{2}计)是具有95%保证率的立方体试件抗压强度。所以,标准抗压强度是按数理统计处理办法达到规定保证率的某一数值,它不同于立方体抗压强度。根据混凝土立方体抗压强度的标准值，把混凝土的强度等级分为 12 个，即 C7.5，C10，C15，C20，C25，C30，C35，C40，C45，C50，C55，C60。其中：C 表示混凝土；C 后面的数字表示混凝土立方体标准抗压强度值，单位是 N/mm^2。例如 C20，表示混凝土的标准抗压强度值为 20N/mm^2，即 20MPa。凡介于两个等级之间的抗压强度值，均按较低的一个强度等级使用。

按照 GB 50204 的规定，测定混凝土立方体试件抗压强度应按粗集料的最大粒径的尺寸选用 100mm、150mm 或 200mm 尺寸的立方试件体。但在计算其标准抗压强度时，应乘以换算系数，以得到相当于标准试件的试验结果。用边长为 100mm 的立方体试件、换算系数为 0.95，选用边长为 200mm 的立方体试件，换算系数为 1.05。

二、混凝土的抗拉强度

混凝土在直接受拉时，很小的变形就要开裂，它在断裂前几乎没有残余变形，是一种脆性破坏。

混凝土的抗拉强度只约有抗压强度的 1/10，且随着混凝土强度等级的提高其比值有所降低。因此，混凝土在工作时一般不依靠其抗拉强度。但混凝土的抗拉强度对抵抗裂缝的产生有着重要意义，在结构计算中抗拉强度是确定混凝土抗裂度的重要指标，有时也用来间接衡量混凝土与钢筋间的粘结强度等。

我国目前采用边长为 150mm 的混凝土标准立方体试件（国际上多用圆柱体）的劈裂抗拉试验来测定混凝土的抗拉强度，称为劈裂抗拉强度。

三、影响混凝土强度的因素

影响混凝土抗压强度的因素较多，包括有原材料的质量（主要是水泥强度等级和集料品种）、材料之间的比例关系（水灰比、灰集比、集料级配）、施工方法（拌合、运输、浇筑、振捣、养护）以及试验条件（龄期、试件形状与尺寸、试验方法、温度及湿度）等。

在混凝土结构形成过程中，多余水分残留在水泥石中形成毛细孔，水分的析出在水泥石中形成泌水通道，或聚集在粗集料下缘处形成水囊，水泥水化产生的化学收缩以及各种物理收缩等还会在水泥石和集料的界面上形成微细裂缝。上述结构缺陷的存在，实际上都是混凝土在受外力作用时引起破坏的内在因素。

（1）实际强度与水灰比：水泥的实际强度和水灰比是决定混凝土强度的主要因素。水泥是混凝土中的活性组分，在配合比相同的条件下，水泥强度越高，其与集料的粘结强度越大，制成的混凝土强度也越高。在水泥强度相同的条件下，混凝土强度主要取决水灰比。因为水泥水化时所需的理论结合水，一般只占水泥质量的 23% 左右，但在拌制混凝土拌合物时，为获得必要的流动性，常需多加一些水（占水泥质量的 40% ~60%），以满足施工所需求的流动性。当混凝土硬化后，多余的水分或残留在混凝土中形成水泡或蒸发后形成气孔，使得混凝土内部形成各种不同尺寸的孔隙。这些孔隙的存在会大大减少混凝土抵抗荷载的有效断面，而且会在孔隙周围形成应力集中，降低了混凝土的强度。但若水灰比过小，拌合物过于干稠，施工困难大，会出现蜂窝、孔洞，导致混凝土强度严重下降。因此，在满足施工要求并保证混凝土均匀密实的条件下，水灰比越小，水泥石强度越高，与集料粘结力越大，混凝土强度越高。

1930 年瑞士混凝土专家鲍罗米根据大量试验与工程实践，应用数理统计方法，将水泥强度、灰水比、混凝土强度之间建立了关系，即混凝土强度经验公式：

$$f_{cu.o} = Af_{ce}(C/W - B) \tag{1}$$

式中　$f_{cu.o}$——混凝土强度，MPa；

　　　f_{ce}——水泥的实际强度，MPa；

　　　A——回归系数；

　　　B——回归系数；

C——每立方米混凝土的水泥用量，kg；

W——每立方混凝土的用水量，kg。

在无法取得水泥实测强度时，可用下式计算，即：

$$f_{ce} = r_{co}f_{ce.g}$$

式中 $f_{ce.g}$——水泥强度等级值，MPa；

r_{co}——水泥强度等级值的富余系数，该值应按当地统计资料确定。一般取 1.13。

此公式只适用于塑性混凝土，对干硬性混凝土则不适用。同时对塑性混凝土来说，也只是在原材料相同、工艺措施相同的条件下 A、B 才可视为常数。

（2）集料：当集料级配良好、砂率适当时，由于组成了坚实的骨架，有利于混凝土强度的提高。如果混凝土集料中有害杂质多、级配差时，混凝土强度偏低。

由于碎石表面粗糙有棱角，提高了集料与水泥砂浆之间的机械啮合力和粘结力，所以在水灰比相同的条件下，用碎石拌制的混凝土比用卵石的强度要高。

集料的强度影响混凝土的强度，一般集料强度越高所配制的混凝土强度越高，这在低水灰比和配制高强度混凝土时特别明显。

（3）养护温度及湿度：混凝土所处的环境温度和湿度，都是影响混凝土强度的重要因素，它们是通过水泥水化过程所产生的影响而起作用的。

混凝土强度发展的程序和速度取决于水泥的水化状况，混凝土浇筑成型后，必须在一定时间内保持适当的温度和足够的湿度以使水泥充分水化，这就是混凝土的养护。养护温度高，水泥水化速度加快，混凝土强度的发展也快；反之，在低温下混凝土强度发展迟缓。当温度降低至冰点以下时，由于混凝土中的大部分水结冰，混凝土强度停止发展，而且由于混凝土孔隙中的水结冰产生体积膨胀（约9%），而产生相当大的压应力（可达100MPa），使硬化中的混凝土结构遭到破坏，强度受到损失。气温升高时，冰又开始融化。如此反复冻融，混凝土表面开始剥落，甚至完全崩溃。混凝土早期强度低，更容易产生冻害。所以在冬季施工中，要特别注意保温养护，以免混凝土早期受冻破坏。

水是水泥水化反应的必要成分，如果湿度不够，水泥水化反应不能正常进行，甚至停止水化，严重降低混凝土强度，而且因水水分蒸发，容易形成干缩裂缝，增大渗水性，从而影响混凝土的耐久性。

为了使混凝土正常硬化，必须在成型后一定时间内维持周围环境有一定的温度和湿度。在混凝土浇筑完毕后，应在12h内用草袋或混凝土养护膜等物进行覆盖，以防止水分蒸发。同时，在夏季施工的混凝土进行自然养护时，要特别注意浇水保湿，使用硅酸盐水泥、普通硅酸盐水泥和矿渣水泥时，浇水保湿应不少于7d，使用火山灰水泥和粉煤灰水泥或在施工中掺缓凝型外加剂或混凝土有抗渗要求时，应不小于14d。在夏季应特别注意浇水，保持必要的湿度，在冬季应特别注意保持必要的温度。

（4）龄期：龄期是指混凝土在正常养护条件下所经历的时间。混凝土强度随龄期的增长而发展，最初 7~14d 内强度发展较快，以后逐渐缓慢。

普通水泥制成的混凝土，在标准养护条件下，混凝土强度的发展，大致与其龄期的常用对数成正比关系（龄期不小于3d）。

$$\frac{f_n}{f_{28}} = \frac{\lg n}{\lg 28} \tag{2}$$

式中 f_n——nd 龄期混凝土的抗压强度 MPa；

f_{28}——28d 龄期混凝土的抗压强度 MPa。

（5）试验条件：指试件的尺寸、形状、表面状态及加荷速度等。

试验条件影响混凝土强度的试验值。

①试件尺寸：当混凝土具有相同配合比时，试件的尺寸越小，测得的强度越高。

②试件的形状：当试件受压面积相同，而高度不同时，高宽比越大，抗压强度越小。

③加荷速度：加荷速度越快，测得的混凝土强度值也越大，当加荷速度超过 1.0MPa/s 时，这种趋势更加显著。因此，我国标准规定混凝土抗压强度的加荷速度为 0.3~0.8MPa/s，且应连续均匀地进行加荷。

（6）外加剂的影响

正确使用外加剂，除了混凝土拌合物可以获得所要求的特殊性能以外，硬化以后其强度会比不掺时提高，至少基本不降低。外加剂使用不当，就会引起硬化后混凝土的强度降低：一种情况是除高效减水剂以外的其他任何种类外加剂掺量过大，如普通减水剂掺量严重超过正常用量、缓凝剂或引气剂掺量过大等。另一种情况是水泥与外加剂适应性差，掺入后引起混凝土假凝、急凝等，使得硬化混凝土疏松，降低了混凝土强度。

300　混凝土耐久性有哪些？

混凝土除应具有设计要求的强度，以保证其能承受设计荷载外，还应具有与自然环境及使用条件相适应的经久耐用的性能。混凝土耐久性主要包括抗渗、抗冻、抗侵蚀、抗碳化、抗碱-集料反应及混凝土中的钢筋耐锈蚀等性能。

一、混凝土的抗渗性

抗渗是混凝土的一项基本性能，此外，它还直接影响混凝土的抗冻性和抗侵蚀性。

混凝土的抗渗性能用抗渗等级 S 表示（也可以用 P 表示）。它是以 28d 龄期的标准试件，按规定方法试验，以试件不渗水时所能承受的最大水压来确定。抗渗强度等级有 S2，S4，S6，S8，S10 及 S12 六个等级，分别表示可承受 0.2MPa、0.4MPa、0.6MPa、0.8MPa、1.0MPa 及 1.2MPa 的水压。

混凝土渗水主要是因为内部的空隙形成连通的渗水通道。这些孔道除由振捣不密实外，主要来源于水泥浆中多余水分的蒸发而留下的气孔、水泥浆泌水所形成的泌水通道及粗集料下部界面水富集形成的孔穴。其主要与水灰比的大小有关。试验表明，随着水灰比的增大，抗渗性变差，当水灰比大于 0.6 时，抗渗性急剧降低。

二、抗冻性

混凝土在水饱和状态下，能经受多次冻融循环作用而不破坏，同时也不严重降低强度的性能，称为抗冻性。在寒冷地区，特别是接触水又受冻的环境条件下，混凝土要求具有较高的抗冻性。

抗冻等级指标是在规定的冻融制度下试验，检验其强度降低，不超过 25% 时的循环数，即为所检验混凝土的抗冻等级。混凝土的抗冻等级有 D_{25}，D_{50}，D_{100}，D_{150}，D_{200}，D_{250} 和 D_{300} 七个等级，字母下的角注，即所能抵抗的循环数。

在混凝土硬化过程中，由于析水而布有的细微孔道，不仅使渗透性变差，还会使吸水性增大，导致抗冻性降低。低水灰比、密实的混凝土和具有封闭孔隙的混凝土的（引气混凝土）抗冻性较高。掺入引气剂、减水剂等可有效提高混凝土的抗冻性。

三、混凝土的碳化

空气中的二氧化碳渗透到混凝土内部，与混凝土中的氢氧化钙起化学反应后生成碳酸钙和水，混凝土碱度降低，称为混凝土的碳化。当碳化深度超过钢筋保护层时，在水和空气的作用下，钢筋开始锈蚀。钢筋锈蚀会引起体积膨胀，使混凝土保护层出现裂缝及剥离等破坏现象。此外，碳化还能引起混凝土收缩（即碳化收缩），易使混凝土表面产生微细裂缝。

碳化作用对混凝土也有一些有利影响，即碳化作用产生的碳酸钙填充了水泥石的孔隙，以及碳化时放出的水分有助于未水化水泥的水化，从而可提高混凝土碳化层的密实度，对提高抗压强度有利，如混凝土预制桩往往利用碳化作用来提高桩的表面硬度。影响碳化速度的外界因素是二氧化碳的浓度及湿度，影响碳化速度的内在因素是混凝土本身的孔隙率、碱度及抗渗性。

四、混凝土的抗侵蚀性

当混凝土所处环境中含有侵蚀性介质时，混凝土便会遭受侵蚀。通常有软水侵蚀、硫酸盐侵蚀、一般酸侵蚀和强碱侵蚀等。

混凝土的抗侵蚀性与水泥品种、混凝土的密实程度和孔隙特征等有关，密实和孔隙封闭的混凝土，环境水不易侵入，抗侵蚀性较强。提高混凝土抗侵蚀性的主要措施有合理水泥品种和掺合料、降低水灰比、提高混凝土密实度和改善孔隙结构。

五、抗碱-集料反应

水泥中的碱与集料中的活性二氧化硅发生反应，在集料表面生成复杂的碱-硅酸凝胶。碱-硅酸凝胶具有吸水膨胀（体积可增大三倍）的特性，当膨胀时，会使包围集料的水泥石胀裂。这种化学反应要具备以下三个条件才会发生：一是混凝土中碱的含量足够高；二是集料中含有一定的活性成分；三是有水存在。三者中缺一不可，缺少任何一个条件，碱-集料反应都不会发生。

301 什么是混凝土配合比？配合比设计应执行什么规程？

混凝土配合比是在一定经验积累的基础上通过计算和试验验证，确定能够满足工程设计和施工要求的混凝土各组分之间的相互比例。目前，我国普通混凝土配合比设计执行《普通混凝土配合比设计规程》JGJ 55。配合比设计有很多种方法，经验和数据积累对从事混凝土工作尤为重要，尤其是在使用外加剂和大量掺合料时，现有的配合比设计方法具有一定的局限性，需要根据原材料情况和技术要求通过大量试验确定合适的配合比。《普通混凝土配合比设计规程》JGJ 55 正在修订中。

302 混凝土配合比设计的基本要求是什么？

混凝土配合比设计的基本要求是：
（1）满足混凝土工程结构设计和（或）工程进度对强度的要求；
（2）满足混凝土工程施工对和易性要求；
（3）保证混凝土在自然环境及使用条件下的耐久性要求；
（4）在保证混凝土工程质量的前提下，合理地使用材料，降低成本。

303 混凝土配合比设计中的三个重要参数是什么？

混凝土配合比设计中的三个重要参数是：
（1）水灰比，即单位体积混凝土中水与水泥用量之比；混凝土配合比设计中，当所用水泥强度等级确定后，水灰比是决定混凝土强度的主要因素之一。
（2）用水量，即单位体积混凝土中水的用量；在混凝土配合比设计中，用水量不仅决定了混凝土拌合物的流动性和密实性等，而且当水灰比确定后，用水量一经确定，水泥用量也随之确定。同时，对混凝土的耐久性和经济性有较大影响。
（3）砂率，即单位体积混凝土中砂与砂、石总量的质量比；在混凝土配合比设计中，砂率的选定不仅决定了砂、石各自的用量，而且和混凝土的和易性有很大关系。

304 混凝土坍落度与坍落扩展度如何测试？

一、目的
（1）熟练掌握混凝土坍落度与坍落扩展度测试方法。
（2）训练正确评价混凝土工作性的好坏的能力。

二、适用范围

本方法适用于集料最大粒径不大于40mm、坍落度不小于10mm的混凝土拌合物稠度测定。

三、仪器设备

坍落度筒。

（一）构造

坍落度仪由坍落筒、测量标尺、平尺、捣棒和底板等组成，其构造方案如图1所示。

（二）材料要求

当采用整体铸造坍落筒时，宜选用符合GB 9439中的HT200铸铁制造，加工后最小壁厚不应小于4mm。

当采用钢板卷制坍落筒时，宜选用符合GB 700的钢板制造，其筒壁厚度不应小于3mm。

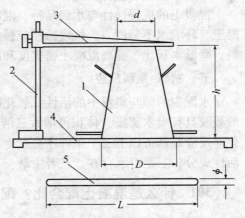

图1 混凝土坍落度仪
1—坍落筒；2—测量标尺；
3—平尺；4—底板；5—搅棒

（三）技术要求

（1）顶部内径：100mm±1mm。

（2）底部内径：200mm±1mm。

（3）高　　度：300mm±1mm。

（4）坍落筒内壁应光滑、平整、无凹凸，其表面粗糙度R_a不应低于25μm。当采用铸铁铸造时，铸件应无砂眼，气孔和裂纹。

（5）坍落筒顶面和底面的平面度误差不应大于0.1mm。

（6）坍落筒的顶面对底面的平行度误差不应大于1mm。

（7）坍落筒的顶面和底面应与锥体轴线同轴，其同轴度误差不应大于2mm。

（8）底板采用铸铁或钢板制成。宽度不应小于500mm，其表面应光滑、平整，并具有足够的刚度。

（9）底板上表面的平面度误差，不应小于0.1mm。

（10）测量标尺的表面应光滑，刻度范围为0~250mm，分度为1mm，刻度误差不应大于0.1mm。其零点应保证使平尺底面与底板表面之间的距离为300mm±0.5mm。

（11）测量标尺对底板的垂直度误差不应大于0.2mm。

（12）平尺在测量标尺上应移动灵活，并有定位装置。平尺底面与底板上表面的平行度误差，不应大于0.5mm。

（13）捣棒用圆钢制成，表面应光滑，其直径为（16±0.1）mm、长度为（600±5）mm，且端部呈半球形。

四、检验步骤

（1）湿润坍落度筒及底板，在坍落筒内壁和底板上应无明水。底板应放置在坚实水平面上，并把筒放在底板中心，然后用脚踩住两边的脚踏板，坍落度筒在装料时应保持固定的位置。

（2）使按要求取得的混凝土试样用小铲分三层均匀地装入筒内，使捣实后每层高度为筒高的三分之一左右。每层用捣棒插捣25次。插捣应沿螺旋方向由外向中心进行，各次插捣应在截面上均匀分布。插捣筒边混凝土时，捣棒可以稍稍倾斜。插捣底层时，捣棒应贯穿整个深度，插捣第二层和顶层时，捣棒应插透本层至下一层的表面；浇灌顶层时，混凝土应灌到高出筒口。插捣过程中，如混凝土沉落到低于筒口，则应随时添加。顶层插捣完后，刮去多余的混凝土，并用抹刀抹平。

（3）清除筒边底板上的混凝土后，垂直平稳地提起坍落度筒。坍落度筒的提离过程应在5~

10s 内完成；从开始装料到提坍落度筒的整个过程应不间断地进行，并应在 150s 内完成。

（4）提起坍落度筒后，测量筒高与坍落后混凝土试体最高点之间的高度差，即为该混凝土拌合物的坍落度值；坍落度筒提离后，如混凝土发生崩坍或一边剪坏现象，则应重新取样另行测定如第二次试验仍出现上述现象，则表示该混凝土和易性不好，应予记录备查。

（5）观察坍落后的混凝土试体的粘聚性及保水性。粘聚性的检查方法是用捣棒在已坍落的混凝土锥体侧面轻轻敲打，此时如果锥体逐渐下沉，则表示粘聚性良好，如果锥体倒塌、部分崩裂或出现离析现象，则表示粘聚性不好。保水性以混凝土拌合物稀浆析出的程度来评定，坍落度筒提起后如有较多的稀浆从底部析出，锥体部分的混凝土也因失浆而集料外露，则表明此混凝土拌合物的保水性能不好；如坍落度筒提起后无稀浆或仅有少量稀浆自底部析出，则表示此混凝土拌合物保水性良好。

（6）当混凝土拌合物的坍落度大于 220mm 时，用钢尺测量混凝土扩展后最终的最大直径和最小直径，在这两个直径之差小于 50mm 的条件下，用其算术平均值作为坍落扩展度值；否则，此次试验无效。

如果发现粗集料在中央集堆或边缘有水泥浆析出，表示此混凝土拌合物抗离析性不好，应予记录。

混凝土拌合物坍落度和坍落扩展度值以毫米为单位，测量精确至 1mm，结果表达修约至 5mm。

305 混凝土含气量如何测定？

一、目的

（1）熟悉混凝土含气量的测定方法。

（2）掌握混凝土含气量测定仪的率定方法。

二、适用范围

本方法适于集料最大粒径不大于 40mm 的混凝土拌合物含气量测定。

三、仪器设备

（1）含气量测定仪：如图 1 所示，由容器及盖全两部分组成。容器：应由硬质、不易被水泥浆腐蚀的金属制成，其内表面粗糙度不应大于 3.2μm，内径应与深度相等，容积为 7L。盖体：应用与容器相同的材料制成。盖体部分应包括有气室、水找平室、加水阀、排水阀、操作阀、进气阀、排气阀及压力表。压力表的量程为 0 ~ 0.25MPa，精度为 0.01MPa。容器及盖体之间应设置密封垫圈，用螺栓连接，连接处不得有空气存留，并保证密闭。

（2）捣棒：应符合规程的规定；

（3）振动台：应符合《混凝土试验室用振动台》JG/T 3020 中技术要求的规定；

（4）台秤：称量 50kg，感量 50g；

（5）橡皮锤：应带有质量约 250g 橡皮锤头。

四、检验步骤

（一）拌合物所用集料含气量测定

（1）应按下式计算每个试样中粗、细集料的质量：

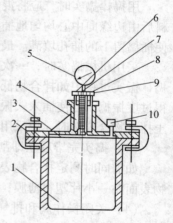

图 1 含气量测定仪

1—容器；2—盖体；
3—水找平室；4—气室；
5—压力表；6—排气阀；
7—操作阀；8—排水阀；
9—进气阀；10—加水阀

$$m_{\mathrm{g}} = \frac{V}{1000} \times m'_{\mathrm{g}} \tag{1}$$

$$m_{\mathrm{s}} = \frac{V}{1000} \times m'_{\mathrm{s}} \tag{2}$$

式中　m_{g}，m_{s}——分别为每个试样中的粗、细集料质量，kg；

　　　m_{g}，m_{s}——分别为每立方米混凝土拌合物中粗、细集料质量，kg；

　　　　　　V——含气量测定仪容积，L。

（2）在容器中先注入 1/3 高度的水，然后把通过 40mm 网筛的质量为 m_{g}、m_{s} 的粗、细集料称好、拌匀，慢慢倒入容器。水面每升高 25mm 左右，轻轻插捣 10 次，并略予搅动，以排除夹杂进去的空气，加料过程中应始终保持水面高出集料的顶面；集料全部加入后，应浸泡约 5min，再用橡皮锤轻敲容器外壁，排净气泡，除去水面泡沫，加水至满，擦净容器上口边缘；装好密封圈，加盖拧紧螺栓。

（3）关闭操作阀和排气阀，打开排水阀和加水阀，通过加水阀，向容器内注入水；当排水阀流出的水流不含气泡时，在注水的状态下，同时关闭加水阀和排水阀；

（4）开启进气阀，用气泵向气室内注入空气，使气室内的压力略大于 0.1MPa，待压力表显示值稳定；微开排气阀，调整压力至 0.1MPa，然后关紧排气阀；

（5）开启操作阀，使气室里的压缩空气进入容器，待压力表显示值稳定后记录示值 P_{g1}，然后开启排气阀，压力仪表示值应回零；

（6）重复以上第 4 款和第 5 款的试验，对容器内的试样再检测一次记录值 P_{g2}；

（7）若 P_{g1} 和 P_{g2} 的相对误差大于 0.2% 时，则应进行第三次试验。测得压力值 P_{g3}（MPa）。当 P_{g3} 与 P_{g1}，P_{g2} 中较接近一个值的相对误差不大于 0.2% 时，则取此二值的算术平均值；当仍大于 0.2% 时，则此次试验无效，应重做。

（二）混凝土拌合物含气量测定

（1）用湿布擦净容器和盖的内表面，装入混凝土拌合物试样；

（2）捣实可采用手工或机械方法。当拌合物坍落度大于 70mm 时，宜采用手工插捣，当拌合物坍落度不大于 70mm 时，宜采用机械振捣，如振动台或振捣器等；

用捣棒捣实时，应将混凝土拌合物分 3 层装入，每层捣实后高度约为 1/3 容器高度；每层装料后由边缘向中心均匀地插捣 25 次，捣棒应插透本层高度，再用木锤沿容器外壁重击 10～15 次，使插捣留下的插孔填满。最后一层装料应避免过满。

采用机械捣实时，一次装入捣实后体积为容器容量的混凝土拌合物，装料时可用捣棒稍加插捣，振实过程中如拌合物低于容器口，应随时添加；振动至混凝土表面平整、表面出浆即止，不得过度振捣；若使插入式振动器捣实，应避免振动器触及容器内壁和底面；在施工现场测定混凝土拌合物含气量时，应采用与施工振动频率相同原机械方法捣实；

（3）捣实完毕后立即刮尺刮平，表面如有凹陷应予填平抹光；

如需同时测定拌合物表观密度时，可在此时称量和计算；然后在正对操作阀孔的混凝土拌合物表面贴一小片塑料薄膜，擦净容器上口边缘，装好密封垫圈，加盖并拧紧螺栓；

（4）关闭操作阀和排气阀，打开排水阀加水阀，通过加水阀，向容器内注入水；当排水阀流出的水流不含水气泡时，在注水的状态下，同时关闭加水阀和排水阀。

（5）然后开启进气阀，用气泵注入空气至气室内压力略大于 0.1MPa，待压力示值仪表示值稳定后，微微开启排气阀，调整压力至 0.1MP，关闭排气阀；

（6）开启操作阀，待压力示值仪稳定后，测得压力值 P_{01}（MPa）；

（7）开启排气阀，压力仪示值回零。重复上述 5、6 的步骤，对容器内试样再测一次压力值 P_{02}（MPa）；

（8）若 P_{01} 和 P_{02} 相对误差小于 0.2% 时，则取 P_{01} 和 P_{02}，的算术平均值，按压与含气量关系曲线查得含气量 A（精确至 0.1%）；若不满足，则应进行第三次试验，测得压力值 P_{03}（MPa）。当 P_{03} 与 P_{01}，P_{02} 中较接近一个值的相对误差不大于 0.2% 时，则取此二值的算术平均值查得 A_0 当仍大于 0.2%，此次试验无效。

五、混凝土拌合物含气量

$$A = A_0 - A_g \tag{3}$$

式中　A——混凝土拌合物含气量，%；

　　A_0——两次含气量测定的平均值，%；

　　A_g——集料含气量，%。

计算精确至 0.1%。

含气测定仪容积的标定及率定：

（1）擦净容器，并将含气量仪全部安装好，测定含气量仪的总质量，测量精确至 50g；

（2）往容器内注水至上缘，然后将盖体安装好，关闭操作阀和排气阀，打开排水阀和加水阀，通过加水阀，向容器内注入水；当排水阀流出的水流不含气泡时，在注水的状态下，同时关闭加水阀和排水阀，再测定其总质量；测量精确至 50g；

（3）容器的容积应按下式计算：

$$V = \frac{m_2 - m_1}{\rho_w} \times 1000 \tag{4}$$

式中　V——含气量仪的容积，L；

　　m_1——干燥含气量仪的总质量，kg；

　　m_2——水、含气量仪的总质量，kg；

　　ρ_w——容器内水的密度，kg/m^3。

计算应精确至 0.01L。

（4）按第（二）（2）～（8）条的操作步骤测得含气量为 0 时的压力值；

（5）开启排气阀，压力示值器示值回零；关闭操作阀和排气阀，打开排水阀，在排水阀口用量筒接水；用气泵缓缓地向气室内打气，当排出的水恰好是含气量仪体积的 1% 时。按上述步骤测得含气量为 1% 时的压力值；

（6）如此继续测取含气量分为 2%，3%，4%，5%，6%，7%，8% 时的压力值；

（7）以上试验均应进行两次，各次所测压力值均应精确至 0.01MPa；

（8）对以上的各次试验均应进行检验，其相对误差均应小于 0.2%；否则应重新率定；

（9）据此检验以上含气量 0.1%，…，8% 共 9 次的测量结果，绘制含气量与气体压力之间的关系曲线。

按 GBJ 80 用气水混合式含气量测定仪，并按该仪器说明进行操作，但混凝土拌合物一次装满并稍高于容器，用振动台振实 15～20s，用高频插入式振捣器（$\phi25mm$，14000 次/min）在模型中心垂直插捣 10s。

六、注意事项

（1）必须定期的对含气量测定仪进行率定。

（2）混凝土的含气量不是单纯新拌混凝土的含气量，应减去集料的含气量。

306　混凝土凝结时间和凝结时差如何测定？

一、目的

（1）熟悉混凝土凝结时间的测定方法。

（2）熟悉贯入阻力仪的使用。

（3）掌握凝结时间差的测定。

二、原理

本方法适用于从混凝土拌合物中筛出的砂浆用贯入阻力法来确定坍落度值不为零的混凝土拌合物凝结时间的测定。

三、仪器设备

贯入阻力仪：贯入阻力仪应由加荷装置、测针、砂浆试样筒和标准筛组成，可以是手动的，也可以是自动的。贯入阻力仪应符合下列要求：

（1）加荷装置：最大测量值应不小于1000N，精度为±10N；

（2）测针：长为100mm，承压面积为100mm²、50mm²和20mm²；三种测针；在距贯入端25mm处记有一圈标记；

（3）砂浆试样筒：上口径为160mm，下口径为150mm，净高为150mm刚性不透水的金属圆筒，并配有盖子；

（4）标准筛：筛孔为5mm的符合现行国家标准《试验筛》GB/T 6005规定的金属圆孔筛。

四、试验步骤

（1）将混凝土拌合物用5mm标准筛筛出砂浆，每次应筛净，然后将其拌合均匀。将砂浆一次分别装入三个试样筒中，做三个试验。取样混凝土坍落度不大于70mm的混凝土宜用振动台振实砂浆；取样混凝土坍落度大于70mm的宜用捣棒人工捣实。用振动台振实砂浆时，振动应持续到表面出浆为止，不得过振；用捣棒人工捣实时，应沿螺旋方向由外向中心均匀插捣25次，然后用橡皮锤轻轻敲打筒壁，直至插捣孔消失为止。振实或插捣后，砂浆表面应低于砂浆试样筒口约10mm；砂浆试样筒应立即加盖。

（2）砂浆试样制备完毕，编号后应置于温度为（20±2）℃的环境中或现场同条件下待试，并在以后的整个测试过程中，环境温度应始终保持（20±2）℃。现场同条件测试时，应与现场条件保持一致。在整个测试过程中，除进行吸收泌水或贯入试验外，试样筒应始终加盖。

（3）凝结时间测定从水泥与水接触瞬间开始计时。根据混凝土拌合物的性能，确定测针试验时间，以后每隔0.5h测试一次，在临近初、终凝时可增加测定次数。

（4）在每次测试前2min，将一片20mm厚的垫块垫入筒底一侧使其倾斜，用吸管吸去表面的泌水，吸水后平稳地复原。

（5）测试时将砂浆试样筒置于贯入阻力仪上，测针端部与砂浆表面接触，然后在（10±2）s内均匀地使测针贯入砂浆（25±2）mm深度，记录贯入压力，精确至10N，记录测试时间，精确至1min；记录环境温度，精确至0.5℃。

（6）各测点的间距应大于测针直径的两倍且不小于15mm，测点试样筒壁的距离应不小于25mm。

（7）贯入阻力测试在0.2～28MPa之间应至少进行6次，直至贯入阻力大于28MPa为止。

（8）在测试过程中应根据砂浆凝结状况，适时更换测针，更换测针宜按表1选用。

表1　测针选用规定表

贯入阻力（MPa）	0.2～3.5	3.5～20	20～28
测针面积（mm²）	100	50	20

五、结果表达

贯入阻力的结果计算以及初凝时间和终凝时间的确定应按下述方法进行：

（1）贯入阻力应按下式计算：

$$f_{PR} = \frac{P}{A} \tag{1}$$

式中　f_{PR}——贯入阻力，MPa；

　　　P——贯入压力，N；

　　　A——测针面积，mm^2。

计算应精确至 0.1MPa。

（2）凝结时间宜通过线性回归方法确定。是将贯入阻力 f_{PR} 和时间 T 分别取自然对数 $\ln(f_{PR})$ 和 $\ln(T)$，然后把 $\ln(f_{PR})$ 当作自变量，$\ln(T)$ 当作因变量作线性回归得到回归方程式：

$$\ln(T) = A + B\ln(f_{PR}) \tag{2}$$

式中　T——时间，min；

　　　f_{PR}——贯入阻力，MPa；

　　A、B——线性回归系数。

根据式（2），求得当贯入阻力为 3.5MPa 时为初凝时间 T_s，贯入阻力为 28MPa 时为终凝时间 T_e：

$$T_s = e^{[A+B\ln(3.5)]}$$
$$T_e = e^{[A+B\ln(28)]} \tag{3}$$

式中　T_s——初凝时间，min；

　　　T_e——终凝时间，min；

　　A、B——式（2）中的线性回归系数。

凝结时间也可用绘图拟合方法确定，是以贯入阻力为纵坐标，经过的时间为横坐标（精确至 1min），绘制出贯入阻力与时间之间的关系曲线相交的两个交点的横坐标即为混凝土拌合物的初凝和终凝时间。

（3）用三个试验结果的初凝和终凝时间的算术平均值作为此次试验的初凝和终凝时间。如果三个测值的最大值或最小值中有一个与中间值之差超过中间值的 10%，则以中间值为试验结果；如果最大值和最小值与中间值之差均超过中间值的 10% 时，则此次试验无效。

凝结时间用 h：min 表示，并修约至 5min。

（4）凝结时间差按下式计算：

$$\Delta T = T_t - T_c \tag{4}$$

式中　ΔT——凝结时间之差，min；

　　　T_t——掺外加剂混凝土的初凝或终凝时间，min；

　　　T_c——基准混凝土的初凝或终凝时间，min。

六、注意事项

（1）一般基准混凝土在成型后 3～4h，掺早强剂的在成型后 1～2h，掺缓凝剂的在成型后 4～6h 开始测定，以后每 0.5h 或 1h 测定一次，但在临近初、终凝时，可以缩短测定间隔时间。

（2）混凝土凝结时间测定的是经过筛分的混凝土砂浆的凝结时间。

（3）在测定的过程中要注意测针的更换和贯入阻力值的计算。

307 混凝土表观密度如何测定？

一、范围

本方法适用于测定混凝土拌合物捣实后的单位体积质量。

二、仪器设备

（1）容量筒：金属制成的圆筒，两旁装有提手。对集料最大粒径不大于40mm的拌合物采用容积为5L的容量筒，其内径与内高均为（186±2）mm，筒壁厚为3mm；集料最大粒径大于40mm时，容量筒的内径与内高均应大于集料最大粒径的4倍。容量筒上缘及内壁应光滑平整，顶面与底面应平行并与圆柱体的轴垂直。

容量筒容积应予以标定，标定方法可采用一块能覆盖住容量筒顶面的玻璃板，先称出玻璃板和空桶的质量，然后向容量筒中灌入清水，当水接近上口时，一边不断加水，一边把玻璃板沿筒口徐徐推入盖严，应注意使玻璃板下不带入任何气泡；然后擦净玻璃板面及筒壁外的水分，将容量筒连同玻璃板放在台称上称其质量；两次质量之差（kg）即为容量筒的容积（L）。

（2）台秤：称量50kg，感量50g。

（3）振动台：应符合《混凝土试验室用振动台》JG/T 3020中技术要求的规定。

（4）捣棒。

三、检验步骤

（1）用湿布把容量筒内外擦干净，称出容量筒质量，精确至50g。

（2）混凝土的装料及捣实方法应根据拌合物的稠度而定。坍落度不大于70mm的混凝土，用振动台振实为宜；大于70mm的用捣棒捣实为宜。采用捣棒捣实时，应根据容量筒的大小决定分层与插捣次数；用5L容量筒时，混凝土拌合物应分两层装入，每层的插捣次数应为25次；用大于5L的容量筒时，每层混凝土的高度不应大于100mm，每层插捣次数应按每10000mm²截面不小于12次计算。各次插捣应由边缘向中心均匀插捣，插捣底层时捣棒应贯穿整个深度，插捣第二层时，捣棒应插透本层至下一层的表面；每一层捣完后用橡皮锤轻轻沿容器外壁敲打5~10次，进行振实，直至拌合物表面插捣孔消失并不见大气泡为止。

采用振动台振实时，应一次将混凝土拌合物灌到高出容量筒口。装料时可用捣棒稍加插捣，振动过程中如混凝土低于筒口，应随时添加混凝土，振动直至表面出浆为止。

（3）用刮尺将筒口多余的混凝土拌合物刮去，表面如有凹陷应填平；将容量筒外壁擦净，称出混凝土试样与容量筒总质量，精确至50g。

四、结果计算

$$\gamma_h = \frac{W_2 - W_1}{V} \times 1000 \tag{1}$$

式中　γ_h——表观密度，kg/m^3；

　　　W_1——容量筒质量，kg；

　　　W_2——容量筒和试样总质量，kg；

　　　V——容量筒容积，L。

308 混凝土膨胀剂如何检验？

一、分类

（1）硫铝酸钙类混凝土膨胀剂。

（2）硫铝酸钙-氧化钙类混凝土膨胀剂。

（3）氧化钙类混凝土膨胀剂。

二、技术指标（表1）

表1　技术指标

项　目				指标值
化学成分	氧化镁（%）　≤			5.0
	含水率（%）　≤			3.0
	总碱量（%）　≤			0.75
	氯离子（%）　≤			0.05
物理性能	细度	比表面积（m^2/kg）　≥		250
		0.08mm 筛筛余（%）　≤		12
		1.25mm 筛筛余（%）　≤		0.5
	凝结时间	初凝（min）　≥		45
		终凝（h）		10
	限制膨胀率（%）	水中	7d　≥	0.025
			28d　≤	0.10
		空气中	21d　≥	−0.020
	抗压强度（MPa）	A 法	7d　≥	25
			28d　≥	45
		B 法	7d　≥	20
			28d　≥	40
	抗折强度（MPa）	A 法	7d　≥	4.5
			28d　≥	6.5
		B 法	7d　≥	3.8
			28d　≥	5.5

注：1. 细度用比表面积和 1.25mm 筛筛余或 0.08mm 筛筛余和 1.25mm 筛筛余表示，仲裁检验用比表面积和 1.25mm 筛筛余；

　　2. 检验时 A、B 两法均可使用，仲裁检验采用 A 法。

三、检验用材料

（一）水泥

（1）A 法：采用 GB 8076 规定的基准水泥。

（2）B 法：符合 GB 175 强度等级为 42.5MPa 的普通硅酸盐水泥，且熟料中 C_3A 含量 6% ~ 8%，总碱量（$Na_2O + 0.658K_2O$）不大于 1.0%。

（二）标准砂

符合 GB/T 17671 要求。

（三）水

符合 JGJ 63 要求

四、细度检验

（1）比表面积测定按照 GB 8074 规定进行。

（2）0.08mm 筛筛余测定按照 GB/T 1345 规定进行。

（3）1.25mm 筛筛余测定参照 GB/T 1345 规定进行。

五、凝结时间检验

按照 GB/T 1346 进行膨胀剂掺量同限制膨胀率和强度的测定。

六、限制膨胀率

（一）仪器设备

（1）测量仪

测量仪由千分表和支架组成（图1），千分表刻度值最小为 0.001mm。

（2）纵向限制器

①纵向限制器由纵向钢丝与钢板焊接制成（图2）。

②钢丝采用 GB 4357 规定的 D 级弹簧钢丝，铜焊处拉脱强度不低于 785MPa。

③纵向限制器不应变形，生产检验使用次数不应超过 5 次，仲裁检验不应超过一次。

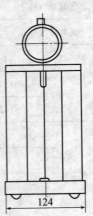
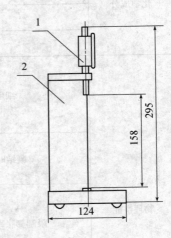

图1　测量仪
1—千分表；2—支架

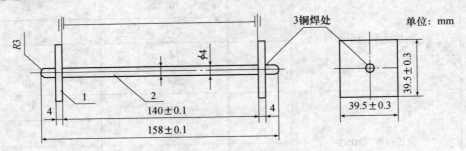

图2　纵向限制器
1—钢板；2—钢丝；3—铜焊处

（二）检验步骤

（1）试体制作

试体全长 158mm，其中胶砂部分尺寸为 40mm×40mm×140mm。

（2）水泥胶砂配合比

每成型三条试体需称量的材料和用量见表2。

表2　限制膨胀率材料用量

材料	代号	用量
水泥（g）	C	457.6
膨胀剂（g）	E	62.4

392

材料	代号	用量
标准砂（g）	S	1040
拌合水（g）	W	208

注：1. $\frac{E}{C+E} = 0.12$，$\frac{S}{C+E} = 2.0$，$\frac{W}{C+E} = 0.40$。

　　2. 混凝土膨胀剂检验时的最大掺量为 12%。生产厂在产品说明书中，应对检验限制膨胀率、抗压强度和抗折强度规定统一的掺量。

（3）水泥胶砂搅拌、试体成型

按 GB/T 17671 规定进行。

（4）试体脱模

脱模时间以按规定配比制作的试体达到抗压强度为（10±2）MPa 来确定。

（5）试体测长

①试体脱模后在 1h 内测量初始长度。

②测量完初始长度的试体立即放入水中养护，测量水中第 7d 的长度（L_1）变化，即水中 7d 的限制膨胀率。

③测量完初始长度的试体立即放入水中养护，测量水中第 28d 的长度（L_1）变化，即水中 28d 的限制膨胀率。

④测量完水中养护 7d 试体长度后，放入恒温恒湿（箱）室养护 21d，测量长度（L_1）变化，即为空气中 21d 的限制膨胀率。

⑤测量前 3h，将测量仪、标准杆放在标准试验室内，用标准杆校正测量仪并调整千分表零点。测量前，将试体及测量仪测头擦净。每次测量时，试体记有标志的一面与测量仪的相对位置必须一致，纵向限制器测头与测量仪测头应正确接触，读数应精确至 0.001mm。不同龄期的试体应在规定时间 ±1h 内测量。

（6）试体养护

养护时，应注意不损伤试体测头。试体之间应保持 15mm 以上间隔，试体支点距限制钢板两端约 30mm。

（三）结果计算

限制膨胀率按下式计算：

$$\varepsilon = \frac{L_1 - L}{L_0} \times 100\% \tag{1}$$

式中　ε——限制膨胀率，%；

　L_1——所测龄期的限制试体长度，mm；

　L——限制试体初始长度，mm；

　L_0——限制试体的基长，140mm。

取相近的两条试体测量值的平均值作为限制膨胀率测量结果，计算应精确至小数点后第三位。

七、强度检验

按 GB/T 17671 进行。

每成型三条试体需称量的材料及用量见表 3。

表3 需称量的材料及用量

材料	代号	用量
水泥（g）	C	396
膨胀剂（g）	E	54
标准砂（g）	S	1350
拌合水（g）	W	225

注：1. $\frac{E}{C+E}=0.12$，$\frac{S}{C+E}=3.0$，$\frac{W}{C+E}=0.50$。

2. 混凝土膨胀剂检验时的最大掺量为12%。生产厂在产品说明书中，应对检验限制膨胀率、抗压强度和抗折强度规定统一的掺量。

309 混凝土泵送剂性能如何检验？

一、掺泵送剂混凝土的性能指标（表1）

表1 掺泵送剂混凝土的性能指标

试验项目		性能指标	
		一等品	合格品
坍落度增加值（mm） ≥		100	80
常压泌水率比（%） ≤		90	100
压力泌水率比（%） ≤		90	95
含气量（%） ≤		4.5	5.5
坍落度保留值（mm） ≥	30min	150	120
	60min	120	100
抗压强度比（%） ≥	3d	90	85
	7d	90	85
	28d	90	85
收缩率比（%） ≤	28d	135	135
对钢筋的锈蚀作用		应说明对钢筋有无锈蚀作用	

二、检验用材料及配合比要求

（一）材料

混凝土所用材料应符合 GB 8076 中的规定，但砂为中砂，细度模数为 2.4~2.8，含水率小于2%。

（二）配合比

基准混凝土配合比按 JGJ/T 55 进行设计，受检混凝土与基准混凝土的水泥、砂、石子用量相同。

水泥用量：采用卵石时，（380±5）kg/m³；采用碎石时，（390±5）kg/m³；砂率：44%。

泵送剂掺量：按生产单位推荐的掺量。

用水量：应使基准混凝土坍落度为（100±10）mm，受检混凝土坍落度为（210±10）mm。

三、成型与养护条件

各种混凝土材料至少应提前24h移入试验室。材料及试验环境温度均应保持在（20±3）℃。

试件成型后在此温度下静停（24±2）h 脱模。如果是缓凝型产品，可适当延长脱模时间。然后在（20±2）℃，相对湿度大于 95% 的条件下养护至规定龄期。

四、试验项目及数量（表 2）

表 2　试验项目及数量

项　　目	试验类别	混凝土拌合批数	每批取样数目	受检混凝土总取样数	基准混凝土总取样数
坍落度增加值	新拌混凝土	3	1 次	3 次	3 次
常压泌水率比	新拌混凝土	3	1 块	3 块	3 块
压力泌水率比	新拌混凝土				
含气量	新拌混凝土				
坍落度保留值	新拌混凝土				
抗压强度比	硬化混凝土		9 块	27 块	27 块
收缩率比	硬化混凝土		1 块	3 块	3 块
钢筋锈蚀	新拌或硬化砂浆			1 块	

五、坍落度增加值检验

坍落度按照 GB 50080 进行计算，但在试验受检混凝土坍落度时，混凝土分两层装入坍落度筒内，每层插捣 15 次。结果以三次试验的平均值表示，精确至 1mm。坍落度增加值以水灰比相同时受检混凝土与基准混凝土坍落度之差表示，精确至 1mm。

六、常压泌水率比检验

按照 GB 8076—1977 进行试验。

七、压力泌水率比检验

将混凝土拌合物装入试料筒内，用捣棒由外围向中心均匀插捣 25 次，将仪器按规定安装完毕。尽快给混凝土加压至 3.0MPa，立即打开泌水管阀门，同时开始计时，并保持恒压，泌出的水接入量筒内。加压 10s 后读取泌水量 V_{10}，加压 140s 后读取泌水量 V_{140}。

（1）压力泌水率计算：

$$B_P = \frac{V_{10}}{V_{140}} \times 100\% \tag{1}$$

式中　B_P——压力泌水率，%；

　　V_{10}——加压 10s 时的泌水量，mL；

　　V_{140}——加压 140s 时的泌水量，mL。

结果以三次试验的平均值表示，精确至 0.1%。

（2）压力泌水率比的计算：

$$R_b = \frac{B_{PA}}{B_{PO}} \times 100\% \tag{2}$$

式中　R_b——压力泌水率比，%；

　　B_{PO}——基准混凝土压力泌水率，%；

　　B_{PA}——受检混凝土压力泌水率，%。

八、含气量检验

按照 GB 8076 进行试验。

九、坍落度保留值检验

出盘的混凝土拌合物按 GB 50080 进行坍落度试验后的坍落度值 H_0；立即将全部物料装入铁桶或塑料桶内，用盖子或塑料布密封。存放 30min 后将桶内物料倒在拌料板上，用铁锨翻拌两次，进行坍落度试验得出 30min 坍落度保留值 H_{30}；再将全部物料装入桶内，再密封存放 30min，用上法再测定一次，得出 60min 坍落度保留值 H_{60}。

十、抗压强度比及收缩率比检验

按照 GB 8076 检验。

310 混凝土防水剂性能如何检验？

一、掺防水剂混凝土的性能指标（表1）

表1 掺防水剂混凝土的性能指标

试验项目		性能指标	
		一等品	合格品
净浆安定性		合格	合格
泌水率比（%） ≥		50	70
凝结时间差（min） ≥	初凝	−90	
	终凝	—	
抗压强度比（%） ≥	3d	100	90
	7d	110	100
	28d	100	90
渗透高度比（%）		30	40
48h 吸水量比（%）		65	75
28d 收缩率比（%）		125	135
对钢筋的锈蚀作用		应说明对钢筋有无锈蚀作用	

注：1. 除净浆安定性为净浆的试验结果外，表中所列数据均为受检混凝土与基准混凝土差值或比值。

2. "−"表示提前。

二、检验项目及数量（表2）

表2 检验项目及数量

试验项目	试验类别	试验所需试件数量			
		混凝土拌合次数	每次取样数目	受检混凝土取样总数目	基准混凝土取样总数目
安定性	净浆	3			
泌水率比	新拌混凝土		1 次	3 次	3 次
凝结时间差	硬化混凝土				
抗压强度比	硬化混凝土		6 块	18 块	18 块
渗透高度比	硬化混凝土		2 块	6 块	6 块
吸水量比	硬化混凝土		1 块	3 块	3 块
收缩率比	硬化混凝土				—
钢筋锈蚀	硬化砂浆				

三、检验用原材料

符合 GB 8076 规定。

四、配合比、搅拌

基准混凝土与受检混凝土的配合比设计、搅拌、防水剂掺量应符合 GB 8076 规定，但混凝土坍落度可以选择（80±10）mm 或（180±10）mm。当采用（180±10）mm 坍落度的混凝土时，砂率宜为 38% ~42%。

五、净浆安定性

按照 GB 1346 规定试验。

六、泌水率比、凝结时间、收缩率比和抗压强度比

按照 GB 8076 规定试验。

七、渗透高度比

（一）步骤

渗透高度比试验的混凝土一律采用坍落度为（180±10）mm 的配合比。

参照 GBJ 82 规定的抗渗透性能试验方法，但初始压力为 0.4MPa。若基准混凝土在 1.2MPa 以下的某个压力透水，则受检混凝土也加到这个压力，并保持相同时间，然后劈开，在底边均匀取 10 点，测定平均渗透高度。

（二）结果计算

渗透高度比按下式计算，精确至 1%：

$$H_r = \frac{H_t}{H_c} \times 100\% \tag{1}$$

式中　H_r——渗透高度比，%；

　　　H_t——受检混凝土的渗透高度，mm；

　　　H_c——基准混凝土的渗透高度，mm。

八、吸水量比

（一）步骤

按照成型抗压强度试件的方法成型试件，养护 28d，试件取出后放在 75~80℃烘烤箱中，烘（48±0.5）h 后称重，然后将试件成型面朝下放入水槽中，下部用两根 ϕ10mm 的钢筋垫起，试件浸入水中的高度为 50mm。要经常加水，并在水槽上要求的水面高度处开溢水孔，以保持水面恒定。水槽应加盖，并置于温度为（20±3）℃，相对湿度为 80% 以上的恒温室中，试件表面不得有水滴或结露。在（48±0.5）h 时将试件取出，用挤干的湿布擦去表面的水，称量并记录。

（二）结果计算

吸水量按下式计算：

$$W = M_1 - M_0 \tag{2}$$

式中　W——吸水量，g；

　　　M_1——吸水后试件质量，g；

　　　M_0——干燥试件质量，g。

结果以三块试件平均值表示，精确至 1g。

吸水量比按下式计算，精确至 1%：

$$W_r = \frac{W_t}{W_C} \times 100\% \tag{3}$$

式中 W_r——吸水量比,%;

W_t——受检混凝土的吸水量,g;

W_C——基准混凝土的吸水量,g。

311 混凝土外加剂出厂检验项目有哪些?

一、试验项目(表1)

表1 试验项目

序号	试验项目	指 标
1	固体含量(%)	液体防冻剂: $S \geq 20\%$ 时,$0.95S \leq X < 1.05S$ $S < 20\%$ 时,$0.90S \leq X < 1.10S$ S 是生产厂提供的固体含量(质量%),X 是测试的固体含量(质量%)
2	含水率(%)	粉状防冻剂: $W \geq 5\%$ 时,$0.90W \leq X < 1.10W$ $W < 5\%$ 时,$0.80W \leq X < 1.20W$ W 是生产厂提供的含水率(质量%),X 是测试的含水率(质量%)
3	密度	液体防冻剂: $D > 1.1$ 时,要求为 $D \pm 0.03$ $D \leq 1.1$ 时,要求为 $D \pm 0.02$ D 是生产厂提供的密度值
4	氯离子含量(%)	无氯盐防冻剂:不超过生产厂控制值
		其他防冻剂:不超过生产厂控制值
5	水泥净浆流动度(mm)	应小于生产厂控制值的95%
6	细度(%)	粉状防冻剂细度应不超过生产厂提供的最大值

二、混凝土膨胀剂

要测定细度、凝结时间、水中7d的限制膨胀率、抗压强度和抗折强度。

三、混凝土泵送剂检验项目(表2)

表2 混凝土泵送剂检验项目

固体泵送剂检验项目	液体泵送剂检验项目
含水量	含固量
细度	密度
水泥净浆流动度	水泥净浆流动度

注:含硫酸钠的泵送剂应按 GB/T 8077 进行硫酸钠含量试验。

四、混凝土防水剂试验项目（表3）

表3　混凝土防水剂试验项目

序号	试验项目	指　标
1	含固量	液体防水剂：应在生产厂控制值相对量的3%之内
2	含水量	粉状防水剂：应在生产厂控制值相对量的5%之内
3	总碱量　（$Na_2O + 0.658K_2O$）	应在生产厂控制值相对量的5%之内
4	密度	液体防水剂：应在生产厂控制值相对量的 $\pm 0.02g/cm^3$ 之内
5	氯离子含量（%）	应在生产厂控制值相对量的5%之内
6	细度（0.315mm筛）	筛余小于15%

注：含固量和密度可任选一项检验。

五、减水剂类测定项目（GB 8076中包括的外加剂）（表4）

表4　减水剂测定项目

测定项目	外加剂品种									备注
	普通减水剂	高效减水剂	早强减水剂	缓凝高效减水剂	缓凝减水剂	引气减水剂	早强剂	缓凝剂	引气剂	
固体含量	√	√	√	√	√	√	√	√	√	
密度										液体外加剂必测
细度										粉状外加剂必测
pH值	√	√	√	√	√	√				
表面张力		√				√			√	
泡沫性能						√			√	
氯离子含量	√	√	√	√	√	√	√	√	√	
硫酸钠含量										含有硫酸钠的早强减水剂或早强剂必测
总碱量	√	√	√	√	√	√	√	√	√	每年至少一次
还原糖分	√			√	√			√		木质素磺酸钙减水剂必测
水泥净浆流动度	√	√	√	√	√	√		√		两种任选一种
水泥砂浆流动度	√	√	√	√	√	√	√	√	√	

六、喷射混凝土用速凝剂

要测定凝结时间、细度、含水率、密度、1d抗压强度。

312　混凝土外加剂禁用及不宜使用的情况有哪些？

混凝土外加剂禁用及不宜使用的情况如下：

（1）失效及不合格的外加剂禁止使用。

（2）长期存放，对其质量未检验明确之前禁止使用。

（3）在下列情况下不得应用氯盐及含氯盐的早强剂、早强减水剂及防冻剂。

①在高湿度的空气环境中使用的结构，如排出大量蒸汽的车间、浴室、洗衣房和经常处于空气相对湿度大于80%的房间以及有顶盖的钢筋混凝土蓄水池等。

②处于水位升降部位的结构。

③露天结构或经常受水淋的结构。

④与镀锌钢材或铝铁相接触部位的结构，以及有外露钢筋预埋件而无防护措施的结构。

⑤与含有酸、碱或硫酸盐等侵蚀介质相接触的结构。

⑥使用过程中经常处于环境温度为60℃以上的结构。

⑦使用冷拉钢筋或冷拔低碳钢丝的结构。

⑧薄壁结构，中或重级工作制吊车梁、屋架、落锤或锻锤基础等结构。

⑨电解车间和直接靠近直流电源的结构。

⑩直接靠近高压电源（发电站、变电所）的结构。

⑪预应力混凝土结构。

⑫含有活性集料的混凝土结构。

（4）硫酸盐及其复合剂不得用于以下几种情况：有活性集料的混凝土；电气化运输设施和使用直流电的工厂、企业的钢筋混凝土结构；有镀锌钢材或铝铁相接触的结构，以及有外露钢筋预埋件而无防护措施的结构。

（5）引气剂及引气减水剂不宜用于蒸养混凝土、预应力混凝土及高强混凝土。

（6）普通减水剂不宜单独用于蒸养混凝土。

（7）缓凝剂及缓凝减水剂不宜用于日最低气温5℃以下施工的混凝土，也不宜单独用于有早强要求的混凝土和蒸养混凝土。

（8）饮水工程不得使用含有毒性的外加剂。

（9）掺硫铝酸钙类膨胀组分的膨胀混凝土，不得用于长期处于80℃以上的工程中。

313 混凝土配合比设计时怎样确定混凝土的配制强度？

混凝土配合比设计时，混凝土的配制强度（$f_{cu,0}$）应按下式计算：

$$f_{cu,0} \geqslant f_{cu,k} + 1.65\delta \tag{1}$$

式中　$f_{cu,0}$——混凝土配制强度，MPa；

　　　$f_{cu,k}$——混凝土立方体抗压强度标准值，MPa；

　　　δ——混凝土强度标准差，MPa。

混凝土强度标准差采用无偏差估计值，确定该值的强度试件组数不应少于25组。

当混凝土强度等级为C20、C25级，其强度标准差计算值低于2.5MPa时，计算配制强度用的标准差应取用2.5MPa；当强度等级等于或大于C30级，其强度标准差计算值低于3.0MPa时，计算配制强度用的标准差应取用3.0MPa。

314 混凝土配合比设计时应如何确定用水量？

在进行混凝土配合比设计时，每立方米混凝土的用水量可按下列方法确定。

（1）干硬性和塑性混凝土用水量的确定

①当水灰比在0.4~0.8范围时，根据粗集料品种、粒径及施工要求的混凝土拌合物稠度，其用水量可按表1选取。

表1　干硬性和塑性混凝土的用水量　　　　　　　　　　kg/m³

拌合物稠度		卵石最大粒径（mm）			碎石最大粒径（mm）		
项　目	指　标	10	20	40	16	20	40
维勃稠度（s）	15～20	175	160	145	180	170	155
	10～15	180	165	150	185	175	160
	5～10	185	170	155	190	180	165
坍落度（mm）	10～30	190	170	150	200	185	165
	30～50	200	180	160	210	195	175
	50～70	210	190	170	220	205	185
	70～90	215	195	175	230	215	195

注：1. 本表用水量系采用中砂时的平均取值，采用细砂时，每立方米混凝土用水量可增加 5～10kg，采用粗砂则可减少5～10kg。

　　2. 掺用各种外加剂或掺合料时，用水量应相应调整。

②水灰比小于0.4或大于0.8的混凝土以及采用特殊成型工艺的混凝土用水量应通过试验确定。

（2）流动性、大流动性混凝土的用水量的计算步骤

①以表1中坍落度90mm的用水量为基础，按坍落度每增大20mm用水量增加5kg，计算出未掺外加剂时的混凝土的用水量。

②掺外加剂时的混凝土用水量可按下式计算：

$$m_{wa} = m_{wo}(1 - \beta) \tag{1}$$

式中　m_{wa}——掺外加剂混凝土每立方米混凝土中的用水量，kg；

　　　m_{wo}——未掺外加剂混凝土每立方米混凝土中的用水量，kg；

　　　β——外加剂的减水率，%。

③外加剂的减水率β，经试验确定。

流动性混凝土系指拌合物的坍落度为100～150mm的混凝土，大流动性混凝土则指拌合物坍落度大于或等于160mm的混凝土。流动性混凝土和大流动性混凝土掺用外加剂时，应遵守现行国家标准《混凝土外加剂应用技术规范》GBJ 119的规定。

315　混凝土配合比设计中应如何选择砂率？最大水灰比和最小水泥用量应符合哪些规定？

混凝土配合比设计时，可按下列方法选择砂率：

（1）坍落度小于或等于60mm，且大于或等于10mm的混凝土砂率，可根据粗集料品种、粒径及水灰比按表1选取。

表1　混凝土的砂率　　　　　　　　　　　　　　　　%

水灰比	卵石最大粒径（mm）			碎石最大粒径（mm）		
	10	20	40	16	20	40
0.40	26～32	25～31	24～30	30～35	29～34	27～32
0.50	30～35	29～34	28～33	33～38	32～37	30～35
0.60	33～38	32～37	31～36	36～41	35～40	33～38
0.70	36～41	35～40	34～39	39～41	38～43	36～41

注：本表数值中砂的选用砂率，对细砂或粗砂，可相应地减小或增大砂率。只用一个单粒级粗集料配制混凝土时，砂率应适当增大，对薄壁构件砂率取偏大值。本表中的砂率系指砂与集料总量的质量比。

（2）坍落度等于或大于 100mm 混凝土的砂率，应在表 1 的基础上，按坍落度每增大 20mm，砂率增大 1% 的幅度予以调整。

（3）坍落度大于 60mm 或小于 10mm 的混凝土及掺用外加剂和掺合料的混凝土，其砂率应经试验确定。

配合比设计中经计算确定的水灰比和水泥用量应符合表 2 混凝土的最大水灰比和最小水泥用量的规定。

表 2　混凝土的最大水灰比和最小水泥用量

环境条件		结构物类别	最大水灰比值			最小水泥用量（kg）		
			素混凝土	钢筋混凝土	预应力混凝土	素混凝土	钢筋混凝土	预应力混凝土
干燥环境		正常的居住或办公用房屋内	不作规定	0.65	0.60	200	260	300
潮湿环境	无冻害	高湿度的室内室外部件、在非侵蚀性土和（或）水中的部件	0.70	0.60	0.60	225	280	300
	有冻害	经受冻害的室外部件、非侵蚀性土和（或）水中且经受冻害的部件、高湿度且经受冻害中的室内部件	0.55	0.55	0.55	250	280	300
有冻害和除冰剂的潮湿环境		经受冻害和除冰剂作用的室内和室外部件	0.50	0.50	0.50	300	300	300

注：当用活性掺合料取代部分水泥时，表中的最大水灰比及最小水泥用量即为替代前的水灰比和水泥用量。

316　混凝土配合比设计时如何确定水灰比和水泥用量？

混凝土配合比设计时，水灰比（W/C）应按下式计算：

$$W/C = \frac{A f_{ce}}{f_{cu,0} + A \cdot B \cdot f_{ce}} \tag{1}$$

式中　A，B——回归系数；

　　　f_{ce}——水泥的实际强度，MPa。

无水泥实际强度数据时，式中的 f_{ce} 值可按下式确定：

$$f_{ce} = \gamma_c \cdot f_{ce,k} \tag{2}$$

式中　$f_{ce,k}$——水泥强度等级的标准值，MPa；

　　　γ_c——水泥强度等级标准值的富余系数，该值应按实际统计资料确定。

回归系数 A 和 B 宜按下列规定确定：

①回归系数 A 和 B 应根据工程所使用的水泥、集料和通过试验建立水灰比与混凝土强度关系式确定；

②当不具备上述试验统计资料时，其回归系数，对碎石混凝土 A 可取 0.48，B 可取 0.52；对卵石混凝土 A 可取 0.50，B 可取 0.61。

每立方米混凝土的水泥用量（m_{co}），可按下式计算：

$$m_{co} = \frac{m_{wo}}{W/C} \tag{3}$$

式中　m_{co}——每立方米混凝土的水泥用量，kg；

　　　m_{wo}——每立方米混凝土的用水量，kg；

　　　W/C——水灰比。

317　混凝土配合比设计时怎样确定粗集料和细集料的用量？

在确定了每立方米混凝土的水泥用量、用水量和砂率后，粗集料和细集料的用量可采用质量法或体积法进行计算。

一、质量法

采用质量法时，应按下式计算：

$$m_{co} + m_{go} + m_{so} + m_{wo} = m_{cp} \tag{1}$$

$$\beta_s = \frac{m_{so}}{m_{so} + m_{go}} \times 100\% \tag{2}$$

式中　m_{co}——每立方米混凝土的水泥用量，kg；

　　　m_{go}——每立方米混凝土的粗集料用量，kg；

　　　m_{so}——每立方米混凝土的细集料用量，kg；

　　　m_{wo}——每立方米混凝土的用水量，kg；

　　　β_s——砂率，%；

　　　m_{cp}——每立方米混凝土拌合物的假定质量，kg，其值可取 2400kg 或 2450kg。

二、体积法

采用体积法时，应按下式计算：

$$\frac{m_{co}}{\rho_c} + \frac{m_{go}}{\rho_g} + \frac{m_{so}}{\rho_s} + \frac{m_{wo}}{\rho_w} + 0.01\alpha = 1 \tag{3}$$

$$\beta_s = \frac{m_{so}}{m_{so} + m_{go}} \times 100\% \tag{4}$$

式中　ρ_c——水泥密度，可取 2900～3100，kg/m³；

　　　ρ_g——粗集料的表观密度，kg/m³；

　　　ρ_s——细集料的表观密度，kg/m³；

　　　ρ_w——水的密度，可取 1000，kg/m³；

　　　α——混凝土的含气量分数，在不使用引气型外加剂时。α 可取 1。

粗集料和细集料的表观密度 ρ_g 及 ρ_s，应按国家现行标准《普通混凝土用碎石或卵石质量标准及检验方法》和《普通混凝土用砂质量标准检验方法》所规定的方法测定。

318　混凝土中掺入外加剂有什么作用？

混凝土中掺入外加剂是为了改善或调节混凝土性能。外加剂的品种很多，包括减水剂、引气剂、缓凝剂、促凝剂、膨胀剂、泵送剂、阻锈剂、水下不分散剂等。这些外加剂有些从名称上已经明确地看出它对混凝土性能的改善与调节作用，如一些调凝剂、膨胀剂等。有些则没有表明这种作用。例如，对于减水剂，顾名思义，它可以减少混凝土的用水量，一些施工人员误认为它的作用就是节约用水，在一些水源充足的地方，这些施工人员就不愿意采用减水剂。这是对减水剂的一个错误认识，他们不知道混凝土的用水量对混凝土的性能有着相当大的影响，减少用水量可以改善混凝土的许多性能。因此，减水剂的本质也是为了改善或调节混凝土的性能。从本质上讲，混凝土的外加剂就是混凝土性能的调节剂。

319 混凝土中硅灰的掺用方法有哪几种？硅灰在混凝土中的适宜掺量是多少？

硅灰在混凝土中的掺用方法有内掺法和外掺法两种，由于硅灰颗粒极细，需水量大，故不论哪种掺用方法，都要与减水剂配合使用。

内掺法是用硅灰代替水泥，又分为等量代替和部分代替两种方法，等量代替为硅粉掺量代替等量的水泥，部分代替为1kg硅灰代替1～3kg水泥。作为研究一般掺5%～30%，水胶比一般保持不变。

外掺法是指硅灰像掺合料那样直接掺在混凝土中，即在水泥用量不减的条件下掺加硅灰。

由于硅灰掺法不同，所得混凝土的性能也不相同，外掺法所得混凝土的力学性能要优于内掺法所得混凝土的，此法的缺点是增加了混凝土中胶凝材料的用量。

硅灰在混凝土中掺量如太少，对混凝土性能改善不大，但如掺得太多，则混凝土太黏，不易施工，且干缩变形大，抗冻性差，因此，掺用硅灰时，应找出最佳掺量才能取得最优效果。一般情况下，掺量以不超过10%为宜，具体选多少，还应根据所用硅灰、水泥种类、集料性质及力学性能和综合经济效益来进行优化。

320 混凝土中掺用硅灰时应注意哪些事项？

硅灰虽能改善新拌及硬化混凝土的性能，但如使用不当也会造成质量事故，因而在使用中应注意以下事项：

（1）由于硅灰颗粒细，比表面积大，需水量高，因而在混凝土掺用硅灰时，必须与高效减水剂联合使用才能取得良好的效果。

（2）硅灰掺入混凝土的方法有内掺法和外掺法两种。由于内掺法要减少水泥用量，故此法一般用在中、低强度等级的混凝土中；外渗法不减少水泥用量，一般用于高强度等级的混凝土中。

（3）混凝土中硅灰掺量不宜太高或太低，一般掺量为5%～10%，在此范围内硅灰的有利作用发挥得最好，即不但硅灰代替水泥的作用最好，各种优良性能得到充分发挥，而且可避免不利的影响，如掺量大于15%后，混凝土的抗冻性降低等。

（4）由于硅灰混凝土稠度大，因此在设计混凝土坍落度时应比普通混凝土的大2～3cm。

（5）硅灰混凝土的搅拌时间应比普通混凝土的延长0.5～1min，以便使混凝土拌合得更均匀，防止硅灰在混凝土中成团而造成质量事故。

（6）混凝土掺用硅灰后，必须加强早期养护，防止混凝土产生塑性收缩裂缝。

321 混凝土的坍落度与外加剂掺量的关系是什么？

由于工程设计的基础为条形基础，一时间给混凝土的泵送与施工带来了一系列的问题。众所周知，泵送混凝土要求具有一定的坍落度（一般为100mm以上）。如果混凝土的坍落度偏小，就会产生"难入泵，易堵塞"的现象，造成混凝土无法正常泵送。而条形基础是一种带有坡度的特殊基础。如果混凝土的坍落度偏大（引义为混凝土的流动性好），则会造成无法正常施工（要等到初凝以后再施工，且需多次成型）。一方面是泵送混凝土所需要的最小坍落度；另一方面是条形基础混凝土所需要的最大坍落度，这样就产生了矛盾。通过分析研究，再结合以往的经验，我们提出了"外加剂掺量决定混凝土的坍落度"的理论。根据这一理论，以上所述的问题便迎刃而解了。

以前，我们的一般做法是通过减少用水量来降低混凝土的坍落度。这样就会出现上面所描述的现象，造成混凝土无法正常泵送，即使控制到勉强泵送，条形基础所特有的坡度也会让这些混凝土显得坍落度过于偏大，从而造成混凝土无法一次成型、既费时又费力的局面。

根据这一理论，我们降低了外加剂的掺量，混凝土容易泵送了，在做条形基础时，可实现一次成型。

外加剂是一种表面活性剂。它对水泥有着强烈的分散作用，能够大大提高混凝土拌合物的坍落度（流动性）。于是我们配制出了免振捣、自密实的大坍落度（流动性好）混凝土。同时，我们也可以配制出坍落度较小（流动性差）的条形基础混凝土。

我们在进行试验时所用的原材料为，水泥：海鑫 P·S 32.5 矿渣硅酸盐水泥；矿渣：彤阳 S105 级矿渣；粉煤灰：河津 II 级粉煤灰；砂：河底砂、II 区中砂；碎石：岭西东碎石，5~25mm，连续级配；外加剂：泵送剂，减水率 20% 以上。按此配合比（保持水灰比不变）进行试配。通过调整外加剂掺量，得出结果见表1。

表1　调整外加剂掺量的结果

组号	外加剂掺量（%）	实测坍落度（mm）
1	2.0	220
2	1.9	205
3	1.8	185
4	1.7	165
5	1.6	150
6	1.5	125

通过试验，我们可以得出结论：随着外加剂掺量的调整，混凝土拌合物的坍落度也发生了相应的变化，即外加剂的掺量决定混凝土的坍落度。

322 新拌混凝土的工作度如何测定？

单点工作度试验方法如图1所示。

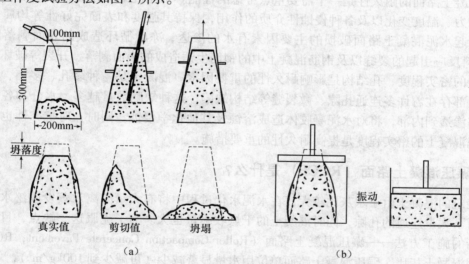

图1　单点工作度试验方法
（a）坍落度；（b）VB 仪

323 水泥混凝土路面的组成与性能是什么？

水泥混凝土道路的断面由面层、基层、垫层和路基构成。其中的面层是由水泥、水、粗集料、细集料，以及矿物外加剂和少量的化学外加剂拌合而成的混凝土混合料，经浇筑或碾压成型，通过水泥的水化、硬化，形成具有一定强度的混凝土板构成。面层混凝土板的厚度一般为 18~25cm，主要有素混凝土和钢筋混凝土两种。

与沥青混凝土路面相比，水泥混凝土路面强度高、刚度大、板体性能好，所以称为"刚性路面"。水泥混凝土的弹性模量为（2.5~4.0）×10⁴MPa，路面混凝土的抗弯拉强度达 4.0~

5.5MPa，抗压强度达 30～40MPa。因此水泥混凝土路面具有较高的承载能力和扩散荷载的能力，适合于重载、交通量大的道路；水泥混凝土路面的水稳定性和温度稳定性均优于沥青混凝土，其耐久性好，使用寿命长，沥青混凝土路面一般使用年限为 5 年，而水泥混凝土路面可达到 20～40 年，特别在水侵蚀环境中能保持良好的通行能力，适用于气候条件差或路基软弱的地区。水泥混凝土路面平时的维修保养量比较小，虽然初期投资较沥青混凝土路面高，但使用寿命长，考虑长年使用期的维修费用，水泥混凝土路面在经济上具有明显的优势。

水泥混凝土路面呈脆性，刚度大，变形性能差，不能吸收由于温度等因素引起的变形，所以水泥混凝土路面需要在横向、纵向设置伸缩缝和施工缝，影响路面的连续性和平整性，且刚性的路面吸收震动和噪声的能力低，影响行车舒适性；同时水泥混凝土路面对超载比较敏感，一旦外荷载超过设计的极限强度，混凝土板便会出现断裂，其修补工作也较沥青混凝土路面困难。从施工性能来看，水泥混凝土需要较长时间的养护，除碾压混凝土外，不能立即开放交通，一般铺筑后要经过 14～21d 才能使用。

为改善水泥混凝土路面的变形性能和抗冻性，目前采用较多的方法是加入引气剂，使混凝土中微小的、独立的、封闭孔隙含量大约达到 4%～6%，可在某种程度上降低混凝土的脆性。此外，各国在路面混凝土中大多掺入粉煤灰，掺量为胶结材料的 20%～40%，优质的粉煤灰是球形的微粒，可改善混凝土的和易性，减少用水量，使混凝土干燥收缩小，并可降低早期水化热，减少温度裂缝，有抑制碱-集料反应的效果，可改善路面混凝土的不透水性和化学稳定性。虽然掺粉煤灰后混凝土的早期强度可能降低，但由于其火山灰反应使其长期强度可增加。所以，粉煤灰是一种理想的路面混凝土矿物外加剂。

水泥混凝土路面的耐久性是一个需要重点考虑的性能。水泥混凝土路面在长期使用过程中能否抵抗水压力、温度变化以及各种侵蚀性介质的作用，保持其强度和表面完好性等均属于耐久性的范围。引起水泥混凝土路面破损的主要因素有水的渗透、冻融循环造成的表面剥落、收缩开裂、碱-集料反应引起的裂缝以及钢筋混凝土中的钢筋生锈造成的表面剥落、开裂等破坏形式。而混凝土本身的密实程度、孔结构是影响耐久性的重要因素。混凝土是一种多孔、多相、非均质复合材料，内部存在着许多连通孔隙、微裂缝等结构缺陷，这种缺陷数量越多，水分和各种侵蚀性介质越容易渗透到内部，将对水泥凝胶体造成溶蚀及其他化学侵蚀。同时，对抗冻性也不利。因此提高水泥混凝土的密实程度是提高耐久性的重要措施。

324 碾压混凝土路面（RCCP）是什么？

普通浇筑的混凝土由于水灰比较大，在水泥水化过程中将有大量游离水蒸发或泌水，而在混凝土内部留下大量连通的孔隙，同时混凝土的干燥收缩量也大。为了克服这一缺点，目前已经开发出一种新的施工方法——碾压混凝土路面（Roller Compaction Conrecete Pavement，RCCP）。与普通的水泥混凝土相比，碾压混凝土路面单位用水量显著减少（可减少到 $100kg/m^3$），非常干硬，可用高密度沥青摊铺机、振动压路机和轮胎压路机进行施工，是一种新的摊铺技术。RCCP 与普通水泥混凝土路面的技术、经济性能比较见表 1。

表 1 RCCP 与普通水泥混凝土路面的配比及接缝比较

项目	RCCP	普通水泥混凝土路面	项目	RCCP	普通水泥混凝土路面
水泥用量	$250～300kg/m^3$	$300～450kg/m^3$	单方用水量	90～120kg	135～170kg
水灰比	0.35～0.45	0.4～0.5	横缝间距	10～30m	4～6m

由表 1 可见，RCCP 比普通水泥混凝土路面水泥用量减少，减少原材料费用；可用沥青路面摊铺机械进行施工，简单快速，施工效率高，缩短工期，又可不用模板，节省施工费用；又由于单位用水量和水泥用量减少，干缩率小，可扩大接缝间距，减少接缝数量，从而降低接缝施工费

用。因此碾压水泥混凝土路面的初期投资费可比普通水泥混凝土路面节省 15% ~ 40%。同时，由于接缝数量少，路面的连续性提高，有利于行车舒适性。

与沥青混凝土路面相比，RCCP 车辙少，抗磨耗性好，能抵抗来自汽车的燃料油的化学侵蚀，具有良好的耐久性，使用寿命长，维修费用少，总体经济性能好，只是平整度和表面均匀性稍差。

325　大流动性混凝土的特点是什么？

一、流动性大，具有自密实性

大流动性混凝土的坍落度通常超过 18cm，具有很强填充能力，在拌合物自重作用下即可填充模板，不需要外力振捣或加压。

二、黏性大，流动速度慢

黏性是表示流体内部阻碍相对流动的性能。大流动性混凝土并非通过加大水灰比来实现，而是在较低水灰比条件下通过加入高效减水剂来实现的。高效减水剂具有表面活性作用，能够定向地吸附在水泥颗粒周围，使水泥颗粒带相同的电荷，在静电斥力作用下相互分开，以打破水泥颗粒之间的絮凝结构，使水泥颗粒充分分散，增加水泥颗粒与水的接触面积。同时减水剂分子中的亲水基团极性很强，很容易与水分子以氢键形式结合，使水泥颗粒表面带一层水膜，但颗粒之间在相互移动时需要克服较大的滑移阻力，所以拌合物的黏性较大，流动速度慢。

三、泌水量低，抗离析性好

由于采用低水灰比，拌合物中的自由水含量很少，同时水泥颗粒高度分散，使得水泥颗粒与水接触面积增大，颗粒表面吸附水量增加，所以高流动性混凝土的泌水量很小。当水灰比低于 0.35 以下时，一般不发生泌水现象。水泥浆体黏度较大，集料颗粒在浆体中的移动要受到较大的阻力，因此，抗组分离析性能优良。由于这些特点，硬化后的混凝土内部由于泌水而产生的毛细孔通道少，抗渗性能优异，同时可获得组分分布均匀的混凝土。

四、坍落度损失

坍落度损失是衡量混凝土拌合物的流动性随时间的延长逐渐降低的性能，通常用搅拌后的初始坍落度值与经过一定时间后的坍落度值之差表示。

由于掺入高效减水剂，将水泥颗粒高度分散，早期水泥水化速度以及凝结速度较快，因此拌合物的流动性随时间的延长迅速降低。这种现象对于混凝土的施工极为不利。因为现代化建筑施工通常采用商品混凝土，从搅拌站运送到施工现场，至少需要 1 ~ 1.5h。因此保证混凝土的工作性能不变，控制坍落度损失是大流动性混凝土的重要技术内容。目前控制大流动性混凝土坍落度损失的措施有以下几种：

（1）加缓凝型外加剂，延缓水泥的凝结时间。

选用具有缓凝作用的高效减水剂，或者在加入高效减水剂的同时加入一定量的缓凝剂，延缓水泥的凝结时间，可达到减少流动性降低的目的，但这种方法有可能降低早期强度，同时要严格控制缓凝剂的掺量。

（2）分次添加高效减水剂。

高效减水剂对于水泥颗粒具有很强的分散作用，但是一次掺量过多容易产生离析现象，同时水泥颗粒过于分散会加快水化反应速度，引起快速凝结。分次加入高效减水剂，在初期保留一部分絮凝结构，可在浇筑前保持比较稳定的流动性。

（3）使用载体流化剂。

将高效减水剂与某种粉体材料混合做成直径大约为 5 ~ 10mm 的球形颗粒，叫作载体流化剂，具有缓慢溶解释放功能，混凝土搅拌好之后加入这种载体流化剂，在运输过程中载体流化剂逐步释放减水剂，可以较平缓地控制坍落度损失。这种方法需增加载体流化剂的制作工序，而且要在混凝土搅拌完毕，倒入搅拌运输车之后才能加入。同时要严格控制掺量，达到既要控制坍落度损失，又能保证正常凝结、硬化速度。

（4）具有控制坍落度损失功能的减水剂。

开发本身能够减小坍落度损失的高效减水剂，其原理是将化学外加剂的高分子形状立体化，或者采用反应性高分子外加剂，使之自身即能控制坍落度损失，是最便捷、最有效率的方法。目前日本已经开发出这种高效减水剂，可保证混凝土拌合物在 1.5 ~ 2h 之内不产生坍落度损失。

326 高流动性混凝土对环境及施工体系的影响是什么？

免振、自密实混凝土对环境及施工方法的影响如图 1 所示。

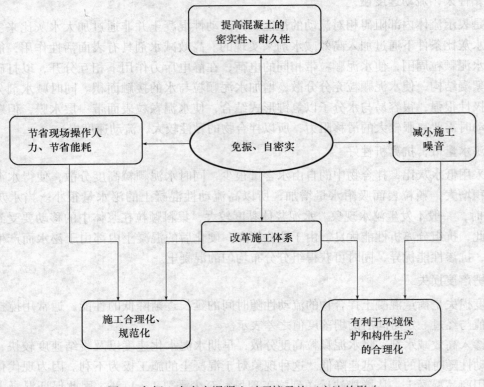

图 1　免振、自密实混凝土对环境及施工方法的影响

327 钢筋混凝土结构裂缝如何控制？

钢筋混凝土结构裂缝的相应示意图如图 1 ~ 图 13 所示，裂缝产生的主要原因见表 1，控制措施见表 2。

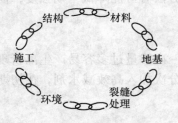

图 1　工程结构裂缝控制链

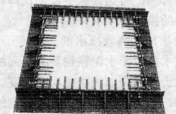

图 2　板式混凝土开裂架示意图

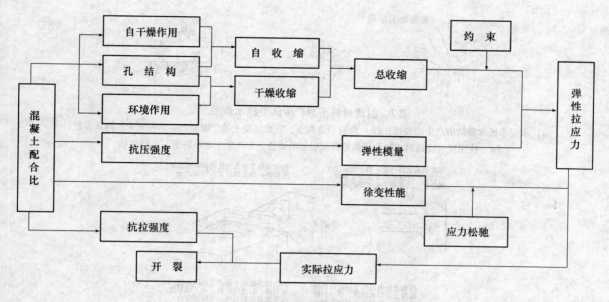

图3　混凝土收缩开裂影响因素的分析模型

图4　混凝土顶部表面塑性沉降裂缝示意图

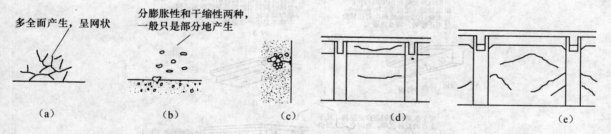

（a）　　　　　（b）　　　　　（c）　　　　　（d）　　　　　（e）

图5　施工工艺不当产生的裂缝示意图

（a）因长时间搅拌或运输产生的裂缝；（b）因掺合料拌合不均匀产生的裂缝；
（c）因振捣不充分产生的裂缝；（d）因快速浇灌混凝土及混凝土沉降产生的裂缝；
（e）因接打处理不当产生的裂缝

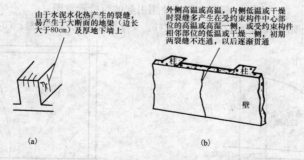

（a）　　　　　　　　　　　（b）

图6　内外温度、湿度差异过大引发的裂缝示意图

（a）温度收缩裂缝；（b）内、外温差裂缝

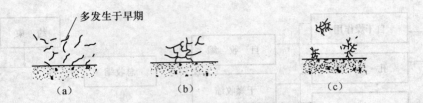

図 7　组成材料不当产生的裂缝示意图

（a）水泥非正常凝结所产生的裂缝；（b）集料中含泥土，随着混凝土的干燥而产生的不规则的网状裂缝；
（c）使用反应性集料或风化岩类集料而引起的裂缝，多产生于潮湿场所，呈爆裂状

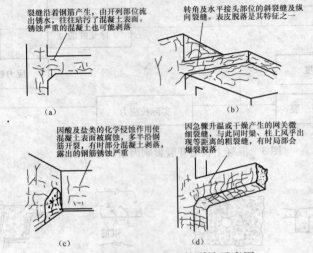

図 8　环境影响产生的裂缝示意图

（a）锈蚀裂缝；（b）冻融裂缝；（c）化学侵蚀裂缝；（d）骤冷骤热裂缝

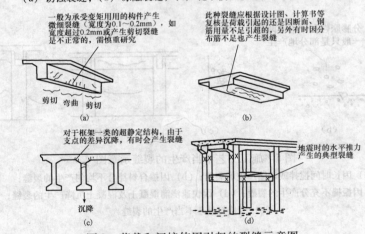

図 9　荷载和间接使用引起的裂缝示意图

（a）荷载裂缝；（b）断面及钢筋不足引起的裂缝；（c）支撑差异沉降引起的裂缝；（d）地震引起的裂缝

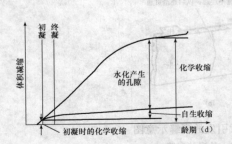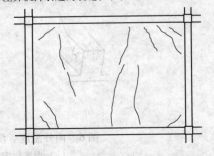

图 10　化学收缩与自生收缩之间关系的示意图　　　图 11　收缩与温度联合作用产生的楼板裂缝

410

表1 钢筋混凝土结构裂缝产生的主要原因

分　类	原　因
与结构设计及受力荷载有关的	(1) 超过设计荷载范围或设计未考虑到的作用 (2) 地震、台风作用等 (3) 构件断面尺寸不足、钢筋用量不足、配置位置不当 (4) 结构物的沉降差异 (5) 次应力作用 (6) 对温度应力和混凝土收缩应力估计不足
与使用及环境条件有关的	(1) 环境温度、湿度的变化 (2) 结构构件各区域温度、湿度差异过大 (3) 冻融、冻胀 (4) 内部钢筋锈蚀 (5) 火灾或表面遭受高温 (6) 酸、碱、盐类的化学作用 (7) 冲击、振动影响 (8) 使用中短期或长期超载
与材料性质和配合比有关的	(1) 水泥非正常凝结（受潮水泥、水泥温度过高） (2) 水泥非正常膨胀（游离 CaO、游离 MgO、含碱量过高） (3) 水泥的水化热 (4) 集料含泥量过大 (5) 集料级配不良 (6) 使用了碱活性集料或风化岩石 (7) 混凝土收缩 (8) 混凝土配合比不当（水泥用量大、用水量大、水胶比大、砂率大等） (9) 选用的水泥、外加剂、掺合料不当或匹配不当 (10) 外加剂、硅灰等掺合料掺量过大
与施工有关的	(1) 拌合不均匀（特别是掺用掺合料的混凝土），搅拌时间不足或过长，拌合后到浇筑时间间隔过长 (2) 泵送时增加了用水量、水泥用量 (3) 浇筑顺序有误，浇筑不均匀（振动赶浆、钢筋过密） (4) 捣实不良、坍落度过大、集料下沉、泌水，混凝土表面强度过低就进行下一道工序 (5) 连续浇筑间隔时间过长，接茬处理不当 (6) 钢筋搭接、锚固不良，钢筋、预埋件被扰动 (7) 钢筋保护层厚度不够或施工中钢筋保护层厚度过大 (8) 滑模工艺不当（拉裂或塌陷） (9) 模板变形、模板漏浆或渗水 (10) 模板支撑下沉、过早拆除模板、模板拆除不当 (11) 硬化前遭受扰动或承受荷载 (12) 养护措施不当或养护不及时 (13) 养护初期遭受急剧干燥（日晒、大风）或冻害 (14) 混凝土表面抹压不及时 (15) 大体积混凝土内部温度与表面温度或表面温度与环境温度差异过大

表2 裂缝原因和控制措施

裂　缝　的　原　因	控　制　措　施	
荷载，收缩，使用环境温度变化，管线配置不当，保护层厚度不足，抗温度收缩配筋不足	设计方面的	基本措施
收缩，膨胀，碳化，氯化物，碱-集料反应，泌水	材料、配合比方面的	
钢筋预埋件位置移动，管线配置不当，捣实不良，集料下沉，泌水，初期急剧干燥，施工扰动，养护不良，保护层厚度不足	施工方面的	
不均匀沉降，氯化物，水泥水化热，冻融，环境腐蚀	设计方面的	特殊措施
水泥水化热，氯化物，冻融	材料、配合比方面的	
水泥水化热，初期冻害，初期急剧干燥	施工方面的	

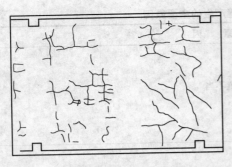 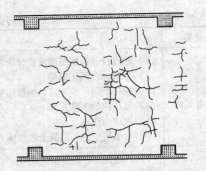

图 12 现浇楼板早期龟裂的裂缝　　图 13 产生于楼板上的典型裂缝形式（楼板上面）

328 影响混凝土质量的因果分析图是什么?

混凝土质量管理 P，D，C，A 循环图如图 1 所示，混凝土质量控制图如图 2 所示。

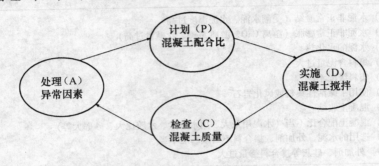

图 1 混凝土质量管理 P，D，C，A 循环图

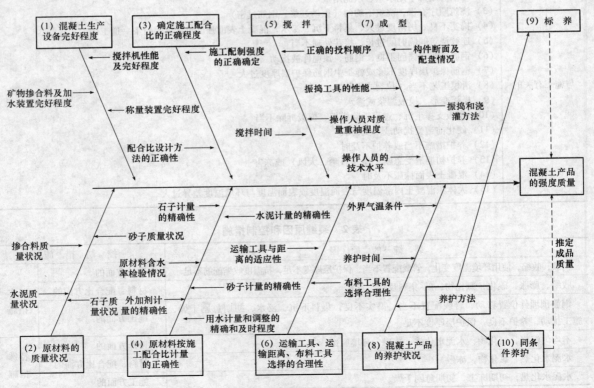

图 2 混凝土质量控制图

412

329　影响混凝土耐久性的各种因素是什么？

影响混凝土耐久性的各种因素如图1所示。

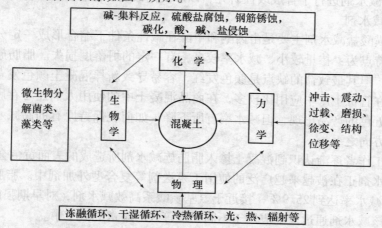

图1　影响混凝土耐久性的各种因素

330　水性高分子材料在混凝土中的应用有哪些？

随着高分子材料科学和混凝土技术的发展，不同分子量的水性高分子材料由于具有分散作用、絮凝作用、增稠作用、减阻作用等不同性能而被广泛用于混凝土行业中。一百多年来，混凝土学科本身发展很慢，直到混凝土化学外加剂尤其是高效减水剂的应用才改写了其发展历史，使高强高性能混凝土成了发展的主流。混凝土外加剂不但可使混凝土多种性能得到改善，而且促进了混凝土新技术的发展，如泵送混凝土、自密实混凝土、水下不分散混凝土、喷射混凝土等的产生与应用，同时也促进了工业副产品在胶凝材料中的应用，有助于节约能源和保护环境。下面介绍水性高分子材料在混凝土外加剂中的应用情况，以期促进混凝土技术的更快发展。

一、减水剂

混凝土减水剂最初从工业废料的利用开始，如最早使用的木质素磺酸盐、糖蜜以及糖钙减水剂等普通减水剂。进入20世纪80年代后期，以萘系为代表的高效减水剂才得到了广泛的应用。萘系减水剂是以萘为原料在高温下进行磺化、水解和甲醛缩合制成的萘磺酸盐甲醛缩合物，其生产工艺成熟，减水率较高、不引气、水泥适用性好、价格相对便宜，存在的问题是混凝土坍落度经时损失大，应用于高强度等级混凝土时混凝土发黏。目前，虽有对萘系减水剂进行化学改性的报道，但均未取得突破性进展。除此之外，还有三聚氰胺（密胺）系、脂肪族、氨基磺酸系、聚羧酸系等减水剂，这也是现在使用或研究较多的水溶性高分子混凝土减水剂。

（1）三聚氰胺系高效减水剂

三聚氰胺系减水剂是以甲醛对三聚氰胺羟甲基化，而后磺化缩合制成的磺化三聚氰胺甲醛树脂，具有显著的减水、增强（尤其是早强）效果，且有硫酸钠含量低及明显提高硬化混凝土的耐久性等特点；它无色及无引气性的特点使其在对混凝土外观质量要求较高的场合，尤其是近来应用越来越多的清水混凝土中有很好的应用前景。但是，三聚氰胺系减水剂的价格比萘系更高，同时也存在混凝土坍落度损失大的缺点，在我国一直得不到广泛使用。近年来，国内外有很多研究人员从降低成本和改善保坍性能两方面对其进行了改性研究。

以尿素部分替代三聚氰胺合成了改进型三聚氰胺减水剂，通过优化工艺，以30%尿素取代三聚氰胺合成出的产物具有显著减水作用，每吨原料成本可节约22%。后来发明了一种三聚氰胺减水剂的制备方法，以 N-磺酸替代大部分三聚氰胺，大大降低了产品的成本价，性能完全达到全部用三聚氰胺单体合成的减水剂，在同掺量下远优于萘系减水剂的性能。近年来德国的 BASF，Bayer 公司也对这类减水剂进行了合成改性研究，以求提高浓度、改善性能、降低价格。

（2）脂肪族减水剂

脂肪族羟基磺酸盐减水剂主要是由丙酮和甲醛在碱性条件下缩合形成一定分子量大小的脂肪族高分子链，其特点为：掺量较小、减水率较高，有一定的坍落度损失。脂肪族减水剂的减水率高、生产成本低，但其最致命的缺点是颜色发红，容易导致新拌混凝土颜色发黄，尤其是在泌水的情况下。所以在管桩生产中应用比较多，在商品混凝土中的使用人们还心存顾忌。目前虽然也有通过改性合成五色的产品出现，但减水率有所下降，如何在保持原有的高减水率下消除红色是今后研究工作的方向之一。

随着混凝土工作者逐渐认识到混凝土掺入脂肪族减水剂所造成的表面黄色会在大约 7d 后逐渐褪去，脂肪族减水剂正在被越来越广泛的使用于泵送剂等复合型外加剂中。脂肪族高效减水剂在掺量为 0.75% 时减水率达到 25.9%，接近于氨基磺酸系高效减水剂，对早期强度有明显的增强效果，并且已经将该减水剂通过复配应用于不同强度等级的泵送混凝土中。

（3）氨基磺酸系减水剂

氨基磺酸系减水剂为芳香族磺酸甲醛缩合物，一般由氨基芳基磺酸盐、苯酚类与甲醛缩合而成，其中苯酚类包括苯酚、对苯二酚、双酚 A 等，甲醛也可用乙醛、糠醛等醛类化合物代替。氨基磺酸系减水剂的化学结构特点是分支多、疏水基分子链较短、极性较强，同时带有多个支链和磺酸基、氨基以及羟基等活性基团，因此减水率高，可改善混凝土的孔结构和密实程度，与不同水泥有相对更好的相容性，并能有效控制坍落度损失，生产合成工艺也相对简单，污染小，是有利于环保的新型材料。

从分子设计角度出发，合成出了与不同水泥具有良好适应性、减水率高的氨基磺酸系减水剂，样品掺量 0.5% 时减水率即达到 24.2%。还在此基础上针对混凝土外加剂的碱含量问题进行研究，通过使用不含碱的 pH 值调节剂取代传统工艺中的氢氧化钠，合成出了基本不含碱，而且具有抑制碱-集料反应效能的新型氨基磺酸系减水剂，使用该种新型减水剂能够有效预防碱-集料反应对工程的损害。

（4）聚羧酸系减水剂

聚羧酸系物质由于其分子结构特性具有如下优点：低掺量下有高塑化效果、坍落度保持性好、水泥适应性广、减水率高、分子构造上自由度大、合成路线多，因而探索空间很大。聚羧酸减水剂的代表产物很多，但其结构遵循一定原则，即在重复单元的末端或中间位置带有某种活性基团，如 EO—，—COOH，—SO₃H 等。合成所选的单体主要有四类：①不饱和酸-丙烯酸、甲基丙烯酸、乙基丙烯酸等烷基丙烯酸，马来酸，马来酸酐；②丙烯酸盐（酯）、甲基丙烯酸盐（酯）等烷基丙烯酸盐（酯），丙烯酰胺；③聚链烯基烃，醚，醇，磺酸；④聚苯乙烯磺酸盐或酯。

聚羧酸的合成一般分为两步反应，首先合成大分子单体，再将小分子单体（甲基）丙烯酸等和聚氧乙烯基物质共聚，获得所需性能的产品。

首先用共沸去水的酯化方法合成大分子单体，原料为丙烯酸、甲基丙烯酸和聚乙二醇，原料配比 0.1~4:1~5:1；然后再经自由基聚合得到产物。又介绍了聚合物生产中无凝胶体生成的合成方法，在反应器上设计有加料喷口，先将一定量的聚乙二醇-3-甲基-3-丁烯基单醚和水加入到反应器中，加热至 60℃，然后单体引发剂双氧水与反应单体丙烯酸分别放在不同的加料口中滴加 3h，反应完毕用氢氧化钠溶液中和，得到相对分子量为 27200 的聚合物。

二、引气剂

引气剂是指在混凝土中掺入的少量能引起一定量均匀的微细独立气泡，但不显著改变水泥的

414

凝结和硬化速度的物质。它是一种憎水性的化学表面活性剂，通过表面活性作用，引入大量微细气泡。在混凝土中掺入少量引气剂能降低水的表面张力，使液膜坚固不易破碎。这些微小的球形气泡以分散且密闭的状态均匀分布在水泥浆中，填充集料间隙，阻止固体颗粒沉降，隔断析水通路，降低混凝土毛细管渗水，从而具有减小混凝土泌水率和改善抗渗防冻性能的作用。同时引入的微细气泡在混凝土中起到了"气体滚珠"的作用，大大提高混凝土的和易性。

目前常用的引气剂是阴离子表面活性剂，多为石化、造纸及其他工业的副产品。最常用的有松香皂类、木质素磺酸盐类、烷基苯磺酸盐类及合成洗涤剂类等。由于引气将使混凝土的强度降低，特别是含气量大于4%时抗压强度降低更明显，制约了引气剂在我国的大规模应用。这一方面需要混凝土行业在引气剂的使用上向国外学习，改变观念，在混凝土配合比设计时牺牲少量强度来大幅度提高混凝土结构的耐久性和使用寿命；另一方面要加快研制更多能产生均匀、细小、稳定气泡的新型高性能引气剂，促进引气剂在混凝土领域中的应用。

用十二烷基硫酸钠、硬脂酸和磺化三聚氰胺通过机械混合制备的混凝土引气剂，掺量在0.5%时混凝土引气量就可达到4.5%，能改善混凝土和易性和抗冻融循环，对硬化混凝土强度负面影响小。以天然野生植物皂荚为主要原料，制备了以有机物三萜皂甙为主要成分的引气剂，它具有水溶性极强，施工方便，可与其他外加剂按任何比例复合使用等性能优势，是一种原料来源广泛和性能独特的新型引气剂。同和易性条件下，当含气量在满足抗冻混凝土要求的5%~6%左右时，引气剂每单位含气量引起的混凝土抗压强度损失率不大于3%。

三、减缩剂

混凝土很大的一个缺点是在干燥条件下产生收缩。这种收缩导致了硬化混凝土的开裂和其他缺陷，这些缺陷的形成和发展使混凝土的使用寿命大大下降。如何减小混凝土的干燥及由此产生的开裂，是多年来学术界一直关心的问题。在混凝土中加入减缩剂能大大降低混凝土的干燥收缩，典型性的能使混凝土28d的收缩值减少50%~80%，最终收缩值减少25%~50%。

减缩剂的化学组成为聚醚或聚醇类有机物，主要成分可用通式 $R_1O(AO)_nR_2$ 表示，其中骨架 A 为碳原子数 2~4 的环氧基，或两种不同的环氧基以随机顺序重合；R 为 H、烷基、环烷基或苯基。具体主要分为三类：小分子脂肪多元醇、烷基醚聚氧化乙烯或聚氧化丙烯一元醇、氧化乙烯或聚氧化丙烯聚羧酸接枝共聚物，其中后面两类为水溶性高分子材料。氧化乙烯或聚氧化丙烯聚羧酸接枝共聚物是现有聚羧酸类高效减水剂的聚氧化乙烯或聚氧化丙烯的接枝产物。当掺量为水泥用量的0.2%~0.3%，它同时具有高减水性、高保坍性，凝结时间及混凝土强度和掺聚羧酸类减水剂混凝土相同。

我国由于单一化合物的减缩功能或混凝土性能不尽理想，特别是成本较高，一直没有得到推广应用，而复合型减缩剂在性能及价格上具有较大改进。采用国产甲醚基聚合物与乙二醇系聚合物按一定比例复合并改性，研制成高性能混凝土减缩剂。成本比传统单一减缩剂降低40%~100%；掺量小于1.8%，且水溶性好。混凝土减缩剂掺量为1.8%时，可使水泥净浆收缩率下降50%以上；砂浆28d下降约38%；混凝土28d下降43%左右。

四、水下不分散剂

普通混凝土在水环境下直接浇筑时，会受到水的影响而产生分离、水泥流失、强度下降以及引起环境污染。通常采用的隔水法将使施工工艺复杂、延长工期，大大增加工程成本。水下不分散剂指加入新拌混凝土中，使混凝土具有黏稠性，在水下浇灌施工时抑制水泥浆流失、集料离析，使混凝土具有良好性能的外加剂，它一般为水溶性高分子聚合物，具有长链结构，易溶于水。可用作水下不分散剂的水溶性高分子材料包括淀粉、天然胶、植物蛋白、纤维素醚衍生物、聚环氧乙烷以及聚乙烯醇等。工程中常用的水下不分散剂主要有纤维素系和聚丙烯系酰胺系两大类。纤维素系因为纤维素三元环上的羟基醚化，絮凝作用明显，小掺量时具有减水效果，大掺量时引气量较高且有明显缓凝作用。聚丙烯系酰胺系主要属于非离子型高分子电解质，在很小的掺量下即有较好的絮凝作用，但掺量大时引起混凝土需水量剧增，强度明显下降。两者性能互有优劣，目前均有使用。另外，还将一种称为维兰胶（welan gum）的微生物多聚糖类水溶性高分子作为水下不分散剂，其增稠程度更大，抗分散性能更好。

对丙烯系絮凝剂从聚合物的分子结构、分子量、分子链的聚合方式出发，并接枝上一定的减水功能基团（如羧基、磺酸基等），合成出了性能良好的新型丙烯系混凝土水下不分散剂，并在东海大桥主墩承台施工过程进行导管架和双壁钢围堰相之间的密封止水中得到了良好应用，为桥梁施工中新工艺的使用提供了技术支持。

五、阻锈剂

阻锈剂在国外已有非常广泛的应用，并被确定为防止钢筋混凝土结构中钢筋锈蚀的主要手段。氨基醇阻锈剂是国外已有应用的阴极型防腐剂，它是通过限制离子在阴极区的运动，隔离有害离子使之不与钢筋接触而达到防腐的目的。单纯的氨基醇类防腐剂，虽然能够一定程度阻止有害离子进入钢筋表面，但对钢筋本身保护还是不够的。由于混凝土收缩或在外力作用下混凝土会产生开裂，钢筋可能与有害物质直接接触时，还有钢筋锈蚀的可能性。

脂肪酸酯阻锈剂是另一种阴极型阻锈剂。其作用机理是：加入混凝土中后，脂肪酸酯在强碱性环境中发生水解，形成羧酸和相应的醇。酸根负离子很快与钙离子结合形成脂肪酸盐，脂肪酸盐在水泥石微孔内侧沉积成膜。这层膜改变毛细孔中液相与水泥石接触角，表面张力作用有把孔中水向外排出趋势，并阻止外部水分进入混凝土内部。因此脂肪酸盐能够减少进入到混凝土内部有害物质的量，大大延长钢筋表面氯离子浓度达到临界值的时间，提高混凝土的使用寿命。

迁移性阻锈剂，其主要组成是氨基羧酸盐，率先将气相缓蚀剂与其他有机阻锈剂复合用于保护钢筋混凝土。这类阻锈剂具有在混凝土的孔隙中通过气相和液相扩散到钢筋表面形成吸附膜，从而产生阻锈作用的特点，因此称为迁移性阻锈剂。合成硫脲-二乙烯三胺缩聚物（E-T）是一种弱碱性水溶性聚合物，在混凝土孔隙液中不沉淀，且不易从混凝土中被水浸出。在模拟液中添加1%该种缓蚀剂就可以使氯离子的容忍度从 0.02mol/L 提高到 0.10mol/L，并与 $NaNO_2$ 有较好的协同作用。既能吸附于钢筋表面，还能提高混凝土的密实度，减缓电解质渗透，对于钢筋混凝土的腐蚀防护具有一定的应用前景。

六、展望

目前，用于混凝土外加剂的水性高分子材料还比较有限，需要科研工作者进一步努力，将更多的水性高分子材料应用于外加剂领域。对于现有的水性高分子类混凝土外加剂也需要对性能和价格等加以改善，突出外加剂优点、减少其副作用，研制多功能、复合型外加剂，开发利用工业副产品、降低外加剂成本、提高生产过程及产品的环保性，以及加强外加剂的复配应用等几个方面应是今后发展的主要方向。

331 商品混凝土在施工应用中的开裂原因与对策是什么？

塑性开裂、温度开裂以及收缩开裂是混凝土施工应用中经常出现的质量通病。塑性开裂是由于混凝土泌水造成的；温度开裂是由于水泥的水化热造成的；而干燥收缩开裂主要是由于混凝土中毛细管及凝胶孔失水而造成的。研究证实：通过优选混凝土组成材料及配合比，掺入降低收缩的外加剂，可以降低或避免收缩开裂。外分层如图 1 所示，内分层如图 2 所示，HPC 自收缩开裂如图 3 所示。

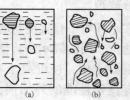

图 1　外分层

（a）比重大的粗集料沉降；

（b）水分往上浮；（c）不均匀的外分层结构

416

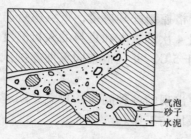

图 2 内分层

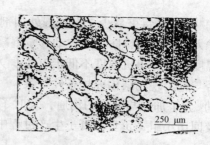

250 μm

图 3 HPC 自收缩开裂
（沿集料与水泥浆界面）

332 商品混凝土冬期生产及施工控制措施是什么？

一、冬施条件

现行业建筑施工标准《建筑工程冬期施工规程》规定：当室外日平均气温连续 5d 稳定低于 5℃，即满足冬期施工条件。

二、生产准备

（1）施工在进入冬施前，材料主管根据任务量情况作好原材料的采购计划，储备充足的原材料，防止生产过程中因材料断档而影响连续生产。

（2）严把进料关，各种原材料进场后，验收其质量证明书，并按标准要求进行严格的复检，集料必须清洁，不得含有冰、雪等冻结物及易冻裂矿物质，含泥量不得超过规定值，掺含的钾、钠离子早强型的防冻剂时，混凝土中不得混有活性集料。禁止不合格的材料进入生产过程。

（3）施工用料应提前准备，依次堆放，使其含水率降低并保持均匀一致。生产时，去除外面一层冻层，使用里面干燥未冻的砂石料，以保证混凝土质量。

（4）冬施混凝土所用水泥，采用水化热高且早期强度高的 P·O32.5 以上等级的普通硅酸盐水泥，用暖棚存放并不得接触 80℃ 以上的热水。

（5）掺加含有早强剂、减水剂和泵送剂的复合型防冻剂，以保证混凝土在达到受冻临界强度以前不受冻害。因在混凝土中掺入了防冻剂，所以在搅拌前应用热水或蒸汽冲洗搅拌机；否则会使防冻剂降温，并且防冻剂应采用无盐类防冻剂。

（6）冬施中由于混凝土中组成材料只具有较低的温度，拌合物温度仍低，这样在模板中易受冻影响混凝土的温度。所以搅拌用水利用蒸汽加热，采用抽水箱和贮水箱两级加热方式，蒸汽及输水管外包发泡聚氨酯保温，一般极限水温不超过 80℃。

（7）当只加热水不能满足要求，必要时对集料缓冲仓和搅拌机内通入蒸汽，加热集料及机体，以保证混凝土的出机温度。

（8）输水泵、水箱、外加剂泵、外加剂箱等加盖保温房，以免热量损失或冻裂泵体。

（9）各气动支路、三联件等易冻部位都通用蒸汽进行预热，保证开关动作灵活可靠，保证混凝土的正常生产。

（10）混凝土拌合物从搅拌设备中的出机温度不宜低于 10℃，入模温度不宜低于 5℃，依次对于运距过长应对运输车罐外体加热保温罩，减少运输中的热量损失。

（11）搅拌合输送设备提前更换防冻液，根据不同阶段气温更换相应的低温机油和低温燃油，以保证能够在负温条件下正常工作。

（12）在施工过程中质检员每天检测砂、石料的含水率，并折算至配合比中，遇雨雪天气要增加检测次数。

（13）质检员每班最少2次复测外加剂的准确性，严格控制好其掺量，重点检查防冻剂、引气剂的掺入量和质量，防止其波动影响混凝土质量。最少4次测量水和集料的入机温度和混凝土的出机温度，确保出机温度不低于10℃，入模温度不低于5℃。并且检查同条件养护试块的养护条件是否与施工现场结构养护条件一致。

（14）为了加强与客户的沟通，及时了解生产过程中出现的各种问题，建立冬期施工生产质量管理及回访小组，负责混凝土生产过程中的质量控制及回访工作。

三、冬施方法

（1）混凝土公司部分

①将加热的水、砂石料、添加剂与水泥、粉煤灰按如下顺序投入搅拌机进行搅拌：中砂、碎石、热水、水泥、粉煤灰、添加剂，以保证先期投入的砂石料和水的混合物在与水泥接触时温度不超过60℃，确保水泥不发生假凝现象。

②搅拌时间应取常温状态下的1.5倍左右，从而保证混凝土搅拌均匀。

③尽量控制混凝土的水灰比（不小于0.4，不大于0.6），每立方混凝土水泥用量不少于300kg，由集料带水分及外加剂溶液中的水分均从和水中扣除。泵送混凝土在保证能够泵送的前提下，坍落度控制在16cm以下；非泵送混凝土在保证能够卸出罐的前提下，坍落度控制在12cm以下，以降低发生冻害程度。

④严格控制复合型防冻剂的添加量，防止混凝土冻融事故的发生。

⑤混凝土运输车罐体上加盖保温罩，以减少运输中热量损失，每车混凝土打完后，运输车司机及时冲洗掉进料口及出料口的混凝土，以免污染路面。同时目测混凝土的和易性及坍落度情况，如有异常及时通知质检员和程控员进行调整，并查明其原因。

⑥混凝土搅拌站在泵送施工时应加强运输车运输速度，减少运输时间，保证生产运输的连续性，减少混凝土在车泵管道内的停留时间，混凝土浇筑现场，搅拌站和运输车之间保持通讯畅通，以便由浇筑现场统一指挥。

（2）施工单位部分

①施工方要在生产前详细准确地提供如下信息：混凝土施工部位、强度等级、计划用量、混凝土施工方法及有无特殊要求等。

②施工现场须准备好混凝土覆盖用保温材料，如塑料薄膜、彩条布和草帘等。

③搞好挡风外封闭，以提高保温效果。

④浇筑前，应清除模板和钢筋上的冰霜和污垢，但不得用水冲洗。

⑤不得在冻土层上进行混凝土浇筑，浇筑前，必须设法升温使冻土消融。

⑥混凝土接茬时，应预热旧茬，浇筑后加强保温，防止接茬受冻。

⑦严禁私自往罐车内加水。如果送到时混凝土的坍落度过小，不符合设计要求，可在混凝土公司技术人员的指导下，适量添加随车带的高效减水剂，搅拌均匀后仍可继续使用。如果送到时混凝土的坍落度过大导致不能使用，施工单位可做退货处理。

⑧冬施时初期泵送的清水应用水温不低于40℃热水，以防在管内结冰，泵车润管用水不得放入模板内，初期泵送润管用过的砂浆也不得直接放入模板内，可先放到其他容器内或均匀散开。

⑨浇筑后，对混凝土结构易冻部位，必须加强保温，以防冻害。

⑩冬期混凝土初凝时间一般为8～10h，终凝为12～14h。因此应适当把握好抹面时机，并在初凝前（用手轻按表面可留下指痕）进行二次抹面，可以减少表面裂缝。混凝土墙、柱等边模的拆模时间应适当延长，以避免表面发生脱皮等影响外观质量问题。

⑪浇筑并进行相关施工工艺处理后，须及时覆盖塑料薄膜并加盖草帘养护，以保证混凝土初凝前不受冻。根据施工部位及气温情况，一般可参照如下数据覆盖：气温在0～5℃时盖一层草帘

和一层塑料薄膜；气温在 -10 ~ 0℃时盖三层草帘和一层塑料薄膜；低于 -10℃时盖四层草帘和一层塑料薄膜；低于 -15℃时应采用加温和其他材料（如岩棉、苯板等）进行保温。

⑫由于混凝土中掺有粉煤灰和外加剂，混凝土终凝后，应立即进行覆盖保温养护，按国家标准要求，混凝土的养护时间不得少于 14d；若早期养护不到位，其 28d 强度将受很大影响。

⑬派专人负责测温，并详细记录整个养护期的温度变化，发现问题及时采取措施补救。

⑭适当延长养护时间，根据自然养护的试块强度决定拆模时间。

四、注意事项

（1）搅拌机启动前，搅拌手必须检查各部件动作是否灵活，设法加热搅拌机减速器，防止启动负荷过大烧毁控制电器。

（2）大方量生产前，质检员和程控员必须复核配合比和各配料秤的准确性，避免计量误差。

（3）生产时，质检员、程控员时刻观察坍落度及和易性，随时调整用水量，并根据标准要求，质检员及时取样测试坍落度，按国家规范制作混凝土试块。

（4）浇筑时，工地质检员检测坍落度和制作试块，取样应在每车混凝土卸出料的 1/4 ~ 3/4 之间采取，应根据混凝土集料粒径合理选择试模尺寸，注意养护水的温度，必要时采取加温加热措施以保证足够水温。

（5）浇筑时，工地质检员应经常测量混凝土入模温度，确保浇筑质量。

（6）养护初期，工地质检员每昼夜最少四次测量混凝土和环境温度，以便及时采取相应措施。

333 商品混凝土搅拌站的生产与管理是如何进行的？

一、混凝土企业的质量管理

商品混凝土企业虽然占地规模不大，主要包括原材料砂石贮存场地，混凝土搅拌楼（站），运输车辆占地，办公和试验室，废料回收用地和机修车间等，但企业性质却是"麻雀虽小，五脏俱全"，其生产特点是典型的流水线作业，可以说每一步控制不好，都影响到下一工序的正常作业。从原材料进厂到混凝土的拌合，混凝土的运输、混凝土的泵送浇筑，最后到工地混凝土的验收抽查甚至督促和协助混凝土的养护工作，每一步工序都要认真对待，认真作业。企业试验室是混凝土的质量管理部门，承担着生产流水线上每一道工序混凝土质量的监督检查、质量控制的繁重任务，责任重大。现在随着商品混凝上企业间竞争的加剧，对产品成本控制的压力也随之增大，所以对质量和成本的控制成为混凝土企业技术负责人所面临的最大任务。

（1）原材料的质量管理

由于我国幅员辽阔，各地原材料品质差异较大，混凝土的原材料又都是大宗建材，所以尽可能选取当地资源，以节省运输费用。对粗集料碎石，应选取质地坚硬圆棱少孔或无孔的石料，按不同粒级（如 5 ~ 10mm，10 ~ 20mm，20 ~ 31.5mm）分开入场贮存。针片状较多或多孔的碎石，因需要提高砂率和用水量，不仅增加了配制合格混凝土的难度而且还增加了混凝土成本。对于砂，尽可能采用粒型圆滑、级配合理的砂子，因其相对需水量较少，如我国的长江砂、闽江砂。而对于部分河砂和山砂因表面多棱角，比表面积较大，造成混凝土需水量相对较大一些，同时它对混凝土的坍损影响也较大。我国西部地区，很多的水电大坝建设因地制宜就采用了机制砂，大坝混凝土一般为小坍落度混凝土或干硬性混凝土，因节省了运输费用，所以仍然是很经济的混凝土。水泥方面，现在基本上采用了当地新型干法生产线所生产的水泥，因其本身质量较为稳定，而且与混凝土外加剂适应性相对较好。经了解，P·O 42.5 级水泥已经成为各地混凝土企业所用的主流品种。这对保证混凝土产品质量，降低混凝土成本有利。因为对于 C20 ~ C50 级混凝土采用 P·O42.5 级水泥，对于 C60 ~ C100 级混凝土采用 P·O52.5 级水泥可以使单方混凝土所用胶结材相对较少，从而使混凝土外加剂用量也相对较少。矿渣水泥由于水泥中的矿渣粉粒度较粗，易造成新拌混凝土的泌水和滞后泌水，已经很少在商品混凝土公司里使用，目前随着国内各大型钢铁企业超细矿渣微粉生产线的建成投产，混凝土企业已经开始大量使用矿渣微粉来生产高性能的混凝土了。同样，粉煤灰作为现代混凝土所必不可缺少的组分，早已经大量使用来改善混凝土的性能和降低混凝土成本。目前，大量的一级、二级灰已经被使用。总之，用当地资源选择适合的原材料来生产混凝土，使之满足工作性能而又质优价廉是最终目的。

（2）混凝土配合比的设计和优化

混凝土配合比直接决定着产品成本，对混凝土配合比进行优化和选择是极其重要的工作。混凝土外加剂的选择对混凝土配合比的经济性和优良的施工性能起决定性的作用。在整个混凝土组分中，水泥和外加剂相对是最贵的原材料，所以优化配比，使混凝土在满足良好的技术指标下，单方混凝土成本最低是企业技术人员始终追寻的目标。在混凝土配制过程中，经常遇到的两个问题是混凝土的坍落度损失过大和混凝土的泌水问题。

对解决坍落度损失过大问题的处理办法有：

①尽可能不要用带棱角、需水量大的山砂和人工砂，试验证明相同条件下，用此类砂混凝土坍落度的损失大，因为这类砂对水的吸附较大。

②寻求用不同的缓凝剂复合不同类别的减水剂来解决。

③坍损大的混凝土一般出机不会泌水，可通过适当增加缓凝减水剂掺量来减少坍损，但不得使混凝土凝结时间太长。

④调整混凝土配比，适当降低砂率，提高单方用水量及水泥量来提高混凝土初始坍落度，此时允许混凝土有适当的离析，因为经过一段时间的流动度损失，混凝土和易性会变好。但这种方法会使单方混凝土的成本增加。

⑤通过萘系与保坍落型氨基系减水剂的混掺再复合缓凝剂，可以延缓坍落度的损失。

⑥当出现水泥和外加剂特别不适应所造成的坍损时，可更换水泥或外加剂品种。

⑦夏季高温季节，有条件时可采用冷冰水来拌制混凝土，出磨机的水泥最好先贮存降温后再使用。目前的实际情况往往是散装水泥车送到搅拌站的水泥温度会达到 40~60℃，夏天有时会高达 80℃ 以上，所拌制的混凝土坍落损程度增加。

⑧做好车辆调度工作，混凝土出料后尽可能在较短的时间内泵送入模。

对解决新拌混凝土泌水问题的办法有：

①适当减少外加剂的掺量。

②外加剂中加引气保水增稠组分。

③适当提高砂率。

④单方混凝土用水量不宜超过 180kg/m³，因为水量多有加速混凝土后期泌水的趋势。还有根据情况混凝土尽可能采用较小的坍落度施工。

⑤混凝土中掺加粉煤灰并用超量法。

⑥综合以上几点的办法。

⑦最后可以考虑更换水泥。这里要说明的是，矿渣水泥和部分复合水泥往往容易造成新拌混凝土的泌水，换成普通硅酸盐水泥应该会大大改善。

解决滞后泌水的办法，选择泌水率小的普通硅酸盐水泥、硅酸盐水泥，适当提高砂率，减小粉煤灰掺量，采用引气减水剂。混凝土外加剂中的缓凝保坍组分，应选择后期泌水少而又保坍效果较好的缓凝剂。混凝土外加剂最好用水剂产品，有的粉剂产品颗粒相对较粗，混凝土搅拌时未能完全溶解开，混凝土浇筑完之后，它又慢慢起作用，排斥周围的游离水，造成泌水纹，严重影响混凝土外观。由于全国各地原材料水泥砂石掺合料的复杂性，即使采用了上述措施，滞后泌水

420

问题有时也难以解决。施工过程中混凝土振捣完毕，如果出现较多泌水，应把水排除掉再进行二次振捣，然后进行收光抹面工作。二次振捣有助于减少泌水所造成的孔洞，同时由于水胶比的降低，混凝土内部更致密，可以提高混凝土的强度，耐久性也会随之改善。二次振捣应在混凝土泌水结束后，混凝土初凝前几个小时进行。

（3）混凝土的生产拌合控制

混凝土的生产组织是依据企业试验室开出的配合比通知单，严格控制混凝土出机坍落度，目测混凝土出机坍落度及和易性，严格按照规定频次抽检混凝土的坍落度、和易性、含气量、强度等指标。企业技术人员对混凝土品质的目测能力是基本功，应该达到相当熟练的水平（例如坍落度目测值与实际检测值相差在1cm内，混凝土含气量感觉值和实际检测值相差在0.5%以内），提高目测能力，可以节省很多的劳动力。不仅试验室技术人员，混凝土搅拌机操作人员包括混凝土泵送工都要求对预拌混凝土品质有很高的目测水平。混凝土搅拌机操作员要有根据主机电流的变化知道混凝土坍落度的变化的能力，进而更好地控制混凝土的出机坍落度，混凝土搅拌机操作人员还要及时跟踪工地现场混凝土状况，根据现场反馈回来的信息，对混凝土拌合用料及时调整，以满足工地现场混凝土施工技术要求，此外混凝土原材料砂石的含水量有波动，会影响混凝土的流动性能，这就要求搅拌机操作员有驾驭这种波动性的能力。

（4）混凝土的浇筑和验收

这是最后一道工序，也是最重要的一个关键点。因为这里不仅有工程建设方施工方监理方对混凝土品质的监督，同时也是对企业形象的一个展示。企业技术人员要积极配合监理方施工方做好产品的抽检工作，做好混凝土试压块的留置标识和养护工作。混凝土泵送工既是泵车操作员又是混凝土质量监督员，有权对和易性不好的混凝土做出退料处理的决定，以免混凝土堵塞管道，影响施工。和易性不好的混凝土，经企业技术人员处理后，满足泵送要求后再浇筑。流动性大的混凝土塑性收缩也较大，再加上养护不及时往往容易产生裂缝，所以应该坚持"最小坍落度泵送原则"，也就是在混凝土能满足泵送施工的前提下，尽可能用小坍落度来施工，这对企业节省成本提高混凝土质量大有好处。

二、混凝土企业的生产管理

（1）原材料的标识

做好工厂内部原材料的标识工作很重要，每一批次原材料进厂都要有专人负责。为了满足企业正常的生产，一台搅拌机要建五个粉料散装罐和两个液体贮存罐。每个料罐都需按顺序编号并做好产品标识。有的企业还在散装罐料口加锁把关，是值得提倡的。每个散装罐每天都装了什么型号的材料，当班搅拌机操作员应该非常清楚，因为一旦把粉煤灰当成水泥使用，那后果将是非常严重的，由此带来的损失也将是惨重的。有的混凝土企业生产时因人为因素或计量问题把普通减水剂超掺若干倍，造成混凝土数天不凝，严重耽误建筑工期，甚至使混凝土强度长久不能增加，造成质量事故。

（2）生产组织

生产管理部门根据企业销售计划进行组织生产，每天检查原材料消耗表，不足材料要及时进货。重要工程要安排好人员轮流值班，重要岗位要保证通讯时刻畅通。机修车间工作人员平时加强设备维护检修，确保生产设备安全运转。特别对混凝土外加剂计量系统，应该经常校核和维护，保证管路畅通。

（3）运输管理

调度员要随时了解各工地车辆运转情况，与现场泵送工时刻沟通，尽可能不造成车辆在工地的积压。交通方面，特别是雨天，载重混凝土运输车辆由于重心高，车速过快转弯时很容易发生翻车事故，给企业造成重大损失。还有为配合城市市容管理，混凝土运输车辆离开工地时，要注意清洗，混凝土下料斗要装有挡料板，以防废渣污染街道，做到文明清洁施工。

（4）混凝土浇筑管理

在工地施工时，要求企业员工统一工作服和戴好安全帽，牢记安全纪律，按章作业，说话要文明和气，同事间互帮互爱，统一行动听指挥，展现出企业良好的社会形象。

334 矿物外加剂的性能及用途是什么？

矿物外加剂（掺合料），是粉煤灰、磨细矿渣粉、磨细沸石凝灰岩粉、硅灰、偏高岭土粉等的总称。磨细矿渣是指炼铁高炉熔渣经水淬而成的粒状矿渣，然后干燥磨细并掺有一定量石膏粉；粉煤灰是发电厂用煤粉作能源，用干排法排出的烟道灰磨细而成；磨细沸石凝灰岩粉是由一定品位的沸石凝灰岩经磨细至规定细度而成的粉；以上细粉都允许掺助磨剂。硅灰是冶炼硅铁合金时，经烟道排出的硅蒸汽氧化冷凝后收集得到的以无定形二氧化硅为主要成分的微细粉末；偏高岭土是高岭土在700℃脱水后粉磨得到的人工制备的活性矿物外加剂。此外石灰岩破碎并磨细的石灰石粉也是矿物外加剂的一种。矿物外加剂常在混凝土中复合使用。

一、性能

因为矿物外加剂来源不同，因此，关键的性能也不相同，汇总列于表1中。矿物外加剂以MA表示，磨细矿渣为S，磨细粉煤灰F，硅灰SF，磨细天然沸石Z。

表1 矿物外加剂性能指标

试验项目			指 标							
			S			F		Z		SF
			Ⅰ	Ⅱ	Ⅲ	Ⅰ	Ⅱ	Ⅰ	Ⅱ	
化学性能	MgO（%）	≤	14			—		—		—
	SO₃（%）	≤	4			3		—		—
	烧失量（%）	≤	3			5	8	—		6
	Cl（%）	≤	0.02			0.02		0.02		0.02
	SiO₂（%）	≥	—	—	—	—	—	—	—	85
	吸铵值（mmol/100g）	≥	—	—	—	—	—	130	100	—
物理性能	比表面积（m²/kg）	≥	750	550	350	600	400	700	500	15000
	含水率（%）	≤	1.0			1.0		—		3.0
胶砂性能	需水量比（%）	≤	100			95	105	110	115	125
	活性指数	3d（%） ≥	85	70	55	—	—	—	—	—
		7d（%） ≥	100	85	75	90	75	—	—	—
		28d（%） ≥	115	105	100	90	85	90	85	85

注：本表引自 GB/T 18736—2002《高强高性能混凝土矿物外加剂》。

二、用途

各类预拌混凝土、现场搅拌混凝土和混凝土预制构件，特别多地用于大体积混凝土、地下、水下工程混凝土、高强混凝土和高性能混凝土。此外压浆混凝土和碾压混凝土的砂浆中也常应用。

三、主要品种

（一）粉煤灰

凡烧失量小于8%和三氧化硫含量低于3%的粉煤灰，经磨细后都可以作为混凝土的掺合料使用。并代替部分水泥，一般采用超量取代，使用Ⅰ级粉煤灰时1.1~1.4份粉煤灰代替1份水泥，Ⅱ级粉煤灰则为1.3~1.7份取代1份，Ⅲ级粉煤灰则为1.5~2.0份取代1份水泥。取代的最大限度如表2。

表2 取代水泥百分率（β_c）

矿物掺合料种类	水灰比或强度等级	取代水泥百分率（β_c）		
		硅酸盐水泥	普通硅酸盐水泥	矿渣硅酸盐水泥
粉煤灰	≤0.40	≤40	≤35	≤30
粒化高炉矿渣粉	≤0.40	≤30	≤25	≤20
	>0.40	≤50	≤40	≤30
沸石粉	≤0.40	10～15	10～15	10～15
	>0.40	15～20	15～20	10～15
硅灰	C50以上	≤10	≤10	≤10
复合掺合料	≤0.40	≤70	≤60	≤50
	>0.40	≤55	≤50	≤40

注：1. 对于最小截面尺寸小于150mm的薄壁构件或部件，粉煤灰的掺量宜适当降低。

2. 高钙粉煤灰不得用于掺膨胀剂或防水剂的混凝土。

（二）矿粉

矿粉可用来等量取代混凝土中的水泥，取代的最大限量如表2。细度大的矿粉具有高度活性，贮存时间长则会使活性下降。矿粉的28d活度系数（水泥胶砂强度比）作为其品质标志。28d受检胶砂与基准胶砂抗压强度比为115%，记为F115或MASⅠ，即Ⅰ级磨细矿渣；抗压强度比为105%，记为F105或MASⅡ；抗压强度比为100，记为F100或MASⅢ。

（三）磨细天然沸石

根据28d活性指数的不同，磨细天然沸石分为两个级别。其特征性能指标是吸胺值，表示其吸附游离碱的能力。

（四）硅灰

硅灰的特征性能指标是二氧化硅（SiO_2）含量不得小于85%，低于此值表示硅灰活性过小，只能用作充填料而缺乏火山灰活性。

335 影响拌合物工作度的因素是什么？

一、用水量与水泥浆量

用水量与水泥浆量是混凝土拌合物最敏感的影响因素。增减1kg水，意味着增加或减少1L水泥浆量，同时还影响水泥浆黏度的大小。

混凝土拌合物的流动性是其在外力与自重作用下克服内摩擦阻力产生运动的反映。混凝土拌合物的内摩擦阻力，一部分来自水泥浆颗粒间的内聚力与黏性；另一部分来自集料颗粒间的摩擦力，前者主要取决于水灰比的大小，后者取决于集料颗粒间的摩擦系数。集料间水泥浆层越厚，摩擦力越小，因此原材料一定时，坍落度主要取决水泥浆量多少和黏度大小。只增大用水量时，坍落度加大，而稳定性降低（即易于离析和泌水），也影响拌合物硬化后的性能，所以过去通常是维持水灰比不变，调整水泥浆量满足工作度要求；现在则掺用减水剂调整工作度。

二、集料品种与品质的影响

碎石比卵石粗糙、棱角多，内摩擦阻力大，因而在水泥浆量和水灰比相同条件下，流动性与压实性较差；石子最大粒径增大，需要包裹的水泥浆减少，流动性改善，但稳定性受影响，即容易离析；细砂表面积大，拌制同样流动性的混凝土需要的水泥浆或砂浆多。所以采用最大粒径小，但棱角和片针状颗粒少、级配好的粗集料，以及细度模数偏大的中粗砂、砂率稍高、水泥浆量较多的拌合物，其工作度的综合指标为好。

三、砂率

一般认为，在混凝土拌合物中是砂子填充石子的空隙，而水泥浆则填充砂子的空隙，同时有一定富余浆量包裹集料表面，润滑集料，使拌合物具有流动性和容易密实的性能。在水泥浆量一定时，砂率过大，集料的比表面积大，需要较多砂浆包裹集料表面，集料之间的水泥浆层厚度减小，内摩擦阻力加大，工作度变差；反之，砂率过小时，砂子不足以填充石子的空隙，水泥浆除了填充砂子的空隙外，还要填充石子的间隙，集料表面包裹的水泥浆层厚度减薄，石子间摩擦阻力同样加大，拌合物流动性也不好。因此存在一个最优砂率，在水泥浆量一定时，以最优砂率拌出的混凝土坍落度最大。这意味着在施工需要一定坍落度的时候，最优砂率可以在水灰比一定条件下，水泥用量最少，经济效益好。最优砂率随着要求工作度大小、砂石品种与粒径、用水量及水灰比而变化，需要根据工程施工时的条件来选择。

四、外加剂与矿物掺合料的影响

引气剂可以增大拌合物的含气量，因此在加水一定的条件下使浆体体积增大，改善混凝土的工作度并减小泌水、离析，提高拌合物的粘聚性，这种作用的效果尤其在贫混凝土（胶凝材料用量少）或细砂混凝土中特别明显。

掺有需水量较小的粉煤灰或磨细矿渣时，拌合物需水量降低，在用水量、水灰比相同时流动性明显改善。以粉煤灰代替部分砂子，通常在保持用水量一定条件下使拌合物变稀。

高效减水剂对拌合物工作度影响显著，但是许多这种产品的分散作用维持工作度的时间有限，例如只有 30~60min，过后拌合物的流动性就明显减小，这种现象称为坍落度损失，在很长时间里影响了它的推广应用。为此开发了许多延缓工作度损失的方法，但在工地管理不是井然有序的情况下，这些措施难以保证实用效果。近年来开发出的新型高效减水剂，可以使混凝土工作度损失明显减小，从搅拌到浇筑过程的数小时里几乎不出现任何损失，新型高效减水剂在混凝土生产中获得日益广泛的应用。

五、拌合条件的影响

不同搅拌机械拌合出的混凝土拌合物，即使原材料条件相同，工作度仍可能出现明显的差别。特别是搅拌水泥用量大、水灰比小的混凝土拌合物，这种差别尤其显著。新型的搅拌机使混凝土均匀而充分的拌合得到较好的保证。即使是同类搅拌机，如果使用维护不当，叶片被硬化的混凝土拌合物逐渐包裹，就减弱了搅拌效果，使拌合物越来越不均匀，工作度也会显著下降。

336 拌合物浇筑后的性能是什么？

浇筑后至初凝期间约几个小时，拌合物呈塑性和半流态，各组分间由于密度不同，在重力作用下相对运动，集料与水泥下沉、水上浮，出现三种现象：

一、泌水

泌水发生在稀拌合物中，这种拌合物在浇筑与捣实以后、凝结之前（不再发生沉降），表面会出现一层水分或浮浆，大约为混凝土浇筑高度的 2% 或更大，这些水或者向外蒸发，或者由于继续水化被吸回，伴随发生混凝土体积减小。这个现象对混凝土性能带来两方面影响：首先顶部或靠近顶部的混凝土因含水多，形成疏松的水化物结构，对路面的耐磨性等十分有害；其次，部分上升的水积存在集料下方形成水囊，进一步削弱水泥浆与集料间的过渡区，明显影响硬化混凝土的强度和耐久性，如图 1（a）所示。

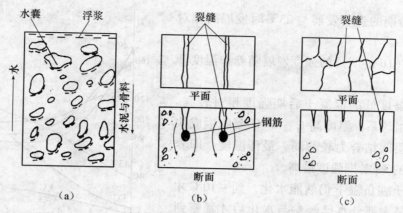

图1　新浇筑混凝土的行为

（a）泌水；（b）塑性沉降裂缝；（c）塑性收缩裂缝

泌水多的主要原因是集料的级配不良，缺少 $300\mu m$ 以下的颗粒，可以通过增大砂率弥补。当砂子过细或过粗，砂率不宜增大时，可以通过掺引气剂、高效减水剂或硅粉来改善，都会有不同程度的效果。采用二次振捣也是减少泌水、避免塑性沉降和收缩裂缝的有效措施。尤其对各种大面积的平板构件，浇筑后必须尽快开始养护，包括在混凝土表面喷雾或待其硬化后洒水、蓄水、用风障或遮阳棚保护，或喷养护剂、用塑料膜覆盖以避免水分散失。

二、塑性沉降

拌合物由于泌水产生整体沉降，浇筑深度大时靠近顶部的拌合物运动距离更长。沉降受到阻碍，例如钢筋，则产生塑性沉降裂缝，从表面向下直至钢筋的上方，如图1（b）所示。

三、塑性收缩

在干燥环境中混凝土浇筑后，向上运动到达顶部的泌出水要逐渐蒸发。如果泌出水速度低于蒸发速度，表面混凝土含水将减小，由于干缩在塑性状态下开裂。这是由于混凝土表面区域受约束产生拉应变，而这时它的抗拉强度几乎为0，所以形成塑性收缩裂缝，这种裂缝与塑性沉降裂缝明显不同，与环境条件有密切关系：当混凝土体或环境温度高、相对湿度小、风大、太阳辐射强烈，以及以上几种因素的组合，更容易出现开裂，如图1（c）所示。

四、含气量

搅拌好的混凝土都含一定量空气，是在搅拌过程中带进去的，约占总体积的 $0.5\% \sim 2\%$，称混凝土含气量。如果组成材料中有外加剂，可能含气量还要大。因为含气量对硬化混凝土性能有重要影响，所以在试验室与施工现场要对其进行测定与控制。测定混凝土拌合物含气量的方法有好几种，用于普通集料制备的拌合物含气量测定标准方法是压力法。影响含气量的因素包括水泥品种、水灰比、工作度、砂粒径分布与砂率、气温、搅拌方式和搅拌机大小等。

五、凝结时间

凝结是混凝土拌合物固化的开始，由于各种因素的影响，混凝土的凝结时间与所用水泥的凝结时间常常不存在确定关系，因此需要直接测定混凝土的凝结时间。凝结时间分初凝和终凝，都是根据标准试验方法人为规定。初凝：大致表示混凝土拌合物不能再正常地浇筑和捣实；终凝：大致表示混凝土强度开始以相当的速度增长。了解凝结时间表征的混凝土特性变化，对制订施工进度计划和对不同种类外加剂的效果进行比较时很有用。

337　强度增长与温度有什么关系？

一、养护温度的影响

水泥水化反应的速率受温度影响显著，当温度升高时，水化速率加快。图1表示不同养护期温度混凝土各龄期的强度发展与 23℃时发展的相对值。它表明：

（1）早期（1d 龄期）的强度发展随养护温度升高而提高。

（2）养护温度低的混凝土后期强度相对较高。与水泥的水化相联系：温度高 C—S—H 凝胶生成快但密实性差，层间结合力较薄弱。最佳温度，即养护温度为 13℃的 1a 龄期强度最高。

（3）混凝土在负温下仍然能水化，到 - 10℃才中止，但前提是大部分水已经参与水化后才暴露到这样的低温下，否则体内自由水结冰膨胀，会破坏尚薄弱的混凝土。水化程度至少相当于产生 3.5MPa 强度，才足以抵挡膨胀性的破坏作用。

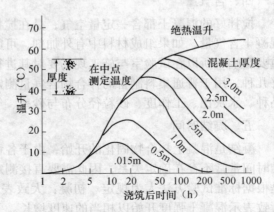

图 1　养护温度对强度的影响
（硅酸盐水泥 $W/C = 0.4$）

二、水化热的影响

水泥的水化是放热反应，进行的速率和程度与温度密切相关。水化反应的环境存在两种极端的条件——等温条件（即放出的热量迅速散失，保持温度一定）和绝热条件（隔热良好，保持热量完全不散失）。在绝热条件下，水化放热的结果使水泥浆、砂浆或混凝土的温度升高；反过来加速水化，导致放热速率进一步加快，从而温度显著地升高。图 2 表明：由于集料不仅不放热而且能抑制放热，所以混凝土要显著低于硬化水泥浆体的温升。每立方米混凝土中，平均 100kg 水泥的水化使温度升高 13℃。

混凝土浇筑后，放出的热量要直接或通过模板间接散发，因此既不是绝热条件，也不是等温条件，而是在二者之间。因此混凝土在浇筑后早期升温，随后逐渐冷却到与环境温度相同。不同厚度混凝土芯部的温度随时间的变化如图 3 所示，它表明：厚度在 1.5～2m 以上的混凝土浇灌后，其芯部在浇筑后开始几天里近似绝热状态，这对性能产生重要影响：

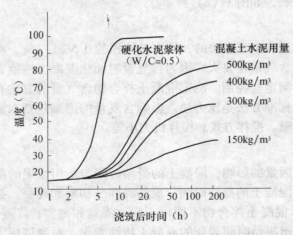

图 2　硬化水泥浆体与混凝土的绝热温升　　　图 3　混凝土浇筑厚度对温升的影响

（1）到达温峰后下降时产生温度收缩，收缩受约束产生的拉应力可能导致开裂。约束来自周围，例如配筋（钢筋混凝土）、基础下面的土壤或结构表层的混凝土（它向外散失大部分热量，不会达到同样的温峰），约束大小因具体条件而异。

混凝土发生温降 30℃时约产生温度收缩 300×10^{-6}，若其弹性模量为 30GPa，且不计徐变产

426

生的应力松弛，则形成达 9MPa 的拉应力，超过其抗拉能力而导致开裂。现今强度等级高的混凝土水泥用量都在 500kg/m³ 上下，绝热条件下的温升可达约 65℃。因此，有必要在浇筑尺寸大的混凝土构件时，限制内外最大温差与延缓温降，增加模板厚度或覆盖保温的方法有时是有益的，更重要的是采用低放热量的混凝土拌合物，例如使用低热水泥，多掺粉煤灰或磨细矿渣则是更有效而且经济的办法。

在高温季节浇筑混凝土时，由于各种原材料的初始温度较高，而且高温度的拌合物在运输过程因为水泥水化和太阳辐射热的作用，会进一步激化上述温度收缩与开裂问题，因此需要采取通常浇筑大体积混凝土时采用的各种降温措施，例如对集料预冷、以碎冰代替部分混凝土搅拌用水、喷液氮，以及运输过程防止直晒、运输车涂刷白色等，达到尽量降低混凝土浇筑成型后的温度。

（2）在高环境温度条件下浇筑时，混凝土在随后的几天内就已经大部水化，这将影响其后期强度发展。图 4 所示为英国巴姆佛斯（Bamforth）的试验结果。它表明：与浇筑在实际结构物里的纯硅酸盐水泥混凝土相比，掺 30% 粉煤灰或 75% 磨细矿渣的，不仅温升可以显著降低，温度收缩和开裂的危险减小，同时后期强度也较高；而纯水泥混凝土由于温升而导致其强度明显低于 20℃ 标准养护的试件。由于现行规范中评价混凝土强度的试验方法所局限，使人们难以认识到这个反差，从而使许多工程在选择原材料与配合比时，不掺或只少量掺用粉煤灰、磨细矿渣矿物掺合料，而混凝土浇筑后拆模时，或者拆模后不久就出现可见裂缝，影响美观，也影响结构物的使用寿命。

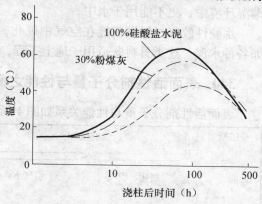

图 4　2.5m 厚混凝土中点温度的变化

三、温度匹配养护

Bamforth 在上述试验中，还采用温度匹配养护（temperature match curing）与标准养护进行比较。该方法是将试件置于与结构物混凝土温度变化过程相同的条件下养护，依据其强度试验结果来确定温度历程的影响、适宜的拆模时间等，近年来正日益受到广泛的重视，已在国内外许多工程施工中应用。但对于重要的大型工程，还需要通过混凝土正式浇筑前的试浇筑，来确定可能达到的温峰与温度梯度，以及它们对施工操作性能和设计要求的各种长期性能的影响。这是因为任何一种拌合物，在一定的养护条件下会呈现出其独有的温度发展历程。不同养护条件下混凝土强度发展如图 5 所示。

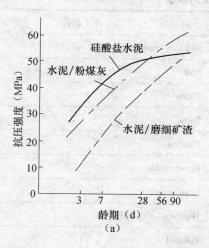
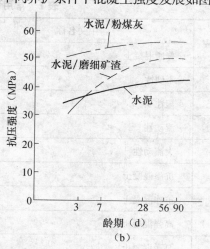

图 5　不同养护条件下混凝土强度发展

（a）20℃ 标准养护；（b）同温度养护

338 什么是胶凝材料?

在土木工程材料中,凡是经过一系列物理、化学作用,能将散料粒或块状材料粘结成整体的材料,统称为胶凝材料。

339 胶凝材料有哪些种类?

根据胶凝材料的化学组成,一般可分为无机胶凝材料和有机胶凝材料两大类。无机胶凝材料按照硬化条件,可分为气硬性胶凝材料和水硬性胶凝材料。

气硬性胶凝材料只能在空气中(干燥条件下)硬化,也只能在空气中保持或持续发展其强度,如石膏、石灰、水玻璃和菱苦土等。这类材料一般只适用于地上或干燥环境中,而不宜用于潮湿环境中,更不能用于水中。

水硬性胶凝材料不仅能在空气中硬化,而且能更好地在水中硬化,保持和继续发展其强度,如各种水泥。这类材料既适用于地上工程,也适用于地下和水中工程。

340 表面活性剂分子量与性能之间有什么关系?

表面活性剂分子量与性能关系如图 1 所示。

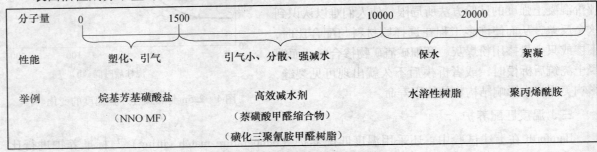

图 1　表面活性剂分子量与性能关系

341 常用词汇中英文对照有哪些?

常用词汇中英文对照如表 1。

表 1　常用词汇中英文对照表

序号	中文名称	英文名称
1	普通混凝土	Ordinary concrete
2	干硬性	Stiff
3	塑性	Plastic
4	流动性	Pasty
5	大流动性	Flowing
6	抗渗混凝土	Impermeable
7	抗冻混凝土	Frost resistant
8	高强混凝土	High strength, HS
9	泵送混凝土	Pumped
10	大体积混凝土	Mass concrete

序号	中文名称	英文名称
11	混凝土外加剂	Concrete admixtres
12	外加剂	Admixtures
13	砌筑砂浆	Masonry mortar
14	土木工程	Civil Engineering
15	军事工程	Military Engineering
16	高性能混凝土（HPC）	High performance concrete
17	化学外加剂	Chemical admixture
18	矿物外加剂	Mineral admixture
19	外加物	Additive
20	混凝土外加剂	Admixture
21	工艺外加剂	Additive
22	水泥混合材料	Blended materials
23	超早强	Very early strength，VS
24	高早强	High early strength，HES
25	超高强	Very high strength，VHS
26	纤维增强混凝土	Fiber-reiforced concrete，FRC
27	高耐久性混凝土	High-durability concrete
28	高强轻集料混凝土	High-strength lightweight concrete

342 常用于减少坍落度损失的缓凝剂有哪些？

常用于减少坍落度损失的缓凝剂如表 1。

表1 常用于减少坍落度损失的缓凝剂

缓凝剂类型	掺量（%）	凝结时间变化（h：min）		
		初凝	终凝	初、终凝间隔
不掺	0	2：05	3：30	1：25
糖钙	0.15	3：38	6：20	2：42
柠檬酸	0.05	3：10	4：25	1：15
三聚磷酸钠	0.05	3：28	7：05	2：37
蔗糖	0.05	3：55	6：45	2：50
山梨醇	0.03	3：40	5：55	2：15

343 怎样科学地优化养护剂配方设计？什么是科学优化配方设计的"八步法"？

配方的优化设计，除了要有丰富的理论知识作指导，要在实践中不断地探索总结经验之外，还要养成一个好的设计风格和科学的思维方式，这三点缺一不可。具备这样的素养，会受益终身。

从设计思路讲，优化配方设计经过配方设计、试验、性能检测、优化调整配方这样一个反复过程，最后得到满意的配方，如图 1 所示。

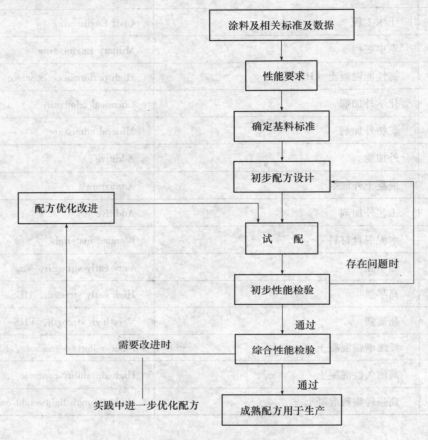

图 1　科学地优化配方设计程序

同时，生产设计人员要科学地优化产品配方，不断地改进产品性质，提高产品质量，还应在工作实践中把握好以下步骤：

（1）科学地确定待设计的产品的性能要求，不断推进产品的创新；

（2）选好基料种类并确定其用量，起点高，结果就会随之而高；

（3）确定颜料（填料）的种类及用量；

（4）确定助剂的种类及其用量；（3）、（4）两个步骤正是系统强于部分的简单相加，整体大于局部的体现；

（5）把握好总固体分、黏度和 pH 值的调整；

（6）试配和检验是调整和优化配方的第一环节；

（7）把好产品调整关，把反映出的问题由表及里、由此及彼地逐一解决掉的过程，实际上应该是把眼睛瞄向更高起点的过程；

（8）进行综合性能的调整。

一个好的配方应该是一个周而复始地改进→吸收国内外好的东西→再改进→再吸收的过程。

344 管桩及排水管的工艺流程是什么？

排水管的规格有：$\phi 200mm \times 3000mm$，$\phi 300mm \times 4000mm$，$\phi 400mm \times 4000mm$，$\phi 500mm \times 4000mm$，$\phi 600mm \times 4000mm$，$\phi 800mm \times 3000mm$，$\phi 800mm \times 4000mm$，$\phi 1000mm \times 3000mm$，$\phi 1200mm \times 3000mm$，$\phi 1500mm \times 3000mm$，$\phi 1800mm \times 3000mm$。

管桩及排水、排污管工艺流程如图1所示：

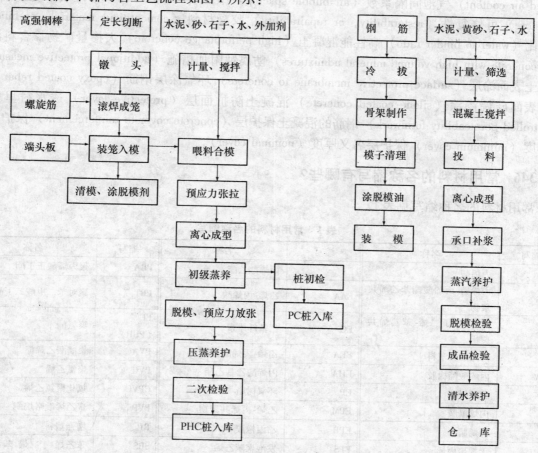

图1 管桩及排水、排污管工艺流程图

345 结构的设计使用年限是如何分级的？

结构的设计使用年限分级见表1。

表1 结构的设计使用年限分级

级别	设计使用年限	名称	示例
一	不小于100年	重要建筑物	标志性、纪念性建筑物，大型公共建筑物如大型的博物馆、会议大厦和文体卫生建筑，政府的重要办公楼，大型电视塔等
		重要土木基础设施工程	大型桥梁，隧道，高速和一级公路上的桥涵，城市干线上的大型桥梁、大型立交桥，城市地铁轻轨系统等
二	不小于50年	一般建筑物和构筑物	一般民用建筑如公寓、住宅以及中小型商业和文体卫生建筑，大型工业建筑
		次要的土木设施工程	二级和二级以下公路以及城市一般道路上的桥涵
三	不小于30年	不需较长寿命的结构物可替换的易损结构构件	某些工业厂房

431

常用词汇：环境作用（environmental action）腐蚀（deterioration）锈蚀（corrosion）劣化（degradation）劣化模型（degradation model）结构耐久性（structure durability）结构使用年限（service life of structure）设计使用年限或设计寿命（design working life，or design life）混凝土侵入性（penetrability of concrete）渗透性（permeability）渗透（permeation）扩散（diffusion）扩散系数（chloride diffusion coefficient of concrete）混凝土耐久性指数（durability factor）含气量（entrained air content）气泡间隔系数（air bubble spacing）维修（maintenance）修理或修复（repair，or restore）可修复性（restorability，or repairability）胶凝材料（cementitious material，or binder）水胶比（water to binder ratio）高性能混凝土（high performance concrete）大掺量矿物掺合料混凝土（concrete with high volume mineral admixtures）防腐蚀附加措施（additional protective measures）混凝土表面涂层（surface protective membrane to concrete）环氧涂层钢筋（epoxy coated rebar）混凝土表面硅烷渗涂（silane coated concrete）混凝土防护面层（protective layer）透水衬里模板（controlled permeability formwork）钢筋的混凝土保护层（concrete cover to reinforcement）保护层最小厚度（minimum cover）保护层名义厚度（nominal cover）。

346 常用材料的名称缩写有哪些？

常用材料的名称缩写见表1。

表1 常用材料的名称缩写

缩写	名称	缩写	名称	缩写	名称
AA	丙烯酸	EA	丙烯酸乙酯	PBA	聚丙烯酸正丁酯
AAS	丙烯腈-丙烯酸酯苯乙烯共聚物	EAA	乙烯-丙烯酸	PBT	聚对苯二甲酸二丁酯
ABS	丙烯腈-丁二烯-苯乙烯共聚物	EC	乙基纤维素	PU（PUR）	聚氨酯
AC	丙烯酸类塑料	EEA	乙烯-丙烯酸乙酯	PVAC	聚醋酸乙烯酯
ACM	丙烯酸酯橡胶	EHA	丙烯酸乙基乙酯	PVC	聚氯乙烯
ALK	醇酸树酯	EP	环氧树脂	CPVC	氯化聚氯乙烯
AM	丙烯酰胺	EPM	乙烯-丙烯共聚物	PVP	聚乙烯吡咯烷酮
AN	丙烯腈	EPR	乙丙橡胶	RP	增强塑料
APP	无规聚丙烯	EPS	发泡聚苯乙烯	SBS	苯乙烯-丁二烯-苯乙烯
B	丁二烯	EVA	乙烯-醋酸乙烯共聚物	SEPS	苯乙烯-乙烯/丙烯-苯乙烯
BA	丙烯酯丁酯	FRP（GRP）	玻璃纤维增强塑料	SIS	苯乙烯-异戊二烯-苯乙烯
BR	丁基橡胶	FRTP	玻璃纤维增强热塑性塑料	UP	不饱和聚酯
BMC	块状模塑料	GR-M	氯丁橡胶	PO	聚烯烃
BPO	过氧化苯甲酰	HA	丙烯酸己酯	POM	聚甲醛
CA	醋酸纤维素	HDPE	高密度聚乙烯	PP	聚丙烯
CFRP	碳纤维增强塑料	HIPS	耐高冲击性聚苯乙烯	PPC	氯化聚丙烯
CN	硝酸纤维素	PC	聚碳酸酯	PPO	聚氧化丙烯
CPE	氯化聚乙烯	PDMS	聚二甲基硅氧烷	PPS	聚苯硫醚
CPVC	氯化聚氯乙烯	PE	聚乙烯	PS	聚苯乙烯
CR	氯丁橡胶	PEG	聚乙二醇	PSU	聚砜
CSM	氯磺化聚乙烯	PETP（PET）	聚对苯二甲酸乙二醇酯	PTFE（F-4）	聚四氟乙烯
HMC	羧甲基纤维素	PF（PFR）	酚醛树脂	PVA（PVAL）	聚乙烯醇

缩写	名称	缩写	名称	缩写	名称
HMWPE	高分子量聚乙烯	PIB	聚异丁烯	PVB	聚乙烯醇缩丁醛
LDPE	低密度聚乙烯	PMA	聚甲基丙烯酸酯	PVCA	氯乙烯-醋酸乙烯共聚物
MA	丙烯酸甲酯	PMAA	聚甲基丙烯酸	PVFM	聚乙烯醇缩甲醛
MAM	甲基丙烯酰胺	PMMA	聚甲基丙烯酸甲酯	RF	间苯二酚-甲醛树脂
MBS	甲基丙烯酸甲酯-丁二烯-苯乙烯共聚物	NCR	氯丁氰橡胶	SBR	丁苯橡胶
MF	三聚氰胺-甲醛树脂	NR	天然或丁腈橡胶	SEBS	苯乙烯-乙烯/丁烯-苯乙烯
MMA	甲基丙烯酸甲酯	PA	聚酰胺	SI	有机硅对脂、聚硅氧烷
MPF	三聚氰胺-酚甲醛树脂	PAA	聚丙烯酸或聚丙烯酰胺	PF	脲醛树脂
NBR	丁氰橡胶	PAN	聚丙烯腈	XG	糖类非离子表面活性剂
DAP	聚邻苯二甲酸二烯丙酯	PASV	聚芳砜		
DAIP	聚间苯二甲酸二烯丙酯	PB	聚丁二烯		

347 建筑材料按化学成分是如何分类的?

建筑材料按化学成分分类表见表1。

表1 建筑材料按化学成分分类表

建筑材料	无机材料	金属材料	黑色金属:钢、铁	
			有色金属:铝及铝合金、铜及铜合金等	
		非金属材料	天然石材:花岗岩、石灰岩、大理岩、砂岩、玄武岩等	
			烧结与熔融制品:烧结砖、陶瓷、玻璃、铸石、岩棉等	
			胶凝材料	水硬性胶凝材料:各种水泥
				气硬性胶凝材料:石灰、石膏、水玻璃、菱苦土
			混凝土及砂浆	
			硅酸盐制品	
	有机材料	植物材料:木材、竹材及其制品		
		合成高分子材料:塑料、涂料、胶黏剂、密封材料		
		沥青材料:石油沥青、煤沥青及其制品		
	复合材料	无机材料基复合材料	混凝土、砂浆、钢筋混凝土	
			水泥刨花板、聚苯乙烯泡沫混凝土	
		有机材料基复合材料	沥青混凝土、树脂混凝土、玻璃纤维增强塑料(玻璃钢)	
			胶合板、竹胶板、纤维板	

348 影响和易性的因素是什么?

(1)水泥浆的稀稠——水灰比:水灰比是在混凝土拌合物中的用水量与水泥量之比(W/C)。水灰比较大时,水泥浆较稀,拌合物的流动性较大,但水灰比过大时,粘聚性和保水性变差。反之,水灰比较小时,水泥浆较稠,拌合物的流动性较小,粘聚性和保水性好,但水灰比过小时,浇捣成型比较困难。根据经验,水灰比一般宜选在 0.4~0.7 这个合理范围内,以便使混凝土拌合物既方便施工,又能保证浇筑成型的质量。但水灰比是由混凝土强度确定的,一旦由强度选定了水灰比，在施工中是不能随便改变的。

（2）水泥浆的数量——拌合用水量：在相同水灰比的情况下，单位体积混凝土拌合物中的拌合用水量多，水泥浆也多，拌合物的流动性就大，反之就小。这是因为水泥浆多时，水泥浆充满集料空隙后，剩余较多的浆料，使集料表面的水泥浆包裹层较厚，润滑性增加，流动性加大。但若水泥浆过多，将容易出现流浆，使拌合物的粘聚性变差，且水泥用量过多也不经济。因此，应以达到施工要求为宜。

根据经验，当拌制混凝土所用石子的品种规格确定以后，每立方米混凝土所需的拌合水量，可由所需的坍落度确定，见表1。

表1　塑性混凝土和干硬性混凝土的用水量　　　　　　　　　　　　　　　　　kg/m³

拌合物的稠度		卵石最大粒径（mm）			碎石最大粒径（mm）		
项　目	指　标	10	20	40	16	20	40
坍落度 （mm）	10～30	190	170	150	200	185	165
	30～50	200	180	160	210	195	175
	50～70	210	190	170	220	205	185
	70～90	215	195	175	230	215	195
维勃稠度 （s）	15～20	175	160	145	180	170	155
	10～15	180	165	150	185	175	160
	5～10	185	170	155	190	180	165

注：1. 本表用水量是采用中砂时的平均值。采用细砂时，混凝土用水量可增加5～10kg/m³ 混凝土；采用粗砂时，则可减少5～10kg/m³ 混凝土。

　　2. 掺用各种外加剂或掺合料时，用水量应相应调整。

（3）集料的粒形与级配：卵石表面光滑，流动阻力小，所拌制的混凝土拌合物流动性较大，而碎石表面粗糙，流动阻力大，拌合物的流动性较小。使用级配良好的砂石时，由于填空所需浆量少，余浆包裹厚，拌合物的流动性较大。

（4）砂率：在混凝土中所用砂的质量占砂石总质量的百分率称为砂率，$S_P = \dfrac{S}{S+G}$。在水泥浆量一定的情况下，若砂率过大，则集料的总表面积也过大，使水泥浆包裹层过薄，拌合物显得干涩，流动性小；若砂率过小，砂浆量不足，就不能在粗集料的周围形成足够的砂浆层而起不到润滑作用，也将降低拌合物的流动性，而且由于砂浆量较少，对水泥浆的吸附不足，将影响拌合物的粘聚性和保水性。因此，砂率不能过大，也不能过小，最好的砂率应该是使砂浆的数量能填满石子的空隙并稍有多余，以便将石子拨开。这样，在水泥浆一定的情况下，混凝土拌合物能获得最大的流动性，这样的砂率称为合理砂率。在工程上可以通过试验找出合理砂率，也可通过石子空隙率计算所需砂率，还可根据所用的水灰比、粗集料的种类和最大粒径查表选定，见表2。

表2　混凝土的砂率　　　　　　　　　　　　　　　　　　　　　　　　　　　%

水灰比（W/C）	卵石最大粒径（mm）			碎石最大粒径（mm）		
	10	20	40	16	20	40
0.40	26～32	25～31	24～30	30～35	29～34	27～32
0.50	30～35	29～34	28～33	33～38	32～37	30～35
0.60	33～38	32～37	31～36	36～41	35～40	33～38
0.70	36～41	35～40	34～39	39～44	38～43	36～41

注：1. 本表数值系中砂的选用砂率，对细砂或粗砂，可相应地减小或增大砂率。

　　2. 只用一个单粒级粗集料配制混凝土时，砂率值应适当增加。

　　3. 对薄壁构件，砂率取偏大值。

（5）外加剂：在混凝土拌合物中加入少量的外加剂，如减水剂、引气剂，可以在不增加水泥浆的情况下增大拌合物的流动性。

（6）水泥品种：不同品种的水泥，其需水量不同，所拌混凝土拌合物的流动性也不同。使用硅酸盐水泥和普通水泥拌制的混凝土拌合物的坍落度大体相同；使用粉煤灰水泥时，拌合物的流动性较大，保水性也好；若使用矿渣水泥或火山灰水泥，则坍落度较小，而且用矿渣水泥时，泌水性较大。

（7）施工方法：用机械搅拌合捣实时，水泥浆在振动中变稀，可使混凝土拌合物容易流动。

（8）温度和时间：若施工温度较高，由于水泥吸水加快和水分蒸发较多，将使混凝土拌合物的流动性很快变小。搅拌好的混凝土在长距离运输或放置较长时间以后，其流动性也明显变小。应考虑这些因素，使混凝土拌合物在浇筑时的坍落度满足施工要求。

349 改善和易性的措施是什么？

为保证混凝土拌合物具有良好的和易性，可使用下列措施加以改善。

（1）采用级配良好的集料。

（2）采用合理的砂率。

（3）在水灰比不变的情况下调整水泥浆量（可以小幅度调整拌合物的流动性）。

（4）掺入减水剂（可以大幅度增大拌合物的流动性）。

350 原材料质量对萘系高效减水剂性能的影响是什么？

一、原材料性质对萘系高效减水剂性能的影响

（一）工业萘对萘系高效减水剂性能的影响

工业萘是最主要的原料，它的纯度影响着产品的各项性能，包括减水率的大小、流动度损失情况及与水泥的适应性问题。相同的合成工艺，用不同纯度的工业萘合成出的产品，性能差别主要通过水泥净浆试验做对比，由图1和图2可以清楚地看出萘的纯度对水泥净浆流动性的影响趋势。如图1所示，同掺量时掺A1的水泥净浆流动度远远大于A3的水泥净浆流动度，而且A3的引气量大，与水泥的适应性不好。由此可见，随着萘纯度的增加，不仅同掺量下减水率显著增大，且在低掺量时减水率增大，降低了减水剂饱和点的掺量。因此，合成萘系高效减水剂时，一般应把工业萘的纯度控制在96%以上。

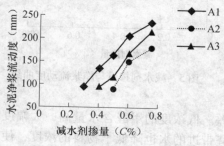

图1　减水剂掺量与净浆流动度曲线

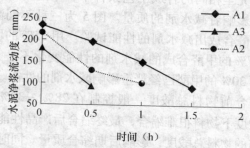

图2　水泥净浆流动度损失曲线

由图2可以看出，相同掺量下（0.75C%），低纯度萘合成出的减水剂流动度损失显著增大，94%的萘合成出的减水剂水泥净浆0.5h后流动度完全损失掉，随着萘纯度的增大，流动度随着时间的损失也越来越小。

工业萘属于焦油类原料，它以萘为主，还含有甲基萘、蒽油、菲等。纯度较低的工业萘，其中的甲基萘、蒽油、菲的含量就相对较高。甲基萘经过磺化、水解、缩合反应也具有减水作用，

但引气量大，而且还会影响混凝土强度。而蒽油、菲虽具有芳香性，但比萘差。如蒽油、蒽环的电子云密度并不平均化，因此，蒽油很容易发生亲电取代反应。一元取代物有三种，在三个位置，γ 位比 α 位和 β 位都活泼，所以，反应通常发生在 γ 位。而 γ 位，带有磺酸基降低蒽环的反应活性，从而降低后期的缩合质量，降低萘系的减水率。由图 1 可以看出，相同的合成工艺，减水率却相差很大。

（二）硫酸浓度对萘系高效减水剂性能的影响

硫酸的浓度是影响萘系高效减水剂是否具有减水率及减水率大小的最关键的因素，低浓度的硫酸合成出的产品几乎没有减水性能。图 3 为三种不同浓度的硫酸在完全相同的合成工艺条件下合成出的萘系高效减水剂性能比较试验。当硫酸浓度为 90% 时，合成出的减水剂同掺量下其水泥净浆流动度非常小，而当硫酸浓度达到 98% 时，不仅高掺量下水泥净浆流动性好，而且低掺量下水泥净浆也具有相对较高的流动性。图 4 为三种不同浓度的硫酸合成出的减水剂同掺量下（0.75C%）的水泥净浆损失情况，由图中曲线可知，硫酸浓度越高，减水剂的水泥净浆经时损失也相对较小。

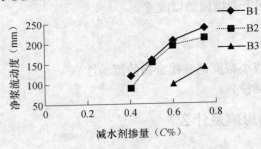

图 3　减水剂掺量与净浆流动度曲线

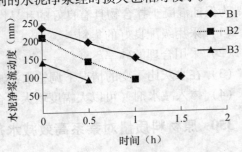

图 4　水泥净浆流动度损失曲线

产生上述结果的主要原因是所用的硫酸是起亲电取代反应的磺化剂作用。加热时，浓硫酸与萘发生亲电取代反应，形成 Lewis 酸（SO_3）对芳环进行 S_E 反应，故认为磺化试剂为 SO_3，因此，形成亲电试剂需要足够浓度的硫酸。浓度小于 95% 时，不能形成足够的亲电试剂，磺化不充分，影响后期缩合反应的进行，水泥净浆流动度很小，减水率小。当用小于 95% 的硫酸和 96.7% 的工业萘合成萘系高效减水剂时，不仅减水率小，而且有大量的气泡，具有引气作用。

（三）甲醛浓度对萘系高效减水剂性能的影响

在完全相同的合成工艺条件下，甲醛的浓度极大地影响着减水剂的质量。图 5 为三种不同浓度的甲醛合成出减水剂的性能试验。用 35% 的甲醛和 37% 的甲醛合成的减水剂的性能变化不是太大，而 30% 的甲醛已经严重影响减水剂的性能。

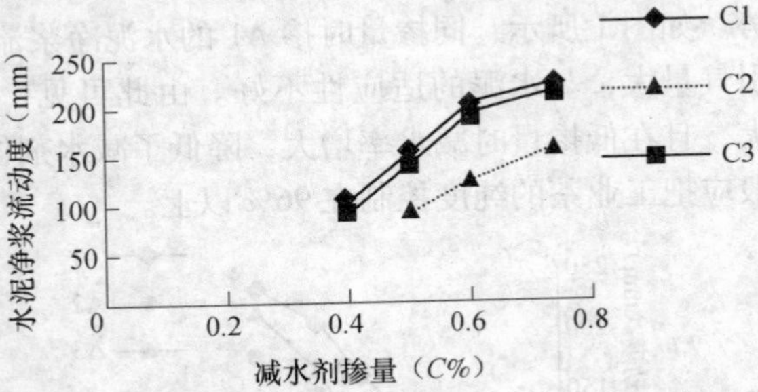

图 5　减水剂掺量与净浆流动度曲线

缩合前物料总酸度一般控制在 28%～30%，较低酸度下物料很难缩合，最终缩合后产品性能也较差。低浓度的甲醛含水量高，大幅度降低了缩合前的物料总酸度，影响后期缩合质量。同时，甲醛带进的水也降低了物料的浓度，使物料黏度降低，影响缩合速度与产品的分子链排布。但是，如果采用低浓度甲醛而同时改变缩合工艺（包括加水量、加水时间间隔、缩合温度等），浓度在 30% 以上的甲醛对萘系减水剂的减水率影响并不大。而浓度在 30% 以下的甲醛因含水太多，即使改变缩合工艺也会较大幅度地影响萘系高效减水剂的减水率。

二、总结

原材料的质量直接影响着萘系高效减水剂的各项性能，其中影响最大的就是工业萘和硫酸的质量。因此，要得到高质量的萘系高效减水剂，必须首先选择优质原材料。

（1）萘的纯度越高，减水率越高，水泥净浆经时损失越小。低纯度的萘因含有甲基萘等杂质而降低萘系的减水率，且具有引气作用，因此，一般把萘的纯度控制在96%以上较好。

（2）硫酸浓度越高，减水剂性能就越好。浓度为95%以下的硫酸不能对萘环进行充分的磺化，从而使得合成出的减水剂性能急剧降低。

（3）甲醛浓度的影响必须考虑缩合工艺，相同的缩合工艺应选择浓度差别不大的甲醛。甲醛浓度改变时，应相应调整缩合时的用水量和缩合时间。

351 沸石粉如何应用？

沸石粉掺量应通过试配确定，不得在原有砂浆配合比中按比例等量取代水泥。沸石粉在水泥砂浆中的掺量宜控制为水泥用量的20%～30%。

天然沸石粉指以天然沸石岩为原料，经破碎、磨细制成的粉状物料，简称沸石粉。沸石粉是一种矿产资源，与粉煤灰、矿渣、硅粉等掺合料不同。沸石是一种含多孔结构的微晶矿物，而粉煤灰、矿渣及硅粉等则是一种玻璃态的工业废渣。

天然沸石粉作为混凝土的一种矿物质掺合料，既能改善混凝土拌合物的均匀性与和易性、降低水化热，又能提高混凝土的强度、抗渗性与耐久性，还能抑制水泥混凝土中碱-集料反应的发生。所以沸石粉适宜配制泵送混凝土，以及高强混凝土，也适用于蒸养混凝土、轻集料混凝土、地下水和水下工程混凝土。

天然沸石粉掺入砂浆中，能达到改善和易性、提高强度和节约水泥的目的。

352 建筑物龟裂应怎办？

（1）龟裂发生的原因：混凝土建筑物之所以会发生龟裂，主要原因是混凝土本身有干缩、潜变之特性以及受气候、外力等因素影响。

（2）干缩及潜变：混凝土在进行干燥硬化时，因水分的蒸发流失会有收缩的现象，称之为混凝土干缩。当混凝土持续承受一定载重时，混凝土会随时间持续变形，称之为混凝土潜变。

（3）气候影响：混凝土遇热则胀，遇冷则缩，这种体积变化容易产生混凝土之龟裂。另空气中含有水分、二氧化碳及一些有害物质，会侵蚀混凝土表面，造成混凝土劣化，助长混凝土龟裂。

（4）外力因素：外力造成的龟裂是指施工中载重及完工后建筑物使用不当，或受风力、地震、基础不均匀沉陷等外在因素所引起的。这些龟裂容易损及建筑物的结构安全。

（5）龟裂对建筑物的影响：龟裂可分为非结构性与结构性两种，非结构性龟裂发生在非结构体上，结构性龟裂则发生在结构体上。非结构性的龟裂发生在砖墙、小于15cm厚混凝土墙、结构体表面粉刷层等上，最常见发生位置是在粉刷面、门窗开口角隅及梁、砖墙接触面上。上述墙及粉刷层并非结构体，不致影响结构安全。至于结构性龟裂则会发生在梁、柱、楼板等结构体上，若发生在结构体龟裂宽度（非其表面之粉刷层龟裂宽度）超过0.3cm而未及时处理，将会发生结构强度的降低，使用年限缩短，甚至崩塌。何以以龟裂宽度超过0.3cm为一分界点？是因为超过此一宽度容易让大气中水分、湿气及有害物质渗入混凝土内，促成混凝土内钢筋锈蚀。

（6）龟裂的修补方式：

①非结构体性的龟裂：一般只要重新批土粉刷即可。

②结构体性的龟裂：龟裂发生在结构体上，除应先排除龟裂发生原因（如不当使用等）外，可依龟裂的宽度、长度、深度的损害程度及结构体的重要性分别依需要以注入、封钢板、扩大断面等补强方式处理。上述只是一般性的处理原则，如果龟裂的宽度超过0.3cm，可能会引起结构安全问题时，就必须请专业技师以专业知识处理较妥。

353 可再分散胶粉的生产过程是什么?

可再分散胶粉的生产过程示意图如图1所示。

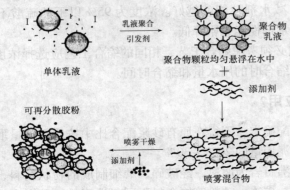

图1 可再分散胶粉的生产过程示意图

354 用于水泥改性剂的可再分胶粉有哪些?

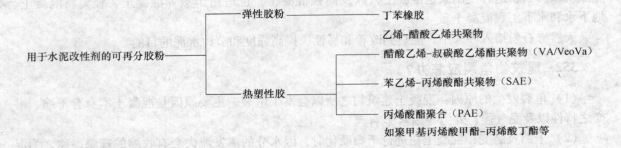

355 乳胶的成膜过程是什么?

乳胶的成膜过程,如图1所示。

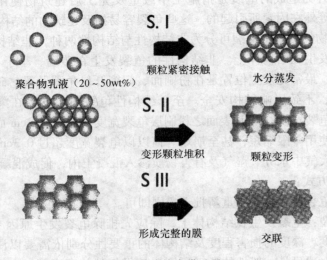

图1 乳胶的成膜过程

356 商品混凝土配制中易发生的问题及解决办法是什么？

由于商品混凝土是由水泥、砂、石、水、掺合料、外加剂等组分按一定比例配制而成的，任何一种原材料出现波动都会直接影响混凝土性能指标。除此之外，气候、施工方法、设备等方面都会对混凝土产生影响。在这种情况下，质量控制在混凝土生产过程中地位就更显得重要。经过几年的实践积累，对一些在混凝土配制过程中容易产生的问题，进行简单的分析。

一、坍落度的波动

由于无法在生产现场测定混凝土的强度是否符合设计强度，只有等到标准养护28d后才能比较，因此混凝土质量的优劣信息反馈是十分滞后的。在做好质量预控、试验室试配强度满足要求的前提下，当前唯一有效监控混凝土质量的指标就是坍落度。坍落度是最先体现混凝土质量的重要数据，无论混凝土质量有何异常，均会首先从坍落度的这个指标上反映出来。而且坍落度波动太大会影响到泵送过程中的施工，进而影响到混凝土的性能指标，下面就坍落度的正负波动进行分析其原因及解决方法。

（一）坍落度突然减小

冬季施工时拌合用水温度如果过高，尤其是先与水泥结合水化速度加快，从而出现坍落度减小，甚至假凝。当水温大于40℃时，应先使拌合水与集料拌合，再加入水泥；当砂子偏细的时候，表面积相对增大，需水量相应增多，从而出现坍落度减小。这时应调整配合比，适当减少砂率；碎石夹带石粉含量偏高，石粉吸走大量水分，从而出现坍落度减小。应对石粉含量过高的碎石进行处理；计量器具失准，导致外加剂掺量不足，影响减水效果或者原材料、掺合料掺量加大，从而出现坍落度减小。计量器具应及时受检，并应在每次工作前进行检查、校准，保证计量器具的正常工作。

（二）坍落度突然增大

在冬季施工过程中，集料中夹带冰块及雪，使水量加大，从而出现坍落度增大。根据实际情况适当减少用水量，增加砂率；当砂子偏粗时，表面积相对减小，需水量相应减少，从而出现坍落度增大。这时应调整配合比，适当增加砂率；降雨会将砂、石含水率增大，从而出现坍落度增加。应连续测定砂、石含水率，根据情况减少用水量，增加砂用量并加强坍落度测试频率，雨大时一车一测，及时调整；计量失控会引起水、外加剂多加或者水泥、集料、掺合料少加，从而出现坍落度增加。应立即停止配制，已拌混凝土报废，计量器具正常并检验合格后方可生产。

此外在商品混凝土的施工过程中，为了保证混凝土既有强度高的性能，又具有足够的流动性、可泵性，同时能延长凝结时间、降低坍落度损失、避免离析现象、降低水化热和改善混凝土的性能，选择适当的外加剂和掺合料来控制坍落度是极其重要的一步。掺入高效减水剂可以大大降低水灰比，使拌合物的初始坍落度增加，不过坍落度随时间的损失较大，给施工带来不便，坍落度变化较快，给泵送带来了一定的难度。因此，采用高效减水剂时通常加入混凝土保塑剂，保塑剂能延长混凝土坍落度损失的时间。有效抑制水泥水化速度，适当的掺量能保证拌合物坍落度不变，并保持其混凝土强度。

满足具有良好和易性、高强度、高耐久性的高性能混凝土，外加剂量及掺合料的应用必不可少，外加剂的应用主要是最大限度地降低混凝土的水胶比，又使坍落度损失减少；掺合料的应用是改善混凝土的内部结构，提高混凝土的耐久性。

商品混凝土掺有掺合料时，会改善水泥与外加剂的相容性，能提高新拌混凝土的内聚性，减少泌水和离析，改善混凝土的和易性，有效地控制坍落度损失。

二、结论

要获得高质量的混凝土，首先使用的原材料质量应符合要求，保证混凝土原材料计量准确，搅拌适度、均匀。在施工过程中，随时检查坍落度的变化情况，保证混凝土坍落度满足施工的要求。另外要保证混凝土的质量，还必须切实加强管理。严格按照相应的国家规范、标准进行混凝土的生产和施工，要建立健全企业的技术管理制度和质量保证体系，定期进行原材料质量检测和混凝土拌合物的各项性能检测，从而保证混凝土的质量。随着商品混凝土技术的不断发展，科技的不断提高，这就要求我们生产和施工人员要不断提高自身素质，加速知识的更新换代，在实践中不断丰富自己的经验，在生产和施工中要综合的、系统的、全面的考虑影响混凝土的各种因素，防患于未然。在生产和施工中遇到问题时，要仔细分析及时找出原因，对症下药，准确、有效、及时地排除各种不利影响因素，确保优质、高效的生产和施工。

357 商品混凝土冬期生产及施工质量控制是什么？

一、做好原材料及生产设备、设施的准备工作

（1）尽可能多地储备砂石料。每年10月初各公司应开始大量储备砂石原材料，以保证冬期砂石的正常供应。以年产30万 m³ 混凝土为例，储备大约4万 m³ 中砂、3万 m³ 卵石及适当的碎石是必要的。这样不但可保证进入11月份后砂石料场普遍停产时砂石料的正常供应，同时还可保证砂石在冬期使用中不会出现严重的结冻等现象，使混凝土连续生产不受影响。

（2）做好冬期施工中各种设备、车辆、管道的防冻、保温、采暖的检查、维修，以及对裸露管道的保温包扎工作。做好装载机、推土机等的水箱放水和设备防冻液的更换及检查工作。做好生产主机的供热保温工作，检查供热保温线路，及时排除故障及隐患，确保冬施中主机系统正常运转。

（3）上述两方面的准备工作，明确规定由材料供应部门及生产部门分别负责实施及完成，并对此负完全责任。

二、及早做好技术方面的准备工作

最主要的工作是在正常使用优质高效减水剂的基础上，做好优质高效防冻剂的选择及验证工作，尽可能地减少用水量，从而确保混凝土的早期强度及减少冻害作用。

（1）提前完成防冻剂的试验验证

每年进入9月份，防冻剂的检验及验证试验工作在总结上年度试验及使用的基础上，修正并制订新的试验方案后，由公司试验室定期完成，试验结果必须达到规范的要求。选用高效防冻剂，减水率可达25%以上。

（2）及时完成混凝土配合比的设计及试配试验

混凝土配合比设计中应注意以下几个方面：

①为了有效降低混凝土中的游离水，从而最大限度地减少其对混凝土的冻害，应尽量减少单位混凝土的用水量。为此，在掺加优质高效防冻剂的同时必须掺加高效减水剂，以便使混凝土的用水量控制在 150~165kg/m³。

②按照规范要求提高混凝土的强度等级。常用的方法是增加水泥用量，适当降低矿物掺合料特别是粉煤灰的掺量，这样做的目的还在于利用水泥的水化热使混凝土达到一定的自养护和自防冻，水泥用量通常比夏季增加 30~50kg/m³。

③在低强度等级的混凝土中适当提高防冻剂的掺量。这是由于此时水泥用量相对较少、水泥水化热相对较低，所以在配合比设计时应适当提高防冻剂的掺量。

三、严格混凝土生产过程中的管理及质量控制

（1）建立环境温度监测及冬施通知、解除制度。进入11月份由各公司技术部门向各施工单位分送冬季施工方案。同时，试验室开始对环境温度进行连续监测记录，绘制温度变化曲线图，当连续5d平均气温低于5℃时，即正式以文字形式通知施工单位进入冬施期，并在出厂混凝土发

货单上做出防冻标识。至第二年3月份，当连续5d平均气温高于5℃时，即正式以文字形式通知施工单位解除冬施，恢复出厂混凝土发货单的普通标识。

（2）对所用原材料进行加热。首先对所使用的拌合水进行加热。可使用锅炉通过热交换器对水加热至60℃以上，具体的水温应通过热工计算而确定，以不超过85℃为宜。其次，可利用预埋在砂石堆场的管道对砂石进行加热，以提高砂石的入机温度（这种情况一般在严寒环境时采用）。质检部门负责测定水、砂石、外加剂的温度，每班不得少于4次。

（3）整个生产流水线应尽可能封闭以减少热能损耗。机房应敷设供暖设施，保证其温度不低于15℃，并且在砂石配料、计量、输送系统、外加剂系统、供水系统等处加设供暖设施，以确保该环节的运转不受环境温度的影响。

（4）适当延长搅拌时间。

（5）要求所有罐车司机在涮罐后彻底放净涮罐水，坚决杜绝随意向混凝土内加水。

（6）严格控制混凝土坍落度。冬期施工中，混凝土中用水量的增加对混凝土的防冻极为不利，所以尽可能地降低混凝土的单位用水量是十分必要的，为此就必须严格控制混凝土的坍落度。混凝土的坍落度通常控制在120～180mm。

四、确保混凝土连续供应，尽可能减小混凝土运输周期

冬期施工过程中保证混凝土供应的连续性及减小运输车辆运送周期非常重要。为了保证及时把混凝土送到施工地点，要求运输车辆必须在1h内到达工地，装卸的间断时间不超过30min。为此，应根据不同的工程部位、不同的浇筑方式（泵送、塔吊）以及施工的速度等情况配备足够数量的混凝土运输车，并由生产调度随时根据施工进度进行合理调配。此外，为了保证大体积、大方量混凝土的正常浇筑不因设备故障而受影响，还必须配备1台泵送设备、1～2台混凝土运输车辆作后备，随时可以投入到生产供应中去。

通过对原材料的加温及对生产过程中严格的保温措施，加上对运输、供货过程的严格控制，从而确保了冬期施工中混凝土的质量。表1为2006年上半年某公司出厂混凝土的实际温控情况。

表1　2006上半年某公司出厂混凝土的实际温控情况表

强度等级	C20	C25	C30	C35	C40	C45	C50
T_1（℃）	21～25	24～25	25～26	26～27	26～29	27～29	27～30
T_2（℃）	7～9	7～9	8～11	8～12	9～13	9～13	9～15

注：T_1代表混凝土出机温度；T_2代表混凝土入模温度。

五、加强对混凝土现场施工及后期养护的监管

冬期施工期间要保证工程质量，除了生产及供应保质保量的混凝土外，施工单位应充分做好准备工作，采取相应的措施，才能保证冬施的顺利进行。

（1）做好冬施准备工作，加强温度监控。

冬季因昼夜温差较大（20℃左右），夜间温度较低，施工区有时达-20℃以下，因此应提前准备好防寒防冻的物资。应在施工面四周支设挡风设施，浇筑混凝土前应清扫施工面上的冰雪或水。在环境温度低于0℃后，应加强温度监控，每2h测温不得少于一次，以便及时采取措施。特别严寒（气温低于-15℃）时，还要在工作面四周或梁板下架设火炉以保证正温浇筑。

（2）严格按规范组织施工，强化养护措施。

混凝土到达施工现场后，必须在15min内浇筑完毕，注意不要在已冻结或带有冰雪的地基上浇筑混凝土；对大体积需分层浇筑的混凝土，已浇层的混凝土在上一层混凝土覆盖前的温度不应低于2℃。在混凝土浇筑振捣完后，先覆盖一层塑料薄膜，再在其上视具体情况覆盖彩条布和棉毯等保温材料。在气温低于-5℃时，可采用增加棉毯厚度或电热毯进行养护，特别是对表面功

能要求比较高的水泥混凝土路面更是如此。采用加热养护时，养护前的温度不得低于2℃。加强混凝土后期养护工作，在混凝土达到抗冻临界强度前，必须有保温措施，混凝土在养护期间应防风防失水。在环境温度低于5℃后，不宜洒水养护。

（3）地下结构工程的保温措施

对于地下结构或标高零以下的基础部位，要充分利用基坑地形架设暖棚，在暖棚内设置火炉提高环境温度，并根据浇筑进行情况及时覆盖保温材料，以减少热量损失。

（4）科学合理的安排施工时间

尽量将混凝土浇筑时间安排在气温较高的中午时间段，使混凝土进入负温环境时，有一定的预养期。

（5）严格控制拆模时间

要根据同条件养护的试块的抗压强度判断混凝土结构的实际强度，同时参考混凝土浇筑后的实际测温记录确定拆模时间，并考虑随环境温度的变化而适当延长拆模时间。

（6）做好冬季施工部位的后期管护工作

严格按相关规范做好冬季施工混凝土的后期特别是停工时期的养护工作，以保证混凝土的强度增长有一个良好的环境。同时混凝土供应单位还要与施工单位协商做好混凝土"成熟度"的统计工作，作为评判参考。

358 商品混凝使用时应注意的问题是什么？

要提高商品混凝土的质量，就要靠商品混凝土企业自身不断提高管理水平和服务意识，严格控制混凝土生产过程中的各个环节，要做好每一个工程，确保每一个工程混凝土构件的质量，仅靠混凝土公司严格把关是不够的，更需要工程施工单位和监理公司的大力配合和支持，但在实际操作中，许多人只强调混凝土公司应如何确保混凝土质量，往往忽略了混凝土施工单位应尽的责任和义务，以至造成混凝土供需双方许多不必要的矛盾和误会。这主要是由于许多混凝土使用者对商品混凝土的性能了解不够，质量意识淡薄，甚至有的抱侥幸心理。要消除这种不必要的矛盾和误会，提高广大施工单位的质量意识和施工技术水平，需要混凝土企业长期不断的做工作。结合多年来从事混凝土行业的经验，总结了商品混凝土在使用中应注意的一些问题，在每个工地开工前作为技术交底资料提供给施工单位和工程监理，使他们提高对商品混凝土的认识，并正确的使用混凝土，共同来确保混凝土工程质量。

（1）商品混凝土运到工地后，90min内要求用完，时间越长，坍落度损失越大，将影响混凝土质量。因此施工单位在使用前必须做好施工准备工作。商品混凝土搅拌车到达工地后，严禁往罐车内加水。若到达后时间不长，混凝土坍落度小不符合交货验收要求，可由搅拌站试验室人员添加适量减水剂进行调整，搅拌均匀后可以继续使用。若到达工地后，混凝土坍落度过大超出交货验收的坍落度要求，施工单位有权进行退货，双方对坍落度有争议时以现场实测的坍落度值为准。商品混凝土胶凝材料多、砂率较高、坍落度较大，特别是泵送混凝土坍落度均在14～18cm以上，混凝土流动性好容易密实，所以在浇捣时不须强力振捣，振捣时间宜在10～20s，否则混凝土表面浮浆较多容易产生收缩裂缝。若振捣后浮浆层厚，可于混凝土初凝前在表面撒一层干净的碎石，然后压实抹平。

（2）商品混凝土由于掺加了外加剂等组分，混凝土的初终凝时间较长。一般初凝时间为5～8h，气温高时为4～6h，终凝为8～14h。因此混凝土提浆抹面时间应适当掌握。气温低时混凝土墙、柱边模的拆模时间应适当延迟，以免混凝土构件发生脱皮、壳等外观质量问题。浇捣梁板混凝土时，在梁与板交界处，宜先浇捣部位混凝土，振捣密实后再浇捣板面混凝土，这样可避免或减少发生在梁板交界处的沉降收缩裂缝。混凝土浇捣成型后应进行二次振捣二次抹面。具体的做法是：在混凝土进入出凝前（用手轻按混凝土板面能留下指痕），用平板振动器快速复振一次，再用木抹子压实抹平，可以起到减少表面裂缝的效果。

（3）高温天气或者大风天气浇捣混凝土时，可以采用装设喷水装置或者人工喷水的方法，在混凝土初凝前向空中喷洒水雾增加混凝表面空气湿度，防止混凝土构件表面失水过快产生干缩裂缝。混凝土终凝后应即时对混凝土构件进行覆盖养护。由于混凝土拌合物中掺有粉煤灰和外加剂，按国家标准混构件的养护时间不得少于14d。若混凝土构件早期养护不够其28d强度将大受影响。因此为了混凝土工程质量，除严格按标准规范施工浇捣混凝土外，施工单位一定要做好混凝土的养护工作。对于墙、柱等部位的混凝土构件，宜用湿麻袋或薄膜保温保湿养护；对于地下室底板、大体积混凝土、梁板以及抗渗、膨胀混凝宜采用蓄水养护或湿麻袋养护。养护期内应始终保持构件表面的湿度足够。现场混凝土试件应按规范制作，做好后带模放在阴凉处静置24h，拆模后将试件放入水中养护或同条件养护。气温低时应注意养护水的温度，必要时应采取加温加热措施。

混凝土工程质量不仅需要混凝土公司严格控制出厂混凝土质量，更需要施工单位密切配合和不断提高质量意识。施工单位按上述要点浇捣施工和养护混凝土，可以避免混凝土在施工过程中留下质量隐患，共同确保混凝土工程质量。

359 商品混凝土配合比设计与管理是什么？

混凝土配合比设计是保证混凝土质量的中心环节，即使有上好的原材料，良好的工艺及设备，如果没有适宜的配合比就不可能有即优质又经济合理的商品混凝土。

混凝土配合比设计应经过决策、计算、试配和调整四个阶段。决策是根据混凝土工程特点、气候、原材料供应及施工条件等实际情况，在混凝土学理论指导下经多方案比较，决定确保混凝土工程质量又经济合理的最佳技术途径。其中包括确定原材料的品种及其限量，尤其是水泥品种及限量，外加剂及掺合料的品种及用量；确定混凝土强度标准差的取值、坍落度、用水量、砂率等。

决策是配合比设计中的关键，技术路线确定后进行配合比计算，试验室试配，在试配基础上做进一步的分析调整，最后确定。工程实践证明一个好的混凝土配合比预先都经过大量的脑力劳动和试配实践。

一、商品混凝土配合比设计

（一）混凝土配制

混凝土配制强度按下式计算：

$$f_{cu,o} \geq f_{cu,k} + 1.645\sigma \tag{1}$$

式中 $f_{cu,o}$——混凝土施工配制强度，MPa；

$f_{cu,k}$——设计的混凝土强度标准值，MPa；

σ——混凝土强度标准差。

（二）计算水灰比

混凝土水灰比按下式计算：

$$W/C = \frac{\alpha_a \cdot f_{ce}}{f_{cu,0} + \alpha_a \cdot \alpha_b \cdot f_{ce}} \tag{2}$$

式中 $\alpha_a \cdot \alpha_b$——回归系数；

f_{ce}——水泥28d抗压强度实测值，MPa。

（1）当无水泥28d抗压强度实测值时，f_{ce}值可按下式确定；

$$f_{ce} = \gamma_c \cdot f_{ce,g} \tag{3}$$

式中 γ_c——水泥强度等级值的富裕系数，可按实际统计资料确定；

$f_{ce,g}$——水泥强度等级值，MPa。

（2）回归系数 α_a 和 α_b 应根据工程所使用的水泥，集料通过试验由建立的水灰比与混凝土强度关系式确定；当不具备上述试验统计资料时，其回归系数可按表1采用。

表 1　回归系数 α_a 和 α_b 选用参数

函　数	碎　石	卵　石
α_a	0.46	0.48
α_b	0.07	0.33

（三）选取用水量与计算水泥用量

（1）按 JGJ 55—2002 中坍落度 90mm 的用水量为基础，按坍落度每增大 20mm 用水量增加 5kg，计算出未掺外加剂时的混凝土的用水量。

（2）根据外加剂的减水率（β），按下式计算掺外加剂混凝土的用水量 m_{wa}：

$$m_{wa} = m_{wo}(1 - \beta) \tag{4}$$

（3）每 $1m^3$ 混凝土的水泥用量（m_{co}），可按下式计算：

$$m_{co} = \frac{m_{wo}}{(W/C)} \tag{5}$$

泵送混凝土的水泥用量不宜小于 $300kg/m^3$。

（四）选择合理的砂率

计算砂、石用量，提出试配用混凝土配合比。

泵送混凝土的砂率宜为 35% ~ 45%。

当已知砂率情况下，砂石用量可用重量法或体积法求得。

（1）当采用重量法时，应按下式计算：

$$m_{co} + m_{go} + m_{so} + m_{wo} = m_{cp} \tag{6}$$

$$\beta_s = \frac{M_{so}}{M_{go} + M_{so}} \times 100\% \tag{7}$$

式中　m_{cp}——每 $1m^3$ 混凝土拌合物的假定质量（kg），其值可取 2350 ~ 2450kg。

（2）当采用体积时，应按下式计算：

$$\frac{m_{co}}{\rho_c} + \frac{m_{go}}{\rho_g} + \frac{m_{so}}{\rho_s} + \frac{m_{wo}}{\rho_w} + 0.01\sigma = 1 \tag{8}$$

$$\beta_s = \frac{M_{so}}{M_{go} + M_{so}} \times 100\% \tag{9}$$

（五）混凝土配合比的试配及调整与确定

试配是商品混凝土配合比设计中的重要环节。试配的目的：一是通过调整用水量，泵送剂掺量及砂率，得出具有良好可泵性，供强度试配用的基准混凝土配合比；二是通过调整水泥用量得到合同要求的强度及有关的物理力学性能的施工配合比。

（1）满足交货坍落度及良好可泵送性试配

以上述设计计算所得的配合比，实际使用的原材料进行试拌，然后模拟运输车转动 30 ~ 60min，测坍落度并观察拌合物的粘聚性，最后提出供混凝土强度试验用的基准混凝土配合比。

（2）满足强度及有关物理力学性能试配

按 JGJ 55—2000 规定，混凝土强度试验时应至少采用三个不同的配合比，其中一个应是上述提供强度试验用的基准混凝土配合比，另外两个配合比的水灰比宜分别增减 0.05，其用水量基本不变，砂率可增加或减少 1%。

（3）施工配合比的确定

由试验得出的各灰水比及其对应的 28d 混凝土强度关系，用作图法或计算法求出与混凝土配制强度相对应的灰水比。然后按下列原则确定每 $1m^3$ 混凝土中的材料用量。

①用水量取强度试验时基准配合比中的用水量，并根据制作强度试件时测得坍落度进行适当调整。

②水泥用量应以用水量乘以选定出的灰水比计算确定。

③粗、细集料取基准配合比中的用量，然后根据选定的水和水泥用量作调整。

④计算混凝土的表观密度及配合比校正系数。

⑤混凝土配合比确定：当混凝土表观密度实测值与计算值之差的绝对值不超过计算值的 2% 时，上述确定的水、水泥及砂石用量即为确定的配合比。与二者之差超过 2% 时，应将配合比中每项材料用量均乘以校正系数 δ 值，即为确定混凝土设计配合比。

二、商品混凝土配合比管理

（1）由专人负责设计配合比，并经试验室主任审核。未经审核的配合比不得使用。重大工程或有特殊要求的配合比，必须经总工程师批准，否则不准使用。

（2）凡在工程上应用过的配合比必须按工程分别存档不得涂改、丢失。

360　什么是商品混凝土生产过程中的质量管理？

商品混凝土具有环境污染小、提高工程质量和节约成本等优点。自 1903 年德国开始应用商品混凝土以来，发展至今已有 100 多年的历史。我国商品混凝土的应用比较晚，目前仍处于发展阶段，由于装备水平、技术力量和生产管理等诸多因素的影响，商品混凝土生产过程的质量问题。本文就商品混凝土生产过程的质量管理进行探讨。

一、商品混凝土生产过程中的质量问题

（一）混凝土的配置强度偏低

考虑到试验室与施工现场条件的差异，混凝土的配制应比设计的强度高出一定的数值，并具有相应的强度保证率。但是有些搅拌站为了降低成本采用低配比，致使混凝土的配制强度过低工程的质量。

（二）未扣除雨季砂石的含水率

有些搅拌站没有自动测定砂石含水率的仪器，多数情况下仅凭经验判断砂石的含水率和调整砂石的用水量，这样在雨雪季节由于砂石的水灰比过大，致使拌合物的和易性和混凝土的强度无法得到保证，既增加了施工难度，也影响到工程结构的强度。

（三）粗集料的强指标不合格

众所周知，粗集料的级配、有害物质的含量、最大粒径、针片状的含量等直接影响着混凝土的强度，但粗集料强度的影响往往被人们所忽视。对于强度等级低的混凝土，粗集料的强度一般能满足建筑施工的要求，也无需检验；但对于强度等级比较高的混凝土，并非所有粗集料的强度都能符合要求，因而必须对其进行检验。在实际施工中，大多数搅拌站的石子检验报告中，未列有石子压碎指标值。

（四）外加剂的使用方法不当

根据现行的规范规定，外加剂的使用要根据混凝土的性能要求、施工条件和气候情况，同时结合原材料、配合比等因素进行综合考虑，且外加剂的品种和掺量应经过试验进行确定。实际使用外加剂时，却很难做到上述要求，这主要是人为因素造成的。

二、商品混凝土生产过程中的质量管理

要提高商品混凝土的质量，应从商品混凝土生产材料的筛选、生产制作、运输过程等方面进行控制。

（一）把好原材料的质量关

（1）选择可靠的原材料进货渠道

水泥、砂、石料是构成商品混凝土的主要材料。目前，这些原材料的生产厂家良莠不齐，因而原材料的质量必须符合现行的规范规定，供应厂家必须按批提供原材料的出厂合格证，进货厂家对原材料的进厂必须按批取样检验。检验结果必须符合有关的规范规定和配合比的设计要求，即原材料的出厂合格证、检验报告与原材料必须一致，符合混凝土配合比设计的规定，并提交质量检验部门检验。原材料必须先检测后使用，以避免造成质量事故。

（2）抓好原材料堆放地的管理

为保证商品混凝土的质量，对其原地堆放也有一定的要求。商品混凝土所用的原材料应按品种分别堆放贮存，并标有醒目的标志。

①水泥筒仓必须有醒目的指标铭牌，表明水泥品种、强度等级等，不同品种的水泥严禁混仓。

②掺合料除必须设置专用的筒仓外，也应有醒目的指示铭牌、标明品种等。掺合料的贮存应保持密封、干燥，防止受潮。

③砂、石料必须按照不同的品种、规格分别堆放、分隔清楚、标牌醒目，并有防止混料的措施或设施；场地应平整应有排水沟槽，防止泥浆沉积和含水量的不稳定；场地的周围不得堆放杂物，防止杂物混入堆放后影响材料的质量。

④应按照先进先出的原则，及时调整原材料的使用日期，防止材料因堆放时间过长影响质量。当水泥存放日期超过 3 个月时，使用前必须重新检验，并按复试结果使用。

（二）把好生产制作质量关

（1）配合比的选用与调整。配合比恰当与否，对商品混凝土的强度具有关键性作用。企业应将常用的混凝土配合比设计进行统一编号、汇编成册，每年根据上一年度的实际情况和统计资料。对各种混凝土配合比的设计进行确认、验算，重新汇编成册。生产企业应采用合理、科学的方法控制水泥的用量。生产过程中需对混凝土的配合比进行调整时，应派专人负责，并重新签发混凝土配合比通知单或配合比的调整记录。

（2）合理使用外加剂。外加剂已成为现代混凝土不可缺少的组成部分，对混凝土的耐久性、强度、工作性能及经济性具有十分明显的影响。在使用外加剂时，应根据混凝土的功能合理地使用。例如，改善新拌混凝土的流变性能时，应采用各种减水剂、引气剂、阻锈剂；调节混凝土的凝结时间及其硬化功能时，应采用缓凝剂、早强剂、速凝剂等，使用混凝土符合使用要求。

此外，使用外加剂要注意替代问题。同类外加剂之间可以替代，如国内高效减水剂和早强减水剂品种很多，性能也相近，当某种产品缺货时，可用其他产品代用；先试验后代用，在代用前，技术部门要结合具体的生产条件进行试验，确定外加剂的掺量及掺加方法；严禁盲目代用，例如应采用高效减水剂的高强混凝土如果使用了普通减水剂，其掺量若与高效减水剂相同，则混凝土的强度就会下降；应采用木质素磺酸钙的大体积混凝土，若使用了早强减水剂，则会给施工带来许多困难。

（3）正确掌握计量。混凝土的配料应采用质量比，并严格计量。配料过程中的计量不准、水泥用量不足、使用含水量过高的砂和石料、用水过多等，都会造成混凝土的强度不足而出现开裂。企业应根据实际情况，储备一定数量的混凝土配合比及其相关资料，配合比使用过程中，应根据混凝土质量的动态信息及时调整，并做好记录。

（4）把好检测关。混凝土的取样、试件制作、养护和试验，必须符合 GBJ 107—1987《混凝土强度检验评定标准》的规定。商品混凝土生产现场必须制作试块，并作为结构混凝土强度评定的依据之一。试块制作数量，每拌制 $100m^3$ 相同配合比的混凝土应不小于 1 组，每工作班不小于

1 组；一次浇捣量1000m³以上性同配合比的混凝土，每200m³不小于1组。每车应进行目测检验，混凝土坍落度检验每工作班或每拌制100盘（但不大于100m³）的同配合比混凝土取样应不小于次。有抗渗要求的混凝土，还应进行抗渗试验。

（三）抓好运输过程中的管理

混凝土的运输应保持其匀质性，做到不分层、不离析、不漏浆。到达施工现场时，应确保混凝土的坍落度。运送混凝土时，应使用不漏浆和不吸水的容器，使用前需湿润，运送过程中要清除容器内粘着的残渣，装料量要适宜，防止过满溢出。采用泵送混凝土时，应保证泵送能够连续工作，输送管道要尽量避免弯曲，转弯要缓慢，接头要严，且少用锥形管。使用前应先用适量的水泥浆或水泥砂浆润滑管道的内壁，要求在规定的时间内运至使用地点，混凝土从卸料运输到泵送完毕应不大于1.5h，夏季还应缩短。运输时间过长以及振捣不实，会使建筑结构局部混凝土的强度不足，从而影响建筑工程的质量。

361 泵送商品混凝土配合比是什么？

地上结构常用混凝土配合比见表1，地下结构常用混凝土配合比见表2，商品混凝土矿物掺合料的使用情况见表3。

表1 地上结构常用混凝土配合比

混凝土强度等级	胶凝材料（kg/m³）				用水量（kg/m³）				水胶比				砂率			
	最小值	最大值	平均值	C_v（%）	最小值	最大值	平均值	C_v（%）	最小值	最大值	平均值	C_v（%）	最小值	最大值	平均值	C_v（%）
C20	304	384	330	5.41	170	215	185	5.46	0.52	0.64	0.56	2.17	32	40	35	4.24
C25	321	431	366	4.63	170	220	185	4.51	0.47	0.63	0.51	3.26	30	42	34	5.81
C30	333	505	417	6.77	170	220	188	4.11	0.39	0.58	0.45	7.50	29	43	34	8.39
C35	315	562	434	13.93	140	225	189	10.02	0.39	0.53	0.46	11.46	32	43	37	9.62
C40	343	536	460	10.71	165	195	185	4.05	0.36	0.51	0.41	8.62	29	43	37	10.45

表2 地下结构常用混凝土配合比

混凝土强度等级	胶凝材料（kg/m³）				用水量（kg/m³）				水胶比				砂率			
	最小值	最大值	平均值	C_v（%）	最小值	最大值	平均值	C_v（%）	最小值	最大值	平均值	C_v（%）	最小值	最大值	平均值	C_v（%）
C20	292	395	327	4.63	170	225	184	4.03	0.54	0.60	0.56	3.36	30	42	35	5.72
C25	290	431	362	3.48	136	220	184	3.35	0.44	0.67	0.51	2.49	30	45	34	4.19
C30	280	525	419	6.44	150	225	185	4.36	0.38	0.65	0.44	6.78	30	44	34	8.14
C35	315	500	442	11.19	140	210	185	7.74	0.38	0.53	0.43	10.02	29	42	35	11.65
C40	373	542	428	12.12	130	210	177	11.47	0.36	0.55	0.42	10.62	33	42	39	6.04

表3 商品混凝土矿物掺合料的使用情况（$C \times$%）

混凝土强度等级	粉煤灰			矿渣微粉		
	最小值	最大值	平均值	最小值	最大值	平均值
C25	12.9	28.0	19.1	11.7	40.2	27.6
C30	12.8	31.0	18.7	12.3	40.0	28.1
C35	11.1	26.4	15.3	11.4	36.5	25.4
C40	11.0	24.0	14.2	10.9	31.3	25.6

362 泵送混凝土的施工质量控制及裂缝处理是什么？

随着建筑业的蓬勃发展，社会对施工环境的要求越来越高，泵送混凝土在工程施工中越来越多地被采用。泵送混凝土具有输送混凝土能力大、速度快、工期短、费用低及能连续作业的特点，尤其对于高层建筑和大体积混凝土的施工，更能显示出其优越性。泵送混凝土不仅能改善混凝土的施工性能，对薄壁密筋结构少振捣或免振捣，而且能提高混凝土的抗渗性和耐久性。以下从混凝土的原材料、配合比及施工操作的要求等方面，提出解决泵送混凝土质量问题的一些做法，以及对泵送混凝土裂缝处理的一些方法。

一、泵送混凝土的特点

（一）原材料和配合比的要求

（1）粗集料的选择。粗集料的最大粒径应根据输送管内径的大小严格限制。其最大粒径与输送管内径之比为：当输送高度在 50m 以下时，为碎石 1:3 或卵石 1:2.5；当输送高度为 50～100mm 时，宜为 1:3～1:4；当输送高度在 100mm 以上时，宜为 1:4～1:5。为了防止混凝土泵送时堵塞，应优先选用天然连续级配的粗集料，使混凝土有较好的可泵性，减少用水量及水泥用量，以达到减少水化热的目的。

（2）细集料的选择。为了防止混凝土的离析，粒径在 0.315mm 以下的细集料的比例应适当加大。通常，通过 0.315mm 筛孔的砂不宜少于 15%，而且优先选用中砂。如采用细砂，细度模数不低于 2。实践证明，采用细度模数 2.8 的中砂比使用细度模数 2.3 的中砂，可以减少水泥用量 30～35kg/m³，减少用水量 20～25/m³，从而减低水化热及混凝土的收缩。

（3）砂率。泵送混凝土的砂率应比普通混凝土的砂率要高，宜控制在 40%～50%；高强泵送混凝土砂率选用 28%～35% 比较合适。

（4）水泥用量。水泥的用量不宜少与 300kg/m³，水泥用量太少，混凝土容易产生离析现象。但是，大体积混凝土引起裂缝的主要原因是水泥水化热的大量积聚，造成混凝土内部和表面的温差。因而，应尽量将水泥用量控制在 450kg/m³ 以下。

（5）混凝土的坍落度。混凝土的坍落度宜采用 8～18cm。具体施工的坍落度大小可根据采用的设备、建筑物层高、输送管道长度、弯道多少、不同外加剂的加入而确定。值得注意的是，施工混凝土的坍落度是不允许大于配合比设计给定的坍落度的。

（6）混凝土的水灰比。混凝土水灰比宜选用 0.5～0.6。高层建筑混凝土的设计强度通常较高，一般采用较小的水灰比，控制在 0.30～0.38 之间。为了解决因水灰比太小引起的混凝土流动阻力太大的矛盾，可在高强泵送混凝土中加入适量的泵送剂来增加其流动性。

（7）外加剂和掺合料的选择。在泵送混凝土中掺加泵送剂、减水剂，特别是同时掺加粉煤灰的双掺加技术不会增加泵送混凝土的干燥收缩，但是对于某些有引气作用的泵送剂、减水剂，则有增加泵送混凝土的干燥收缩的可能。因而，应选用干燥收缩小的泵送剂或减水剂。

在混凝土中掺加粉煤灰可节约一定量的水泥和细集料。实践证明，在混凝土中合理使用 1t 粉煤灰，可以取代 0.6～0.9t 的水泥，并取代 10% 左右的细集料。掺加粉煤灰同时还可以减少用水量，增加混凝土的密实性，改善混凝土拌合物的和易性，增强混凝土的可泵性，减少混凝土的徐变，提高混凝土的抗渗能力，降低混凝土干燥收缩值。粉煤灰作为混凝土的掺和料，用在大体积泵送混凝土时，其作用和效果都是很明显的。

（二）对施工工艺的要求

泵送混凝土的施工操作正确与否对其质量影响是很大的。为了保证混凝土强度，减少或杜绝裂缝的出现，泵送混凝土在施工过程中可参考采取如下措施：

（1）水泥进场时，必须抽样测定，必须满足混凝土设计强度等级要求。原材料采用重量计，

448

其误差不超过施工规范所容许的偏差。

（2）尽量采用曲率半径较大的弯头，并尽量减少弯头数量，缩短泵管，尤其是楼面的水平管道，以减少泵送阻力。

（3）混凝土的供应充足，保证混凝土泵送连续施工。

（4）泵送混凝土前，先泵送清水，清洗管道；然后泵送 1:2 的水泥砂浆，润滑管道；最后泵送混凝土，开始时，慢速泵送，逐步加速，待运转正常后，以正常速度进行泵送。应尽量避免停泵，如泵送因特殊情况中途必须中断时，每隔 4～5min，使泵正反运转几次，同时开动料斗的搅拌器，使混凝土保持运动状态，防止混凝土离析。

（5）楼面浇筑混凝土，先浇筑水平距离最远处的，然后边浇筑边拆管，这样水平管道随着混凝土浇筑工作的逐步完成而由长变短。地面水平输送管与垂直的长度比控制在 1/3～1/2，且在地面水平管中必须安装液控的截止阀，防止停泵时混凝土倒流。

（6）混凝土输送管在输送混凝土过程中，如发生堵塞现象时，采用反泵的方法清除。如反泵未能清除，必须找到堵塞的部分拆管清除，然后重新安装管道进行泵送；拆管前，应反泵清除管内残余应力方可拆管。

（7）在已浇筑的混凝土终凝前进行二次振动，以排除混凝土因泌水在石子、钢筋下部形成的空隙和水分，从而提高粘结力和抗拉强度，并减少混凝土内部的气孔，提高混凝土的抗裂性。

（8）混凝土浇筑后的养护是十分重要的。对浇筑后的混凝土的养护主要是保持适当的温度和湿度条件。保温可以减少混凝土表面的热扩散，降低温差，防止混凝土表面出现裂缝。而适宜的潮湿条件可以防止混凝土表面脱水而产生收缩裂缝，使水泥的水化充分、完全，从而提高混凝土的抗拉强度，确保混凝土的质量。

二、裂缝预防及处理方法

商品混凝土和泵送混凝土都很容易出现早期塑性裂缝的现象。混凝土塑性裂缝产生的原因比较复杂，常见裂缝可采取以下措施进行预防和处理。

（一）塑性（沉陷）收缩裂缝

（1）裂缝原因及裂缝特征。在泵送混凝土现浇的各种钢筋混凝土结构中，特别是板、墙等表面系数大的结构中，经常出现断续的水平裂缝，裂缝中部较宽、两端较窄，呈梭状。裂缝经常发生在板结构的钢筋部位、板肋交接处、梁板交接处、梁注交接处及结构变截面等部分。

裂缝产生的原因主要是混凝土流动性不足以及振捣不均匀，在凝结硬化前没有沉实或者沉实不够，当混凝土沉陷时受到钢筋、模板抑制所致。裂缝在混凝土浇筑后 1～3h 出现，裂缝的深度通常达到钢筋上表面。

（2）影响因素和防治措施

①要严格控制混凝土单位用水量在 $170kg/m^3$ 以下，水灰比在 0.6 以下，在满足泵送和浇筑要求时，宜尽可能减少坍落度；

②掺加适量、质量良好的泵送剂和掺合料，可改善工作性和减少沉陷；

③混凝土浇筑时，下料不宜太快，搅拌时间要适当；

④混凝土应振捣密实，时间以 10～15s/次为宜；在柱、梁、墙和板的变截面处宜分层浇筑、振捣；在混凝土浇筑 1～1.5h 后，混凝土尚未凝结之前，对混凝土进行两次振捣，表面要压实；

⑤为防止水分蒸发，形成内外硬化不均和异常收缩引起裂缝，应采取措施缓凝和覆盖。

（二）干缩裂缝

（1）裂缝原因及裂缝特征。混凝土的干燥收缩主要是由于水泥石干燥造成的。混凝土的水分蒸发、干燥过程是由外向内、由表及里，逐渐发展的。由于混凝土蒸发干燥非常缓慢，裂缝多数持续时间较长，而且裂缝发生在表层很浅的部分，裂缝细微，有时呈平行线状或网状。但是由于碳化和钢筋锈蚀的作用，干缩裂缝不仅严重损害薄壁结构的抗渗性和耐久性，也会使大体积混凝土的表面裂缝发展成为更严重的裂缝，影响结构耐久性和承载能力。

（2）影响因素和防治措施

①水泥品种及用量。水泥的需水量越大，混凝土的干燥收缩越大，不同品种水泥混凝土的干燥收缩程度不同，宜采用中低热水泥和粉煤灰水泥。混凝土干燥收缩随着水泥用量的增加而增大，在可能的情况下，尽可能降低水泥用量。

②用水量。混凝土的干燥收缩受用水量的影响最大，在同一水泥用量条件下，混凝土的干燥收缩和用水量成正比，且为直线关系；水灰比越大，干燥收缩越大。塑性收缩裂缝、干缩裂缝都是由于混凝土单方用水量过大、坍落度过大，而且水分蒸发过快造成的。因此严格控制泵送混凝土的用水量是减少裂缝的根本措施。为此，在混凝土配合比设计中应尽可能将单方混凝土用水量控制在 $170kg/m^3$ 以下，对于与浇筑墙体和板材的单方混凝土用水量的控制尤其重要。为了降低用水量，掺加适当数量减水率高、分散性能好的外加剂是非常必要的。

③砂率。混凝土的干燥收缩随着砂率的增大而增大，但增加的数值不大。泵送混凝土宜加大砂率，但应在最佳砂率范围内。

④掺合料。矿渣、煤矸石、火山灰、赤页岩等粉状掺合料，掺加到混凝土中，一般都会增大混凝土的干燥收缩值。但是质量良好、含有大量球体颗粒的一级粉煤灰，由于内比表面积小、需水量少，故能降低混凝土干燥收缩值。

⑤外加剂。在选用外加剂时，选用干燥收缩小的减水剂或泵送剂。

⑥混凝土的养护。混凝土浇筑面受到风吹日晒，表面干燥过快，产生较大的收缩，受到内部混凝土的约束，在表面产生拉应力而开裂。如果混凝土终凝之前进行早期保温养护，对减少干燥收缩有一定作用。

三、处理措施

混凝土裂缝，若在混凝土仍然是潮湿状态时，可采取的处理措施有：如产生的裂缝宽度很小时，可以采取扫入水泥和膨胀剂的混合物填充到裂缝中的措施；如裂缝宽度稍大一些时，可以沿着产生的裂缝注入具有膨胀性能的水泥浆；如产生的裂缝宽度再大一些时，可以直接浇筑具有微膨胀的水泥砂浆，该水泥砂浆采用的水灰比应与原混凝土采用的水灰比相同。

若混凝土已经到了硬化状态，可考虑采用环氧树脂水泥砂浆或聚合物水泥砂浆灌缝。而对于那些对强度要求不高的混凝土构件，还可以采用柔性材料如各种防水密封胶进行密封，以防止渗水和钢筋锈蚀。

综上所述，泵送混凝土产生的裂缝潜在危险大，对此必须引起足够重视。切实从每一个环节入手，作好过程控制，完善施工手段，确保施工质量。

363 泵送混凝土的优点和经济、社会效益是什么？

一、泵送混凝土的优点

泵送混凝土施工作为施工现场混凝土的一种输送方法，被广泛采用和推广，因为它具有下列优点：

（1）机械化程度高，能节省大量的劳动力和施工材料；

（2）混凝土泵的输送能力强，速度快，能加快施工进度，缩短工期，提高工效；

（3）可长距离输送，不受现场施工道路不良影响；

（4）机动性强；

（5）减少城市污染，泵送混凝土的搅拌站一般选择在城市边集中拌制好后，通过混凝土运输车运送到施工现场，减少了环境的污染和噪声等。

二、经济效益

泵送大流动性商品混凝土，不仅可以改善混凝土施工性能，提高混凝土质量，而且可以改善劳动条件，降低工程成本。根据德国的经验表明：泵送大流动混凝土的浇筑速度，一台泵每小时可达 35m³ 以上，为料罐、吊车浇筑大流动性混凝土的 3.5 倍；单位产品的劳动力消耗 0.12 工时/m³，为料罐、吊车的 1/2.5；成本 10.4 马克，为料罐、吊车 1/1.5。正因为如此，泵送混凝土工艺在国外得到迅速发展，泵送混凝土已占预拌混凝土产量的 20% 以上，单泵泵送量已超过 110m³/h 和单泵泵送高度已超过 200m。

在高层和超高层现浇钢筋混凝土结构中，混凝土工程的施工特点是混凝土工程量大、钢筋密集、垂直运输量大、运距长。混凝土的垂直运输量一般占结构运输总量的 50% ~ 75%。故对混凝土的配制和运输方法的选择，是影响施工进度和经济效益的关键。

三、社会效益

2006 年，随着世博会的日益临近，上海加快推进重大基础设施建设方面，计划投资 417 亿元。这些投资，带动了是上海会场馆建设、拆迁人员安置等，都为建筑业产业提供了巨大的机遇。围绕这些重点项目，2005 年上海新建搅拌站 37 家。如在临港新城项目近 300km² 的土地上，将要有 80 万人在这里工作、生活。上海建工集团、浙江龙元建设集团和正杰建筑公司等上海市大型建筑企业都参与了这个大项目的建设。2005 年这里就新建了 5 个商品混凝土搅拌站。

364 泵送混凝土常见问题的原因与对策是什么？

一、混凝土的泌水和离析

配制流态混凝土时，如果混凝土粘聚性和保水性差，各材料组成的均匀性和稳定性的平衡状态将被打破，混凝土在自身重力作用或其他外力的作用下产生相分离，即为离析。如果拌合水析出表面，即为泌水。通常，泌水是离析的前奏，离析必然导致分层，增加堵泵的可能。混凝土产生泌水和离析的原因及对策见表1。

表1　混凝土产生泌水和离析的原因

序号	原　因	对　策
1	砂率偏低或砂子中细颗粒含量少使混凝土保水性低，砂子含泥量大易产生浆体沉降，即"抓底"	提高砂率，降低砂中含泥量，合理的砂率能保证混凝土的工作性和强度
2	胶凝材料总量少，浆体体积小于 300L/m³	掺加粉煤灰，特别是配制低强度等级的大流动性混凝土，粉煤灰掺量应适当提高，从而提高其保水性
3	石子级配差或为单一粒径	调整石子级配，单一粒径的石子应提高砂率
4	用水量大，使拌合物粘性降低	提高外加剂减水率或增加外加剂掺量，减少用水量
5	外加剂掺量过大，且外加剂中含有易泌水的成分	减少外加剂掺量或在外加剂中增加增稠组分和引气组分，提高混凝土的粘聚性，防止泌水和离析
6	由于贮存时间长，水泥中熟料部分已水化，使得水泥保水性差	外加剂中复合增稠组分和早强组分
7	使用矿渣粉或矿渣硅酸盐水泥，本身保水性不好，易泌水、离析	提高水泥用量或粉煤灰用量，减少矿渣粉用量，或更换水泥品种

少量泌水在工程中是允许的，而且对防止产生混凝土表面裂缝是有利的。

二、混凝土的滞后泌水

滞后泌水是指混凝土初始时工作性符合要求，但经过一段时间后（比如1h）才产生大量泌水的现象。造成泌水的原因有砂率偏低、外加剂缓凝组分较多等。产生滞后泌水的原因及对策见表2。

表2　产生滞后泌水的原因及对策

序号	原　因	对　策
1	真实砂率低、砂含石过高	提高砂率，增加真实砂含量
2	砂子中细颗粒含量少	提高掺合料用量，做必要补充
3	石子级配不合理、单一粒径	提高砂率2%~5%
4	水泥、掺合料泌水率大	更换水泥、掺合料；外加剂中增加增稠组分
5	粉煤灰颗粒粗、含碳量高	更换粉煤灰
6	低强度等级混凝土	采用引气剂或提高胶凝材料用量
7	高强度等级混凝土	减少外加剂掺量或减少外加剂中缓凝组分
8	罐车中有存水	装灰前倒转搅拌罐，将存水排干净
9	不明原因	改变外加剂配方或采取以上综合措施

三、混凝土的异常凝结

（1）急凝：混凝土搅拌后迅速凝结。这种情况日常工作中很少遇到，其原因不外乎：水泥出厂温度过高、水泥中石膏严重不足、外加剂与水泥严重不适应，热水与水泥直接接触等。

（2）凝结时间过长：这种情况经常遇到，分为两种情况，一是整体严重缓凝；二是局部严重缓凝。第一种情况多半是由外加剂造成的，由于掺加了不合适的缓凝组分（有很多缓凝组分受温度等影响，其凝结时间变化显著），或外加剂掺量超出了正常掺量，造成了混凝土的过度缓凝。第二种情况如楼板或墙体混凝土的绝大部分凝结正常，局部混凝土缓凝，原因可能有：①外加剂采用后掺法，混凝土搅拌不均匀，造成外加剂局部富集；②现场加水，混凝土粘聚性降低，发生泌水或离析，浇筑时振捣使局部浆体集中，水灰比变大且外加剂相对过量；③外加剂池中带缓凝组分的沉淀物不易搅碎，造成混凝土局部过度缓凝。

四、混凝土"硬壳"现象

浇筑混凝土后，混凝土表面已经"硬化"，但内部仍然呈未凝结状态，形成"糖芯"，估且称之为"硬壳"现象。并且常伴有不同程度的裂缝，该裂缝很难用抹子抹平，这一现象经常出现在天气炎热、气候干燥的季节。其实表面并非真正硬化，很大程度上是由于水分过快蒸发使得混凝土失水干燥造成的。表层混凝土的强度将降低30%左右，而且再浇水养护也无济于事。除了气候因素，外加剂配料的成分和混凝土掺合料的种类也都有一定的关系。外加剂中含有糖类及其类似缓凝组分时容易形成硬壳。使用矿粉时比使用粉煤灰更为明显。

解决办法：（1）对外加剂配方进行适当调整，缓凝组分使用磷酸盐等，避免使用糖、木钙、葡萄糖、葡萄糖酸钠等；（2）使用粉煤灰作掺合料，其保水性能比矿粉优异；（3）如表面产生细微裂缝，可在初凝前采取二次振捣消除裂缝，以免进一步形成贯穿性裂缝；（4）最有效的办法应该是施工养护措施，即尽量避免混凝土受太阳直晒，刚浇筑完毕的混凝土可采用喷雾和洒水等养护方法。

五、混凝土现场比出机坍落度大

配制强度等级较高的混凝土时，有时会出现现场坍落度比出机坍落度大的现象，其原因可能有：(1) 使用了氨基磺酸盐或与其性能相似的外加剂；(2) 外加剂中缓凝组分较多或后期反应较剧烈；(3) 配合比不合适（如砂率偏小、掺合料太多等）导致后期泌水；(4) 混凝土罐中有存水。解决方案：对于前三类问题可通过试验室试配（做坍落度损失和凝结时间试配等）发现并予以调整，实际生产时应严格控制外加剂掺量和用水量，氨基磺酸盐类外加剂对水特别敏感；后者可在装灰前倒转搅拌罐将水排干净。

六、混凝土生产过程中坍落度损失突然加快

混凝土在生产过程中突然发现坍落度损失较快，可能原因有：(1) 外加剂减水组分发生变化；(2) 池中外加剂较少，为沉淀的硫酸钠等早强组分；(3) 水泥成分发生变化等，这些问题可通过调整外加剂组分或其掺量予以解决。

七、"析盐"现象

冬季或春、秋季节试块或构件表面有时会出现"析盐"现象。其外因为温差变化的影响，内因为混凝土中硫酸钠（纯度不低于 98%）掺量超过水泥质量的 0.8% 时即会出现表面析盐现象，不利于表面装修；混凝土碱含量高也可导致上述现象；可能也与水泥的凝结时间（水化热峰值）有关，早强水泥一般不出现析盐现象。

八、干燥环境不适宜使用火山灰水泥

干燥环境中使用火山灰水泥，其内部水分会很快蒸发掉，水化生成胶体的反应就会中止，强度也停止增长，而且已经形成的水化硅酸钙凝胶还会逐渐干燥，产生较大的体积收缩和内应力，从而形成微细裂纹。在表面，由于碳化作用能使水化硅酸钙凝胶粉结成为碳酸钙和氧化硅的粉状混合物，因此使已经硬化的混凝土表面产生"起粉"现象。所以，对于处在干燥环境中的地上混凝土，不宜采用火山灰水泥。某工程曾使用火山灰水泥配制的混凝土，其结构同条件制作的试块较标养 28d 强度偏低 10%~30%，而且试块破碎后内部有不同程度的"掉粉"现象，这一实例充分说明火山灰水泥在干燥环境中水化反应很不充分。

九、膨胀剂使用中需注意的问题

采用膨胀剂控制混凝土裂缝的方法虽取得了非常显著的效果，但是应用膨胀剂的工程裂渗事故也呈增多趋势。研究资料表明，硫铝酸钙类膨胀剂加入水泥中水化后形成的钙矾石，其结晶水的吸附和脱离是可逆过程。在干燥条件下容易脱掉，形成中间水化物，因此干缩较大。再者硫铝酸钙在高温时不稳定，大体积混凝土过高的水化温升将使水化初期生成的钙矾石分解，存在延迟钙矾石生成的可能性，非但不能产生膨胀还会产生较大的冷缩，不能达到补偿温度收缩的目的。另外水化硫铝酸钙的形成也需要大量的水分，当水分供应不充分时它不断消耗混凝土内部的水而产生自收缩。在膨胀组分中引入 MgO，对抑制混凝土的后期收缩，防止开裂有其独特的作用。MgO 有较好的后期膨胀性能，在一定程度上弥补了水泥硬化后体积收缩的缺陷，增强其在大体积混凝土工程应用中的抗裂能力，提高工程的整体性、安全性和耐久性。

随着高性能混凝土的普及和应用，混凝土耐久性问题越来越引起更多设计和施工技术人员的关注，而各种质量问题的发生都会不同程度地影响到混凝土结构的耐久性。因此，如何避免混凝土质量问题的发生便显得尤为重要。

365 泵送混凝土最佳砂率确定的方法是什么？

砂率，是指砂与集料总量的质量比。砂率对泵送混凝土的工作性有着双重影响。首先，在一定范围内，增大砂率能够加强砂浆所引起的润滑作用，从而提高泵送混凝土拌合物的和易性。但是，若砂率超过一定范围，由于细集料总表面积增大，其表面所需的湿润水增多，在一定用水量的条件下，砂浆会变得过黏，从而使泵送混凝土拌合物的流动性变差。相反，若砂率过小，集料

间的孔隙变大，需较多的浆体填充空隙面，使润滑浆体减少，这就减弱了胶结浆体的润滑作用，同样会使泵送混凝土拌合物的流动性变差，而且会出现可泵性差，造成不易泵送甚至堵泵等现象。因此，对一定的集料、水胶比、坍落度的泵送混凝土，砂率对其工作性的影响有个最佳值，这就是泵送混凝土的最佳砂率。那么，如何才能确定泵送混凝土的最佳砂率呢？

通过分析研究，并结合以往的经验，我们绘制了一份泵送混凝土最佳砂率选用表（表1）。

表1　泵送混凝土最佳砂率选用表

细度模量 ＼ 最佳砂率 ＼ 水胶比	0.35	0.40	0.45	0.50	0.55	0.60
3.0	40.5	43	45.5	48	50.5	53
2.9	39.5	42	44.5	47	49.5	52
2.8	38.5	41	43.5	46	48.5	51
2.7	37.5	40	42.5	45	47.5	50
2.6	36.5	39	41.5	44	46.5	49
2.5	35.5	38	40.5	43	45.5	48
2.4	34.5	37	39.5	42	44.5	47
2.3	33.5	36	38.5	41	43.5	46

注：1. 差0.01水胶比，砂率差0.5%；2. 差0.1砂细度模数，砂率差1%；3. 此表为砂含泥量4%时选用。含泥量提高或降低1%，砂率降低或提高1%；4. 此表为粗集料（碎石）粒径为5~31.5mm时选用。粗集料粒径越大，砂率越小；反之，则越大；5. 此表为坍落度180mm时选用。坍落度越大，砂率则越大；反之，则越小。坍落度每增大或减小20~30mm，砂率则提高或降低1%。

一、试验原材料

水泥：海鑫P·S32.5矿渣硅酸盐水泥。矿渣：彤阳S105级矿渣。粉煤灰：河津Ⅱ级粉煤灰。砂1：河底天河砂，Ⅱ区，颗粒级配基本符合规定，细度模数：2.8，含泥量：4%，含石率：20%。砂2：河底陈平砂，Ⅱ区，颗粒级配基本符合规定：细度模数：2.5，含泥量：4%，含石率：20%。砂3：河底王义砂，Ⅱ区，颗粒级配基本符合规定，细度模数：2.5，含泥量：7%，含石率20%。碎石：岭西东碎石，5~31.5mm，连续级配。外加剂：泵送剂，减水率：20%以上，凝结时间：12~14h。

二、试验及试验结果

试验1：选用砂1，设计水胶比为0.43，坍落度为180mm的混凝土。参照表1，可得砂率为42.5%。则有：

水泥	矿渣	粉煤灰	砂1	石	外加剂	水
292	83	62	878	843	8.7	184

经试配可得：坍落度为190mm，和易性良好，砂率基本合适。

试验2：选用砂1，设计水胶比为0.57，坍落度为180mm的混凝土。参照表1，可得砂率为49.5%。则有：

水泥	矿渣	粉煤灰	砂1	石	外加剂	水
233	47	45	1089	745	6.5	185

经试配可得：坍落度为190mm，和易性良好，砂率基本合适。

试验3：选用砂2，设计水胶比为0.43，坍落度为180mm的混凝土。参照表1，可得砂率为39.5%。则有：

水泥	矿渣	粉煤灰	砂1	石	外加剂	水
292	83	62	816	905	8.7	184

经试配可得：坍落度为195mm，和易性良好，砂率基本合适。

试验4：选用砂3，设计水胶比为0.43，坍落度为180mm的混凝土。参照表1，可得砂率为36.5%。则有：

水泥	矿渣	粉煤灰	砂1	石	外加剂	水
292	83	62	754	967	8.7	184

经试配可得：坍落度为175mm，和易性良好，砂率基本合适。

由试验1和试验2可得：差0.01水胶比，砂率差0.5%是正确的。由试验1和试验3可得：差0.1砂细度模数，砂率差1%是正确的。由试验3和试验4可得：含泥量提高或降低1%，砂率降低或提高1%是正确的。

在多数情况下，砂的颗粒级配是不符合规定的。若0.60mm以上颗粒超标，则提高砂率；若0.60mm以下颗粒超标，则降低砂率。通过0.30mm筛孔的颗粒含量不应少于15%。如果这部分颗粒较少时，可掺加粉煤灰或矿粉予以弥补。在一般情况下，可通过"差多少胶料差多少砂"来进行计算。

366 影响泵送混凝土离析的因素及应对措施有哪些？

一、离析及其危害

离析是指混凝土拌合物组成材料之间的粘聚力不足以抵抗粗集料下沉的一种现象，主要表现为混凝土集料分离和分层、抓底、和易性差等。

混凝土离析将严重影响混凝土的各方面性能，混凝土离析所造成的危害主要表现在以下几个方面：

（1）影响混凝土的泵送施工性能，造成粘罐、堵管、影响工期等，降低经济效益。

（2）致使混凝土结构部位出现砂纹、集料外露、钢筋外露等现象，破坏混凝土钢筋保护层，影响混凝土的表观效果。

（3）混凝土的匀质性差，致使混凝土各部位的收缩不一致，易产生混凝土收缩裂缝。特别是在施工混凝土楼板时，由于混凝土离析使表层的水泥浆层增厚，收缩急剧增大，出现严重龟裂现象。

（4）使混凝土强度大幅度下降，严重影响混凝土结构承载能力，破坏结构的安全性能，严重的将造成返工，造成巨大的经济损失。

（5）极大地降低了混凝土抗渗、抗冻等混凝土的耐久性能。

二、混凝土离析的影响因素及措施

一般的，混凝土拌合物的用水量过大、碎石级配较差、减水剂掺量过大等都容易造成混凝土离析。但造成混凝土离析的原因远不止这些，其原因是多方面的，事实上如果不加强控制，所有混凝土所必须的原材料的变化都可能导致混凝土出现离析现象。下面将逐项分析原材料对混凝土离析现象的影响。

（一）水泥

水泥是混凝土中最主要的胶凝材料，水泥质量的稳定直接影响混凝土质量的稳定。水泥质量的变化将会导致混凝土出现离析的现象，而且水泥中有多种因素影响混凝土拌合物性能。

（1）水泥细度的变化

众所周知，水泥的细度越高，其活性越高，水泥的需水量也越大，同时水泥细度越大，其水泥颗粒对混凝土减水剂的吸附能力也越强，极大地减弱了减水剂的减水效果。因此，在实际生产中，当水泥的细度大幅度降低时，混凝土外加剂的减水效果将得到增强，在外加剂掺量不变的情况下，混凝土的用水量将大幅度减少。水泥细度的下降，容易造成混凝土外加剂的过量，引起混凝土产生离析现象，而且这种离析通常发生在减水剂掺量较高的高强度等级混凝土中。

（2）水泥矿物组分的变化

水泥中最主要的矿物成分为 C_3S，C_2S，C_3A，C_4AF 等，其中 C_3A，C_3S 对减水剂的吸附活性较强，因此 C_3A，C_3S 含量高的水泥对外加剂适应性较 C_3A，C_3S 含量低的水泥差。当水泥中 C_3A，C_3S 的含量较高时，表现为混凝土对外加剂的需求量大；反之，则可适当降低减水剂的掺量，否则混凝土容易出现离析现象。

（3）水泥中含碱量变化

碱含量对水泥与外加剂的适应性影响很大，水泥含碱量降低，减水剂的减水效果增强，所以当水泥的含碱量发生明显的变化时，有可能导致混凝土在黏度、流动度方面产生较大的影响。

（4）水泥存放时间的影响

水泥是一种水硬性胶凝材料，如果存放不好，极易受潮，水泥受潮后需水量将降低；同时水泥存放时间越长，水泥本身温度有所降低，水泥细粉颗粒之间经吸附作用互相凝结为较大颗粒，降低了水泥颗粒的表面能，削弱了水泥颗粒对减水剂的吸附，在混凝土试验时往往表现为减水剂的减水效果增强，混凝土新拌合物出现泌浆、抓底的现象。在实际生产中，如果使用长时间存放的水泥，即使混凝土配合比同以前相同（以前用该配比生产时混凝土的和易性良好），也可能造成混凝土的离析现象。当然，水泥存放时间对不同品种的水泥其影响是不一致的，这需要通过试验去了解。表1是我们对 A，B 两种不同厂家 P·O32.5 水泥的流动度试验数据。从表1可看出水泥的存放时间将会导致水泥与外加剂的适应性发生明显的变化。特别是在做混凝土配合比试配工作时，应特别注意试配时水泥样品与批量供应时水泥的一致性，这样可有效地保证试配工作的可行性。在生产过程中，水泥存放时间如果过长，最好应将水泥与外加剂做适应性试验，重新确定外加剂的合理掺量，保证混凝土和易性的良好。

表1 水泥流动度试验数据

水泥厂别	水泥品种	存放1d净浆流动度（mm）	密封存放10d净浆流动度（mm）	敞口存放10d净浆流动度（mm）
A	P·O32.5	170	200	230
B	P·O32.5	150	160	170

注：1. 试验时水灰比为0.29，减水剂JYD-3掺量相同。

2. 净浆流动度为230mm时，净浆表面有黄浆。

综上所述可以看出，水泥中影响混凝土和易性的因素是很多的，也较为复杂，但不管是何种因素的影响，其表现出来的结果是相同的，即：水泥需水量的变化和水泥与外加剂的适应性变化。因此，如果是因为水泥的原因导致混凝土的离析，一般都可以采取以下措施解决：

①水泥进厂后，必须按要求试验项目进行检测，特别注意水泥的需水量情况，发现需水量异常时，及时做水泥与现使用的外加剂的适应性试验。必要时重新做混凝土配合比试验。

②在保证混凝土水灰比不变的前提下（基本能保证混凝土的28d强度），适当的调整减水剂的用量。

③在保证强度的基础上，改用粉煤灰等掺合料的用量较大的配合比进行生产（商品混凝土公司应具备相同强度等级的不同配比），这必须以试验为基础。

④用硅粉、沸石粉等少量取代水泥，将能很好地控制混凝土的离析现象，改善混凝土和易性。

（二）外加剂

混凝土中使用的外加剂，大多是由减水剂同其他如引气剂、缓凝剂、保塑剂等复合而成的多功能产品，是泵送混凝土不可或缺的重要材料，外加剂的掺入极大地改善混凝土拌合物的性能（新拌性能和长久性能），但外加剂使用不当将可能导致混凝土的离析。

（1）如果混凝土减水剂的掺量过大，减水率过高，单方混凝土的用水量减少，有可能使减水剂在搅拌机内没有充分发挥作用，而在混凝土运输过程中不断地发生作用，致使混凝土到现场的坍落度大于出机时的坍落度。此种情况极易造成混凝土的严重离析，且常表现在高强度等级混凝土中，对混凝土的危害极大。

（2）外加剂中缓凝组分、保塑组分掺量过大，特别是磷酸盐或糖类过量，也容易造成混凝土离析。当由于外加剂的原因造成混凝土的离析时，可从以下几方面进行调整：

①调整配合比，降低减水剂的用量。

②在混凝土外加剂中复合一定量的增稠剂，如羧甲基纤维素等，或更换外加剂中保塑和缓凝组分或调整掺量。

③在外加剂中复合一定量的引气剂，如松香热聚物、烷基磺酸盐等，可增强混凝土的粘聚性，提高混凝土的抗离析性。

④在混凝土试配时，应使混凝土在静态的条件下有 20～30mm 的坍落度损失（1h），在实际生产中混凝土不易出现离析现象，混凝土生产过程比较。

（三）粉煤灰

粉煤灰是混凝土重要的掺合料之一，粉煤灰在混凝土中的微珠效应、填充效应和火山灰效应极大改善了混凝土的和易性、密实性及强度性能。优质的粉煤灰是配制混凝土的理想材料，能取代 10%～30% 的水泥，极大地降低了混凝土生产成本。但现在市场上的粉煤灰供应紧张，大部分厂家都不能很好地保证粉煤灰品质，粉煤灰质量波动很大，增加了混凝土质量控制的难度，有时会造成混凝土出现离析的情况。

（1）当粉煤灰的质量突然变好时（如细度从 19% 变为 4%），粉煤灰的需水量降低很大，容易造成混凝土出现突然离析的现象。

（2）同样当粉煤灰的质量突然变差时（如细度从 19% 变为 38%），由于粉煤灰的很大一部分重量已失去胶结料的功能，因而外加剂相对胶结料掺量实际上已经提高了，所以会出现混凝土的离析现象（表 2 是对某厂不同细度粉煤灰的试验情况，强度等级为 C40）。表 2 中细度最差的粉煤灰配制的混凝土坍落度反而最大。

表 2　不同细度的粉煤灰配制的混凝土性能

强度等级	用水量	水泥用量	粉煤灰用量	粉煤灰细度（%）	28d 标养强度（MPa）	坍落度/扩展度（mm）	和易性
C40	172	385	90	8	54.4	220/480	好
C40	180	385	90	15	52.2	220/450	好
C40	180	385	90	42	44.8	230/500	离析

注：1. 外加剂掺量相同。

2. 除粉煤灰外，其余材料都相同。

3. 此表的试验情况只对部分粉煤灰有代表性。

4. 表中水泥为 P·O32.5。

当然，对于等级不够二级的粉煤灰，在普通混凝土中是不许使用的，但不许使用并不代表在实际生产中不会遇到这种情况，现在许多粉煤灰厂家在装罐时采取不正当的手法，让使用的混凝土厂家防不胜防。对于粉煤灰应采取如下措施：

①加强检测，最好能对每车进厂的粉煤灰对进行检测，对不合格的材料坚决不能进场，起到预防作用。

②调整粉煤灰的用量，选用掺量较低的配合比进行生产。

③当粉煤灰质量较好时，可适当地减少用水量，加强搅拌，或选用外加剂掺量较低的配合比进行生产。

（四）砂、石集料

砂石料是混凝土中用量最大的材料，砂石料的质量直接影响混凝土的质量，砂石质量的波动容易造成混凝土的离析，而且其造成离析的因素是多方面的。

（1）碎石粒径增大、级配变差、单一级配都容易造成混凝土的离析现象。

（2）砂子中的含石量过大，特别是含片状石屑量过大将严重影响混凝土的和易性，导致混凝土的严重离析。

（3）砂石的含水率过高（特别是砂子含水率过高，大于10%），将使混凝土的质量难以控制，容易出现混凝土离析现象。由于砂子中含水过大，砂子含水处在过饱和状态，当混凝土拌合料在搅拌机中搅拌时，砂子表层毛细管中的含水不能及时释放出来，因此在搅拌时容易使拌合水用量过大；同时混凝土在运输过程中，集料毛细管中的水不断地往外释放，破坏了集料与水泥浆的粘结，造成混凝土的离析泌水。

（4）砂石的含泥量过大，将使水泥浆同集料的粘结力降低，水泥浆对集料的包裹能力下降，导致集料的分离，引起混凝土离析现象。

对于由集料的原因导致的混凝土离析的现象，可采取以下措施进行调整：

①为避免因集料的问题造成混凝土的离析问题，首先应以预防为主，严格集料进场的检查制度，保证集料的质量。

②针对第1条原因，可以适当地提高砂率来调整混凝土配合比，解决离析问题。

③对于因集料中含片状石屑过大造成的离析问题，单靠调整砂率是不能解决问题的，应提高混凝土胶结材料（特别是掺合料）的用量，同时调整外加剂用量。

④对于应集料含水率问题造成的混凝土离析问题应采取延长搅拌时间的手段来解决，提高粉煤灰等掺合料的用量对控制这类离析现象也很有效。

（五）矿物掺合料的品种、细度

在混凝土中掺入一定量的矿物掺合料，一则改善混凝土的各种性能，二则能收到良好的经济效益。因此，矿物掺合料的使用在各混凝土搅拌站非常普遍，如矿渣粉、钢渣粉、硅粉、沸石粉等。各种矿物掺合料对混凝土离析的影响程度不一样，从我们的使用情况来看，硅粉、沸石粉对抵抗混凝土的离析现象的能力很强，能极大改善混凝土的和易性。

钢渣粉由于其比重较大，掺入后能提高砂浆的密度，对改善混凝土和易性也较强。矿渣粉的掺入，在一定程度上提高混凝土黏度，混凝土容易离析，其影响程度与矿渣粉的细度关系很大。一般的，细度越高抗混凝土离析性能越好，在使用时应引起重视。

367　高掺量粉煤灰商品混凝土的技术要求是什么？

一、粉煤灰在商品混凝土中极具应用价值

粉煤灰应用在混凝土中，其主要表现出三个重要效应："活性效应"、"形态效应"、"微集料效应"。目前，国内粉煤灰混凝土技术发展主要有以下三个方面：高效应粉煤灰资源的应用、高粉煤灰用量混凝土的应用、高功能粉煤灰的制备。在高粉煤灰用量混凝土应用技术中，强调在混凝土中基本组分应各司其职，各组分之间不能完全相互取代。按照这样的观点，就应把粉煤灰看作是混凝土的一种基本组分，而不完全是水泥的代用品。因而在配比设计中，不受波特兰水泥原有性能约束，这样就可以进一步提高粉煤灰用量，收到更加显著的技术经济效益。

依据上述观点，高粉煤灰用量混凝土应用技术，如果在商品混凝土中应用就非常有价值，主要体现在三方面：（1）社会效益：为了保护环境，保护土地不受侵占，国家已把粉煤灰综合利用提到战略高度，给予了许多优惠政策及经济上支持大量利用粉煤灰。（2）经济效益：高粉煤灰用量混凝土应用技术的实施，可在保证混凝土原有技术指标不变的前提下，节约水泥用量，大大降低单方混凝土成本，全现出很好的经济效益。（3）技术效益：合理的利用好粉煤灰，能降低混凝土初期水化热，减少干缩，改善和易性，增强后期强度，提高抗渗及抗硫酸盐腐蚀能力，改善混凝土浇捣性和终凝性等。

二、目前国内外、洛阳市粉煤灰应用状况比较及发展前景

（1）国外由于粉煤灰掺入混凝土中带来了明显的技术经济效益。国外粉煤灰应用技术是比较高的。英国泰晤士河坝工程，粉煤灰掺量占胶凝材料总量的50%。黑山核电站结构混凝土，粉煤灰掺量达40%。美国在高强混凝土（C60～C80）粉煤灰掺量也达40%左右。在一些路面及地坪混凝土中，甚至达到60%。从以上资料可看出，国外大掺量粉煤灰混凝土技术应用已非常普及，商品化程度高，技术经济效益好。

（2）国内目前普遍推广的技术是1985年鉴定的"商品混凝土搅拌站外掺散装粉煤灰的应用技术"。粉煤灰掺量占胶凝材料总量15%～30%，节约水泥5%～15%。但随着粉煤灰生产及应用领域技术的发展，国内较先进的地区粉煤灰掺量已达到比较高的水平，已逐步应用到机场、高速公路、港口等工程中，但这与国外相比仍存较大差距。

（3）洛阳地区应用状况。洛阳地区由于受粉煤灰品质及地方材料的限制，在商品混凝土发展初期，粉煤灰利用水平比较低，取代水泥率为10%～15%左右，但随着应用技术的成熟，各商品混凝土生产单位及各科研机构都认识到粉煤灰利用水平可以进一步提高。一方面由于洛阳地区粉煤灰生产技术经过多次工艺改进，已经成熟，粉煤灰的商品已经比较稳定。另一方面，各科研单位经过大量的研究及总结许多工程实践的经验，应用技术已经成熟。因此同国内外相比，粉煤灰应用技术的进一步提高很有潜力的。本站粉煤灰应用水平，在洛阳地区是一定代表性的，取代水泥率10%～15%。经过近两年多的实践，生产技术相对成熟，在大掺量粉煤灰商品混凝土应用技术上作了大量的研究，也证明提高粉煤灰利用率是可行，且在生产上选择一些工程作了试生产，效果较理想。如把高掺量粉煤灰混凝土技术应用在生产上，社会效益、经济效益及技术效益是很显著的。这些问题后面作出进一步分析。

三、高掺量粉煤灰混凝土对粉煤灰的品质要求

在高掺量粉煤灰商品混凝土中，对粉煤灰的品质有严格要求。有些特掺的混凝土对粉煤的某些具体指标有明确的要求，那就应根据需要进一步具体到粉煤灰的物理性质及化学性质上。只有严格把握粉煤灰质量关，正确理解粉煤的性能及品质，才能为我们推广高掺量粉煤灰商品混凝土应用技术，综合利用粉灰资源打下良好的基础。

四、高掺量粉煤灰商品混凝土的性能

（一）高掺量粉煤灰商品混凝土的性能

（1）对新拌混凝土性能的影响。①和易性：由于粉煤灰目前均采用超量取代法进行配比设计，多加的粉煤灰增大了浆体-集料比，填充集料间孔隙，使新拌混凝土具有更好的粘聚性和可塑性；粉煤灰的球塑颗粒可以减少浆体集料间界面摩擦，在集料间起轴承效果，改善了新拌混凝土

的和易性。②泌水：粉煤灰可补偿混凝土中的不足，中断砂浆基体中的泌水渠道，对防止混凝土的泌水是有利的。③引气：掺入粉煤灰，由于细屑组分影响会使混凝土空气含量减少1%左右，同时在冷却过程中变成封闭玻璃态，可防止对引气剂的吸附。④凝结时间：会使混凝土凝结时间延长，但能满足规范要求。

（2）对硬化混凝土性能的影响。①抗压强度：粉煤灰对混凝土强度有三重影响：减少用水量，增大胶凝材料含量和通过长期火山灰反应提高强度。表现特征为混凝土早期强度增长较低，后期强度增长较高。②弹性模量：粉煤灰对混凝土弹性模量影响比水泥与集料小，其表现特征：弹性模量早龄期较低，在最大强度时较高。③表现密度：混凝土中掺入粉煤灰可使其表现密度稍为降低，比普通混凝土轻 $15kg/m^3$ 左右。④水化热：可降低混凝土中水化热。其降低幅度随粉煤灰取代水泥率提高而增大。⑤抗硫酸盐能力，掺入粉煤灰可提高硬化混凝土抗硫酸盐能力。⑥抗渗与抗腐蚀能力：粉煤灰火山灰反应生成的水化硅酸钙可填充混凝土中的孔隙，增强混凝土的抗渗能力，改善了混凝土的抗腐蚀性能。⑦蠕变：掺粉煤灰后，增大混弹簧上的蠕应变，增大掺量可产生较高拉伸蠕变来提高混凝上的抗裂性。⑧干缩：掺粉煤灰混凝土干缩较普通混凝土稍大。⑨抗冻性：粉煤灰混凝土与普通混凝土抗冻性后期大致相当，早期抗冻性稍差。如引入一定气泡的粉煤灰混凝土，可很好地解决抗冻性问题。⑩碱-集料反应：混凝土碱的绝对量。⑪碳化：混凝土中掺入粉煤灰会一定程度增大混凝土碳化速度。但可掺减水剂降低水灰比，掺入一不定期量引气剂封闭混凝土中毛细孔解决这一问题。

（二）掺粉煤灰商品泵送混凝土的特性

商品混凝土大都需要泵送，泵送混凝土在掺加粉煤灰，特别是与泵送剂复合使用，不仅经济效益明显，而且又改善了混凝土的技术性能。有利于发挥泵送工艺的优越性，具体如下：（1）改善混凝土的可泵性，扩大泵送适应范围。（2）改善混凝土和易性与施工性能，提高工程质量。（3）降低泵送压力，减少机械磨损。（4）水泥用量减少，生产成本降低。（5）充分发挥混凝土的后期强度。

（三）粉煤灰混凝土的施工工艺特点

（1）要保证搅拌的均匀性。（2）要防止成型时泌水离析，必须控制好振捣时间，不要漏振或过振，原则上密插短振，为防止面层起粉，抹面时必须二次压光。（3）要加强早期养护。当采用自然养护时，应注意保持表面潮湿，以免起砂起层。在冬季施工时，更要注意采取早强和保温措施，加强养护。（4）宜与外加剂复合使用。

五、目前高掺量粉煤灰混凝土的试验及生产情况

我站的生产状况在洛阳地区有着较强的代表性。随着我站生产规模的扩大，生产水平趋于成熟稳定，从2000年初，对大掺量粉煤灰商品混凝土应用技术作了大量的试验与研究工作。我们试验的主要目的：在保证混凝土质量和工艺性能的前提下，以增加粉煤灰对水泥取代率，降低水泥用量来达到降低成本的目的。试验方案：在保证粉煤灰品质前提下，在国家规范允许的范围内，保证混凝土工艺性能的前提下，最大限度提高粉煤灰替代水泥率。而有些如地坪、道路等非结构混凝土，参照国际先进水平，适当超出国家规范。由于配合比设计中采用的是超量取代法，而超量系数取得比较大，超量部分粉煤灰实际上是代替了细集料（特细砂）。而从理论上讲：粉煤灰低砂后对提高混凝土强度十分有效，早期在混凝土中起到级配合理、密实的作用，而后期能与水泥水化放出的20%左右 $Ca(OH)_2$ 反应，转变成硅酸钙和铝酸钙，使硬化混凝土的孔结构大大改善，提高了混凝土强度与抗冻性。同时由于结构密实，透水性减弱，抗渗性大大提高，由于混凝土强度及密实性提高，混凝土中钢筋锈蚀速度比普通混凝上慢得多。

六、今后粉煤灰应用技术的发展前景

（1）开展的高掺量粉煤灰混凝土应用技术推广，命名试验和生产技术更加成熟。①把强度等级应用范围扩大，不限于 C40 以下的等级。②把应用工程对象范围扩大，不限于建筑工程，要推

广到道路、桥梁等市政工程。

（2）进行粉煤灰机制砂混凝土配合比的研究与优化工作。

（3）着手进行高性能、高强度混凝土的研究工作，为今后的生产总结经验。总之，为粉煤灰在商品混凝土生产广泛运用进行一系列的技术研究，为今后生产打下坚实的基础。

368 C50 高性能混凝土如何配制？

C50 高性能混凝土配合比见表 1，混凝土箱梁 C50 高性能混凝土配合比见表 2，C50 箱梁理论配合比见表 3，C50 箱梁混凝土性能见表 4。

表 1　C50 高性能混凝土配合比

配合比特征参数	选择建议值
总胶凝材料用量（kg/m³）	460 ~ 500
矿物掺合料占胶凝材料含量（%）	双掺粉煤灰 + 磨细矿粉时为（10 ~ 20）+（20 ~ 45），单掺粉煤灰时为（25 ~ 30）
每 1m³ 混凝土细集料体积含量（m³）	0.25 ~ 0.28
每 1m³ 混凝土粗集料体积含量（m³）	0.38 ~ 0.41
水胶比	0.31 ~ 0.33
浆集体积比	（0.34 ~ 0.36）:（0.66 ~ 0.64）
含气量（%）	2 ~ 4
外加剂掺量	按实际原材料结合相容性确定

表 2　混凝土箱梁 C50 高性能混凝土配合比

混凝土配合比及相关指标	调整前	调整后
水泥:粉煤灰:矿粉:砂:石:水:外加剂（kg/m³）	322:46:92:672:1096:152:3.68	322:66:92:672:1096:156:3.84
坍落度（mm）	190	220
扩展度（mm）	430	520
流下时间（s）	30	12
含气量（%）	2.7	2.9

表 3　C50 箱梁理论配合比

坍落度（mm）	水泥（P·O 42.5）	砂 M_x = 2.8	连续级配碎石 5 ~ 16	连续级配碎石 16 ~ 31.5	矿粉（S95）	粉煤灰（Ⅱ级）	外加剂（聚羧酸）	水（饮用水）	水胶比	3d 抗压强度（MPa）	28d 抗压强度（MPa）
180 ± 20	342	700	336	784	60	60	5.082	150	0.32	42.6	63.2

表 4　C50 箱梁混凝土性能

混凝土拌合物的性能	总碱含量（kg/m³）	含气量（%）	总氯离子含量（%）	混凝土硬化后的性质	28d 弹性模量（MPa）	环境使用等级	56d 电通量（C）
	1.669	2.8	0.014		4.28 × 10⁴	T2 H2	688

369 C50 高性能钢管混凝土的性能指标是什么？

随着建筑工程技术的进步，建筑结构正朝着轻质、高强、高层、大空间方向发展，结构断面小，承载力大，节省空间，提高经济效益已成为当前建筑工程设计追求的目标，用于高层结构的混凝土不仅强度要高，而且性能要好。C50 高性能钢管混凝土对应的性能指标见表 1~表 6。

表 1　所用水泥的物理性能指标

项目	细度（%）	标准稠度用水量（%）	安定性	凝结时间		抗压强度（MPa）		抗折强度（MPa）	
				初凝（min）	终凝（h）	3d	28d	3d	28d
结果	2.8	26.5	合格	190	4.2	25.0	46.8	5.6	7.2

表 2　砂的物理性能指标

项目	表观密度（kg·m^{-3}）	堆积密度（kg·m^{-3}）	空隙率（%）	泥块含量（%）	含泥量（%）
结果	2630	1420	46	0.3	1.6

表 3　筛分析

筛子孔径（mm）	10.0	5.00	2.50	1.25	0.630	0.315	0.160
累计筛余（%）	0	4	14	27	56	90	98

表 4　碎石的物理性能指标

项目	表观密度（kg·m^{-3}）	堆积密度（kg·m^{-3}）	空隙率（%）	泥块含量（%）	含泥量（%）	针片状含量（%）	压碎值指标（%）
结果	2640	1450	45	0.1	0.4	4.2	6.7

表 5　试验确定配合比

原材料	水泥	砂	石	水	粉煤灰	膨胀剂	泵送剂
用量（kg·m^{-3}）	420	661	992	169	81.75	43.60	13.86
比例	1	1.57	2.36	0.40	0.195	0.104	0.033

表 6　各项技术指标试验数据

坍落度（mm）	40min 后坍落度（mm）	压力泌水率比（%）	表观密度（kg·m^{-3}）	温度（MPa）		
				3d	7d	28d
240	230	63	2380	44.0	47.4	59.4

随着建筑工程技术的进步，提高经济效益已成当前建筑工程设计追求的目标，随着高性能钢管混凝土技术的逐渐完善，高性能钢管混凝土必将得到广泛的应用。采用高性能钢管混凝土，不仅节省了振动环节，改善了劳动环境，而且降低了施工噪声，降低了人工劳动强度，具有良好的经济效益和社会效益。

370　C60 混凝土如何配制？

水泥性能指标见表 1，石子性能指标见表 2，Ⅰ 级粉煤灰物理性能见表 3，矿粉的化学成分见表 4，矿粉的物理性能见表 5，C60HPC 混凝土配合比见表 6。

表 1　水泥性能指标

指标 品种	标准稠度用水量（%）	凝结时间		强度（N/mm^2）			
		初凝	终凝	抗压强度		抗折强度	
				3d	28d	3d	28d
京都 P·O42.5	26.8	2h34min	4h45min	31.9	63.4	5.4	9.7

表2 石子性能指标

品　种	颗粒级配	针片状含量 （%）	含泥量 （%）	压碎指标 （%）	表观密度 （kg/m³）	堆积密度 （kg/m³）	空隙率 （%）
碎卵石	5～20mm	6	0.6	6.2	2685	1530	43
碎石	5～20mm	8	1.3	7.5	2694	1481	45

表3　Ⅰ级粉煤灰物理性能

细度（%）	烧失量（%）	需水量比（%）	含水率（%）
3.4	1.6	89	0.4

表4　矿粉的化学成分

化学成分	SiO₂	Al₂O₃	Fe₂O₃	Ti₂O₃	CaO	MgO	MnO	碱度系数	质量系数
含量（%）	34.45	11.58	1.43	0.69	38.97	10.88	0.31	1.08	1.73

表5　矿粉的物理性能

比表面积 （m²/kg）	烧失量 （%）	活性指数（%）		流动度比 （%）
		7d	28d	
414	1.2	86	104	102

表6　C60HPC 混凝土配合比

水胶比	砂率（%）	每方用量（kg/m³）								坍落度/扩展度（mm）/和易性	倒坍落度桶流下时间（s）	抗压强度（N/mm²）		
		水泥	水	砂	碎卵石 5～10mm	碎石 16～20mm	PC 1.3%	粉煤灰 15%	矿渣粉 25%			7d	28d	60d
0.30	35	324	160	622	520	635	7.02	81	135	230/540/良好	8	53.6	67.2	72.8

371　C60 自密实高性能混凝土如何配制？

C60 自密实高性能混凝土配合比见表1。

表1　C60 自密实高性能混凝土配合比

单位质量（kg/m³）							水灰比	砂率（%）	设计强度（MPa）	漏斗流下时间（s）	扩展度（mm）	填密度（%）
水泥	水	砂	石	外加剂	掺合料	矿渣						
400	156	739	927	14.28	84	111	0.29	46	60	12	700	92

372 C65 高性能混凝土如何配制？

一、高性能混凝土原材料技术性能要求

（一）水泥

水泥在混凝土中起着凝结作用，水泥强度等级高低、质量优劣对高性能混凝土的特性有极大影响。常规下，高性能混凝土须使用 42.5 号以上普通硅酸盐水泥或中热硅酸盐水泥。根据本工程的情况，工程择优选择了 P·O 42.5 炼石水泥作为 C65 高性能混凝土原材料，检验资料显示：炼石 P·O 42.5 水泥 28d 平均强度为 62MPa，该水泥矿物成分 C_3A 含质量稳定，适宜配制高性能混凝土。该水泥主要矿物成分：C_3S 为 40%～55%，C_2S 为 20%～30%，C_3A 为 6%～8%，C_4AF 为 10.5%～12.5%，R_2O 为 0.4%～0.6%。水泥的各项技术性能指标符合配制高性能混凝土要求。

（二）河砂

高性能混凝土用砂要严格控制含泥量和有害杂质，砂的含泥量不得超过 3%，云母、轻物质、硫化物及硫酸盐含量不得大于 1%。要合理调整砂率，细度模数应在 2.8 以上，为保证高性能混凝土的可泵性，0.63mm 粒径砂的累计筛余应控制在 70%～75%。本工程 C65 高性能混凝土采用了河砂、中砂，其细度模数为 2.9，含泥量 0.9%，表观密度 2590kg/m³，堆积密度 1460kg/m³，紧密密度 1650kg/m³。其杂质含量及砂颗粒级配符合要求。颗粒级配见表 1。

表 1　砂颗粒级配

筛孔尺寸（mm）	5.00	2.50	1.25	0.63	0.315	0.16
累计筛余（%）	1	12	23	52	82	99

（三）碎石

高性能混凝土对粗集料要求高，粗集料须质地坚硬。粗集料坚硬程度直接影响高性能混凝土的强度。配制高性能混凝土的粗集料与普通混凝土的要求不同，除要求集料质地坚硬外，还必须选用级配良好的石料，C60 以上高性能混凝土集料最大粒径一般不超过 25mm，粒径应在 5～25mm 连续级配。本工程 C65 混凝土集料选用花岗石碎石，其表观密度 2660kg/m³，堆积密度 1480kg/m³，紧密密度 1660kg/m³，针片状含量 4.4%，压碎指标 6.2，含泥量 0.5%，其各项技术指标符合配制高性能混凝土要求。碎石级配见表 2。

表 2　碎石级配

筛孔尺寸（mm）	25.00	20.00	16.00	10.00	5.00	2.50
累计筛余（%）	2	24	55	95	99	100

（四）粉煤灰

粉煤灰具有以下基本效应：形态效应、活性效应和微集料效应。粉煤灰混凝土与等强度的普通混凝土相比，其性能在拌制、施工、硬化过程中都发生了很大变化。这种变化提高了混凝土的工作性，即流动性、粘聚性、保水性，降低了混凝土硬化阶段的水化热，提高了混凝土强度，也提高了混凝土的抗渗性、抗侵蚀性、耐磨性等耐久性能。由于粉煤灰对混凝土的各项性能影响大，因此，其掺量及本身质量一定要严格控制。本工程 C65 混凝土选用的是 I 级粉煤灰，该粉煤灰细度 45μm，筛余 9.5%，需水量为 92%，烧失量 3.72%，含水量 0.5%，三氧化硫含量 1.98%。其各项技术指标符合配制高性能混凝土要求。

（五）外加剂

高性能混凝土所用外加剂要满足在低水灰比条件下提高混凝土流动性的要求，所以外加剂的性能质量至关重要。为此，本工程C65高性能混凝土选用了质量可靠、性能稳定的萘系高效缓凝减水剂，其各项技术指标为：密度1.168g/mL，含固量32.74%，pH值6.4，砂浆减水率19.1%，技术指标符合要求。C65混凝土试验配合比见表3。

表3　C65混凝土试验配合比

混凝土配合比	水灰比	砂率（%）	水泥（kg）	水（kg）	砂（kg）	石（kg）	掺合料（kg）	外加剂（kg）
混凝土试验配合比	0.28	38	449	145	639	1039	135	16.4

二、C65高性能混凝土配合比

本工程C65高性能混凝土配合比经实验室试配完成后，高性能混凝土试块经试压，其28d强度均达到设计要求，配合比满足现场施工要求。

三、C65高性能混凝土生产质量控制

（一）原材料的贮存和标识

高性能混凝土专用原材料必须分厂家、品种、规格、等级存放，由于原材料的特殊重要性，须将其堆放点与其他原材料隔离，不得混仓，并做好标识，进料必须保证原材料的相对稳定。

（二）高性能混凝土生产前原材料的检查

高性能混凝土生产前应将生产备料做一次适应性试验，检查生产用料与其试配用原材料有无不同，如有明显差别，须重新备料。

（三）高性能混凝土的计量、搅拌与运输

计量混凝土原材料用的仪器、仪表，计量原材料前必须进行校准，计量精度：水泥、粉煤灰、外加剂小于±1%，砂石小于±2%，须充分保证原材料计量精度及混凝土配合比正确无误。高性能混凝土的运输要实行专车专用，在运输中混凝土运输车滚筒必须慢速正转，以避免高性能混凝土发生离析。施工中不得随意向混凝土中加水，搅拌车卸料前滚筒须先快速转动1min，使混凝土搅拌均匀后再卸料入泵。

（四）高性能混凝土施工质量控制

高性能混凝土在施工中其可泵性不如普通混凝土，为防止混凝土堵管，保证高性能混凝土的连续施工，高性能混凝土坍落度宜控制在（200±20）mm范围内。高性能混凝土在施工过程中其前期强度增长较快，若混凝土养护工作滞后或不及时，高性能混凝土易产生裂缝，影响工程质量。施工中为确保高性能混凝土养护质量，可在构件较难养护的侧面紧贴挂湿润的麻袋进行覆盖养护，混凝土拆模后应及时涂刷养护剂，保证高性能混凝土得到充分养护。

373　粉煤灰在预拌混凝土中如何使用？

粉煤灰作为一种优良的活性掺合料用于混凝土中已有多年的历史，但在结构工程的应用仅仅在20世纪80年代以后，随着粉煤灰利用率的提高和应用范围的扩大，常常作为第六组分被用于配制高强混凝土、流态混凝土等。

由于预拌混凝土具有质量稳定、施工方便、降低劳动强度、不污染环境、施工效率高等优点，因此在一些建筑特别是大体积混凝土施工中往往采用预拌混凝土，施工单位在施工时不但对混凝土强度、坍落度以及和易性等技术指标有严格要求，同时受到工期的限制和施工的需要，对预拌混凝土生产厂家提供的混凝土的早期强度以及凝结时间都提出明确的要求。而大掺量粉煤灰配制的商品混凝土，由于粉煤灰取代了部分水泥，降低了混凝土中水泥的浓度，也必然降低混凝土的早期强度，同时延长混凝土的凝结时间，这是使用粉煤灰配制混凝土所带来的缺陷。因此，如不能很好地解决此类问题，势必对采用大掺量粉煤灰配制预拌混凝土的发展带来严重的障碍。因此，要解决的问题是大掺量粉煤灰用于预拌混凝土中，既要保证相关的技术指标符合要求，同时还要满足施工的要求。

一、试验与结果

试验采用以粉煤灰取代30%的水泥配制相应强度等级混凝土。为了控制混凝土各龄期的强度与其对应基准混凝土相当，在混凝土配合比中，粉煤灰采用超量取代，超量系数为1.3~1.4，见表1。

表1　粉煤灰混凝土试验方案及结果

编号	混凝土强度等级	配合比（kg/m³）						坍落度（mm）		抗压强度（MPa）			
		水泥	砂	石	水	粉煤灰	泵送剂量	0h	1h	3d	7d	28d	60d
1	C25	380	786	1086	198	0	6.46	220	205			34.8	
2	C25	266	764	1056	198	166	7.34	225	210	15.8	26.1	35.4	43.6
3	C30	408	776	1073	193	0	7.34	215	200			39.4	
4	C30	286	756	1044	193	171	8.23	225	205	19.2	28.6	38.9	46.9
5	C35	428	770	1064	188	0	8.13	220	200			45.5	
6	C35	300	754	1042	188	166	8.85	230	215	24.3	34.9	44.8	52.6
7	C40	450	763	1054	183	0	9.00	225	205			52.1	
8	C40	315	746	1030	183	176	9.82	230	210	27.6	39.7	50.6	58.3

从试验数据可以看出，粉煤灰混凝土的坍落度均高于基准混凝土。28d 强度与基准混凝土相当，而粉煤灰混凝土后期强度增长速度大大超过基准混凝土。由于粉煤灰为超量取代，粉煤灰混凝土胶结材料高于基准混凝土。因此，其和易性比基准混凝土有很大的改善，同时减少了泌水和离析，从而使混凝土整体性能有很大提高；还可大大减少水泥掺量，降低生产成本，取得很好的经济效益和社会效益。

二、分析与结论

粉煤灰是一种人工火山灰质混合材，在混凝土中掺入粉煤灰之所以能提高混凝土的强度及抗渗性能是因为粉煤灰中含有大量的活性材料（其中 SiO_2 高达40% ~60%，Al_2O_3 高达17% ~35%）。在水泥的水化过程中，这些活性材料可发挥火山灰活性作用，从而提高混凝土的密实性。这是因为粉煤灰中微颗粒的表面积很大，使水泥充分扩散，水化反应后形成的孔隙率相对减小，混凝土密实性必然提高。由于粉煤灰中的活性材料与水泥水化所产生的 $Ca(OH)_2$ 产生二次水化作用，产生新的水化物填充原有水泥石子结构孔隙，使混凝土强度及抗渗性得以提高，粉煤灰通过其火山灰活性，使混凝土后期强度得以较大增长，这是普通硅酸盐水泥不可能达到的。

三、粉煤灰混凝土的应用及施工特点

承建的一个框架居民楼的工程上，通过现场取样，标养28d 后经检测其强度以及五十次冻融指标均达到或超过规定标准。同时，也取得了良好的经济效益。为该项技术的推广和应用，提供了宝贵的经验和科学依据。

水泥的水化作用是一种放热反应，由于放热而使混凝土的温度升高，而产生膨胀应力，以粉煤灰高置换率取代水泥后，减少水化热，降低新拌混凝土的温度。因此，在大体积混凝土中，降低新拌混凝土绝热升温是很重要的；否则，会由于温升过大而造成混凝土的开裂。

由于运距比较远，时间大多为 1h 左右，特别在夏季天气比较炎热，混凝土的坍落度损失较大，给混凝土泵送和施工带来困难。而掺入粉煤灰后明显地改善了混凝土的和易性，减少坍落度损失，保证混凝土泵送顺利进行加快施工进度，并延长泵车的使用寿命。

374 粉煤灰在混凝土中如何应用？

随着我国电力事业的发展，粉煤灰的排放量也在逐年增加，如果不将其利用将造成严重的环境污染。因此搞好粉煤灰的综合利用，对减少工业废渣对环境的污染，化害为利、变废为宝及节约能源和自然资源等，都具有深远的意义。

粉煤灰作为混凝土的掺合料，意义尤为重大，这不仅因为该项用途能大量利用粉煤灰，而且掺有粉煤灰的混凝土具有一系列的优点。如，可使混凝土后期强度高，干缩性小，和易性好，水化热低，抑制碱-集料膨胀，抗硫酸盐腐蚀性能好等优点。

为加强建筑工程质量，增加企业经济效益，我们在查阅有关文献资料的基础上，结合建设部推广的"十大科技成果"，近几年来重点对粉煤灰混凝土进行试配研究，在初步应用成功的基础上，又开始了大面积的推广应用，取得了较好的经济效益和社会效益。

一、原材料的选用

（一）水泥、砂、石

根据混凝土不同强度等级选用 32.5R，42.5R 普通硅酸盐水泥；细集料选用泉州金鸡砂，细度模数为 2.68 ~ 2.69，含泥量小于 3.0%；粗集料选用人工破碎碎石 5 ~ 31.5mm。

（二）外加剂

根据不同的混凝土工程要求，选择早强减水剂、缓凝减水剂其品质符合 GB 8076—1997 标准。

（三）粉煤灰

选用福州华能电厂的 Ⅱ 级粉煤灰，其化学成分和物理性能符合要求。

二、粉煤灰掺用方法及实践效果

粉煤灰混凝土的配合比设计是以基准混凝土配合比为基准，按等稠度，等强度等级原则，经过室内几十组系统复演性试验提出了单掺（掺粉煤灰），双掺（掺粉煤灰、减水剂），三掺（掺粉煤灰、减水剂、膨胀剂），根据不同混凝土工程的要求采用不同的掺用方法。

（一）粉煤灰在普通混凝土中的应用及效果

应用单一粉煤灰配制的混凝土即称为单掺，单掺混凝土它的早期强度会有所降低，这主要是因为粉煤灰的二次水化反应一般在混凝土浇筑 14d 以后才开始进行的，但它的后期强度发展正常，仍然可以达到设计要求。在普通混凝土中掺入粉煤灰，采用对水泥等量取代或超量系数试配方法。表 1 是基准混凝土和单掺混凝土的效果试验。

表 1　C20 基准混凝土、单掺混凝土效果试验

| 编号 | 混凝土配合比（kg/m³） | | | | 坍落度（mm） | 试块强度（MPa） | | 抗压强度比（掺/未掺）（%） | |
	$W/(C+F)$ 水胶比	$C_{水泥}$	$S_{砂子}$	$G_{碎石}$	$F_{粉煤灰}$		7d	28d	7d	28d
A	0.58	328	621	1261	—	40	20.0	28.2	95.5	104
B	0.56	279	621	1261	59	50	19.1	29.4	95.5	104

从以上试验结果可以看出，对 C20 的混凝土，部分的粉煤灰取代水泥量（粉煤灰掺量为18%），而水胶比较基准混凝土小，这对提高混凝土的强度、密实度及减少收缩都是有利的；其早期的强度比基准混凝土略低；后期强度有明显的优势提高。在常规施工中，其效果是比较好的。

三、粉煤灰在双掺混凝土中的应用及效果

为适应当前工程工期较紧的需要，尤其是对一些重要的结构构件及制约工期的关键部位，实现混凝土早强是很有必要的。经过一系列的试配及工程试点，我们发现在掺有粉煤灰的混凝土中加入一定量的早强减水剂，不仅能增加其早期强度，也足以弥补掺入粉煤灰而混凝土的前期强度不足，还可再节省一定量的水泥。这是因为减水剂在粉煤灰混凝土中起了两种作用，一是可以减少混凝土拌合水的用量，减少水灰比，提高混凝土中水泥的浓度；二是以减水剂为主的化学外加剂能使水泥中硅酸钙水化所产生的 Ca(OH)$_2$ 增多，有利于粉煤灰与 Ca(OH)$_2$ 的二次水化反应，从而激发了粉煤灰的活性，加速提高了粉煤灰混凝土的早期强度。且其强度及和易性等主要性能指标都有不同程度的提高，表 2 是单掺、双掺混凝土效果试验。

表 2　单掺、双掺混凝土效果试验

| 编号 | 混凝土配合比（kg/m³） | | | | | | 坍落度（mm） | 试块强度（MPa） | | 抗压强度比（掺/未掺）（%） | | 抗渗等级（MPa） |
	$W/(C+F)$水胶比	$C_{水泥}$	$S_{砂子}$	$G_{碎石}$	$F_{粉煤灰}$	C6230外加剂	FN膨胀剂		7d	28d	7d	28d	
A	0.43	410	681	1210	77	1.23	—	55	37.1	56.2	102	103	1.2
B	0.43	410	688	1187	70	1.23	57	50	37.8	57.9	102	103	1.8

从表 2 的试验结果中可以看出，单掺粉煤灰混凝土与双掺粉煤灰混凝土相比，双掺粉煤灰其早期强度在减少水泥用量的情况下还有明显的提高，与不掺入早强减水剂的粉煤灰混凝土相比，C45 的强度等级的混凝土减少水泥用量 41kg/m³（与单掺比），7d 的抗压强度比为 108%。由于双掺混凝土能有效发挥粉煤灰的活性、有效地提高混凝土的力学性能、有显著的经济效益，更适宜大面积的推广应用。

四、粉煤灰在三掺混凝土中的应用及效果

三掺混凝土，即在混凝土中掺用粉煤灰和减水剂时，再加入膨胀剂。膨胀剂作为外加剂掺入普通混凝土中（掺量 10%～12%）能使硬化的混凝土产生适度微膨胀来补偿混凝土的收缩，在有约束的条件下，在混凝土中建立 0.2～0.8MPa 的应力，这一应力大致能抵消混凝土中产生的收缩应力，从而使混凝土不开裂或少开裂；同时，膨胀剂水化后产生的钙矾石能不断填充混凝土孔隙，改善混凝土的孔细结构，增加混凝土的密实性，膨胀剂的加入还能减少混凝土拌合物的泌水，但会使拌合物的坍落度损失增大。因此，在混凝土中掺用粉煤灰、减水剂、膨胀剂，由于这三种材料的互相作用，在一定的配合比条件下，显著减少了混凝土拌合物的泌水，大大降低了混凝土中连通的毛细孔的含量；膨胀剂水化产生的钙矾石和粉煤灰二次水化产物，使混凝土的密实性得到了明显的提高；减水剂的掺入，提高了混凝土拌合物的流动性，提高了混凝土早期的强度，弥补了加入粉煤灰而使混凝早期强度下降的不足。以上几种材料的相互作用，保障了混凝土的强度，提高混凝土的密实性与构筑物的抗裂性能。表 3 是双掺混凝土、三掺混凝土效果试验。

表 3　C45 双掺混凝土、三掺混凝土效果试验

编号	混凝土配合比（kg/m³）						坍落度（mm）	试块强度（MPa）		抗压强度比（掺/未掺）（%）	
	$W/(C+F)$水胶比	C水泥	S砂子	G碎石	F粉煤灰	C6230外加剂		7d	28d	7d	28d
A	0.43	425	622	1208	90	—	45	34.4	54.3	108	103
B	0.43	384	643	1248	77	4.34	55	37.1	56.2	·108	103

从表 3 的试验结果中可以看出，三掺混凝土的抗压强度、抗渗效果比双掺的混凝土好，但从经济效益方面不如双掺混凝土明显，因为膨胀剂的价格较高，且掺量比较大，一般在水泥用量的 10% ~ 14%。

375　粉煤灰在各种混凝土中取代水泥的最大限量是什么？

粉煤灰取代水泥的最大限量见表 1，粉煤灰取代水泥百分率见表 2，密度为 500kg/m³ 泡沫混凝土配方见表 3，密度为 500kg/m³ 低密度制品见表 4。泡沫混凝土的配方组成如图 1 所示，水泥泡沫混凝土工艺流程如图 2 所示，石膏泡沫混凝土的配比组成如图 3 所示。

表 1　粉煤灰取代水泥的最大限量

混凝土种类	粉煤灰取代水泥的最大限量（%）			
	硅酸盐水泥	普通水泥	矿渣硅酸盐水泥	火山灰质硅酸盐水泥
预应力钢筋混凝土	25	15	10	—
钢筋混凝土	30	25	20	15
高强度混凝土				
高抗冻融性混凝土				
蒸养混凝土				
中、低强度混凝土	50	40	30	20
泵送混凝土				
大体积混凝土				
水下混凝土				
地下混凝土				
压浆混凝土				
碾压混凝土	65	55	45	35

表 2　粉煤灰取代水泥百分率（β_c）

混凝土等级	普通硅酸盐水泥（%）	矿渣硅酸盐水泥（%）
C15 以下	15 ~ 25	10 ~ 20
C20	10 ~ 15	10
C25 ~ C30	15 ~ 20	10 ~ 15

表3 密度为 500kg/m³ 泡沫混凝土配方

普通硅酸盐水泥	400kg	快硬硅酸盐水泥	350kg
磨细矿渣微粉（比表面积450m²/kg）	1000kg	一级或二级粉煤灰	120kg
矿渣活化促凝剂 F-11	2kg	石灰	20kg
料浆稳定剂（4%液剂）	25kg	石膏	6kg
泡沫	适量	粉煤灰活化剂 F-12	3kg
活性水	适量	料浆稳定剂（5%液剂）	20kg
—	—	泡沫	适量
—	—	活性水	适量

表4 密度为 500kg/m³ 低密度制品

轻烧氧化镁（含量83%~85%）	100kg
六水氯化镁（含量≥44%）	35~45kg
Ⅱ级粉煤灰	20~30kg
SM 高效减水剂	1.0~1.5kg
料浆稳定剂（5%溶液）	4.0~7.0kg
聚合物乳液	3.0~4.0kg
改性剂	适量
水（磁化）	适量
泡沫（泡径≤1mm）	镁水泥料浆体积的 2~3 倍

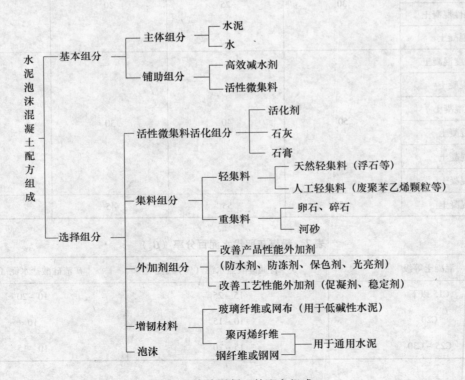

图1 泡沫混凝土的配方组成

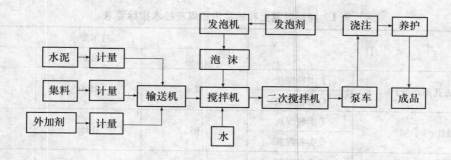

图2　水泥泡沫混凝土工艺流程

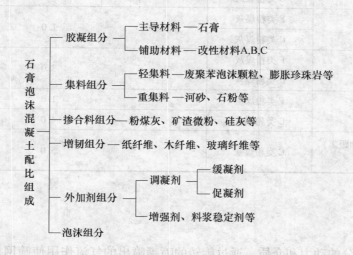

图3　石膏泡沫混凝土的配比组成

376　粉煤灰对混凝土耐热性能的影响是什么？

内掺优质粉煤灰，对混凝土的耐热性能有明显的改善作用，其主要表现在四个方面：粉煤灰能结合游离 CaO；减少 C—S—H 凝胶开裂，且稳定 C—S—H 凝胶；减少水泥石收缩；增强水泥石与集料的界面粘结力。火山灰活性、烧失量、细度和需水量比等品质指标对粉煤灰质量都有影响，对粉煤灰品质提出了要求。

粉煤灰品质的好坏，直接影响到混凝土质量的优劣。品质好的粉煤灰应该是：活性强（活性 SiO_2 和活性 Al_2O_3 含量多）、烧失量小，细度低（45μm 筛筛余少），需水量比低。建议使用Ⅱ级以上：的优质粉煤灰，以使得所用粉煤灰对混凝土强度、耐久性、耐热性等有增强和改善作用。对于低等级粉煤灰（Ⅲ级灰及等外品粉煤灰），在没有成熟可行的技术路线时，应谨慎内掺使用。

377　粉煤灰性能如何检验？

一、粉煤灰的分类及等级

（1）按照煤种分为 F 类和 C 类。F 类：由无烟煤或烟煤煅烧收集的粉煤灰；C 类：由褐煤或次烟煤煅烧收集的粉煤灰，其中氧化钙含量一般大于 10%。

（2）等级：拌制混凝土或砂浆用粉煤灰分为三个等级：Ⅰ级、Ⅱ级、Ⅲ级。

（3）技术要求：拌制混凝土和砂浆用粉煤灰技术指标要求见表1。

表1 拌制混凝土和砂浆用粉煤灰技术指标要求

项 目		技术要求		
		Ⅰ级	Ⅱ级	Ⅲ级
细度（45μm方孔筛筛余）%，≤	F类粉煤灰	12.0	25.0	45.0
	C类粉煤灰			
需水量比,%，≤	F类粉煤灰	95	105	115
	C类粉煤灰			
烧失量,%，≤	F类粉煤灰	5.0	8.0	15.0
	C类粉煤灰			
含水量,%，≤	F类粉煤灰	1.0		
	C类粉煤灰			
三氧化硫,%，≤	F类粉煤灰	3.0		
	C类粉煤灰			
游离氧化钙,%，≤	F类粉煤灰	1.0		
	C类粉煤灰	4.0		
安定性（雷氏夹沸煮后增加距离），mm，≤	C类粉煤灰	5.0		

二、细度检验

（一）原理

利用气流作为筛分的动力和介质，通过旋转的喷嘴喷出的气流作用使筛网里的待测粉状物料呈流态化，并在整个系统负压的作用下，将细颗粒通过筛网抽走，从而达到筛分的目的。

（二）仪器设备

（1）负压筛析仪

负压筛析仪主要由45μm方孔筛、筛座、真空源和收尘器等组成，其中45μm方孔筛内径为$\phi150mm$，高度为25mm。45μm方孔筛及负压筛析仪筛座结构示意图如图1所示。

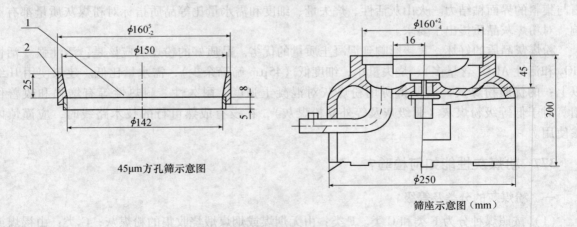

45μm方孔筛示意图

筛座示意图（mm）

图1 45μm方孔筛和筛座示意图

（2）天平

量程不小于50g，最小分度值不大于0.01g。

472

（三）检验步骤

（1）将测试用粉煤灰样品置于温度为105～110℃烘干箱内烘至恒重，取出放在干燥器中冷却至室温。

（2）称取试样约10g，准确至0.01g，倒入45μm方孔筛筛网上，将筛子置于筛座上，盖上筛盖。

（3）接通电源，将定时开关固定在3min，开始筛析。

（4）开始工作后，观察负压表，使负压稳定在4000～6000Pa。若负压小于4000Pa，则应停机，清理收尘器中的积灰后再进行筛析。

（5）在筛析过程中，可用轻质木棒或硬橡胶棒轻轻敲打筛盖，以防吸附。

（6）3min后筛析自动停止，停机后观察筛余物，如出现颗粒成球、粘筛或有细颗粒沉积在筛框边缘，用毛刷将细颗粒轻轻刷开，将定时开关固定在手动位置，再筛析1～3min直至筛分彻底为止。将筛网内的筛余物收集并称量，准确至0.01g。

（四）结果计算

$$F = (G_1/G) \times 100\%$$ (1)

式中　F——45μm方孔筛筛余，%；

　　　G_1——筛余物的质量，g；

　　　G——称取试样的质量，g。

计算至0.1%。

（五）筛网校正

筛网的校正采用粉煤灰细度标准样品或其他同等级标准样品，按检验步骤测定标准样品的细度，筛网校正系数按下式计算：

$$K = m_0/m$$ (2)

式中　K——筛网校正系数；

　　　m_0——标准样品筛余标准值，%；

　　　m——标准样品筛余实测值，%。

计算至0.1。

注：1. 筛网校正系数范围为0.8～1.2。

　　2. 筛析150个样品后进行筛网的校正。

三、需水量比检验

（一）原理

按GB/T 2419测定试验胶砂和对比胶砂的流动度，以二者流动度达到130～140mm时的加水量之比确定粉煤灰的需水量比。

（二）材料

（1）水泥：强度检验用水泥标准样品。

（2）标准砂：符合GB/T 17671—1999规定的0.5～1.0mm的中级砂。

（3）水：洁净的饮用水。

（三）仪器设备

（1）天平

量程不小于1000g，最小分度值不大于1g。

（2）搅拌机

符合 GB/T 17671—1999 规定的行星式水泥胶砂搅拌机。

（3）流动度跳桌

符合 GB/T 2419 规定。

（四）检验步骤

（1）胶砂配比按表 2 计算。

表 2　胶砂配比

胶砂种类	水泥（g）	粉煤灰（g）	标准砂（g）	加水量（mL）
对比胶砂	250	—	750	125
试验胶砂	175	75	750	按流动度达到 130~140mm 调整

（2）试验胶砂按 GB/T 17671 规定进行搅拌。

（3）搅拌后的试验胶砂按 GB/T 2419 测定流动度，当流动度在 130~140mm 范围内，记录此时的加水量，当流动度小于 130mm 或大于 140mm 时，重新调整加水量，直至流动度达到 130~140mm 为止。

（五）计算结果

$$X = (L_1/125) \times 100\% \tag{3}$$

式中　X——需水量比，%；

L_1——试验胶砂流动度达到 130~140mm 时的加水量，mL；

125——对比胶砂的加水量，mL。

计算至 1%。

四、烧失量检验

（一）原理

试样在 950~1000℃ 的马弗炉中灼烧，驱除水分和二氧化碳，同时将存在的易氧化元素氧化，由硫化物的氧化引起的烧失量误差必须进行校正，而其他元素存在引起的误差一般可忽略不计。

（二）仪器设备

（1）马弗炉。

（2）电子分析天平（或光电分析天平）：最小分度值不小于 0.0001g。

（三）检验步骤

称取约 1g 试样（m_7），精确至 0.0001g，置于已灼烧恒量的瓷坩埚中，将盖斜置于坩埚上，放在马弗炉内从低温开始逐渐升高温度，在 950~1000℃ 下灼烧 15~20min，取出坩埚置于干燥器中冷却至室温，称量。反复灼烧，直至恒量。

（四）结果计算

$$X_{LOI} = \frac{m_7 - m_8}{m_7} \times 100\% \tag{4}$$

式中　X_{LOI}——烧失量的质量百分数，%；

m_7——试样的质量，g；

m_8——灼烧后试样的质量，g。

五、含水量检验

（一）原理

将粉煤灰放入规定温度的烘干箱内烘至恒重，以烘干前和烘干后的质量之差与烘干前的质量之比确定粉煤灰的含水量。

（二）仪器设备

（1）烘箱：可控制温度不低于110℃，最小分度值不大于2℃。

（2）天平：量程不小于50g，最小分度值不大于0.01g。

（三）检验步骤

（1）称取粉煤灰试样约50g，准确至0.01g，倒入蒸发皿中。

（2）将烘干箱温度调整并控制在105～110℃。

（3）将粉煤灰试样放入烘干箱内烘至恒重，取出放在干燥器中冷却至室温后称量，准确到0.01g。

（四）结果计算

$$W = \left[(w_1 - w_2)/w_1 \right] \times 100\% \tag{5}$$

式中　W——含水量，%；

　　　w_1——烘干前试样的质量，g；

　　　w_2——烘干后试样的质量，g。

计算至0.1%。

六、安定性

（一）原理

观测由两个试针的相对位移所指示的粉煤灰与标准水泥净浆体积膨胀的程度。

（二）材料

水泥：强度检验用水泥标准样品。

（三）仪器设备

（1）水泥净浆搅拌机。

（2）标准法维卡仪。

（3）雷氏夹及雷氏夹膨胀测定仪。

雷氏夹：由铜质材料制成。当一根指针的根部先悬挂在一根金属丝或尼龙丝上，另一根指针的根部再挂上300g质量的砝码时，两根指针尖的距离增加应在（17.5±2.5）mm范围内，即 $2x = (17.5 \pm 2.5)$mm，当去掉砝码后针尖的距离能恢复至挂砝码前的状态。

（4）天平：最大称量不小于1000g，分度值不大于1g。

（5）沸煮箱。

（四）检验步骤

（1）标准稠度净浆制备

先分别称取350g水泥和150g粉煤灰，搅拌均匀后待用。再将搅拌锅和搅拌叶用湿布擦过，将预计用量的水倒入搅拌锅，然后在5～10s内将搅拌好的水泥、粉煤灰混合样品加入水中，过程中防止水和水泥溅出；先低速搅拌120s，停15s，同时将叶片和锅壁上的水泥浆刮入锅中间，然后高速搅拌120s；拌合结束后，立即将拌制好的水泥净浆装入已置于玻璃底板上的试模中，用小刀插捣，轻轻振动数次，刮去多余的净浆，抹平后迅速将试模和底板移到维卡仪上，并将其中心定在试杆下，降低试杆直至与水泥净浆表面接触，拧紧螺丝1～2s后，突然放松，使试杆垂直自由地沉入水泥净浆中。在试杆停止沉入或释放试杆30s时，记录试杆距底板之间的距离，升起试杆后，立即擦净。整个操作应在搅拌后1.5min内完成。以试杆沉入净浆并距底板（6±1）mm的水泥净浆为标准稠度净浆。

（2）雷氏夹试件成型及煮沸

将预先准备好的雷氏夹放在已稍擦油的玻璃板上，并立即将已制好的标准稠度净浆一次装满雷氏夹，装浆时一只手轻轻扶持雷氏夹，另一只手用宽约 10mm 的小刀插捣数次，然后抹平，盖上稍涂油的玻璃板，接着立即将试件移至湿气养护箱内养护（24±2）h。

调整好沸煮箱内的水位，使能保证在整个沸煮过程中都超过试件，不需中途添补试验用水，同时又能保证在（30±5）min 内升至沸腾。

脱去玻璃板取下试件，先测量雷氏夹指针尖端间的距离（A），精确到 0.5mm，接着将试件放入沸煮箱水中的试件架上，指针朝上，然后在（30±5）min 内加热至沸并恒沸（180±5）min。

（五）结果判别

沸煮结束后，立即放掉沸煮箱中的热水，打开箱盖，待箱体冷却至室温，取出试件进行判别。测量雷氏夹指针尖端的距离（C），准确至 0.5mm，当两个试件煮后增加距离（C－A）的平均值不大于 5.0mm 时，即认为该水泥安定性合格，当两个试件的（C－A）值相差超过 4.0mm 时，应用同一样品立即重做一次试验。再如此，则认为该粉煤灰为安定性不合格。

378　什么是高性能混凝土？

混凝土高强就是高性能的观点已被高强不一定耐久所否定，但仍有人认为高性能混凝土必须是高强混凝土。从目前已取得的效果以及从工程安全性与安全使用期等要求来讲，高强混凝土必须是高性能混凝土。因此高强混凝土应当包括在高性能混凝土之中，而不是相反。如果强调高性能混凝土必须高强，则必然大大限制高性能混凝土的应用范围。大量使用的钢筋混凝土建筑物和构筑物对强度要求并不高，但应当是耐久的。因此高性能混凝土应不只是高强度，而应包括各强度等级，这样才有广阔的应用范围。提高混凝土的技术水平和质量，才能成为混凝土的发展方向。

还有人认为，掺用矿物细掺料的混凝土就是高性能混凝土。吴中伟教授对高性能混凝土的定义为：高性能混凝土是一种新型的高技术混凝土，是在大幅度提高普通混凝土性能的基础上采用现代混凝土技术制作的混凝土，是以耐久性作为设计的主要指标的。针对不同用途要求，对下列性能应有重点地予以保证，即耐久性、施工性、适用性、强度、体积稳定性和经济性。为此，高性能混凝土配制的特点是低水胶比，选用优质材料，除水泥、水、集料外，必须掺加足够数量的矿物细掺料和高效外加剂。图 1 显示了配制混凝土所采取的措施对达到高性能的影响。其中采用低水胶比的目的是降低混凝土温升，增强硬化前后混凝土的体积稳定性，同时也是掺用矿物细掺料的要求；掺用优质矿物细掺料的目的是为了提高施工性、体积稳定性、密实性和抗化学侵蚀性，同时因降低水胶比和混凝土温升而提高耐久性；使用高效减水剂的目的是保证混凝土拌合物的施工性；优异的施工性又保证了混凝土的密实成型而提高了耐久性。

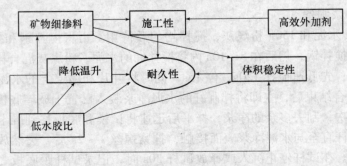

图 1　高性能混凝土配合比特点与性能的关系

因此，掺用矿物细掺料只是提高混凝土性能的一个措施，而且矿物细掺料不是简单的掺用，必须根据工程具体要求选用合适品质的细掺料，有时还需恰当地复合掺用，更不是水泥的简单取代。

还有人希望高性能混凝土是"傻瓜混凝土""什么人都能做"。这种想法是错误的。高性能混凝土由于其优异的施工性能，给施工带来方便，可消除由于振捣不匀而造成的缺陷，因此降低了对现场一线工人的要求。但是高性能混凝土的性能对原材料和配合比的变动更加敏感。低水胶比、多细掺料和高效减水剂使拌合物具有不同于普通混凝土的流变特性，要求技术人员和管理人员熟悉这种特性和质量控制的技术。因此高性能混凝土对工人要求低了，而对技术人员和管理人员却要求高了，仅有合理的配合比是达不到高性能的。

379 高性能混凝土技术的意义是什么？

加强科技成果的推广转化，限制淘汰落后技术、产品发展 C60 ~ C100 高强度等级、高性能混凝土，提高混凝土的综合性能，研究开发绿色混凝土，发展清水混凝土。严禁外檐及顶棚抹灰，减少装饰抹灰，做到可持续发展。

把混凝土裂缝防治技术、混凝土耐久性技术、商品混凝土及预拌砂浆技术、超高泵送混凝土技术等应用到工程中去，提高工程质量。

380 高性能混凝土配合比如何配制？

武广铁路客运专线是我国"中长期铁路网规划"的重要工程，全长多达 1000km，设计时速 350km/h，混凝土结构的使用年限为 100 年，沿线年最高气温为 40℃，最低气温为 -5℃，大气中干湿交替频繁；一些地段的河流中存在多种有害离子。因为武广铁路的工程建设环境与使用环境均比较严酷，对混凝土的综合性能提出了很高要求，混凝土能抵抗中等以上强度的硫酸盐腐蚀；具有较强的抵抗氯离子渗透能力等。20 世纪 90 年代高性能混凝土（High Performance Concrete，HPC）的研究结果表明，粉煤灰掺合料可以改善混凝土性能，提高其耐久性。

一、高性能混凝土设计技术指标

高性能混凝土的最大特点就是以耐久性作为设计的主要指标，根据设计院提供的《新建铁路武汉至广州客运专线武汉工程试验段施工图设计》，对耐久性要求有如下解析，"根据地质化验资料，本地段地下水及环境水对混凝土无浸蚀作用，混凝土结构所处的环境为碳化引起锈蚀。"可见本段混凝土所处的环境为碳化环境。由《客运专线高性能混凝土暂行技术条件》可得到混凝土耐久性如下要求。

（1）混凝土抗氯离子渗透性的电通量应满足表 1 的规定。

表 1 混凝土电的通量

设计使用年限级别		一 （100a）	二 （60a）、三 （30a）
电通量 56d（C）	< C30	< 2000	< 2500
	C30 ~ C45	< 1500	< 2000
	≥ C50	< 1000	< 1500

（2）在进行混凝土配制中应进行抗裂性对比试验，确定最优良的配合比。

（3）混凝土的抗碱-集料反应性能应满足下列规定：

①集料的碱-硅酸反应砂浆棒膨胀率或碱-碳酸盐反应岩石柱膨胀率应小于 0.10%；

②当集料的碱-硅酸反应砂浆棒膨胀率 0.10% ~ 0.20% 时，混凝土的碱含量应满足表 2 的规

定；当集料的碱-硅酸反应砂浆棒膨胀率0.20%~0.30%时，除了混凝土的碱含量应满足表2的规定外，还应在混凝土中掺加具有明显抑制效能的矿物掺合料和复合外加剂，并进行相应试验证明其抑制有效。

表2 混凝土最大碱含量 kg/m³

使用年限级别		一（100a）	二（60a）	三（30a）
环境条件	干燥环境	3.5	3.5	3.5
	潮湿环境	3.0	3.0	3.0
	含碱环境	使用非碱活性集料	3.0	3.0

（4）钢筋混凝土中氯离子总含量（包括水泥、矿物掺合料、粗集料、细集料、水、外加剂等所含氯离子含量之和）不应超过胶凝材料总量的0.10%，预应力混凝土的氯离子总含量不应超过胶凝材料总量的0.06%。

（5）要求混凝土含气量不应小于2.0%。

二、配合比设计思路

本高性能混凝土配合比主要用于桥梁结构，其桥梁基桩地处地下水环境中，当水中的Cl^-渗透到混凝土中的钢筋表面时，就会破坏钢筋表层钝化膜，导致钢筋锈蚀引起结构破坏。为满足耐久性要求，设计人员在设计混凝土工程时，应明确采用高性能混凝土，其特性除强度、拌合物的和易性必须满足设计和施工要求外，还应根据具体使用条件和环境，具备所需要的防止钢筋锈蚀的性能、抗冻性和抗渗性。通过深入分析混凝土劣化机理和控制耐久性因素，科学地选择组成材料和进行混凝土配合比设计，通过生产、浇捣和养护，以达到有效地防止Cl^-渗透，延长结构工作寿命的目的。

高性能混凝土是通过对原材料的优选和质量控制、配合比优化、生产过程的有效控制，使生产出的混凝土拌合物具有良好的施工性能、硬化混凝土的结构改善，具有较高的耐久性。根据施工现场泵送的需要，高性能混凝土要求不仅具有大坍落度，更要求减小坍落度经时损失，适宜的黏度、大流动性，不泌水、不离析和适宜的凝结时间等优良施工性能。

三、实现混凝土高能性化的技术途径

高性能混凝土对组成材料要求十分严格，造价较高。高性能混凝土的技术途径如下：在常规材料和生产设备、生产工艺的基础上，优化集料级配，减小空隙率，减少水泥浆的数量；采用新型缓凝高效减水剂减少混凝土的单方用水量（控制用水量小于或等于150kg/m³），减少坍落度的经时损失，延缓混凝土的凝结时间；采用大掺量的超细矿物外加剂，或超细复合矿粉掺合料。超细掺合料在混凝土中不但起到填充作用，更重要的是参与胶凝材料的水化反应，使水泥用量比常规减少20~40%或更多。由于充分发挥了超细矿物外加剂的复合效应，降低了水胶比，改善了水泥浆的质量。砂、石材料的含泥量与泥块含量要求严格，石子的最大粒径控制在25.0mm，砂子采用中粗砂，而且水泥的碱含量控制在小于0.6%以下。采用强制式搅拌，一次性加入高效减水剂，新拌混凝土的和易性好，而且搅拌楼就建在施工现场，搅拌好的混凝土用灌车运到泵送点只需5~30min，保证了新拌混凝土的可泵性和施工性能。

四、混凝土配合比设计

（一）原材料选择

采用高性能混凝土后，对施工原材料、施工过程的质量控制提出了很高的要求，因此，在进行配合比设计前，各种原材料应按有关检验项目、批次规定，严格实施进场形式检验。根据《客运专线高性能混凝土暂行技术条件》的相应规定，其原材料的试验结果如下：

（1）水泥：选用湖北华新水泥股份有限公司生产的堡垒牌 P·O 32.5 普通硅酸盐水泥，比表面积 371m²/kg，细度 0.9%，初凝 3h：05min，终凝 4h：15min，三氧化硫 1.82%，氧化镁 4.91%，烧失量 4.75%，碱含量 0.46%，氯离子含量 0.014%，游离氧化钙含量 0.48%，熟料中的 C3A 含量 7.94%；抗折强度 4.9MPa/3d，8.7MPa/28d；抗压强度 25.4MPa/3d，45.0/28d。

（2）矿物掺合料：粉煤灰选用优质的赤壁电厂 I 粉煤灰，细度 1.9%，三氧化硫 1.11%，烧失量 3.17%，含水量 0.36%，需水量比 91%，碱含量 1.38%，氯离子含量 0.006%；阳逻电厂 I 粉煤灰，细度 4.2%，三氧化硫 0.66%，烧失量 1.28%，含水量 0.16%，需水量比 95%，碱含量 1.09%，氯离子含量 0.006%。

（3）砂：河砂，细度 2.8，属于 II 区中砂，连续级配，砂子表观密度 2630kg/m³，堆积密度 1570kg/m³，含泥量 0.5%，坚固性 4.0%，吸水率 0.4%，硫化物 0.04%，碱活性（砂浆棒法）0.09%。

（4）石子：碎石，5~16mm 和 5~25mm 两种粒径进行掺配，配制成 5~25mm 连续级配，表观密度 2700kg/m³，堆积密度 1560kg/m³，紧密密度 1700kg/m³，紧密空隙率 37%，压碎指标 9.0%，针片状含量 4.2%，含泥量 0.9%，坚固性 2.0%，吸水率 1.0%，硫化物 0.06%，碱活性（岩相法）0.09%。

（5）外加剂：聚羧酸盐高性能减水剂，收缩率比 113%，含气量 4.2%，硫酸钠含量 1.30%，碱含量 2.88%，氯离子含量 0.06%，减水率 20%，对钢筋无锈蚀作用。

（6）水：饮用水。

（二）混凝土配合比优化

根据原材料情况和实际经验，按耐久性理念设计了 20 种混凝土配合比，经试配优化，得到 4 个配合比，见表 3。

表 3　混凝土配合比设计参数

试验编号	设计参数				混凝土材料用量（kg/m³）					
	水胶比	砂率（%）	粉煤灰掺量（%）	外加剂掺量（%）	水泥	粉煤灰	砂	石	水	外加剂
1	0.380	42	30（赤壁）	0.9	269	115	785	1085	146	3.456
2（水下）	0.365	42	30（赤壁）	0.9	280	120	779	1075	146	3.600
3	0.380	42	30（阳逻）	0.9	269	115	785	1085	146	3.456
4（水下）	0.365	42	30（阳逻）	0.9	280	120	779	1075	146	3.600

（三）混凝土总碱含量和氯离子总含量

根据客运专线混凝土结构的使用年限为 100a，经计算，优化选出的 4 个配合比的总碱含量和氯离子总含量均满足高性能混凝土耐久性的要求，见表 4。

表 4　混凝土总碱含量和氯离子总含量　　　　　　　　　　　　　　　　　　　　kg/m³

试验编号	设计要求		实际值	
	总碱含量	氯离子总含量	总碱含量	氯离子总含量
1	3.0	0.384	1.7102	0.04838
2（水下）	3.0	0.400	1.7765	0.4056
3	3.0	0.384	1.656	0.04838
4（水下）	3.0	0.400	1.732	0.05059

五、混凝土的性能

（一）混凝土拌合物性能

根据施工特点，要求混凝土出机时坍落度为 180～220mm，最好出机后 1.5h 坍落度不小于 120mm，含气量大于或等于 2%。

混凝土拌合物性能试验参照《普通混凝土拌合物性能试验方法标准》（GB/T 50080—2002）进行。表 5 是新拌混凝土的试验结果。从中可看出，所有配合比的混凝土出机坍落度均满足施工要求，1，2（水下），3 及 4（水下）在出机 1.5h 内坍落度保持较好，满足泵送混凝土的要求；用粉煤灰等量取代部分水泥拌制的高性能混凝土初期压力泌水较慢，其初期相对压力泌水率为 12%～21%，改善了混凝土拌合物的和易性，提高了混凝土的可泵性。经试泵，配制的高性能混凝土可泵性能良好。

表 5　混凝拌合物和易性

试验编号	试拌时室温（℃）	初凝时间（h）	含气量（%）	坍落度（mm）			压力泌水		
				出机	45min 后	90min 后	10s 时的泌水总量 V_{10}（mL）	泌水总量 V_{10}（mL）	B_V 泌水率（%）
1	20±5	—	3.8	215	190	135	3	19	16
2（水下）	20±5	46h:20min	4.2	220	200	150	2	17	12
3	20±5	—	3.6	200	175	125	4	22	18
4（水下）	20±5	45h:45min	4.6	175	185	140	5	24	21

（二）混凝土力学性能

混凝土的力学性能试验参照《普通混凝土力学性能试验方法标准》（GB/T 50081—2002）进行，主要试验结果见表 6。从表 6 中可看出，掺粉煤灰的高性能混凝土的早期抗压强度（3d）较普通混凝土低，但所有混凝土的后期力学性能均达到 C30 的设计要求。这是由于粉煤灰在早期不参与水化反应，而在早期水化反应较快的水泥用量又较普通混凝土少。由此可见，用粉煤灰等量取代部分水泥配制高性能混凝土是可行的。

表 6　混凝土力学性能

实验编号	立方体抗压强度（MPa）			
	3d	7d	28d	56d
1	21.0	—	39.1	51.9
2（水下）	23.2	—	47.5	52.7
3	18.5	24.2	36.3	49.6
4（水下）	20.9	27.5	48.3	52.5

（三）混凝土早期抗裂性能

为了评价混凝土拌合物在早期凝结硬化过程中收缩开裂的性能，采用圆环法试件进行混凝土早期抗裂性测试。对 4 组配合比的混凝土试件进行的抗裂性试验。从中可看出，用 1，2（水下），3，4（水下）配合比拌制的混凝土早期抗裂性能好，在相应的环境条件下从浇筑起直至 56d 未开裂，早期抗裂性能符合《铁路混凝土工程施工质量验收补充标准》要求。

（四）混凝土氯离子渗透性能

氯离子渗透性能反映了混凝土的密实程度以及抵抗外部介质向内部侵入的能力，是混凝土耐

480

久性的重要性能指标之一。本试验采用美国标准 ASTM C1202—1994，按照通过试件的电量 Q 值，该标准将混凝土抵抗氯离子渗透的能力，对混凝土抵抗氯离子渗透能力进行评价。试件为直径 100mm、高度 51mm 圆柱体。我们依据通过混凝土试件的总电量来评价混凝土抗 Cl^- 渗透的能力，电量越小，混凝土抗 Cl^- 渗透的能力越大，密实性越高。试验结果表明，矿物掺合料显著提高了混凝土抗 Cl^- 渗透的能力，使通过混凝土的总电量均小于 500℃，另这说明混凝土有很高的抗 Cl^- 渗透的能力，掺粉煤灰的高性能混凝土具备优越的抗氯离子侵蚀能力。混凝土的抗渗性能试验见表7。

表7　混凝土的抗渗性能试验

Cl⁻渗在混凝土中渗透能力的等级划分		Cl⁻渗透试验		
通过电通量（C）	Cl⁻渗透能力	试验编号	实测电通量（C）	渗透性评价
>4000	渗透能力强	1	425	很低
2000～4000	渗透能力中等	2（水下）	411	很低
1000～2000	渗透能力低	3	339	很低
100～1000	渗透能力很低	4（水下）	332	很低
<100	不渗透	—	—	—

随时间的推移 Cl^- 渗透能力随混凝土龄期的延长而减小，混凝土密实度逐渐提高，抵抗氯离子渗透的能力也逐渐增强。

六、工程应用情况

在某大桥基础灌注施工中，混凝土集中搅拌，混凝土罐车运输，浇灌时采用泵送施工工艺，经低应变检测的桩基均达到Ⅰ类桩质量等级；施工矩形空心桥墩、空心桥台，混凝土拌合物和易性好、可泵性良好，墩台身表面平整光滑，无气孔，无裂缝，墩台身质量全部达到《铁路混凝土工程施工质量验收补充标准》要求。

381　高强混凝土和高性能混凝土如何应用外加剂？

高强混凝土是国内外研究的热门课题之一，高性能混凝土则是研究热点，选用的外加剂和矿物外加剂（掺合料）应符合相关标准的要求。

一、外加剂选择

（一）减水剂

配制高强度混凝土必须使用减水剂，并根据不同的要求辅以助剂配制，其掺量应根据试验确定，多数情况下取推荐掺量的上限。普通减水剂的减水率为 5%～10%，不适于单独配制 C60 以上的高强混凝土。高效减水剂，如萘系、多环芳烃系和三聚氰胺系，因为它们减水率较大，约 18%～25%，这样可在 0.5%～2.0% 掺量范围内调整用水量。掺高效减水剂对混凝土有很好的早强（3d 强度提高 40%～70%）和增强（28d 强度提高 20%～40%）作用，因此配制高强混凝时，一般不掺用早强剂。一些高效减水剂在混凝土中采用同掺法时，其掺量高，坍落度损失大，改为滞水法后往往能降低掺量 10%～30%，坍落度损失的情况得到改善。高性能混凝土多数也有很高的强度，要求水灰比能降低到 0.3 以下，新型高效减水剂（氨基磺酸盐、聚羧酸盐类）掺量小，减水率高，与水泥相容性好，更容易满足高性能混凝土的要求。

（二）缓凝剂

高强混凝土中掺缓凝剂的作用，其一是控制早期水化，延缓水化放热过程；其二是进一步提高减水作用；其三是提高混凝土强度，并且与掺量成正比。正常掺量（0.02%～0.10%）缓凝剂可以提高 24h 及以后的强度。这是因为高强混凝土配合比设计中一般水泥用量高，用缓凝剂能调整水泥水化速度，降低水化热，使混凝土在预计的温度下符合要求的硬化速度，消除冷接缝，满足浇灌、振捣和脱模时间等工艺要求。缓凝剂与高效减水剂配合使用可减少坍落度损失，已成功地应用在许多工程中。然而，在气温较高时，有些缓凝剂的缓凝作用降低，且温度升高使混凝土后期强度降低，这时应适当增加缓凝剂掺量。如果气温较低，可能对早期（24h）强度产生不利影响，这时应适当减小掺量。

（三）引气剂

C60 高强混凝土并非是高抗冻混凝土，其抗冻性能不能满足 F300 的要求，但 C80，C100 等级的高强混凝土具有超常的抗冻性，其抗冻等级可达 F1200 以上，甚至达 F2000 以上。高强混凝土冻融破坏的形态与普通混凝土有很大区别，在冻融过程中并不表现相对动弹性模量或重量损失（表面剥落）的逐步增加，而是到某一冻融循环时出现横向裂缝，再发展时，相对动弹性模量徒然下降。由此初步说明高强混凝土的冻融破坏机理与普通混凝土有差别，当高强混凝土采用引气剂改性后，引气高强混凝土比一般的高强混凝土将具有更高的抗冻性。气泡间距系数与高强混凝土的抗冻性没有明显的相关性，但气泡平均半径却在一定程度上反映了高强混凝土的抗冻性，当气泡平均半径小于 0.01cm 左右时，高强混凝土具有超抗冻的特性。C80 以下的高强混凝土抗冻融性等耐久性要求高时，可以使用优质引气剂提高耐久性，含气量应控制标准规定的下限。引气会降低强度，特别是高强混凝土中每引气 1%，强度降低 5% ~ 7%，应使用减水率大于 20% 的高效减水剂复合优质引气剂，一般无抗冻要求的高强混凝土可以不使用引气剂。

（四）膨胀剂

高强混凝土中，膨胀剂并不是都要掺加，为了提高混凝土的体积稳定性、密实性、耐久性及补偿收缩，高性能混凝土掺加膨胀剂的量有了较大的增长。

（五）防冻剂

在冬期施工中，高强混凝土中需要掺入防冻剂。常用无机防冻剂掺量较大，对水的化学活性降低较显著，导致混凝土强度增长缓慢和 28d 验收强度偏低，对高强度混凝土的影响较为显著。由于高强混凝土的水泥用量大，水化热发展快而集中，因此防冻组分掺量可以减少，在气温 -5℃ 左右时可以不用。在较低的负温环境中宜使用掺量小而防冻效果较好的有机防冻组分。

（六）矿物外加剂（掺合料）

尽可能减少高强混凝土的水泥用量，外掺加粉煤灰等矿物掺合料应是配制高强混凝土的重要原则。对不同强度等级的高强混凝土，矿物掺合料的细度和需水量比有不同的要求。配制高强混凝土的矿物掺合料可选用粉煤灰、磨细矿渣、磨细天然沸石岩和硅粉等。高性能混凝土则几乎都使用矿物掺合料，且多数是多种矿物掺合料复合掺加，这些掺合料改善了混凝土的粘聚性和稳定性，混凝土硬化后的性能也得到改善。

（1）粉煤灰：用作高强混凝土掺合料的粉煤灰一般应选用 I 级灰。对强度等级较低的高强混凝土，通过试验也可选用 II 级灰，尽可能选用需水量比小且烧失量低的粉煤灰。

（2）磨细矿渣：用作高强混凝土掺合料的磨细矿渣应符合标准《高强高性能混凝土用矿物外加剂》（GB/T 18736—2002），达到 GB/T 8046—2000 规定的 S95 等级以上，即符合下列质量要求：比表面积 ≥3500cm²/g；需水量比 ≤100%；抗压强度比 ≥100%；烧失量 ≤3%；Cl^- ≤0.02%。

（3）磨细天然沸石岩：用作高强混凝土掺合料的天然沸石岩应选用斜发沸石或丝光沸石，不宜选用方沸石、十字沸石及菱沸石。磨细天然沸石粉应符合下列质量要求：铵离子净交换量 ≥110meq/100g（斜发沸石）或 120meq/100g（丝光沸石）；细度：0.08mm 方孔筛余 <10%；抗压强度比 ≤90%。

（4）硅粉：用作高强混凝土掺合料的硅粉应符合下列质量要求：二氧化硅含量≥85%；比表面积（BET-N$_2$ 吸收法）≥15000m^2/kg，平均粒径 0.1~0.2μm。Cl$^-$≤0.02%。

（七）外加剂复合使用

使用复合外加剂的目的是降低成本和改善性能。多数高强混凝土都同时使用矿物掺合料和化学外加剂，这些混凝土通常将几种外加剂复合使用。当高效减水剂与普通减水剂或缓凝剂复合用于高强混凝土中时，能够降低坍落度损失率，减少高效减水剂的用量。

二、施工技术

（一）搅拌

拌制高强混凝土不得使用自落式搅拌机。混凝土原材料均按质量计量，计量的允许偏差为：水泥和掺合料±1%，粗、细集料±12%，水和化学外加剂±1%。

配制高强混凝土必须准确控制用水量。砂、石中的含水量应及时测定，并按测定值调整用水量和砂、石用量。高强混凝土的配料和拌合应采用自动计量装置。当需要手工操作时，应严格控制拌合物出机时的均匀性和稳定性。严禁在拌合物出机后加水，必要时可适当添加高效减水剂。

高效减水剂可采用粉剂或水剂，并宜采用后掺法。当采用水剂时，应在混凝土用水量中扣除溶液用水量；当采用粉剂时，应适当延长搅拌时间（不少于30s）。

（二）混凝土运输与浇筑

长距离运输拌合物应使用混凝土搅拌车，短距离运输可利用现场的一般运送设备。装料前，应清除运输车内积水。混凝土自由倾落的高度不应大于3m。当拌合物水胶比偏低且外加掺合料后有较好的粘聚性时，在不出现分层离析的条件下允许增加自由倾落高度，但不应大于6m。浇筑高强混凝土必须采用振捣器捣实。一般情况下宜采用高频振捣器，且垂直点振，不得平拉。当混凝土拌合物的坍落度低于120mm时，应加密振点。

不同强度等级混凝土现浇构件相连接时，两种混凝土的接缝应设置在低强度等级的构件中，并离开高强度等级构件一段距离。当接缝两侧的混凝土强度等级不同且分先后施工时，可沿预定的接缝位置设置孔径 5mm×5mm 的固定筛网，先浇筑高强度等级混凝土，后浇筑低强度等级混凝土。

当接缝两侧的混凝土强度等级不同且同时浇筑时，可沿预定的接缝位置设置隔板，且随着两侧混凝土浇入逐渐提升隔板，并同时将混凝土振捣密实；也可沿预定的接缝位置设置胶囊，充气后在其两侧同时浇入混凝土，待混凝土浇完后排气取出胶囊，同时将混凝土振捣密实。

泵送高强混凝土的坍落度宜为 120~200mm。泵送高强混凝土的工作性可采用扩展度及黏性指标评定。在冬期拌制泵送高强混凝土时，应制定相应的施工措施，以保证混凝土拌合物入模温度高于 10℃。

（三）养护

高强混凝土浇筑完毕后，必须立即覆盖养，或立即喷洒或涂刷养护剂，以保持混凝土表面湿润，养护日期不少于 7d。为了保证混凝土质量，防止混凝土开裂，高强混凝土的入模温度应根据环境状况和构件所受的内、外约束程度加以限制。养护期间混凝土的内部最高温度不宜高于75℃，并应采取措施使混凝土内部与表面的温度差小于 25℃。

三、质量控制

（一）原材料

外加剂使用前，除了对外加剂的质量进行检验外，还要结合工程实际进行试验，主要进行外加剂（特别是高效减水剂）和水泥的相容性试验。配制高强混凝土所用其他原材料应符合下列要求：

（1）水泥：应选用质量稳定、强度等级不低于 42.5 级的硅酸盐水泥或普通硅酸盐水泥。从矿物组成的选择，应为 C_3S 高、C_3A 低、含碱量低的水泥，SO_3 含量应保持最佳值，其波动应限于 0.20% 之内。《高强混凝土结构技术规程》（CECS 104—1999）指出，用于高强混凝土的水泥，其矿物成分中的 C_3A 含量不宜超过 8%。C_3A 含量较高时，水泥水化加快，与普通混凝土相比，高强混凝土的拌合水较少，水化速度极快的 C_3A 和石膏争夺水分，溶解速率和溶解度比 C_3A 低得多的石膏在液相中溶出 SO_4^{2-} 更显不足，这样，掺加高效减水剂的拌合物容易出现坍落度迅速损失的现象。用 C_3A 含量不同的水泥配制高强混凝土，其他条件相同，达到相同坍落度时，所需水胶比不同，因而强度也不同，C_3A 高的水泥需水量高，配出的高强混凝土强度偏低。在水泥用量相同的条件下，熟料中 C_3A 含量高的水泥，如不采取措施，混凝土水胶比很难降得很低。另外，C_3A 的水化产物强度最低，应控制 C_3A 的含量。

（2）细集料：高强混凝土中优先选择质地坚硬、级配良好的天然砂。对细集料优化级配，主要考虑的不是对需水量的影响而是物理填充。细度模数低于 2.5 的砂使混凝土干硬而难于振捣密实；而细度模数在 3.0 左右时，混凝土的工作性好、抗压强度高。砂的级配对混凝土早期强度没有明显影响，但在后期产生较大影响。连续级配砂比间断级配砂好，混凝土强度高。含泥量不应大于 1.5%，配制 C70 及以上等级混凝土时，细集料含泥量不应大于 1.0%，且不允许有泥块存在，必要时应冲洗后使用。细集料的其他质量指标应符合《建筑用砂》（GB/T 14684—2001）的规定。

（3）粗集料：应选用质地坚硬、级配良好的石灰岩、花岗岩、辉绿岩等碎石或碎卵石，集料母体岩石的立方体抗压强度应比所配制的混凝土强度高 50% 以上。粗集料颗粒中，针片状颗粒含量不宜大于 5%，不得混入风化颗粒。试验证明含泥量从 2.7% 降低至 0.5% 时，强度从 69.8MPa 提高到 82.3MPa。所以，含泥量不应大于 1%。配制 ≥C80 等级混凝土时，含泥量不应大于 0.5%。同时，粗集料最大粒径不宜大于 20mm，粗集料宜采用 II 级级配。

配制高强混凝土时，选用强度高的集料是极其重要的。粗集料的性能对高强混凝土的抗压强度及弹性模量起决定性作用。用抗压强度 190MPa 的硬砂岩和辉绿岩制成的混凝土，28d 龄期的强度在 100MPa 以上。而强度低的集料，相同配比河卵石和石灰石（65.2MPa）制成的混凝土 28d 强度分别为 74.2MPa 和 83.7MPa。虽然石灰石属于有一定活性的集料，能够提高界面粘结力，其混凝土强度大于本身的强度，但只能用于配制 80MPa 以下的高强混凝土。当混凝土强度等级在 C70～C80 时，应仔细检验粗集料的性能。粗集料的吸水率愈低，质量密度愈高，配制的混凝土强度就愈高。粗集料的其他质量指标应符合《建筑用卵石、碎石》（GB/T 14685—2001）标准的规定。

（4）水：拌制高强混凝土的水，其质量应符合《混凝土拌合用水标准》（JGJ 63—1989）的规定。

（5）外加剂：外加剂除满足混凝土的用水量、坍落度、强度等基本要求外，还应满足混凝土耐久性的要求。在低水灰比的高强混凝土中，要注意防止由外加剂（高效减水剂、硅灰等）引起的混凝土不正常开裂 L9。为了防止发生碱-集料反应，当结构处于潮湿环境且集料有碱活性时，每 1m³ 混凝土拌合物（包括外加剂）的含碱总量（$Na_2O + 0.658K_2O$）不宜大于 3kg，如果掺合料掺加量不高，水泥用量在 400kg 以上，高效减水剂（粉状）的用量常在 3.5kg 以上，则水泥的碱含量要控制在 0.7% 以内。高效减水剂宜选用低碱含量的产品，例如，磺化三聚氰胺甲醛缩合物类、脂肪族羟基磺酸盐类、氨基磺酸盐、聚羧酸盐类、萘系减水剂应选高浓型。水泥的碱含量超过时，应采取降低水泥用量，增加掺合料的比例等措施。为防止钢筋锈蚀，钢筋混凝土中的氯盐含量（以氯离子质量计）不得大于水泥质量的 0.2%；当结构处于潮湿或有腐蚀性离子的环境时，氯盐含量应小于水泥用量的 0.1%；对于预应力混凝土，氯盐含量应小于水泥质量的 0.06%。

（二）配合比

高强混凝土的配合比，应根据施工工艺要求的拌合物工作性和结构设计要求的强度，充分考虑施工运输和环境温度等条件进行设计，通过试配并经现场试验确认满足要求后方可正式使用。高强混凝土的配合比应有利于减少温度收缩、干燥收缩、自生收缩引起的体积变形，避免早期开裂。对处于有侵蚀性作用介质环境的结构物，所用高强混凝土的配合比应考虑耐久性的要求。

混凝土的配制强度必须大于设计要求的强度标准值，以满足强度保证率的要求。超出的数值应根据混凝土强度标准差确定。当缺乏可靠的强度统计数据时，C50 和 C60 混凝土的配制强度应不低于强度等级值的 1.15 倍；C70 和 C80 混凝土的配制强度应不低于强度等级值的 1.12 倍。

配制高强混凝土所用的水胶比（水与胶结料的质量比）宜采用 0.25~0.42。强度等级愈高，水胶比应愈低。配制 C50 和 C60 高强混凝土所用的水泥量不宜大于 450kg/m³，水泥与掺合料的胶结材料总量不宜大于 550kg/m³。因为高强混凝土的胶结料用量高水胶比小，容易产生较大的自收缩 L10，配制 C70 和 C80 高强混凝土应控制所用的水泥量不大于 500kg/m³，水泥与掺合料的胶结材料总量不宜大于 600kg/m³。配制高强混凝土所用高效减水剂的品种和掺量，应通过与水泥的相容性试验粉煤灰掺量不宜大于胶结材料总量的 30%，磨细矿渣不宜大于 50%，天然沸石岩粉不宜大于 10%；硅粉不宜大于 10%。宜使用复合掺合料，其掺量不宜大于胶结材料总量的 50%。混凝土的砂率宜为 28%~34%。当采用泵送工艺时，可为 34%~44%。

高效减水剂掺量根据品种、混凝土强度要求的不同而变化，一般为胶结材料总量的 0.3%~1.5%。为了提高拌合物的工作性和减少混凝土坍落度在运输、浇筑过程中的损失，可采用复合缓凝高效减水剂、载体流化剂，或滞水后掺、多次添加等方法。

382　HPC 混凝土冬期施工应注意哪些问题？

HPC 混凝土即高性能混凝土，其特点是同时满足强度等级、工作性、耐久性三项基本要求，而重点是耐久性，因此，冬期施工中对 HPC 混凝土原材料的配制、复合外掺料选择以及先进施工工艺与管理必须满足 HPC 混凝土的上述基本要求。HPC 混凝土冬期施工具有以下特点：

（1）混凝土强度等级高，目前常用强度等级为 C40~C60。因此，在冬期施工过程中，浇筑后的混凝土在北方寒冷地区一般都能满足混凝土抗冻临界强度 4MPa 的要求。

（2）混凝土早期强度高，f_3 强度可达到 f_{28} 的 70%~80%，因此，对采用综合蓄热法施工使其尽快达到抗冻临界强度极为有利。

（3）混凝土的水灰比小，一般为 0.03~0.40，因此，水泥单方用量较高，一般在 500kg/m³ 左右，并多选用 P·O42.5 水泥，因而混凝土水化热高，混凝土绝热温升相对也高，一般为 100℃ 左右，比普通混凝土温升高 1 倍左右。高寒地区 HPC 混凝土采用综合蓄热法养护，一般可保持正温 5d 左右，可满足混凝土抗冻临界强度的要求。混凝土的绝热温升状况见表 1。

表 1　HPC 混凝土绝热温升状况

强度等级	C25	C30	C35	C40	C45
混凝土绝热温升 T_h（℃）	57	65	74	88	110

（4）混凝土中掺入高效减水剂，可减水 20% 左右，因此，对抗渗、抗冻极为有利，并提高了混凝土的耐久性。

（5）结构表面系数小，高层柱、梁、板断面大，一般符合 $5 \leqslant M \leqslant 15$ 的要求，对冬期施工采用综合蓄热法养护极为有利。

一、水灰比的确定

HPC 混凝土的重点是耐久性，而耐久性的指标是混凝土的抗渗性，抗渗性能好坏取决于水灰比，因此，水灰比的选择应满足强度及抗渗双重要求。JGJ 104—1997《建筑工程冬期施工规程》第 7.1.3 条规定：冬期施工混凝土的水灰比不应大于 0.6，单方水泥用量不小于 30kg/m³。根据这一要求抗渗等级仅满足 P6，混凝土的抗渗等级与水灰比的关系见表 2。

表 2　混凝土的抗渗等级与水灰比的关系

最大作用水头与防水混凝土壁厚比值	< 5	5 ~ 10	11 ~ 15	16 ~ 20	> 20
抗渗等级	P4	P6	P8	P10	P12
水灰比	0.65	0.60	0.55	0.4 ~ 0.5	0.4 ~ 0.5

水灰比当小于 0.38 后，其内部只有凝胶孔而没有毛细孔，因此，要提高混凝土的抗渗性，水灰比必须在 0.38 以下。当 HPC 混凝土选择水灰比时，应从强度及抗渗两方面综合考虑。较好的 HPC 混凝土，抗渗等级可达到 P16 以上。

二、外加剂的选择

HPC 混凝土冬期施工特点应以早强为主、抗冻次之（因受冻可能性很小），因此，在外加剂选择上首先是高效减水剂，要大幅度减水，以提高混凝土的强度和耐久性。为了减小混凝土的坍落度损失，还要掺少量缓凝减水剂。为保证混凝土有足够的流动度与易泵性，还要掺加活性细掺料，掺少量微膨胀剂，以保持混凝土体积的稳定。

三、混凝土养护

HPC 混凝土绝热温升较高，例如梁、柱，一般混凝土温度早期较高，要防止中心温度与表面温度的温差过大，因此，要加强保温并随时观察温度变化，养护时间一般在 7d 以上，防止产生温差裂缝。

四、质量弊病分析

（一）表面竖向裂缝

（1）原因分析：HPC 混凝土的胶结材料用量较多，由于配合比中砂率较高，砂率剩余系数过大，工作性能不好，稠度过大；施工过程中对混凝土振捣的时间过长，以致砂浆浮于表面并形成泌水，混凝土养护时间不够，表面脱水。

（2）主要对策：

①混凝土配合比在确定前，应对集料级配及砂率大小进行合理选择，观察混凝土外观特征，可由表 3 确定，砂率一般控制在 35% 左右。

表 3　砂率大小的外观特征

砂率	混凝土外观特征
适宜	砂浆饱满，坍落均匀，黏性好，插捣稍有石子阻滞感，析水少，适于振捣
略高	拌合物黏性好，插捣容易，析水很少，砂浆层稍厚，适于人工操作
太高	拌合物松散，呈小团状，黏性差，插捣很容易，有时成洞，锥体顶部基本为砂浆，无析水现象。

②混凝土操作工艺改进，HPC 混凝土与普通混凝土不同，不可过度振捣，要适当掌握振捣时间，防止泛浆。

③混凝土成型前应用木抹子压一遍，加强养护，防止早期脱水。

（二）表面凝固现象

（1）原因分析：目前水泥的品种较多，特别是 P·O42.5R 水泥因熟料中 C_3A 含量高及石膏掺量不足，易引起假凝；当水泥中掺硬石膏作为缓凝剂而混凝土中掺有木钙时，更容易发生假凝。

（2）主要对策：当选用水泥品种时，若用 P·O42.5R 水泥时应做预测，检验有否假凝现象；外加剂优先选用萘系减水剂，若用木钙或糖蜜类减水剂时，可做水泥净浆流动度试验，观查有否假凝现象。

383　预拌混凝土施工期间裂缝如何预防处理？

现浇混凝土结构房屋的基础底版、剪力墙体及楼板在正常使用前，即在施工期间现场发生开裂，此时结构尚未承受正常使用情况下的全部荷载，裂缝多因非荷载变形引起。这些裂缝可能会对建筑使用功能、承载能力、耐久性及观感、用户心理等造成不良影响，如地下室墙体开裂造成渗透，导致防水功能失效；混凝土受荷以前存在的裂缝影响结构正常使用条件下荷载裂缝的发生过程，从而影响混凝土的强度、变形和破坏性能；开裂导致钢筋在局部失去混凝土的保护作用，导致钢筋腐蚀等，必须采取措施加以预防和处理。

预拌混凝土施工期间裂缝可在事前、事中从结构及构造优化设计、原材料优选、施工配合比优化设计、施工过程控制及施工过程监测等多方面采取措施进行综合控制；出现裂缝后则多需采取修补或加固、补强等措施处理。其综合预防及处理思路如图1所示。

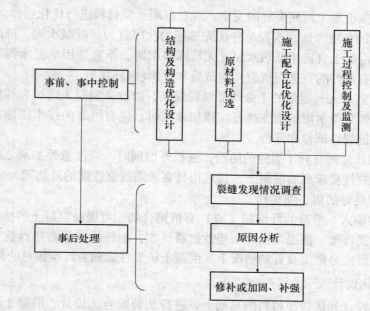

图1　预拌混凝土施工期间裂缝预防及处理技术思路

一、混凝土开裂机理分析

按最大拉应力理论，在复杂应力状态下，只要材料内任一点的最大主拉应力达到单向拉伸断裂时横截面上的极限应力 σ_f，材料就会发生断裂破坏。结构混凝土浇筑后，由于多种原因，会产生温度、收缩变形，若变形能自由发展，则结构内将产生一定的温度、收缩应力，如此应力大于混凝土的极限抗拉强度，混凝土就会开裂，可以将混凝土的早期开裂理解为混凝土的"局部断裂破坏"。

二、事前、事中控制措施

（一）结构及构造优化设计

结构设计及相应的构造措施是混凝土施工期间裂缝综合防治的一个重要环节，应给予充分重视。主要的措施如下：

（1）在板的温度、收缩应力较大区域（如跨度较大，并与混凝土梁及墙整浇的双向板的角部和中部区域，或当垂直于现浇单向板跨度方向的长度大于8m时沿板长度的中部区域等）宜配置控制温度收缩裂缝的构造钢筋，可利用板内原有的钢筋贯通布置，也可另外设置构造钢筋网，并与原有钢筋按受拉钢筋的要求搭接或在周边构件中锚固。钢筋宜采用带肋钢筋，小直径、密集布置控制效果更好。

（2）为了控制现浇剪力墙结构因混凝土收缩和温度变化较大而产生的裂缝，墙体中水平分布钢筋初满足强度计算要求外，其配筋率不宜小于0.4%，宜采用小直径、密集布置的钢筋间距不宜大于100mm，或在竖立钢筋外侧（混凝土保护层内）布置钢筋网片。

（3）在长大建筑物中，为减小施工过程中由于混凝土收缩导致结构开裂的可能性，应根据结构条件采取"抗放结合"的综合措施。对大体积混凝土工程，可采取降低混凝土水化温升的有效措施；对大面积混凝土工程（墙或板）可采用分段间隔（跳仓）浇筑措施，分段原则应根据结构条件确定，经过10d以上的养护再将各分段连成整体。对较长的工程可设置（后浇带）（每隔30~50m设置1道）。后浇带的宽度不宜小于800mm，后浇带的钢筋可不截断。

（4）混凝土基础底版或墙体可预先计算，在预计可能产生裂缝的地方设置诱导缝，用以控制浅层裂缝。

（二）原材料优选

为了控制预拌混凝土施工期间裂缝的发生，应对混凝土原材料进行优化选择。

（1）从控制裂缝的角度考虑，水泥品种优先选择的次序宜为：低碱水泥、硅酸盐水泥、普通硅酸盐水泥；大体积混凝土宜选用低热水泥。无特殊要求时，不宜选用早强水泥、含碱量较大的水泥、较细的水泥。有条件的宜进行抗裂性能试验和评价(圆环法)。

（2）在混凝土中宜加入一定量的Ⅰ级或Ⅱ级粉煤灰，以改善混凝土的抗裂性能。当混凝土中掺入矿粉时，矿粉细度宜与水泥的细度接近。掺加硅灰时，应有可靠的技术措施。有条件的也宜对混凝土掺合料进行抗裂性试验和评价。

（3）掺加合适的外加剂有利于裂缝的防治，选择外加剂时，应注意外加剂之间的相容以及水泥的相容性。对与抗裂性要求高的混凝土，宜选用具有减缩抗裂性能的外加剂。

（4）宜选用级配良好的粗、细集料。

（5）在混凝土中掺入一定量的纤维和（或）有机聚合物，可提高混凝土的抗裂性能。有机纤维，如聚丙烯、尼龙类纤维，能提高混凝土塑性抗裂性能；钢纤维能提高塑性抗裂性能和硬化后混凝土抗裂性能。在纤维分散度良好的情况下，混凝土抗裂性能随着纤维掺量的提高而提高。

（三）配合比优化设计

应在常规配合比设计和优选原材料的基础上，进行抗裂配合比设计，混凝土除具有符合设计和施工所要求的性能外，还具有抵抗开裂所需的性能。抗裂混凝土配合比中，水灰比不宜过大或过小；粗、细集料的体积含量不宜小于0.70，体积砂率不宜大于0.41。

在进行抗裂配合比设计时应遵循以下原则：①在满足混凝土强度和工作性能的前提下，选择最小胶凝材料用量，增大集料体积；②使集料堆积密度最大，控制集料的合理级配，减小集料空隙率；③选择合适的水胶比，满足强度和耐久性的要求，不过大或过小。

配合比设计及试验研究步骤如图2所示。

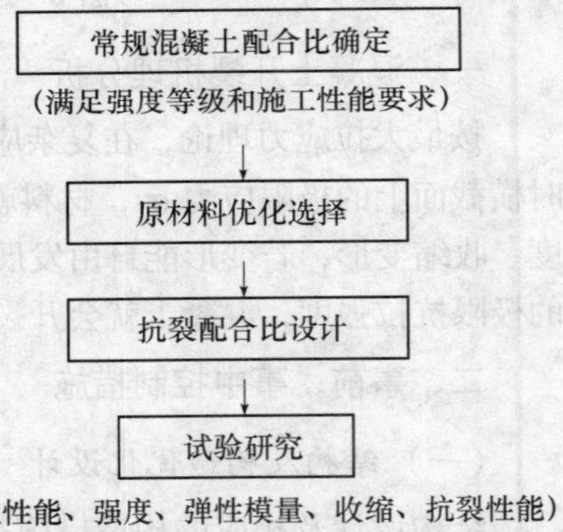

试验研究除常规的强度、施工性能外，主要指混凝土的早期收缩及平板抗裂性能试验、评价。

常规混凝土配合比确定
（满足强度等级和施工性能要求）

↓

原材料优化选择

↓

抗裂配合比设计

↓

试验研究
（施工性能、强度、弹性模量、收缩、抗裂性能）

图2　混凝土配合比优化设计及试验研究步骤示意

（四）施工过程控制及监测

（1）合理确定混凝土施工的性能指标，加强施工组织。合理控制坍落度等施工性能指标，坍落度不宜过大，建议入模坍落度在（100±20）mm。加强混凝土胶筑（包括振捣）工人的施工组织、管理工作。

（2）选择合理的浇筑方案，保证混凝土浇筑的连续、顺利进行。

（3）加强混凝土振捣。混凝土必须分层分段振捣，有效排除混凝土内的泌水，消除混凝土内部孔隙，确保混凝土的高密度，增加混凝土与钢筋的粘结力，增加混凝土材质的连续性和整体性，提高混凝土的强度，尤其要提高混凝土的抗拉强度。

（4）及时和充分养护。养护是防止混凝土产生裂缝的重要措施，应充分重视，制定养护方案，派专人进行养护工作。墙体混凝土浇筑完毕，混凝土达到一定强度（1~3d）后，必要时可松动两侧模板，离缝3~5mm，在墙体顶部洒水喷淋养护；或带模养护，采用木模板，对两侧模板浇水养护。拆除模板后，可考虑在墙体两侧覆挂麻袋等覆盖物，避免阳光折射墙面，连续喷水养护时间应足够长。提早松动模板林水养护时，应注意浇水时机。不宜在墙体温度达到峰值时浇水，以免温度较高的混凝土被冷水喷淋引起混凝土开裂。

（5）加强施工检测。可进行混凝土温度、收缩变形等数据的监测，及时反馈，指导施工。

裂缝控制是一项复杂的系统工程，任一环节出现问题，都可能导致混凝土裂缝控制效果不理想，出现裂缝。发现裂缝后，可按以下思路进行"事后处理"。

三、发现裂缝及情况调查

混凝土施工期间，很多裂缝发生在混凝土浇筑后3~7d内，要求混凝土构件拆模后即仔细观察，及时发现裂缝，并跟踪观察对裂缝发生原因的分析、判断及处理方法的确定。

情况调查是要获得裂缝情况的资料，用以推断裂缝发生的原因，并判断有无修补、加固补强的必要，以及选择相应的修补、加固补强的方法。主要内容有：

（1）裂缝现状：包括裂缝形成、宽度、长度、是否贯通等。

（2）裂缝开展情况：包括开裂或发现开裂的时间、开裂过程等。

（3）是否影响使用的情况：有无漏水、外观损伤等。

（4）设计资料：包括施工图纸、结构计算书等。

（5）原材料及混凝土拌合物：①水泥：品种、强度等级及相关检验数据；②砂、石：种类、产地、规格、颗粒级配、含泥量、针片状颗粒含量、有害物质、坚固性、强度、空隙率等；③掺合料：种类、等级、强度、细度、活性、需水比等；④外加剂：种类、使用量、与水泥和掺合料等的相容性等；⑤水：种类、水质等。

（6）混凝土配合比：包括设计配合比、施工配合比、试配资料。

（7）搅拌：包括搅拌方法、搅拌时间、加料顺序等。

（8）运输：包括运输工具、运输时采取的措施、运输时间、停放时间等。

（9）浇筑：包括浇筑时间、速度、顺序及方向、浇筑方法、振捣方法、施工缝处理、抹光方法等。

（10）养护情况：包括养护方法。

（11）相关试验、检验数据：包括平板抗裂试验、试验室条件收缩试验、工程实体收缩变形检测等。

（12）地基情况。

（13）模板情况：模板种类、支撑变形等。

（14）环境条件：混凝土浇筑及养护期间施工现场的温度、湿度、风速及风向、有无暴晒、降雨、降雪等。

四、原因分析

不同原因导致的裂缝，对建筑功能及结构安全的影响是不一样的，应该加以区分，并采取不同的处理方法。原因分析不准确，做出错误的判断，有可能因处理不当达不到预期效果。

预拌混凝土施工期间产生裂缝的主要原因归纳如下：

（1）环境条件：①环境温度、湿度变化；②冻融、冻胀。

（2）设计及结构：①设计方案不合理，造成附加应力增加；②对温度、收缩等变形作用引起的应力考虑不足，没有采取构造措施或采取不当。

（3）原材料及配合比：①胶凝材料（水泥及掺合料）、非正常凝结（水泥受潮、水泥温度过高等）、非正常膨胀（$f\text{-}CaO$ 等）；②胶凝材料的水化热；③集料级配不良、空隙率过高；④混凝土配合比不合理，浆料过多等；⑤各种原因导致的混凝土过大收缩变形；⑥水泥、掺合料及外加剂之间相容性不好。

（4）施工过程控制：①搅拌时间不合适，过长或过短；②运输时间过长，浇筑时加生水、改变配合比等；③浇筑方案不合理，产生冷缝，振捣不密实，过振或欠振；④养护不及时，浇筑初期过快失水（特别是混凝土墙体及大面积板面）；⑤混凝土过早受荷（过早拆模），模板支撑变形过大；⑥混凝土浇筑后表面处理不及时或处理不当（如板面收光等）；⑦大体积混凝土内外温差过大，后期降温速度过快。

五、修补或加固、补强处理

在进行混凝土裂缝处理时，应注意不要混淆裂缝与结构安全的关系，不要混淆裂缝与混凝土强度的关系，切忌盲目处理裂缝。应根据调查结果及原因分析，结合建筑物使用功能、结构耐久性、安全性、美观等条件的考虑，确定是否需要采取修补、加固或补强的措施。

（一）一般修补

修补的目的是恢复混凝土结构因开裂而受损伤的外观形象、防水性、耐久性等功能，应考虑开裂原因、修补范围、环境条件、安全性、工期、经济性等因素，选择合适的修补方法。修补施工时应按说明认真计量、拌合，认真进行基底处理，选择合适的注入量。修补后应根据需要采取一定的方法检查修补效果。一般情况下修补可分为表面处理、灌浆、填充等处理方法。

（二）加固、补强处理

加固补强处理的目的在于恢复因裂缝降低的混凝土建筑物的承载力。与修补处理不同，加固处理涉及建筑物的结构安全和使用功能的改变，因此必须在确认安全的基础上计算承载力，提出合理且详细的方案。国内目前使用的加固补强方法有很多种，如粘结钢板法、粘结碳纤维布法、预应力法、增加断面积法等。

384 预拌混凝土的供应程序是什么？

预拌混凝土的供应程序如图1所示。

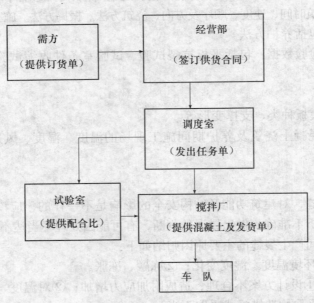

图1 预拌混凝土的供应程序

385 预拌混凝土生产企业常用技术标准是什么？

原材料标准：

（1）GB 175—1999《硅酸盐水泥、普通硅酸盐水泥》

（2）GB 1344—1999《矿渣硅酸盐水泥、火山灰质硅酸盐水泥及粉煤灰硅酸盐水泥》

（3）GB 12958—1999《复合硅酸盐水泥》

（4）GB/T 14684—2001《建筑用砂》

（5）GB/T 14685—2001《建筑用卵石、碎石》

（6）JGJ 52—1992《普通混凝土用砂质量标准及检验方法》

（7）JGJ 53—1992《普通混凝土用碎石或卵石质量标准及检验方法》

（8）JGJ 63—2006《混凝土用水标准》

（9）GB 8076—1997《混凝土外加剂》

（10）JC 473—2001《混凝土泵送剂》

（11）JC 474—1999《砂浆、混凝土防水剂》

（12）JC 475—2004《混凝土防冻剂》

（13）JC 476—2001《混凝土膨胀剂》

（14）GB 1596—2005《用于水泥和混凝土中的粉煤灰》

（15）GB/T 18046—2000《用于水泥和混凝土中的粒化高炉矿渣粉》

（16）JGJ/T 112《天然沸石粉在混凝土与砂浆中应用技术规程》

（17）GB/T 18736—2002《高强度性能混凝土用矿物外加剂》

原材料检验标准：

（18）GB/T 1345—2005《水泥细度检验方法筛析法》

（19）GB 8074—1987《水泥比表面积测定法》（勃氏法）

（20）GB/T 208—1994《水泥密度测定方法》

（21）GB/T 1346—2001《水泥标准稠度用水量、凝结时间、安定性检验方法》

（22）GB/T 17671—1999《水泥胶砂强度检验方法（1SO 法）》

（23）GB 176—1996《水泥化学分析方法》

（24）GB/T 2419—2005《水泥胶砂流动度测定方法》

（25）GB/T 8077—2000《混凝土外加剂匀质性试验方法》

有关混凝土的标准：

（26）GB/T 14902—2003《预拌混凝土》

（27）GB/T 50080—2RE《普通混凝土拌合物性能试验方法》

（28）GB/T 50081—2002《普通混凝土力学性能试验方法标准》

（29）GBJ 82—85《普通混凝土长期性能和耐久性试验方法》

（30）JGJ/T —23《回弹法检测混凝土抗压强度技术规程》

（31）JGJ 55—2000《普通混凝土配合比设计规程》

（32）GB 50164—1992《混凝土质量控制标准》

（33）GBJ 107—1987《混凝土强度检验与评定标准》

混凝土有关应用的技术规程：

（34）JGJ 28—1986《粉煤在混凝土和砂浆中应用技术规程》

（35）CBJ 146—1990《粉煤灰混凝土应用技术规范》

（36）GB 50119—2003《混凝土外加剂应用技术规范》

有关各种工程的技术规程：

（37） GB 50204—2002《混凝土结构工程施工质量验收规范》

（38） GB 50010—2002《混凝土结构设计规范》

（39） GB 50108—2000《地下工程防水技术规范》

（40） JTJ 041—2000《公路桥涵施工技术规范》

（41） JGJ 94—1994《建筑桩基技术规范》

（42） GB 50208—2002《地下防水工程质量验收规范》

386 怎样分析防治预拌混凝土的治理问题？

随着现代建筑业的快速发展，预拌混凝土的应用范围不断扩大，应用数量与日俱增，它的质量将直接关系到建筑工程的质量、使用寿命以及人民的生命、财产的安全。如果在生产过程中对质量管理控制不严，出现问题，将会给国家和人民造成巨大的损失和沉重的代价。混凝土生产供应是一个连续过程，但混凝土又是一种成品后不能马上被后续检验工作完全证实是否合格而要立即浇筑使用的产品。在它的生产过程中常受各方面因素影响，均会使生产出的混凝土质量产生变异。优质的商品混凝土必须是满足强度、耐久性要求和经济性，三者是一个有机的整体，缺一不可。下面就影响预拌混凝土质量的不利因素进行探讨分析并提出防治处理措施。

一、预拌混凝土生产中的质量问题分析和预治

从混凝土生产的过程看，应该从原材料、配合比设计、生产控制、运输交付等方面对其质量加以严格控制管理，确保混凝土质量完全达到设计要求和国家的质量标准。

（一）预拌混凝土因所用原材料存在质量问题而影响混凝土的产品的质量

混凝土工程质量的好坏直接影响着整个钢筋混凝土结构的整体质量，而混凝土原材料的好坏和选配是否恰当也直接影响着混凝土工程的质量。因此，确保钢筋混凝土结构质量一个重要的因素是要从混凝土原材料的质量控制着手。原材料选用不当将导致混凝土工程产生质量缺陷或裂缝，直接影响着整个工程结构的质量。混凝土因材料选用不当产生质量缺陷或裂缝，材料选配不当的常见因素有水泥过期或品种选用不当；混凝土配比不良；水泥水化热过高；水泥、集料含有过量有害物质，外加剂使用不当等。其中集料中含过量杂质最为普遍。集料（砂、石子）占混凝土总体积70%以上，混凝土质量除与水泥品质有关外，也与集料中杂质含量有密切关系。

（二）防治措施

首先要对粗细集料在使用前应进行杂质检验，从料堆取样部份应有代表性，抽大致相等的8～15份组成样品。检测方法和依据见混凝土用碎石或卵石、砂的质量检验规定。其次要控制好二次污染问题，应避免集料堆场受油污、泥浆水等污染，严禁在曾堆放过生石灰的场地上堆放砂石等集料。

混凝土的强度主要由水泥浆的强度、水泥浆与集料界面的粘结强度、集料颗粒强度决定。水泥浆将集料牢固地粘结成整体，而水泥浆的强度取决于水泥的强度等级，对水泥的质量控制除了按相关国家、行业标准、规范等控制，还须注意五大类水泥各自的特点，决定了其适用环境。针对不同的工程特点、气候情况，选择合适的水泥品种是获取优质混凝土的一个前提。

合理选择外加剂来改善混凝土制品性能。现代混凝土的和易性很大程度上是在高效外加剂的作用下反映出来，实质上是水泥与高效外加剂的相容性问题，两者相容性好，则可获得低用水量大流动性且经时损失小的效果。影响外加剂与水泥相容性的主要因素是水泥中 C_3A 等矿物组成的含量及形态等。因而水泥品种不同，将影响减水剂的减水、增强效果，其中对减水效果影响更明显。高效减水剂对水泥更有选择性，不同水泥其减水率的相差较大，水泥矿物组成、掺合料、调凝剂、碱含量、细度等都将影响减水剂的使用效果。如掺有硬石膏的水泥，对于某些掺减水剂的

混凝土将产生速硬，或使混凝土初凝时间大大缩短，其中萘系减水剂影响较小，糖蜜类会引起速硬，木钙类会使初凝时间延长。因此，同一种减水剂在相同的掺量下，往往因水泥不同而使用效果明显不同，或同一种减水剂，在不同水泥中为了达到相同的减水增强效果，减水剂的掺量明显不同。在某些水泥中，有的减水剂会引起异常凝结现象。为此，当水泥可供选择时，应选用对减水剂较为适应的水泥，提高减水剂的使用效果。当减水剂可供选择时，应选择施工用水泥较为适用的减水剂，为使减水剂发挥更好的效果，在使用前，应结合工程进行水泥选择试验。每种外加剂都有适宜的掺量，即使同一种外加剂，不同的用途有不同的适宜的掺量。掺量过大，不仅在经济上不合理，而且可能造成质量事故。

综上所述，合理选择优化混凝土制品的组成材料是保证预拌混凝土质量的前提条件。

二、混凝土配合比设计不当引起的质量问题

（一）问题分析

混凝土配合比是进行生产的依据，直接关系到混凝土的各项物理力学性能和生产成本，是混凝土质量控制的核心部分。混凝土的配合比设计，应根据结构设计的强度等级、混凝土的耐久性，及工程的结构部位、运输距离、施工方式等来确定原材料的品种、规格及拌合物的坍落度等性能。进行混凝土配合比设计，应依据 GB/T 55—2000《普通混凝土设计规范》中所阐述的鲍罗米公式进行，以及国家标准《GB 50204 混凝土结构工程施工及验收规范》，并结合试配确定决定最佳配合比。而现代混凝土的设计已在追求耐久性的设计，最经济的优化。同一条配合比在相同强度等级、不同的浇筑部位和施工方法并不完全适用，甚至出现严重的后果。如一般的泵送混凝土配合比，其为了可泵性一般都为富浆混凝土，但若此配合比用在桩基、立柱或路面等部位时，因浆量较多，容易在混凝土表面形成浮浆层，影响浇筑物质量。

（二）防治措施

合理地选材、科学地配比优化，是取得最大技术经济效益的根本保证。故混凝土配合比的设计要从浇筑物和施工方法两方面需求出发，按最大级配密实度来进行设计，在满足施工条件的情况下尽量减少砂浆量；在混凝土黏性不足以影响施工的情况下，尽量减少用水量，用减水剂调节混凝土流动性，这样既可减少浮浆层，又可减少混凝土塑性收缩，但需通过大量的反复试配来验证。而配合比在生产应用中亦要根据原材料的变化、天气情况、施工条件等进行适当调整。

三、混凝土生产中计量误差引起的质量问题

（一）问题分析

生产计量的误差可分为系统误差（显性误差）和非系统误差（隐性误差）。系统误差是由生产控制软件和传感器的精密度和灵敏度所造成的。一般来讲，系统误差可通过配制合适的传感器并调节控制软件的参数范围。而非系统误差主要是在原材料的称量过程中，传感器外界影响而反馈信息存在一定的偏差。这个偏差体现为：在称量过程中由于机械的振动传输，使得称量器产生抖动，影响传感器的信息正确反馈；同时在粉料称量时，一般存在一定的气压（如用以破拱或风槽输送等），当气体在称料过程中积聚在称内，无形中对传感器产生一种压力，当传感器反馈信息给控制器后，气体散去，气压减少，实际称料则偏少；而当原材料投入搅拌机时，也会出现同样情况，气压通过下料管对称量器产生一种上顶的压力，使接着称量的物料出现比电脑读取值偏大。这些影响因素在生产过程中往往不容易被发现，隐性较大。

（二）防治措施

要克服这种隐患，必须对生产称量系统保持时刻关注并定期检，牢固各种物料称的支架，减少与振动设备对其产生的影响，对粉料称合搅拌配置合适的气体回流管，并保持其畅通。这样生产计量的原材料才能严格按配方执行，才能得到有效控制。

四、混凝土运输过程产生的质量问题

（一）问题分析

混凝土从预拌完成后到浇筑现场有一定的距离，而这段运输时间往往是控制混凝土坍落度与和易性的关键，同样亦受一定的隐患因素制约，高温天气混凝土搅拌车尾部的混凝土水分蒸发较快，容易给人造成错觉——混凝土坍落度损失大；雨水天气，混凝土搅拌车尾部的混凝土水分较大，容易产生离析。此外，搅拌车车鼓转动的快慢，亦对混凝土有影响。车鼓转得快，混凝土在运输过程中被搅拌加剧，分子因摩擦产生的热运动亦加剧，水分子碰撞水泥颗粒机会增大，水化程度加大，混凝土坍落度损失增大，和易性变差快；车鼓转得慢，甚至停转，混凝土容易受行车的颠簸，而产生浆石分离、沉降等不良现象。

（二）防治措施

在混凝土运输过程中，车鼓保持在每 6r/min，并到工地后保持搅拌车高速转动 4~5min，以使混凝土浇筑前充分再次混和均匀。如遇坍落度有所损失，可后掺一定的外加剂以达到理想效果。

五、混凝土在交付过程中的质量问题

（1）问题分析。施工现场浇筑速度过慢，搅拌车滞留时间太长造成混凝土倒不出来，存在个别操作者偷着往罐里加水现象，严重影响混凝土的质量。

（2）与施工现场及时密切联系，加强协调管理，保证送到的混凝土及时浇筑完毕，一旦出现滞留现象，要主动采取有效措施及时处理。若施工现场的施工速度实在提高不了，则每车适当减少混凝土的运量，从而保证混凝土质量。

六、混凝土养护不当产生的质量问题

混凝土交付浇筑后的养护问题，亦是影响混凝土浇筑物质量的因素之一。混凝土从生产、施工、养护、硬化是一系列的过程。

随着混凝土施工技术的发展，混凝土施工质量全过程控制的观点已被普遍接受，混凝土温度保护与养护作为混凝土浇筑过程很重要的程序和环节，也应有好的设计和施工，并且每一环节的质量控制都应落到实处。

混凝土养护措施主要有喷雾和浇水养护：表面上空形成一层雾状隔热层，使表面混凝土在浇筑过程中减少阳光直射强度，降低表面环境温度，对减少混凝土在浇筑振捣过程中温度回升有较好效果；表面浇水养护可使混凝土早期最高温度降低 1.5℃ 左右，但因浇筑表面一般平整度较差，表面难以做到全部有流水，同时对相邻施工段混凝土施工有较大干扰，故而实施时有一定难度。

混凝土表面保护则以表面保温保湿为主。引起混凝土表面裂缝的原因是干缩和温度应力。干缩引起表面裂缝一般仅数厘米深度，主要靠养护解决。引起表面拉应力的温度因素有：气温变化、水化热和初始温差。气温变化主要有：气温骤降、气温年变化和日变化，特别是混凝土浇筑初期内部温度较高时应注意表面保护。在混凝土表面覆盖塑料薄膜或湿麻包袋等，紧贴混凝土表面起到隔温效果，是防止表面裂缝的最有效措施。

387 预拌混凝土质量控制要点是什么？

由于预拌混凝土的最终质量无法在生产过程中得到充分检验，因此其质量控制有一定的特殊性，必须进行严格的过程控制。混凝土质量的过程控制可以按照以下思路进行：

一、培养一支有经验、责任心强的质检队伍

这是混凝土质量控制的前提条件。任何一家混凝土生产企业，如果没有一个强硬的质检员队伍，就很难对混凝土质量实施有效控制。

二、充分发挥试验在日常质量控制中的作用

原材料的批量试验必须认真进行，同时应定期进行生产现场取样的混凝土试拌，通过试拌观察混凝土的和易性等，同时，试拌后留置1d，3d，7d，28d试件，观察凝结时间和测试混凝土各龄期强度。

三、原材料的选择与控制

原材料的选择过程是结合企业和工程特点进行质量初步控制的过程，是混凝土质量控制的前提。

四、原材料进站质量控制

原材料性能试验尽管能够全面了解原材料的品质，但多数试验项目由于其试验周期和时间较长，不适于进站检验。因此，企业应针对具体情况和各种材料的特点，以及供应商的情况制定一套切实可行的进站检验措施。

（一）砂石进场检验

（1）分清责任：进站目测由收料员负责，抽检由质检员负责。

（2）目测：收料员对进站的砂石料进行逐车目测，合格后方可领位卸料。目测内容：含泥量、细度、级配、杂物、含水率（含石量）等。有明显不合格项，直接退货，有怀疑时应取样送试验室，试验结果出来后由相关领导进行处理。

（3）质检员抽检：质检员抽检应在砂石堆场进行，抽检的内容和方法同上。

（二）掺合料进站检验

（1）分清责任：收料员负责逐车检验，试验员或质检员逐车进行掺合料部分性能试验。

（2）收料员应逐车核对掺合料的随车资料，对比检验颜色变化，没有明显问题时，通知试验员或质检员进行有关试验，试验结果满足要求后方可领位卸料。

（三）水泥进站检验

（1）分清责任：仅由收料员负责逐车检验，质检员不参与水泥进站检验。（2）收料员应逐车核对水泥的随车资料，测量水泥温度，合格后领位卸料，否则应通知试验室，并由相关领导处理。对水泥的进站检验应重点放在测量水泥温度上，因为水泥厂在供应紧张时，水泥的出厂温度往往很高，会严重影响混凝土性能。

（四）外加剂进站检验

最可靠的方法是取样进行混凝土试拌，但长期这样做有一些困难，可由检测外加剂密度和进行净浆流动度试验代替，发现问题时再进行混凝土试拌，以试拌的结果为准进行处理。

五、生产过程质量控制

过程检验以开盘鉴定为中心，加上一些日常检查构成过程检验，检验包括如下内容：

（一）日常检查

（1）原材料的日常检查：①砂石的日常检查。以检查砂石料场为主，同时检查有无混料现象。②水泥、掺合料及外加剂的日常检查。检查内容包括：检查标识；检查使用的水泥或掺合料与筒仓中的水泥或掺合料是否对应等；检查外加剂的标识是否正确，使用的外加剂与储罐中的外加剂是否对应等。

（2）计量检查：①静态计量检查由计量员负责，生产部门配合，至少每月进行1次原材料计量设备的校验。②动态计量检查是检查每车混凝土的整体计量误差情况。检查频率视计量情况而定。

（二）开盘鉴定

（1）开盘前的检查。检查送到搅拌台的资料是否正确，核对操作员输入的配合比是否正确，检查使用的原材料与配合比是否相符等。（2）开盘鉴定。新配合比使用或特殊配合比使用必须进行严格的开盘鉴定，包括：计算用水量、观察和易性、做坍落度试验及制作试块等。

（三）过程检验要点

过程检查以控制混凝土用水量为重点。以下述配合比（表1）为例说明控制用水的方法。

表1 配合比

强度等级	水灰比	砂率（%）	水（kg/m³）	水泥（kg/m³）	砂（kg/m³）	石（kg/m³）	粉煤灰（kg/m³）	外加剂（kg/m³）
C35	0.50	45	170	272	844	1032	82	6.37

生产时每盘为 $2m^3$，使用的砂、石含水率分别为 5%、0.5%，电脑显示的生产用水量为 244kg。

（1）计算用水量及计量误差。

实际显示用水量：$244 + 857 \times 5\% \times 1.5 + 1006 \times 0.5\% \times 1.5 = 338.72kg$。单方用水量为 $338.32/2 = 139.36kg/m^3$。计量误差为：$169.36 - 170 = 0.64kg/m^3$。显示的计量误差为：$0.64/170 = 0.38\%$。

（2）根据实测砂石含水率，计算实际单方用水量。

①使用的含水率比实际的大。比如实际的含水率为：砂 4%、石 0.3%。实际用水量为：$244 + 844 \times 4\% \times 2 + 1032 \times 0.3\% \times 2 = 317.712kg$。单方用水量：$317.712/2 = 158.86kg/m^3$。用水量少了 $158.86 - 170 = 11.14kg/m^3$。水灰比变为：$158.86/340 = 0.467$。水灰比降低，混凝土强度将比原来高。

②使用的含水率比实际的小。比如实际的含水率为：砂 6%、石 0.7%。实际用水量为：$244 + 844 \times 6\% \times 2 + 1032 \times 0.7\% \times 2 = 359.728kg$。单方用水量：$359.728/2 = 179.86kg/m^3$。用水量多了 $179.86 - 170 = 9.86kg/m^3$。水灰比变为：$79.86/340 = 0.529$。水灰比增加，混凝土强度将比原来低。

（3）混凝土强度的变化。

该混凝土配合比、水灰比与预测强度的关系为：$R_{28} = 38.89C/W - 34.43$。

$C/W = 0.50$（理论配合比）的预测强度为：43.4MPa。

$C/W = 0.467$（少用 11.14kg 的水）的预测强度为：48.8MPa。

$C/W = 0.529$（多用 9.86kg 的水）的预测强度为：39.1MPa。

（4）允许的最大用水量。

允许的最大水灰比：$W/C = 38.89/(35 + 34.43) = 0.56$。允许的最大用水量：$W_{Max} = 0.56 \times 340 = 190.4kg/m^3$。

通过以上计算，我们可以向质检员授权允许用水量变化范围。

（四）出站检验

混凝土出站检验重点是检查其和易性，包括流动性、保水性和粘聚性等。

六、运输、泵送和浇筑质量控制

混凝土的最终质量不仅是出站质量，还包括运输、泵送、浇筑和养护等阶段，是生产单位和施工单位共同完成的。运输过程的质量控制与运距、道路状况、发车间隔、搅拌罐的转速和车辆的新旧程度等因素有关，不完全是技术质量人员能够控制的，但也要知道其原因。

388 预拌混凝土企业规范化管理档案资料有哪些？

（1）技术档案；

（2）档案目录表；

（3）预拌混凝土委托书；

（4）技术变更联系单；

（5）技术交底；

（6）出厂合格证；

（7）首次报告；

（8）生产配合比单；

（9）外委材料试验报告台账；

（10）坍落度测试及试件取样记录；

（11）原材料进厂记录；

（12）不符合要求混凝土处理记录；

（13）混凝土回访记录；

（14）含水率测试记录；

（15）生产日记；

（16）外加剂检验原始记录；

（17）混凝土配合比委托单；

（18）材料试验委托单；

（19）养护室温湿度记录；

（20）不合格台账；

（21）水泥试验原始记录；

（22）混凝土抗压试验原始记录；

（23）砂子试验原始记录；

（24）石子试验原始记录；

（25）混凝土配合比原始记录；

（26）混凝土搅拌抽查记录；

（27）预拌混凝土生产管理水平；

（28）混凝土抗渗原始记录。

389 存放时间对预拌砂浆性能的影响是什么？

（1）随着砂浆存放时间的延长，砂浆的稠度降低，流动性变差，砂浆的抗压强度降低，力学性能变差。

（2）当砂浆稠度损失后，二次加水重拌可以使砂浆具备良好的施工和易性，但是会影响到砂浆的硬化强度性能，抗压强度降低20%以上，并且加水量越多，抗压强度损失越大。

（3）在砂浆的稠度保持不变的时间内施工，砂浆的抗压强度能够保持设计值，当超出稠度保持时间后再施工的砂浆抗压强度降低，力学性能变差。砂浆专用缓凝剂可以延长砂浆稠度保持时间，为预拌砂浆的应用提供更长的存放时间。

390 测混凝土坍落度时如何观测混凝土拌合物性能？

坍落度试验，可用坍落度筒法，当坍落度筒垂直平稳提起时，筒内拌合物向下坍落，将有4种不同形态出现，如图1所示。图1（a）为无坍落度或坍落度很少；图1（b）为有坍落度，用直尺测量其与坍落度筒顶部的高差，为坍落度值，如与设计值相符，便视为合格；图 1（c）则表示砂浆少、粘聚性差；图 1（d）如不是有意拌制大流动性混凝土，则可能坍落度过大。

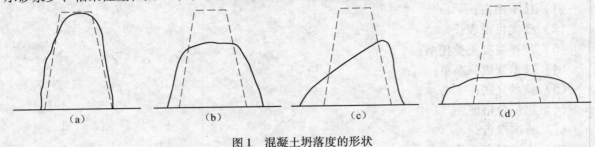

图 1　混凝土坍落度的形状

另外，还可对已坍落拌合物的粘聚性再进行观测，用捣棒轻轻敲击试体的两侧，如试体继续整体下沉，则粘聚性良好；如试体分块崩落或出现离析，表示粘聚性不够好。对已坍落的试体，可同时做泌水性观测：如有含细颗粒的稀浆水自试体表面流出，则是泌水性较大。

根据混凝土的坍落度、粘聚性和泌水性，对混凝土拌合物做如下调整：

（1）坍落度调整。坍落度如图 1（a）所示，则拌合物属于干硬性混凝土。如坍落度过小，可采取两种措施：一是维持原水灰比，略微增加用水量和水泥用量；二是略微加大砂率。如坍落度过大，也是维持原水灰比，略微减少用水量和水泥用量，或减少砂率。

（2）粘聚性调整。粘聚性不好有两个原因：一是粗集料过多，水泥砂浆不足；二是水泥砂浆过多。应对原水灰比仔细分析，针对原因采取措施。

（3）泌水性调整。泌水性大，有可能降低混凝土强度，解决措施是减少用水量，但不减水泥。

391　影响混凝土耐久性问题的主要因素及其破坏机理是什么？

一般混凝土工程的使用年限为 50～100 年，但实际中有不少工程在使用 10～20 年，有的甚至在使用几年后即需要维修，这就是由于混凝土耐久性低造成的。影响混凝土耐久性的原因错综复杂，除社会因素、人为因素以外，技术方面的因素主要有以下几点：

一、混凝土的碳化

混凝土碳化又称为混凝土的中性化，几乎所有混凝土均有碳化现象。即空气中的水分和二氧化碳与水泥石中的碱性物质相互作用，使其成分、组织和性能发生变化，并导致机能下降的一种很复杂的物理化学过程。混凝土碳化本身对混凝土并无破坏作用，主要危害是因混凝土碱性降低致使钢筋表面在高碱环境下形成的对钢筋起保护作用的致密氧化膜（钝化膜）遭到破坏、丧失；同时，碳化加剧混凝土的收缩，可能导致混凝土的开裂和结构破坏。所以说，混凝土的碳化与混凝土结构的耐久性密切相关。

二、混凝土的冻融

混凝土是由水泥砂浆和粗集料组成的毛细孔多孔体。在拌制混凝土时，为了得到必要的和易性，加入的拌合用水总要多于水泥水化所需的水，这部分多余的水便以游离水的形式滞留于混凝土内部连通的毛细孔中；另外，在混凝土中还存在一些水泥水化后形成的胶凝孔。这种毛细孔的自由水就是导致混凝土遭受冻害的主要因素，因水遇冷结冰会发生体积膨胀，引起混凝土内部结构的破坏。当混凝土处于饱水状态时，毛细孔中的水结冰，胶凝孔中的水处于过冷状态，这样使得胶凝孔中的水向毛细孔处渗透，于是在毛细孔中又产生一种渗透压力。由此可见，处于饱水状态的混凝土受冻时，其毛细孔壁同时承受膨胀和渗透两种压力。当这两种压力超过混凝土的抗拉强度时，混凝土就会开裂。在反复冻融循环后，混凝土中的裂缝会互相贯通，其强度也会逐渐减低，最后甚至完全丧失，使混凝土由表及里遭受破坏。

三、氯离子的侵蚀性腐蚀

在冬季，为保证公路交通的畅通，道路养护人员向道路、桥梁及城市立交桥等撒盐或盐水，以化雪和放冰，这使得盐中的 Cl^- 进入混凝土结构的内部。Cl^- 侵入混凝土腐蚀钢筋的机理，主要表现为，一是破坏钝化膜，因为 Cl^- 进入混凝土到达钢筋表面，吸附于局部钝化膜处时，使该处呈酸性，从而破坏了钢筋表面的钝化膜；二是形成腐蚀电池，腐蚀电池作用的结果使得钢筋表面产生蚀坑，且蚀坑发展十分迅速；三是去极化作用，氯离子不仅促成了钢筋表面的腐蚀电池，而且加速了电池的作用，即凡是进入混凝土中的 Cl^- 会周而复始地起到破坏作用，这也是 Cl^- 危害的特点之一。

四、混凝土碱-集料反应

混凝土碱-集料反应被许多专家称为混凝土的"癌症"。碱-集料反应是指混凝土集料中某些活性矿物与混凝土微孔中的碱溶液产生的化学反应。活性材料主要是 SiO_2 和硅酸盐、碳酸盐等，碱主要来源于水泥熟料、外加剂。

依据参与反应的岩石种类与反应机理不同，可把混凝土碱-集料反应分为三种：碱-硅反应、碱-碳酸盐反应和碱-硅酸盐反应，其中碱-硅反应最为常见。碱-集料反应产生的碱-硅酸盐等凝胶体遇水膨胀，在混凝土内部产生较大的膨胀应力，从而引起混凝土开裂。混凝土结构一旦发生碱-集料反应出现裂缝后，会加速空气、水、二氧化碳等侵入，引起混凝土碳化和钢筋锈蚀速度加快，而钢筋锈蚀产物铁锈的体积远大于钢筋原来的体积，又会使裂缝扩大。若在寒冷地区，混凝土出现裂缝后又会使冻融破坏加速，这样就造成了混凝土工程的综合性破坏。

五、钢筋的锈蚀

在外界作用下，混凝土材料的耐久性能会发生衰退，逐渐降低对其内部钢筋的保护作用。当钢筋外面的混凝土中性化或出现开裂等情况时，钢筋失去了碱性混凝土的保护，钝化膜破坏并开始锈蚀。锈蚀的钢筋不但截面积有所损失，而且材料的各项性能（抗拉强度、伸长率等）发生衰退，从而影响构件的承载能力和使用性能。钢筋锈蚀也是引起混凝土结构耐久性下降的最主要和最直接的因素。

混凝土中钢筋的锈蚀一般是电化学腐蚀。电化反应的必要条件是钢筋表面呈活化状态，且同时存在水和 Cl^-。混凝土保护层碳化导致碱度降低是使钢筋表面活化的主要因素，Cl^- 侵入也可使钢筋表面钝化膜迅速破坏。

根据钢筋锈蚀区的分布情况，可将钢筋锈蚀分为两类，其一是裂缝处锈蚀。构件混凝土表面可能由于荷载作用产生结构性裂缝，或因干缩、湿度应力、碳化、碱-集料反应等产生非结构性裂缝。当环境中的水、氧、Cl^- 沿裂缝侵入时，造成裂缝处的钢筋产生锈蚀；其二是普遍锈蚀。当混凝土碳化至钢筋表面时，一旦存在水、氧、Cl^- 等条件时，首先在裂缝处出现钢筋锈蚀，进而发展为钢筋横向的环状锈蚀，最终沿钢筋纵向扩展为片状锈蚀。成片的锈蚀因其体积膨胀导致混凝土沿钢筋布置方向发生混凝土保护层裂缝。

392 提高混凝土耐久性的措施是什么？

（1）提高抗碳化能力。提高抗碳化能力的简单而又有效的方法是确保足够大的混凝土保护层厚度；同时足够的水泥用量、合适的水灰比等都可减缓碳化速度；此外，提高混凝土密实性、增强抗渗性、对混凝土采用覆盖面层等措施可减缓或隔离 CO_2 向混凝土内部渗透，从而有效提高混凝土抗碳化能力。

（2）防止冻融破坏。防止冻融破坏主要措施是降低水灰比、使用引气技术等。但是，由于引入空气微泡会降低混凝土强度，加之市场上引气剂品种繁多，质量参差不齐，故在工程使用时应慎重选用。

（3）预防侵蚀性介质的腐蚀。在我国侵蚀性介质对混凝土结构危害最严重的应是氯盐的影响。提高混凝土抗 Cl^- 渗透能力的措施是限制水灰比，保证最低水泥用量以确保碱度，掺入适量优质掺合料（粉煤灰、磨细矿渣、硅灰）等。

（4）避免或减轻碱-集料反应。混凝土碱-集料反应危害很大，一旦发生很难修复。当混凝土使用有碱活性反应的集料时，必须从配合比出发，严格控制混凝土中的总碱含量以保证混凝土的耐久性。此外，外加剂特别是早强剂带来高含量的碱，为预防碱-集料反应，在设计上应对外掺剂的使用提出要求。

（5）预防钢筋的锈蚀。常用的方法有环氧涂层钢筋，采用静电喷涂环氧树脂粉末工艺在钢筋表面形成一定厚度的环氧树脂防腐涂层，这种钢筋保护层能长期保护钢筋使其免遭腐蚀。此外，在混凝土表面涂层也是简便有效的方法，但涂料应是耐碱、耐老化和与钢筋表面有良好附着性的材料。还可掺加高效减水剂，在保证混凝土拌合物所需流动性的同时，尽可能降低用水量，减小水灰比，使混凝土的总孔隙率，特别是毛细孔隙率大幅度降低。还可研究新技术，开发新产品，如耐锈钢筋、阻锈钢筋等。

393 聚丙烯纤维对钢筋混凝土抗压强度、碳化及钢筋腐蚀有什么影响？

在不改变混凝土基体配合比条件下，研究了聚丙烯纤维对混凝土抗压强度、抗碳化能力和钢筋耐腐蚀性的影响，得到如下结论：

（1）少量聚丙烯纤维的掺入提高了混凝土的抗压强度，但影响不明显。聚丙烯纤维的掺量超过 $1kg/m^3$ 混凝土后，混凝土抗压强度有下降的趋势。聚丙烯纤维的掺入对钢筋混凝土中钢筋腐蚀有一定的抑制作用。随聚丙烯纤维掺量增加，钢筋混凝土中钢筋的半电池电位增加，抗腐蚀能力提高。

（2）试验表明聚丙烯纤维增强混凝土的抗碳化性能比素混凝土强。随聚丙烯纤维掺量增加，混凝土表面碳化深度减小。这同时说明聚丙烯纤维的掺入提高了混凝土的密实性。

394 海水侵蚀混凝土的机理是什么？

（1） SO_4^{2-} 侵蚀混凝土主要分为"石膏膨胀破坏"和"钙矾石膨胀破坏"两类，而哪一类膨胀破坏起主导作用又决定于 SO_4^{2-} 的浓度。

（2） Cl^- 首先会在混凝土表面或者孔隙内形成盐晶，当遇到 Cl^- 浓度较高或反复干湿时盐晶才会产生结晶压力使混凝土开裂破坏。

（3） Mg^{2+} 是通过分解水泥石中的 $Ca(OH)_2$ 或直接分解胶凝物质而使水泥石分解，不断疏松甚至解体。

（4）海水侵蚀混凝土时，并非各种侵蚀性离子侵蚀作用的简单叠加效应。 SO_4^{2-} 与 Mg^{2+} 会互相促进而加剧混凝土的侵蚀、而 Cl^- 则会缓解 SO_4^{2-} 的侵蚀作用。在海水侵蚀过程中，不含 Mg^{2+} 的 SO_4^{2-} 侵蚀并不是最主要的，当以 $MgSO_4$ 形式存在时侵蚀对混凝土的破坏才是致命的。

395 如何有效加强混凝土原材料的控制？

切实对混凝土采用材料的质量加强控制。

一、认真选择水泥品种和用量

任何品种的水泥在遇水后的水化过程中都会释放出一定量的热能，极大地提高了混凝土内部的温度。混凝土的温度裂缝最主要是由水泥水化热聚积引起的。在常温下，不同品种的水泥在不同龄期的水化热是不相同的，此外浇筑混凝土的体积越厚，内部热量难以释放至外部，使内部温度更高同外表面的温差越大，产生的温度应力也越大。当内外温差大于25℃时会产生裂缝，并随着时间的延长这种裂缝逐渐扩大并延伸，裂缝甚至使整个结构体贯穿。因此对大厚体积混凝土必须选择低水化热矿渣或普通硅酸盐水泥。同时还要控制立方混凝土的水泥用量，在正常情况下单位水泥用量每减少1kg，混凝土内的温度也会降低1℃。实践表明水泥用量不是越多结构越安全，而是水泥用量越多水化热越高，产生裂缝的危害越大，对结构更加不利，因而尽量减少水泥用量更合理。

从另一方面考虑，混凝土在前3d用60℃条件下养护的混凝土的温度约是在20℃条件下养护的混凝土温度的10倍，随不同养护温度混凝土的水化热释放速度相差也大。养护温度越高，在相同时间内水泥释放的水化热也越高，反之则越低。因此前3d的养护温度偏低较好，控制养护温度是减少裂缝的重要措施。同时也可掺入一定比例的粉煤灰或矿粉，降低早期水化热速度；另外可掺适量微膨胀剂，达到抵消混凝土收缩应力造成的影响。

二、粗集料的质量控制

人们习惯认为粗集料是混凝土中的填充物，其粗集料的粒径及质量不需要严格控制就可使用，而事实上粗集料不仅是组成混凝土的主要材料，而其集料自身强度直接关系到混凝土的强度和耐久性能。通常粗集料粒径较大连续级配越合理，则空隙率会小总表面积越小，单位体积混凝土用水泥砂浆和水泥用量也小，水化热随之降低，其混凝土收缩量也小，裂缝也会减少。同时也要控制集料中的针、片状及软弱颗粒的含量，这是因为针、片状颗粒自身强度低，会影响到混凝土的强度增加水泥用量。对集料中含泥量也必须进行控制，含泥量大会造成水泥砂浆的收缩量增大；水泥砂浆与集料的粘结力降低，裂缝宽度及数量增加，对含泥量的控制必须小于0.5%较合理。中高强混凝土对粗集料的粒径及质量有严格的要求，最大粒径小于或等于31.5mm，且连续级配要好。混凝土设计强度等级越高，粗集料的强度也要求高。为防止集料中含有二氧化硅、活性碳酸盐含量造成碱-集料反应，导致混凝土结构的破坏，对粗集料的品种及质量控制必须从严。

三、细集料的质量控制

细集料系采用的中粗砂，它是同水泥拌合后包裹粗集料填充空隙保证混凝土强度的重要组成材料。混凝土中需要的细集料是指颗粒坚硬、级配合理、干净的天然中粗砂。级配合理的中粗砂空隙率小，总表面积也小，这样混凝土的用水量及用水泥量就能减少，降低水化热使温差裂缝大大减少。对于重要工程中的砂要进行碱活性试验，钢筋混凝土氯离子含量应小于0.06%。同时也要控制砂的含泥量，由于含泥量的增加，收缩变形量增加造成裂缝后果更严重，因此对细集料的选择必须严格控制。

四、降低用水量

用水量增大则水灰比增大，拌合的混凝土就稀，其混凝土就易沉淀、分层，不同层面的含水泥量就不同，收缩变形量也又不同，即产生收缩变形裂缝。为满足施工及流动性的需要，设计增大用水量往往是实际用水量的2倍以上，这些多余的游离水是影响混凝土强度和造成蒸发毛孔的根本原因。减少用水量的有效途径是合理设计水灰比，适当掺入减水剂以减少单位用水量，保持拌合物的和易性和保水性，不易出现分层、沉淀的匀质性质量问题，减少沉降开裂造成的危害。

396 如何加强混凝土施工过程的质量监控？

一、做好施工前的准备工作

按照施工质量控制要求对进场的同批原材料抽样试验，并提供结果报告，有资质的试验机构进行混凝土配合比设计。当所用原材料全部符合使用要求后才准许正式施工。对施工过程中如装料顺序、外加剂掺量控制、搅拌时间、入模温度、运输及浇筑地点的坍落度、浇筑部位及接茬的处理、对特殊部位的处理、可能引起裂缝的防治进行规划、计算及制定相应的预防控制措施，保证工程的正常进行。

二、模板工程的质量控制

在实际工程中，由于模板工程施工不当引起的质量问题的原因是：模板及支撑系统承载力、刚度和稳定性不够；拆模时间过早，混凝土强度不足；拆模顺序和安全措施有问题；拆模后措施不当等。现行的《混凝土结构工程施工质量验收规范》（GB 50204—2002）规定：模板及其支撑（架）应根据工程结构形式、荷载大小、地基土类别、施工设备和材料供应等条件进行设计。模板及其支架应具有足够的承载能力、刚度和稳定性，能可靠地承受浇筑混凝土的重量、侧压力以及施工荷载。由于模板在施工时受垂直重力、水平推力、振动力、冲击力、弯扭力的作用，对模板的检查根据图纸对轴线、标高、断面尺寸检校外，还必须重点检查其稳定、牢固、刚度和严密性是否符合工程要求。

（1）检查模板本身及侧模之间、侧模同底模之间、底模同小横架之间、小横架与大楞木之间是否牢固可靠，整体性好且接缝严密；水平支撑是否到位，保证施工时水平方向不移位。同时还要检查模板起拱是否符合规范。

（2）还要检查模板竖向支撑是否牢固、稳定和安全、立杆与斜撑的细长比、垂直度及间距是否符合要求。立杆和斜支撑下部垫块厚大于50mm，地基土必须坚硬防止下沉变形。立杆与垫块及上部木楞是否牢固，浇筑过程中是否会影响已成型的混凝土。由于模板的质量直接影响到混凝土的质量，对模板的质量控制必须从严掌握。

三、混凝土施工过程中的质量控制

混凝土结构的性能是质量控制的重点。混凝土施工过程中对入模的拌合料认真振捣才可达到密实，如振捣时间过长过短、或不到位漏振会造成不均匀密实；由于过振会使混合料分层离析、漏浆，石子下沉砂浆上浮，使结构内部强度不均匀引起收缩裂缝。因此振捣混凝土的时间应在25s左右为宜，插入时间快，拔出要慢，间距均匀，重叠达到二分之一的振动波。混凝土浇筑完成后，表面必须用平板振动器振平压实，及时分几次抹压防止早裂，并及早覆盖，防止早期失水过快。同时在振捣时要防止钢筋位移，尤其是大面积上层网片筋的下移。这是由于钢筋位置的改变而引起结构受力的变化发生事故。浇筑中由专人负责钢筋位置的调整，并由专业人员检查模板的变化，发现异常及时处理。对设计要求预留的洞或埋件由专人负责进行；留置试件数量及养护由现场监理监督下进行。对已浇筑混凝土的养护和保护绝不能放松，这是保证混凝土质量的一个重要措施。

四、拆模的质量控制

混凝土结构模板的拆除顺序及安全措施应按施工技术方案和有关规定在总监理工程师批准后执行。假如混凝土强度低，过早拆除支撑，过早在混凝土上增加荷载，会使混凝土下沉开裂，无法恢复而造成质量隐患。在正常情况下拆除模板必须掌握的标准是：如果工期需要提前吊装构件时，常将同条件养护的试件提前试压，根据实际抗压强度作为吊装的参考依据。对拆模时间施工规范有明确的要求，梁跨度小于或等于8m，预应力钢筋放张时，板的跨度小于或等于2m时，混凝土的强度必须达到设计强度的75%以上；当梁的跨度大于或等于8m，悬臂梁、板跨度大于或等于2m时，混凝土的强度需要达到设计强度的100%方可拆除模板。对于大模板工程，在常温情况下浇筑混凝土的强度必须达到1.2MPa以上，保证不损坏混凝土边角、不开裂方可拆除；冬施混凝土外板内模结构、外砖内模结构中的混凝土强度必须达到4MPa以上方可拆模；全浇混凝土结构外墙混凝土强度达到7.5MPa，内墙混凝土强度达到4MPa以上才可拆除模板。如果工期允许混凝土结构28d拆模，上述要求不需考虑。

在现阶段建设单位往往不考虑合理工期，几乎所有工程都超负荷违常规施工，因此拆模必须要重视混凝土结构的实际承载能力。拆模后的结构不能因受外力而开裂损坏；冬施混凝土不能因拆模过早，保温差，而受冻损坏。目前的混凝土结构考虑到工期的问题，往往在混凝土设计时采用了早强水泥或掺入早强剂，提高混凝土的早期强度以满足拆模及后期施工的需要。

397　什么是混凝土表面"泛碱"？

"泛碱"是指混凝土表面出现的白色沉淀物，影响到成品的整体外观质量，特别是装饰混凝土制品，如装饰混凝土砌块、路面砖、干垒挡土墙砌块等。"泛碱"会给混凝土砌块（砖）生产供应商带来严重的后果。

当混凝土制品同时满足以下三个条件，则会产生"泛碱"现象：

（1）必须有可溶解的盐分。

（2）必须有水分存在，并能溶解固态盐分、产生盐溶液。

（3）必须存在使盐溶液能向混凝土表面迁移的"路径"。

混凝土砌块（砖）的原料——水泥和集料都含有盐分。所有的混凝土砌块（砖）产品中，制品内部都存在相互连接的气孔，并形成一个网状结构，所不同的是气孔的含量、微孔结构，这些就是水分在混凝土制品中迁移的"通道"。混凝土中的盐溶液就会迁移到混凝土制品表面，一旦盐分"富集"在混凝土表面上，就产生了"泛碱"现象。

398　普通清水混凝土外观质量缺陷有哪些？

普通清水混凝土外观质量缺陷表见表1。

表1　普通清水混凝土外观质量缺陷表

序号	名　称	严重缺陷	一般缺陷	质量标准
1	露筋、蜂窝、孔洞、夹渣、疏松、连接部位缺陷等	出现均为严重缺陷		
2	色泽、光洁度	有明显色差、不均匀，光洁度差	局部、个别部位有色差、流淌、冲刷的痕迹	颜色基本均匀一致、光滑、美观
3	缺楞掉角、棱角不直、飞边凸肋等	普遍存在缺楞掉角、棱角不直、飞边凸肋缺陷	出现3处以下缺楞掉角、棱角不直、飞边凸肋缺陷	棱角基本完整、流畅、顺直
4	构件表面麻面、掉皮、起砂、沾污、气泡	存在大面积表面麻面、掉皮、起砂、沾污的缺陷	局部有麻面、掉皮、起砂、沾污现象	允许局部麻面、掉皮、起砂、沾污，且气泡分散
5	模板拼缝处错台、翘曲不平等	模板拼缝处错台严重、翘曲不平等	轻微存在模板拼缝处错台、翘曲不平等	无明显、大面积的错台、翘曲不平
6	表面裂缝	局部有宽度 > 0.2mm，长度 >1000mm 的裂缝	少量存在宽度 > 0.2mm，长度 >1000mm 的裂缝	少量、基本上无宽度 > 0.2mm，长度 > 1000mm 的裂缝
7	修补痕迹	有单块面积≥20cm^2 修补缺陷；一个构件累计的修补面积≥50cm^2	有单块面积 <20cm^2 修补缺陷；一个构件累计的修补面积 <50cm^2	基本无修补痕迹、无流淌、冲刷痕迹

399　饰面清水混凝土外观质量缺陷有哪些？

饰面清水混凝土外观质量缺陷见表1。

表1　饰面清水混凝土外观质量缺陷表

序号	名　称	严重缺陷	一般缺陷	质量标准
1	露筋、蜂窝、孔洞、夹渣、疏松、连接部位缺陷等	出现均为严重缺陷		
2	色泽、光洁度	有明显色差、不均匀，光洁度差	局部、个别部位有色差、流淌、冲刷的痕迹	颜色基本均匀一致、光滑、美观
3	缺楞掉角、棱角不直、飞边凸肋等	普遍存在缺楞掉角、棱角不直、飞边凸肋缺陷	出现3处以下缺楞掉角、棱角不直、飞边凸肋缺陷	棱角基本完整、流畅、顺直
4	构件表面麻面、掉皮、起砂、沾污、气泡	存在大面积表面麻面、掉皮、起砂、沾污的缺陷	局部有麻面、掉皮、起砂、沾污现象	允许局部麻面、掉皮、起砂、沾污，且气泡分散
5	模板拼缝处错台、翘曲不平等	模板拼缝处错台严重、翘曲不平等	轻微存在模板拼缝处错台、翘曲不平等	无明显、大面积的错台、翘曲不平
6	表面裂缝	局部有宽度 > 0.2mm，长度 > 1000mm 的裂缝	少量、基本上无宽度 > 0.2mm，长度 > 1000mm 的裂缝	少量、基本上无宽度 > 0.2mm，长度 > 1000mm 的裂缝
7	修补痕迹	有单块面积 ≥ 20cm^2 修补缺陷；一个构件累计的修补面积 ≥ 50cm^2	有单块面积 < 20cm^2 修补缺陷；一个构件累计的修补面积 < 50cm^2	基本无修补痕迹、无流淌、冲刷痕迹
8	对拉螺栓孔、假眼	错位严重、孔眼封堵不密实，与大面色差大	有局部、轻微的错位、孔眼封堵不密实，与大面有色差	排列基本整齐、孔洞封堵密实、凹孔棱角清晰、光圆
9	明缝	位置无规律，宽度、深度不一致，不交圈	局部位置无规律，宽度、深度有不一致，不交圈现象	位置基本规律、整齐、宽度、深度一致，水平交圈
10	裂缝	无规则、杂乱、不交圈等现象严重	局部存在无规则、不交圈等现象	横平竖直，宽深基本一致，水平交圈，竖直成线

400　如何进行混凝土配合比设计？

随着社会经济的发展、科学技术的进步，建筑工程结构质量的好坏将直接关系到社会和人民生命财产的安全，因此对混凝土质量要求非常严格。为了提高混凝土的质量，在施工现场进行混凝土配合比设计就更能提高配合比的准确性和适应性。

在配合比设计时要参照 JGJ 55—2000 进行，其计算公式和有关参数表格中的数值均系干燥状态集料为基准（干燥状态集料系指含水率小于0.5%的细集料或含水率小于0.2%的粗集料）。混凝土配合比应按以下步骤进行计算：

（1）配制强度 $f_{cu,o}$ 并求出相应的水灰比：

$$f_{cu,o} \geq f_{cu,k} + 1.645\sigma$$
$$W/C = \alpha_a \cdot f_{ce}/(f_{cu,o} + \alpha_a \cdot \alpha_b \cdot f_{ce}) \tag{1}$$

式中　$f_{cu,o}$——混凝土配制强度，MPa；

$f_{cu,k}$——混凝土立方体抗压强度标准值，MPa；

α_a，α_b——回归系数；

σ——混凝土强度标准差，MPa；

f_{ce}——水泥28d抗压强度实测值，MPa（f_{ce}值也可根据3d强度或快测强度推定28d强度关系式得出）。

①回归系数可按表1选用：

表1 回归系数

系 数	石子品种	
	碎 石	卵 石
α_a	0.46	0.48
α_b	0.07	0.33

②根据 JGJ 55—2000 选取每立方米混凝土的用水量（m_{wo}）；

③并计算出每立方米混凝土的水泥用量（m_{co}）；

$$m_{co} = m_{wo}/(W/C) \tag{2}$$

④根据 JGJ 55—2000 选取砂率；

⑤计算粗集料和细集料的用量；

⑥并提出供试配用的计算配合比。

当采用重量法计算粗集料和细集料的用量时，应按下列公式计算：

$$m_{co} + m_{go} + m_{so} + m_{wo} = m_{cp}$$
$$\beta_s = m_{so}/(m_{go} + m_{so}) \cdot 100\% \tag{3}$$

式中　m_{co}——每立方米混凝土的水泥用量，kg；

m_{go}——每立方米混凝土的粗集料用量，kg；

m_{so}——每立方米混凝土的细集料用量，kg；

m_{wo}——每立方米混凝土的用水量，kg；

β_s——砂率，%；

m_{cp}——每立方米混凝土拌合物的假定重，kg，其值可取 2350～2450kg。

（2）进行现场混凝土配合比设计时应采用建筑工程中实际使用的原材料。混凝土的搅拌方法应与现场使用的相同。

混凝土配合比试配时，每盘混凝土的最小搅拌量应符合表2规定；当采用机械搅拌时，其搅拌不应小于搅拌机额定搅拌量的1/4。

表2 最小搅拌量

集料最大粒径（mm）	拌合物数量（L）
31.5 及以下	15
40	25

按计算的配合比进行试配时，首先应进行试拌，以检查拌合物的性能。当试拌得出的拌合物坍落度或维勃稠度不能满足要求，或粘聚性和保水性不好时，应在保证水灰比不变的条件下相应调整用水量或砂率，直到符合要求为止，然后提出混凝土强度试验用的基准配合比。

混凝土强度试验时至少应采用三个不同的配合比，其中一个应为基准配合比，另外两个配合比为水灰比，数值宜较基准配合比分别增加和减少0.05；用水量应与基准配合比相同，砂率可分别增加或减少1%。当不同水灰比的混凝土拌合物坍落度与要求值的差超过允许偏差时，可通过增、减用水量进行调整。

制作凝土强度试验试件时，应检验混凝土拌合物的坍落度或维勃稠度、粘聚性、保水性及拌合物的表观密度，并以此结果作为相应配合比的混凝土拌合物的性能。

进行混凝土强度试验时，每种配合比至少应制作一组试件，标准养护到 28d 时试压。必要时可同时制作几组试件，供快速检验或较早龄期试压，以便提前供施工使用。但应以标准养护 28d 强度或按现行国家标准《粉煤灰混凝土应用技术规程》（GBJ 146）、现行行业标准《粉煤灰在混凝土和砂浆中应用技术规程》（JGJ 28）等规定的龄期强度的检验结果为依据调整配合比。

（3）根据试验得出的混凝土强度与其相应的灰水比（C/W）关系，用作图法或计算法求出与混凝土配置强度（$f_{cu,o}$）相对应的灰水比，并应按下列原则确定每立方米的材料用量：

①用水量（m_w）应在基准配合比用水量的基础上，根据制作试件时测得的坍落度或维勃稠度进行调整确定；

②水泥用量（m_c）应以用水量乘以选定出来的灰水比进行计算确定；

③粗、细集料用量（m_g 和 m_s）应在基准配合比的粗、细集料用量的基础上，按选定的灰水比进行调整后确定。

（4）应对经试配确定的配合比进行校正：

①应根据已确定的材料用量按下式计算混凝土的表观密度计算值 $P_{c,c}$：

$$P_{c,c} = m_c + m_g + m_s + m_w \tag{4}$$

②应按下式计算混凝土配合比校正系数 δ：

$$\delta = P_{c,t}/P_{c,c}$$

式中　$P_{c,t}$——混凝土表观密度实测值，kg/m^3；

　　　$P_{c,c}$——混凝土表观密度计算值，kg/m^3。

若混凝土表观密度实测值与计算值的绝对值不超过计算值的 2% 时，按上面确定的配合比即为确定的设计配合比；当二者之差超过 2% 时，应将配合比中每项材料用量乘以校正系数 δ，即为确定的设计配合比。

（5）根据工程常用的材料，可设计出常用的混凝土配合比备用；在施工工程中，应根据原材料情况及混凝土质量检验的结果予以调整。但遇有下列情况之一时，应重新进行配合比设计：

①混凝土性能指标改变时；

②集料发生改变时；

③混凝土有特殊要求时；

④水泥、外加剂或矿物掺合料品种、质量有显著变化时；

⑤该配合比的混凝土生产间断半年以上时。

对有特殊要求的混凝土配合比，首先需从原材料严格要求，譬如抗渗混凝土、抗冻混凝土、高强混凝土、泵送混凝土、大体积混凝土等的粗集料、细集料的级配、含泥量、泥块含量、水泥品种、矿物掺合料、外加剂等都有要求。因此，我们在施工现场进行混凝土配合比设计时，根据具体情况具体对待，一定要满足施工的需要和工程质量安全的要求。

401　什么是耐火混凝土？

耐火混凝土是一种能长期承受高温作用（200℃以上），并在高温下保持所需要的物理力学性能（如有较高的耐火度、热稳定性、荷重软化点以及高温下较小的收缩等）的特种混凝土。它是由耐火集料（粗细集料）与适量的胶结料（有时还有矿物掺合料或有机掺合料）和水按一定比例配制而成。耐火混凝土按其胶结料不同，有水泥耐火混凝土和水玻璃耐火混凝土等；按其集料的不同，有黏土熟料耐火混凝土、高炉矿渣耐火混凝土和红砖耐火混凝土等。

一、耐火混凝土的拌制要求

（一）水泥耐火混凝土的拌制

拌制水泥耐火混凝土时，水泥和掺合料必须拌合均匀。

（二）水玻璃耐火混凝土的拌制

（1）拌制水玻璃耐火混凝土时，氟硅酸钠和掺合料必须预先混合均匀。混凝土宜用机械搅拌。

（2）粉状集料应先与氟硅酸钠拌合，再用筛孔为 2.5mm 的筛子过筛两次。

（3）干燥材料应在混凝土搅拌机中预先搅拌 2min，然后再加入水玻璃。

（4）搅拌时间，自全部材料装入搅拌机后算起，应不少于 2min。

（5）每次拌制量，应在混凝土初凝前用完，但不超过 30min。

（三）用水量

耐火混凝土的用水量（或水玻璃用量）在满足施工要求的条件下应尽量少用，其坍落度应比普通混凝土相应地减少 1～2cm。如用机械振捣可控制在 2cm 左右，用人工捣固宜控制在 4cm 左右。

（四）搅拌时间

混凝土的搅拌时间应比普通混凝土延长 1～2min，使混凝土的混和料颜色达到均匀为止。

二、耐火混凝土浇筑

耐火混凝土浇筑应分层进行，每层厚度为 25～30cm。

三、耐火混凝土的养护

（一）水泥耐火混凝土养护条件与时间

水泥耐火混凝土浇筑后，宜在 15～25℃ 的潮湿环境中养护，其中普通水泥耐火混凝土养护不少于 7d，矿渣水泥耐火混凝土不少天 14d，矾土水泥耐火混凝土一定要加强初期养护管理，养护时间不少于 3d。

（二）水玻璃耐火混凝土养护条件与时间

水玻璃耐火混凝土宜在 15～30℃ 的干燥环境中养护 3d，烘干加热，并需防止直接暴晒，避免脱水快而产生龟裂。一般养护 10～15d 即可吊装。

（三）气温低于7℃或10℃应按冬期施工执行

水泥耐火混凝土在气温低于7℃和水玻璃耐火混凝土在低于10℃的条件下施工时，均应按冬期施工执行。其耐火混凝土参考配合比见表1。

表1 耐火（700℃以下）混凝土参考配合比

混凝土强度等级	配合比（kg/m³）					
	水	水 泥		耐火砖块（红砖砂）（0.15～5mm）	耐火砖块（红砖块）（5～25mm）	粉煤灰
		强度等级	用 量			
C15	400	矿渣32.5级	350	484	591	
C18	232	矿渣32.5级	340	850	918	150
C18	300	矿渣32.5级	350	810	990	
C18	236	矿渣32.5级	393	707	983	

注：1. 表中配合比用于极限使用温度700℃以下。

2. 混凝土坍落度：用机械振捣时应不大于2cm，用人工捣固时应不大于4cm。

（1）水泥耐火混凝土可采用蓄热法或加热法（电流加热、蒸汽加热等）加热时普通水泥耐火混凝土和矿渣水泥耐火混凝土的温度不得超过 60℃，矾石水泥耐火混凝土不得超过 30℃。

（2）水玻璃耐火混凝土的加热只许采用干热方法，不得采用蒸养，加热时混凝土的温度不得超过 60℃。

（3）耐火混凝土中不应掺用化学促凝剂。

（4）用耐火混凝土浇筑的热工设备，必须在混凝土强度达到设计强度的 70% 时［自然养护时，应不少于上述（一）（二）中规定的养护龄期后］方准进行烘烤。烘烤制度见表 2。

表 2　耐火混凝土的热处理（烘烤）制度

烘烤温度（℃）	常温～250（升温）	250～300（恒温）	300～700（升温）	700～使用温度（降温）
升温速度（℃/h）	15～20		150～200	
加热时间占总烘烤时间的百分率（%）	45	40	10	5

402　什么是抗油渗混凝土？

抗油渗混凝土是在普通混凝土中加入外掺剂，经过充分搅拌而提高其密实性。其抗油渗等级均在 S8 级以上，一般为 S10～S12 级（抗渗中间体为工业汽油或工业煤油），可用于贮存轻油类的油罐或地面工程。

一、抗油渗混凝土的组成材料

（一）水泥

32.5 级及 32.5 级以上的普通硅酸盐及硅酸盐水泥，要求无结块。

（二）粗集料

粒径 5～40mm 的符合筛分曲线的碎石，质地坚硬，组织致密，吸水率小，空隙率不大于 43%。

（三）细集料

中砂，平均粒径在 0.35～0.38mm，不含泥块、杂质。

（四）水

一般洁净水或饮用水，采用其他水时应经检验，符合要求方可使用。

（五）外掺剂

常用的外掺剂有氢氧化铁、三氯化铁混合剂、三乙醇胺复合剂。

（1）氢氧化铁

氢氧化铁是一种不溶于水的黏性胶状物质，掺入到混凝土中后可以堵塞混凝土中的毛细孔隙，并有加速混凝土硬化作用，从而达到提高抗渗性的效果。由于掺有这种胶体的混凝土在油的长期浸渍下，其强度仍正常增长，因此它也是一种高效能的防油措施。但其中三氯化铁具有酸性，如超量使用，对钢筋将略有锈蚀作用，必要时需对钢筋做防锈处理。

氢氧化铁配制方法：将固体三氯化铁溶解于水中，三氯化铁溶于水是放热反应，待温度逐渐冷却至室温，再将氢氧化钠或氢氧化钙徐徐加入三氯化铁溶液中，一边倒，一边用木棒搅拌，速度应缓慢，使两者充分中和，直至用试纸测定至 pH 值为 7～8（呈中性）为止。如 pH 值小于或大于 7～8，则再加三氯化铁或氢氧化钠调整。用此方法配制成的中和体为氢氧化铁和食盐，须将食盐用水清洗；否则对钢筋具有一定的锈蚀作用。

氢氧化铁在混凝土中的掺量，按固体物质计算，为水泥用量的 1.5% ～3%。

（2）三氯化铁混合剂

三氯化铁混合剂的配制方法：将固体三氯化铁溶解于水（三氯化铁：水 = 1:2），再按三氯化铁质量 10% 的明矾敲碎后先溶解于水，明矾:水 = 1:5，徐徐倒入三氯化铁水溶液中，以木棒搅拌均匀。施工时，按水泥用量 1.5% 的三氯化铁（以固体含量折算）和水泥用量 0.15% 木醇浆（以固体含量计算）分别掺入拌合水中搅拌混凝土。

（3）三乙醇胺复合剂

在混凝土中掺入按水泥用量计算 0.05% 的三乙醇胺和 0.5% 的氯化钠，不仅具有增强作用，而且抗渗效果也很好。

二、抗油渗混凝土配合比

抗油渗混凝土的施工参考配合比见表1。

表1 抗油渗混凝土（砂浆）参考配合比

名称	强度等级	配合比（kg/m³）										抗渗等级
		水	水泥	砂	石子（白石子）	三氯化铁（%）	明矾（%）	三乙醇胺（%）	氢氧化铁（%）	氯化钠（%）	木醇浆（%）	
混凝土	C30	195	355	613	1143							S8
	C30	189	350	608	1233	1.58						S8
	C30	203	370	644	1190	1.58	0.1	0.05	2	0.15	0.43	S12
	C30	153	390	626	1020	1.5	0.1				0.15	S24
	C30	200	370	640	1190							S12
水磨石子浆		326	814		(1521)	1.58					0.43	S20
砂浆		275	550	1100		1.5			2		0.15	S12
		275	550	1100								S6

注：1. 外掺剂的掺量均以水泥用量的百分比（%）计。

2. 水磨石子浆用于水磨石地坪。

3. 抗油渗砂浆用于油罐抹面层。

三、施工注意事项

（1）粗细集料要正确计量，严格掌握水灰比。其含水量应按实际扣除。外加剂应测定其固体含量和纯度。

（2）混凝土的充分搅拌是提高混凝土抗渗等级的一个主要因素，因此，必须使混凝土的组成材料搅拌均匀。如用 400L 自落式搅拌机，搅拌时间一般不少于 2 ～3min。

（3）混凝土运输、卸料要采用适当措施，防止混凝土分层。浇捣时应分层进行，做到均匀卸料，不得使粗集料过分集中，振捣器插入混凝土的位置要分布均匀，严防漏振，务使混凝土达到充分密实，随后将混凝土表面抹平、压光。

（4）抗油渗混凝土必须加强养护。冬期施工时，在混凝土浇筑完成后，要及时做好保温措施；夏季施工时，在混凝土浇捣整平 12h 后再进行浇水或洒水养护，养护期间混凝土表面不得脱水，养护期为 14d。

（5）如果混凝土结构处于地下，应在混凝土施工前根据水位具体情况，事先采取有效措施处理好地下水，使混凝土在养护期间不受地下水浸入。

403 什么是防辐射混凝土？

防辐射混凝土用于防护来自试验室内各种同位素、加速器或反应堆等原子能装置的原子核辐射，如 X，α，β，γ 以及中子射线等。一般防辐射混凝土属于重混凝土，质量密度要求在 $2700 \sim 4500 \text{ kg/m}^3$。

一、防辐射混凝土的组成材料

（一）水泥

不低于 32.5 级的硅酸盐水泥和普通硅酸盐水泥，最好采用矾土水泥和钡水泥等。

（二）粗细集料

选用质量密度大、含铁量高、级配良好的赤铁矿、磁铁矿、褐铁矿或重晶石等制成的矿石和矿砂，其技术性能要求见表1。

表1 不同铁矿或重晶石制成的矿石、矿砂技术性能要求

项次	集料名称	集料质量密度（t/m³）		矿石质量密度（t/m³）	技术要求
		细集料（0.15~5mm）	粗集料（5~30mm）		
1	赤铁矿（Fe_2O_3）	1.6~1.7	1.4~1.5	3.2~4.0	Fe_2O_3 含量：细集料不低于60%，粗集料不低于75%
2	磁铁矿（$Fe_2O_3 \cdot H_2O$）	2.3~2.4	2.6~2.7	4.3~5.1	Fe_2O_3 含量：细集料不低于60%，粗集料不低于75%
3	褐铁矿（$Fe_2O_3 \cdot 3H_2O$）	1.6~1.7	1.4~1.5	3.2~4.0	Fe_2O_3 含量不低于70%
4	重晶石（$BaSO_4$）	3.0~3.1	2.6~2.7	4.3~4.7	$BaSO_4$ 含量不低于80%，含石膏或黄铁矿的硫化物及硫酸化合物不超过7%
5	废铅渣			2.4~3.5	细度铅渣相对密度4.0

（1）集料质量密度应在试验振动台振动30s后的干燥状态下确定。振动台的振幅为 0.35mm，频率为3000次/min。

（2）细集料粒径为 0.15~5mm，粗集料为 5~80mm。

（3）重晶石按粒径分为：

重晶石粉——400孔/cm² 筛筛过的微粒，质量密度为 3g/cm³。

重晶石砂——粒径小于5mm，质量密度约为 2.4g/cm³。

重晶碎石——粒径 5~10mm，质量密度约为 2.6~2.73g/cm³。

（4）按质量含 0.25% 蛋白石和 5% 玉髓以上的重晶石，只能与低碱性水泥配合使用，因这些杂质易于高碱性水泥发生反应使混凝土裂缝。

（5）配制不同质量密度的防辐射混凝土对集料块状质量密度的要求见表2。当矿石密度较小，不能配出所要求的单位质量密度的混凝土时，可掺入一定数量的金属铁块。块体规格为 20mm×25mm×35mm，圆柱体（如钢筋头）80mm 以内。

表 2　不同质量密度防辐射混凝土对集料块状质量密度要求

混凝土设计质量密度（kg/m³）	3000	3100	3200	3300	3400	3500	3600
集料块状质量密度要求达到（kg/m³）	3600~3800	3700~3900	3800~4000	4000~4100	4100~4200	4300~4400	4400~4500

（三）水

一般洁净水，pH 值不小于 4。

二、防辐射混凝土的配合比（表3）

表 3　防辐射混凝土参考配合比

项次	名　称	质量密度（t/m³）	质量配合比	用　途
1	普通混凝土	2.1~2.4	硅酸盐水泥:砂:石子:水 = 1:3:6:0.6	
2	褐铁矿混凝土	2.6~2.8	（1）水泥:褐铁矿碎石:褐体矿砂子:水 = 1:3.7:2.8:0.8 （2）水泥:褐铁矿碎石:褐铁矿砂子:水 = 1:2.4:2:0.5 （另加增塑剂适量） （3）水泥:褐铁矿粗细集料:水 = 1:3.3:0.5	抗 X，α，β，γ 及中子射线辐射
3	褐铁矿石加废钢的混凝土	2.9~3.0	水泥:废钢粗集料:褐铁矿石细集料:水 = 1:4.3:2:0.4	
4	赤铁矿混凝土	3.2~3.5	（1）水泥:普通砂:赤铁矿砂:赤铁矿碎石:水 = ①1:1.43:2.14:6.67:0.67 ②1:1.22:2:7.32:0.68 （2）水泥:普通砂:赤铁矿碎石:水 = 1:2:8:0.66	
5	磁铁矿混凝土	3.3~3.8	（1）水泥:磁铁矿碎石:磁铁矿砂子:水 = ①1:4.4:4:0.17 ②1:2.64:1.36:0.56 ③1:3.3:1.7:0.55 （2）水泥:磁铁矿粗细集料:水 = ①1:7.6:0.5 ②1:5:0.73	
6	重晶石混凝土	3.2~3.8	（1）水泥:重晶碎石:重晶石砂:水 = ①1:4.54:3.4:0.5 ②1:5.44:4.46:0.6 ③1:5:3.8:0.2 （2）水泥:重晶石粉:重晶石砂:重晶石碎石:水 = 1:0.26:2.6:3.4:0.48	
7	重晶石砂浆	2.5~3.2	（1）水泥:重晶石砂 = 1:5.96 （2）石灰:水泥:重晶石粉 = 1:9:35 （3）水泥:重晶石粉:重晶石砂:普通砂 = 1:0.25:2.5:1	
8	加硼混凝土	2.6~4.0	（1）水泥:砂:碎石:碳化硼:水 = 1:2.54:4.0:0.15:0.73 （2）水泥:硬硼酸钙石细集料:重晶石:水 = 1:0.5:4.9:0.38	抗中子辐射
9	加硼水泥砂浆	1.8~2.0	石灰:水泥:重晶石粉:硬硼酸钙粉 = 1:9:31:4	
10	铅渣混凝土	2.4~3.5	矾土水泥:废铅渣:水 = 1:3.7:0.6	

三、施工要点

（一）控制好配合比与坍落度

配制防辐射混凝土时应严格掌握配合比。坍落度一般控制在 2 ~ 4cm，如要求坍落度较大时，应考虑掺加减水剂，以免由于几种集料密度相差较大而引起集料不均匀下沉。

（二）混凝土的振捣与浇筑

振捣混凝土要密实。浇筑层厚度以 20 ~ 25cm 为宜，插入式振捣器振捣时，每层浇筑厚度为 15cm，人工振捣时，每层厚度为 12cm。振捣时间一般为 15s 左右，以表面出浆为准，振捣时间过长也会引起集料的不均匀下沉。混凝土从搅拌至浇筑完的时间不得超过 2h。

（三）施工缝

浇筑混凝土应连续进行，一般不准留设水平施工缝，必须留施工缝时，应留凹凸形的施工缝。在防辐射混凝土与普通混凝土连接时，垂直施工缝必须使防辐射混凝土与普通混凝土成齿槽形连接，齿槽的深度为 5cm。

（四）预填灌浆施工

防辐射混凝土也可采用预填灌浆施工法，可大大改善混凝土集料的均匀性。

（五）重晶石砂浆粉刷

采用重晶石砂浆粉刷时，墙面必须清除干净，并浇水湿润，粉刷层厚度一般为 20 ~ 25cm，应分 8 ~ 10 次粉成，收水后用铁板压浆抹平，以防龟裂。

（六）养护

混凝土的养护方法与普通混凝土相同。冬期可用蓄热兼加热法养护，并经常保持混凝土有一定的湿度。

404 什么是耐酸混凝土？

耐酸混凝土是以水玻璃为胶结料，加入固化剂和耐酸集料或另掺外加剂按一定比例配制而成的耐酸材料。为了改善和提高耐酸混凝土的技术性能，可采用在水玻璃中掺加外加剂的方法。

一、原材料和制成品的质量要求

（一）水玻璃

钠水玻璃外观为略带色的透明黏稠状液体；钾水玻璃外观为无色透明液体。水玻璃的技术指标见表 1。

表 1　水玻璃技术指标

项　目	指　标	
模　数	钠水玻璃	钾水玻璃
模　数	2.6 ~ 2.9	
密度（g/cm³）	1.38 ~ 1.45	

注：1. 液体中不得混入油类或杂物，必要时使用前应过滤。
　　2. 水玻璃模数或密度如不符合本表要求时，应进行调整。

（二）氟硅酸钠

外观为白、浅灰或浅黄色粉末，其技术指标见表 2。

512

表2　氟硅酸钠技术指标

项　目	指　标
纯度（%）不小于	95
含水率（%）不大于	1
细度（0.15mm 筛孔）	全部通过

注：受潮结块时，应在不高于100℃的温度下烘干，并研细过筛后使用。

（三）耐酸粉料

常用的耐酸粉料有铸石粉、石英粉、瓷粉、安山岩粉等，其技术指标见表3。

表3　耐酸粉料技术指标

项　目		指　标
耐酸率（%）不小于		95
含水率（%）不大于		0.5
细度	0.15mm 筛孔余量（%）不大于	5
	0.09mm 筛孔筛余量（%）	10~30

注：1. 石英粉因细度过细，收缩率大，易产生裂纹，故不宜单独使用，可与等质量的铸石粉混合使用。
　　2. 现有商品供应的用于钾水玻璃的 KPI 粉料和用于钠水玻璃的 IGI 耐酸灰，耐酸性能均较好。

（四）耐酸细集料

常用的耐酸细集料有石英砂，其技术指标见表4。

表4　耐酸细集料技术指标

项　目	指　标
耐酸率（%）不小于	95
含水率（%）不大于	1
含泥量（%）不大于（用天然砂时）	1

注：一般工程也可用黄砂，但需经严格筛选，并进行必要的耐腐蚀检验。

（五）耐酸粗集料

常用的耐酸粗集料有为石英石、花岗石，其技术指标见表5。

表5　耐酸粗集料技术指标

项　目	指　标
耐酸率（%）不小于	95
含水率（%）不大于	0.5
吸水率（%）不大于	1.5
含泥量	不允许
浸酸安定性	合格

（六）细、粗集料的颗粒级配要求

当用水玻璃砂浆铺砌块材时，采用细集料的粒径不大于1.2mm。水玻璃混凝土用细集料和粗集料颗粒级配要求见表6。

表 6 水玻璃混凝土用细集料级配要求

筛孔（mm）	5	1.25	0.315	0.16
累计筛余量（%）	0~10	20~55	70~95	95~100

水玻璃混凝土用粗集料级配要求

筛孔（mm）	最大粒径	1/2 最大粒径	5
累计筛余量（%）	0~5	30~60	90~100

注：粗集料的最大粒径，应不大于结构最小尺寸的1/4。

（七）耐酸磨石子

应选用耐酸磨材料，如安山岩石屑、文石石屑等，其技术指标见表7。

表 7 耐酸磨石子技术指标

项 目	指标
耐酸率（%），不小于	95
湿度（%），不大于	2
浸酸安定性	合格

（八）水玻璃混凝土技术性能

水玻璃混凝土技术性能见表8

表 8 水玻璃混凝土、改性水玻璃混凝土技术指标

项 目	指 标	
	水玻璃混凝土	改性水玻璃混凝土
抗压强度 MPa，不小于	2	25
浸酸安定性	合格	合格
抗渗等级 MPa，不小于	—	1.2

二、施工准备

（一）材料的保管及检验

（1）原材料进场后应放在防雨的干燥库房内。

（2）原材料的技术指标应符合要求，并具有出厂合格证或检验报告。对原材料的质量有怀疑时，应进行复验。

（3）氟硅酸钠有毒，应作出标记，安全存放。

（二）基层要求及处理

（1）水泥砂浆或混凝土基层

①基层要有足够的强度，表面要平整、清洁、无起砂、起壳、裂缝、蜂窝麻面等现象。坡度符合要求，平整度用2m直尺检查，允许空隙不大于5mm。

②当在基层表面进行块材铺砌施工时，基层的阴阳角应做成直角；进行其他种类防腐蚀施工时，基层的阴阳角应做成斜面或圆角。

③基层应干燥。在深为20mm的厚度层内，含水率不大于6%。铺设水玻璃类材料时，应在基层上设置隔离层（如沥青类卷材和合成高分子类卷材等）。

④基层表面的处理方法，宜采用砂轮或钢丝刷等打磨表面，然后用干净的软毛刷、压缩空气或吸尘器清理干净。

（2）金属基层

表面应平整。施工前应把焊渣、毛刺、铁锈、油污、尘土等除净。

（三）施工机具

（1）强制式搅拌机、平板或插入式振动器、密度计、铁板、大陶瓷缸、木桶、勺子、抽油器。

（2）氟硅酸钠加热脱水用的炉灶。

（3）氟硅酸钠和粉料密封搅拌箱。

（4）一般混凝土施工用具。

三、材料参考配合比及配制工艺

（一）水玻璃材料施工配合比

水玻璃类材料施工配合比参见表9。

表9　水玻璃材料施工参考配合比

材料名称	配比种类	钠水玻璃	氟硅酸钠	粉料			骨料	
				铸石粉	铸石粉:石英粉 1:1	IGI 耐酸灰	细集料	粗集料
水玻璃胶泥	1 2 3	1.0	0.15~0.18	2.5~2.70	2.2~2.4	2.4~2.5	—	—
水玻璃砂浆	1 2 3	1.0	0.15~0.17	2.0~2.2	2.0~2.2	—	2.5~2.7 2.5~2.6 2.5~2.6	—
水玻璃混凝土	1 2 3	1.0	0.15~0.16	2.0~2.2	1.8~2.0	—	2.3 2.4~2.5 2.5~2.7	3.2 3.2~3.3 3.2~3.3

（二）改性水玻璃混凝土配合比

改性水玻璃混凝土配合比参见表10。

表10　改性水玻璃混凝土配合比

序号	钠水玻璃	氟硅酸钠	铸石粉	石英砂	石英石	外加剂			
						糠醇单体	多羟醚化三聚氰胺	木质素磺酸钙	水溶性环氧树脂
1	100	15	180	250	320	3~5	—	—	—
2	100	15	185	260	330	—	8	—	—
3	100	18	210	230	320	—	—	2	3

（1）钠水玻璃的密度（g/cm³）：配方3应为1.42，其他配方应为1.38~1.40。

（2）氟硅酸钠纯度为100%计。

（3）糠醇单体应为淡黄色或微棕色液体，有苦辣气味，密度为1.13~1.14g/cm³，纯度不应小于98%。

（4）多羟醚化三聚氰胺应为微黄色透明液体，固体含量约40%，游离醛不大于2%，pH值应为7~8。

（5）水溶性环氧树脂应为黄色透明黏稠液体，固体含量不小于55%，水溶性（1:10）呈透明。

（6）木质磺酸钙应为黄棕色粉末，密度为$1.06g/cm^3$，碱木素含量大于55%，pH值为4~6，水不溶物含量应小于12%，还原物含量小于12%。

（三）水玻璃混凝土及改性水玻璃混凝土的配制

（1）机器搅拌

将细集料、粉料、氟硅酸钠、粗集料依次加入强制式搅拌机内，干拌均匀，然后加入水玻璃湿拌，直至均匀。

当配制改性水玻璃混凝土时，若加入糠醇单体或多羟醚化三聚氰胺外加剂时，可将水玻璃与外加剂一起加入，湿拌直至均匀；当加入木质磺酸钙及水溶性环氧树脂外加剂时，应先计算出调整水玻璃密度所需总加水量，将木质磺酸钙溶解后，再与水溶性环氧树脂及水玻璃加入搅拌机内湿拌直至均匀。

（2）人工搅拌

先将粉料和氟硅酸钠加入密封搅拌箱内筛分并混合均匀，再加入细集料、粗集料，干拌均匀，最后加入水玻璃，湿拌不少于3次，直至均匀为止。

四、施工要点

（一）一般规定

（1）基层铺设水玻璃耐腐蚀材料的要求

在呈碱性的水泥砂浆或混凝土基层铺设水玻璃类耐腐蚀材料时，基层应设置隔离层（金属基层不需做隔离层）。施工时，应先在隔离层或金属基层上涂刷两道稀胶泥、间隔6~12h。稀胶泥的参考配合比（质量比）为：水玻璃:氟硅酸钠:耐酸粉=1:（0.13~0.20）:（0.9~1.1）。

（2）养护时间

水玻璃类材料在不同养护温度条件下的养护时间为：

①10~20℃时，不少于12昼夜。

②21~30℃时，不少于6昼夜。

③31~35℃时，不少于3昼夜。

在条件允许的情况下，养护时间尽可能稍长一些。

（3）施工后的防护与酸化处理

水玻璃类材料施工后，在养护期内应严格防晒、防雨、防水、防蒸汽。养护后应进行酸化处理，即用浓度为20%~25%的盐酸或30%~40%的硫酸等涂刷，以提高其表面的抗稀酸和耐水生能。涂刷一般不少于4次，每次间隔8h。每次涂刷前应把表面析出的白色结晶物清除干净。

如为酸池衬里时，可不进行酸化处理。

（4）搅拌量与使用时间

水玻璃类材料施工要严格按确定的配合比计量。每次拌合量不宜太多，胶泥或砂浆一般以3kg为宜。自加入水玻璃时算起应在30min内用完。

（5）施工温度

水玻璃类材料的施工温度以15~30℃为宜，低于10℃时应采取加热保温措施。但不允许直接用蒸汽加热。原材料使用时的温度亦不宜低于10℃。

（6）硬化时间与施工温度、拌合时间的关系

水玻璃类材料硬化时间和施工温度、拌合时间的大致关系，可参考表11。

表11　水坡璃材料施工温度与硬化时间、拌合时间与硬化时间关系

施工温度与硬化时间的大致关系（拌合时间约2min）		拌合时间与硬化时间的大致关系（常温下拌合）	
施工温度（℃）	硬化时间（min）	拌合时间（min）	硬化时间（min）
10	41	1	29
15	34	2	22
20	24	3	18
25	21	4	15
30	14	5	12

（7）安全操作

氟硅酸钠有毒，应有专人妥善保管。粉料搅拌最好使用密封搅拌箱。施工时应有通风，操作人员操作时要穿工作服，戴口罩、护目镜等。进行酸化处理时，应穿戴防酸护具，如防酸手套、防酸靴、防酸裙等。另备一些稀碱溶液，以便中和时用，稀释浓硫酸时，严禁把水倒入浓硫酸内，应把浓硫酸徐徐倒入水中。

（二）水玻璃混凝土的施工要点

（1）模板支撑牢固，表面平整，拼缝严密，并应涂刷矿物油脱模剂。水玻璃混凝土内的预埋铁件应除锈，并涂刷环氧树脂漆或过氯乙烯漆等防腐蚀涂料。

（2）水玻璃混凝土坍落度：机械捣实时不应大于2cm；人工捣实时不应大于3cm。

（3）水玻璃混凝土应在初凝前振捣密实。当使用插入式振捣器时，每层浇筑厚度不宜大于200mm，插点间距不应大于作用半径的1.5倍，振动器应缓慢拔出，不得留有孔洞，当使用平板振动器或人工捣实时，每层浇筑厚度不宜大于100mm。当浇筑厚度大于上述厚度时，应分层连续浇筑。分层灌筑时，上一层应在下一层初凝前完成。如超过初凝时间，应在下一层凝固后，按施工缝的施工方法处理。

（4）耐酸贮槽的浇筑应一次完成，不得留施工缝。

（5）最上一层捣实后，表面应在初凝前压实抹平。

（6）当大面积施工需留施工缝时，在继续浇筑前应将该处打毛并清理干净，薄涂一层水玻璃稀胶泥，稍干后再继续浇筑。地面施工缝应留成斜茬。

（7）水玻璃混凝土在不同温度下的拆模时间为：

10～15℃时，不少于5昼夜；16～20℃时，不少于3昼夜；

21～30℃时，不少于2昼夜；31～35℃时，不少于1昼夜。

405　机场道面混凝土如何配制？

（1）针对传统机场道面混凝土易开裂、耐久性不良的现象，采用在普通道面混凝土掺加纤维、粉煤灰的技术路线，研制适用于严寒干旱地区的新型高性能道面混凝土，并进行了抗裂、抗冻、抗渗、耐磨等性能试验。结果表明，单掺粉煤灰或纤维，均能大大提高普通道面混凝土的抗裂和耐久性；尤其是纤维、粉煤灰复掺时，道面混凝土的抗裂性和耐久性得到进一步提高。

（2）机场道面比其他建筑物处于更为恶劣复杂环境条件，尤其是在严寒干旱地区。传统普通混凝土道面经常在施工阶段或在使用中出现裂纹、裂缝、碎裂等现象，在其后的3～5年又出现剥蚀、碎裂、脱皮等现象，严重影响了飞行的安全。因此，传统普通混凝土道面耐久性差、易开裂的问题亟待解决。

复合化是水泥基材料高性能化的主要途径纤维增强其核心，目前普通道面混凝土常用配合比的基础上。配制了普通道面混凝土、掺纤维或粉煤灰的混凝土以及纤维、粉煤灰复合的混凝土，

并以抗裂、抗冻、抗渗、耐磨为评价指标，寻求适用于寒冷干旱地区的新型高性能机场道面混凝土。

（3）试验用材料与配合比

试验配合比和强度试验结果

项　目	P	X	F	XF
水泥（kg）	320	320	280	280
纤维（kg）	0	0.91	0	0.91
粉煤灰（kg）	0	0	90	90
水（kg）	147	147	146	146
砂（kg）	545	545	523	523
石子（kg）	1438	1438	1385	1385
抗折强度（MPa）	5.83	6.09	6.59	6.65
抗压强度（MPa）	46.1	47.5	52.1	55.2

注：普通道面混凝土（P）、掺粉煤灰道面混凝土（F）、掺纤维道面混凝土（X）以及纤维与粉煤灰复合的道面混凝土（XF）。从表1可以看出，配制的4种类型混凝土的抗折强度等级都在0.5MPa以上，均满足当前我军机场道面混凝土抗折强度的设计要求。在此基础上进行了4种不同类型混凝土的抗裂性、抗冻性、抗渗性及耐磨性对比试验。普通硅酸盐水泥技术要求：除满足国标 GB 175—1999 及其引用标准外，尚须满足以下要求：普通硅酸盐水泥混合材仅限于矿渣或粉煤灰，碱含量≤0.6%，熟料中的 C_3A＜8%，氯离子含量≤0.20%（钢筋混凝土）或≤0.06%（预应力混凝土）。

表1　常温/高温下4种混凝土抗裂性试验结果

项　目	温　度	P	X	F	XF
最大裂宽（mm）	常温	0.08	0.04	0.05	0.01
	高温	0.25	0.03	0.04	0.01
裂缝总条数（条）	常温	36	4	7	2
	高温	5	4	4	1
裂缝平均开裂面积（mm²/条）	常温	1.88	0.49	0.73	0.31
	高温	4.47	0.28	0.47	0.27
单位面积开裂裂缝数目（条/m²）	常温	138	15	27	8
	高温	19	15	15	4
单位面积上总开裂面积（mm²/m²）	常温	259.44	7.35	19.71	2.48
	高温	84.93	4.20	7.05	1.08
抗裂等级	常温	IV	II	II	I
	高温	III	II	II	I

注：风速2.5m/s，常温（20±2）℃，相对湿度（60±3）%，常温观测12h；高温（38±2）℃，相对湿度（40±3）%，高温观测3h。

（4）试验结果及分析

（5）纤维与粉煤灰共同掺入混凝土，除发挥各自的作用外，还优势互补，产生复合超叠加效应，提高了混凝土的力学性能与耐久性，其作机理主要有：

①粉煤灰增强效应。混凝土中掺入粉煤灰可以大大提高混凝土的强度，主要是粉煤灰在混凝土中发挥了滚珠效应、填充效应和火山灰效应，所得混凝土的内部结构更为致密，从而提高混凝土的强度。

②纤维阻裂效应。掺入适量的聚丙烯纤维，可以在混凝土中产生数以千万计的细小纤维，降低混凝土表面泌水与集料的沉降，使混凝土中有害孔隙量大大降低，同时纤维可以承担部分应力，可使混凝土因收缩而引起的应力减小，其阻裂作用显著。可以说纤维的掺入减少了混凝土的原生裂缝，改善混凝土的内部结构，因而提高了混凝土的抗裂、抗渗、抗冻、耐磨等

性能。

③纤维与粉煤灰的复合超叠加效应。在混凝土工作性方面，纤维有增稠效应，可降低混凝土的流动性，而粉煤灰有减水作用，两者的共同存在可以弥补纤维混凝土流动性差的不足；在混凝土的基材界面方面，纤维-基材界面往往比普通基材有更高的水灰比，造成纤维-基材表面呈弱界面，这对强度不利，粉煤灰的掺入可以改善混凝土的界面，提高强度，弥补了纤维对混凝土强度的影响。纤维、粉煤灰复掺充分发挥了纤维、粉煤灰两者的优势，弥补了单掺的不足，能够产生超叠加综合效应。

406 普通防水混凝土的定义与特点是什么？

一、定义

普通防水混凝土又称结构自防水混凝土，是以调整材料配合比的方法来提高自身密实性和抗渗性要求的一种混凝土。

普通防水混凝土防水的原理是，从材料配制和施工两个方面抑制与减少混凝土内部孔隙的生成，改变混凝土内部孔隙的形状和大小特征，使混凝土不依赖其他附加防水措施，仅靠提高混凝土自身的密实性来达到防水的目的。

二、特点

（1）配制、施工简便，材料来源广泛。
（2）强度高，抗渗性能、抗渗压力较好。

三、适用范围

一般工业、民用建筑及公共建筑的地下防水工程。

407 渗透结晶型外表面涂层对混凝土耐久性的防护作用是什么？

混凝土由于原材料来源广泛、价格低廉、性能优越等特性，今天已经成为工业与民用建筑、港口码头、道路桥梁等多种多样工程建设首选的建筑材料。但长期以来，工程技术人员对混凝土耐久性问题缺乏认识，普遍认为混凝土结构的使用寿命无须维护可达 40～50 年。直至 20 世纪 80 年代后，由于各种原因许多工程使用不到 20 年，就已经出现不同程度的破坏，混凝土过早劣化的问题才得到普遍重视，也投入了大量的人力、物力，对涉及耐久性问题进行研究和处理。

造成混凝土劣化的主要原因依次排列为钢筋锈蚀、冻融循环、碱-集料反应以及硫酸盐侵蚀等方面。以上几种原因里，膨胀和开裂的原因都与水有关，同时水也是侵蚀性介质（如氯盐、硫酸盐等）扩散进入混凝土体内的载体。因此，阻止水分和侵蚀性介质与混凝土接触也是提高混凝土耐久性的有效方法之一，特别是提高既有建筑的混凝土使用寿命，防止混凝土性能过早劣化的主要方法。

一、涂层材料

可用于混凝土耐久性防护的涂层材料来源很广，但并不都能满足混凝土防护的要求。涂层材料至少应具备以下两个特点：

（1）涂层材料自身由于长期暴露在侵蚀环境和有害介质中，经受风吹、雨打、日晒和多种外界破坏作用，必须具有很好的抗侵蚀性和抗老化性。

（2）涂层材料能与混凝土表面良好地结合，并对下一道外装饰工序和工程的整体外观无不利影响。

有资料介绍某些外表面涂层材料的使用效果，如高弹性的丙烯酸橡胶涂层、硅烷等有机硅涂层等，但丙烯酸橡胶材料、有机硅等材料均为有机材料，本身存在老化等问题，而且有机硅材料难以渗透进入较密实的混凝土中，渗透深度在施工中也不易控制。

水泥基渗透结晶型涂层材料是由普通硅酸盐水泥、精细石英砂和各种特殊的活性物质混配而成的防水防腐材料，涂在混凝土表面能水化并形成大量的凝胶状结晶，它吸水膨胀好比一个"弹性体"起到密实和防护的作用。而且其中含有低分子量的可溶性物质，可通过表面水对结构内部的的浸润，带入内部孔隙中，与混凝土中的 $Ca(OH)_2$ 生成膨胀的硅酸盐凝胶，堵塞了混凝土内部的孔隙，使混凝土结构从表面至纵深逐渐形成一个致密区域，可阻止水分子和有害物质的侵入。

二、混凝土劣化的主要诱因

P. K. Mehta 提出过一种概括混凝土劣化原因的整体论方法和混凝土两阶段损伤模型。任何经适宜捣固和养护良好的混凝土，直到内部的微裂缝与孔隙形成的网络或通道到达混凝土表面之前，基本上都不会透水。当结构承载以及外界环境的侵蚀性作用后，水泥砂浆与粗集料间的过渡区原有的微裂缝就会扩展，这发生在结构-环境相互作用的第一阶段。

一旦混凝土失去水密性，混凝土体内达到水饱和后，对混凝土劣化起决定影响的水和各种离子就很容易侵入，这意味着第二阶段损伤的开始，这时的混凝土由于膨胀、开裂、失重和渗透性增大逐渐劣化。第一阶段相当于损伤的潜伏期，第二阶段相应为损伤在环境作用下逐渐加剧期。

空气中 CO_2 对混凝土的碳化作用和海水或空气环境中的氯离子对混凝土的渗透都会造成混凝土钢筋锈蚀，金属铁氧化后体积急剧膨胀，导致钢筋附近的混凝土层破裂，从而造成结构物的严重破坏。

混凝土的外表面涂层可以有效阻止外界水分子和有害介质对混凝土的侵蚀，防止钢筋锈蚀，并大幅提高混凝土的耐久性，延长结构物使用寿命。

从抗碳化、抗氯离子渗透及抗水压渗透试验表明，水泥基渗透结晶型外表面涂层对混凝土耐久性有较好的防护作用，能有效提高混凝土抗有害介质侵入和抗水分子渗透的能力。

$1.0kg/m^2$ 厚度的涂层可以提高不同龄期混凝土的抗碳化和抗氯离子渗透能力约100%，对抗水压渗透能力的提高更为明显。若再提高涂层厚度，防护能力并不能按比例增长。

水泥基渗透结晶型表面涂层已应用在某些桥梁工程，用于修补桥梁工程在设计或施工过程中混凝土保护层厚度不足可能造成的耐久性破坏隐患。

水泥基渗透结晶型涂层材料由于具有优良的抗老化能力、抗腐蚀能力以及与混凝土的良好结合，可以在各类海港工程、桥梁工程和工业与民用建筑工程的耐久性防护中广泛推广和应用。

408　水泥基渗透结晶型防水材料在地下混凝土防水堵漏工程中的应用如何？

一、地下混凝土建筑物渗漏现象及原因

地下混凝土建筑物主要有：人防地下室、地下停车场、地下机房、地下水池、消防水箱、电梯井等。由于南方多雨潮湿地下水丰富，水压高、工混凝土自身的缺陷及浇筑施工方法不当等原因，地下建筑物渗漏现象比较普遍，常见的有以下几种：

（1）地下剪力墙与底板交界处是渗漏的多发处，这主要是由于底板与墙体成90°交角，是结构突变剪力最大的地方，从而导致裂缝渗漏。

（2）混凝土浇筑方法不当，造成拉裂、麻面、蜂窝、空洞，甚至脱层、露筋引起渗漏。

（3）地下墙体各种穿墙管线和施工工艺不当也是常见的渗漏部位，特别管线穿墙进出口封堵材料及方法不当引起的渗漏居多。

（4）混凝土板内残留的模板碎块、裸露的钢筋、铁丝、塑料袋等有损混凝土结构完整的物质引起渗漏。

（5）极个别的混凝土中砂、石含泥量偏高，混凝土强度等级偏低引起的渗水。

二、地下混凝土建筑物防水材料的选择

随着社会进步和时代的发展，对地下建筑物防水抗渗的要求越来越高，更需要质量好、使用年限久、施工方便、没有污染的防水材料和应用技术。在认真研究了我国现行的防水材料之后，认为使用水泥基渗透结晶型防水材料作为地下混凝土建筑物防水材料，可以克服一些有机防水涂料、卷材因自身的抗老化性、抗污染性差，耐水浸、耐水压差，使用寿命短等缺陷。水泥基渗透结晶型防水材料工作原理是：水泥基渗透结晶防水材料中含有独特的活性化学物质，利用混凝土固有的化学特性及多孔性在水的引导下，以水为载体，借助渗透作用，在混凝土微孔及毛细管中传输、充盈、催化混凝土内的微粒再次发生水化作用，形成不溶性枝蔓状结晶并与混凝土结合成为整体，靠化学机理使混凝土整体起到防水作用，从而使任何方向来的水及其他液体被堵塞，并使混凝土致密、抗渗、防潮，保护钢筋，增加混凝土结构强度，达到永久的防水效果，由于它具有独特的性能，很适合用于地下建筑内（背水面）外（迎水面）面的防水。

三、水泥基渗结晶型防水材料的性能和特点

（1）能长期耐受水压。经科研机构检测，对50mm厚的13.8MPa混凝土试件涂有两层水泥基渗透结晶型防水浓缩剂的试验表明，至少能承受1.2MPa的水头压力。

（2）防水作用永久并具有独特的自我修复能力。该材料是无机物，是靠其特有的枝蔓状结晶体生长使混凝土防水，这种物质在正常情况下，不易老化、变质、涂层不怕穿破。由于水泥基渗透结晶防水材料中具有独特的催化剂，遇水就激活，促使水泥再产生新的晶体，所以被处理的混凝土结构出现新的微缝隙时，一旦有水渗透又会产生新的结晶体把水堵住，起到自我修复作用。

（3）水泥基渗透结晶型防水材料是无毒、无味、无公害的绿色材料。经卫生、环保部门检测，水泥基渗结晶型防水材料为无毒级材料，适用于饮水和食品工业混凝土建筑结构上。

（4）施工方便，使用灵活。产品为粉末材料，经与水混合后可调配成浆料或喷或刷，亦可掺入混凝土中同步搅拌施工，还可以将其干粉干撒并压入未凝固的混凝表层，其可适用地下混凝土建筑物防水施工等。

（5）渗透力强。经水泥基渗透结晶型防水材料防水处理后，开始在混凝土表面附近起化学反应，以后会逐渐深入，12个月后，经测试可深入混凝土内约30mm。

（6）材料耐高低温性能好。耐高温+130℃，耐低温-32℃，并具有耐紫外线幅射、耐氧化、耐碳化、防化学腐蚀、防冻融循环、增强混凝土强度，经处理后可接受别的涂层等优点。

四、水泥基渗透结晶型防水材料的施工工艺要求

（1）不能在雨中或温度低于4℃时施工。

（2）由于水泥基渗透结晶型防水材料在混凝土中结晶形成过程的前提条件是需要湿润，无论新旧混凝土，都应用水浸透，但不能有明水。

（3）新浇筑的混凝土表面在可上人后即可进行水泥基渗透结晶型防水材料的施工。

（4）混凝土浇筑24~72h为进行水泥基渗透结晶型防水材料施工的最佳时段，因为混凝土仍然潮湿，仅需少量预喷水。

（5）混凝土基面应当粗糙、干净以提供充分开放的毛细管以利于渗透。所以对于使用钢模或面层有反碱、尘土、各种涂料、薄膜、油污或其他外来物都必须进行处理，要用凿击、喷砂、酸洗（如用盐酸腐蚀法，必须先用水打湿，酸处理后表面应用水彻底冲净）钢丝刷洗，高压水冲等方法。结构表面如有缺陷、裂缝、蜂窝、麻面等均应修凿、清理，并用水泥基渗透结晶型防水修

补工艺进行修补，不允许混凝土基面有明显的裂缝和空洞。

（6）将水泥基渗透结晶型防水浓缩剂与干净的水调和（水内要求无盐和无有害的成分）。并要掌握好料、水比例（涂刷料——浓缩剂：水 = 5：2；喷涂料——浓缩剂：水 5：3），一般刷喷一层掌握在 $0.65 \sim 0.8 kg/m^2$ 即可。防水等级高的工程则需要涂刷两层，也可以一层浓缩剂，一层增效剂（调制方法同浓缩剂），每平方米总用量应控制在 $0.8 \sim 1.2 kg/m^2$。

（7）喷涂要用专用喷枪，喷时喷嘴距涂层近些，保证能喷进微洞或微缝中。涂刷要用棕刷或半硬的尼龙刷，涂刷时要稍加用力来回纵横地刷，涂层要求均匀，保证各处都要涂到，当需要涂到涂刷第二层时，一定要等第一层初凝仍呈潮湿状态时（24h 内）进行，如太干燥则应先喷洒些水。

（8）养护须用净水在水泥基渗透结晶型防水材料涂层初凝（$3 \sim 4h$ 以后）使用雾状喷水，每天喷养 3 次（楼面及干热气候应多喷几次，防止涂层过早干燥），连续养护 $2 \sim 3d$ 即可。

（9）施工后 24h 内防雨淋、太阳暴晒及污水浸入，地下空气流通差、地面过于潮湿的环境（如封闭的游泳池、水箱、电梯井）需用鼓风机帮助养护。炎热天气露天施工时用湿草袋或湿麻袋覆盖。

（10）对盛装液体的混凝土结构（如游泳池、储水池等待）须养护 3d 之后，再放置 12h，才能灌装液体，对盛装温度特别高或腐蚀性的混凝土结构，需放置 18h 才能灌装。

五、水泥基渗透结晶型防水材料的应用效果

（1）施工简便、方法灵活，缩短工期。对某综合楼为例，该工程总建筑面积多达 $19000 m^2$，$-8m$ 地下人防工程，底板面积 $1200 m^2$ 多，周边剪力墙 $2400 m^2$ 多，底板混凝土垫层浇筑 24h 后，采用涂刷水泥基渗透结晶型防水浆料和干撒粉的方法，仅用 4d 时间，就全部完成底板防水施工。如果采用有机涂料和卷材防水，则需要 4 倍以上的时间，两种防水施工方法工期相差甚多。

（2）防水堵漏，效果明显。水泥基渗透结晶型防水材料中既有缓凝型，也速凝型的修补堵漏剂，它是一种速凝不收缩，高粘结度的防水材料，仅须 $2 \sim 5min$ 就能断水流，封闭裂缝，特别适用背水面防水堵漏。某商场总建筑面积 12000 多 m^2，该处地势低洼，地下水十分丰富，$-6m$ 深地下停车场，在剪力墙与底板相交部位有大小 36 处裂缝和渗漏点，通过采用水泥基渗透结晶型防水修补工艺处理，涂刷浓缩剂后，成功地解决了渗漏的问题。又如某大酒店，$-12m$ 深的三部电梯井，由于水位高等原因，曾先先后后三次用其他防水材料进行防水、堵漏无法克服其渗漏问题。最后通过采用水泥基渗透结晶型防水材料防水堵漏后，仅用 2h 时间就彻底解决了电梯井的渗漏问题。

（3）耐压抗渗，长久防水。由于水泥基渗透结晶型防水材料独特的化学机理，该材料中所含的催化剂的扩散促使混凝土中水泥结晶不断地反复增生。经水水泥基渗透结晶型防水材料防水处理后在混凝土表面起化学反应，以后逐渐深入扩散到混凝土结构深层，不断催化水泥产生新的晶体，并与混凝土结合成有机整体，使整个混凝土结构密实、抗渗、耐压，有效持久地阻隔了来自各个方向的水和液体，使地下混凝土结构始终保持干爽不潮，具有长久彻底抑止漏水的效果。

（4）施工工艺简单，降低工程造价。按设计要求地下防水工程只须涂刷一道水泥基渗透结晶型防水材料即可，无须保护层，施工工艺简单，工序少，材料省。综合造价与采用其他有机防水材料相比较低。从长远经济效益看，更为合算，由于水泥基渗透结晶型防水材料不会老化变质，其防水作用是长久的，用水泥渗透结晶型防水材料防水施工后，只要混凝土结构不出问题就不会出现新的渗漏，而其他有机防水材料，相当一部分存在着抗老化性、抗污染性差、寿命短，经过一定时间后，自然失去防水作用，会引起使用上的不便，需重新返工，造成费用进一步增高和资源的浪费。

（5）无毒无味、绿色环保。水泥基渗透结晶型防水材料没有毒性、没有异味，且不存在污染问题，特别适合水库、储水池等工程。

综上所述，水泥基渗透结晶型防水材料比较适用于地下防水工程，其质量可靠，防水效果理想，造价低，是目前在地下混凝土防水工程中应用较佳的防水材料。

409 污水池抗渗混凝土质量如何控制?

为保证某污水处理厂工程的整体质量，在其工程施工前，我们做了大量的试验工作。现将抗渗混凝土的质量控制介绍如下。

一、严格控制原材料质量

（一）水泥

选用强度等级 42.5 级普通硅酸盐水泥，一般防渗混凝土在设计中的性能指标有两项，即较低的抗压强度等级（C20）和较高的抗渗等级（P8）。但在施工中，稍有不慎，两种性能指标就很难协调统一。为了解决这一矛盾，应适当地提高混凝土的抗压强度，并选用合适的外加剂。

（二）集料

混凝土的细集料，一般采用水洗砂，细度模数为 2.3 ~ 3.0 的中砂，含泥量不应大于 3%，云母等杂质含量不应大于 1%；混凝土的粗集料为粒径 5 ~ 20mm 卵石，含泥量不应大于 1%。

（三）外加剂

UEA 膨胀剂。

二、优化混凝土配合比设计，确保抗渗混凝土的内在质量

污水只有通过净化处理，使水质达到环保部门规定的标准后，方可排放。按照设计要求，需建立调节池、氧化池、污水池、沉淀池等全套污水处理设施。这些造型各异的巨型水池均为薄壁钢筋混凝土结构，且混凝土浇筑量很大。其设计特点是抗压强度等级不高（C20），但抗渗等级较高（P8），耐久性要求甚严，对于承受高水压的薄壁结构混凝土而言，若以抗压强度作为主要控制指标，应提高混凝土强度等级，并选用合适的外加剂，再从 10 组候选混凝土配合比试件中精选出一组最优混凝土配合比，作为污水处理工程全套污水处理池用混凝土配合比。

（一）混凝土抗压强度试验

试验材料：42.5 级普通硅酸盐水泥、中砂、卵石粒径 5 ~ 20mm、混凝土强度等级 C30、UEA 膨胀剂。试件尺寸：$100mm \times 100mm \times 100mm$。

试验证明，优选后的配合比为 $C:W:S:G:UEA = 1:0.47:2.0:3.4:0.08$，其中水泥用量 $C = 357kg/m^3$，混凝土各项性能可靠，10 组试件 28d 抗压强度见表 1。

表 1 混凝土抗压强度值

组号	1	2	3	4	5	6	7	8	9	10	平均值
抗压强度	38.2	40.3	45.3	39.6	40.5	36.3	40.4	41.6	45.2	42.0	40.9

（二）混凝土抗渗性能试验

（1）试件尺寸：顶面直径为 175mm，底面直径为 185mm，高度为 150mm。

（2）10 组试件 28d 抗渗试验，每组 6 个试件。

（3）加压：水压 0.1MPa 开始，每隔 8h 增加水压 0.1MPa，每组 6 个试件中均未渗水，以最大水压力测试，10 组试件均达 P10 以上。

通过以上试验的结果可以看出，优选出的那组混凝土配合比试件能同时满足抗压（C30）和抗渗（P8）两项性能指标要求，是由于做了必要的设计变更，这对确保污水池混凝土的抗渗性能起着至关重要的作用。

在承受高水头压力的薄壁混凝土结构施工中，应首先考虑满足抗渗要求，因为这是质量控制的基本目标，而提高混凝土的密实度是其关键所在，这就需要从人员、技术、材料、施工方案、环境等诸多方面采取相应的控制措施。

410 补偿收缩混凝土应用中注意什么？

补偿收缩混凝土的限制膨胀率指标见表 1，限制膨胀率的设计取值见表 2，膨胀剂的适用范围见表 3。

表 1 补偿收缩混凝土的限制膨胀率指标

用途	限制膨胀率（×10⁻⁴）	限制收缩率（×10⁻⁴）
	水中 14d	空气中 28d
用于补偿混凝土收缩	≥1.5	≤3.0
用于后浇带、膨胀加强带和工程接缝填充	≥2.5	≤3.0

表 2 限制膨胀率的设计取值

结构部位	最小限制膨胀率（×10⁻⁴）	最大限制膨胀率（×10⁻⁴）
平板结构	1.5	3.0
梁、墙体结构	2.0	4.0
后浇带、膨胀加强带等填充部位	2.5	5.0

表 3 膨胀剂的适用范围

用途	适用范围
补偿收缩混凝土	地下、水中、海水中、隧道等构筑物，大体积混凝土（除大坝外），配筋路面和板、屋面与厕浴间防水、构件补强、渗漏修补、预应力混凝土、回填槽等
填充用膨胀混凝土	结构后浇缝、隧洞堵头、钢管与隧道之间的填充等
填充用膨胀砂浆	机械设备的底座灌浆、地脚螺栓的固定、梁柱接头、构件补强、加固等
自应力混凝土	仅用于常温下使用的自应力钢筋混凝土压力管

膨胀加强带可部分或全部取代后浇带，膨胀加强带一般设在后浇带的位置上。根据构件厚度，膨胀加强带宽可以 2～3m，应在其两侧用密孔钢丝网将带内混凝土与带外混凝土分开。膨胀加强带可分为连续式、间歇式与后浇式三种形式，如图 1～图 3 所示，墙体后浇式膨胀加强带示意图如图 4 所示。

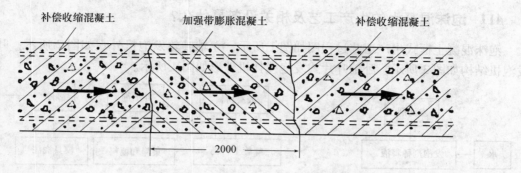

图1 连续式膨胀加强带示意图

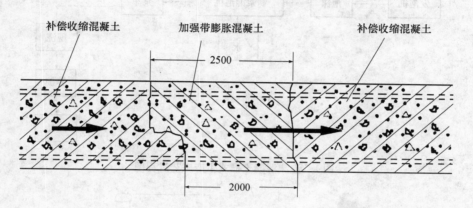

图2 间歇式膨胀加强带示意图

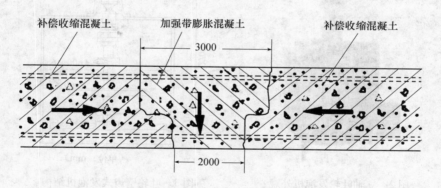

图3 后浇式膨胀加强带示意图

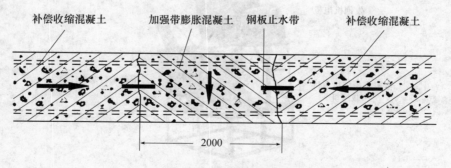

图4 墙体后浇式膨胀加强带示意图

411 泡沫混凝土的生产工艺及相关设备是什么？

泡沫混凝土框式生产工艺过程图如图1所示，立轴叶轮发泡机外观如图2所示，叶轮壁齿式发泡机结构如图3所示，卧轴叶片式发泡搅拌机外形如图4所示。

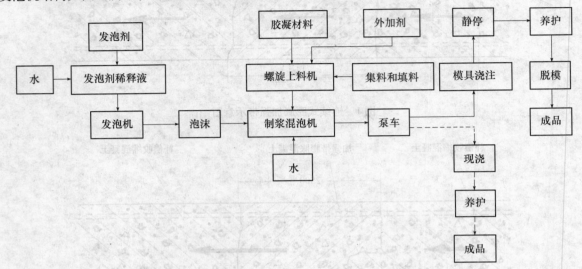

图1　泡沫混凝土框式生产工艺过程图

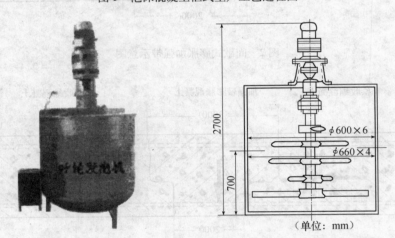

图2　立轴叶轮发泡机外观　　图3　叶轮壁齿式发泡机结构

图4　卧轴叶片式发泡搅拌机外形

412 纤维增强水泥与纤维增强混凝土是什么？

纤维增强水泥与混凝土的相应指标见表1～表8，如图1～图7所示。

表1　增强水泥基体用的纤维的主要力学性能

纤维品种	密度（g/cm³）	抗拉强度（MPa）	弹性模量（GPa）	断裂延伸率（%）
碳钢纤维	7.80	500～2000	200～210	3.5～4.0
不锈钢纤维	7.80	2000	150～170	3.0
金属玻璃纤维	7.20	2000	140	2.0～3.5
抗碱玻璃纤维	2.70	1400～2500	70～75	2.0～3.0
温石棉	2.60	500～1800	150～170	15～18
聚丙烯单丝纤维	0.91	500～600	3.5～4.8	15～20
聚丙烯膜裂纤维	0.91	500～700	5.0～6.0	5～7
高模量聚乙烯醇纤维	1.30	1200～1500	30～35	9～11
改性聚丙烯腈纤维	1.18	800～950	16～20	18～20
尼龙纤维	1.15	900～960	5.0～6.0	3.5
高密度聚乙烯纤维	0.97	2500	117	3.6～4.4
芳纶纤维（Kevlar）	1.45	2800～2900	62～70	4.2～4.4
芳纶纤维（Technola）	1.39	3000～3100	71～77	1.0～1.5
高强度PAN基碳纤维	1.70	3000～3500	200～230	1.0～1.2
沥青基碳纤维	1.60	2100～2500	200～230	
纤维素纤维	1.20	500～600	9.0～10.0	3.0～5.0
剑麻纤维	1.50	800～850	13.0～20.0	1.5～1.9
黄麻纤维	1.03	250～350	26.0～32.0	10.0～25.0
椰子壳纤维	1.13	120～200	19.0～26.0	

表2　纤维增强混凝土成型工艺一览表

工艺类别	制作方法	纤维品种	纤维长度（mm）	纤维取向	水泥基体	水灰比	结构或构件
浇灌	振动法	钢、聚丙烯、聚乙烯醇、聚丙烯腈、尼龙	20～60	3D乱向	混凝土（集料）$D_M=20mm$	0.45～0.50	道路、桥面、某些构件
喷射	湿法	钢、聚丙烯、聚乙烯醇、聚丙烯腈	25～35	2D乱向	混凝土（集料）$D_M=10mm$	0.40～0.45	隧道、地下工程支护，护坡加固等
自密实	免振法	钢、聚丙烯等	20～50	3D乱向	混凝土（集料）$D_M=10mm$	0.35～0.45	地面、某些构件
碾压	振碾法	钢	25～35	2D乱向	混凝土（集料）$D_M=40mm$	0.40～0.45	道路
层布	撒布法	钢	30～100	2D乱向	混凝土	0.45～0.50	道路

表3 钢纤维增强耐火混凝土的配制参考表

胶结剂种类	耐火集料种类	耐火粉料种类	使用温度（℃）	特点
高铝水泥	黏土熟料 高铝熟料一级 高铝熟料二、三级	黏土熟料 高铝熟料一级 高铝熟料二、三级	≤1350 ≤1450 <1400	快硬、高强，有良好抗热震性和较高耐火性
低钙铝酸盐水泥	高铝熟料	高铝熟料一级	<1600	有良好抗热震性，耐火度高、耐磨能力强
磷酸盐	高铝熟料特级、一级 高铝热料二级 黏土熟料一级 刚玉	高铝熟料特级、一级 高铝熟料二级 高铝熟料二级 刚玉	<1650 <1500 <1450 <1650	优于其他耐火混凝土，热震性好，耐压强度稳定，耐冲击力强，化学稳定性好
硅酸盐水泥	黏土熟料、废旧耐火砖	黏土熟料、废旧耐火砖	≤1200	价格便宜，材料易燃
高铝水泥	陶粒 轻质黏土砖块 珍珠岩、轻质高铝砖碎粒	蛭石、砂 黏土粉	≤1100 ≤1300 ≤1300	轻质、隔热

表4 聚丙烯腈纤维的主要性能

主要性能指标	参考值	主要性能指标	参考值
直径（μm）	27	弹性模量（GPa）	17.1
长度（mm）	6，12，20	极限延伸率（%）	15
断面形状	肾形	安全性	无毒材料
纵向外观	有纹理	熔点（℃）	240
密度（g/cm³）	1.18	吸水性（%）	<2
抗拉强度（MPa）	410~910	对碱的反应	50%氢氧化钠溶液、28%的氨溶液，强度几乎不下降

表5 素混凝土与聚丙烯腈纤维混凝土抗渗试验结果

混凝土品种	纤维掺量（kg/m³）	抗渗性（1.5MPa） 渗透高度（mm）	比值	提高值（%）
素混凝土	0	134	1.00	
聚丙烯腈纤维混凝土	0.5	93	0.69	31
聚丙烯腈纤维混凝土	0.8	88	0.66	34
聚丙烯腈纤维混凝土	1.0	87	0.65	35

表6 聚丙烯腈纤维混凝土抗冻性试验结果

混凝土种类	纤维掺量（kg/m³）	50次冻融循环后的强度损失率（%）	比值
素混凝土	0	3.7	1.00
聚丙烯腈纤维混凝土	0.5	0.2	0.054
聚丙烯腈纤维混凝土	1.0	0.4	0.108

表7 钢纤维的主要性能

长度（mm）	规格（mm）	抗拉强度（MPa）	弹性模量（GPa）
30	0.5×0.7	≥550	200

表8　聚丙烯纤维和聚丙烯腈纤维的主要性能

名称	类型	纤维长度（mm）	长径比	密度（kg/m³）	拉伸极限（%）	抗拉强度（MPa）	弹性模量（GPa）
聚丙烯	单丝	16	2100	0.91	15	276	3.79
聚丙烯腈	单丝	6	462	1.18	4~20	>910	≥7.1

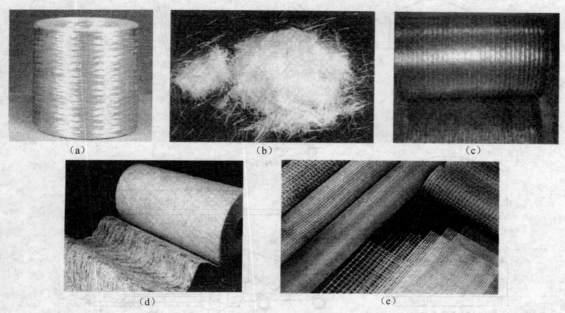

图1　耐碱玻璃纤维增强体的形式

（a）连续无捻粗纱；（b）短切纤维纱；（c）纤维织物——单向纱；（d）纤维织物——纤维毡；（e）纤维织物——网格布

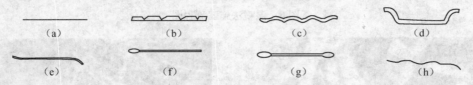

图2　钢纤维外形图

（a）平直形；（b）压痕形；（c）波浪形；（d）端钩形；（e）端钩形；（f）单镦头形；（g）双镦头形；（h）扭曲形

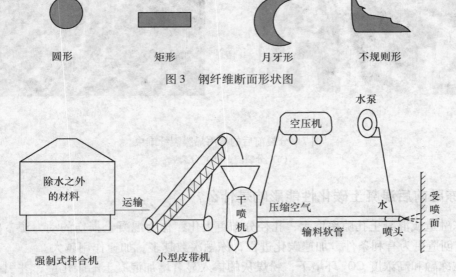

圆形　　　　矩形　　　　月牙形　　　　不规则形

图3　钢纤维断面形状图

图4　干喷法施工流程图

529

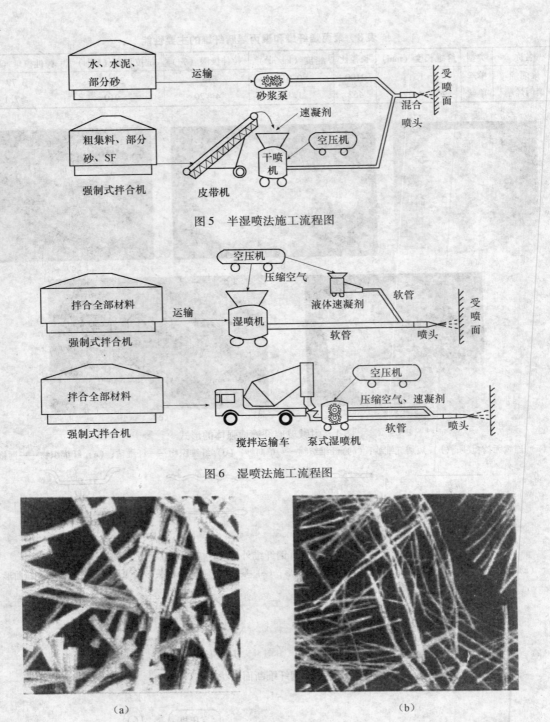

图5　半湿喷法施工流程图

图6　湿喷法施工流程图

（a）　　　　　　　　　　　　　（b）

图7　分裂前后的聚丙烯膜裂纤维束

（a）分裂前；（b）分裂后

413　冻融前后混凝土碳化性能影响是什么？

（1）冻融造成混凝土孔隙率增大，孔径分布更大化；作为混凝土损伤的动力源，冻融为混凝土碳化反应创造更为有利条件，加速碳化进程，冻融次数越多，加速作用越大。

（2）在冻融和高浓度 CO_2 环境下，粉煤灰的掺入显著增加混凝土的碳化量，并引起较大的强度损失，对混凝土结构不利。

530

（3）碳化反应使混凝土抗压强度略有提高（不足 9%），但不足以弥补冻融造成的强度损失；且水灰比越大，强度损失越大。

当实际环境中存在明显冻融和碳化现象时，仅依据试验室单一碳化因素下测定的碳化速度进行使用寿命预测和耐久性设计则显不够安全，必须考虑冻融、碳化以及其他因素的复合作用。

414 橡胶改性高强混凝土基本性能是什么？

以废轮胎橡胶粉作为改性材料，配制橡胶高强混凝土，通过试验研究了橡胶高强混凝土的各种强度性能及耐久性性能，包括抗压强度、劈裂抗拉强度、弹性模量、应力应变关系和抗氯离子渗能力。研究结果表明：橡胶粉的掺入，使高强混凝土的强度有所下降，但同时增强了高强混凝土能量吸收能力，使其高脆性的缺点得到了改善，延性得到了提高。

（1）随着橡胶粉掺量的增加，橡胶高强混凝土材料的密度会下降，但下降的幅度不大。

（2）当橡胶粉掺量较少时（小于 1%），橡胶高强混凝土的坍落度基本不减少；随着胶粉掺量的加大，橡胶高强混凝土材料的坍落度减少。橡胶粉的加入对高强混凝土工作性的影响不大。

（3）橡胶高强混凝土的抗压强度、劈裂抗拉强度和抗折强度基本随橡胶粉掺量的增加而下降。橡胶粉的粒径对高强混凝土的抗压强度、抗折强度影响不明显，劈裂抗拉强度随着橡胶粉粒径的增大而下降。

（4）橡胶高强混凝土的弹性模量随着强度的增长而增长，随着橡胶粉掺量的增大而下降。橡胶粉的粒径对高强混凝土弹性模量的影响不明显。

（5）橡胶高强混凝土的能量吸收能力比普通高强混凝土大，其中 RPC-40-3 的极限压应变比普通高强混凝土增加了 16% 左右。高强混凝土的高弹性模量和高脆性的缺点在一定程度上得到了改善。

（6）橡胶高强混凝土的氯离子渗透性非常低，属于抗渗性和耐久性均很好的混凝土。

415 普通混凝土配合比如何设计？

混凝土配合比设计是根据所选择的原材料决定其合理且经济的定量比例，以满足技术经济要求，保证获得与工艺条件相适应的混合物流动性，并在硬化以后达到要求的性能。本文不对配合比的具体设计过程加以阐述，而仅就我们从事配合比设计的经验和体会给出一些帮助意见。

一、砂率的合理确定

在混凝土的各组分中，砂子填充石子的空隙，水泥与水形成水泥浆，水泥浆包裹在集料表面起胶结作用，并填充砂子的空隙，使混凝土形成一个密实的整体。

在《普通混凝土配合比设计规程》（JGJ/T 55—2000）里，对于中砂和连续粒级石子，根据石子的最大粒径、水灰比给出了相差 5% 的砂率取值范围，《规程》规定，对于细砂或粗砂，可相应地减少或增大砂率，对于单粒级石子，砂率应适当增大。

砂率对混凝土强度的影响，在一定范围内并不明显。因此，合理砂率值主要应根据混凝土拌合物的坍落度及粘聚性、保水性等特征来确定。

作者曾比较过"搭配"试验法、计算法以及美国混凝土协会的 ACI 法等方法，美国混凝土协会的 ACI 法较为准确，但由于和国内标准的衔接问题，具体运用起来有些困难，在比较了国内的几种确定方法后，比较准确实用的方法还是拌合物试验法。具体介绍如下：（1）按砂率值每组相差 2% ~3% 的间隔拌制至少 5 组不同砂率的混凝土拌合物，并保持各组的用水量及水泥用量相同；（2）分别测定每组混凝土的坍落度值，并同时检验其粘聚性及保水性情况（对坍落度值小于 10mm 的干硬性或半干硬性混凝土，应以维勃稠度值作为确定合理砂率值的基础）；（3）用 EX-CEL 作坍落度值-砂率关系图。一般情况下，如砂率过大，集料的总表面积和空隙率都增大，混凝土拌合物显得干稠，流动性较小。如砂率过小，则砂浆量不足，也将降低拌合物的流动性。因此，在图1上将出现一个坍落度的极大值，与此相应的砂率值即为合理砂率值；此外，在水灰比及用水量比较大的情况下，砂率过小会引起混凝土的离析及泌水。此时，坍落度值大而不稳定，以致在关系图上反映不出极大值点来。此时，合理砂率值应为粘聚性及保水性良好，且混凝土坍落度值为最大时所对应的砂率值。

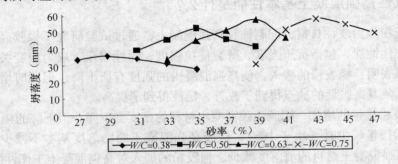

图1　坍落度与砂率的关系曲线

从图1可以看出，坍落度随砂率增大而增大，到最佳砂率时达到最大，然后随砂率的增大而减小，比较几条曲线可以看出，水灰比越大，砂率对坍落度的影响越明显。

在选取5个试配砂率时，对于中砂和连续粒级的石子，可用《普通混凝土配合比设计规程》砂率表的中间值作为5个试配砂率的中间值，再向左右按2%～3%的间隔各确定两个砂率值，作为5个试配砂率，最佳砂率一般都会在5个试配砂率的最大值和最小值之间。对于细砂，可根据砂子细度模数的大小比中砂的5个试配砂率减少3%～6%确定5个试配砂率；对于粗砂，则相反。对于单粒级的石子，一般应增加2%～4%。根据我们的经验，使用最大粒径小于16mm的石子配制混凝土时，最佳砂率变动的范围较大，做5组不同砂率的试验有时不能确定最佳砂率，一般应做7组为宜。

二、使用非连续级配的石子配制混凝土

《普通混凝土用碎石或卵石质量标准及检验方法》（JCJ 53—R92）中要求，单粒级石子宜用于组合成具有要求级配的连续粒级，也可与连续粒级混合使用，以改善其级配或配成较大粒度的连续粒级。不宜用单一的单粒级配制混凝土。如必须单独使用，则应作技术经济分析，并应通过试验证明不会发生离析或影响混凝土的质量。图2描绘的是对两种石子配制的混凝土的坍落形状。

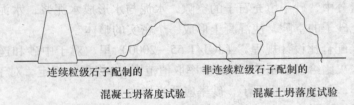

连续粒级石子配制的　　　　　　　非连续粒级石子配制的

混凝土坍落度试验　　　　　　　混凝土坍落度试验

图2　两种石子配制的混凝土的坍落形状

从图2描绘的形状可以看出，非连续粒级石子配制的混凝土体积稳定，坍落度小。在坍落度试验中我们也发现，用非连续粒级石子配制的混凝土容易发生崩塌和一边剪坏现象，而且常发生离析现象，上述现象表明，用非连续粒级石子配制的混凝土大多工作性不佳。

用非连续级配集料时，由于粒级之间的配合间断，骨架作用明显，各组分颗粒间缺少有机的衔接，各组分之间严重分离，缺少中间粒级的传力和阻碍作用，使得粗集料更容易在模内下沉形成分层或是稀水泥浆从拌合物中流失，造成混凝土拌合物不均匀和失去连续性，混凝土发生离析。有人认为非连续粒级石子配制的混凝土，由于其石子粘结面较小，内部缺陷较多，抗压强度要低，根据我们长期、大量使用非连续粒级石子配制混凝土的经验，对于强度小于C35、坍落度不大于50mm的混凝土来讲，石子的级配对混凝土的抗压强度影响不大。

造成非连续粒级石子级配差的原因大多在于5～10mm的小石子缺乏，针对这种情况，对强度不大于C30、坍落度不大于50mm的混凝土，为改善混凝土的工作性能，可采取增加砂率，增加水泥浆的办法纠正，一般可获得良好的工作性。

对配制强度超过C35，坍落度大于50mm的混凝土，使用粒径大于25mm的非连续粒级石子，需掺加外加剂和掺合料，混凝土抗压强度往往比预期的要低。

三、泵送混凝土砂率的确定

为保证泵送混凝土有较好的可泵性，《普通混凝土配合比设计规程》规定，泵送混凝土的砂率宜为35%～45%，宜用中砂，其通过0.315mm筛孔的颗粒含量不应少于15%。规定比非泵送混凝土大的砂率的主要目的，是为混凝土拌合物有足够量的砂浆，以保证泵送混凝土有较高的流动性、可泵性。

在具体确定泵送混凝土的砂率时，由于砂率取值范围较大，很多配制人员感到比较困难，确定砂率总的原则是：外加剂减水效果越好，所需砂率越小；细粉料越多，所需砂率越小；Ⅰ级粉煤灰比Ⅱ级粉煤灰所需砂率要小。

细粉料除了通过提高混凝土的流动性以改善混凝土的可泵性外，还可以在管道的内壁形成附壁层，以减少中心料流的摩擦阻力，提高混凝土的可泵性，但细粉料含量过大也是有害的，因为细粉料需要较多的水，并形成黏稠的混合物，沿管道运动的黏滞阻力增大，使泵送压力增加，导致管道堵塞。当粗集料最大粒径 $D_{max}=31.5mm$ 时，细粉料 350～400kg/m^3 黏滞阻力最小；当粗集料最大粒径 $D_{max}=16mm$ 时，细粉料 400～450kg/m^3 黏滞阻力最小。对于大多数的泵送混凝土，细粉料含量都能满足要求，在具体配制时，可对砂子通过0.315mm的颗粒含量不予控制。

对于坍落度80mm的泵送混凝土，砂率可按下表确定，对坍落度大于80mm的泵送混凝土，可按坍落度每增大20mm，砂率增大1%予以调整。泵送混凝土的合理砂率见表1。

表1　泵送混凝土的合理砂率　　　　　　　　　　　　　　　　　%

水泥＋掺合料用量（kg）	卵石最大粒径（mm）			碎石最大粒径（mm）		
	10	20	40	16	20	40
550	38	36	34	38	37	40
500	39	37	35	39	38	36
450	40	38	36	40	39	37
400	41	39	37	41	40	38
350	42	40	38	42	41	39
300	43	41	39	43	42	35

四、使用特细砂配制混凝土

随着建筑用砂资源的日渐枯竭，特细砂在建筑工程中的应用也日趋广泛。特细砂指的是细度模数小于1.6的砂子，其特点有含泥量、泥块含量大，级配分区为Ⅲ区或Ⅲ区以外，级配差。使用特细砂配制混凝土常见的问题是流动性差，抗压强度低，裂缝较多。

特细砂比表面积大，颗粒多，拌合用水中相当多的水分吸附在砂的表面，使拌合物黏滞度增大，粘聚力增强，很难靠混凝土自重克服结构黏度及限剪应力而产生变形流动。在相同砂重的条件下，较中粗砂混凝土拌合物要消耗较多的水泥浆才能获得相同的坍落度。砂子颗粒表面粘有泥土，减弱了砂子颗粒与水泥浆的粘结力，再加上特细砂混凝土需水量大等因素，从而影响了混凝土的抗压强度。

特细砂混凝土所需水泥用量较大，再加上特细砂含泥量较大等因素，造成混凝土硬化收缩较大，从而使混凝土较易出现裂缝。针对造成特细砂混凝土性能不佳的原因，采取以下对策，可得到一定程度的纠正。

（一）低坍落度

在配制混凝土时，对于施工规范要求 35～50mm 的，使用特细砂混凝土，坍落度达到 10～20mm 即可振捣密实，如果坍落度达到 35～50mm，反倒会在其上表面形成一个较厚的砂浆层。特细砂混凝土所需坍落度较小的原因在于，特细砂混凝土的坍落度并不能很好地反映其工作性，在振捣时，特细砂混凝土易液化，有良好的流动性，易振捣密实。

较小的坍落度，在保持强度不变的条件下，会减少水泥用量，从而也减少了裂缝出现的可能。

（二）低砂率

为保证混凝土有满足要求的粘聚性，混凝土中的砂浆数量通常大幅超过石子间隙，特细砂混凝土的粘聚性通常较好，在配制细度模数 1.0～1.5 的特细砂混凝土时，可在中砂砂率的基础上降低 5%～10%。较低的砂率可有效提高混凝土强度和减少混凝土裂缝。

（三）低水泥用量

使用 32.5 级的水泥配制 C25 及以下的特细砂混凝土，从经济性和技术上是可行的，对于 C30 及以上的混凝土，使用 32.5 级的水泥，水泥用量太大，混凝土易出现裂缝，也不经济。配制 C30 及以上的混凝土，最好使用 42.5 级的水泥，或者添加减水、引气的外加剂。

五、应高度重视混凝土的耐久性

耐久性作为混凝土的一个重要指标，在设计混凝土配合比时应与强度、工作性作同等重要的考虑，不是只对有特殊要求的混凝土才考虑耐久性，而应对所有混凝土均加以考虑。

我们在对主体结构刚刚完成的建筑物的混凝土进行回弹检测中发现，龄期 2～3 个月的混凝土，其碳化深度已达 5～6mm，龄期刚刚 28d 的混凝土最深的碳化深度就多达 4mm，共同的规律是，使用矿渣水泥的混凝土比使用普通水泥的混凝土碳化得快，砂粒粗的比砂粒细的混凝土碳化得快，在使用新标准后的水泥比使用新标准前的水泥浇筑的混凝土碳化要快。这些现象提示我们，在设计配合比时，要高度重视混凝土的耐久性问题，碳化深度一旦超过保护层厚度，钢筋就失去了保护，很容易锈蚀。

混凝土的耐久性取决于渗透性，渗透性是耐久性的第一道防线，渗透性主要取决于水灰比和胶结材料用量，为减小水灰比，可采用掺加引气剂或减水剂的方法，减少用水量，以减小水灰比。为提高耐久性，使用较高的水泥用量会造成较高的建设成本，可采用加入硅粉和矿渣超细粉等矿物超细粉，以降低水泥用量，而达到降低成本、提高耐久性的目的。

我们在检查施工资料的过程中发现，有的施工单位 C15 的结构构件所使用的配合比的水灰比为 0.75，0.75 的水灰比是无法满足结构构件的耐久性要求的，虽然《普通混凝土配合比设计规程》（JGJ 55—2000）中对 C15 的混凝土没有作出最大水灰比和最小水泥用量的限制，C15 的混凝土作为垫层使用可不限制其最大水灰比和最小水泥用量，但作为结构构件，还是必须限制其最大水灰比的。

416 矿物掺合料对混凝土强度和抗氯离子扩散性能的影响是什么？

粉煤灰和矿渣微粉作为当前配制高性能混凝土使用最广泛的活性矿物掺合料，当其各自单独加入混凝土时，对混凝土性能的影响已经有较充分的研究，而两者复合双掺是目前混凝土研究的一个热点。同时混凝土中钢筋锈蚀是引起混凝土结构破坏的主要原因之一。氯离子会破坏混凝土中碱环境下钢筋的钝化膜，从而使钢筋产生锈蚀。因此，氯离子的渗透扩散性是反映混凝土抵抗氯离子侵入和钢筋腐蚀能力的一个重要参数。由于在大多数的工程应用中混凝土的强度等级一般为C20~C30，因此本文研究在水胶比为0.55、不掺加高效减水剂的情况下，粉煤灰、矿渣微粉单掺以及两者复掺时对混凝土强度以及抗氯离子扩散性能的影响。

一、原材料

（1）水泥：32.5级普通硅酸盐水泥，28d抗折强度为6.7MPa，抗压强度为36.1MPa；

（2）粉煤灰：I级粉煤灰，密度为2.34g/cm³，比表面积为512m²/kg；

（3）矿渣微粉：S95级粒化高炉矿渣超细粉，密度2.88g/cm³，比表面435m²/kg；

（4）砂：湘江河砂，细度模数2.7，属II区中砂；

（5）石子：5~31.5mm石灰石碎石，压碎指标为9.86%；

（6）水：自来水；

（7）水泥、粉煤灰、矿渣微粉的化学组成见表1。

表1　水泥、粉煤灰、矿渣微粉的化学组成 W　　　　%

材料	SiO_2	Al_2O_3	Fe_2O_3	CaO	MgO	SO_3
水泥	24.3	4.8	3.8	55.3	4.2	2.4
煤灰	52.7	25.8	9.7	3.7	1.2	5.0
矿渣微粉	34.18	13.80	15.32	26.60	8.14	0.29

二、试验方法

混凝土配合比如2所示。混凝土抗压强度和劈裂抗拉强度测试按照《普通混凝土力学性能试验方法标准》（GB/T 50081—2002）进行，混凝土抗压强度试验的试件尺寸为100mm×100mm×100mm，劈裂抗拉强度试件尺寸为150mm×150mm×150mm。

表2　基准配合比各材料用量　　　　kg

样品	水泥（掺量）	粉煤灰（掺量）	矿渣微粉（掺量）	水	石	砂	W/B	S_P（%）
C0	391（100%）	0	0					
F2	312.8（100%）	78.2（100%）	0					
S2	312.8（100%）	0	78.2（100%）					
2F2S1	312.8（100%）	52.3（13%）	25.8（7%）	215	1148	646	0.55	36
2F1S1	312.8（100%）	39.1（10%）	39.1（10%）					
2F1S2	312.8（80%）	25.8（7%）	52.3（13%）					
3F1S2	273.7（70%）	39.1（10%）	78.2（20%）					
4F1S3	234.6（60%）	39.1（10%）	117.3（30%）					

三、试验结果与讨论

粉煤灰、矿渣微粉掺入混凝土中后，对混凝土各龄期的强度以及氯离子扩散性能都有一定的影响。表3为各配合比试件在不同龄期的测试结果。

表3　混凝土强度和氯离子扩散系数测试结果

样品	抗压强度（MPa）				劈裂抗拉强度（MPa）	氯离子扩散系数（×10⁻¹²）
	3d	7d	28d	56d	28d	28d
C0	13.6	15.1	22.6	26.4	1.30	16.1
F2	10.9	13.9	21.5	27.0	1.41	15.5
S2	11.7	14.9	22.7	27.2	1.68	14.6
2F2S1	10.3	13.6	24.3	27.4	2.12	9.8
2F1S1	11.0	14.0	23.7	28.8	1.96	8.9
2F1S2	9.5	13.2	22.1	29.9	2.11	8.6
3F1S2	7.8	14.1	24.3	27.1	1.82	4.9
4F1S3	8.4	15.4	26.3	27.4	2.28	4.6

（一）混凝土抗压强度（图1，图2）

从图1、图2可见，在本试验的掺量范围和掺合方式中，混凝土的3d，7d抗压强度都比基准混凝土低，即粉煤灰、矿渣微粉的掺入降低了混凝土的早期强度。从图1可以发现，当粉煤灰、矿渣微粉掺量为胶凝材料总量的20%时，粉煤灰、矿渣微粉的各种掺合方式中，3d，7d抗压强度值相差不多，相比之下矿渣微粉单掺时其抗压强度最高，即矿渣微粉对混凝土早期强度的影响较粉煤灰小；在28d时，除粉煤灰单掺的强度比基准混凝土稍低外，其他的掺合方式都比基准的高；在56d时，所有的掺合方式都超过了基准混凝土，在双掺中，随着矿渣掺量的增加抗压强度值逐渐增大。当固定粉煤灰掺量为胶凝材料总量的10%，改变矿渣微粉掺量时的混凝土抗压强度变化规律如图2所示。从图2中可以看出，在3d时，当固定粉煤灰掺量为胶凝材料总量的10%，矿渣微粉掺量越多，其抗压强度值下降较大，但是在7d时这种下降就可以得到改变；28d时，随着矿渣掺量的增多抗压强度逐渐升高。

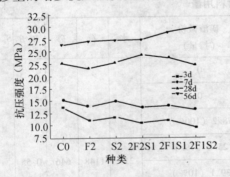
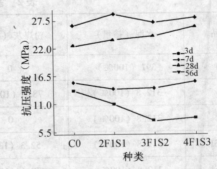

图1　粉煤灰、矿渣微粉掺量为胶凝材料　　　　　图2　固定粉煤灰掺量为胶凝材料总量的10%，
　　　总量的20%时混凝土的抗压强度　　　　　　　　　改变矿渣微粉掺量时混凝土的抗压强度

粉煤灰与矿渣微粉作为活性矿物掺合料，对混凝土的力学性能有一定的影响。由上述混凝土抗压强度可知，在56d以前，当掺量相同时，单掺矿渣微粉要比单掺粉煤灰的效果好，其原因是矿渣微粉的反应活性要优于粉煤灰，矿渣微粉能够提供更多的水化产物，对降低水泥石孔隙率方面有更明显的作用。当粉煤灰和矿渣微粉复合双掺时，其抗压强度变化规律比较复杂。如在粉煤灰、矿渣微粉掺量为胶凝材料总量的20%时，3d，7d抗压强度都较基准混凝土低，但是在固定粉煤灰掺量为胶凝材料总量的10%，矿渣微粉掺量为胶凝材料总量的30%时，混凝土的7d抗压强

度便超过了基准混凝土的抗压强度；在 28d 及以后，所有双掺混凝土的抗压强度都已经超过基准混凝土的抗压强度，发挥出了较好的"超叠加效应"，即取得了比各自单掺时更好的效果。一般来说，粉煤灰和矿渣微粉通过其火山灰效应和微集料效应，能够提高水泥基材料的强度，特别是后期抗压强度，但是并不是在任何情况下都能够提高其强度。当两者复合双掺时，影响因素更多。作者曾经做过水泥净浆、砂浆和其他配合比的混凝土试验，当两者复合双掺时，其抗压强度却始终比基准试件的低。因此，影响粉煤灰矿渣微粉"超叠加效应"发挥的因素很多，这些因素很有可能包括试件成型时的温度、湿度、水泥品种、水胶比以及粉煤灰、矿渣微粉复掺时的比例、掺量以及其本身的物理化学性质。由此可知，要想使得粉煤灰与矿渣微粉双掺时取得较好的效果，各地必须因地制宜，根据各地粉煤灰、矿渣微粉原材料的物理化学性质，经过试验确定促使粉煤灰矿渣微粉"超叠加效应"发挥的最有利条件。

（二）混凝土劈裂抗拉强度（图 3、图 4）

众所周知，混凝土的劈裂抗拉强度很低，一般只有抗压强度的 1/20～1/10，抗压强度愈高，其比值就愈小，这在一定程度上限制了混凝土的应用范围。在普通混凝土结构设计中，劈裂抗拉强度通常不予考虑。但在抗裂性要求较高的结构如油库、水塔、路面以及预应力混凝土构件等的设计中，劈裂抗拉强度却是混凝土抗裂度的主要指标。随着对钢筋混凝土和预应力混凝土裂缝研究的开展，对于提高混凝土劈裂抗拉强度的要求也就日益迫切起来。

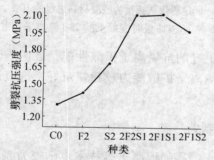 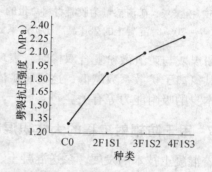

图 3　粉煤灰、矿渣掺量为胶凝材料总量
的 20% 时混凝土的 28d 劈裂抗拉强度

图 4　固定粉煤灰掺量为胶凝材料总量的 10%，改
变矿渣掺量时混凝土的 28d 劈裂抗拉强度

对比图 3、图 4 和图 1、图 2 可以发现：混凝土的 28d 劈裂抗拉强度的变化规律与其 28d 抗压强度的变化规律基本上是一致的。比较混凝土劈裂抗拉强度与立方体抗压强度的比值，可以发现其值在 1/10～1/17 左右，粉煤灰矿渣微粉双掺时其拉压比较高，接近 1/10。因此当粉煤灰和矿渣微粉以适当的比例复合双掺时，可以获得比单掺时更高的拉压比值，发挥出较好的"超叠加效应"。

（三）混凝土氯离子扩散系数

从图 5、图 6 可以看出，粉煤灰、矿渣微粉的掺入数显著降低了混凝土的氯离子扩散系，而且当粉煤灰、矿渣微粉双掺时其值更低。在粉煤灰、矿渣微粉掺量为胶凝材料总量的 20% 时，单掺矿渣微粉的混凝土氯离子扩散系数较掺单粉煤灰的低；两者复合双掺时，矿渣微粉掺量越大其氯离子扩散系数越低。当固定粉煤灰掺量为胶凝材料总量的 10% 时，混凝土的氯离子扩散系数也随着矿渣微粉掺量的增加而降低。在本次试验中，尽管矿物掺合料总量达到胶凝材料总量的 40%，当粉煤灰矿渣微粉的复掺比例为 1∶3 时，其氯离子扩散系数仍然比其他的掺合方式小，表现出了显著的"超叠加效应"。

Cl^- 的渗透性一般由两个基本因素决定，一是混凝土对 Cl^- 渗透扩散的阻碍能力，这种阻碍能力决定于混凝土的孔隙率及孔径分布；二是混凝土对 Cl^- 的物理或化学结合能力，即固化能力。

矿物掺合料的掺入，一方面改善了混凝土的孔结构和级配，孔隙率下降，使孔细化，且混凝土的孔隙率和最可几半径随着矿物掺合料掺量的增加而减小；另一方面改善了混凝土水化产物的组成，掺合料的火山灰效应减少了粗大结晶、稳定性极差的水化产物 $Ca(OH)_2$ 的数量及其在水泥石-集料界面过渡区的富集与定向排列，从而优化了界面结构，并且其二次水化反应能生成更多低碱度的 C—S—H 凝胶。因此矿物掺合料的掺入不但可以改善混凝土的渗透性，提高混凝土的密实度，而且由于孔细化、低碱度的 C—S—H 凝胶的生成，还可以增加混凝土结合 Cl^- 的能力，进而提高其抗氯离子扩散能力。

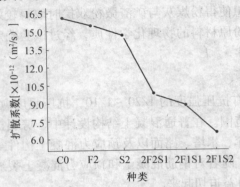

图5　粉煤灰、矿渣掺量为胶凝材料总量的
20%时混凝土的28d氯离子扩散系数

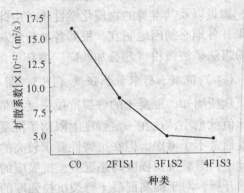

图6　固定粉煤灰掺量为胶凝材料总量的10%，改变
矿渣掺量时混凝土的28d氯离子扩散系数

当粉煤灰与矿渣微粉复合双掺时，表现出比单掺时更好的抗氯离子扩散性能，且矿渣微粉掺量越大其氯离子扩散系数越低，这说明矿渣对混凝土抗氯离子扩散能力较粉煤灰好，这应该与矿渣微粉本身的吸附能力等有关。

417　用于防辐射工程的大体积混凝土如何配制？

随着混凝土技术的发展，泵送混凝土、大体积混凝土、高强混凝土等技术也已较为完善。近年来，由于建筑业的迅猛发展，高层、超高层的建筑随之增多，建筑结构及结构功能日益多样化，各种特种混凝土（如：轻集料混凝土、防辐射混凝土、高性能混凝土等）在工程中的应用也越来越广泛，同时也越来越受到混凝土专业人士的重视。

一、工程概况

武警总医院地下核磁共振构筑物，墙体周长多达70m，墙体厚2400mm、墙高4000mm；顶板厚为1400mm，每个核磁共振构筑物混凝土用量超过600m³，强度等级为C30。该工程位于原有武警总医院门诊楼地下室，由于地下室空间的限制，要求对墙体和顶板分两次进行混凝土浇筑，混凝土不能出现任何裂缝。

工程施工时间为9月中旬，由于工程处在原有建筑物地下室施工环境温度基本稳定。

二、技术难点分析

（1）该工程用混凝土属大体积混凝土的范畴，如何解决大体积混凝土的水化热、降低混凝土的内部升温及内外温差、防止混凝土的温度裂缝是配制混凝土首先要考虑的问题；在此工程中，我们应保证混凝土内外温差控制在25℃之内。

（2）该工程为防辐射工程，不允许设置施工缝，对混凝土的整体性要求很高，而且混凝土一次浇筑量较大，所以如何保证混凝土的整体性，控制混凝土干缩裂缝的发生是要考虑的第二问题。

（3）由于混凝土施工场所在已有建筑物地下室，混凝土只能用泵送的方式进行施工，而且混凝土施工场地狭小，混凝土施工振捣的难度很大，因而要求混凝土有较大的坍落度，砂率不能太低，而这点对控制混凝土裂缝极为不利。

三、技术措施

（1）为有效降低混凝土的水化热，降低混凝土温差裂缝产生的可能性，在配制混凝土时我们考虑以下措施：

①选用P.S32.5水泥配制混凝土，同时在混凝土中掺用缓凝型外加剂，控制混凝土的初凝时间在12~14h的范围内，以降低和延缓混凝土的水化热峰值的出现。

②在混凝土中掺用Ⅱ级粉煤灰，而且尽量选用满足Ⅱ级粉煤灰指标前提下的粗灰，因为经过试验表明，粉煤灰的细度对混凝土的早期强度影响较大。对于同一发电厂的粉煤灰，细度越好，活性越高，混凝土的早期强度也越高，混凝土水化的放热速度越快，因此对该工程宜采用Ⅱ级粉煤灰（注意：用Ⅰ级粉煤灰如果大量提高掺量、降低水泥量，同样也能有效降低混凝土的水化热，但由于该工程为防辐射工程，混凝土中水泥的用量不宜过低，否则防辐射性能会有所影响）。

③通过对原材料的降温降低混凝土的出机温度。主要措施有：控制水泥进场温度，通过对材料洒水进行降温等。

（2）为降低混凝土的干缩，采取以下措施：

①在满足混凝土工作性和泵送性良好的前提下，尽量降低混凝土的胶结料用量，降低混凝土的砂率；根据有关的文献资料表明，混凝土胶结料用量越低、砂率越低，混凝土收缩程度也越低，这与我们的实践经验是相符合的。基于以上原因，结合经验，我们确定混凝土胶结料不大于400kg/m^3，混凝土的砂率不大于43%。

②在配制混凝土时，尽量采用较高减水率的外加剂，降低混凝土的用水量，降低混凝土的水灰比。在水泥用量一定的情况下，混凝土的干缩率与用水量成线性关系；有资料显示混凝土水灰比为0.6是收缩比水灰比为0.4时的收缩约增加40%。

③采取有效的施工和养护措施：良好的施工方法是保证混凝土整体性的重要条件。混凝土的养护条件对混凝土的收缩影响很大，环境的相对湿度越高，对控制混凝土的收缩越有利；环境温度过高、风速过大会加快混凝土失水，进而加大干缩对混凝土的裂缝控制不利。

④采用复合膨胀剂配制补偿收缩混凝土，用混凝土的自身膨胀抵消部分收缩。

对于以上几点措施，我们只能从定性的角度去分析控制混凝土裂缝发生的措施，因此我们还不能完全保证混凝土不出现裂缝。要真正保证混凝土浇筑后不出现裂缝，必须运用钢筋混凝土的防裂原理进行计算，用科学的数字来保证。掺膨胀剂钢筋混凝土的抗裂原理是：使未被抵消的混凝土残余收缩值小于钢筋混凝土的极限拉伸值。计算可按以下五个步骤进行：a. 混凝土中掺加混凝土膨胀剂，测量混凝土的膨胀率（对用于计算的混凝土的膨胀率，我们有自己的确定方法，在下一段中将简单进行描述，仅供参考）；b. 计算施工部位的混凝土配筋率、混凝土的抗拉强度，计算钢筋混凝土的极限拉伸值；c. 计算混凝土内部绝热升温（按最不利的条件考虑），计算混凝土的内外温差，然后计算因温差造成的混凝土收缩率；d. 计算混凝土的干缩率；e. 按原理综合计算，计算结果满足原理要求，混凝土可有效的控制裂缝。

混凝土膨胀率的确定方法：对于混凝土的膨胀率，我们进行了较多的试验，结果发现，即使不掺加膨胀剂的空白混凝土，在水中养护的的条件下，也存在万分之0.5左右的膨胀率，也就是说混凝土膨胀剂存在滥用问题。而在多数实际工程部位中（特别是墙体），混凝土不可能进行水中养护，因而也不存在湿胀问题。因此，如果我们在确定用以裂缝验算的混凝土膨胀率时，用水中的膨胀率来计算是不合理，为了更准确的求得混凝土的实际膨胀率，应对所施工部位的环境进行环境湿度的检测。

四、混凝土配合比

（一）混凝土配合比原材料情况

（1）水泥：选用新港水泥厂生产的 P.S32.5 水泥，碱含量小于 0.6%，其他指标符合 P.S32.5 水泥标准。

（2）粉煤灰：Ⅱ级粉煤灰、性能符合Ⅱ粉煤灰标准；

（3）碎石：C 类集料，5~25mm 连续粒级，指标符合混凝土用石标准；

（4）砂：C 类集料，二区中砂，指标符合混凝土用砂标准。

（5）膨胀剂：复合膨胀剂，具有减水、膨胀、缓凝和功能，性能指标符合相应的标准要求。

（二）配合比情况

混凝土配合比设计参考现行《普通混凝土配合比设计》进行，同时充分考虑以上分析技术措施。经过多次的试验我们最后确定混凝土配合比见表 1。

表1　混凝土配合比强度

强度等级	试配编号	水胶比	砂率	水	水泥	砂	石	粉煤灰	膨胀剂 HEA
C30	76~1	0.460	42	180	274	772	1068	82	35

对选用的混凝土配合比，在用于实际生产前我们通过有关类似混凝土的膨胀率、混凝土劈裂抗拉强度数据积累，及施工单位提供混凝土的配筋率等进行验算，符合有关公式的防裂关系式，说明用该配合比生产的混凝土用于本工程的施工在理论上完全符合抗裂要求。

五、混凝土生产、施工过程中采取的措施

（一）生产过程中的控制措施

（1）严格按混凝土配合比进行生产，控制计量误差在标准要求之内。

（2）在满足混凝土泵送、施工的条件下，尽量控制稳定混凝土坍落度，本工程生产时控制混凝土坍落度为 14~16cm。

（3）为有效降低混凝土的出机温度，我们对集料进行浇水降温，对生产用的水泥经过 10d 以上的贮存，使水泥的温度由进场时的大于 50℃，降低到 40℃ 以上。从而在生产中有效控制混凝土的出机温度在 22℃ 以内。

（4）生产过程中，做好车辆调度工作，安排现场调度随时与搅拌站联系，做到现场不断车，不长时间压车，压车时间不超过 30min，混凝土坍落度损失在 40min 内不大于 20mm。

（二）施工措施

在施工墙体时，我们建议施工单位在混凝土内部设立冷却水管的方式对混凝土进行降温，但由于施工条件的限制，施工单位无法做到上述要求。经过我方与施工方的多次研究讨论，最后确定以下施工措施。

（1）墙体每层的施工厚度为 30cm，确保上下两层浇筑时间在混凝土初凝时间之内。

（2）加强混凝土振捣，明确振捣器有效振捣范围，避免混凝土欠振和过振现象。欠振容易使混凝土产生蜂窝孔洞，过振容易使混凝土离析，不利于混凝土裂缝的控制。同时要注意上下两层混凝土间的振捣，振捣上层混凝土应插入下层 10cm 左右。

（3）建议施工单位准备粒径 6~10cm 低活性集料 15~20t，在墙体每浇筑一层时，往施工部位分散而均匀投入一定量的集料，并必须保证投入的集料事先用凉水湿润和降温。投入的集料起以下几方面作用：①混凝土浇筑后，由于集料温度较低，因而起到混凝土内部温度的作用，②加入的集料粒径；较大，有利于控制混凝土的裂缝；③加入集料后，降低了混凝土整体的砂率，提高墙体的整体强度；④加入集料后，提高混凝土的容重，提高混凝土墙的防辐射性能。

六、混凝土的养护措施

混凝土的养护是保证混凝土整体性最为关键的因素，应给予高度的重视，对于该工程我们提出以下养护措施：

（1）混凝土浇筑完毕后，用事先备好的潮湿的麻袋或草帘挂在混凝土墙壁的周边，以保证混凝土的温度，并带模养护 7d（麻袋或草帘应事先备好，并保证温度与地下温度相同）。

（2）要经常对地面进行浇水，始终保持地下室的地面处在湿润状态，以提高环境的相对温度。

（3）在养护过程中做好混凝土的保温工作，以降低混凝土的内外温差。在混凝土温度达到最高点后的降温过程中，特别要注意降温速度不能过快。

（4）混凝土生产完后的 7d 内，不能直接在混凝土的表面浇水养护，因为混凝土内部温度很高，直接浇水将增加混凝土内外的温差，增加混凝土开裂的危险。

（5）混凝土外模板拆除后，要按规范要求对混凝土保温保温的养护不少于 14d，本工程要求养护时间不少于 28d，最好不要直接浇水。

七、工程质量情况

该工程施工完毕后，混凝土墙体和顶板表面光洁度良；经检测混凝土内部最高温度为 40.8℃，混凝土温差均小于 18℃；混凝土 28d 平均强度为 39.2MPa，符合强度要求：混凝土抗渗等级大于 P12；混凝土施工完毕到现在已有 3 个多月，混凝土墙体和顶板没有出现在任何裂缝，经检验混凝土完全符合防辐射性能的要求。

418 UEA 补偿收缩混凝土结构自防水施工技术应用如何？

一、UEA 补偿收缩混凝土结构自防水的理论和依据

水泥基复合材料的抗拉强度低、韧性差，当干燥条件下或环境温度变化时，混凝土产生收缩，很容易出现开裂、渗水、漏水。研究表明，水泥水化后的绝对体积都要减少，每 100g 水泥净浆的化学减缩值为 7~9mL；如混凝土水泥用量为 $400kg/m^3$ 时，其化学减缩值为 $28~36L/m^3$，其外观体积收缩并不多，主要在混凝土内部形成许许多多的毛细孔缝，每 100g 水泥浆体可蒸发水分约 6mL。如混凝土干燥作用时，毛细孔中的水逸出产生毛细压力，使混凝土发生"毛细收缩"从而引起混凝土的干缩值达 0.04%~0.06%。由于混凝土早期抗拉强度低，极限受拉应变值仅 0.015%~0.03%，故易于产生干缩开裂，造成混凝土渗水、漏水。另外，水泥水化是个放热过程，其水化热为 250~420J/g，对大体积混凝土来说，存在蓄热与放热过程，混凝土绝热温升达到 40~60℃，与环境温度出现温差效应，持续放热时间达 30~60d。研究表明，当混凝土内外温差为 10℃时，产生的冷缩值为 0.01%；当温差达 20~40℃时，其冷缩值为 0.02%~0.04%，这是大体积混凝土开裂的主要原因。

在混凝土掺入适量的 UEA 并替代等量水泥，配制成的补偿收缩混凝土在不影响强度的情况下，能够产生体积膨胀，在有钢筋或邻位限制下，膨胀能作功，产生预压应力，可以抵消或部分抵消限制收缩所产生的拉应力，并推迟收缩的产生过程，混凝土抗拉强度在此期间能获得增长。当混凝土开始收缩时，其抗拉强度已增长到足以抵抗收缩引起的拉应力，从而有效地控制混凝土的开裂，使混凝土结构更为密实，达到不裂不渗的目的。

二、施工实施的方案

（一）严把混凝土原材料质量关，保证原材料质量。

由于本工程底板结构 0.5m 厚，底板面积大，混凝土量大，属大体积混凝土施工范畴，要求

采用水化热较低的水泥拌制，以减少温度裂缝，因而选用 425 级矿渣硅酸盐水泥，控制砂石料的含泥量，坚持对进场的每一批砂、石料进行含泥量级配和水泥的细度模数取样测定，保证混凝土配比原材料符合质量要求。

（二）精心试配，选择最佳混凝土配合比

考虑到混凝土浇灌的现场条件影响，选定防水混凝土配合比较之设计要求的抗渗等级提高一个等级。本配合比由经验比较丰富的广东省建筑工程质量检测中心试配。

（1）原材料

①水泥：525 号矿渣硅酸盐水泥；

②砂：中砂，含泥量≤1%；

③石子：碎石，半径 1～3cm，含泥量≤1%；

④UEA：一级品，内渗 12%；

⑤缓凝泵送剂：FDN-P，掺量为 0.6%，浓度为 1%；

⑥水：自来水。

（2）配合比

①坍落度：16～8cm；

②浇筑方法：泵送；

③配合设计标准差：3.5MPa；

④配合设计配制强度：46.7MPa；

⑤施工配合比：

水灰比：0.40；

含砂率：43%；

水泥 UEA：砂：石：水：FDN-P 0.88：0.12：1.55：2.05：0.4：0.006。

（3）试验结果

①抗渗等级大于 S8；

②28d 抗压强度：48.6MPa；

③在浇筑期间每班都认真跟踪取样，留取试件，进行检验。试验结果，混凝土强度合格率达100%，抗渗等级达到 S10 标准。

④混凝土集中拌制，保证混凝土浇筑连续性。地下室底板分为 3 个独立板块，每块底板混凝土的浇筑量多达 1700m³，设计要求每块底板一次性浇筑完毕。现场配西德产全自动搅拌站，每小时泵送 40m³，同时配备两台 750 搅拌机，用塔吊使用吊斗同时浇筑。

（三）认真布置浇筑方案，保证混凝土的浇筑质量

（1）针对底板混凝土量大，厚度尺寸大，底板的宽度大（36m），浇灌时易形成施工缝。浇筑时必须要沿一头阶梯推进，每次浇筑宽度不得超过 4m。

（2）混凝土的振捣密实度是防水的关键，就此指定专人负责振动混凝土，而且提前在捣承台时进行严格训练。振捣时，应快插慢拔，振点布置均匀成梅花型，点间距 30cm。振动时间以不泛浆，不冒泡为准。振捣时，应尽量不触及模板和钢筋，以防止其移动或变形。

（3）使用插入式振捣完成后，对于平板振动器在混凝土表面振动时，平板器下沉在 1～2cm 为准。

（四）其他措施

（1）底板成型后，要在混凝土表面用抹板进行搓压，以防止表面裂缝的出现（主要是表面沉

542

降裂缝，塑性裂缝），共抹压数遍，而最后一遍抹压，掌握好时间，以凝结时间为准。由于施工现场气温变化，安排一名施工员专门负责此项工作。负责此项工作的管理人员必须做到：对成型的混凝土时刻观察，若发现有裂缝，马上要进行抹压。

（2）混凝土的养护工作是保证 UEA 膨胀混凝土结构自防水质量的重要措施，因而也派专人负责。此管理要和负责抹压混凝土表面的人员配合，抹压最后一遍完毕后，验收认为合格后，先用湿麻袋覆盖作为保温措施，并进行分段蓄水养护。

419　普通混凝土配合设计的步骤是什么？

普通混凝土配合设计的步骤如图 1 所示。

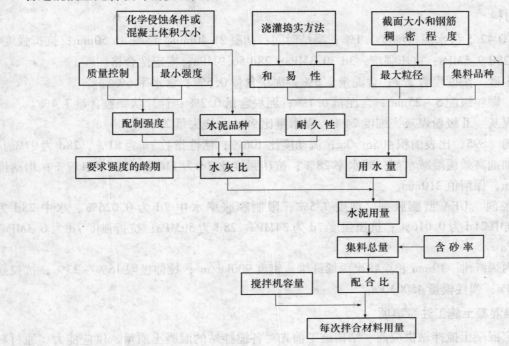

图 1　普通混凝土配合设计的步骤

420　喷射混凝土的主要应用领域是什么？

喷射混凝土的主要应用领域见表 1。

表 1　喷射混凝土的主要应用领域

序号	工程类别	工程对象
1	薄壁结构	薄壳屋顶、墙壁、预应力油罐、蓄水池、运河或灌溉渠道衬砌
2	地下工程	矿山竖井、巷道支护，交通或水工隧洞衬砌，地下电站衬砌
3	建筑结构加固工程	各类砖石或混凝土结构的加固
4	建筑结构修复工程	因地震、火灾或其他因素造成损坏或缺陷的建筑结构的修补，如水池、水坝、水塔、烟囱、冷却塔、住宅、厂房、仓库、海堤等
5	边坡加固或基坑护壁	厂房边坡、路堑、露天矿边坡的加固，控孔桩及各类基坑的护壁
6	耐火工程	烟囱及各种热工炉窑衬里的建造与修补
7	防护工程	各种钢结构的防火防腐层

421 聚丙烯纤维混凝土的构成与性能是什么？

针对如何避免和减少混凝土裂缝的产生，许多单位从裂缝产生的原因入手，研究克服的措施，如调整水泥用量、掺加粉煤灰、掺加阻裂纤维等，以抑制混凝土的塑性收缩，提高混凝土的韧性和延展性。本课题的研究目的是分析在混凝土中掺入聚丙烯纤维对混凝土性能的影响。通过试验、试配，确定抗裂抗渗高性能混凝土配合比的设计原则，结合实际工程对不同聚丙烯纤维掺量、不同膨胀剂掺量、不同约束条件及不同养护条件下的混凝土性能，进行大量对比试验，摸索各种力学性能增长规律，并分析其作用机理，减少混凝土的收缩裂缝，从而提高地下室外墙（楼板）的抗渗能力。

一、原材料

（1）P·O 42.5 级水泥　细度 1.1%；凝结时间：初凝 2h 40min，终凝 4h 50min；抗折强度：3d 5.3MPa，28d 9.5MPa；抗压强度：3d 30.3MPa，28d 56.9MPa；安定性合格。

（2）砂中砂　细度模数 2.7；含泥量 2.5%；泥块含量 0.5%；含水率 6%。

（3）石　颗粒级配 5~25mm；含泥量 0.7%；泥块含量 0.2%；针片状颗粒含量 7.4%。

（4）粉煤灰　Ⅱ级粉煤灰，细度 24%；需水量比 98%；烧失量 2.8%。

（5）矿粉　S95，比表面积 405m²/kg；流动度比 106%；活性指数 7d 为 81%，28d 为 97%。

（6）外加剂高效缓凝减水剂，减水率 28%；抗压强度比 7d 为 116%，28d 为 117%；坍落度增加值 245mm，保留值 210mm。

（7）膨胀剂　UEA 型膨胀剂，细度 7.5%；限制膨胀率水中 7d 为 0.026%、水中 28d 为 0.01%、空气中 21d 为 0.016%；抗压强度 7d 为 34MPa，28d 为 50MPa；抗折强度 7d 为 6.3MPa，28d 为 8.4MPa。

（8）聚丙烯纤维　19mm 长束状聚丙烯纤维，密度 900kg/m³；拉伸极限 15%~23%；抗拉强度大于 500MPa；弹性模量 4500MPa。

二、纤维混凝土施工注意事项

（1）确定混凝土搅拌站供应商　结构施工前先对各搅拌站的混凝土质量、供应能力、原材料等进行详细调查，选择质量有保证的搅拌站。

（2）拌制　在商品混凝土搅拌站拌制混凝土前，由施工单位派人携带聚丙烯纤维，按聚丙烯纤维的使用量，在砂、石、水泥和水均匀拌合后，再加入定量的聚丙烯纤维进行搅拌，搅拌时间的长短以纤维能在混凝土中均匀分布为准，一般为 3~5min，也可先将聚丙烯纤维与砂、石、水泥干拌后再加水湿拌，整个搅拌时间较拌制空白混凝土适当延长 1~2min。

（3）运输及浇筑　纤维混凝土在搅拌站拌制均匀后，使用混凝土搅拌运输车进行运输，应根据浇筑情况选择合适的运输路线，以确保混凝土供应畅通，并在运输搅拌过程中注意控制混凝土停放时间，停放时间不应超过 1h；否则聚丙烯纤维宜在混凝土运至工地后再加入，搅拌车到达浇筑地点，一般应加大马力自转 25s 左右，混凝土经检查合格后才可卸料至混凝土输送泵，泵送入模内，分块分层浇筑，两罐之间的间歇时间不应超过混凝土的初凝时间。

（4）振捣　纤维混凝土的振捣与一般混凝土相同，采用插入式振捣器振捣，第一振点的延续时间应以使混凝土表面呈现浮浆和不再下沉为准，捣固点间距小于或等于 0.5m，振捣器插入下层混凝土的深度大于或等于 0.5m，并在梁、柱节点等钢筋密集部位加强振捣。

（5）表面收浆、抹平后压光　聚丙烯纤维混凝土的初凝、终凝时间较普通混凝土有所增加，宜在其接近初凝前收浆后抹平，并在其终凝前将混凝土表面赶压密实并压光，以防纤维外露，使纤维混凝土表面平整、密实、光滑。

422 中国混凝土搅拌站的现状及其发展方向是什么？

由于我国的城市化进程不断向前推进，预拌混凝土在全国大中城市得到了迅速发展和推广应用，混凝土搅拌站也得到了高速发展。目前我国混凝土搅拌站生产企业众多，产品已形成系列化，但技术水平参差不齐，只有部分产品接近国际先进水平，有些技术已经超过进口混凝土搅拌站的水平，其中部分产品具有自动化程度高、生产能力高、称量精度高、投资少、搅拌质量好，能实现多仓号、多配合比、不间断地连续生产以及主机及其主要元器件的国产化程度高等优点，但我国的混凝土搅拌站还存在着整体技术含量不高、普及率不高、地区差异较大、智能化程度不高和环保性能不高等缺点。

一、我国混凝土搅拌站的优点

（一）可靠性较高

混凝土搅拌站在我国经过十多年的发展，其发展的过程是引进—消化—部分国产—全部国产—改进提高。像一般的混凝土公司连续生产 10000m³ 混凝土是很正常的事，其关键部件如主机、螺旋机、主要控制和气动元件的性能已相当稳定，如搅拌叶片采用独特的高铬高锰合金耐磨材料，轴端支承及密封形式采用独特的多重密封或气密，极大地提高了主机的可靠性能。对常受冲击、易磨损处，如卸料斗、过渡斗等处采用耐磨钢板在里部加强；环型皮带接合处硫化粘结，使用寿命比普通的钢铆接增长 3 倍，这是确保其可靠性高的前提条件。

（二）自动化控制程度较高

2002 年以后，许多混凝土公司开始采用 2 方主机多台并联的方式，解决了在提高生产能力的同时，还保证了一台备用和减少混凝土运输车的等待时间。其控制系统目前大都相对先进和稳定，自动化程度普遍较高，均可全自动长时间不间断地连续生产。控制室里的操作平台及电脑监控可以形象地反映整个生产流程和每个部位的情况，如水泥筒仓的水泥贮备情况、集料仓里的集料贮备、集料的输送和混凝土出料等情况，一旦某个部位出现了问题就可以在最短的时间内发现，并及时加以解决。

所有搅拌站都采用工业计算机控制，既可自动控制也可手动操作，操作简单方便。动态面板显示搅拌站各部件的运行情况，同时可以存储搅拌站的各种数据，按要求打印各类报表资料，存储配方可达几万个以上。控制室配备空调可保证电气元件经久耐用、性能稳定持续可靠，控制系统基本上采用两种方式：一种是双机双控形式，即系统以两台高性能工业计算机组成，一台作为主控生产系统，另外一台作为管理及监控系统兼作主控生产机的备份机，作为主控机系统具有手动及自动功能，控制机与管理机间数据共享，控制机出现故障时可以转换到管理机工作，最大限度地保证系统的持续正常运行；另一种采用工业计算机加配料控制仪表组成，即配料控制仪表数据输入工业计算机，通过板卡或 PLC 可编程序控制器输出执行信号，从而保证系统持续正常运行。在主机卸料口、配料站等关键部件可以设置监视摄像头。

（三）生产能力较高

当前双并联站和多并联站的出现大大提高了各大混凝土公司的生产能力，如 2 台 120 并联站可以把混凝土的年产量提高到 60 万 m³，3 台并联站可以提高到 80 万 m³ 左右，从根本上解决了生产能力不足制约大多数公司进一步发展的问题。

（四）计量精度高

混凝土搅拌站的计量精度分 4 个方面，即集料、水泥、水和外加剂，其中集料的精度一般控制在 ±2% 之内，水泥的精度一般控制在 ±1% 之内，水的精度一般控制在 ±1% 之内，外加剂的精度一般控制在 ±1% 之内。集料的计量一般是采用皮带称、称量斗来进行称量，皮带称为累计称量，称量斗为单独称量或累计称量。水泥及粉料的称量一般是采用称量斗来进行，当有多种粉料时采用累计称量或单独称量。水的计量一般有容积式和称量式两种方式，容积式又分为时间计量方式、定量水表计量方式、涡轮流量仪计量方式；称量式分为自落排水称量装置、加压水泵排水称量装置以及整体式称量桶结构；外加剂的称量有容积式、质量式和脉冲计量表等方式。

无论是集料、粉剂还是水剂的称量，其称量、控制和信号转换元件等均采用进口元件，高精度的传感器、进口微机控制、各秤单独称量或累计称量，完全保证计量的准确且工作性能稳定。

（五）投资省

混凝土公司对搅拌楼的投资相对其他泵送设备而言较少。如投资 1 台 120 站在配置较好的情况下也不会超过 200 万元，2 台 120 并联站也可以控制在 360 万元左右。

（六）搅拌质量好

搅拌主机在工作时传动机构带动两搅拌轴同步反向转动，每个搅拌轴上分别布置 4～8 个搅拌臂及两对侧搅拌臂，其上装有搅拌叶片和刮板，物料投入搅拌机以后通过搅拌叶片、刮板对粗细集料、掺合剂等的搅动使混合料在罐体中间作径向和轴向运动，在两个搅拌轴中间的交叉区域形成对流，实现物料的强烈搅拌，从而使搅拌质量更好、更均匀。

双卧轴强制式搅拌机搅拌能力强、搅拌质量均匀、生产率高，对于干硬性、半干硬性、塑性及各种配比的混凝土搅拌效果好。润滑系统、主轴传动系统均采用全套原装进口，其液压开门机构可根据需要调整卸料门开度。搅拌主机拌轴采用防粘连技术，有效防止水泥在轴上的结块，轴端密封采用独特的多重密封结构，有效防止砂浆泄漏及保证整个搅拌系统的持续长久运行。清洗系统采用高压水泵自动控制加手动控制，各出水孔位于搅拌主轴正上方，提高搅拌的效率，增加水雾，减少粉尘污染，并有效清除水泥结块。

（七）主机及其主要元器件的国产化程度高

近几年来，我国多家搅拌站生产厂家利用吸收国外主机技术相继开发了多个品牌的主机，如具有意大利技术的西门子主机、仕高玛主机、德国 BHS、技术的主机等。在一定程度上解决了我国目前搅拌主机困扰多年的质量缺陷而得不到解决的局面。主要元器件方面目前多采用中外合资或国外独资制造的电器和液压元件，如托利多、施耐德、西门子和欧姆龙等元器件，相对较稳定，从而使国产站的成本有了大幅度降低，而质量和稳定性并不亚于进口搅拌站。

二、我国混凝土搅拌站的缺点

（一）普及率不高，地区差异大

我国的预拌混凝土存在很大的地区差异和不均衡性，如东部地区比西部发达，沿海省份高于内陆省份，发达省份高于不发达省份，在一个省份里省会城市也好于其他地级城市。从总体情况来讲，其普及率相对发达国家较低，虽然国家已经发了强制性的文件，要求在 2005 年 12 月 31 日前全国县级市全部使用预拌混凝土，就目前情况来看可谓任重而道远。

（二）整体技术含量不高

我国搅拌站的整体技术含量较国外发达国家相比还较低，搅拌站生产厂家就目前而言是相对混乱，技术水平相差甚大。

（三）智能化程度不高

搅拌站智能化程度的高低直接反映该站的技术含量高低，在这方面我国的搅拌站只是完成了智能化的初级阶段。

（四）环保性能不高

混凝土搅拌站的污染主要表现在 3 个方面：粉尘、噪声、污水。很多混凝土公司为了节约投资没有很好地解决污染问题，从而造成了我国搅拌站环保性能不高。另一方面由于政府及其行业主管部门在对环保的控制力度上不够大，也是环保性能不高的另一个重要原因。

三、我国搅拌站的发展趋势

（一）智能化

智能化是所有机械设备的最终发展方向，搅拌站也不例外。当前多数制造商在这方面都有很大的投入，但只能说还处于一种比较低的智能化状态。

（二）环保化

在治理粉尘方面要在粉料的输送途径中加以控制，如水泥筒仓上采用进口的除尘器、主楼加装除尘器、螺旋机送料改为风槽送料以及整个站的封闭等都可将粉尘降低到最低程度；可通过提高主机的性能和封闭站，并采取隔音板之类的材料将噪声降到最低；在污染方面要通过多种途径进行治理，如修建废水沉淀池以及二次循环过滤装置和集料的二次使用。

另外所有的粉状物料从上料、配料、计量、投料，到搅拌出料都在密闭状态下进行。全封闭的搅拌主楼及皮带输送机结构极大地降低了粉尘和噪声对环境的污染。采用负压除尘及特种纤维滤布使投料时产生的灰尘完全进入除尘器，而不向周围扩散，而收集到的粉尘又可方便地回收再利用，能有效地保护环境。

（三）偏精度化

高精度化主要指集料、水泥、水和外加剂的计量精度，目前精度还有较大的提升空间。计量的高精度化是我国搅拌站的奋斗目标和发展方向，只有提高了计量精度才能生产出更高强度等级的高强混凝土来。如何提高计量装置的精确度是一个值得探讨的问题。

（四）标准化

搅拌站的标准化是其最终的一个发展方向，任何设备都有标准，全球有国际标准，我国也有自己的行业标准。标准化可从根本上降低产品成本，节约大量的能耗资源，面对当前紧张的自然资源和高能耗低产出的形势，我们呼吁相关行业主管部门及大型企业来推动这项事业。我国虽然有搅拌站的行业标准，但远远不能适应当前搅拌站的发展速度，标准相对滞后，行业标准在一定程度上没有起到引导作用，众多的生产厂家百家争鸣，一家一个标准，造成市场混乱。

（五）国产化

从进口到国产是我国机械设备的发展历程，设备的国产化在很大程度上能降低产品价格，并提高产品的售后服务。进口设备主要是价格昂贵和售后服务不及时，尤其是零配件不能及时供应，针对上述情况国外各大机械制造公司纷纷移址中国组建合资公司或独资公司，这也是一定意义上的国产化，而且可以整体提升我国机械制造业的水平。混凝土搅拌站也不例外，国产化是其发展的必然方向。

（六）中小型化

随着我国城市基础建设的进一步完善，城市建设在相对减少的情况下，混凝土的需求量将会在很大程度上减少，如进一步投入大型搅拌站，成本回收和利润将推迟和减少。从长远眼光来看，中小型搅拌站是一种可能发展的方向。

（七）普及化

西方发达国家的混凝土搅拌站机械化要比我国早20年以上，目前其普及程度已相当高，从城市到乡村都已经实现了混凝土机械化。根据我国目前现状来看，预拌混凝土的普及还需一个漫长的过程，现在只有沿海几个发达省份或者是较为发达的乡村开始普及预拌混凝土，如浙江省绍兴县杨汛桥镇（浙江经济第一镇）已经有 3 家商品混凝土公司，居民建房已经开始使用预拌混凝土。

423 普通混凝土配合比设计应考虑哪些因素？

混凝土配合比设计应包括配合比计算、试配、调整和确定等步骤。配合比计算公式和有关参数表格中的数值均系以干燥状态集料（系指含水率小于 0.5% 的细集料或含水率小于 0.2% 的粗集料）为基准。当以饱和面干集料为基准进行计算时，则应做相应的修正。

一、普通混凝土配合比

（一）混凝土配制强度（$f_{cu,o}$）

$$f_{cu,o} \geq f_{cu,k} + 1.645\delta \tag{1}$$

式中 $f_{cu,o}$——混凝土配制强度，MPa；

$\quad\ f_{cu,k}$——混凝土立方体抗压强度标准值，MPa；

$\quad\quad \delta$——混凝土强度标准差，MPa。

遇有下列情况时应提高混凝土配制强度：

（1）现场条件与试验室条件有显著差异。

（2）C30 级及其以上强度等级的混凝土，采用非统计方法评定。

混凝土强度标准差宜根据同类混凝土统计资料计算确定，并应符合下列规定：

（1）计算时，强度试件组数不应少于 25 组；

（2）当混凝土强度等级为 C20 和 C25，其强度标准差计算值小于 2.5MPa 时，计算配制强度用的标准差应取不小于 2.5MPa；当混凝土强度等级等于 C30 或大于 C30 级，其强度标准差计算值小于 3.0MPa 时，计算配制强度用的标准差应取不小于 3.0MPa；

（3）当无统计资料计算混凝土强度标准差时，其混凝土强度标准差 δ 可按表 1 取用。

表 1 δ 值   N/mm²

混凝土强度等级	低于 C20	C20 ~ C35	高于 C35
δ	4.0	5.0	6.0

（二）水灰比

混凝土强度等级小于 C60 级时，混凝土水灰比（W/C）宜按下式计算：

$$W/C = \frac{\alpha_a \cdot f_{ce}}{F_{cu,0} + \alpha_a \cdot \alpha_b \cdot f_{ce}} \tag{2}$$

式中 α_a，α_b——回归系数；

$\quad\ f_{ce}$——水泥 28d 抗压强度实测值，MPa。

（1）当无水泥 28d 抗压强度实测值时，公式中的 f_{ce} 值可按下式确定；

$$f_{ce} = \gamma_c \cdot f_{ce,g}$$

式中 γ_c——水泥强度等级值的富余系数，可按实际统计资料确定；

$\quad\ f_{ce}$——水泥强度等级值，MPa。

（2）f_{ce} 值也可根据 3d 强度或快测强度推定 28d 强度关系式推定得出。

（3）回归系数 α_a 和 α_b 宜按下列规定确定：

①回归系数 α_a 和 α_b 应根据工程所使用的水泥、集料，通过试验由建立的水灰比与混凝土强度关系式确定；

②当不具备上述试验统计资料时，其回归系数可按表 2 采用。

表2　回归系数 α_a，α_b 选用表

系数 石子品种	碎石	卵石
α_a	0.46	0.48
α_b	0.07	0.30

（4）计算出水灰比后应按表3核对是否符合最大水灰比的规定。

表3　混凝土的最大水灰比和最小水泥用量

环境条件		结构物类别	最大水灰比			最小水泥用量		
			素混凝土	钢筋混凝土	预应力混凝土	素混凝土	钢筋混凝土	预应力混凝土
干燥环境		正常的居住办公用房屋内部件	不作规定	0.65	0.60	200	260	300
潮湿环境	无冻害有冻害	高湿度的室内部件 室外部件 在非侵蚀性土和（或）水中的部件 经受冻害的室外部件 在非侵害性土和（或）水 中且经受冻害的部件 高湿度且经受的室内部件	0.70 0.55	0.60 0.55	0.60 0.55	225 250	280 280	300 300
有冻害和除冰剂的潮湿环境		经受冻害和除冰剂作用的室内和室外部件	0.50	0.50	0.50	300	300	300

注：1. 当用活性掺合料取代部分水泥时，表中最大水灰比及最小水泥用量即为代替前的水灰比和水泥用量。

　　2. 配制 C15 及以下等级的混凝土，可不受本表限制。

（三）每立方米混凝土用水量

每立方米混凝土用水量（m_{wo}）的确定，应符合下列规定：

（1）干硬性和塑性混凝土用水量的确定：

①水灰比在 0.40 ~ 0.80 范围时，根据粗集料的品种、粒径及施工要求的混凝土拌合物稠度，其用水量可按表4、表5选取。

表4　干硬性混凝土的用水量　　　　　　　　　　　　　　　　　　kg/m³

拌合物稠度		卵石最大粒径（mm）			碎石最大粒径（mm）		
项目	指标	10	20	40	16	20	40
维勃稠度（s）	16 ~ 20	175	160	145	180	170	155
	11 ~ 15	180	165	150	185	175	160
	5 ~ 10	185	170	155	190	180	165

表5 塑性混凝土的用水量 kg/m³

拌合物稠度		卵石最大粒径（mm）				碎石最大粒径（mm）			
项目	指标	10	20	31.5	40	16	20	31.5	40
坍落度（mm）	10~30	190	170	160	150	200	185	175	165
	35~50	200	180	170	160	210	195	185	175
	55~70	210	190	180	170	220	205	195	185
	75~90	215	195	185	175	215	215	205	195

注：1. 本表用水量系采用中砂时的平均取值，采用细砂时，每立方米混凝土用水可增加 5~10kg；采用粗砂时，则可减少 5~10kg。

2. 掺用各种外加剂或掺合料时，用水量应相应调整。

②水灰比小于 0.40 的混凝土以及采用特殊成型工艺的混凝土用水量应通过试验确定。

（2）流动性和大流动性混凝土的用水量宜按下列步骤计算：

①以表5中坍落度90mm的用水量为基础，按坍落度每增大20mm用水量增加5kg，计算出未掺外加剂时的混凝土用水量：

②掺外加剂时的混凝土用水量可按下式计算：

$$m_{wa} = m_{wo}(1 - \beta) \qquad (3)$$

式中 m_{wa}——掺外加剂混凝土每立方米混凝土的用水量，kg；

m_{wo}——未掺外加剂混凝土每立方米混凝土的用水量，kg；

β——外加剂的减水率，%。

③外加剂的减水率应经试验确定。

（四）每立方米混凝土的水泥用量

每立方米混凝土的水泥用量（m_{co}）可按下式计算：

$$m_{co} = \frac{m_{wo}}{W/C} \qquad (4)$$

式中 W/C——水灰比。

计算出每立方米混凝土的水泥用量后，应查对表3，是否符合最小水泥用量的要求。

（五）混凝土砂率

当无历史资料可参考时，混凝土砂率的确定应符合下列规定：

（1）坍落度为 10~60mm 的混凝土砂率，可根据粗集料品种、粒径及水灰比按表6选取。

表6 混凝土的砂率表

水灰比（W/C）	卵石最大粒径（mm）			碎石最大粒径（mm）		
	10	20	40	16	20	40
0.40	26~32	25~31	24~30	30~35	29~34	27~32
0.50	30~35	29~34	28~33	33~38	32~37	30~35
0.60	33~38	32~37	31~36	36~41	35~40	33~38
0.70	36~41	35~40	34~39	39~44	38~43	36~41

注：1. 本表数值系中砂的选用砂率，对细砂或粗砂，可相应地减少或增大砂率；

2. 只用一个单粒级粗集料配制混凝土时，砂率应适当增大；

3. 对薄壁构件，砂率取偏大值；

4. 本表中的砂率系指砂与集料总量的质量比。

（2）坍落度大于 60mm 的混凝土砂率，可经试验确定，也可在表 6 的基础上，按坍落度每增大 20mm，砂率增大 1% 的幅度予以调整。

（3）坍落度小于 10mm 的混凝土，其砂率应经试验确定。

（六）粗集料和细集料用量

粗集料和细集料用量的确定，应符合下列规定：

（1）当采用重量法时，应按下列公式计算：

①
$$m_{co} + m_{go} + m_{so} + m_{wo} = m_{cp} \tag{5}$$

②
$$\beta_s = \frac{m_{so}}{m_{go} + m_{so}} \times 100\% \tag{6}$$

式中　m_{co}——每立方米混凝土的水泥用量，kg；

m_{go}——每立方米混凝土的粗集料用量，kg；

m_{so}——每立方米混凝土的细集料用量，kg；

m_{wo}——每立方米混凝土的用水量，kg；

β_s——砂率，%。

m_{cq}——每立方米混凝土拌合物的假定质量（kg），其值可取 2350～2450kg。

（2）当采用体积法时，应按下列公式计算：

①
$$m_{co}/\rho_c + m_{go}/\rho_g + m_{so}/\rho_s + m_{wo}/\rho_w + 0.010\alpha = 1 \tag{7}$$

②
$$\beta_s = \frac{m_{so}}{m_{go} + m_{so}} \times 100\% \tag{8}$$

式中　ρ_c——水泥密度，kg/m³，可取 2900～3100kg/m³；

ρ_g——粗集料的表观密度，kg/m³；

ρ_s——细集料的表观密度，kg/m³；

ρ_w——水的密度，kg/m³，可取 1000kg/m³；

α——混凝土的含气量百分数，在不使用引气外加剂时，α 可取 1。

（3）粗集料和细集料的表观密度（ρ_g、ρ_s）应按现行行业标准《普通混凝土用碎石或卵石质量标准及检验方法》（JGJ 53）和《普通混凝土用砂质量标准及检验方法》（JGJ 52）规定的方法测定。

外加剂和掺合料的掺量应通过试验确定，并应符合国家现行标准《混凝土外加剂应用技术规范》（GB 50119）、《粉煤灰在混凝土和砂浆中应用技术规范》（GBJ 28）、《粉煤灰混凝土应用技术规程》（GBJ 146）、《用于水泥与混凝土中粒化高炉矿渣粉》（GB/T 18046）等的规定。

长期处于潮湿环境和严寒环境中的混凝土，应掺用引气剂或引气减水剂。引气剂的掺入量应根据混凝土的含气量要求并经试验确定，混凝土的最小含气量应符合表 7 的规定；混凝土的含气量亦不宜超过 7%。混凝土中的粗集料和细集料应做坚固性试验。

表7　长期处于潮湿和严寒环境中混凝土的最小含气量

粗集料最大粒径（mm）	最小含气量（%）
40	4.5
25	5.0
20	5.5

注：含气量的百分比为体积比。

二、试配

进行混凝土配合比试配时应采用工程中实际使用原材料。混凝土的搅拌方法，宜与生产时使用的方法相同。混凝土配合比试配时，每盘混凝土的最小搅拌量应符合表 8 的规定；当采用机械搅拌时，其搅拌量不应小于搅拌机额定搅拌量的 1/4。

表8　混凝土试配的最小搅拌量

集料最大粒子（mm）	拌合物数量（L）
31.5 及以下	15
40	25

按计算的配合比进行试配时，首先应进行试拌，以检查拌合物的性能。当试拌得出的拌合物坍落度或维勃稠度不能满足要求，或粘聚性和保水性不好时，应在保证水灰比不变的条件下相应调整用水量或砂率，直到符合要求为止，然后提出供混凝土强度试验用的基准配合比。

混凝土强度试验时至少应采用三个不同的配合比。当采用三个不同的配合比时，其中一个应为上述所确定的基准配合比，另外两个配合比的水灰比，宜较基准配合比分别增加和减少 0.05；用水量应与基准配合比相同，砂率可分别增加和减少 1%。

当不同水灰比的混凝土拌合物坍落度与要求值的差超过允许偏差（《混凝土质量控制标准》GB 50164）时，可通过增、减用水量进行调整。制作混凝土强度试验试件时，应检验混凝土拌合物的坍落度、维勃稠度、粘聚性、保水性及拌合物的表现密度，并以此结果作为代表相应配合比的混凝土拌合物的性能。进行混凝土强度试验时，每种配合比至少应制作一组（三块）试件，标准养护到 28d 时试压。

需要时可同时制作几组试件，供快速检验或较早龄期试压，以使提前定出混凝土配合比供施工使用。但应以标准养护 28d 强度或按现行国家标准《粉煤灰混凝土应用技术规程》（GBJ 146）、《粉煤灰在混凝土和砂浆中应用技术规程》（JGJ 28）等规定的龄期强度的检验结果为依据调整配合比。

三、配合比的调整与确定

根据试验得出的混凝土强度与其相对应的灰水比（C/W）关系，用作图法或计算法求出与混凝土配制强度（$f_{cu,o}$）相对应的灰水比，并应按下列原则确定每立方米混凝土的材料用量；

（1）用水量（m_w）应在基准配合比用水量的基础上，根据制作强度试件时测得的坍落度或维勃稠度进行调整确定；

（2）水泥用量（m_c）应以用水量乘以选定出的灰水比计算确定；

（3）粗集料和细集料用量（m_g 和 m_s）应在基准配合比的粗集料和细集料用量的基础上，按选定的灰水比进行调整后确定。

经试验确定配合比后，尚应按下列步骤进行校正：

①应根据上述确定的材料数量按下式计算混凝土的表观密度计算值 $\rho_{c,c}$：

$$\rho_{c,c} = m_c + m_g + m_s + m_w \tag{9}$$

②应按下式计算混凝土校正系数 δ：

$$\delta = \rho_{c,t}/\rho_{c,c} \tag{10}$$

式中　$\rho_{c,t}$——混凝土表观密度实测值，kg/m^3；

$\rho_{c,c}$——混凝土表现密度计算值，kg/m^3。

③当混凝土表观密度实测值与计算值之差的绝对值不超过计算值的 2% 时，按上述确定的配合比即为确定的设计配合比；当二者之差超过 2% 时，应将配合比中每项材料用量均乘以校正系

552

数 δ，即为确定的设计配合比。根据本单位常用的材料，可设计出常用的混凝土配合比备用；在使用过程中，应根据原材料情况及混凝土质量检验的结果予以调整。但遇有下列情况之一时，应重新进行配合比设计：

 a. 对混凝土性能指标有特殊要求时；

 b. 水泥、外加剂或矿物掺合料品种、质量有显著变化时；

 c. 该配合比的混凝土生产间断半年以上时。

424 有特殊要求的混凝土配合比设计如何进行？

有特殊要求的混凝土有抗渗混凝土、抗冻混凝土、高强混凝土、泵送混凝土和大体积混凝土等。这些混凝土配合比计算、试配的步骤和方法，除应遵守上述规定外，对于所用原材料和一些参数的选择，均有特殊的要求。

一、抗渗混凝土

抗渗等级等于或大于 P6 的混凝土，简称抗渗混凝土。所用原材料应符合下列规定：

（1）粗集料宜采用连续级配，其最大粒径不宜大于 40mm，含泥量不得大于 1.0%，泥块含量不得大于 0.5%；

（2）细集料的含泥量不得大于 3.0%，泥块含量不得大于 1.0%；

（3）外加剂宜采用防水剂、膨胀剂、引气剂、减水剂或引气减水剂；

（4）抗渗混凝土宜掺用矿物掺合料。

抗渗混凝土配合比的计算方法和试配步骤除应遵守普通混凝土的规定外，尚应符合下列规定：

①每立方米混凝土中的水泥和矿物掺合料总量不宜小于 320kg；

②砂率宜为 35%～45%；

③供试配用的最大水灰比应符合表 1 的规定。

表 1　抗渗混凝土最大水灰比

抗渗等级	最大水灰比	
	C20～C30 混凝土	C30 以上混凝土
P6	0.6	0.55
P8～P12	0.55	0.50
P12 以上	0.50	0.45

掺用引气剂的抗渗混凝土，其含气量宜控制在 3%～5%。进行抗渗混凝土配合比设计时，尚应增加抗渗性能试验，并应符合下列规定：

①试配要求的抗渗水压值应比设计值提高 0.2MPa；

②试配时，宜采用水灰比最大的配合比作抗渗试验，其试验结果应符合下式要求：

$$P_t \geqslant P/10 + 0.2 \tag{1}$$

式中　P_t——6 个试件中 4 个未出现渗水时的最大水压值，MPa；

  P——设计要求的抗渗等级值。

③掺引气剂的混凝土还应进行含气量试验，试验结果应符合含气量为 3%～5% 的要求。

二、抗冻混凝土

抗冻等级等于或大于 D_{50} 的混凝土，称为抗冻混凝土。抗冻混凝土所用原材料应符合下列规定：

（1）应选用硅酸盐水泥或普通水泥，不宜使用火山灰水泥；

553

（2）宜选用连续级配的粗集料，其含泥量不得大于 1.0%，泥块含量不得大于 0.5%；

（3）细集料含泥量不得大于 3.0%，泥块含量不得大于 1.0%；

（4）抗冻等级 D_{100} 及以上的混凝土所用的粗集料和细集料均应进行坚固性试验，并应符合现行行业标准《普通混凝土用碎石或卵石质量标准及检验方法》（JGJ 53）及《普通混凝土用砂质量标准及检验方法》（JGJ 52）的规定；

（5）抗冻混凝土宜采用减水剂，对抗冻等级 $D_1$00 及以上的混凝土应掺引气剂，混凝土的含气量亦不宜超过 7%。

抗冻混凝土配合比的计算方法和试配步骤除应遵守普通混凝土的规定外，供试配用的最大水灰比尚应符合表 2 的规定。进行抗冻混凝土配合比设计时，尚应增加抗冻融性能试验。

表 2　抗冻混凝土的最大水灰比

抗冻等级	无引气剂时	掺引气剂时
F50	0.55	0.60
F100	—	0.55
F150 及以上	—	0.50

三、高强混凝土

强度等级为 C60 及其以上的混凝土，称为高强混凝土。配制高强混凝土所用原材料应符合下列规定：

（1）应选用质量稳定、强度等级不低于 42.5 的硅酸盐水泥或普通硅酸盐水泥；

（2）对强度等级为 C60 的混凝土，其粗集料的最大粒径不应大于 31.5mm，对强度等级高于 C60 的混凝土，其粗集料的最大粒径不应大于 25mm；针片状颗粒含量不宜大于 5.0%，含泥量不应大于 0.5%，泥块含量不宜大于 0.2%；其他质量指标应符合现行行业标准《普通混凝土用碎石或卵石质量标准及检验方法》（JGJ 53）的规定；

（3）细集料的细度模数宜大于 2.6，含泥量不应大于 2.0%，泥块含量不应大于 0.5%。其他质量指标应符合现行行业标准《普通混凝土用砂质量标准及检验方法》（JGJ 52）的规定；

（4）配制高强混凝土时，应掺用高效减水剂或缓凝高效减水剂；

（5）配制高强混凝土时，应掺用活性较好的矿物掺合料，且宜复合使用矿物掺合料。

高强混凝土配合比的计算方法和步骤除了应遵守普通混凝土的规定外，尚应符合下列规定：

①基准配合比中的水灰比，可根据现有试验资料选取；

②配制高强混凝土所用砂率及所采用的外加剂和矿物掺合料的品种、掺量，应通过试验确定；

③计算高强混凝土配合比时，其用水量应低于普通混凝土；

④高强混凝土的水泥用量不应大于 550kg/m³ 水泥和矿物掺合料的总量不应大于 600kg/m³。

高强混凝土配合比的试配与确定的步骤除应符合普通混凝土的规定外，应采用三个不同的配合比进行试配。当采用三个不同的配合比进行混凝土强度试验时，其中一个应为基准配合比，另外两个配合比的水灰比，宜较基准配合比分别增加和减少 0.02 ~ 0.03。高强混凝土配合比确定后，尚应用该配合比进行不少于 6 次的重复试验进行验证，其平均值不应低于配制强度。

四、泵送混凝土

混凝土拌合物的坍落度不低于 100mm 并用泵送施工的混凝土，称为泵送混凝土。泵送混凝土所采用的原材料应符合下列规定：

（1）泵送混凝土应选用硅酸盐水泥、普通硅酸盐水泥、矿渣硅酸盐水泥和粉煤灰硅酸盐水泥，不宜采用火山灰质硅酸盐水泥；

（2）粗集料宜采用连续级配，其针片状颗粒含量不宜大于10%；粗集料的最大粒径与输送管径之比宜符合表3的规定。

表3　粗集料的最大粒径与输送管径之比

石子品种	泵送高度（m）	粗集料的最大粒径与输送管径之比
碎石	<50	≤1:3.0
	50~100	≤1:4.0
卵石	<50	≤1:2.5
	50~100	≤1:3.0
	>100	≤1:5.0

（3）泵送混凝土宜采用中砂，其通过0.315mm筛孔的颗粒含量不应少于15%；

（4）泵送混凝土应掺用泵送剂或减水剂，并宜掺用粉煤灰或其他活性矿物掺合料，其质量应符合国家现行有关标准的规定。

泵送混凝土试配时要求的坍落度值应按下式计算：

$$T_t = T_p + \Delta T \tag{2}$$

式中　T_t——试配时要求的坍落度值；

T_p——入泵时要求的坍落度值；

ΔT——试验测得在预计时间内的坍落度经时损失值。

泵送混凝土配合比的计算和试配步骤除应符合普通混凝土的规定外，还应符合下列规定：

①泵送混凝土的用水量与水泥和矿物掺合料的总量之比不宜大于0.60；

②泵送混凝土的水泥和矿物掺合料的总量不宜小于300kg/m³；

③泵送混凝土的砂率宜为35%~40%；

④掺用引气型外加剂时，混凝土含气量不宜大于4%。

五、大体积混凝土

混凝土结构实体最小尺寸等于或大于1m，或预计会因水泥水化热引起混凝土内外温差过大而导致裂缝的混凝土。大体积混凝土所用的原材料应符合下列规定：

（1）水泥应选用水化热低和凝结时间长的水泥，如低热矿渣硅酸盐水泥、中热硅酸盐水泥、矿渣硅酸盐水泥、粉煤灰硅酸盐水泥、火山灰质硅酸盐水泥等；当采用硅酸盐水泥或普通硅酸盐水泥时，应采取相应措施延缓水化热的释放；

（2）粗集料宜采用连续级配，细集料宜采用中砂；

（3）大体积混凝土应掺用缓凝剂、减水剂和减少水泥水化热的掺合料。

大体积混凝土在保证混凝土强度及坍落度要求的前提下，应提高掺合料及集料的含量，以降低每立方米混凝土的水泥用量。大体积混凝土配合比的计算和试配步骤应符合普通混凝土的规定，并宜在配合比确定后进行水化热的验算或测定。

425　影响混凝土强度的因素有哪些？

一、水泥强度和水灰比、砂率是影响混凝土强度的首要因素

（1）混凝土的受力破坏，主要出现在水泥石与集料的分界面上以及水泥石中，因为这些部位往往存在孔隙和潜在微裂缝等结构缺陷，是混凝土中的薄弱环节。所以，混凝土的强度主要取决于水

泥石的强度及其与集料间的粘结力，而水泥石与集料间的粘结力主要取决于水泥强度。因此，水泥强度是影响混凝土强度的首要因素，也可以说是起决定性作用的因素。水泥强度愈高，粘结力愈强，混凝土强度就愈高，反之混凝土强度就愈低。因此，一定要使用强度符合标准的水泥。

（2）在配合比设计中水灰比、用水量、砂率是三个重要的参数，其中水灰比显得尤为重要。水灰比就是水与水泥的比例，对混凝土的强度和性质起决定性作用。强度、耐久性、抗冻性、抗渗等都与混凝土的密实性有直接关系，而混凝土的密实性取决于混凝土内部含水量的大小，如果水灰比大，混凝土中的用水量就相对加大，在水泥硬化后，残余的一部分水存在于混凝土中，这些游离水慢慢蒸发后，在混凝土内部留下了许多气泡气孔，这些微小气泡把集料与集料隔开，也把水泥与集料隔开。因此，降低了混凝土的强度，增加了混凝土的收缩量，混凝土的密实度也相对降低。水灰比过大，还会使混凝土分层、离析，使混凝土内部产生裂缝。因此，配合比设计时尽量使用最小用水量。冬季施工时，最好使用减水剂。

（3）砂率大小对混凝土的质量有很大影响，特别用细砂时，对混凝土干缩影响较大，表面易产生微裂缝。砂率过大时，混凝土易产生泌水现象，影响混凝土的和易性。因此，混凝土强度也将受到影响。砂率在混凝土配合比设计规范中并没有严格规定，它的最佳含量应与水泥和水组成的砂浆充满石子的空隙再乘以剩余系数（也称拨开系数，一般为 1.1 ~ 1.4），还要参考混凝土的坍落度、石子的种类和粒径及砂的细度而定，在实际应用中不能随意加减。

二、集料状况对混凝土强度的影响

（1）集料的级配和质量，不但对混凝土的和易性有很大影响，而且对混凝土强度也有影响。级配良好质地坚硬的集料，由于其总表面积和孔隙相对较小，不但节约了水泥，还能增加混凝土的密实性和强度，特别是在高强度混凝土中，集料对强度的影响更大。粗集料的表面特征如表面粗糙、多棱角的碎石，能增大集料与水泥浆的粘结力，在水灰比相同的条件下，碎石混凝土比卵石混凝土强度提高 10% 左右。

（2）集料的含泥量和泥块含量对混凝土强度的影响，在相关标准中对集料的含泥量和泥块含量有严格的规定。因为它们能与水泥混杂在一起，包裹在集料的表面，也影响了水泥与集料的粘结。同时泥块夹在水泥颗粒之间也影响了混凝土的凝结，而且后期强度也偏低，它们的危害是很大的，不容忽视。

（3）针、片状颗粒也会对混凝土强度造成损失。针、片状颗粒在拌制过程中会产生较大阻力，影响混凝土的均匀性，而且，在浇筑时又严重影响了混凝土的流动性。针、片状颗粒也容易折断，增大了集料间的孔隙，从而难以密实，间接地影响混凝土强度，所以在施工中一定要严格控制针、片状颗粒集料含量。

（4）集料中有害物质对混凝土强度也有一定影响。集料中的有害物质有云母、轻物质、有机物、硫酸盐和硫化物。云母呈薄片状，表面光滑与水泥石的粘结非常薄弱，会降低混凝土的强度和耐久性。轻物质指砂中表观密度小于 2000kg/m³ 的物质，如煤渣、草根、树叶等，它们的质量轻，颗粒软弱，与水泥石粘结力很差，会使混凝土强度降低。硫化物和硫酸盐在水泥中发生反应，使混凝土发生腐蚀以至破坏。有机物含量多，会延迟混凝土的硬化，影响混凝土强度的增长。

（5）碱-硅酸盐反应，对混凝土的影响是不可忽视的。硅质集料与混凝土中的碱发生潜在碱-硅酸盐反应，使混凝土发生体积膨胀，产生裂纹，降低混凝土强度。碱-集料反应在世界各地造成混凝土工程的严重破坏，包括大坝、桥梁、立交桥、港口建筑、工业与民用建筑，其后果是耗费巨额维修费用或重建费用。

集料在混凝土中起着重要的作用，在使用中一定要对其品质和成分进行检验，必检项目指标达到标准要求时才能配制混凝土，不经检验的集料是不允许使用的。

三、拌合水对混凝土强度的影响

水的质量是影响混凝土强度的重要因素。一般饮用水都可以拌制混凝土。近年来，随着环境

556

的进一步恶化，水质被严重污染。这种被污染的水含有一些化学成分，对混凝土产生很大的危害。这些有害物质有硫化物、硫酸盐、氯化物等，它们不但影响混凝土的和易性和凝结，而且有损于混凝土强度的正常发展，降低混凝土的耐久性，加快钢筋混凝土的腐蚀，导致预应力钢筋的脆断。同时，污染混凝土表面影响观感。因此，对混凝土拌合水尤其受污染的水，须经化验后证明有害于水泥硬化和侵蚀性元素的含量不超标时才能使用。这些需化验的项目有 pH 值、氧化物、硫酸盐、硫化物、不溶物和可溶物。根据混凝土和钢筋混凝土的不同品种的相应要求，不符合要求的水坚决禁止使用于混凝土工程，否则对混凝土的质量将造成一定危害而影响混凝土的强度。

四、硬化时间和养护条件对混凝土强度的影响

（1）混凝土的强度随着龄期的增长而逐渐提高，在正常使用的环境和养护条件下，混凝土早期强度（3~7d）发展较快，28d 可达到混凝土设计强度要求值，以后混凝土的发展逐渐趋于缓慢。因此，加强混凝土早期的养护对混凝土强度的增长有很大好处。

（2）养护条件对混凝土强度发展有很大的影响。混凝土强度的发展是在一定的温度、湿度下，由于水泥的逐渐水化而增长的。在 4~40℃ 范围内，混凝土强度随温度增高而增长。水泥水化越快，强度增长越高；反之，随温度的降低，水泥的水化速度减慢，混凝土强度发展也就较迟缓。当温度低于 0℃ 时，水泥水化基本停止，而且因为结冰使体积膨胀、结构疏松而降低混凝土强度。有时，则会导致更大的破坏。混凝土在硬化过程中由于水泥水化需要保持一定的湿度。如果环境干燥、湿度不够会导致混凝土失水，使混凝土结构不密实，产生干缩、裂缝，严重影响混凝土强度。因此，在施工过程中，应根据原材料、配合比、浇筑部位和季节等具体，情况制定合理的施工技术方案，采取有效的养护措施，保证混凝土强度的正常增长。

五、施工条件和外加剂对混凝土强度的影响

混凝土工程的施：正主要工序是搅拌、运输、浇筑、振捣成型，最后经养护达到完成。每一道工序都有它的技术要求，不按规范自行其事都将给混凝土强度带来不利影响。

混凝土的搅拌是实现配合比设计的最终目的，满足施工要求的和易性是混凝土搅拌的重要环节。搅拌就是将几种材料拌合均匀的过程，搅拌时间过短，混凝土搅拌不均匀，强度和和易性降低，搅拌时间过长会使不坚硬的集料发生破碎，反而降低强度，因此，搅拌时间不宜超过规定时间的 3 倍。

加料的顺序也影响混凝土强度，常规投料方式有二种，有一次投料法和二次投料法两种。二次投料法又分为水泥裹砂法、预拌水泥砂浆法和预拌水泥浆法三种。水泥裹砂法是先加入一定量的水，将砂表面的含水量调节到某一定值，再将石子加入与湿砂一起搅拌均匀，然后投入全部水泥，与湿润后的砂、石搅和，使水泥在砂、石表面形成低水灰比的水泥浆，最后将剩余的水和外加剂加入，搅拌成混凝土。这种工艺与一次投料法相比强度可提高 20%~30%，混凝土和易性也较好；预拌水泥砂浆法是将水泥、砂和水加入搅拌机内拌合均匀，再加入石子搅拌成混凝土，此法与一次性投料法相比可减水 4%~5%，提高混凝土强度 3%~8%；预拌水泥浆法是将水泥和水充分搅拌成均匀的水泥净浆，再加入砂、石搅拌成混凝土，可改善混凝土内部结构，减少离析，节约水泥 10% 或提高混凝土强度 15%。

浇筑混凝土拌合物时，必须充分捣实，才能得到密实而坚硬的混凝土。如振捣不密实，会出现蜂窝、麻面影响混凝土强度。捣实的方法有两种：人工捣实和机械振捣。同样的混凝土拌合物，机械振捣比人工捣固的质量高，所以最好采用机械振捣。

一般来说，振捣的时间愈长，混凝土愈密实，强度愈高。但对流动性较大的塑性混凝土，振捣时间过长，会使混凝土产生泌水、离析现象，质量不均匀，强度降低，而干硬性混凝土振捣时间应长。

混凝土外加剂对混凝土强度的影响也是不容忽视的，在混凝土外加剂性能指标中有一项重要的共性指标 28d 抗压强度比，一等品≥95%，合格品≥85%。就此指标而言，混凝土外加剂显示

了它对混凝土强度的负面作用。因此，在混凝土外加剂实际应用中应引起注意。

以上谈了影响混凝土强度的主要因素，在混凝土工程中要严格掌握，处处按标准、规范施工，决不可忽视它的科学性和技术性，以免造成工程质量问题。

426　如何进行混凝土的配合比设计、试配与调整？

混凝土配合比的设计一般应遵循下列原则：

（1）除了化学外加剂外，原材料应尽量就地取材。

（2）减少用水量。在满足和易性的前提下，当水泥用量不变时，用水量越少，混凝土密实性越好，收缩越小；当水灰比不变时，用水量越少，水泥用量越省（当然要满足强度要求），混凝土体积变化（收缩）越小。

（3）掺用优质的矿物掺合料和化学外加剂，以保证拌合物有足够的工作性和稳定性。化学外加剂可以改善混凝土的许多性能，前面已经分别作了介绍，可根据需要进行选择。从混凝土配合比设计来说，优质的矿物掺合料有两个非常突出的作用：一是可以显著地改善新拌混凝土的工作性，特别是可以提高新拌混凝土的稳定性。例如，可以减小离析和泌水、减小坍落度损失等；二是可以平衡混凝土中水泥浆体含量与强度的矛盾。这一点在配制低强度等级的混凝土时特别重要。对于矿物掺合料的这两个作用，应充分加以利用。

（4）加大石子粒径。石子最大粒径越大，对调节集料的堆积状态越有利，总表面积越小，因而需包裹的水泥浆越少，混凝土的密度与强度越高。石子最大粒径的选用受构件断面尺寸和钢筋间距的限制，泵送混凝土还受泵送管内径尺寸的限制，一般应小于或等于1/3泵送管内径。当配制高强混凝土时，石子的最大粒径还需考虑混凝土强度等级的限制。

（5）加大石子用量。在保证混凝土拌合物的粘聚性与和易性的条件下，加大石子用量可以提高混凝土强度。加大石子用量的途径之一是设计合适的集料级配。

（6）应考虑一些技术规范的限制，如最大水灰比的限制、最小水泥用量的限制等。

混凝土配合比设计还应考虑现场原材料的性质和施工方法，配合比设计最终要满足：

①对混凝土的设计强度要求。

②对混凝土的耐久性要求。即要考虑混凝土所处的自然环境与使用条件，选择相应的水泥品种、掺合材料、外加剂、集料级配等。

③施工和易性要求。避免因施工操作困难而影响混凝土质量。

④一些技术规范的要求。

混凝土配合比设计一般步骤为：

①计算混凝土施工配制强度。计算中要利用施工单位此前一段时间的配制资料，以控制误差。

②根据所用水泥强度等级、集料种类和混凝土试配强度确定水灰比。

③根据施工振捣方法与和易性要求，选定坍落度，确定用水量，进而确定水泥用量。要注意不应突破最大水灰比及最小水泥用量的规定。

④根据集料品种、规格与混凝土水灰比确定砂率。

⑤确定每立方米混凝土的砂、石用量。可以使用重量法，也可以使用体积法。

完成以上配合比设计后即可进行试配。试配时应当采用实际工程中使用的原材料、与实际工程中相同的搅拌方法、搅拌时间，且每盘混凝土搅拌量不应过少，集料最大粒径小于或等于31.5mm时拌合物不应少于15L，集料最大粒径为49mm时拌合物不应少于251，若试拌出来的拌合物坍落度不能满足要求，或者粘聚性和保水性不好时，要在保持水灰比不变的条件下调整用水量或砂率，直至符合要求，由此得出基准配合比。

试配的混凝土拌合物要制作成试块进行强度试验。强度试验时至少要求采用三种不同的配合比，前述试配得出的基准配合比是其中之一。另外两种配合比是在基准配合比的基础上将水灰比分别增加、减少 0.05，其用水量应该与基准配合比相同，砂率可在 1% 范围内作适当调整。每种配合比均需试验坍落度、粘聚性、保水性及拌合物质量密度，以此代表本配合比的基本性能。每种配合比应至少制作一组（三块）试块，标准养护 28d 后试压。有条件的单位可同时制作多组试块，供快速检验或较早龄期试压，以提前提出混凝土配合比供施工使用。但最终仍需以标养 28d 强度为准，据此调整配合比。经过试配与调整，便可按照所得结果确定混凝土的施工配合比。

有特殊要求的混凝土，如抗渗、抗冻、高强、泵送、控制碱-集料反应的混凝土，其配合比设计有其相应的特殊性，应针对不同要求作特殊的设计与试配。

427 什么是混凝土配合比设计的全计算方法？怎样用全计算方法进行混凝土配合比的设计？

混凝土配合比设计全计算方法的指导思想是将混凝土拌合物看成是一个多相聚集体，在这一多相聚集体中，各相之间的关系是：

（1）在混凝土拌合物中，各组成材料（包括固、气、液三相）具有体积加和性；

（2）粗集料的空隙由干砂浆来填充；

（3）干砂浆的空隙由水来填充；

（4）干砂浆由水泥、矿物掺合料、细集料和空气组成。

根据这一模型可得：

浆体体积：$V_e = V_w + V_c + V_f + V_a$ (1)

集料体积：$V_s + V_g = 1 - V_e$ (2)

干砂浆体积：$V_{es} = V_c + V_f + V_s + V_a$ (3)

式中
V_e——浆体体积，m^3/m^3；

V_{es}——干砂浆体积，m^3/m^3；

V_c，V_f，V_a，V_w，V_s 和 V_g——分别表示水泥、矿物掺合料、空气、水、细集料和粗集料的体积，m^3/m^3。

由式（1）~式（3）可推得：

细集料用量：$S = (V_{es} - V_e + V_w) \times \rho_s$ (4)

粗集料用量：$G = (1 - V_{es} - V_w) \times \rho_g$ (5)

式中 ρ_s，ρ_g——分别为细集料和粗集料的视密度，kg/m^3。

砂率：$SP = \dfrac{S}{S + G} \times 100\%$ (6)

$$= \frac{(V_{es} - V_e + V_w) \times \rho_s}{(V_{es} - V_e + V_w) \times \rho_s + (1 - V_{es} - V_w) \times \rho_s} \times 100\%$$ (7)

当 $\rho_s = \rho_g$ 时，$SP = \dfrac{V_{es} - V_e + V_w}{1 - V_e} \times 100\%$ (8)

式（8）表明，混凝土的砂率随用水量的增加而增加，随胶凝材料用量的增加而减小。

根据 P. K. Mehta 和 P. C. Aitcin 的观点，要使混凝土达到最佳的施工和易性和强度性能，水泥浆与集料的体积比应为 35:65。因此，可取 $V_e = 0.35 m^3/m^3$，集料体积为 $0.65 m^3/m^3$。

对于一定粒径的粗集料，空隙率 P 为：

$$P = 1 - \frac{\rho_b}{\rho_g}$$ (9)

式中 ρ_b——粗集料的堆积密度，kg/m^3。

由于粗集料的空隙由干砂浆填充，当单位体积粗集料的空隙正好被干砂浆填满时，干砂浆的体积为：

$$V_{es} = P = 1 - \frac{\rho_b}{\rho_g} \tag{10}$$

$$SP = \frac{P - 0.35 + W/1000}{0.65} \times 100\% \tag{11}$$

因此可以看出，砂率取决于粗集料的空隙率和用水量。

根据水胶比定律得：

$$f_{cu,p} = A f_{ce} \left(\frac{C + F}{W} - B \right) \tag{12}$$

式中　$f_{cu,p}$——混凝土的试配强度，MPa；

　　　f_{ce}——水泥的强度，MPa；

　　C，F——分别是水泥和矿物外加剂用量。

由于 $V_e = 0.35$，可得：

$$\frac{C + F}{W} \left(\frac{1 - x}{\rho_c} + \frac{x}{\rho_f} \right) = \frac{0.35 - V_a}{W} - \frac{1}{1000} \tag{13}$$

联立式（12）和式（13）求解得：

$$W = \frac{0.35 - V_a}{\left(\dfrac{f_{cu,p}}{A f_{ce}} + B \right) \left(\dfrac{1 - x}{\rho_c} + \dfrac{x}{\rho_f} \right) + \dfrac{1}{1000}} \tag{14}$$

由式（14）计算出混凝土用水量，再分别用式（13）和式（11）计算出胶凝材料用量和砂率，最后计算出粗、细集料的用量。

这与传统的方法是完全不同的思路，其差异主要体现在以下两个方面：

①用水量的确定方法不同。传统的方法是以混凝土的流动性确定混凝土用水量，与混凝土的强度等级无关。随着混凝土强度等级增加，水胶比减小，因而浆体体积增加。因此，对于高强度等级混凝土，浆体通常有可能太多；而对于低强度等级混凝土，浆体有可能不足。全计算方法是固定浆体体积，随着混凝土强度等级增加，混凝土用水量减少。混凝土的流动性通过减水剂来调整。

②减水剂的作用不同。在传统的方法中，减水剂的作用是减水，减水剂通常采用最佳掺量。在全计算方法中，减水剂的作用是调整混凝土流动性，其掺量是随混凝土强度等级而变化的。

传统配合比设计方法的基本思路是根据原材料情况和流动性要求确定混凝土的用水量，根据用水量和水胶比定律确定胶凝材料用量，然后根据砂率来确定粗、细集料用量。在这一方法中，用减水剂来最大限度地减少混凝土的用水量，有利于充分发挥减水剂的作用。但是，在这一方法中，没有考虑到浆体体积与集料体积的匹配关系，在低强度等级混凝土的配合比设计时常常出现浆体很少，或者很稀，造成混凝土的稳定性较差。

全计算方法充分考虑了浆体体积与集料体积的匹配关系，其基本思路是固定浆体体积率，结合水胶比定律确定混凝土用水量和胶凝材料用量，并以干砂浆对粗集料空隙的填充来确定粗、细集料用量。最后用减水剂来调节混凝土的流动性。显然，全计算方法中固定浆体体积的思想是可取的。但是，在这一方法中，减水剂仅仅是一个调节因素，因此，其效率不一定能得到充分地发挥。

428　为什么要进行混凝土配合比的优化？

目前，我国的混凝土配合比设计仍然是按强度设计的。我们可以发现，保证一定的强度可以采取各种不同的技术措施。也就是说，对于一定强度的混凝土，可以有很多的配合比，甚至无穷多个配合比。例如：对于某一强度等级的混凝土，可以采取较大水胶比但不掺或少掺矿物掺合料的配合比方案，也可以采取小水胶比大掺量矿物掺合料的方案；可采取掺粉煤灰的方案，也可以采取掺磨细矿渣粉或硅灰的方案，甚至还可以采取复合掺用矿物掺合料的方案等。在这些配合比中，尽管混凝土的强度是基本一致的，但其他性能却会有较大的差异。例如，混凝土的放热量可能会相差很多，变形性能明显不同，抗冻性能、碱-集料反应等耐久性有很大的差别等。成本也会差别较大。表1给出一些混凝土配合比的比较。这些配合比混凝土28d龄期的强度基本相同，但成本却相差很多。以不掺矿物外加剂的配合比1为基准，单掺粉煤灰使成本略有提高，单掺磨细矿渣粉使成本略有降低，粉煤灰与磨细矿渣粉同时使用则可使成本大幅度地降低，每立方米混凝土可降低成本16.72元，一个年产10万 m³ 商品混凝土的小型搅拌站一年就可以节省开支167万元，这对于利润不高的商品混凝土企业来说，是十分可观的。由此可以看出，对混凝土配合比进行优化是十分必要的。当然，不仅可以进行成本的优化，还可以进行混凝土其他性能的优化。所谓混凝土配合比的优化，就是在保证某些性能的前提下，兼顾其他性能，同时追求最低的成本。由于混凝土材料性能的多元化趋势，混凝土配合比的优化也将成为混凝土配合比设计方法的一个发展趋势。

表1　几种混凝土配合比的比较

编号	1	2	3	4	5	6
水	188	174	172	177	174	162
水泥	330	315	280	238	178	144
粉煤灰	0	56	120	0	0	108
磨细矿粉	0	0	0	102	178	108
化学外加剂	7.260	8.533	9.200	7.480	7.832	7.920
成本（元/m³）	114.26	120.50	120.50	108.24	106.71	97.54

注：表中成本仅仅是每立方米混凝土中胶凝材料和化学外加剂的成本，没有包括集料费用和生产费用。

429　怎样进行混凝土配合比的优化？

一、比较优化方法

这是最常用的一种优化方法。目前，几乎所有的工程都采用这种方法进行混凝土配合比的优化。

所谓比较优化，就是选取一些强度和工作性满足要求的混凝土配合比，进行多种性能试验。根据性能试验结果和成本核算进行比较，选择性能较好、成本较低的配合比作为最终配合比。

从技术上说，这种方法比较简单，而且各种性能之间的差别一目了然，容易理解和接受。但是，这种方法存在着以下一些问题：

（1）这种优化方法仅仅是一个相对优化方法。混凝土性能随组分的变化通常是一个连续的变化，因此，从理论上讲，满足某一强度要求和工作性要求的混凝土配合比可以有无穷多个。而在这一种方法中，仅仅是选取几个配合比进行比较，因此，优化所得到的配合比仅仅是相对好的配合比，难以优化到最佳的配合比。

（2）可以得出一个较好的结果，但难以掌握变化的趋势。通过多种方案的比较，可以看出它们之间的差别，但很难看出各种参数对其性能的影响规律，也就把握不了变化的趋势。例如，将几种不同粉煤灰掺量混凝土的成本进行比较，可以知道这几种粉煤灰掺量混凝土中哪一种混凝土成本最低。但是，粉煤灰掺量对混凝土的成本有什么样的影响规律不太容易把握。

由此可见，这种优化方法仅仅是一种初级的优化方法，是一种简单的优化方法。

二、等值图优化方法

在进行三峡主体工程混凝土配合比优化设计时创造出等值图优化方法。与传统的方法相比，这种方法能够清楚地表明各种性能之间的关系，便于协调各种性能之间的矛盾。因此，这种方法能够综合平衡各种性能，得出真正最优的配合比。

等值图优化方法的基本思路是首先根据试验结果绘制出各种性能和成本的等值曲线，如等强度线、等耐久性线、等放热量线、等变形性能线、等成本线等，根据这些曲线的走势来判断各种性能之间的相互关系，并以此来确定最佳的混凝土配合比。下面以三峡主体工程混凝土的配合比为例，介绍一下这种方法。

（一）混凝土性能的基本要求

三峡主体工程混凝土是以 90d 龄期强度评定的。对于大坝内部混凝土，设计要求为 C15；对于大坝外部和基础混凝土，设计要求为 C20；对于大坝水位变化区混凝土，设计要求为 C25。强度保证率为 80%。

大坝混凝土属于典型的大体积混凝土，从温控防裂考虑，希望混凝土的放热量越少越好。

三峡工程混凝土的用量非常大，大约 2900 多万 m³。如果每立方米混凝土成本降低 1 元，就可以降低造价 2900 多万元。因此，希望尽可能地降低混凝土的成本。当然，三峡工程对混凝土性能还有其他一些要求。在这仅以此为例介绍等值图优化方法，对其他的性能要求在此就不详细介绍了。根据这些条件，可以将混凝土放热量和成本作为目标函数，强度作为限制条件。也就是说，在保证强度的前提下，寻求混凝土放热量最少，实现成本最低。

（二）等值图的制作

（1）变量的选择。为了温控防裂的需要，三峡工程采取掺入粉煤灰的技术措施。因此，在混凝土配合比设计中需要确定两个参数：一是水胶比；二是粉煤灰掺量。这两个参数既制约着混凝土的强度，又制约着混凝土的放热量和成本。这两个参数一旦确定，混凝土的强度、放热量及成本也就基本确定。显然，它们是混凝土配合比设计的变量。

（2）等强度图的制作。根据设计提出的混凝土强度要求和保证率要求，可以确定混凝土的配制强度。计算结果：大坝内部混凝土的配制强度为 17.2MPa；大坝外部和基础混凝土的配制强度为 22.7MPa；大坝水位变化区混凝土的配制强度为 27.8MPa。

进行不同水胶比、不同粉煤灰掺量混凝土的性能试验。表 1 和表 2 分别给出 28d 龄期和 90d 龄期抗压强度试验结果。

表 1　28d 龄期混凝土抗压强度试验结果　　　　　　　　　　　MPa

粉煤灰掺量（%）	水胶比					
	0.40	0.45	0.50	0.55	0.60	0.65
0	38.1	33.4	26.9	24.2	22.7	20.0
20	33.0	29.3	24.5	23.6	21.4	16.5
30	32.4	25.3	23.1	21.6	20.0	14.8
40	25.6	22.5	19.6	16.5	14.9	13.4
50	18.2	15.6	13.6	10.2	9.3	8.8

表 2　90d 龄期混凝土抗压强度试验结果　　　　　　　　　　　MPa

粉煤灰掺量（%）	水胶比					
	0.40	0.45	0.50	0.55	0.60	0.65
0	48.7	39.6	32.1	29.5	30.3	23.4
20	46.7	39.0	31.2	28.4	26.6	22.6
30	46.9	38.3	32.8	29.0	26.0	21.7
40	44.1	37.1	30.8	24.8	22.8	19.4
50	33.1	28.2	22.5	18.4	16.2	14.2

为了尽可能地消除试验误差，对试验结果进行回归分析。图 1 和图 2 分别给出 28d 龄期和 90d 龄期混凝土抗压强度回归分析结果。表 3 为回归方程汇总表。

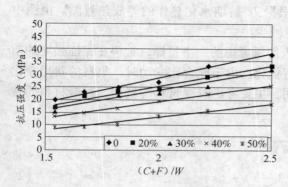

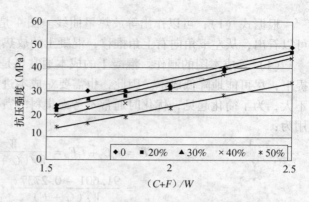

图1　28d龄期混凝土抗压强度回归分析结果　　　　图2　90d龄期混凝土抗压强度回归分析结果

表3　回归方程汇总

粉煤灰掺量（%）	回归方程	
	28d 龄期	90d 龄期
0	19.096（C+F）/W－9.8469	24.142（C+F）/W－13.345
20	15.955（C+F）/W－6.5282	24.573（C+F）/W－15.705
30	15.895（C+F）/W－8.2605	25.288（C+F）/W－17.072
40	13.086（C+F）/W－6.8764	26.149（C+F）/W－21.375
50	10.506（C+F）/W－7.9577	20.432（C+F）/W－17.896

根据这些回归方程，可以计算出对于任一强度，不同粉煤灰掺量时的水胶比。以粉煤灰掺量为横坐标，水胶比为纵坐标，由计算结果可以作出这一强度的等强度图。

在等强度曲线上，任何一点的强度都是满足配制强度要求的，这就将混凝土强度要求这一限制条件体现在图中的曲线上。曲线是由无数个点组成的，因此，仅从强度这一要求来说，可以有无数个配合比满足要求，以后的工作将是如何从这无数个配合比中选取最优的配合比。也就是说，根据优化目标，在等强度曲线上寻找最佳点。

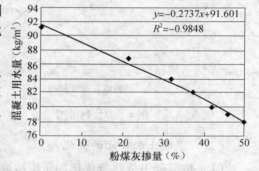

图3　混凝土用水量与粉煤灰掺量的关系

（3）等放热量图的制作。对于大体积混凝土来说，混凝土的放热量是一个优化目标。也就是说，在保证强度的前提下，混凝土放热量越少越好。因此，需要建立混凝土放热量与粉煤灰掺量及水胶比的关系。混凝土的放热量取决于胶凝材料的水化热与混凝土的胶凝材料用量。

混凝土的胶凝材料用量与水胶比和混凝土用水量有关。在三峡主体工程中，采用了Ⅰ级粉煤灰，这种粉煤灰的减水作用很强，因此，混凝土的用水量与粉煤灰的掺量有着密切的关系。由试拌找出不同粉煤灰掺量时的混凝土用水量。图3给出混凝土用水量与粉煤灰掺量之间的关系。由图3中可以看出，混凝土用水量与粉煤灰掺量基本上呈直线关系。由此可得出混凝土的放热量为：

$$Q = q_c \times 胶凝材料用量 = q_c \times \frac{W}{W/(C+F)}$$

$$= q_c \times \frac{91.601 - 0.2737x}{W/(C+F)} \tag{1}$$

式中　Q——混凝土放热量，kJ/m³；

　　　q_c——胶凝材料水化热，kJ/kg；

　　　x——粉煤灰掺量，%。

根据式（1），可以作出等放热量曲线。图 4 是根据 7d 龄期水化热作的等放热量图。由图中可以看出，从左下角向右上角推移，混凝土的放热量减少。

（4）等成本图的制作。混凝土的成本通常也是人们所考虑的一个目标，希望在保证强度的前提下，尽可能地降低成本。因此，也需要对成本进行优化。由于配合比变动时，集料的费用变化不大，为了简化起见，优化时通常不考虑集料的费用，主要考虑胶凝材料的费用。胶凝材料的费用为：

$$T = t_c C + t_f F = \frac{W}{W/(C+F)}[t_c(1-x) + t_f x]$$

$$= \frac{91.601 - 0.2737x}{W/(C+F)}[t_c(1-x) + t_f x] \tag{2}$$

式中　T——每立方米混凝土的胶凝材料费用，元/m³；

t_c——水泥单价，元/kg；

t_f——粉煤灰单价，元/kg。

根据原材料价格，由式（2）也可作出等成本线，如图 5 所示。由图 5 中可以看出，从左下角向右上角推移，混凝土的成本降低。

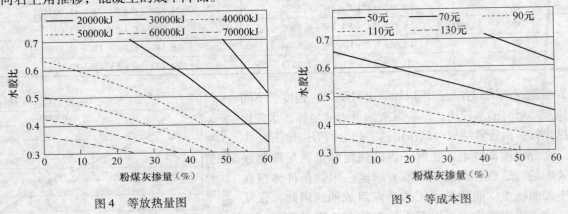

图 4　等放热量图　　　　　　　图 5　等成本图

（三）混凝土配合比的优化

（1）按混凝土放热量优化。所谓按混凝土放热量优化，就是在保证强度条件下，使混凝土的放热量最小。强度这一约束条件就是等强度线。因此，可将等强度线与等放热量线作在同一张图上。如果设计强度为 28d 龄期强度，得到图 6。图 6 中实线为等强度线，虚线为等放热量线。从图 6 中可以看出，随着粉煤灰掺量的增加，等强度线先向混凝土放热量减少的方向移动，然后再向混凝土放热量增加的方向移动。两线相切处混凝土的放热量达到最小值，切点即为最优配合比。在图 6 中，粉煤灰掺量为 35% 时混凝土的放热量最少。对于 C15，C20 和 C25 混凝土，相应的水胶比分别为 0.58，0.48 和 0.41。

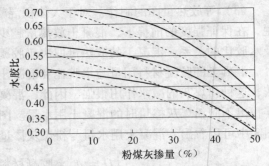

图 6　混凝土放热量优化图（28d 龄期抗压强度）
——为等强度线；-----为等放热量线

从图 6 中还可以看出，粉煤灰掺量在 30% ~ 40% 范围内，等强度线与等放热量线基本平行，表明在这一范围内，粉煤灰掺量对混凝土的放热量影响不大，可作为混凝土其他性能的选择空间。

三峡工程混凝土的强度是以 90d 龄期的强度评定的，从图 7 可以看出，随着粉煤灰掺量的增加，等强度线一直向混凝土放热量减小的方向移动，直到粉煤灰掺量大于 45% 以后，等强度线才

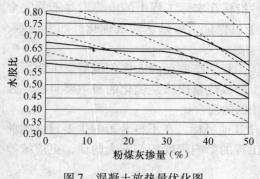

图7 混凝土放热量优化图
（90d 龄期抗压强度）
———为等强度线；-----为等放热量线

趋于与等放热量线平行，切点应该在粉煤灰掺量为50%或更大处。因此，最佳配合比的粉煤灰掺量应该为50%或更大。从图6和图7比较可以看出，粉煤灰在晚龄期将发挥更大的作用。

（2）按混凝土成本优化。与混凝土放热量优化相似，对于混凝土成本的优化也可以将混凝土等强度图与等成本图合并起来。从图8和图9可以看出，混凝土等强度线的走势也是先朝着成本降低方向移动，然后转向，朝着成本提高方向移动。因此，也可以用等强度线与等成本线的相切关系来确定最优的配合比。对28d龄期的抗压强度优化的结果，粉煤灰掺量大约为25%时，

混凝土的成本最低。对于C15，C20和C25混凝土，最佳配合比时的水胶比分别为0.65，0.53和0.45；对90d龄期的抗压强度优化的结果，粉煤灰掺量大约为35%时，混凝土的成本最低。对于C15，C20和C25混凝土，最佳配合比时的水胶比分别为0.71，0.61和0.55。

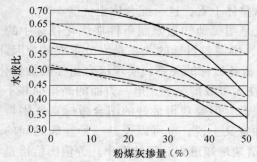

图8 混凝土成本优化图（28d 龄期抗压强度）
———为等强度线；-----为等成本线

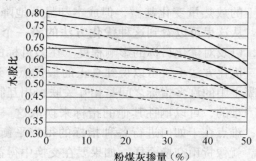

图9 混凝土成本优化图（90d 龄期抗压强度）
———为等强度线；-----为等成本线

（四）混凝土配合比优化结果比较

上述对混凝土的放热量和成本进行了优化，表4给出了混凝土配合比优化结果比较。从表4中可以看出，优化所得到的混凝土配合比与不掺粉煤灰的基准混凝土相比，或者混凝土的放热量大大减少，或者成本显著降低。按照这种方法所得到的指标基本上是在现有的原材料条件下所能达到的最低值，这是这一优化方法突出的优点之一。

表4　混凝土配合比优化结果比较

强度评定龄期	配合比	混凝土放热量（kJ/m³）			胶凝材料费用（元/m³）		
		C15	C20	C25	C15	C20	C25
28d	基准	35810	43092	49846	65.87	78.06	90.30
	最低放热量	31748	38362	44912	63.28	76.47	89.52
	最低成本	32078	39341	46335	60.31	73.96	87.11
90d	基准	31986	37745	43084	57.95	68.38	78.05
	最低放热量	23834	27567	31034	56.91	65.82	74.10
	最低成本	25935	30216	33480	51.70	60.17	66.74

从上面的优化结果也可以发现一个问题，就是用不同的指标作为目标，优化所得到的配合比常常是不同的，这是很正常的。所以以哪一个配合比作为最终配合比的原则是：

（1）保证主要指标。在进行混凝土配合比设计时，人们总是希望配制出所有性能都是最好的

混凝土，实际上是不可能的。应该注意到，混凝土的各种指标在实际工程中的重要性并不是完全相同的。对实际工程影响较大的指标，必须优先考虑，予以保证，尽量达到最优化。如有困难，也应尽量接近最优化。否则，优化则是没有意义的。

以上面的例子来说，由于混凝土用于三峡大坝的主体工程，是典型的大体积混凝土工程。对于大体积混凝土来说，温控防裂是主要矛盾，降低混凝土的放热量应该是优化的最主要目标。因此，在诸多的优化配合比中，应优先考虑混凝土放热量较低的配合比。

（2）相互兼顾。保证最主要优化目标并不等于不考虑其他目标。在不显著影响主要目标的前提下，应兼顾其他目标尽可能地合理。如果两个目标对工程的影响程度相差不大的话，更应统筹兼顾，综合考虑。不可攻其一点，不及其余。

从图6可以看到，对于混凝土放热量这一目标来说，尽管35%粉煤灰的配合比是最佳的，但粉煤灰掺量在30%~40%范围内，混凝土放热量变化不大。也就是说，在这一范围内调整配合比不会明显地影响混凝土的放热量。但从图8看，在这一范围内，混凝土的成本却有非常明显的变化。因此，可将混凝土配合比向成本降低的方向调整，但应注意适度。如果以28d龄期的抗压强度作为评定依据，最终的配合比可选择粉煤灰掺量为30%，也可再稍微降低些。这样，混凝土的放热量变化甚微，但成本却显著地降低了。从整体上看，这一配合比更优些。

从这里可以看到这种优化方法的另一个特点，就是明确地知道限制条件在优化目标中的走向，以及对优化目标的影响程度。在多目标的优化中，协调各目标的关系是十分重要的。因此，这一优化方法不仅可以得到真正的最优点，还可以平衡各目标的关系，实现综合指标的最优化。混凝土中的许多指标之间是相互关联、相互制约的。在大多数情况下，单一方面的高指标并不是太困难的，可以牺牲其他的指标来换取这一指标的提高。但要获得最好的综合指标则要困难得多，难点在于如何进行各种指标的得失平衡。从某种意义上说，也可以说是一种性能之间的交换。就像货币交换一样，如果要在交换中得益，必须清楚地知道相互间的汇率。等值图恰恰是将各种指标之间的"汇率"清楚地展示出来，让设计者选择。这是这种方法之所以便于综合优化的原因所在。

上述仅仅对混凝土的放热量和成本进行了优化，当然，读者也可结合工程实际，对其他目标进行优化，方法是雷同的。目标也可以不止两个，可以更多些。但需清楚这些目标在工程中的位置，谁主谁次，是占绝对支配地位，还是与其他目标平分秋色，摆不好这些关系有可能导致优化失误。

430 新拌混凝土为什么会出现离析和泌水？

离析是指新拌混凝土的各个组分发生分离致使其分布不再均匀的一种现象。

离析有两种表现形式。第一种是粗集料颗粒从拌合物中分离出来，因为粗集料比细集料更容易沿斜坡运动，也更容易沉降。由于新拌混凝土过于干硬，或拌合物粗细集料的级配不合理等原因，会造成混凝土产生第一类离析。离析的第二种形式表现为水泥浆（水泥加水）从拌合物中分离出来。由于拌合物中集料的空隙过大不足以阻止砂浆自由地从粗集料空隙中流出，或对干硬性的新拌混凝土进一步加水使水灰比过大时会造成混凝土产生第二类离析。

除集料级配不合理及水灰比不当会造成新拌混凝土产生离析外，混凝土的装卸运输和浇筑方法不合理也会使新拌混凝土产生离析。如混凝土不需远途运输时，仅用小推车直接运送到模板中的浇筑位置上，发生离析的可能就很小。相反，如混凝土由相当高的地方沿溜槽滑下，特别是有方向的变化，以及投料遇到障碍物时，都会加剧新拌混凝土离析的发生。

泌水是混凝土在浇灌捣实以后凝结之前，从外观看混凝土表面出现水分的一种现象。泌水实质上就是水从拌合物中分离出来，因此，它也是一种离析。泌水是由于浇灌捣实后混凝土中较重的固体组分沉降时，组成材料的保水能力不足以使全部拌合水处于分散状态所引起的。这一现象一直持续到沉降过程完全结束，混凝土凝结硬化为止。

431　新拌混凝土的离析和泌水对混凝土的性能有何影响？

新拌混凝土在浇筑过程中产生离析和泌水将带来混凝土宏观上的不均匀性和较大的缺陷，由此产生混凝土性能的不一致性，导致性能的降低。具体地说有下面四个方面的影响：

（1）泌水将导致集料下较大水囊的形成

混凝土的泌水是由下而上运动的。在运动过程中，如遇到集料的话，这些水将受阻并在集料下富集起来，形成较大的宏观缺陷。这些宏观缺陷将成为裂纹形成的源泉和裂纹扩展的最短途径，将成为水及有害杂质进入的通道，也将成为冰冻的场所。因此，它将导致混凝土一系列性能的降低。

（2）离析将导致混凝土力学性能的不一致性

若混凝土发生离析，则混凝土各处的力学性能是不一致的，某些部位混凝土强度较高，某些部位混凝土强度则较低。然而，混凝土的破坏常常是从最薄弱点开始的，也就是说，混凝土的力学性能常常取决于最薄点。因此，这种不一致性将会导致混凝土力学性能的降低。

（3）离析将导致混凝土变形性能的不一致性

混凝土的离析导致某些部位混凝土富集着较多的集料，某些部位则富集着较多的水泥浆或砂浆。随着水泥水化反应的进行或干燥过程，富集较多集料的部位将产生较小的变形，而富集较多水泥浆或砂浆的部位将产生较大的变形。这种变形的不一致性将导致混凝土中产生较大的内应力，严重时将导致混凝土开裂。

（4）离析将导致混凝土热学性能的不一致性

正如前面所述，离析导致混凝土某些部位集料较多而水泥浆较少，某些部位水泥浆较多而集料少。由于水泥的水化作用，水泥浆较多的部位将放出较大的水化热，而水泥浆较少的部位放出的水化热较少，对于大体积混凝土，这将导致水化热温升不一致，使得结构内产生较大的温度应力。另外，混凝土的热膨胀系数也与集料含量有关。一般来说，集料体积含量较大的混凝土热膨胀系数较小。因此，即便混凝土中产生均匀的温度变化，组分的不均匀性也会导致变形的不一致性。

除此之外，新拌混凝土的离析和泌水还将影响混凝土的其他性能。因此，在配制混凝土时必须注意到这一问题。

432　怎样测定新拌混凝土的泌水？如何表征新拌混凝土的泌水程度？

评定新拌混凝土的泌水是通过泌水率试验。试验设备为一个内径和高均为267mm的带盖金属圆筒。试验时将一定量的新拌混凝土装入圆筒中，经振捣或插捣使之密实，混凝土试样表面低于筒口4cm左右，然后静置并计时，每隔20min用吸管吸取试样表面泌出的水分，并用量筒计量。试验直至连续三次吸水时，试样均无泌水为止。

对于新拌混凝土的泌水特征，通常采用下列特征数值来表示：泌水量，指新拌混凝土单位面积上的平均泌水量；泌水率，指泌水量对新拌混凝土含水量之比；泌水速度，指析出水的速度；泌水容量，指新拌混凝土单位厚度平均泌水深度。

假设：新拌混凝土的体积为 V（cm^3），断面积为 A（cm^2），高度为 H（cm），含水量为 W（cm^3），析出水量为 W_b（cm^3），析出水深度为 H_b（cm），单位时间的平均泌水量为 Q（cm^3/s）。则：

$$泌水量 = \frac{W_b}{A} \tag{1}$$

$$泌水率 = \frac{W_b}{W} \tag{2}$$

$$泌水速度 = \frac{Q}{A} \tag{3}$$

$$泌水容量 = \frac{H_b}{H} = \frac{W_b}{V} \tag{4}$$

433　怎样评定新拌混凝土的离析？

评定新拌混凝土离析目前还没有一个较为成熟的方法，更无统一的标准。这里介绍几种评定方法，以供参考。

一、落差试验方法

Hughes 在 1961 年提出了一种测量新拌混凝土抗离析性能的方法。试验装置如图 1 所示。试验时将一定量的新拌混凝土装入料斗中，并使其自由下落。落下的拌合物碰到圆锥体后被分散开。以圆锥体底面中心为圆心，直径 380mm 的圆为内圈，380mm 以外的为外圈，分别收集内圈和外圈范围内的拌合物，并计算各自的粗集料含量。内外圈拌合物中粗集料含量的差别较小，说明该新拌混凝土的均匀性较好，有较强的抗离析能力。

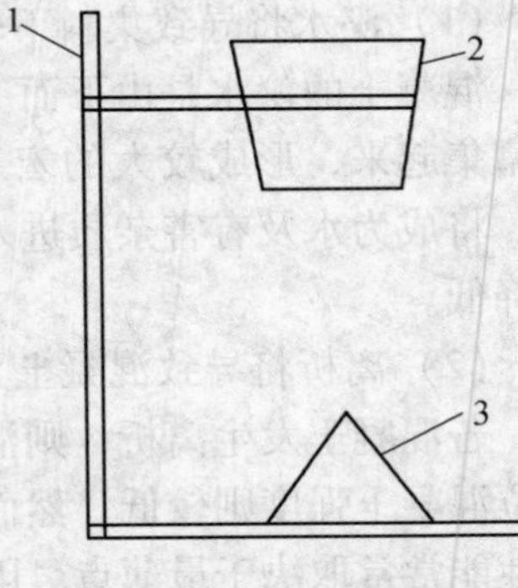

图 1　落差试验装置示意图
1—支架；2—锥形漏斗；3—圆锥体

二、摇摆试验方法

摇摆试验方法是测量大坍落度（200mm 左右）混凝土在运输和浇筑过程中可能产生离析的一种方法。摇摆试验装置如图 2 所示。试验时将新拌混凝土装满由三节联成的圆筒内，筒底中心焊接一根 ϕ 25mm，长 150mm 的圆钢棍。扶住把手，左右摇摆圆筒，并使筒底两侧轻击地面，使筒中新拌混凝土试样左右摇摆和上下振动。摇摆一定次数后，分别将三节圆筒卸下，筛出各节圆筒中的粗集料并称重。

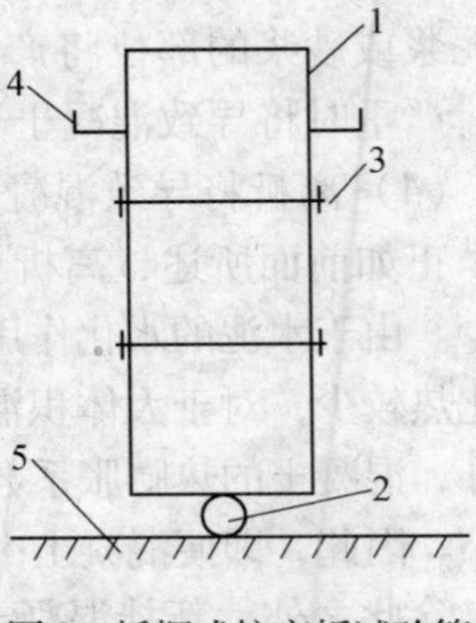

按下式计算集料的分离因素：

$$S = \frac{|g_1 - \bar{g}| + |g_2 - \bar{g}| + |g_3 - \bar{g}|}{\bar{g}} \tag{1}$$

式中　　S——集料的分离因素；

g_1，g_2，g_3——分别为上、中、下圆筒中的集料质量，kg；

$\bar{g}$——三节圆筒中集料的平均质量，kg。

集料分离因素 S 值越小，表示新拌混凝土的抗离析性能越好。

图 2　摇摆式抗离析试验筒
1—内径为 150mm 的三节圆筒
　　（每节高 150mm）；
2—ϕ25mm 圆钢棍；
3—带螺栓的法兰盘；
4—把手；5—硬质地面

三、分层度试验方法

这一方法用于检验自密实混凝土拌合物的稳定性，其方法类似于摇摆试验方法，所用仪器也是三节圆筒，圆筒的内径为 115mm，每节高度为 100mm。试验时，将新拌混凝土拌合物用料斗装入筒中，平至料斗口，垂直移走料斗，静置 1min，用刮刀将多余的拌合物除去并抹平，要轻抹，不允许压抹。然后，将检测筒放置在跳桌上，以 1 次/s 的速度转动摇柄，使跳桌跳动 25 次。分节拆除检验筒，并将每节筒中的拌合物分开。然后分别地放入 5mm 的圆孔筛中，用清水冲洗，筛除水泥浆和细集料，将剩余的粗集料用海绵拭干表面的水分，用天平称其质量，得到上、中、下三段拌合物中粗集料的湿重 $m_上$，$m_中$，$m_下$。用下式评定新拌混凝土拌合物的稳定性：

$$F_1 = \frac{m_下 - m_上}{m} \times 100\% \tag{2}$$

$$F_2 = \frac{m_中}{m} \times 100\% \tag{3}$$

式中　　F_1——混凝土拌合物稳定性评价指标；

568

F_2——试验的效验指标，应接近于 100% ±2%；

m——每段混凝土拌合物中湿集料的平均值；

$m_上$——上段混凝土拌合物中湿集料的质量；

$m_中$——中段混凝土拌合物中湿集料的质量；

$m_下$——下段混凝土拌合物中湿集料的质量。

这些方法都能较好地判断新拌混凝土的稳定性，只是不同的方法适用于不同的混凝土。但是，这些方法也存在着一个共同的问题，就是都没有提出一个判据。这些指标应控制在什么范围内就可以保证在实际工程中不会出现离析？在这些方法中对这一问题都没有作出回答，这也是这些方法不成熟性的一个表现。不解决这一问题，在实际工程中就无法控制。当然，这需要积累试验结果与实际工程情况的相关性。因此，需要有一个过程。

434 何为压力泌水？为什么要考虑新拌混凝土的压力泌水？怎样测定新拌混凝土的压力泌水？

新拌混凝土的压力泌水是指在一定的压力下，新拌混凝土在规定的时间内所泌出的水占所能泌出的总水量的百分数。当采用泵送混凝土施工方式时，在泵送过程中，混凝土实际上是处于一定的压力之下。在这种压力下，混凝土中的水分容易被抽出。因此，采用泵送混凝土时，应考虑新拌混凝土在泵送压力下的稳定性。特别是泵送高度较高时，由于泵送压力较大，更应该考虑压力的作用。压力泌水则是新拌混凝土这种稳定性的表征。

新拌混凝土的压力泌水是用压力泌水仪进行测定的。试验时将拌好的混凝土装入压力泌水仪内，加压至 3.5MPa，分别测量 10s 和 140s 时的泌水量 V_{10} 和 V_{140}，按下式计算压力泌水率：

$$B_p = \frac{V_{10}}{V_{140}} \times 100\% \tag{1}$$

式中 B_p——混凝土的压力泌水率。

435 如何避免新拌混凝土的离析？

在混凝土中，粗集料发生离析，其原因在于砂浆的黏滞阻力不能克服粗集料下落的重力。因此，防止粗集料离析必须增大砂浆的黏滞阻力。

对于任一层次的新拌浆体，都是由液相和固相两部分组成。如果是砂浆与粗集料相分离，可将砂浆看作为液相，粗集料看作为固相。新拌混凝土的流动性取决于液相的黏度和数量。液相黏度增大，新拌混凝土的流动性降低。但液相的数量增加，新拌混凝土的流动性则提高。新拌混凝土的稳定性则取决于液相的黏度，恰恰相反，液相的黏度增大，新拌混凝土则较稳定。从新拌混凝土的稳定性考虑，应适当地增大液相的黏度。同时，为了保证新拌混凝土的流动性，则应相应地增加液相的数量。因此，当新拌混凝土离析时，应调整砂率，适当增加砂的数量，以增大砂浆的黏度，也增加砂浆的数量。

同样，如水泥浆发生离析时，则应增大水泥浆的黏度，为了保证混凝土的流动性，也应相应地增加水泥浆的数量。

436 含气量对新拌混凝土的性能有什么影响？

前面已经提到，含气量对新拌混凝土的流动性有较大的影响。图 1 给出新拌混凝土的含气量与坍落度的关系。由此可以看出，新拌混凝土含气量增加，坍落度则增大。当然，新拌混凝土含气量的损失也会引起坍落度的损失。增加新拌混凝土的含气量还可以改善其保水性。图 2 是新拌混凝土含气量与泌水率的关系。显然，含气量增加，新拌混凝土的泌水率降低。

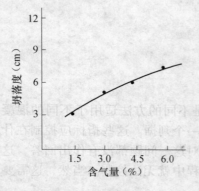

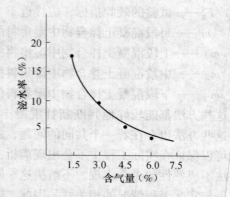

图 1　新拌混凝土含气量与坍落度的关系　　　　图 2　新拌混凝土含气量与泌水率的关系

含气量对混凝土的表观密度也有一定的影响。混凝土的表观密度与各组分之间有以下近似关系：

$$\rho = 10\gamma_a(100 - \alpha) + C\left(1 - \frac{\gamma_a}{\gamma_c}\right) - W(\gamma_a - 1) \tag{1}$$

式中　ρ——混凝土的表观密度，kg/m^3；

　　　α——含气量的百分数值；

　　　C——混凝土的水泥用量，kg/m^3；

　　　W——混凝土的用水量，kg/m^3；

　　　γ_a——集料平均饱和面干视密度；

　　　γ_c——水泥的视密度。

由式（1）可以看出，在其他原材料不变，且配合比也相同的情况下，含气量增加，混凝土的表观密度降低。图 3 给出混凝土表观密度与含气量之间的关系。

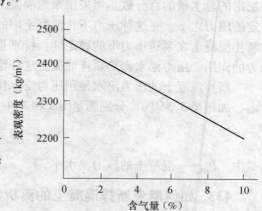

图 3　混凝土表观密度与含气量之间的关系

437　含气量对硬化混凝土的性能有什么影响？

混凝土硬化后，留在混凝土中的气泡在硬化水泥石中形成了孔。但是，这种孔与拌合水留下的孔是不同的。在混凝土中，由于实际加水量远多于胶凝材料水化所需要的水，这些多余的水蒸发后也在硬化水泥石中形成孔。拌合水所形成的孔通常是连通的，而气泡所形成的孔一般是封闭孔。由于气泡孔的这一特征，决定它对硬化混凝土性能的影响有别于水的影响。

混凝土的强度与混凝土的孔隙率有很大的关系，孔隙率越高，混凝土的强度越低。对于混凝土的强度，封闭孔与贯通孔是没有区别的。因此，随着含气量的增加，混凝土的强度将有所降低。当然，混凝土的强度不仅与含气量有关，还与气泡的分布有关。如果气泡小而均匀地分布在混凝土中，它对混凝土强度的影响则较小，反之则较大。

但是，对于混凝土的抗冻性来说，封闭孔与贯通孔的作用是完全不同的。封闭孔中不存在水，因此，不会因冻融而产生破坏。相反，它还可以缓解冻融过程在混凝土中产生的压力。适当的含气量有利于提高混凝土的抗冻融性能。这是人们在混凝土中掺入引气剂的最主要原因。

在硬化混凝土中，贯通孔的存在构成了渗水的通道。因此，贯通孔的数量将会影响硬化混凝土的抗渗性能。而封闭孔则不同，它不会构成渗水通道。因此，不会影响硬化混凝土的抗渗性能。

438　怎样测定新拌混凝土的含气量？

测定新拌混凝土含气量有水压法和气压法两种。

图 1 为水压法含气量测定仪。测定前先对设备进行率定，绘制出水面下降高度与含气量的关系曲线。然后擦净量钵并称重，将已拌好的混凝土拌合物一次装入钵内，振动 15~30s 后，沿钵口抹平拌合物表面，使表面无气泡。擦净量钵边缘，在试样顶面上放好白铁皮挡水板（或塑料布），加橡皮圈，盖紧钵盖，保持不漏水。将漏斗插入，徐徐加水，加至刻度中点时，将测气仪倾斜 30°旋转数圈，并用木槌轻击器盖及器侧，驱除器壁空气，再加水至零点处。关上阀门，用打气筒或空压机打气，使气压稍大于 $1kg/cm^2$，用槌轻击器侧及放气，将压力调整到 $1kg/cm^2$，读取玻璃管中的水柱高度（h_1），开放阀门，逐渐放气至压力完全消失，并轻击器侧，再读取玻璃管中的水柱高度（h_2）。根据两次读数的差从关系曲线上查得新拌混凝土的含气量。如需要较精确时，还应对集料进行校正。

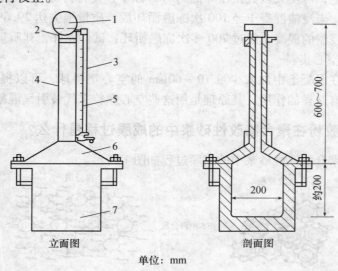

单位：mm

图 1　水压法含气量测定仪示意图

1—压力表；2—进气阀；3—玻璃管；4—垂直管；5—含气量刻度；6—量钵盖；7—量钵

图 2 为气压法含气量测定仪。测定前也需先对设备进行测定，绘制出压力表读数与含气量的关系曲线。然后擦净量钵并称重，将已拌好的混凝土拌合物一次装入钵内，振动 15~30s 后，沿钵口抹平拌合物表面，使表面光滑无气泡。擦净量钵边缘，在操作阀孔处贴一薄纸或塑料布，垫好橡皮圈，盖严钵盖，保持不漏气。关好操作阀，用打气筒往气箱中打气加压至稍大于 $1kg/cm^2$，然后用排气阀调整压力至 $1kg/cm^2$。松开阀门，待压力表指针稳定后读取压力表读数。根据这一读数从关系曲线上查得新拌混凝土的含气量。如需要较精确时，也应对集料进行校正。

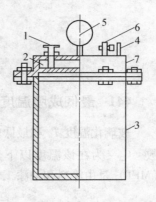

图 2　气压法含气量测定仪示意图

1—操作阀；2—气箱；3—量钵；
4—进气阀；5—气压表；
6—排气阀；7—盖

439　如何提高混凝土的抗冻性？

提高混凝土的抗冻性可采取以下一些措施。

（1）严格控制水灰比

水灰比越大，混凝土的孔隙率越高，而且较大孔数量也越多。一般来说，大水灰比的混凝土，可冻孔较多，混凝土抗冻性较差。因此，对于有抗冻性要求的混凝土，应严格控制混凝土的水灰比，一般不应超过 0.55。

（2）掺入引气剂

掺入引气剂是提高混凝土抗冻性最常用的方法。在混凝土中引入均匀分布的气泡对改善其抗冻性能有显著的作用，但必须要有合适的含气量和气泡的尺寸。对于抗冻混凝土，必须掺入引气剂，使得混凝土有一定的含气量。研究结果表明，如若不掺入引气剂，即便水灰比低到0.30，混凝土也是不抗冻的。但若掺入引气剂，水灰比为0.50时，混凝土也能经受300次冻融循环。

（3）掺入适量的优质掺合料

掺入适量的优质掺合料，如硅灰、I级粉煤灰等，可以改善孔结构，使孔细化，导致冰点降低，可冻孔数量减少。此外，掺入适量的优质掺合料，有利于气泡分散，使其更均匀地分布在混凝土中，因而有利于提高混凝土的抗冻性。

（4）采用树脂浸渍混凝土

用树脂浸渍混凝土，可使大多数孔径降低到5nm以下，使得可冻孔数量减少，混凝土抗冻性提高。试验结果表明，未浸渍混凝土经100次冻融循环后，质量损失达29.6%，经150次冻融后试件就崩溃了。而经浸渍的混凝土经过700多次冻融循环，试件完好，其质量损失仅有0.375%。

（5）加入颗粒状空心集料

一些研究表明，在混凝土中加入少量10～60μm的空心塑料球，可以提高混凝土的抗冻性。还有一些空心颗粒也有这样的作用。其原理是用这些空心颗粒来代替引气混凝土的气泡系统。

440　可再分散胶粉在聚合物改性砂浆中的成膜过程是什么？

可再分散胶粉在聚合物改性砂浆中的成膜过程如图1所示。

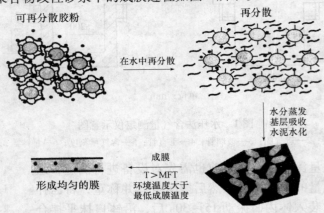

图1　可再分散胶粉在聚合物改性砂浆中的成膜过程

441　最低成膜温度（MFT）的概念是什么？

玻璃化温度T_g和最低成膜温度MFT也是可再分散胶粉的重要的两个数值。T_g是材料本身的参数，定义为在该温度以下聚合物表现为脆性体，在该温度以上表现为黏弹性体；最低成膜温度（MFT）是由涂料和油漆工业提出的，定义为乳胶分散体能够形成连续膜的最低温度。如图1所示。

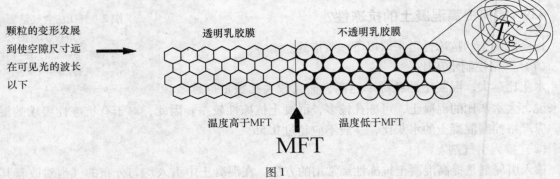

图1

442 常见表面活性剂有哪些?

表面活性剂是一类即使在很低浓度时也能显著降低表（界）面张力的物质。其分子结构均由两部分构成，分子的一端为极亲油的疏水基，分子的另一端为极性亲水的亲水基，两类结构与性能截然相反的分子碎片或基团分处于同一分子的两端并以化学键相连接，形成了一种不对称的、极性的结构，赋予了该类特殊分子既亲水又亲油，又不是整体亲水或亲油的特性，这种特有结构通常称之为"双亲结构"。

表面活性剂按分子结构特性可分为阴离子表面活性剂、非离子表面活性剂、两性离子表面活性剂、阳离子表面活性剂。目前，在我国这几种表面活性剂的生产量分别占 56%，36%，5%，3%。

一、常见表面活性剂的应用特性

（一）阴离子表面活性剂

（1）磺酸盐

此类活性剂常见的有直链烷基苯磺酸钠和 α-烯基磺酸钠。

直链烷基苯磺酸钠别名 LAS 或 ABS，为白色或淡黄色粉状或片状固体，在复配表面活性剂体系中溶解性很好，对碱、稀酸和硬水都比较稳定。常用于洗洁精（餐具液洗剂）和衣用液体洗涤剂，一般不用于洗发香波，很少用于淋浴液。在洗洁精中其用量可占表面活性剂总量的一半左右，在衣用液体洗涤剂中所占比例实际调节范围较宽。应用于洗洁精比较典型的复配体系是三元体系"LAS（直链烷基苯磺酸钠）－AES（醇醚硫酸钠）－FFA（烷基醇酰胺）"。直链烷基苯磺酸钠突出的优点是稳定性好、去污力强、环境危害极小，能很好地被生物降解为无害物、价格低廉，突出的缺点是刺激性大。

α-烯基磺酸钠别名 AOS，极易溶于水，它在广泛的 pH 值范围内都有较好的稳定性。在磺酸盐品种中，性能最好。突出的优点是稳定性好，水溶性好，配伍性好，刺激性小，微生物降解也非常理想，是洗发香波和淋浴液中常使用的主表面活性剂之一。其缺点是价格较贵。

（2）硫酸盐

此类活性剂常见的有脂肪醇聚氧乙烯醚硫酸钠和十二烷基硫酸钠。脂肪醇聚氧乙烯醚硫酸钠别名 AES、醇醚硫酸钠，易溶于水，在洗发香波、淋浴液、餐具液体洗涤剂（洗洁精）、衣用液体洗涤剂中都可应用。水溶性比十二烷基硫酸钠更好，在常温下本身就可配成任何比例的透明水溶液。在液体洗涤剂中的应用比直链烷基苯磺酸钠更广泛，配伍性更好；能够与许多表面活性剂二元复配或多元复配成透明水溶液。其突出的优点是刺激性小、水溶性好、配伍性好、在防皮肤干裂粗糙方面表现好；缺点是在酸性介质中的稳定性稍差，去污力次于直链烷基苯磺酸钠、十二烷基硫酸钠。

十二烷基硫酸钠别名 AS、K12、椰油醇硫酸钠、月桂醇硫酸钠发泡剂，对碱和硬水不敏感，在酸性条件下稳定性次于一般磺酸盐，接近于脂肪醇聚氧乙烯醚硫酸钠，易降解，对环境危害极小。在液体洗涤剂中应用，酸度不能太高；在洗发香波和沐浴液中使用其乙醇胺盐或铵盐，不仅可增加耐酸稳定性，还有益于降低刺激性。除发泡性好和去污力强外，其他方面的使用性能都不如醇醚硫酸钠。在常见阴离子表面活性剂中价格一般为最高。

（3）脂肪酸皂

按脂肪酸的碳链分类，应用于液体洗涤剂以月桂酸皂最好，按成盐不同分类，应用于液体洗涤剂以胺盐、钾盐、铵盐较好。硬脂酸钠不能在液体洗涤剂中作为主表面活性剂应用。在液体洗涤剂中，脂肪酸盐主要用于衣用液体洗涤剂和淋浴液中，产品 pH 值一般为 8 以上。与之匹配的表面活性剂一般是起钙皂分散作用，其次还能改善表面活性剂的水溶性。优点是价格低廉，在防皮肤干裂粗糙方面表现好；缺点是不能在酸性介质中使用（作主表面活性剂），在一般阴离子表面活性剂中去污力稍差，耐硬水性能最差。

（二）阳离子表面活性剂

与各种类型表面活性剂相比，阳离子表面活性剂的调整作用最突出，杀菌作用最强，尽管有去污力差、起泡性差、配伍性差、刺激性大、价格昂贵等缺点。阳离子表面活性剂不直接与阴离子表面活性剂配伍，只能作为调理剂组分或杀菌剂来使用。阳离子表面活性剂在液体洗涤剂中作为辅助表面活性剂（配方用量很少的调理剂组分）一般用于较高档次产品，主要用于洗发香波。调整剂组分应用在高档次液体洗涤剂、洗发香波中不是其他类型表面活性剂所能替代的。

常见阳离子表面活性剂品种有十六烷基二甲基氯化铵（1631）、十八烷基三甲基氯化铵（1831）、阳离子瓜尔胶（C-14S）、阳离子泛醇、阳离子硅油、十二烷基二甲基氧化胺（OB-2）等。

（三）两性离子表面活性剂

两性表面活性剂指兼有阴离子和阳离子性亲水基的表面活性剂，因此这种表面活性剂在酸性溶液中呈阳离子性，在碱性溶液中呈阴离子性，而在中性溶液中有类似非离子的性质。两性表面活性剂易溶于水，溶于较浓的酸、碱溶液，甚至在无机盐的浓溶液中也能溶解，耐硬水性好，对皮肤刺激性小，织物柔软性好，抗静电性好，有良好的杀菌作用，与各种表面活性剂的相容性好。重要的两性表面活性剂品种有十二烷基二甲基甜菜碱、羧酸盐型咪唑啉等。

非离子表面活性剂的性能更全面，缺陷少，只是去污力和起泡性差一些；与非离子表面活性剂比较，两性表面活性剂的某些性能更优，其余性能也不落后。两性表面活性剂比一般非离子表面活性剂有更好的发泡能力，更好的杀菌能力，更好的调理性。因此，在液体洗涤剂中，两性表面活性剂主要是应用于洗发香波，其次是淋浴液等皮肤清洁剂。

（四）非离子表面活性剂

非离子表面活性剂具有良好的增溶、洗涤、抗静电、刺激性小、钙皂分散等性能；可应用 pH 范围比一般离子型表面活性剂更宽广；除去污力和起泡性外，其他性能往往优于一般阴离子表面活性剂。在离子型表面活性剂中添加少量非离子表面活性剂，可使该体系的表面活性提高（相同活性物含量之间比较）。主要品种有烷基醇酰胺（FFA）、脂肪醇聚氧乙烯醚（AE）、烷基酚聚氧乙烯醚（APE 或 OP）。

烷基醇酰胺（FFA）是一类性能优越和用途广泛及使用频率很高的非离子表面活性剂，在各种液体洗涤剂中常用。在液体洗涤剂中使用常与酰胺配伍，配比一般为"2:1 和""1.5:1"（烷基醇酰胺:酰胺）。烷基醇酰胺可以在一般稍偏酸性和碱性洗涤剂中应用，是非离子表面活性剂中价格最便宜的一个品种。

（五）表面活性剂的发展趋势

随着全球经济的发展以及科学技术领域的开拓，表面活性剂工业将得到快速发展，其应用领域从日用化学工业发展到石油、纺织、食品、农业、新型材料等方面。环保型表面活性剂的研究开发势在必行，且市场前景广阔，具有安全、温和、易生物降解等特性的表面活性剂的开发和应用为大势所趋。

结合我国产品结构及应用领域，今后阴离子表面活性剂烷基苯磺酸盐和烷基磺酸盐的使用将趋于减少，脂肪醇硫酸盐则呈增加趋势；阳离子表面活性剂双十八烷基二甲基氯化铵呈减少趋势；非离子表面活性剂脂醇醚呈增加趋势；两性离子表面活性剂甜菜碱保持相对稳定。

我国表面活性剂工业起步晚，基础弱，为适应国际发展潮流，今后应重点开发糖苷类表面活性剂；系统研究开发大豆磷脂类表面活性剂，磷脂既有表面活性，又有生物活性，是特种表面活性剂；开发蔗糖脂肪酸酯系列产品，蔗糖脂肪酸酯具有无毒、无臭、无刺激性、易生物降解性等优点，可作食品添加剂（乳化剂）；研究表面活性剂在工业催化方面的应用，以降低工业生产成本。值得关注的是利用葡萄糖和脂肪醇或脂肪酸反应生成的烷基多糖苷（APG）和葡糖酰胺（APA）两种非离子表面活性剂，具有对人体、生物降解快、性能优异、与别的表面活性剂具有协同效应等特点；醇醚羧酸盐（AEC）抗 Ca^{2+}，Mg^{2+} 能力加强，受到人们青睐。

443 刚性防水材料分类是什么？

刚性防水材料分类如下：

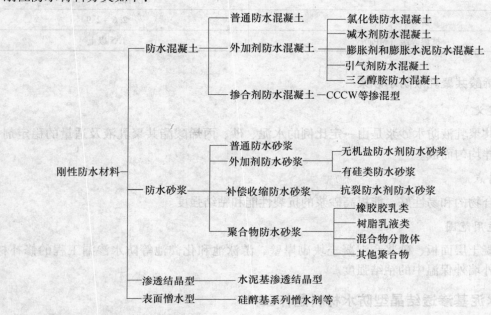

444 聚合物防水砂浆是什么？

聚合物防水砂浆是由水泥、砂和一定量的橡胶乳液或合成树脂乳液及稳定剂、消泡剂等助剂，经混合搅拌均匀配制而成。它具有良好的防水性、抗冲击性和耐磨性。

聚合物防水砂浆的各项性能在很大程度上取决于聚合物本身的性能及其在砂浆中的掺量。适用聚合物的种类繁多，有水溶性聚合物分散、水溶性聚合物、液体聚合物等几大类，其中水溶性聚合物分散体类型应用比较普遍，如橡胶胶乳、树脂乳液等。

一、氯丁胶乳聚合物砂浆

（一）定义

氯丁胶乳聚合物砂浆是采用一定比例的水泥、砂，并掺入适量的氯丁胶乳、稳定剂、消泡剂和水，经搅拌混合均匀配制而成的一种具有防水性能的聚合物水泥砂浆。

（二）特点

氯丁胶乳可以改善砂浆的抗折性能，增加韧性。氯丁胶乳呈偏酸性，所形聚合物膜不但有效阻止潮湿介质的渗入，并使钢筋处于密闭状态下而不会发生锈蚀。

（三）适用范围

地下建筑物和水塔、水池等贮水输水构筑物的防水层，也可用于墙面防水防潮层、建筑物裂缝修补等。

（四）性能指标

氯丁胶乳泥砂浆的主要技术性能指标见表1。

表1 性能指标

项 目	指 标
抗拉强度 (28d) (MPa)	5.3~6.7
抗弯强度 (28d) (MPa)	8.2~12.5
抗压强度 (28d) (MPa)	34.8~40.5
粘结强度 (28d) (MPa)	粗糙面：3.6~5.8
	光滑面：2.5~3.8
吸水率 (%)	2.6~2.9
抗渗等级 (MPa)	1.5以上

二、丙烯酸共聚乳液防水砂浆

（一）定义

丙烯酸共聚乳液防水砂浆是由一定比例的水泥、砂、丙烯酸酯共聚乳液及适量的稳定剂、消泡剂，经混拌均匀而成。

（二）特点

砂浆拌合物的和易性好，能提高砂浆的抗裂性能和粘结强度。

（三）适用范围

用于混凝土层面板、砂浆和混凝土块砌岸壁、游泳池和化粪池等防水渗漏工程的修补材料，也用于建筑外墙外保温中的粘结强度。

445 水泥基渗透结晶型防水材料是什么？

水泥基渗透结晶型防水材料，是近年国内引进国外技术和自行研制的新产品，是一类很有发展的新型防水材料，国外称水凝固型防水涂料。

一、定义

水泥基渗透结晶型防水材料是以硅酸盐水泥、石英砂等为基料，掺入活性化学物质组成的一种新型刚性防水材料，可以用作涂刷层或直接掺入混凝土及砂浆中以增强其抗渗性。

二、特点

水泥基渗透结晶型防水剂，是一种掺入混凝土或水泥砂浆内部的粉状材料。水泥基渗透结晶型防水涂料是一种涂覆在水泥砂浆或混凝土表面的粉状材料，经与水拌合调配成可以刷涂或喷涂的浆料。防水剂、防水砂浆是速凝、堵漏用的防水材料。该类材料具有良好渗透性、裂缝自愈性、抗渗性及与潮湿基面的粘结性。

由于水泥渗透结晶型防水材料中含有的活性化学物质，通过载体向砂浆或混凝土内部渗透，并不断形成不溶于水的结晶体，堵塞毛细孔道，增加其致密性，提高混凝土的防水性能。这种"渗透结晶"和"堵塞毛细孔道"的化学物理反应在整个使用过程中持续不断地进行，使混凝土、砂浆表面或内部出现的微细裂纹自动愈合，从而赋予了混凝土、砂浆良好的防水性能。

产品无毒，不污染环境；具有透气性；可在潮湿基面施工，可用于迎水面及背水面施工；防水层不怕磕碰，抗老化性好，施工方便。

三、适用范围

广泛用于工业与民用的地下室、地下铁道及涵洞、污水处理厂、饮用水厂、游泳池、屋顶广场、电站、水利、隧道、桥梁路面、地下连续墙等防水工程。

四、性能指标

（1）水泥基渗透结晶型防水涂料的物理力学性能见表1。

表1 物理力学性能

序 号	试验项目		性能指标	
			I	II
1	安定性		合格	
2	凝结时间	初凝时间（min）≥	20	
		终凝时间（h）≤	24	
3	抗折强度（MPa）≥	7d	2.80	
		28d	3.50	
4	抗压强度（MPa）≥	7d	12.0	
		28d	18.0	
5	湿基面粘结强度（MPa）	≥	1.0	
6	抗渗压力（28d）（MPa）	≥	0.8	1.2
7	第二次抗渗压力（56d）（MPa）	≥	0.6	0.8
8	渗透压力比（28d）（%）	≥	200	300

（2）掺加渗透结晶型防水材料混凝土的物理学性能见表2。

表2 常用建筑防水材料及保温材料

序号	试验项目		性能指标
1	减水率（%）		10
2	泌水率比（%）		70
3	抗压强度比	7d（%）	120
		28d（%）	120
4	含气量（%）		4.0
5	凝结时间差	初凝（min）	90
		终凝（min）	—
6	收缩率比（28d）（%）		125
7	渗透压力比（28d）（%）		200
8	第二次抗渗压力（56d）（%）		0.6
9	对钢筋的锈蚀作用		对钢筋无锈蚀危害

446 堵漏止水材料分类是什么？

堵漏止水材料分类如下：

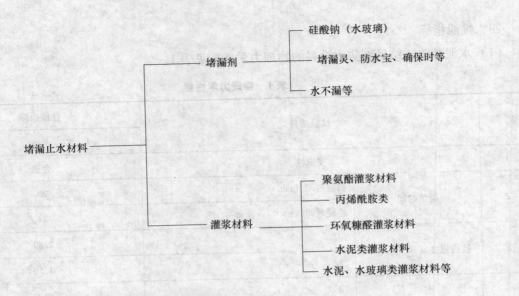

堵漏止水材料
- 堵漏剂
  - 硅酸钠（水玻璃）
  - 堵漏灵、防水宝、确保时等
  - 水不漏等
- 灌浆材料
  - 聚氨酯灌浆材料
  - 丙烯酰胺类
  - 环氧糠醛灌浆材料
  - 水泥类灌浆材料
  - 水泥、水玻璃类灌浆材料等

447 永凝液防水材料在桥梁的防护作用是什么？

国内现行规范对桥梁建筑设计提出的要求是适用、经济、安全、美观，但对经济性的评估往往只是注重考虑建筑成本，而对于桥梁的桥墩、桥面在与海水的直接浸泡和海风的长期侵袭所带来的影响尚缺考虑。下面对这个问题进行详细介绍。

一、桥梁防水防护

同建筑防水一样，桥面防水工程是个系统工程，涉及材料、设计、施工和维护管理，其中材料是基础，设计施工是保证。目前我国跨海桥梁的桥面普遍采用沥青混凝土铺装层。在这种条件下，做好防水层设计，合理选择防水材料，正确制定施工工艺是十分重要的，各方面技术要求都必须适应桥梁施工的特殊功能要求与环境条件，主要有以下几点：

（1）由于桥梁面层普遍摊铺改性沥青混凝土，因此防水材料应具有较高的耐高性能，要求承受150℃以上的高温，并在沥青混凝土摊铺时防水层不被破坏。

（2）防水层必须具有高温下碾压不透水性。

（3）防水材料必须同时具有与水泥混凝土及沥青混凝土有较强亲和性，以保证沥青混凝土摊铺时桥面结构的稳定，防止防水层产生挪动。

（4）防水材料必须具有较好的低温抗裂性，在冬季条件下能有效地遏制桥面裂缝。

（5）桥梁正式投入使用后，渗漏治理难度很大，因此桥面防水层的施工质量必须保证一次合格，而且必须保证桥面施工全过程中防水层不受损害。

二、永凝液 DPS 的作用机理

（1）永凝液防水材料是一种水基性含专有催化剂和活性化学物质的防水材料，能迅速有效地与混凝土结构层中的氢氧化钙、铝化钙、硅酸钙等反应，形成惰性晶体嵌入混凝土的毛细孔，密闭微细裂缝，从而极大地增强混凝土表层的密实度和抗压强度。

（2）永凝液 DPS 是当今新型的绿色环保材料，不含甲醛，不含重金属，具有无毒、无味、不可燃、不挥发的特点，是一种透明的水溶液化合物。美国永凝液 DPS 表现出的明显优势在于它是水溶性无机化合物，与空气中二氧化碳反应后形成的硅酸溶液能自动渗入混凝土表层约 30～40mm，使填料与混凝土基质在固化剂作用下发生硅化作用而牢固结成一体。其形成的硅氧键的网链结构类似天然晶体，即使在超过 1000℃ 的热力下，依然抗热且不会龟裂，而且其涂膜具有像人体皮肤一样既不渗水又能排汗的透气功能，使基质保持干爽。

三、永凝液 DPS 特性指标

永凝液 DPS 分别在国内和国外多家权威机构进行过检测试验。国内检测的检测标准为：北京市地方标准《界面渗透型防水涂质量检验评定标准》DBJ 01—54—2001。其结果均达到或超过规范要求，具体指标、数据见表1～表3。

表1　永凝液 DPS 特性表

项　目	性能指标
成分	专利催化剂和消泡剂的混合
外观	无色、无味透明液体
清洗用剂	用水
冰点	0℃
沸点	110℃
表观比重	1.080
pH（1%溶解）值	10.1
环保损害	无
对钢筋锈蚀作用	对金属、植物等无害。防止混凝土内的钢筋生锈
渗透/结晶时间	1～2h/14～2h

表2　检测报告一：永凝液 DPS 物理性能（渗透型）

项目	DBJ 01—54—2000 标准值	2002—B—W—349
抗压强度比（%）	≥100	≥105
渗透深度（mm）	≥2	2.9
48h 吸水量比（%）	≤65	52
抗透水压力比（%）	≥200	200
抗冻性	20～-20℃，15 次表面无粉化、裂纹	表面无粉化、裂纹
耐热性	80℃，72h 表面无粉化、裂纹	表面无粉化、裂纹
耐碱性	饱和氢氧化钙浸泡 168h，表面无粉化、裂纹	表面无粉化、裂纹
耐酸性	1% 盐酸溶液浸泡 168h，表面无粉化、裂纹	表面无粉化、裂纹
钢筋锈蚀	无锈蚀	无锈蚀

表3　检测报告二：永凝液 DPS 环境污染检测

样品名称	永凝液-DPS		样品编号	2003—D—02
检测环境	室温：23±2℃，相对湿度：50%±5%		报告日期	2003.01.10
检测项目	技术指标		检测结果	单项评定
总挥发性有机化合物（g/L）	≤200		57	合格
游离甲醛	≤0.1		$<5 \times 10^{-3}$	合格

注：本标准方法适用于游离甲醛含量（5×10^{-3}～0.5）g/kg 的涂料。

四、永凝液防水材料的应用功能

永凝液 DPS 对海洋环境下的桥梁使用，确保桥梁混凝土不易变质，延长混凝土寿命的科学功能，最近在香港理工大学科学实验中心的检测得到证实。它改变了人们的一种误区，认为只要使用高质量，高强度等级的混凝土就能确保海洋环境桥梁的质量和安全要求。该项检测证明，凡未使用任何有效的保护材料，处在海洋环境的桥梁混凝土在三年后就开始发生变异或变质。其变质的主要原因来自海洋的卤族元素——氯化物及硫化物的侵入造成的；同时，它也受到现代工业排放物及海洋漂浮物的破坏。众所周知，海洋污染的硫化物会造成混凝土表面的软化和分层，使钢筋裸露生锈，造成混凝土的抗压强度严重降低，而氯化物对钢筋混凝土的渗入是通过钢筋混凝土的热胀冷缩运动形成的，它会促使钢筋变成氯化铁，会加速造成所有钢筋的腐蚀。为此，对钢筋混凝桥梁实施保护是一项必不可少的工作，其作用是防止氯化物和硫化物的侵入，保证桥梁的长期可靠性和耐用性。

目前国内有不少重要的桥梁已经使用上美国永凝液，如：杭州湾大桥、武汉汉江二桥、香港青马大桥、厦门海湾大桥等。这些已使用多年的桥梁，经相关业主单位的反映：运转如初、结构完好、磨损微小、混凝土的表层尚未有可见剥落和粉化等现象。从这一侧面应证了：当初采用美国永凝液做桥梁各基面的防水防护起到实效，得到了桥梁管理部门的充分肯定。

五、永凝液 DPS 的使用说明

（一）基层处理

基层应清除干净，去除污迹、油渍、灰皮、浮渣等。混凝土基层应坚实、平整。若有蜂窝、麻面、开裂、酥松等缺陷，则应事先修补好。修补前剔凿清洗干净后，先局部喷涂永凝液 DPS（应当注意的是在喷涂使用永凝液 DPS 前，要先将永凝液贮存桶摇动几分钟再把桶内溶液倒入喷雾器内备用），然后用高强度的水泥砂浆修补抹平后再涂一遍混凝土永凝液 DPS。梁柱上的螺栓，就按防水混凝土细部构造要求处理。手提喷雾器在每次使用时，均要用力摇匀至起泡沫，然后再喷涂于混凝土表面上。

永凝液 DPS 施用于混凝土表面，对于正常使用情况下的混凝土表面或新筑的混凝土，应先用水冲刷或湿润；对于脏的混凝土表面或在炎热、干燥气候条件下，使用永凝液 DPS 前必须要用水冲刷湿润，但表面不应有明水。

（二）永凝液 DPS 用量

永凝液 DPS 可以广泛应用于混凝土表面或水泥涂抹层。一般情况只需处理一次，对存在特殊问题的地方，可以根据情况加喷一遍。其用量视混凝土或水泥砂浆表面的粗糙程度和微孔数量调整，平均用量约为 $4m^2/kg$（两道）。

（三）永凝液 DPS 溶液喷涂施工

新筑混凝土强度达到 1.2MPa（8～12h 后）可上人时即可进行永凝液 DPS 喷涂。在垂直的混凝土表面，应在外模拆除并经表面清洁后即可行喷涂。

喷涂墙面时应由下而上，左右均匀喷涂。平面喷涂时，应先消除表面上的小水坑。对于平面与立面或立面之间的交接处，加喷涂 150mm 的搭接层。在水平面上，每次喷涂应覆盖前一喷雾圈的一半。如果溶液往下流淌，应加快喷嘴的运动速度，使整个区域饱满，再以同样的工艺重复一次。

为使喷涂面完全饱和，要在喷涂后 15～20min 后检查该区域。如发现某些区域干得较快，则待检查完毕后，在该区域再从背后加以喷涂。若表面残留有未能渗入的多余黏状物，则可用水冲掉或刮掉。DPS 的渗入会使混凝土内的杂质，如油脂、酸、过多的碱、盐等浮至表面，可用水冲刷直至杂质被洗掉为止。

喷涂过永凝液 DPS 的新浇混凝土一般情况下不需清水养护，涂刷后正常的渗透时间为 1～2h。但若天气干燥或当温度超过 35℃时，应在喷涂永凝液 DPS 后每隔 2h 在混凝土表面轻喷清水一遍，这有利于防止永凝液蒸发，以使溶液更好地渗入。30min 后，便可允许轻度触碰。3h 后或表面干燥时，多数情况下地面便可行走。12h 后，斜坡下面的基础部分可以用土回填。24h 后，清洗干净表面的浮出物后便可进行其他装饰作业（必要时，可使用鼓风机或风扇吹施工面，以加速其晶体化过程）。

448 水泥的主要特点及适用范围是什么？

水泥的主要特点及适用范围，见表 1。

表1　水泥的主要特点及适用范围

品种	主要特点	适用范围	不适用范围
硅酸盐水泥	1. 早强、高强、快硬 2. 水化热高 3. 耐冻性好 4. 耐热性差 5. 耐腐蚀性差	1. 适用快硬早强工程 2. 配制强度等级较高的混凝土	1. 大体积混凝土工程 2. 受化学侵蚀水及压力水作用
普通水泥	1. 早强 2. 水化热较高 3. 耐冻性较好 4. 耐热性较差 5. 耐腐蚀性较差	1. 地上地下及水中的混凝土 2. 钢筋混凝土和预应力混凝土和预应力混凝土结构，包括早期强度要求较高的工程	1. 大体积混凝土工程 2. 受化学侵蚀水及压力水作用的工程
矿渣硅酸盐水泥	1. 早期强度低，后期强度增长较快 2. 水化热较低 3. 耐热性较好 4. 抗硫酸盐侵蚀性好 5. 抗冻性较差 6. 干缩性较大	1. 大体积混凝土工程 2. 配制耐热混凝土 3. 蒸汽养护的构件 4. 一般地上地下的混凝土和钢筋混凝土结构	1. 早期强度要求较高的混凝土工程 2. 严寒地区并在水位升降范围内的混凝土工程
火山灰质硅酸盐水泥	1. 早期强度低后期强度增长较快 2. 水化热较低 3. 耐热性较好 4. 抗硫酸盐侵蚀性好 5. 抗冻性较差 6. 抗渗性较好 7. 干缩性较大	1. 大体积混凝土工程 2. 有抗渗要求的工程 3. 蒸汽养护的构件 4. 一般混凝土和钢筋混凝土结构	1. 早期强度要求较高的混凝土工程 2. 严寒地区并在水位升降范围 3. 干燥环境中的混凝土工程 4. 有耐磨性要求的工程
粉煤灰硅酸盐水泥	1. 早期强度低，后期强度增长较快 2. 水化热较低 3. 耐热性较好 4. 抗硫酸盐侵蚀性好 5. 抗冻性较差 6. 干缩性较小	1. 地上地下、水中和大体积混凝土工程 2. 蒸汽养护的构件 3. 一般混凝土工程	1. 早期强度要求较高的混凝土工程 2. 严寒地区并在水位升降范围内的混凝土工程 3. 有抗碳化要求的工程

449　钢筋锈蚀的机理是什么?

一、锈蚀机理

混凝土是一种强碱性物质，新鲜混凝土的 pH 值一般在 12～13 之间，在这种环境下，预埋金属表面被钝化膜所保护，因而不会发生锈蚀。但是，当 Cl^-，CO_2 等腐蚀介质侵入时，混凝土环境的碱性降低或受拉开裂等原因全部或局部地破坏了钢筋表面钝化状态，因而就发生了锈蚀。锈蚀是一个电化学过程，需要有阳极、阴极和电解液的存在才能发生。潮湿的混凝土基质是一种不错的电解液，而预埋钢筋提供了阳极和阴极，在一定的环境条件下（如氧和水的存在），钢筋开始腐蚀，腐蚀的情形一般为斑状腐蚀。

电极反应式：阳极：$2Fe - 4e^- \longrightarrow 2Fe^{2+}$

阴极：$O_2 + 2H_2O + 4e^- \longrightarrow 4OH^-$

阴极表面二次化学过程：

$Fe^{2+} + 2OH^- \longrightarrow Fe(OH)_2$

$4Fe(OH)_2 + O_2 + 2H_2O \longrightarrow 4Fe(OH)_3$

电子在阳极与阴极之间流动，导致铁被氧化成 $Fe(OH)_2$ 或 $Fe(OH)_3$，其体积比单质铁大 2~7 倍。当构件类型及腐蚀环境不同时，会使钢筋去钝方式和电极面积有较大差别，但其腐蚀机理是相同的。

二、影响钢筋锈蚀的主要因素

钢筋锈蚀、裂缝扩展主要受环境条件和钢筋混凝土本身性能的影响。

（1）混凝土中 Cl^- 含量的影响。Cl^- 是促使钢筋锈蚀的活化剂，在 Cl^- 达到饱和作用以前，Cl^- 含量越高，锈蚀越严重。氯盐对钢筋的腐蚀程度高于硫酸盐对钢筋的腐蚀。

（2）环境条件。在潮湿条件下，室外构件的锈蚀明显大于室内构件。

（3）水泥品种和其他掺合料的影响。用普通硅酸盐水泥配制的构件，其锈蚀开裂比用矿渣水泥配制的试件晚。当构件掺加阻锈剂时，锈蚀程度明显减少。

（4）混凝土强度和保护层厚度的影响。随着混凝土强度和保护层厚度的增加，能够推迟钢筋锈蚀的时间。

三、钢筋锈蚀破坏的特征及检测技术

（一）钢筋锈蚀破坏的特征

（1）裂缝沿主筋方向开展、延伸。混凝土的抗压性能好，但其抗裂性较差，当钢筋表面的混凝土缺乏足够的厚度时，由于钢筋锈蚀产物发生体积膨胀，使得钢筋表面的混凝土发生顺主筋开裂。混凝土一旦发生开裂，腐蚀介质更容易到达钢筋表面，钢筋锈蚀的速度将会大大加快。

（2）钢筋与混凝土的握裹力下降与丧失。当混凝土发生开裂时，随着裂缝不断加宽，混凝土与钢筋之间的粘结力（握裹力）也随之下降，滑移增大，构件变形。当握裹力丧失到一定程度时，其局部或整体失效便会发生。

（3）钢筋应力腐蚀断裂。处在应力状态下的钢筋（包括预应力），在遭受腐蚀时有可能发生突然断裂，断裂时钢筋属于脆断，这是腐蚀与应力相互作用的结果。应力腐蚀断裂与环境介质有关。

（4）钢筋断面损失。由于钢筋锈蚀造成断面损失，随着损失率的增大，屈服强度和抗拉强度显著降低。按实际面积计算的屈服强度和抗拉强度与钢筋损失率的统计关系见表1。

表1　屈服强度和抗拉强度与钢筋截面损失率的统计关系

截面损失率（%）	屈服强度之比（蚀后/原始）			抗拉强度之比（蚀后/原始）		
	统计次数	平均值	标准偏差	统计次数	平均值	标准偏差
<5	67	1.00	0.04	69	1.00	0.05
<10	113	0.99	0.05	116	0.99	0.07
10~60	78	0.97	0.15	94	0.95	0.13

（二）检测钢筋锈蚀量的方法

钢筋锈蚀造成的构件破坏给世界各国的经济带来了巨大损失。目前，许多国家在探索检测钢筋锈蚀量的方法，除了传统的破损检测技术之外，无损检测钢筋锈蚀量是许多国家正在采用的新技术。混凝土中钢筋锈蚀量的非破损检测方法有分析法、物理法和电化学法三大类。分析法是根据现场实测的钢筋直径、保护层厚度、混凝土强度、有害离子的侵入深度及其含量、纵向裂缝宽度等数据，综合考虑构件所处的环境情况，推断钢筋的锈蚀程度；物理方法主要是通过测定钢筋锈蚀引起的电阻、电磁、热传导、声波传播等物理特性的变化来反映钢筋的锈蚀情况；电化学方法是通过测定钢筋-混凝土腐蚀体系的电化学特征，来确定混凝土中钢筋锈蚀程度或速度。

四、防止钢筋锈蚀的保护措施

钢筋锈蚀使得大量的混凝土结构出现劣化。防止钢筋锈蚀的措施有很多，一类是提高混凝土自身的防护能力，如采用高性能混凝土；另一类是附加措施，主要包括：采用环氧涂层钢筋、阴极保护及钢筋阻锈剂。

（一）采用高性能混凝土

高性能混凝土在配比上的特点是低水灰比，选用优质原材料，除水泥、水和集料外，必须掺加足够数量的矿物集料和高效减水剂，减少水泥用量，减少混凝土内部孔隙率，减少体积收缩，提高强度和耐久性，从而增强抵御环境侵蚀破坏的能力。

（二）采用钢筋阻锈剂

钢筋阻锈剂即混凝土的缓蚀剂，分为阳极型、阴极型、综合型等，由无机物或有机物组成。这些物质对钢筋（铁）有特殊的亲和力，能阻止或减缓钢筋锈蚀的电化学过程，从而起到阻锈的作用。即使是大量的腐蚀介质（如 Cl^-）进入的情况下，也能使钢筋不发生锈蚀。在混凝土中掺入阻锈剂，可以提高其耐久性，使得结构达到设计年限的要求。

由于钢筋阻锈剂使用便捷、成本低，对混凝土强度无影响，在北美已成功使用了 20 年，主要用于海洋结构、桥、桩、停车场等。我国于 1987 年建成的山东三山岛金矿工程系国家重点工程，是国内首次大量使用 RI 系列钢筋阻锈剂，同时也是国内首次大量使用海砂和含盐超标施工用水的大型工程。该工程建筑物接触海水和盐，十余年来未出现钢筋锈蚀问题，是使用钢筋阻锈剂的范例之一。

（三）采用环氧涂层钢筋

环氧涂层钢筋的研究起源于美国，1973 年首次试用于桥面板。到 1987 年，美国环氧涂层钢筋的年产量已达 20 万 t，其他国家也在发展和应用此项技术。近年来，我国建设部也制定了环氧涂层钢筋的产品标准，并开始有一些工程应用的实例。但环氧涂层钢筋除了其质量须得到保证之外，更重要的是运输、装卸、存储过程要有专门的措施，对施工质量、人员素质和管理水平要求严格，这一点对我国来讲具有很现实的意义。

（四）钢筋混凝土的阴极保护

阴极保护技术包括在相反方向外加电流和牺牲阳极来抑制电池电流。应用外加电流的方法是将直流电的负极连接在混凝土中的钢筋上，以迫使钢筋处于阴极状态［图 1（a）］；而牺牲阳极法［图 1（b）］是将比铁更活泼的金属例如镁直接与钢筋相连，镁可向铁（钢筋）提供电子，镁作为阳极被腐蚀而保护了铁（钢筋），从而达到阴极保护的目的。

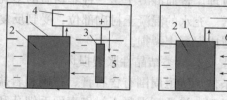

图 1　混凝土中钢筋阴极保护示意图

（a）外加电流法；（b）牺牲阳极法

1—混凝土；2—钢筋（阴极）；3—铸铁阳极；

4—直流电源；5—水；6—镁阳极

450 隧道衬砌腐蚀的原因与防治措施是什么？

一、隧道衬砌腐蚀的概况

（一）铁道隧道

据铁路有关部门调查：检查结果把严重需进行大修的隧道定为"失格"隧道，铁道部颁发的《铁路桥隧建筑物大修规则》中隧道状态失格标准见表1。

表1　隧道状态失格标准

病害项目	失格标准	附　注
严重漏水 衬砌严重腐蚀裂损	拱部滴水、边墙淌水， 隧底冒水严重腐蚀、裂缝、 错牙、变形	包括季节性漏水、渗水、 淌水、腐蚀深度

据统计，我国运营的铁路隧道有5000座，总延长2500km，其中衬砌严重腐蚀裂损的710座，占22%。

（二）公路隧道

近20多年来，我国公路建设发展个分迅速，截至2004年底，中国公路通车总里程达181万km，高速公路已突破3万km，总里程位居世界第二。伴随着公路建设的快速发展，公路隧道的修建也增长迅速，截至2004年底，我国已建成公路隧道2495座，总长1246km，其中65%的隧道已经进入到养护维修期。

建在富含腐蚀性介质的公路隧道，其衬砌背后的腐蚀性环境水，容易沿衬砌的工作缝、变形缝、毛细孔，及其他孔洞渗流到衬砌内侧，成为隧道渗漏水对衬砌混凝土和砌石、灰缝产生物理性或化学性的侵蚀作用，造成衬砌侵蚀。

这些将严重影响隧道的正常运营安全。

二、隧道衬砌腐蚀的原因分析

（一）隧道衬砌腐蚀的类型及影响因素

隧道衬砌腐蚀分为物理和化学性腐蚀两类。

隧道衬砌腐蚀的主要影响因素有：衬砌混凝土的质量和水泥的品种，渗流到衬砌内部的环境水含侵蚀性介质的种类和浓度，环境的温度和湿度等自然条件。

（二）隧道衬砌物理性腐蚀

（1）冻融交替冻胀性裂损

①产生条件。隧道在寒冷和严寒地区衬砌混凝土充水部位。

②侵蚀机理。普通混凝土是一种非均质的多孔性材料，其毛细孔、施工孔隙和工作缝等，易被环境水渗透。充水的混凝土衬砌部位，受到反复的冻融交替冻胀破坏作用，产生和发展冻胀性裂损病害，造成混凝土裂损。

（2）干湿交替盐类结晶性胀裂损坏

①产生条件。隧道周围有含石膏、芒硝和岩盐的环境水。

②侵蚀机理。渗透到混凝土衬砌表面毛细孔和其他缝隙的盐类溶液，在干湿交替条件下，由于低温蒸发浓缩析出白毛状或梭柱状结晶，产生胀压作用，促使混凝土由表及里，逐层破裂疏松脱落。常见边墙脚高1m，混凝土沟壁，起拱线和拱部等处裂缝呈条带状，局部渗水处成蜂窝状腐蚀成孔洞，露石、集料分离，疏松用手可掏渣。

干湿交替盐类结晶性胀裂损坏会造成混凝土或不密实的砂石衬砌和灰缝起白斑、长白毛，逐层

584

疏松剥落。沿渗水的裂缝和局部麻面处所，呈条带状和蜂窝状腐蚀成凹槽和孔洞，深 $10\sim25mm$。

（三）隧道衬砌化学性腐蚀

隧道衬砌混凝土是一个很复杂的物理的、物理化学的过程。综合国内外目前研究成果，根据主要物质因素和腐蚀破坏机理，分为硫酸盐侵蚀、镁盐侵蚀、软水溶出性侵蚀、碳酸盐侵蚀、一般酸性侵蚀种。

（1）硫酸盐侵蚀

腐蚀机理：主要原因是水中 SO_4^{2-} 的浓度过高。

①当 SO_4^{2-} 浓度高于 $1000mg/L$ 时，能与水泥石中的 $Ca(OH)_2$ 起反应，生成石膏。

$$Ca^{2+} + SO_4^{2-} = CaSO_4$$

石膏体积膨胀 1.24 倍，形成混凝土物理性的破坏。

②当 SO_4^{2-} 浓度低于 $1000mg/L$ 时，铝酸三钙与 $Ca(OH)_2$，SO_4^{2-} 起反应共同作用，生成硫铝酸盐晶体。

$$3CaO \cdot Al_2O_3 \cdot 6H_2O + 3CaSO_4 + 25H_2O = 3CaO \cdot Al_2O_3 \cdot 3CaSO_4 \cdot 31H_2O$$

体积较原来增大 2.5 倍，产生巨大的内应力，破坏混凝土。

（2）镁盐侵蚀

腐蚀机理，主要原因是水中含有 $MgSO_4$，$MgCl_2$，镁盐与水泥石中的发生反应。

$$MgSO_4 + Ca(OH)_2 + 2H_2O = 3CaSO_4 \cdot 2H_2O + Mg(OH)_2$$

$$MgCl_2 + Ca(OH)_2 = CaCl_2 + Mg(OH)_2$$

$CaSO_4$ 产生硫酸盐侵蚀，$CaCl_2$ 溶于水而流失，$Mg(OH)_2$ 胶结力很弱易被渗透水带走。

（3）溶出性侵蚀

腐蚀机理：主要原因是水中的 HCO_3^- 含量过少，在渗透水的作用下，混凝土中的 $Ca(OH)_2$ 随水陆续流失，使得溶液中的 CO_2 浓度降低。当浓度低于 $1.3g/L$ 时，混凝土中的晶体 $Ca(OH)_2$ 将溶入水中流失，C_3S 和 C_3A 的 CO_2 也陆续分解溶于水中。使混凝土结构变得松散，强度渐渐降低。

（4）碳酸盐侵蚀

腐蚀机理：主要原因是水中的 CO_2 含量过高，超过了与 $Ca(HCO_3)_2$ 平衡所需的 CO_2 数量。在侵蚀性 CO_2 的作用下，混凝土表层的 $CaCO_3$ 溶于水中。

$$CaCO_3 + CO_2 + H_2O = Ca^{2+} + 2HCO_3^-$$

混凝土内部的 $Ca(OH)_2$ 继续与作用或直接 CO_2 与作用。如 CO_2 含量较多，这种作用将继续下去，水泥石因 $Ca(OH)_2$ 流失而结构松散。

（5）一般酸性侵蚀

腐蚀机理：主要原因是水中含有大量的 H^+，各种酸与 $Ca(OH)_2$ 作用后，生成相应的钙盐。

由于生成物溶于水的程度不同，侵蚀影响也不同，$CaCl_2$，$Ca(NO_3)_2$，$Ca(HCO_3)_2$ 等易溶于水，随水流失，$CaSO_4$ 则产生硫酸盐侵蚀。但以上几种腐蚀有时是同时发生的。

三、隧道衬砌腐蚀的防治措施

（一）提高衬砌的密实度和整体性

这是提高混凝土抗侵蚀性能最主要的，也是最重要的措施。因为不管是混凝土或砌块/砂浆遭受化学侵蚀，还是冻融交替或是干湿交替作用，甚至几种情况同时存在的最不利情况，共同的必要条件是衬砌的透水性。由于水及其中侵蚀介质能渗透到衬砌内部，才会发生一系列物理化学变化，致使衬砌混凝土或砌块、灰缝产生腐蚀损坏。如果在修建隧道衬砌时，采用了防水混凝土（或防水砂浆砌不受侵蚀的石料）作衬砌，提高了衬砌的密实度和整体性，外界侵蚀性水就不易渗入混凝土内部，从而阻止了环境水的侵蚀速度，就可以提高衬砌的耐久性，降低侵蚀的影响。

一般用集料级配法和掺外加剂法配制防水混凝土，来提高隧道衬砌的密实性和防水性，由于隧道衬砌是现场浇筑，在有地下水活动的地段，往往很难保证防水混凝土的质量，从而影响防水性，因此采用相应的措施。

（二）外掺加料法

由于腐蚀主要是由于混凝土中游离的 $Ca(OH)_2$ 等引起的，可以采取降低混凝土中 $Ca(OH)_2$ 浓度的措施来达到抗侵蚀的目的。比如：掺入粉煤灰可以除去游离的，且给予铝相以不活泼性。也可以掺加硅粉，但由于硅粉颗粒细，施工时污染严重，对环境有害，影响其使用。

（三）选用耐侵蚀水泥

合理选择水泥品种，尽量改善混凝土受侵蚀的内因（如：对抗硫酸侵蚀的水泥要限制 C_3A 含量不大于 5%，在严寒地区不宜选用火山灰质水泥等），但目前尚没有完全可以消除腐蚀的水泥品种，从合理选择水泥品种，与优选粗细集料及级配、掺外加剂、减少用水量等项措施结合起来，最大限度地提高衬砌的抗蚀性和密实度，配制成抗腐蚀混凝土，效果就更好。

（四）加强衬砌外排水措施

将侵蚀性环境水排离隧道周围，减少侵蚀性地下水与衬砌的接触。目前，在地下水丰富地区，用泄水导洞法将地下水引至导洞内，减少地下水对主体隧道的影响，一般泄水洞应根据地下水的活动规律和流向，做在主洞的上游，拦截住地下水。地下水不发育地区，在隧道背后做盲沟，将地下水排入盲沟，从而减少对隧道衬砌的腐蚀。

（五）使用密实的与混凝土不起化学作用的材料，在衬砌外表面做隔离防水层

国内常用的防水卷材有 EVA、ECB、PE、PVC 等。这些材料的耐酸碱性能稳定，作为隔离防水层，是较理想的材料。

（六）向衬砌背后压注防蚀浆液

这种方法只适用于一般隧道。常用的材料有阳离乳化沥青、沥青水泥浆液等沥青类的乳液、高抗硫酸盐、抗硫酸盐水泥类浆液。

在衬砌表面涂抹防水泥防蚀涂料，常用的有阳离子乳化沥青乳胶涂料、编织乙烯共聚涂料，近几年又使用了焦油聚氨酯涂料、RG 防水涂料等。

（七）使用防腐蚀混凝土

防腐蚀混凝土是针对环境水侵蚀性介质不同，选用相应抗侵蚀性能较好的水泥品种，通过调整配合比、掺减水剂、引气剂，并采用机械拌合、机械振捣生产的一种密实性和整体性较高的抗腐蚀的防水混凝土。提高混凝土的密实性和整体性，是提高混凝土抗侵蚀能力的最重要的措施，因为混凝土内部结构均匀密实，外界侵蚀性环境水就不容易渗入混凝土内部，$Ca(OH)_2$ 也不易被水析出。

防腐蚀混凝土的制作，除了严格控制水灰比和最小水泥用量及按上表对水泥类型选择之外，还应满足以下要求。

（1）抗硫酸盐水泥的矿物成分：

$3CaO \cdot Al_2O_3$，即 C_3A 应 ≤5%

$3CaO \cdot SiO_2$，即 C_3S 应 ≤5%

$4CaO \cdot Al_2O_3 \cdot Fe_2O_3 + C_3A$ 应 ≤22%

（2）防腐蚀混凝土原材料。防腐蚀混凝土用的种材料按规范执行。粗集料应符合规范对大于或等于 C28 混凝土的规定，最大粒径大于 60mm；最低耐冻循环次数不得低于 10 次（硫酸钠法）。应选用坚硬洁净的中（粗）砂；特细砂不得配制防混凝土。

（八）施工与养护

防腐混凝土必须采用机械拌合机捣。养护：使用 AP，BP，CP 类水泥，不得少于 14d；使用

586

AS，BS，CS类水泥，不得少于21d。

防腐蚀混凝土结构物外露面边缘、棱角、沟槽应为圆弧形；钢筋混凝土的保护层不得小于5cm。

451 干粉砂浆生产线工艺流程图是什么？

干粉砂浆生产线工艺流程图如图1所示。

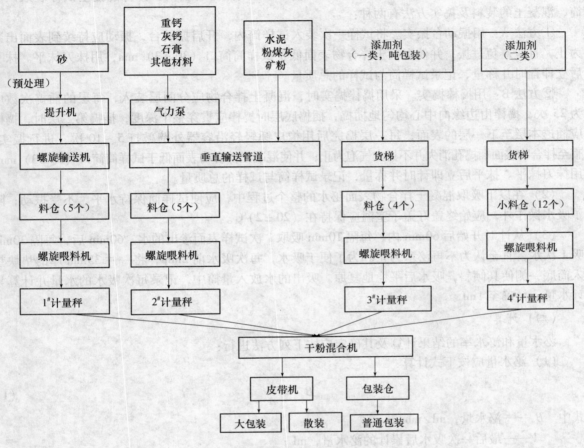

图1 干粉砂浆生产线工艺流程图

452 什么是水胶比？

水胶比是单位体积混凝土中水与全部胶凝材料（包括水泥、活性掺合料）之比。

453 泌水与压力泌水如何测定？

一、泌水测量

（一）适用范围

本方法适用于集料最大粒径不大于40mm的混凝土拌合物泌水测定。

（二）仪器设备

（1）容量筒：金属制成的圆筒，两旁装有提手。容积为5L并配有盖子。内径与内高均为（186±2）mm，筒壁厚为3mm。

（2）台秤：称量为50kg，感量为50g。

（3）量筒：容量为10mL，50mL，100mL的量筒及吸管。

（4）振动台：应符合《混凝土试验室用振动台》JG/T 3020 中技术要求的规定。

（5）捣棒用圆钢制成，表面应光滑，其直径为（16±0.1）mm、长度为（600±5）mm，且端部呈半球形。

（三）检验步骤

（1）应用湿布湿润试样筒内壁后立即称量，记录试样筒的质量。再将混凝土试样装入试样筒，混凝土的装料及捣实方法有两种：

①方法 A：用振动台振实。将试样一次装入试样筒内，开启振动台，振动应持续到表面出浆为止，且应避免过振；并使混凝土拌合物表面低于试样筒筒口（30±3）mm，用抹刀抹平。抹平后立即计时并称量，记录试样筒与试样的总质量。

②方法 B：用捣棒捣实。采用捣棒捣实时，混凝土拌合物应分两层装入，每层的插捣次数应为 25 次，捣棒由边缘向中心均匀地插捣，插捣底层时捣棒应贯穿整个深度，插捣第二层时，捣棒应插透本层至下一层的表面；每一层捣完后用橡皮锤轻轻沿容器外壁敲打 5～10 次，进行振实，直至拌合物表面插捣孔消失并不见大气泡为止；并使混凝土拌合物表面低于试样筒筒口（30±3）mm，用抹刀抹平。抹平后立即计时并称量，记录试样筒与试样的总质量。

（2）在以下吸取混凝土拌合物表面泌水的整个过程中，应使试样筒保持水平、不受振动；除了吸水操作外，应始终盖好盖子室温应保持在（20±2）℃。

（3）从计时开始后 60min 内，每隔 10min 吸取 1 次试样表面渗出的水。60min 后，每隔 30min 吸 1 次水，直至认为不再泌水为止。为了便于吸水，每次吸水前 2min，将一片 35mm 厚的垫块垫入筒底一侧使其倾斜，吸水后平稳地复原。吸出的水放入量筒中，记录每次吸水的水量并计算累计水量，精确至 1mL。

（四）计算

泌水量和泌水率的结果计算及其确定应按下列方法进行：

（1）泌水量应按下式计算：

$$B_a = \frac{V}{A} \tag{1}$$

式中　B_a——泌水量，mL/mm²；

　　　V——最后一次吸水后累计的泌水量，mL；

　　　A——试样外露的表面面积，mm²。

计算应精确至 0.01mL/mm²。泌水量取三个试样测值的平均值。三个测值中的最大值或最小值，如果有一个与中间值之差超过中间值的 15%，则以中间值为试验结果；如果最大值和最小值与中间值之差均超过中间值的 15% 时，则此次试验无效。

（2）泌水率应按下式计算：

$$B = \frac{V_W}{(W/G)\,G_W} \times 100\% \tag{2}$$

$$G_W = G_1 - G_0 \tag{3}$$

式中　B——泌水率，%；

　　　V_W——泌水总量，mL；

　　　G_W——试样质量，g；

　　　W——混凝土拌合物总用水量，mL；

　　　G——混凝土拌合物总质量，g；

　　　G_1——试样筒及试样总质量，g；

　　　G_0——试样筒质量，g。

计算应精确至1%。泌水率取三个试样测值的平均值。三个测值中的最大值或最小值，如果有一个与中间值之差超过中间值的15%，则以中间值为试验结果；如果最大值和最小值与中间值之差均超过中间值的15%时，则此次试验无效。

混凝土拌合物泌水试验记录及其报告内容除应满足标准要求外，还应包括以下内容：

（1）混凝土拌合物总用水量和总质量；

（2）试样筒质量；

（3）试样筒和试样的总质量；

（4）每次吸水时间和对应的吸水量；

（5）泌水量和泌水率。

二、压力泌水试验

（一）适用范围

本方法适用于集料最大粒径不大于40mm的混凝土拌合物压力泌水测定。

（二）、仪器设备

（1）压力泌水仪：其主要部件包括压力表、缸体、工作活塞、筛网等（图1）。压力表最大量程6MPa，最小分度值不大于0.1MPa；缸体内径（125±0.02）mm，内高（200±0.2）mm；工作活塞压强为3.2MPa，公称直径为125mm；筛网孔径为0.315mm。

（2）捣棒：符合规程的规定。

（3）量筒：200mL量筒。

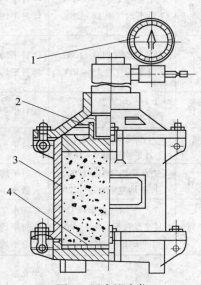

图1　压力泌水仪
1—压力表；2—工作活塞；
3—缸体；4—筛网

（三）检验步骤

（1）混凝土拌合物应分两层装入压力泌水仪的缸体窗口内，每层的插捣次数应为20次。捣棒由边缘向中心均匀地插捣，插捣底层时捣棒应贯穿整个深度，插捣第二层时，捣棒应插透本层至下一层的表面；每一层捣完后用橡皮锤轻轻沿容器外壁敲打5~10次，进行振实，直至拌合物表面插捣孔消失并不见大气泡为止；并使拌合物表面低于容器以下约30mm处，用抹刀将表面抹平。

（2）将容器外表擦干净，压力泌水仪按规定安装完毕后，应立即给混凝土试样施加压力至3.2MPa，并打开泌水阀门同时开始计时，保持恒压，泌出的水接入200mL量筒里；加压至10s时读取泌水量V_{10}，加压至140s时读取泌水量V_{140}。

（四）压力泌水率

$$B_{\mathrm{V}} = \frac{V_{10}}{V_{140}} \times 100\% \tag{4}$$

式中　B_{V}——压力泌水率，%；

　　V_{10}——加压至10s时的泌水量，mL；

　　V_{140}——加压至140s时的泌水量，mL。

压力泌水率的计算应精确至1%。

454　建筑气候区划指标是什么？

建筑气候区划指标，见表1。

表1　建筑气候区划指标

区名	主要指标	辅助指标	各区辖行政区范围
I	1月平均气温 ≤ -10℃ 7月平均气温 ≤25℃ 1月平均相对湿度 ≥50%	年降水量 200~800mm，年日平均气温 ≤5℃的天数大于或等于145d	黑龙江、吉林全境，辽宁大部，内蒙古中、北部及陕西、山西、河北、北京北部的部分地区
II	1月平均气温 -10~0℃ 7月平均气温 18~28℃	年日平均气温 ≥25℃的天数小于80d， 年日平均气温 ≤5℃的天数 145~90d	天津、山东、宁夏全境，北京、河北、山西、陕西大部，辽宁南部，甘肃中东部以及河南、安徽、江苏北部的部分地区
III	1月平均气温 0~10℃ 7月平均气温 25~30℃	年日平均气温 ≥25℃的天数 40~110d， 年日平均气温 ≤5℃的天数 90~0d	上海、浙江、江西、湖北、湖南全境，江苏、安徽、四川大部，陕西、河南南部，贵州东部，福建、广东、广西北部和甘肃南部的部分地区
IV	1月平均气温 >10℃ 7月平均气温 25~29℃	年日平均气温 ≥25℃的天数 100~200d	海南、中国台湾全境，福建南部，广东、广西大部以及云南西南部和元江河谷地区
V	7月平均气温 18~25℃ 1月平均气温 0~13℃	年日平均气温 ≤5℃的天数 0~90d	云南大部，贵州、四川西南部，西藏南部一小部分地区
VI	7月平均气温 <18℃ 1月平均气温 0~ -22℃	年日平均气温 ≤5℃的 天数 90~285d	青海全境，西藏大部，四川西部，甘肃西南部，新疆南部部分地区
VII	7月平均气温 ≥18℃ 1月平均气温 -5~ -20℃ 7月平均相对湿度 <50%	年降水量 10~600mm 年日平均气温 ≥25℃的天数 <120d 年日平均气温 ≤5℃的天数 110~180d	新疆大部，甘肃北部，内蒙古西部

455　什么是硅灰？它有哪些特性？

硅灰又称凝聚硅灰或硅粉，是电弧炉冶炼硅金属或硅铁合金时的副产品。即硅铁厂在冶炼硅金属时，将高纯度的石英、焦碳投到电弧炉内，在温度高达2000℃下，石英被还原成硅的同时，约有10%~15%的硅化为蒸汽，在烟道内随气流上升遇氧结合成一氧化硅（SiO）气体，逸出炉外时，SiO遇冷空气后再氧化成SiO_2，最后冷凝成极微细的颗粒。这种SiO_2颗粒，日本称"活性硅"，法国称"硅尘"，比较多的国家称"冷凝硅烟灰"，我国统称为"硅灰"。

硅灰的主要成分中，SiO_2含量达80%以上，绝大部分是非晶态的无定形SiO_2，其他成分含量都较少，氧化铁、氧化钙、氧化硫的含量随矿石的成分不同稍有变化，一般不超过1%，烧失量约为1.5%~3%。

由于硅灰的生成条件特别，因而其具有颗粒细（平均粒径为0.1~0.2μm），比表面积大（一般为20000~25000m^2/kg）的特点，同时硅粉还具有极高的火山灰活性。

由于硅灰特别细，比表面积特别大，因此，在通常情况下掺入硅灰后需水量增大。但是，在适当的条件下，硅灰也可以表现出减水作用。笔者在进行硅灰与超塑化剂共同作用的研究中发现，掺用超塑化剂时，硅灰对需水量的影响表现出截然不同的行为。图1给出超塑化剂掺量对掺与不掺硅灰砂浆需水量的影响。从图中可以看出，不掺超塑化剂时，掺10%硅灰使得砂浆需水量显著增加，大约增加22.7%；掺0.6%超塑化剂时，掺与不掺硅灰砂浆的需水量相差不大；继续增加超塑化剂掺量，不掺硅灰砂浆的需水量基本保持不变，而掺10%硅灰砂浆的需水量仍然随

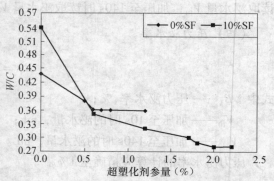

图1　超塑化剂掺量对掺与不掺硅灰砂浆
需水量的影响

超塑化剂掺量的增加而降低，其最终效果掺10%硅灰砂浆的需水量可以明显低于不掺硅灰砂浆的需水量，大约可降低22.2%。

仔细分析一下，硅灰的颗粒很小，而且是球形的，为什么不表现出减水作用，而且使需水量增加？其原因在于它具有非常大的比表面积。硅灰的比表面积是水泥的10~20倍，如此大的比表面积使得表面需水量显著地增加，这一作用超过了它的填充作用和润滑作用，最终结果使需水量增加。值得注意的是，掺入硅灰使需水量增加但并不意味着它没有填充作用和润滑作用。显然，非常小的颗粒必然表现出较强的填充作用，球形的颗粒形状必然表现出较强的润滑作用。但是，非常大的比表面积也必然导致表面水的增加。硅灰对需水量的影响是这些作用的综合结果，不能以单一作用来判断硅灰对需水量的影响，也不能用硅灰对需水量的影响去判断某一种作用的效果。

不掺超塑化剂时，硅灰的表面作用大于它的填充作用和润滑作用，因而使需水量增加。掺入0.6%的超塑化剂后，其表面作用得到了改善，使得其表面作用与填充作用和润滑作用相当，因而表现出对需水量没有影响。继续增加超塑化剂掺量，硅灰的表面作用可以得到进一步的改善，使得硅灰的填充作用和润滑作用远远超过它的表面作用，因而表现出需水量的降低。这也间接证明了超塑化剂对粉状物料表面性质的影响。

456 建筑用硅灰应符合哪些要求？

建筑用硅灰应符合两个方面的指标，即化学指标和物理指标。对于化学指标，要求硅灰中二氧化硅含量不小于85%；含水率不大于3%；烧失量不大于6%。对于物理指标，要求火山灰活性指数不小于90%；细度要求45μm筛余量不大于10%或比表面积不小于15m²/g；均匀性要求密度偏差在±5%范围内，且细度偏差在±5%范围内。

457 怎样确定硅灰的火山灰活性？

硅灰的火山灰活性用火山灰活性指数来表示，即掺硅灰的砂浆强度与基准砂浆强度的比值（包括抗折强度和抗压强度），活性指数愈大，硅灰的火山灰活性愈好。

硅灰的火山灰活性可用常规法或快速法来确定，当二者所测结果有矛盾时，以快速法为准。常规法按《水泥胶砂强度检验方法》进行，基准砂浆所用胶砂比为2.5，水灰比为0.44，胶砂流动度为（120±5）mm，硅灰砂浆的硅灰掺量为内掺10%，流动度保持与基准砂浆的相同，试件尺寸为40mm×40mm×160mm，试件脱模后在（20±3）℃水中养护28d到龄期后测硅灰砂浆和基准砂浆的抗折和抗压强度，求出两者的比值，取两个比值中的较小值作为硅灰的火山灰活性指数。

快速法砂浆的配比和试件的成型制备方法与常规法相同，成型后先在（20±3）℃的环境中养护1d，之后再在（65±2）℃的恒温箱内，泡在饱和石灰水中养护7d，到龄期后测硅灰砂浆和基准砂浆的抗折和抗压强度，求出两者的比值，取两个比值中的较小值作为硅灰的火山灰活性指数。

值得注意的是无论是常规法还是快速法，所测定的都不是真正意义上的硅灰的活性效应，因为砂浆的强度不仅仅取决于活性效应，还与形态效应和微集料效应有着密切的关系。

458 硅灰有哪些用途？

硅灰的用途很广，在混凝土工程中，主要用在以下几个方面：

（1）配制高强混凝土

在混凝土中掺10%~15%的硅灰，采用常规的施工方法，可配制C100级混凝土，即强度达100MPa，这可使高层建筑中梁、柱的断面尺寸大大减小，提高建筑物的有效利用空间。

（2）配制抗冲耐磨混凝土

采用硅灰混凝土或钢纤维硅灰混凝土护面，可成倍地提高混凝土的抗磨和抗空蚀性能，减少混凝土的损坏，延长护面混凝土寿命。

（3）配制抗化学腐蚀混凝土

混凝土中掺入硅灰后，由于硅灰水化产物的填充作用使混凝土结构更加紧密，抗渗能力提高，Cl^- 和 SO_4^{2-} 不易渗入到混凝土中，从而使混凝土抗酸、碱等化学侵蚀的能力提高。

（4）用于喷射混凝土，减少混凝土回弹量

普通喷射混凝土回弹量大，喷射时约有 30%~40% 的混凝土回落，既造成原材料浪费，又影响施工速度。如在混凝土中掺 3%~5% 的硅灰，可使喷射混凝土的回弹量减少 10% 以上。

（5）用于泵送混凝土

掺用硅灰后，混凝土的黏性较好，泌水减小，不易离析，可进行长距离泵送。

（6）用于基础灌浆

普通水泥浆液中掺 5%~10% 的硅灰后，浆液稳定性提高，不易分离，不易堵管，可灌性提高。

（7）提高粉煤灰混凝土的早期强度

粉煤灰混凝土中掺用硅灰，可提高早期强度，使粉煤灰混凝土早期强度低的劣势得到改善。

459 什么是粒化高炉矿渣？它有什么特性？

高炉矿渣是炼铁过程中所产生的工业副产品。在炼铁过程中，氧化铁在高温下还原成金属铁，并将矿石中的 SiO_2，Al_2O_3 等杂质与石灰等化合成矿渣，使之与铁水分离，这些熔融状态的矿渣经过急速冷却后形成了粒化高炉矿渣。

粒化高炉矿渣以玻璃体结构为主，其玻璃体在 85% 以上。因此，它具有较高的活性。

与粉煤灰、硅灰等火山灰材料不同的是火山灰材料不具有胶凝性，而矿渣具有胶凝性。火山灰材料与水拌合时不会水化而形成水化产物，它必须与 $Ca(OH)_2$ 反应才能形成水化产物。而矿渣则可以与水反应形成水化产物，只不过是磨细的粒化矿渣单独与水拌合时反应极慢。当有激发剂存在的情况下，它的这种胶凝性才能充分发挥。常用的激发剂有两类：一类是碱性激发剂；另一类是硫酸盐激发剂。在这些激发剂作用下，矿渣能较快地水化，形成水化产物。

粒化高炉矿渣与粉煤灰、硅灰的另一个重要差别是粒化高炉矿渣需要通过一个粉磨过程，将其磨成细粉后，再作为混凝土的矿物掺合料。在粉磨过程中，矿渣颗粒将被打碎成不规则的形式。由于这种颗粒的形态效应较差，对混凝土的流动性没有贡献。因此，磨细矿渣一般不具有减水作用。此外，磨细矿渣的保水性较差，掺入磨细矿渣后较容易泌水。

460 国家标准中对粒化高炉矿渣粉的品质有什么要求？

在我国国家标准 GB/T 18046—2000《用于水泥和混凝土中的粒化高炉矿渣粉》中，对磨细矿粉有六项指标要求，即密度、比表面积、活性指数、流动度比、含水量和烧失量。同时，将磨细矿粉分为 S105、S95 和 S75 三个等级。在这三个等级的磨细矿粉中，对密度、比表面积、含水量和烧失量的要求是相同的，其区别在于活性指数和流动度比。表 1 给出 GB/T 18046—2000 对磨细矿粉的指标要求。随着磨细矿粉等级的提高，对活性指数的要求提高，但对流动度比的要求则是降低的。也就是说，采用等级较高的磨细矿粉时，混凝土的用水量可能要加大。这一点在使用时需引起注意。提高磨细矿粉活性最重要的技术途径是提高粉磨细度，但在提高粉磨细度的同时，流动度将减小，或者说需水量将增加。由此可以看出，提高粉磨细度实质上是以损失流动性能换取活性，这样的交换是否合算，需进行一些研究。

表1　磨细矿粉质量指标

项　目		级　别		
		S105	S95	S75
密度（g/cm³）　不小于		2.8		
比表面积（m²/kg）　不小于		350		
活性指数（%）	7d　不小于	95	75	55
	28d　不小于	105	95	75
流动度比（%）　不小于		85	90	95
含水量（%）　不大于		1.0		
烧失量（%）　不大于		3.0		

461　何为坍落度损失？

　　坍落度损失是指新拌混凝土的流动性随时间的增长而逐渐减小的现象。新拌混凝土的流动性随着时间而变化，这是混凝土水化硬化的必然过程。由于在通常情况下用坍落度评定混凝土的流动性，因此，也常用坍落度损失来表征混凝土流动性的依时性变化。图1给出混凝土坍落度随时间变化的一般过程。

　　混凝土的坍落度损失是商品混凝土使用过程中经常遇到的一个问题。商品混凝土需要一个外部运输过程，而我国的商品混凝土一半左右集中在上海、北

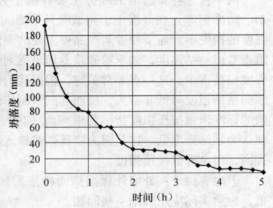

图1　坍落度随时间的变化

京、广东等大城市，这些城市的交通都比较拥挤，堵塞现象时有发生。因此，对混凝土的坍落度损失要求较高，必须在较长的时间内保持混凝土的坍落度变化不大。在北京、上海，通常要求混凝土的坍落度必须保持1h以上。当需要穿越交通繁忙地段时，有时甚至需要保持2h以上。因此，混凝土的坍落度损失是每个商品混凝土搅拌站所必须考虑的问题，有时也是一个比较棘手的问题。

　　采用现场制备混凝土时，混凝土从加水搅拌到正常使用，通常需要很短的时间。混凝土制备好后立即使用。在这段时间内，混凝土的坍落度损失一般很小，通常不予考虑。采用商品混凝土时，新拌混凝土从混凝土搅拌站到施工现场，需要一段运输时间，这一运输时间通常需0.5～1.5h，有时甚至可能长达几个小时。在这样长的时间范围内，不得不考虑混凝土的坍落度损失。如果混凝土的坍落度损失太大，即便所制备的混凝土流动性再好，也很难保证正常施工。所以，商品混凝土必须考虑坍落度损失。这也是采用商品混凝土后对混凝土性能提出的一个新的要求。

462　如何解决泌水问题？

　　混凝土的泌水，实质上是一种更细层次上的离析。在这种情况下，水的黏滞阻力已不足以克服水泥颗粒的重力。这时可将水看作为液相，而所有的固体颗粒统统为固相。这时应掺入一些较细的混合材，如较细的粉煤灰、硅灰等，这些材料颗粒较小，不至于与水产生分离，而与水均匀的混合在一起共同构成液相，增大液相黏度，以增强阻止水泥颗粒在重力作用下沉降的能力，因而可减少或避免泌水。

463　干粉砂浆容易混淆的几个概念是什么？

　　干粉砂浆目前已经应用得十分普遍，但在应用过程中一些生产、使用和监管单位对干粉砂浆的一些概念和性能指标存在混淆，主要有以下几个概念：

（1）黏度与强度。误认为黏度越大强度越高。强度通常是指砂浆固化后的物理性能指标，黏度通常是指砂浆搅拌后的状态，是施工过程中的一个指标。黏度与强度没有必然的关系。强度影响的因素比较多，而黏度一般是通过纤维素醚黏度的调节，纤维素醚最低在几百黏度，最高可达二十万黏度，纤维素醚根据产品的不同用途进行选择，纤维素的黏度与强度没有必然的关系。

（2）粘结强度与抗压强度。粘结强度是指砂浆作用在底层上的最大粘结力。有剪切强度和抗拉（抗拔）强度两种。抗拉强度是指砂浆表面抵抗垂直作用于该表面的拉力的能力；剪切强度是指通过施加平行作用力测定的强度。

抗压强度是指通过施加压力测定的砂浆破坏时的最大值，一般是砂浆的内聚强度。粘结强度高并不一定抗压强度高，抗压强度低并不一定粘结强度低。

两个概念容易搞混的地方主要有两个方面：一是外加剂的选用。混凝土中的外加剂（早强剂、防冻剂等）在混凝土中测试时只是测试抗压强度，如防冻剂是测试混凝土在低温状态下抗压强度的损失率。而干粉砂浆产品中主要的测试指标是粘结强度，一些砂浆中的外加剂在选择时应重点考虑粘结强度，如干粉砂浆专用早强剂重点是指砂浆早期的粘结强度提高多少，而不是抗压强度提高多少。这一点非常关键，根据我们的经验，一些混凝土中外加剂直接应用到砂浆中，砂浆的粘结强度降低非常大，反而起到了副作用。二是以抗压强度指标评判粘结强度。瓷砖粘结砂浆的标准未做抗压强度指标要求，而一些人认为瓷砖粘结砂浆用手容易撬碎（抗压强度指标低）便认为粘结强度低。这是因为瓷砖砂浆掺入可再分散乳胶粉等聚合物后产品的粘结性能得到明显提高，但会降低抗压强度。

但也有例外：外墙外保温抹面砂浆柔韧性指标只规定了压折比值，未规定抗压强度的最低值，也给实际应用带来一些问题。

（3）防水与耐水。防水与耐水的概念主要是在腻子产品，耐水是指材料在水环境中性能不发生大的变化，防水是指水不能渗透。腻子只是刷涂料前的找平材料，不具备也不应具备防水材料的性能。JG 158《建筑室内用腻子》和 JG 157《建筑外墙腻子》标准中只规定了腻子的耐水性能，将成型后的腻子在水中浸泡一定时间后观察腻子层是否有变化。而实际应用过程一些企业夸大宣传，说自己生产的是防水腻子，而一些使用单位也经常问外墙腻子是否防水。

（4）保温与隔热。保温是砌筑墙体的材料或制品冬季阻止热量损失，保持室温稳定的能力。通常是指围护结构（包括屋顶、外墙、门窗等）在冬季阻止由室内向室外传热，从而使室内保持适当温度的能力。隔热是指砌筑墙体的材料或制品夏季阻止热量传入，保持室温稳定的能力。通常是指围护结构在夏季隔离太阳辐射热和室外高温的影响，从而使其内表面保持适当温度的能力。

保温与隔热的区别：保温是指冬季的传热过程，通常按稳定传热来考虑，同时考虑不稳定传热的一些影响；隔热是指夏季的传热过程，通常以 24h 为周期的周期性传热来考虑。

保温性能通常用传热系数值或传热阻值来评价。隔热性能通常用夏季室外计算温度条件下（较热天气）围护结构内表面最高温度值来评价。如果在同一条件下其内表面最高温度低于或等于 240mm 厚砖墙（即一砖墙）的内表面最高温度，则认为符合隔热要求。

由于保温性能主要取决于围护结构的传热系数或传热阻值的大小，由多孔轻质保温材料构成的轻型围护结构（例如彩色钢板聚苯或聚氨酯泡沫夹芯屋面板或墙板），其传热系数较小，传热阻值较大，因而其保温性能较好，但由于其质轻、热稳定性较差，易受太阳辐射和室内外温度波动的影响，内表面温度容易上升，故其隔热性能往往较差。

保温性能以传热系数 K 值来表示，K 值越小保温越好；隔热是用热惰性指数 D 值表示，D 值越大隔热性能越好。例如：同等厚度的 EPS 板和胶粉聚苯颗粒，保温性能（计算 K 值）是 EPS 板效果好，但隔热性能（计算 D 值）则是胶粉聚苯颗粒效果好。

（5）憎水与防水。保温材料憎水性试验方法的"术语定义"中，规定为反映材料耐水渗透的一个性能指标，用已经规定方式、一定流量的水流喷淋后，试样中未透水部分的体积百分率来表示。憎水的水压比较小，防水材料的防水指标通常是在一定的动水压力情况下测试。防水材料不一定有憎水效果（水珠效果），憎水材料不一定具有良好的防水性能。

464 渗透结晶防水涂料的配方是什么？

渗透结晶防水涂料的基本配比见表1。

表1　涂料的基本配比　　　　　　　　　　　　　　%

水泥	磨细石英砂	Ca(OH)$_2$	速溶硅酸钠	硬脂酸铝	糖钙缓凝剂	减水剂 UNF	硅灰
55	25	5	3	3	0.1	0.5	9

465 增黏剂在水泥基材料中的作用是什么？

（1）增黏剂可以明显改善拌合物的粘聚性、流动性以及自流坪性能。

（2）当掺入纤维素醚类的增黏剂时，拌合物的凝结时间将延长，加入聚丙烯酸类或树脂增黏剂时一般无明显的缓凝现象。

（3）加入增黏剂后的混凝土，为了保持坍落度，所需超塑化剂量随增黏剂的增加而增加。

（4）在水中浇筑混凝土时，随着增黏剂掺量的增加，混凝土的抗分散性得到明显改善，水泥流失量减少，水的高 pH 值和浑浊度将逐渐减小，混凝土的强度得以提高。

（5）由于增黏剂有良好的保水作用，加入增黏剂后的混凝土几乎没有泌水情况的发生。

（6）加入增黏剂后混凝土的抗压强度将略有所提高，但提高并不明显。在水下浇筑混凝土时，抗压强度还与浇筑速度有关。

（7）加入增黏剂后混凝土的抗酸侵蚀能力增强。

水泥及其他

466 水泥胶凝材料有什么特性？

水泥为粉末状固体。水泥与水混合后，经过物理化学反应过程能由可塑性浆体变成坚硬的石状体，并能将散粒状材料胶结成为整体，它不仅能在空气中硬化，而且能更好地在水中硬化，保持并发展强度，因此，水泥属于水硬性胶凝材料。

水泥的生产开始于 19 世纪初期（1810～1825 年），以 1824 年英国人阿斯普丁首先取得该产品的专利权为标志。因为这种胶凝材料凝结后的外观颜色与当时建筑上常用的英国波特兰岛出产的石灰石相似，故称之为波特兰水泥（Portland Cement），我国称之为硅酸盐水泥。

水泥的出现标志着建筑业进入了一个新纪元。高强度的、廉价的建筑胶凝材料，使建筑业得到了高速发展，并在整个国民经济中具有很高的地位，获得越来越广泛的应用。它不但大量应用于工业与民用建筑，还广泛应用于公路、铁路、水利、海港和国防等工程，制造各种形式的混凝土、钢筋混凝土及预应力混凝土构件和构筑物。水泥及其制造工业的发展对保证建设的顺利进行起着十分重要的作用。

水泥是最重要的建筑材料之一，也是干粉砂浆最重要的组成部分。

467 水泥分为哪些类型及水泥的四个主要阶段是什么？

根据水泥的组成，可以将其分为常用水泥和特种水泥两大类型：

一、常用水泥

用于一般土木建筑工程的水泥。如：硅酸盐水泥、普通硅酸盐水泥、矿渣硅酸盐水泥、火山灰质硅酸盐水泥、粉煤灰硅酸盐水泥等，它们均是以硅酸盐水泥熟料为主要组分的一类水泥，以前也以"硅酸盐水泥"泛指这类水泥。

二、特种水泥

泛指水泥熟料为非硅酸盐类的其他水泥品种。如铝酸盐水泥、硫铝酸盐水泥、油井水泥等。特种水泥品种很多，多数具有与常用水泥不同的特性，多用于有特殊要求的工程。

水泥的四个主要水化阶段见表 1。

表 1　水泥的四个主要水化阶段

处理过程（在混凝土中）	化 学 过 程	物 理 过 程	混凝土的物理性质
最初几分钟（湿润和搅拌）	游离石灰、石膏和铝酸盐相迅速溶解；立即形成钙矾石，C_3S 表面水化	由铝酸盐相及 C_3S 和 CaO 溶解产生的迅速放热	迅速形成的铝酸盐水化产物等会影响到流变性及其随后的浆体微结构
诱导期（搅拌、输送、浇筑及抹面等）	产生有 C—S—H 晶核；SiO_2 和 Al_2O_3 浓度迅速降低到很低的水平；CH 变得过饱和，并且有 CH 晶核产生，R^+，SO_4^{2-} 浓度基本不变	低放热速率，缓慢形成的 C—S—H 和较多的钙矾石导致黏度的继续增加	不断形成的钙矾石会影响到工作度，但由于 C—S—H 的形成导致开始有正常的凝结
加速期（凝结和早期硬化）	C_3S 的水化加速，并达到最大值；CH 过饱和度下降；R^+，SO_4^{2-} 浓度基本不变	迅速形成的水化产物导致浆体致密、孔隙减小；有较高的放热速率	由弹性状态变成刚性状态（初凝和终凝）；早期强度的发展

处理过程 （在混凝土中）	化 学 过 程	物 理 过 程	混凝土的物理性质
后加速期 （脱模、继续 硬化）	由 C_3S 和 C_2S 产生的 C—S—H 和 CH 的速率下降；R^+ 和 OH^- 增加，但 SO_4^{2-} 下降到很低的水平；铝酸盐的水化产生 AFm 相；钙矾石则可能会溶解，再结晶	放热速率下降；孔隙率减小；颗粒与颗粒间、浆体与集料间的粘结形成	由于孔隙率减小，强度继续增长，但增长速度较慢；徐度减小；在有水分供给时，水化会持续许多年，但干燥时则产生收缩

468 水泥的凝结硬化可分为哪几个阶段？

根据水化反应速度和物理化学的主要变化，可将水泥的凝结硬化分为表 1 所列的几个阶段。

表 1　水泥硬化时的几个阶段

凝结硬化阶段	一般的放热反应速度 [J/（g·h）]	一般的持续时间	主要的物理化学变化
初始反应期	168	5~10min	初始溶解和水化
潜伏期	4.2	1h	凝胶体膜层围绕水泥颗粒成长
凝结期	在 6h 内逐渐增加到 21	6h	膜层增厚，水泥进一步水化
硬化期	在 24h 内逐渐降低到 4.2	6h 至若干年	胶体填充毛细孔

注：初始反应期和潜伏期也可合称为诱导期。

水泥的水化和凝结硬化是从水泥颗粒表面开始，逐渐往水泥颗粒的内核深入进行。开始时水化速度较快，水泥的强度增长快；但由于水化不断进行，堆积在水泥颗粒周围的水化物不断增多，阻碍水和水泥未水化部分的接触，水化减慢，强度增长也逐渐减慢，但无论时间多久，水泥颗粒的内核很难完全水化。因此，在硬化水泥石中，同时包含有水泥熟料矿物水化的凝胶体、结晶体、未水化的水泥颗粒、水（自由水和吸附水）和孔隙（毛细孔和凝胶孔），它们在不同时期相对数量的变化，使水泥石的性质随之改变。

469 水泥石的腐蚀因素有哪些？

硅酸盐水泥在硬化后，在通常使用条件下，有较好的耐久性。但在某些腐蚀性液体或气体介质中，会逐渐受到腐蚀。

引起水泥石腐蚀的原因很多，作用亦甚为复杂，下面是几种典型介质的腐蚀作用。

一、软水的侵蚀（溶出性侵蚀）

雨水、雪水、蒸馏水、工厂冷凝水及含重碳酸盐甚少的河水与湖水等都属于软水。当水泥石长期与这些水分相接触时，最先溶出的是氢氧化钙（每升水中能溶氢氧化钙 1.3g 以上）。在静水及无水压的情况下，由于周围的水易为溶出的氢氧化钙所饱和，使溶解作用中止，所以溶出仅限于表层，影响不大。但在流水及压力水作用下，氢氧化钙会不断溶解流失；而且，由于石灰浓度的继续降低，还会引起其他水化物的分解溶蚀，使水泥石结构遭受进一步的破坏，这种现象称为溶析。

当环境水中含有重碳酸盐时，重碳酸盐与水泥石中的氢氧化钙起作用，生成几乎不溶于水的碳酸钙：

$$Ca(OH)_2 + Ca(HCO_3)_2 \Longrightarrow 2CaCO_3 + 2H_2O$$

生成的碳酸钙积聚在已硬化水泥石的孔隙内，形成密实保护层，阻止外界水的浸入和内部氢氧化钙的扩散析出。如环境水中含有一定数量的重碳酸盐时，这种"填实"作用可以制止溶出性侵蚀起到的继续进行。

将与软水接触的水泥石事先在空气中硬化，形成碳酸钙外壳，可对溶出性侵蚀起到保护作用。

二、盐类腐蚀

（1）硫酸盐的腐蚀：在海水、湖水、盐沼水、地下水、某些工业污水及流经高炉矿渣或煤渣的水中常含钠、钾、铵等硫酸盐，它们与水泥石中的氢氧化钙起置换作用，生成硫酸钙硫酸钙与水泥石中的固态水化铝酸钙作用生成高硫型水化硫铝酸钙：

$$4CaO \cdot Al_2O_3 \cdot 12H_2O + 3CaSO_4 + 20H_2O = 3CaO \cdot Al_2O_3 \cdot 3CaSO_4 \cdot 30H_2O + Ca(OH)_2$$

反应生成的高硫型水化硫铝酸钙含有大量结晶水，比原有体积增加 1.5 以上，由于是在已经固化的水泥石产生上述反应，因此对水泥石起极大的破坏作用。高硫型水化硫铝酸钙呈针状晶体，通常称为"水泥杆菌"。

当水中硫酸盐浓度较高时，硫酸钙将在孔隙中直接结晶成二水石膏，使体积膨胀，从而导致水泥石破坏。

（2）镁盐的腐蚀：在海水及地下水中，常含大量的镁盐，主要是硫酸镁和氯化镁。它们与水泥中的氢氧化钙起复分解反应：

$$MgSO_4 + Ca(OH)_2 + 2H_2O = CaSO_4 \cdot 2H_2O + Mg(OH)_2$$
$$MgCl_2 + Ca(OH)_2 = CaCl_2 + Mg(OH)_2$$

生成的氢氧化镁松软而无胶凝能力，氯化钙易溶于水，二水石膏则引起硫酸盐的破坏作用。因此，硫酸镁对水泥石起镁盐和硫酸盐的双重腐蚀作用。

（3）酸类腐蚀：

①碳酸腐蚀

在工业污水、地下水中常溶解有较多的二氧化碳，这种水对水泥石的腐蚀作用是通过下面方式进行的：

开始时二氧化碳与水泥石中的氢氧化钙作用生成碳酸钙：

$$Ca(OH)_2 + CO_2 + H_2O = CaCO_3 + 2H_2O$$

生成的碳酸钙再与含碳酸的水作用转变成重碳酸钙，是可逆反应：

$$CaCO_3 + CO_2 + H_2O = Ca(HCO_3)_2$$

生成的重碳酸钙易溶于水。当水中含有较多的碳酸，并超过平衡浓度，则上式反应向右进行。因此水泥石中的氢氧化钙，通过转变为易溶的重碳酸钙而溶失。氢氧化钙浓度降低还会导致水泥石中其他水化物的分解，使腐蚀作用进一步加剧。

②一般酸的腐蚀

在工业废水、地下水、沼泽水中常含无机酸和有机酸，工业窑炉中的烟气常含有氧化硫，遇水后生产亚硫酸。各种酸类对水泥石都有不同程度的腐蚀作用。它们与水泥石中氢氧化钙作用后生成的化合物，或者易溶于水，或者体积膨胀，在水泥石内造成内应力而导致破坏。腐蚀作用最快的是无机酸中的盐酸、氢氟酸、硝酸、硫酸和有机酸中的醋酸、蚁酸和乳酸。

盐酸与水泥石中的氢氧化钙作用：

$$2HCl + Ca(OH)_2 = CaCl_2 + 2H_2O$$

生成的氯化钙易溶于水。

硫酸与水泥石中的氢氧化钙作用：

$$2H_2SO_4 + Ca(OH)_2 = CaSO_4 \cdot 2H_2O$$

生成的二水石膏或者直接在水泥石孔隙中结晶产生膨胀，或者再与水泥石中的水化铝酸钙作

598

用，生成高硫型水化硫铝酸钙，其破坏性更大。

（4）强碱的腐蚀：碱类溶液的浓度不大时一般是无害的。但铝酸盐含量较高的硅酸盐水泥遇到强碱（如氢氧化钠）作用后也会破坏。氢氧化钠与水泥熟料中未水化的铝酸盐作用，生成易溶的铝酸钠：

$$3CaO \cdot Al_2O_3 + 6NaOH = 3Na_2O \cdot Al_2O_3 + 3Ca(OH)_2$$

当水泥石被氢氧化钠浸透后又在空气中干燥，与空气中的二氧化碳作用生成碳酸钠：

$$2NaOH + CO_2 = Na_2CO_3 + H_2O$$

碳酸钠在水泥石毛细孔中结晶沉积，而使水泥石胀裂。

除上述腐蚀类型外，对水泥石有腐蚀作用的还有一些其他物质，如糖、氨盐、动物脂肪、含环烷酸的石油产品等。

实际上水泥石的腐蚀是一个极为复杂的物理化学作用过程，它在遭受腐蚀时，很少仅有单一的侵蚀作用，往往是几种侵蚀同时存在，互相影响。但产生水泥腐蚀的基本原因是：水泥石中存在有引起腐蚀的组成成分氢氧化钙和水化铝酸钙；水泥石本身不密实，有很多毛细孔通道，侵蚀性介质易于进入其内部；腐蚀与通道的相互作用。

干的固体化合物对水泥石不起侵蚀作用，腐蚀性化合物必须呈溶液状态，而且浓度须在某一最小值以上。促进化学腐蚀的因素是较高的温度、较快的流速、干湿交替和出现钢筋的锈蚀。

470 水泥混合材料有哪些类别？

水泥混合材料包括活性混合材料、非活性混合材料和窑灰三类。

471 水泥制品包括哪些？

（1）预应力钢筋混凝土管；（2）钢筋混凝土排水管；（3）预应力钢筒混凝土管（PCCP管）；（4）预应力高强度混凝土管桩；（5）预应力混凝土电杆；（6）仿石混凝土制品；（7）彩色水泥瓦；（8）建筑干粉砂浆；（9）混凝土路缘石、混凝土路面砖；（10）钢筋混凝土管片。

472 水泥的生产工艺流程是什么？

水泥的生产工艺流程如图1～图4所示。

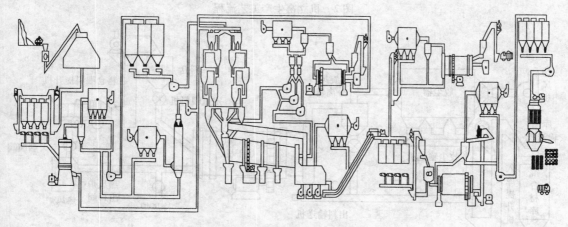

图1　预分解干法四转窑生产工艺流程

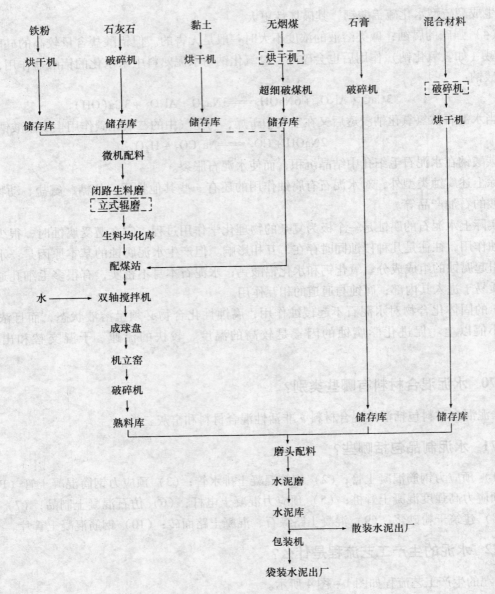

图2　机立窑生产工艺流程

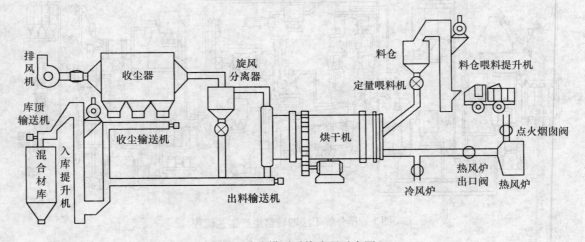

图3　矿渣烘干系统流程示意图

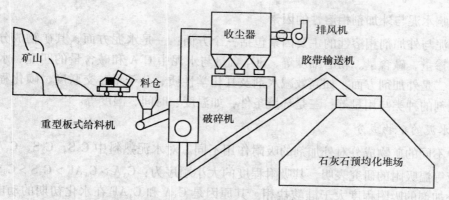

图4 石灰石破碎及输送系统工艺流程示意图

473 水泥用量对混凝土抗压强度影响是什么？

由于高效减水剂的应用，可以将水灰比与水泥用量或单位立方米用水量作为相互独立变量进行试验研究。试验表明：对于混凝土抗压强度 f_{cu}，总水灰比一定，混凝土抗压强度随着水泥用量的增加而逐渐增大，但超过最大值后，随着水泥用量的增加，f_{cu} 缓慢降低至固定值。

随着水泥用量的增加，混凝土孔隙率变小，密实度不断增强，致使混凝土抗压强度 f_{cu} 逐渐增大。到一定程度（最佳水泥用量 C_{opt}）以后，水泥用量增加会造成 f_{cu} 的衰减，这是自由水灰比增大和骨胶比降低所致。

474 水泥与外加剂的相溶性及其影响因素是什么？

目前，混凝土外加剂已成为混凝土的必要组分，是继预应力混凝土技术之后的又一次技术大突破。在混凝土中使用外加剂（减水剂），可以增强混凝土的流动性，降低水灰比，提高强度或大幅度减少水泥用量。特别是 20 世纪 70 年代以来，萘磺酸盐甲醛缩合物、三聚氰胺甲醛缩合物等高效减水剂的研制成功和推广应用，使泵送混凝土施工技术得到了快速发展，成为混凝土施工技术发展的主要方向。

但是，并不是每一种符合国家标准的水泥在使用一定的外加剂（减水剂）时都具有同样的流变性能；同样，也不是每种符合国家标准的外加剂（减水剂）对每种水泥流变性能的影响都一样。因此，在实际的混凝土工程施工中，有时会出现一些严重的质量问题，如外加剂的减水率降低、混凝土拌合物的流动性达不到要求造成堵塞泵管、坍落度经时损失快、出现严重的离析泌水现象、浇筑后出现假凝、延时凝结等。人们将这些问题都归结为水泥与外加剂的相溶性问题。

一、水泥与外加剂的相溶性

人们对水泥与外加剂在认识上有一个从适应性（adaptability）到相溶性（compatibility）的转变。在 1995 年之前，从研究单位到应用部门一般都称外加剂对水泥的适应性，认为水泥是固定的、不变的，只要是满足国家标准要求的水泥就是合格的、合适的，而更多的是要求外加剂改变其成分、配方、性能，以满足不同品种水泥的性能。1995 年以来，高性能混凝土从研究阶段逐步进入到应用阶段，外加剂对水泥的适应性问题显得更为突出。在某些时候，单纯通过调整外加剂配方来适应某种特定的水泥在技术上很难实现，于是提出了一个新的理念即"双向适应"，不仅要求外加剂适应水泥，同时也要求水泥通过调整其矿物成分、细度来适应外加剂，这就是"水泥与外加剂的相溶性"。

601

二、影响水泥与外加剂相溶性的因素

影响水泥与外加剂相溶性的主要因素包括三个方面：一是水泥方面，其矿物成分、调凝剂石膏的状态和掺量、碱含量、粉磨细度等，SO_3 含量与水泥中 C_3A 和碱含量的匹配、水泥的新鲜程度及温度；二是外加剂方面，如高效减水剂及其化学性质、分子量、交联度、磺化程度和平衡离子度、缓凝剂的种类与用量等；三是环境条件，如温度、时间、湿度等。

（一）水泥的矿物成分

水泥中不同的矿物成分对外加剂的吸附作用不同。对水泥熟料中 C_3S，C_2S，C_3A 和 C_4AF 对减水剂溶液等温吸附的研究表明，其吸附程度的大小顺序为：$C_3A > C_4AF > C_3S > C_2S$，可见铝酸盐相对于外加剂的吸附程度大于硅酸盐相。其原因是 C_3A 和 C_4AF 在水化初期的动电电位（Zeta 电位）呈正值，因而较强、较多地吸附外加剂分子（阴离子表面活性剂），而 C_3S 和 C_2S 在水化初期的动电电位呈负值，因而吸附外加剂的能力较弱。水泥中 C_3A 和 C_4AF 的比例越大，则外加剂的分散效果越差。

C_3A 含量对 Ca^{2+} 和 SO_4^{2-} 溶解平衡度的影响。由于外加剂的加入可使水胶比降低（水胶比小于 0.4，甚至小于 0.3），当水泥中的水很少时，SO_3 在水泥浆体中的溶出量少，尤其是当水泥中 C_3A 含量较高及比表面积大时水泥水化加快，其中水化速度极快的 C_3A 与石膏争夺水分，溶解速率和溶解度比低得多的石膏在液相中溶出的 SO_4^{2-} 更显不足，尽管水泥与高效减水剂按国家标准检验都是合格的，但混凝土的工作性仍然不好。因此，在水泥用量相同的条件下，如果熟料中 C_3A 含量高的水泥不采取相应的措施，则达到相同坍落度的混凝土水胶比不可能降得很低。因此，所配制的混凝土的工作性或强度不能满足工程需要。

（二）水泥中 SO_3 的形态

水泥混凝土孔隙液中的 SO_4^{2-} 来源于硅酸盐水泥中不同形式的硫酸盐，直接影响到水泥的水化和混凝土的工作性。熟料中由于原料和燃料的原因也带入一些硫酸盐，如无水芒硝（Na_2SO_4）、单钾芒硝（K_2SO_4）或钾芒硝 [$(K，Na)SO_4$]。碱金属盐的溶解度很大，溶解速率很快，影响水泥的流变性。

水泥中 SO_3 最主要的来源是石膏。由于生产工艺控制的差别，C_3A 会有不同的结晶形态和溶解速率；不同形态的石膏也有不同的溶解速率，其间的匹配也影响水泥的流变性能。石膏的形态通常有生石膏、天然硬石膏、半水石膏、可溶性石膏等。其溶解度见表1。

表1   不同形态石膏的溶解度   g/L

石膏形态	二水石膏	α-半水石膏	β-半水石膏	可溶性无水石膏	天然无水石膏
溶解度	2.08	6.20	8.15	6.30	2.70

注：温度25℃，以无水 $CaSO_4$ 计。

由表1可见，天然无水石膏与二水石膏的溶解度相近，可溶性无水石膏与半水石膏的溶解度相近，但其溶解速率有很大的差别。结晶度高、活性大的 C_3A 水泥，其溶解速率快，需掺加一部分溶解速率快且溶解度大的半水石膏；C_3A 活性较差的水泥，可使用一部分二水石膏，或者使用含有少量天然无水 $CaSO_4$ 的石膏。如果粉磨过程中温升控制不当，形成的半水石膏比例太大，则可能导致新拌混凝土中 Ca^{2+} 和 SO_4^{2-} 的过量而造成假凝。如果温度太低，半水石膏数量不足，则可能导致水泥急凝。可溶性硬石膏是用二水石膏或半水石膏有控制地脱水制成的，其溶解速度慢，而溶解度与半水石膏的溶解度相似，使用时应注意控制其掺量。

有研究表明，使用不同形态石膏的水泥，在掺与不掺超塑化剂情况下具有不同的流变性能。试验中所用熟料相同，水泥细度相同，SO_3 总量相同。试验结果见表2。

表 2　不同形态石膏对水泥流变性能的影响

水泥编号	1	2	3
石膏的形态	G + A	H + G（过量）	G + H（过量）
无超塑化剂浆体的流变性	好	好	差
掺超塑化剂浆体的流变性	差	随时间	有改善

注：G——二水石膏；A——天然无水石膏；H——半水石膏。

表 2 中编号 1 的水泥掺入超塑化剂后，超塑化剂与天然无水石膏相互作用，减少了 SO_4^{2-} 的溶出量，因而造成水泥浆体流动性的损失；对于编号 2 的水泥，无论掺加或不掺加超塑化剂，半水石膏和二水石膏均有控制 C_3A 水化的足够的 SO_4^{2-}；对于编号 3 的水泥，由于高含量半水石膏的水化导致假凝，掺入超塑化剂后，降低了半水石膏的水化率，从而改善了浆体的流动性。

（三）熟料中的碱含量

水泥的碱含量主要指水泥中 Na_2O 和 K_2O 的含量，通常以 Na_2O 的质量百分数表示。碱含量对水泥与外加剂的适应性会产生很大影响。图 1 和图 2 分别为水泥碱含量对低浓型萘系高效减水剂和高浓型萘系高效减水剂塑化效果的影响。

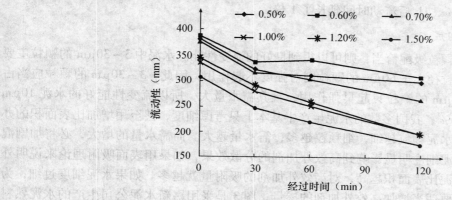

图 1　碱含量对掺低浓型萘系高效减水剂浆体流动性的影响

由图 1 和图 2 可见，随着水泥碱含量的增大，减水剂的塑化效果变差。水泥碱含量的提高还将导致混凝土的凝结时间缩短和坍落度损失的急剧加快。其原因是水泥中碱的存在有助于加速水泥中铝酸盐相的溶出，导致水泥颗粒对减水剂分子吸附量的增大，因而在减水剂掺量一定时，塑化效果下降，混凝土坍落度损失加快。

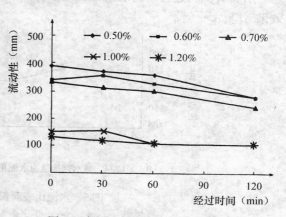

图 2　碱含量对掺高浓型萘系高效减水剂浆体流动性的影响

当同时存在碱和 SO_3 时，就会形成碱的硫酸盐，称为碱的硫酸盐化。碱的硫酸盐化可减少碱在熟料矿物中的固溶量，与碱化合的 SO_3 比固溶在熟料中的 SO_3 对水泥的凝结性能产生更有益的影响。硫酸盐化程度用下式计算：

$$SD = \frac{SO_3}{1.292Na_2O + 0.85K_2O} \qquad (1)$$

SD 的取值范围为 40%～200%。不同的硫酸盐化程度对水泥的性质有不同的影响。有人使用不同的水泥试样，以相同的水胶比（0.45）和超塑化剂掺量（0.6%）进行流变试验（通过 Marsh 锥形筒的流动时间来表示），结果见表 3。

表 3　不同水泥试样的流变性测定结果

| 编号 | 勃氏比表面积（m²/kg） | 流动时间（s） | | 塑料硫酸盐化程度 SD（%） |
		搅拌 5min	搅拌 60min	
1	377	53	63	71
2	372	53	63	69
3	383	54	61	103
4	386	59	77	71
5	371	53	99	68
6	353	59	139	66

由表 3 可见，各试样的比表面积相近、初始坍落度相近，但 1h 后的流动性损失明显不同，与 SD 成反比。流动性损失最小的是 3 号试样，其 SD 最大，为 103%；坍落度损失最大的是 6 号试样，其 SD 最小，为 66%，1h 后流动时间延长了 1 倍。

（四）水泥的颗粒组成

如果水泥中的粗细颗粒级配恰当，则可以得到良好的流变性能。水泥中 3～30μm 的颗粒主要起强度增长的作用，而粒径大于 60μm 的颗粒则对强度不起作用，因此，3～30μm 的颗粒应当占 90% 以上。粒径小于 10μm 的颗粒只起早强作用，且其需水量大，所以流变性能好的水泥 10μm 以下的颗粒应当小于 10%。我国多数的水泥生产中基本上只考虑细度，甚至用增加比表面积的办法来提高水泥的强度。水泥颗粒越细，细颗粒越多，需水量越大。而需水量的增大，必将加剧混凝土的坍落度损失。水泥细度明显影响到高效外加剂的分散效果，如果用表面吸附理论来说明外加剂的分散作用，则水泥比表面积越高，对高效外加剂的吸附量就越多。如果水泥细度过细，为了达到同样的效果，需要适当增加高效外加剂的掺量。图 3 是采用嘉新水泥公司生产的水泥熟料与二水石膏配料进行粉磨后的试验结果。由图 3 可见，随着水泥比表面积的增加，外加剂的塑化效果下降。

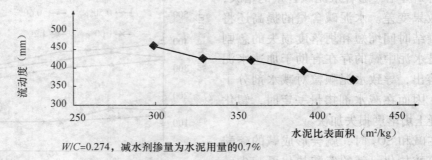

W/C=0.274，减水剂掺量为水泥用量的 0.7%

图 3　水泥比表面积对减水剂塑化效果的影响

（五）水泥中的混合材

目前，我国 80% 以上的水泥在粉磨时掺加了一定量的混合材，如火山灰、粉煤灰、矿渣粉、煤矸石和石灰石等。由于混合材的品种、性质和掺量等的不同，外加剂的作用效果存在着较大差异。减水剂对矿渣作为混合材的水泥的塑化效果优于纯硅酸盐水泥，而对火山灰、煤矸石作为混合材的水泥的塑化效果较差。外加剂对掺不同混合材的水泥的饱和掺量有较大差异。

（六）水泥新鲜程度和温度

相对于存放了一定时间的水泥来讲，外加剂对新鲜水泥的塑化效果要差一些。这是因为新鲜水泥的正电性较强，对外加剂的吸附能力较强。水泥的温度越高，外加剂对其塑化效果也越差，混凝土坍落度损失也较快。有些商品混凝土生产厂利用刚出磨、尚未冷却的水泥配制的混凝土，往往表现出减水率低、坍落度损失过快，甚至在搅拌机内就异常凝结的现象，应引起高度重视并避免这种现象。

（七）外加剂方面的影响因素

（1）萘系高效外加剂

萘系高效外加剂对水泥塑化效果的影响因素有磺化度、平均分子量、聚合度、聚合性质（直链、支链）等。另外，外加剂掺入时的状态（粉状或液态）也影响其塑化效果。具体情况如下：

①萘系减水剂在合成时的磺化越完全，则转变为带有磺酸基磺化物的萘环越多，该减水剂的分散作用也越强；水解过程也同样重要，因为水解过程可以使得萘环 α 位的磺酸基除去，以利于缩聚反应。

②萘系减水剂的聚合度对其塑化效果的影响非常显著，存在着一个最佳分子量值。试验表明，萘系减水剂分子的聚合度为 10 左右时的塑化效果最为理想。

③萘系减水剂掺入时的状态会影响其对水泥的塑化效果。试验表明，掺加粉状的减水剂的塑化效果比掺加液态减水剂时约低 5%，其原因是粉状减水剂的分子呈缠绕形结构，而减水剂溶解在水中 1d 以上时则其分子呈直锁形结构，因而吸附在水泥颗粒上所起的分散效果就大些。

（2）木质素磺酸盐系减水剂

木质素磺酸盐系减水剂生产原料中木质素的来源、纯度、制备时加入的金属阳离子种类、添加状态等，均对其作用效果产生一定影响。

尽管氨基磺酸盐系高效减水剂和聚羧酸系高效减水剂的减水率大，控制坍落度损失效果明显，但合成工艺过程中的诸多因素均会对其作用效果产生较大影响。

不同品种的缓凝剂的正确使用是控制混凝土坍落度损失的一个非常有效的措施。常用的缓凝剂有：木质素磺酸钙、糖钙、柠檬酸（盐）、酒石酸、葡萄酸（盐）、多聚磷酸盐等。具体配方可根据气候条件和水泥的情况，以试验的方式确定。

（八）环境条件的影响因素

在考虑水泥与外加剂的相容性时，离不开一定的环境条件，最主要的有温度、时间、湿度等。如混凝土的坍落度值会随时间的延长而损失，会随温度的增加而加大损失速率。这些均可以通过掺用不同品种的缓凝剂进行调整。

475 硅酸盐水泥的生产过程是怎样的？

硅酸盐水泥的原料主要是石灰质原料和黏土质原料两类。石灰质原料主要提供 CaO，它可以采用石灰石、白垩、石灰质凝灰岩等。黏土质原料主要提供 SiO_2，Al_2O_3 及少量 Fe_2O_3，它可以采用黏土、黄土等。如果所选用的石灰质原料和黏土质原料按一定比例配合不能满足化学组成要求时，则要掺加相应的校正原料，校正原料有铁质校正原料和硅质校正原料。铁质校正原料主要补充 Fe_2O_3，它可采用铁矿粉、黄铁矿渣等；硅质校正原料主要补充 SiO_2，它可采用砂岩、粉砂岩等。此外，为了改善煅烧条件，常常加入少量的矿化剂、晶种等。

硅酸盐水泥生产的大体步骤是：先把几种原材料按适当比例配合后在磨机中磨成生料；然后将制得的生料入窑进行煅烧；再把烧好的熟料配以适当的石膏（和混合材料），在磨机中磨成细粉，即得到水泥（图1）。

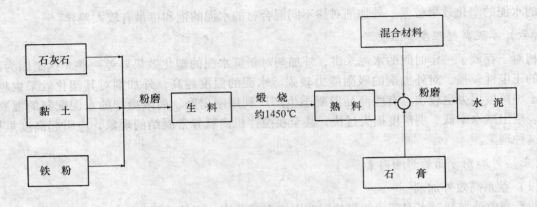

图1 硅酸盐水泥的生产工艺流程

476 硅酸盐水泥熟料的矿物组成是什么？

硅酸盐水泥的主要熟料矿物的名称和含量范围如下：

硅酸三钙 $3CaO \cdot SiO_2$，简写为 C_3S，含量 $37\% \sim 60\%$；

硅酸二钙 $2CaO \cdot SiO_2$，简写为 C_2S，含量 $15\% \sim 37\%$；

铝酸三钙 $3CaO \cdot Al_2O_3$，简写为 C_3A，含量 $7\% \sim 15\%$；

铁铝酸四钙 $4CaO \cdot Al_2O_3 \cdot Fe_2O_3$，简写为 C_4AF，含量 $10\% \sim 18\%$。

在以上的主要熟料矿物中，硅酸三钙和硅酸二钙的总含量在70%以上，铝酸三钙与铁铝酸四钙的含量在25%左右，故称为硅酸盐水泥。除主要熟料矿物外，水泥中还含有少量游离氧化钙、游离氧化镁和碱，但其总含量一般不超过水泥总量的10%。

477 硅酸盐水泥的水化过程是怎样进行的？

硅酸盐水泥的性能是由其组成矿物的性能决定的。水泥具有许多优良建筑技术性能，主要是由于水泥熟料中几种主要矿物水化作用的结果。因此，要了解水泥的性质必须了解每一种矿物的水化特性。

熟料矿物与水发生的水解或水化作用统称为水化，水泥单矿物与水发生水化反应，生成水化物，并放出一定的热量。硅酸三钙水化的反应式如下：

$$2 \ (3CaO \cdot SiO_2) \ + 6H_2O \Longrightarrow 3CaO \cdot 2SiO_2 \cdot 3H_2O + 3Ca(OH)_2$$

硅酸三钙水化很快，生成的水化硅酸钙几乎不溶于水，而立即以胶体微粒析出，并逐渐凝聚而成为凝胶体。水化硅酸钙的尺寸很小（$10 \times 10^{-10} \sim 1000 \times 10^{-10}$m），相当于胶体物质，其组成并不是固定的，且较难精确区分，所以统称为 C—S—H 凝胶或 C—S—H。水化生成的氢氧化钙在溶液中的浓度很快达到饱和，呈六方晶体析出。硅酸二钙水化的反应式如下：

$$2 \ (2CaO \cdot SiO_2) \ + 4H_2O \Longrightarrow 3CaO \cdot 2SiO_2 \cdot 3H_2O + Ca(OH)_2$$

硅酸二钙的水化和硅酸三钙极为相似。与硅酸三钙相比较，其差别是硅酸二钙水化速度特别慢。

铝酸三钙水化的反应式如下：

$$3CaO \cdot Al_2O_3 + Ca(OH)_2 + 12H_2O \Longrightarrow 4CaO \cdot Al_2O_3 \cdot 13H_2O$$

铝酸三钙与水反应迅速，水化放热较大，水化物的组成结构受水化条件影响很大。铝酸三钙水化生成的水化铝酸四钙为六方片状晶体，在氢氧化钙饱和溶液中还能与氢氧化钙进一步反应。生成六方晶体的水化铝酸四钙。在没有石膏存在的情况下，铝酸三钙水化将引起水泥的瞬时凝结，因此在水泥粉磨时通常都掺有石膏。

606

在有石膏存在时，铝酸三钙开始水化生成的水化铝酸钙还会立即与石膏反应如下式：

$4CaO \cdot Al_2O_3 \cdot 13H_2O + 3(CaSO_4 \cdot 2H_2O) + 14H_2O === 3CaO \cdot Al_2O_3 \cdot 3CaSO_4 \cdot 32H_2O + Ca(OH)_2$

生成的高硫型水化硫铝酸钙（$3CaO \cdot Al_2O_3 \cdot 3CaSO_4 \cdot 32H_2O$）又称钙矾石，是难溶于水的针状晶体。

当石膏耗尽时，部分钙矾石将转变为单硫型水化硫铝酸钙晶体，反应式如下：

$3CaO \cdot Al_2O_3 \cdot 3CaSO_4 \cdot 32H_2O + 2(3CaO \cdot Al_2O_3) + 4H_2O === 3(3CaO \cdot Al_2O_3 \cdot CaSO_4 \cdot 12H_2O)$

铁铝酸四钙的水化速率比铝酸三钙略慢，水化热较低，即使单独水化也不会引起瞬凝。铁铝酸四钙的水化反应与铝酸三钙极为相似。氧化铁基本上起着与氧化铝相同的作用，也就是在水化产物中铁置换部分铝，形成水化硫铝酸钙和水化铁酸钙的固溶体或者水化铝酸钙和水化铁酸钙的固溶体。

478 硅酸盐水泥的凝结硬化过程是如何进行的？

水泥加水拌合后，成为可塑的水泥浆，水泥浆逐渐变稠失去塑性，但尚不具有强度的过程，称为水泥的"凝结"。随后产生明显的强度并逐渐发展而成为坚硬的人造石——水泥石，这一过程称为水泥的"硬化"。凝结和硬化是人为划分的，实际上是一个连续的复杂的物理化学变化过程。

硅酸盐水泥的凝结硬化过程自从1882年雷查特理（Le Chatelier）首先提出水泥凝结硬化理论以来，至今仍在继续研究。下面按照当前一般的看法作简要介绍。水泥加水拌合，未水化的水泥颗粒分散在水中，成为水泥浆体，如图1（a）所示。

水泥颗粒的水化从其表面开始。水和水泥一接触，水泥颗粒表面的水泥熟料先溶解于水，然后与水反应，或水泥熟料固态直接与水反应，形成相应的水化物，水化物溶解于水。由于各种水化物的溶解度很小，水化物的生成速度大于水化物向溶液中扩散的速度，一般在几分钟内，水泥颗粒周围的溶液成为水化物的过饱和溶液，先后析出水化硅酸钙凝胶、水化硫铝酸钙、氢氧化钙和水化铝酸钙晶体等水化产物，包在水泥颗粒表面。在水化初期，水化物不多，包有水化物膜层的水泥颗粒之间是分离着的，水泥浆具有可塑性，如图1（b）所示。

水泥颗粒不断水化，随着时间的推移，新生水化物增多，使包在水泥颗粒表面的水化物膜层增厚，颗粒间的空隙逐渐缩小，而包有凝胶体的水泥颗粒则逐渐接近，以至相互接触，在接触点借助于范德华力，凝结成多孔的空间网络，形成凝聚结构，如图1（c）所示。

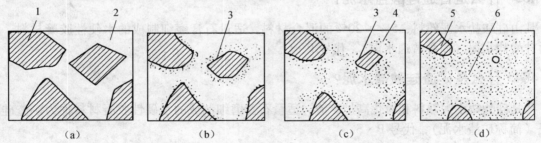

图1　水泥凝结硬化过程示意图
（a）分散在水中未水化的水泥颗粒；（b）水泥颗粒表面形成水化物膜层；
（c）膜层长大并互相连接（凝结）；（d）水化物进一步发展、填充毛细孔（硬化）
1—水泥颗粒；2—水分；3—凝胶；4—晶体；5—水泥颗粒的未水化内核；6—毛细孔

这种结构在振动的作用下可以破坏。凝聚结构的形成，使水泥浆开始失去可塑性，也就是水泥的初凝，但这时还不具有强度。

随着以上过程的不断进行，固态的水化物不断增多，颗粒间的接触点数目增加，结晶体和凝胶体互相贯穿形成的凝聚结晶网状结构不断加强。而固相颗粒之间的空隙（毛细孔）不断减少，结构逐渐紧密，使水泥浆体完全失去可塑性，达到能担负一定荷载的强度。水泥表现为终凝，并开始进入硬化阶段，如图 1（d）所示。水泥进入硬化期后，水化速度逐渐减慢，水化物随时间的增长而逐渐增加，扩展到毛细孔中，使结构更趋致密，强度相应提高。

479　硅酸盐水泥的存放有什么要求？

运输和贮存水泥要按不同品种、强度等级及出厂日期存放，并加以标志。散装水泥应分库存放；袋装水泥一般堆放高度不应超过 10 袋，平均每平方米堆放 1t。

水泥应先存先用。即使在良好的贮存条件下，也不可贮存过久。因为水泥会吸收空气中的水分和二氧化碳，使颗粒表面水化甚至碳化，丧失胶凝能力，强度大为下降。

在一般贮存条件下，经 3 个月后，水泥强度约降低 10%～20%；经 6 个月后，约降低 15%～30%；1 年后，约降低 25%～40%。

480　什么是水泥混合材料？

在生产水泥时，为改善水泥性能，调节水泥强度等级，而加到水泥中去的人工和天然的矿物材料称为水泥混合材料。

481　什么是硅酸盐水泥？

凡由硅酸盐水泥熟料、0%～5% 石灰石或粒化高炉矿渣、适量石膏磨细制成的水硬性胶凝材料，称为硅酸盐水泥。常用水泥的种类很多，其中硅酸盐水泥是最基本的。硅酸盐水泥分为两种类型，不掺加混合材料的称 Ⅰ 型硅酸盐水泥，其代号为 P·Ⅰ。在硅酸盐水泥熟料粉磨时掺加不超过水泥质量 5% 的石灰石或粒化高炉矿渣混合材料的称 Ⅱ 型硅酸盐水泥，其代号为 P·Ⅱ。

482　什么是复合硅酸盐水泥？

凡由硅酸盐水泥、两种或两种以上规定的混合材料、适量石膏磨细制成的水硬性胶凝材料，称为复合硅酸盐水泥（简称复合水泥）。

483　什么是普通硅酸盐水泥？

凡由硅酸盐水泥熟料，5%～20% 的混合材料，适量石膏磨细制成的水硬性胶凝材料，称为普通硅酸盐水泥（简称普通水泥），代号 P·O。

484　什么是矿渣硅酸盐水泥？

凡是硅酸盐水泥熟料和粒化高炉矿渣、适量石膏磨细制成的水硬性胶凝材料称为矿渣硅酸盐水泥（简称矿渣水泥），代号 P·S。

485　什么是火山灰质硅酸盐水泥？

凡由硅酸盐水泥熟料和火山灰质混合材料、适量石膏磨细制成的水硬性胶凝材料称为火山灰质硅酸盐水泥（简称火山灰水泥），代号 P·P。

486　什么是粉煤灰硅酸盐水泥？

凡是由硅酸盐水泥熟料和粉煤灰、适量石膏磨细制成的水硬性胶凝材料称为粉煤灰硅酸盐水泥（简称粉煤灰水泥），代号 P·F。水泥中粉煤灰掺加量按质量百分比计为 20%～40%。按照国家标准，粉煤灰硅酸盐水泥的细度、凝结时间、体积安定性和强度的要求与火山灰质硅酸盐水泥相同。

487 什么是活性混合材料？

活性混合材料是指具有火山灰性或潜在水硬性，以及兼有火山灰性和潜在水硬性的矿物质材料。粒化高炉矿渣、火山灰质混合材料和粉煤灰都属于活性混合材料，它们都含有大量活性氧化硅和活性氧化铝。

与水拌合后，它们本身不会硬化或硬化极为缓慢，强度很低。但在氢氧化钙溶液中，就会发生显著的水化，特别是在饱和氢氧化钙溶液中及有石膏存在的情况下水化更快。

488 为什么窑灰的使用受到严格控制？

窑灰是从水泥回转窑窑尾废气中收集的粉尘。窑灰中含有较多的有害杂质，因此其在水泥中的掺量受到严格控制。

489 非活性混合材料主要有哪些？

非活性混合材料主要有：磨细的石英砂、石灰石、慢冷矿渣及各种废渣等。与水泥成分不起化学作用（即无化学活性）或化学活性很小。

490 非活性混合材料的作用是什么？

非活性混合材料掺入硅酸盐水泥中仅起提高水泥产量和降低水泥强度等级、减少水化热等作用。

491 活性混合材料的主要类型和特点有哪些？

活性混合材料主要有粒化高炉矿渣、火山灰质混合材料和粉煤灰三种。各自的特点如下：

一、粒化高炉矿渣

粒化高炉矿渣是将炼铁高炉的熔融矿渣，经水淬急冷形成的颗粒，颗粒直径一般为 0.5 ~ 5mm；急冷一般用水淬方法进行，故又称为水淬高炉矿渣。水淬的目的在于阻止结晶，使其绝大部分成分为不稳定的玻璃体，具有较高的潜在化学能，从而有较高的潜在活性。

粒化高炉矿渣中的活性组分，一般认为是活性氧化铝和活性氧化硅，即使在常温下也可以与氢氧化钙起作用而产生强度。在含氧化钙较高的碱性矿渣中，因其中还含有硅酸二钙等成分，故本身的水硬性较差。

二、火山灰质混合材料

火山喷发时，随同熔岩一起喷发的大量碎屑沉积在地面或水中成为松软物质，即火山灰。由于喷出后即遭急冷，因此含有一定量的玻璃体，这些玻璃体是火山灰活性的主要来源，它的成分主要是活性氧化硅和活性氧化铝。火山灰质混合材料是泛指火山灰一类物质，它的主要成分是活性氧化硅和活性氧化铝。按其化学成分与矿物结构可分为：含水硅酸质、铝硅玻璃质和烧黏土质等。

含水硅酸质混合材料有：硅藻土、硅藻石、蛋白石和硅质渣等。其活性成分以氧化硅为主。

硅铝玻璃质混合材料有：火山灰、凝灰岩、浮石和某些工业废渣。其活性成分为氧化硅和氧化铝。

烧黏土质混合材料有烧黏土、煤渣、煅烧的煤矸石等。其活性成分以氧化铝为主。

三、粉煤灰

粉煤灰是火力发电厂以煤粉为燃料，从其烟气中收集下来的灰渣，又称飞灰。它的颗粒直径一般为 0.001 ~ 0.05mm，呈实心或空心的球状颗粒，表面致密者较好。粉煤灰的活性主要取决于玻璃体含量，粉煤灰的主要成分是活性氧化硅和活性氧化铝。

492 活性混合材料在干粉砂浆中是如何起作用的？

活性混合材料在干粉中的作用机理如下：

粒化高炉矿渣、火山灰质混合材料和粉煤灰都属于活性混合材料，它们与水拌合后，本身不会硬化或硬化极为缓慢，强度很低。但在氢氧化钙溶液中，会发生显著的水化，而在饱和的氢氧化钙溶液中水化更快。其水化反应一般认为是：

$$xCa(OH)_2 + SiO_2 + nH_2O \longrightarrow xCaO \cdot SiO_2 \cdot nH_2O$$

式中 x 值取决于混合材料的种类、石灰和活性氧化硅的比例、环境温度以及作用所延续的时间等，一般为 1 或稍大；n 值一般为 $1 \sim 2.5$。

氢氧化钙和二氧化硅相互作用的过程，是无定形的硅酸吸收了钙离子，开始形成不定成分的吸附系统，然后形成无定形的水化硅酸钙，在经过较长一段时间后慢慢地转变为微晶体或结晶不完善的凝胶。

氢氧化钙与活性氧化铝相互作用形成水化铝酸钙。

当液相中存在石膏时，将与水化铝酸钙反应生成水化硫铝酸钙。这些水化物能在空气中凝结硬化，并能在水中继续硬化，具有相当高的强度。可以看出，氢氧化钙和石膏的存在使活性混合材料的潜在活性得以发挥，即氢氧化钙和石膏起着激发水化、促进凝结硬化的作用，故称为激发剂。常用的激发剂有碱性激发剂和硫酸盐激发剂两类。一般用作碱性激发剂的是石灰和能在水化时析出氢氧化钙的硅酸盐水泥熟料。硫酸盐激发剂有二水石膏或半水石膏，并包括各种化学石膏。硫酸盐激发剂的激发作用必须在有碱性激发剂的条件下才能充分发挥。

493 矿渣硅酸盐水泥对掺合材料的掺量有什么要求？

水泥中粒化高炉矿渣掺加量按质量百分比计为 20% ~70%。允许用石灰石、窑灰、粉煤灰和火山灰质混合材料中的一种材料代替矿渣，代替熟料不得超过水泥质量的 8%，代替后水泥中粒化高炉矿渣不得小于 20%。

494 矿渣硅酸盐水泥必须符合什么国家标准？

矿渣硅酸盐水泥必须符合国家标准《矿渣硅酸盐水泥、火山灰质硅酸盐水泥及粉煤灰质硅酸盐水泥》（GB 1344—1999）。水泥熟料中氧化镁的含量不得超过 5.0%，如水泥经压蒸安定性试验合格，则水泥熟料中氧化镁的含量允许放宽到 6.0%，水泥中三氧化硫的含量不得超过 4.0%。

矿渣硅酸盐水泥分为 32.5，32.5R，42.5，42.5R，52.5 和 52.5R 六个强度等级。各强度等级水泥的各龄期强度不得低于表 1 中的数值。矿渣硅酸盐水泥对细度、凝结时间及沸煮安定性的要求均与普通硅酸盐水泥相同。矿渣硅酸盐水泥的密度通常为 $2.8 \sim 3.1 \text{g/cm}^3$，堆积密度为 $1000 \sim 1200 \text{kg/m}^3$。

表 1　矿渣水泥各龄期的强度要求

强度等级	抗压强度（MPa）		抗折强度（MPa）		强度等级	抗压强度（MPa）		抗折强度（MPa）	
	3d	28d	3d	28d		3d	28d	3d	28d
32.5	11.0	32.5	2.5	5.5	42.5R	19.0	42.5	4.0	6.5
32.5R	15.0	32.5	3.5	5.5	52.5	21.0	52.5	4.0	7.0
42.5	15.0	42.5	3.5	6.5	52.5R	23.0	52.5	5.0	7.0

495 矿渣硅酸盐水泥有哪些特点？

矿渣水泥的凝结硬化和性能，相对于硅酸盐水泥而言有如下主要特点：

（1）矿渣硅酸盐水泥中熟料矿物较少，就局部而言，其水化反应是分两步进行的。首先是熟料矿物水化，此时所生成的水化产物与硅酸盐水泥基本相同。随后是熟料矿物水化析出的氢氧化钙和掺入水泥中的石膏分别作为矿渣的碱性激发剂和硫酸盐激发剂，与矿渣中的活性氧化硅和活性氧化铝发生二次水化反应，生成水化硅酸钙、水化铝酸钙、水化硫铝酸钙或水化硫铁酸钙，有时还可能形成水化铝硅酸钙等水化产物。而凝结硬化过程基本上与硅酸盐水泥相同。熟料矿物水化后的产物又与活性氧化物进行反应，生成新的水化产物，称为二次水化反应或两次反应。

（2）因为矿渣水泥中熟料矿物含量比硅酸盐水泥少得多，而且混合材料中的活性氧化硅、活性氧化铝与氢氧化钙、石膏的作用在常温下进行缓慢，故凝结硬化稍慢，早期（3d，7d）强度较低，但在硬化后期（28d 以后），由于水化硅酸盐凝结数量增多，使水泥石数量不断增长，最后甚至超过同强度等级的普通硅酸盐水泥。

还应注意，矿渣水泥二次反应对环境的温湿度条件较为敏感。为保证矿渣水泥强度的稳步增长，需要较长时间的养护。若采用蒸汽养护等湿热处理方法，则能显著加快硬化速度，并且在处理完毕后不影响其后期的强度增长。

（3）矿渣水泥水化所析出的氢氧化钙较少，而且在与活性混合材料作用时，又消耗掉大量的氢氧化钙，水泥石中剩余的氢氧化钙就更少了。因此这种水泥有较强的抵抗软水、海水和硫酸盐侵蚀的能力。

（4）这种水泥还有一定的耐热性，因此可用于耐热工程，如用于锅炉房等工程。但这种水泥硬化后碱度较低，故抗碳化能力较差。

（5）矿渣水泥中混合材料掺量较多，且磨细粒化高炉矿渣有尖锐棱角，所以矿渣水泥的标准稠度需水量较大，但保持水分的能力较差，泌水性较大，故矿渣水泥的干缩性较大，如养护不当，就易产生裂纹。使用这种水泥，容易析出多余水分，形成毛细管通路或粗大孔隙，降低水泥石的匀质性，因此矿渣水泥的抗冻性、抗渗性和抵抗干湿交替循环的性能均不及普通水泥。

496 火山灰质硅酸盐水泥中混合材料的掺量范围是多少？

火山灰质硅酸盐水泥中混合材料的掺量范围按质量百分比计为 20% ~ 50%。

497 火山灰质硅酸盐水泥的质量指标有哪些要求？

根据国家标准《矿渣硅酸盐水泥、火山灰质硅酸盐水泥及粉煤灰质硅酸盐水泥》（GB 175—2007），对于火山灰水泥熟料中氧化镁的含量不得超过 6.0%，如水泥熟料中氧化镁的含量大于 6.0%，则应进行水泥安定性试验，并检测合格，火山灰水泥中三氧化硫的含量不得超过 3.5%。

火山灰质硅酸盐水泥的细度、凝结时间、沸煮安定性和强度的要求均与矿渣硅酸盐水泥相同。火山灰质硅酸盐水泥的密度通常为 2.8 ~ 3.1g/cm³，堆积密度为 900 ~ 1000kg/m³。

498 火山灰质硅酸盐水泥有哪些特性？

火山灰质硅酸盐水泥特性如下：

火山灰质硅酸盐水泥的凝结硬化与矿渣水泥大致相同。首先湿水泥熟料矿物水化，所生成的氢氧化钙再与混合材料中的活性氧化物进行二次水化反应，形成以水化硅酸钙为主的水化产物，其他还有水化硫铝酸钙和水化铝酸钙。特别要指出的是，火山灰质硅酸盐水泥的水化产物和水化速度常常由于具体的混合材料、熟料矿物以及硬化条件的不同而有所变化。

火山灰质硅酸盐水泥强度发展与矿渣水泥相似，早期发展慢，后期发展较快，后期细度增长是由于二次水化反应所致。养护温度对其强度发展影响显著，环境温度低，硬化显著变慢，所以不宜用于冬期施工，采用蒸汽养护或湿热处理时，硬化加速。火山灰水泥水化热低，但与所掺混合材料的品种和数量有关，水化热降低幅度并不与混合材料掺量呈线形关系。

与矿渣水泥相似，火山灰水泥石中氢氧化钙含量较低，也具有较高的抗硫酸盐侵蚀的性能。在酸性水中，特别是在碳酸水中，火山灰水泥的耐蚀性差，在大气中的二氧化碳的长期作用下，水化产物会分解，使水泥石结构遭到破坏，因而这种水泥的抗大气稳定性较差。

火山灰水泥的需水量和泌水性与所掺混合材料的种类有很大关系。采用混合材料是硬质混合材料如凝灰岩时，则需水量与硅酸盐水泥接近；而采用软质混合材料如硅藻土时，则需水量增加，泌水性降低，但收缩变形增大。

但火山灰水泥的抗冻性和耐磨性比矿渣水泥差，干燥收缩值较大，在干热条件下会产生起粉现象。因此火山灰水泥不宜用于有抗冻、耐磨要求和干热环境下的工程。

此外，火山灰质混合材料在潮湿环境下，会吸收石灰而产生膨胀胶化作用，使水泥石结构致密，因而有较高的密实度和抗渗性，适宜用于抗渗要求较高的工程。

499 普通硅酸盐水泥中混合材料掺量的具体要求是什么？

水泥中混合材料掺量按质量百分比计，具体要求如下：掺活性混合材料时，不得超过15%，其中允许用不超过5%的窑灰或不超过10%的非活性混合材料来代替；掺非活性混合材料时，不得超过10%。

500 粉煤灰硅酸盐水泥有哪些特性？

粉煤灰硅酸盐水泥有下列特性：

（1）粉煤灰硅酸盐水泥的凝结硬化与火山灰质硅酸盐水泥很相近，主要是水泥熟料矿物水化，所生成的氢氧化钙通过液相扩散到粉煤灰球形玻璃体的表面，与活性氧化物发生作用（或称为吸附和侵蚀），生成水化硅酸钙和水化铝酸钙；当有石膏存在时，随即生成水化硫铝酸钙晶体。

（2）粉煤灰硅酸盐水泥的主要技术性能与矿渣水泥和火山灰水泥相似。由于粉煤灰的颗粒多呈球形颗粒，内比表面积较小，吸附水的能力较小，因而粉煤灰水泥的干燥收缩小，抗裂性较好。同时，拌制的砂浆的和易性较好。

501 生产水泥的方法有哪些种类？

在近200年的发展过程中，出现了很多的水泥生产方法。

按生料的制备来分，水泥生产方法有干法和湿法两种。将原料同时烘干与粉磨或先烘干后粉磨成生料粉，而后喂入干法窑内煅烧成熟料，称为干法生产。将生料粉加入适当水分制成生料球，而后喂入立窑或立波尔窑内煅烧成熟料的生产方法，也可归入干法；但也将立波尔窑的生产方法称之为半干法。将原料加水粉磨成生料浆后喂入湿法回转窑煅烧成熟料，则称为湿法生产。将湿法制备的生料浆脱水后，制成生料块入窑煅烧，称之为半湿法生产，也可归于湿法，但一般称之为湿磨干烧。将脱水生料块经烘干粉碎后，入预热器窑、窑外分解窑等干法窑中煅烧者，一般也称为湿磨干烧。

干法生料粉磨可以采用开路或闭路系统用球磨机粉磨；或采用烘干兼粉磨系统可以在立磨内，也可以在球磨机内进行。随原材料性质及含水量不同，可采用预先干燥、破碎兼烘干或烘干兼粉磨系统等各种方法。湿法生产时，则多采用球磨系统或棒球磨系统粉磨。

为保证入窑生料具有质量均匀、适当的化学组成，除应严格控制原、燃料的化学成分，进行精确的配料外，通常出磨生料均应在生料库内进行调配并搅拌均匀。当干法生产的原料较复杂时，原料在入磨前，也可以在预均化堆场预先进行均化。

熟料的煅烧可以采用立窑和回转窑。立窑适用于规模较小的工厂，而大、中型厂则宜采用回转窑。回转窑分为干法窑、立波尔窑和湿法窑。干法窑和湿法窑又根据设备的不同分为多种类型。目前较先进的窑型是新型干法窑外分解窑。

水泥生产在窑内的烧成（煅烧）过程，虽方法各异，但都要经过干燥、预热、分解、熟料烧成以及冷却等几个阶段。其中，熟料烧成是水泥生产的关键，必须有足够的时间，以保证水泥熟料的质量。水泥熟料的粉磨，通常在钢球磨机中进行，可以采用开路或闭路粉磨系统。在粉磨水泥时，应加入少量石膏作缓凝剂。

出磨水泥通常应在水泥库中贮存，进行必要的分析和检验，以保证出厂水泥质量合格。成品水泥可以成袋包装（袋装水泥），也可以散装出厂（散装水泥）。国家大力推广散装水泥，逐步淘汰和限制袋装水泥。

502 各种水泥熟料矿物水化时有什么特性？

四种熟料矿物的水化特性各不相同，对水泥的强度、凝结硬化速度及水化放热等的影响也不相同。各种水泥熟料矿物水化所表示的特性见表1和图1所示。

表1　熟料矿物水化的基本特性

名称	硅酸三钙	硅酸二钙	铝酸三钙	铁铝酸四钙
水化热	中	小	大	小
早期强度	高	低	高	低
后期强	高	高	低	低
耐化学侵蚀性	中	良	差	优
干缩	中	小	大	小

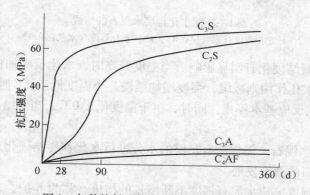

图1　各种熟料矿物水化时的强度增长规律

水泥是几种熟料矿物的混合物，改变熟料矿物成分间的比例时，水泥的性质即发生相应的变化，例如提高硅酸三钙的比例，即可制得高强度的水泥；又如降低铝酸三钙和硅酸三钙的数量，提高硅酸二钙的数量，即可制得水化热低的水泥，如大坝水泥。

硅酸盐水泥是多矿物、多组分的物质，当它与水拌合后，就立即发生化学反应。根据目前的认识，硅酸盐水泥加水后，铝酸三钙立即发生反应，硅酸三钙和铁铝酸四钙也很快水化，而硅酸二钙则水化较慢。如果忽略一些次要的和少量的成分，则硅酸盐水泥与水作用后，生成的主要水化物有：水化硅酸钙和水化铁酸钙凝胶、氢氧化钙、水化铝酸钙和水化硫铝酸钙晶体。在充分水化的水泥石中，C—S—H 凝胶约占 70%，$Ca(OH)_2$ 约占 20%，钙矾石和单硫型水化硫铝酸钙约占 7%。

503　哪些因素影响水泥的凝结硬化？

水泥的凝结硬化过程，也就是水泥的强度发展的过程。为了正确使用水泥，并能在生产中采取有效措施，调节水泥的性能，必须了解水泥水化硬化的影响因素。

影响水泥凝结硬化的因素，除矿物成分、细度、用水量外，还有养护时间、环境的温湿度以及石膏掺量等。

504　养护时间、温度和湿度是如何影响水泥的凝结硬化的？

（1）水泥的水化是从表面开始向内部逐渐深入进行的，随着时间的延续，水泥的水化程度在不断增大，水化产物也不断地增加并填充毛细孔，使毛细孔孔隙率减少，凝胶孔孔隙率相应增大（图1）。水泥加水拌合后的前4周的水化速度较快，强度发展也快，4周之后显著减慢。但是，只要维持适当的温度与湿度，水泥的水化将不断进行，其强度在几个月、几年甚至几十年后还会继续增长。

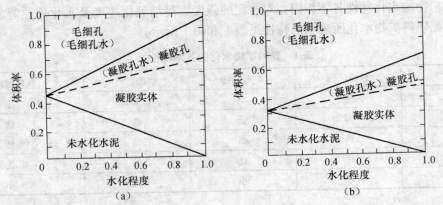

图1　不同水化程度水泥石的组成
(a) 水化程度（水灰比0.4）；(b) 水化程度（水灰比0.7）

（2）温度对水泥的凝结硬化有明显影响。当温度升高时，水化反应加快，水泥强度增加也较快；而当温度降低时，水化作用则减缓，强度增加缓慢。当温度低于5℃时，水化硬化大大减慢。当温度低于0℃时，水化反应基本停止。同时，由于温度低于0℃，当水结冰时，还会破坏水泥石结构。

（3）潮湿环境下的水泥石，能保持有足够的水分进行水化和凝结硬化，生成的水化物进一步填充毛细孔，促进水泥石的强度发展。

保持环境的温度和湿度，使水泥石强度不断增长的措施，称为养护。在测定水泥强度时必须在规定的标准温度与湿度环境中养护至规定的龄期。

505　石膏掺量对水泥的凝结硬化是如何影响的？

水泥中掺入适量石膏，可调节水泥的凝结硬化速度。在水泥粉磨时，若不掺石膏或石膏掺量不足时，水泥水化时会产生瞬凝现象（瞬凝俗称急凝，是一种不正常的凝结现象。其特征是：水泥和水拌合后，水泥浆很快凝结成为一种很粗糙、非塑性的混合物，并放出大量的热量），这是由于铝酸三钙在溶液中电离出三价的铝离子，它与硅酸钙凝胶的电荷相反，促使胶体凝聚。加入石膏后，石膏与水化铝酸钙作用，生成钙矾石，难溶于水，沉淀在水泥颗粒表面上形成保护膜，降低了水溶液中三价铝离子的浓度，并阻碍了铝酸三钙的水化，延缓了水泥的凝结。但如果石膏掺量过多，则会促进水泥凝结加快。同时，还会在后期引起水泥石的膨胀而开裂破坏。

506 影响水泥凝结时间的因素主要有哪些？

影响水泥凝结时间的因素很多，主要有：
（1）熟料中铝酸三钙含量高，石膏掺量不足，使水泥快凝；
（2）水泥的细度愈细，水化作用愈快，凝结愈快；
（3）混合材料掺量大，水泥过粗等都会使水泥凝结缓慢。

507 如何防止水泥石的腐蚀？

根据腐蚀原因的分析，使用水泥制备有防腐蚀要求的干粉砂浆品种时，需采用下列防腐蚀措施：

（1）根据侵蚀环境特点，合理选用水泥品种。例如采用水化产物中氢氧化钙含量较少的水泥，可提高对软水等侵蚀作用的抵抗能力；为抵抗硫酸盐的腐蚀，采用铝酸三钙含量低于5%的抗硫酸盐水泥。掺入活性混合材料，可提高硅酸盐水泥对多种介质的抗腐蚀性。

（2）提高水泥石的紧密程度，硅酸盐水泥水化只需水（化学结合水）23%左右（占水泥质量的8%，而实际用水量较大（约占水泥质量的40%~70%），多余的水蒸发后形成连通的孔隙，腐蚀介质就容易透入水泥石内部，从而加速了水泥石的腐蚀。在实际工程中，提高砂浆密实度的各种措施，如合理设计干粉砂浆配合比，降低水灰比，仔细选择集料，掺有憎水性的可再分散性胶粉、减水剂等添加剂，以及改善施工方法等，均能提高抗腐蚀能力。

（3）加做保护层。当侵蚀作用较强时，可考虑在砂浆表面加上耐腐蚀性高而且不透水的保护层，一般可用耐酸石料、耐酸陶瓷、玻璃、塑料、沥青等。对具有特殊要求的抗侵蚀砂浆，还可以选用双组分的聚合物砂浆。

508 生产干粉砂浆如何选用硅酸盐水泥？

硅酸盐水泥中主要是水泥熟料，其中含的混合材料很少。因此水泥熟料的质量对硅酸盐水泥的影响很大。由水泥的生产方式可知，对水泥熟料质量产生影响的因素有：原材料的质量、原材料配料的精确性、原材料配备的合理性、熟料烧成所使用的设备、熟料冷却的条件等。另外，硅酸盐水泥中使用的石膏的种类和数量也会对水泥的性能产生较大影响。

从熟料的生产工艺来看，一般讲，用回转窑生产的熟料的质量和稳定性要优于用立窑生产的熟料。因此，在干粉砂浆中，优先选用回转窑生产的硅酸盐水泥。

由水泥熟料中几种主要矿物的水化特性可知，不同矿物组成的水泥熟料的性能存在差异。例如提高硅酸三钙的含量，可以制得高强度水泥；如用于厚浆施工的砂浆配制时较低的铝酸三钙和硅酸三钙含量和较高硅酸二钙的含量，可制得水化热低的干粉砂浆。通过对硅酸盐水泥的化学成分进行分析，能够了解水泥的矿物组成。按照干粉砂浆的品种，来选择适用的水泥。

水泥在凝聚结构开始失去可塑性的、不具有强度的初凝过程中，容易因为受到振动或外力的作用下造成破坏。也就是说我们在设计干粉砂浆产品过程中要充分考虑使用功能带来的对使用时间的要求，如瓷砖胶黏剂，如果初凝时间过早，可调整时间就会受到影响，导致干粉砂浆胶黏剂的粘结强度受到影响。

水泥终凝前，也就是基础强度产生前，受到外力作用而产生的破坏影响是最为明显的，根据用途确保终凝时间的合适性，是质量的要点之一。例如自流平干粉砂浆，要求能在1d内达到强度，对其终凝前的体积变化控制要求就较为严格。

由于水泥颗粒的内核很难完全水化，也就是一定会有没有水化的水泥颗粒存在，虽然随着时间的推移，水泥会继续产生强度，但如果因为过早失水导致过多的水泥不能充分反应，就会使强度受到影响，所以，对强度要求较高的干粉砂浆产品就要充分考虑到这个因素。另外，这些没有完全反应的水泥颗粒，也就存在着可能受到水、化学物质的激活而产生重新结晶而产生强度的可能，这也就是水泥基防水砂浆（涂料）、渗透结晶防水砂浆（涂料）和一些后期增硬材料的工作原理和方法。

水泥石能保持有足够的水分进行水化和凝结硬化，就能生成水化物，进一步填充毛细孔，促进强度发展，所以对强度要求较高的材料，对于保水养护的材料，就要有充分的考虑。

较细的水泥颗粒，水化较快且较完全，早期强度和后期强度都较高，是制作要求早期强度高的干粉砂浆制品的首选材料，但要注意其在空气中硬化收缩性较大，另因其成本较高，故在设计对早期强度要求不高的产品时，就不宜采用。

因为干粉砂浆的商品化还没有得到最广泛的应用，使水泥生产厂家未必能完全按照干粉砂浆的要求来提供水泥。除了质量稳定性的要求以外，很多时候某些并不影响制作混凝土的粗颗粒，则会影响到干粉砂浆的性能，如腻子、勾缝剂等。

一般来讲，出厂的水泥，其质量都经过检验，通常均能符合国家标准的要求。但由于原材料品种、生产工艺的不同，各水泥生产企业生产的水泥质量存在较大的差异。在定型干粉砂浆原材料品种前，应进行相应的检验，根据干粉砂浆所需的性能，来选择合适的水泥品种。

大规模生产的干粉砂浆，为了质量稳定和成本的考虑，应尽量使用散装水泥，用密封的储料罐进行存放。当水泥的需求旺盛时，散装水泥在水泥厂存放的时间会很短，因此其温度将很高，而过高的温度将影响干粉砂浆中有机添加剂的作用效果。因此，在进行干粉砂浆厂设计时，应适当增加散装水泥储料罐的数量。

由于硅酸盐水泥的强度较高，因此一般采用 42.5 或 42.5R 强度等级的硅酸盐水泥就可满足使用。对于特殊的干粉砂浆品种，也可选用 52.5 或 52.5R 强度等级的硅酸盐水泥。

硅酸盐水泥的存放时间延长，必然带来强度的降低与性能变化，由于干粉砂浆的标志出厂时间不是水泥的出厂时间，而一般情况下，干粉砂浆从出厂到销售的过程中，还有存放较长时间的要求。所以要选用新鲜的、存放时间较短的水泥。

熟悉水泥腐蚀的影响因素，有利于我们设定特殊用途的干粉砂浆的水泥选材和添加剂配制，也有利于设定干粉砂浆的用途范围，避免不必要的问题产生。

硅酸盐水泥在软水的作用下，会产生溶出性的 $Ca(OH)_2$，如果砂浆使用后有一定的时间是暴露在空气中，且日后不易受到大量软水侵蚀的话，如：抹面砂浆，这类溶出物不会造成危害，但如果干粉砂浆产品存在使用后不暴露在空气中，而日后又容易受到雨水侵蚀、浸泡的情况时，就会产生溶出物而影响外观和强度，如大块的外墙瓷砖、石材的胶黏剂，雨水容易通过处理不好的饰面缝隙进入，然后再溶出，形成松动和污染，这种情形常体现为泛碱现象。所以在设计此类材料时，就应考虑加入抗渗物或憎水性添加剂。

509 氧化铁红如何应用？

一、特点

（1）耐碱：对碱性物质，如建筑上常用的水泥、石灰等十分稳定。并对水泥制品件不起风化作用，也不影响其强度，耐碱性 4～5 级。

（2）耐酸：对于一般弱酸和稀酸具有一定的稳定性，但不耐强酸。

（3）耐光：具有极佳的耐光性能，在强烈的日光下暴晒色泽不变，耐光性 6～7 级。

（4）耐热：在一定的温度极限内，色泽不变。经特殊处理的产品，耐热程度可达到 800℃。

（5）其他：不溶解于水和有机溶剂，并且没有渗色现象，能增强油漆的防腐作用，不影响橡胶制品的硫化过程，对制品具有补强效果。

二、技术指标（表 1）

化学名三氧化二铁，分子式 Fe_2O_3，是一种无机彩色颜料，具有较高的遮盖力和较强的着色力，以及良好的分散性，它的耐光性、耐候性都很好，广泛应用于建筑、橡胶、绘画等领域。华源氧化铁红产品 Y101，110，120，130A，130B，130S，130P，230，140，180，190 等二十多个品种。

表 1　技术指标

技术项目	技术指标
型　号	190
三氧化二铁含量（%）	≥96.0
105℃挥发物（%）	≤1.0
水溶物（%）	≤0.3
筛余物（320 目）（%）	≤0.3
吸油量（%）	15～25
悬浮液 pH 值	3～7
色光（与标准样比）	近似～微似
着色率（与标准品比）	98～102
电导力（us/cm）	≤400
水　分	≤1.0
密　度	0.7～1.1
粒子形状	球形
色　差 ΔE	≤1
着色力	95～105

某新建使馆工程建筑面积 3 万 m^2，其外檐和部分内檐采用 C30 彩色建筑混凝土，为国内首次大面积设计采用彩色混凝土的工程。原材料采用白色硅酸盐水泥、不含氯化钙且具减水作用的彩色粉、粉煤灰、火山灰活性矿物掺合料、纤维等，经反复试验后确定水灰比为 0.41。施工中严格控制彩色建筑混凝土的搅拌、振捣、拆模、养护等工序，效果较好。

彩色建筑混凝土是以建筑或结构的外表面直接暴露为视觉景观，通过采用特殊的混凝土材料、模板、浇筑及养护等工艺技术，达到特殊的整体建筑美学外观效果，同时具有结构混凝土的各项性能的混凝土（体系），是集清水混凝土和彩色混凝土于一身的综合混凝土技术，是一套完整的技术体系，在材料选择、混凝土配合比、模板体系、浇筑工艺、拆模工艺、养护工艺和修整工艺上要求高，工艺复杂。

三、工程概况

北京某使馆工程首次设计采用了彩色建筑混凝土，2004 年上旬开工，2005 年中旬首期工程结束。首期工程由 3 个单体建筑组成，建筑面积 3 万 m^2。其外檐和部分内檐采用了建筑混凝土，总方量约为 1 万 m^3。该工程外观形式多样，建筑混凝土的颜色主要有米黄色等几种，外观图案及造型包括镜面效果、木纹效果及条纹效果等几种不同形式。

彩色建筑混凝土的使用部位包括结构中的梁、板、柱等各个部位，所有外露部位均要求清水。要求色彩均匀一致，外观无明显质量缺陷。其中外檐墙厚 450mm，除装饰缝外不得有接缝；内檐彩色混凝土圆柱层高之内一次浇筑，不得有水平及竖向接缝。彩色混凝土强度等级为 C30，实际生产时强度要求控制在 38MPa，含气量为 3%～5%，入泵坍落度 180mm，到浇筑点坍落度 150mm，搅拌时间不得低于 10min。混凝土接茬时间不得超过 30min，并严格控制碱含量。现场进行了反复试验，最后确定水灰比 0.41，粉煤灰与矿粉掺合料掺量各为 $C \times 5\%$。砂率为 41%，其他材料按厂家推荐掺量。对样板墙取样，试压强度为 $R_3 = 21.9MPa$，$R_7 = 31.7MPa$，$R_{28} = 44.3MPa$，已满足设计要求。

四、材料的选择

(一) 颜料

颜料包括三种特性，即色调、纯度和亮度。由于本工程中选用了浅色作为外檐建筑混凝土的色彩，不但对颜料本身的技术要求非常严格，而且对混凝土中其他原材和添加剂都提出了更为苛刻的要求。根据美国 ASTM 规范，对颜料的物理、化学特性要求有：可湿润性、耐碱性、SO_3 含量、可溶性、空气养护稳定性、耐光性和对混凝土的影响等指标。

在该使馆工程中，我们使用厂设计推荐的美国公司生产的产品。此产品是一种带有颜色、不含氯化钙且具有减水性能的添加剂。同时它还具有提高混凝土强度、控制混凝土凝固时间、提高混凝土工作性能及抗冻融能力的特性。

(二) 水泥

实际工程中应根据彩色混凝土的颜色决定选用水泥的品种。该工程一般采用 P·O42.5 以上强度等级的同一厂家、同等强度、同一品种且采用同一批熟料磨制而成的白水泥。

白水泥的技术控制项目主要有：氧化镁含量不得超过 4.5%，三氧化硫含量不得超过 3.5%，0.08mm 方孔筛筛余量不得超过 10%，初凝不得小于 45min，终凝不得迟于 12h，白度一级（不得小于 84%）。安定性、强度必须合格，碱含量小于 0.6%。

(三) 砂、石料

砂子采用水洗河砂，质地坚硬，级配连续，含泥量不应大于 1.5%，泥块含量不大于 1%，细度模数应大于 2.6%（中砂），杂质要少，颜色要浅色均一。

石子在 5~19mm 连续级配，最大粒径符合要求，颜色均匀洁净，含泥量不应大于 1%。

(四) 粉煤灰

在该工程中，选用了同一批经过质量检测的 I 级粉煤灰，而且含碳量低，颜色较白。

(五) 火山灰活性矿物掺合料

在该工程设计中，需要使用高火山灰活性的矿物掺合料，在该工程中，选用了矿粉矿物掺合料，其主要性能表现为以下几个方面：

(1) 具有很高的活性，在水泥水化的过程中火山灰效应显著。

(2) 工作性好，具有较高的比表面积和片状特征，亲水性好，加入到混凝土中，可大大改善混凝土拌合物的和易性和粘聚性，保持水分，减少泌水，提高混凝土工作性能，使混凝土表面光泽，抹面光滑平整，特别有利于镜面建筑混凝土的施工效果。

(3) 在混凝土中表现出良好的抗收缩和体积稳定性，能降低混凝土的塑性收缩，提高混凝土的体积稳定性。

(4) 据数据对比显示，添加矿粉的混凝土抗压强度普遍提高，增强效果显著，特别是混凝土的早期强度增加明显，有利于拆模，后期强度稳定增长、不倒缩。

(5) 大大降低了混凝土中游离碱含量，起到了预防和抑制碱-集料反应的作用，并降低混凝土表面的泛碱的可能性。

(6) 提高了混凝土的密实度及抗渗性能，在很大程度上起到了稳定色彩的目的，显著提高了彩色建筑混凝土装饰的持久性。

(六) 高效减水剂

高效减水剂对水泥有强烈分散作用，可大大提高混凝土的流动性和坍落度，并提高混凝土各龄期强度。该工程中选用了缓凝型高效减水剂，碱含量不大于 5%，减水率不小于 20%，掺量控制在水泥用量的 1.5%~2% 之间。

（七）引气剂

该工程混凝土设计为抗冻融混凝土，引气剂会给混凝土引入大量均匀的微小气泡，可提高硬化混凝土抗冻融，并可改善混凝土的和易性和耐久性。

（八）纤维

纤维并不是彩色混凝土中必须添加的，但由于其具有众多优点，特别是该工程以船甲板条形造型为主的外墙，其条形齿尖是薄弱点，尤其在拆模时容易受到破坏，在彩色建筑混凝土中添加少量纤维可以提高彩色建筑混凝土表面的抗冲击性能，延长一些薄弱点的耐久性。

五、混凝土配合比的设计

彩色混凝土的配合比设计，除满足混凝土色泽、流动性和强度的要求外，还应根据工程设计、施工情况和工程所处环境，考虑冻融破坏和碱-集料反应等耐久性方面要求。

（一）基本材料

除了砂、石料、水泥和粉煤灰等普通结构混凝土所需的基本材料外，为保证彩色混凝土的工作性和耐久性的要求，基本组成材料中还采用了火山灰活性矿物掺合料、引气剂和纤维。

该工程要求配合比实际强度应大于标准值 8MPa 以上，此要求略高于国内标准，含气量应在 3% ~5%。由于对彩色混凝土中所使用的材料都有严格限制碱含量的要求，因此在冬施配合比设计中未使用防冻剂，以免影响彩色建筑混凝土的颜色。

（二）水灰比

混凝土配合比中水灰比是严格限制的指标之一。设计中规定水灰比不应大于 0.4，在彩色建筑混凝土中我们使用了彩色粉和白水泥，这与普通结构混凝土有很大区别。根据现场试配情况来看，其和易性及流动性等指标明显低于同强度等级的普通混凝土。实际工程中不能过多依赖减水剂的作用，还是应通过调整各种材料的比例，反复试配、对比，选用适当水灰比，最终水灰比为 0.41。

（三）水泥用量

由于采用了白色硅酸盐水泥，通过反复试配，水泥用量均在 $350kg/m^3$ 左右，矿粉矿物掺合料和粉煤灰均确定在 $25kg/m^3$ 左右。

（四）砂率

在满足技术要求的前提下，宜降低胶结材料用量，粗集料用量不宜低于 $1000kg/m^3$，级配连续均匀；细集料用量不宜低于 $650kg/m^3$。同时为满足体积稳定的要求，各等级混凝土的最大砂率不宜超过 0.45。

（五）样板墙的试验

在确定了混凝土的配合比后，现场浇筑了数个 $600cm \times 600cm \times 10cm$ 的试块，用以对比在不同配合比下色彩的情况，用此来筛选和确定最终配合比。最终配合比选定之后，我们在现场附近按照设计1:1图样支模板，进行了样板墙的浇筑工作。通过几次样板墙浇筑的情况及实际效果，最终确定彩色混凝土的配合比和施工工艺。

六、施工准备

（一）原材料准备

材料加工订货时应尽量要求同一时间、同一批次生产，确保产品性能的统一性。为了施工方便，在产品包装上应提出特殊要求。特别是白水泥、矿粉矿物掺合料、纤维和彩色粉等需要袋装原材，袋装质量（剂量）应同搅拌方量联系起来，便于混凝土搅拌时投放，减少施工过程中人为造成的差错。另外还应在包装外标明材料名称、质量及生产日期，便于核对。进场后，根据具体要求验收，合格后方可入库。

（二）设备准备

彩色混凝土生产要求专机专用，所有搅拌机及输送设备在每次生产及浇筑前都要进行彻底清洗，防止出现混色及杂质。

（三）组织管理

按技术要求设立了多项质量控制点。组建了施工质量控制小组，对施工技术人员和工人进行了技术交底和技术要点培训，并要求在生产前和生产中由试验室严格测定砂石含水率，控制混凝土各生产环节，并作好质量检测。

七、混凝土施工工艺

（一）模板支设

根据设计要求，分别采用了PVC异型模板、橡胶异型模板、PVC覆膜木模板和纯木模板。脱模剂采用水性脱模剂，易于气泡排除，施工时应涂抹均匀，无漏涂。模板接缝密封严密准确，不得出现缝隙，防止漏浆。模板支撑系统要牢固，避免发生跑模。穿墙螺栓孔周围处理要得当，防止漏浆且便于螺栓拆除。

（二）混凝土搅拌

该工程现场施工时采用的设备包括1台强制式搅拌机、混凝土罐车数辆及混凝土泵1台。将原料按砂、石、白水泥、粉煤灰、矿粉、色粉、纤维等顺序投放，投料计量误差小于1%，均匀搅拌5min，加入配合比中总用水量的80%，在搅拌机搅拌的同时，将另外20%的水与称量好的外加剂同时加入，再搅拌5min，使混凝土搅拌充分、均匀。

搅拌机、罐车等搅拌机械，在每次使用前要彻底清洗干净，严格按照操作规程搅拌，按照事先确定的顺序添加各种集料、添加料（剂）。总搅拌时间不宜小于10min，根据浇筑部位严格控制成品坍落度，保证无离析、泌水。

（三）混凝土运输与泵送浇筑

混凝土入罐车前，将灰罐清洗干净，并将罐体中的存水倒出，防止罐内存水。为保证混凝土的均匀一致，灰罐转速应保持在3～5r/min，并保证在最短的时间到达浇筑点。

混凝土输送泵要求专用，每次使用前必须彻底清洗。在泵送前要逐车检查混凝土的色彩、坍落度、和易性，合格的方可泵送。泵管内保持湿润，同时混凝土泵送压力合理，尽量减少变径管与弯管数量。

混凝土浇筑前确认已完成隐蔽工程验收。开始浇筑前，先将根部30mm处浇筑同强度等级减石彩色建筑混凝土。混凝土浇筑时每层高度控制为400～500mm，下料高度控制为2.5m。

若超过2.5m，应在下料管下再接下料软管，控制下料高度。混凝土浇筑必须保证连续，尽量缩短浇筑时间间隔，避免产生分层冷缝。

（四）混凝土振捣

混凝土竖向布灰应层次合理，每层不宜超过450mm，两层之间混凝土浇筑时间间隔不宜超过30min，振捣棒直径为70mm，最小频率9000次/min。振捣棒应从中间向边缘梅花形均匀布点。振捣棒插入深度要大于浇筑层，插入下层混凝土100～150mm。每振点振动时间应以混凝土表面不再下沉，且无气泡逸出为止，一般为20～30s，振捣间距控制为30～50cm，振捣时间合理，不过振，不漏振。振捣棒要垂直插入和拔出，快插慢拔。分层浇筑时，振捣棒插入先前浇筑混凝土层顶面下150mm处，将多余气体与浆体充分带出。特别应注意的是彩色建筑混凝土外露面，振捣

620

点的分布、间距要均匀、合理。

浇至最后一层时，应在距浇筑标高 350mm 处换用 ϕ 50 振捣棒，以避免上层出现浮浆。因为彩色混凝土流动性较差，在门洞口处应距洞边不小于 300mm 处插棒振捣。大洞口（超过 1.5m）下部必须在模板上开洞振捣。

（五）拆模

为了让彩色建筑混凝土表观质量好，色彩均匀，混凝土的拆模时间不少于 24h，混凝土的强度不小于 15MPa。拆模时采用机械支撑系统，缓慢脱膜，严禁用锤子敲打，防止产生缺棱掉角。拆模后，对边角易于碰撞部位，采用木质护角加以保护。

（六）混凝土养护

混凝土拆模后应立即对棱角进行保护并进行浇水养护，同时必须保证水质纯净。冬季施工时应保证混凝土出机温度大于 15℃，入模温度不得小于 10℃。不得使用养护剂及草帘直接覆盖，可以采用直接在浇筑处搭设暖棚加温提高环境温度（必须保证在 5℃以上），从而达到养护的目的。

（七）混凝土缺陷修补

应根据具体修补部位及情况采用不同修补材料和修补方案。修补材料可以从专业厂家订购，也可自行调配。选用的标准是颜色一致，高强度、无收缩，自行调配时可以参考同部位彩色混凝土的配合比。

为确保修补部位在颜色及外观效果上尽可能接近原彩色建筑混凝土，应先在样板墙上做试配，将颜色调成一致，对各种不同情况进行试验。

在修补时应先清除混凝土表面的浮浆和松动砂子，而螺栓孔周围还应先进行扩孔，去除混凝土表面一圈颜色稍暗、强度不高的部分，并在完成内孔填实工作后，再采用调配好的专用水泥砂浆修补外表面螺栓孔。修复后用细砂纸将整个修复表面均匀打磨，用水冲洗干净，并进行适当养护。

彩色建筑混凝土修复后要求达到表面平整光洁，颜色均一，无明显修复痕迹，在距修复面 4~5m 处，不应看出明显修复痕迹和色差。

510 氧化铁黄如何应用？

氧化铁黄简称铁黄，分子式 $Fe_2O_3 \cdot H_2O$ 或 $FeOOH$，是一种化学性质比较稳定的碱性氧化物。铁黄因其颜色鲜明而纯洁，有良好的耐候性、遮盖力而用于制造工业、建筑工业的墙面粉饰、马赛克地面与人造大理石以及水泥制品的着色；同时，还可用作油墨、橡胶以及造纸等的着色剂。华源氧化铁黄产品有 311，313，586，810 等品种。

技术指标见表 1。

表1　技术指标

技术项目	技术指标
型　号	313
含　量 Fe_2O_3（%）	≥86
105℃挥发物（%）	25~35
筛余物（320目）（%）	≤0.5
水溶物（%）	≤0.5
水　分	≤1.0

技术项目	技术指标
pH 值　pH	3 ~ 7
密　度	0.4 ~ 0.6
粒子形状	acicular
色　差 ΔE	≤ 1
着色力	95 ~ 105

511　氧化铁黑如何应用?

氧化铁黑化学名四氧化三铁,简称铁黑,分子式 $Fe_2O_3 \cdot FeO$,它具有饱和的蓝墨光黑色,以很高的遮盖力,着色力强,耐光性能好等特点而应用于涂料行业制漆,还由于其耐碱性能和水泥混合而广泛应用于建筑行业水泥着色。华源氧化铁黑产品有 318,330,740,750 等品种。技术指标见表1。

表1　技术指标

技术项目	技术指标
型　号	750
三氧化二铁含量(%)	≥93.0
105℃挥发物(%)	≤1.5
水溶物(%)	≤0.5
筛余物(320 目)(%)	≤0.5
吸油量(%)	15 ~ 25
悬浮液 pH 值	5 ~ 8
色光(与标准样比)	近似 ~ 微似
着色率(与标准品比)	95 ~ 105
电导力(us/cm)	≤400
水　分	≤1.0
密　度	0.8 ~ 1.2
粒子形状	spherical
色　差 ΔE	≤1
着色力	95 ~ 105

512　氧化铁橙如何应用?

由氧化铁黄与氧化铁红拼配混合而成。具有良好的颜料特性,如着色力、遮盖力均很高。又因铁橙颜料有良好的耐候性、色泽鲜艳等特点,适用于涂料,油漆、造纸、橡胶、油墨、建筑工业等领域。拼混铁棕产品有 270,960,2040 等品种。

513　氧化铁棕如何应用?

具有氧化铁红、氧化铁黄的特性,铁棕还具有颜色范畴大、适应性强等主要特点,与氧化铁红、铁黄相比适用范围更加广泛。华源拼混铁棕产品有 610，663，686，841 等品种。

514 氧化铬绿如何应用？

氧化铬绿（三氧化二铬）；分子式：Cr_2O_3；分子量：151.99；技术指标见表 1。

表 1　技术指标

指标名称	颜料级氧化铬绿				磨料级氧化铬绿		冶金级氧化铬绿	
	指标				指标		指标名称	指标
	地坪专用			陶瓷涂料	普通	超细		
	DP1 号	DP2 号	DP3 号	深色泽	MP1 号	MP2 号	三氧化二铬含量%	≥99
色光（与标准比）	近似拜尔浅色光	澳洲绿中色光	深色光	深色光	不规定	不规定		
45μm 筛余物（%）≤	0.2			0.3	0.3	600 目筛余物≤0.3%	三氧化二铁	<0.03
三氧化二铬（Cr_2O_3）含量（%）≥	99				99		磷	<0.001
吸油量（g/100g）	15~25				≤20		钴	<0.001
着色力（%）≥	95				95		锰	<0.001
水溶盐含量（%）≤	0.2				0.2		铜	<0.001
水分（%）≤	0.15				0.15		镍	<0.001
水溶液	6~8				不规定		铅	<0.001

注：以上各品种氧化铬绿 Cr^{+6} 含量及特殊技术指标可根据客户要求而定。

一、性状

六方晶系或无定形橄榄绿色粉末，有金属光泽。比重为 5.21，熔点为（2266±25）℃，沸点为 4000℃。不溶于水和酸，可溶于热的碱金属溴酸盐溶液中。对光、大气、高温及腐蚀性气体（SO_2，H_2S 等）极稳定。有很高的遮盖力。具有磁性。

二、用途

用于冶炼金属和碳化铬、搪瓷、玻璃、人造革、建筑材料的着色剂、有机合成催化剂、制造耐晒、耐高温涂料和印刷纸币的专用油墨，制抛光膏和研磨材料及耐火材料等。

三、包装

装入塑料袋内，外套塑编袋，每袋净重 25kg。

四、注意事项

应贮存在干燥处。防止受潮，防酸雾，防晒。应与食品隔离贮存。

氧化铬绿产品是由氧化铁黄与有机颜料经多种助剂偶合而成的复合颜料。具有颜色鲜艳、着色力强等特点，适用于涂料、油漆、造纸、建筑材料等领域。华源复合铁绿产品有 5605，835 等品种。

515 导电混凝土专用外加剂如何应用？

目前导电混凝土广泛应用的领域有：屏蔽无线电干扰、防御电磁波、断路器地合闸电阻、接地装置、建筑物的避雷设备、消除静电装置、环境加热、电阻器、建筑采暖地面、金属防腐阴极保护技术、高速公路的自动监控、运动中的重量称量以及道路和机场的冰雪融化等，工程上还可以利用导电混凝土的电阻率变化，对大型结构如核电场设施与大坝的微裂纹进行监测等。

516 亚硝酸钙如何应用？

一、技术性能（表1）

分子式：$Ca(NO_2)_2$；分子量：132.1；规格：工业品级；外观：白色或淡黄色粉末。

特性：易潮解；相对密度：2.23；标准：中华人民共和国行业标准 HG/T 3595—1999。

表1　技术性能

项　目		一等品	合格品
$Ca(NO_2)_2$	≥	92.0	90.0
$Ca(NO_3)_2$	≤	4.5	5.0
水　分	≤	1.5	3.0
水不溶物含量	≤	2.0	2.0

二、用途

（1）制作混凝土防冻剂：亚硝酸钙具有较大的溶解度，按照需要可配制成水剂型、粉剂型。使用此防冻剂在负温条件下能促使水泥中矿物组分的水化反应，施工温度冰点可降至 $-20℃$。

（2）制作混凝土阻锈剂：亚硝酸钙具有钢筋纯化阻锈作用，对混凝土建筑及构件内的钢质材料能起到较好的阻锈保护作用，延长了混凝土建筑的使用寿命。

（3）制作混凝土促凝剂：亚硝酸钙无氯、无碱，能减少粗集料的碱-集料反应，混凝土提高早期强度，增加抗压力。

（4）亚硝酸钙可作为润滑剂的腐蚀抑制剂。

（5）亚硝酸钙还用于医药、染料、冶金等工业。

三、使用方法

（1）亚硝酸钙使用于混凝土建筑或构件上，可与其他原料配制成液体或粉剂，也可直接使用。

（2）亚硝酸钙溶解时，最好用 $30\sim35℃$ 温水加以搅拌，促使亚硝酸钙的快速溶解。

（3）长期存放或内袋破损受潮，会形成不牢固的结块，但不影响亚硝酸钙的使用质量。

四、注意事项

（1）本品为无机氧化剂，切勿入口。

（2）本品不易与有机物铵盐、酸或氰化物混运。

（3）避免高温，温度高于 $220℃$ 时会还原分解出氮氧化物。

（4）运输要防雨淋、防暴晒、防锐器损坏包装。

（5）库房需通风、干燥。

517 亚硝酸钠如何应用？

分子式：$NaNO_2$　　分子量：69

一、性质

白色或微淡黄色，斜方晶系结晶或粉末。微有咸味，易潮解，易溶于水，吸潮性强。与有机物、硫磺混合能引起燃烧和爆炸，具有氧化性和还原性。

二、用途

主要用于水泥防冻剂、早强剂等。

三、技术标准

GB 2367—90，见表 1。

表 1 技术指标

项 目		指 标		
		优等品	一等品	合格品
亚钠含量（以干基计）（%）　≥		99.0	98.5	98
水　分（%）　≤		1.8	2.0	2.5
氯化物含量（以干基计）（%）　≤		0.10	0.17	—
水不溶物（以干基计）（%）　≤		0.05	0.06	0.10
硝　钠（以干基计）（%）　≤		0.8	1.00	1.90

518 硫酸钠如何应用？

一、外观

工业无水硫酸钠为白色结晶颗粒。

二、执行标准

《工业无水硫酸钠》（GB/T 6009—2003）。

三、工业无水硫酸钠

技术要求见表 1。

表 1 技术指标

项 目	I 类		II 类		III 类	
	优等品	一等品	优等品	合格品	优等品	合格品
硫酸钠（Na_2SO_4）质量分数（%）　≥	99.3	99.0	98.0	97.0	95.0	92.0
水不溶物质量分数（%）　≤	0.05	0.05	0.10	0.20	—	—
钙镁（以 Mg 计）含量质量分数（%）　≤	0.10	0.15	0.30	0.40	0.60	—
氯化物（以 Cl 计）质量分数（%）　≤	0.12	0.35	0.70	0.90	2.0	—
铁（以 Fe 计）质量分数（%）　≤	0.002	0.002	0.010	0.040	—	—
水分质量分数（%）　≤	0.10	0.20	0.50	1.0	1.5	—
白度（R457）（%）　≥	85	82	82	—	—	—

519 碳酸锂如何应用？

化学式（Formula）：Li_2CO_3；相对分子质量（Formula weight）：73.89。

一、性质

白色单斜晶体或碱性粉末，微溶于水；溶于稀酸，不溶于醇。比重 2.11，熔点 723℃，沸点 1230℃。

二、用途

制取各种高纯锂盐的原料，铌酸锂、碳酸锂单晶的制备原材料，用于光学特种玻璃、搪瓷工业、医药、催化剂、彩色荧光粉及锂离子电池材料等。质量标准见表 1。

表1 质量标准

成 分		指 标	
Li₂CO₃ 主含量不小于（%）		99.99	99.999
杂质含量不大于×10⁻⁶	Pb	1	1
	Cu	1	0.5
	Co	1	0.5
	Ni	1	0.5
	Fe	3	1
	Al	3	1
	Mn	1	0.5
	Zn	3	2
	Cd	5	0.5
	Cr	1	1
	Mg	5	2
	Ca	10	5
	Na	10	5
	K	10	3
	Si	10	5
	F	50	5
	Tl	/	1
	Ba	5	5
	Rb	/	1
	Cs	/	1
	Sr	/	2

520 氯化锂如何应用？

化学式（Formula）：LiCl；相对分子质量（Formula weight）：42.40。

一、性质

白色结晶状粉末易潮解。密度为 2.07g/cm³；熔点为 870℃；沸点为 1681℃；溶解热为 47kcal/mol；易溶于水、醇、醚、戊酮及丙酮。

二、用途

制取金属锂的原料。用作铝的焊接剂、空调除湿剂以及特种水泥原料，还用于火焰，在电池行业中用于生产锂锰电池电解液等。质量标准见表1。

表1 质量标准

成 分		指 标	
LiCl 主含量（%）不小于		99.0	99.9
杂质含量（%）不大于	Na	0.01	0.005
	K		
	CaO	0.015	0.01
	Fe₂O₃	0.002	0.001
	SO₄	0.002	0.001
	H₂O	0.3	0.2
	酸不溶物	0.005	0.005

三、运输：无特殊要求

四、搬运和贮存

氯化锂应保持干燥，不能过分与空气接触，粒度10～20目。

521 葡萄糖酸钠如何应用？

别名：五羟基己酸钠

分子式 Molecular formula：$C_6H_{11}O_7Na$

结构式 Structural formula：

$$[HCH_2O - \overset{\overset{\displaystyle OH}{|}}{\underset{\underset{\displaystyle H}{|}}{C}} - \overset{\overset{\displaystyle OH}{|}}{\underset{\underset{\displaystyle H}{|}}{C}} - \overset{\overset{\displaystyle H}{|}}{\underset{\underset{\displaystyle OH}{|}}{C}} - \overset{\overset{\displaystyle OH}{|}}{\underset{\underset{\displaystyle H}{|}}{C}} - COO]Na^+$$

分子量 Molecular weight：218.14

性状 Properties：白色结晶颗粒或粉末，极易溶于水，略溶于酒精，不溶于乙醚。White crystalline granule or powder, easy to dissolve in the water.

包装 Packing：25kg，外套塑料编织袋，内用塑料薄膜袋，或按客户要求定制包装。25kg in plastic film bag lined plastic woven bag, or following your demand.

产品质量标准见表1。

表1 产品质量指标

项　目	标　准	
	工业级	食品级
鉴别	符　合	符　合
含量（%）	≥98.0	98.0 ~ 102.0
干燥失重（%）	≤0.50	≤0.30
还原物（%）	≤0.70	≤0.50
pH 值	6.2 ~ 7.8	6.2 ~ 7.8
硫酸盐（%）	≤0.05	≤0.05
氯化物（%）	≤0.07	≤0.07
铅 Pb（μg/g）	≤2	≤1
砷盐（μg/g）	≤2	≤2
重金属（μg/g）	≤10	≤10
溶状（1.0g，10mL 水）		无色，几乎澄清

在建筑业中，作为减水剂、缓凝剂，水泥中添加一定数量的葡萄糖酸钠后，可增加混凝土的可塑性和强度，且有阻滞作用，即推迟混凝土的最初与最终凝固时间。

522 焦化产品有哪些？

一、粗苯

市场先稳后涨，成交情况较节前有所好转。由于下游企业将陆续开工，对粗苯的采购意向较浓，各企业心态良好，部分企业报价有所上行。国内粗苯的主流价位在4600 ~ 4700 元（吨价，下同），山西、河北地区粗苯价格已较前期上涨了100 元以上，而前期价位较高的山东等地以稳为主，上涨态势不明显。

二、焦化苯

市场仍未有所好转，整体平稳运行。各地焦化苯成交较少，价格平稳运行，大多企业报价持稳。由于下游采购意向不高，市场观望气氛仍较浓，不过由于外盘纯苯已有小幅走高，加之粗苯价格也显上行之势，焦化苯后市也显乐观，部分地区或企业报价已有小幅上调。

三、焦化甲苯/二甲苯

市场运行平稳，各企业出货情况一般，价格持稳。不过由于近期原油略有走高，且下游询货渐有增多之势，焦化甲苯/二甲苯市场也有好转迹象，但短期内上行动力仍显不足，下游采购还未正式启动，真正交易量较少。短期内国内焦化甲苯/二甲苯仍将在6400~6600元区间盘整运行。

四、工业萘

市场相对稳定，价格以稳为主。山西地区价格略有下行，下游减水剂企业开工不多，对工业萘的需求仍较少，各企业高价出货困难，价格小幅下调，目前主流价位在8700元。国内其他地区市场基本平稳，不少深加工厂家有一定库存，下游厂家及贸易商观望心态较浓，市场成交略显疲软。

五、洗油

市场稳中有跌。由于需求一般，高价位成交难度较大，山西等地原先高价位企业报价均有小幅回调，其他地区企业报价基本持稳，各地成交气氛平淡。目前国内洗油的主流价位在3300~3500元，较前期小幅回落。

六、蒽油

市场整体淡稳。各地企业报价基本持稳，成交情况一般。由于煤焦油价格有回升之势，炭黑企业开工也将提升，使得蒽油价格利好增多，尽管当前各企业出货一般，但部分报价仍有走高。目前国内蒽油主流价位在2400~2600元，短期内波动不会太大。

七、煤沥青

市场小幅下行。尽管原料煤焦油价格坚挺，但由于下游炭素企业接货较少，各煤沥青生产企业库存压力较大，出货不畅，各企业下调价格以刺激出货。日前国内中温沥青主流价位在1800~2000元，改质沥青主流价位在2000~2200元，各地成交气氛低迷，成交重心在向低端偏移。

523 氯碱产品有哪些?

一、烧碱

市场稳中上行。东北地区45%离子膜碱价格在1100~1300元（吨价，下同），30%离子膜碱价格在650~700元，42%隔膜碱价格在850~900元，30%隔膜碱价格在600~640元；山东地区30%隔膜碱主流出厂价在550~600元，32%离子膜碱出厂价格在650元；河北地区30%隔膜碱出厂价在420~550元，30%离子膜碱主流出厂价为600~620元；浙江地区45%离子膜碱价格在1100~1300元，30%离子膜碱价格在650~700元，42%隔膜碱价格在850~900元，30%隔膜碱价格在600~640元。

二、液氯

市场价格稳中下滑。东北地区液氯价格在900~1400元，安徽地区液氯出厂价在900~1400元，天津地区液氯出厂价在800元左右。江苏地区液氯出厂价在650~930元，山东地区液氯主流出厂价在700~800元，宁夏地区液氯价格在1200~1300元，河北地区液氯价格在600~700元。

三、盐酸

价格小幅下滑。东北地区盐酸主流价格在500~750元，天津地区盐酸出厂价在800元左右；江苏地区盐酸出厂价在360~580元；河南地区合成酸价格在150~160元，副产酸价格在70~80元；西南地区合成酸主流价格在320~450元，副产酸主流价格在220~300元。

四、电石

市场价格下滑。西南地区电石价格在2500~2700元，西北地区电石价格在2000~2250元，华中地区电石价格在2550~2700元，华南地区电石价格在2600~2700元，华东地区电石价格在

2600~2750 元，华北地区电石价格在 2250~2350 元，东北地区电石价格在 2550~2650 元。

五、氯化石蜡

市场走势平稳。杭洲晨光氯化石蜡-52 净水出厂价在 7000 元，辛集三金氯化蜡净水出厂价在 7000 元，河南开普氯化石蜡的出厂价为 6250 元，泰洲新威氯化石蜡-52 的出厂价为 6600 元，常德恒通石化氯化石蜡-52 的净水出厂价为 6700 元，荥阳亨泰化工氯化石蜡出厂价为 6400 元。

524 橡胶的种类有哪些？

一、天然橡胶

云南、海南 SCR5 标准胶，沈阳、天津市场价 20500~20600 元（吨价，下同）；泰国烟胶片 RSS3#，沈阳、天津市场价 21800~22000 元。与 2 月下半月相比，SCR5 标准胶，沈阳、天津市价跌 1000 元；泰国 RSS3#，沈阳、天津市价跌 500 元。

二、丁苯橡胶

吉化公司 1500#，1520#为 16610 元，兰州石化公司 1500#为 17000 元，齐鲁石化公司 1502#为 16800 元，与 2 月下半月持平，价格稳定。

三、顺丁橡胶

锦州石化公司、燕山石化公司 17400 元，大庆石化公司 17500 元，独山子石化公司 17300 元，均比 2 月下半月涨 300~400 元，全线上涨，价位又创新高。

四、丁腈橡胶

兰州石化公司 N41 为 19700 元，26#（NBR2707）27000 元，与 2 月下半月持平，价格坚挺。

五、乙丙橡胶

吉化公司 4045#为 26800 元，0010#为 25600 元，0030#为 23000 元，0050#为 21600 元，3080#为 22500 元。与 2 月下半月相比，4045#跌 500 元，0010#，0050#，3080#未变，0030#涨 100 元，跌少平多涨少，售价小范围调整，整体价位相对稳定。

六、氯丁橡胶

重庆长寿化工公司 CR244 为 30000 元，CR322、CR232、CR121、DCR213、DCR114 均为 29500 元；山西合成橡胶集团 CR244，CR232，CR322，CR121，CR248 均为 30000 元。

525 法定计量单位是什么？

法定计量单位、进位关系见表 1，法定计量单位与习用计量单位的换算见表 2。

表 1　法定计量单位、进位关系

序号	量的名称	单位名称	符号	进位关系
1	长度	米 分米 厘米 毫米	m dm cm mm	$1m = 10dm$ $= 100cm$ $= 1000mm$
2	质量	千克（公斤） 吨	kg t	$1t = 1000kg$
3	体积	升	L	$1L = 1dm^3 = 10cm \times 10cm \times 10cm$
4	时间	秒 分 时 天	s min h d	$1min = 60s$ $1h = 60min$ $1d = 24h$

序号	量的名称	单位名称	符号	进位关系
5	电流	安培	A	
6	电压	伏特	V	
7	功率	瓦特	W	
8	旋转速度	转/分	r/min	$1 r/min = (1/60) s^{-1}$
9	平面角	［角］秒 ［角］分 度	″ ′ °	$1' = 60''$ $1° = 60'$

表2 法定计量单位与习用计量单位的换算

量的名称	法定计量单位		习用计量单位		换算关系
	名称	符号	名称	符号	
力	牛顿	N	千克力（公斤力）	kgf	$1 kgf = 9.80665 N$
	千牛	kN	吨力	tf	$1 tf = 9.80665 kN$
面分布力、压强	牛每平方米（帕斯卡）	N/m² (Pa)	千克力每平方米	kgf/m²	$1 kgf/m² = 9.80665 Pa (N/m²)$
	千牛每平方米（千帕）	kN/m² (kPa)	吨力每平方米	tf/m²	$1 tf/m² = 9.80665 kPa (kN/m²)$
应力、强度	牛每平方毫米（兆帕）	N/mm² (MPa)	千克力每平方毫米	kgf/mm²	$1 kgf/mm² = 9.80665 MPa$
			千克力每平方厘米	kgf/cm²	$1 kgf/cm² = 0.0980665 MPa$
功率	瓦特	W	米制马力		1 米制马力 $= 735.499 W$
	瓦特	W	电工马力		1 电工马力 $= 746 W$
	瓦特	W	锅炉马力		1 锅炉马力 $= 9809.5 W$
力矩、弯矩、扭矩	牛顿米	N·m	千克力米	kgf·m	$1 kgf·m = 9.80665 N·m$
	千牛米	kN·m	吨力米	tf·m	$1 tf·m = 9.80665 kN·m$

526 纤维素醚的分类是什么？

纤维素醚和纤维素分类如下：

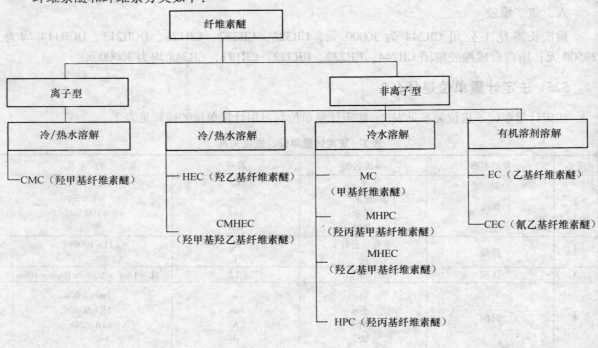

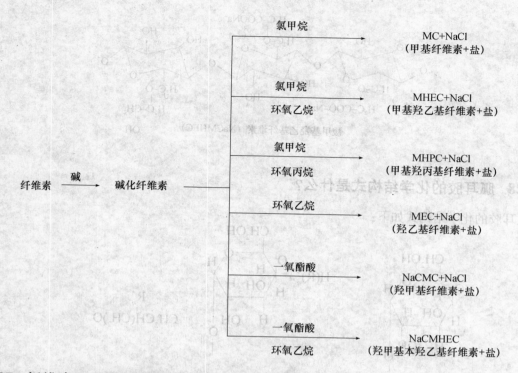

纤维素 $\xrightarrow{\text{碱}}$ 碱化纤维素

氯甲烷	→	MC+NaCl（甲基纤维素+盐）
氯甲烷 环氧乙烷	→	MHEC+NaCl（甲基羟乙基纤维素+盐）
氯甲烷 环氧丙烷	→	MHPC+NaCl（甲基羟丙基纤维素+盐）
环氧乙烷	→	MEC+NaCl（羟乙基纤维素+盐）
一氧酯酸	→	NaCMC+NaCl（羟甲基纤维素+盐）
一氧酯酸 环氧乙烷	→	NaCMHEC（羟甲基本羟乙基纤维素+盐）

527 纤维素及各种纤维素醚的化学结构式是什么？

纤维素及各种纤维素醚的化学结构式如下：

纤维素

甲基纤维素（MC）

甲基羟乙基纤维素（MHEC）

甲基羟丙基纤维素（MHPC）

羟乙基纤维素（HEC）

羧甲基纤维素（NaCMC）

631

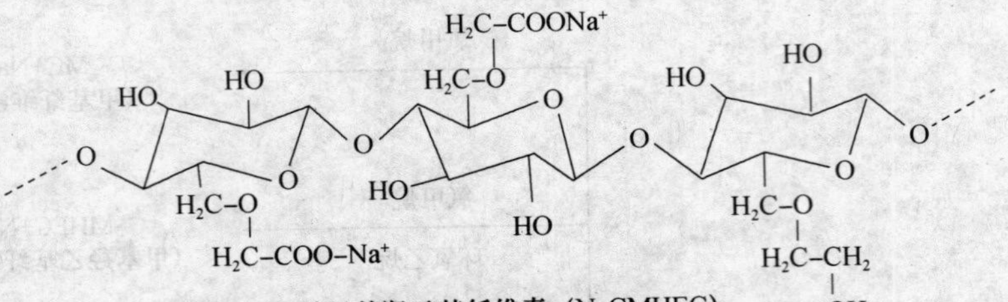

羧甲基羟乙基纤维素（NaCMHEC）

528 胍耳胶的化学结构式是什么?

胍耳胶的化学结构式如下:

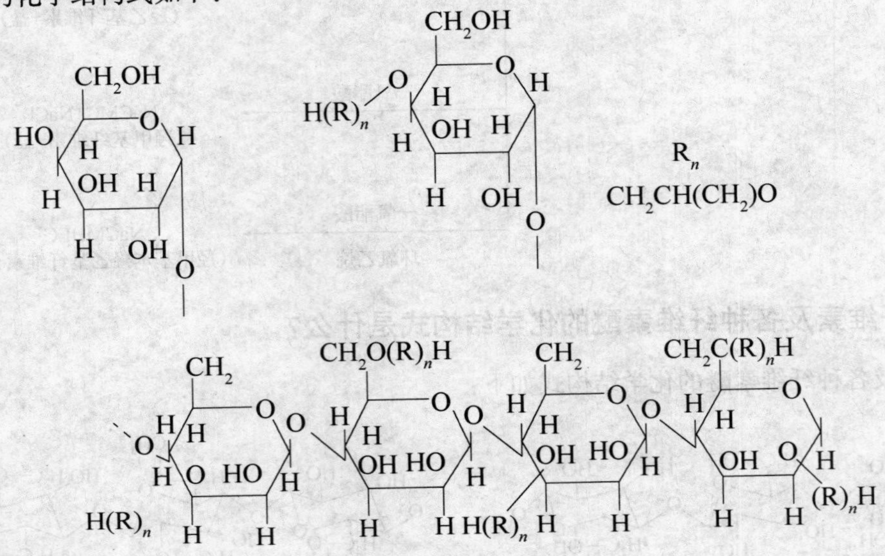

529 淀粉分子结构是什么?

淀粉分子结构如下:

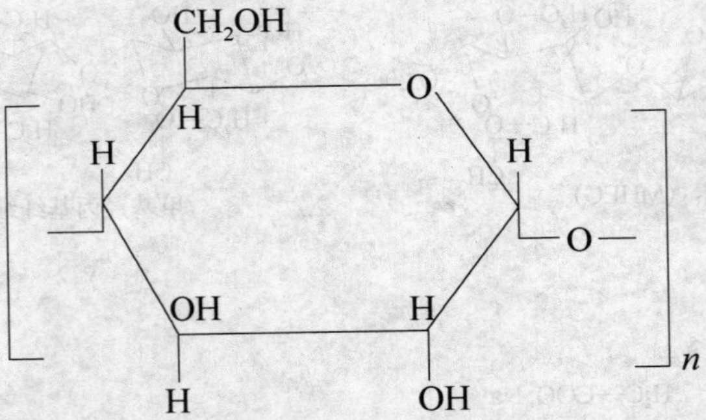

530 木质纤维素改善和易性的示意图是什么?

木质纤维素改善和易性如图 1 所示。

建立纤维结构的静止状态　　打破纤维结构的移动状态　　恢复纤维结构的静止状态

图1　木质纤维素改善和易性

531　三乙醇胺的主要物性是什么?

三乙醇胺的主要物性见表1。

表1　三乙醇胺的主要物性

名　称	三乙醇胺、三羟乙基胺
分子式	$C_6H_{15}NO_3$
分子量	149.1894
结构式	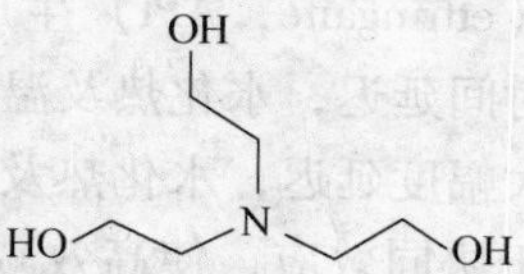 HO—CH₂CH₂—N(—CH₂CH₂OH)—CH₂CH₂OH
CAS号	102 - 71 - 6
性　质	三乙醇胺的性质参见"乙醇胺"。其主要物性数据如下：熔点21.2℃；沸点360.0℃；闪点193℃相对密度1.1242（20℃/4℃）；动力黏度（25℃）613.3mPa·s；折射率1.4852；25℃时，在苯中的溶解度4.2%；25℃时，在乙醚中的溶解度1.6%；25℃时，在四氯化碳中的溶解度0.4%
毒　性	由于本品挥发性低，吸入性中毒的可能性小，但如沾染和接触本品，手和前臂的背面可见皮炎和湿疹。因此必须保护手的皮肤，当有气溶胶时必须保护呼吸器官

用三乙醇胺作为阳离子亲水基团，制备内乳化型的聚醚聚氨酯，随着三乙醇胺含量的增加，胶乳的稳定性明显增加。

532　聚乙二醇的主要物性是什么?

聚乙二醇又称聚乙二醇醚，简称PEG，结构式为 $HO{-}(CH_2CH_2O)_{\overline{n}}H$。根据分子量大小不同，可从无色透明黏稠液体（分子量200~700）到白色脂状半固体（分子量1000~2000），直至坚硬的蜡状固体（分子量3000~20000），相对密度（20℃/20℃）1.12~1.15。溶于甲醇、乙醇、丙酮、醋酸乙酯、苯、甲苯、二氯乙烷、三氯乙烯等，不溶于脂肪烃。对酚类溶解能力强，但对一般的合成树脂不溶解，对橡胶也不溶胀，吸湿性大。聚乙二醇在正常条件下是很稳定的，但在120℃或更高温度下能与空气中的氧发生氧化作用。加热至300℃产生断裂或热裂解。

533　丙酮的主要性质是什么?

丙酮的主要性质见表1。

表1　丙酮的主要性质

名　称	丙酮：二甲酮；木酮；醋酮；阿西通
结构式	CH₃COCH₃
分子量	58.08
沸点	56.12℃
性　质	无色透明液体，有刺激性醚味和芳香味。相对密度（20℃/4℃）0.7899，凝固点 -94.7℃，闪点（开口）-10℃，燃点561℃，折射率1.3588，黏度（25℃）0.316mPa·s，表面张力23.7×10⁻³N/m，比热溶1.28kJ/（kg·K）溶解度参数δ=9.8，能与水、甲醇、乙醇、乙醚、苯、氯仿、吡啶、油类等混溶。易燃，易挥发，蒸汽与空气形成爆炸性混合物，爆炸极限2.5%～12.8%（体积分数）
毒　性	低毒，有麻醉性和刺激性，空气中最高容许浓度400mg/m³
贮　存	贮存于阴凉、通风、温度不超过30℃的库房内，远离火种、热源

534　复合使用高效减水剂与缓凝剂对水泥水化历程的影响是什么？

用直接测温法及 X 射线衍射技术，系统研究了萘系、氨基磺酸盐系及聚羧酸盐系三种高效减水剂，三聚磷酸钠、糖钙两种缓凝剂，及复合使用高效减水剂与缓凝剂对水泥水化热、水化温峰、温峰出现时间及不同水化龄期 Ca(OH)₂ 和钙矾石（ettringaite，APt）生成量等方面的影响。结果表明：单掺高效减水剂使水化温峰升高，温峰出现时间延迟，水化热及温峰时的 Ca(OH)₂ 生成量增加。单掺缓凝剂使水化温峰降低，温峰出现时间大幅度延迟，水化热及温峰时的 Ca(OH)₂ 生成量明显减少。复合使用高效减水剂与缓凝剂时，由于协同效应，使高效减水剂的分散作用及缓凝剂的缓凝作用同时得到加强。与单掺缓凝剂相比，复掺后水泥水化温峰出现的时间进一步延迟，水化温峰进一步降低，水化热及水化温峰时 Ca(OH)₂ 生成量进一步减少；但是，外加剂对 Aft 生成量影响不大。

由于高效减水剂的分散作用明显加速水泥水化，导致水化温峰时 CH 的生成量明显增加，水化温峰及水化热增大。其中，萘系和聚羧酸系高效减水剂的加速作用要强于氨基磺酸盐高效减水剂的加速作用。但是，高效减水剂对 AFt 生成量的影响不大。

三聚磷酸钠及糖钙缓凝剂使水泥水化初期出现明显的诱导放热峰，但第二放热峰大幅度后移，水化温峰及水化热降低，水化温峰出现时 CH 的生成量明显减少，AFt 生成量却稍有增加。

复掺高效减水剂和缓凝剂使高效减水剂的分散作用及缓凝剂的缓凝作用同时得到加强，与单掺缓凝剂相比，导致复掺后水泥净浆水化温峰出现的时间进一步延迟，水化温峰及水化热大幅度进一步降低，水化温峰时 CH 的生成量进一步减少，但 AFt 的生成量稍有增大。上述结果对复合使用高效减水剂和缓凝剂，降低水泥水化热及水化温峰，延迟水化温峰出现的时间，防止混凝土，特别是大体积混凝土出现温度应力裂缝具有重要的理论意义。

535　化学溶液如何配制？

一、实验目的

（1）熟练掌握指定质量分数和指定浓度溶液的配制方法。
（2）练习溶液搅拌及药品称重的基本技能操作。
（3）掌握质量浓度、物质的量的浓度的计算方法。

二、实验仪器设备

托盘天平；10mL，25mL，100mL，250mL 量筒；250mL 试剂瓶；250mL 棕色试剂瓶；药匙；玻璃棒；滴管；标签；250mL 烧杯。

三、实验试剂与材料

NaCl（固体、化学纯）；浓硫酸（化学纯）；$CuSO_4 \cdot 5H_2O$（固体、化学纯）。

四、实验内容

（一）指定某质量分数溶液的配制

（1）配制200g质量分数为10%的NaCl溶液

①计算配制200g质量分数为10%的NaCl溶液，所需NaCl和水的质量。

称取NaCl：$200g \times 10\% = 20g$

量取水：$200mL - 20mL = 180mL$

②用托盘天平称出NaCl 20g，倒入250mL量筒，量取180mL蒸馏水，倒入盛有NaCl的烧杯内，用玻璃棒搅动，使NaCl全部溶解。

③将配好的200g质量分数为10%的NaCl溶液沿玻璃棒注入250mL细口瓶中，盖严瓶塞，贴好标签备用。

（2）用密度为$1.84g/cm^3$、质量分数为98%的浓硫酸配制250mL密度为$1.083g/cm^3$、质量分数为12%的稀H_2SO_4溶液

①计算出配制250mL质量分数为12%的稀H_2SO_4溶液所需要的浓硫酸和水的体积

$$V（浓 H_2SO_4）= \frac{1.083 \times 250 \times 12\%}{1.84 \times 98\%}mL = 18mL$$

$$V（H_2O）= 250mL - 18mL = 232mL$$

②用250mL量筒量取232mL蒸馏水，倒入250mL烧杯中，再用25mL量筒量取18mL浓硫酸，沿玻璃棒缓缓倒入上述烧杯中，边倒边搅拌，使其混合均匀并冷却。

③将配好并冷却至室温的硫酸溶液沿玻璃棒注入250mL试剂瓶中，盖严瓶塞，贴好标签备用。

（二）指定物质的量浓度（简称浓度）溶液的配制

（1）配制500mL 0.1mol/L的NaOH溶液

①计算配制500mL 0.1mol/L的NaOH溶液所需固体NaOH的质量

设500mL 0.1mol/L的NaOH溶液中含NaOH的质量为X（g），

则

$$1000 : 500 = 4 : X$$

$$X = 2g$$

②用拖盘天平称取2g氢氧化钠，放入洁净的250mL烧杯中，加适量蒸馏水溶解，将溶液沿玻璃棒注入500mL试剂瓶中，并用少量蒸馏水洗涤烧杯2~3次，洗涤液也注入试剂瓶中，然后用蒸馏水将溶液稀释至500mL，盖紧瓶塞，摇匀后贴好标签备用。

（2）用密度为$1.84g/cm^3$、质量分数为98%的浓H_2SO_4配制250mL 0.5mol/L的稀H_2SO_4溶液

①计算配制250mL 0.5mol/L的稀H_2SO_4溶液所需浓硫酸的体积

$$V（浓 H_2SO_4）= \frac{98 \times 0.5 \times \frac{250}{1000}}{1.84 \times 98\%}mL = 6.8mL$$

②往250mL干净的烧杯中注入大约100mL蒸馏水，用10mL量筒量取浓H_2SO_4 6.8mL，沿玻璃棒缓缓注入烧杯内，并不断搅拌，量筒用少量蒸馏水洗涤2次，洗涤液也注入烧杯中，用玻璃棒慢慢搅动，使溶液混合均匀并冷却。

③把冷却至室温的硫酸溶液沿玻璃棒注入250mL试剂瓶中，用少量蒸馏水洗涤烧杯、玻璃棒

2~3次，洗涤液也注入试剂瓶中，然后用蒸馏水将溶液稀释至250mL，摇匀后贴好标签备用。

536　天平称量如何操作？

一、实验目的

（1）熟悉天平和砝码的使用方法。

（2）初步掌握称样的方法和操作。

二、实验仪器

分析天平；托盘天平；表面皿；称量瓶；锥形瓶或小烧杯；药匙。

三、实验试剂

固体试样（NaCl 或 Na_2CO_3）。

四、实验内容

按称量的操作顺序检查天平并调好天平的零点。

（一）直接称样法

（1）在分析天平上准确称出称量瓶的质量。

（2）在分析天平上准确称出表面皿的质量。

（二）指定质量称量法

（1）先称出表面皿的质量。

（2）在天平右盘上加 500mg 砝码。

（3）用药匙将 NaCl 慢慢加到表面皿上，直至天平的平衡点恰好与称量表面皿时的平衡点一致。此时称取 NaCl 的质量为 0.5000g，以同样的方法，称取 2~3 个试样。

（三）差减称样法

（1）取一洁净干燥的称量瓶，装入试样 NaCl 至称量瓶的 1/3 左右。在托盘天平上粗称其质量，设为 m_1（g）。

（2）在分析天平上准确称其质量（准确至 0.1mg），记下质量读数，设为 m_2（g）。

（3）取出称量瓶，转移 NaCl 试样 0.2~0.3g 于小烧杯中，再准确称出量瓶和剩余试样的质量，设为 m_3（g）。

五、数据记录与计算

（1）直接称量法记录（表1）。

表1　直接称量法记录

称物量	所加砝码（g）	所加砝码（g）	天平零（mg）	微分标尺读（mg）	称量物质量（g）
表面皿					
称量瓶					

（2）指定质量称样法记录（表2）。

表2　指定质量称样法记录

记录项目	序　号		
	1	2	3
试样与表面皿质量（g）			
空表面皿质量（g）			
试样质量（g）			

（3）差减称样法记录（表3）

表3 差减称样法记录

称量物	所加砝码（g）	所加砝码（g）	微分标尺读数（mg）	称量物质量（g）	试样质量	
					序号	（g）
称量瓶加试样质量 m_1（g）						
倾出第一份试样后质量 m_2（g）						
倾出第二份试样后质量 m_3（g）						

537 容量瓶如何操作？

一、实验目的

掌握容量瓶的洗涤和操作方法。

二、实验仪器

25mL 移液管 1 支；250mL 烧杯 1 个；250mL 容量瓶 1 个；玻璃棒 1 根；滴管 1 支；吸耳球 1 个；吸水纸若干。

三、实验试剂

铬酸洗涤液。

四、实验内容

（一）用固体物质配制标准滴定溶液

（1）试漏 使用前先检查容量瓶是否漏水，容量瓶标线距离瓶口是否太近。

（2）洗涤 按洗涤容量瓶的操作方法，用铬酸洗液将容量瓶洗涤至内壁不挂水珠为止。

（3）转移 将准确称取的固体物质置于 250mL 烧杯中，以少量蒸馏水溶解，待液体冷却至室温后，再将其定量转移到 250mL 容量瓶中。

（4）定容 将溶液转入容量瓶后，用蒸馏水稀释至容量瓶容积的 3/4 时，平行几次，继续加蒸馏水至标线下 1cm 处，再用滴管逐滴加入蒸馏水，直至溶液的弯月面与标线相切为止，盖紧瓶塞。

（5）摇匀 将瓶塞盖紧后，用左手食指按住塞子，左手其他手指握住瓶颈，右手指尖顶住平底边缘，将瓶倒转，使气泡上升到顶部，同时将瓶振荡数次，如此反复操作 15～20 次，使瓶塞周围的溶液流下后，塞紧再振荡 1～2 次。

（二）稀释溶液

（1）将 25mL 移液管用铬酸洗液洗涤，自来水、蒸馏水依次洗涤干净，用吸水纸吸去管尖内外的水分，再用烧杯内的待吸溶液将移液管淋洗 3 次，然后用吸耳球吸取溶液 25mL，移入洁净的 250mL 容量瓶中。

（2）按稀释、定容的操作方法，将容量瓶内的浓溶液用蒸馏水稀释至溶液的弯月面与标线相切，盖紧瓶盖，再按摇匀操作方法，将容量瓶倒转过来，反复振荡数次，使溶液混合均匀。

538 滴定管如何绝对校正？

一、实验目的

（1）掌握滴定管的使用方法。

（2）学习滴定管的校正方法。

二、实验仪器

滴定管（酸式、碱式）；50mL 具塞磨口锥形瓶一个；温度计（0～50℃或0～100℃）。

三、实验内容

将待检滴定管洗净、脱脂、检漏合格后，注入蒸馏水，调节至 0.00 刻度，记下读数。除去管尖外部的水，将已准确称重的 50mL 具塞磨口锥形瓶置于滴定管下，以每分钟不超过 10mL 水的速度放出约 10mL 水（相差不应大于 0.1mL），将管尖与瓶内壁接触，收集管尖余滴，等候 30s，准确读数并记录，同时记录水温。盖上锥形瓶的玻璃塞，再准确称出它的质量，并记录。两次质量之差即为放出的水的质量。重复上述操作，每次准确放出约 10mL，直至全部放完，得到一组水的质量与标称容量值，即可按校正公式计算相应的校正值。

539　移液管和容量瓶如何相对校正？

一、实验目的

（1）掌握移液管和容量瓶的使用方法。

（2）学习移液管和容量瓶相对校正的原理和方法。

二、实验仪器

250mL 容量瓶；25mL 移液管。

三、实验内容

洗净 250mL 容量瓶和 25mL 移液管，将容量瓶控干。用 25mL 移液管吸取蒸馏水放入 250mL 容量瓶中，共吸移十次。观察容量瓶颈中水的弯月面最下缘是否与原标线相切。若不相切，表示有误差。将容量瓶干燥后重复三次，然后用平直的窄纸条贴在与弯月面相切处，并在纸条上刷蜡作新标记，经相互校准后，此容量瓶与移液管可配套使用。

540　氢氧化钠溶液如何配制与标定？

一、实验目的

（1）掌握用基准邻苯二甲酸氢钾和比较法标定 NaOH 溶液浓度的方法。

（2）掌握以酚酞为指示剂判断滴定终点的方法。

（3）熟悉不含碳酸钠的 NaOH 溶液的配制方法。

二、实验原理

NaOH 溶液常用基准邻苯二甲酸氢钾标定。以酚酞为指示剂，用待标定 NaOH 溶液滴定邻苯二甲酸氢钾至酚酞变色，根据基准邻苯二甲酸氢钾的质量及所用 NaOH 溶液的体积，即可计算出 NaOH 溶液的准确浓度。

三、实验仪器

分析天平；烘箱；称量瓶（扁形）；1000mL 烧杯 1 个；1000mL 试剂瓶一个（配橡胶塞）；2500mL 塑料桶 1 个；50mL 碱式滴定管 1 支；250mL 锥形瓶 3 个；5mL 量筒 1 个。

四、实验试剂

固体 NaOH 酚酞指示液（10g/L 乙醇溶液）；甲基橙指示液（1g/L 水溶液）；基准物质邻苯二甲酸氢钾；盐酸标准滴定溶液

$$c（HCl）=0.1mol/L$$

五、实验内容

（1）c（NaOH）为 0.1mol/L 的溶液配制　在托盘天平上用表面皿迅速称取 2.2～2.5gNaOH

638

于小烧杯中，以少量蒸馏水洗去表面可能含有的碳酸钠，用蒸馏水溶解后，倾入 500mL 试剂瓶中，加水稀释至 500mL，用胶塞盖紧、摇匀 [或加入 0.1g $BaCl_2$ 或 $Ba(OH)_2$，以除去溶液中可能含有的碳酸钠]，贴上标签，待标定。

（2）$c(NaOH)$ 为 0.1mol/L 的溶液标定　准确称取基准物质邻苯二甲酸氢钾 0.4～0.6g 于 250mL 锥形瓶中（三份），以 25mL 蒸馏水溶解（不溶解时可加热，使其溶解后再冷却至室温），加酚酞指示液 2 滴，用配制的氢氧化钠溶液滴定至溶液由无色变为微红色，0.5min 不褪色为终点。记下氢氧化钠的体积。

（3）浓度调整　根据标定结果，计算氢氧化钠标准滴定溶液的浓度，若大于 0.1000mol/L，应加水稀释，若小于 0.1000mol/L，应加固体氢氧化钠（或加浓氢氧化钠溶液）至浓度应为 (0.1000 ± 0.0005) mol/L。

（4）酸碱溶液体积比的测定

①甲基橙作指示剂。从碱式滴定管中以每秒 3～4 滴的速度放出 20mL NaOH 的溶液于锥形瓶中，加甲基橙指示液 1 滴，用 $c(HCl)$ ＝0.1mol/L 的 HCl 标准滴定溶液滴定到终点，记录体积读数。平行测定两次。根据滴定结果，计算每毫升氢氧化钠溶液相当于多少毫升盐酸溶液，即求出 $V(HCl)/V(NaOH)$ 的比值。并根据 HCl 的准确浓度计算出氢氧化钠溶液的浓度。

②酚酞作指示剂。从酸式滴定管中放出 20mL $c(HCl)$ 为 0.1mol/L 的溶液于锥形瓶中，加入 1～2 滴酚酞指示剂，用 $c(NaOH)$ 为 0.1mol/L 的溶液滴定终点。记录体积读数。平行测定两次，根据滴定结果，计算每 1mL 盐酸溶液相当于多少毫升 NaOH 溶液，即求出 $V(HCl)/V(NaOH)$ 的比值。将已标定的 NaOH 溶液在标签上填写浓度保存好，留用。

六、结果计算

（一）以邻苯二甲酸氢钾标定

$$c(NaOH) = \frac{m \times 1000}{(V_1 - V_0)M} \tag{1}$$

式中　m——邻苯二甲酸氢钾质量的准确数值，g；

　　　V_1——氢氧化钠溶液体积的数值，mL；

　　　V_0——空白试验氢氧化钠溶液体积的数量，mL；

　　　M——邻苯二甲酸氢钾的摩尔质量数值，g/mol，$M(KHC_8H_4O_4)$ ＝204.22。

（二）用 HCl 标准滴定溶液比较

$$c(NaOH) = c(HCl) \frac{V(HCl)}{V(NaOH)} \tag{2}$$

式中　$c(NaOH)$——NaOH 标准滴定溶液的浓度，mol/L；

　　　$c(HCl)$——HCl 标准滴定溶液的浓度，mol/L；

　　　$V(NaOH)$——滴定时消耗 NaOH 标准滴定溶液的体积，L；

　　　$V(HCl)$——滴定时消耗 HCl 标准滴定溶液的体积，L。

541　盐酸溶液如何配制与标定？

一、实验目的

（1）熟练掌握称量和滴定操作。

（2）掌握用甲基橙、溴甲酚蓝-甲基红作指示剂判断滴定终点的方法。

（3）掌握用基准无水碳酸钠标定盐酸溶液的方法。

二、实验原理

以甲基橙、溴甲酚蓝-甲基红作指示剂，用盐酸溶解滴定基准无水碳酸钠，其反应为

$$Na_2CO_3 + 2HCl \longrightarrow 2NaCl + H_2O + CO_2\uparrow$$

根据基准无水碳酸钠的质量及所消耗盐酸溶液的体积,即可计算出盐酸溶液的基准浓度。

三、实验仪器

分析天平;高温炉;干燥器;坩埚钳;1000mL 烧杯1个;1000mL 试剂瓶一个;250mL 锥形瓶2个;50mL 碱式滴定管1支。

四、实验试剂

浓盐酸;无水碳酸钠(固体,基准试剂);质量分数为0.1%甲基橙指示液;溴甲酚绿-甲基红混合指示剂[质量分数为0.1%的溴甲酚绿酒精溶液与质量分数为0.2%的甲基红酒精溶液以体积比(3+1)混合]。

五、实验内容

(一)0.1mol/L 盐酸标准滴定溶液的配制

量取密度为1.19g/cm³ 的浓度酸9mL,注入1000mL 盛有蒸馏水的烧杯中,摇匀后转入试剂瓶中。

(二)0.1mol/L 盐酸标准滴定溶液的标定

(1)标定步骤 用称量瓶按递减量法称取在270~300℃灼烧至恒重的基准无水碳酸钠0.15~0.2g(称准至0.0002g),放入250mL 锥形瓶中,以50mL 蒸馏水溶解,加溴甲酚蓝-甲基红混合指示剂10滴煮沸2min,冷却后继续滴定至溶液呈暗红色为终点。平行测定三次,同时做空白实验。将测定结果记录于表1中。

表1 称量法标定盐酸

名　称	第一份	第二份	第三份	空白实验
倾样前称量瓶+碳酸钠的质量(g)				
倾样后称量瓶+碳酸钠的质量(g)				
碳酸钠的质量(g)				
盐酸溶液用量(mL)				

(2)计算结果

$$c(HCl) = \frac{m \times 1000}{(V_1 - V_0)M} \tag{1}$$

式中　m——无水碳酸钠质量的准确数值,g;

V_1——盐酸溶液体积的数值,mL;

V_0——空白试验盐酸溶液体积的数值,mL;

M——无水碳酸钠摩尔质量数值,$M(1/2Na_2CO_3)$ =52.994g/mol。

取以上平行测定三次的算术平均值为测定结果,并按标准滴定溶液浓度的调整法,将测得的盐酸溶液浓度调整到(0.1000±0.0005)mol/L。

542 大型储罐中液体样品如何采集与处理?

一、实验目的

(1)正确使用液体采样工具。

(2)熟练掌握一般液体的采集方法,并在2h内完成样品的采集工作。

二、实验仪器

采样瓶;样品瓶。

三、实验样品

液碱。

四、实验步骤

（1）确定采样数目。

（2）盖紧瓶塞，将采样瓶沉入液面以下20cm处。

（3）拔出瓶塞，液体物料进入瓶内。待瓶内空气被驱尽，即停止冒出气泡时，放下瓶塞，将采样瓶提出液面，即采取一个子样。

（4）完成以上工作后，应及时检查，以便纠正错误。

（5）用同样的方法在储罐中部采取3个子样。

（6）用同样的方法在储罐下部以上10cm处采取一个子样。

（7）将采取的子样按表1或表2所示比例倒入同一样品瓶中，盖紧塞子，混合成一个平均样品。

表1　立式圆柱形储罐采样部位和比例

采样时液面情况	混合样品时相应的比例		
	上	中	下
满罐时	1/3	1/3	1/3
液面未达到上采样口，但更接近上采样口	0	2/3	1/3
液面未达到上采样口，但更接近中采样口	0	1/3	2/3
液面低于中部采样口	0	0	1

表2　卧式圆柱形储罐采样部位和比例

液体深度（即直径的百分数）	采样液位（距底为直径的百分数）①			混合样品时相应的比例		
	上	中	下	上	中	下
100	80	50	20	3	4	3
90	75	50	20	3	4	3
80	70	50	20	2	5	3
70		50	20		6	4
60		50	20		5	5
50		40	20		4	6
40			20			10
30			15			10
20			10			10
10			5			10

注：①距底为直径的百分数，是指采样的液面位置到储罐底部的距离与储罐直径的比值再乘以100。

543　均匀固体样品如何采集和处理？

一、实验目的

（1）正确使用固体采样工具。

（2）熟练掌握均匀固体样品的采集方法，并在1h内完成样品的采集工作。

二、实验仪器

舌形铁铲；取样钻；双套取样管；样品瓶。

三、实验样品

化肥。

四、实验步骤

（一）静止物料的采样

（1）根据所采集物料的性质确定采样工具。

（2）按表1确定批量袋装化肥应采取的采样单元数。

表1 采样单元数的选取

总体物料的单元数	选取的最少单元数	总体物料的单元数	选取地最少单元数
1～10	全部单元		
11～49	11	182～216	18
50～64	12	217～254	19
65～81	13	255～296	20
82～101	14	297～343	21
102～125	15	344～394	22
126～151	16	395～450	23
152～181	17	451～512	24

（3）在批量化肥中确定每个采样单元。

（4）将取样钻由袋口一角，沿对角线方向插入袋内1/3处。
完成以上工作后，应及时检查，以便纠正错误。

（5）将取样钻旋转180°后抽出。

（6）刮出钻槽中的物料到样品瓶中。

（7）瓶外贴好标签，注明样品名称、来源、采样日期。

（二）流动物料的采样

（1）根据物料流动的情况确定间隔时间和采样部位。

（2）用舌形铁铲一次横切物料流的断面，采取一个子样。采样铲必须紧贴传送带，不得悬空铲取样品。

（3）将所采取的子样混合均匀后放入样品瓶中。

（4）瓶外贴好标签，注明样品名称、来源、采样日期。

544 非均匀固体样品如何采集和处理？

一、实验目的

（1）正确使用标准筛和分样器。

（2）熟练掌握不均匀固体样品的采集方法，并在2h内完成样品的采集工作。

二、实验仪器与样品

仪器：舌形铁铲；破碎机；标准筛；掺合器；分样器；盛样桶；样品瓶（500mL磨口玻璃塞的广口瓶）。

样品：石子。

三、实验步骤

（1）根据物料堆的大小按规定方法确定采取子样数。

（2）根据所采集的不均匀固体物料的形状，将子样数目均匀地分布在物料堆上、中、下三个部位。

（3）按规定确定每个子样的最小质量。

（4）在每个取样点除去0.2m的表层，沿着物料堆垂直的方向采取一个子样，置于盛样桶中。

最下层采样部位应距地面 0.5m。

完成以上工作后，应及时检查，以便纠正错误。

（5）合并所有的子样成一个总样。

（6）用破碎机将样品破碎。

（7）用适当的标准筛对样品掺合。

（8）用掺合器或堆锥法将样品掺合。

完成以上工作后，应及时检查，以便纠正错误。

（9）将分样器的簸箕向一侧倾斜，将样品加入分样器中。

（10）将分样器沿着二分器的整个长度方向往复摆动，使样品均匀地通过二分器。

（11）取任意一边的样品再进行缩分至达到规定的取样量。也可用四分法将样品缩分。

（12）将处理好的样品装入瓶中。样品的装入量一般不得超过样品容积的 3/4。

（13）瓶外贴好标签，注明样品名称、来源及采样日期。

545 玻璃工的基本训练有哪些？

一、训练目的

（1）熟悉煤气喷灯的构造，学会并掌握煤气喷灯的使用方法。

（2）熟悉正常火焰的结构，学会调节火焰的方法。

（3）学会"截"、"弯"、"拉"玻璃管和玻璃棒的基本操作。

（4）按规格要求制作直角弯管、钝角弯管及锐角弯管、滴管、毛细管、熔点管和搅棒。

二、仪器与材料

煤气喷灯；火柴；直径 7mm、长 1.4m 的玻璃管 10 根；直径 10mm、长 40～50cm 的薄壁玻璃管 10 根；直径 5mm、长 18cm 的玻璃棒 5 根。

三、训练步骤

（一）煤气喷灯

（1）安装煤气喷灯，熟悉灯管、通气孔、风门、灯座、煤气入口管、螺旋形进气阀等组成部件的外形结构。

（2）调节、观察黄色火焰的形成。旋转套管，关闭通气孔，擦燃火柴，稍微打开煤气阀门，用燃着的火柴在灯管口点燃煤气。调节煤气阀门或灯座下面的螺旋形针阀，使火焰保持适当的高度，此时火焰应呈黄色。

（3）调节正常火焰，观察正常火焰的构成。旋转套管，开启通风孔，逐渐增大空气的进入量，黄色火焰逐渐变蓝，最后形成炽热的无色（或淡紫色）火焰即正常火焰，并出现轮廓分明的三个锥形区域。

仔细观察这三个锥形区域的颜色，用一根火柴深入火焰心，观察何处首先燃烧。

（4）关闭煤气灯时，应先旋转套管，关闭通气孔，然后再关闭煤气阀门，熄灭火焰。

（二）制作玻璃棒

（1）制作圆头玻璃棒，可截取直径 5mm、长度为 12cm，14cm，16cm 的玻璃棒各一根，将截断面在火焰中烧圆，可作搅棒。

（2）制作离心试管的搅棒，可截取直径为 5mm、长度为 15cm 的玻璃棒一根，将中部置于火焰上加热并拉细到直径为 1.5mm 为止；冷却后用三角锉在细处截断，并将截断面熔烧成一个球，小搅棒即可制成，如图 1 所示。

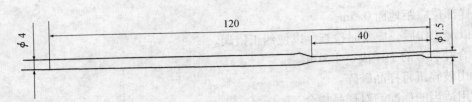

图 1　离心试管的搅棒

（三）制作滴管

取直径为 7mm 的玻璃管在煤气喷灯的火焰上反复练习拉细玻璃管的基本操作，直到熟练为止。

截取直径为 7mm、长为 15cm 的玻璃管 1 根，将中部置于火焰上加热并拉制成总长度为 13cm 的滴管 2 根。要求滴管粗端内径为 7mm，长 6cm，细端内径为 1.5mm，长 7cm。细端断口须在火焰中熔光，粗端断口在火焰中烧软后再在石棉网上垂直向下按一下，使管口外卷。冷却后，套上一个橡皮头即成滴管，如图 2 所示。

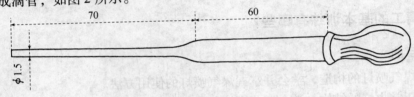

图 2　滴管

熔烧滴管细端断口时要特别小心，不能始终放在火焰中熔烧，否则管口直径将收缩甚至封死。熔烧滴管粗端断口时要完全烧软，然后在石棉网上垂直加压翻口，便于套上橡皮帽。制成的滴管应为从滴管中每滴出 20 滴水的体积等于 1mL。

（四）拉制毛细管和熔点管

用直径为 10mm 的薄壁玻璃管拉制成长约 6～7cm，直径为 1mm 的毛细管 10 根。再用直径为 10mm 的薄壁玻璃管拉制成长约 15cm、直径 1mm、两端封口的毛细管 10 根（在测熔点时要从中间截断，即可得到两根熔点管）。装入大试管中备用。

（五）弯曲玻璃管

（1）用直径为 7mm 的玻璃管在煤气喷灯上反复练习弯曲玻璃管的基本操作，直到熟练为止。

（2）用直径为 7mm 的玻璃管弯成 120°、90°、60°的玻璃弯管各两根。

四、注意事项

（1）练习玻璃工基本操作时必须穿工作服。夏季操作时，不准赤膊或穿短裤。

（2）放在工作台上的半成品或成品若不知冷热，不得直接用手去拿。应先用手接近制件，如无热的感觉，方可直接拿取。初学者则容易疏忽，常被烫伤。

（3）在喷灯火焰中拉去的玻璃余屑，应随时丢入指定的废物箱中，以免碰到易燃易爆物品。

（4）玻璃管拉丝时，其管壁应尽量拉得厚一些，太薄易断裂划破手指。利用拉丝尾管吹气时，口端应熔光；否则，管口容易划破嘴唇。

546　化学试剂的密度、沸点、熔点、结晶点如何测定？

一、密度测定——密度瓶法

（一）原理

在 20℃时，分别测定充满同一密度瓶（比重瓶）的水及样品的质量，由水的质量可确定密度瓶的容积，即样品的体积，根据样品的质量及体积即可计算其密度。

（二）仪器

分析天平（感量为 0.1mg）；密度瓶，容积为 15 ~ 25mL；温度计，分度值为 0.2℃，如图 1 所示；恒温水浴〔温度可控制在（20.0 ±0.1）℃〕。

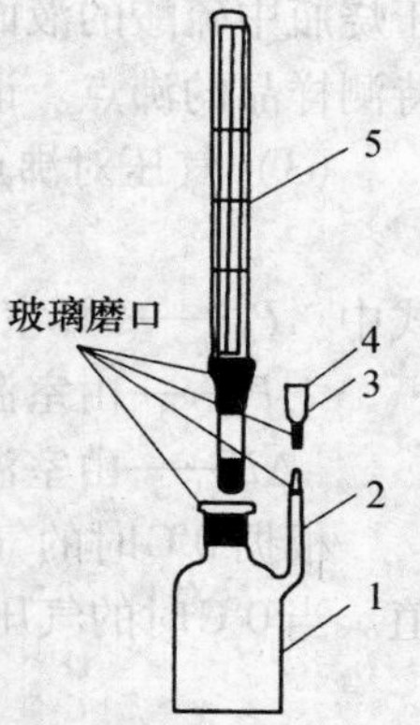

（三）测定步骤

将密度瓶洗净并干燥，带温度计及侧孔罩称量。然后取下温度计及侧孔罩，用新煮沸并冷却至 15℃ 左右的蒸馏水充满密度瓶，不得带入气泡，插入温度计，将密度瓶置于（20.0 ±0.1）℃ 的恒温水浴中，至密度瓶温度计达到 20℃，并使测管中的液面与侧管管口齐平，立即盖上侧孔罩，取出密度瓶，用滤纸擦干其外壁的水，立即称量。

将密度瓶中的水倒出，洗净并使之干燥，带温度计及侧孔罩称量，然后用样品代替水重复以上的操作。

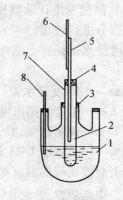

图 1　密度瓶
1—密度瓶主体；2—侧管；
3—侧孔；4—侧孔罩；
5—温度计

（四）结果计算

样品在 20℃ 时的密度按下式计算：

$$\rho = \frac{m_1 + A}{m_2 + A} \times \rho_0 \qquad (1)$$

$$A = \rho_m \times \frac{m_2}{0.9970} \qquad (2)$$

式中　ρ——样品在 20℃ 时的密度，g/mL；

m_1——20℃ 时充满密度瓶所需样品的表观质量，g；

m_2——20℃ 时充满密度瓶所需蒸馏水的表观质量，g；

ρ_0——20℃ 时蒸馏水的密度，0.99820g/mL；

A——空气浮力校正值；

ρ_m——干燥空气在 20℃，1013.25kPa 时的密度值，0.0012g/mL。

二、沸点测定

（一）原理

当液体温度升高时，其蒸气压随之增加，当液体的蒸气压与大气相等时，开始沸腾。液体在一个大气压时沸腾温度即为该液体的沸点。

（二）仪器

三口圆底烧瓶，有效容积为 500mL；试管，长 190 ~ 200mm，距试管口约 15mm 处有一直径为 2mm 的侧孔；橡胶塞外侧具有出气槽；测量温度计：内标式单球温度计，分度值为 0.1℃，量程适合于所测样品的沸点温度；辅助温度计，分度值为 1℃。

（三）测定方法

（1）仪器的安装　如图 2 所示，将三口圆底烧瓶、试管及测量温度计以胶塞连接，测量温度计下端与试管液面相距 20mm。将辅助温度计附在测量温度计上，使其水银球在测量温度计露出胶塞上的水银柱中部。烧瓶中注入约为其体积二分之一的硫酸。

（2）测定步骤　量取适量样品，注入试管中，其液面略低

图 2　沸点测定装置
1—三口圆底烧瓶；2—试管；
3、4—橡胶塞；5—测量温度计；
6—辅助温度计；7—侧孔；8—温度计

于烧瓶中硫酸的液面。加热，当温度上升到某一定数值并在相当时间内保持不变时，此温度即为待测样品的沸点。记录下室温及气压。

（3）气压对沸点影响的校正　根据测定时的室温及气压，按下式换算出0℃时的气压：

$$P_0 = P_t - \Delta P \tag{3}$$

式中　P_0——0℃室温时的气压，kPa；

P_t——由室温时的气压换算至0℃时气压之校正值，kPa；

ΔP——由室温时的气压换算至0℃时的气压之校正值，kPa。

根据0℃时的气压与标准气压之差值及标准中规定的沸点温度，按表1求出相应的温度校正值。当0℃时的气压高于1013kPa时，自测得的温度减去此校正值，反之则加。

℃

表1　沸程温度随气压变化的校正值

标准中规定的沸程温度	气压相差1kPa的校正值
10～30	0.026
30～50	0.029
50～70	0.30
70～90	0.032
90～110	0.034
110～130	0.035
130～150	0.038
150～170	0.039
170～190	0.041
190～210	0.043
210～230	0.044
230～250	0.047
250～270	0.048
270～290	0.050
290～310	0.052
310～330	0.053
330～350	0.056
350～370	0.057
370～390	0.059
390～410	0.061

（4）测量温度计读数校正值的计算　若使用全浸式温度计进行测量，则应对温度计水银柱露出塞外部分进行校正。

温度计水银柱露出塞外部分的校正值按下式计算：

$$\Delta t = 0.00016h(t_1 - t_2) \tag{4}$$

式中　Δt——45度计水银柱露出塞外部分的校正值，℃；

h——温度计露出塞外部分的水银柱读数，℃；

t_1——观测温度，℃；

t_2——附着于$1/2h$处的辅助温度计温度，℃。

经上面校正后的温度加上此校正值，即得到该样品的沸点温度。

三、熔点测定

物质的熔点范围系指用毛细管法所测定的从该物质开始熔化至全部熔化时的温度范围。

（一）原理

以加热的方式，使熔点管中的样品从低于其初熔时的温度升至高于其终熔化时的温度，通过目视观察初熔及终熔的温度，以确定样品的熔点范围。

（二）仪器

（1）熔点管　用中性硬质玻璃制成的毛细管，一端熔封，内径0.9～1.1mm，壁厚0.10～0.15mm，长度以安装后上端高于传热液体面为准（100mm）。

（2）温度计　测量温度计（用于测定熔点范围），单球内标式，分度值为0.1℃，并具有适当的量程；辅助温度计（用于校正），分度值为1℃，并具有适当的量程。

（3）加热装置　必须使用可控制温度的加热装置。可选用以下装置：

①高型烧杯。容积为600mL。蛇形玻璃管中固定一功率为300W的电热丝。

②圆底烧杯。容积约为250mL，直径约为80mm，颈长20～30mm，口径约为30mm；试管长为100～110mm，其直径约为20mm，胶塞外侧应具有出气槽。

③传热液体　应选用沸点高于被测物终熔温度，而且性能稳定、清澈透明、黏度较小的液体作为传热液体。终熔温度在150℃以下的可采用硅油。

熔点测定装置如图3所示。

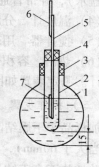

图3　熔点测定装置
1—圆底烧瓶；2—试管；
3、4—橡胶塞；5—测量温度计；
6—辅助温度计；7—熔点管

（三）测定步骤

（1）将样品研制成尽可能细密的粉末，装入清洁干燥的熔点管中，取一长约800mm的干燥玻璃管，直立于玻璃板上，将装有试样的熔点管在其中投落数次，直到熔点管内样品紧缩至2～3mm高。如所测的是易分解的或易脱水的样品，应将熔点管另一端熔封。

（2）先将传热液体的温度缓缓升至比样品规格所规定的熔点范围的初熔温度低10℃，此时，将装有样品的熔点管附着于测量温度计上，使熔点管样品端与水银球的中部处于同一水平，测量温度计水银球应位于传热液体的中部。使升温速率稳定保持在（1.0±0.1）℃/min。如所测的是易分解或易脱水样品，则升温速率应保持在3℃/min。

（3）当样品出现明显的局部液化现象时的温度即为初熔温度；当样品完全溶解时的温度即为终熔温度。记录初熔温度及终熔温度。

（四）结果计算

如测定中使用的是全浸式温度计，则应对所测得的熔点范围值进行校正，校正值按下式计算：

$$\Delta t = 0.00016h(t_1 - t_2)K \tag{5}$$

式中　Δt——校正值，℃；

K——温度计露出液面或胶塞部分的水银柱的温度，℃；

t_1——测量温度计读数，℃；

t_2——露出液面或胶塞部分的水银柱的平均温度，℃。该温度由辅助温度计测得，其水银球位于露出液面或胶塞部分的水银柱中部。

四、结晶点测定

（一）原理

冷却液态样品，当液体中有结晶固体生成时，体系中固体和液体共存，两相成平衡，温度保持不变。在规定的实验条件下，观察液态样品在结晶过程中温度计的变化，就可测出其结晶点。

（二）仪器和装置

一般实验室仪器有以下几种。

（1）结晶管　外径约25mm，长约150mm。

（2）套管　内径约为28mm，长约120mm，壁厚2mm。

（3）冷却浴　容积约500mL的烧杯，盛有合适的冷却液（水、冰水或冰盐水），并带普通温度计。

（4）温度计　分度值为0.1℃。

（5）搅拌器　用玻璃或不锈钢绕成直径约20mm的环。

（6）热浴　容积合适的烧杯，放在电炉上，用调压器控温，并带普通温度计。测定装置如图4所示。

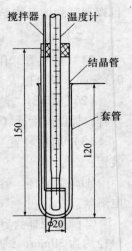

图4　结晶点测定装

（三）操作步骤

加样品于干燥结晶管中，使样品在管中的高度约为60mm（固体样品应适当大于60mm），样品若为固体，应在温度超过其熔点的热浴内将其熔化，并加热至高于结晶点约10℃。插入搅拌器装好温度计，使水银球至管底的距离约为15mm，勿使温度计接触管壁，装好套管，并将结晶管连同套管一起置于温度低于样品结晶点5~7℃的冷却浴中。当样品冷却至低于结晶点3~5℃时，开始搅拌并观察突然上升，读取最高温度，准确至0.1℃，并进行温度计刻度误差校正，所得温度即为样品的结晶点。

如果某些样品在一般冷却条件下不易结晶，可另取少量样品，在较低温度下使之结晶，取少许作为晶种加入样品中，即可测出其结晶点。

547　化学检验方法的分类有哪些？

按化学检验的原理、操作方法或使用仪器的不同，可将检验方法分为化学分析法和仪器分析法两大类。

一、化学分析法

化学分析法是以物质的化学反应为基础的分析方法。在化学分析中，由于反应类型及操作方法的不同，它又可以分为下列三类：

（1）重量分析法

通过称量操作，测定试样中待测组分的质量，以确定其含量的一种分析方法。重量分析法又分为沉淀法和气化法。重量分析法准确度高，但操作繁琐，耗时较长，故目前应用较少。

（2）滴定分析法

通过滴定操作，根据所需滴定剂的体积和浓度，以确定试样中待测组分含量的一种分析方法。滴定分析法操作简单、方便，耗时少，准确度也较高，因此在生产和科研中应用较广。

（3）气体分析法

通过测定化学反应中所生成气体的体积或气体与吸收剂反应所生成物质的质量，求出被测组分含量的分析方法，称为气体分析法。

二、仪器分析法

以物质的物理性质或物理化学性质为基础，并借助特殊的仪器测定被测物质含量的分析方法，称为仪器分析法。根据测定原理的不同，仪器分析法又可分为光学分析法、电化学分析法、色谱分析法、质谱分析法、X射线衍射分析法、放射化学分析法、核磁共振分析法等多种方法。

仪器分析法具有灵敏度高，分析速度快的特点，能测出含量极低的物质含量，适用于微量或痕量成分分析和生产过程控制分析，能够完成许多化学分析方法难以完成的分析任务，是分析化学的发展方向。但是，由于目前精密分析仪器价格比较昂贵，尚未普及，因而使仪器分析的应用受到一定的限制。化学分析由于历史悠久，所使用的设备和仪器比较简单，对于常量组分的测定，准确度高；同时，在仪器分析中，试样的处理、方法准确性校验等方面也往往需要化学分析的方法和内容。所以，化学分析目前仍在科研和生产中广泛地被采用。总之，化学分析和仪器分析各有优缺点，二者相辅相成，前者是基础，后者是发展方向。

548 常见分析仪器和使用方法有哪些？

化验室中常见的分析仪器有玻璃仪器、石英制品、非玻璃器皿和其他用品等。

一、玻璃仪器

化验室经常大量地使用玻璃仪器，是因为玻璃具有一系列优良的性质，如高的化学稳定性、热稳定性、绝缘性、良好的透明度、一定的机械强度，并可按需要制成各种不同形状的产品。改变玻璃的化学组成，可以制出适应各种不同要求的玻璃器皿。

玻璃虽然具有较好的化学稳定性，不受一般酸、碱、盐的侵蚀，但氢氟酸对玻璃有很强烈的腐蚀作用，故不能用玻璃仪器进行含有氢氟酸的实验。

碱液，特别是浓的或热的碱液，对玻璃也产生明显侵蚀。因此，玻璃容器不能用于长时间存放碱液，更不能使用磨口玻璃容器存放碱液。

（一）玻璃仪器的分类

（1）玻璃仪器按等级分类，可分为一等玻璃量器和二等玻璃量器。一等玻璃量器通常用衡量法进行容积标定。二等玻璃量器则用容量比较法进行容积标定。

凡分等级的玻璃量器，在其刻度上方的显著部位均标明一等或二等字样。无上述字样记号的，均为二等量器，即其容积的标定为容量比较法，定量时标准环境温度为20℃。

（2）玻璃仪器按量取方式不同，可分为量出式量器和量入式量器。量出式量器从量器中移出的容积等于刻度表上的相应读数，标注符号"A"；量入式量器指的是注入量器中的容积等于刻度表上的相应读数，标注符号"E"。

（3）特殊玻璃仪器。玻璃仪器除常见的普通仪器外，还有特殊玻璃仪器。特殊玻璃仪器包括成套标准磨口组合仪器和成套特殊仪器，如水分分析仪、含砂测定器、测砷管、凯氏定氮器、旋转蒸发器和脂肪提取器等。

（二）有机化学实验常用玻璃仪器

（1）烧瓶（图1）

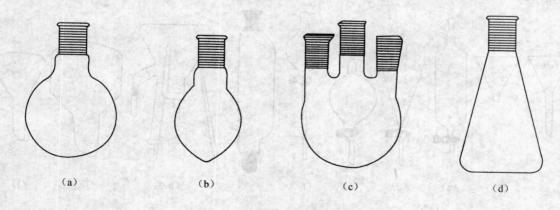

图1　烧瓶

（a）圆底烧瓶；（b）梨形烧瓶；（c）三口烧瓶；（d）锥形烧瓶

①圆底烧瓶（a）：能耐热和承受反应物（或溶液）沸腾以后所发生的冲击震动。在有机化合物的合成和蒸馏的接收器。

②梨形烧瓶（b）：性能和用途与圆底烧瓶相似。它的特点是在合成少量有机化合物时在烧瓶内保持较高的液面，蒸馏时残留在烧瓶中的液体少。

③三口烧瓶（c）：最常用于需要进行搅拌的实验中。中间瓶口装搅拌器，两个侧口装回流冷凝管和滴液漏斗或温度计等。

④锥形烧瓶（简称锥形瓶）（d）：常用于有机溶剂进行重结晶的操作，或有固体产物生成的合成实验中，因为生成的固体物容易从锥形烧瓶中取出来。通常出用作常压蒸馏实验的接收器，但不能用作减压蒸馏实验的接收器。

（2）冷凝管（图2）

①直形冷凝管（a）：蒸馏物质的沸点在140℃以下时，要在夹套内通水冷却；但超过140℃以下时，冷凝管往往会在内管和外管的接合处炸裂。

②空气冷凝管（b）：当蒸馏物质的沸点高于140℃时，常用它代替通冷却水的直形冷凝管。

③球形冷凝管（c）：其内管的冷却面积较大，对蒸气的冷凝有较好的效果，适用于加热回流的实验。

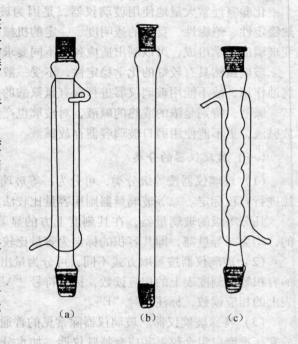

（3）漏斗（图3）

①漏斗（a）和（b）：普通过滤时使用。

②分液漏斗（c），（d）和（e）：用于液体的萃取。

③滴液漏斗（f）：能把液体一滴一滴地加入反应器中。即使漏斗的下端浸没在液面下，也能够明显地看到滴加的快慢。

④恒压滴液漏斗（g）：用于合成反应实验的液体加料。

图2　冷凝管
（a）直形冷凝管；（b）空气冷凝管；（c）球形冷凝管

⑤保温漏斗（h）：也称热滤漏斗，用于需要保温的过滤。它是在普通漏斗的外面装上一个铜质的外壳，外壳与漏斗之间装水，用煤气灯加热侧面的支管，以保持所需要的温度。

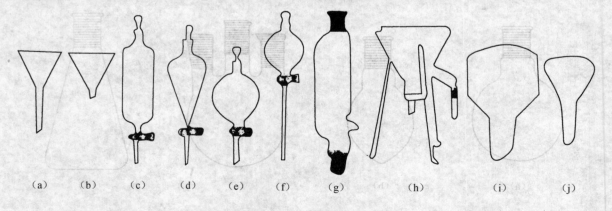

图3　漏斗
（a）长颈漏斗；（b）短颈漏斗；（c）筒形分液漏斗；（d）梨形分液漏斗；（e）圆形分液漏斗；
（f）滴液漏斗；（g）恒压滴液漏斗；（h）保温漏斗；（i）布氏漏斗；（j）小型多孔板漏斗

⑥布氏（BUchner）漏斗（i）：瓷质的多孔板漏斗在减压过滤时使用。小型多孔板漏斗（j）用于减压过滤少量物质。

（4）其他仪器（图4）

这些仪器多数用于各种仪器连接。

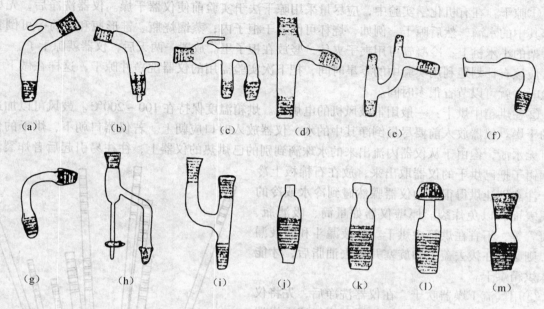

图4　常用的配件

(a) 接引管；(b) 真空接引管；(c) 双头接引管；(d) 蒸馏头；(e) 克氏蒸馏头；
(f) 弯形干燥管；(g) 75°弯管；(h) 分水器；(i) 二口连接管；
(j) 搅拌套管；(k) 螺口接头；(l) 大小接头；(m) 小大接头

（三）仪器的清洗和干燥

（1）仪器的清洗

仪器必须经常保持洁净。应该养成仪器用毕后即洗净的习惯。仪器用毕后即洗刷，不但容易洗净，而且由于了解残渣的成因和性质，也便于找出处理残渣的方法。例如，碱性残渣和酸性残渣分别用酸和碱液处理，就可能将残渣洗去，日子久了，就会给洗刷带来很多困难。

洗刷仪器的最简单的方法是用毛刷和去污粉擦洗。有时在肥皂粉里掺入一些去污粉或硅藻土，洗刷的效果更好。洗刷后，要用清水把仪器冲洗干净。应该注意，洗刷时，不能用秃顶的毛刷，也不能用力过猛，否则会戳破仪器。焦油状物质和炭化残渣，用去污粉、肥皂、强酸或强碱液常常洗刷不掉，这时需用铬酸洗液。

铬酸洗液的配制方法如下：在一个250mL烧杯内，把5g重铬酸钠溶于5mL水中，然后在搅拌下慢慢加入100mL浓硫酸。加硫酸过程中，混合液的温度将升到70～80℃。待混合液冷却到40℃左右时，把它倒入干燥的磨口严密的细口试剂瓶中保存起来。

铬酸洗液呈红色棕色，经长期使用变成绿色时即失效。铬酸洗液是强酸和强氧化剂，具腐蚀性，使用时应注意安全。在使用铬酸洗液前，应把仪器上的污物，特别是还原性物质，尽量洗净。尽量把仪器内的水倒净，然后缓缓倒入洗液，让洗液充分地润湿未洗净的地方，放置几分钟后，不断地转动仪器，使洗液能够充分地浸润有残渣的地方，再把洗液倒回原来的瓶中。然后加入少量水，摇荡后，把洗涤液倒入废液缸内。最后用清水把仪器冲洗干净。若污物为炭化残渣，则需加入少量洗液或浓硝酸，把残渣浸泡几分钟，再用游动小火焰均匀地加热该处，到洗液开始冒气泡为止。然后按上法洗刷。

带旋塞和磨口的玻璃仪器，洗净后擦干，在旋塞和磨口之间垫上纸片。

（2）仪器的干燥

在有机化学实验中，往往需要用干燥的仪器。因此在仪器洗净后，还应进行干燥。下面介绍几种简单的干燥仪器方法。

①晾干：在有机化学实验中，应尽量采用晾干法于实验前使仪器干燥。仪器洗净后，先尽量倒净其中的水滴，然后晾干。例如，烧杯可倒置于柜子内；蒸馏烧瓶、锥形瓶和量筒等可倒套在试管架的小木桩上；冷凝管可用夹子夹住，竖放在柜子里。放置一两天后，仪器就晾干了。

应该有计划地利用实验中的零星时间，把下次实验需用的仪器洗净并晾干，这样在做下一个实验时，就可以节省很多时间。

②在烘箱中烘干：一般用带鼓风机的电烘箱。烘箱温度保持在 $100 \sim 200℃$。鼓风可以加速仪器的干燥。仪器放入前要尽量倒净其中的水。仪器放入时口应朝上。若仪器口朝下，烘干的仪器虽可无水渍，但由于从仪器内流出来的水珠滴到别的已烘热的仪器上，往往易引起后者炸裂。用坩埚钳子把已烘干的仪器取出来，放在石棉板上冷却；注意别让烘得很热的仪器骤然碰到冷水或冷的金属表面，以免炸裂。厚壁仪器如量筒、吸滤瓶、冷凝管等，不宜在烘箱中烘干。分液漏斗和滴液漏斗，则必须在拔去盖子和旋塞并擦去油脂后，才能放入烘箱烘干。

③用气流干燥器吹干：在仪器洗净后，先将仪器内残留的水分甩尽，然后把仪器套到气流干燥器（图5）的多孔金属管上。要注意调节热空气的温度。气流干燥不宜长时间连续使用，否则易烧坏电机和电热丝。

④用有机溶剂干燥：体积小的仪器急需干燥时，可采用此法。洗净的仪器先用少量酒精洗涤一次，再用少量丙酮洗涤，最后用压缩空气或用吹风机（不必加热）把仪器吹干。用过的溶剂应倒入回收瓶中。

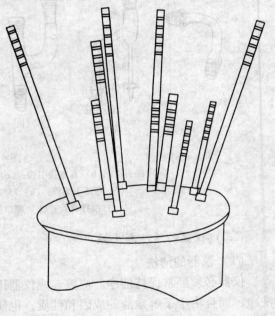

图5　气流干燥器

（四）仪器的连接与装配

（1）仪器的连接

有机化学实验中所用玻璃仪器间的连接一般采用两种形式：一种是靠塞子连接，一种是靠仪器本身上的磨口连接。

①塞子连接：连接两件玻璃仪器的塞子有软木塞和橡皮塞两种。塞子应与接口尺寸相匹配，一般以塞子的 $1/2 \sim 2/3$ 插入仪器接口内为宜。塞子的材质的选择取决于被处理物的性质（如腐蚀性、溶解性等）和仪器的应用范围（如在低温还是高温，在常压下还是在减压下操作）。塞子选定后，用适宜孔径的钻孔器钻孔，再将玻璃管等插入塞子孔中，即可把仪器等连接起来。由于塞子钻孔费时间，塞连接处易漏，通道细窄流体阻力大，塞子易被腐蚀、往往污染难处理等缺点，塞子连接已被磨口连接所取代。

②杯准磨口连接：除了少数玻璃仪器（如分液漏斗的旋塞和磨塞，其磨口部位是非标准磨口）外，绝大多数仪器上的磨口是标准磨口。我国标准磨口是采用国际通用技术标准，常用的是锥形标准磨口。玻璃仪器的容量大小及用途不同，可采用不同尺寸的标准磨口。

常用的标准磨口系列见表1。

表1　常用的标准磨口系列

编号	10	12	14	19	24	29	34
大端直径（mm）	10.0	12.5	14.5	18.8	24.0	29.2	34.5

编号的数值是磨口大端直径（用 mm 表示）的圆整后的整数值。每件仪器上带内磨口还是外磨口取决于仪器的用途。带有相同编号的一对磨口可以互相严密连接。带有不同编号的一对磨口需要用一个大小接头或小大接头［图4（l）、图4（m）］地过渡才能紧密连接。

使用标准磨口仪器时应注意以下事项：

①必须保持磨口表面清洁，特别是不能沾有固体杂质，否则磨口不能紧密连接。硬质沙粒还会给磨口表面造成永久性的损伤，破坏磨口的严密性。

②标准磨口仪器使用完毕必须立即拆卸，洗净，各个部件分开存放，否则磨口的连接处会发生粘结，难于拆开。非标准磨口部件（如滴液漏斗的旋塞）不能分开存放，应在磨口间夹上纸条以免日久粘结。盐类或碱类溶液会渗入磨口连接处，蒸发后析出固体物质，易使磨口粘结，所以不宜在磨口涂润滑剂。

③在常压下使用时，磨口一般勿需润滑以免玷污反应物或产物。为防止粘结，也可在磨口靠大端的部位涂敷很少量的润滑脂（凡士林、真空活塞脂或硅脂）。如果要处理盐类溶液或强碱性物质，则应将磨口的全部表面涂上一薄层润滑脂。

减压蒸馏使用的磨口仪器必须涂润滑脂（真空活塞脂或硅脂），在涂润滑脂之前，应将仪器洗刷干净，磨口表面一定要干燥。从内磨口涂有润滑脂的仪器中倾出物料前，应先将磨口表面的润滑脂用有机溶剂擦拭干净（用脱脂棉或滤纸蘸石油醚、乙醚、丙酮等易挥发的有机溶剂），以免物料受到污染。

④只要正确遵循使用规则，磨口很少会打不开。一旦发生粘结，可采取以下措施：

a. 将磨口竖立，往下面缝隙间滴几滴甘油。如果甘油能慢慢地渗入磨口，最终能使连接处松开。

b. 用热风吹，用热毛巾包裹，或在教师指导下小心地用灯焰烘烤磨口的外部几秒钟（仅使外部受热膨胀，内部还未热起来），再试验能否将磨口打开。

c. 将粘结的磨口仪器放在水中逐渐煮沸，常常也能使磨口打开。

d. 用木板沿磨口轴线方向轻轻地敲外磨口的边缘，振动磨口也会松开。

如果磨口表面已被碱性物质腐蚀，粘结的磨口就很难打开了。

（2）仪器的装配

在有机化学实验室内，使用同一号（如19号）的标准磨口仪器，组装起来非常方便，每件仪器的利用率高，互换性强，用较少的仪器即可组装成多种多样的实验装置。

一套磨口连接的实验装置，尤其像装有机械搅拌这样动态操作的实验装置，每件仪器都要用夹子固定在同一个铁架台上，以防止各件仪器振动频率不协调而破损仪器。现以滴加蒸出反应装置（图6）为例说明仪器装配过程及注意事项。

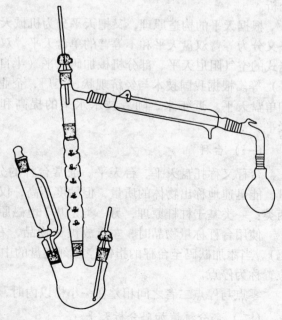

图6　滴加蒸出反应装置

首先选定三口烧瓶的位置，它的高度由热源（如煤气灯或电炉）的高度决定。然后以三口烧瓶的位置为基准，依次装配分馏柱、蒸馏头、直流冷凝管、接引管和接收瓶。调整两支温度计在螺口接头中位置并固定好。将螺口接头装配到相应磨口上。再装上恒压滴液漏斗，除像接引管这种小仪器外，其他仪器每装配好一件都要求用铁夹子固定仪器时，既要保证磨口连接处严密不漏，又不要使上件仪器的重力全都压在下件仪器上，即顺其自然将每件仪器固定好，尽量做到各处不产生应力。夹子的双钳必须有软垫（软木片、石棉绳、布条、橡皮等），决不能让金属与玻璃直接接触。冷凝管与接引管、接引管与接受瓶间的连接最好用磨口接头连接专用的弹簧夹固定。接受瓶底用升降台垫牢。一台滴加蒸出反应装置组装得正确应该是，从正面看，分馏柱和桌面垂直，其他仪器顺其自然；从侧面看，所有仪器处在同一个平面上。拆卸装置时，按装配相反的顺序逐个拆除，在松开一个铁夹子时，必须用手托住所夹的仪器，特别是像恒压滴液漏斗等倾斜安装仪器，决不能让仪器的质量对磨口施加侧向压力，否则仪器就要损坏。在常压下进行操作的仪器装置必须有一处与大气相通。

二、天平

天平是化验室必备的常用仪器之一，它是精确测定物体质量的计量仪器。化验工作中常要准确地称量一些物质的质量，称量的准确度直接影响测定的准确度。

天平有两个重要指标：一是最高载质量（又称最大载荷，最大称量），表示天平可以称量的最大值。另一是天平的感量，即天平标尺一个分度对应的质量。若在天平的一盘上增加平衡小砝码，其质量值为 m，此时天平指针沿标牌移动的分度数若为 n，则二者之比即为感量（S），其单位为 mg。

$$S = m/n \tag{1}$$

天平感量又称为分度值，或天平最小准确称质量。

根据天平的感量，通常把天平分成三类：感量在 $0.1 \sim 0.001g$ 之间的称为普通天平，适于一般粗略称量用，通常称量几克到几百克的物质；感量在 $0.0001g$ 的天平称为分析天平，适用于称取样品、标样及称量分析等，最大称量通常为数十克；感量在 $0.01mg$，称准至 $0.01mg$ 的天平称微量天平，又称十万分之一克天平，称量常在几毫克，适用于有机半微量或微量分析与精密分析。

根据天平的构造原理，又把天平分为机械天平（又称杠杆天平）和电子天平两大类。机械天平又分为等臂双盘天平和不等臂的单盘天平。双盘天平又分为摆动天平和阻尼天平。阻尼天平有老式的空气阻尼天平、部分机械加码天平（半自动电光天平）、全机械加码天平（全自动电光天平）等。根据我国技术与经济现状，工厂、企业、基层化验室使用较多的为部分机械加砝码天平和单盘天平。近年来，随着技术水平的提高和设备的更新，许多基层化验室也广泛使用电子天平。

（一）台秤

台秤又称托盘天平、台天平。通常台秤的分度值（感量）在 $0.1 \sim 0.01g$，它适用于粗略称量，能迅速地称出物体的质量，但精度不高，仅用于配制一般溶液时的称量。台秤的构造原理分两类：一类基于杠杆原理，另一类是基于电磁原理的电子台秤。

使用台秤称量物品时，左盘放被称物品，右盘放砝码（10g 或多或 5g 以下的质量，可用游码）。当添加砝码至台秤的指针停在刻度盘的中间位置时，台秤处于平衡状态，这时指针所停的位置称为停点。

零点与停点二者之间相差在一小格以内时，砝码加游码的质量读数就是被称物品的质量。

（二）部分机械加码分析天平

部分机械加码分析天平又称半自动电光分析天平，它是根据杠杆原理而设计的。杠杆是指一

654

根有支点 O、重点 A 和力点 B 三个作用力点的杆，如图 7 所示。支点 O 到重点 A 和力点 B 间的距离分别称重臂 AO 和力臂 BO，习惯上统称为力臂。Q 为被称物的重力，P 为砝码的重力。作用在杠杆臂上的力与这个力臂的乘积称为力矩（$Q \times AO$ 和 $P \times BO$）。当杠杆达到平衡时，支点两边的力矩相等，即 $Q \times AO = P \times BO$。如果 O 点是 AB 的中点，则 $AO = BO$，两臂长度相等。当等臂天平达到平衡时，$P = Q$，物体的质量即等于砝码的质量。

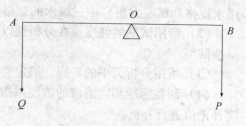

图 7　杠杆原理

（三）单盘分析天平

单盘分析天平是不等臂的天平，配有全部机械减（加）砝码装置及光学读数结构，它具有感量恒定，无不等臂性误差，全机械减码操作简便、称量迅速，维护保养方便等优点。单盘天平只有两个玛瑙刀，一个支点刀，另一个是承重刀。单盘天平仅有一个天平盘，它支持在天平梁的一臂上，所有砝码都挂在盘的上部。另一臂上装有固定的重砣和阻尼器，使天平保持平衡状态。称量时采取减码方式，将被称量物放在天平盘内，减去与称量物相同质量的砝码，使横梁始终保持全载的平衡状态。即用放在秤盘上的被称物替代悬挂在盘上部的砝码，使横梁保持原有的平衡位置。所减去的砝码质量即等于被称物的质量。悬挂系统的总质量不随被称物质量的不同而改变。因此，在称量范围内，天平的感量（灵敏度）是恒定的。同时，单臂天平不存在不等臂性误差。

（四）电子天平

电子天平应用现代控制技术及电流测量的准确性，从而加快了天平的称量过程与准确性、稳定性。电子天平的规格品种齐全，最大载荷可以大到数吨，小到毫克，其读数精度从 10g 至 0.1μg，超微量天平其读数准确度达 1μg，再现性（标准偏差）也能达到 1μg。

电子天平支承点采用弹簧片，不需要机械天平的宝石、玛瑙刀与刀承，取消了升降框的装置，采用数字显示方式代替指针刻度式显示，以及采用体积小的大集成电路。因此，电子天平具有寿命长、性能稳定、灵敏度高、体积小、操作方便、安装容易和维护简单等优点。

电子天平采用了电磁力平衡原理，称量时全量程不用砝码，放上被称物后在几秒钟内即可达到平衡，显示读数。有的电子天平采用单片机控制，更可使称量速度快、精度高、准确度好。

电子天平还具有自动校正、累计称量、超载指示、故障报警、自动去皮重等功能。电子天平具有质量信号输出，可以与打印机、计算机联用，可以实现称重、记录、打印、计算等自动化。它具有 RS232C 标准输出接口。同时也可以与其他分析仪器联用，实现从样品称量、样品处理、分析检验到结果处理、计算等全过程的自动化，大大地提高了生产效率。

549　溶液如何配制和试剂如何选用？

一、一般溶液的配制

一般溶液是指非标准滴定溶液，它在分析工作中常作为溶解样品，调节 pH，分离或掩蔽离子，显色等使用。配制一般溶液精度要求不高，溶液浓度只需保留 1~2 位有效数字，试剂的质量由托盘天平称量，体积用量筒量取即可。

二、滴定分析用标准滴定溶液的配制

已知准确浓度的溶液叫做标准滴定溶液。标准滴定溶液浓度的准确度直接影响分析结果的准确度。因此，制备标准滴定溶液在方法、使用仪器、量具和试剂方面都有严格的要求。

（一）制备标准滴定溶液的基本要求

制备标准滴定溶液应按照 GB/T 601—2002《化学试剂标准滴定溶液的制备》，其规定如下：

（1）制备标准滴定溶液用水，在未注明其他要求时，应符合 GB/T 6682—1992《分析实验室用水规格和试验方法》中三级水的规格。

（2）所用试剂的纯度应在分析纯以上。标定标准滴定溶液所用的基准试剂应为容量分析工作基准试剂。

（3）所用分析天平的砝码、滴定管、容量瓶及移液管均需进行校正。

（4）制备标准滴定溶液的浓度系指20℃时的浓度，在标定和使用时，如温度有差异，应按温度补正值进行补正。

（5）"标定"或"比较"标准滴定溶液浓度时，平行试验不得少于8次，两人各做4次平行测定，每人4次平行测定结果的极差（即最大值和最小值之差）与平均值之比不大于0.1%。结果取平均值。浓度值取四位有效数字。

（6）对凡规定用"标定"和"比较"两种方法测定浓度时，不得略去其中任何一种，且两种方法测得的浓度值之差不得大于0.2%，以标定结果为准。

（7）制备的标准滴定溶液浓度与规定浓度相对误差不得大于5%。

（8）配制浓度等于或低于0.02mol/L的标准滴定溶液时，应于临用前将浓度高的标准滴定溶液用煮沸并冷却的水稀释。必要时重新标定。

（9）碘量法反应时，溶液的温度不能过高，一般在15～20℃之间进行。

（10）滴定分析用标准滴定溶液在常温（15～25℃）下，保存时间一般不得超过2个月。

（二）标准滴定溶液的制备方法

制备标准滴定溶液有直接配制法和标定法两种方法。

表1 常用基准物

名称	化学式	式量	使用前的干燥条件
碳酸钠	Na_2CO_3	105.99	270～300℃干燥2～2.5h
邻苯二甲酸氢钠	$KHC_8H_4O_4$	204.22	110～120℃干燥1～2h
重铬酸钾	$K_2Cr_2O_7$	294.18	研细，100～110℃干燥3～4h
三氧化二砷	As_2O_3	197.84	105℃干燥3～4h
草酸钠	$Na_2C_2O_4$	134.00	130～140℃干燥1～1.5h
碘酸钾	KIO_3	214.00	120～140℃干燥1.5～2h
溴酸钾	$KBrO_3$	167.00	120～140℃干燥1.5～2h
铜	Cu	63.546	用质量分数为2%的乙酸，水、乙醇依次洗涤后，放入干燥器中保存24h以上
锌	Zn	65.38	用1+3HCl，水，乙醇依次洗涤后，放入干燥器中保存24h以上
氧化锌	ZnO	81.39	800～900℃干燥2～3h
碳酸钙	$CaCO_3$	100.09	105～110℃干燥2～3h
氯化钠	$NaCl$	58.44	500～650℃干燥40～45min
氯化钾	KCl	74.55	500～650℃干燥40～45min
硝酸根	$AgNO_3$	169.87	在浓 H_2SO_4 干燥器中干燥至恒重

（1）直接配制法。在分析天平上准确称取一定量已干燥的"基准物"溶于水后，转入已校正的容量瓶中用水稀释至刻度，摇匀，即可算出其准确浓度。常用的基准物见表1。

（2）标定法。很多物质不符合基准物的条件。例如，浓盐酸中氯化氢很易挥发，固体氢氧化钠易吸收水分和CO_2，高锰酸钾不易提纯等。它们都不能直接配制标准滴定溶液。一般是先将这些物质配成近似所需浓度的溶液，再用基准物测定其准确浓度，这一操作叫做标定。标定的方法有两种：

①直接标定。准确称取一定量的基准物，溶解于水后用待标定的溶液滴定至反应完全。根据所消耗待标定溶液的体积和基准物的质量，计算出待标定溶液的准确浓度，计算公式为：

$$c = m_B/M_B V \tag{1}$$

式中　c——待标定溶液的物质的量浓度，mol/L；

　　　m_B——基准物的质量，g；

　　　M_B——基准物的摩尔质量，g/mol；

　　　V——所消耗待标定溶液的体积，L。

例如标定 HCl 或 H_2SO_4，可用基准物无水碳酸钠。将无水碳酸钠在 270～300℃烘干至恒重，用不含 CO_2 的水溶解，选用溴甲酚绿-甲基红混合指示剂指示终点。

②间接标定。有一部分标准滴定溶液，没有合适的用以标定的基准试剂，只能用另一已知浓度的标准滴定溶液来标定。如乙酸溶液可用 NaOH 标准滴定溶液标定，草酸溶液可用 $KMnO_4$ 标准滴定溶液标定等。当然，间接标定的系统误差比直接标定要大些。

在实际工作中，除了上述两种标定方法之外，还可以用"标准物质"来标定标准滴定溶液。这样做的目的，使标定与测定的条件基本相同，可以消除共存元素的影响，更符合实际情况。目前我国已有上千种标准物质出售。

用基准物直接标定标准滴定溶液的浓度后，为了更准确地保证其浓度，可采用比较法进行验证。例如，HCl 标准滴定溶液用无水碳酸钠基准物标定后，再用 NaOH 标准滴定溶液进行标定。国家规定两种标定结果之差不得大于 0.2%，"比较"既可检验 HCl 标准滴定溶液的浓度是否准确，也可考查 NaOH 标准滴定溶液的浓度是否可靠，最后以直接标定结果为准。

标准滴定溶液要定期标定，它的有效期要根据溶液的性质、存放条件和使用情况来确定。标准滴定溶液的有效日期见表2。

表2　标准滴定溶液的有效日期

溶液名称	浓度 c_B（mol/L）	有效期（月）	溶液名称	浓度 c_B（mol/L）	有效期（月）
各种酸溶液	各种浓度	3	硫酸亚铁溶液	1；0.64	20
氢氧化钠溶液	各种浓度	2	硫酸亚铁溶液	0.1	用前标定
氢氧化钾-乙醇溶液	0.1；0.5	1	亚硝酸钠溶液	0.1；2.5	2
硫代硫酸钠溶液	0.05；0.1	2	硝酸银溶液	0.1	3
高锰酸钾溶液	0.05；0.1	3	硫氰酸钠溶液	0.1	3
碘溶液	0.02；0.1	1	亚铁氰化钾溶液	各种浓度	1
重铬酸钾溶液	0.1	3	EDTA 溶液	各种浓度	3
溴酸钾-溴化钾溶液	0.1	3	锌盐溶液	0.025	2
氢氧化钡溶液	0.05	1	硝酸铅溶液	0.025	2

三、微量分析用离子标准溶液的配制

微量分析有比色法、原子吸收法等，所用的离子标准溶液，常用质量浓度表示，单位为 mg/mL，ug/mL，g/L。配制时需用基准物或纯度在分析纯以上的高纯试剂配制。浓度低于 0.1mg/mL 的标准溶液，常在临用前用较浓的标准滴定溶液在容量瓶中稀释而成。过稀的离子溶液，浓度易变，不宜长期存放。配制离子标准溶液可按式（2）计算出所需纯试剂的质量，溶解后在容量瓶中稀释成一定体积，摇匀均可。

$$M = cV/1000f \qquad (2)$$

式中　*m*——纯试剂的质量，g；

　　　c——欲配离子标准溶液的质量浓度，mg/mL；

　　　V——欲配离子标准溶液的体积，mL；

　　　f——换算系数。*f* = 试剂中欲配组分的式量/试剂的式量。

四、溶液配制的注意事项

（1）分析实验所用的溶液应用纯水配制，容器应用纯水洗涤三次以上，特殊要求的溶液应事先作纯水的空白值检验。

（2）溶液要用带塞的试剂瓶盛装，见光易分解的溶液要装于棕色瓶中；挥发性试剂（如有机溶剂）配制的溶液，瓶塞要严密；见空气易变质及放出腐蚀性气体的溶液也要盖紧，长期存放要用蜡封住；浓碱液应用塑料瓶装，如装在玻璃瓶中，要用橡皮塞塞紧，不能用玻璃磨口塞。

（3）每瓶试剂溶液必须有标明名称、规格、浓度和配制日期的标签。

（4）配制硫酸、磷酸、硝酸、盐酸等溶液时，都应把酸倒入水中。对于溶解时放热较多的试剂，不可试剂瓶中配制，以免炸裂。配制硫酸溶液时，应将浓硫酸分为小份慢慢倒入水中，边加边搅拌，必要时以冷水冷却烧杯外壁。

（5）用有机溶剂配制溶液（如配制指示剂溶解）时，有时有机物溶解较慢，应不时搅拌，可以在热水浴中温热溶液，不可直接加热。易燃溶剂使用时要远离明火。几乎所有的有机溶剂都有毒，应在通风柜内操作。应避免有机溶剂不必要的蒸发，烧杯应加盖。

（6）要熟悉一些常用溶液的配制方法。如碘溶液应将碘溶于较浓的碘化钾水溶液中，才可稀释。配制易水解的盐类的水溶液应先加酸溶解后，再以一定浓度的稀酸稀释。如配制 $SnCl_2$ 溶液时，如果操作不当已发生水解，加相当多的酸仍很难溶解沉淀。

（7）不能用手接触腐蚀性及有剧毒的溶液。剧毒溶液应作解毒处理，不可直接倒入下水道。

五、化学试剂的选用

应根据不同的工作要求合理地选用相应级别的试剂。因为试剂的价格与其级别及纯度关系很大，在满足实验要求的前提下，选用试剂的级别就低不就高。痕量分析要选用高纯或优级纯试剂，以降低空白值和避免杂质干扰。同时，对所用纯水的制取方法和仪器的洗涤方法也应有特殊的要求。化学分析可使用分析纯试剂。有些教学实验，如酸碱滴定也可用化学纯试剂代替。但配位滴定最好选用分析纯试剂，因试剂中有些杂质金属离子封闭指示剂，使终点难以观察。

对分析结果准确度要求高的工作，如仲裁分析、进出口商品检验、试剂检验等，可选用优级纯、分析纯试剂。车间控制分析可选用分析纯、化学纯试剂。制备实验、冷却浴或加热浴用的药品可选用工业品。

表 3 是我国国家标准中提到的部分仪器分析方法要求使用的试剂规格。

表3　部分仪器分析方法应选用的试剂规格

分析方法	试剂规格	引用标准
气相色谱法	标准样品主体含量不低于99.9%	GB/T 9722—1988
分子吸收分光光度法（紫外可见）	规定了有机溶剂在使用波长下的吸光度	GB/T 9721—1988
无火焰（石墨炉）原子吸收光谱法	用亚沸蒸馏法纯化分析纯盐酸、硝酸	GB/T 10724—1989
电感偶合高频等离子体原子发射光谱法	用亚沸蒸馏法纯化分析纯盐酸、硝酸	GB/T 10725—1989
阳极溶出伏安法	汞及用量较大的试剂用高纯试剂	GB/T 3914—1983

化学试剂虽然都按国家标准检验，但不同制造厂或不同产地的化学试剂在性能上有时表现出某种差异。有时因原料不同，非控制项目的杂质会造成干扰或使实验出现异常现象。故在做实验时要注意产品厂家。另外，在标签上都印有"批号"，不同批号的产品因其制备条件不同，性能也有所不同，在某些工作中，不同批号的试剂应用对照试验。在选用紫外光谱用溶剂、液相色谱流动相、色谱载体、吸附剂、指示剂、有机显色剂及试纸时，应注意试剂的生产厂家及批号并做好记录，必要时应做专项检验和对照试验。

应该指出，未经药理检验的化学试剂是不能作为医药使用的。

550　化学分析基本理论是什么？

一、酸碱滴定法简介

酸碱滴定法是利用酸和碱之间质子传递反应进行的滴定分析方法，是重要的滴定方法之一。

（一）方法简介

（1）在酸碱滴定中，滴定剂一般都是强酸或强碱，如 HCl，H_2SO_4，NaOH 和 KOH 等，被滴定的是各种具有碱性或酸性的物质。由于浓盐酸易挥发，氢氧化钠易吸收空气中的水分和二氧化碳，所以不能直接配制准确浓度的标准滴定溶液，只能先配制成近似浓度的溶液，然后用基准物质标定其浓度。

（2）酸碱标准滴定溶液一般配成 0.1mol/L 或 0.01mol/L。

（3）酸碱滴定曲线如图1所示。

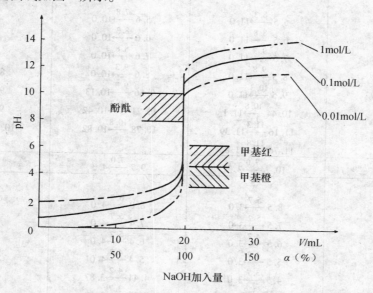

图1　不同浓度 NaOH 溶液滴定不同浓度 HCl 溶液的滴定曲线

（4）各类酸碱溶液的 pH 值计算见表1。

表 1　常见溶液 [H⁺] 的简化计算公式及使用条件

表 1　常见溶液 $[H^+]$ 的简化计算公式及使用条件

	计算公式	使用条件（允许误差 5%）
强酸	近似式：$[H^+] = c$	$c_a \geq 10^{-6}\,mol/L$
	$[H^+] = \sqrt{K_W}$	$c_a < 10^{-8}\,mol/L$
	精确式：$[H^+] = \dfrac{1}{2}(c + \sqrt{c^2 + 4K_W})$	$10^{-6}\,mol/L \quad c_a \geq 10^{-8}\,mol/L$
一元弱酸	近似式：$[H^+] = \dfrac{1}{2}(-K_a + \sqrt{K_a^2 + 4c_aK_a})$	$c_aK_a \geq 20K_W$
	最简式：$[H^+] = \sqrt{c_aK_a}$	$c_aK_a \geq 20K_W$，且 $c_a/K_a \geq 500$
二元弱酸	近似式：$[H^+] = \dfrac{1}{2}(-K_{a1} + \sqrt{K_{a1}^2 + 4c_aK_{a1}})$	$c_aK_a \geq 20K_W$，且 $2K_{a2}/\sqrt{c_aK_{a1}} \ll 1$
	最简式：$[H^+] = \sqrt{c_aK_{a1}}$	$c_aK_a \geq 20K_W$，$c_a/K_{a1} \geq 500$，且 $2K_{a2}/\sqrt{c_aK_{a1}} \ll 1$
两性物质	酸式盐： 近似式：$[H^+] = \sqrt{cK_{a1}K_{a2}/(K_{a1}+c)}$ 最简式：$[H^+] = \sqrt{K_{a1}K_{a2}}$ 弱酸弱碱盐： 近似式：$[H^+] = \sqrt{K_aK'_a c/(K_a+c)}$ 最简式：$[H^+] = \sqrt{K_aK'_a}$ 上式中 K'_a 为弱碱的共轭酸的离解常数；K_a 为弱酸的离解常数	$cK_{a2} \geq 20K_W$ $cK_{a2} \geq 20K_W$ 且 $c \geq 20K_{a1}$ $cK'_a \geq 20K_W$ $c \geq 20K_a$
	最简式：$[H^+] = \dfrac{c_a}{c_b}K_a$ （c_a、c_b 分别为 HA 及其共轭碱 A^- 的浓度）	c_a、c_b 较大（即 $c_a \gg [OH^-] - [H^+]$， $c_b \gg [H^+] - [OH^-]$）

（5）酸碱滴定的关键是要知道 pH 突跃范围，并根据突跃范围选择合适的指示剂。酸碱滴定的 pH 突跃范围见表 2。

表 2　酸碱滴定的 pH 值突跃范围

滴定类型 ＼ pH 突跃范围	溶液浓度（mol/L） 1.0	0.1	0.01
强碱滴定强酸	$3.3 \xrightarrow{7.0} 10.7$	$4.3 \xrightarrow{7.0} 9.7$	$5.3 \xrightarrow{7.0} 8.7$
强碱滴定弱酸			
$K_a = 10^{-3}$	$5.5 \xrightarrow{8.3} 11.0$	$5.6 \xrightarrow{7.8} 10.0$	$5.7 \xrightarrow{7.35} 9.0$
$K_a = 10^{-4}$	$6.5 \xrightarrow{8.8} 11.0$	$6.6 \xrightarrow{8.3} 10.0$	$6.7 \xrightarrow{7.88} 9.0$
$K_a = 10^{-5}$	$7.5 \xrightarrow{9.3} 11.0$	$7.6 \xrightarrow{8.8} 10.0$	$7.7 \xrightarrow{8.35} 9.0$
$K_a = 10^{-6}$	$8.5 \xrightarrow{9.8} 11.0$	$8.6 \xrightarrow{9.3} 10.0$	$8.57 \xrightarrow{8.85} 9.14$
$K_a = 10^{-7}$	$9.5 \xrightarrow{10.3} 11.0$	$9.56 \xrightarrow{9.8} 10.13$	$9.25 \xrightarrow{9.35} 9.46$
$K_a = 10^{-8}$	$10.44 \xrightarrow{10.8} 11.1$	$10.21 \xrightarrow{10.3} 10.42$	$9.83 \xrightarrow{9.85} 9.87$
$K_a = 10^{-9}$	$11.16 \xrightarrow{11.3} 11.39$	$10.78 \xrightarrow{10.8} 10.82$	$10.35 \xrightarrow{10.35} 10.35$
$K_a = 10^{-10}$	$11.76 \xrightarrow{11.8} 11.85$		
强酸滴定强碱	$10.7 \xrightarrow{7.0} 3.3$	$9.7 \xrightarrow{7.0} 4.3$	$8.7 \xrightarrow{7.0} 5.3$
强碱滴定弱酸			
$K_b = 10^{-3}$	$8.5 \xrightarrow{5.7} 3.0$	$8.0 \xrightarrow{6.2} 4.0$	$8.3 \xrightarrow{6.65} 5.0$
$K_b = 10^{-4}$	$7.5 \xrightarrow{5.2} 3.0$	$7.4 \xrightarrow{5.7} 4.0$	$7.3 \xrightarrow{6.15} 5.0$
$K_b = 10^{-5}$	$6.5 \xrightarrow{4.7} 3.0$	$6.4 \xrightarrow{5.2} 4.0$	$6.3 \xrightarrow{5.65} 5.0$
$K_b = 10^{-6}$	$5.5 \xrightarrow{4.2} 3.0$	$5.4 \xrightarrow{4.7} 4.0$	$5.43 \xrightarrow{5.15} 4.86$
$K_b = 10^{-7}$	$4.5 \xrightarrow{3.7} 3.0$	$4.44 \xrightarrow{4.2} 3.87$	$4.75 \xrightarrow{4.65} 4.54$
$K_b = 10^{-8}$	$3.56 \xrightarrow{3.2} 2.9$	$3.97 \xrightarrow{3.7} 3.58$	$4.17 \xrightarrow{4.15} 4.13$
$K_b = 10^{-9}$	$2.84 \xrightarrow{2.7} 2.55$	$3.22 \xrightarrow{3.2} 3.18$	$3.65 \xrightarrow{3.65} 3.65$
$K_b = 10^{-10}$	$2.26 \xrightarrow{2.2} 2.15$		

（6）当滴定到指示剂颜色发生突变时，记录下消耗滴定剂的体积，从而可计算出被测分的含量。

（二）酸碱指示剂

酸碱指示剂是酸碱滴定用的指示剂。常用的酸碱指示剂一般是一些有机弱酸或弱碱，其酸式与共轭碱式具有不同的颜色。当溶液 pH 改变时，酸碱指示剂获得质子转化为酸式，或失去质子转化为碱式，由于指示剂的酸式与碱式具有不同的结构因而具有不同的颜色。

例如，酚酞是一种有机弱酸，有羟式和醌式两种结构。在酸性溶液中，酚酞主要以羟式结构存在，溶液呈无色；在碱性溶液中，酚酞则主要以醌式结构存在，溶液呈红色。

当溶液的 pH 值发生变化时，由于指示剂结构的变化，颜色也随之发生变化，因而可通过酸碱指示剂颜色的变化来确定酸碱滴定的终点。

表 3 列出几种常用酸碱指示剂在室温下水溶液中的变色范围，供使用时参考。

在酸碱滴定中，合适指示剂的变色范围应在滴定突跃范围之内，至少其变色点必须处于突跃范围内。

表3　几种常用酸碱指示剂在室温下水溶液中的变色范围

指示剂	变色范围 pH	颜色变化	pK_{HIn}	质量浓度（g/L）	用量（滴 10mL 试液）
百里酚蓝	1.2 ~ 2.8	红→黄	1.7	1g/L 的体积分数 20% 乙醇溶液	1 ~ 2
甲基黄	2.9 ~ 4.0	红→黄	3.3	1g/L 的体积分数 90% 乙醇溶液	1
甲基橙	3.1 ~ 4.4	红→黄	3.4	0.5g/L 的甲基橙水溶液	1
溴酚蓝	3.0 ~ 4.6	黄→紫	4.1	1g/L 的体积分数 20% 乙醇溶液或其他钠盐水溶液	1
溴甲酚绿	4.0 ~ 5.6	黄→蓝	4.9	1g/L 的体积分数 20% 乙醇溶液或其他钠盐水溶液	1 ~ 3
甲基红	4.4 ~ 6.2	红→黄	5.0	1g/L 的体积分数 60% 乙醇溶液或其他钠盐水溶液	1
溴百里酚蓝	6.2 ~ 7.6	黄→蓝	7.3	1g/L 的体积分数 20% 乙醇溶液或其他钠盐水溶液	1
中性红	6.8 ~ 8.0	红→黄橙	7.4	1g/L 的体积分数 60% 乙醇溶液	1
苯酚红酚酞	6.8 ~ 8.4	黄→红	8.0	1g/L 的体积分数 60% 乙醇溶液或其他钠盐水溶液	1
百里酚蓝	8.0 ~ 10.0	无色→红	9.1	5g/L 的体积分数 90% 乙醇溶液	1 ~ 3
百里酚酞	8.0 ~ 9.6	黄→蓝	8.9	1g/L 的体积分数 20% 乙醇溶液	1 ~ 4
	9.4 ~ 10.6	无色→蓝	10.0	1g/L 的体积分数 90% 乙醇溶液	1 ~ 2

（三）酸碱滴定法的应用实例

酸碱滴定法在生产实际中应用极为广泛，许多酸、碱物质包括一些有机酸（或碱）物质均可用酸碱滴定法进行测定。有些非酸（碱）性物质，还可以用间接酸碱滴定法进行测定。

实际上，酸碱滴定法除广泛应用于大量化工产品主成分含量的规定外，还广泛应用于钢铁及某些原材料中 C，S，P，Si 与 N 等元素的规定，以及有机合成工业与医药工业中的原料、中间产品和成品等的分析测定，甚至现行国家标准中，如化学试剂、化工产品、食品添加剂、水质标准、石油产品等凡涉及到酸度、碱度项目测定的，多数亦采用酸碱滴定法。

下面列举几个实例，简要叙述酸碱滴定法的应用。

（1）工业硫酸的测定：工业硫酸是一种重要的化工产品，也是一种基本的工业原料，广泛应用于化工、轻工、制药及国防科研等部门中，在国民经济中占有非常重要的地位。

纯硫酸是一种五色透明的油状黏稠液体，密度约为 1.84g/mL，其纯度的大小常用硫酸的质量分数来表示。

①测定步骤。硫酸是一种强酸，可用 NaOH 标准滴定溶液滴定，滴定反应为

$$H_2SO_4 + 2NaOH \longrightarrow H_2SO_4 + 2H_2O$$

滴定硫酸一般可选用甲基橙、甲基红等指示剂，国家标准中规定使用用甲基红-亚甲基蓝混合指示剂。

②结果计算。硫酸的质量分数 w（H_2SO_4）可按式（1）计算

$$w(H_2SO_4) = \frac{c(NaOH)\ V(NaOH)\ M(1/2H_2SO_4)}{M_S \times 1000} \times 100\% \tag{1}$$

式中 　w（H_2SO_4）——工业硫酸试样中 H_2SO_4 的质量分数，%；

　　　c（NaOH）——NaOH 标准滴定溶液的浓度，mol/L；

　　　V（NaOH）——NaOH 标准滴定溶液的体积，mL；

　M（$1/2H_2SO_4$）——以 $1/2H_2SO_4$ 作为基本单元的硫酸的摩尔质量，49.04g/mol；

　　　　　　M_S——称取 H_2SO_4 试样的质量，g。

在滴定分析时，由于硫酸具有强腐蚀性，因此使用和称取硫酸试样时，严禁溅出；硫酸稀释时会放出大量的热，使得试样溶液温度升高，需冷却后才能转移至容量瓶中稀释或进行滴定分析；硫酸试样的称取量由硫酸的密度和大致含量及 NaOH 标准滴定溶液的浓度所决定。

（2）混合碱的测定：混合碱的组分主要有：NaOH，Na_2CO_3，$NaHCO_3$，由于 NaOH 与 $NaHCO_3$ 不可能共存，因此混合碱的组成或者为三种组分中任一种，或者为 NaOH 与 Na_2CO_3 的混合物，或者为 Na_2CO_3 的混合物。单一组分的化合物，用 HCl 标准滴定溶液直接滴定即可；若是两种组分的混合物，则一般可用氯化钡法与双指示剂法进行测定。下面详细讨论双指示剂法。

双指示剂法测定混合碱时，无论其组成如何，其方法均是相同的，具体操作为：准确称取一定量试样（M_S），用蒸馏水溶解后先以 HCl 标准滴定溶液所消耗的体积 V_1（mL）。此时，存在于溶液中的 NaOH 全部被中和，而 Na_2CO_3 则被中和为 $NaHCO_3$。然后在溶液中加入甲基橙指示剂，继续用 HCl 标准滴定溶液滴定至溶液由黄色变为橙红色，再次记录所用去的 HCl 标准滴定溶液的体积 V_2（mL）。显然，V_2 是滴定溶液中 $NaHCO_3$（包括溶液中原本存在的 $NaHCO_3$ 与 Na_2CO_3 被中和所生成的 $NaHCO_3$）所消耗的体积。由于 Na_2CO_3 被中和到 $NaHCO_3$ 与 $NaHCO_3$ 被中和到 H_2CO_3 所消耗的 HCl 标准滴定溶液的体积是相等的。因此，有如下判别式：

①$V_1 > V_2$，表明溶液中有 NaOH 存在，因此，混合碱由 NaOH 与 Na_2CO_3 组成，且将溶液中的 Na_2CO_3 中和到 $NaHCO_3$ 所消耗的 HCl 标准滴定溶液的体积为 V_2（mL），所以

$$w(Na_2CO_3) = \frac{c(HCl)\ V_2 \times 106.0}{M_S \times 1000} \times 100\% \tag{2}$$

而将溶液中的 NaOH 中和成 NaCl 所消耗的 HCl 标准滴定溶液的体积为（$V_1 - V_2$）mL，所以

$$w(NaOH) = \frac{c(HCl)\ (V_1 - V_2) \times 40.00}{M_S \times 1000} \times 100\% \tag{3}$$

②$V_1 < V_2$，表明溶液中有 $NaHCO_3$ 存在，因此，混合碱由 Na_2CO_3 与 $NaHCO_3$ 组成，且将溶液中的 Na_2CO_3 中和到 $NaHCO_3$ 所消耗的 HCl 标准滴定溶液的体积为 V_1（mL），所以

$$w(Na_2CO_3) = \frac{c(HCl)\ V_1 \times 106.00}{M_S \times 1000} \times 100\% \tag{4}$$

而将溶液中的 $NaHCO_3$ 中和成 H_2CO_3 所消耗的 HCl 标准滴定溶液的体积为（$V_2 - V_1$）mL，所以

$$w(Na_2CO_3) = \frac{c(HCl)(V_2 - V_1) \times 84.01}{M_s \times 1000} \times 100\% \qquad (5)$$

氯化钡法与双指示剂法相比,前者操作上虽然稍麻烦,但由于测定时 CO_3^{2-} 被沉淀,所以最后的滴定实际上是强酸滴定强碱,因此结果反而比双指示剂法准确。

二、配位滴定法简介

(一)方法简介

(1)配位滴定法概述:配位滴定法是以生成配位化合物的反应为基础的滴定分析方法。例如,用 $AgNO_3$ 标准滴定溶液滴定 CN^- 时,Ag^+ 与 CN^- 发生配位反应,生成 $[Ag(CN)_2]^-$ 配离子,其反应为:当滴定到达化学计量点后,稍过量的 Ag^+ 与 $[Ag(CN)_2]^-$ 结合生成 $Ag[Ag(CN)_2]$ 白色沉淀,使溶液变浑浊,指示滴定终点的到达。

(2)配位剂:广泛用作配位滴定剂的是含有—$N(CH_2COOH)_2$ 基团的有机化合物,称为氨羧配位剂。其分子中含有氨氮 N 和羧氧—C—O—配位原子,前者易与 Cu,Ni,Zn,Co,Hg 等金属离子配位。因此氨羧配位剂兼有两者配位的能力,几乎能与所有金属离子配位。

在配位滴定中最常用的氨羧配位剂主要有以下几种:EDTA(乙二胺四乙酸);CyDTA(或 DCTA,环己烷二胺基四乙酸);EDTP(乙二胺四丙酸);TTHA(三乙基四胺六乙酸)。氨羟配位剂中 EDTA 是目前应用最广泛的一种,用 EDTA 标准滴定溶液可以滴定几十种金属离子。通常所谓的配位滴定法,主要是指 EDTA 滴定法。

(二)乙二胺四乙酸的分析特性

(1)乙二胺四乙酸的性质　乙二胺四乙酸(通常用 H_4V 表示)简称 EDTA,其结构式如下:

乙二胺四乙酸为白色无水结晶粉末,室温时在水中溶解度较小(22℃时溶解度为 0.02g/100mL),难溶于酸和有机溶剂,易溶于碱或氨水中,形成相应的盐。由于乙二胺四乙酸溶解度很小,故常用它的二钠盐。

乙二胺四乙酸的二钠盐($Na_2H_2Y \cdot 2H_2O$,亦称 EDTA)为白色结晶粉末,室温下可吸附水分 0.3%,80℃时可烘干除去。在 100~140℃时将失去结晶水而成为无水的乙二胺四乙酸二钠。乙二胺四乙酸二钠易溶于水(22℃时溶解度为 11.1g/100mLH_2O,浓度约 0.3mol/L,pH≈4.4),因此通常使用乙二胺四乙酸二钠(即 EDTA)作滴定剂。

乙二胺四乙酸在水溶液中,具有双偶极离子结构

当 EDTA 溶解于酸度很高的溶液中时,它的两个羧酸根可再接受两个 H^+ 形成 H_6Y^{2+},这样,它就相当于一个六元酸,有六级离解常数,EDTA 的逐级离解常数见表4。

表4　EDTA 的逐级离解常数

K_{a1}	K_{a2}	K_{a3}	K_{a4}	K_{a5}	K_{a6}
$10^{-0.9}$	$10^{-1.6}$	$10^{-2.0}$	$10^{-2.67}$	$10^{-6.16}$	$10^{-10.26}$

因此，EDTA 在水溶液中总是以 H_6Y^{2+}，H_5Y^+，H_4Y，H_3Y^-，H_2Y^{2-}，HY^{3-} 和 Y^{4-} 等七种型体存在。它们的分布系数与溶液 pH 的关系如图 2 所示。

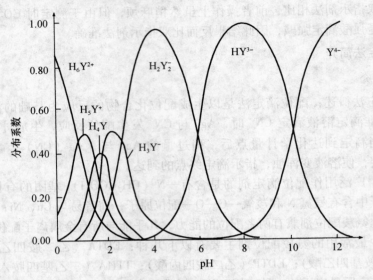

图 2　EDTA 溶液中各种存在型体在不同 pH 时的分布图

由分布曲线图中可以看出，在 pH < 1 的强酸溶液中，EDTA 主要以 H_6Y^{2+} 型体存在；在 pH 为 2.75 ~ 6.24 时，主要以 H_2Y^{2-} 型体存在；仅在 pH > 10.34 时，才主要以 Y^{4-} 型体存在。值得注意的是，在七种型体中只有 Y^{4-}（为了方便，以下均用符号 Y 来表示 Y^{4-}）能与金属离子直接配位。Y 分布系数越大，即 EDTA 的配位能力越强。而 Y 分布系数的大小与溶液的 pH 密切相关，所以溶液的酸度便成为影响 EDTA 配合物稳定性及滴定终点敏锐性的一个很重要的因素。

（2）乙二胺四乙酸的螯合物：螯合物是一类具有环状结构的配合物。螯合即指成环，只有当一个配体至少含有两个可配位的原子时，才能与中心原子形成环状结构，螯合物中所形成的环状结构常称为螯环。能与金属离子形成螯合物的试剂，称为螯合剂。EDTA 就是一种常用的螯合剂。

EDTA 分子中有六个配位原子，此六个配位原子恰能满足它们的配位数，在空间位置上均能与同一金属离子形成环状化合物，即螯合物。

（三）配位离解平衡

（1）配合物的绝对稳定常数：对于 1 : 1 型的配合物 ML 来说，其配位反应式为（为简便起见，略去电荷）：

$$M + L \rightleftharpoons ML$$

因此反应的平衡常数为：

$$K_{MY} = \frac{[ML]}{[M][L]} \tag{6}$$

K_{MY} 即为金属-EDTA 配合物的绝对稳定常数（或称形成常数），也可用 $K_{稳}$ 表示。对于具有相同配位数的配合物或配位离子，$K_{稳}$ 越大，配合物越稳定。$K_{稳}$ 的倒数即为配合物的不稳定常数（或称离解常数）。

$$K_{稳} = 1/K_{不稳} \tag{7}$$
$$或 \quad \lg K_{稳} = pK_{不稳}$$

需要指的是，绝对稳定常数是指无副反应情况下的数据，它不能反映实际滴定过程中真实配合物的稳定状况。

（2）副反应系数和条件稳定常数：在滴定过程中，一般将 EDTA 与被测金属离子 M 的反应称

664

为主反应，而溶液中存在的其他反应都称为副反应，如下式式中 A 为辅助配位剂，N 为共存离子。

$$
\begin{array}{ccccc}
M & A & Y & N & MY \\
OH^- & MA & HY & NY & MHY & OH^- \\
M(OH) & \vdots & \vdots & \vdots & M(OH)Y \\
\vdots & MA_n & H_6Y & & \\
M(OH)_n & & & &
\end{array}
$$

羟基配位效应	配位效应	酸效应	共存离子效应	混合配位效应

显然，反应物（M、Y）发生副反应不利于主反应的进行，而生成物（MY）的各种副反应则有利于主反应的进行，但所生成的这些混合配合物大多数不稳定，可以忽略不计。以下主要讨论反应物发生的副反应。

①副反应系数。配位反应涉及的平衡比较复杂，为了定量处理各种因素对配位平衡的影响，引入副反应系数的概念。副反应系数是描述副反应对主反应影响大小程度的量表，以 α 表示。

a. Y 与 H 的副反应——酸效应与酸效应系数。因 H^+ 的存在使配位体参加主反应能力降低的现象称为酸效应。酸效应的程度用酸效应系数来衡量，EDTA 的酸效应系数用符号 $\alpha_{Y(H)}$ 表示。所谓酸效应系数是指在一定酸度下，未与 M 配位的 EDTA 各级质子化型体的总浓度 $[Y']$（如果将 EDTA 的分析浓度 C_Y 近似看作是 $[Y']$，则 $\alpha_{Y(H)} = C_Y / [Y]$）与游离 EDTA 酸根离子浓度 $[Y]$ 的比值。即

$$
\alpha_{Y(H)} = \frac{[Y']}{[Y]} \tag{8}
$$

不同酸度下的 $\alpha_{Y(H)}$（11）值，可按式 9 计算：

$$
\alpha_{Y(H)} = 1 + \frac{[H]}{K_6} + \frac{[H]^2}{K_6 K_5} + \frac{[H]^3}{K_6 K_5 K_4} + \cdots + \frac{[H]^6}{K_6 K_5 \cdots} \tag{9}
$$

式中 K_6，$K_5 \cdots K_1$ 为 $H_6 Y^{2+}$ 的各级离解常数。

由式（9）可知，$\alpha_{Y(H)}$ 随 pH 的增大而减少。$\alpha_{Y(H)}$ 越小，则 $[Y]$ 越大，即 EDTA 有效浓度越大，因而酸度对配合物的影响越小。

在 EDTA 滴定中，$\alpha_{Y(H)}$ 是常用的副反应系数。为应用方便，通常用其对数值 $\lg\alpha_{Y(H)}$。表 5 列出了不同 pH 的溶液中 EDTA 酸效应系数 $\lg\alpha_{Y(H)}$ 值。

表5 不同 pH 值时的 $\lg\alpha_{Y(H)}$ 表

pH	$\lg\alpha_{Y(H)}$	pH	$\lg\alpha_{Y(H)}$	pH	$\lg\alpha_{Y(H)}$
0.0	23.64	3.8	8.85	7.4	2.88
0.4	21.32	4.0	8.44	7.8	2.47
0.8	19.08	4.4	7.64	8.0	2.27
1.0	18.01	4.8	6.84	8.4	1.87
1.4	16.02	5.0	6.45	8.8	1.48
1.8	14.27	5.4	5.69	9.0	1.28
2.0	13.51	5.8	4.98	9.5	0.83
2.4	12.09	6.0	4.65	10.0	0.45

由表5可看出，多数情况下 $\alpha_{Y(H)}$，不等于1；仅当 pH≥12 时，$\alpha_{Y(H)}$ 才等于1，即此时 Y 才不与 H^+ 发生副反应，EDTA 的配位能力最强。

b. Y 与 N 的副反应——共存离子效应和共存离子效应系数。如果溶液中除了被滴定的金属离子 M 之外，还有其他金属离子 N（N 亦能与 Y 形成稳定的配合物）存在，且其浓度较大时，Y 与 N 的副反应就会影响 Y 与 N 的配位能力，此时共存离子的影响不能忽略。

这种由于共存离子 N 与 EDTA 反应，因而降低了 Y 平衡浓度的副反应称为共存离子效应。其影响可用共存离子效应系数 $\alpha_{Y(H)}$ 表示：

$$\alpha_{Y(H)} = [Y']/[Y] = [NY] + [Y]/[Y] = 1 + K_{NY}[N] \tag{10}$$

式中　$[N]$——游离共存金属离子 N 的平衡浓度。

由式（10）可知，$\alpha_{Y(H)}$ 的大小只与 K_{NY} 的大小以及 N 的浓度有关。若有几种共存离子存在时，一般只考虑其中影响最大的，其他可忽略不计。实际上，Y 的副反应系数 α_Y，应同时包括共存离子效应和酸效应两部分，因此

$$\alpha_Y \approx \alpha_{Y(H)} + \alpha_{Y(N)} - 1 \tag{11}$$

实际工作中，当 $\alpha_{Y(H)} > \alpha_{Y(N)}$，时，酸效能是主要的；当 $\alpha_{Y(H)} > \alpha_{Y(N)}$ 时，共存离子效应是主要的。一般情况下，在滴定剂 Y 的副反应中，酸效应的影响较大，因此 $\alpha_{Y(H)}$ 是重要的副反应系数。

c. 金属离子 M 的配位效应与配位效应系数。在 EDTA 滴定中，由于其他配位剂的存在使金属离子参加主反应能力降低的现象称为配位效应。这种由于配位剂 L 引起副反应的副反应系数称为配位效应系数，用 $\alpha_{M(L)}$ 表示。$\alpha_{M(L)}$ 定义为：没有参加主反应的金属离子总浓度 $[M']$ 与游离金属离子浓度 $[M]$ 的比值。即

$$\alpha_{M(L)} = [M']/[M] = 1 + \beta_1[L] + \beta_2[L]^2 + \cdots + \beta_n[L]^n \tag{12}$$

$\alpha_{M(L)}$ 越大，表示副反应越严重。

d. 配合物 MY 的副反应。这种副反应在酸度较高或较低发生。酸度较高时，生成酸式配合物（MHY），其副反应系数用 $\alpha_{MY(H)}$ 表示；酸度较低时，生成酸式配合物（MOHY），其副反应系数用 $\alpha_{MY(OH)}$ 表示。酸式配合物和碱式配合物一般不太稳定，一般计算中可忽略不计。

②条件稳定常数。通过上述副反应对主反应影响的因素讨论，可知用绝对稳定常数描述配合物的稳定性显然是不符合实际情况的，应将副反应的影响一起考虑。由此推导的稳定常数应区别于绝对稳定常数，而称之为条件稳定常数或表观稳定常数，用 K'_{MY} 表示。K'_{MY} 与 α_Y，$\alpha_{M(L)}$，α_{MY} 的关系如下：

$$K'_{MY} = K_{MY} \qquad \alpha_{MY}/\alpha_M\alpha_Y \tag{13}$$

当条件恒定时，α_Y，$\alpha_{M(L)}$，α_{MY} 均为定值，故 K'_{MY} 在一定条件下为常数，称为条件稳定常数。当副反应系数为1时（无副反应），$K'_{MY} = K_{MY}$。

若将式（13）取对数，可得：

$$\lg K_{MY} = K_{MY} + \lg\alpha_{MY} - \lg\alpha_{M(L)} - \lg\alpha_R \tag{14}$$

一般情况下，对主反应影响较大的副反应是 EDTA 的酸效应和金属离子的配位效应，其中尤以酸效应影响更大。如果不考虑其他副反应，仅考虑 EDTA 的酸效应，则式（14）可简化为：

$$\lg K_{MY} = \lg K_{MY} - \lg\alpha_{Y(H)} \tag{15}$$

条件稳定常数是利用副反应系数进行校正后的实际稳定常数，可用于判断滴定金属离子的可行性和混合金属离子分别滴定的可行性以及滴定终点时金属离子的浓度计算等。

（四）酸效应曲线和滴定金属离子的最小 pH

在配位滴定中，当目测的滴定终点与化学计量点两者 pM（pM = $-\lg[M]$ 的差值，ΔpM 为

666

±0.2pM 单位，允许的终点误差为 ±0.1% 时，根据有关公式，可推导出准确测定单一金属离子的条件为

$$\lg c_M K'_{MY} \geqslant 6 \tag{16}$$

在金属离子的原始浓度 c_M 为 0.010mol/L 的特定条件下，则

$$\lg K'_{MY} \geqslant 8 \tag{17}$$

假设金属离子未发生副反应，且溶液中无共存离子，则

$$\lg K'_{MY} = \lg K_{MY} - \lg \alpha_{\gamma(H)} \geqslant 8$$
$$\lg \alpha_{\gamma(H)} \leqslant \lg K_{MY} - 8 \tag{18}$$

将各种金属离子的 $\lg K_{MY}$ 代入式（18），即可求出对应的最大 $\lg \alpha_{\gamma(H)}$ 值，再从表 4 查得与它对应的 pH，即可求出滴定不同金属离子时所允许的最小 pH。例如，对于浓度为 0.01mol/L 的 Zn^{2+} 溶液的滴定，以 $\lg K_{ZNY} = 16.50$ 代入式（18），得：

$$\lg \alpha_{\gamma(H)} \leqslant 8.5$$

从表 5 可查得 pH≥4.0，即滴定 Zn^{2+} 允许的最小 pH 为 4.0。将金属离子的 $\lg K_{MY}$ 值与最小 pH〔或对应的 $\lg \alpha_{\gamma(H)}$ 与最小 pH〕所绘成的曲线，称为酸效应曲线，如图 3 所示。

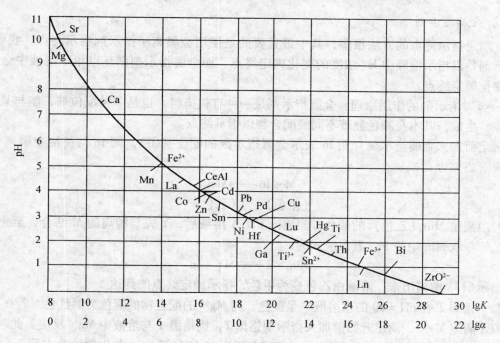

图 3　EDTA 酸效应曲线

实际工作中，利用酸效应曲线可查得单独滴定某种金属离子时所允许的最低 pH；此外，酸效应曲线还可当 $\lg \alpha_{\gamma(H)}$-pH 曲线使用。

必须注意，使用酸效应曲线确定单独滴定某种金属离子最低 pH 的前提是：金属离子浓度为 0.01mol/L；允许测定的相对误差为 ±0.1%；溶液中除 EDTA 的酸效应外，金属离子未发生其他副反应。如果前提变化，曲线将发生变化，因此要求的 pH 也会有所不同。

（五）配位滴定过程中金属离子（M）浓度的计算

随着滴定剂 EDTA 的加入，金属离子浓度随之减少，在化学计算点附近，溶液中金属离子浓度发生突变。pH = 12 时，0.01000mol/L EDTA 滴定 20.00mL 0.01000mol/L Ca^{2+} 溶液过程中 pCa 值的变化见表 6。

表6　pH = 12 时用 0.01000mol/L　EDTA 滴定 20.00mL
0.01000mol/LCa^{2+} 溶液中 pCa 的变化

EDAT 加入量		Ca^{2+} 被滴定的分数	EDAT 过量的分数	pCa
（mL）	（%）	（%）	（%）	
0	0			2.0
18.00	90.0	90.0		3.3
19.80	99.0	99.0		4.3
19.98	99.9	99.9		5.3
20.00	100.0	100.0		6.5
20.02	100.1		0.1	7.7
20.20	101.0		1.0	8.7
40.00	200.0		100	10.7

（六）金属指示剂

配位滴定指示终点的方法很多，其中最重要的是使用金属离子指示剂指示终点。我们知道，酸碱指示剂是以指示溶液中 H$^+$ 浓度的变化确定终点，而金属指示剂则是以指示溶液中金属离子浓度的变化确定终点。

（1）金属指示剂的作用原理：金属指示剂是一种有机染料，也是一种配位剂，能与某些金属离子反应，生成与其本身颜色显著不同的配合物以指示终点。

在滴定前加入金属指示剂（用 In 表示金属指示剂的配位基团），则 In 与待测金属离子 M 有如下反应（省略电荷）：

$$M + In \longrightarrow Min$$
（甲色）　　（乙色）

这时溶液呈 Min（乙色）的颜色。当滴入 EDTA 溶液后，Y 先与游离的 M 结合，至化学计量点附近，Y 夺取 Min 中的 M，其反应式为：

$$Min + Y \longrightarrow MY + In$$

使指示剂 In 游离出来，溶液由乙色变为甲色，指示滴定终点的到达。

例如，铬黑 T 在 pH = 10 的水溶液中呈蓝色，与 Mg^{2+} 的配合物的颜色为酒红色。若在 pH = 10 时用 EDTA 滴定 Mg^{2+}，滴定开始前加入指示剂铬黑 T，则铬黑 T 与溶液中 Mg^{2+} 反应，此时溶液呈 Mg^{2+}-铬黑 T 的红色。随着 EDTA 的加入，EDTA 逐渐与 Mg^{2+} 反应，在化学计量点附近，Mg^{2+} 的浓度降至很低，加入的 EDTA 进而夺取了 Mg^{2+}-铬黑 T 中的 Mg^{2+}，使铬黑 T 游离出来，此时溶液呈现出蓝色，指示滴定终点到达。

另外，在使用指示剂时应注意：

①指示剂的封闭。有的指示剂与某些金属离子生成很稳定的配合物，其稳定性超过了相应的金属离子与 EDTA 的配合物，即 $\lg K_{Min} > \lg K_{MY}$。例如 EBT 与 Al^{3+}，Fe^{3+}，Cu^{2+}，Ni^{2+}，Co^{2+} 等生成的配合物非常稳定，若以 EDTA 滴定这些离子，达到化学计量点时 EDTA 无法夺取 Min 配合物中的金属离子，溶液没有颜色变化，这种现象称为指示剂的封闭现象。解决的办法是加入掩蔽剂，使干扰离子生铬黑 T 的封闭可加三乙醇胺予以消除；Cu^{2+}，Co^{2+}，Ni^{2+} 可用 KCN 掩蔽；Fe^{3+} 也可先用抗坏血酸还原为 Fe^{2+}，再加 KCN 以 Fe(CN)$_6^{3-}$ 形式掩蔽。若干扰离子的量太大，则需预先分离除去。

②批示剂的僵化。有些指示剂与金属离子形成的配合物（Min）在水中的溶解度太小，以致

滴定剂与 Min 之间反应缓慢，使终点拖长，这种现象称为指示剂的僵化。解决的办法是加入有机溶剂或加热，以增大其溶解度。例如用 PAN 作指示剂时，经常加入酒精或加热条件下滴定。

③金属指示剂的质量大多为含双键的有色化合物，易被日光、氧化剂、空气所分解，在水溶解中多不稳定，日久会变质。若配成固体混合物则较稳定，保存时间较长。例如铬黑 T 和钙指示剂，常用固体 NaCl 或 KCl 作稀释来配制。

（2）常用的金属指示剂

①铬黑 T（EBT）。铬黑 T 在溶液中有如下平衡：

$$pK_{a2} = 6.3 \qquad pK_{a3} = 11.6$$

因此在 pH < 6.3 时，EBT 在水溶液中呈紫红色；pH > 11.6 时 EBT 呈橙色，而 EBT 与二价金属离子形成的配合物都显红色，所以只有在 pH 为 7 ~ 11 范围内使用，EBT 才有明显的颜色，实验表明 EBT 最适宜的酸度是 pH = 9 ~ 10.5。

铬黑 T 固体相当稳定，但其水溶液仅能保存几天，这是由于聚合反应的缘故。聚合后的铬黑 T 不能再与金属离子显色。pH < 6.5 的溶液中聚合更为严重，加入三乙醇胺可以防止聚合。

铬黑 T 是在弱碱性溶液中滴定 Mg^{2+}，Zn^{2+}，Pb^{2+} 等离子的常用指示剂。

②二甲酚橙（XO）。二甲酚橙为多元酸，它在 pH > 6.3 时呈黄色，它与金属离子形成的配合物为红色。二甲酚橙是酸性溶液中许多离子配位滴定所使用的极好指示剂。锆、铪、钍、钪、铟、钇、铋、铅、镉、汞等许多金属的离子都可用二甲酚橙作指示剂，用 EDTA 直接滴定。

铝、镍、钴、铜、镓等金属的离子会封闭二甲酚橙，可采用返滴定法。即在 pH = 5.0 ~ 5.5（六次甲基四胺缓冲溶液）时，加入过量 EDTA 标准滴定溶液，再用锌或铅标准滴定溶液返滴。Fe^{3+} 可在 pH 为 2 ~ 3 时，以硝酸铋返滴定法测定。

③PAN。PAN 与 Cu^{2+} 的显色反应非常灵敏，但很多其他金属离子如 Ni^{2+}，Co^{2+}，Zn^{2+}，Pb^{2+}，Bi^{3+}，Ca^{2+} 等与 PAN 反应缓慢或显色灵敏度低，所以有时利用 Cu-PAN 作间接指示剂来测定这些金属离子。Cu-PAN 指示剂是 CuY 和少量 PAN 的混合液，将其加到含有被测金属离子 M 的试液中时，发生如下置换反应：

此时溶液呈现紫红色。当加入的 EDTA 与 M 定量反应后，在化学计量点附近 EDTA 将夺取 Cu-PAN 中的 Cu^{2+}，从而使 PAN 游离出来：

$$Cu\text{-}PAN + Y \longrightarrow CuY + PAN$$
$$（紫红） \qquad\qquad （黄）$$

溶液由紫红色变为黄色，指示终点到达。因滴定前加入的 CuY 与最后生成的 CuY 是相等的，故加入的 CuY 并不影响测定结果。在几种离子的连续滴定中，若分别使用几种指示剂，往往发生颜色干扰。由于 Cu-PAN 可在很宽的 pH 范围（1.9 ~ 12.2）内使用，因而可以在同一溶液中连续指示终点。类似 Cu-PAN 这样的间接指示剂，还有 Mg-EBT 等。常用金属指示剂的使用 pH 条件、可直接滴定的金属离子和颜色变化及配制方法见表 7。

表 7　常用的金属指示剂

指示剂	离解常数	滴定元素	颜色变化	配置方法	对指示剂封闭离子
酸性铬蓝 K	$pK_{a1} = 6.7$ $pK_{a2} = 10.2$ $pK_{a3} = 14.6$	Mg(pH = 10) Ga(pH = 12)	红→蓝	0.1% 乙醇溶液	
钙指示剂	$pK_{a2} = 3.8$ $pK_{a3} = 9.4$ $pK_{a4} = 13 \sim 14$	Ga(pH = 12 ~ 13)	酒红→蓝	与 NaCl 按 1:100 的质量比混合	Ca^{2+}，Ni^{2+}，Cu^{2+}，Fe^{3+}，Al^{3+}，Ti^{4+}

指示剂	离解常数	滴定元素	颜色变化	配置方法	对指示剂封闭离子
铬黑 T	$pK_{a1} = 3.9$ $pK_{a2} = 6.4$ $pK_{a3} = 11.5$	Ga(pH = 10，加入 EDTA-Mg) Mg(pH = 10) Pb（加入酒石酸钾 pH = 10) Zn（pH = 6.8 ~ 10)	红→蓝 红→蓝 红→蓝 红→蓝	与 NaCl 按 1：100 的质量比混合	Co^{2+}、Ni^{2+}、CU^{2+}、Fe^{3+}、Al^{3+}、Ti（Ⅳ）
紫脲酸胺	$pK_{a1} = 1.6$ $pK_{a2} = 8.7$ $pK_{a3} = 10.3$ $pK_{a4} = 13.5$ $pK_{a5} = 14$	Ga（pH > 10，ϕ = 25% 乙醇) Cu（pH = 7 ~ 8) Ni（pH = 8.5 ~ 11.5)	红→紫 黄→紫 黄→紫红	与 NaCl 按 1：100 的质量比混合	
Cu-PAN	$pK_{a1} = 2.9$ $pK_{a2} = 11.2$	Cu（pH = 6) Zn（pH = 5 ~ 7)	红→黄 粉红→黄	1g/L 乙醇溶液	
磺基水杨酸	$pK_{a1} = 2.6$ $pK_{a2} = 11.7$	Fe(Ⅲ)（pH = 1.5 ~ 3)	红紫→黄	10 ~ 20g/L 水溶液	

（七）配位滴定中的掩蔽与解蔽

为了提高配位滴定的选择性，除可利用控制溶液 pH 值、选择适当的指示剂、分离干扰离子等方法外，最常用的方法是使用掩蔽剂。利用掩蔽剂降低干扰离子的浓度，使它们不与 EDTA 配位；或者说，使它们的 EDTA 配合物的条件稳定常数很小，从而消除干扰。

掩蔽方法按掩蔽反应类型的不同分为配位掩蔽法、氧化还原掩蔽法和沉淀掩蔽法等。

（1）配位掩蔽法：该法在化学分析中应用最广泛，它是通过加入能与干扰离子形成更稳定配合物的配位剂（通称掩蔽剂）掩蔽干扰离子，从而能够更准确地滴定待测离子。例如测定 Al^{3+} 和 Zn^{2+} 共存溶液中的 Zn^{2+} 时，可加入 NH_4F 与干扰离子 Al^{3+} 形成十分稳定的 AlF_6^{3-}，因而消除了 Al^{3+} 干扰。

（2）氧化还原掩蔽法：该法是加入一种氧化剂或还原剂，改变干扰离子价态，以消除干扰的方法。例如，锆铁矿中锆的滴定，由于 Zr^{4+} 和 Fe^{3+} 与 EDTA 配合物的稳定常数相差不够大（ΔlgK = 29.9 - 25.1 = 4.8），Fe^{3+} 干扰 Zr^{4+} 的滴定。此时可加入抗坏血酸或盐酸羟氨使 Fe^{3+} 还原为 Fe^{2+}，由于 $lgK_{FeY^{2-}}$ = 14.3，比 lgK_{FeY^-} 小得多，因而避免了干扰。又如前面提到，pH = 1 时测定 Bi^{3+} 不能使用三乙醇胺掩蔽 Fe^{3+}，此时同样可采用抗坏血酸或盐酸羟氨使 Fe^{3+} 还原为 Fe^{2+} 消除干扰。如滴定 Th^{4+}，In^{3+}，Hg^{2+} 时，也可用同样方法消除 Fe^{3+} 干扰。

（3）沉淀掩蔽法：该法是加入选择性沉淀剂与干扰离子形成沉淀，从而降低干扰离子的浓度，以消除干扰的一种方法。例如在 Ca^{2+}、Mg^{2+} 共存溶液中，加入 NaOH 使 pH > 12，生成 $Mg(OH)_2$ 沉淀，这时 EDTA 就可直接滴定 Ca^{2+} 了。

沉淀掩蔽法要求所生成的沉淀溶解度要小，沉淀的颜色为无色或浅色，沉淀最好是晶形沉淀，吸附作用小。由于某些沉淀反应进行得不够完全，造成掩蔽效率有时不太高，加上沉淀的吸附现象，既影响滴定准确度又影响终点观察。因此，沉淀掩蔽法不是一种理想的掩蔽方法，在实际工作中应用不多。

（八）EDTA 标准滴定溶液的制备（参见 GB/T 601—2002）

乙二胺四乙酸难溶于水，在实际工作中，通常用它的二钠盐制备标准滴定溶液。实验室中使用的 EDTA 标准滴定溶液一般采用间接法制备，所用水为二次蒸馏水或去离子水。

（1）EDTA 标准滴定溶液的配制与贮存。常用的 EDTA 标准滴定溶液浓度为

0.01～0.305mol/L，配制时，可称取一定量（按所需浓度和体积计算）EDTA，用适量蒸馏水溶解（必要时可加热），然后稀释至所需体积，并充分混匀，转移至试剂瓶中待标定。

EDTA 二钠盐溶液的 pH 正常值为 4.8，市售的试剂如果不纯，pH 常低于 2，有时 pH < 4。当室温较低时易析出难溶于水的乙二胺四乙酸，使溶液变混浊，并且溶液的浓度也发生变化。因此配制溶液时，可用 pH 试纸检查，若溶液 pH 较低，可加几滴 0.1mol/L 的 NaOH 溶液，使溶液的 pH 在 5～6.5 之间直至变清为止。

配制好的 EDTA 溶液应贮存在聚乙烯塑料瓶或硬质玻璃瓶中，若贮存在软质玻璃瓶中，EDTA 会不断地溶解玻璃中的 Ca^{2+}，Mg^{2+} 等离子，形成配合物，使其浓度不断降低。

（2）EDTA 标准滴定溶液的标定

①标定 EDTA 常用的基准试剂。用于标定 EDTA 溶液的基准试剂很多，常用的基准试剂见表 8。

表8　标定 EDTA 的常用基准试剂

基准试剂	基准试剂处理	滴定条件		终点颜色变化
		pH	指示剂	
铜片	稀 HNO_3 溶解，除去氧化膜，用水或无水乙醇充分洗涤，在 105℃ 烘箱中，烘 3min，冷却后称量，以 1+1HNO_3 溶解，再以 H_2SO_4 蒸发除去 NO_2	4.3 HAc-Ac 缓冲溶液	PAN	红→黄
铅	稀 HNO_3 溶解，除去氧化膜，用水或无水乙醇充分洗涤，在 105℃ 烘箱中烘 3min，冷却后称量，以 1+2HNO_3 溶解，加热后除去 NO_2	10 NH_3-NH_4^+ 缓冲溶液	铬黑 T	红→蓝
		5～6 六次甲基四胺	二甲酚橙	红→黄
锌片	用 1+5HCl 溶解，除去氧化膜，用水或无水乙醇充分洗涤，在 105℃ 烘箱中，烘 3min，冷却后称量，以 1+1HCl 溶解	10NH_3-NH_4^+ 缓冲溶液	铬黑 T	红→蓝
		5～6 六次甲基四胺	二甲酚橙	红→黄
$CaCO_3$	在 105℃ 烘箱中，烘 120min，冷却后称量，以 1+1HCl 溶解	12.5～12.9KOH ≥12.5	甲基百里酚蓝 钙指示剂	蓝→灰 酒红→蓝
MgO	在 1000℃ 灼烧后，以 1+1HCl 溶解	10 NH_3-NH_4^+ 缓冲溶液	铬黑 T K-B	红→蓝

实验室中常用金属锌或氧化锌为基准物，由于它们的摩尔质量不大，标定时通常采用"称大样"法，即先准确称取较大量的基准物，溶解后定量转移入一定体积的容量瓶中配制，然后再移取一定量溶液标定。

②标定的条件。为了使测定结果具有较高的准确度，标定的条件与测定的条件应尽可能相同。在可能的情况下，最好选用被测元素的纯金属或化合物为基准物质。这是因为不同的的金属离子与 EDTA 反应完全的程度不同，允许的酸度不同，因而对结果的影响也不同。

如 Al^{3+} 与 EDTA 的反应，在过量 EDTA 存在下，控制酸度并加热，配位率也只能达到 99% 左右，因此要准确测定 Al^{3+} 含量，最好采用纯铝或含铝标样标定 EDTA 溶液，使误差低消。又如，由实验用水中引入的杂质（如 Ca^{2+}，Pb^{2+}）在不同条件下有不同影响。在碱性中滴定时两者均会与 EDTA 配位；在酸性溶液中则只有 Pb^{2+} 与 EDTA 配位；在强酸溶解下滴定，则两者均不与 EDTA配位。因此，若在相同酸度下标定和测定，这种影响就可以被抵消。

③标定方法。在 pH = 4～12，Zn^{2+} 均能与 EDTA 定量配位，可采用的方法有：

a. 在 pH = 10 的 NH_3-NH_4Cl 缓冲溶液中，以铬黑 T 为指示剂，直接标定。

b. 在 pH = 5 的六次甲基四胺缓冲溶液中，以二甲酚橙为指示剂，直接标定。

（九）EDTA 配位滴定法的应用

在配位滴定中采用不同的滴定方式，可以扩大配位滴定法的应用范围。配位滴定法中常用的滴定方式及其应用包括：

（1）直接滴定法及其应用：直接滴定法是配位滴定中的基本方法。这种方法是将试样处理成溶液后，调节至所需的酸度，再用 EDTA 直接滴定被测离子。在多数情况下，直接法引入的误差较小，操作简便、快速。只要金属离子与 EDTA 的配位反应能满足直接滴定的要求，应尽可能地采用直接滴定法。但有以下任何一种情况，都不宜直接滴定：

①待测离子与 EDTA 不形成或形成的配合物不稳定。

②待测离子与 EDTA 的配位反应很慢，例如 Al^{3+}，Cr^{3+}，Zr^{4+} 等的配合物虽稳定，但在常温下反应进行的很慢。

③没有适当的指示剂，或金属离子对指示剂有严重的封闭或僵化现象。

④在滴定条件下，待测金属离子水解或生成沉淀，滴定过程中沉淀不易溶解，也不能用加入辅助配位剂的方法防止这种现象的发生。

实际上大多数金属离子都可采用直接滴定法。例如，测定钙、镁可有多种方法，但以直接配位滴定法最为简便。钙、镁联合测定的方法是：先在 pH = 10 的氨性溶液中，以铬黑 T 为指示剂，用 EDTA 滴定。由于 CaY 比 MgY 稳定，故先滴定的是 Ca^{2+}。但它们与铬黑 T 配位化合物的稳定性则相反（$\lg K_{CaIn} = 5.4$，$\lg K_{MgIn} = 7.0$），因此当溶液由紫红变为蓝色时，表示 Mg^{2+} 已定量滴定。另取同量试液，加入 NaOH 调节溶液酸度至 pH > 12，此时镁以 $Mg(OH)_2$ 沉淀形式被掩蔽，选用钙指示剂为指示剂，用 EDTA 滴定 Ca^{2+}。由前后两次测定之差，即得到镁的含量。

部分金属离子常用的 EDTA 直接滴定法示例，见表9。

表9　直接滴定法示例

金属离子	pH	指示剂	其他主要滴定条件	终点颜色变化
Bi^{3+}	1	二甲酚橙		紫红→黄
Ca^{2+}	12 ~ 13	钙指示剂		酒红→蓝
Cd^{2+}，Fe^{2+}，Pb^{2+}，Zn^{2+}	5 ~ 6	二甲酚橙	六次甲基四胺	红紫→黄
Co^{2+}	5 ~ 6		六次甲基四胺，加热至80℃	红紫→黄
Cd^{2+}，Mg^{2+}，Zn^{2+}	9 ~ 10	铬黑 T	氨性缓冲液	红→蓝
Cu^{2+}	2.5 ~ 10	PAN	加热或加乙醇	红→黄绿
Fe^{3+}	1.5 ~ 2.5	磺基水杨酸	加热	红紫→黄
Mn^{2+}	9 ~ 10	铬黑 T	氨性缓冲液，抗坏血酸或 $NH_2OH \cdot HCl$ 或酒石酸	红→蓝
Ni^{2+}	9 ~ 10	紫脲酸胺	加热至 50 ~ 60℃	黄绿→紫红
Pb^{2+}	9 ~ 10	铬黑 T	氨性缓冲液，加酒石酸，并加热 40 ~ 70℃	红→蓝
Th^{2+}	1.7 ~ 3.5	二甲酚橙		紫红→黄

（2）返滴定法及应用：返滴定法是在适当的酸度下在试液中加入已知且过量的 EDTA，加热（或不加热）使待测离子与 EDTA 配位完全，然后调节溶液的 pH，加入指示剂，以适当的金属离子标准滴定溶液作为返滴定剂，滴定过量的 EDTA。

返滴定法适用于如下一些情况：

672

①待测离子与 EDTA 反应缓慢。

②待测的离子在滴定的 pH 下会发生水解，且找不到合适的辅助配位剂。

③待测离子对指示剂有封闭作用，且找不到合适的指示剂。

例如，Al^{3+} 与 EDTA 配位反应速度缓慢，而且对二甲酚橙指示剂有封闭作用；酸度不高时，Al^{3+} 还易发生一系列水解反应，形成多种多核羟基配合物。因此 Al^{3+} 不能直接滴定。用返滴定法测定 Al^{3+} 时，先在试液中加入一定量并过量的 EDTA 标准滴定溶液，调节 $pH = 3.5$，煮沸以加速 Al^{3+} 与 EDTA 的反应（此时溶液的酸度较高，又有过量 EDTA 存在，Al^{3+} 不会形成羟基配合物）。冷却后，调节 pH 至 $5 \sim 6$，以保证 Al^{3+} 与 EDTA 定量配位，然后以二甲酚橙为指示剂（此时 Al^{3+} 已形成 AlY，不再封闭指示剂），用 Zn^{2+} 标准滴定溶液滴定过量的 EDTA。

返滴定法中用返滴定剂的金属离子 N 与 EDTA 的配合物 NY 应有足够的稳定性，以保证测定的准确度，但 NY 又不能比待测离子 M 与 EDTA 的配合物 MY 更稳定，否则将由于发生下式反应，使测定结果偏低。

上例中，ZnY^{2-} 虽比 AlY^{3-} 稍稳定（$\lg K_{ZnY} = 16.5$，$\lg K_{AlY} = 16.1$），但因 Al^{3+} 与 EDTA 配位缓慢，一旦形成，离解也慢。因此，在滴定条件下 Zn^{2+} 不会把 AlY 中的 Al^{3+} 置换出来。但是，如果返滴定时温度较高，AlY 活性增大，就有可能发生置换反应，使终点难于确定。常用作返滴定剂的部分金属离子及其滴定条件见表 10。

表 10 常用作返滴定剂的金属离子和滴定条件

待测金属离子	pH	返滴定剂	指标剂	终点颜色变化
Al^{3+}，Ni^{2+}	$5 \sim 6$	Zn^{2+}	二甲酚橙色	黄→紫红
Al^{3+}	$5 \sim 6$	Cu	PAN	黄→蓝紫（或紫红）
Fe^{2+}	9	Zn^{2+}	铬黑 T	蓝→红
Hg^{2+}	10	Mg^{2+}，Zn^{2+}	铬黑 T	蓝→红
Sn^{4+}	2	Th^{4+}	二甲酚橙色	黄→红

（3）置换滴定法及应用：配位滴定中用到的置换滴定主要有下列两类：

①置换出金属离子。例如 Ag^+ 与 EDTA 配合物不够稳定（$\lg_{AgY} = 7.3$），不能用 EDTA 直接滴定。若在 Ag^+ 试液中加入过量的 $Ni(CN)_4^{2-}$，则会发生如下置换反应：

$$2Ag^+ + Ni(CN)_4^{2-} \longrightarrow 2Ag(CN)^{2-} + Ni^{2+}$$

此反应的平衡常数 $\lg K_{AgY} = 10.9$，反应进行较完全。在 $pH = 10$ 的氨性溶液中，以紫脲酸铵为指示剂，用 EDTA 滴定置换出的 Ni^{2+}，即可求得 Ag^+ 的含量。

紫脲酸铵是配位滴定 Ca^{2+}，Ni^{2+}，Co^{2+} 和 Cu^{2+} 的一个经典指示剂，强氨性溶液中滴定 Ni^{2+}，溶液由配合物的紫色变为指示剂的黄色，变色敏锐。由于 Cu^{2+} 与指示剂的稳定性差，只能在弱氨性溶液中滴定。

②置换出 EDTA。例如，用返滴定法测定可能含有 Cu，Pb，Zn，Fe 等杂质离子的某复杂试样中 Al^{3+} 时，实际测得的是这些离子的含量。为了得到准确的 Al^{3+} 含量，在返滴定至终点后，加入 NH_4F，使 F^- 与溶液中的 AlY^- 反应，生成更为稳定的 AlF_6^{3-}，即可置换出与 Al^{3+} 相当量的 EDTA。

$$AlY^- + 6F^- + 2H^+ \longrightarrow AlF_6^{3-} + H_2Y^{2-}$$

置换出的 EDTA，再用 Zn^{2+} 标准滴定溶液滴定，由此可得 Al^{3+} 的准确含量。

锡的测定也常用此法。如测定锡-铅焊料中锡、铅含量，试样经溶解后加入一定量并过量的 EDTA，煮沸，冷却后用六次甲基四胺调节溶液 pH 至 $5 \sim 6$，以二甲酚橙作指示剂，用 Pb^{2+} 标准滴定溶液滴定 Sn^{4+} 和 Pb^{2+} 的总量。然后再加入过量的 NH_4F，置换出 SnY 中的 EDTA，用 Pb^{2+} 标准滴定溶液滴定，即可求得 Sn^{4+} 的含量。

置换滴定法不仅能扩大配位滴定法的应用范围，还可以提高配位滴定法的选择性。

（4）间接滴定法及其应用：有些离子与 EDTA 生成的配合物不稳定，如 Na^+，K^+ 等；有些离子不能够与 EDTA 发生配位反应，如 SO_4^{2-}，PO_4^{3-}，CN^-，Cl^- 等阴离子。这些离子可采用间接滴定法测定。

常用的间接滴定法见表 11。

表 11　常用的间接滴定法

待测离子	主要步骤
K^+	沉淀为 $K_2Na\,[Co\,(NO_2)_6]\cdot 6H_2O$，经过滤、洗涤、溶解后测出其中的 Co^{3+}
Na^+	沉淀为 $NaZn\,(NO_2)_3Ac_9\cdot 9H_2O$
PO_4^+	沉淀为 $MgNH_4PO_4\cdot 6H_2O$，沉淀经过滤、洗涤、溶解，测定其中 Mg^{2+}，或测定滤液中过量的 Mg^{2+}
S^{2-}	沉淀为 CuS，测定滤液中过量的 Cu^{2+}
SO_4^{2-}	沉淀为 $BaSO_4$，测定滤液中过量的 Ba^{2+}
CN^-	加一定量并过量的 Ni^{2+}，使形成 $Ni\,(CN)_4^{2-}$，测定过量的 Ni^{2+}
Cl^-，Br^-，I^-	沉淀为卤化银、滤液中过量的 Ag^+ 与 $Ni\,(CN)_4^{2-}$ 置换，测定置换出的 Ni^{2+}

三、沉淀滴定法简介

（一）方法简介

沉淀滴定法是以沉淀为基础的一种滴定分析方法。

能用于沉淀滴定法的反应并不多，目前有实用价值的主要是形成难溶性银盐的反应，例如：

$$Ag^+ + Cl^- \longrightarrow AgCl\downarrow \qquad （白色）$$
$$Ag^+ + SCN^- \longrightarrow AgSCN\downarrow \qquad （白色）$$

这种利用生成难溶银盐反应进行沉淀滴定的方法称为银量法。银量法主要用于测定 Cl^-，Br^-，I^-，SCN^-，Ag^+ 等离子及含卤素的有机化合物。

除银量法外，沉淀滴定法中还有利用其他沉淀反应的方法，如 $K_4\,[Fe(CN)_6]$ 与 Zn^{2+}、四苯硼酸钠与 K^+ 形成沉淀的反应：

$$2K_4\,[Fe(CN)_6] + 3Zn^{2+} \longrightarrow K_2Zn_3\,[Fe(CN)_6]_2\downarrow + 6K^+$$
$$NaB\,(C_6H_5)_4 + K^+ \longrightarrow KB\,(C_6H_5)_4\downarrow + Na^+$$

都可用于沉淀滴定法。

（二）银量法确定化学计量点的方法

根据确定滴定终点所采用的指示剂不同，银量法分为莫尔法、佛尔哈德法和法扬斯法。

（1）莫尔法：该法是以铬酸钾（K_2CrO_4）为指示剂，在中性或弱碱性介质中用 $AgNO_3$ 标准滴定溶液测定卤素或其混合物含量的方法。

①指示剂的作用原理。以测定 Cl^- 为例，以 K_2CrO_4 作指示剂，用 $AgNO_3$ 标准滴定溶液滴定，其反应为：

$$Ag^+ + Cl^- \longrightarrow AgCl\downarrow \qquad （白色）$$
$$2Ag^+ + CrO_4^{2-} \longrightarrow Ag_2CrO_4\downarrow \qquad （砖红色）$$

该方法的依据是多级沉淀原理，由于 $AgCl$ 的溶解度比 Ag_2CrO_4 的溶解度小，因此在用 $AgNO_3$ 标准滴定溶液滴定时，$AgCl$ 先析出沉淀，当滴定剂 Ag^+ 与 Cl^- 达到化学计量点时，微过量的 Ag^+ 与 CrO_4^{2-} 反应析出砖红色的 Ag_2CrO_4 沉淀，指示滴定终点的到达。

②滴定条件

674

a. 指示剂用量。用 $AgNO_3$ 标准滴定溶液滴定 Cl^-、指示剂 K_2CrO_4 的用量对于终点指示有较大的影响，CrO_4^{2-} 浓度过高或过低，Ag_2CrO_4 沉淀的析出就会过早或过迟，从而产生一定的终点误差。因此要求 Ag_2CrO_4 沉淀应该恰好在滴定反应的化学计量点时出现。

在滴定时，由于 K_2CrO_4 显黄色，当其浓度较高时溶液颜色较深，不易判断砖红色的出现。为了能观察到明显的终点，指示剂的浓度以略低一些为好。实验证明，滴定溶液中 K_2CrO_4 浓度为 5×10^{-3} mol/L 是确定滴定终点的适宜浓度。

显然，K_2CrO_4 浓度降低后，要使 Ag_2CrO_4 析出沉淀，必须多加些 $AgNO_3$ 标准滴定溶液，这时滴定剂就过量了，终点将在化学计量点后出现，但由于产生的终点误差一般都小于 0.1%，不会影响分析结果的准确度。但是如果溶液较稀，如用 0.01mol/L- $AgNO_3$ 标准滴定溶液滴定 0.01mol/L- Cl^- 溶液，滴定误差可达 0.6%，影响分析结果的准确度，此时应作指示剂空白试验进行校正。

b. 滴定时的酸度。在酸性溶液中，CrO_4^{2-} 与 H^+ 结合生成 $HCrO_4^-$ 并转化为 $Cr_2O_7^{2-}$，浓度降低，铬酸银沉淀出现过迟，甚至不生成沉淀若碱性过高，又将出现棕黑色的氧化银沉淀：

$$2H^+ + 2CrO_4^{2-} \longrightarrow 2HCrO_4^-$$

因此，莫尔法只能在中性或弱碱性（pH = 6.5 ~ 10.5）溶液中进行。

若溶液酸性太强，可用 $Na_2B_4O_7 \cdot 10H_2O$ 或 $NaHCO_3$ 中和；若溶液碱性太强，可用稀 HNO_3 溶液中和；而在有 NH_4^+ 存在时，滴定的 pH 范围应控制在 6.5 ~ 7.2 之间。

③应用范围。莫尔法主要用于测定 Cl^-，Br^- 和 Ag^+，如氯化物、溴化物纯度测定以及天然水中氯含量的测定等。当试样中 Cl^- 和 Br^- 共存时，测得的结果是它们的总量。若测定 Ag^+，应采用返滴定法，即向 Ag^+ 的试液中加入过量的 NaCl 标准滴定溶液，然后再用 $AgNO_3$ 标准滴定溶液滴定剩余的 Cl^-（若直接滴定，先生成的 Ag_2CrO_4 转化为 AgCl 的速度缓慢，滴定终点难以确定）。莫尔法不宜测定 I^- 和 SCN^-，因为滴定生成的 AgI 和 AgSCN 沉淀表面会强烈吸附 I^- 和 SCN^-，使滴定终点过早出现，造成较大的滴定误差。莫尔法的选择性较差，凡能与 CrO_4^{2-} 或 Ag^+ 生成沉淀的阳、阴离子均干扰滴定。前者如 Ba^{2+}，Pb^{2+}，Hg^{2+} 等；后者如 SO_3^{2-}，CO_3^{2-}，PO_4^{3-}，S^{2-}，$C_2O_4^{2-}$ 等。

（2）佛尔哈德法：该法是在酸性介质中，以铁铵矾 $[NH_4Fe(SO_4)_2 \cdot 12H_2O]$ 作指示剂来确定滴定终点的一种银量法。根据滴定方式的不同，佛尔哈德法分为直接滴定法和返滴定法两种。

①直接滴定法测定 Ag^+。在含有 Ag^+ 的 HNO_3 介质中，以铁铵矾作指示剂，用 NH_4SCN 标准滴定溶液直接滴定，当滴定到化学计量点时，微过量的 SCN^- 与 Fe^{3+} 结合生成红色的 $[FeSCN]^{2+}$ 即为滴定终点。其反应如下：

$$Ag^+ + SCN^- \longrightarrow AgSCN \downarrow \quad （白色） \quad K'_{spAgSCN} = 2.0 \times 10^{-12}$$

$$Fe^{3+} + SCN^- \longrightarrow [FeSCN]^{2+} \quad （红色） \quad K = 200$$

由于指示剂中的 Fe^{3+} 在中性或碱性溶液中将形成 $Fe(OH)^{2+}$，$Fe(OH)^{2+}$ 等深色配合物，若碱度再大，还会产生 $Fe(OH)_3$ 沉淀，因此滴定应在酸性（0.3 ~ 1mol/L）溶液中进行。

用 NH_4SCN 标准滴定溶液滴定 Ag^+ 溶液时，生成的 AgSCN 沉淀能吸附溶液中的 Ag^+，使 Ag^+ 浓度降低，以致红色的出现略早于化学计量点。因此在滴定过程中需剧烈摇动，使被吸附的 Ag^+ 释放出来。此法的优点在于可用来直接测定 Ag^+，并可在酸性溶液中进行滴定。

②返滴定法测定卤素离子。佛尔哈德法测定卤素离子（如 Cl^-，Br^-，I^-）和 SCN^- 时应采用返滴定法。即在酸性（HNO_3 介质）待测溶液中，先加入适当过量的 $AgNO_3$ 标准滴定溶液，再用铁铵矾作指示剂，用 NH_4SCN 标准滴定溶液回滴剩余的 Ag^+。反应如下：

$$Ag^+ + X^- \longrightarrow AgX \downarrow$$

（过量）

$$Ag^+ + SCN^- \longrightarrow AgSCN\downarrow$$
（剩余）

化学计量点后稍过量的 SCN^- 与铁铵矾指示剂反应，生成红色的 $[FeSCN]^{2+}$ 配离子，指示终点的到达。反应如下：

$$Fe^{3+} + SCN^- \longrightarrow (FeSCN)^{2+} \qquad （红色）$$

用佛尔哈德法测定 Cl^- 时，滴定至临近终点，经摇动后形成的红色会褪去，这是因为 AgSCN 的溶解度小于 AgCl 的溶解度，加入的 NH_4SCN 将与 AgCl 发生沉淀转化反应：

$$AgCl + SCN^- \longrightarrow AgSCN\downarrow + Cl^-$$

沉淀的转化速率较慢，滴加 NH_4SCN 形成的红色随着溶液的摇动而消失。这种转化作用将继续进行到 Cl^- 与 SCN^- 浓度之间建立一定的平衡关系，才会出现持久的红色，无疑滴定已多消耗了 NH_4SCN 标准滴定溶液。为了避免上述现象的发生，通常采用以下措施：

a. 向试液中加入适当过量的 $AgNO_3$ 标准滴定溶液之后，将溶液煮沸，使 AgCl 沉淀凝聚，以减少 AgCl 沉淀对 Ag^+ 的吸附。滤去沉淀，并用稀 HNO_3 充分洗涤沉淀，然后用 NH_4SCN 标准滴定溶液回滴滤液中的过量 Ag^+。

b. 在滴入 NH_4SCN 标准滴定溶液之前，加入有机溶剂硝基苯或邻苯二甲酸丁酯或 1，2—二氯乙烷。用力摇动后，有机溶剂将 AgCl 沉淀包裹，使 AgCl 沉淀与外部溶液隔离，阻止 AgCl 沉淀与 NH_4SCN 发生转化反应。此法方便，但硝基苯有毒。

c. 提高 Fe^{3+} 的浓度以减小终点时 SCN^- 的浓度，从而减小误差 [实验证明，一般溶液中 $c(Fe^{3+}) = 0.2mol/L$ 时，终点误差将小于 0.1%]。

佛尔哈德法在测定 Br^-，I^- 和 SCN^- 时，滴定终点十分明显，不会发生沉淀转化，因此不必采取上述措施。但是在测定碘化物时，必须加入过量 $AgNO_3$ 溶液之后再加入铁铵矾指示剂，以免 I^- 因对 Fe^{3+} 的还原作用而造成误差。强氧化剂和氮的氧化物以及铜盐、汞盐都与 SCN^- 作用，因而干扰测定，必须预先除去。

（3）法扬斯法是以吸附指示剂确定滴定终点的一种银量法。

①吸附指示剂的作用原理。吸附指示剂是一类有机染料，它的阴离子在溶液中易被带正电荷的胶状沉淀吸附，吸附后结构改变，从而引起颜色的变化，指示滴定终点的到达。

现以 $AgNO_3$ 标准滴定溶液滴定 Cl^- 为例，说明指示剂荧光黄的作用原理。

荧光黄是一种有机弱酸，用 HFI 表示，在水溶液中可离解为荧光黄阴离子 FI^-，呈黄绿色：

$$HFI \Longrightarrow FI^- + H^+$$

在化学计量点前，生成的 AgCl 沉淀在过量的 Cl^- 溶液中，AgCl 沉淀因吸附 Cl^- 而带负电荷，形成的（AgCl）·Cl^- 不吸附指示剂阴离子 FI^-，溶液呈黄绿色。达化学计量点时，微过量的 $AgNO_3$ 可使 AgCl 沉淀因吸附 Ag^+ 形成（AgCl）·Ag^+ 而带正电荷，此带正电荷的（AgCl）·Ag^+ 可吸附荧光黄阴离子 FI^- 因结构发生变化呈现粉红色，使整个溶液由黄绿色变成粉红色，指示滴定终点的到达。

$$（AgCl）·Ag^+ + FI^- \xrightarrow{\text{吸附}} （AgCl）·Ag·FI$$
（黄绿色）　　　　　（粉红色）

②使用吸附指示剂的注意事项。为了使滴定终点变色敏锐，使用吸附指示剂时需要注意以下几点：

a. 保持沉淀呈胶体状态。由于吸附指示剂的颜色变化发生在沉淀微粒表面上，因此，应尽可能使卤化银沉淀呈胶体状态，具有较大的表面积。为此，在滴定前应将溶液稀释，并加糊精或淀粉等高分子化合物作为保护剂，以防止卤化银沉淀凝聚。

b. 控制溶液酸度。常用的吸附指示剂大多是有机弱酸，而起指示剂作用的是它们的阴离子。

酸度大时，H⁺ 与指示剂阴离子结合成不被吸附的指示剂分子，无法指示终点。酸度的大小与指示剂的离解常数有关，离解常数大，酸度可以大些。例如，荧光黄其 $pKa \approx 7$，适宜于 $pH = 7 \sim 10$ 的条件下进行滴定；若 $pH < 7$，荧光黄主要以 HFI 形式存在，不被吸附。

c. 避免强光照射。卤化银沉淀对光敏感，易分解析出银使沉淀变为灰黑色，影响滴定终点的观察，因此在滴定过程中应避免强光照射。

d. 吸附指示剂的选择。沉淀胶体微粒对指示剂离子的吸附能力，应略小于对待测离子的吸附能力，否则指示剂将在化学计量点前变色；但不能太小，否则终点出现过迟。卤化银对卤化物和几种吸附指示剂吸附能力的次序如下：

$I^- >$ 二甲基二碘荧光黄 $> Br^- >$ 曙红 $> Cl^- >$ 荧光黄

因此，滴定 Cl^- 不能选曙红，而应选荧光黄。

e. 应用范围。法扬斯法可用于测定 Cl^-，Br^-，I^-，SCN^- 及生物碱盐类（如盐酸麻黄碱）等。测定 Cl^- 常用荧光黄或二氯荧光黄作指示剂，而测定 Br^-，I^-，SCN^- 常用曙红作指示剂。

此法终点明显，方法简便，但反应条件要求较严，应注意溶液的酸度、浓度及胶体的保护等。

（三）$AgNO_3$ 标准滴定的制备 $[c(AgNO_3)] = 0.1mol/L$

（1）配制：称取 17.5g 硝酸银，溶于 1000mL 水中，摇匀。溶液保存于棕色瓶中。

（2）标定：称取 0.2g 于 $500 \sim 600℃$ 灼烧至恒重的基准氯化钠，称准至 0.0001g。溶于 70mL 水中，加 10mL 10g/L 的淀粉溶液，用配制好的硝酸银溶液滴定。用 216 型银电极作指示剂，用 217 型双盐桥饱和甘汞电极作参比电极，按 GB/T 9725—1988 中二级微商法的规定确定终点。

（3）计算：硝酸银标准滴定溶液浓度可按式（19）计算。

$$c(AgNO_3) = \frac{m}{V \times 0.05844} \tag{19}$$

式中 $c(AgNO_3)$——硝酸银标准滴定溶液之物质的量浓度，mol/L；

m——氯化钠之质量，g；

V——消耗硝酸银标准滴定溶液之体积，mL；

0.05844——消耗硝酸银标准滴定溶液 $[c(AgNO_3) = 0.1mol/L]$ 相当的氯化钠质量，g。

四、重量分析法简介

（一）重量分析法的分类和特点

重量分析法是用适当的方法先将试样中待测组分与其他组分分离，然后用称量的方法测定该组分的含量。根据分离方法的不同，重量分析法常分为三类。

（1）沉淀法：沉淀法是重量分析法中的主要方法，这种方法是利用试剂与待测组分生成溶解度很小的沉淀，经过滤、洗涤、烘干或灼烧成为组成一定的物质，然后称量其质量，再计算待测组分的含量。例如，测定试样中 SO_4^{2-} 含量时，在试液中加入过量的 $BaCl_2$ 溶液，使 SO_4^{2-} 完全生成难溶的 $BaSO_4$ 沉淀，经过滤、洗涤、烘干、灼烧后，称量 $BaSO_4$ 的质量，再计算试样中的 SO_4^{2-} 的含量。

（2）气化法（又称挥发法）：利用物质的挥发性质，通过加热或其他方法使试样中的待测组分挥发逸出，然后根据试样质量的减少，计算该组分的含量；或者用吸收剂吸收逸出的组分，根据吸收剂质量的增加计算该组分的含量。例如，测定氯化钡晶体（$BaCl_2·2H_2O$）中结晶水的含量，可将一定质量的氯化钡试样加热，使水分逸出，根据氯化钡质量的减轻计算出试样中水分的含量。也可以用吸湿剂（高氯酸镁）吸收逸出的水分，根据吸湿剂质量的增加来计算水分的含量。

（3）电解法：利用电解的方法使待测金属离子在电极上还原析出，然后称重，根据电极增加的质量，求得其含量。

重量分析法是经典的化学分析法，它通过直接称量得到分析结果，不需要从容量器皿中引入许多数据，也不需要标准试样或基准物质作比较，对高含量组分的测定，称量分析比较准确，一般测定的相对误差不大于 0.1%。对高含量的硅、磷、钨、镍、稀土元素等试样的精确分析，至今仍常使用称量分析方法。但重量分析法的不足之处是操作较繁琐、耗时多，不适于生产中的控制分析，对低含量组分的测定误差较大。

（二）沉淀重量法对沉淀形式和称量形式的要求

利用沉淀重量法进行分析时，首先将试样分解为试液，然后加入适当的沉淀剂使其与被测组分发生沉淀反应，并以"沉淀形式"沉淀出来。沉淀经过过滤、洗涤，在适当的温度下烘干或灼烧，转化为"称量形式"，再进行称量。根据称量形式的化学式计算出被测组分在试样中的含量。"沉淀形式"和"称量形式"可能相同，也可能不同，例如：

$$Ba^{2+} \xrightarrow{\text{沉淀}} BaSO_4 \xrightarrow{\text{灼烧}} BaSO_4$$

（被测组分）　　　　（沉淀形式）　　　　（称量形式）

$$Fe^{3+} \xrightarrow{\text{沉淀}} Fe(OH)_3 \xrightarrow{\text{灼烧}} FeO_3$$

（被测组分）　　　　（沉淀形式）　　　　（称量形式）

在重量分析中，为获得准确的分析结果，沉淀形式和称量形式必须满足以下要求：

（1）对沉淀形式的要求

①沉淀要完全，沉淀的溶解度要小，测定过程中沉淀的溶解损失不应超过分析天平的称量误差，一般要求溶解损失应小于 0.1mg。例如，测定 Ca^{2+} 时，以形成 $CaSO_4$ 和 CaC_2O_4 两种沉淀形式作比较，$CaSO_4$ 的溶解度较大（$K_{sp} = 2.45 \times 10^{-5}$）、$CaC_2O_4$ 的溶解度小（$K_{sp} = 178 \times 10^{-9}$）。显然，用 $(NH_4)_2C_2O_4$ 作沉淀剂比用硫酸作沉淀剂沉淀的更完全。

②沉淀必须纯净，并易于过滤和洗涤。沉淀纯净是获得准确分析结果的重要因素之一。颗粒较大的晶体沉淀（如 $MgNH_4PO_4 \cdot 6H_2O$）的表面积较小，吸附杂质的机会较少，因此沉淀较纯净，易于过滤和洗涤。颗粒细小的晶形沉淀（如 CaC_2O_4，$BaSO_4$），由于比表面积大，吸附杂质多，洗涤次数也相应增多。非晶形沉淀 [如 $Al(OH)_3$、$Fe(OH_3)$] 体积庞大疏松、吸附杂质较多，过滤费时且不易洗净。对于这类沉淀，必须选择适当的沉淀条件以满足对沉淀形式的要求。

③沉淀形式应易于转化为称量形式。沉淀经烘干、灼烧后，应易于转化为称量形式。例如 Al^{3+} 的测定，若沉淀为 8-羟基喹啉铝 [$Al(C_9H_6NO)_3$]，在 130℃ 烘干后即可称量；而沉淀为 $Al(OH)_3$，则必须在 1200℃ 灼烧才能转变为无吸湿性的 Al_2O_3 后方可称量。因此，测定 Al^{3+} 时选用前法比后法好。

（2）对称量形式的要求

①称量形式的组成必须与化学式相符，这是定量计算的基本依据。例如测定 PO_4^{3-}，可以形成磷钼酸铵沉淀，但组成不固定，无法利用它作为测定 PO_4^{3-} 的称量形式。若采用磷钼酸喹啉法测定 PO_4^{3-}，则可得到组成与化学式相符的称量形式。

②称量形式要有足够的稳定性，不易吸收空气中的 CO_2，H_2O。例如测定 Ca^{2+} 时，若将 Ca^{2+} 沉淀为 $CaC_2O_4 \cdot H_2O$，灼烧后得到 CaO，易吸收空气中 H_2O 和 CO_2，因此，CaO 不宜作为称量形式。

③称量形式的摩尔质量应尽可能大，这样可增大称量形式的质量，以减小称量误差。例如，在铝的测定中，分别用 Al_2O_3 和 8-羟基喹啉铝 [$Al(C_9H_6NO)_3$] 作为称量形式进行测定，若被测组分 Al 的质量为 0.1000g，则可分别得到 0.1888g Al_2O_3 和 1.7040g $Al(C_9H_6NO)_3$。两种称量形式由称量误差所引起的相对误差分别为 ±1% 和 ±0.1%。显然，以 $Al(C_9H_6NO)_3$ 作为称量形式比用

Al_2O_3 作为称量形式测定 Al 的准确度高。

（三）沉淀剂的选择

根据上述对沉淀形式和称量形式的要求，选择沉淀剂时应考虑如下几点：

（1）选用具有较好选择性的沉淀剂：所选的沉淀剂只能和待测组分生成沉淀，而与试液中的其他组分不起作用。例如：沉淀锆离子时，选用在盐酸溶解中与锆有特效反应的苦杏仁酸作沉淀剂，这时即使有钛、铁、钡、铝、铬等十几种离子存在，也不发生干扰。

（2）选用能与待测离子生成溶解度最小的沉淀的沉淀剂：所选的沉淀剂应能使待测组分沉淀完全。例如，生成难溶钡盐的化合物有 $BaCO_3$，$BaCrO_4$，BaC_2O_4 和 $BaSO_4$ 等。根据其溶解度可知，$BaSO_4$ 溶解度最小。因此以 $BaSO_4$ 的形式沉淀 Ba^{2+} 比生成其他难溶化合物好。

（3）尽可能选用易挥发或经灼烧易除去的沉淀剂：这样沉淀中带有的沉淀剂即便未洗净，也可以借烘干或灼烧而除去。一些铵盐和有机沉淀剂都能满足这项要求。例如，沉淀 Fe^{3+} 时，选用氨水而不用 NaOH 作沉淀剂。

（4）选用溶解度较大的沉淀剂：用此类沉淀剂可以减少沉淀对沉淀剂的吸附作用。例如，利用生成 $BaSO_4$ 沉淀 SO_4^{2-} 时，应选 $BaCl_2$ 作沉淀剂，而不用 $Ba(NO_3)_2$。因为 $Ba(NO_3)_2$ 的溶解度比 $BaCl_2$ 小，$BaSO_4$ 吸附 $Ba(NO_3)_2$ 比吸附 $BaCl_2$ 严重。

（四）沉淀的分类、形成过程、特性与沉淀条件

（1）沉淀的类型：沉淀按其物理性质的不同，可粗略地分为晶形沉淀和无定形沉淀两大类，介于晶型沉淀与无定型沉淀之间的沉淀称为凝乳状沉淀，其性质也介于两者之间。

在沉淀过程中，究竟生成的沉淀属于哪一种类型，主要取决于沉淀本身的性质和沉淀的条件。

（2）沉淀的形成过程：沉淀的形成是一个复杂的过程，一般来讲，沉淀的形成要经过晶核形成和晶核长大两个过程，简单表示如下：

（3）影响沉淀纯净的因素：在称量分析中，要求获得的沉淀是纯净的。但是，沉淀从溶液中析出时，总会或多或少地夹杂溶液中的其他组分。因此必须了解影响沉淀纯净的各种因素，找出减少杂质混入的方法，以获得符合称量分析要求的沉淀。影响沉淀纯净的主要因素有共沉淀现象和后沉淀现象。

由后沉淀引入的杂质量比共沉淀要多，且随沉淀在溶液中放置时间的延长而增多。因此为了防止后沉淀的发生，某些沉淀的陈化时间不宜过长。

（4）减少沉淀玷污的方法：为了提高沉淀的纯度，可采用下列措施：

①采用适当的分析程序。当试液中含有几种组分时，首先应沉淀低含量组分，再沉淀高含量组分。反之，由于大量沉淀析出，会使部分低含量组分掺入沉淀，产生测定误差。

②降低易被吸附杂质离子的浓度。对于易被吸附的杂质离子，可采用适当的掩蔽方法或改变杂质离子价态来降低其浓度。例如：将 SO_4^{2-} 沉淀为 $BaSO_4$ 时，Fe^{3+} 易被吸附，可把 Fe^{3+} 还原为不易被吸附的 Fe^{2+} 或加酒石酸、EDTA 等，使 Fe^{3+} 生成稳定的配离子，以减小沉淀对 Fe^{3+} 的吸附。

③选择适宜的沉淀条件。沉淀条件包括溶液浓度、温度、试剂的加入次序和速度，陈化与否

等，对于不同类型的沉淀，应选用不同的沉淀条件，以获得符合称量分析要求的沉淀。

④再沉淀。必要时将沉淀过滤、洗涤、溶解后，再进行一次沉淀。再沉淀时，溶液中杂质的量大为降低，共沉淀和后沉淀现象自然减小。

⑤选择适当的洗涤液洗涤沉淀。用适当的洗涤液通过洗涤交换的方法，可洗去沉淀表面吸附的杂质离子。例如：$Fe(OH)_3$ 吸附 Mg^{2+}，用 NH_4NO_3 稀溶液洗涤时，被吸附在表面的 Mg^{2+} 与洗涤液的 NH_4^+ 发生交换，吸附在沉淀表面的 NH_4^+，可在燃烧沉淀时分解除去。为了提高洗涤沉淀的效率，同体积的洗涤液应尽可能分多次洗涤，通常采用"少量多次"的洗涤原则。

⑥选择合适的洗涤剂。无机沉淀剂选择性差，易形成胶状沉淀，吸附杂质多，难于过滤和洗涤。有机沉淀剂选择性高，常能形成结构较好的晶形沉淀，吸附杂质少，易于过滤和洗涤。因此，在可能的情况下，尽量选择有机试剂做沉淀剂。

(5) 沉淀的条件：在称量分析中，为了获得准确的分析结果，要求沉淀完全、纯净，易于过滤和洗涤，并减小沉淀的溶解损失。因此，对于不同类型的沉淀，应当选用不同的沉淀条件。

①晶状沉淀。为了形成颗粒较大的晶形沉淀，采取以下沉淀条件：

a. 在适当稀、热溶液中进行。在稀、热溶液中进行沉淀，可使溶液中相对过饱和度保持较低，有利于生成晶形沉淀。同时也有利于得到纯净的沉淀。对于溶解度较大的沉淀，溶液不能太稀，否则沉淀溶解损失较多，影响结果的准确度。在沉淀完全后，应将溶液冷却后再进行过滤。

b. 快搅慢加。在不断搅拌的同时缓慢滴加沉淀剂，可使沉淀剂迅速扩散，防止局部相对过饱和度过大而产生大量小晶粒。

c. 陈化。陈化是指沉淀完全后，将沉淀连同母液放置一段时间，使小晶粒变为大晶粒，不纯净的沉淀转变为纯净沉淀的过程。因为在同样条件下，小晶粒的溶解度比大晶粒大。在同一溶液中，对大晶粒为饱和溶液，对小晶粒则为未饱和时，小晶粒就要溶解。这样，溶液中的构晶离子就要在大晶粒上沉积，直至达到饱和。这时，小晶粒又为未饱和，又要溶解。如此反复进行，小晶粒逐渐消失，大晶粒不断长大。陈化过程不仅能使晶粒变大，而且能使沉淀变的更纯净。

加热和搅拌可以缩短陈化时间，但是陈化作用对伴随有混晶共沉淀的沉淀，不一定能提高纯度，对伴随有后沉淀的沉淀，不仅不能提高纯度，有时反而会降低纯度。

②无定形沉淀。无定形沉淀的特点是结构疏松，比表面大，吸附杂质多，溶解度小，易形成胶体，不易过滤和洗涤。对于这类沉淀关键问题是创造适宜的沉淀条件来改善沉淀的结构，使之不致形成胶体，并且有较紧密的结构，便于过滤和减小杂质吸附。因此，无定形沉淀的沉淀条件是：

a. 在较浓的溶液中进行沉淀。在浓溶液中进行沉淀，离子水化程度小，结构较紧密，体积较小，容易过滤和洗涤。但在浓溶液中，杂质的浓度也比较高，沉淀吸附杂质的量也较多。因此，在沉淀完毕后，应立即加入热水稀释搅拌，使被吸附的杂质离子转移到溶液中。

b. 在热溶液中及电解质存在下进行沉淀。在热溶液中进行沉淀可防止生成胶体，并减少杂质的吸附。电解质的存在，可促使带电荷的胶体粒子相互凝聚沉降，加快沉降速度。因此，电解质一般选用易挥发的铵盐，如 NH_4NO_3 或 NH_4Cl 等，它们在灼烧时均可挥发除去。有时在溶液中加入与胶体带相反电荷的另一种胶体来代替电解质，也可使被测组分沉淀完全。例如测定 SiO_2 时，加入带正电荷的动物胶与带负电荷的硅酸胶体凝聚而沉降下来。

c. 趁热过滤洗涤，不需陈化。沉淀完毕后，趁热过滤，不要陈化，因为沉淀放置后逐渐失去水分，聚集得更为紧密，使吸附的杂质更难洗去。

洗涤无定形沉淀时，一般选用热、稀的电解质溶液作洗涤液，主要是防止沉淀重新变为胶体难于过滤和洗涤，常用的洗涤液有 NH_4NO_3，NH_4Cl 或氨水等。无定形沉淀吸附杂质较严重，一次沉淀很难保证纯净，必要时需进行要沉淀。

680

③均匀沉淀法。为改善沉淀条件，避免因加入沉淀剂所引起的溶液局部相对过饱和现象的发生，可采用均匀沉淀法。这种方法是通过某一化学反应，使沉淀剂从溶液中缓慢地、均匀地产生出来，使沉淀在整个溶液中缓慢地、均匀地析出，获得颗粒较大、结构紧密、纯净、易于过滤和洗涤的沉淀。例如：沉淀 Ca^{2+} 时，如果直接加入 $(NH_4)_2C_2O_4$、尽管按晶形沉淀条件进行沉淀，仍得到颗粒细小的 CaC_2O_4 沉淀。若在含有 Ca^{2+} 的溶液中，以 HCl 酸化后，加入 $(NH_4)_2C_2O_4$ 溶液中主要存在的是 $HC_2O_4^-$ 和 $H_2C_2O_4$，此时，向溶液中加入尿素并加热至 90℃，尿素逐渐水解产生 NH_3。

$$CO(NH_2)_2 + H_2O \quad 2NH_3 + CO_2 \uparrow$$

水解产生的 NH_3 均匀地分布在溶液的各个部分，溶液的酸度逐渐降低，$C_2O_4^{2-}$ 浓度逐渐增大，CaC_2O_4 则均匀而缓慢地析出，形成颗粒较大的晶形沉淀。

均匀沉淀法还可以利用有机化合物的水解（如酯类水解）、配合物的分解、氧化还原反应等方式进行。

（五）称量形式的获得

沉淀完毕后，还需经过过滤、洗涤、烘干或灼烧，才能最后得到符合要求的称量形式。

（1）沉淀的过滤和洗涤：沉淀常用定量滤纸（也称无灰滤纸）或玻璃砂芯坩埚过滤。对于需要灼烧的沉淀，应根据沉淀的性状选用紧密程度不同的滤纸。一般无定形沉淀如 $Al(OH)_3$、$Fe(OH)_3$ 等，选用疏松的快速滤纸，粗粒的晶形沉淀如 $MgNH_4PO_4 \cdot 6H_2O$ 等选用较紧密的中速滤纸，颗粒较小的晶形沉淀如 $BaSO_4$ 等，选用紧密的慢速滤纸。对于只需烘干即可作为称量形式的沉淀，应选用玻璃砂芯坩埚过滤。

洗涤沉淀是为了洗去沉淀表面吸附的杂质和混杂在沉淀中的母液。洗涤时要尽量减小沉淀的溶解损失和避免形成胶体。因此，需选择合适的洗涤液。选择洗涤液的原则是：对于溶解度很小，又不易形成胶体的沉淀，可用蒸馏水洗涤。对于溶解度较大的晶形沉淀，可用沉淀剂的稀溶液洗涤，但沉淀剂必须在烘干或灼烧时易挥发或易分解除去，例如用 $(NH_4)_2C_2O_4$ 稀溶液洗涤 CaC_2O_4 沉淀。对于溶解度较小而又能形成胶体的沉淀，应用易挥发的电解质稀溶液洗涤，例如用 NH_4NO_3 稀溶液洗涤 $Fe(OH)_3$ 沉淀。

用热洗涤液洗涤，则过滤较快，且能防止形成胶体，但溶解度随温度升高而增大较快的沉淀不能用热洗涤液洗涤。洗涤必须连续进行，一次完成，不能将沉淀放置太久，尤其是一些非晶形沉淀，放置凝聚后，不易洗净。洗涤沉淀时，既要将沉淀洗净，又不能增加沉淀的溶解损失。同体积的洗涤液，采用"少量多次""尽量沥干"的洗涤原则，用适当少的洗涤液，分多次洗涤，每次加洗涤液前，使前次洗涤液尽量流尽，这样可以提高洗涤效果。

在沉淀的过滤和洗涤操作中，为缩短分析时间和提高洗涤效率，都应采用倾泻法。

（2）沉淀的烘干和灼烧：沉淀的烘干或灼烧是为了除去沉淀中的水分和挥发性物质，并转化为组成固定的称量形式。烘干或灼烧的温度和时间，由沉淀的性质决定。

灼烧温度一般在 800℃ 以上，常用瓷坩埚盛放沉淀。若需用氢氟酸处理沉淀，则应用铂坩埚。灼烧沉淀前，应用滤纸包好沉淀，放入已灼烧至质量恒定的瓷坩埚中，先加热烘干、炭化后再进行灼烧。

若得到的沉淀有固定的组成，在低温下烘去吸附的水分之后就获得称量形式。例如 AgCl 沉淀可以在 110~120℃ 烘干，得到稳定的称量形式。若沉淀虽有固定组成，但它内部包裹的水分或沉淀剂等不能烘干除去，通常需要灼烧到 800℃ 以上才能得到恒重的称量形式，如 $BaSO_4$ 沉淀。若沉淀为水合氧化物如 $Fe_2O_3 \cdot nH_2O$、$SiO_2 \cdot nH_2O$ 等，则需在 1100~1200℃ 下灼烧才能除尽结晶水而得到恒重的称量形式。沉淀经烘干或灼烧至恒重后，由其质量即可计算测定结果。

（六）重量分析法的计算

称量分析中的换算因数：称量分析中，当最后称量形式与被测组分形式一致时，计算其分析结果比较简单。例如，测定要求计算 SiO_2 的含量，称量分析最后称量形式也是 SiO_2，其分析结果可按式（20）计算：

$$w(SiO_2) = M(SiO_2)/m_s \qquad (20)$$

式中　　$w(SiO_2)$——SiO_2 的质量分数；

　　　　$M(SiO_2)$——SiO_2 沉淀的质量，g；

　　　　m_s——试样的质量，g。

如果最后称量形式与被测组分形式不一致，分析结果就要进行适当的换算。如测定钡时，得到 $BaSO_4$ 沉淀 $0.5051g$，可按下列方法换算成被测组分钡的质量。

$$BaSO_4 \longrightarrow Ba$$
$$233.4 \qquad 137.4$$
$$0.5051g \quad m(Ba) \ g$$

$$m(Ba) = 0.5051 \times 137.4/233.4g = 0.2973g$$

$$即 \quad m(Ba) = m(BaSO_4) \, M(Ba)/M(BaSO_4)$$

上式中，$M(Ba)/M(BaSO_4)$ 是将 $BaSO_4$ 的质量换算成 Ba 的质量的分式，它是一个常数，与试样质量无关，这一比值通常称为换算因数或化学因数（即欲测组分的摩尔质量与称量形式的摩尔质量之比，常用 F 表示）。将称量形式的质量换算成所要测定组分的质量后，即可按前面计算 SiO_2 分析结果的方法进行计算。

计算换算因数时，一定要注意使分子和分母所含被测组分的原子或分子数目相等，所以在待测组分的摩尔质量和称量形式摩尔质量之前有时需要乘以适当的系数。

附录（答案请在本书正文查找）

复习思考题（一）

一、填空题

1. 混凝土外加剂是指在拌制混凝土过程中掺入、用以改善混凝土性能的物质，掺量不大于水泥质量的_____。

2. 泵送剂代表批量规定：年产500t以上的泵送剂每_____t为一批，年产500t以下的泵送剂每_____t为一批，不足_____t或_____t的也按一个批量计。

3. 效减水剂对水泥有强烈分散作用，能大大提高水泥拌合物_____和混凝土_____，同时大幅度降低_____，显著改善混凝土工作性。

4. 萘基高效减水剂的特点是_____、_____、_____。

5. 密胺树脂磺酸基高效减水剂的特点是_____、_____、_____。

6. 聚羧酸基高效减水剂的特点是_____、_____、_____。

7. 早强减水剂可适用于蒸养混凝土及常温、低温和负温（最低气温不低于−5℃）条件下施工的有_____要求的混凝土工程。

8. 将萘基高效减水剂与_____复合可以得到缓凝高效减水剂。

9. 炎热环境条件下不宜使用_____、_____。

10. 各种缓凝剂和缓凝减水剂主要是延缓、抑制_____矿物和_____矿物组分的水化，对 C_2S 影响相对小得多，因此不影响对水泥浆的后期水化和长龄期强度增长。

11. 水溶性的聚乙烯醇，不仅用作混凝土_____，同时也是_____，但掺量以不大于0.3%为宜。

12. 常用的缓凝剂品种有_____、_____、_____、_____、_____。

13. 引气剂的主要作用是改善混凝土的_____，减小拌合物的_____，提高混凝土的_____和_____，因此其适用范围十分广泛。

14. 混凝土膨胀剂分为_____、_____、_____三类。

15. 复合防冻剂是以防冻组分复合_____、_____、_____等组分组成的外加剂。

16. 低于_____级的粉煤灰不能用于商品混凝土。

17. 五种能使混凝土早强的物质是_____。

18. 五种能使混凝土缓凝的物质是_____。

19. 五种能使混凝土防冻的物质是_____。

20. 由外加剂带入混凝土中的碱含量（当量氧化钠计），宜超_____kg/m^3。

二、判断题（对画√，错画×）

1. 减水剂是指能保证混凝土工作性不变而显著减少其拌合用水量的外加剂。（ ）

2. 木质素磺酸钙是一种减水剂。（ ）

3. 早强剂的机理主要是缩短混凝土凝结时间，明显提高混凝土的早期强度，但后期强度要降低。（ ）

4. 速凝剂适用于大体积混凝土。（ ）

5. 防水剂适用于喷射混凝土。（ ）

6. 矿渣水泥拌制的混凝土不宜采用泵送施工。（ ）

7. 混凝土外加剂掺量不大于水泥质量的5%。（ ）

8. 高铝水泥混凝土最好采用蒸汽养护。（ ）

9. 普通防水混凝土养护 14 昼夜以上。（　　　）

10. 减水剂是吸附于水泥颗粒表面使水泥带电，颗粒由于带电而相互排斥，从而释放颗粒间多余水分，以达到减水目的。（　　　）

11. 常用的外加剂原料中剧毒物质是亚硝酸钙、亚硝酸钠、亚硝酸铵。（　　　）

12. 掺量大于 1.0% 的混凝土外加剂每一批号为 50t。（　　　）

13. 包括氧化钙、氯化钠、氯化锌在内的多数氯盐是早强剂。（　　　）

14. 聚羧酸减水剂（水剂）的最佳用量是 1.5%~3.0%。（　　　）

15. 复合防冻剂中必须掺入引气剂。（　　　）

16. 合成外加剂最广泛应用的一种设备施混料机。（　　　）

17. 萘和甲基萘是煤焦油的连续馏分，都可用于合成减水剂。（　　　）

18. 混凝土的工作性主要包括流动性、粘聚性和保水性。（　　　）

19. 砂中有害杂质是指黏土、淤泥、云母、轻物质、硫化物等。（　　　）

20. 混凝土养护不当或养护时间过短，结构表面会产生麻面。（　　　）

三、选择题（将正确答案的序号填入括号内）

1. 混凝土外加剂对水泥的适应性检测方法列于（　　　）标准。
A. 01—01—2002　　　　　B. GB 50119—2003　　　　C. GB 8076—1997

2. 混凝土引气剂在（　　　）条件下性能显著下降。
A. 碱性环境　　　　　　B. 负温环境　　　　　　　C. 氯化钙存在的环境

3. 木质素磺酸钙是一种（　　　）。
A. 减水剂　　　　　　　B. 缓凝剂　　　　　　　　C. 普通减水剂

4. 早强水泥的强度等级以（　　　）抗压强度值表示。
A. 3d　　　　　　　　　B. 28d　　　　　　　　　C. 7d

5. 掺引气剂常使混凝土的抗压强度降低，大约降低（　　　）。
A. 5%~10%　　　　　　B. 8%~10%　　　　　　　C. 5%~8%

6. 早强减水剂 28d 强度与同品种、同强度等级的水泥 28d 强度（　　　）。
A. 高一些　　　　　　　B. 低一些　　　　　　　　C. 相同

7. 硫代硫酸钙是一种（　　　）。
A. 减水剂　　　　　　　B. 防冻剂　　　　　　　　C. 早强剂

8. 松香树脂是一种（　　　）的原料。
A. 引气剂　　　　　　　B. 减水剂　　　　　　　　C. 引气性减水剂

9. 混凝土试块的标准立方体是（　　　）。
A. 200mm×200mm×200mm　　B. 150mm×150mm×150mm　　C. 100mm×100mm×100mm

10. 石子粒径大于（　　　）称作粗集料。
A. 10mm　　　　　　　B. 8mm　　　　　　　　　C. 5mm

11. 属于杂环芳烃系的高效减水剂是（　　　）。
A. 古隆甲醛缩合物　　　B. 酮基缩合物　　　　　　C. 腐殖酸钠

12. 糖蜜和糖钙都是（　　　）。
A. 减水剂　　　　　　　B. 缓凝剂　　　　　　　　C. 缓凝减水剂

13. 三乙醇胺是（　　　）。
A. 促凝剂　　　　　　　B. 缓凝剂　　　　　　　　C. 引气剂

14. 一般所说混凝土强度是指（　　　）。
A. 抗压强度　　　　　　B. 抗拉强度　　　　　　　C. 抗折强度

15. 普通混凝土容量为（　　　）。

A. 2000 ~ 2500   B. 2300 ~ 2500   C. 2200 ~ 2500

16. 各类具有室内使用功能的建筑用混凝土外加剂中释放氨的量不得大于（   ）。

A. 0.1%   B. 0.15%   C. 0.01%

17. 外加剂生产配料时，计量误差不应大于外加剂用量的（   ）。

A. 1%   B. 2%   C. 3%

18. 使用直流电源或距离压直流电源100m以内的钢筋混凝土中氯离子掺量不得超过（   ）%。

A. 0.05   B. 0.15   C. 0.6

19. 复合外加剂生产所使用的主要混合设备是（   ）。

A. 球磨机   B. 搅拌机   C. 双螺旋锥形混合机

20. 合成型外加剂原料之一的甲醛主要作用是（   ）。

A. 缩合剂   B. 磺化剂   C. 基本原料

四、计算题

1. 某种早强减水剂掺量为胶凝材料总量的2%，各种组分均按胶凝材料总量确定。其中有①萘基高效减水剂0.56%（其中含硫酸钠16%），②硫酸钠0.8%，③三己醇胺0.03%，④其余是粉煤灰。求出每吨早强减水剂中各种物质应当加多少千克？

2. 有4t胺基高效减水剂，初始浓度测得为35%，现用户要求30%浓度产品，问应当加多少水？

3. 已知（1）混凝土配合比：水泥   水   砂   石   外加剂   掺合料

（kg/m³）   390   195   736   1059   15.6   60

（2）砂含水率为3.0%，石含水率1.0%

（3）每盘可搅拌混凝土量2m³

计算出拌制混凝土时各种材料的实际用量。

五、简答题

1. 什么是外加剂？本章介绍的常用外加剂有哪些？

2. 下列外加剂在混凝土中过量加入会使混凝土产生什么后果？增稠剂、引气剂、木质素、减水剂、缓凝剂。

3. 商品混凝土公司夏季生产C35P10大体积混凝土，所用水剂泵送剂至少应当会什么组分？举出各种外加剂组分的具体名称（每种三个），简述外加剂的功能。

4. 高效减水剂是指哪些减水剂？（至少举出五种名称）

5. 葡萄糖酸钠可以当作普通减水剂用吗？为什么？

6. 合成萘基高效减水剂的原材料是哪几种？

7. 什么是高钙粉煤灰？使用时应注意哪3个问题？

8. 反应釜由哪4个主要部分组成？

9. 什么是水泥和混凝土的掺合料？举出五种类型产品名称。粉煤灰对混凝土性能有哪些影响？

10. 硅酸盐水泥的六大品种分别是什么？

11. 以下工程特点的混凝土宜采用哪种外加剂？

（1）早期强度要求高的钢筋混凝土 （2）长距离运输的夏季混凝土 （3）储水池用混凝土 （4）大坍落度混凝土 （5）刚开始冬季施工时浇筑的混凝土

12. 试举出六种使混凝土开裂的原因？

13. 什么是混凝土立方体抗压强度、立方体抗压强度标准值？它是否就是混凝土强度等级？

14. 用于防水钢筋混凝土中材料的基本要求是什么？

15. 水泥中的哪些矿物组分明显影响水泥与外加剂的相容性？

复习思考题（二）

一、填空题：

1. 在测定混凝土外加剂固体含量时，称量瓶的烘干温度是_____，样品的烘干温度是_____。

2. 采用比重瓶法测量液体混凝土外加剂的密度必须用_____℃的水对_____进行标定。

3. 混凝土外加剂的减水率测定的试验中，要求混凝土的坍落度是_____mm，水泥用量是_____kg。

4. 在混凝土外加剂硫酸钠的测定中，加入氯化钡之前的过滤采用_____滤纸进行过滤，加入氯化钡沉淀后用_____滤纸进行过滤。

5. 贯入阻力值达到_____MPa时，对应的时间作为混凝土的初凝凝结时间；达到_____MPa时，对应的时间作为混凝土的终凝凝结时间。

6. 在氯离子含量的测定过程中，随_____的不断加入，溶液的电势将不断_____。利用_____法求滴定终点。

7. 在碱含量的测定中，需要用氨水将_____、_____进行分离，用_____将钙镁进行分离。

8. 进行混凝土外加剂对水泥的适应性检验，如果外加剂为水剂时，再加水时应扣除其_____。

9. 粉煤灰按照煤种分为_____类和_____类。

10. 进行粉煤灰细度性能检验时，负压应该稳定在_____，若负压小于该范围，则应停机，清理收尘器中的积灰后再进行筛析。

11. 进行减水剂检验时，要求采用的砂子细度模数为_____的中砂；水泥用量的选取是：采用卵石时，_____kg/m³；采用碎石时，_____kg/m³。

12. 进行混凝土膨胀剂限制膨胀率检验时，使用的纵向限制器不应变形，生产检验使用次数不应超过_____次，仲裁检验不应超过_____次；空气中21d限制膨胀率试件放置的养护箱的要求温度为_____，相对湿度_____%。

13. 进行外加剂检验的标准养护室要求的温度为_____℃，相对湿度：_____。

二、判断题（对画√，错画×）

1. 终凝凝结时间差比初凝凝结时间差要长。（　　　）

2. 混凝土外加剂的pH值为7，则该外加剂的碱含量为零。（　　　）

3. 混凝土速凝剂的pH值为7，则该速凝剂为中性无碱速凝剂。（　　　）

4. 在氯离子含量的测定中，用滤纸过滤沉淀时，烧杯中的沉淀可用常温水进行洗净。（　　　）

5. 直读式含气量测定仪仪表上显示的含气量即为混凝土的含气量值。（　　　）

6. 混凝土外加剂的pH值越低，其碱含量不一定越低。（　　　）

7. 检测数据应按四舍五入的原则进行处理。（　　　）

8. 在采集样品时，为了满足测定的需要，采样量应尽可能的多一些。（　　　）

9. 粉状混凝土外加剂不能测定pH值。（　　　）

10. 进行粉煤灰安定性检验时，试件沸煮结束后，立即放掉沸煮箱中的热水，打开箱盖，待箱体冷却至室温，取出试件进行判别。测量雷氏夹指针尖端的距离，准确至0.5mm，当两个试件煮后增加距离的平均值不大于5.0mm时，即认为该水泥安定性合格，当两个试件的（C-A）值相差超过4.0mm时，应用同一样品立即重做一次试验。再如此，则认为该粉煤灰为安定性不合格。（　　　）

11. 进行减水剂检验时，应该采用基准水泥；在因故得不到基准水泥时，允许采用 C_3A 含量 6%~8%，总碱量（$Na_2O + 0.658K_2O$）不大于1%的熟料和二水石膏、矿渣共同磨制的强度等级大于（含）42.5号普通硅酸盐水泥。但仲裁仍需用基准水泥。（　　）

12. 进行防冻剂检验时，不同规定温度下混凝土试件的预养和解冻时间如下表是正确的（　　）。

防冻剂的规定温度（℃）	预养时间（h）	M（℃·h）	解冻时间（h）
-5	6	180	4
-10	5	150	5
-15	4	120	6

注：试件预养时间也可按 $M = \sum (T + 10) \Delta t$ 来控制。式中：M——度时积，T——温度，Δt——温度 T 的持续时间

13. 泵送剂检验时，应使基准混凝土坍落度为（100±10）mm，受检混凝土坍落度也达到（100±10）mm。（　　）

三、选择题（将正确答案的序号填入括号内）

1. 测量外加剂固含量的容器是（　　）。
A. 带盖锥形瓶　　　　B. 带盖称量瓶　　　　C. 无盖广口瓶

2. 对比重瓶进行标定时采用的水温是（　　）。
A.（20±1）℃　　　　B.（20±2）℃　　　　C.（20±3）℃

3. 洗涤比重瓶时，下列那种化学物质用不到（　　）。
A. 乙醇　　　　B. 乙醚　　　　C. 乙二醇

4. 下列混凝土外加剂减水率的测定值中，那一组数据是无效的（　　）。
A. 21.4　24.4　19.8　　B. 22.0　25.5　23　　C. 20.4　23.7　17.7

5. 三个混凝土试样的终凝凝结时间差分别为 -70min，-100min，-99min，则该混凝土的终凝凝结时间差为（　　）。
a. -90min　　　　B. -70min　　　　C. -100min

6. 测量混凝土外加剂的 pH 值，溶液的温度为（　　）。
A.（20±1）℃　　　　B.（20±2）℃　　　　C.（20±3）℃

7. 进行混凝土外加剂对水泥的适应性检验，将拌好的净浆迅速注入截锥圆模内，用刮刀刮平，将截锥圆模按垂直方向提起，同时，开启秒表计时，至30s用直尺量取流淌水泥净浆互相垂直的两个方向的最大直径，取（　　）作为水泥净浆初始流动度。
A. 最大值　　　　B. 平均值　　　　C. 最小值

8. 评定粉煤灰细度性能检验时，标准采用的是（　　）方孔筛筛余表示。
A. 45μm　　　　B. 80μm　　　　C. 1mm

9. 分别进行混凝土高效减水剂、防冻剂、泵送剂、防水剂检验时，基准混凝土的坍落度应分别为（　　）。
A.（80±10）mm，（30±10）mm，（180±10）mm 或（80±10）mm，（100±10）mm
B.（180±10）mm，（80±10）mm，（180±10）mm，（180±10）mm 或（80±10）mm
C.（80±10）mm，（80±10）mm，（100±10）mm，（180±10）mm 或（80±10）mm

10. 防冻剂的规定温度有（　　）。
A. -10℃，-15℃，-20℃
B. -5℃，-10℃，-15℃，-20℃
C. -5℃，-10℃，-15℃

11. 进行防冻剂抗压强度比检验时，受检混凝土和基准混凝土每组三块试件，强度数据取值原则同 GB/T 50081 规定。受检混凝土和基准混凝土以三组试验结果强度的（　　）计算抗压强

度比，结果精确到 1%。

A. 平均值

B. 平均值，但如果最大值或最小值超过中间值的 15%，要取中间值

C. 最小值

12. 进行混凝土膨胀剂限制膨胀率检验时，脱模时间以（　　）确定。

A. 按照限制膨胀率试件成型 24h + 20min 确定

B. 按照限制膨胀率试件的配比成型试体的抗压强度（10 ± 2）MPa 确定

C. 随意，不重要

四、计算题

1. 根据下列数据计算混凝土外加剂中氯离子含量。

空白试验和硝酸银的标定

滴加硝酸银的体积 V_{01}（mL）	电势 E（mV）	$\Delta E/\Delta V$（mV/mL）	$\Delta^2 E/\Delta^2 V$（mV/mL）	滴加硝酸银的体积 V_{02}（mL）	电势 E（mV）	$\Delta E/\Delta V$（mV/mL）	$\Delta^2 E/\Delta^2 V$（mV/mL）
10.2	240			20.10	239		
10.3	251			20.20	250		
10.4	265			20.30	263		
10.5	278			20.40	275		

称取外加剂样品 0.58742g，加 200mL 蒸馏水，融解后加 4mL 硝酸（1 + 1），用硝酸银滴定。

滴加硝酸银的体积 V_{01}（mL）	电势 E（mV）	$\Delta E/\Delta V$（mV/mL）	$\Delta^2 E/\Delta^2 V$（mV/mL）	滴加硝酸银的体积 V_{02}（mL）	电势 E（mV）	$\Delta E/\Delta V$（mV/mL）	$\Delta^2 E/\Delta^2 V$（mV/mL）
12.1	249			22.10	236		
12.2	260			22.20	246		
12.3	274			22.30	258		
12.4	284			22.40	268		

2. 一个混凝土高效减水剂的泌水率比的项目检验时，测得的基准混凝土泌水率数据如下表，计算该基准混凝土的泌水率。

	第一个试样	第二个试样	第三个试样
混凝土拌合物的用水量（g）	7880	7880	7880
混凝土拌合物的总质量（g）	109580	109580	109580
筒及试样质量（g）	12372	11946	12109
泌水总体积（mL）	41	44	64
筒质量（g）	1180	1207	1154

3. 一个混凝土高效减水剂的 28d 抗压强度比的项目检验时，测得的数据如下表，计算该高效减水剂的 28d 抗压强度比。

基准混凝土强度值（MPa）			受检混凝土强度值（MPa）		
第一批	第二批	第三批	第一批	第二批	第三批
40.0	38.9	41.8	46.9	55.6	57.8

五、问答题

1. 在比重瓶法测定混凝土外加剂的密度时，要对比重瓶进行标定。为什么要将标定的水预先煮沸并冷却，冷却到多少度？

2. 在氯离子含量的测定过程中，为什么要进行二次滴定？

3. 硝酸（1+1）的含义是什么？

4. 进行混凝土外加剂对水泥的适应性检验，试验结束后如何判断该外加剂对试验水泥的适应性好？

5. 进行粉煤灰细度性能时用的筛网如何校正？筛网的校正系数的范围是什么？

6. 进行防冻剂渗透高度比检验时，基准混凝土在标养28d后进行抗渗性能试验，按0.2MPa，0.4MPa，0.6MPa，0.8MPa，1.0MPa加压，每级恒压8h，加压到1.0MPa没有渗漏，取下试件，将其劈开，测试试件10个等分点渗透高度的平均值；如果受检负温混凝土在龄期为（−7+56）d时也按0.2MPa，0.4MPa，0.6MPa，0.8MPa，1.0MPa加压，但是在0.8MPa时6个试件中有3个出现漏水，问该防冻剂的渗透高度比如何给出？

复习思考题（三）

一、填空题

1. 按化学检验的原理、操作方法或使用仪器的不同，可将检验方法分为_____和_____两大类。

2. 在化学分析中，由于反应类型及操作方法的不同，它又可以分为_____、_____和_____三类。

3. 玻璃仪器按等级分类，可分为_____和_____。

4. 减压过滤时使用的仪器名称为_____，它是瓷质的多孔板漏斗。

5. 有机化学实验中所用玻璃仪器间的连接一般采用两种形式，一种是靠_____，一种是靠仪器本身上的_____。

6. 天平有两个重要指标：一是_____（又称最大载荷，最大称量），表示天平可以称量的最大值。另一是天平的_____，即天平标尺一个分度对应的质量。

7. 根据天平的感量，通常把天平分成三类：感量在_____之间的称为普通天平，适于一般粗略称量用，通常称量几克到几百克的物质；感量在_____的天平称为分析天平，适用于称取样品、标样及称量分析等，最大称量通常为数十克；感量在_____，称准至0.01mg的天平称微量天平，又称十万分之一克天平，称量常在几毫克，适用于有机半微量或微量分析与精密分析。

8. 标准滴定溶液是指_____。标准滴定溶液浓度的准确度直接影响分析结果的准确度。

9. 酸碱滴定法是_____的滴定分析方法。是重要的滴定方法之一。

10. 硫酸是一种强酸，可用_____标准滴定溶液滴定，滴定反应为（$H_2SO_4 + 2NaOH \longrightarrow H_2SO_4 + 2H_2O$）滴定硫酸一般可选用_____和_____等指示剂，国家标准GB/T 11198.1—1989中规定使用_____混合指示剂。

11. 配位滴定法是_____的滴定分析方法。

12. 这种利用生成难溶银盐反应进行沉淀滴定的方法称为_____。银量法主要用于测定_____，Br^-，I^-、SCN^-，Ag^+等离子及含卤素的有机化合物。

13. 莫尔法是以为指示剂，在中性或弱碱性介质中用$AgNO_3$标准滴定溶液测定卤素或其混合物含量的方法。以测定Cl^-为例，以K_2CrO_4作指示剂，用$AgNO_3$，标准滴定溶液滴定，其反应为_____

14. _____是重量分析法中的主要方法，这种方法是利用试剂与待测组分生成溶解度很小的沉淀，经过滤、洗涤、烘干或灼烧成为组成一定的物质，然后称量其质量，再计算待测组分的含量。例如，测定试样中 SO_4^{2-} 含量时，在试液中加入过量的 $BaCl_2$ 溶液，使 SO_4^{2-} 完全生成难溶的 $BaSO_4$ 沉淀，经过滤、洗涤、烘干、灼烧后，称量 $BaSO_4$ 的质量，再计算试样中的 SO_4^{2-} 的含量。

15. 测定溶液 pH 值通常有两种方法，简便但较粗略的方法是使用 pH 试纸，它分为_____和_____试纸两种。若精确测定溶液 pH 值则需要使用_____。

16. 测定熔点的仪器很多，化验室中最常用的有_____。测定结晶点时，常用的_____，它是一个双壁的玻璃试管，将双壁间的空气抽出可以减少与周围介质的热交换。此瓶适用于比室温约高 $10\sim15℃$ 的物质结晶点的测定。

17. 物质的密度是指在 20℃ 时单位体积物质的质量，以 ρ 表示，单位为 g/mL 或 g/cm^3。主要测量方法有：_____、_____、_____。

二、判断题（对画√，错画×）

1. 实验室使用浓的硝酸、盐酸、高氯酸均应在通风橱中操作，但使用浓氨水可不必在通风橱中操作。（　　）

2. 当使用含成洗涤剂洗涤玻璃器皿时，适当加热，将使洗涤效果更好。（　　）

3. 称量含有吸湿性或腐蚀性的物体时，必须放在烧杯内进行称量。（　　）

4. 实验中可用直接法配制 HCl 标准滴定溶液。（　　）

5. 使用干燥箱时，试剂和玻璃仪器应该分开烘干。（　　）

6. 配位滴定法只能测定试样中金属的含量。（　　）

7. 长期不用的酸度计必须定期通电。（　　）

8. 0.1mol/L 的 HAc 溶液的 pH 值等于 1。（　　）

9. 在采集样品时，为了满足测定的需要，采样量应尽可能多一些。（　　）

10. 在利用分析天平称量样品时，应先开启天平，然后再取放物品。（　　）

11. 硝酸-乙醇洗涤液主要适用于洗涤一般方法难以除去的油污、有机物及残留沾污的仪器。（　　）

12. EDTA 可以用于测定所有的金属离子。（　　）

13. 暂时不用的磨口仪器，应干燥后在磨口处垫一纸条，用皮筋拴好塞子保存。（　　）

14. 滴定分析结果计算的根据是标准滴定溶液的浓度和滴定时消耗标准溶液的体积。（　　）

15. EDTA 滴定法目前之所以能够广泛被应用的主要原因是由于其能与大多数的金属离子形成 1:1 的配合物。（　　）

16. 在配位滴定中，选用的指示剂与金属形成的配合物的稳定性应比金属与 EDTA 生成的配合物的稳定性要高。（　　）

17. 通风柜中的实验结束后，通风机至少还要继续运行 5min 以上才可关闭。（　　）

18. 被称物品在称量前应在天平室内干燥器中放置 $15\sim30$min，然后再进行称量。（　　）

19. 用 EDTA 标准滴定溶液滴定金属离子时，必须使溶液的酸度高于允许的酸度。（　　）

20. 沉淀剂过量可以使待沉淀组分沉淀完全。因此，多加沉淀剂有益无害。（　　）

21. 在缓冲溶液中加入少量酸或碱，溶液的 pH 值几乎不发生变化。（　　）

22. 在一定的条件下，用 EDTA 滴定某金属离子，被滴定的金属离子浓度 c（M）越大，则滴定突跃范围越大。（　　）

23. 莫尔法和法扬斯法都使用 $AgNO_4$ 标准滴定溶液。（　　）

24. 以吸湿的 Na_2CO_3 为基准物标定 HCl 溶液时，结果将偏高。（　　）

25. 滴定终点与滴定反应的化学计量点不一致所造成的误差，其大小取决于指示剂的性质。

（　　）

26. 酸碱滴定法中，不论被测物质的酸碱性强弱如何，化学计量点的 pH 值都等于7。（　　）

27. 在同一溶液中如果有两种以上金属离子只有通过控制溶液的酸度方法才能进行配位滴定。（　　）

28. 酸碱指示剂的颜色变化与溶液的 pH 值有关。（　　）

29. 用酸度计测 pH 值时，一般用甘汞电极作指示电极。（　　）

30. 用 HCl 滴定 NaOH 到达化学计量点时，溶液中只有反应产物 NaCl，既无剩余的 NaOH，也无过量的 HCl，故此时溶液的 $[H^+]$ =0。（　　）

31. 金属离子与 EDTA 配合物的稳定常数越大，配合物越稳定。酸度增加可使配合物的离解度增大，也就是使配合物的稳定性减小。（　　）

32. 实验室用水共分为三个等级，一般实验室试验工作使用一级水。（　　）

33. 在滴定分析中主要的容量仪器有容量瓶、滴定管和移液管三种，其中量出式仪器是滴定管和移液管。（　　）

34. 用 NaOH［C.P.］配制 NaOH 标准溶液时，用量筒取水即可。（　　）

35. 由于盛放高锰酸钾而在容器壁上所留下的褐色的二氧化锰，可用草酸、亚硫酸钠等溶液洗涤。（　　）

36. 采样过程中，在可能的情况下，样品量应越大越好。（　　）

37. 化验室中所用的化学纯试剂，其英文标志为 C.R.，其所使用标签的颜色为红色。（　　）

38. 利用 pH 计同时测量一批试液时，一般先测 pH 值低的溶液，后测 pH 值高的溶液。（　　）

39. 通用化学试剂包括化学纯试剂、分析纯试剂和基准试剂。（　　）

40. 制备颗粒不均匀的固体样品时，在每次过筛时，都应破碎至全部通过，以保证所得样品能真实地反应出被测物料的平均组成。（　　）

41. 用 $c(NaOH)$ =0.01mol/L 的 NaOH 溶液滴定 $c(HCl)$ =0.01mol/L 的盐酸溶液，既可选用酚酞作指示剂，亦可选用甲基橙作指示剂。（　　）

42. 在使用分析天平称量时，增减砝码或取放称量物，均应关闭天平，且不得用手直接拿取，称量完毕还必须看零点是否变动。（　　）

43. 沉淀称量法要求称量式的相对分子质量要大，被测组分在称量式中的含量也要尽量大，这样可减少因称量所引起的相对误差。（　　）

44. 配制各种试剂时可直接在试剂瓶中进行操作。（　　）

45. 酒精温度计常用于低温和常温测量。（　　）

46. 电子天平开机后便可立即进行称量操作。（　　）

47. 用分析天平称量样品时，若标尺向负向移动，则表明应添加砝码。（　　）

48. 在强碱溶液中，无 H^+ 存在。（　　）

49. 酸碱滴定中，指示剂用量越多越好。（　　）

50. 酸碱滴定中，pH 值的变化规律几乎是一样的，量点前后，pH 值发生突变。（　　）

51. 某化验员要配制 1L 非标准溶液，他把溶质称好放入 1000mL 量筒中并加水到刻度，由于溶质溶解太慢，就在电炉上加热使其溶解。（　　）

52. 沉淀剂过量可以使被测组分沉淀完全，因此多加沉淀剂有益无害。（　　）

53. 在酸碱滴定分析中，滴定曲线上滴定突跃的大小与酸碱的强度有关，与酸碱的浓度无关。（　　）

54. 在配位滴定中，酸度越低越好。（　　）

三、选择题（将正确答案的序号填入括号内）

1. 一般化学分析试验中所用的水，应该采用（　　）。

A. 自来水   B. 一级水   C. 二级水   D. 三级水

2. (   ) 的试剂中所含有的杂质含量最高。

A. 分析纯   B. 化学纯   C. 光谱纯   D. 优级纯

3. 滴定分析中，一般利用指示剂颜色的突变来判断化学计量点的到达，在指示剂变色时停止滴定。这一点称为 (   )。

A. 滴定零点   B. 滴定误差点   C. 等当点   D. 滴定终点

4. 读取滴定管读数时，下列错误的是 (   )。

A. 在常量分析中，滴定管读数必须读到小数点后四位

B. 读数时，应使滴定管保持垂直

C. 读取弯月面下缘最低点，并使视线与该点在一个水平面上

D. 读取前要检查管壁是否挂水珠，管尖是否有气泡

5. 在 Ca^{2+}，Mg^{2+} 的混合溶液中，用 EDTA 法测定 Ca^{2+}，要消除 Mg^{2+} 的干扰，宜用 (   )。

A. 沉淀掩蔽法   B. 配位掩蔽法

C. 氧化还原掩蔽法   D. 离子交换法

6. 把 0.1mol/L NaOH 溶液滴入 0.1mol/L 30mL 醋酸中，到酚酞变红时消耗 0.1mol/L NaOH 溶液 30mL，则溶液呈 (   )。

A. 中性   B. 碱性   C. 酸性   D. 饱和溶液

7. 1mL 0.1mol/L 的 HCl 溶液，加水稀释至 100mL，则溶液的 pH 为 (   )。

A. pH = 3   B. pH = 11   C. pH 不变   D. pH = 1

8. 以 0.1000mol/L 的 HCl 标准滴定溶液滴定 0.1mol/L 的氨水溶液时，应选用的指示剂为 (   )。

A. 酚酞   B. 甲基红   C. 中性红   D. 百里酚酞

9. 基准试剂是一类用于配制滴定分析用标准滴定溶液的标准物质，其主成分的质量分数一般在 (   )。

A. 99.90% ~ 100.50%   B. 99.99% ~ 100.10%

C. 99.95% ~ 100.05%   D. 99.90% ~ 100.10%

10. 常用的电光分析天平，可准确称量至 (   )。

A. 0.1g   B. 1mg   C. 0.1mg   D. 0.01mg

11. 在 pH = 10 时，EDTA 测定水的硬度时、用铬黑 T 作指示剂，终点颜色变化为 (   )。

A. 由紫红色变为亮黄色   B. 由蓝色变为酒红色

C. 由紫红色变为淡黄色   D. 由酒红色变为纯蓝色

12. 在分析实验室常用的去离子水中加入 1~2 滴酚酞指示剂，则水的颜色为 (   )。

A. 蓝色   B. 红色   C. 五色   D. 黄色

13. $K_2Cr_2O_7$ 在配制前，需在 (   ) 条件下干燥后，再直接配制。

A. 95 ~ 105℃   B. 140 ~ 150℃   C. 170 ~ 180℃   D. 250 ~ 270℃

14. 测定水的总硬度时，常用的方法是 (   )。

A. 称量法   B. 碘量法   C. $KMnO_4$ 法   D. EDTA 法

15. 使用滴定管读数应准确至 (   )。

A. 最小分度 1 格   B. 最小分度的 1/2

C. 最小分度的 1/10   D. 最小分度的 1/5

16. 分析天平中空气阻尼器的作用在于 (   )。

A. 提高灵敏度   B. 提高准确度   C. 提高精密度   D. 提高称量速度

17. 物质的量浓度相同的下列物质的水溶液，其 pH 值最高的是 (   )。

692

A. NaCl   B. NH_4Cl C. NH_4Ac D. Na_2CO_3

18. 为 1.47mol/mL（20℃）的体积分数为 57.0% H_2SO_4 溶液，其中 H_2SO_4 的物质的量浓度（单位为 mol/L）为（ ）[已知 $M(H_2SO_4)$ =98.07g/mol]。

A. 17.1   B. 0.854   C. 8.38   D. 8.54

19. 下列有关指示剂变色点的叙述正确的是（ ）。

A. 指示剂的变色点就是滴定反应的化学计量点

B. 指示剂的变色点随反应的不同而改变

C. 指示剂的变色点与指示剂的本质有关，其 pH 值等于 pKa

D. 指示剂的变色点一般是不确定的

20. 高压液相色谱分析实验用水，需使用（ ）。

A. 一级水   B. 二级水   C. 自来水   D. 三级水

21. 用 0.1000mol/L NaOH 滴定同浓度丙酸（C_2H_5COOH：pKa = 4.87）的 pH 突跃范围为 7.87～9.70，若将两者的浓度均增大 10 倍，pH 突跃范围为（ ）。

A. 6.87～9.70   B. 6.87～10.70   C. 7.87～10.70   D. 8.87～10.70

22. 将 pH = 5.0 与 pH = 3.0 两种强酸溶液等体积混合，混合后溶液 pH 值为（ ）。

A. 1.3   B. 1.5   C. 2.5   D. 3.3

23. 用 0.02mol/L BDTA 溶液测定某试样中 MgO [$M(MgO)$ =40.31g/mol] 含量。设试样中 MgO 的质量分数约为 50%，试样溶解后定容成 250mL，吸取 25mL 进行滴定，则试样称取量应为（ ）。

A. 0.1～0.2g   B. 0.16～0.32g   C. 0.3～0.6g   D. 0.6～0.8g

24. 在 EDTA 配位滴定中，下列有关 EDTA 酸效应的叙述中，正确的是（ ）。

A. 酸效应系数越大，配合物的稳定性越高

B. 酸效应系数越小，配合物的稳定性越高

C. 溶液中的 pH 越大，EDTA 酸效应系数越大

D. EDTA 的酸效应系数越大，滴定曲线的 pM 突跃越宽

25. 下列物质中，不可以作为缓冲溶液的是（ ）。

A. 氨水-氯化铵溶液   B. 醋酸-醋酸钠溶液

C. 碳酸氢钠溶液   D. 醋酸-氯化钠溶液

26. 将 0.56g 含钙试样溶解成 250mL 试液，用 0.02mol/L EDTA 溶液滴定，消耗 30mL，则试样中 CaO [$M(CaO)$ =56g/mol] 的质量分数为（ ）。

A. 3%   B. 6%   C. 12%   D. 30%

27. 为了测定水中的 Ca^{2+}，Mg^{2+} 含量，以下消除少量 Fe^{3+}，Al^{3+} 干扰的方法中，正确的是（ ）。

A. 于酸性溶液中加入三乙醇胺，然后调至 pH = 10 氨性溶液

B. 于酸性溶液中加入 KCN，然后调至 pH = 10

C. 于 pH = 10 的氨性缓冲溶液中直接加入三乙醇胺

D. 加入三乙醇胺时不考虑溶液的酸碱性

28. 称取含有 KCl 与 KBr 的混合物 0.3028g，溶于水后用 $AgNO_3$ 标准溶液滴定，用去 0.1014mol/L $AgNO_3$ 30.20mL，则该混合物中 KCl 和 KBr 的质量分数分别为（ ），已知 $M(KCl)$ =74.55/mol；$M(KBr)$ =119.0g/mol。

A. 34.5%，65.85%   B. 65.85%，34.5%

C. 68.30%，31.70%   D. 17.08%，82.92%

29. 用 EDTA 滴定含 NH_3 的 Cu^{2+} 溶液，则下列有关 pCu 突跃范围大小的陈述中，正确的是（　　　）。

A. 酸度越大，NH_3 的浓度越小，pCu' 突跃范围越大

B. NH_3 的浓度越大，pCu' 突跃范围越大

C. 适当地增大酸度，则 pCu' 突跃范围变大

D. Cu^{2+} 的浓度越大，pCu' 突跃范围越大

30. pH = 1.0 和 pH = 5.0 的两种强电解质溶液等体积混合后，溶液的 pH 为（　　　）。

A. 1.0　　　　　B. 1.3　　　　　C. 2.0　　　　　D. 3.0

31. 在配位滴定中，EDTA 与金属离子所形成的配合物其配位比一般为（　　　）。

A. 1:1　　　　　B. 1:2　　　　　C. 1:3　　　　　D. 1:4

32. 直接配制标准滴定溶液时，必须使用（　　　）。

A. 化学纯试剂　　B. 保证试剂　　　C. 分析纯试剂　　D. 基准试剂

33. 用 EDTA 标准滴定溶液滴定 Zn^{2+}，下列哪种方法正确（　　　）。

A. $[H^+]$ 越低反应越完全

B. 与高 pH 值相比，滴定在低 pH 值时很难进行

C. 选用二甲酚橙比铬黑 T 好

D. 滴定在 0.010mol/L 氨溶液中比在 0.10mol/L 氨溶液中更易进行

34. 在酸性介质中用 $KMnO_4$ 标准滴定溶液滴定草酸盐时，滴定反应（　　　）。

A. 像酸碱滴定那样快速进行　　　B. 开始时缓慢进行，以后逐渐加快

C. 始终缓慢进行　　　　　　　　D. 开始滴定时快，然后缓慢

四、计算题

1. 求 0.1mol/L CH_3COOH 溶液的 pH 值？若将此溶液加水稀释 1000 倍，则 pH 值变为多少？（$K_a = 1.8 \times 10^{-5}$）

2. 准确称取基准物无水碳酸钠 0.1098g，溶于 20~30mL 水中，用甲基橙作指示利，标定 HCl 溶液的浓度，到达化学计量点时，用去盐酸溶液的体积为 20.54mL，计算盐酸的物质的量浓度为多少 mol/L？[$M(Na_2CO_3)$ = 105.99g/mol]

3. 欲标定某 HCl 溶液，准确称取无水碳酸钠 1.3078g，溶解后稀释至 250mL。移取 25.00mL 上述碳酸钠溶液，以欲标定 HCl 溶液滴定，达到滴定终点时，消耗 HCl 溶液体积为 24.28mL，计算该 HCl 溶液的准确浓度？[$M(Na_2CO_3)$ = 105.99g/mol]

4. 欲将 250mL 浓度为 $c(NaOH)$ = 0.2020mol/L 的 NaOH 溶液稀释成 $c(NaOH)$ = 0.1000mol/L 的溶液，需加水多少毫升？

5. 某试样含 Na_2CO_3，$NaHCO_3$ 及其他惰性物质。称取试样 0.3010g，用酚酞作指示剂滴定时，用去 0.1060mol/L 的 HCl 20.10mL，继续用甲基橙作指示剂滴定，共用去 HCl 47.70mL。计算试样中 Na_2CO_3 与 $NaHCO_3$ 的质量分数。

五、简答题

1. 化学检验的一般步骤是什么？

2. 导致溶液变质的原因有哪些？应如何避免溶液变质？

3. 在什么条件下能用强酸（碱）进行滴定？

4. 有人要用酸碱滴定法测定 NaAc 溶液的浓度，先加入一定量过量的 HCl 标准滴定溶液，然后用 NaOH 的标准滴定返滴定过量的 HCl，问上述操作是否正确？为什么？

5. 高锰酸钾法应在什么介质中进行？

6. 为什么碘量法不适宜在高酸度或高碱度介质中进行？

7. 如何配制 $KMnO_4$，$K_2Cr_2O_7$，$Na_2S_2O_3$，I_2 标准滴定溶液？

8. 莫尔法中 K_2CrO_4 指示剂用量对分析结果有何影响？

9. 为什么莫尔法只能在中性或弱碱性溶液中进行，而佛尔哈德法只能在酸性溶液中进行？

10. 法扬斯法使用吸附指示剂时，应注意哪些问题？

11. 在下列情况下，分析结果是偏低还是偏高，还是没有影响？为什么？

(1) pH = 4 时，用莫尔法测定 Cl^-

(2) 莫尔法测定 Cl^- 时，指示剂 K_2CrO_4 溶液浓度过稀

(3) 莫尔法测定 Cl^- 时，未加硝基苯

(4) 莫尔哈德法测定 I^- 时，先加入铁铵矾指示剂，再加入过量 $AgNO_3$ 标准滴定溶液

12. 用于配制标准滴定溶液的基准物，应具备哪些基本条件？

13. 在称量分析中形成晶形沉淀的条件是什么？

14. 如何配制 500mL 物质的量浓度为 0.02000mol/L 的 $K_2Cr_2O_7$ 标准滴定溶液？（已知 [M ($K_2Cr_2O_7$) = 294.19g/mol]）

15. 无定形沉淀的沉淀条件是怎样的？

16. EDTA 与金属离子所形成的配合物有何特点？

17. 简述缩分样品时所用"四分法"的主要操作过程。

参考文献

[1] 覃维祖．混凝土的收缩开裂与原材料配制浇筑和养护的关系［J］．商品混凝土，2005（1）．

[2] 中国混凝土外加剂协会．第7届超塑化剂及其他混凝土外加剂国际会议译文集［C］，2005.

[3] 刘俊元等．聚羧酸高性能减水剂的制备性能与应用现状［J］．北京混凝土外加剂，2005（1）．

[4] Johann Plank．当今欧洲混凝土外加剂的研究进展．混凝土外加剂及其应用技术（论文集）［C］．北京：机械工业出版社，2004.

[5] 张德琛．混凝土外加剂及水泥对混凝土工作性能的影响及对策．混凝土外加剂及其应用技术（论文集）［C］．北京：机械工业出版社，2004.

[6] 郭京育等．积极倡导使用引气剂提高我国混凝土耐久性．混凝土外加剂及其应用技术（论文集）［C］．北京：机械工业出版社，2004.

[7] 冯浩．中国混凝土减水剂技术发展的第二次高潮．混凝土外加剂及其应用技术（论文集）［C］．北京：机械工业出版社，2004.

[8] 张雄编．建筑功能外加剂［M］．北京：化学工业出版社，2004.

[9] 彭雪．Sika Visconcrete 自密实混凝土技术及工程应用［J］．北京混凝土外加剂，2004（3）．

[10] 路来军．复合掺合料配制高性能混凝土的研究［J］．北京混凝土外加剂，2004（4）．

[11] 于新文．自密实混凝土在泰达国际会展中心工程中的研究与应用［J］．商品混凝土，2004（2）．

[12] 孙振平等．商品混凝土中外加剂与水泥/掺合料适应性研究［J］．商品混凝土，2004（1）．

[13] 王子明等．脂肪族磺酸盐高效减水剂性能与应用研究［J］．建筑技术，2004（1）．

[14] 朱宏军等．特种混凝土和新型混凝土［M］．北京：化学工业出版社，2004.

[15] 郭延辉等．高性能改性三聚氰胺减水剂的研制及应用［J］．混凝土，2003（10）．

[16] 北京市混凝土协会外加剂分会，混凝土及混凝土外加剂相关相关标准汇编，2003.

[17] 朱伯芳．大体积混凝土温度应力与温度控制［M］．北京：中国电力出版社，2003.

[18] 杨绍林等．新编混凝土配合比实用手册［M］．北京：中国建筑工业出版社．2002.

[19] 李永德等．高性能减水剂的研究现状和发展方向［J］．混凝土，2002（9）．

[20] 廉慧珍．水泥标准修订后对混凝土质量的影响［J］．混凝土外加剂，2003（3）．

[21] 郭新秋等．含长聚醚侧链基团共聚羧酸高效减水剂的分子设计合成与性能评价［J］．混凝土外加剂，2004（4）．

[22] 熊大玉等．混凝土外加剂［M］．北京：化学工业出版社，2001.

[23] 中国土木学会高强混凝土委员会．高强混凝土设计与施工指南（第二版）［M］．北京：中国建筑工业出版社，2001.

[24] 叶文玉．水处理化学品［M］．北京：化学工业出版社，2002.

[25] 张天胜等．表面活性剂应用技术［M］．北京：化学工业出版社，2001.

[26] 蒋挺大．木质素［M］．北京：化学工业出版社，2001.

[27] Pierre. Claver Nkinamubanzi 等（加拿大）．影响萘系高效减水剂与普通硅酸盐水泥适应性的一些关键水泥因素．第6届超塑化剂及其他混凝土外加剂国际会议论文集（下）

［C］，2001.

［28］ 中国土木学会混凝土外加剂专业委员会．建筑结构裂渗控制新技术［M］．北京：中国建材工业出版社，1998.

［29］ 严瑞瑄等．水溶性高分子［M］．北京：化学工业出版社，1998.

［30］ 赵志缙等．混凝土泵送施工技术［M］．北京：中国建筑工业出版社，1998.

［31］ 项蓊行．建筑工程常用材料试验手册［M］．北京：中国建筑工业出版社，1998.

［32］ 张柯等．麦草浆碱回收技术指南［M］．北京：中国轻工业出版社，1998.

［33］ 黄士元等．近代混凝土技术［M］．西安：陕西科学技术出版社，1998.

［34］ 冯浩．外加剂防冻组分对混凝土质量的影响［J］．建筑技术，1998（10）.

［35］ 石人俊等．预拌混凝土用外加剂的选择原则［J］．混凝土，1998（4）.

［36］ 吴中伟．高性能混凝土（HPC）的发展趋势与问题［J］．建筑技术，1998（1）.

［37］ 缪昌文．低收缩结构自防水混凝土的研究［J］．江苏建材，1998增刊.

［38］ 陈嫣兮，顾德珍．高性能混凝土外加剂的选择［J］．混凝土，1997（5）.

［39］ "建筑施工手册"（第三版）编写组．建筑施工手册4［M］．北京：中国建筑工业出版社，1997.

［40］ 陈肇元．高强与高性能混凝土的发展及应用［J］．土木工程学报，1997（10）.

［41］ 陈建奎．混凝土外加剂的原理与应用［M］．北京：中国计划出版社，1997.

［42］ 邢锋等．台湾高性能混凝土技术的历史与发展［J］．混凝土.1997（6）.

［43］ 江靖等．金茂大厦超高泵程混凝土的研制与应用［J］．混凝土.1997.6.

［44］ 路来军等．高性能混凝土在首都国际机场新航站楼中的应用［J］．特种结构，1997（3）.

［45］ "高强与高性能混凝土"课题组．高强与高性能混凝土（研究报告），1996.

［46］ 海洋石油勘探指挥部海洋及油气田所．混凝土速凝剂及早强剂［M］．北京：中国建筑工业出版社，1978.

［47］ 蒋元馴、韩素芳．混凝土工程病害与修补加固［M］．北京：海洋出版社，1996.

［48］ 张冠伦等．混凝土外加剂原理与应用［M］．北京：中国建筑工业出版社，1996.

［49］ Yoshi－o Tanaka. A new Admixture for High Performance Concrete, Radial Concrete Techuolosy. London：E&FN Spon. ，1996.

［50］ 冯乃谦．高性能混凝土［M］．北京：中国建筑工业出版社，1996.

［51］ 廉慧珍等．原材料和配合比对高强与高性能混凝土性能的影响［J］．混凝土，1996（5）.

［52］ 覃维祖等．高流动性混凝土工作度评价立法研究［J］．混凝土与水泥制品，1996（3）.

［53］ 迟培云．高性能混凝土的配制技术［J］．混凝土，1996（3）.

［54］ 冯浩．一种新的混凝土防冻剂［J］．施工技术，1996（9）.

［55］ 周厚贵、孙建荣．RC型混凝土外加剂的工程试验与应用［M］．北京：中国水利水电出版社，1996.

［56］ 中国建筑工业出版社．现行建筑材料规范大全［M］．北京：中国建筑工业出版社，1995.

［57］ 龚洛书．混凝土实用手册［M］．北京：中国建筑工业出版社，1995.

［58］ 唐明等．硅灰配制高强喷射混凝土的研究［J］．混凝土，1995（2）.

［59］ 中国新型建筑材料公司等．新型建筑材料施工手册［M］．北京：中国建筑工业出版社，1994.

［60］ 张云理等．混凝土处加剂产品及应用手册［M］．北京：中国铁道出版社，1994.

［61］ 刘晓燕，郑光和．实用混凝土技术［M］．北京：中国建材工业出版社，1993.

[62] 项翥行. 混凝土冬季施工工艺学 [M]. 北京：中国建筑工业出版社，1993.

[63] 王惠忠等. 化学建材 [M]. 北京：中国建材工业出版社，1992.

[64] 王箴. 化工辞典 [M]. 北京：化学工业出版社，1992.

[65] 中国新型建材公司等. 新型建筑材料实用手册（第二版）[M]. 北京：中国建筑工业出版社，1992.

[66] 林宝玉等. 改善水下混凝土质量的新型掺合剂–NUW [J]. 江苏水利科技，1991（2）.

[67] E1–Jazain，N. S. Berke. 用亚硝酸钙作为混凝土中的钢筋阻锈剂. Proc. or Conference on Corrosion of Reinforcement in Concrete，1990.

[68] 叶林标等. 建筑工程防水施工手册 [M]. 北京：中国建筑工业出版社，1990.

[69] 黄大能. 混凝土外加剂应用指南 [M]. 北京：中国建筑工业出版社，1989.

[70] 冯浩. 适于蒸养的混凝土外加剂的正交试验 [J]. 低温建筑技术，1989（1）.

[71] 黄士元，李兰. 普通混凝土与粉煤灰混凝土碳化深度的评估. Proc. of International Congless on Cement and Building Meterials，India，1989.

[72] 项玉璞. 冬期施工手册 [M]. 北京：中国建筑工业出版社，1988.

[73] ACL Workshop on Epoxy–Coated Reinforcement，Concrete International，1988，124~80.

[74] 傅沛兴等. 混凝土工程技术要点 [M]. 北京：中国建筑工业出版社，1987.

[75] 冯浩. 掺碳酸盐防冻早强剂的混凝土性能研究 [J]. 建筑技术，1987（10）.

[76] 林宝玉等. 新型修补防渗防腐材料—丙烯酸酯共聚乳液水泥砂浆 [J]. 水力发电，1987（5）.

[77] 王寿华等. 建筑工程质量症害分析及处理 [M]. 北京：中国建筑工业出版社，1986.

[78] 石人俊. 混凝土外加剂性能及应用 [M]. 北京：中国铁道出版社，1985.

[79] 冯浩. 复方AN早强减水剂的应用技术研究 [J]. 建筑技术开发，1985（6）.

[80] 冯浩. 混凝土减水剂及其在施工中的应用 [J]. 建筑技术，1984（3）.

[81] 黄兰谷等. 混凝土外加剂浅说 [M]. 北京：中国建筑工业出版社，1984.

[82] 冯浩等. 我国混凝土减水剂的发展现状与水平 [J]. 建筑技术科研情报，1984（4）.